나합격
전산응용건축제도기능사
실기 X 무료특강

나만의 합격비법
나합격은 다르다!

나합격 독자만을 위한
무료 동영상강의

공부가 어려우신가요?
합격을 위한 모든 동영상 강의를 무료로 시청할 수 있습니다.
지금 바로 나합격 쌤을 만나보세요.

> 오리엔테이션 > 이론 특강 > 기출 특강

모든 시험정보가 한곳에!
나합격 수험생지원센터

이제 혼자서 공부하지 마세요.
합격후기, 시험정보, Q&A 등 나합격 독자분들을 위한
다양한 서비스를 네이버 카페를 통해 지원받을 수 있습니다.

> 시험자료 > 질의응답 > 합격후기

본서의 정오사항은 상시 업데이트 해드리고 있습니다.
정오표 확인 및 오류문의는 네이버 카페를 이용해 주세요.

나합격 교재인증 & 무료 동영상 수강방법

나합격 카페 가입하기
공부하는 자격증에 해당하는 카페에 가입합니다.

바로가기

https://cafe.naver.com/napass6   search

교재인증페이지에 닉네임 작성
교재 맨 뒤페이지의 교재인증페이지에
가입하신 카페 닉네임을 지워지지 않는 펜으로 작성합니다.

교재인증페이지 촬영하기
교재인증페이지 전체가 나오게 촬영합니다.
중고도서 및 보정의 여지가 보일 경우 등업이 불가합니다.

나합격 카페에 게시물 작성하기
등업게시판에 촬영한 이미지를 업로드합니다.
평일 1일 3회(오전 9시 ~ 오후 6시 사이) 등업을 진행됩니다.

무료 동영상 시청하기
카페 등업이 완료된 후 해당 카페에서 무료 동영상 시청이 가능합니다.

NOTICE

교재인증 및 무료 강의 수강 방법에 대한 자세한 설명을
QR코드를 찍어 영상으로 확인해보세요!

모바일로
등업하고 싶어요!

PC로
등업하고 싶어요!

시험접수부터 자격증발급까지 응시절차

01 시험일정 & 응시자격조건 확인

- 큐넷 시험일정 안내에서 응시 종목의 접수기간과 시험일을 확인합니다.
- 큐넷 자격정보에서 응시 종목의 자격조건을 확인합니다(기능사 제외).

04 필기시험 합격자 발표

- 인터넷, ARS 또는 접수한 지사에서 공고됩니다.
- CBT의 경우 큐넷 합격자발표조회에서 바로 확인이 가능합니다.

www.Q-net.or.kr 　큐넷은 한국산업인력공단에서 운영하는 국가 자격증 포털 사이트입니다.

02 필기시험 원서접수

- 큐넷 www.Q-net.or.kr 에 로그인합니다.
  (회원가입 시 반명함판 사진 등록 필수)
- 큐넷 원서접수에서 신청 순서에 따라 접수하면 됩니다.
- 시험일자 및 장소는 현재 접수 가능인원을 반드시 확인 후 선택해야 합니다.
- 결제하기에서 검정수수료 확인후 결제를 진행합니다.

03 필기시험 응시 및 유의사항

- 신분증은 반드시 지참해야 하며, 기타 준비물은 큐넷 수험자 준비물에서 확인하시면 됩니다.
- 시험시간 20분 전부터 입실이 가능합니다.
  (시험시간 미준수 시 시험 응시 불가)

05 실기시험 원서접수

- 인터넷 접수 www.Q-net.or.kr 만 가능하며, 필기시험 합격자에 한하여 실기접수기간에 접수합니다.
- 최종합격여부는 큐넷 홈페이지를 통해 확인 가능합니다.

06 자격증 신청 및 수령

- 큐넷 자격증 발급 신청에서 상장형, 수첩형 자격증 선택
- 상장형 무료 / 수첩형 수수료 6,110원

콕!집어~ 꼭!필요한 오리엔테이션

실기시험 알고 갑시다.

01 실기 시험에서는 요구사항과 평면도를 제시합니다. 단순히 평면도를 따라 그리는 시험이 아니라 내용을 파악하여 단면상세도와 해당 입면도를 작성하여 제출하는 시험입니다. 문자로 설명하는 요구사항 이외에 평면도에서도 많은 정보를 파악해야 하므로 기출문제를 풀어볼 때 평면도를 끝까지 정확하게 볼 수 있도록 해야 합니다.

02 단면상세도는 지반선을 기준으로 철근 콘크리트 구조로 이루어진 줄기초, 바닥슬래브를 표현하고 테두리보에 경사 슬래브가 얹히는 구조입니다. 벽체는 대부분 조적조로 출제됩니다. 외벽은 주로 현관, 거실, 방 등의 단면이 출제되고 그 공간에 난방을 하는지 아닌지에 따라 기초의 높이가 달라집니다. 지붕의 높이를 잡는 방법은 처음에 잘 이해하는 것이 중요합니다. 긴 설명이지만 순서에 따라 반복적으로 학습하시기 바랍니다.

03 입면도는 주로 남측 입면도가 출제 되지만 요구사항을 잘 읽어보고 다른 방향이 출제되더라도 당황하지 말고 평소 도면을 풀어가던 방식으로 표현하세요. 입면도는 건물의 외관을 표현하는 도면입니다. 지반 아랫부분이나 벽체 안쪽을 표현할 필요는 없으니 합리적이고 아름답게 표현하시기 바랍니다.

04 4시간 10분의 시간이 주어집니다. 마음이 급하겠지만 초반 10분 정도는 오토캐드 기본설정을 확인하고 평면도를 간단히 그려 단면상세도와 입면도에 대한 전체적인 그림을 머릿속으로 정리하고 시작합시다. 기본설정이 평소 쓰던 프로그램과 다를 수 있기 때문에 미리 확인하고 시험 시작 전 요구사항을 꼼꼼히 체크하여 실수를 줄입시다. 단면상세도는 2시간 반, 입면도는 1시간 반 정도 할애한다고 생각하시면 시간을 효율적으로 활용할 수 있습니다.

실기시험은 해당 시험장 PC로 시험을 치르기 때문에 다양한 변수가 존재합니다. 능숙한 캐드 기능과 도면에 대한 이해가 있다면 변수가 생겨도 당황하지 않고 문제를 해결할 수 있습니다. 상식적이고 일반적인 시공 수준으로 작도할 수 있도록 연습하세요.

실기시험 전 숙지사항

- 시험장별 버전을 미리 확인하고 기본 세팅 방법을 확인합니다.
- 명령어(단축키) 사용을 숙달하여 작업시간을 줄입시다.
- 출제되는 시험 유형은 어느 정도 정해져 있으므로 기출문제를 모두 풀어봅시다.
- 주어진 도면의 치수를 평면도에서 미리 표현하여 실수를 줄입시다.

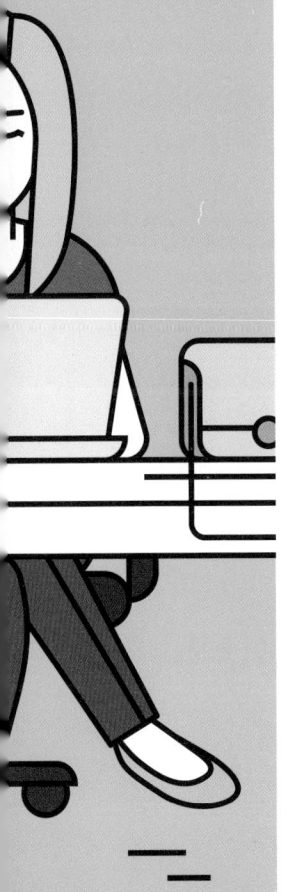

실기시험 채점 체크리스트

주요 항목	세부 사항	예상 채점 방법
단면 상세도	각종기초구조	동결선 이하로 표현하고 기초의 크기 및 지정의 표현이 적합한가
	각종벽체구조	벽체의 두께가 요구조건과 같은가, 벽체의 마감 재료선정이 타당한가
	창호 및 개구부의 크기와 구조	창호의 높낮이와 위치가 타당한가, 창호의 크기가 적당한가 창과 출입문의 마감이 적합한가
	현관구조	현관문 단면의 두께, 현관의 구조와 마감이 기능적으로 합리적인가 재료 마감 표현이 합리적인가
	반자구조	반자를 이루는 각종 부재의 단면재료 크기 및 표현법이 합리적인가
	처마높이 및 건물높이	요구조건과 맞으며 기능적으로 합리적인가
	반자높이	요구조건과 맞으며 기능적으로 합리적인가
	단면상의 입면	단면상세도에서 표현되어야 할 입면요소가 누락되지 않고 표현되었는가
	출력	단면도 1/40, 입면도 1/50로 정확히 출력되었는가 단면, 입면, 각종 선들이 제도 통칙과 요구조건에 맞게 출력되었는가
입면도	건물의 높이 및 구조	처마 높이 및 건물높이, 벽체 두께 등이 단면도와 일치하는가
		처마 나옴의 간격이 요구사항과 일치하는가
		(굴뚝이 있는 경우) 표현을 하였거나 합리적으로 표현되었는가
		테라스 높이 및 난간 설치가 적합한가
		개구부 및 창호 표현이 단면도와 일치하는가
		외부 재료 표기 및 각종 홈통의 표시가 일치하는가
도면의 기능도 및 미관	도면 배치	도면이 치우치지 않고 일정하게 배치하였는가 도면의 테두리 선을 정확히 표현하였는가
	선의 작도 및 구분	용도에 따른 선의 굵기 및 진하기가 잘 구별되었는가
	문자 및 숫자	문자의 크기와 간격이 일정하고 숙달되었는가 필요한 개소에 적절히 문자를 배치하였는가
	재료 표현	재료표현이 청결하고 누락되지 않았는가
	도면의 청결도	도면이 부분적으로 파기되지 않고 표현이 분명한가
	입면도 배경표현	입면도의 배경을 표현하였는가

실제 시험에서의 채점기준은 비공개이나, 다년간 축적된 수험생들의 경험을 통해 작성된 채점 체크리스트입니다. 도면 완성 후 리스트에 있는 사항을 체크해 보세요.

개념잡는 핵심이론
나합격만의 본문구성

NEW DESIGN

나합격만의 아이덴티티를 강조한
새로운 디자인과 함께 최신 출제 경향을
완벽히 반영한 최신 개정판입니다.

STEP 01
기본설정 & 기본명령어
① 캐드 시작 시 버전별 설정방법 확인
② 오토캐드 기본 명령어 학습
③ 작업 속도를 향상시키기 위한 팁

버전별 인터페이스

오토캐드의 버전별로 다른 인터페이스를
한눈에 볼 수 있도록 구성했습니다.
오토캐드 클래식 모드도 확인해 보세요.

STEP 02
평면도 학습
① 건축도면의 이해
② 평면도 작성 연습
③ 건축 요소 파악

STEP 03
단면도, 입면도 학습
① 단면상세도 작성 연습
② 입면도 작성 연습
③ 요구 조건과 연관성을 정확하게 파악하는 연습

평면도 학습 & 그리기 연습

평면도는 제출도면에 포함되지 않지만 단면도, 입면도의 기준이 되므로 매우 중요합니다. 평면도를 그리는 과정을 통해 건축요소를 이해하고 보다 효율적이고 빠르게 학습을 할 수 있습니다.

단면도, 입면도 학습 & 그리기 연습

단면도와 입면도의 도면을 보는 방법부터 표제란을 그리는 방법까지 따라해 볼 수 있도록 구성된 학습방법을 통해 도면을 이해하고 나아가 요구조건과 도면간의 연관성까지 파악할 수 있습니다.

시험의 유형을 잡는 기출종합문제 &
최신 경향을 파악하는 최신 기출문제

STEP 04

기출 유형 학습

① 자주 출제되는 유형별 기출 20선 제공
② 기출 유형 파악
③ 문제 도면을 정확히 파악하는 연습

STEP 05

최신 기출문제

① 실전 감각 기르기
② 최신 출제 경향 파악
③ 작업시간 관리

기출 유형 파악

가장 중요한 것은 평면도를 정확히 파악하는 것과
문제를 풀면서 실수를 줄여나가는 것입니다.

최근 출제 경향 파악

한번도 출제되지 않은 문제의 유형이 나와도
도면에 대한 이해가 있다면 어떠한 유형도 풀 수 있습니다.

시험의 흐름을 잡는 나합격만의 합격도우미

STEP 06
시험의 변수 파악
① 시험장 가기 전 출제 변수 파악
② 도면에 대한 이해 확장

부록
캐드 단축키 & 도면 완성 파일
① 캐드 단축키 정리 수록
② 최신 기출 도면 완성 파일 제공

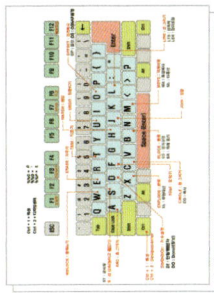

캐드 단축키 정리
시험에 꼭 쓰이는 그리기, 편집, 문자, 레이어, 해치, 블록, 특성 및 환경변경에 관한 명령어 (단축키)를 총 정리하여 수록하였습니다.

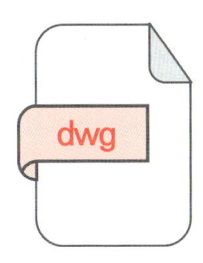

도면 완성 파일 .dwg 제공
기출문제를 그려본 후 잘 그린 건지 확인할 수 있는 완성도면 파일을 나합격 건축 카페를 통해 제공하고 있습니다.

파일경로
나합격 건축 카페(cafe.naver.com/napass6)
→ 나합격 | 문제복원 → 완성 기출 도면파일

출제변수파악
도면에 대한 이해가 있다면 어떠한 유형도 풀 수 있지만 간혹 출제될 수 있는 변수에 대해 미리 인지하고 당황하지 않는 것만으로도 시험을 치를 시 큰 도움이 됩니다.

캐드 단축키 & 도면 완성 파일 제공
시험에 꼭 쓰이는 단축키를 정리하여 수록하였으며, 본인이 완성한 도면이 맞는지 잘 그린건지 확인할 수 있도록 완성된 도면파일을 나합격 카페에 제공합니다.

SELF-STUDY PLANNER

시험 당일까지 공부일정 및 계획을 짜는 것은 매우 중요합니다.
셀프스터디 합격 플래너를 통해 스스로의 합격을 만들어 보세요.

나의 목표			시험일 /		
				Study Day	Check
PART 01 기본설정	01	캐드 시작하기	020	/	
	02	오토캐드 클래식 메뉴로 변경	025	/	
PART 02 기본명령어	01	이동(Move)	032	/	
	02	복사(Copy)	033	/	
	03	회전(Rotate)	033	/	
	04	대칭(Mirror)	034	/	
	05	길이조절(Stretch)	034	/	
	06	자르기(Trim)	035	/	
	07	연장(Extend)	035	/	
	08	모깎기(Fillet)	036	/	
	09	간격복사(Offset)	036	/	
	10	배열(Array)	037	/	
	10-1	오토캐드 클래식버전(2000~2008버전)에서의 배열(Array)	039	/	
	11	다중선(Multi Line)	040	/	
	12	복합선(Poly Line)	040	/	
	13	무한대선(X Line)	041	/	
	14	사각형 그리기(RECTANGLE)	042	/	
	15	해칭(HATCH) : 단면, 입면상의 재료 표현	042	/	
	16	EXPLODE(분해), JOIN(결합)	043	/	
	17	문(WD, SD)	044	/	
	18	창문(WW, AW)	047	/	
	19	가구(소파, 침대, 의자)	050	/	
	20	위생도기	052	/	
	21	주방기구	054	/	
	22	나무그리기	055	/	

Study Day　　Check

PART 03 평면도 작성

01	도면층 생성	059	/		
02	선 종류 축척(Line Type scale)	061	/		
03	Limits 설정	061	/		
04	중심선 그리기	062	/		
05	중심선 연장 : 외부에서 치수를 매기기 위해 연장한다.	062	/		
06	실 크기 표현	063	/		
07	벽체 그리기	063	/		
08	창호 표현	068	/		
09	가구, 위생도기 배치	071	/		
10	문자 작성(Dtext)	071	/		
11	해칭(Hatching)-파랑 도면층	072	/		
12	치수(Dimension)	073	/		
13	표제란 작성	075	/		
14	프린트(Plot)	077	/		

PART 04 단면상세도 작성

01	도면층 생성	084	/		
02	평면도 작성방법을 토대로 외벽까지 그리기	085	/		
03	처마선 그리기	086	/		
04	평면도의 단면표시기호 표현하고 화살표가 위로 보도록 Rotate	086	/		
05	G.L(Ground Level)	087	/		
06	줄기초 표현	087	/		
07	바닥 슬래브(Slab) 표현	090	/		
08	계단, 테라스, 하단 단면표현	091	/		
09	바닥 단열재	095	/		
10	밑창콘크리트, 잡석다짐	096	/		
11	바닥난방	098	/		
12	지붕슬래브	099	/		
13	반자 설치	105	/		
14	지붕단열재	108	/		
15	지붕 방수	110	/		
16	시멘트 기와 표현	110	/		
17	시멘트 기와 배열	111	/		
18	용머리 장식	113	/		
19	단면 벽체(개구부) 표현	113	/		
20	단면상의 입면요소	114	/		
21	재료표시	116	/		
22	빗물받이(홈통) 표현	118	/		
23	문자 쓰기	119	/		
24	난간대 표현	120	/		
25	벽체 마감재(단면상의 입면) 표현	121	/		
26	치수 작성	122	/		
27	표제란	124	/		

				Study Day		Check	
PART 05 입면도 작성	01	단면도 완성본을 COPY(좌측 상단의 방해 받지 않는 곳으로 복사)	129	/			
	02	좌측에 단면도, 상단에 평면도를 두고 그 사이에 입면도 작성한 자리를 확보한다.	129	/			
	03	단면도를 기준으로 G.L표현 : 골조는 모두 노란색 도면층	129	/			
	04	평면도를 기준으로 벽체선 표현(입면도는 외부에서 보이는 선만 표현)	130	/			
	05	단면도를 기준으로 지붕높이 표현(입면도는 외부에서 보이는 선만 표현)	130	/			
	06	평면도를 기준으로 지붕 폭 표현	131	/			
	07	높이가 다른 지붕 표현	131	/			
	08	기초 높이, 보의 높이 표현	132	/			
	09	테라스, 계단 표현	132	/			
	10	창문(거실,방), 현관문 표현 : 도면층 하늘색	133	/			
	11	홈통 : 처마홈통 하나당 선홈통 하나는 들어가도록 계획한다.	136	/			
	12	난간	137	/			
	13	기와	137	/			
	14	문자 작성	138	/			
	15	벽돌 표현	139	/			
	16	수목 식재 표현	139	/			
	17	표제란	141	/			
	18	출력	142	/			
PART 06 실전! 요구사항 및 도면 파악하기		실전! 요구사항 및 도면 파악하기	146	/			
PART 07 기출종합문제	01	기출종합문제 01	170	/			
	02	기출종합문제 02	190	/			
	03	기출종합문제 03	210	/			
	04	기출종합문제 04	224	/			
	05	기출종합문제 05	236	/			
	06	기출종합문제 06	248	/			
	07	기출종합문제 07	258	/			
	08	기출종합문제 08	268	/			
	09	기출종합문제 09	278	/			
	10	기출종합문제 10	288	/			

				Study Day	Check
PART 07 기출종합문제	11	기출종합문제 11	298	/	
	12	기출종합문제 12	308	/	
	13	기출종합문제 13	318	/	
	14	기출종합문제 14	328	/	
	15	기출종합문제 15	338	/	
	16	기출종합문제 16	348	/	
	17	기출종합문제 17	358	/	
	18	기출종합문제 18	368	/	
	19	기출종합문제 19	378	/	
	20	기출종합문제 20	388	/	
PART 08 최신기출문제	01	2018년 1회 A형 최신 기출문제	400	/	
	02	2018년 1회 B형 최신 기출문제	412	/	
	03	2018년 2회 A형 최신 기출문제	424	/	
	04	2019년 1회 A형 최신 기출문제	436	/	
	05	2019년 2회 A형 최신 기출문제	450	/	
	06	2020년 1회 A형 최신 기출문제	464	/	
	07	2020년 1회 B형 최신 기출문제	480	/	
	08	2020년 2회 A형 최신 기출문제	494	/	
	09	2021년 1회 A형 최신 기출문제	508	/	
	10	2021년 2회 A형 최신 기출문제	522	/	
	11	2021년 3회 A형 최신 기출문제	536	/	
	12	2022년 2회 A형 최신 기출문제	550	/	
	13	2022년 4회 A형 최신 기출문제	564	/	
	14	2023년 2회 A형 최신 기출문제	578	/	
	15	2023년 4회 A형 최신 기출문제	592	/	
	16	2024년 2회 A형 최신 기출문제	606	/	
	17	2024년 4회 A형 최신 기출문제	620	/	
PART 09 출제변수	01	측면 입면도(지붕이 경사진 방향)가 출제된 경우	636	/	
	02	외부 벽체의 중심선이 시멘트 벽돌 1.0B(190mm)의 중심에 위치한 경우	646	/	

IKEYBOARD SHORTCUT

🖱 그리기 명령

- **L** — LINE | 선그리기
- **XL** — 무한선 그리기
- **PL** — 연속선 그리기
- **ML** — MULTILINE | 다중선 그리기 (벽체작업 등)
- **REC** — RECTANGLE | 사각형 그리기
- **POL** — POLYGON | 다각형 그리기
- **C** — CIRCLE | 원 그리기
- **A** — ARC | 원호 그리기
- **EL** — ELLIPSE | 타원 그리기
- **DO** — DONUT | 도넛 그리기
- **POL** — POLYGON | 다각형 그리기

🖱 편집 명령

- **E** — ERASE | 지우기
- **TR** — TRIM | 자르기
- **U** — 되돌기기
- **REDO** — 되살리기(한번만)
- **CO** — COPY | 복사
- **O** — OFFSET | 간격복사
- **MI** — MIRROR | 대칭반사
- **M** — MOVE | 이동
- **SC** — SCALE | 확대, 축소하기
- **EX** — EXTEND | 연장하기
- **RO** — ROTATE | 회전하기
- **S** — STRETCH | 늘리기
- **AR** — ARRAY | 배열 (상단의 아이콘을 주로 사용하셧)
- **F** — FILLET | 모깎기(라운딩)
- **CHA** — CHAMFER | 모따기
- **X** — EXPLODE | 분해하기
- **BR** — BREAK | 중간자르기
- **LEN** — LENGTH | 길이조절

🖱 문자 명령

- **T** — TEXT | 문자
- **DT** — DTEXT | 단일행 문자
- **MT** — MTEXT | 다중행 문자
- **ST** — STYLE | 문자 스타일
- **ED** — DDEDIT | 문자 수정
- **D** — DDIM | 치수 스타일 설정

🖱 레이어, 해치, 블록

- **LA** — LAYER | 레이어 설정
- **LTS** — LINE TYPE SCALE | 선종류 축적
- **B** — BLOCK | 블록
- **W** — WBLOCK | 블록 쓰기
- **I** — INSERT | 블록 불러오기
- **H** — HATCH | 해치
- **BO** — BOUNDARY | 경계영역 설정

🖱 특성 및 환경변경

- **QS** — QSAVE (Ctrl + S) | 저장하기
- **NEW** — (Ctrl + N) | 새로운 도면
- **OPEN** — (Ctrl + O) | 불러오기(열기)
- **Z** — ZOOM | 줌, 확대, 축소
- **P** — PAN | 화면이동
- **CH** — DDCHPROP (Ctrl + 1) | 특성변경 메뉴구성
- **MA** — MATCHCHPROP | 특성복사
- **OP** — OPTION | 옵션설정
- **RE** — REGEN | 화면 해상도 총계 하기

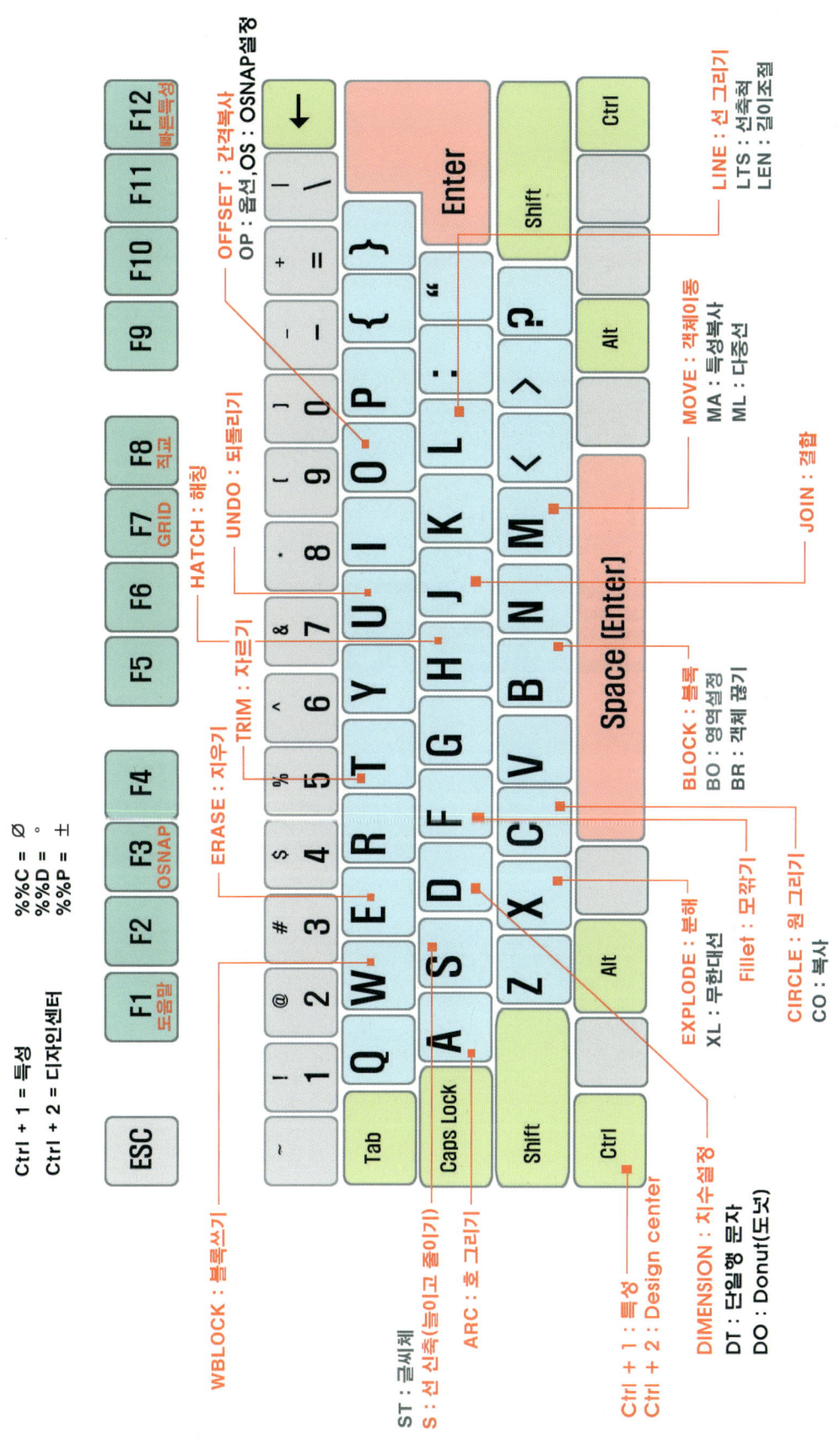

1
PART
기본 설정

빅 데이터 키워드 : AUTO CAD 설정

전산응용건축제도 기능사 실기는 AUTO CAD 기능을 능숙하게 활용 가능한 정도의
기능 + 건축도면을 표현할 수 있는 능력이 필요합니다. 본문에서 제시하는 기능을 반드시 지킬 필요는 없으며
기본설정을 본인이 활용하기 편하게 설정해 두면 도면작업이 더 수월하고 정확하게 진행됩니다.

PART 01 기본 설정

01 캐드 시작하기

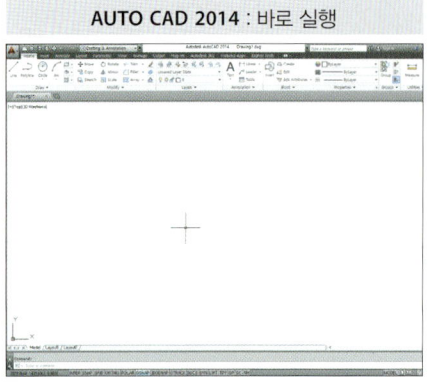

가. AUTO CAD 화면구성 - auto cad 2016

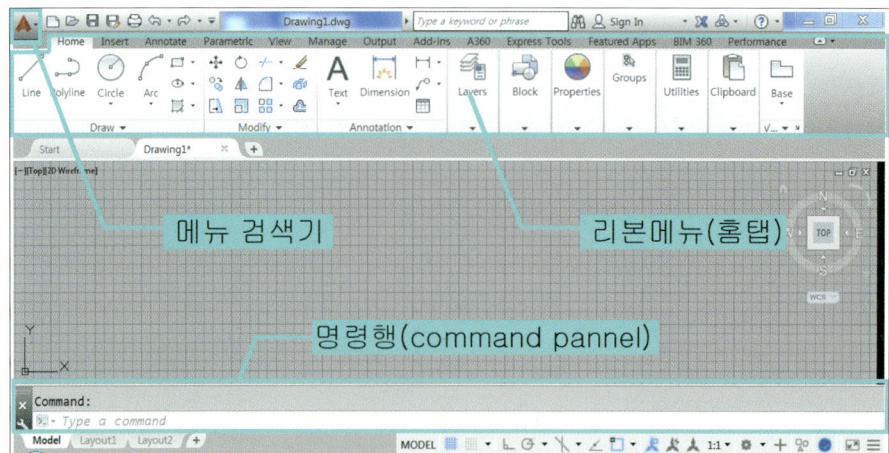

업그레이드

AUTO CAD 2014와 2016은 화면구성에 큰 차이가 없으나 상태표시줄 아이콘의 위치가 다름

2014 : 좌측하단
2016 : 우측하단

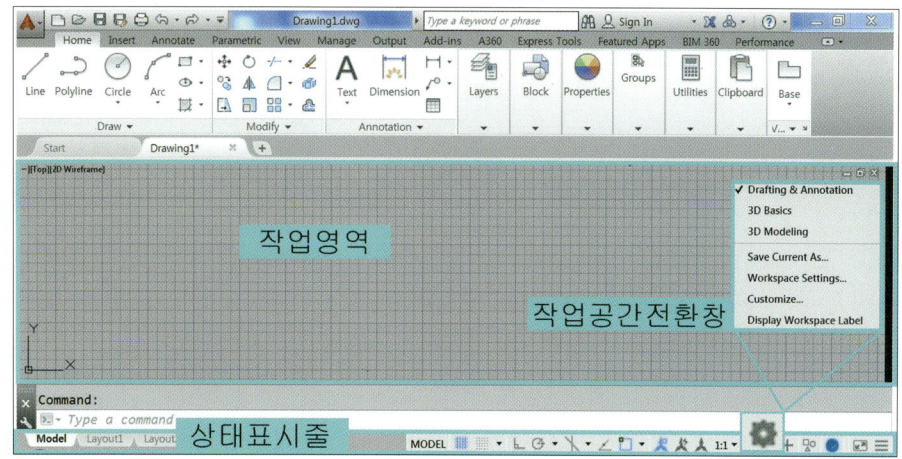

나. 작업환경 설정

❶ 하단의 하늘색 버튼 모두 클릭하여 회색(OFF)으로 변경

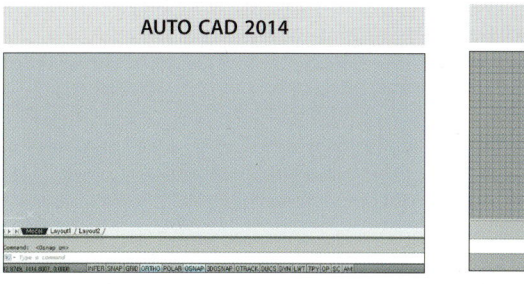
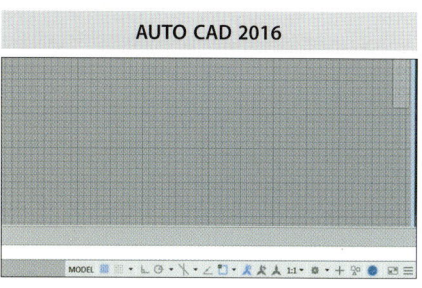

❷ 눌러 켜기(하단의 OSNAP, ORTHO 켜지는지 확인) F3 F8

업그레이드

DYNAMIC INPUT
(빠른특성 바로가기)

좌표계와 극좌표를 설명해 주는데 도면작성 시 신경 쓰일 수 있어 끄는 것을 권장함

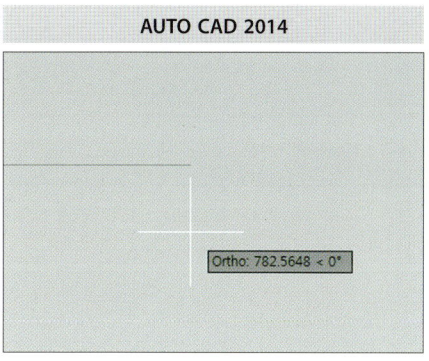
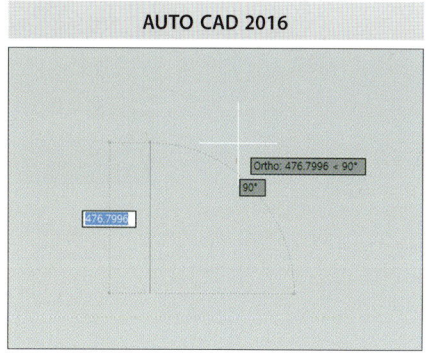

※ 2015 이상 버전 : 화면에 LINE을 그려보고 DYNAMIC INPUT가 신경 쓰이면 F12

업그레이드

command 패널을 고정 시키면 명령어 입력 시 화면으로 침범하는 현상이 없어 안정적임

❸ command 패널 고정하기

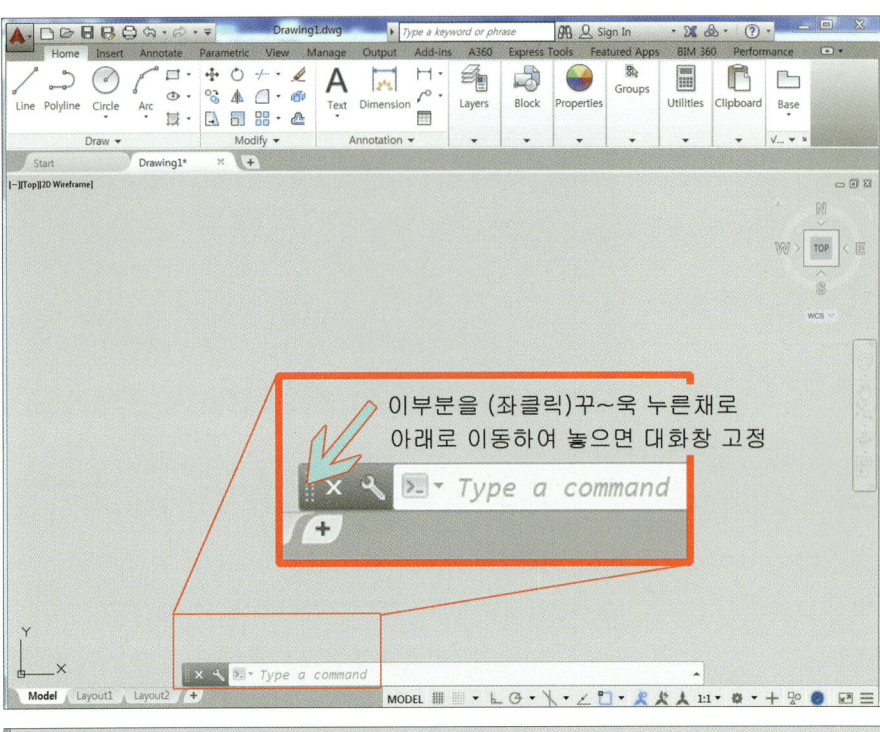

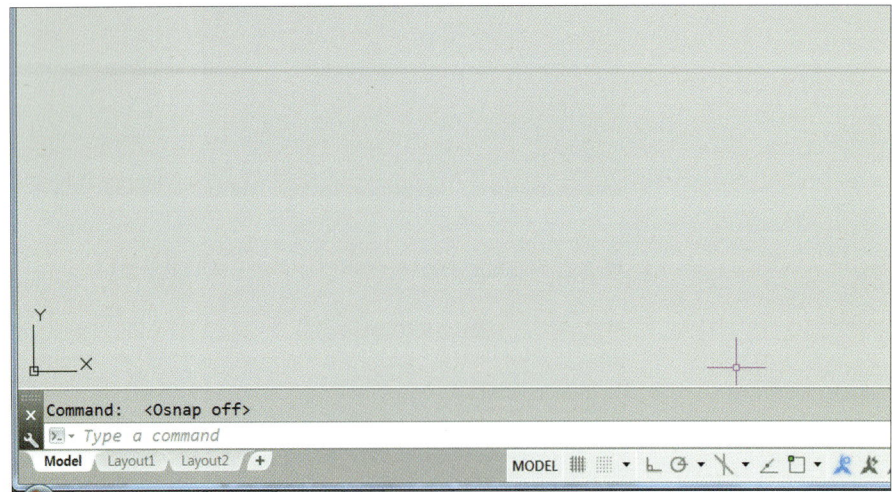

> **업그레이드**
>
> OSNAP은 본인이 쓰기 편한 옵션만 켜놓는 것이 유리함
>
> ex)
>
> 객체 스냅 모드
> - ☐ ☑ 끝점(E)
> - △ ☑ 중간점(M)
> - ○ ☑ 중심(C)
> - ⊗ ☑ 노드(D)
> - ◇ ☑ 사분점(Q)
> - ✕ ☑ 교차점(I)
> - — ☐ 연장선(X)
> - ⤵ ☑ 삽입점(S)
> - ⊥ ☑ 직교(P)
> - ○ ☐ 접점(N)
> - ✕ ☐ 근처점(R)
> - ⊠ ☐ 가상 교차점(A)
> - ∥ ☐ 평행(L)

❹ OSNAP 설정

〈OS [Enter] 새 창 열리면 사용할 OSNAP선택 〉

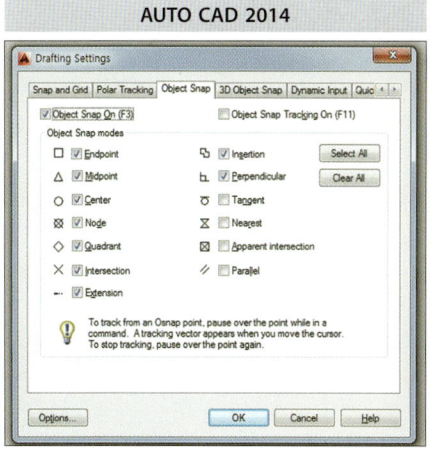 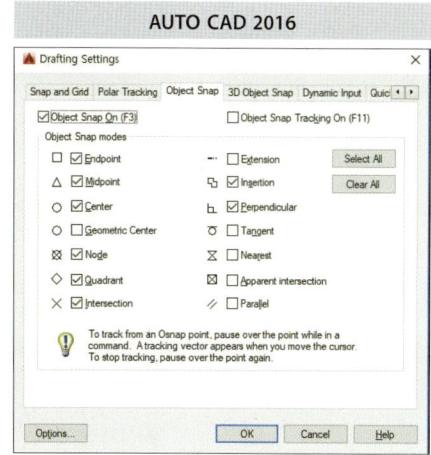

다. OPTION 설정

〈OP [Enter] OPTION 창 열림〉

❶ 사용자 기본설정 Tab / shortcut menus in drawing area(도면영역 바로가기) 해제

: 엔터키([Enter])를 오른쪽 마우스가 대신함. ※ 엔터키([Enter]) = 오른쪽 마우스 or [Spacebar]

> **업그레이드**
>
> 명령어 입력 단계에서는 [Spacebar]가 편리하지만 문자 입력에서는 띄어쓰기임

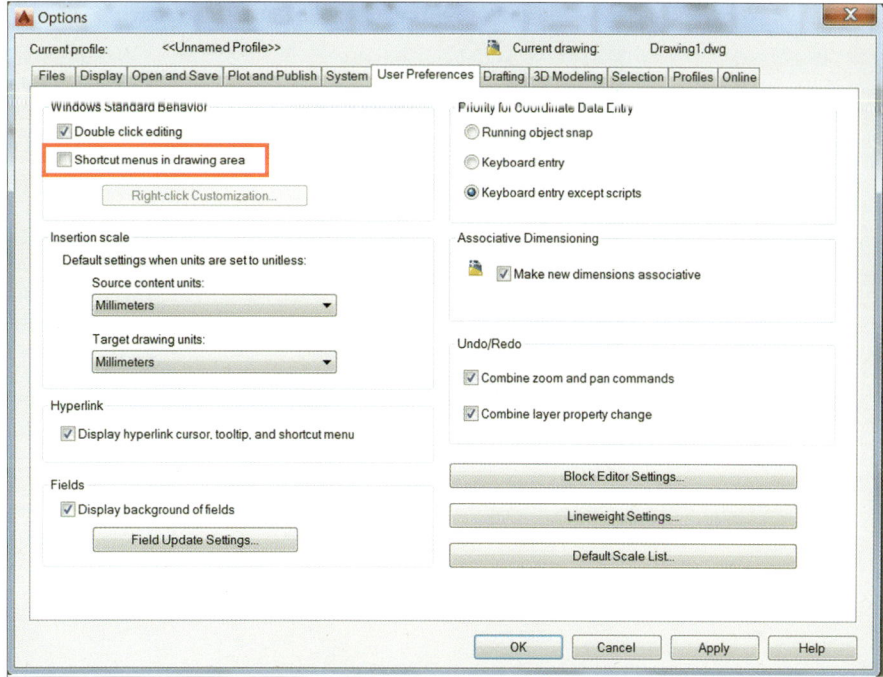

❷ 선택 커서 크기 설정

업그레이드
커서의 크기가 너무 크거나 작으면 선택의 정확도가 떨어지므로 중간 정도 크기로 작업한다.

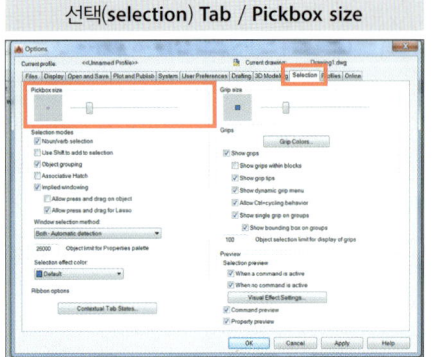
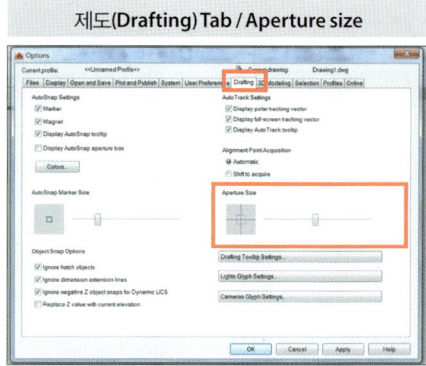

❸ 십자선 크기

– Display Tab / Crosshair size

업그레이드
십자선 크기는 정해진 값이 없으므로 본인이 편안한 값을 정한다.

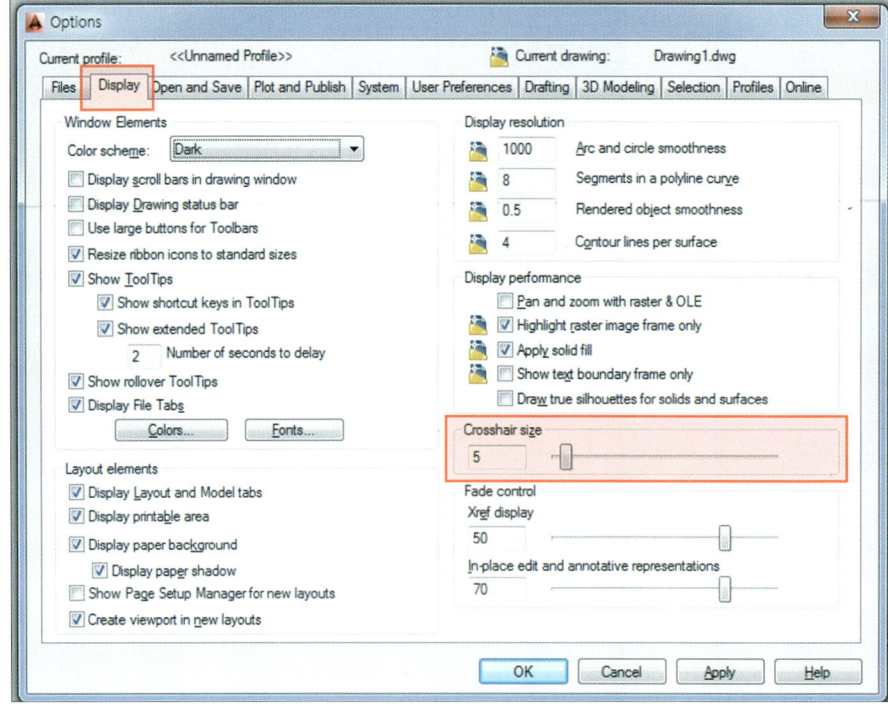

❹ 색상 설정

– Display Tab / Colors

(일반적으로 배경색상(uniform background)을 검은색으로 설정한다)

> **업그레이드**
>
> (습관적으로) 의미 없는 엔터키(Enter)를 계속 치면 다음 명령어가 진행되지 않는다.
>
> : 엔터키(Enter)
> = 방금 전 명령어 실행

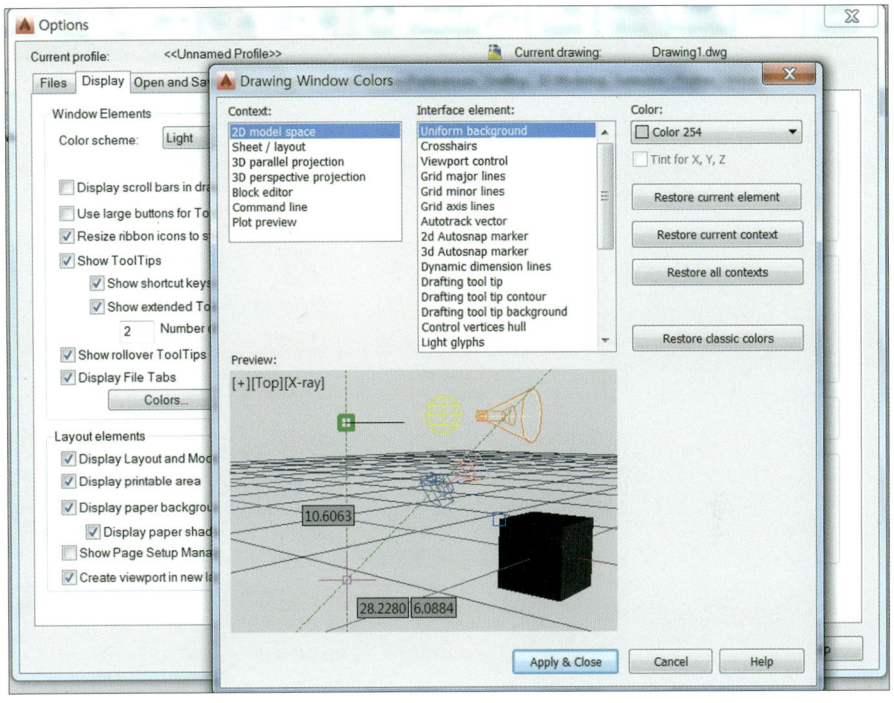

02 오토캐드 클래식 메뉴로 변경(AUTO CAD 2010~2014에서 지원하는 기능)

> **업그레이드**
>
> 오토캐드 클래식은 2002~2008버전과 유사한 환경으로 작업할 수 있도록 하는 기능이다.
>
> 기본 메뉴는 2D제도 및 주석(Drafting & Annotation)상태이다.

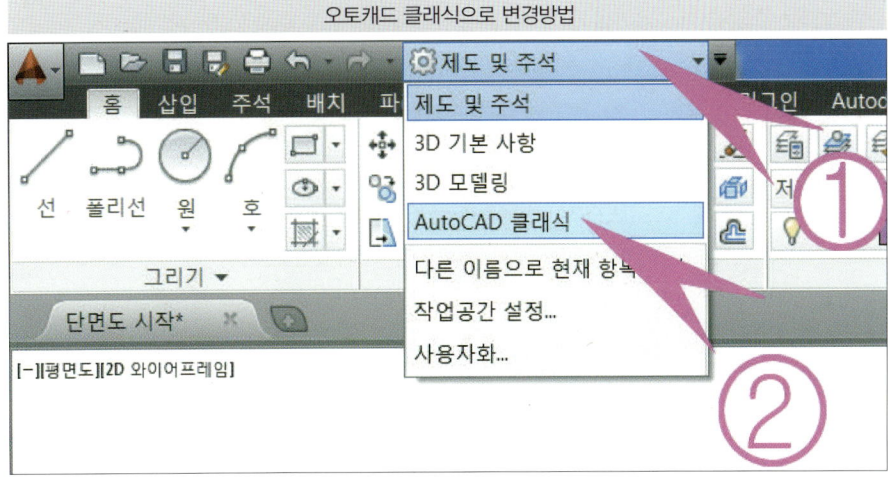

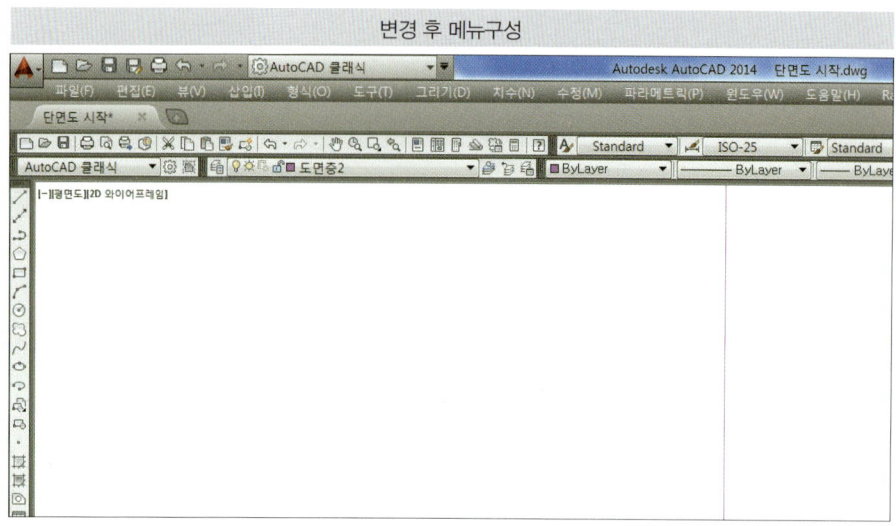

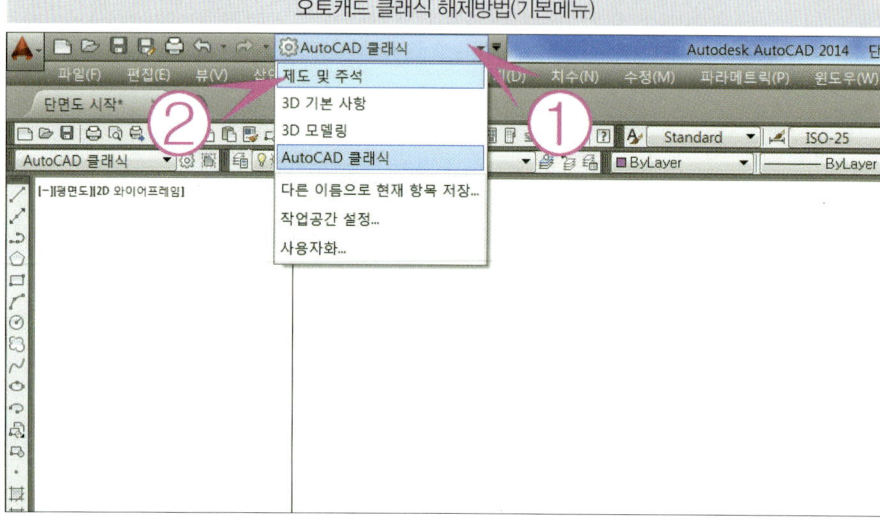

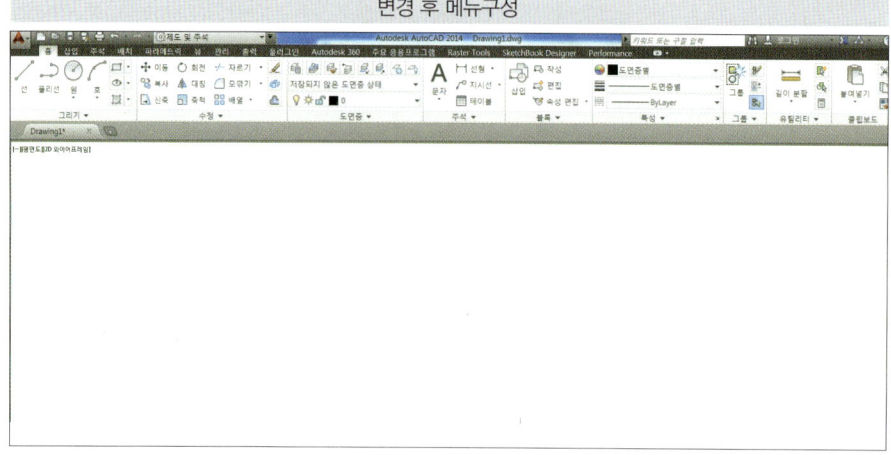

가. 오토캐드 클래식 상태에서 기존 ARRAY 실행 방법

> **업그레이드**
> 대화창에 ARRAY CLASSIC을 입력해야 하지만 너무 길기 때문에 대화창에 AR입력 후 기다리면 ARRAY CLASSIC이 연관 명령어로 나오고 그것을 클릭하면 실행할 수 있다.

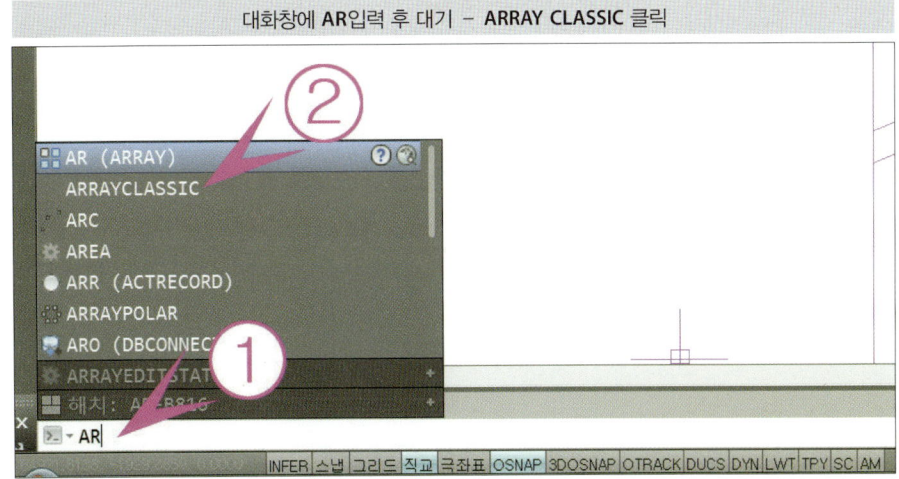

> **업그레이드**
> AR Enter 를 치면 새 창이 뜨지 않는다.

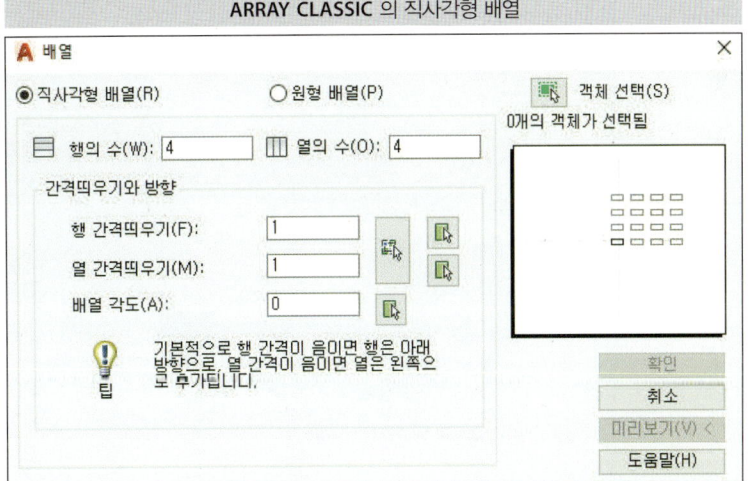

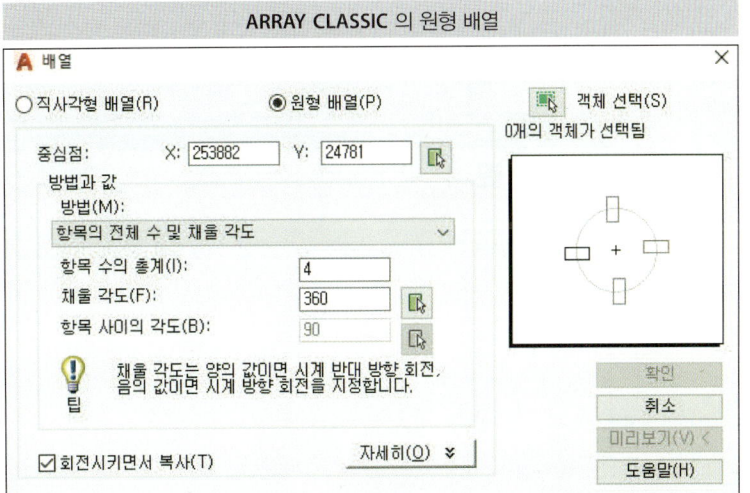

나. 오토캐드 클래식 상태에서 해칭 실행 방법

❶ 대화창에서 H Enter : 새 창이 뜬다.

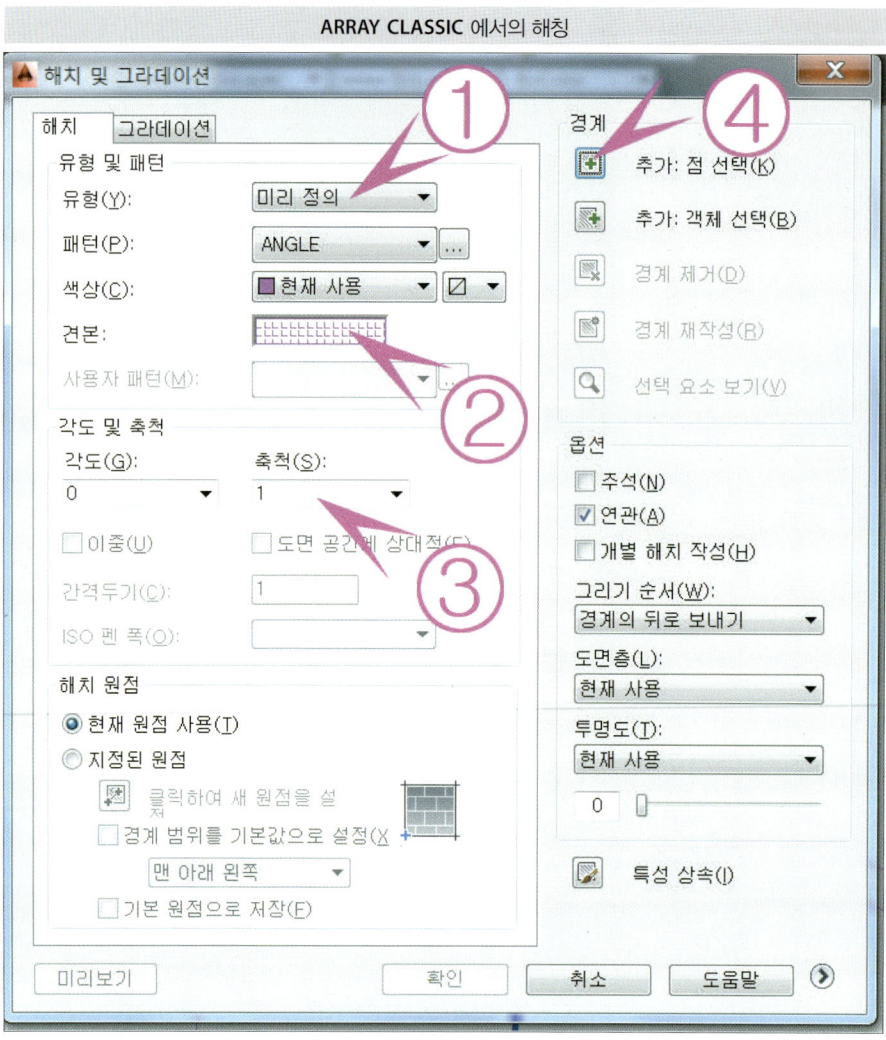

업그레이드

해칭은 새 창으로 띄우지 않고 작업하여도 무관하나 클래식 모드가 편하면 이 방법으로 새 창으로 띄워서 사용한다.

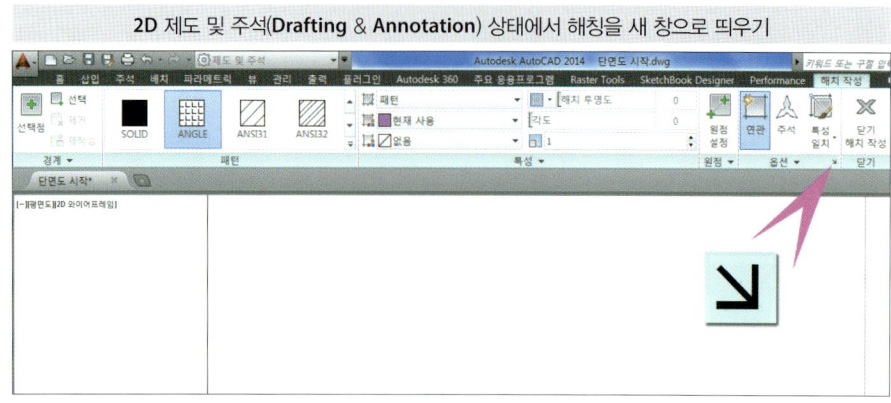

다. 오토캐드 클래식 상태에서 신속치수 사용법

❶ 상부의 풀다운 메뉴 : 치수 – 신속치수 클릭

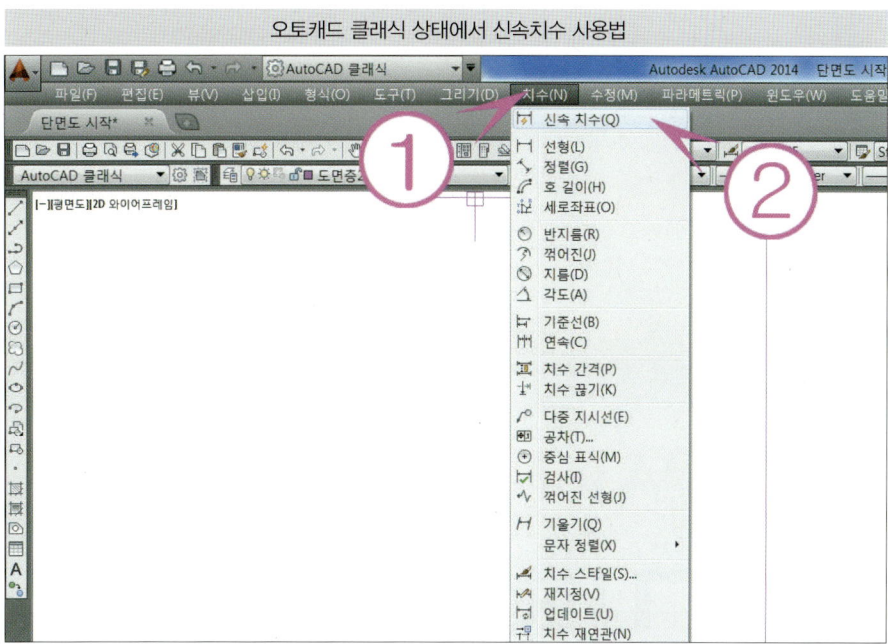

PART 2
기본 명령어

기본명령어는 앞으로 주로 사용하는 명령어를 정리하는 단원입니다.

기본 명령어

PART 02

습관에 따라 단축키를 사용하지 않고 상부의 리본메뉴에서 바로 선택하여도 되지만 해설의 편의, 작업 속도의 향상을 위해 방법을 정리한다고 생각하며 명령어들을 정확히 사용해 봅시다.

01 이동(Move)

❶ M [Enter] ❷ 객체선택 [Enter] ❸ 기준점 클릭 ❹ 이동위치 클릭(또는 거리, 좌표입력)

 참고

기준점=어디에서
이동위치=어디로

업그레이드

기준위치와 이동(복사) 위치를 정확히 찍어주지 않으면 아무데나 복사될 수밖에 없다.

거리를 입력할 때는 기준점을 아무데나, 위치를 지정할 때는 기준점(시작점)을 정확히 한다.

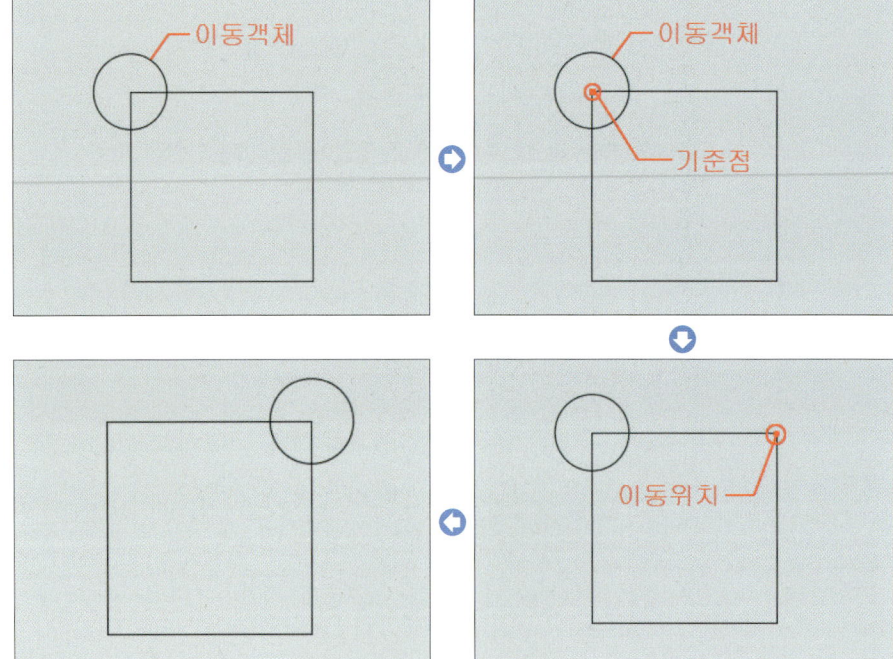

02 복사(Copy)

❶ Co Enter ❷ 객체선택 Enter ❸ 기준점 클릭 ❹ 복사위치 클릭(또는 거리, 좌표입력) Enter

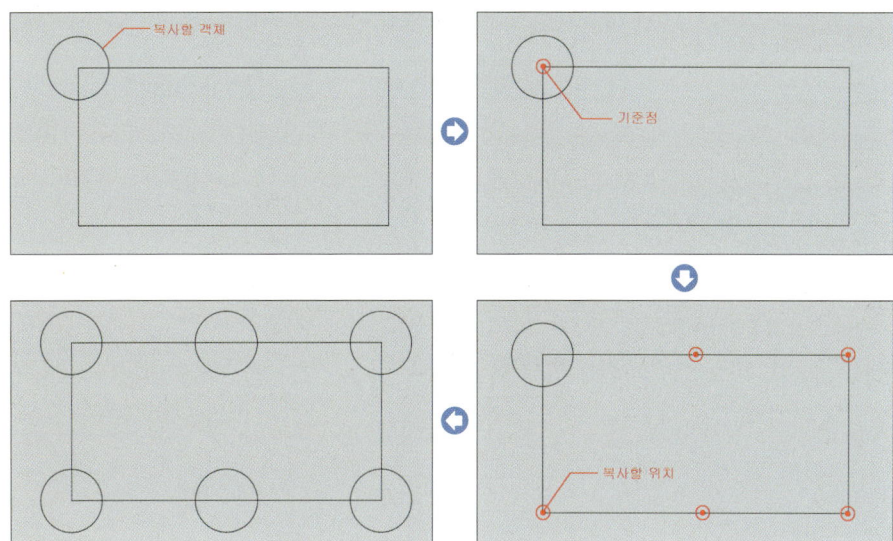

03 회전(Rotate)

1. ❶ Ro Enter ❷ 객체선택 Enter ❸ 기준점 클릭 ❹ 각도(반시계방향 = 30)입력 Enter

2. ❶ Ro Enter ❷ 객체선택 Enter ❸ 기준점 클릭(원본남기기 = C Enter)

  ❹ 각도(시계방향 = -30)입력 Enter

업그레이드

Rotate의 기준점은 콤파스를 예로 들어볼 때 콤파스의 침(축)으로 본다.

회전 객체는 연필이 고정된 부분이라 상상하면 기준점 잡기가 수월하다.

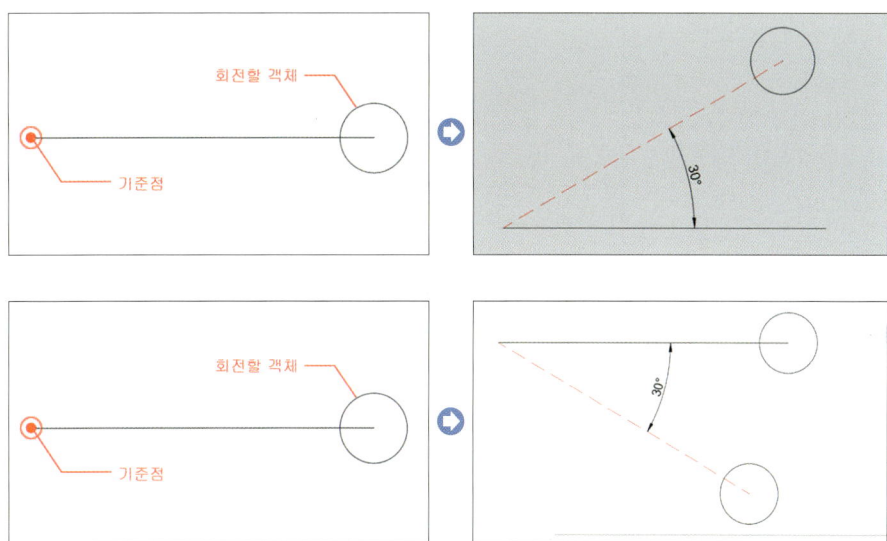

PART 2 기본 명령어 **033**

04 대칭(Mirror)

❶ Mi `Enter` ❷ 객체선택 `Enter` ❸ 기준점 클릭 ❹ 상하대칭 : 마우스 좌(우)로 움직여 클릭 `Enter`
좌우대칭 : 마우스 상(하)로 움직여 클릭 `Enter`

> **업그레이드**
>
> Mirror
>
> 종이를 반으로 접어 대칭 되도록 물감이 묻는 데칼코마니를 생각해보자
>
> 기준점은 종이가 접어지는 지점이라고 생각하며 기준점을 잡아보자

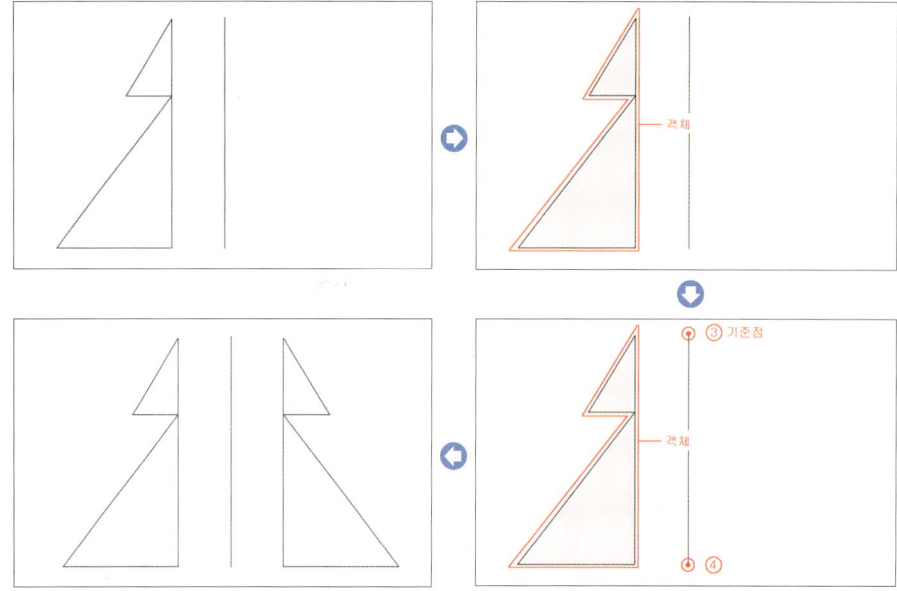

05 길이조절(Stretch)

❶ S `Enter` ❷ 길이 조절할 선의 끝부분을 오른쪽에서 왼쪽(허공)으로 포함
❸ 시작점 클릭(허공) ❹ (마우스) 방향주고 거리입력 `Enter`

> **업그레이드**
>
> 선을 아무 명령어 없이 클릭 해 보면 파란점이 양쪽 끝에 두 개 나온다.
>
> 선의 끝부분을 지정할 때 파란 끝점을 상상하며 포함 하면 실수가 적다.
>
> 중간 부분은 아무리 포함 해도 Stretch가 되지 않 는다.

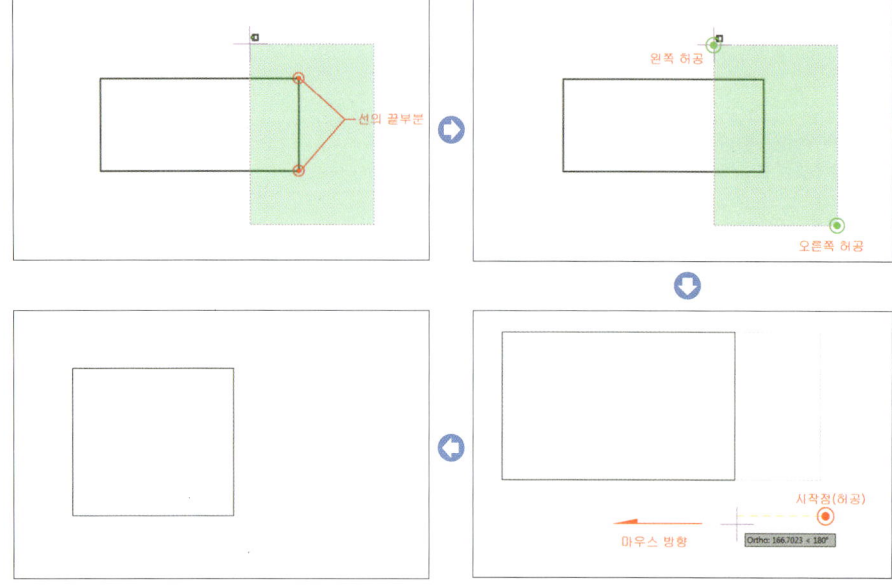

06 자르기(Trim)

가. Auto cad 2020 이하 버전

❶ Tr [Enter] ❷ 기준(자를 선과 남을 선의 경계) 선택 [Enter] ❸ 자를 선 선택 [Enter]

※ 기준 과정을 생략하려면 ❷번에서 그냥 [Enter]

나. Auto cad 2021 이상 버전

❶ Tr [Enter] ❷ 자를 선 선택 [Enter]

> **업그레이드**
>
> 기준 과정을 생략하면 편리한 부분이 있지만 어떤 선을 기준으로 여러 단계를 자를 때는 기준과정을 하는 것이 유리함
>
> Auto cad 2021 이상버전에서 기준(자를 선과 남을 선의 경계)을 잡을 때는 명령어 입력 전 단계에 기준을 선택하고 명령어를 입력하면 기준을 지정하고 Trim 할수있다.
>
> Auto cad 2021이상 버전에서 이전 버전처럼 작업하는 방법 Tr[Enter] O(모드)[Enter] S(표준)[Enter]

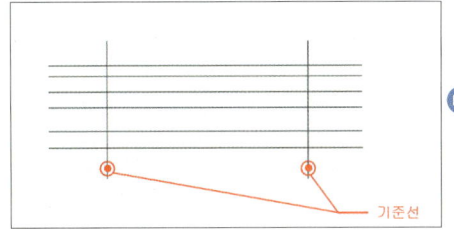
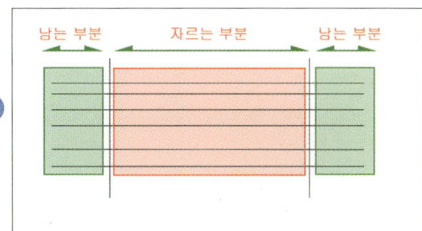
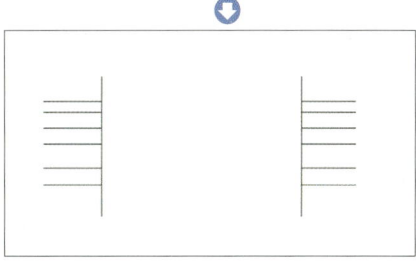

07 연장(Extend)

❶ Ex [Enter] ❷ 기준(연장할 선의 목표) 선택 [Enter] ❸ 연장할 선 선택 [Enter]

※ 기준 과정을 생략하려면 ❷번에서 그냥 [Enter]

※ Extend 또는 Trim은 ❸번 과정에서 [Shift]로 혼용가능

> **업그레이드**
>
> Extend 또는 Trim은 ❸번 과정에서 [Shift]로 혼용 가능
>
> Extend 또는 Trim할 때 기준을 잡으면 좋은 점
> -기준객체가 화면을 벗어나도(확대해도) 작업이 가능함
>
> Trim과 마찬가지로 2021 이상 버전에서는 기준 선택 과정 없이 명령어 입력 후 바로 연장할 선 선택 단계로 넘어간다.

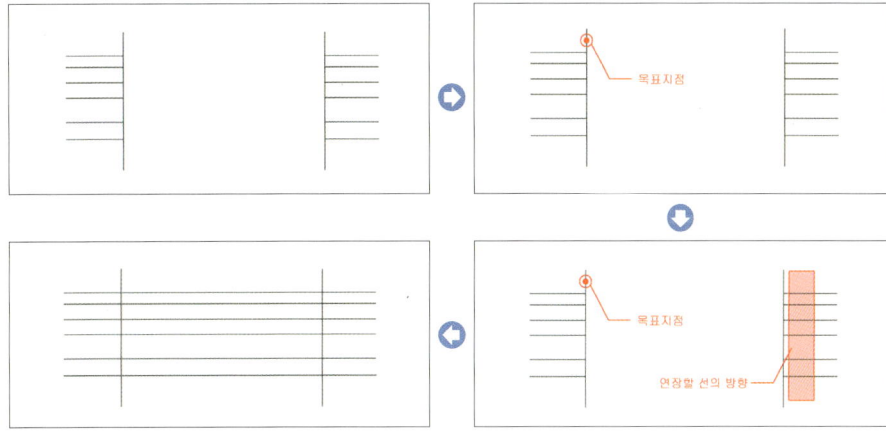

08 모깎기(Fillet)

❶ F [Enter] ❷ R [Enter] 반지름 값 입력 [Enter] ❸ 가로, 세로의 남는 선 클릭. 클릭

업그레이드

반지름(R) 값이 이전과 같을 경우 ❷번 생략

Fillet은 모서리에서 Trim, Extend를 대신하여 사용되기도 함

마지막 [Enter] 전에는 ❸, ❹반복가능 ❸이후 M [Enter] 하면 여러 번 (Multiple) 가능

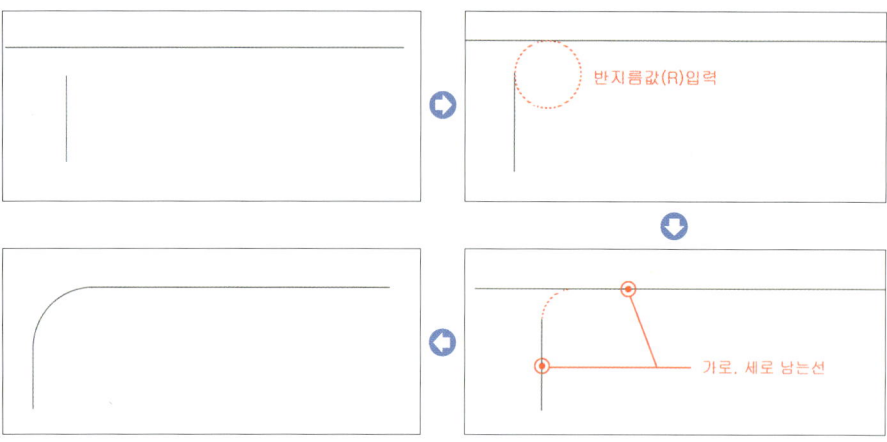

09 간격복사(Offset)

❶ O [Enter] ❷ 간격입력 [Enter] ❸ 원본클릭 ❹ 방향클릭 [Enter]

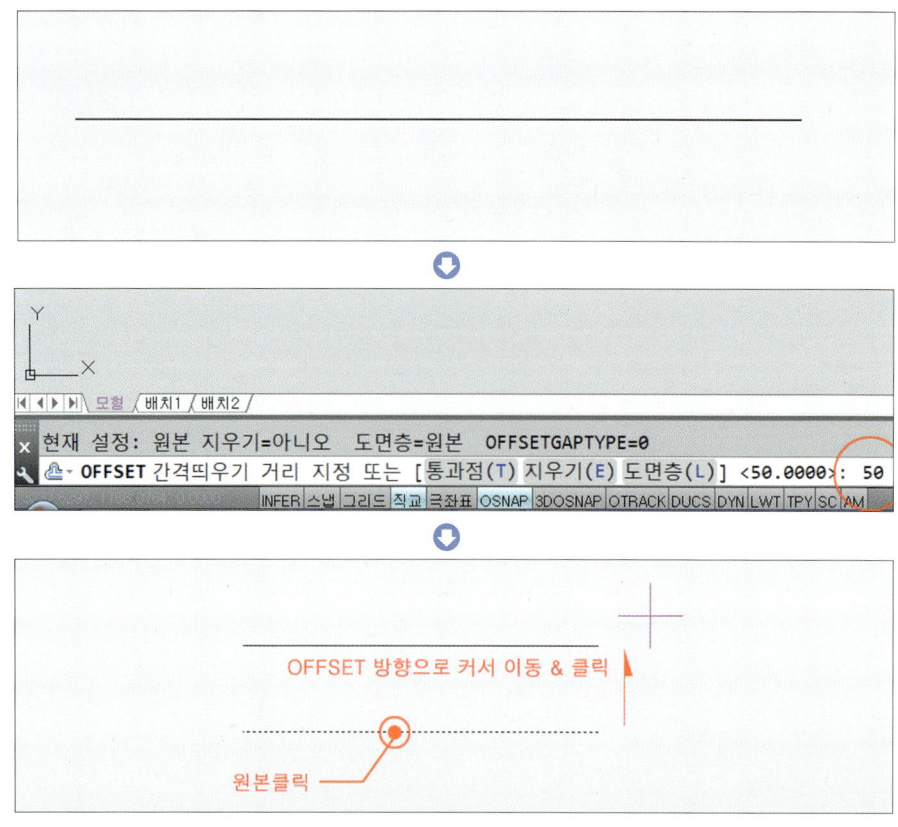

10 배열(Array)

> **업그레이드**
> 배열에서 항목 수는 원 객체를 포함한 개수임
> 배열에서 사이 거리는 원 객체의 크기를 포함함
> 예) 원 객체가 50이고 25만큼 거리를 띄우려고 하면 거리는 75가 된다.

❶ 직사각형 배열(Rectangular array)

가. 50×50 사각형 그리기

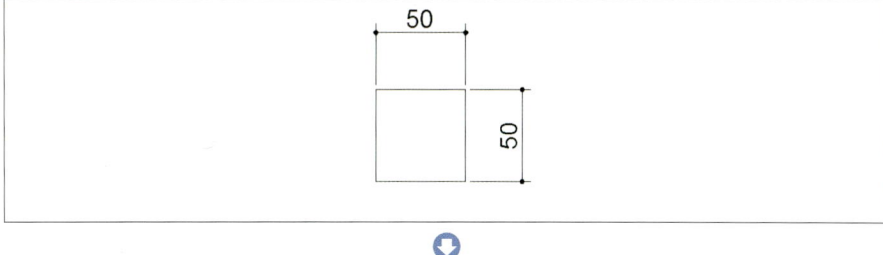

나. 직사각형 배열 선택 – 객체 선택 [Enter]

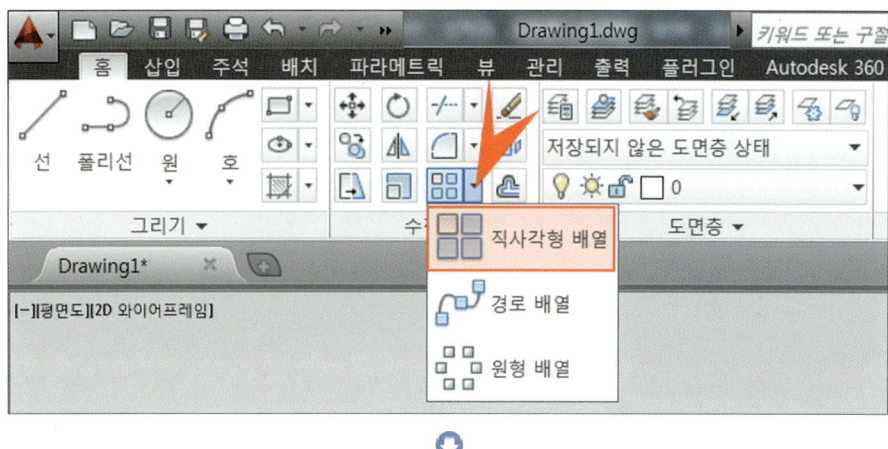

다. 열(가로)방향 개수 4개, 간격 75 입력

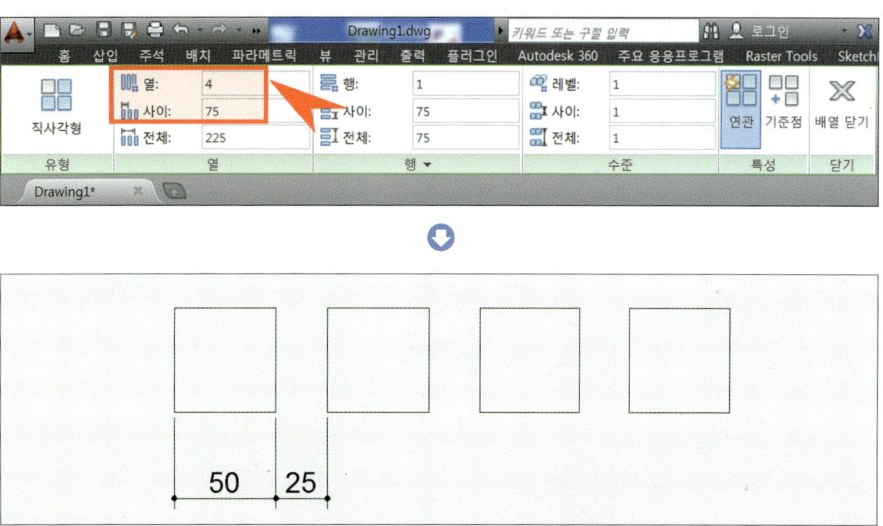

❷ 원형 배열(Polar array)

가. 세로로 50 Line 그리기

나. 원형 배열 선택 – 객체선택 [Enter] – 기준점 클릭

다. 각도, 항목 수 입력

> **업그레이드**
> 배열에서 항목 수는 원 객체를 포함한 개수임

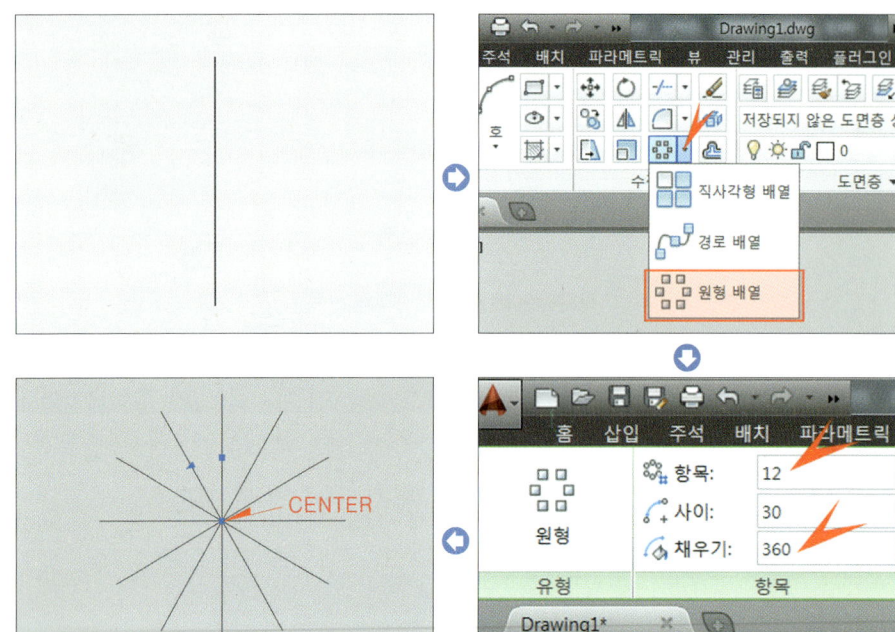

❸ 경로 배열(Path array)

> **업그레이드**
> 경로선택은 직선 곡선 모두 가능

가. 세로로 30, 가로로 200 LINE 그리기

다. 객체선택 [Enter] 경로곡선(직선)선택

나. 경로배열 선택

라. 사이간격 8 입력 [Enter]

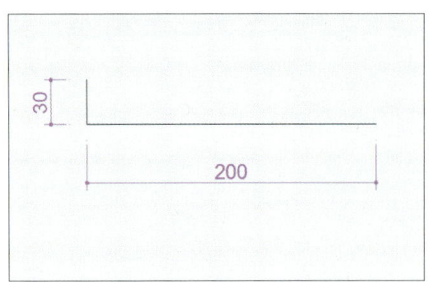
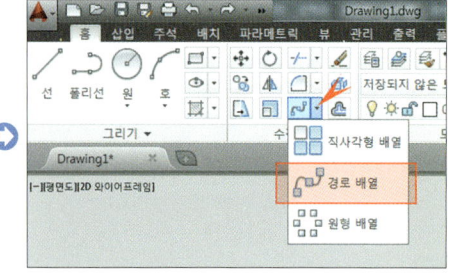
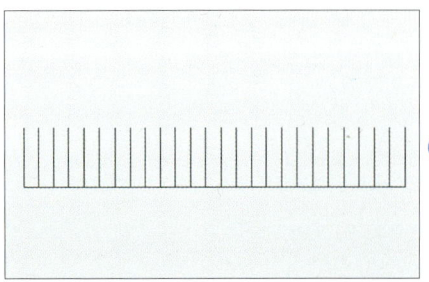

10-1 오토캐드 클래식버전(2000~2008버전)에서의 배열(Array)

❶ 직사각형 배열(Rectangular array)

❷ Autocad 2010~2014버전에서 상단 톱니바퀴 클릭

❸ 오토캐드 클래식 클릭

❹ 대화창에 ar입력 후 기다린다(엔터키 Enter 를 치면 새 창이 뜨지 않는다).

❺ Array classic 상단에 뜨면 클릭(바로 뜨지 않으면 휠을 굴려 아래로 내린다)

가. 직사각형 배열

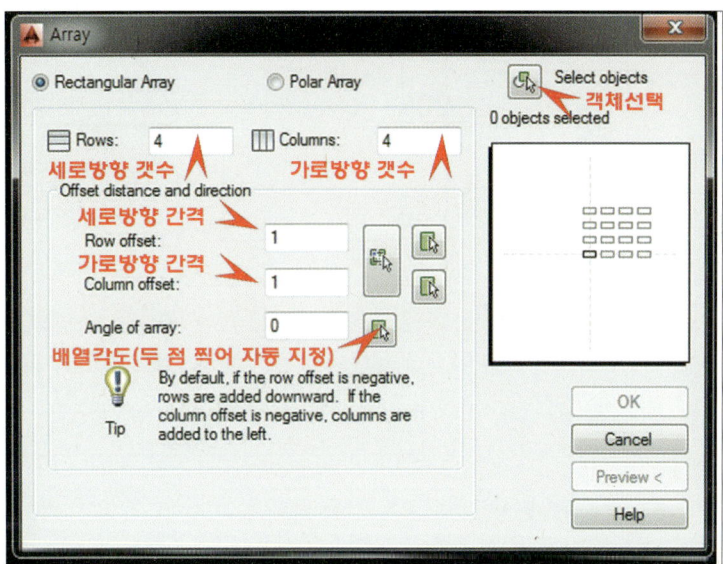

나. 원형 배열

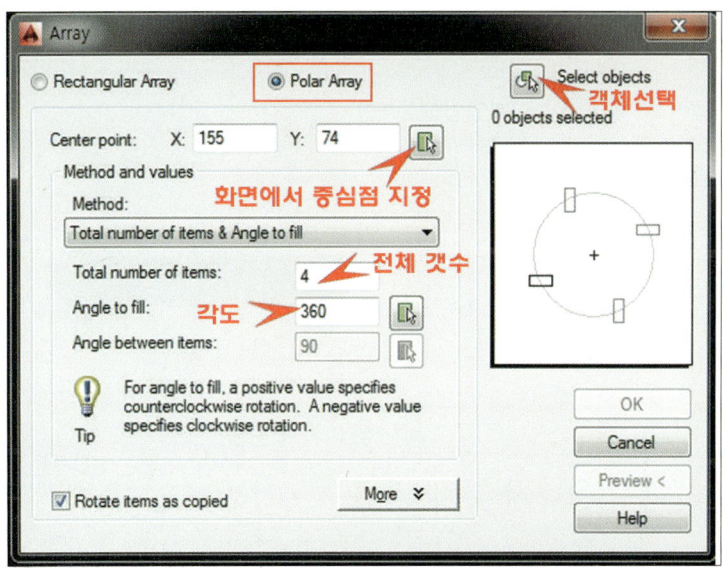

11 다중선(Multi Line)

❶ ML [Enter]

⟨Option : S [Enter] (폭) 200 [Enter] / J [Enter] (자리 맞추기) Z [Enter] (클릭 지점을 기준으로 양쪽으로 절반)⟩

❷ Line 그리는 방법과 유사함

업그레이드

S : Scale
J : Justfication
Z : Zero

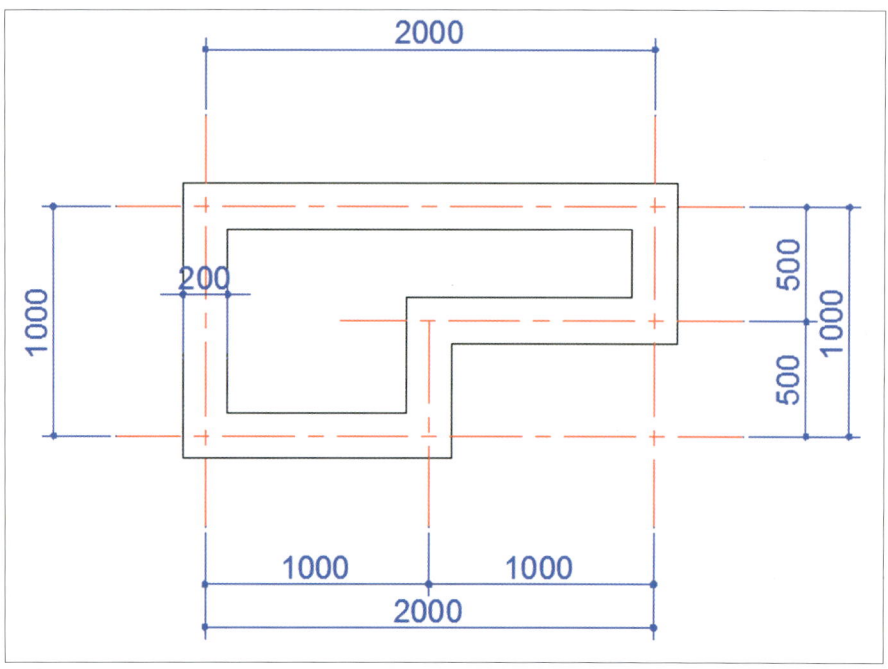

12 복합선(Poly Line)

❶ PL

⟨Option : W [Enter] (두께) / 시작 폭 200 [Enter] / 끝 폭 0 [Enter] 화살표 머리 등 표현⟩

❷ Line 그리는 방법과 유사함

업그레이드

두께가 일정하게 두꺼운 선을 그릴 때는

❶ PL [Enter]
  W [Enter] 100 [Enter] [Enter]
❷ Line 그리는 방법과 유사함

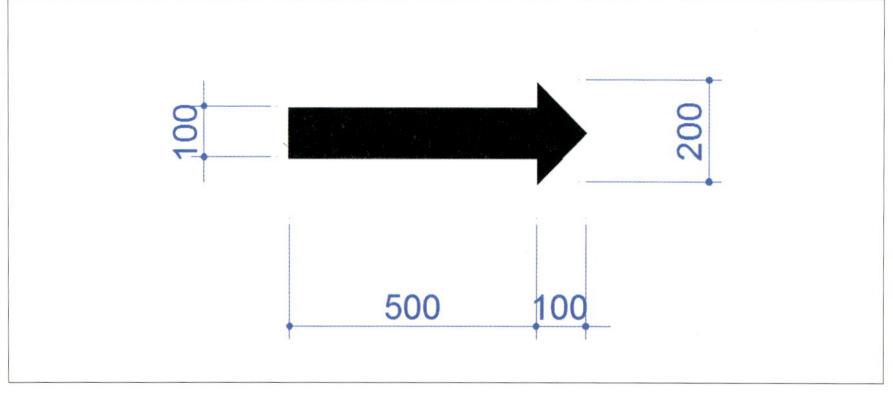

13 무한대선(X Line)

❶ XL [Enter]
❷ 수평 : H [Enter] / 수직 : V [Enter] / 각도 : A [Enter] (각도 입력 [Enter])
❸ 지정 위치 클릭 [Enter]

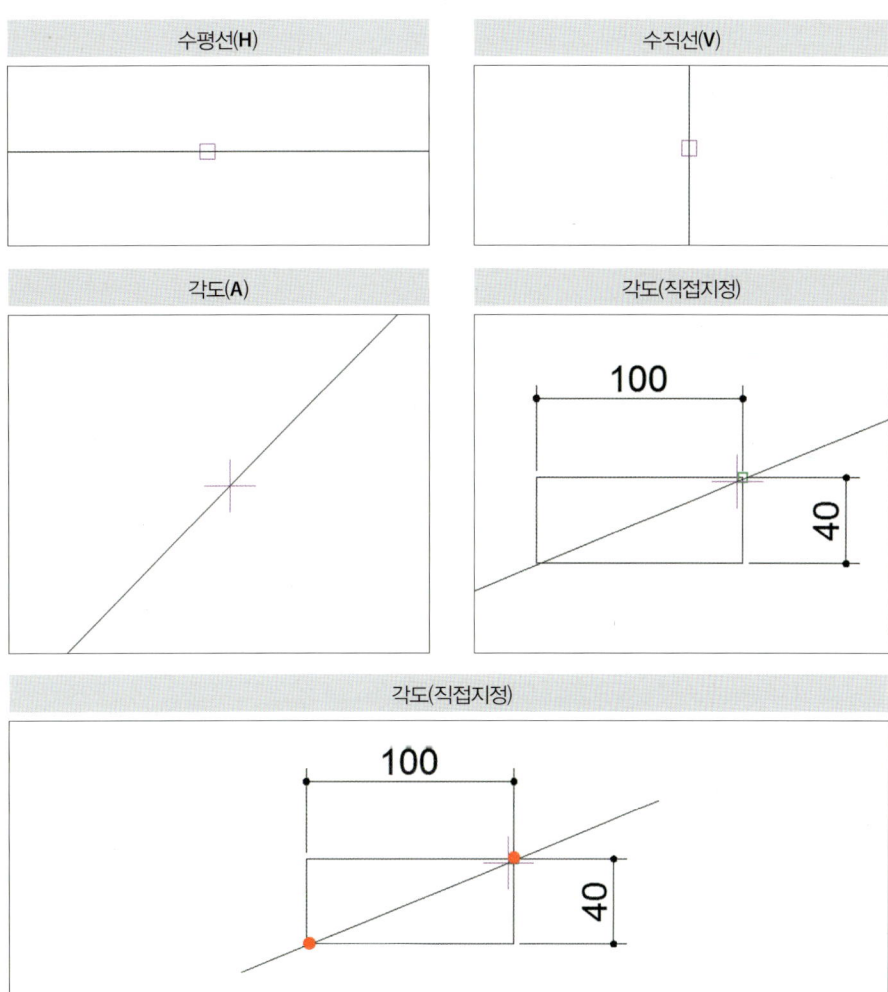

14 사각형 그리기(RECTANGLE)

❶ REC [Enter]

❷ 시작점 클릭(사각형의 좌측 하단위치 클릭)

❸ @가로, 세로 [Enter](예 : 가로1000 x 세로500 = @1000,500 [Enter])

업그레이드

사각형 그리기(RECTANGLE)는 네 개의 선이 붙어있는 상태로 그려지므로 필요 시 X [Enter]로 분해하여 사용한다.

15 해칭(HATCH) : 단면, 입면상의 재료 표현

가. 패턴 지정하여 해칭(벽돌, 마루 등 미리 정해진 패턴 입력)

❶ H [Enter]

❷ 패턴 클릭 – 전체 패턴 확인하고 Brick 클릭 – 각도, 간격(10)입력

❸ Pick Point(선택점) – [Enter]

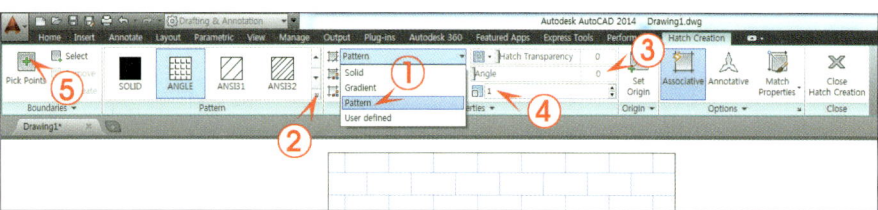

나. 사용자 정의(줄무늬) 해칭

❶ H [Enter]

❷ 사용자 정의(user defind) 지정 – 각도 입력 – 실제 간격 입력

❸ 격자무늬 표현 : Properties(특성) 클릭 – double(이중)클릭

❹ 원점 지정 : set origin(원점설정) 클릭 – 화면상의 시작점 클릭

❺ Pick Point(선택점) – [Enter]

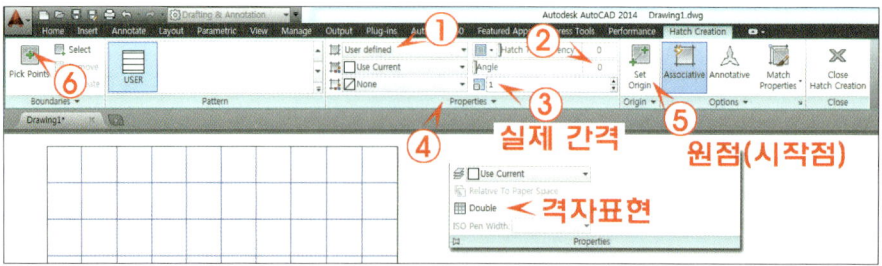

16 EXPLODE(분해), JOIN(결합)

가. EXPLODE(분해)

❶ X Enter ❷ 객체 선택 Enter
※ 사각형, 폴리라인, 해칭, 치수 등 결합된 객체는 모두 분해할 수 있다.

나. JOIN(결합)

> **업그레이드**
> ※ 2014이전 버전에서는 PEDIT 기능을 이용한다.

❶ J Enter ❷ 결합할 객체 선택 Enter
※ 선, 호 등 선의 끝부분이 완벽히 붙어있는 객체만 결합할 수 있다.
　간격이 있는 객체나 복잡한 객체는 BLOCK(B Enter) 기능을 이용해 연결한다.
❶ PE Enter ❷ M Enter(여러 개의 객체선택) ❸ 결합할 객체 선택 Enter
❹ Y Enter(Pline으로 변경하겠습니까? – yes) ❺ J Enter(JOIN)
❻ 결합거리 0(숫자) Enter ❼ 끝내기 Enter

17 문(WD, SD)

WD(실내문)입면

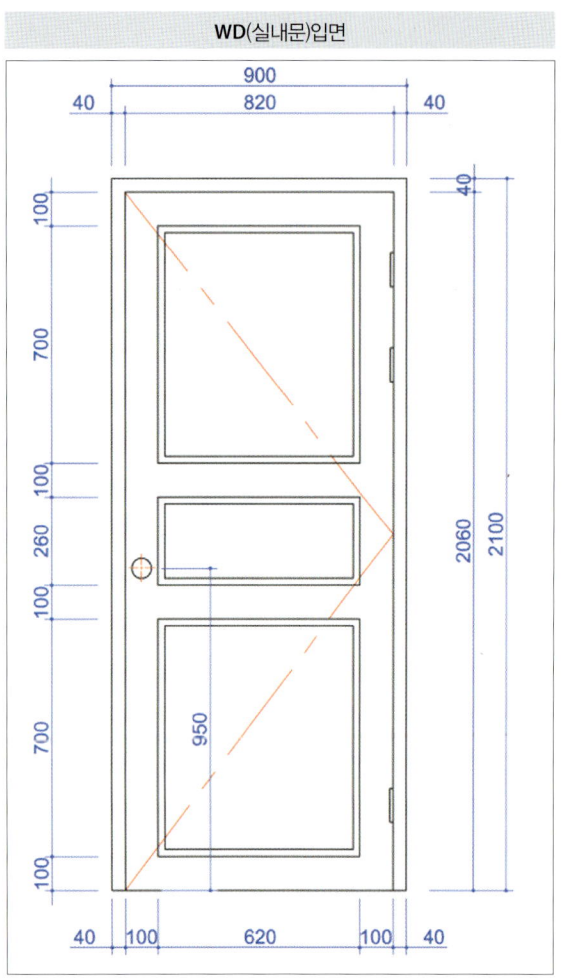

SD(현관문)입면

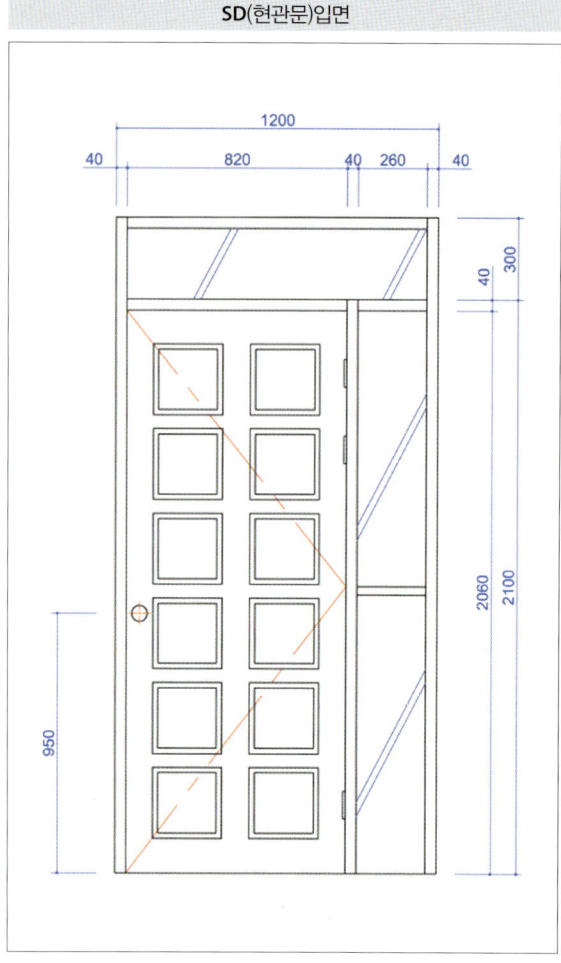

> **업그레이드**
> 문의 무늬는 정해진 값이 없으므로 디자인을 생각하며 그려본다.

가. WD(목재 문) - 평면

❶ 하늘색 도면층으로 변경
❷ PL Enter

> **업그레이드**
> 문, 창문, 가구의 크기는 모든 제품이 통일된 것이 아니므로 제시하는 사이즈는 달라질 수 있다.

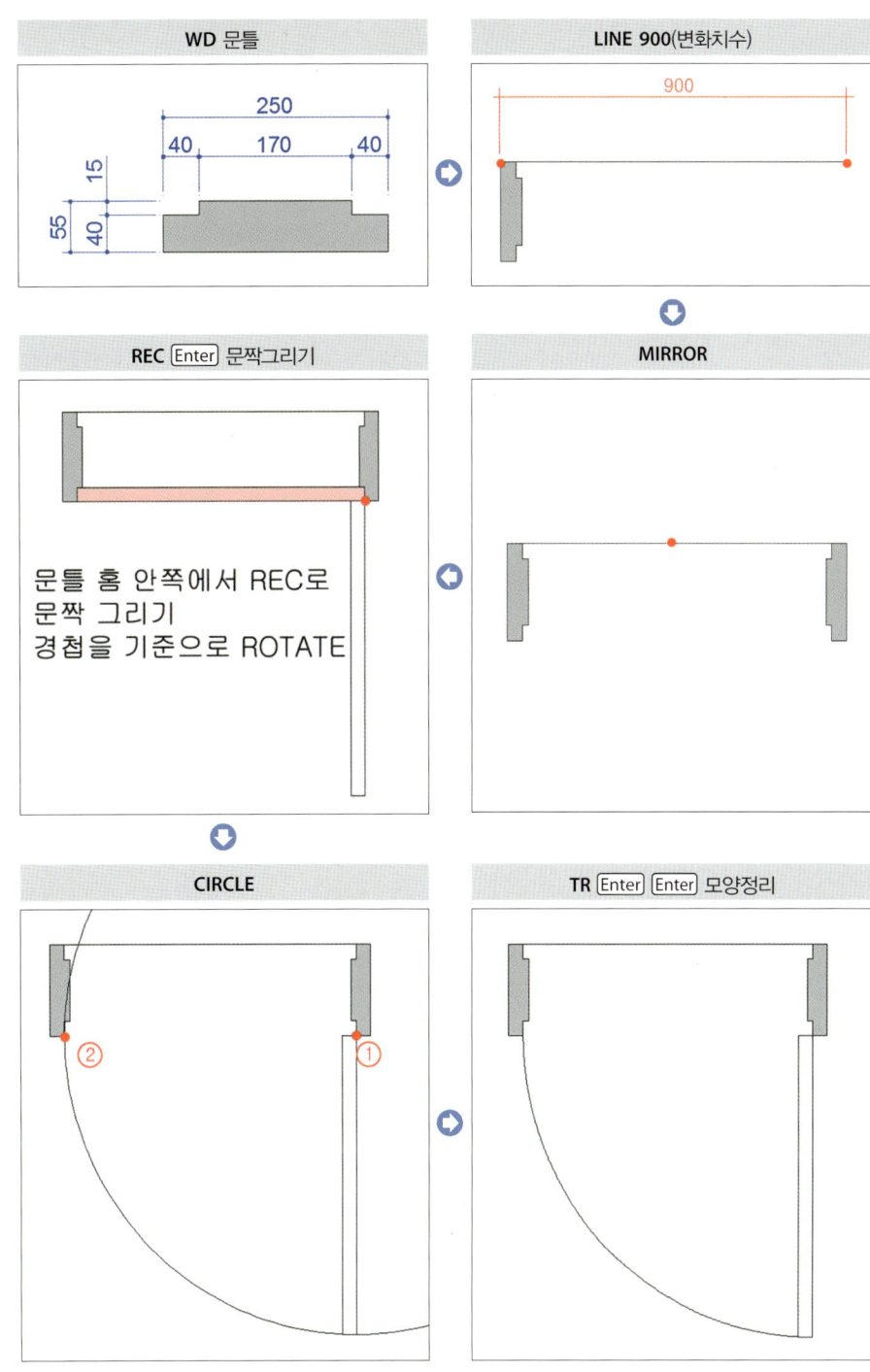

나. SD(철재 문) - ※ WD와 문틀의 형태만 다르다.

❶ PL Enter

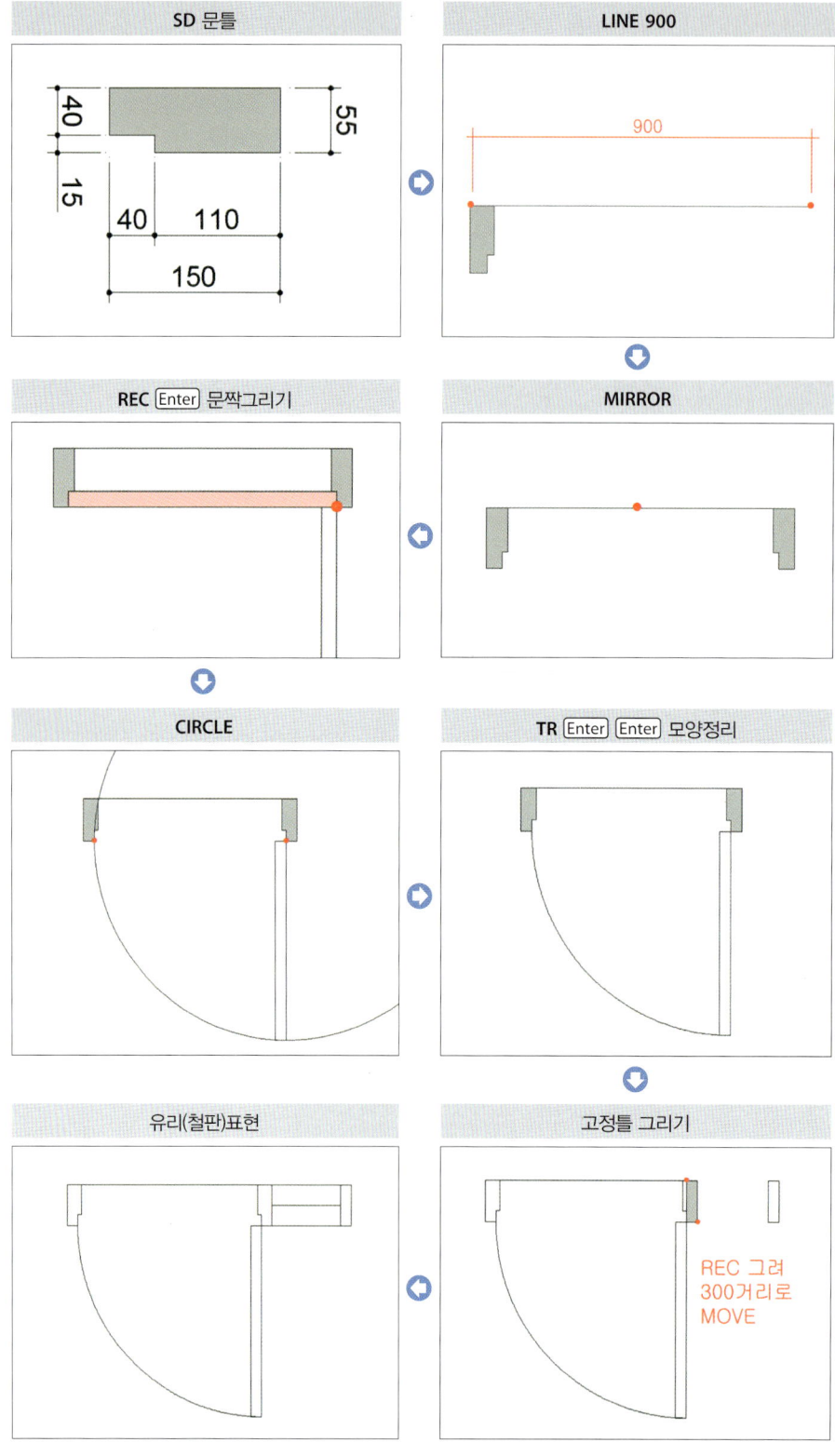

18 창문(WW, AW)

WW입면

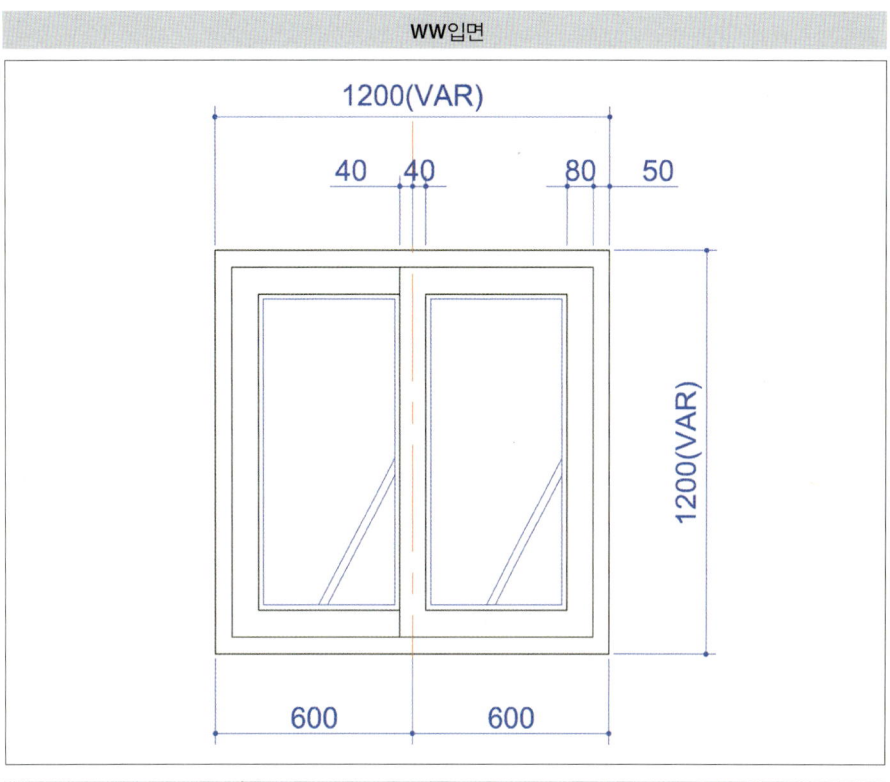

AW입면

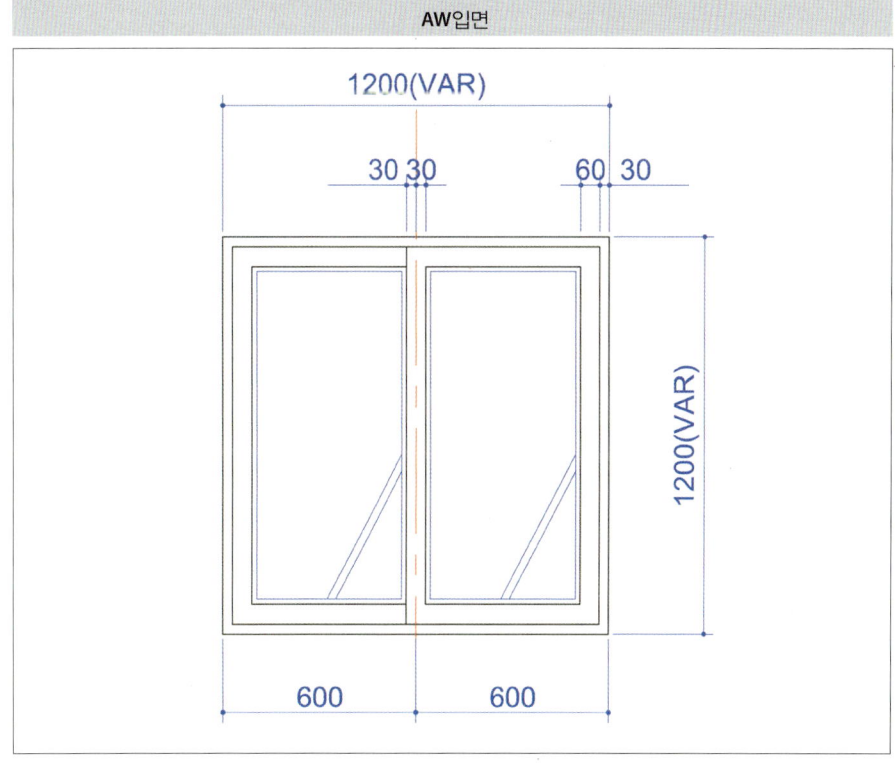

가. WW(목재 창)

❶ REC `Enter`

업그레이드
AW(알루미늄창)을 그리는 방법은 동일함
폭이 다른 창을 그릴 때는 복사하여 STRETCH!!

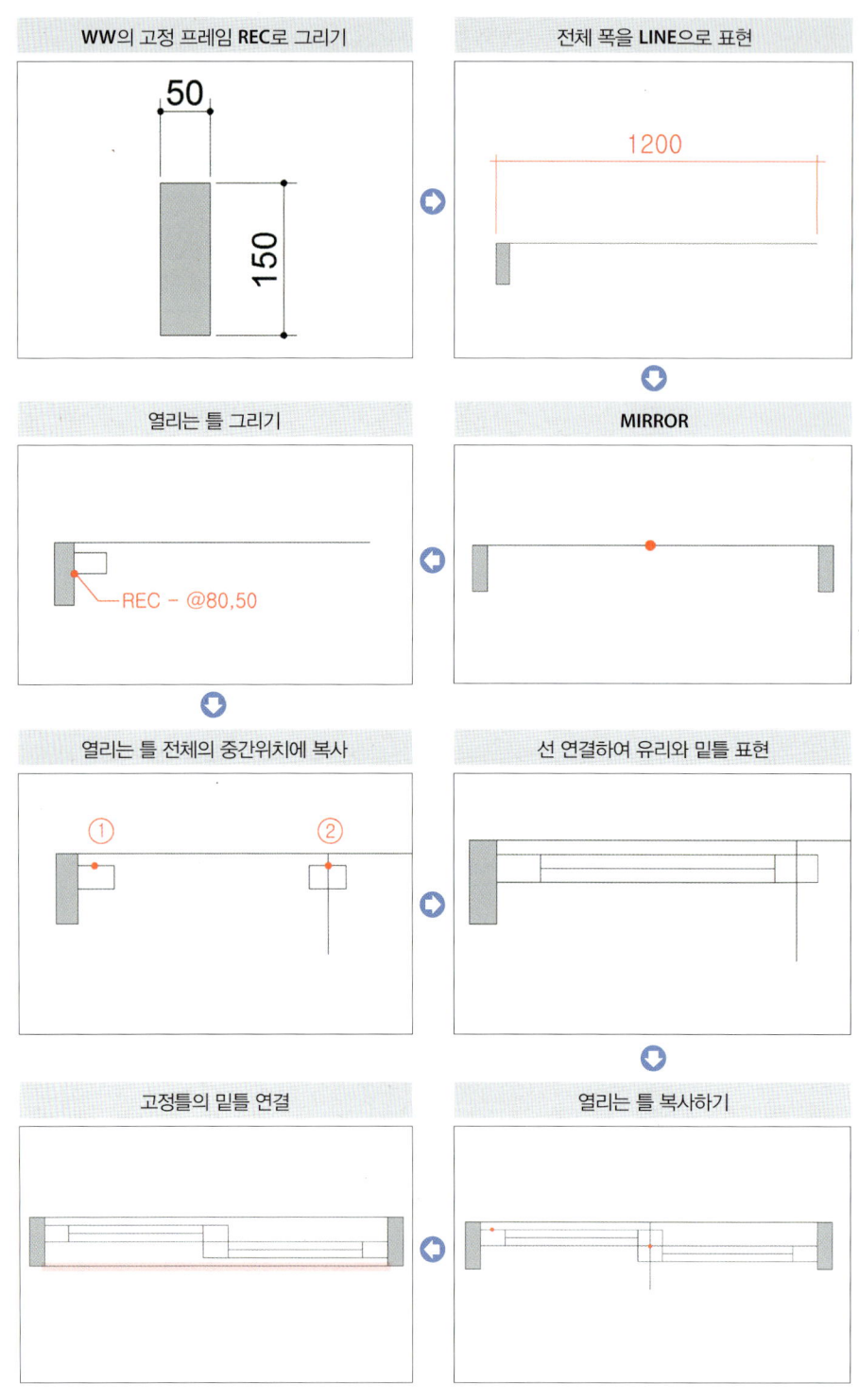

나. AW(알루미늄 창)

① REC Enter

업그레이드
폭이 다른 창을 그릴 때는
복사하여 STRETCH !!

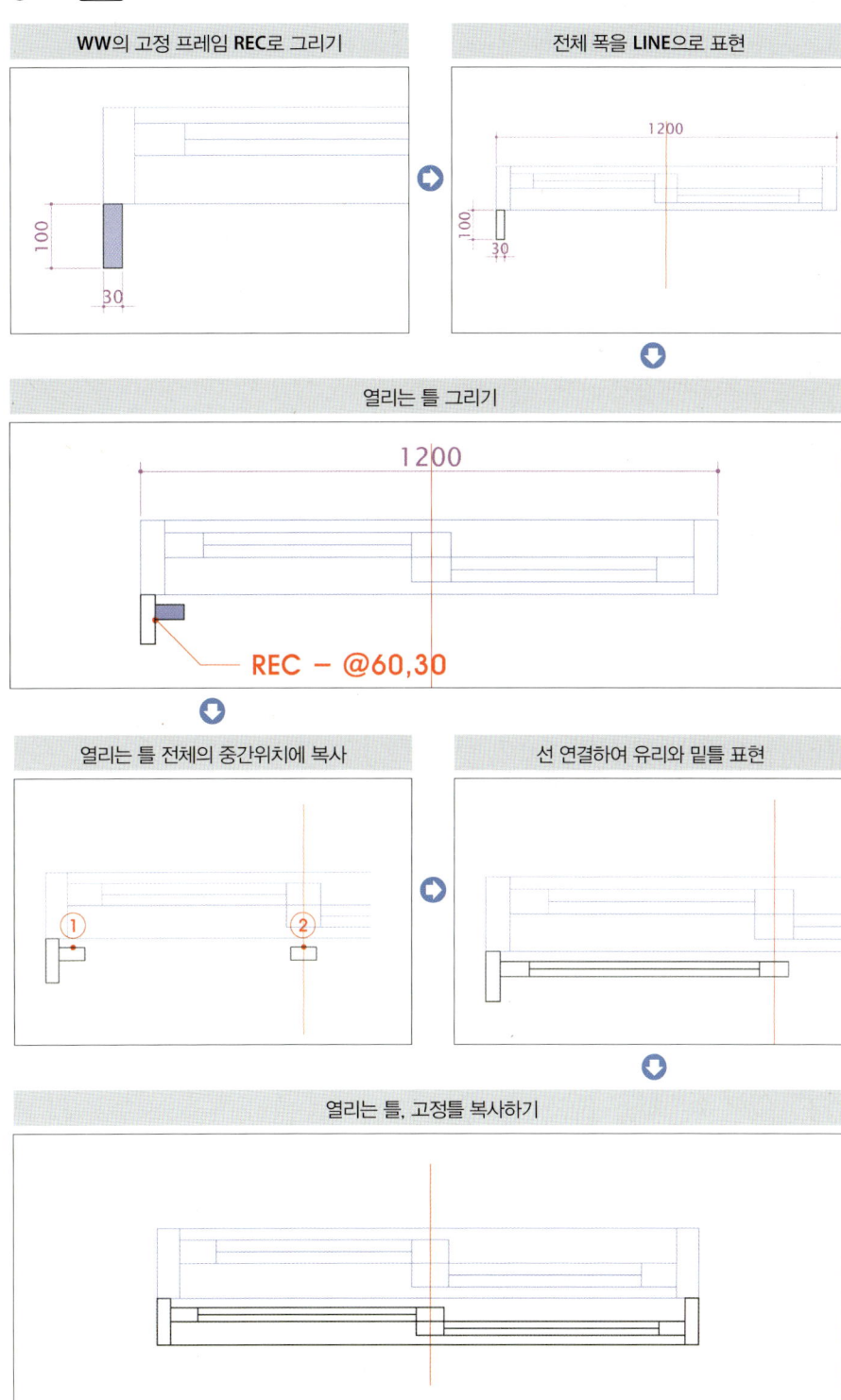

19 가구(소파, 침대, 의자)

❶ 소파

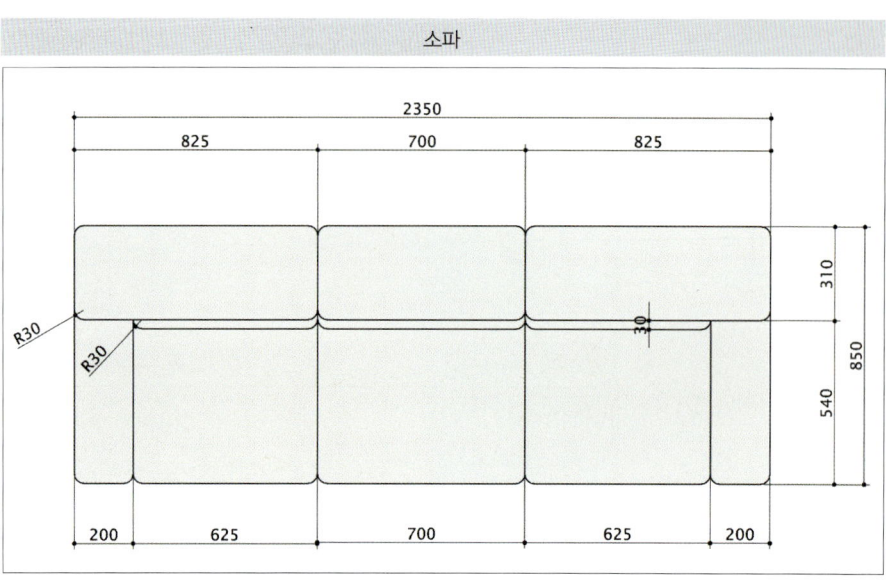

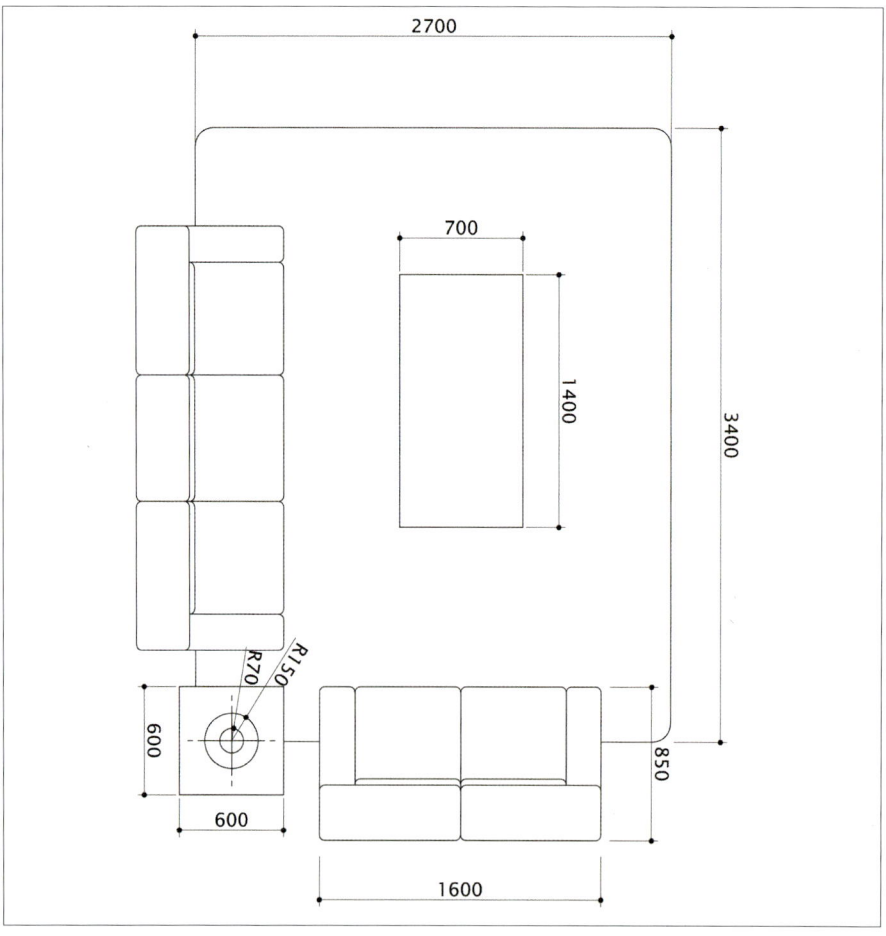

❷ 침대

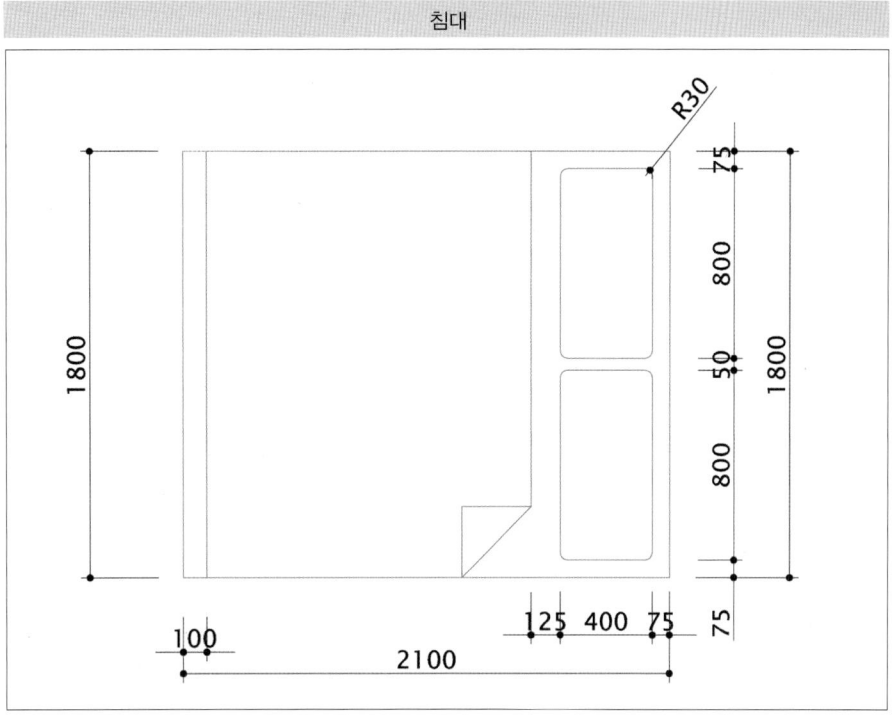

❸ 의자

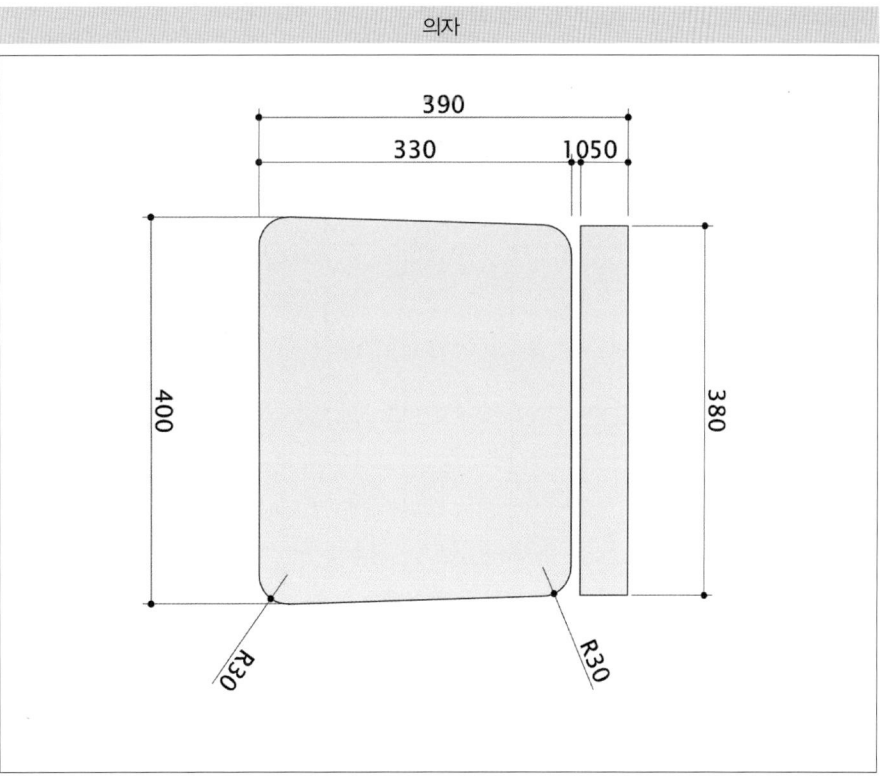

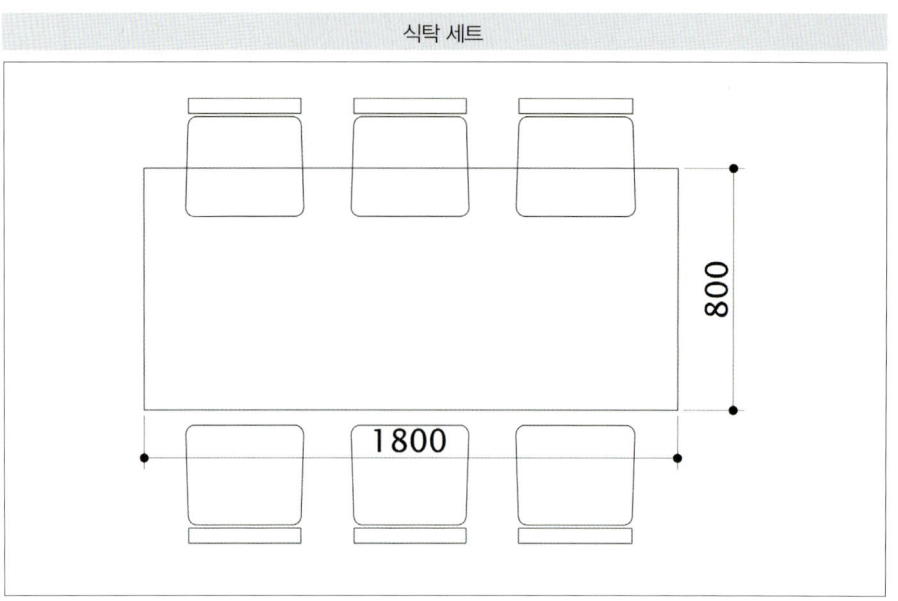

20 위생도기

❶ 변기, 세면대

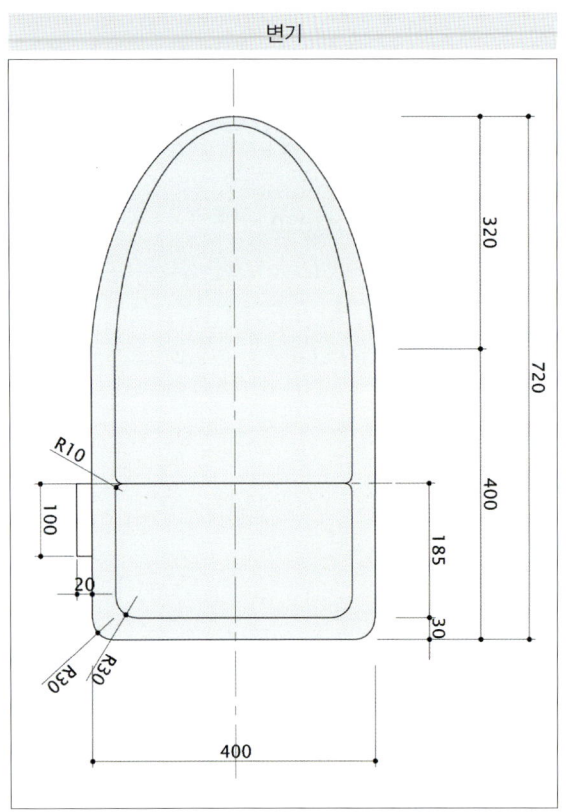

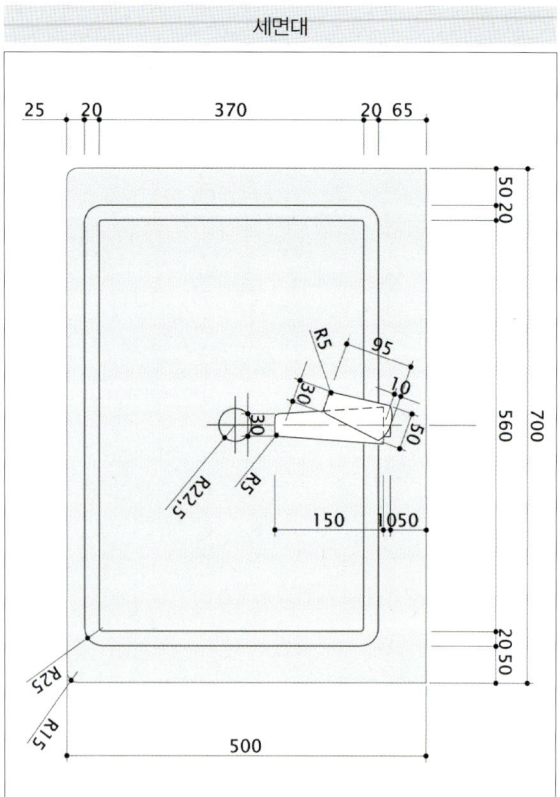

❷ 욕조

욕조

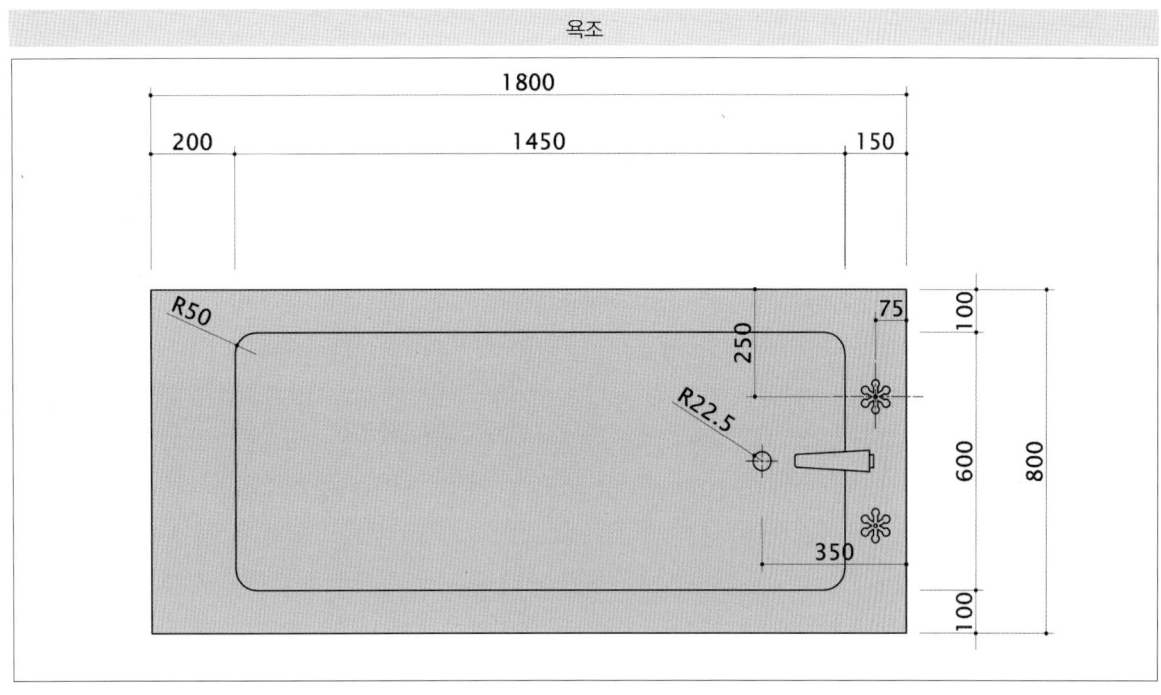

위생도기 세트

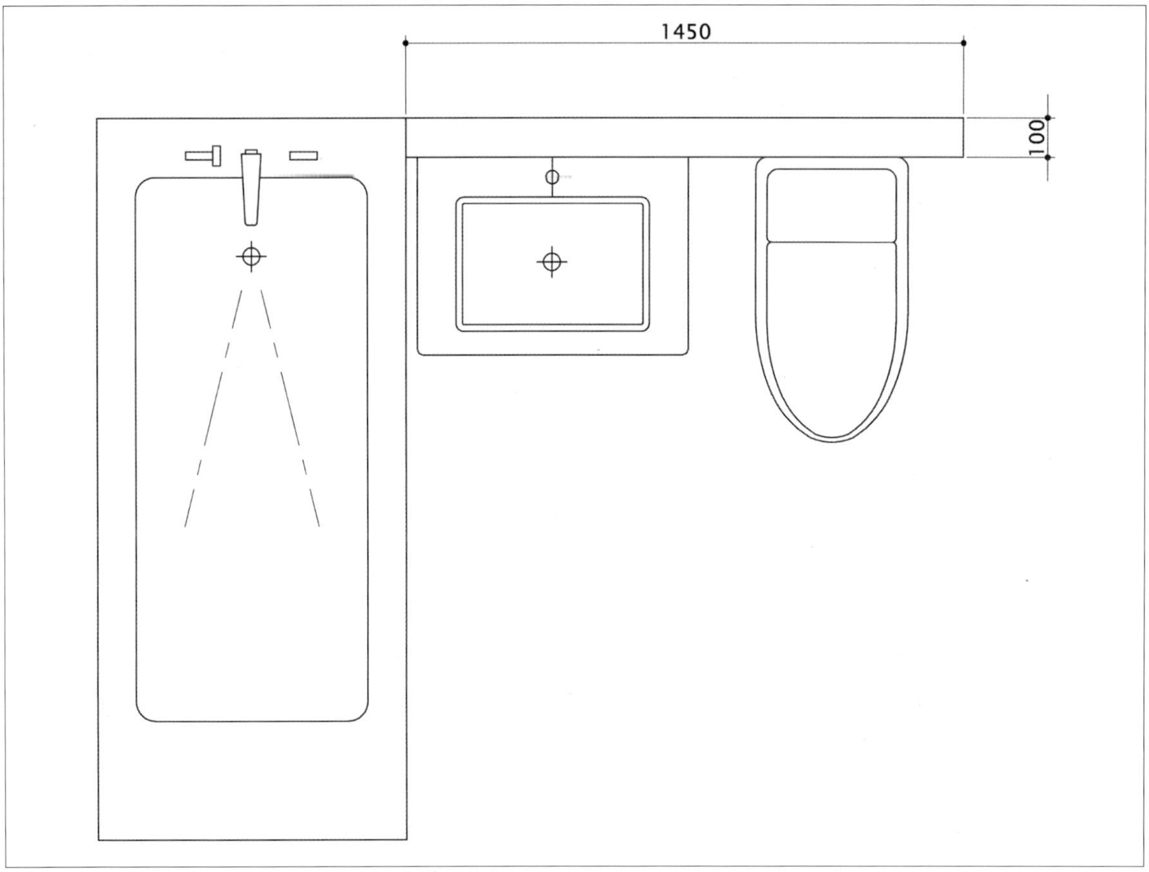

21 주방기구

개수대

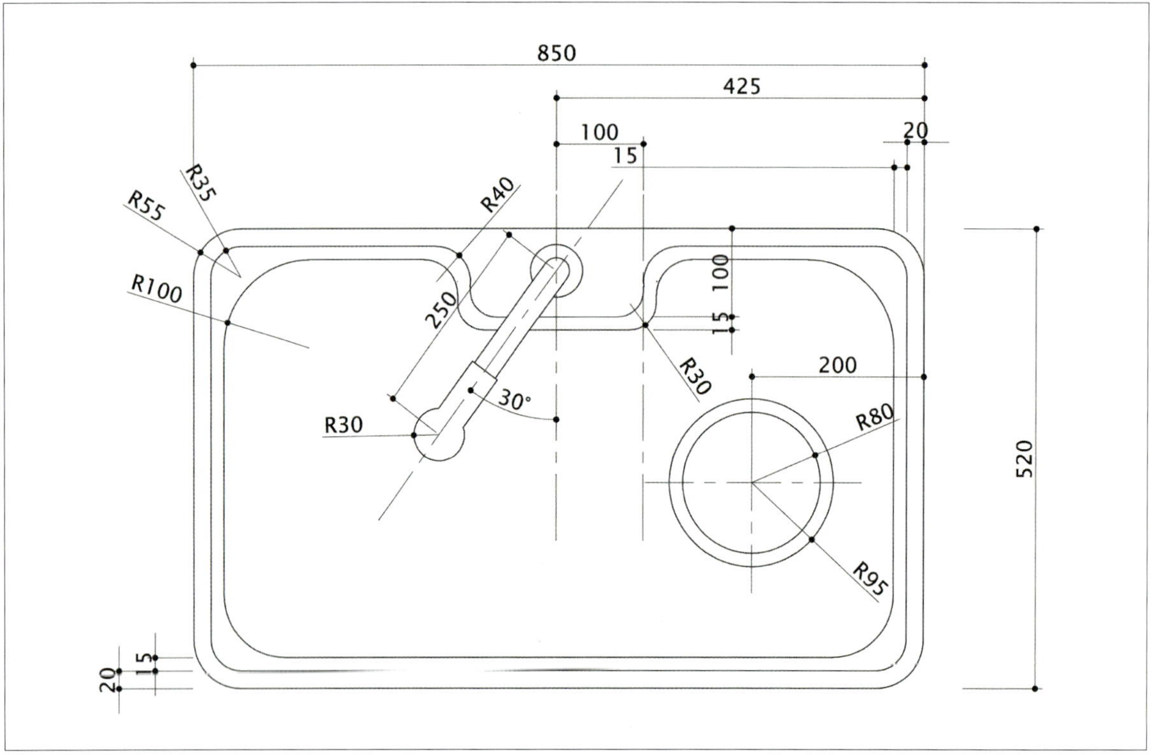

가스레인지

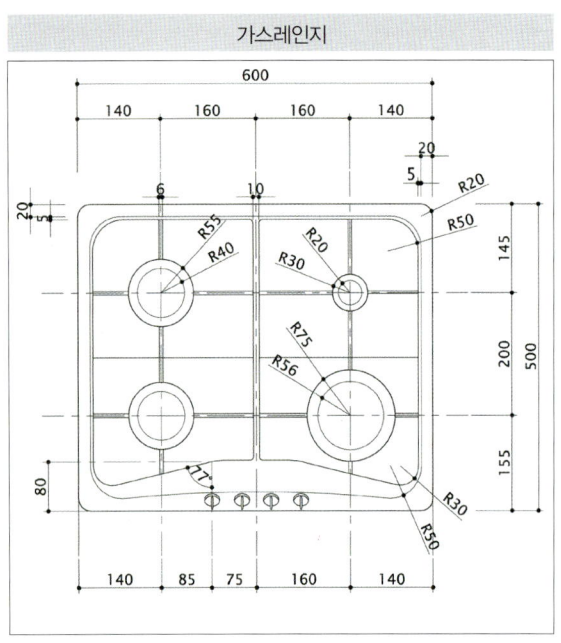

냉장고

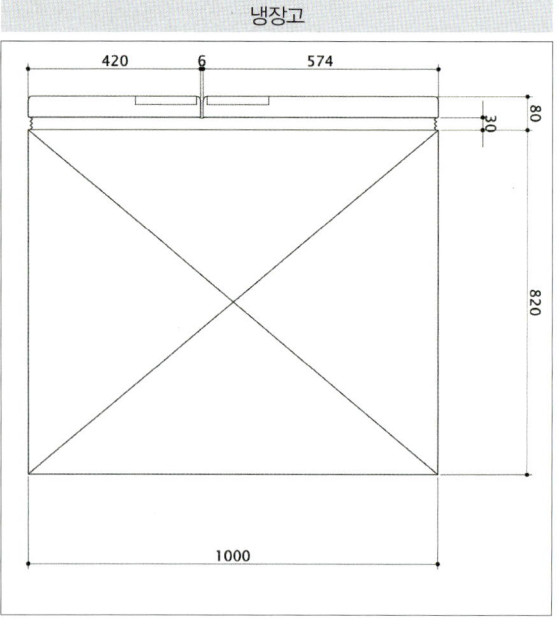

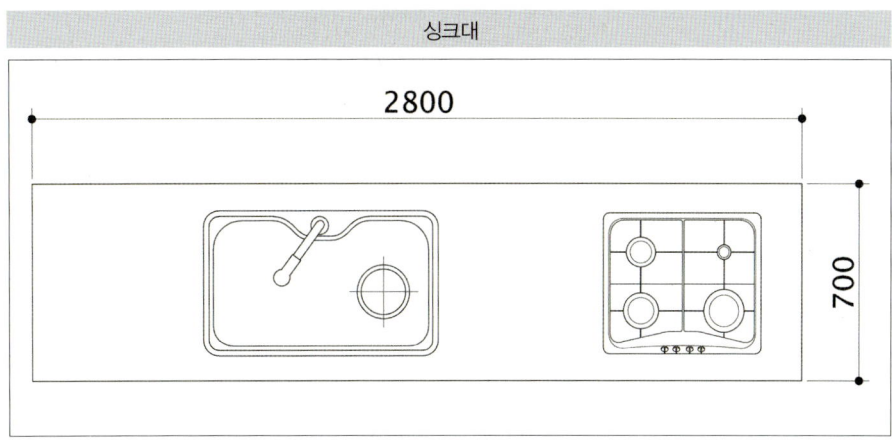

22 나무 그리기

❶ PL Enter (F8 F3 끄고 자유롭게 표현)

업그레이드

나무 표현 시
디자인 센터(Ctrl + 숫자 2)
에서 불러와도 됩니다.
대신 분해하여 약간이라도
편집해 주면 더 보기 좋은
도면이 될 것입니다.

- 나무의 전체 테두리를 **PL**로 표현 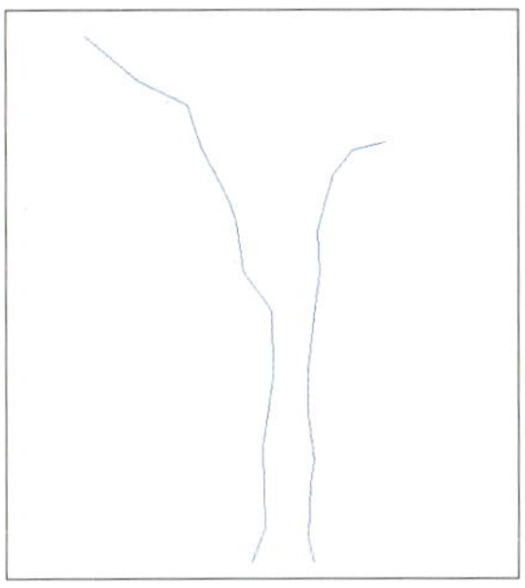
- 나무의 내부를 불규칙한 **PL**로 표현 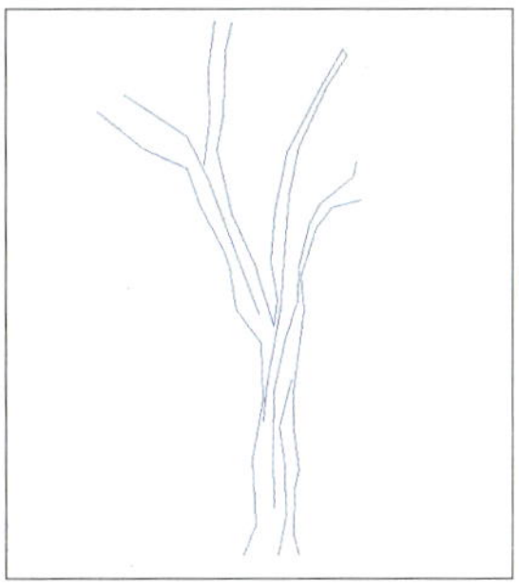
- 나무의 잎을 두 가지 타입으로 표현
- 나뭇잎의 아래쪽을 촘촘하게(**COPY**)
- 잎을 절반 크기로 줄이기(**SCALE**)
- 잎을 둥글 둥글하게 표현(**COPY**) 
- 복사하고 크기 줄여 **2~3개**로 배열

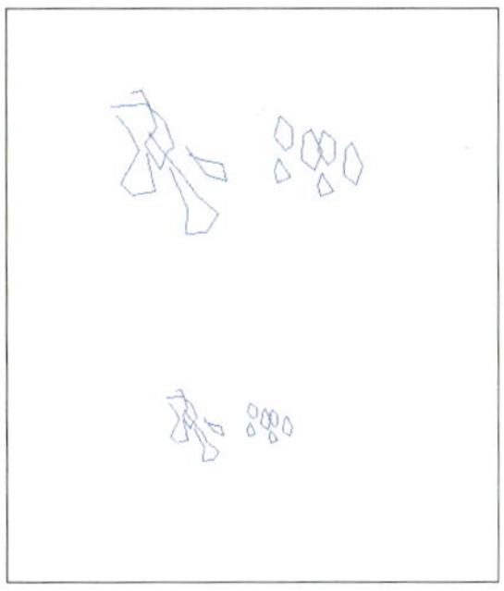

3 PART
평면도 작성

빅 데이터 키워드 : **평면도, 조적조, 표준벽돌, 단열재, 건축모듈**

평면도 작성은 전산응용건축제도 기능사 실기 제출도면에는 포함되지 않는 내용입니다.

평면도는 단면도, 입면도의 기준 도면이며 현장에서 가장 중요한 도면입니다.

단면도 작성 시 평면도의 이해를 토대로 도면을 진행하면 더 정확하고 신속한 작업이 가능하며 입면도 작성 시 단면도와의 오차를 줄일 수 있으므로 평면도를 그려보며 이해해 보도록 합시다.

PART 03 평면도 작성

평면도(Floor plan)

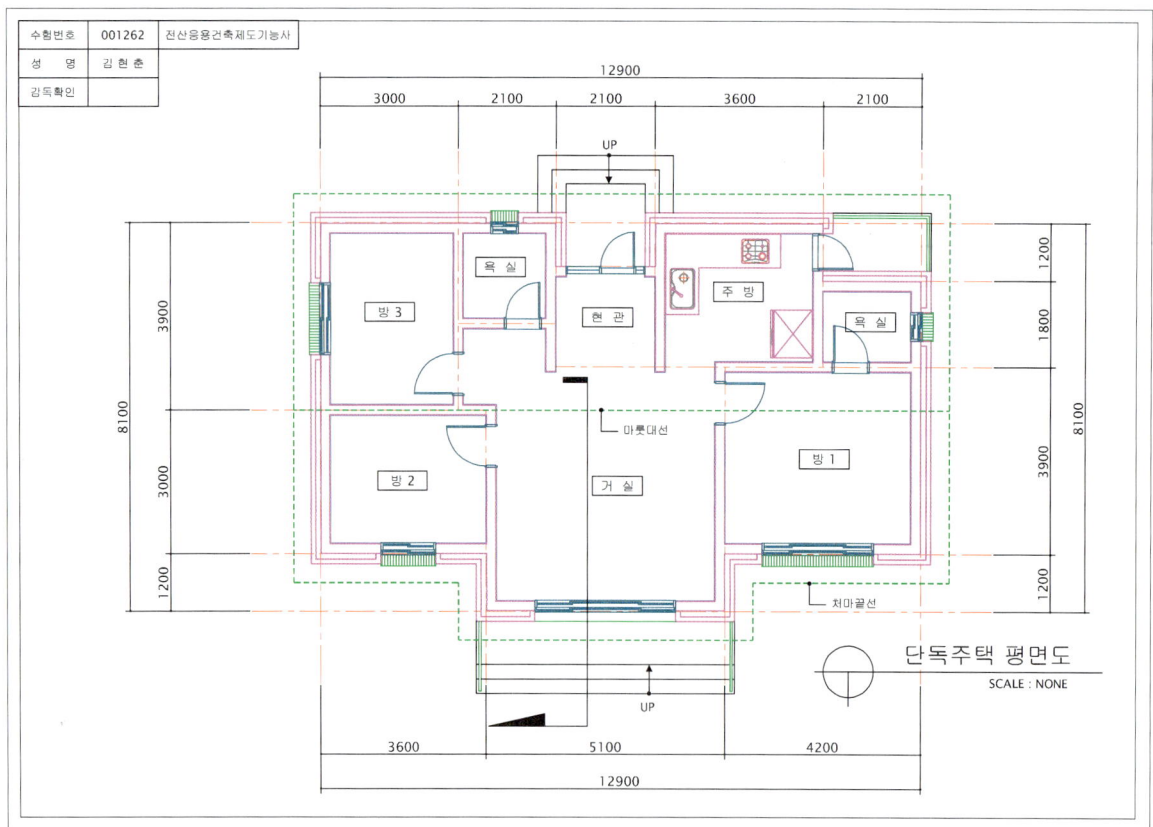

업그레이드

평면도는 전산응용건축제도 기능사 시험에서 제출하지 않는다. 단, 단면도와 입면도의 기준이 되므로 원리는 정확히 이해한다.

건축물을 각 층 바닥의 1~1.5m 정도 높이에서 수평으로 절단한 면을 투영하여 나타낸 것으로, 건축도면의 기본적인 도면이다.

공간의 구성, 면적, 창호의 위치와 개폐 방법 등을 표현한다.

01 도면층 생성

※ 도면층(Layer)

Name	Color(색번호)	Linetype	Lineweight
1-CEN	빨강(1)	Center	0.2
2-CON	노랑(2)	Continuous	0.4
3-ETC	녹색(3)	Continuous	0.2
4-WIN	하늘(4)	Continuous	0.3
5-FIN	파랑(5)	Continuous	0.1
6-TEXT	흰색(7)	Continuous	0.3

※ 도면층별 사용 용도

Name	도면층별 사용 용도
1-CEN/빨강(1)	중심선, 빈 부분(VOID) 표현, 치수 기입의 기준선
2-CON/노랑(2)	단면도의 철근콘크리트 구조물(줄기초, 지붕슬래브 등), 벽돌 입면도의 벽체 또는 지붕의 테두리
3-ETC/녹색(3)	수목, 가구(신발장), 난간, 홈통, 각종 철물, 재료분리선 기와, 방수 등 기타용도
4-WIN/하늘(4)	창문, 방문, 현관문 등 각종 창호 표현
5-FIN/파랑(5)	마감선, 재료표현(HATCH), 창호 등의 요철 표현
6-TEXT/흰색(7)	문자, 치수, 기호 단면도 상의 입면선

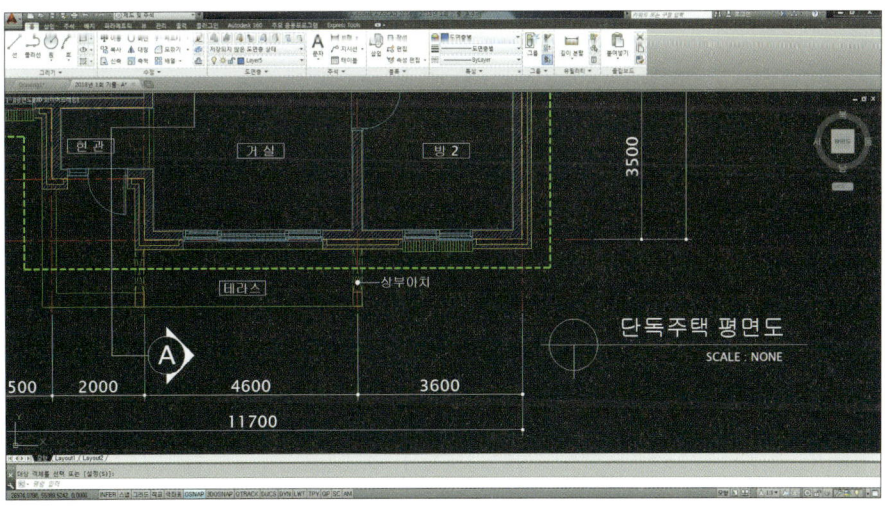

❶ LA [Enter] 새 창 열림

❷ 새 도면층 〈Alt + N〉 6개 생성

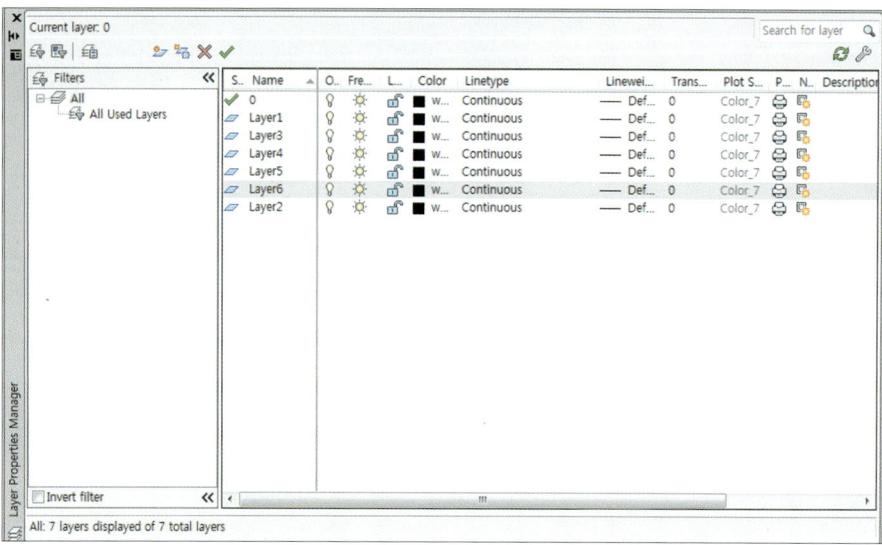

❸ 도면층 이름 변경 : 도면층 이름 클릭 후 [F2] (또는 도면층 이름(도면층1)을 천천히 두 번 클릭)

　*도면명 변경 없이 작업하여도 무관함

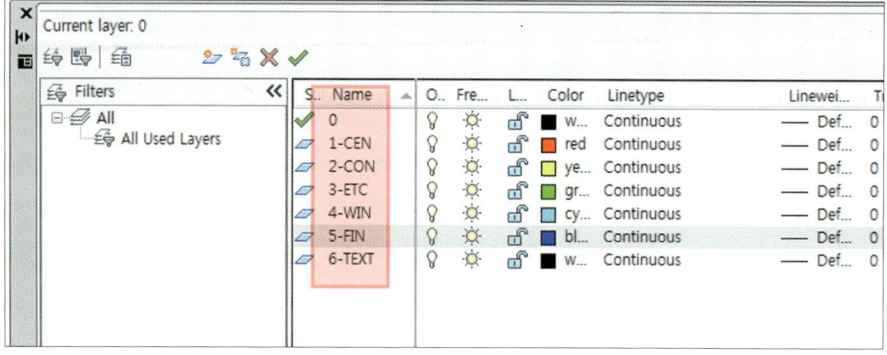

❹ 색상 변경

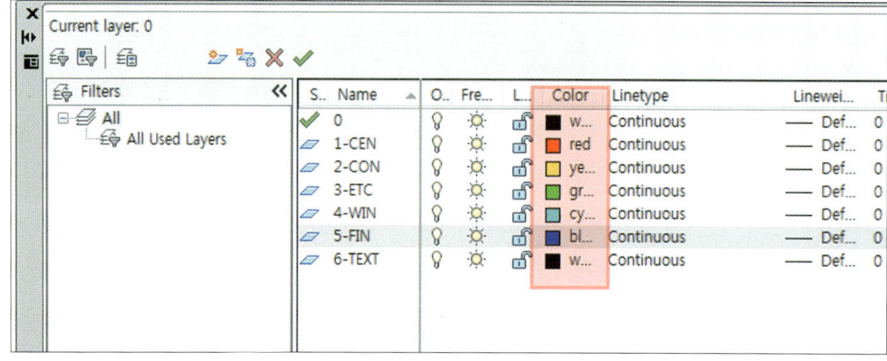

업그레이드

❶ LTS [Enter]

❷ 20 [Enter]

기본 1로 설정된 scale (선의 간격, 축척)을 20배로 설정

❺ Linetype

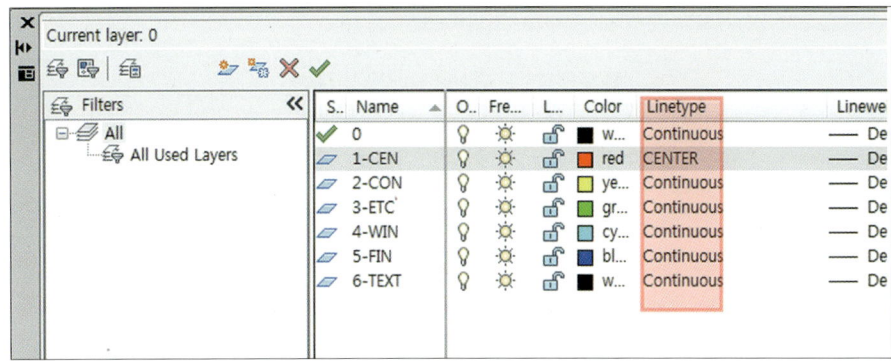

Center 로드할 때 Hidden 함께 로드

02 선 종류 축척(Line Type scale) : LTS

– 선의 촘촘한 정도, 실선을 제외한 center, hidden 등에 적용

03 Limits 설정

❶ Limits [Enter]

❷ (좌측 아래 코너 값) 0,0 [Enter]

❸ (우측 위 코너 값) 42000,29700 [Enter]

❹ Z [Enter] A [Enter]

※ Limits 설정 안 할 경우 : line을 길게(100,000 정도) 그려 Z [Enter] A [Enter]

04 중심선 그리기

❶ 도면층 : 1-CEN(빨강)으로 변경
❷ rec [Enter] (사각형 그리기 명령)
❸ 허공에 시작점 클릭(사각형의 좌측 아래 점)
❹ @가로, 세로 [Enter] (도면의 전체 치수 입력)
　* 본 평면도의 경우 @12900,8100 [Enter]

05 중심선 연장 : 외부에서 치수를 매기기 위해 연장한다.

❶ X [Enter] (Explode, 분해) * Rectangle로 그린 선은 붙어 있는 선이므로 반드시 분해
❷ 중심선 클릭 [Enter]
❸ Len [Enter] (Length, 길이)
❹ De [Enter] (Delta, 증분)
❺ 1500 [Enter] (도면 축척에 어울리도록 적당한 값 입력)
❻ 선의 끝부분(가로, 세로 정확히) 클릭

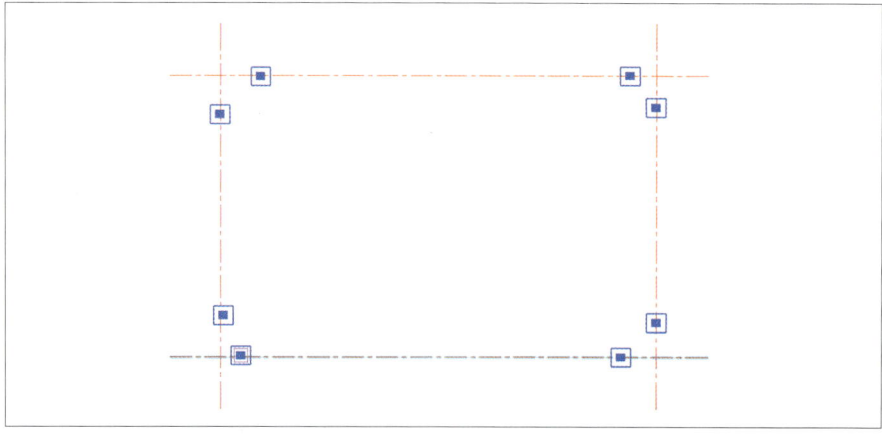

06 실 크기 표현

❶ O Enter (Offset)

❷ 실크기 입력 Enter

❸ 원본 클릭, 방향 클릭

※ 한꺼번에 모든 실을 표현할 수 없으므로 한 실씩 정리(Trim)하면서 진행

−치수를 매기기 위해 연장한 선을 Trim하지 않도록 주의(도면 참고)

업그레이드

외부의 치수를 매길 중심 선을 자르지 않도록 주의

−Offset을 모두 하고 한꺼번에 정리하여도 되나 하나씩 정리하면서 진행하는 것이 더 정확함 (실수를 줄임)

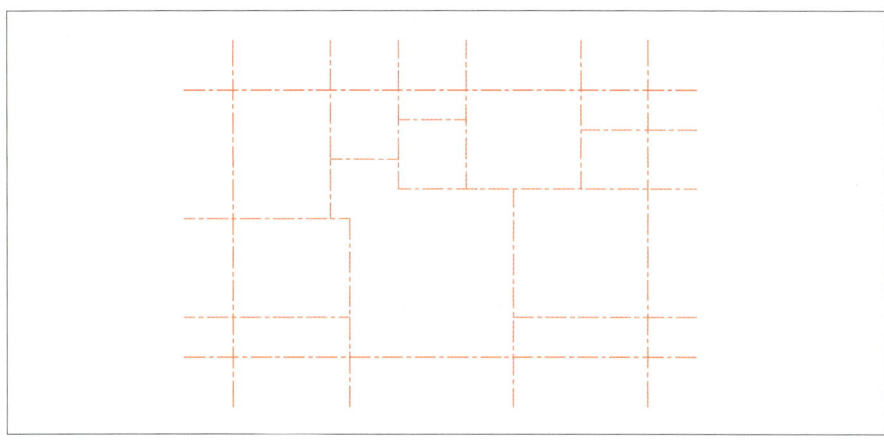

07 벽체 그리기

가. 외벽(도면층 : 2-CON)

외벽 : 외부로부터 붉은 벽돌 0.5B(90), 단열재 120, 시멘트 벽돌 1.0B(190)

두께 400 / Multi Line(ML)로 표현

❶ ML Enter

⟨Option : S Enter (두께) 400 Enter / J Enter (자리맞추기) Z Enter (클릭지점을 기준으로 양쪽으로 절반)⟩

업그레이드

※표준벽돌

(시멘트 벽돌/붉은 벽돌)

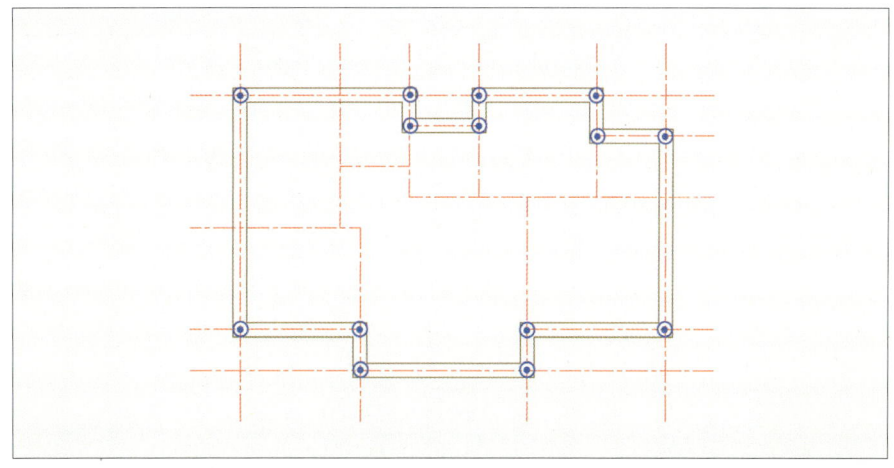

❷ 교차점을 클릭하며 외벽 그리기. 마지막에는 C [Enter] (Close)
❸ X [Enter] 전체선택 [Enter] (ML은 두 개의 선이 붙어 있으므로 분해한다)
❹ J [Enter] (Join) 모두선택 [Enter] (각각 분해된 선을 끝이 붙어있는 선분끼리 결합)
❺ O [Enter] 190 [Enter] (1.0B쌓기) 제일 내부의 선을 바깥방향으로

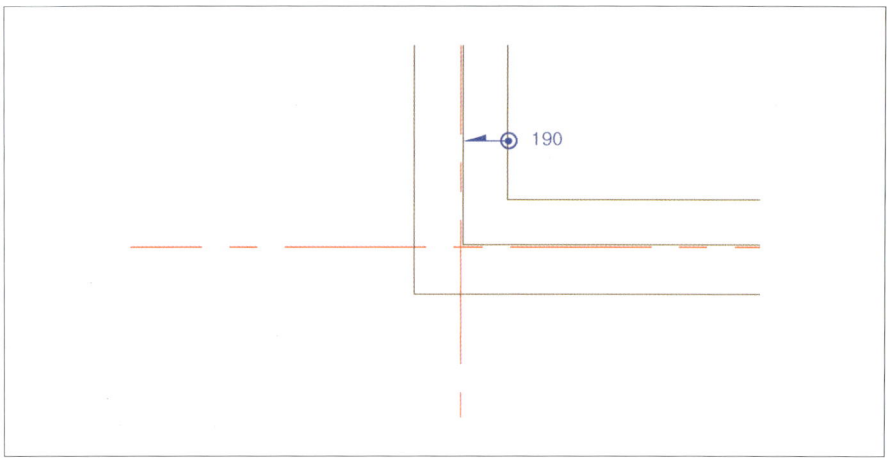

❻ O [Enter] 90 [Enter] (0.5B쌓기) 제일 외부의 선을 안쪽방향으로

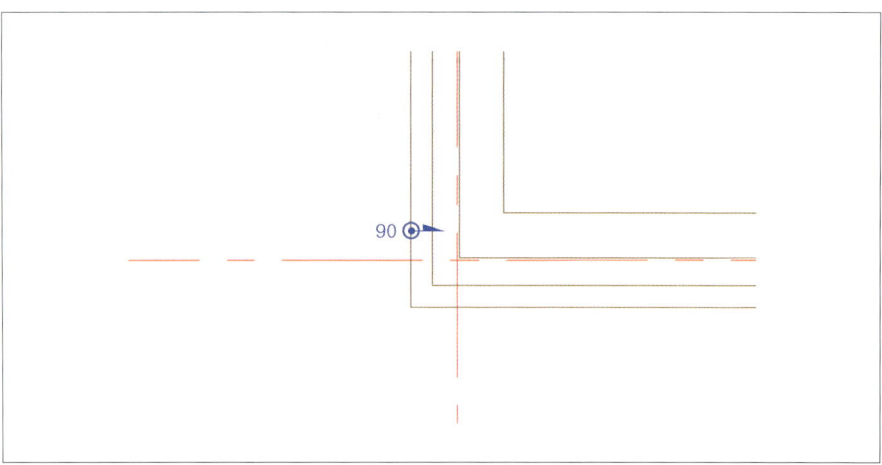

※ 단열재는 내·외벽을 제외하면 120이 남는다.

나. 내벽 : 시멘트 벽돌 1.0B 쌓기

❶ ML `Enter` (S `Enter` 190 `Enter`)

❷ 외벽의 안쪽 표면에서 ML 표현

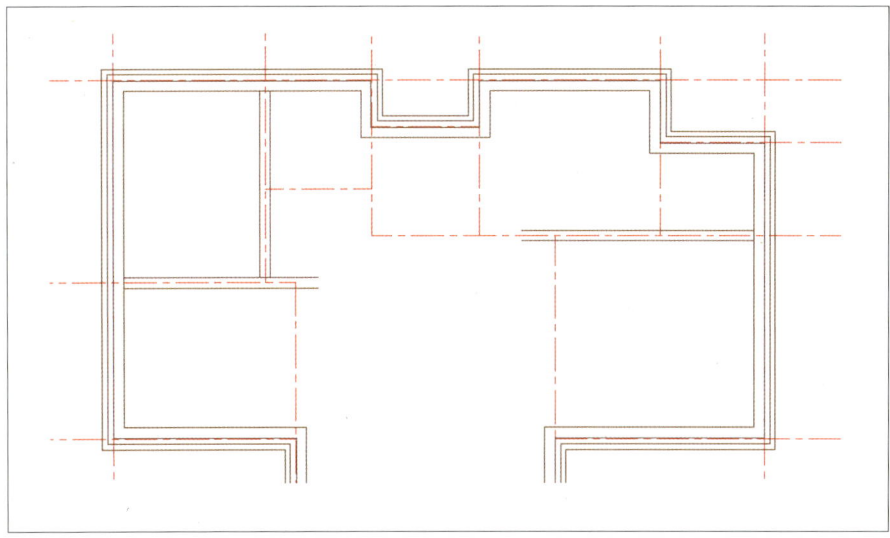

❸ X `Enter` 도면 전체 선택 `Enter`

❹ 중심선 도면층 끄기

❺ 도면을 잘 보고 연장해야 할 벽체는 EX [Enter] 목표클릭 [Enter] 연장할 선 선택 [Enter]

❻ 같은 재료(시멘트 벽돌)는 막힌 곳 없이 모두 Trim

업그레이드

같은 재료(구조)는 막힌 곳 없이 표현해야 함

다. 벽체 마감 (미장두께 18mm + 마감 2mm) THK20

❶ J(Join) Enter 모두선택 Enter : 마감 선을 한꺼번에 넣기 위한 결합
❷ 도면층을 파랑으로 변경
❸ O Enter ⟨option : L Enter C Enter (도면층을 현재 도면층으로 변경)⟩
❹ 20 Enter 내부 벽체 클릭. 내부로 클릭(내벽은 모두 마감선 표현)

업그레이드

Offset 기본은 기준선이 그대로 나오는데

option

: O Enter L Enter C Enter 를 사용하면 변경된 도면층으로 바뀜

한 파일에서 한번만 하면 그 다음부터는 일괄적용

마감선이 OFFSET되지 않는 경우는 선이 겹쳐 있거나 같은 선을 두 번 그렸을 가능성이 큼

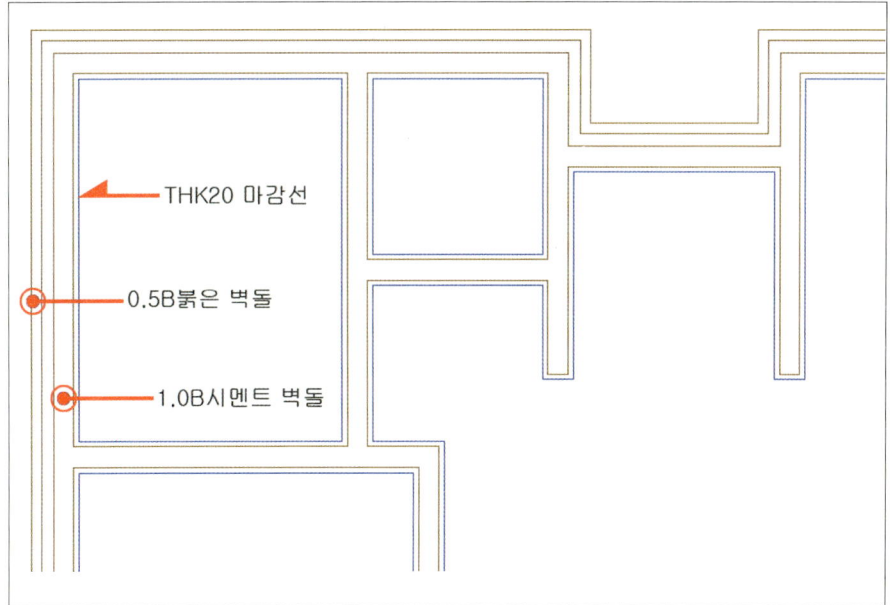

- THK20 마감선
- 0.5B붉은 벽돌
- 1.0B시멘트 벽돌

08 창호 표현

가. 개구부 뚫기

* 문 들어갈 자리 뚫기

❶ X Enter 모두선택(A Enter) Enter

❷ 도면층 노랑으로 변경

❸ O Enter 200 Enter 문 방향 벽체 클릭. 문 방향으로 클릭

  * 대린벽 중심선과 문꼴 사이 거리는 벽두께의 2배 이상(380)이지만 연습용 치수라고 본다.

❹ ❸번 선에서 문 방향으로 offset 900(욕실은 800)

❺ move ❸번 ❹번선 선택 Enter / 허공에 시작점 클릭 / 마우스 움직여 벽체와 겹치게 배치

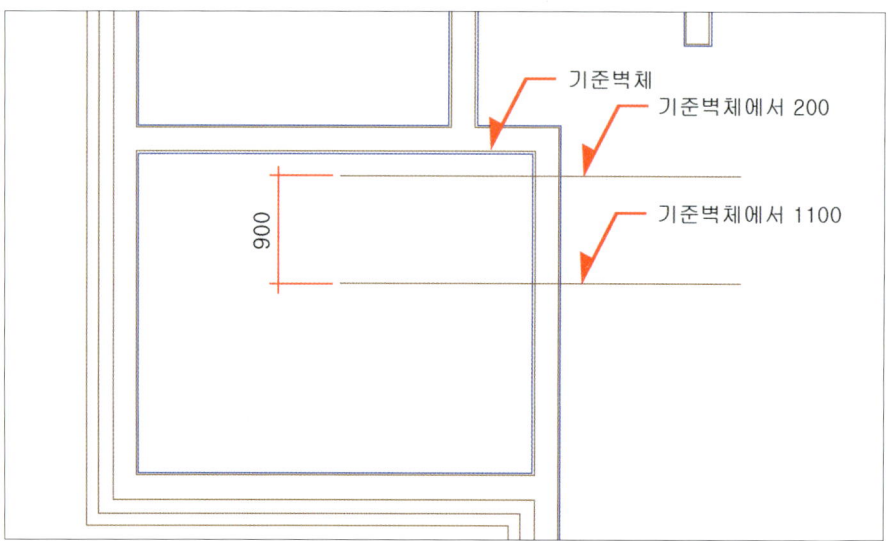

❻ Tr Enter Enter 문 들어갈 벽체 뚫기

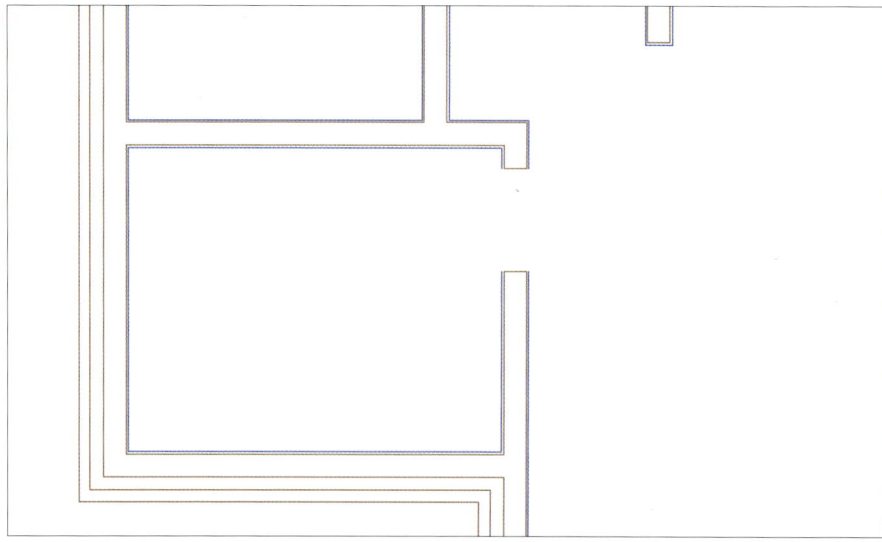

* 창문 들어갈 자리 뚫기

❶ L Enter 창문 들어갈 벽체 마감선 중심에서 외부로 길게 선 그리기

❷ Offset 창문 폭의 절반(300mm단위로 창의 크기를 정하자)

　　ex) 1200 창문의 경우 양쪽으로 600 offset

❸ ❶번으로 그린선 지우기(Del)

❹ Tr Enter Enter 창 들어갈 벽체 뚫기

> **업그레이드**
> 외벽 뚫린 부분 단열재는 붉은 벽돌로 감싸기

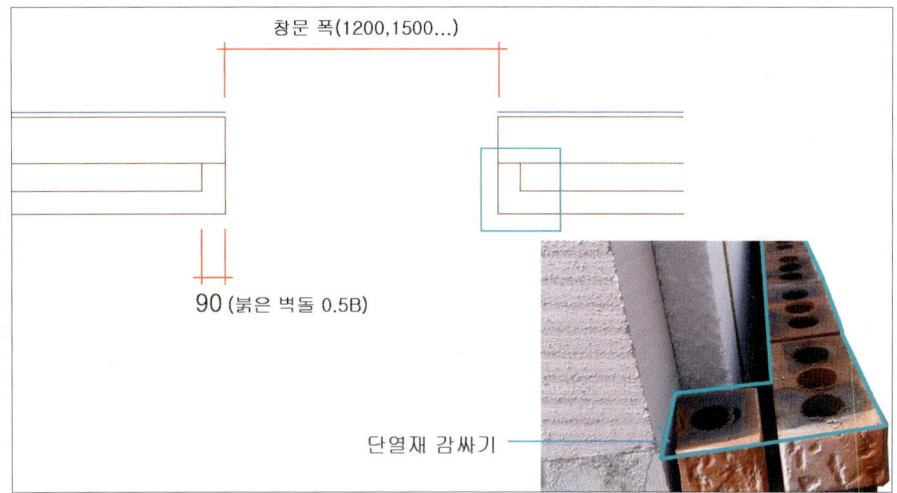

나. 문 배치

Part 2 기본명령어 / 17 문(WD, SD)에서 그린 문 붙이기(P.45~46)

❶ 원본파일 복사해오기

❷ Rotate, Mirror 이용하여 문의 방향 맞추기(허공에서 방향부터 맞춤)

❸ F8 눌러 직교 끄고 Move하여 붙이기

　　(문틀의 중간을 벽체의 중간에 붙임, SD는 마감선 끝에 문틀의 끝을 붙임)

> **업그레이드**
> 다른 파일에 있는 객체 불러오기
> 1 원본파일
> 　-객체선택
> 　-Ctrl + C
> 2 붙여 넣을 파일
> 　-Ctrl + Tab
> 　　(화면이동)
> 　-Ctrl + V

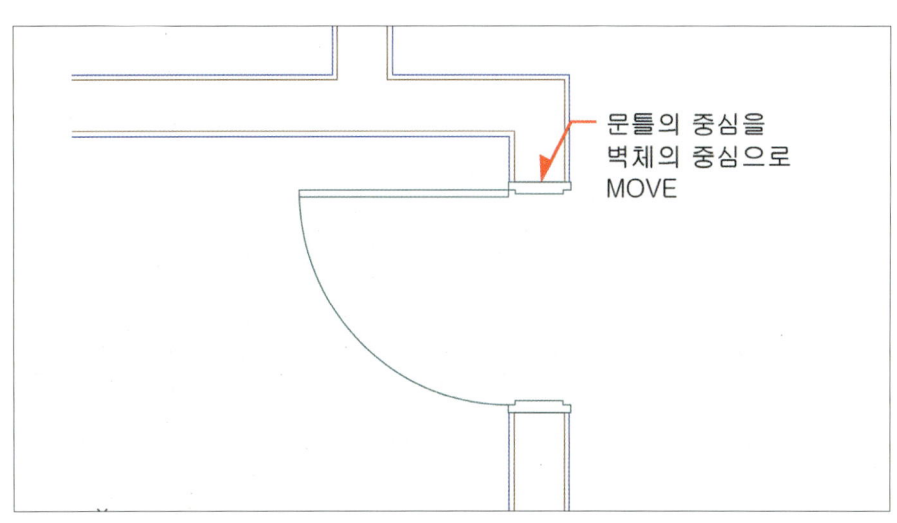

다. 창 배치

Part 2 기본명령어 / 18 창문(WW, AW)에서 그린 창문 붙이기(P.48~49)

❶ 원본파일 복사해오기

❷ Rotate, Mirror 이용하여 문의 방향 맞추기(허공에서 방향부터 맞춤)

❸ F8 눌러 직교 끄고 Move하여 붙이기(WW의 안쪽 끝점을 마감선의 끝점에 붙이기)

업그레이드

다른 파일에 있는 객체 불러오기

1 원본파일
 - 객체선택
 - Ctrl + C

2 붙여 넣을 파일
 - Ctrl + Tab
  (화면이동)
 - Ctrl + V

목창(WW)이 안쪽으로 배치되고 알루미늄창(AW)은 바깥쪽으로 배치되도록 함

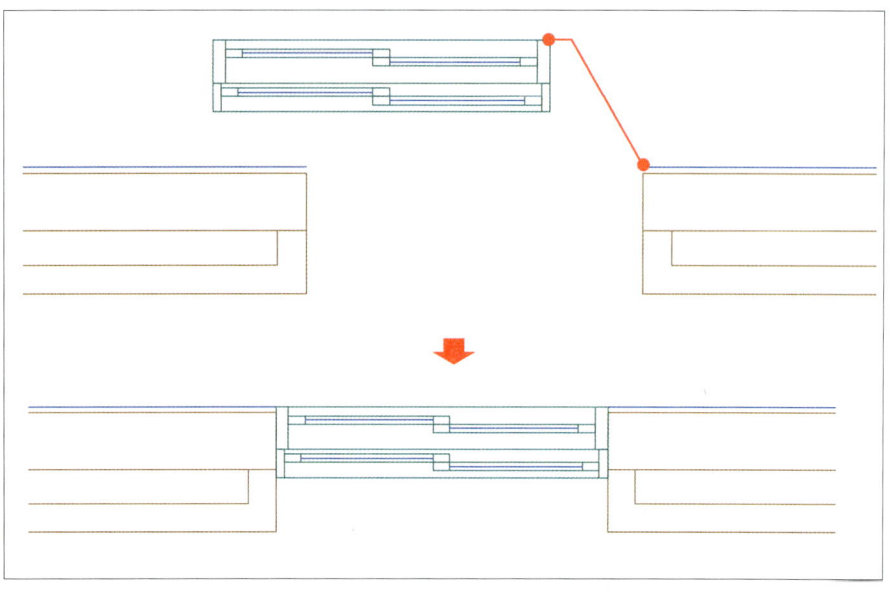

❹ 벽돌 세워쌓기(녹색 도면층)

창문 끝에서 외부로 OFFSET 230, 벽돌 높이 57(60)로 표현(Hatch 또는 배열)

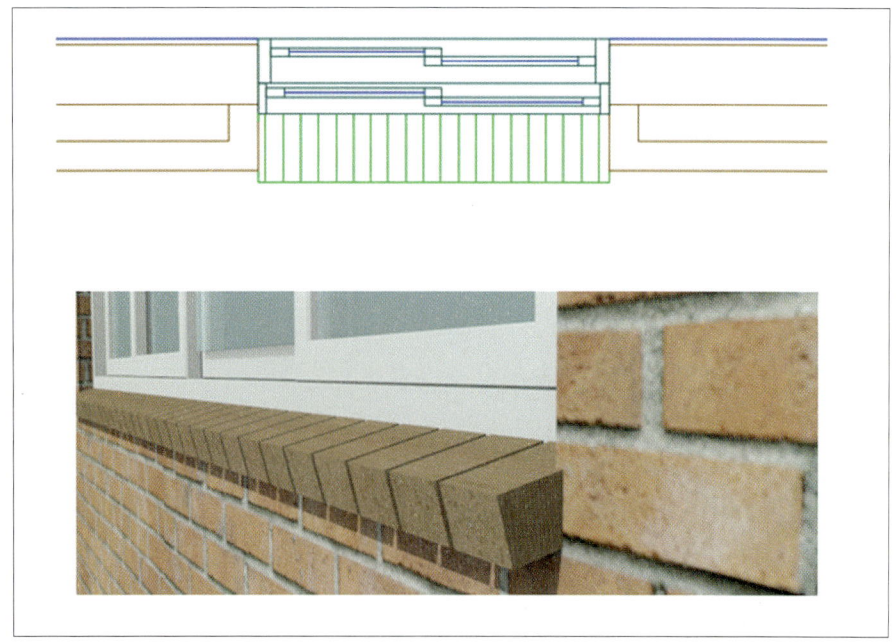

09 가구, 위생도기 배치

Part 2 기본명령어 / 19 가구(소파, 침대, 의자)에서 그린 가구 붙이기(P.50~52)

❶ 원본파일 복사해오기
❷ Rotate, Mirror 이용하여 가구의 방향 맞추기(허공에서 방향부터 맞춤)
❸ F8 눌러 직교 끄고 Move하여 붙이기

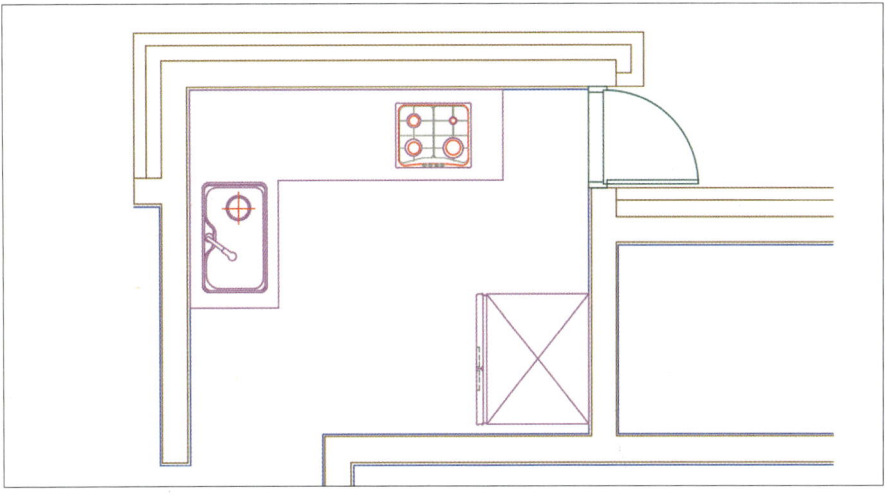

※ 끝나면 직교는 다시 켠다. F8

10 문자 작성(Dtext)

업그레이드

※ ST(글씨체)는
한 파일에 한번만

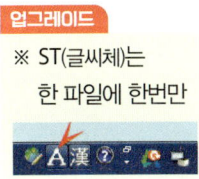

❶ ST Enter (새창) – 글씨체 : Lucida sans unicode
❷ DT Enter 시작점 클릭 – 문자 높이 200 Enter – 각도 0 Enter – 문자 작성 Enter Enter
〈문자 작성 후 Enter를 두 번 쳐야 끝난다.〉

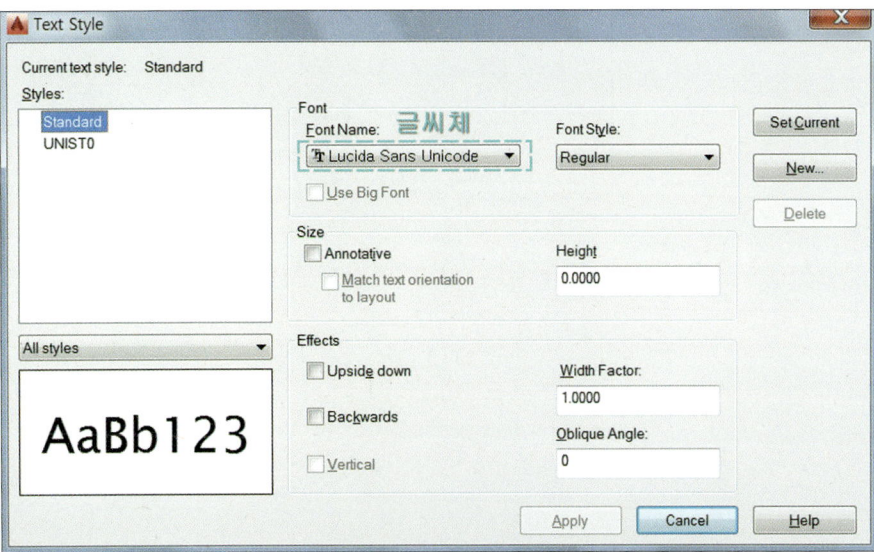

※ 문자는 하나만 작성 후 복사하고 복사된 것을 더블클릭하여 수정한다.
※ AUTO CAD2015 이상 버전에서 한영키가 잘 안되는 경우가 있다. 습관적으로 화면 하단의 한영 상태를 확인하자.

11 해칭(Hatching) - 파랑 도면층

❶ H Enter
❷ 패턴 : 사용자 정의(줄무늬), 각도 45°, 간격 60

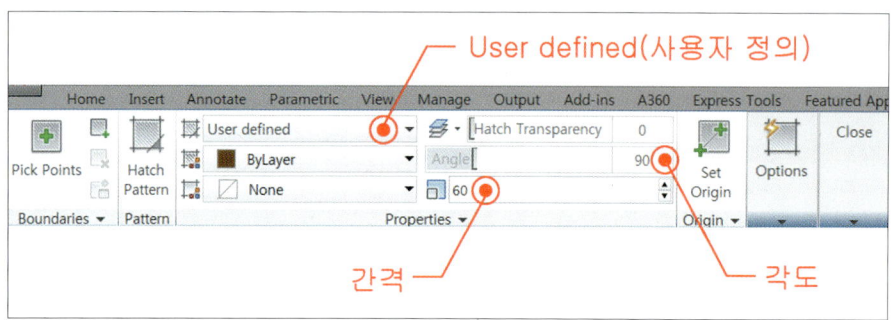

❸ 패턴 : 사용자 정의(줄무늬), 각도 45°, 간격 60

> **업그레이드**
>
> 해칭 지점 선택 시 닫힌 경계가 화면에서 벗어나면 (너무 확대한 경우) 경계 선택이 안되는 경우가 있으므로 화면 안에 영역이 보일 정도로 축소하는 것이 좋다.

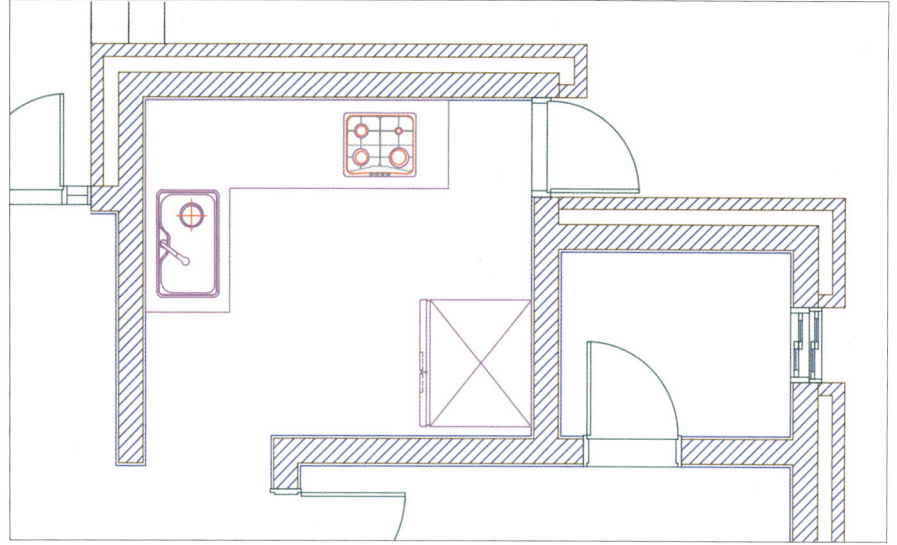

12 치수(Dimension)

가. 치수설정

❶ D [Enter]

❷ 새 창 뜨면 수정(Modify)클릭

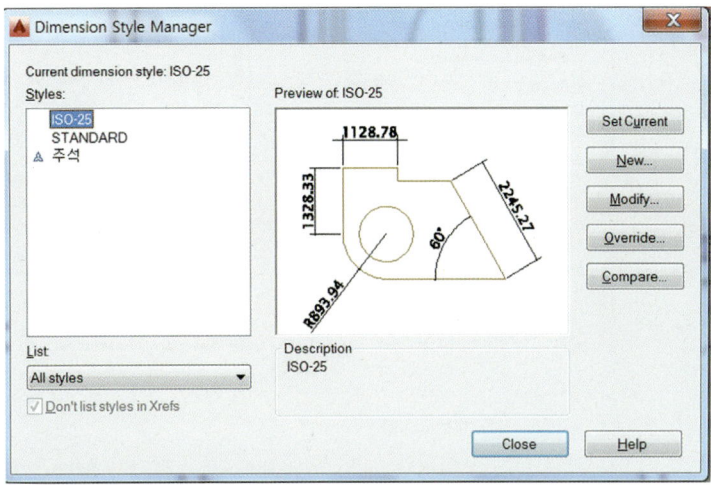

❸ Tab : symbols & arrows(기호 및 화살표) — Arrow heads(화살표) : first — dot small(작은점)

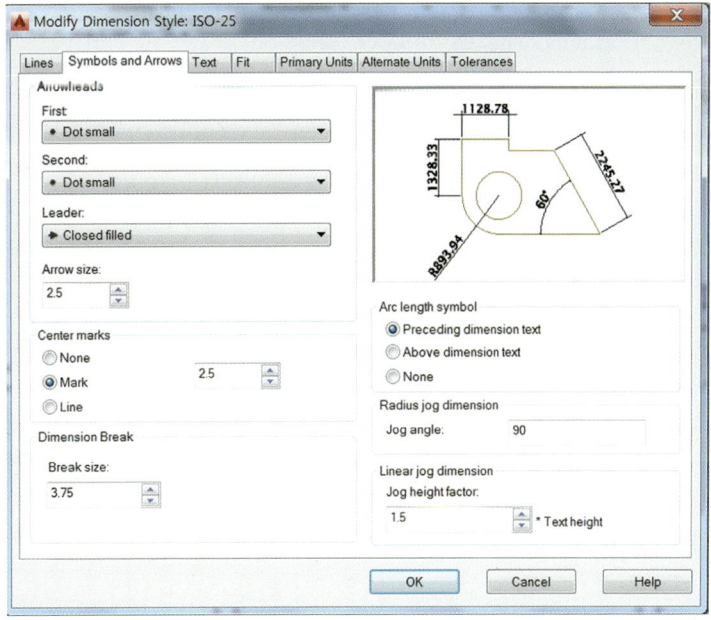

❹ Tab : Fit (맞춤)

– Always keep text between ext lines(항상 치수보조선 사이에 문자유지)

– Use overall scale of,(전체축척사용) / 단면도 : 40, 입면도 : 50

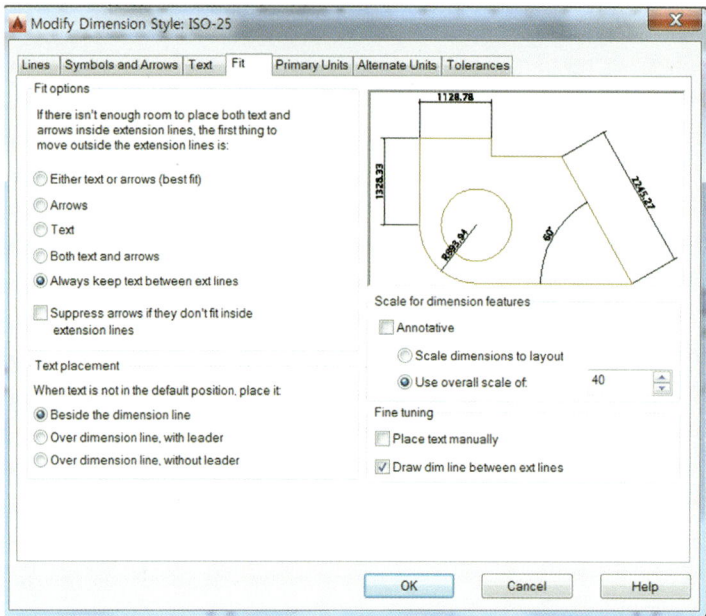

나. 치수적용

❶ Annotate(주석) – 신속치수 클릭

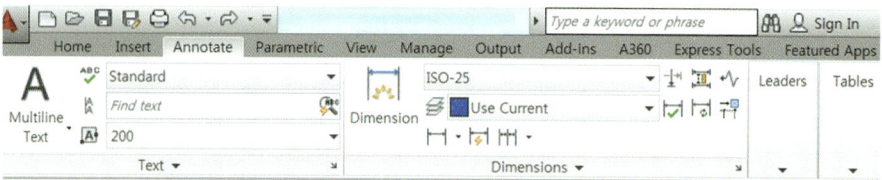

❷ 중심선의 끝부분을 허공에서 클릭, 클릭하여 포함 [Enter] 적당한 거리를 움직여 클릭

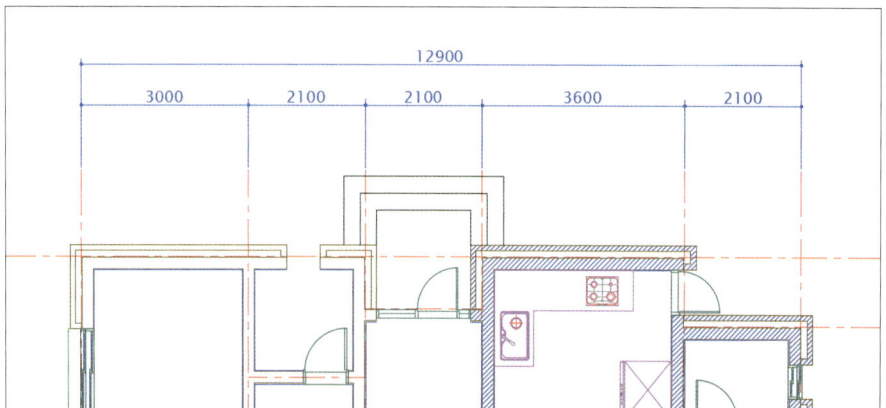

13 표제란 작성

■ 표제란

❶ rec [Enter] 시작점(허공) 클릭 @420,297 [Enter] : A3용지 사이즈
❷ Offset 10 안쪽으로 표현(여백 10mm)
  * 여백(10mm) 안쪽의 선을 클릭하여 〈Ctrl + (숫자) 1〉 전역폭(Global Width) 1로 변경
❸ rec [Enter] 허공 클릭 @100,30
❹ X [Enter] ❸번 네모 선택 [Enter]

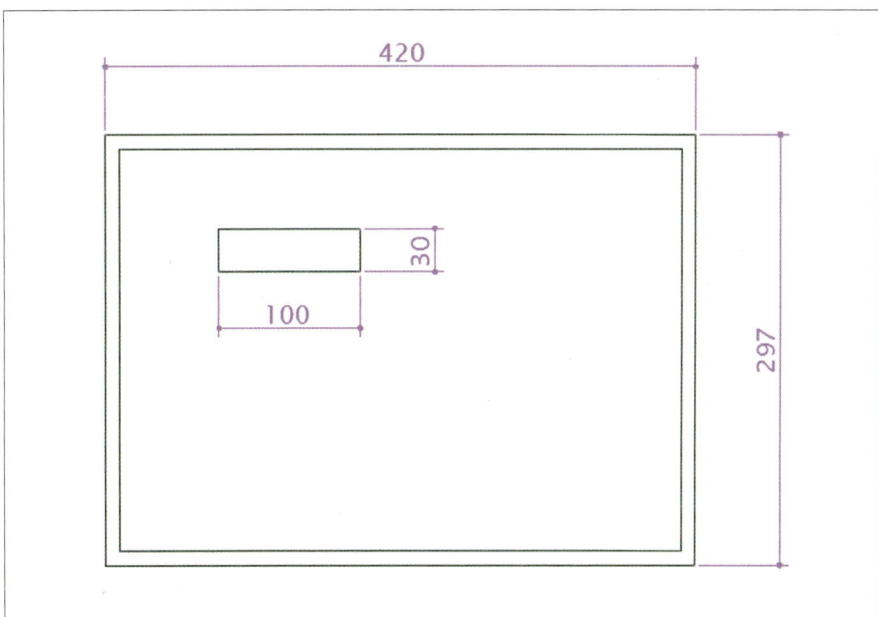

❺ Offset 25 왼쪽 선을 오른쪽으로 두 번

❻ Offset 10 윗 선을 아래로 두 번

❼ Tr [Enter][Enter] 모양 정리 – 여백 안쪽의 좌측 위로 이동

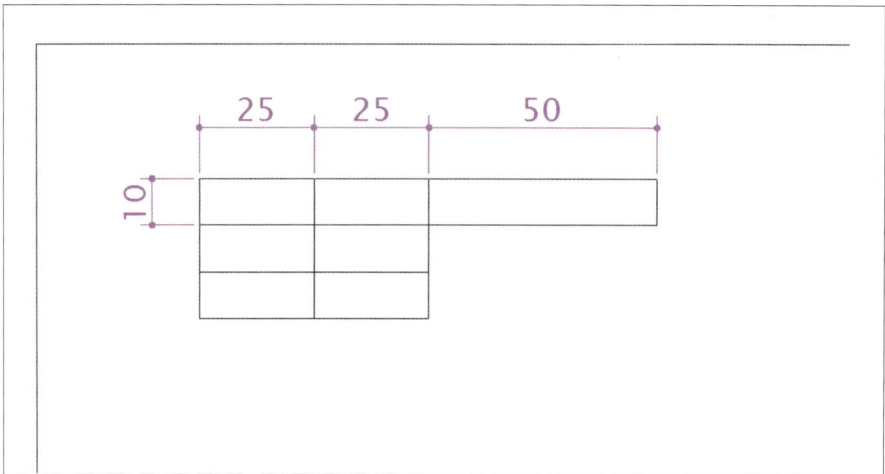

❽ DT [Enter] MC [Enter] [Shift] + 오른쪽마우스 – 두 점 사이 중간클릭(대각선 두 점 클릭, 클릭)

(문자높이) 3 [Enter] (각도) 0 [Enter] 문자작성 [Enter] [Enter]

업그레이드

문자를 중간중심(MC)으로 정렬하면 앞으로 쓰는 문자는 계속 중간중심으로 유지된다.

초기설정은 L(Left)이다.

문자는 하나만 작성하고 복사한다.

– 더블클릭 수정

문자를 다시 왼쪽 정렬 하려면 :

DT [Enter] L [Enter]
시작점 클릭 문자작성
[Enter] [Enter]

❾ 도면명, 축척 등을 작성한다.

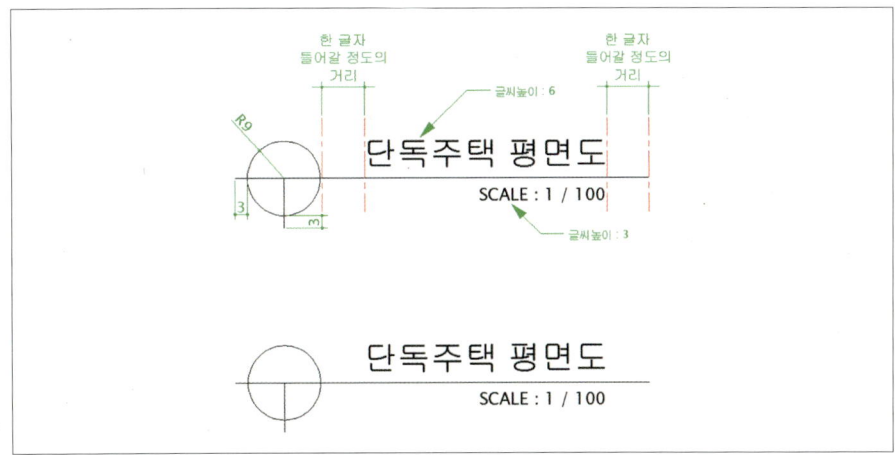

❿ SC(축척) 엔터 [Enter] – 표제란 전체선택 [Enter] – 기준점(좌측하단) 클릭
축척입력(평면도는 80 또는 100) [Enter]

14 프린트(Plot)

❶ PLOT [Enter] 또는 상단의 프린터 아이콘 클릭

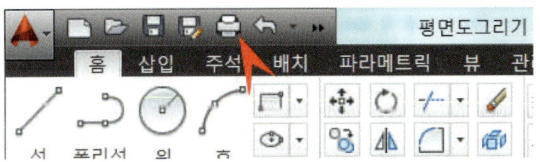

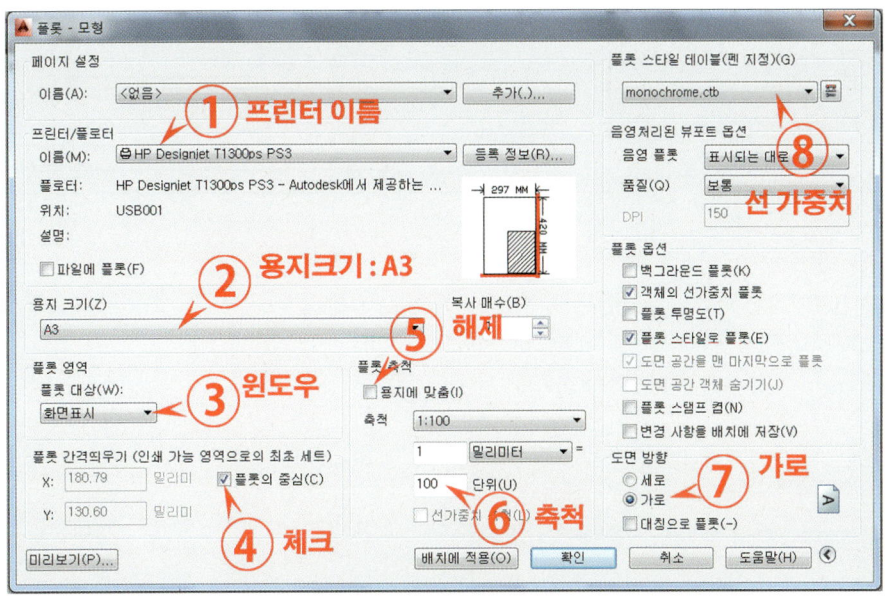

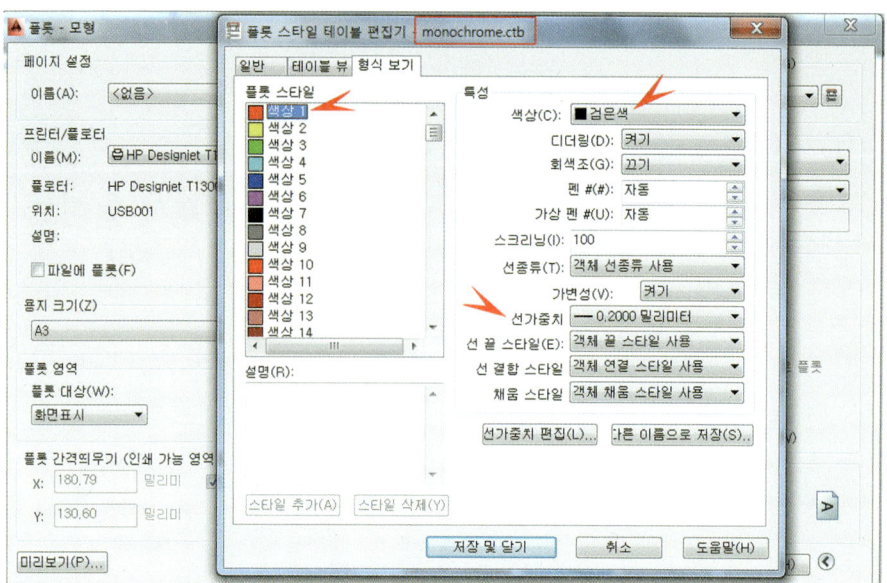

업그레이드

프린트하기 전 반드시 미리보기 한다.

미리보기에서 문제 없으면 오른쪽 마우스 - PLOT 또는 출력화면으로 돌아와(ESC) 확인 아이콘 클릭

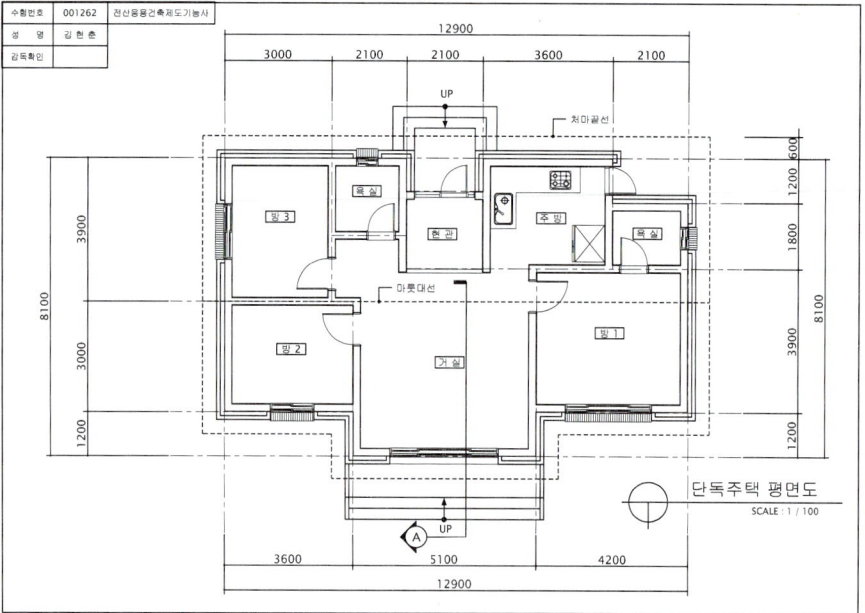

memo

PART 4
단면상세도 작성

빅 데이터 키워드 : **줄기초, SLAB, 계단, 시멘트기와, 용머리**

일반적인 시공수준으로 작성하여야 하므로 건축시공원리에 맞게 작성할 수 있도록 하고 요구 조건을 정확히 파악할 수 있도록 합시다.

단면상세도 작성

PART 04

업그레이드
건축물을 수직으로 잘라 그 단면을 나타낸 것으로 기초, 지반, 바닥, 처마, 층 높이와 지붕의 물매 등을 알 수 있다. 건물 전체의 단면을 보는 것이 아니라 특정 위치를 상세하게 표현한 도면이다.

※ 실기 시험 응시 주의사항

- 평면도는 제출하지 않으므로 단면도, 입면도 작성 시 참고용으로 간단히 작성
- 시험이 시작되면 바탕화면에 폴더를 만들고 표제란 부터 작성
- 표제란을 반드시! 바탕화면의 폴더 안에 저장(또는 시험장에서 지정하는 경로로 저장)
- 단면도, 입면도를 진행하면서 같은 파일로 수시로 저장
  (수시로 저장하지 않으면 PC에 문제 발생 시 저장되지 않은 부분은 본인 책임으로 본다)

단면상세도(Section plan)

■ 단면상세도

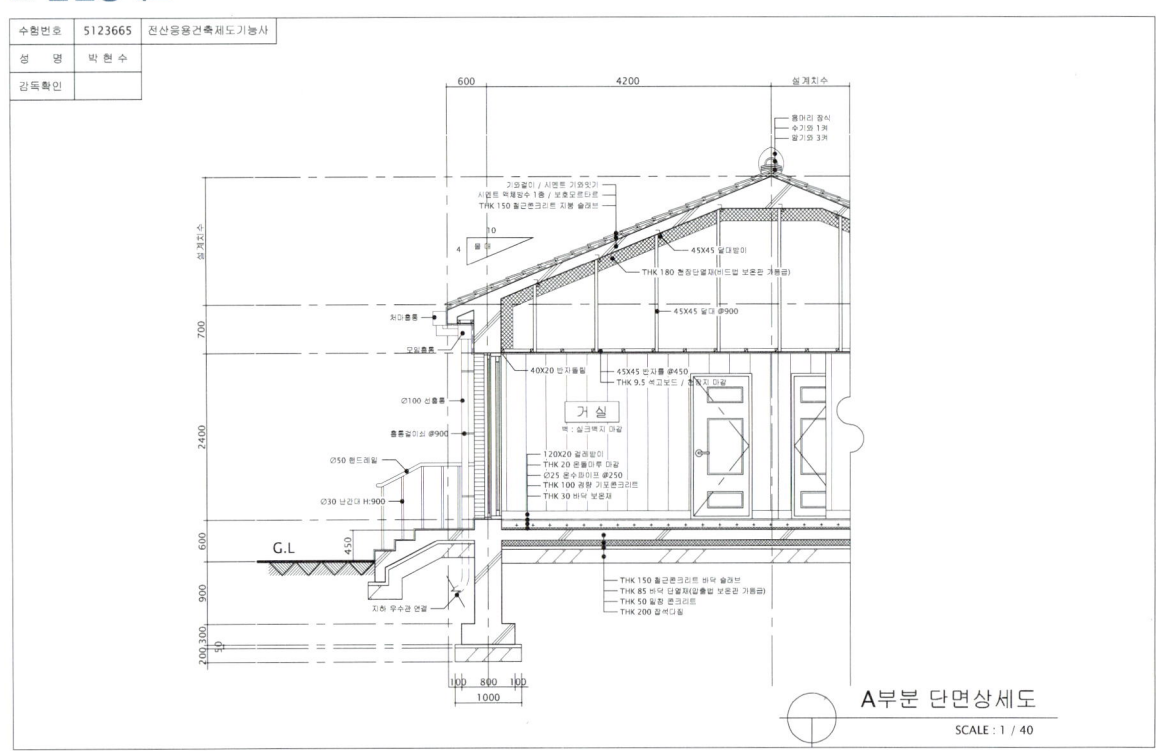

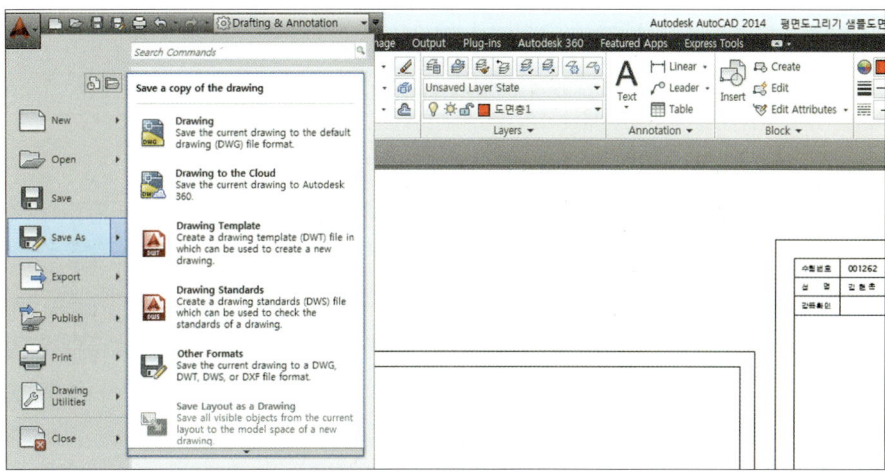

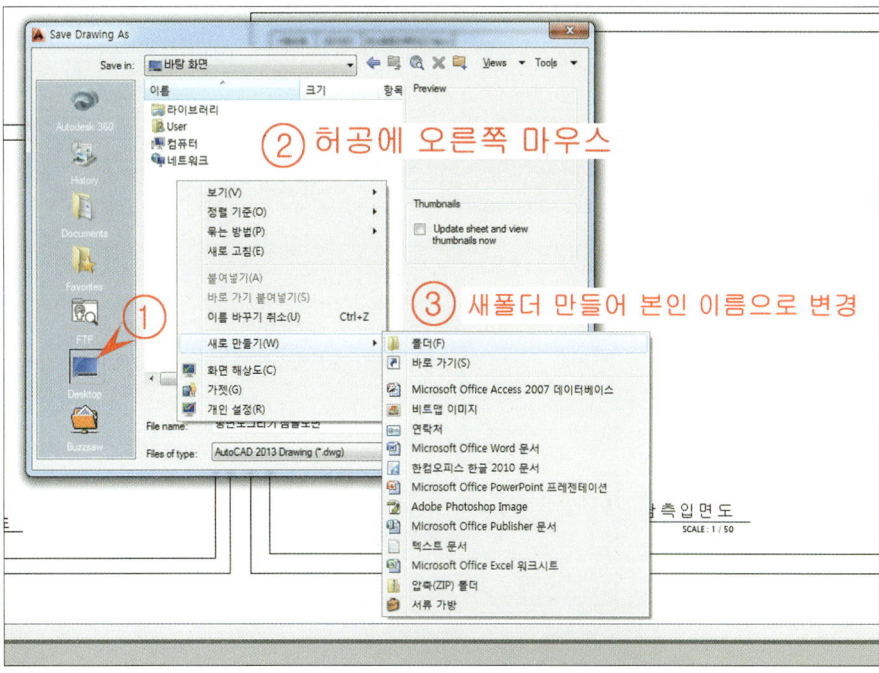

01 도면층 생성

※도면층(Layer)

Name	Color(색번호)	Linetype	Lineweight
1–CEN	빨강(1)	Center	0.2
2–CON	노랑(2)	Continuous	0.4
3–ETC	녹색(3)	Continuous	0.2
4–WIN	하늘(4)	Continuous	0.3
5–FIN	파랑(5)	Continuous	0.1
6–TEXT	흰색(7)	Continuous	0.3

❶ LA [Enter] 새 창 열림

❷ 새 도면층 〈Alt + N〉 6개 생성, 도면층 선택 후 [F2] 도면층 이름 변경

업그레이드
도면층 이름 변경 없이 사용해도 무관함

❸ LINE TYPE클릭 – Load 클릭 – center, hidden 불러오기

업그레이드
빨강(1–CEN) 도면층은 LINE TYPE을 center로 변경

02 평면도 작성방법을 토대로 외벽까지 그리기

❶ LTS [Enter] 20 [Enter]
❷ OS [Enter] (OSNAP 설정)
❸ OP [Enter] (도면영역 바로가기 해제, 색상, 커서크기 등 설정)
❹ 1-CEN(빨강) 도면층 선택 – REC [Enter] 시작점 클릭 @12900,8100 [Enter]
❺ 휠 더블클릭(또는 Z [Enter] A [Enter])
❻ X [Enter] 네모선택 [Enter]

  * 길이(Len)생략

❼ OFFSET으로 외벽 치수, 용머리 위치 정도만 표현

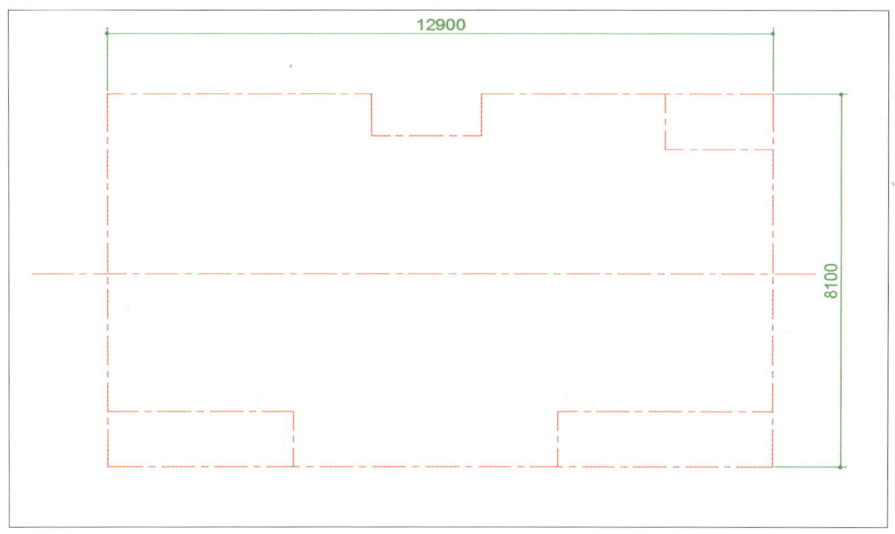

❽ 2-CON 도면층 선택 – ML [Enter] S [Enter] 400 [Enter] J [Enter] Z [Enter] – 외벽 표현

> **업그레이드**
> 평면도는 예시처럼 간단하게 작성한다.
> (참고용으로만 사용)

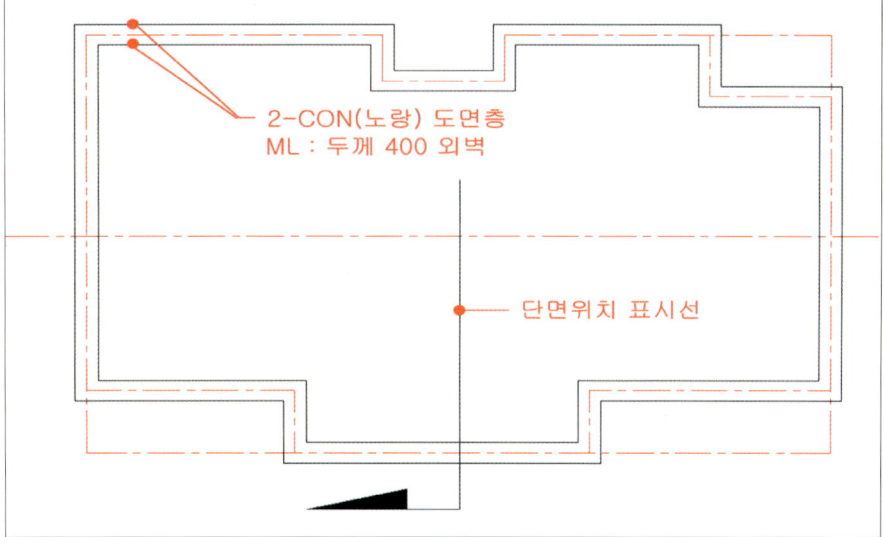

03 처마선 그리기

❶ 노랑(벽체)도면층 off
❷ 녹색 도면층 선택 / PL Enter 평면도를 참고하여 벽체 중심선의 교차점 표현
❸ Offset 처마 나옴 거리 외부로 표현
❹ 처마선을 클릭하여 점선으로 변경 / 용머리 위치 표현

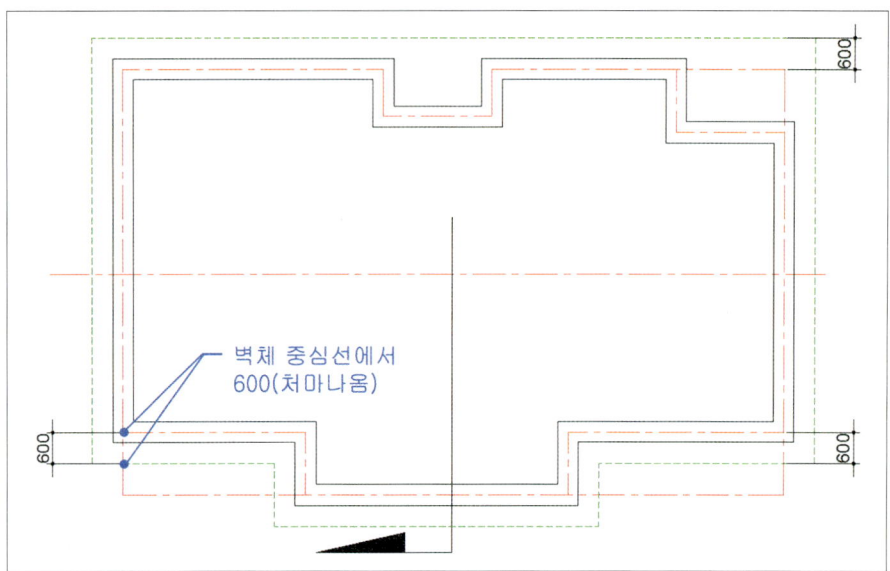

04 평면도의 단면표시기호 표현하고 화살표가 위로 보도록 Rotate

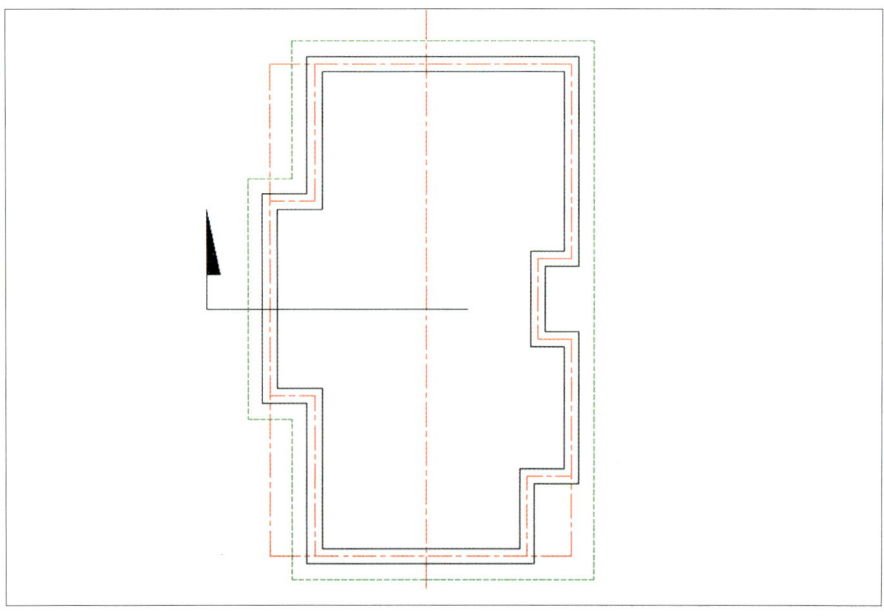

※ 단면표시 기호가 지나가는 부분을 잘라 화살표 방향으로 본다.

05 G.L(Ground Level)

❶ 도면층 노랑으로 변경

❷ Line으로 G.L 표기

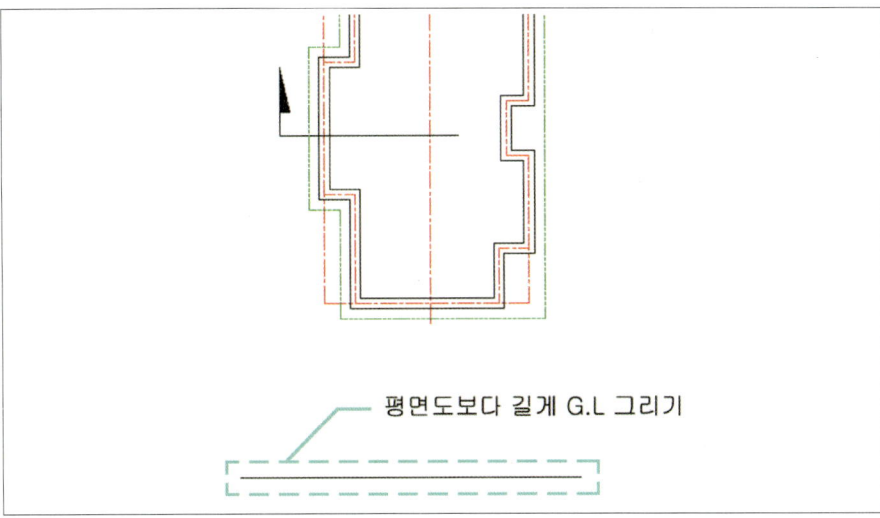

평면도보다 길게 그려 줄여나가는 방법

06 줄기초 표현

■ 줄기초 : 조적조의 벽 또는 일렬의 기둥을 받치는 기초

❶ X [Enter] 평면도 선택 [Enter]

단면 기호가 지나가는 부분의 벽체를 복사하여 G.L과 겹치게 배치(외벽, 내벽 모두)

※ 길이를 늘려(Stretch) 기초를 그리기 편하게 배치(외부 기초벽의 두께가 된다) 내벽도 벽체두께를 그대로 활용한다(본 도면은 외벽만 지나가므로 내벽은 그리지 않는다).

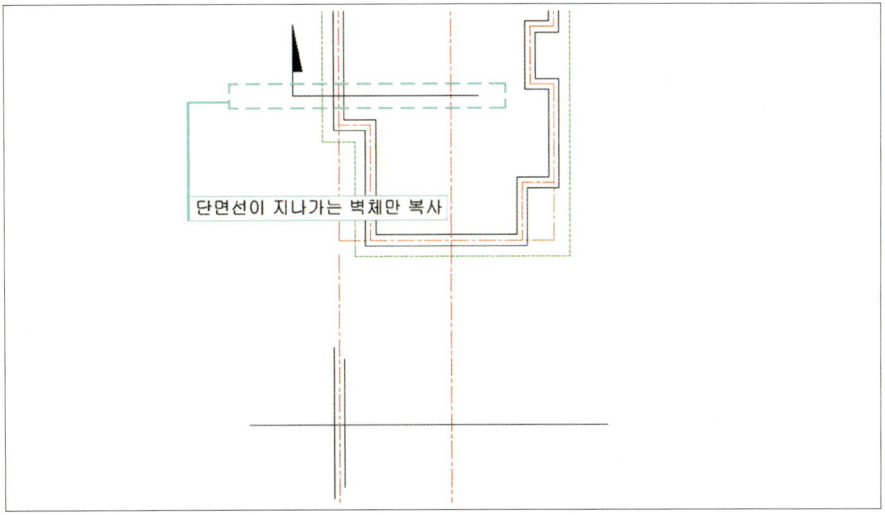

❷ G.L 기준 아래쪽(땅속)으로 Offset 900
중부지방의 동결선 깊이와 유사하게 표현

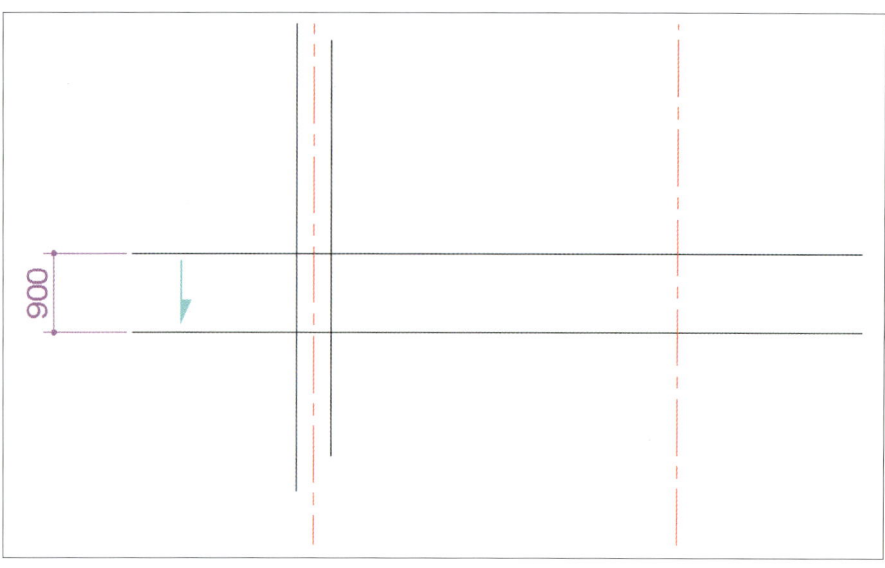

❸ 기초벽, 기초판의 모양 표현
- 동결선을 기준으로 아래로 Offset 300(기초판의 두께)
  * 기초판의 두께는 내력벽보다 크거나 같게 함
- 기초벽 기준으로 양쪽으로 200(줄기초의 형태)

 업그레이드
건축물의 구조기준 등에 관한 규칙 30조에 의해 기초벽의 두께는 250mm 이상으로 하여야 한다.

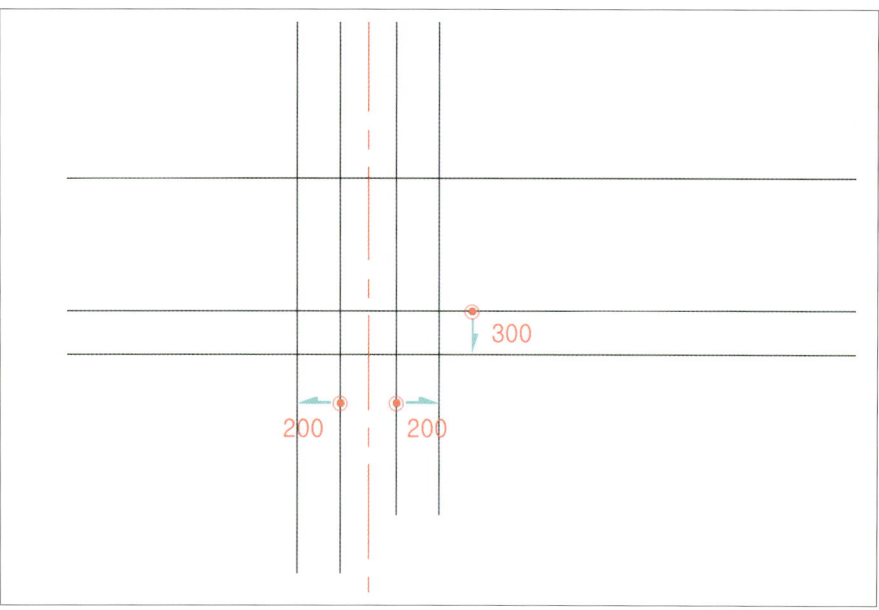

❹ 기초의 모양 정리

업그레이드
기초모양 정리할 때는 F Enter (R Enter 0 Enter)를 활용하면 빠르게 정리할 수 있다.

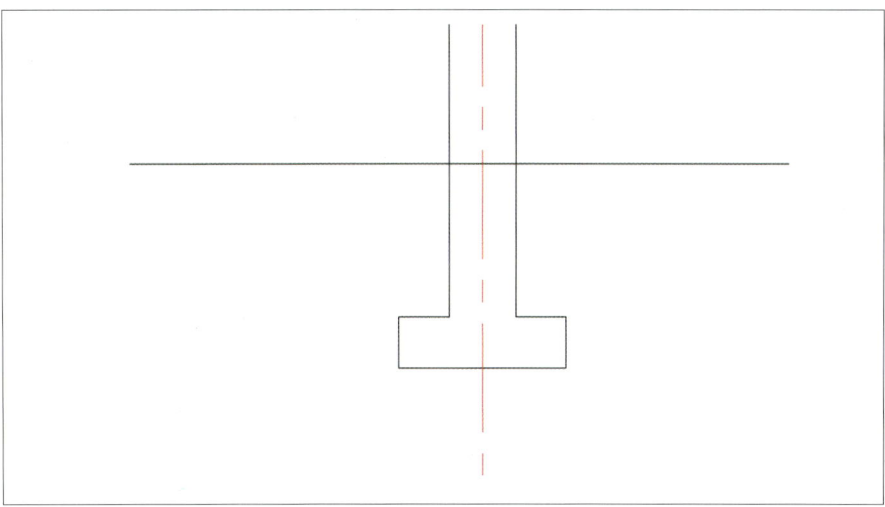

❺ 기초벽의 높이 표현

– 난방이 없는 경우(현관) : 계단단수 x 150(계단 단 높이)

　ex) 계단이 3단인 경우 450, 4단인 경우 600

– 난방이 있는 경우(거실, 방, 주방, 욕실 등) : 계단단수 x 150(계단 단 높이) + 150(난방두께)

　ex) 계단이 3단인 경우 600, 4단인 경우 750

　※ 평면도에 최종 높이가 표시된 경우 : (난방제외) 최종 높이 ÷ 계단단수 = 계단 높이

업그레이드
난방이 있는 경우 기초를 150 높여 경량기포 콘크리트(방바닥통미장)가 흘러내리지 않도록 받쳐준다고 생각하자

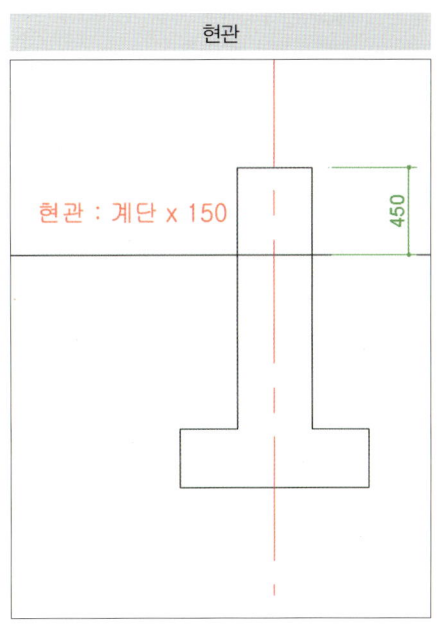
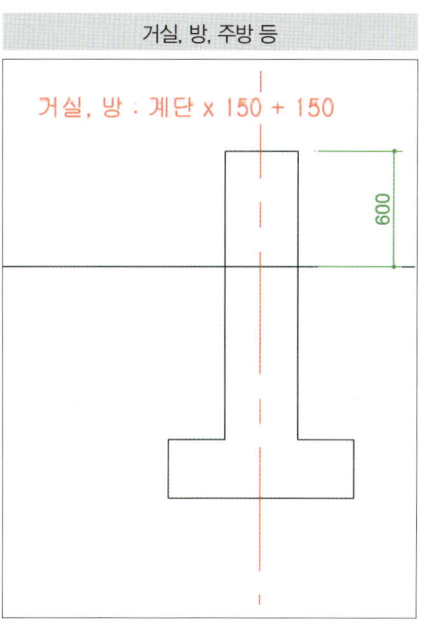

07 바닥 슬래브(Slab) 표현

❶ 바닥 슬래브(슬래브 윗선)의 높이 : 계단 수 x 150
❷ 바닥 슬래브 두께 150을 아래로 Offset

업그레이드
지반선(GL)을 지우지 않도록 주의한다.

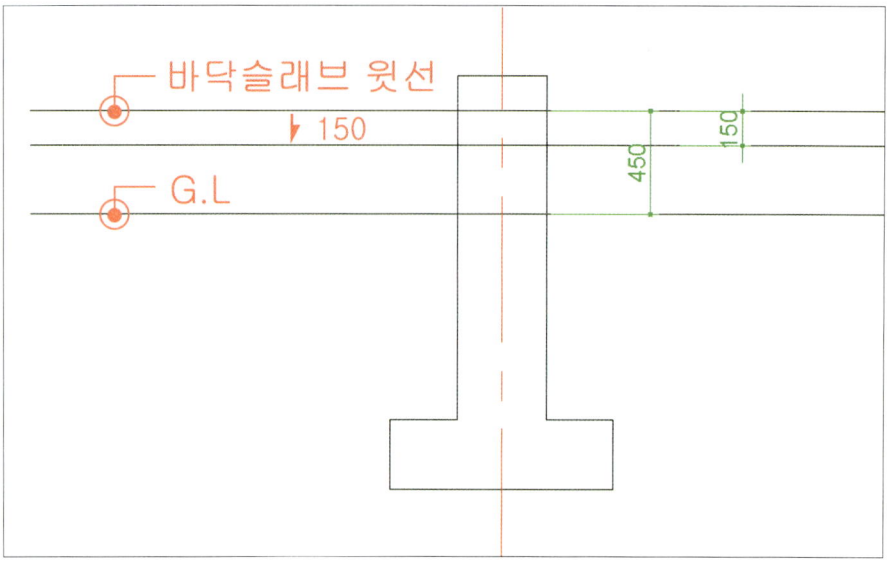

❸ 기초벽과 일체화

업그레이드
동일한 재료(철근콘크리트)는 연결부위가 막혀있으면 다른 재료로 볼 수 있으므로 기초벽과 슬래브는 일체화한다.

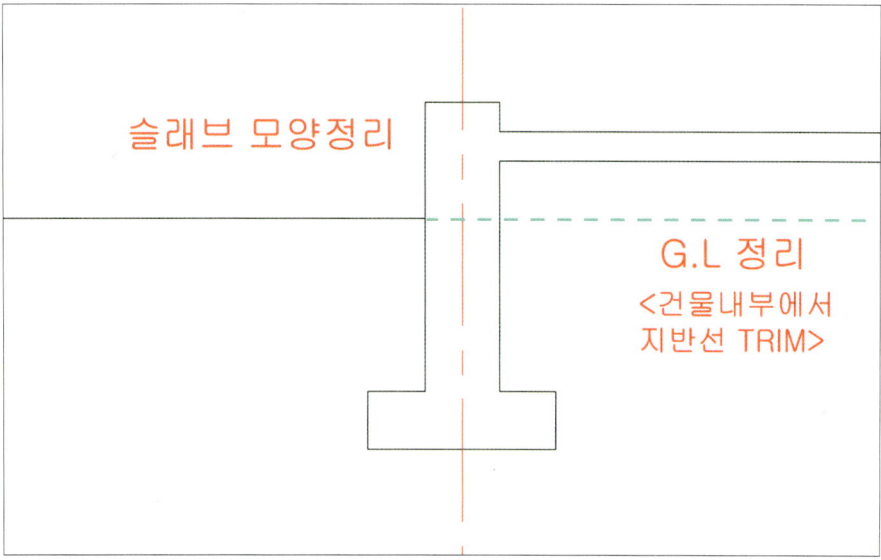

08 계단, 테라스, 화단 단면 표현

가. 계단

❶ 바닥 슬래브를 외부로 Mirror

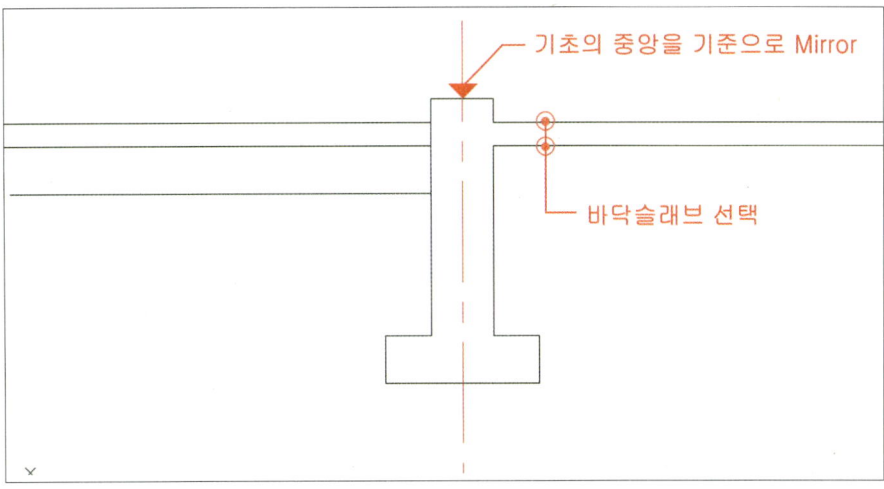

❷ 평면도를 파악하여 계단의 시작선 표시
− 계단의 시작선을 기준으로 외부 정리(Trim or Extend)

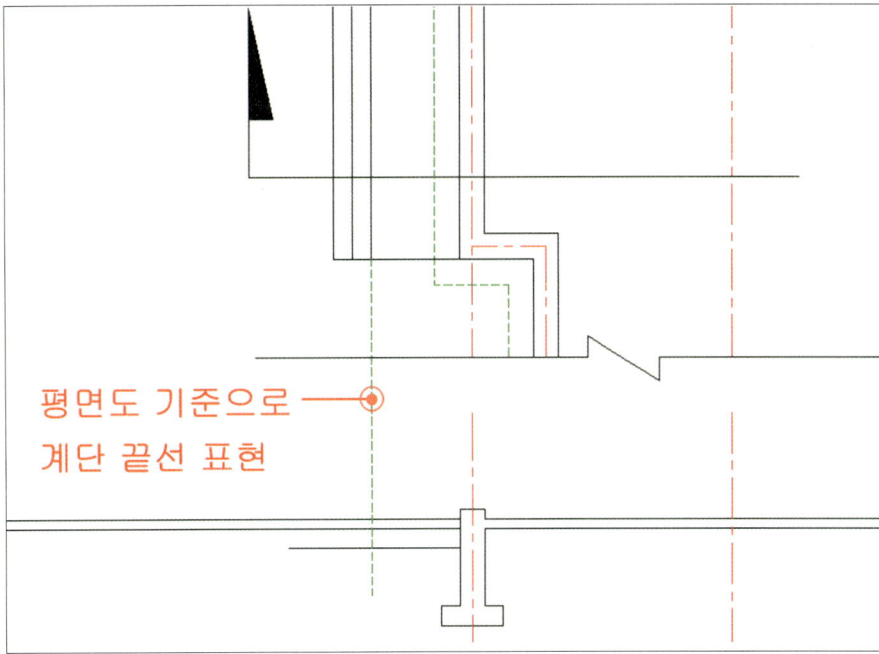

❸ 계단 모양 표현(디딤판 300, 챌판 150)

- 지반선에서 300내려가서 끝내기

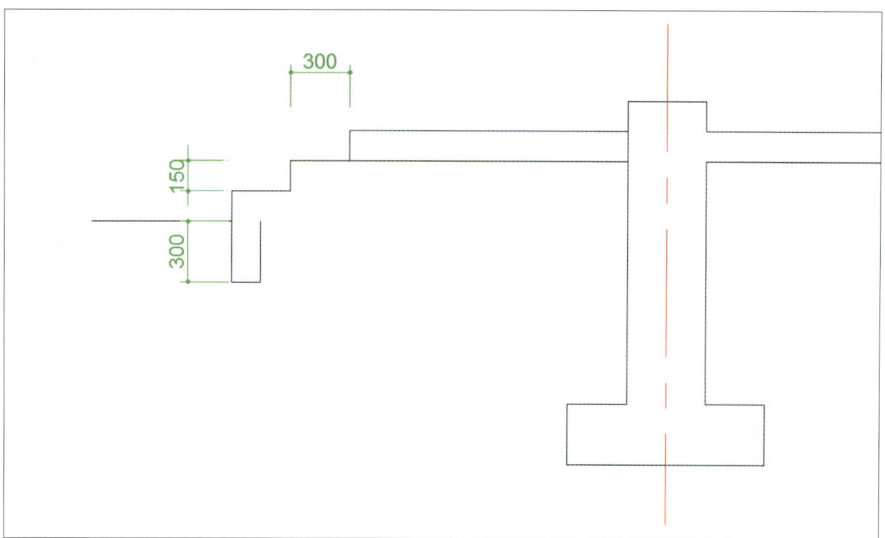

업그레이드
바닥 높이를 제시하지 않은 경우 계단 표현

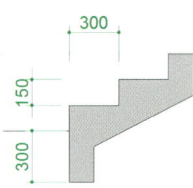

- 계단의 아랫부분에 경사선을 그려 계단 슬래브 두께(150) 아래로 표현

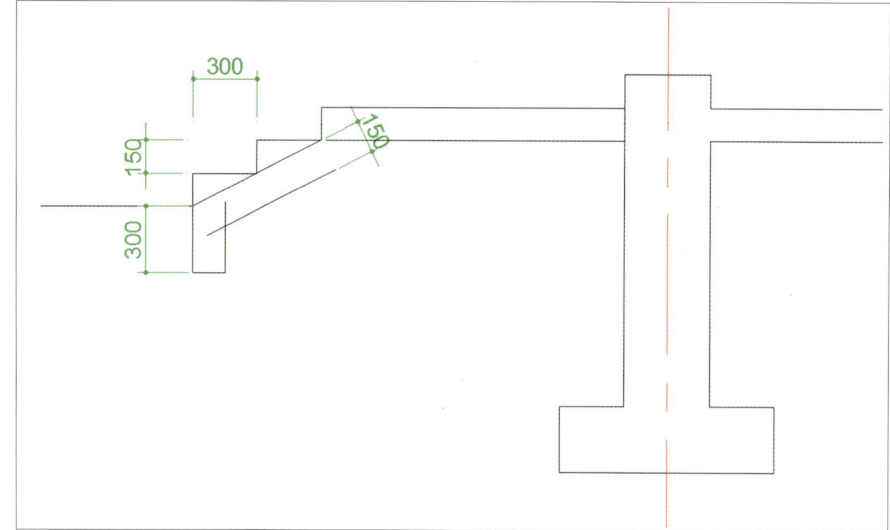

- 계단모양 정리 후 기초벽과 일체화

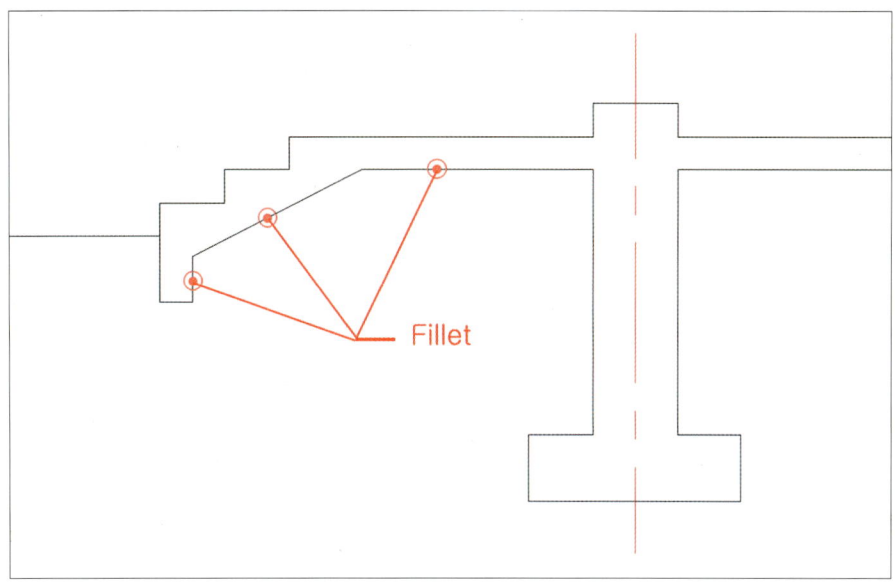

나. 테라스

❶ 바닥 슬래브를 외부로 Mirror

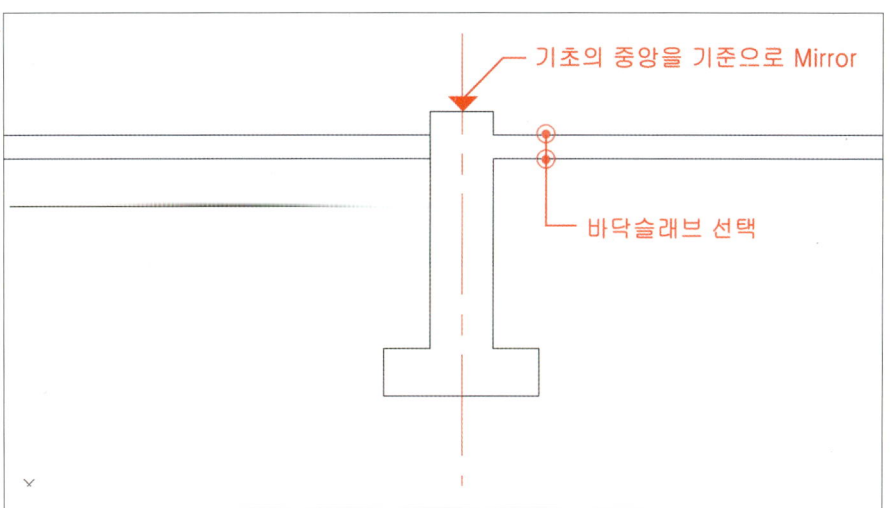

❷ 평면도를 파악하여 테라스의 외부 끝선 표시
- 테라스의 외부 끝선을 기준으로 외부 정리(Trim or Extend)

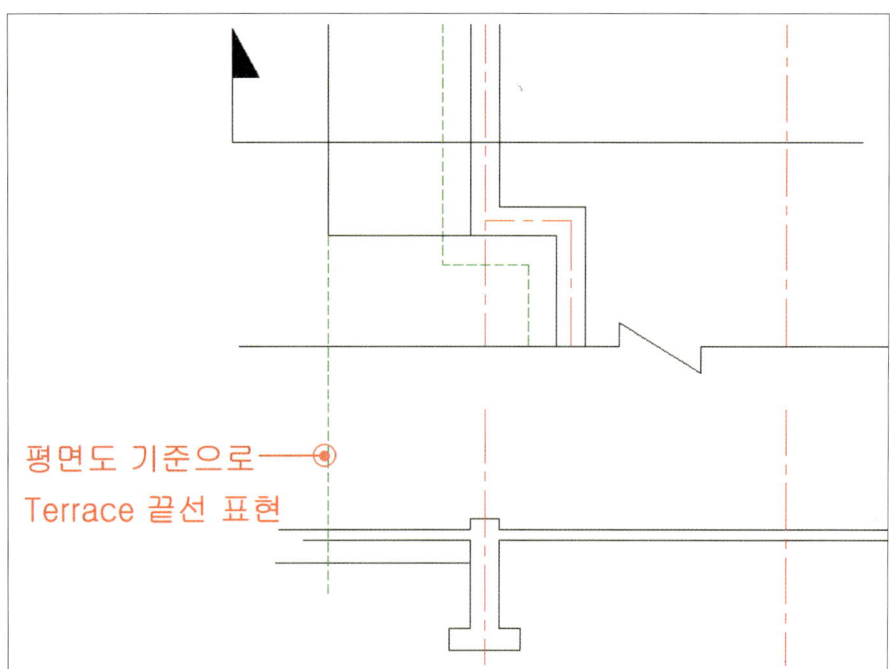

❸ 테라스의 외부선을 기준으로 안쪽으로 Offset 150(슬래브 두께)
- G.L 밑으로 300내려 모양정리

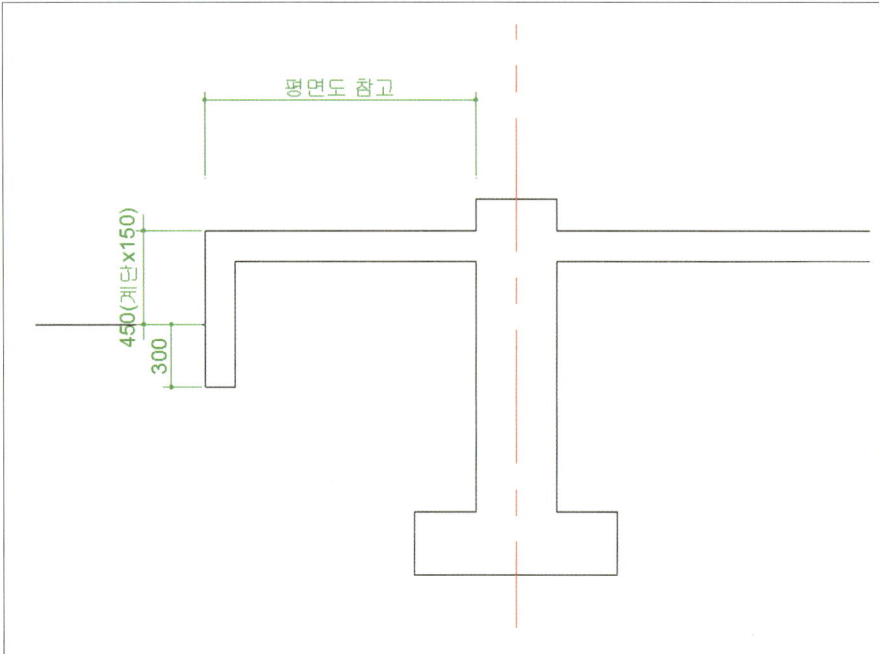

다. 화단

❶ 바닥 슬래브를 외부로 Mirror

❷ 슬래브 높이를 200 낮춤(화단은 슬래브보다 낮으면 주택의 벽면을 가리지 않아 보기 좋음. 화단은 슬래브 없이 바로 땅으로 형성하고 경계 벽만 쌓아도 무관함)

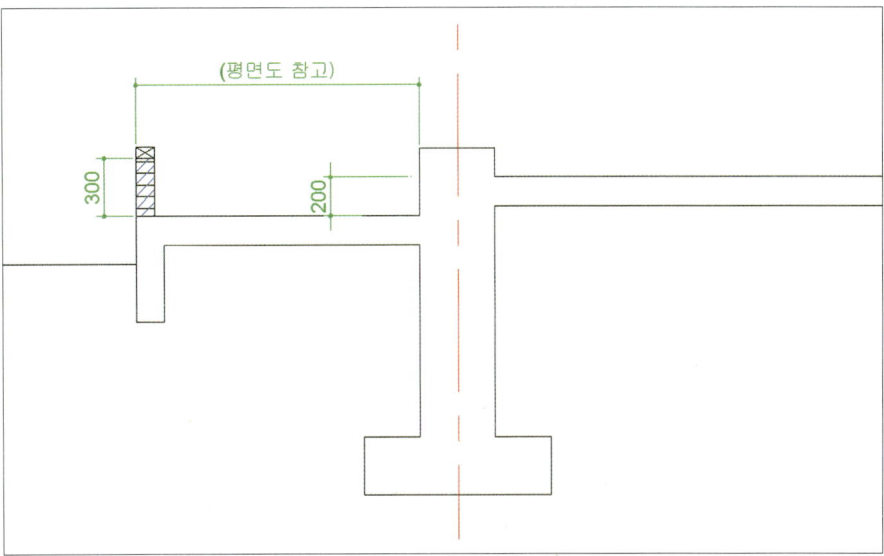

❸ 화단 벽 높이 300(벽돌)으로 표현

※ 계단, 테라스, 화단 등이 없이 벽체로만 끝날 수도 있음

09 바닥 단열재

: 거실의 외벽 최하층에 있는 거실의 바닥(외기에 접하는 바닥 포함) 등은 단열재로 시공

❶ 도면 층을 흰색으로 변경

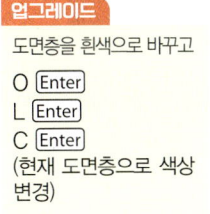

업그레이드

도면층을 흰색으로 바꾸고
O [Enter]
L [Enter]
C [Enter]
(현재 도면층으로 색상 변경)

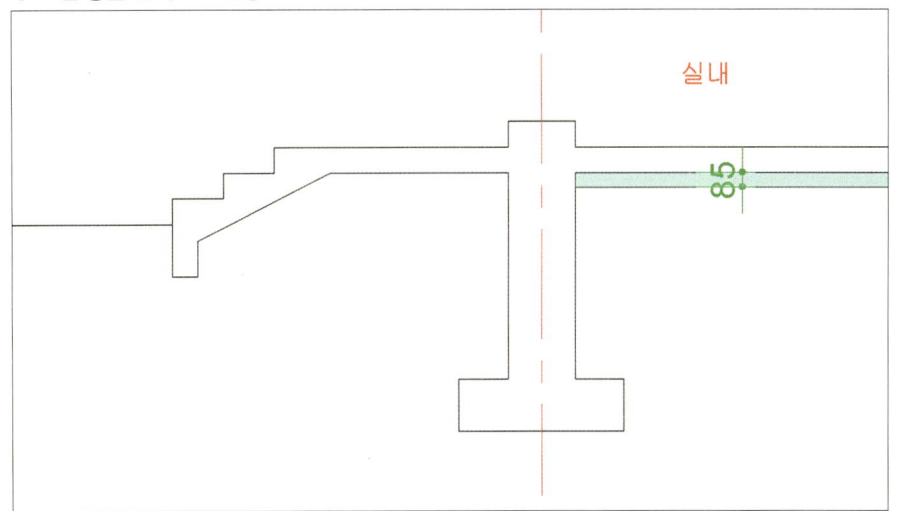

10 밑창콘크리트, 잡석다짐

가. 밑창콘크리트

: 줄기초를 시공하기 전 얇게 치는 콘크리트. 잡석다짐 위에 기초를 시공하기 위한 먹줄치기를 위해 두께 5~6cm로 시공함(= 버림 콘크리트)

❶ J [Enter] 테라스 or 계단 슬래브의 하단을 선택 [Enter]

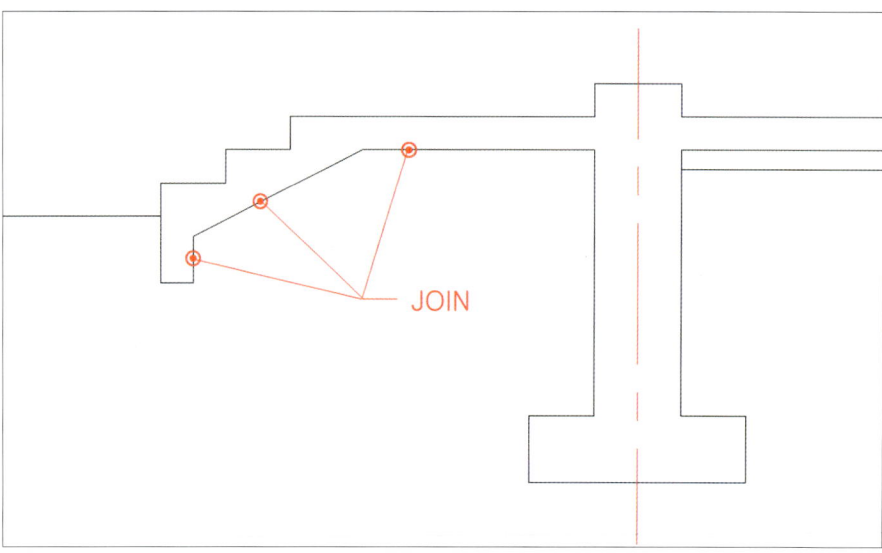

※ 슬래브의 하단을 join하면 밑창콘크리트의 두께(50mm)표현 시 유리

❷ Offset 50(O [Enter] L [Enter] C [Enter] 50 [Enter]) 슬래브 하단, 계단(테라스) 하단, 줄기초 하단에서 밑으로(Offset 도면층 변경옵션은 이전에 설정해 두었다면 매번 할 필요가 없음)

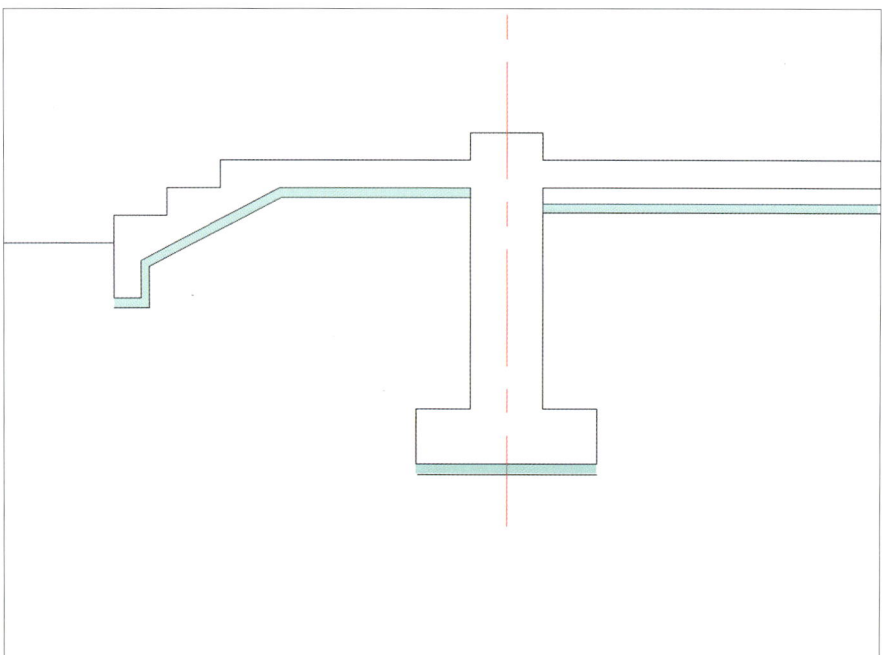

나. 잡석다짐

: 지내력 향상을 위해 잡석을 세워서 깔아준다.

❶ offset 200을 밑창콘크리트 하단에서 밑으로

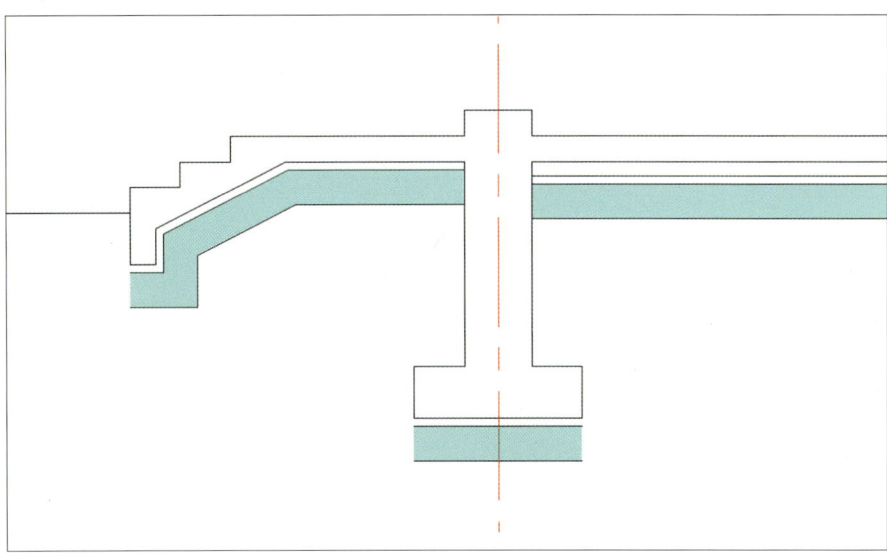

❷ 계단, 테라스, 기초의 끝부분에서 L [Enter] 외부로 100 [Enter] 아래로 250 [Enter]

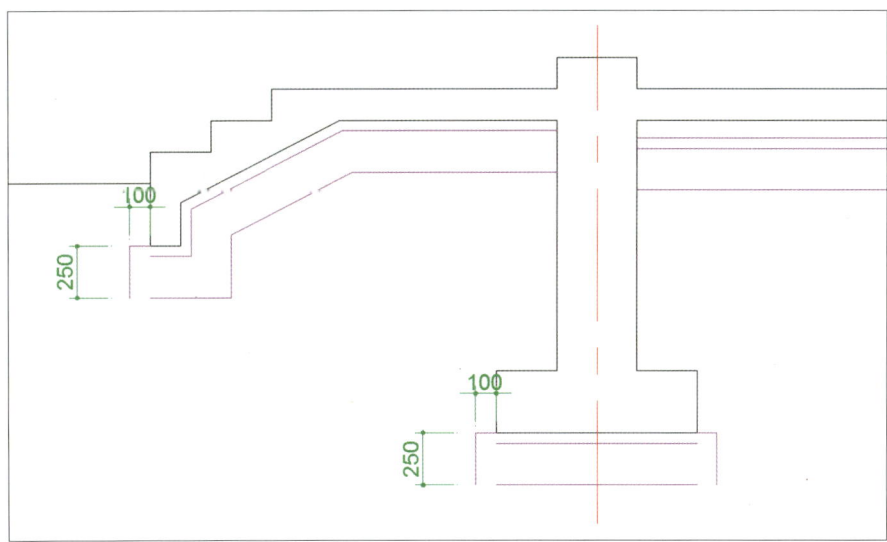

업그레이드

외부로 내미는 거리
: 조적조 100,
  철근콘크리트조 150

아래로 250 = 밑창콘크리트 50 + 잡석다짐 200

❸ Ex Enter Enter 연장하여 정리

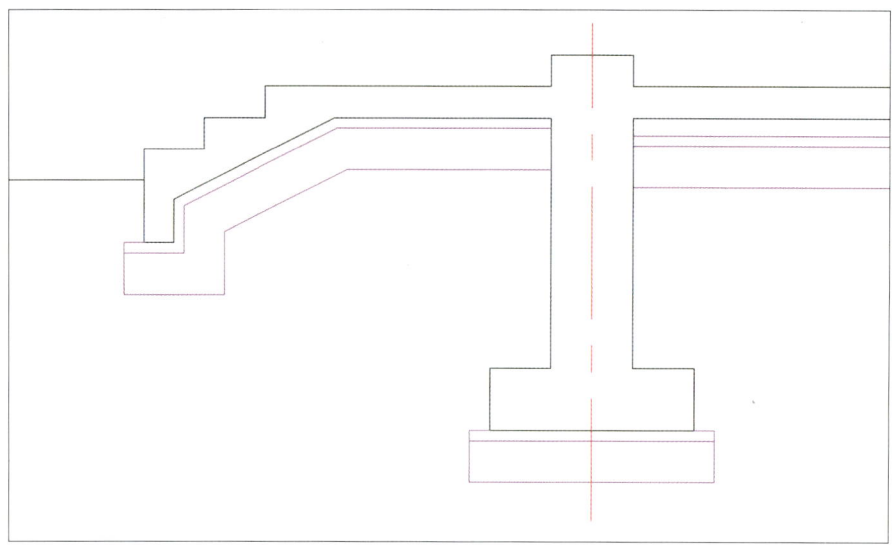

11 바닥난방

❶ 난방 보온재 : 도면층 녹색으로 변경

　offset 30(난방 보온재)을 바닥 슬래브 윗선에서 위쪽으로

❷ 난방층

　– Offset 100(경량기포콘크리트)을 난방 보온재에서 위쪽으로

❸ 바닥 마감재

　– Offset 20(장판, 강마루 등 바닥 마감재)을 난방층에서 위쪽으로

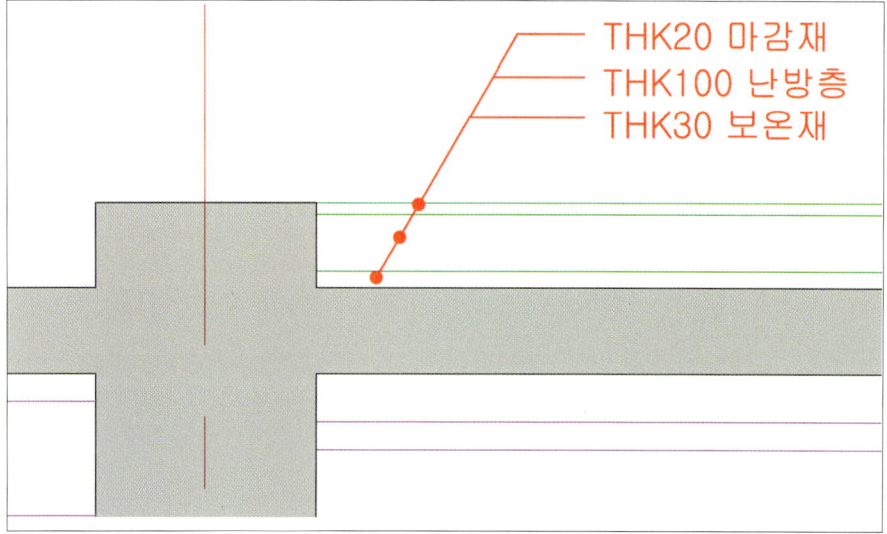

THK20 마감재
THK100 난방층
THK30 보온재

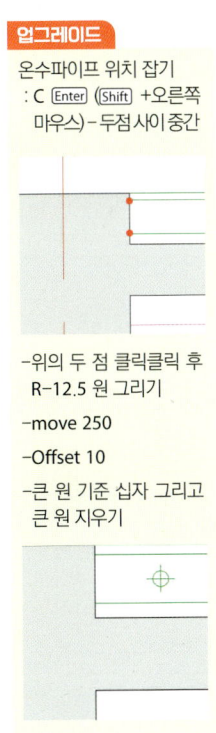

업그레이드

온수파이프 위치 잡기
: C `Enter` `Shift` +오른쪽
마우스 - 두점 사이 중간

- 위의 두 점 클릭클릭 후
  R-12.5 원 그리기
- move 250
- Offset 10
- 큰 원 기준 십자 그리고
  큰 원 지우기

❹ 온수파이프
- 난방층(THK100)의 중간에 Ø25mm 온수파이프(X-L PIPE)를 표현

❺ 간격 250으로 경로배열

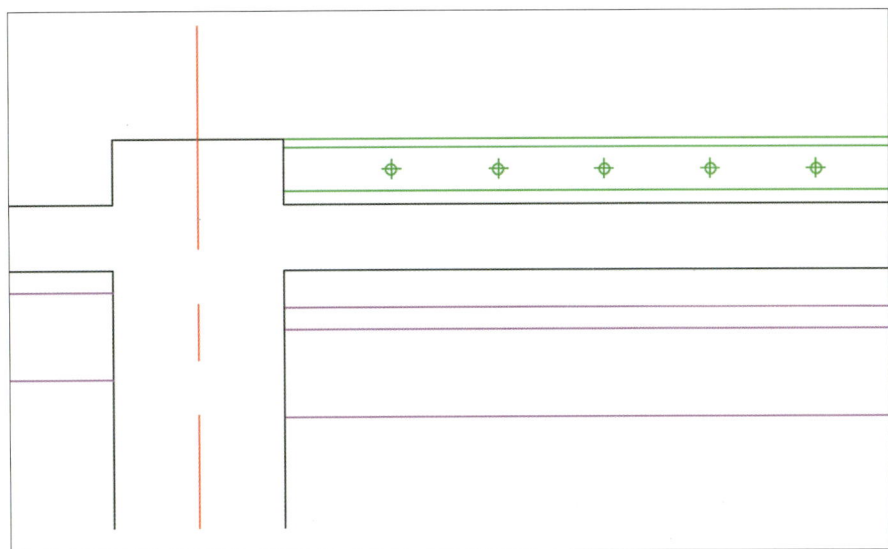

12 지붕슬래브

지붕구조는 철근콘크리트 경사 슬래브로 시공한다.

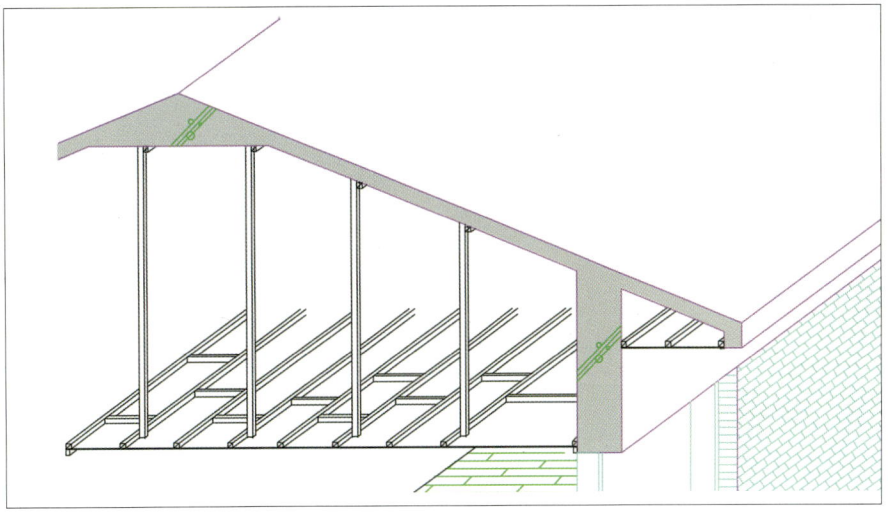

❶ 도면층 : 노랑

❷ 평면도를 파악하여 용머리에서 가장 먼 벽체 중심선 표현(양쪽 다 해당)

※ 지붕의 물매를 따라 슬래브가 구성되면 용머리 부분이 가장 높고 용머리에서 멀어질수록 낮아지게 되는데 가장 낮은 실의 높이가 반자높이 이상되어야 하므로 가장 먼 벽체 중심을 기준으로 경사가 시작된다(용머리에서 멀어지다 늑 높이가 낮아진다).

※ 테라스 부분까지 지붕이 이어지는 경우 : 벽체 중심선은 없지만 테라스의 중심도 벽체 중심선으로 보고 작업하자

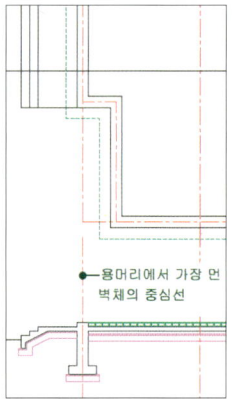

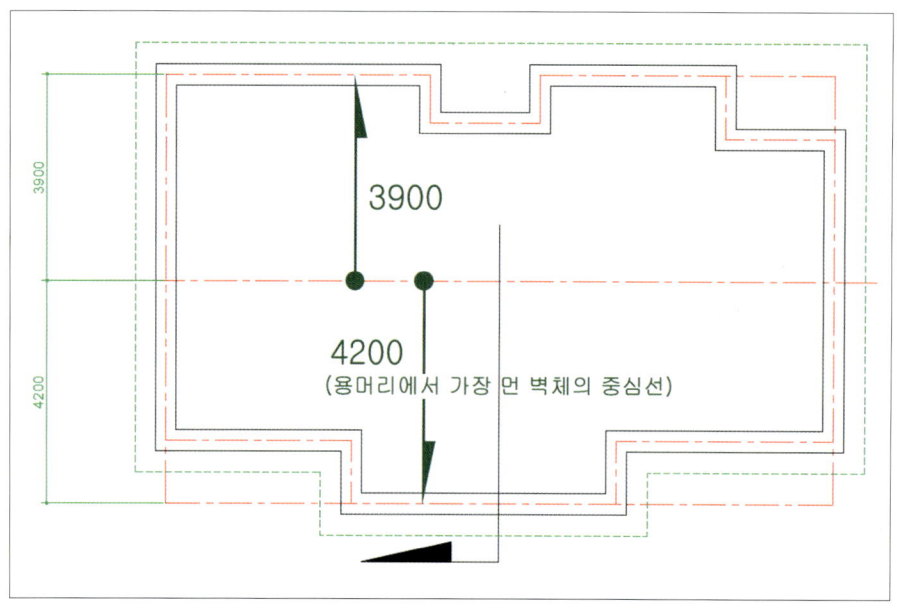

❸ 요구사항을 확인하여 반자높이 표현 : 난방끝선에서 위로 반자높이(2400, 2350 등)

업그레이드

반자높이는 S Enter 명령어로 외부처마 방향으로 길게 표현

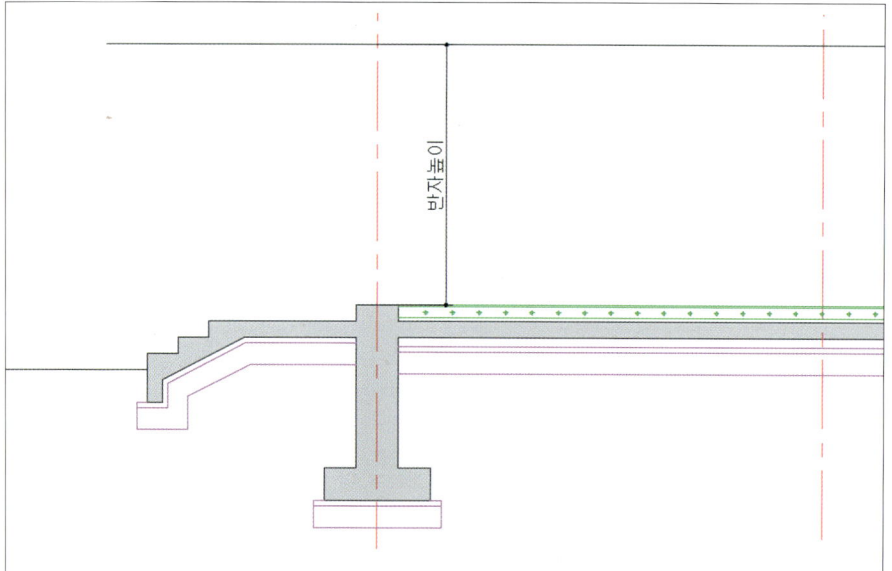

❹ 테두리보의 높이 표현(테두리보 폭의 1.5배 이상)

※ 테두리보는 벽체를 일체화하고 횡력을 보강하는 목적으로 시공되며 일반적으로 테두리보 폭(400 정도)의 1.5배 이상이므로 700으로 정하자

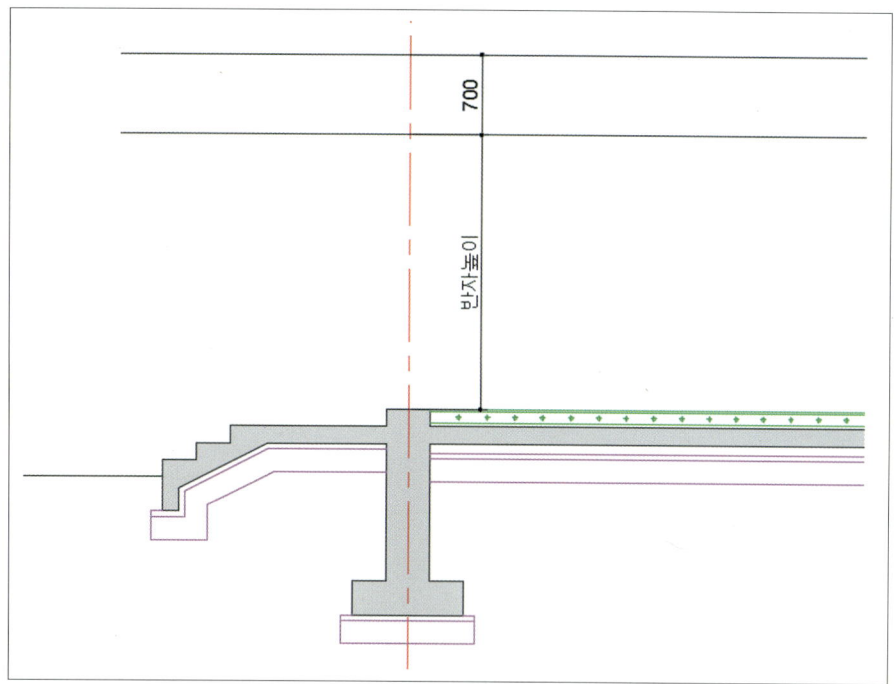

❺ 테두리보의 폭 표현 : 기초 폭을 그대로 복사한다.

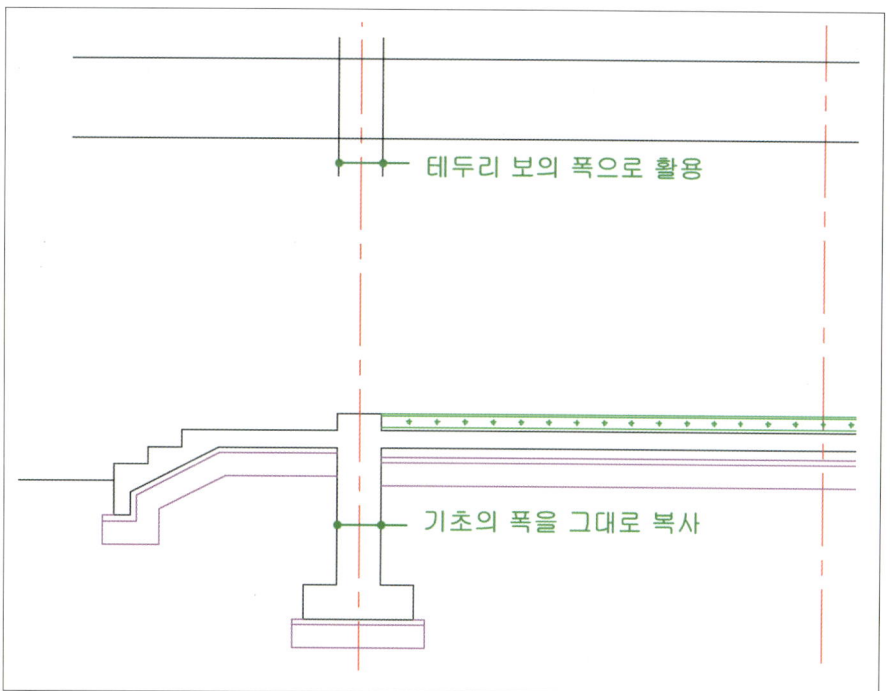

❻ 지붕물매 표현

- 3.5/10인 경우 REC [Enter] / 허공에 시작점 클릭 / @1000,350
- 4/10인 경우 REC [Enter] / 허공에 시작점 클릭 / @1000,400(본 도면은 4/10)
- XL [Enter] A [Enter] (각도 있는 선) 물매용 사각형의 대각선 끝 두 점 클릭(높은 방향을 잘 파악)

위의 ❷, ❹번 교차점에 클릭 [Enter] (가장 먼 벽체 중심선과 테두리보 높이의 교차점)

업그레이드
가장 먼 벽체의 중심이 기준 벽체보다 먼 경우 ❹번 선은 XL그린 후 바로 지우기

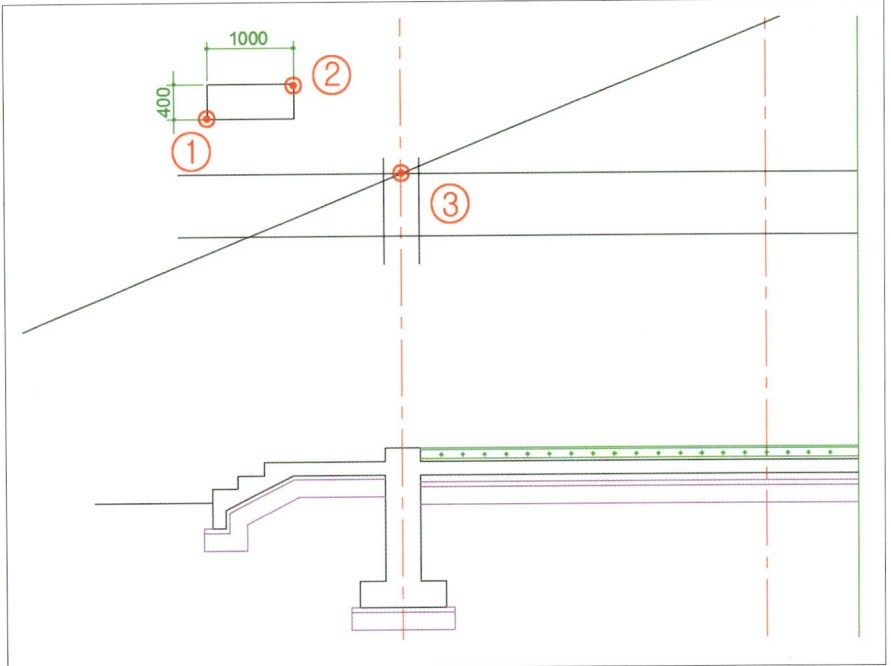

❼ 지붕 슬래브의 두께 표현(THK 150)

- Offset 150 [Enter] 경사선 클릭 위로 클릭 [Enter]

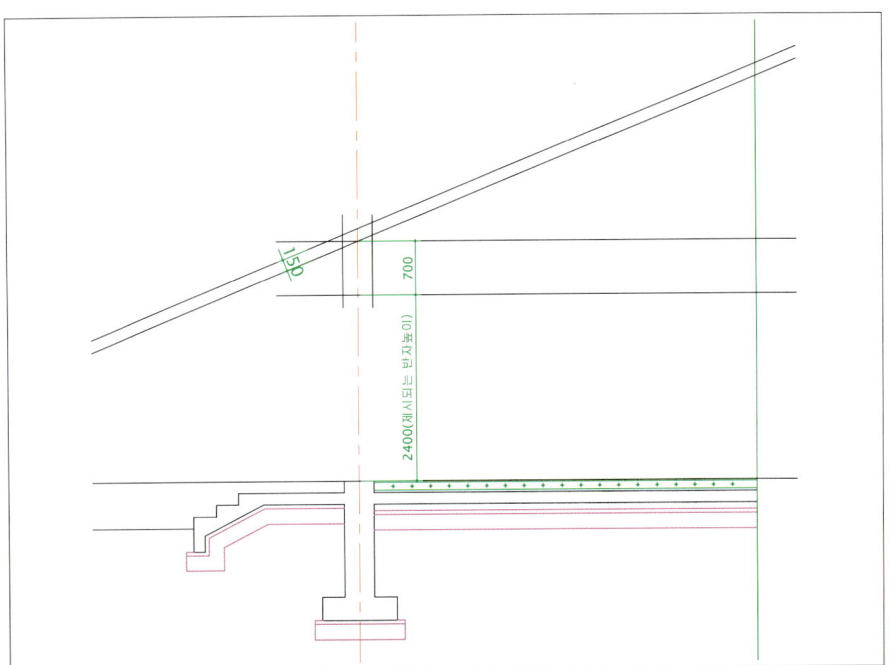

❽ 테두리보와 지붕선 정리

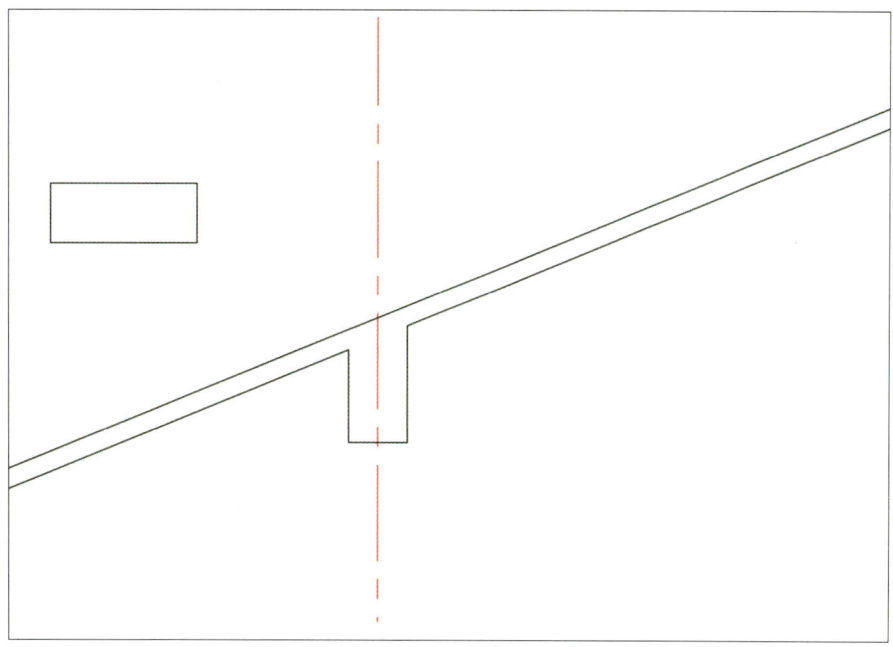

❾ 처마 나옴 표시(요구사항의 처마 나옴 거리 확인)
– 평면도를 잘 파악하여 처마 끝선을 표시
– 처마모양 정리

처마나옴	처마모양
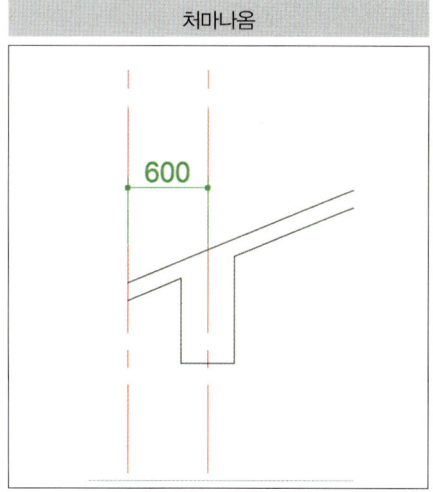	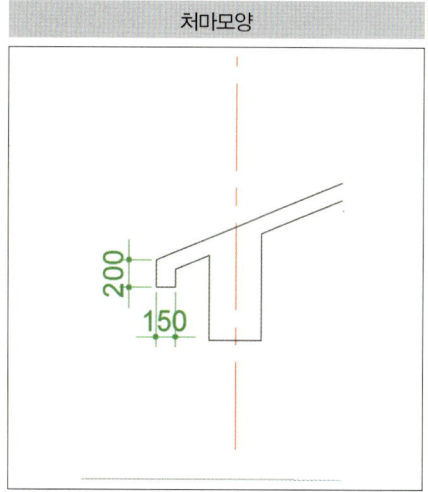

업그레이드

용머리는 지붕의 가장 높은 부분이다.

지붕머리, 지붕마루, 용마루라고 부르기도 한다.

❿ 용머리 위치에서 Mirror(좌우 대칭)

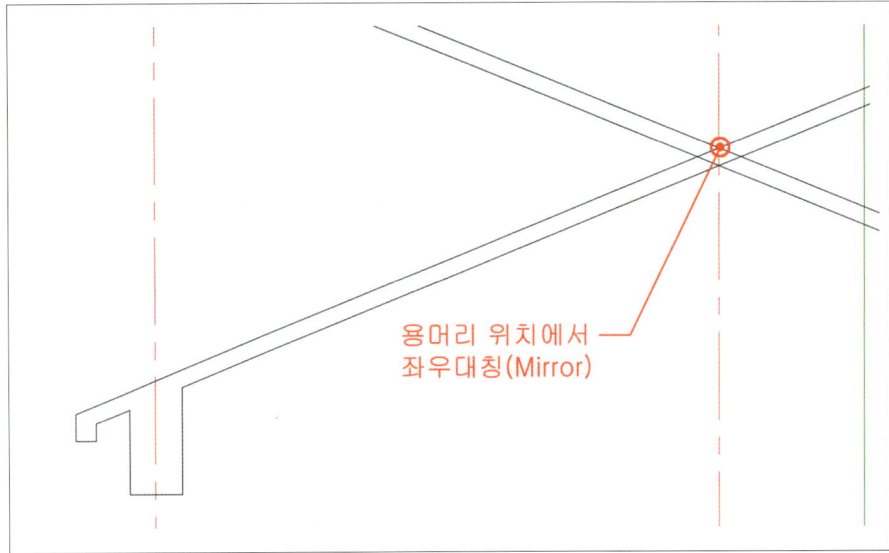

용머리 위치에서 좌우대칭(Mirror)

⓫ 지붕 슬래브 정리

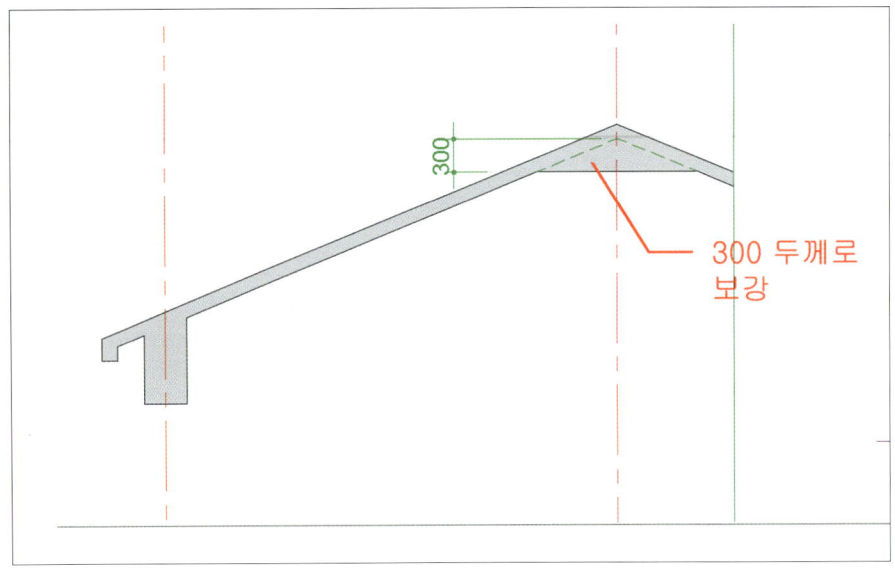

300 두께로 보강

13 반자 설치

: 처마반자도 함께 설치해 준다. 시공순서와 반대로 표현한다.

◇ 시공순서 : 앵커볼트 – 달대 받이 – 달대 – 반자틀받이 – 반자틀 – 반자 – 반자돌림

◇ 제도순서 : 반자 – 반자돌림 – 반자틀 – 반자틀받이 – 달대 – 달대 받이 – 앵커볼트

❶ 도면층 흰색으로 변경

❷ 반자(천장 합판 또는 석고보드) 표현

– L [Enter] 테두리보의 안쪽 끝선에서 구획된 벽체 직교 점까지 표현(반자 시작선)

– Offset 9.5을 반자 시작선에서 위로 표현(THK 9.5 석고보드)

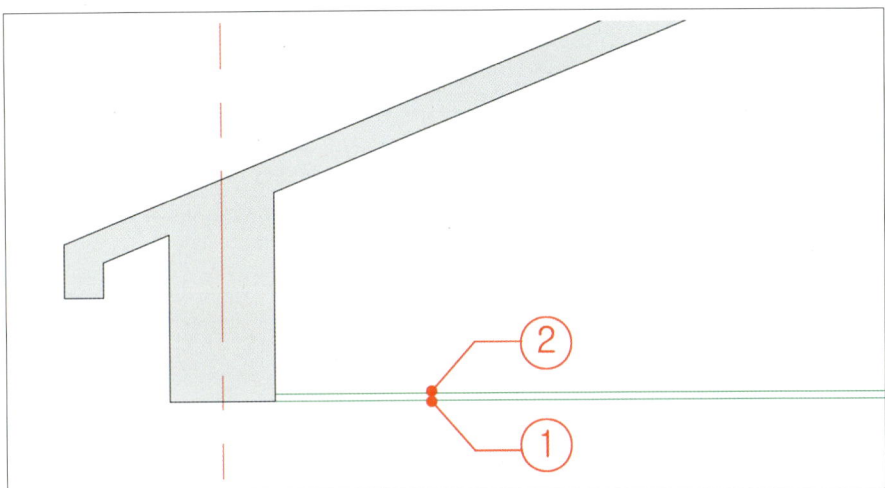

❸ 반자돌림(천장몰딩) 표현

– REC [Enter] 반자 끝선 클릭 40,20 [Enter] (40×20 평몰딩)

– 벽체 끝에 복사

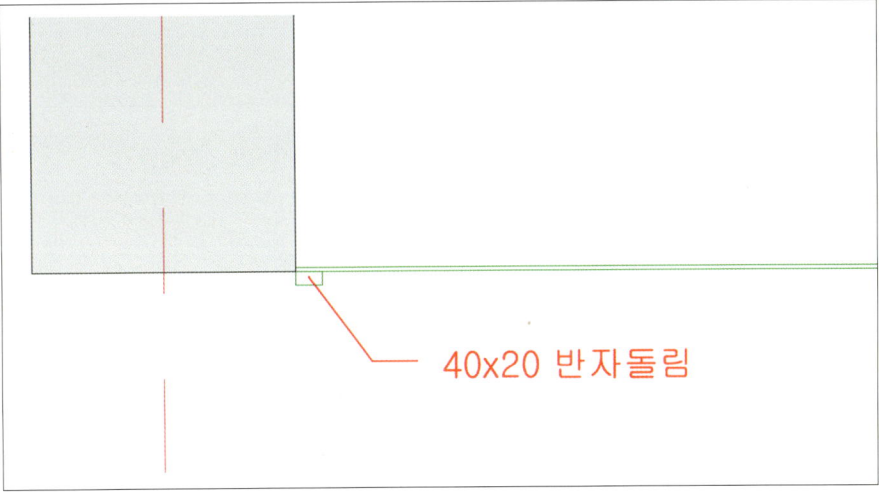

❹ 반자틀 설치(45×45 각재)

– REC [Enter] 반자의 윗선 끝 클릭 / @45,45 [Enter] / 대각선 Line그려 구조용 목재임을 표시

– 반자틀을 450간격으로 복사

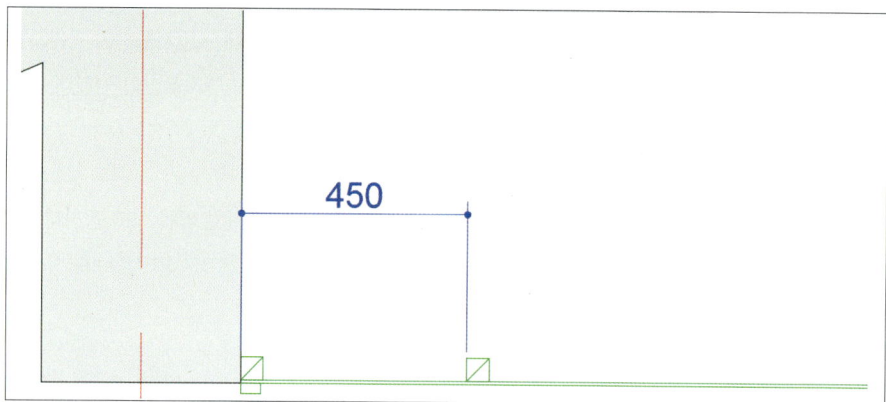

❺ 달대 설치(45×45 각재)

– 반자틀 오른쪽 밑을 시작으로 Line / 위로 지붕의 절반 정도 길이

– Offset 45 우측으로 표현

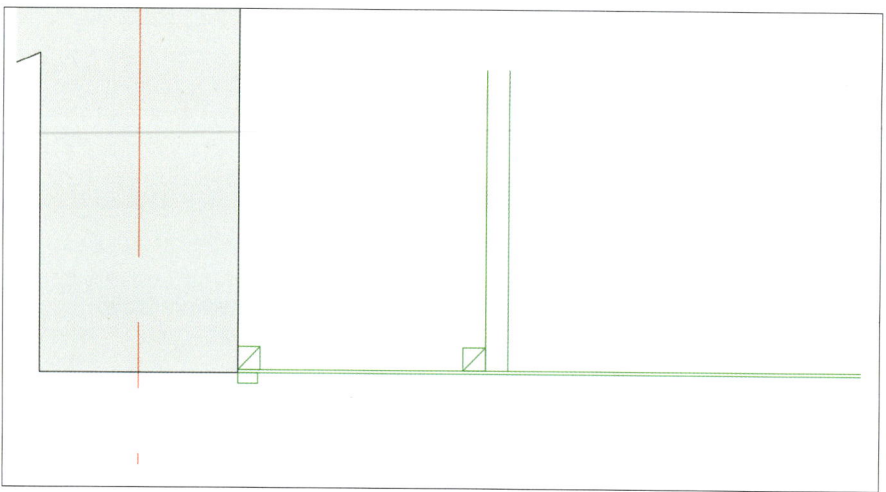

❻ 반자틀 2개와 달대 하나를 900간격으로 경로배열

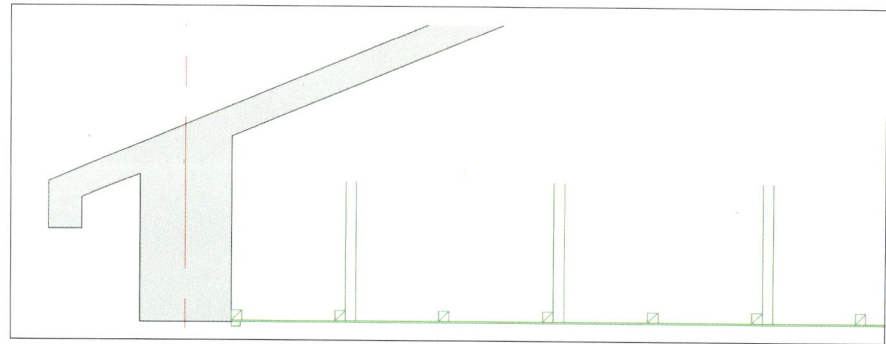

배열한 객체는 X [Enter] 객체선택 [Enter] (배열한 객체는 분해하지 않으면 편집이 안 된다)

업그레이드

처마 반자설치
내부 반자를 복사하여
처마 반자설치

❼ EX Enter Enter 달대의 윗부분을 포함하여 지붕틀에 붙이기

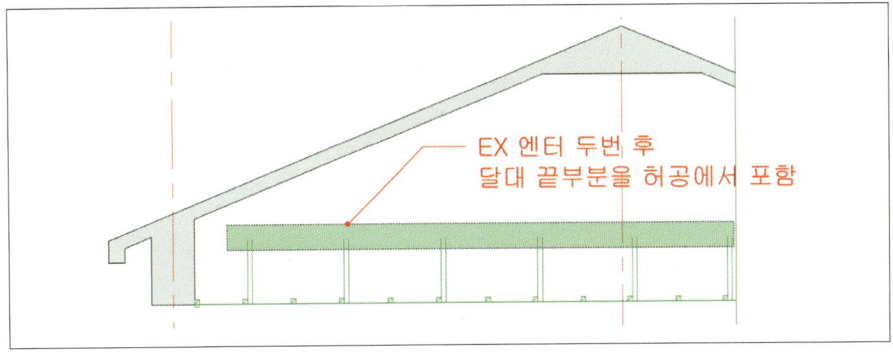

EX 엔터 두번 후
달대 끝부분을 허공에서 포함

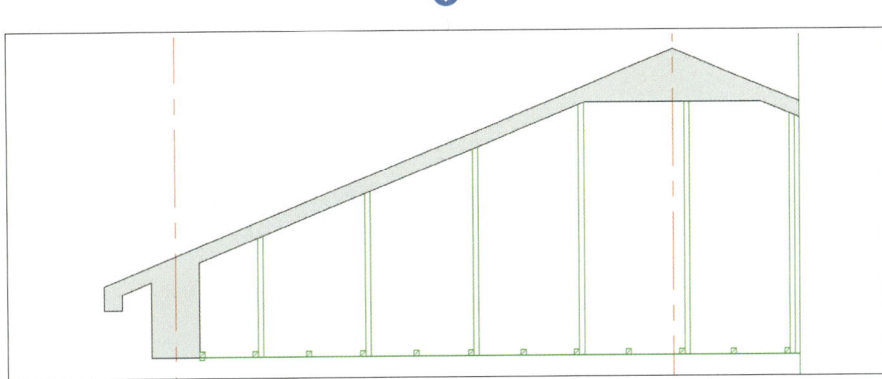

❽ 도면층 녹색으로 변경 후 반자틀 사이에 멀리 보이는 입면선을 표시한다..

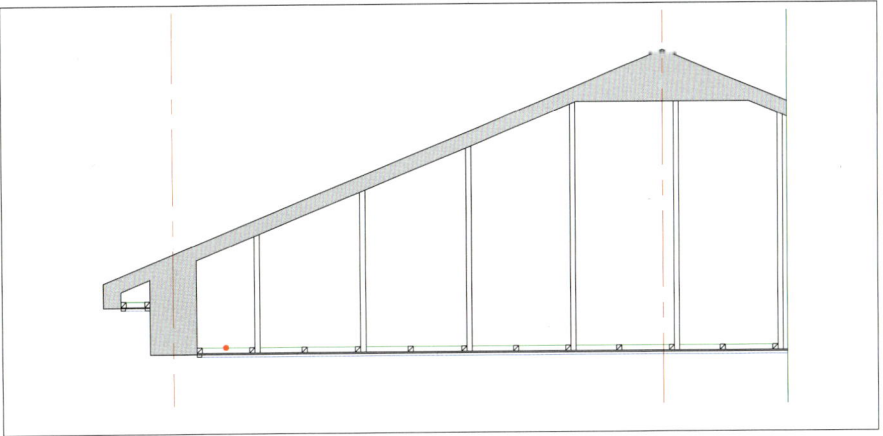

❾ 달대받이(45×45 각재)
- REC [Enter] 반자의 윗선 끝 클릭 / @45,45 [Enter] / 대각선 Line그려 구조용 목재임을 표시
- 달대 하나에 달대받이 하나씩 표현

업그레이드

❿ 앵커볼트
앵커볼트는 적당한 길이로 표현하고 생략 가능하다.

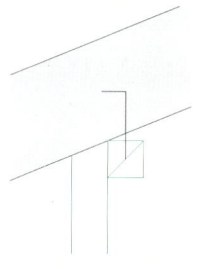

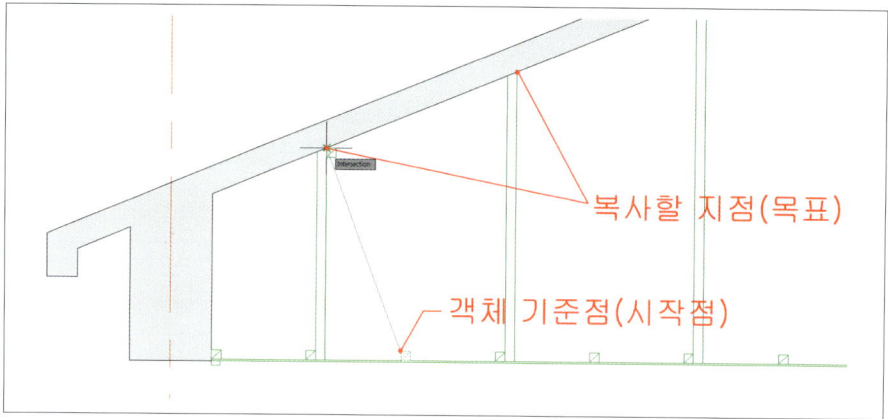

복사할 지점(목표)
객체 기준점(시작점)

14 지붕단열재

: 지붕내부로 THK 180 단열재 표현

❶ 지붕 내부 슬래브 결합
- J [Enter] 지붕 슬래브 내부선 선택 [Enter]

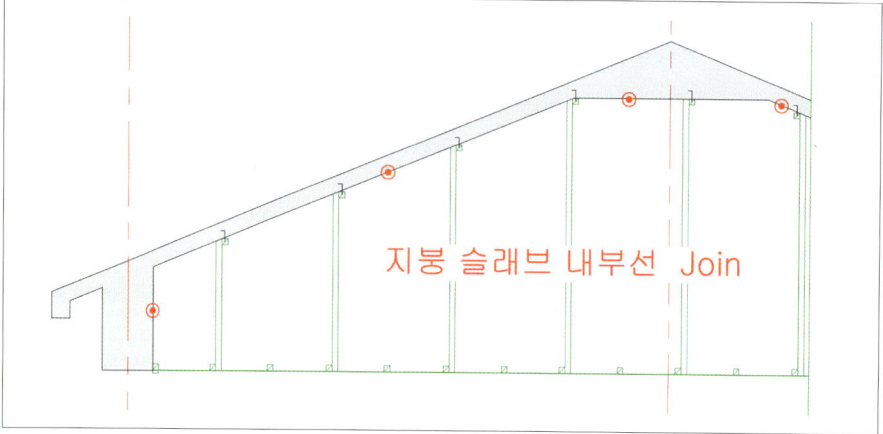

지붕 슬래브 내부선 Join

❷ 파랑 도면층으로 변경

❸ Offset 180(요구사항에서 제시하는 두께) 지붕 내부 슬래브 선을 아래로

❹ 선 정리(달대, 반자틀 사이의 선 Trim, 짧은 선 Extend)

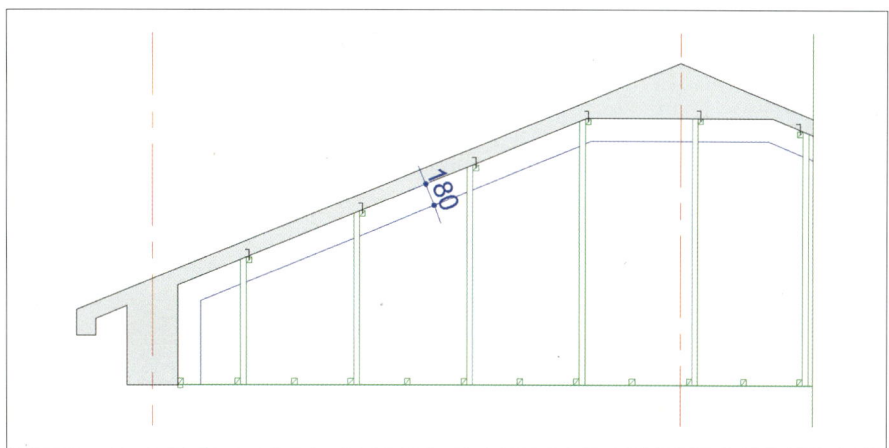

❺ H Enter

– 사용자 정의(User defined)

– 각도 : 45 / 간격 : 40 / 특성(Properties) – 이중(double) 선택

– 천장 단열재 공간을 선택(클릭)하여 해칭 완성

> **업그레이드**
> 해칭, 마감선, 단열재는 모두 파랑색으로 해야 한다.

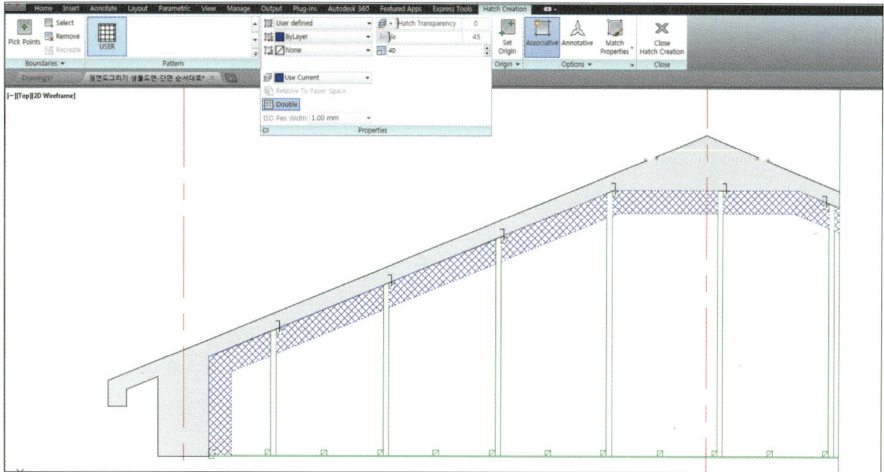

15 지붕 방수

: 시멘트 액체방수 1종 / 마감 두께는 20mm로 통일하여 표현
 / 방수선은 녹색점선(hidden), 보호 몰탈(마감)선은 파랑 실선

❶ 지붕 슬래브 상부 선 JOIN

❷ 방수선 : 녹색 도면층으로 변경 – Offset 20 지붕 슬래브에서 위로

❸ 보호 몰탈선 : 파랑 도면층으로 변경 – Offset 20 방수선에서 위로

❹ 마감선 정리

업그레이드

물끊기 홈 :
처마 끝, 캔틸레버 끝 등
물이 흘러들 가능성이 있는
곳에 시공

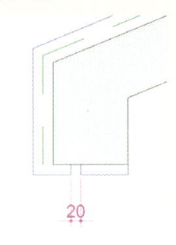

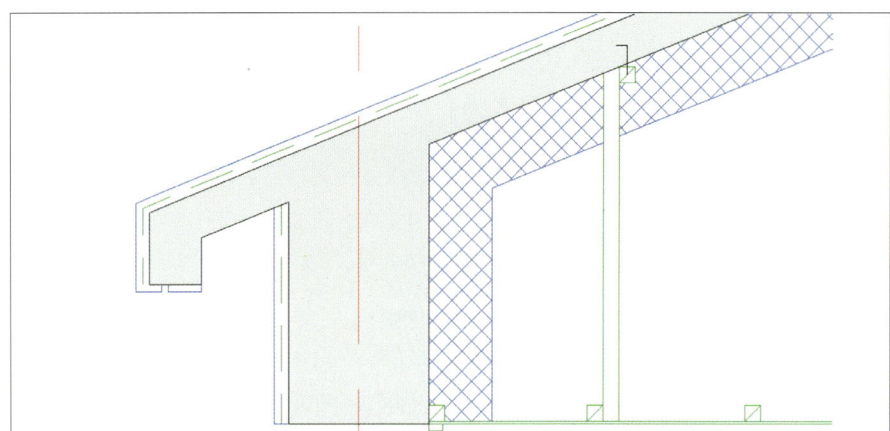

16 시멘트 기와 표현

: 시멘트 기와 – 시멘트와 모래를 1 : 3(중량비)의 비율로 배합하고, 물을 가하여 비빈 것을 형에 넣어서 성형한 기와

※ 크기 – 340 x 300 x 15(단면상세도에 폭300, 두께 20기준으로 표현)

❶ 도면층 : 녹색

❷ X [Enter] 지붕 마감선(보호몰탈) 분해

❸ Offset 20 마감선에서 위로 세 번

❹ LINE – 허공에서 직교점

※ 기와시공 참고

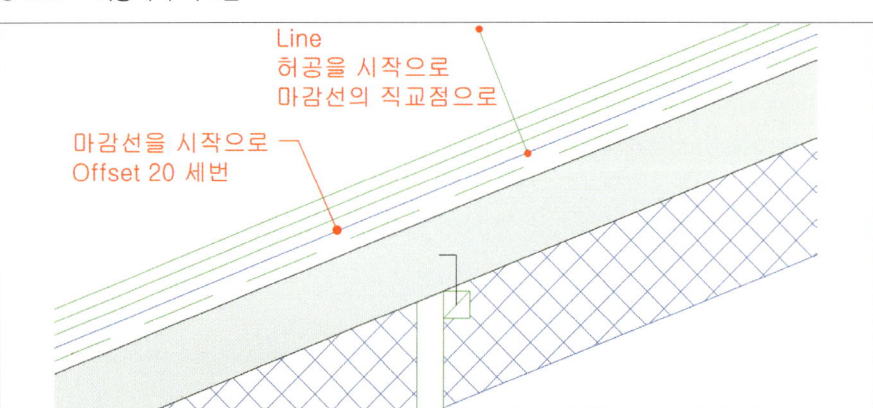

❺ Offset 300 ❹번 선을 낮은 쪽으로
❻ Offset 20 높은 세로선을 낮은 쪽으로 두 번

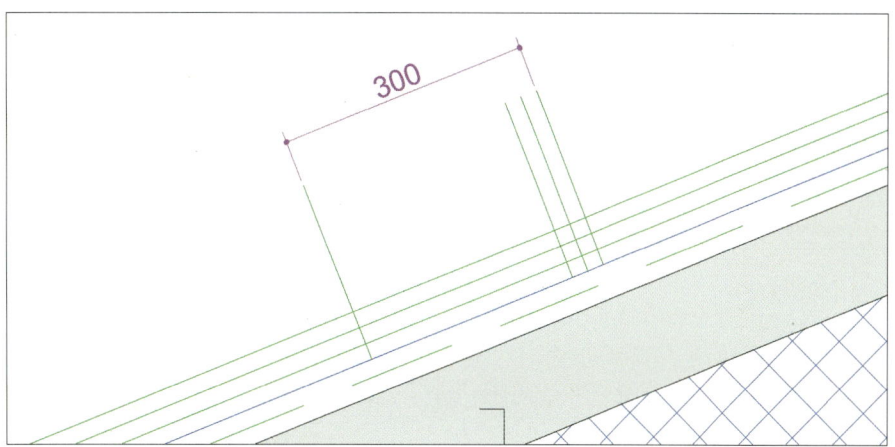

❼ PL [Enter] 기와모양 & 기와걸이 표현

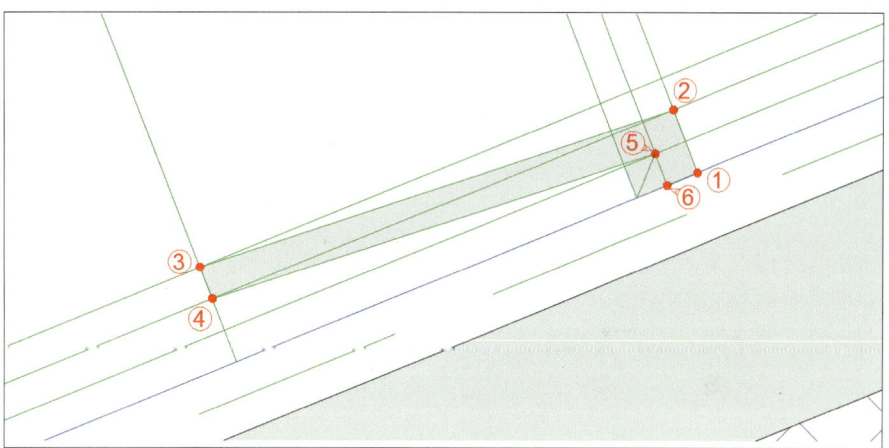

17 시멘트 기와 배열

❶ 시멘트 기와 & 기와걸이 용머리 끝으로 이동

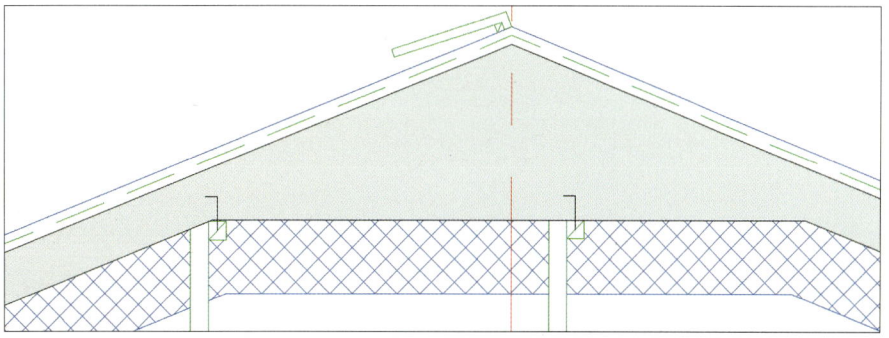

업그레이드

지붕 마감선이 Join되어 있으면 경로배열이 되지 않는다.

❷ 경로배열 선택

❸ 간격 260~280으로 경로배열

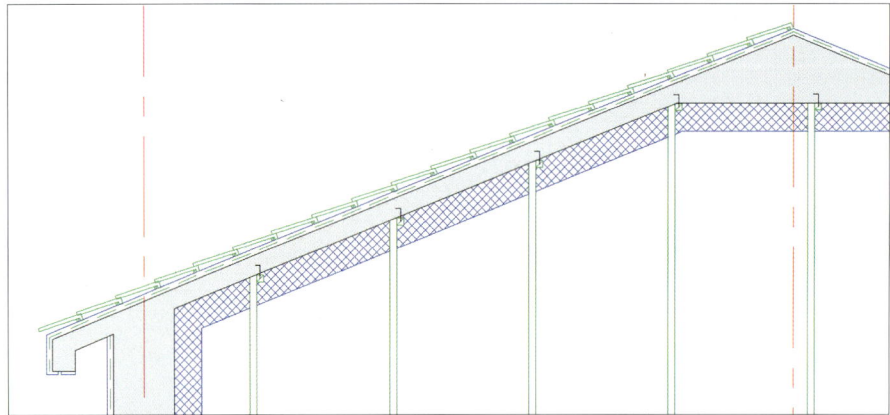

❹ Mirror (좌우대칭)

❺ X Enter 배열된 기와 분해. 처마끝 부분 정리
(경로배열 간격에서 거리를 적당하게 주면 정리할 필요가 없다)

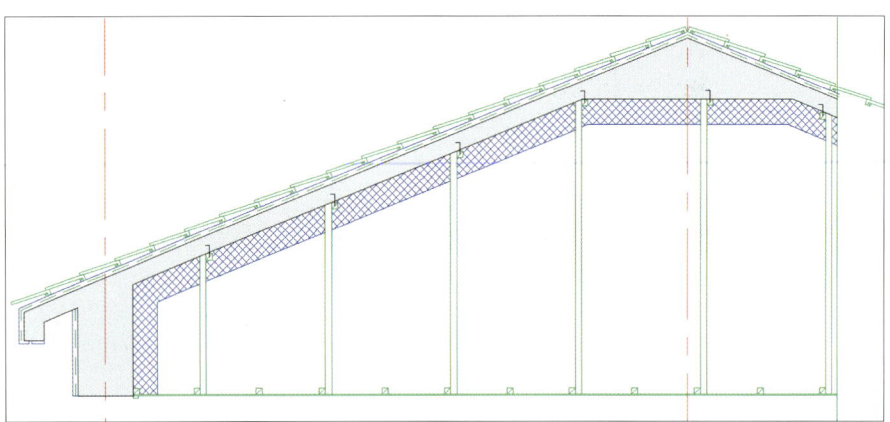

❻ 파단선 넘어가는 선 정리

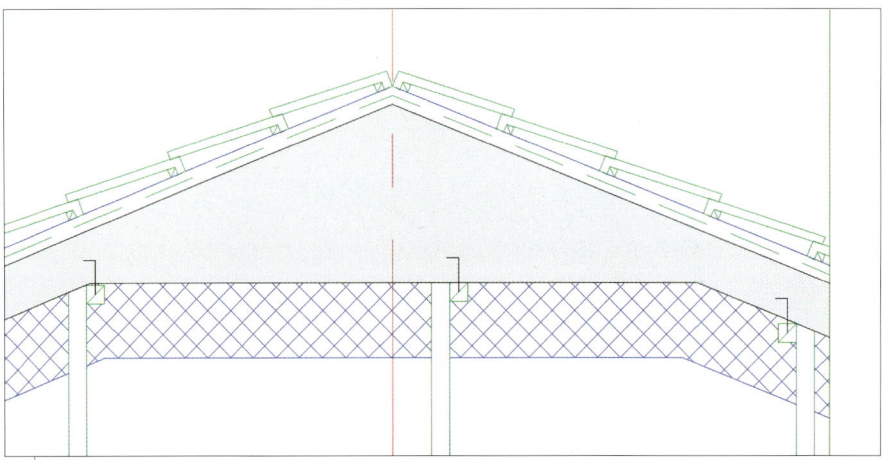

18 용머리 장식

업그레이드
용머리 장식

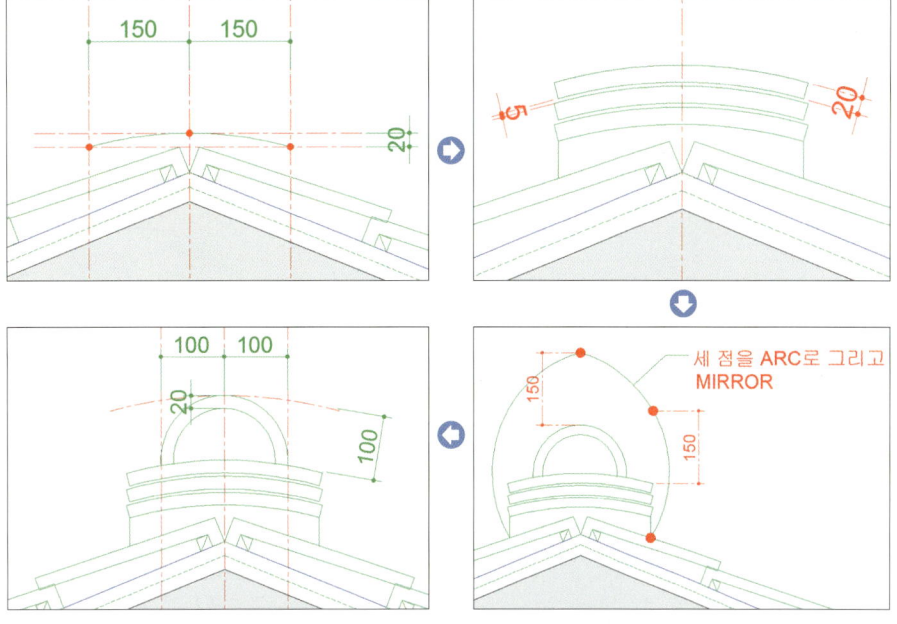

19 단면 벽체(개구부) 표현

- 거실 창문
① 기초와 테두리보 사이를 정리
② 도면층 하늘색(창호)
③ 거실 창문(이중창) 표현

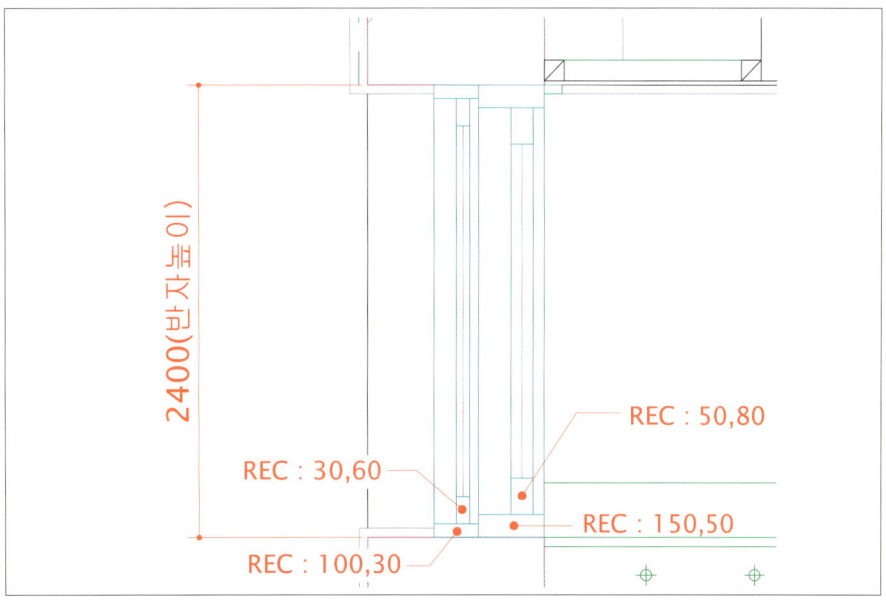

❹ 멀리보이는 벽체의 끝선 표현(단면상의 입면)
❺ 외부 벽돌 표현(높이 57 벽돌이 보이는데 약식으로 60간격 해칭)

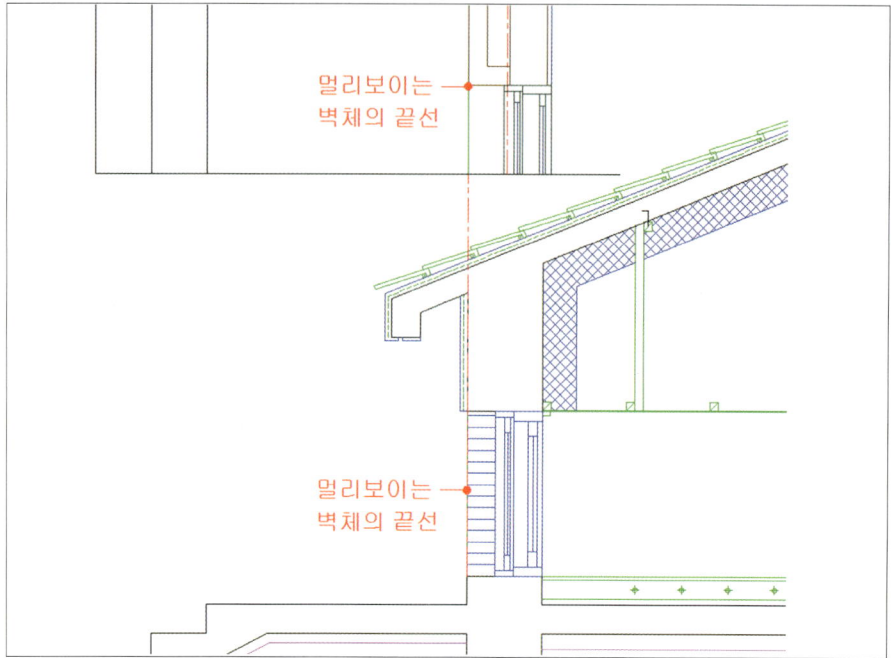

20 단면상의 입면요소

: 돌출된 처마, 방문, 창문, 걸레받이, 현관문 입면, 신발장(기타 가구는 생략) 등
※ 평면도에 따라 모두 다르므로 도면에 보이는 부분만 표현

가. 입면으로 보이는 방문

❶ 평면도를 기준으로 방문의 위치 표시(벽체 중심선에서 300 정도 이격)

업그레이드
평면도에 내벽이나 문을 그리는 것은 아니다.
눈으로 거리를 확인하고 단면도에 바로 표현한다.

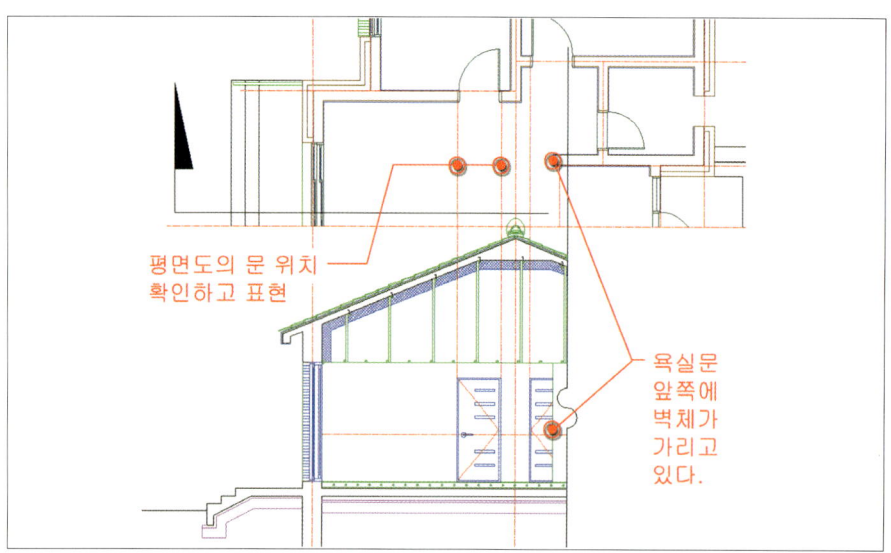

❷ 하늘색 도면층 – REC Enter 방문의 시작선과 바닥 난방의 교차점 클릭 – @900,2100
❸ Offset 40 안쪽으로(문틀의 폭)
❹ 높이 950위치에 손잡이 표시
❺ Center선으로 문의 열리는 방향 표현 – 문의 디자인 표현

업그레이드
문이 열리는 방향 표시는 반드시 하고 문틀의 안쪽(열리는 부분)에서 정확히 표현한다.

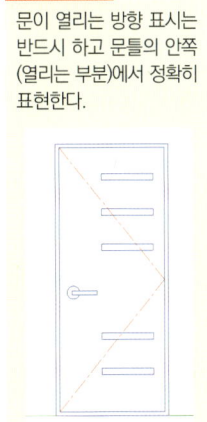

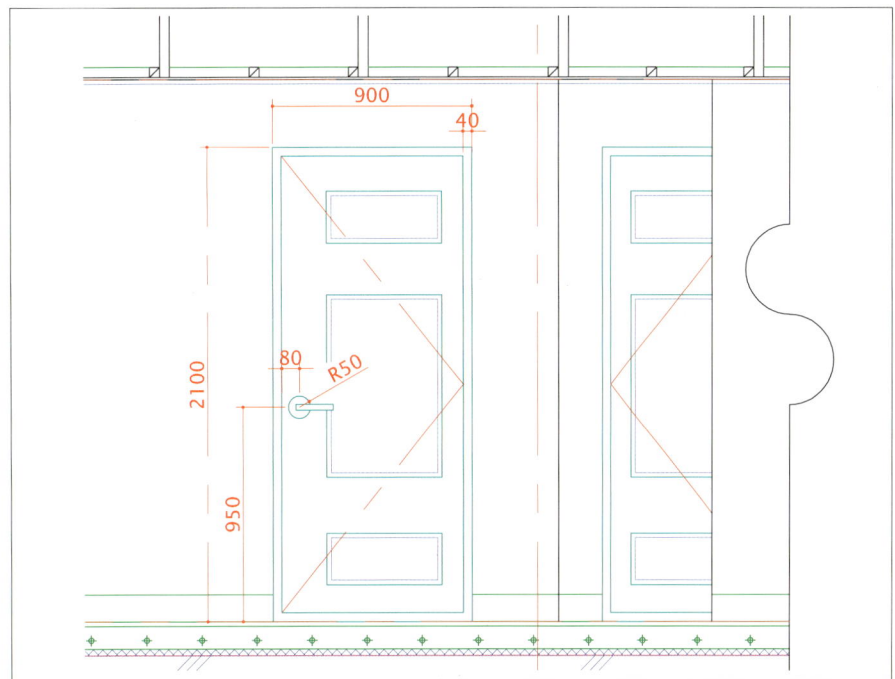

나. 걸레받이

❶ 난방 선에서 위로 120(걸레받이의 높이)
❷ 개구부, 가구 바닥 부분 등 정리

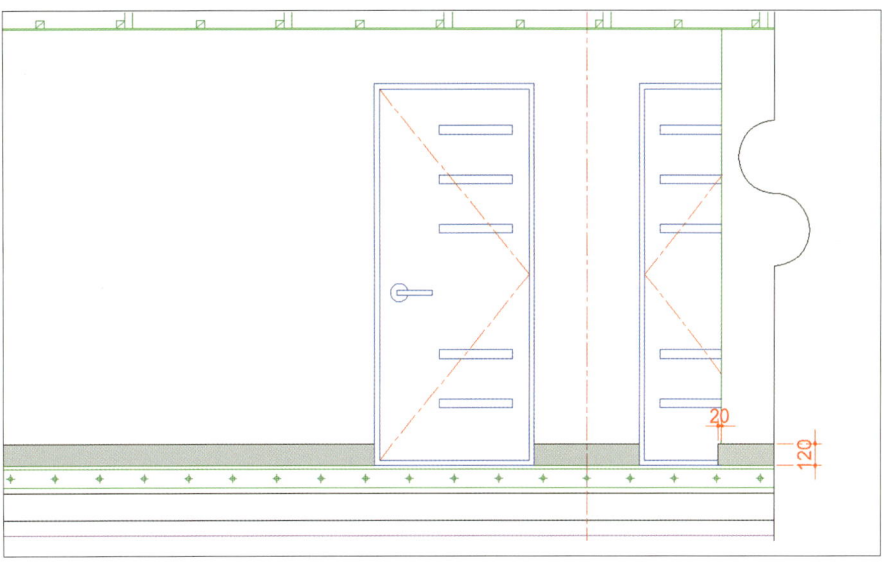

21 재료표시

업그레이드

지반선

PL [Enter] 시작점 클릭
W [Enter] 30 [Enter] 30
[Enter] 끝점 클릭
(30 두께의 굵은 선으로 표현한다)

가. 지반표현

❶ 도면층 노랑으로 변경
❷ REC [Enter] G.L과 기초벽이 만나는 부분 클릭 @1600,-200 [Enter] (방향에 따라 @-1600,-200)
❸ PL [Enter] ❷번 사각형의 위쪽 끝 클릭 @-200,-200 [Enter]
❹ MIRROR 이용 ❸번 선 배열(사각형 안에 꽉 채우기)
❺ 도면층 파랑으로 변경
❻ H [Enter](Hatch) – 패턴 : 사용자 정의(줄무늬)
　　　　– 각도 : 45 / 간격 : 30
　　　　– ㅅ자형 내부 모두 클릭 [Enter]
　　　　– 반대방향 : 각도 135

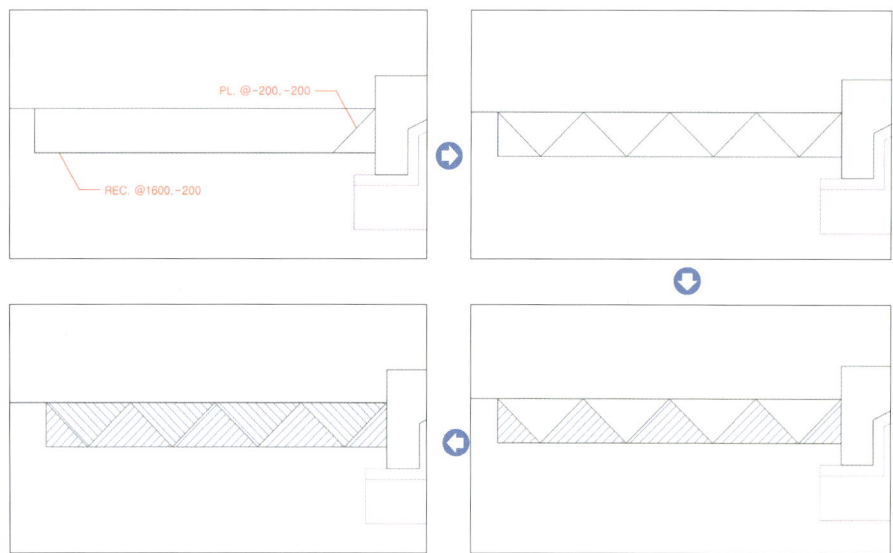

❼ 1600 x 200 사각형 삭제

나. 철근콘크리트 재료표현

❶ XL [Enter] A [Enter] 45 [Enter] 바닥 슬래브 안에 클릭 [Enter]
❷ TR [Enter] [Enter] 바닥 슬래브에 맞게 길이 조절
❸ Offset 30 – 사선을 3개로 만들기
❹ 세 개의 선을 복사하여 적당한 거리로 배열(주요 구조부에는 하나씩 넣는다)
❺ 복사가 다 되면 길이 맞추기(TR 또는 EX)

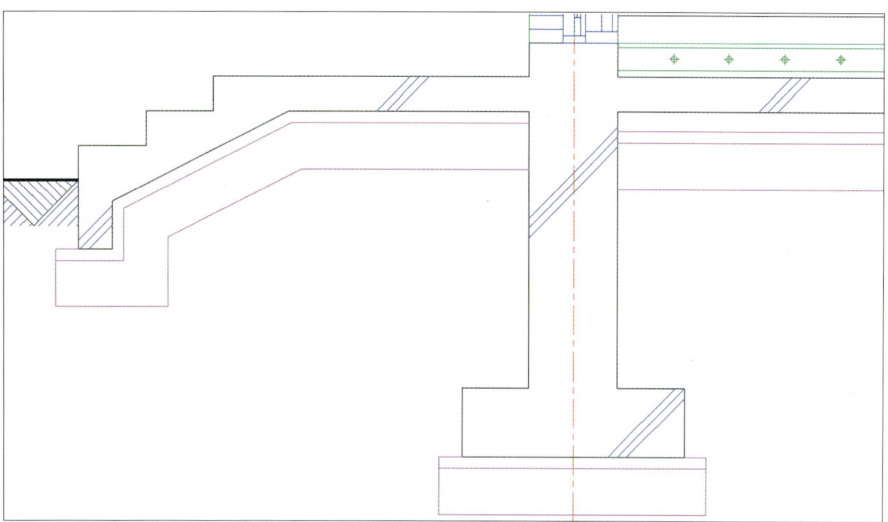

다. 잡석다짐 재료표현

❶ 철근콘크리트 경사선 하나를 복사하여 잡석다짐 자리에 놓기
❷ 잡석다짐(200)에 맞게 길이 조절
❸ C [Enter] 사선 끝에 클릭 50 [Enter] (사선의 양쪽 끝에 원 하나씩 표현)
❹ TR [Enter] [Enter] 원의 가장 좁은 부분만 남기고 정리
❺ 250간격으로 2번 복사(총 3개 1세트)
❻ 적당한 간격으로 배열(느슨하게)

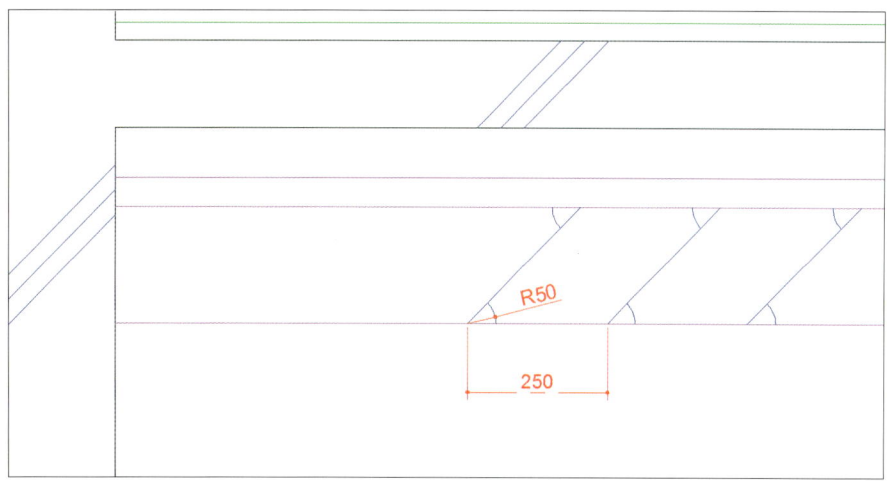

라. 바닥 단열재, 난방 보온재 표현

❶ H [Enter](Hatch) – 패턴 : 사용자 정의(줄무늬)
 – 각도 : 45 / 간격 : 30
 – 특성 – 이중 클릭
 – 바닥 단열재, 난방 보온재 안에 클릭 [Enter]

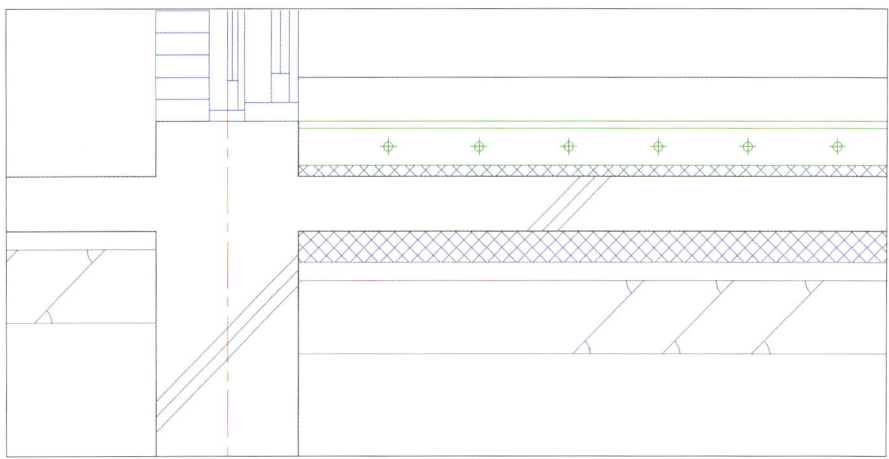

22 빗물받이(홈통) 표현

❶ 녹색 도면층으로 변경
❷ REC [Enter] 처마의 아래쪽 끝 클릭 @200,200 [Enter] (처마홈통)
❸ 처마홈통을 복사하여 처마반자 아래쪽에 붙이기(모임홈통)
❹ 모임홈통의 중간에서 Line – 바닥까지 그리기 – Offset 50 양쪽으로 – 중간선 지우기(선홈통 지름 100)
❺ 처마홈통과 모임홈통을 이어주는 지름 100 홈통 표현

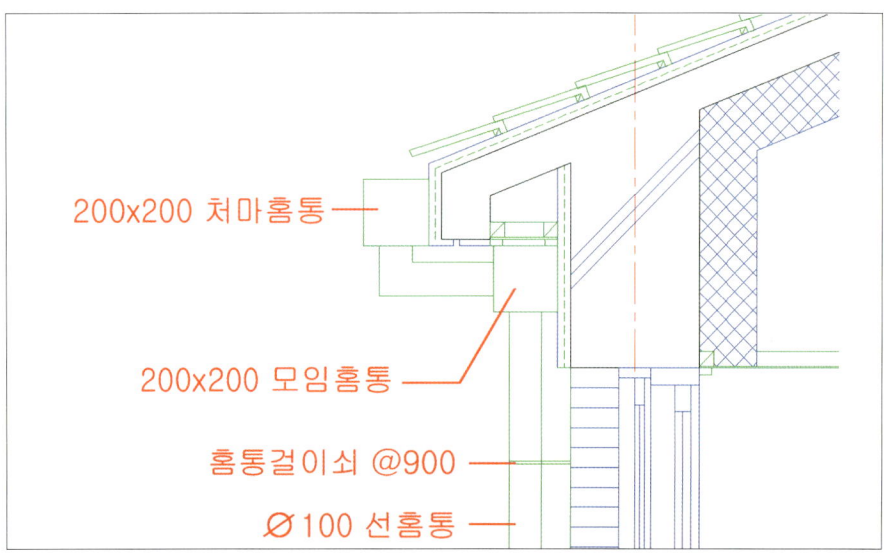

23 문자 쓰기

❶ 흰색 도면층으로 변경

❷ Do [Enter] (donut) 0 [Enter] 70 [Enter] 철근콘크리트의 중간에 클릭 [Enter]

❸ 복사하여 각 객체마다 하나씩 배열

❹ Line 시작 donut에서 밑으로 길게 표현 – 오른쪽으로 200 표현 [Enter]

❺ Offset 150 네 개로 표현

❻ ST [Enter] 글꼴이름 : Lucida sans unicode

❼ DT [Enter] 선의 끝부분 클릭 (글자높이) 80 [Enter] (각도) 0 [Enter] 문자입력 [Enter] [Enter]

❽ 작성된 문자를 복사하여 내용 변경(ED [Enter] 문자 클릭 또는 문자 더블클릭)

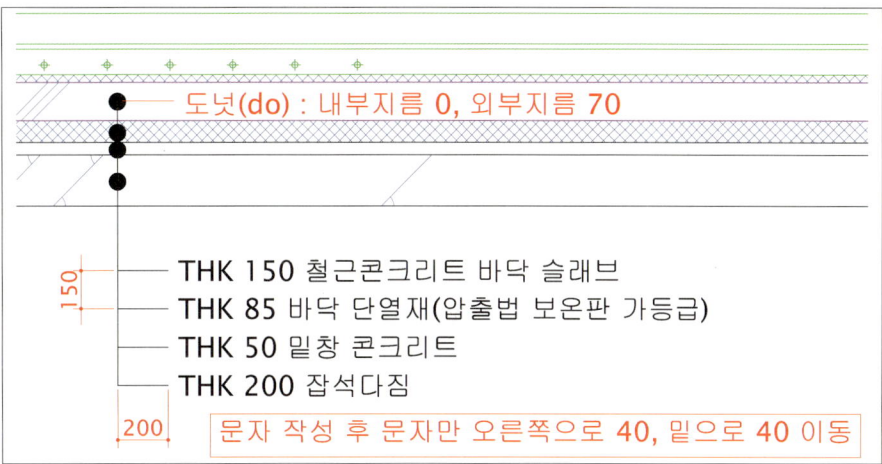

※ 왼쪽으로 진행하는 문자는 오른쪽 방향으로 모두 내용변경 후 MIRROR

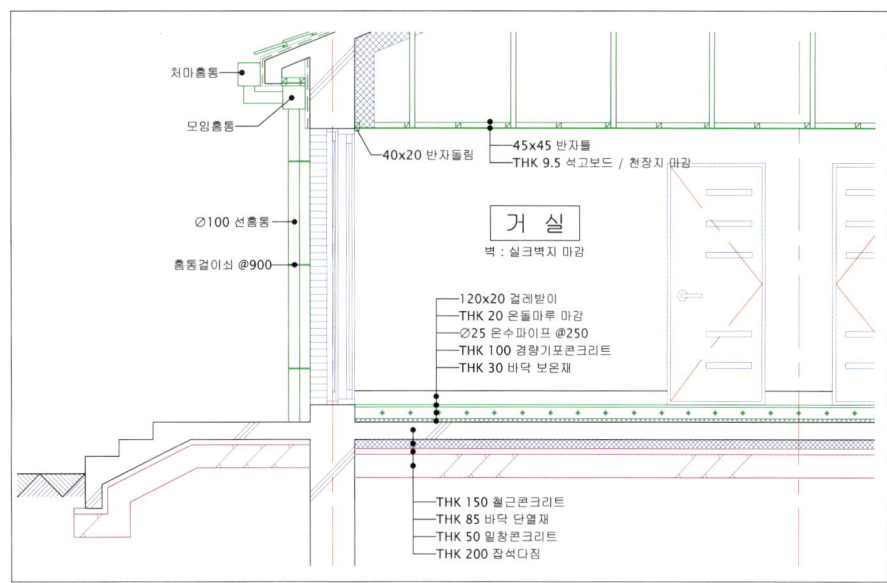

24 난간대 표현

평면도에 난간이 있는 경우	평면도에 난간이 없는 경우
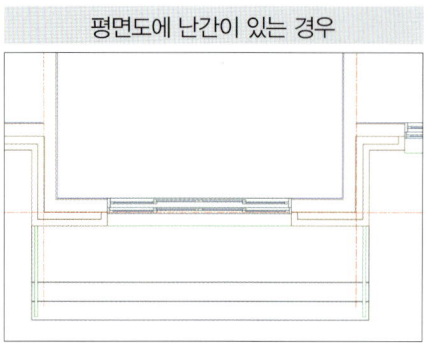	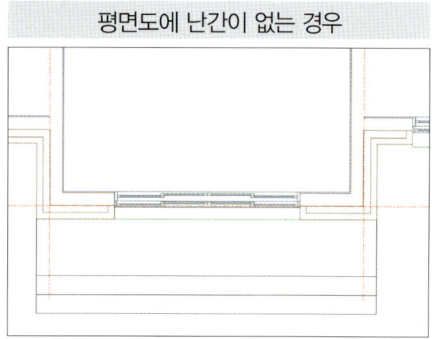

❶ 도면층 녹색으로 변경
❷ 계단 중간에서 세로로 900 Line 그리기
❸ Offset 30 안쪽으로 표현
❹ 계단 끝을 기준으로 복사(수평부분에서는 300간격 복사)
❺ 세로 난간 끝에 Line – 가로 난간 표현 – Offset 50(세로 난간의 두께)

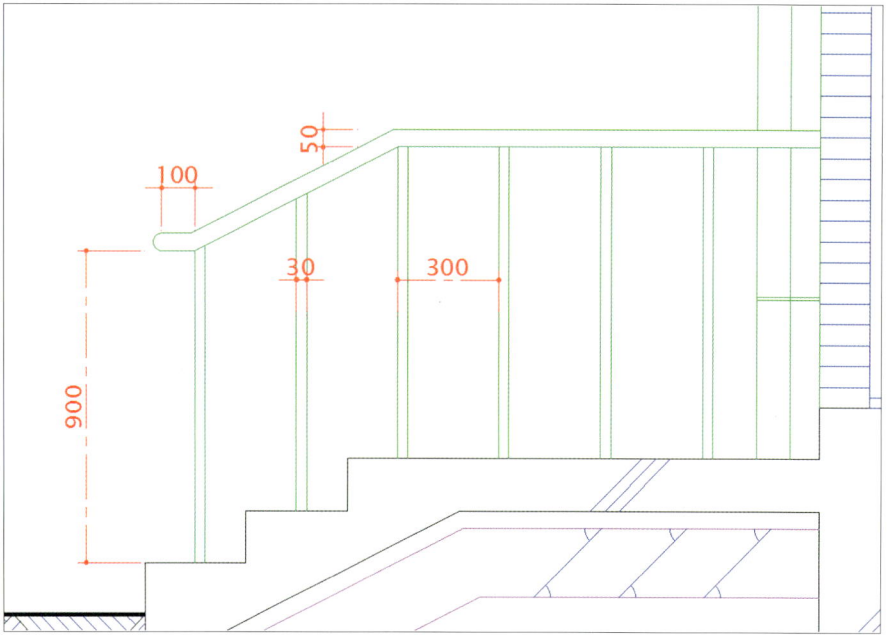

25 벽체 마감재(단면상의 입면)표현

가. 벽지

❶ 파랑 도면층으로 변경

❷ H [Enter](Hatch) – 패턴 : 사용자 정의(줄무늬)

– 각도 : 90 / 간격 : 300(벽지 패턴이므로 자유롭게)

– 특성 – 이중 클릭 해제

– 벽체 안에 클릭 [Enter]

※ 해칭이 문자를 제외하는지 확인 후 안 된 경우는 지우고 다시 해칭

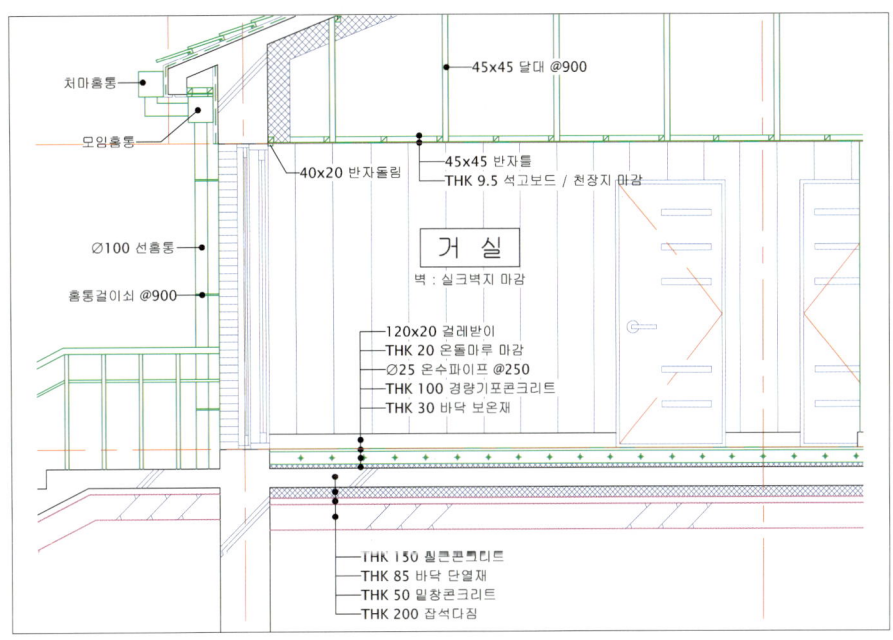

26 치수 작성

가. 치수 설정

❶ D [Enter](Dimension)

❷ ISO-25 선택 ❸ 수정(Modify) - 새창

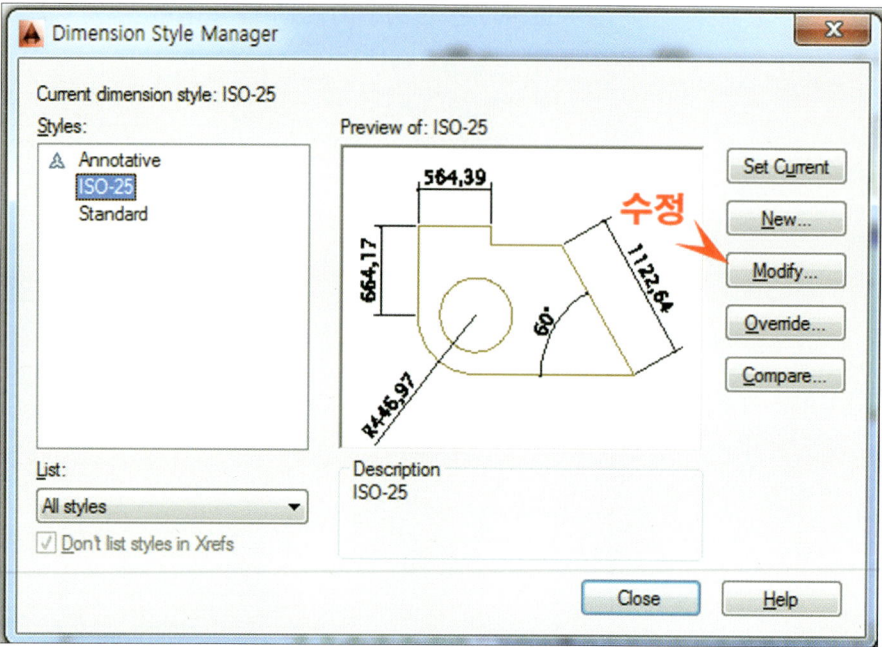

❹ 기호 및 화살표 Tab - 화살촉 첫 번째 : 작은 점(또는 건축눈금)

❺ 맞춤 Tab - 항상 치수 보조선 사이에 문자 유지

❻ 맞춤 Tab - 전체 축척사용 : 40(1/40 = 40, 1/50 = 50)

❼ 확인 - 현재로 설정 - 닫기

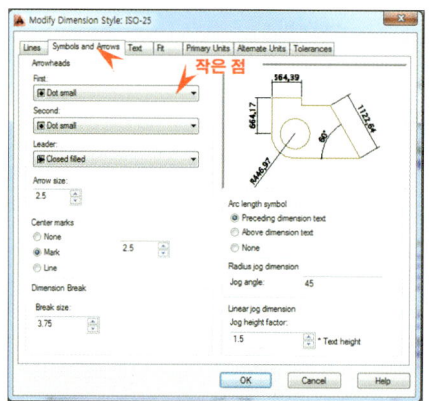 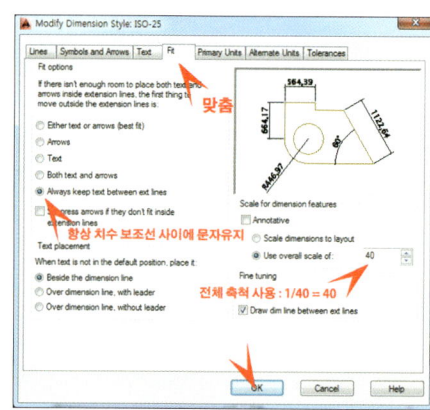

나. 치수 작성

❶ 치수를 매길 곳의 중심선 정리
  1. 가로중심선 : 평면도에서 벽체가 지나가는 선, 용머리 선, 파단선 center선으로 표현
  2. 세로중심선 : G.L선, 기초 윗선, 기초두께, 밑창콘크리트, 잡석, 난방높이 반자높이, 용머리선 표현 후 선 길이 맞추기

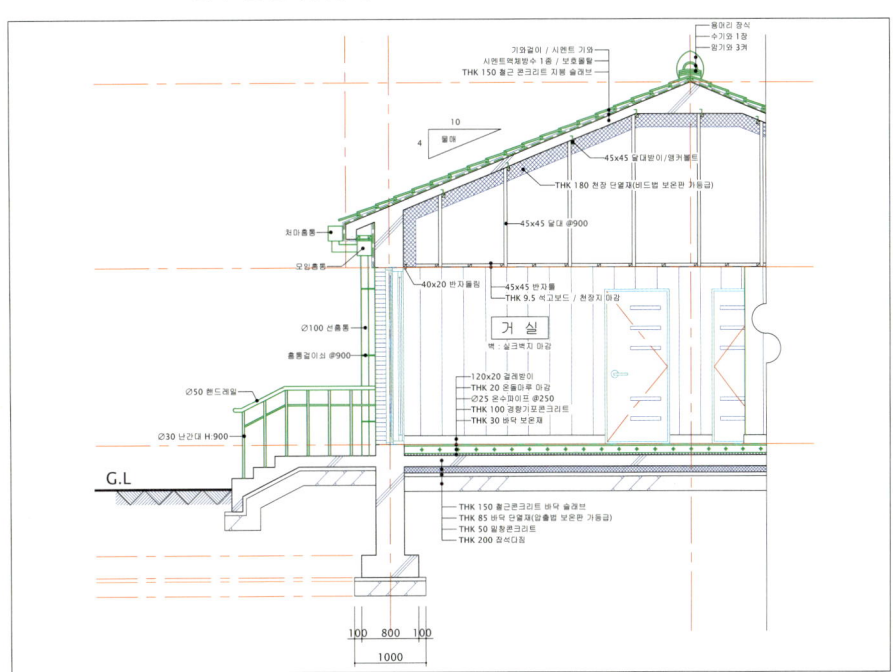

❷ 흰색 도면층 – (Pull down menu) – 주석 – 신속치수
❸ 세로선 모두 선택 후 가로 치수 매기기
❹ 가로선 모두 선택 후 세로 치수 매기기

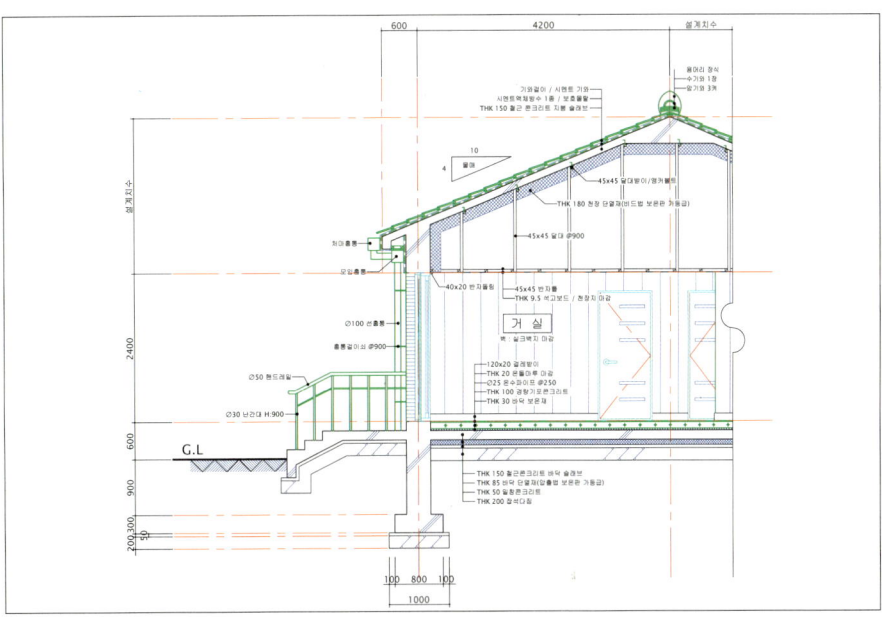

27 표제란

❶ 처음 작성해 두었던 표제란을 40배로 확대
  (SC Enter 표제란 선택 Enter 기준점 클릭, 40 Enter)
❷ 단면도가 표제란의 중간에 가도록 배치

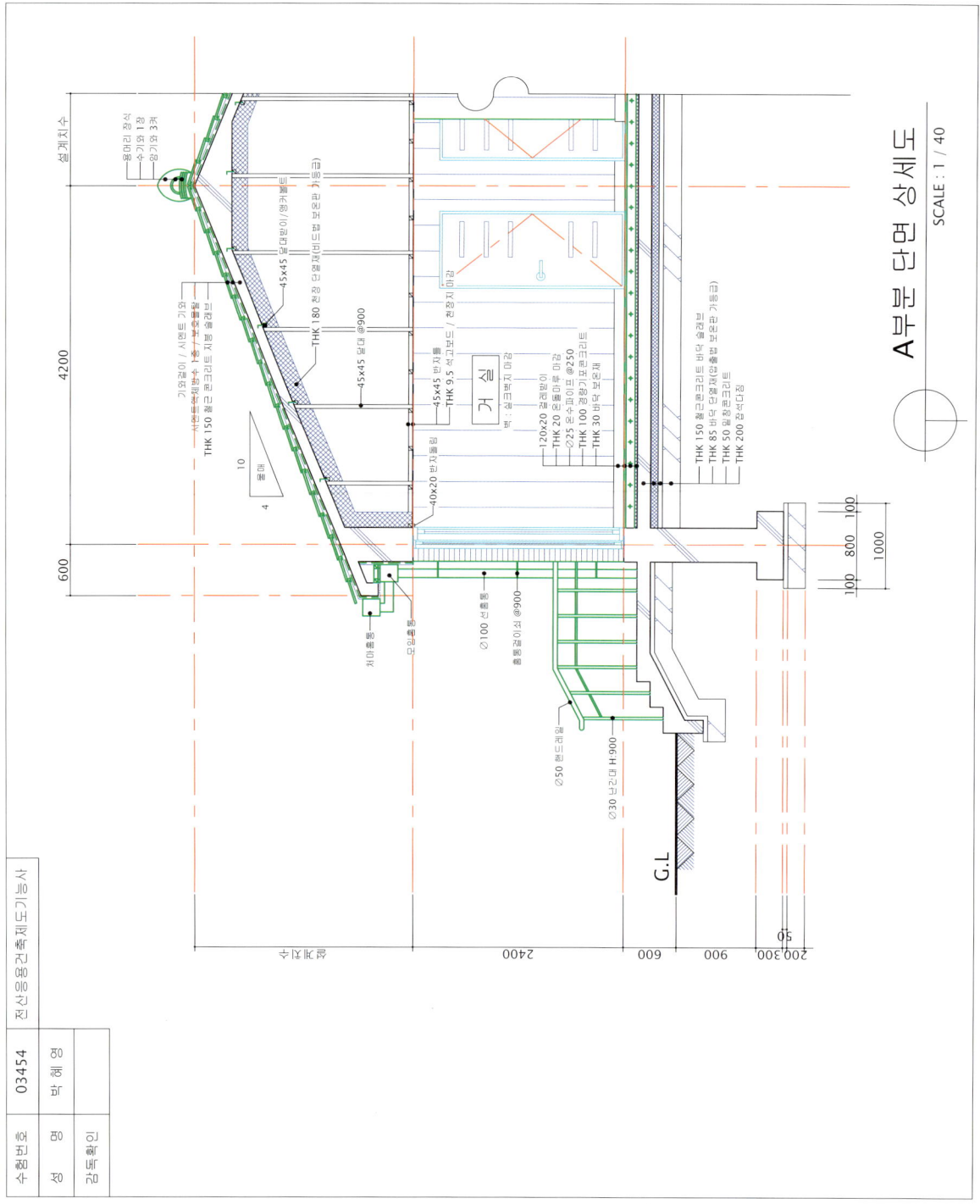

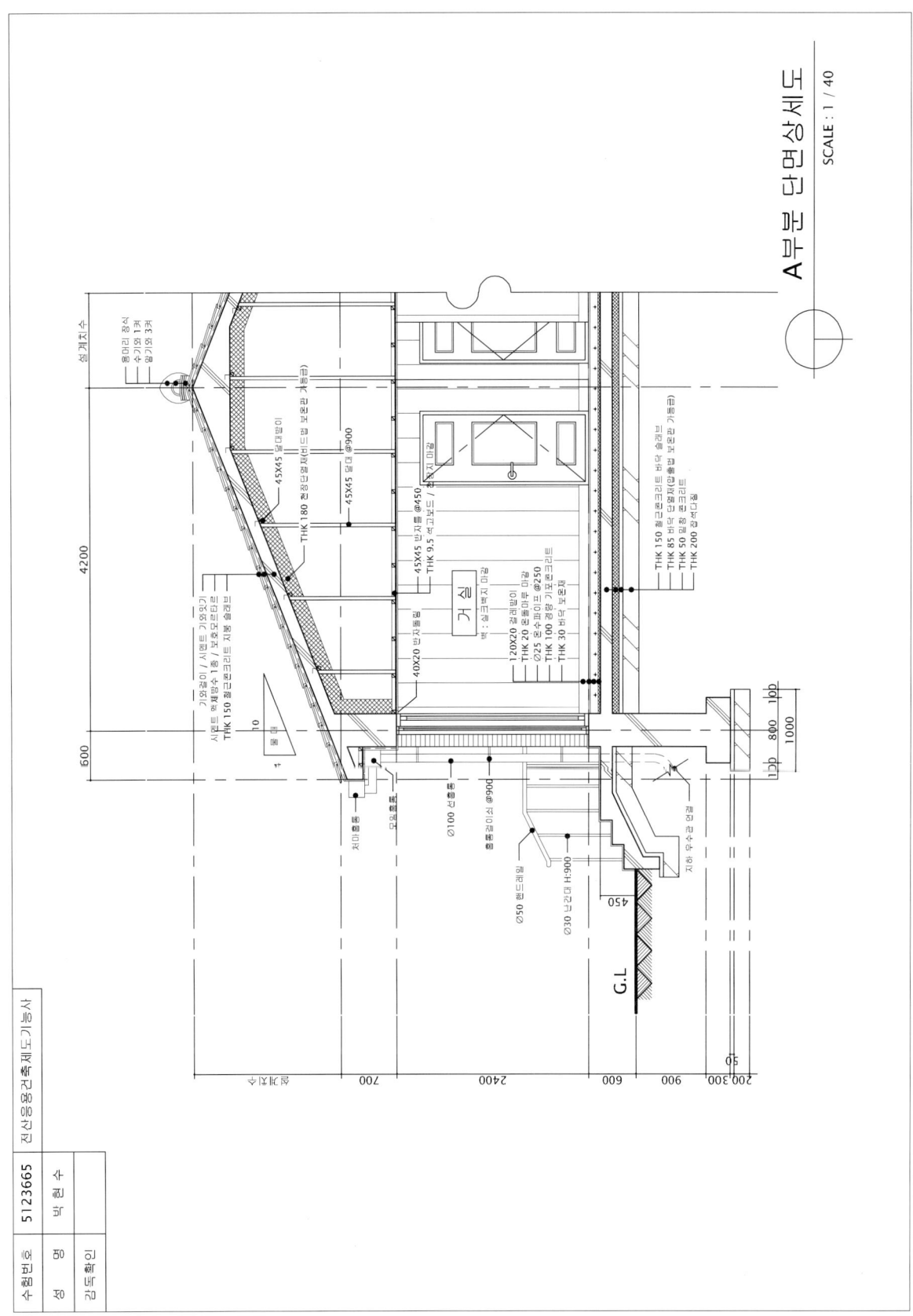

PART 5
입면도 작성

빅 데이터 키워드 : **입면도, 전개도, 3각법**

전산응용건축제도 기능사 실기의 두 번째 과제 입면도 작성 방법입니다. 입면도는 평면도와 단면도를 토대로 그리는 도면입니다. 평면도에는 수평거리에 대한 정보, 단면도에는 높이에 대한 정보가 대부분 포함되어 있습니다. 테라스 아치, 굴뚝, 화단 등의 정보를 정확히 파악한 후 세 개의 도면이 하나의 집임을 명심하고 연관성에 신경 쓰며 도면을 작성합시다.

입면도 작성

PART 05

입면도(Elevation)

건물의 직각 방향에서 겉모습을 나타낸 것으로 그린 방향에 따라 정면도, 측면도, 배면도로 나뉜다. 방위에 따라 남측입면도, 동측입면도, 서측입면도, 북측입면도 등으로 나뉜다.

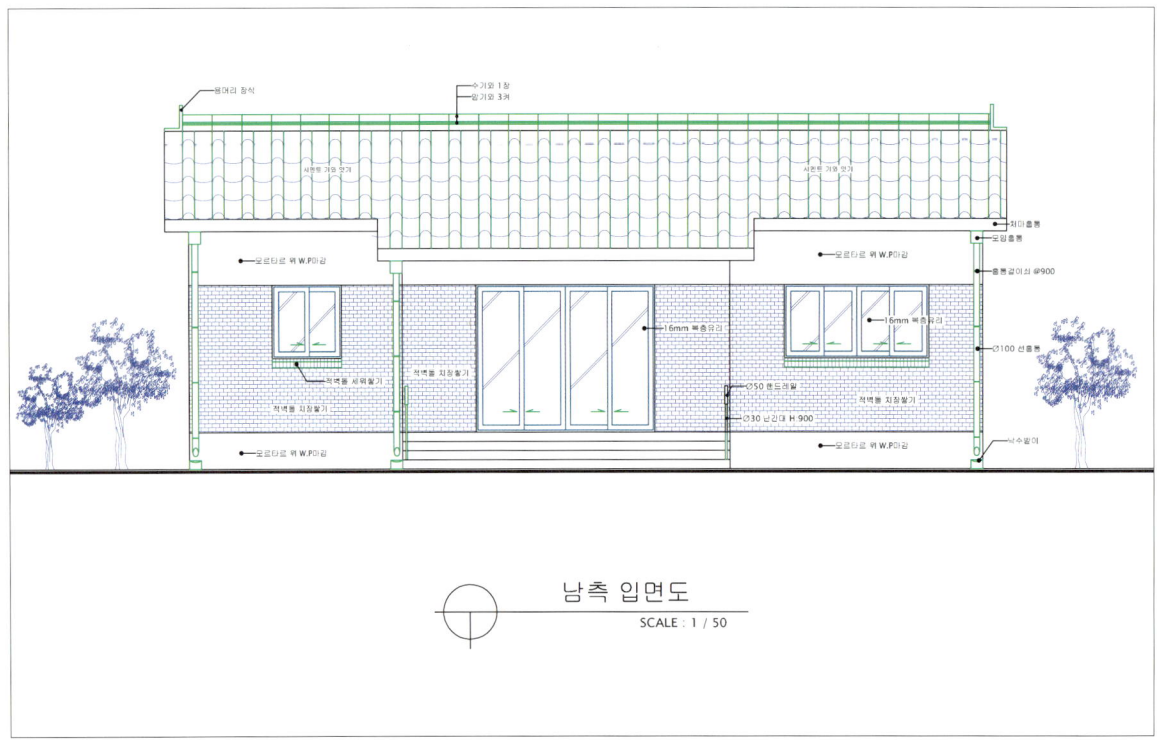

남측 입면도
SCALE : 1 / 50

01 단면도 완성본을 COPY (좌측 상단의 방해 받지 않는 곳으로 복사)

02 좌측에 단면도, 상단에 평면도를 두고 그 사이에 입면도 작성한 자리를 확보한다.

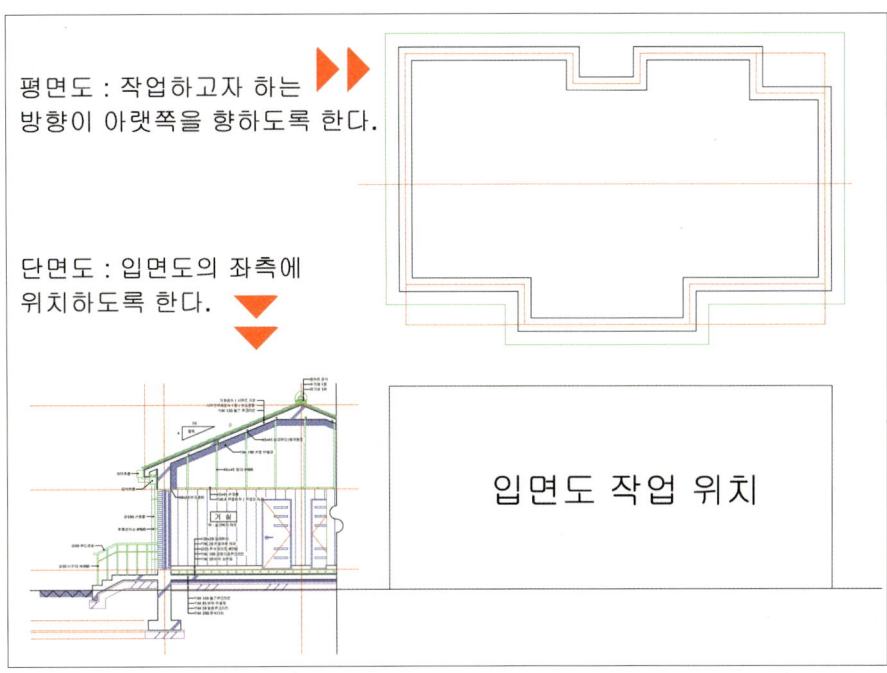

평면도 : 작업하고자 하는 방향이 아랫쪽을 향하도록 한다.

단면도 : 입면도의 좌측에 위치하도록 한다.

입면도 작업 위치

03 단면도를 기준으로 G.L 표현 : 골조는 모두 노란색 도면층

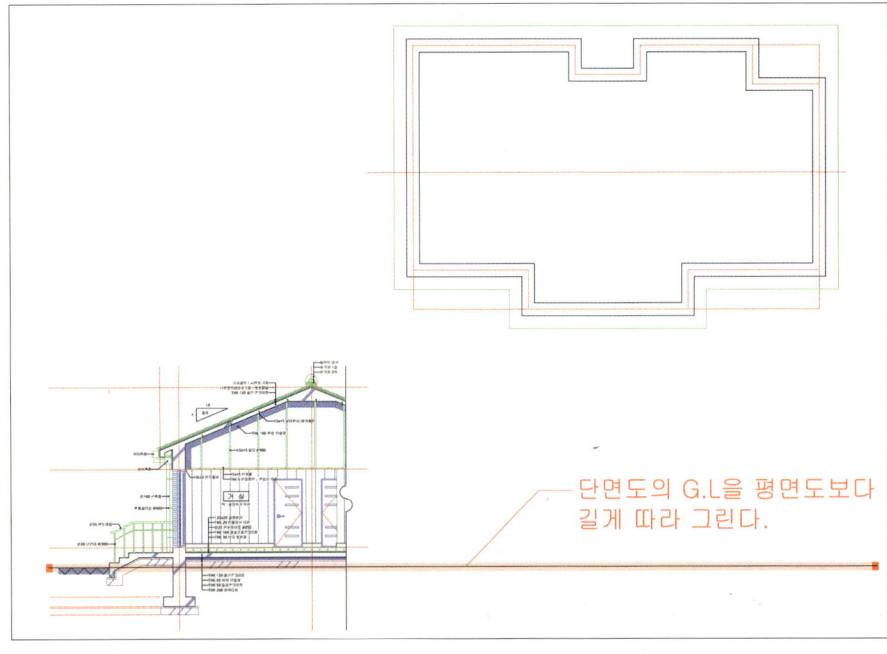

단면도의 G.L을 평면도보다 길게 따라 그린다.

04 평면도를 기준으로 벽체선 표현(입면도는 외부에서 보이는 선만 표현)

❶ XL `Enter` V `Enter` 벽체 외부 끝선 모두 클릭
❷ G.L기준 하단 선 모두 Trim

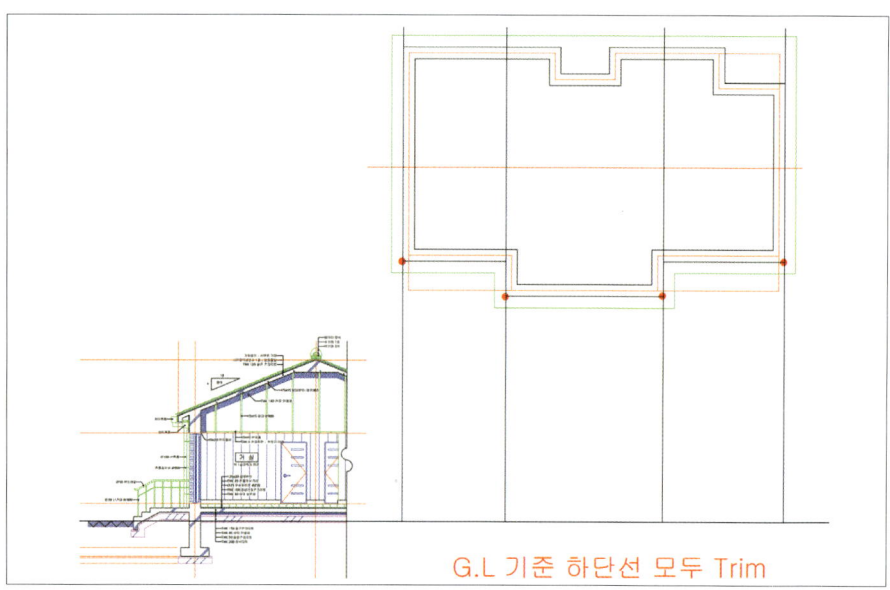

05 단면도를 기준으로 지붕높이 표현(입면도는 외부에서 보이는 선만 표현)

– 지붕선이 여러 개 보일 때는 제일 낮은 지붕 기준으로 표현
– 가장 낮은 처마선을 기준으로 벽체를 정리

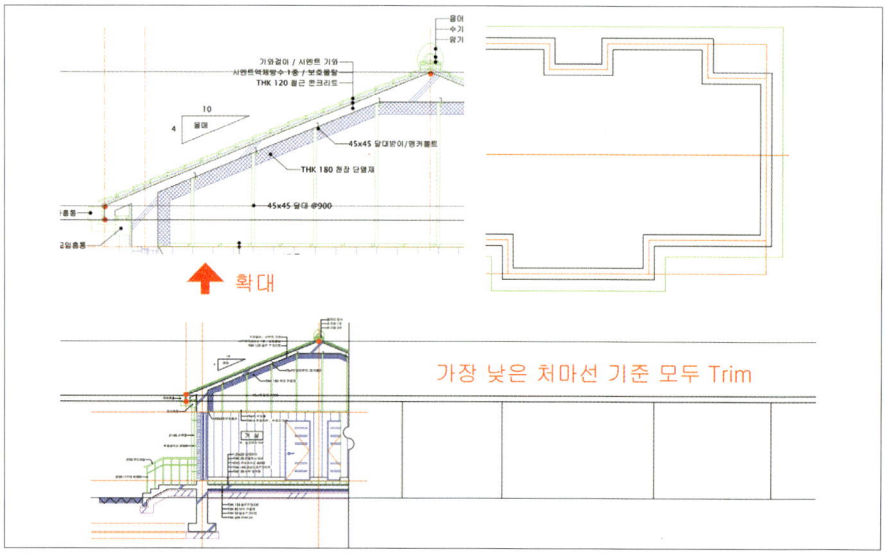

06 평면도를 기준으로 지붕 폭 표현

업그레이드
지붕 폭을 표현할 때는 XL보다는 Line을 이용하여 지붕 높이까지만 표현하는 것이 좋다.

– 요구사항에서 처마 나옴 확인하고 복잡한 지붕의 경우에는 평면도에서 지붕선을 완성하고 작업

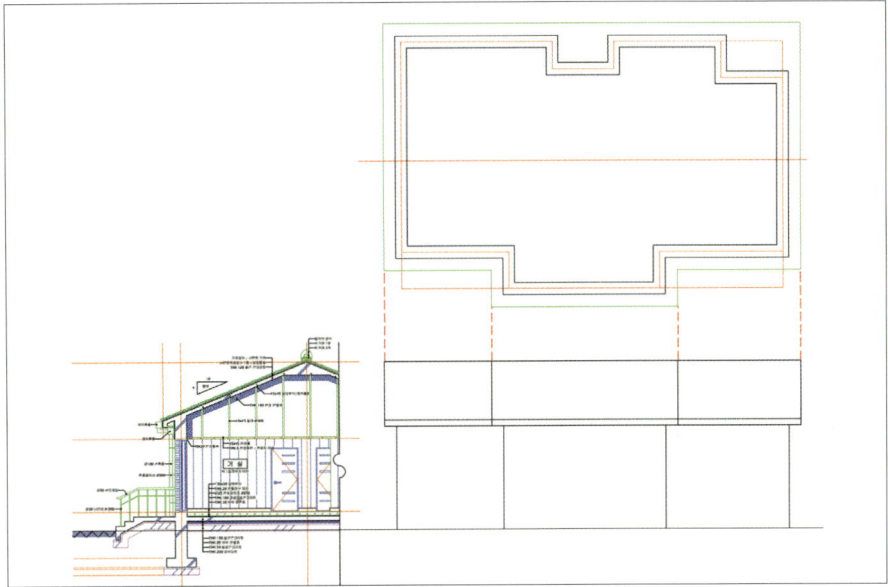

07 높이가 다른 지붕 표현

❶ 평면도에서 용마리와 치마 끝의 거리확인(DIST)
❷ 단면도에서 확인된 거리만큼 Offset
❸ 해당 지붕의 높이 표현 – 정리

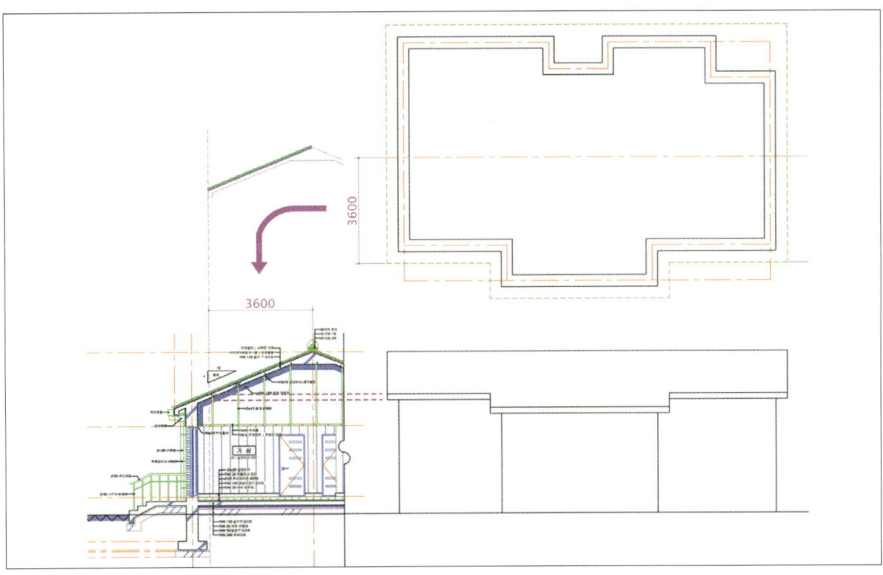

08 기초 높이, 보의 높이 표현

❶ 단면도에서 XL [Enter] H [Enter]
- 기초와 보는 마감이 다르므로 경계선을 표시하고, 창문 또는 현관문 높이의 기준이 되므로 미리 표현한다.

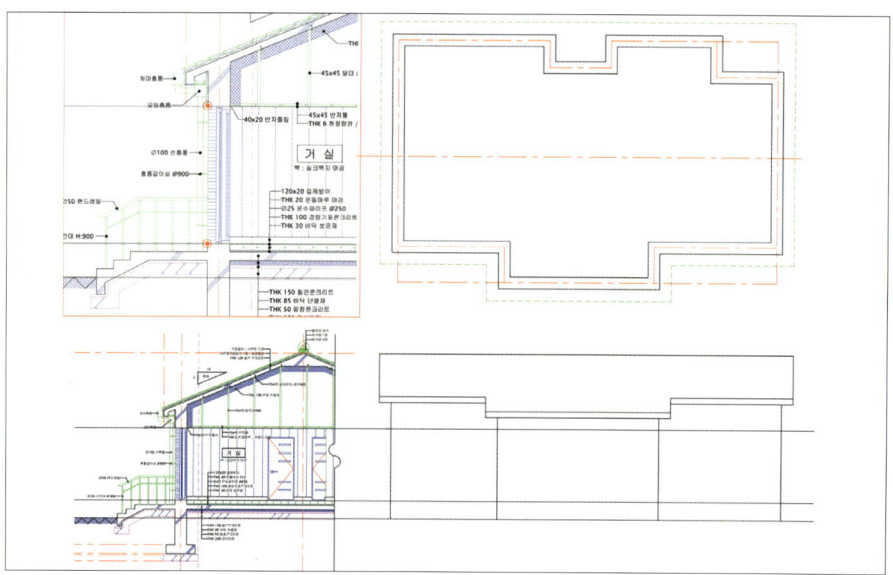

❷ 외벽을 기준으로 외부는 Trim

09 테라스, 계단 표현

❶ 단면도에 표현된 계단(테라스) 높이를 XL로 표현
❷ 평면도에서 계단(테라스)의 폭 표현
❸ 정리

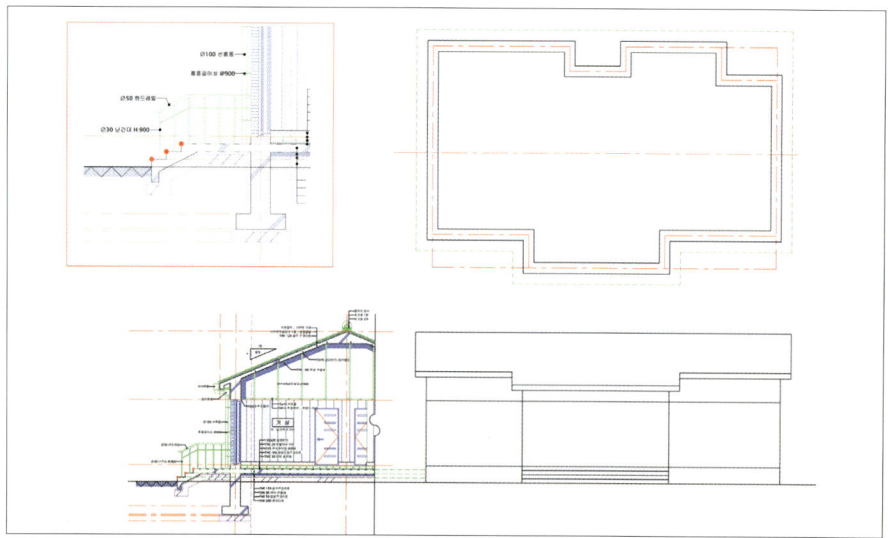

10 창문(거실,방), 현관문 표현 : 도면층 하늘색

가. 거실창문

❶ REC [Enter] 시작점 허공에 클릭 @창문 폭 , 반자 높이 [Enter]

❷ Offset 30 안쪽으로(고정 틀) , Offset 80 안쪽으로(열리는 틀)

❸ X [Enter] 선택 [Enter] – 분해

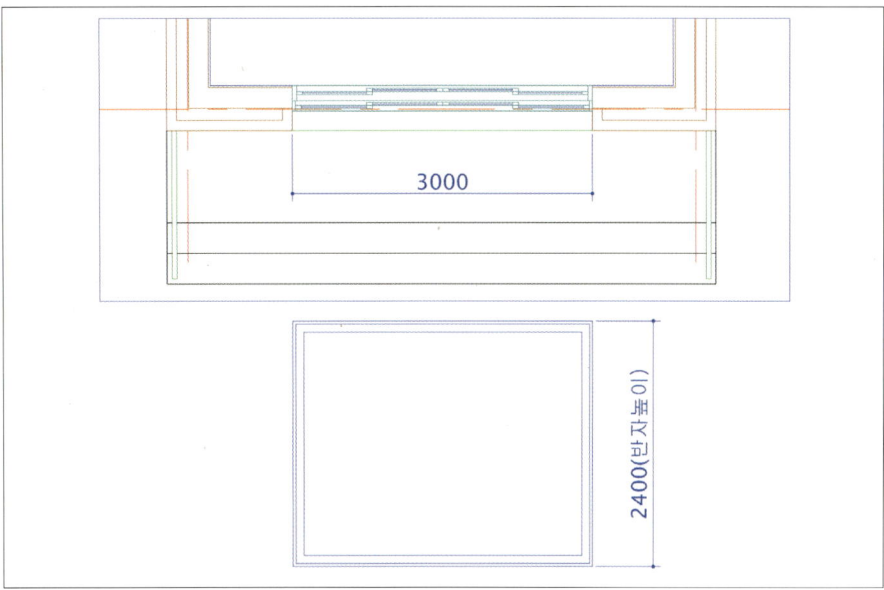

❹ 고정 틀의 안쪽에서 가로 1/4지점 표시

❺ Offset 40 양쪽으로 표현(열리는 틀(80)의 절반치수를 양쪽을 표현)

❻ 중간선 지우고 왼쪽이 앞으로 나오도록 모양 정리

❼ 고정 틀 중간에 세로선 긋기
❽ Offset 80 왼쪽으로 표현
❾ 창이 맞물리는 모양으로 정리
❿ Mirror – 좌측창이 우측으로 대칭되도록 표현 – 창문위치에 이동

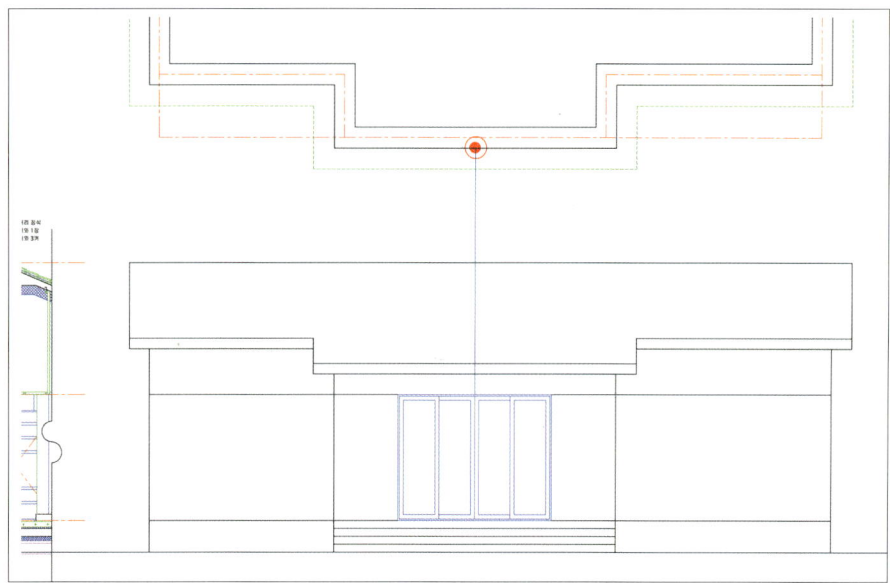

나. 방 창문

❶ REC [Enter] 시작점 허공에 클릭 @창문 폭 , 1200 [Enter]
❷ Offset 30 안쪽으로 , Offset 80 안쪽으로
❸ X [Enter] 선택 [Enter] – 분해

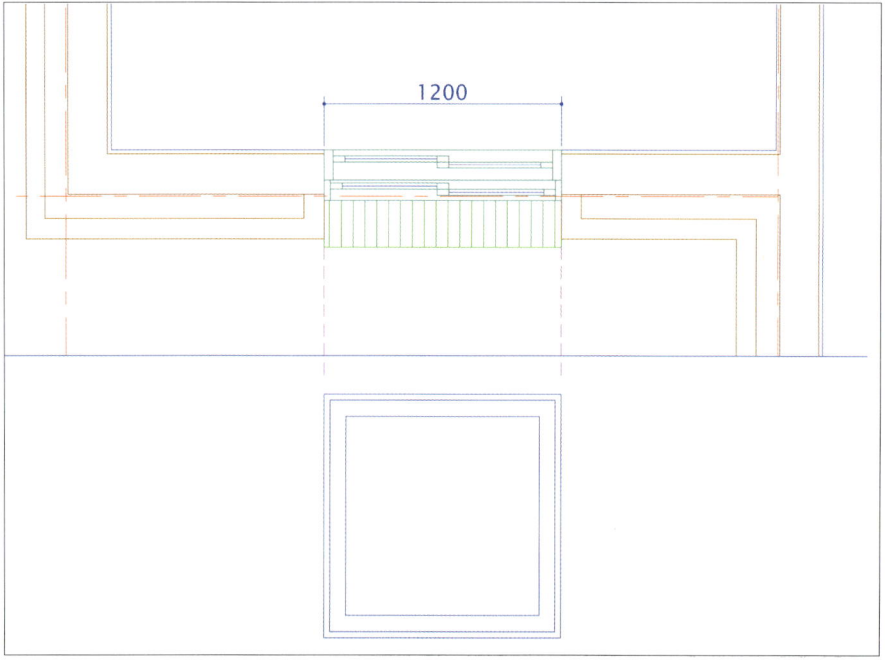

❹ 고정 틀의 가로 중간에서 세로선 그리기
❺ Offset 40 양쪽으로
❻ 왼쪽 창이 앞으로 나오도록 정리 – 창문 위치로 이동

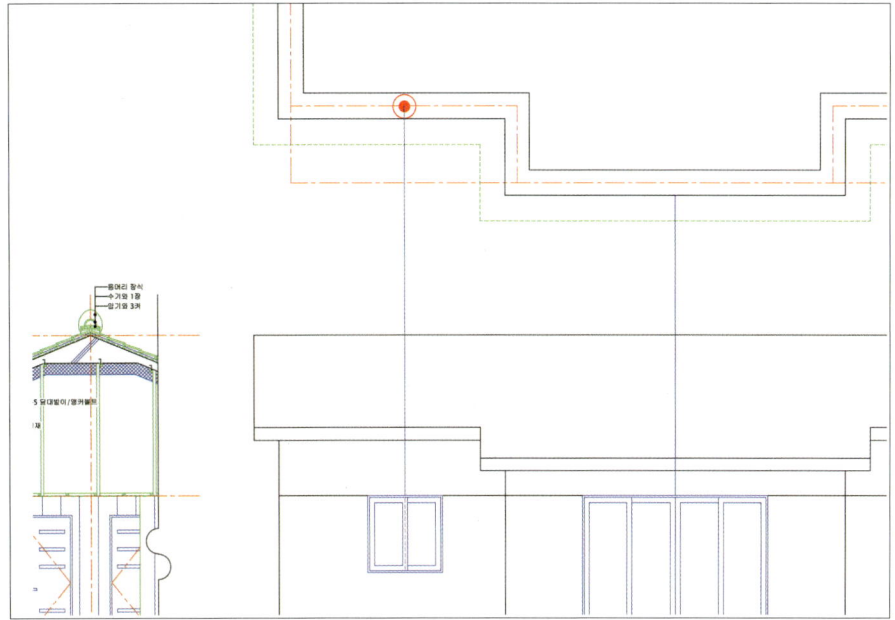

❼ 벽돌 세워 쌓기 : 빗물 흘림, 장식 등을 위해 창 밑에 세워 쌓는 방법(도면층 : 녹색)

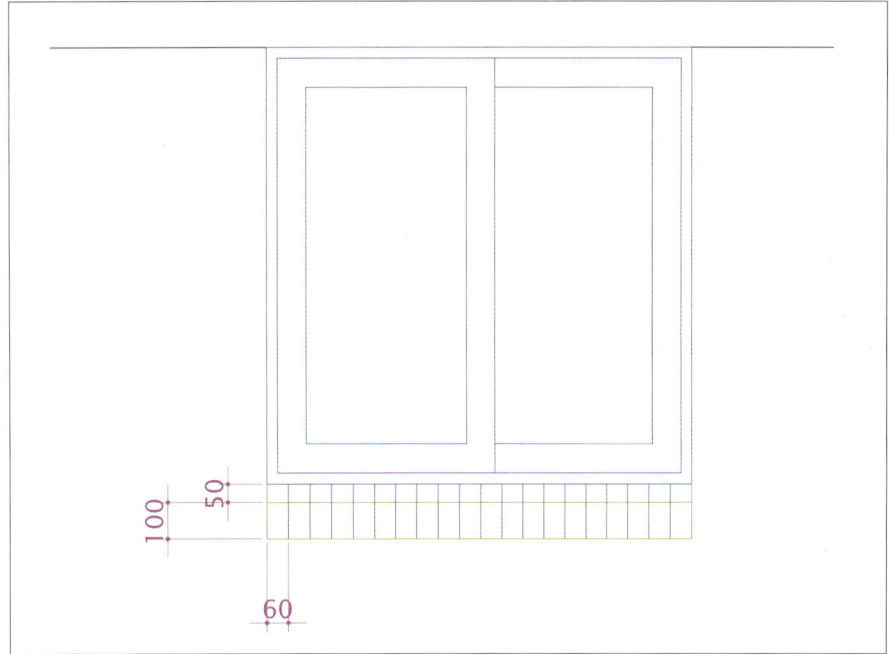

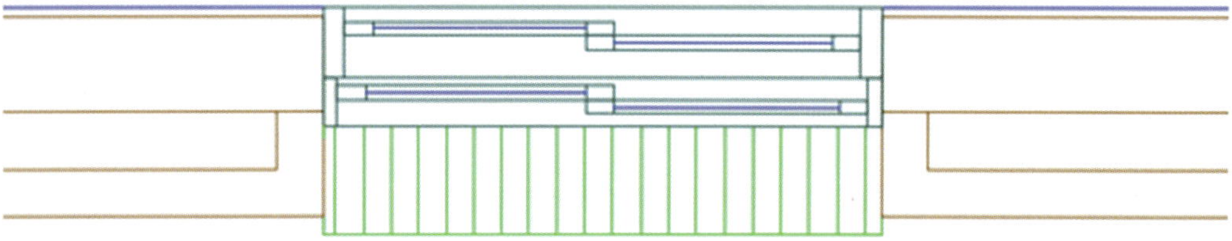

11 홈통 : 처마홈통 하나당 선홈통 하나는 들어가도록 계획한다.

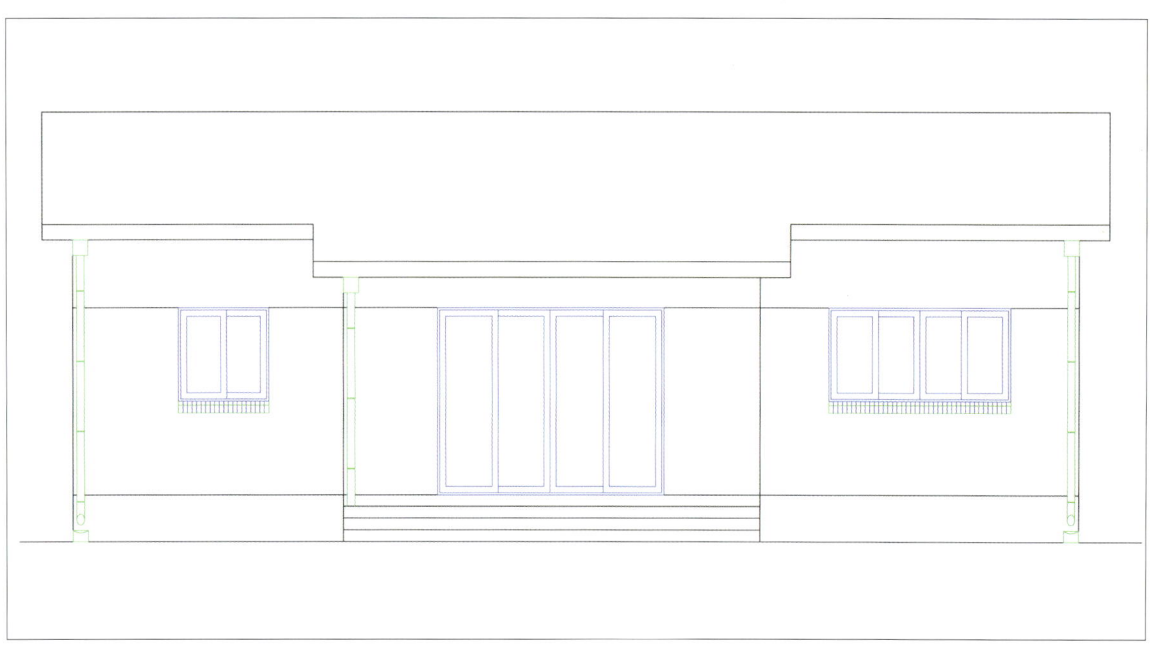

12 난간

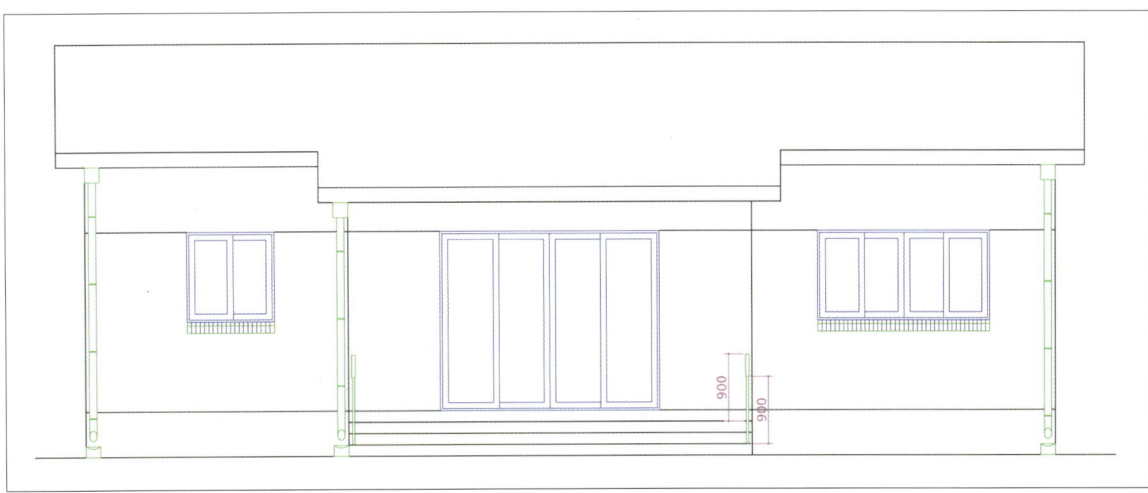

13 기와

❶ 도면층 : 녹색 / 좌측 지붕선에서 Offset 300, Offset 200
❷ 도면층 : 파랑 / Arc(a) / 300하단에 완만한 암기와, 200하단에 볼록한 수기와 표현
❸ 경로배열 : 두 개의 Arc를 세로 300간격으로 표현 / 세로선, Arc 모두 가로 500간격으로 표현
❹ 지붕공간에 맞게 기와형태 정리

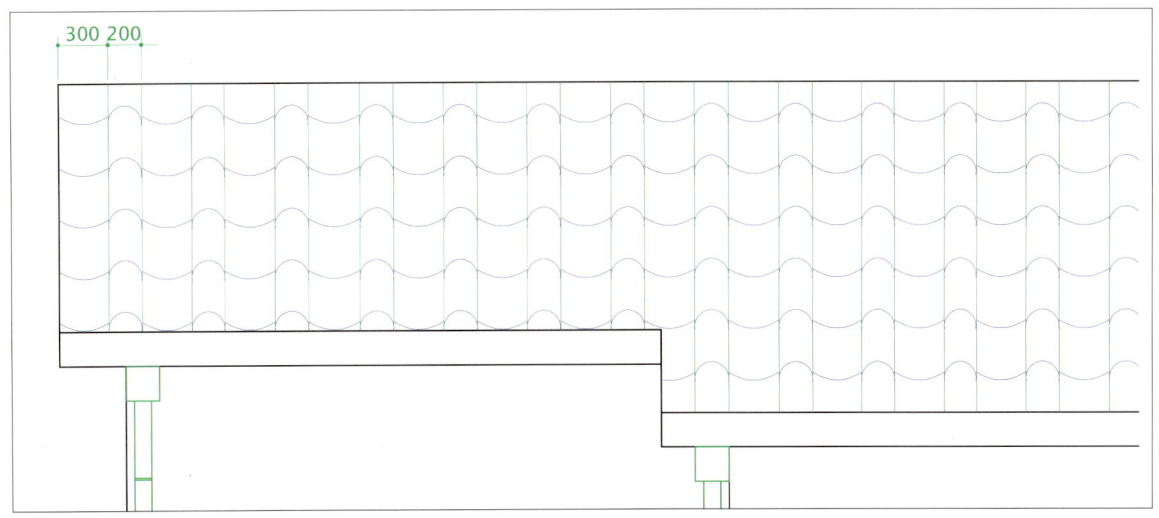

❺ 용머리 장식 : 단면도의 암기와 윗선과 수기와 윗선을 입면도에 표현(XL Enter H Enter)
 – 첫번째 기와선을 기준으로 Trim
❻ 세로선을 500간격으로 경로배열
❼ 용머리 장식 높이를 단면도에서 표시하고 50두께로 표현한다.

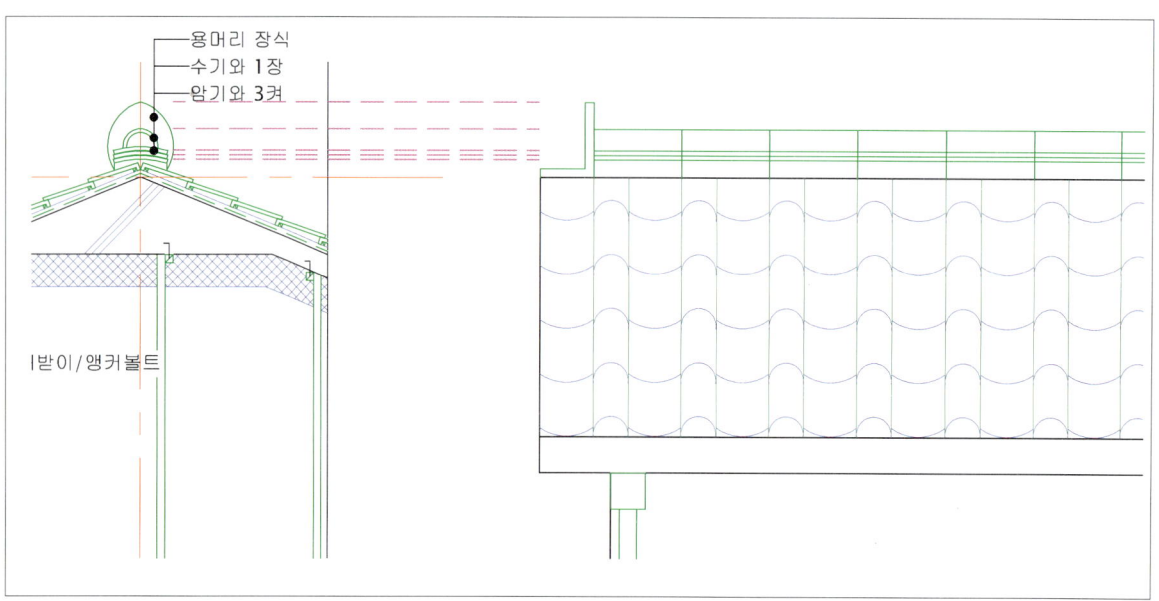

14 문자 작성

❶ 도면층 : 흰색 – 문자 높이 100으로 재료 및 구조를 표현한다.

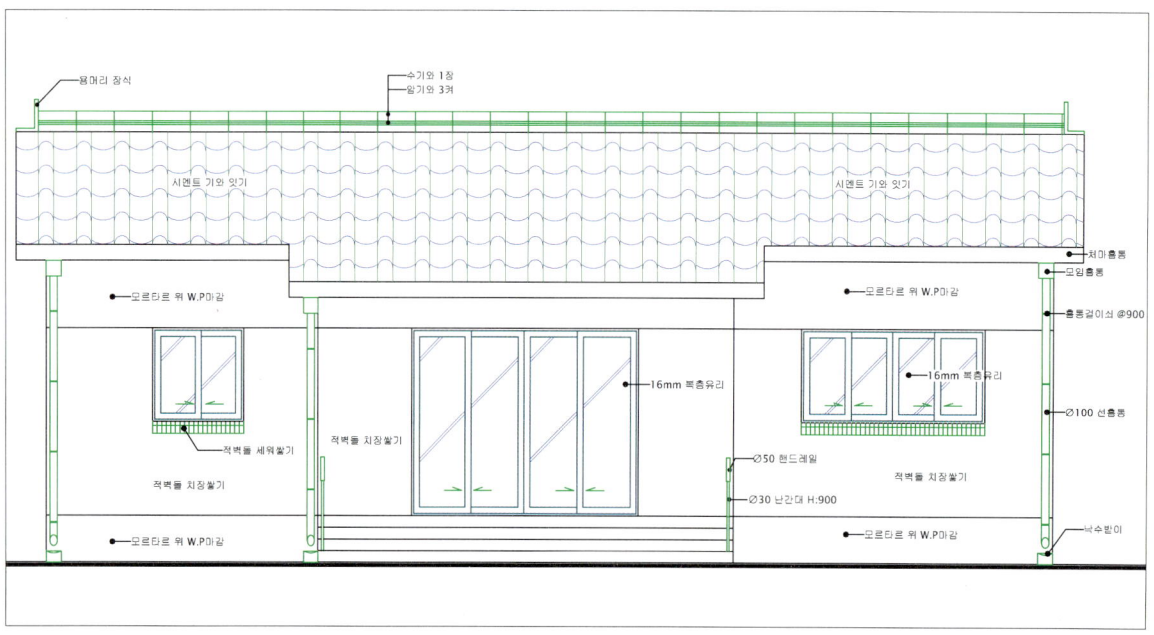

15 벽돌 표현

❶ 도면층 : 파랑 – H [Enter] / 미리정의(Pattern) / Brick / Scale : 10

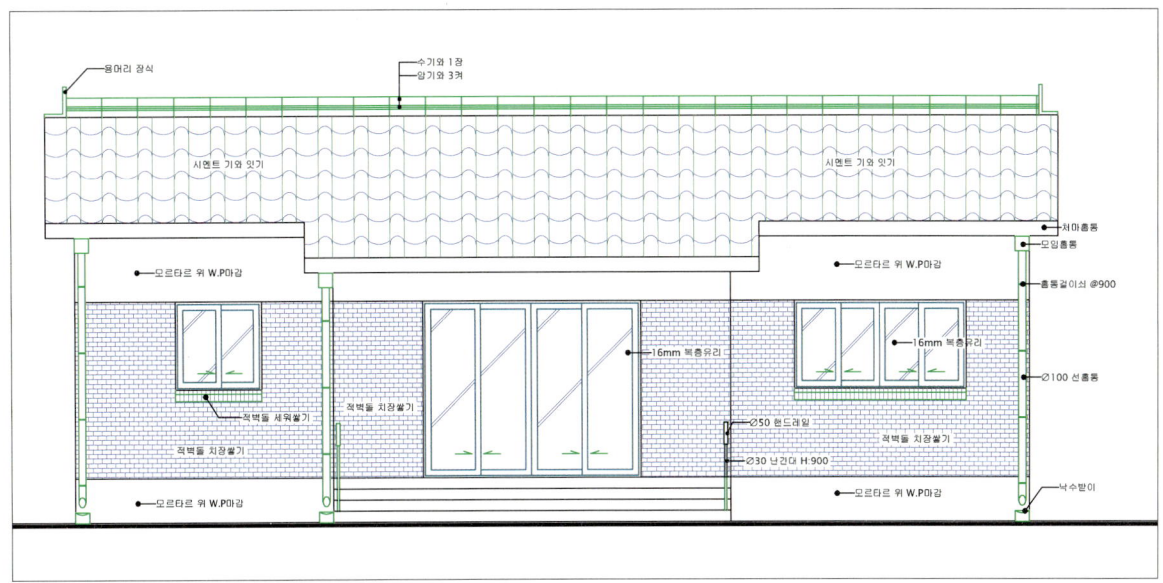

16 수목 식재 표현

: 직교([F8]), OSNAP([F3]) 끄고 PL [Enter] 아래의 예를 참고하여 자유롭게 표현

업그레이드

❶ PL [Enter] 나무 줄기 그리기
❷ PL [Enter] 나뭇잎 그리기
❸ 복사하여 모양 잡기
(아래쪽에 촘촘하게 배치하면 입체적인 느낌을 살릴 수 있다)

수목 표현 예시 – 1

수목 표현 예시 – 2

수목 표현 예시 – 3

17 표제란

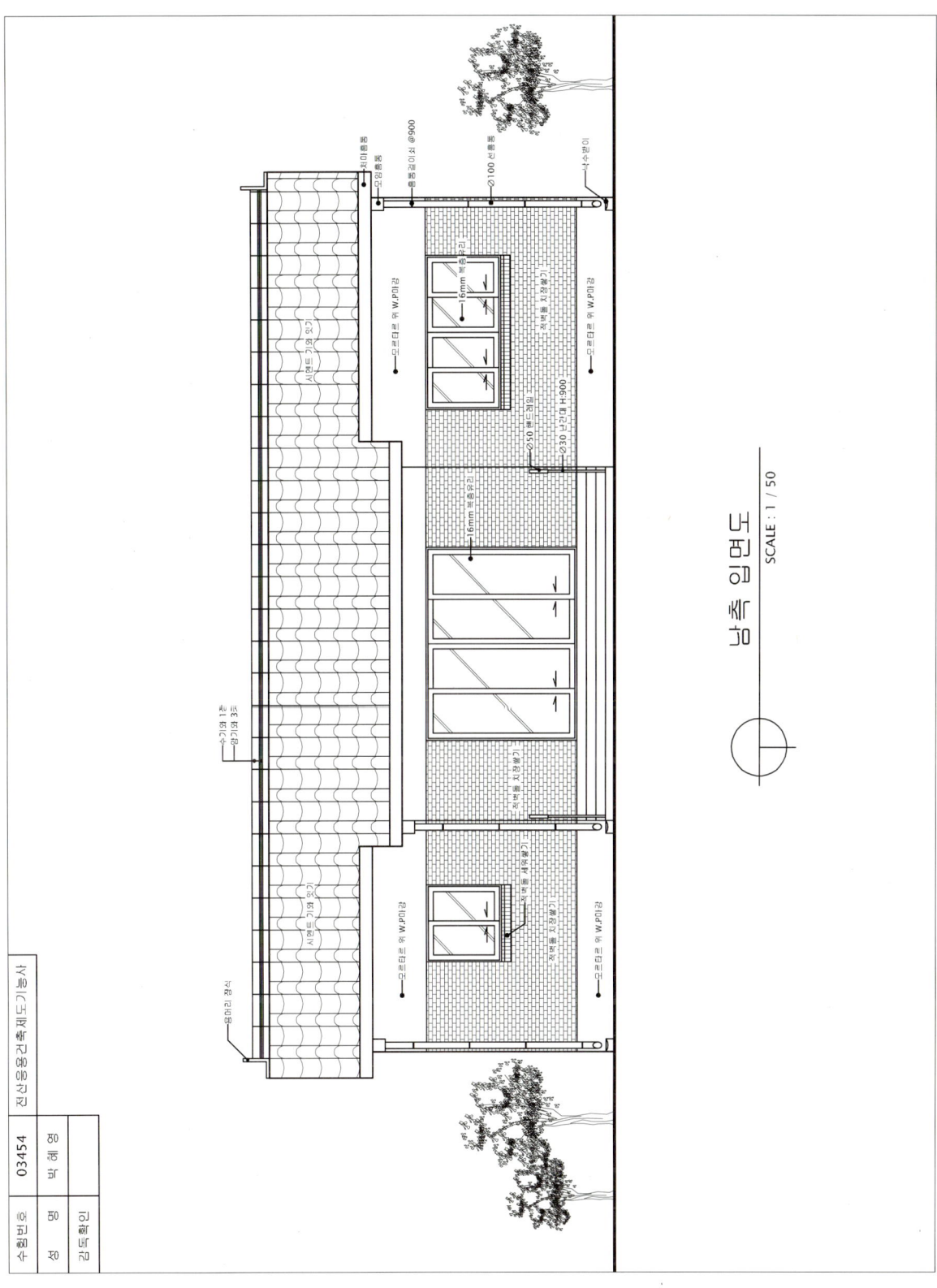

18 출력

❶ PLOT Enter 또는 상단의 프린터 아이콘 클릭

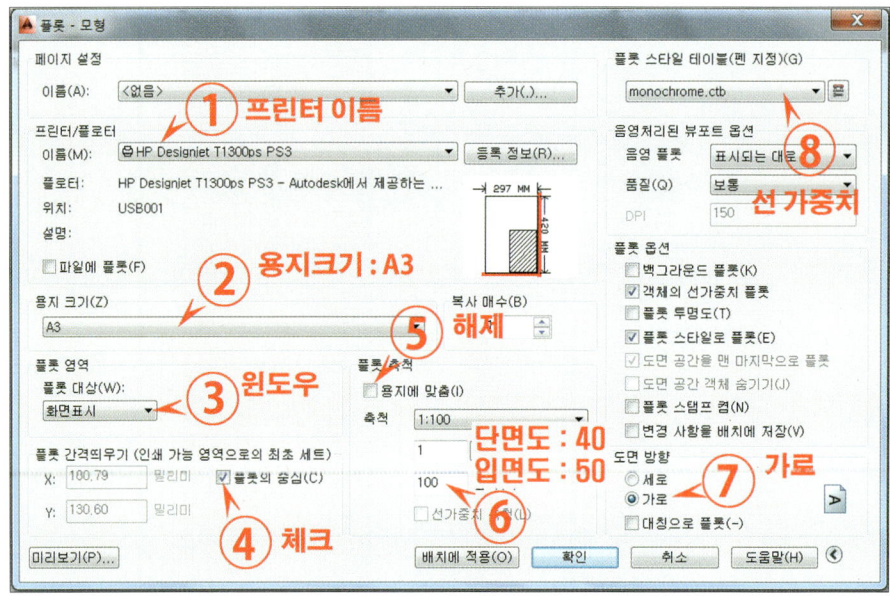

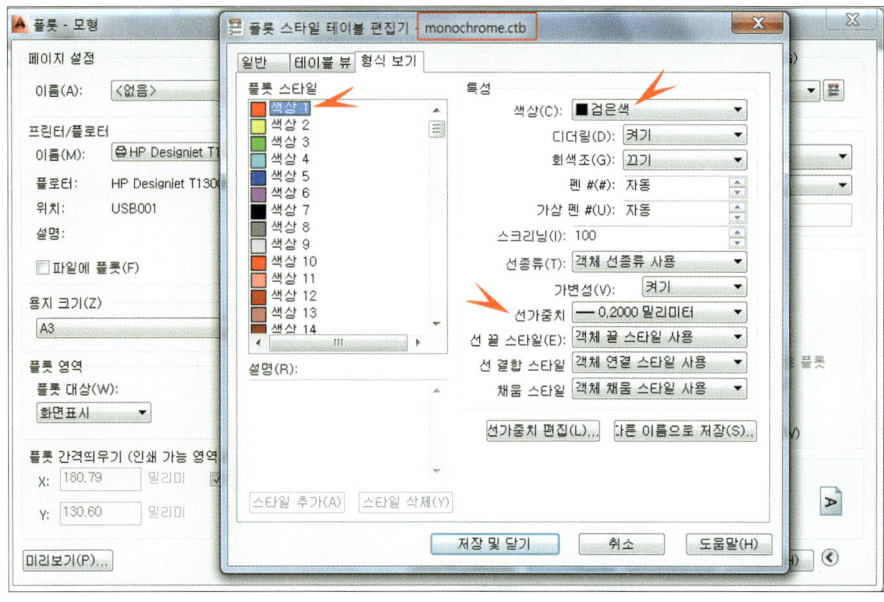

문자작성 체크리스트

구분	단면도(문자높이 80)
지붕 & 기와	용머리장식
	수기와 1장
	암기와 3켜
	기와걸이 / 시멘트기와 잇기
	시멘트액체방수 1종 / 보호몰탈
	THK 150 철근콘크리트 지붕슬래브
반자	45×45 달대받이 / 엥커볼트
	45×45 달대 @900
	THK 180 천장 단열재(비드법 보온판 가등급)
	45×45 반자틀 @450
	THK 9.5 석고보드 / 천장지 마감
	40×20 반자돌림
홈통	처마홈통
	모임홈통
	Ø100 선홈통
	홈통걸이쇠 @900
난간	Ø50 핸드레일
	Ø40 난간대 H : 900
거실 or 방 바닥	120×20 걸레받이
	THK 20 온돌마루 마감
	Ø25 온수파이프 @250
	THK 100 경량기포콘크리트
	THK 30 바닥보온재
바닥슬래브 & 지정	THK 150 철근콘크리트 바닥슬래브
	THK 85 바닥단열재(압출법 보온판 가등급)
	THK 50 밑창콘크리트
	THK 200 잡석다짐
	(계단이 네단 이상일 경우) 성토다짐

구분	단면도(문자높이 80)
거실마감	벽 : 실크벽지 마감
현관마감	벽 : 지정타일 마감
	바닥 : 자기질 타일 마감
	천장 : 실크벽지 마감
욕실마감	벽 : 도기질 타일 마감
	바닥 : 자기질 타일 마감
	천장 : SMC 패널 마감
테라스 & 계단 마감	외부용 자기질 타일 마감

구분	입면도(문자높이 100)
기와	용머리장식
	수기와 1장
	암기와 3켜
	시멘트 기와 잇기
홈통	처마홈통
	모임홈통
	Ø100 선홈통
	홈통걸이쇠 @900
난간	Ø50 핸드레일
	Ø30 난간대 H : 900
벽	모르타르 위 W.P 마감
	적벽돌 치장쌓기
	적벽돌 세워쌓기
창	THK 16mm 복층유리
테라스 & 계단	외부용 자기질 타일 마감

PART 6

실전! 요구사항 및 도면 파악하기

평면도를 파악하고 요구사항을 정확히 파악해야 완성도 높은 단면상세도와 입면도를 작성할 수 있습니다.

요구사항과 평면도에서 요구하는 내용을 살펴보고 건물의 세부 형태에 대해 알아봅시다.

실전! 요구사항 및 도면 파악하기

PART 06

주어진 평면도를 보고 CAD를 이용하여 아래 조건에 맞게 다음 도면을 작도한 후, 지급된 용지에 본인이 직접 흑백으로 출력하여 파일과 함께 제출하시오.

❶ A부분 단면 상세도를 축척 1/40으로 작도하시오.
❷ 남측 입면도를 축척 1/50으로 작도하되 벽면의 마감재료 표시 및 주위의 배경 등 도면의 요소를 충분히 고려하시오.

시험이 시작되면 캐드프로그램을 실행시키고 표제란을 먼저 작성한다. 표제란에 도면명과 스케일을 작성한 후 복사한다.

01 | 캐드프로그램 시작하기

1) 새파일

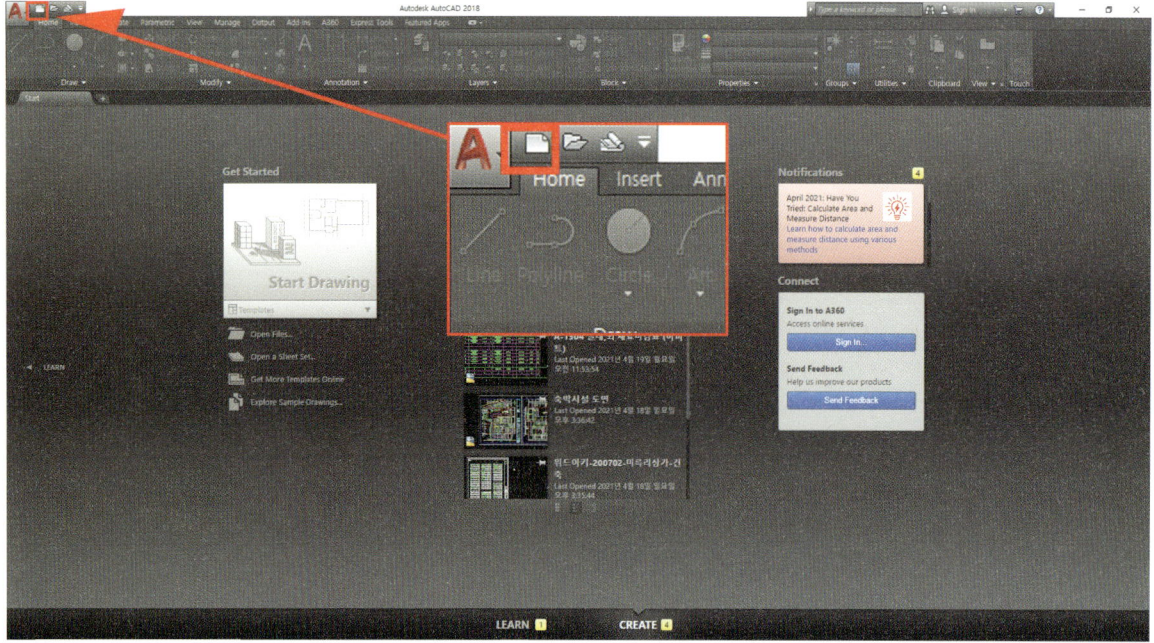

2) acadiso 선택되어 있는지 확인 후 open(열기)

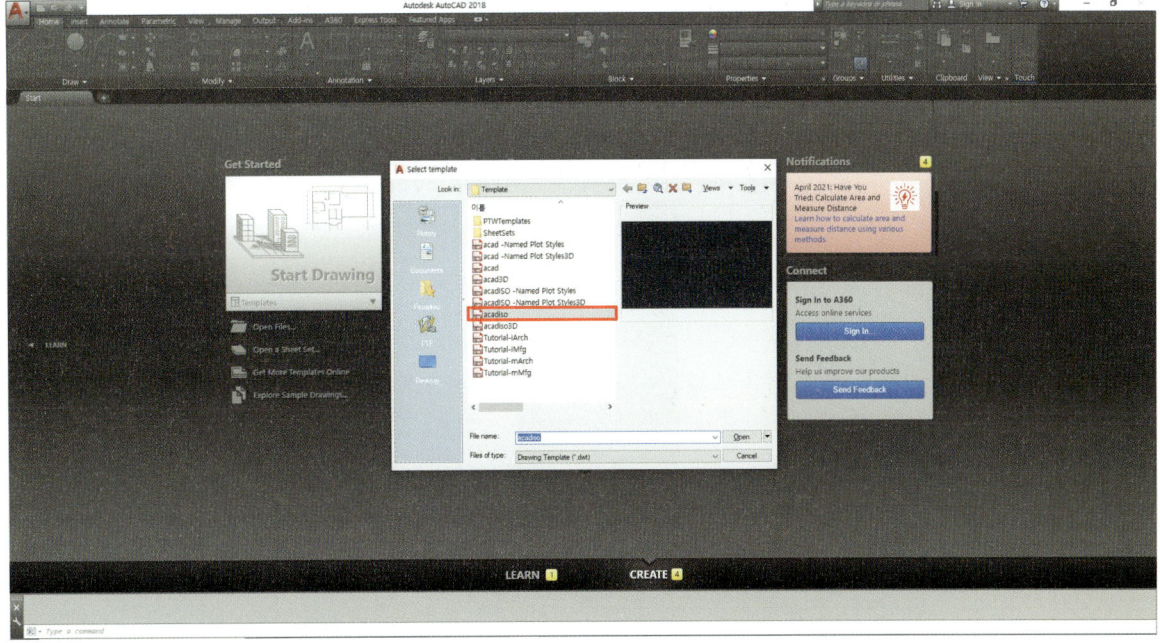

※ 시작화면의 Start Drawing을 바로 클릭하여도 동일한 시작화면이 나온다.

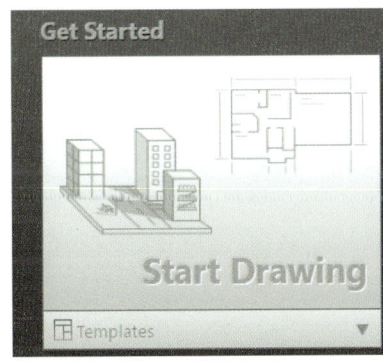

3) 표제란 작성하기(본 교재 75페이지 참고)

- 여백 안쪽 선 선택 – Ctrl + 1 – 선 두께 1로 지정

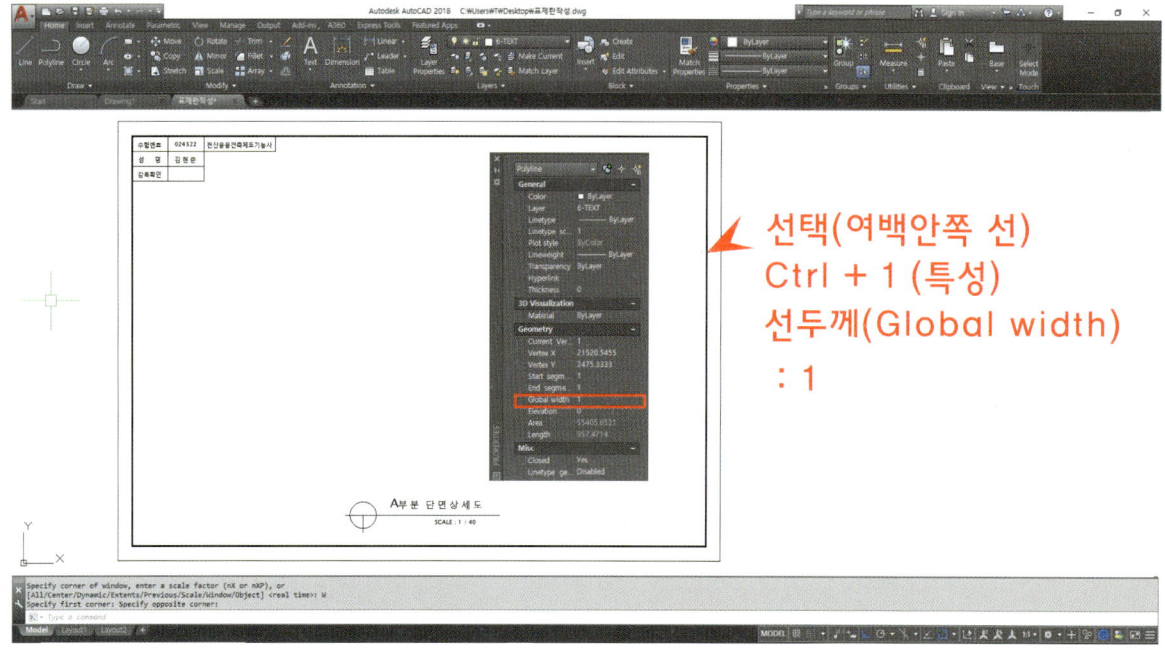

선택(여백안쪽 선)
Ctrl + 1 (특성)
선두께(Global width)
: 1

4) 표제란 복사 – SC [Enter] – 표제란 둘다 선택 [Enter] – 40 [Enter]

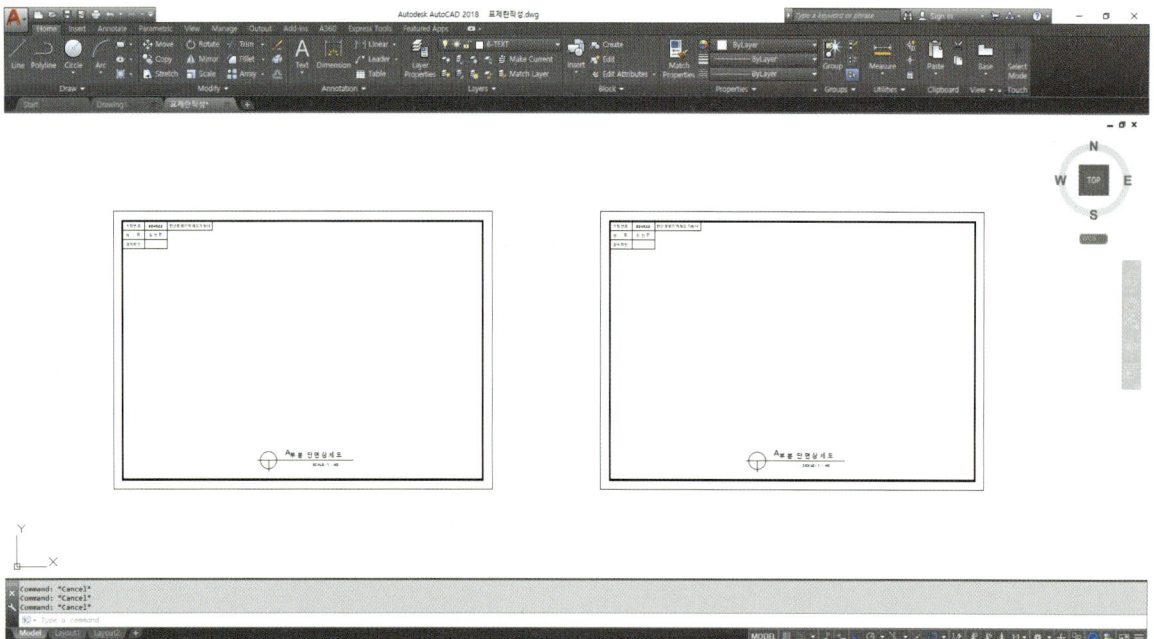

5) SC [Enter] - **우측 표제란 선택** [Enter] - R [Enter] - 40 [Enter] - 50 [Enter]
(Scale 명령의 축척계산이 힘들 때는 참조(Refrence)기능을 활용한다)

- 확대한 표제란의 도면명을 A부분 단면상세도에서 남측입면도로 변경
- 스케일 값을 1 : 40에서 1 : 50으로 변경

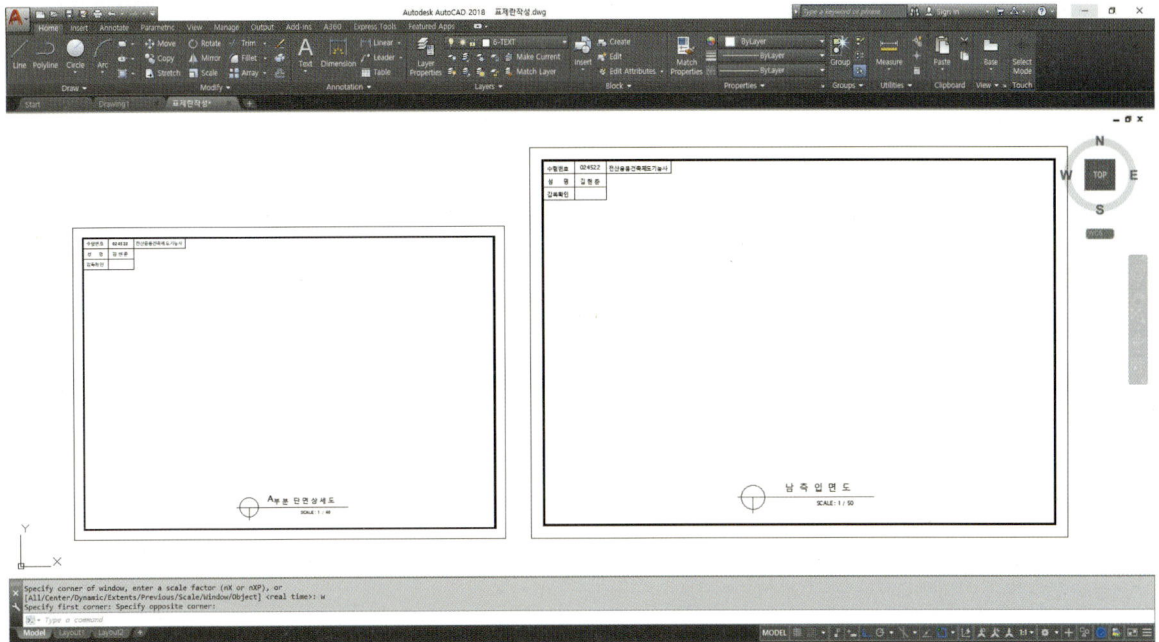

02 도면과 조건파악

[조 건]

- 기초 및 지하실 벽체 : 철근콘크리트 구조로 하시오.
- 벽체 : 외벽 – 외부로부터 붉은 벽돌 0.5B, 단열재, 시멘트 벽돌 1.0B
  내벽 – 시멘트 벽돌 1.0B
- 단열재 : 외벽 120mm, 바닥 85mm, 지붕 180mm
- 지붕 : 철근콘크리트 경사슬래브 위 시멘트 기와잇기 마감으로 하시오(물매 4/10 이상).
- 처마나옴 : 벽체 중심에서 600mm
- 반자높이 : 2400mm, 처마반자 설치
  창호 : 목재창호로 하되 2중창인 경우 외부창호는 알루미늄 섀시로 하시오.
- 각 실의 난방 : 온수파이프 온돌난방으로 하시오.
- 1층 바닥 슬래브와 기초는 일체식으로 표현하시오.
- 평면도에 표현되지 않은 현관 상부 캐노피는 작도하지 않습니다.
- 기타 각 부분의 마감, 치수 등 주어지지 않은 조건은 일반적인 시공수준으로 하시오.

1) 철근콘크리트 구조

철근콘크리트 구조는 압축력에 강하나 휨이나 인장, 비틀림에는 약한 콘크리트 속에 철근을 보강하여 인장력에 저항하게 함으로써 압축력과 인장력 2가지 모두 대응할 수 있는 구조이다.

- 장점
  - 내구성, 내화성, 내진성이 뛰어나다.
  - 재료의 공급이 원활하다.
- 단점
  - 자체 중량과 단면이 크다.
  - 습식공사로 공사기간이 길어진다(기후의 영향을 받는다).

※ 기초 및 지하실 벽체의 철근콘크리트 구조

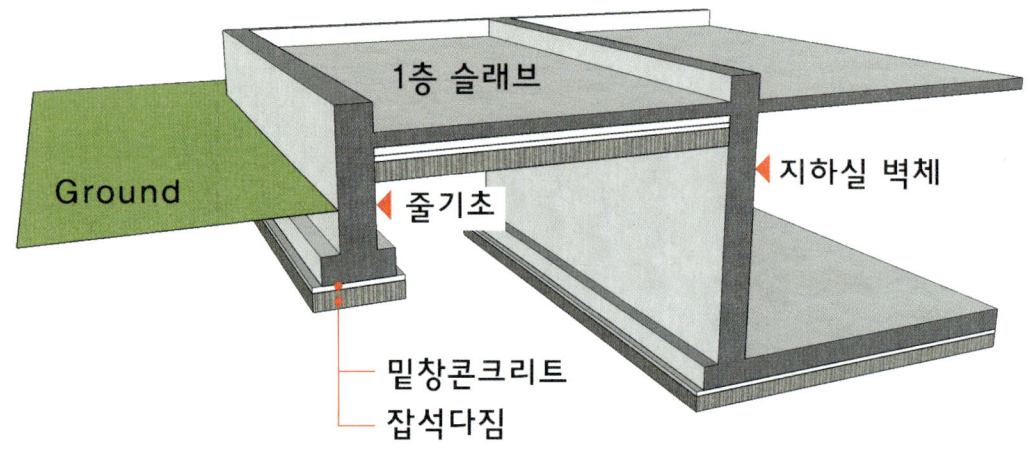

2) 벽체

❶ 조적조 벽체
- 시멘트 벽돌 : 시멘트, 모래, 물을 주원료로 하여 소성한 벽돌로써 주로 구조를 이루는 벽체에 사용된다.
- 붉은 벽돌 : 점토를 주원료로 하여 소성한 벽돌로써 주로 치장용도로 사용된다.
- 표준형 벽돌의 크기

길이(1.0B)	너비(0.5B)	높이
190mm	90mm	57mm

업그레이드
※표준벽돌

(시멘트 벽돌/붉은 벽돌)

※ 조적조 벽체

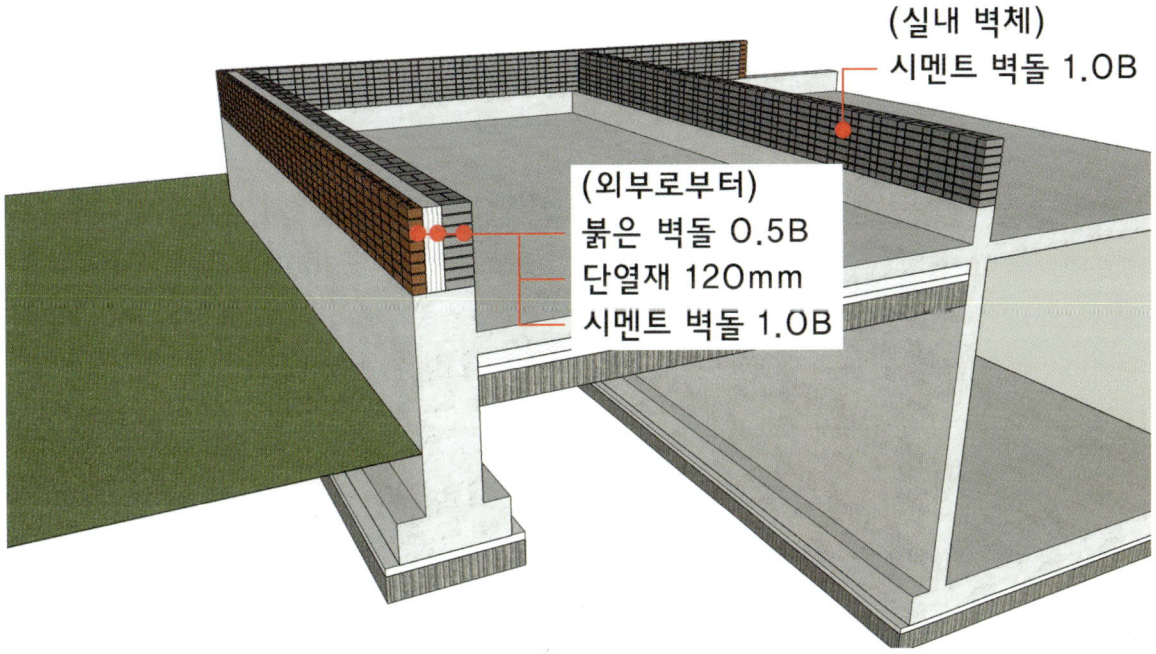

(실내 벽체)
시멘트 벽돌 1.0B

(외부로부터)
붉은 벽돌 0.5B
단열재 120mm
시멘트 벽돌 1.0B

❷ 철근콘크리트 벽체
 – 기초와 마찬가지로 내력벽과 실내 벽체를 철근콘크리트로 구성하는 경우이다.

※ 철근콘크리트 벽체

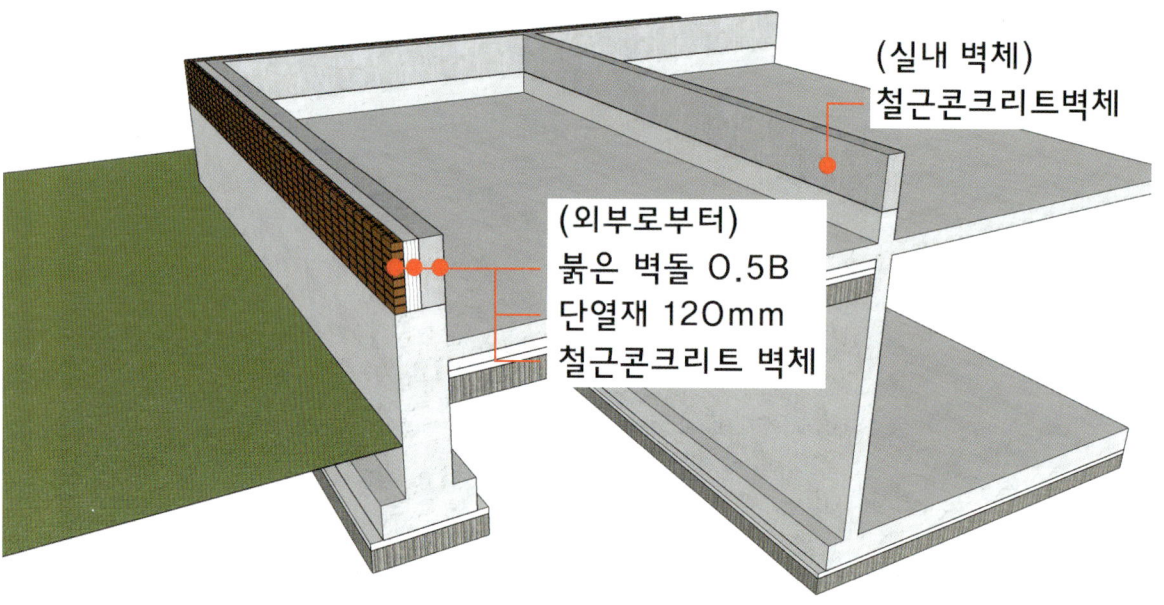

3) 단열재

단열 : 건물 내·외부의 열의 흐름을 차단하는 역할을 한다.
- 밀도가 커질수록, 재료가 두꺼울수록, 열전도율이 작을수록 단열효과가 크다.
- 단열재에 습기가 차면 단열효과가 감소한다.
- 표면의 결로 방지 역할을 한다.
- 외기 변화에 따른 실내 온도의 변동 폭을 줄여 실내를 쾌적하게 한다.

※ 본 교재에서는 발포 폴리스티렌 단열재(EPS, Extened Polystyrene Sheet) 종류 중에서 비드법, 압출법 단열재로 설명한다.
비드법 단열재는 자재의 절단 및 가공이 쉽고 단열성능의 오차가 적은 장점이 있다.
압출법 단열재는 원료를 가열하여 연속적으로 압축, 발포시켜 만든 제품으로 동일한 밀도의 비드법 단열재보다 단열성능이 더 좋으며 수분과 습기에 강한 제품이다.

※ 단열재

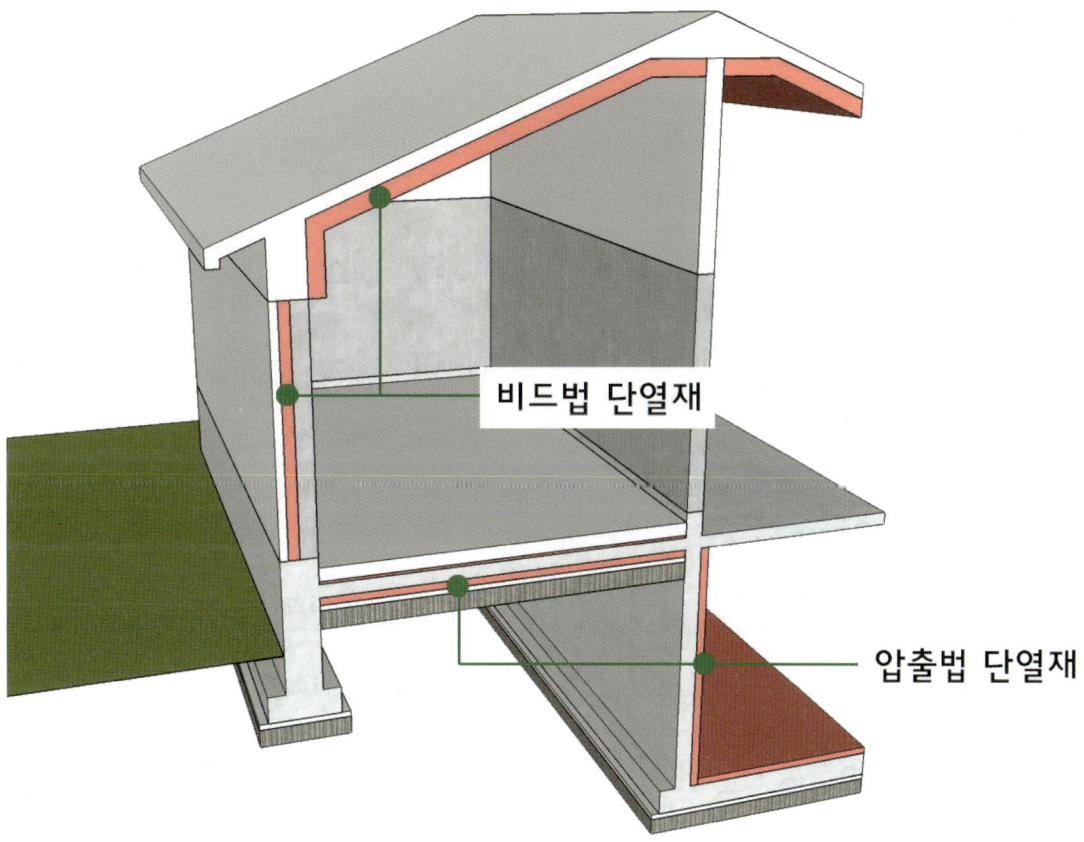

4) 지붕

❶ 지붕 : 건축물 최상부로서 외기를 막고, 경사도(물매)는 재료의 특성과 기후의 특성에 따라 다르다. 구조는 철근콘크리트로 하고 시멘트 액체방수 위에 보호모르타르를 시공한다. 시멘트 기와잇기 마감으로 제시되며 기와는 유성페인트로 마감한다.

❷ 지붕 물매 : 지붕의 기울기로 경사의 정도를 나타낼 때 사용되며 분모를 10으로 표현한다. 일반적으로 시험에서는 평물매의 박공지붕으로 요구사항이 주어진다.

된물매	10/10 이상의 물매(45도 이상)
되물매	10/10 물매(45도)
평물매	10/10 이하의 물매(45도 이하)

※ 철근콘크리트 경사지붕

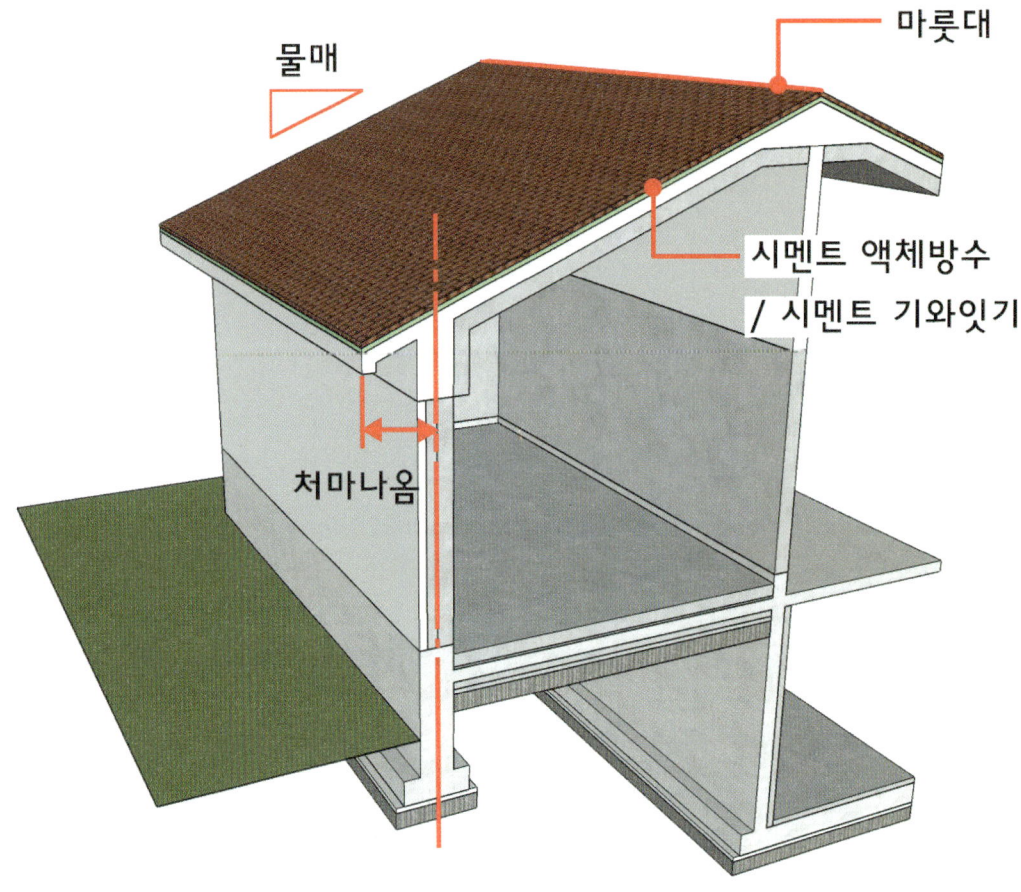

5) 반자

❶ 반자 : 구조부재나 덕트 등의 설비기구를 숨기는 역할을 하며 강당, 영화관 등에서는 흡음기능도 수행한다.
❷ 달반자 : 지붕틀이나 상층 바닥판에 달대로 매달은 반자이다.
❸ 목조 반자틀의 구성부재 : 반자돌림, 반자, 반자틀, 반자틀 받이, 달대, 달대받이 등이 있다.
※ 반자돌림(천장몰딩) : 벽면과 천장 사이의 마무리를 위해 부착한 부재이다.

※ 목조 반자틀

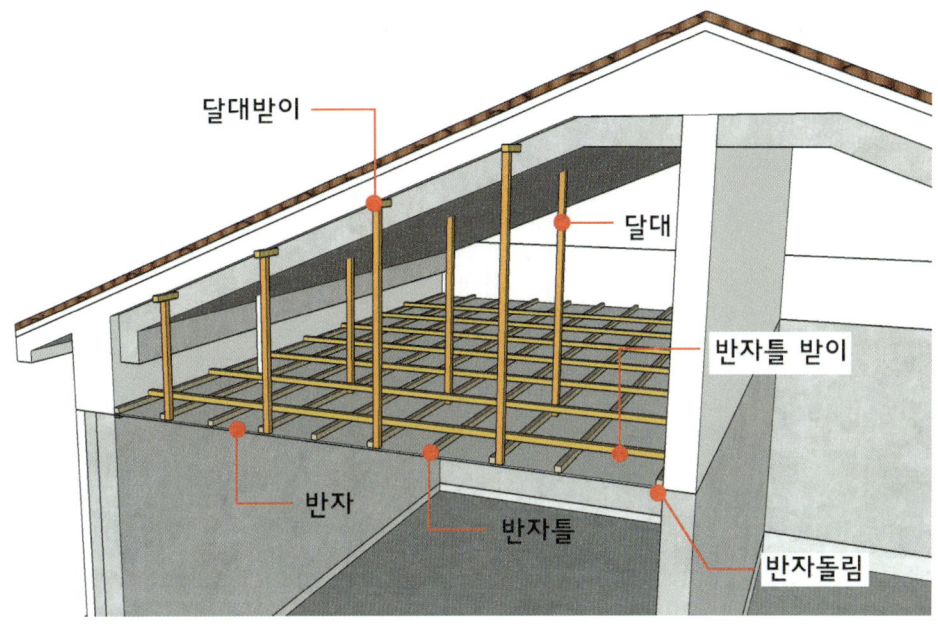

※ 처마반자, 반자높이

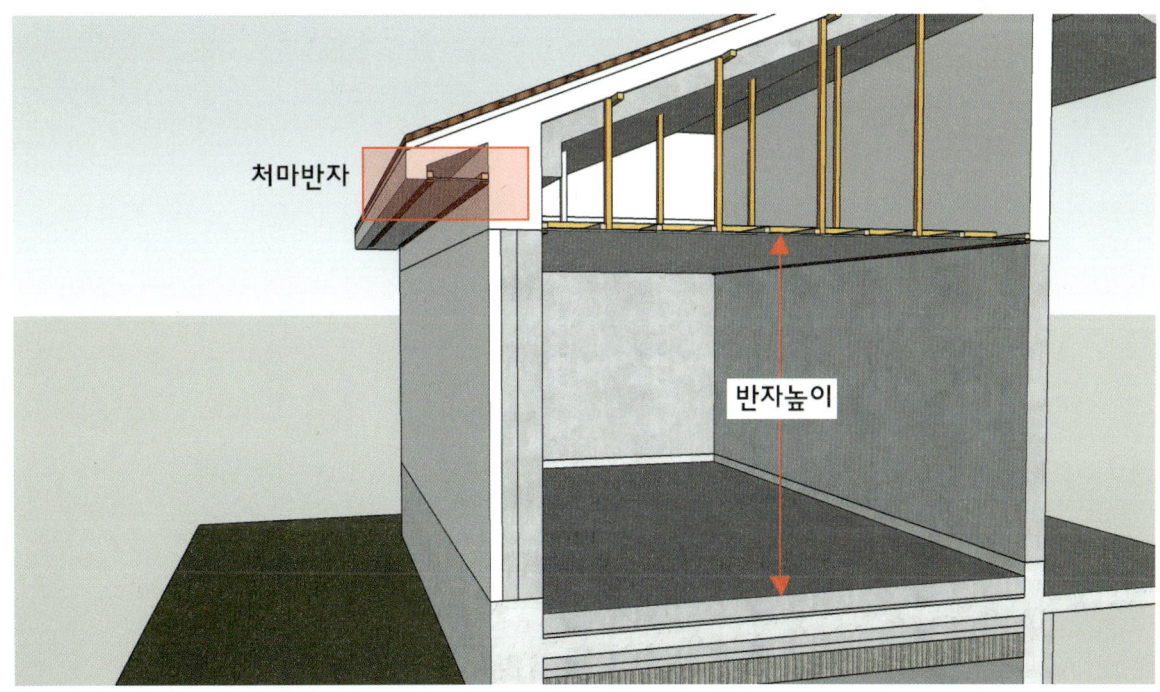

6) 창호

❶ 창문 : 목재창호(WW)로 하되 이중창인 경우 외부창호는 알루미늄 합금 창(AW)로 한다. 일반적으로 미서기창으로 출제되며 네짝, 세짝, 두짝 창으로 출제된다.
붙박이창에 대한 형태도 숙지한다.

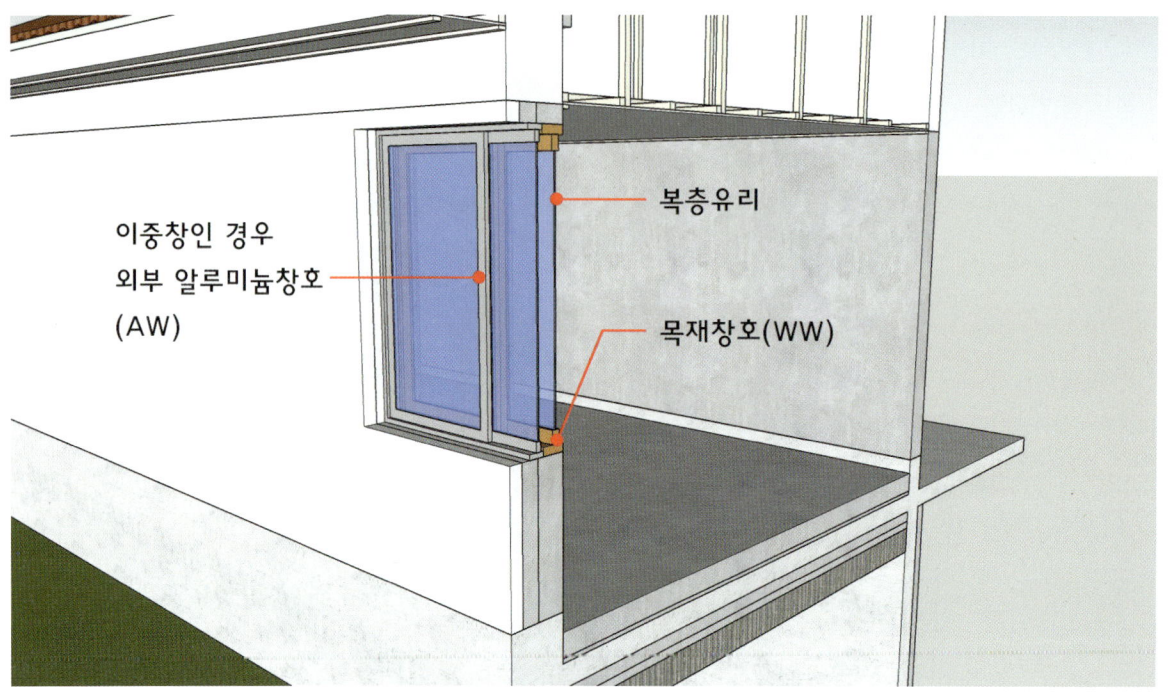

❷ 현관문 : 일반적으로 강철문(Steel Door)으로 표현한다. 형태는 자유롭게 하되 한가지를 지정하여 반복적으로 연습한다.
❸ 방문, 욕실문 : 실내의 문은 목재 문(WD)으로 표현한다.

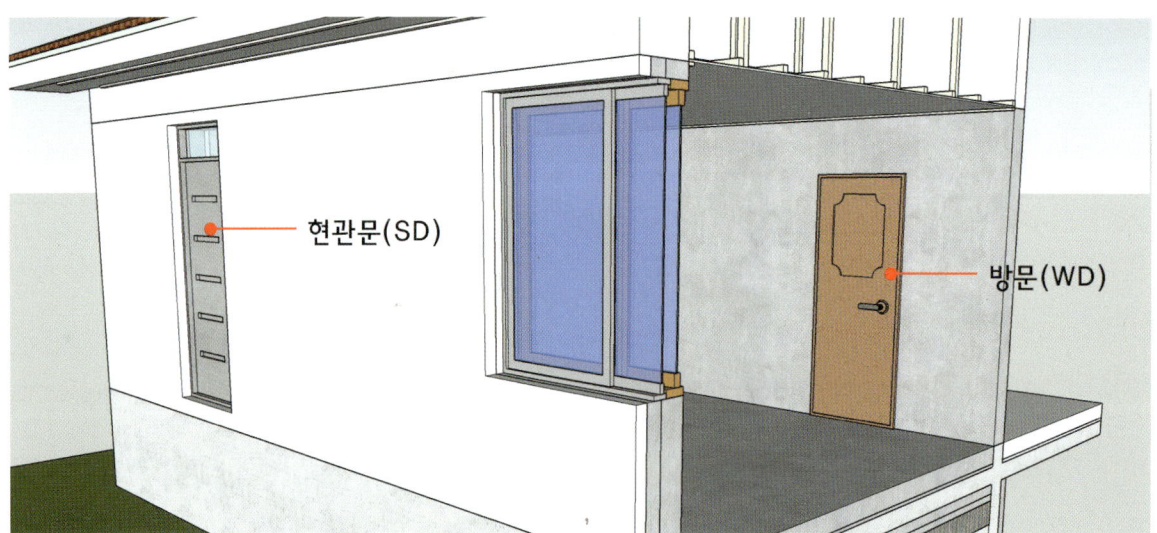

7) 각 실의 난방

온수파이프 온돌난방은 바닥에 온수파이프를 시공하여 콩자갈, 경량기포 콘크리트 등의 충진재를 채워주고 보일러에서 물을 데워 온수파이프에 온수를 순환하는 방식의 난방이다.

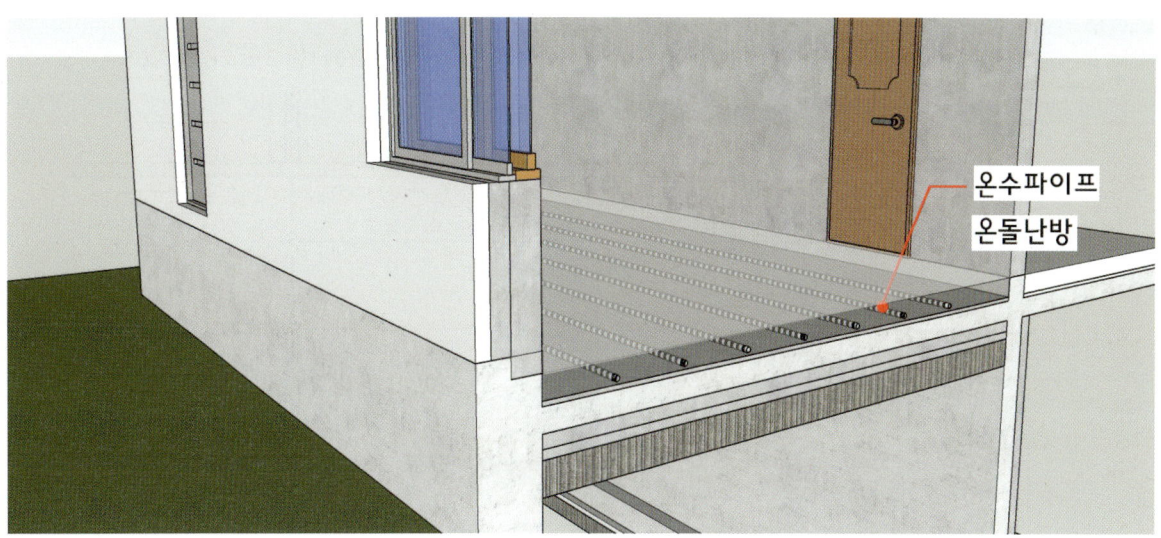

8) 기초와 1층 바닥 슬래브 일체화

기초와 1층 바닥 슬래브는 둘 다 철근콘크리트 구조이다. 구조가 같을 때에는 사이에 경계선이 없이 일체화되도록 표현한다. 예를 들어 기초는 철근콘크리트 구조이고 1층 바닥 슬래브가 무근콘크리트인 경우에는 사이에 내민 철근이나 아스팔트 컴파운드 등이 표현되며 다른 재료로 제도하기도 한다.

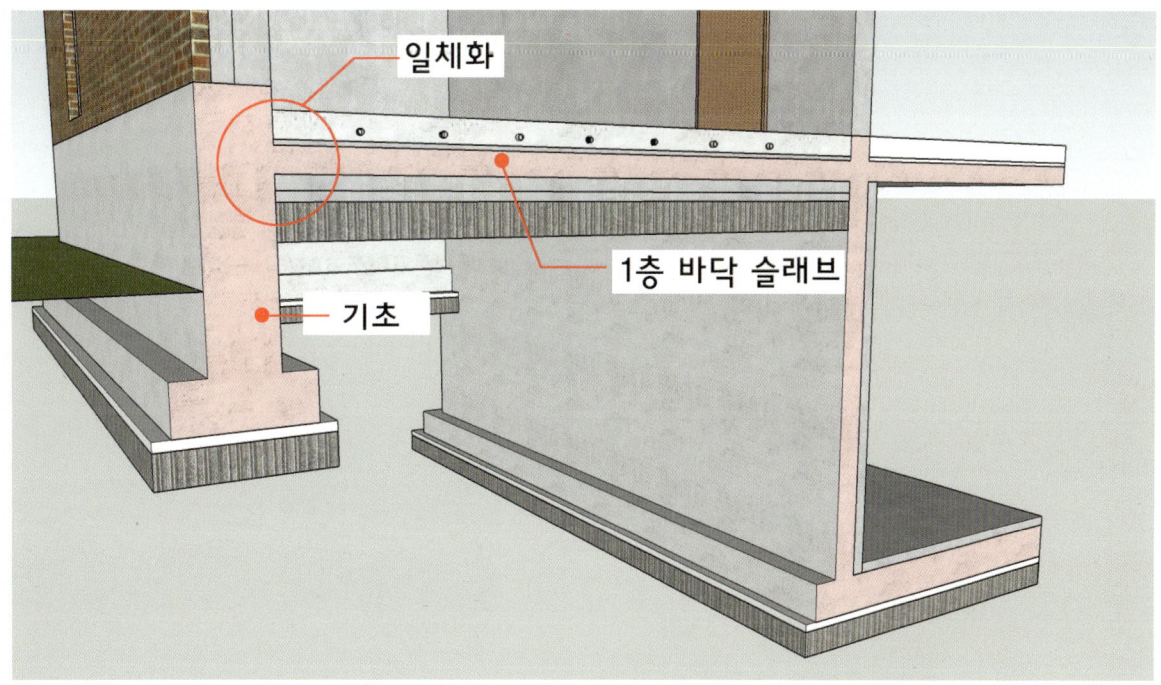

9) 평면도에 현관 상부 캐노피가 표현되는 경우

현관의 빗물과 햇빛을 막아주는 내민보(캔틸레버 보)의 형식으로 설치되는 경우가 있다. 평면도에 점선과 문자로 현관상부 캐노피 설치(상부 캔틸레버선)라고 표기된 경우에만 표현한다.

※ 평면도에 현관 상부 캐노피가 표현되는 경우 – 본 교재 기출종합문제 2번, 2021년 3회 기출문제

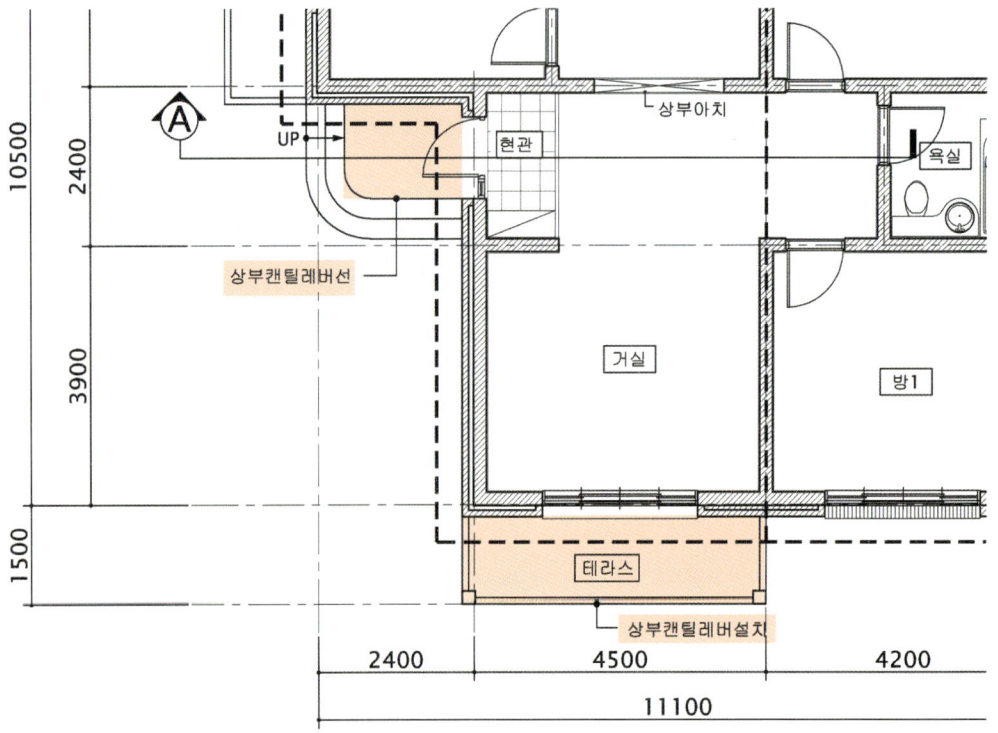

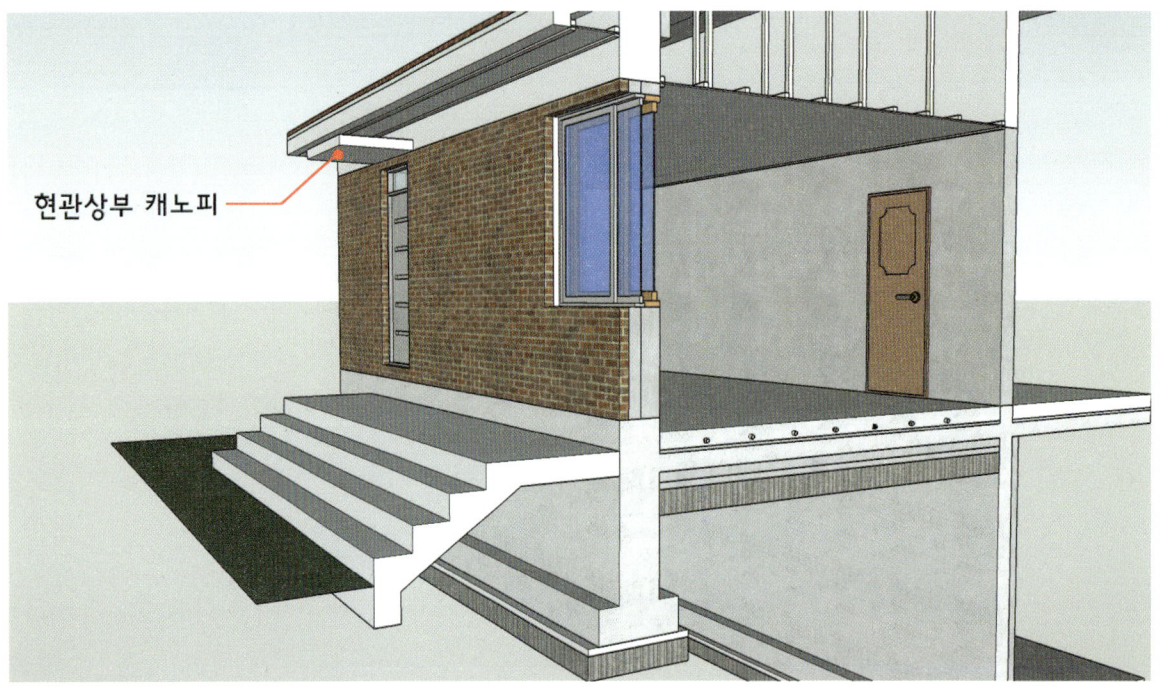

03 기타 각 부분의 마감과 치수

1) 계단 및 테라스 표현

평면도에 표시된 계단의 단수를 파악하여 디딤판(폭)은 300mm, 챌판(높이)은 150mm로 표현한다.
GL에서 아래로 300mm 깊이로 계단을 연장하고 슬래브와 마찬가지로 밑창콘크리트와 잡석을 표현한다.
(평면도에서 계단의 폭과 높이를 제시하는 경우에는 평면도를 기준으로 표현한다)

※ 계단 예시

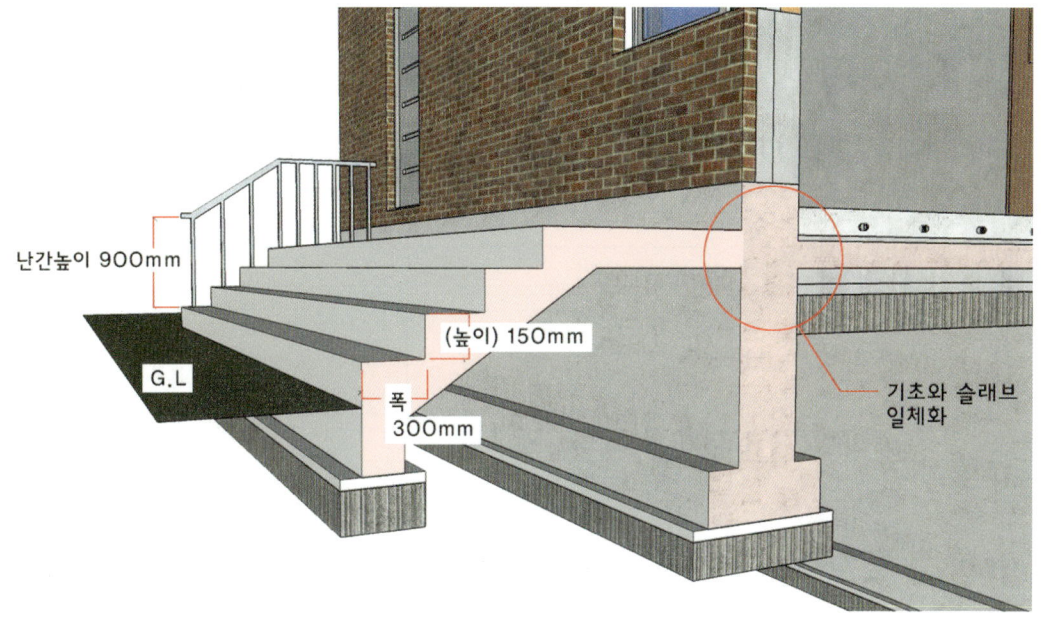

※ 테라스 예시

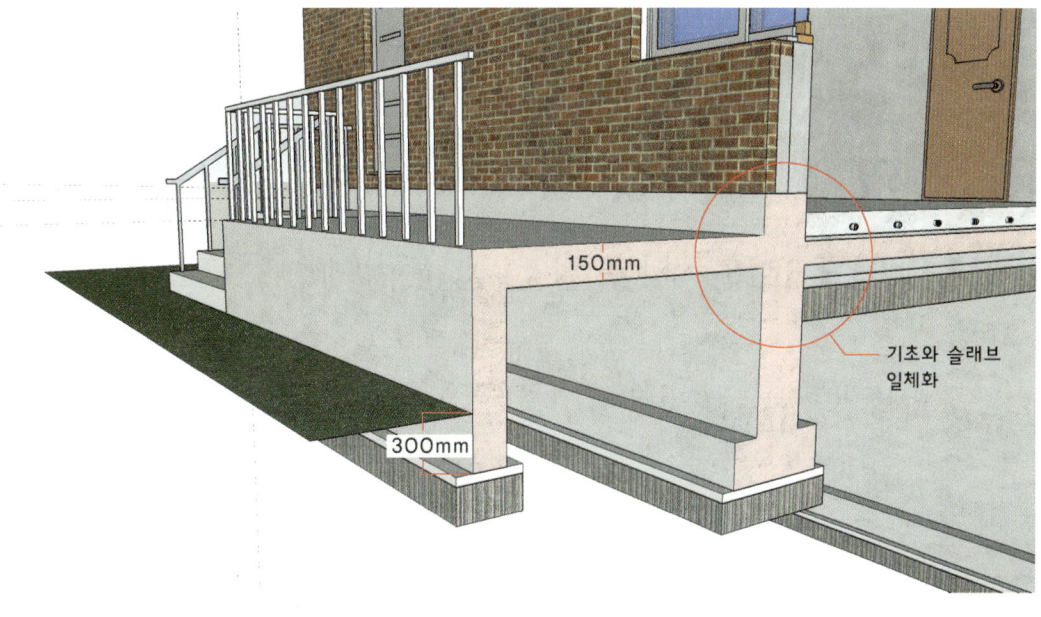

2) 평면도에 난간이 있는 경우와 없는 경우

※ 난간이 있는 경우

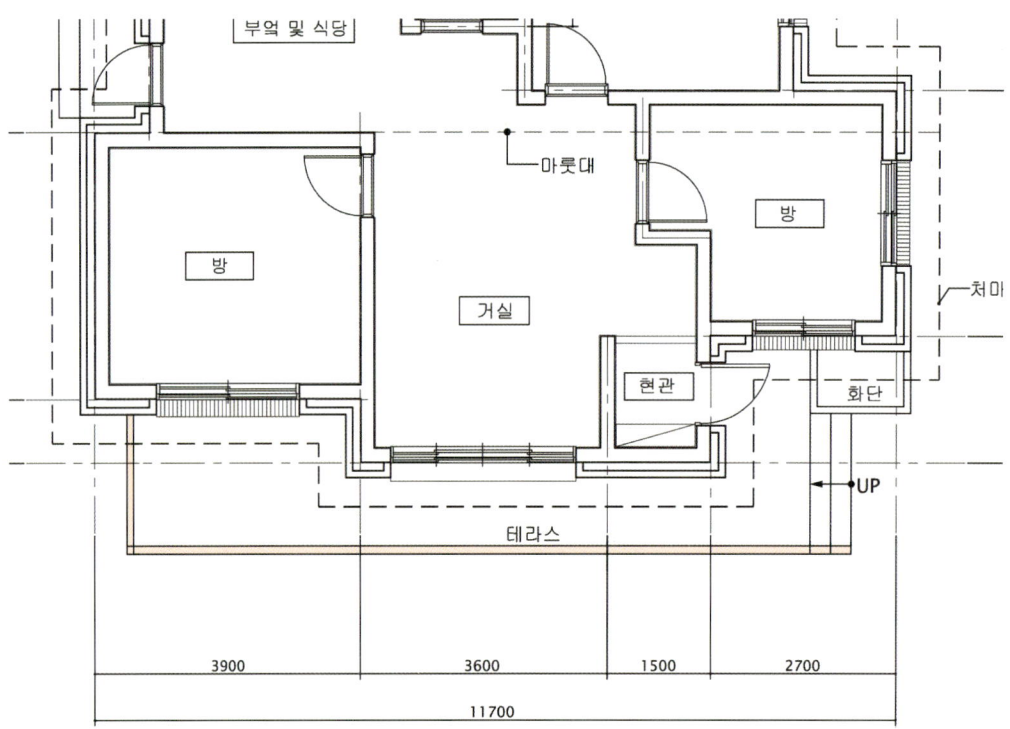

※ 난간이 없는 경우

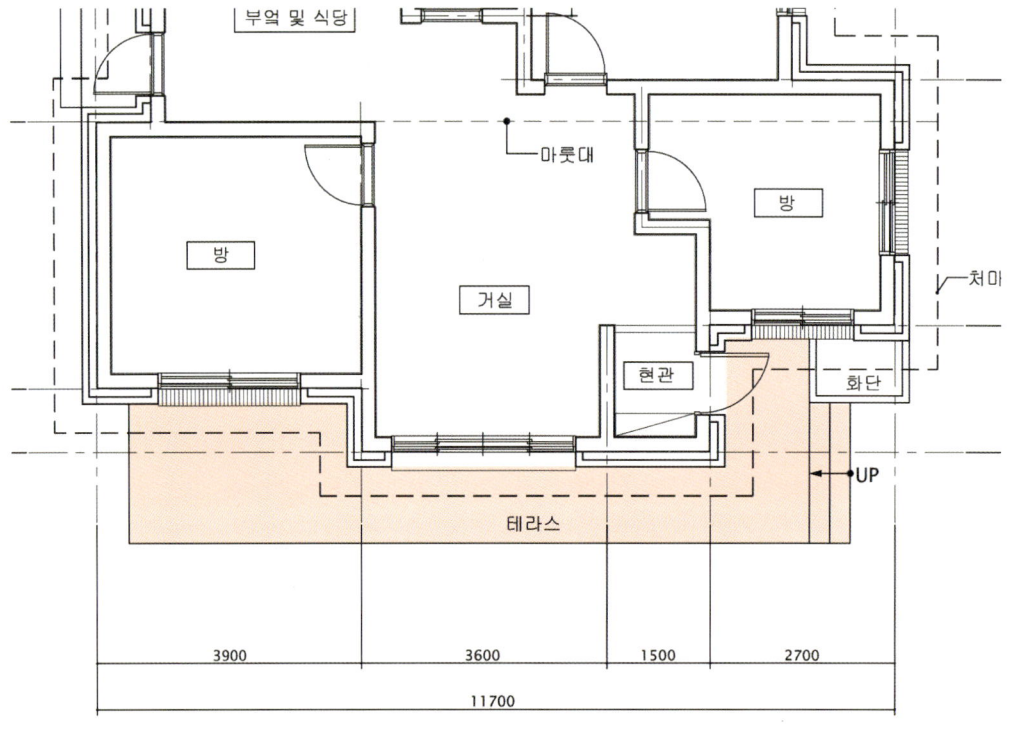

3) 굴뚝 표현

평면도에서 사각형 속이 빈 형태의 구조물이 표현되면 굴뚝으로 표현한다.

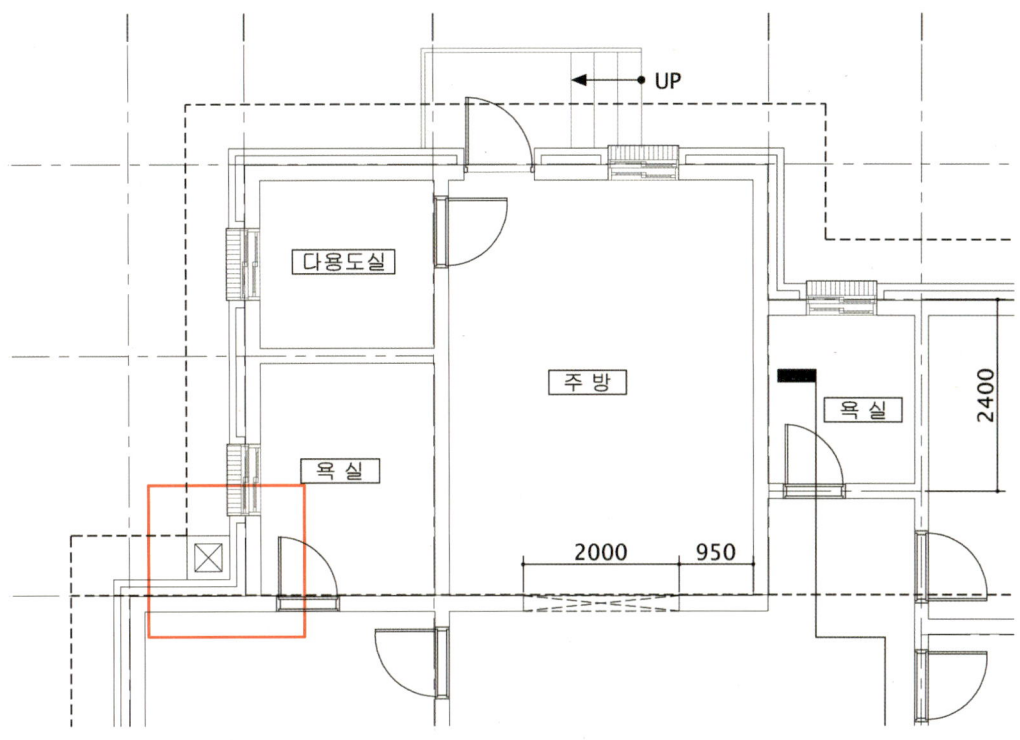

4) 실내 벽체, 바닥마감

실내 벽체는 일반적으로 벽지 마감으로 표현하고, 바닥에는 온돌마루를 설치한다. 벽체와 바닥이 만나는 부분에는 걸레받이를 설치한다.

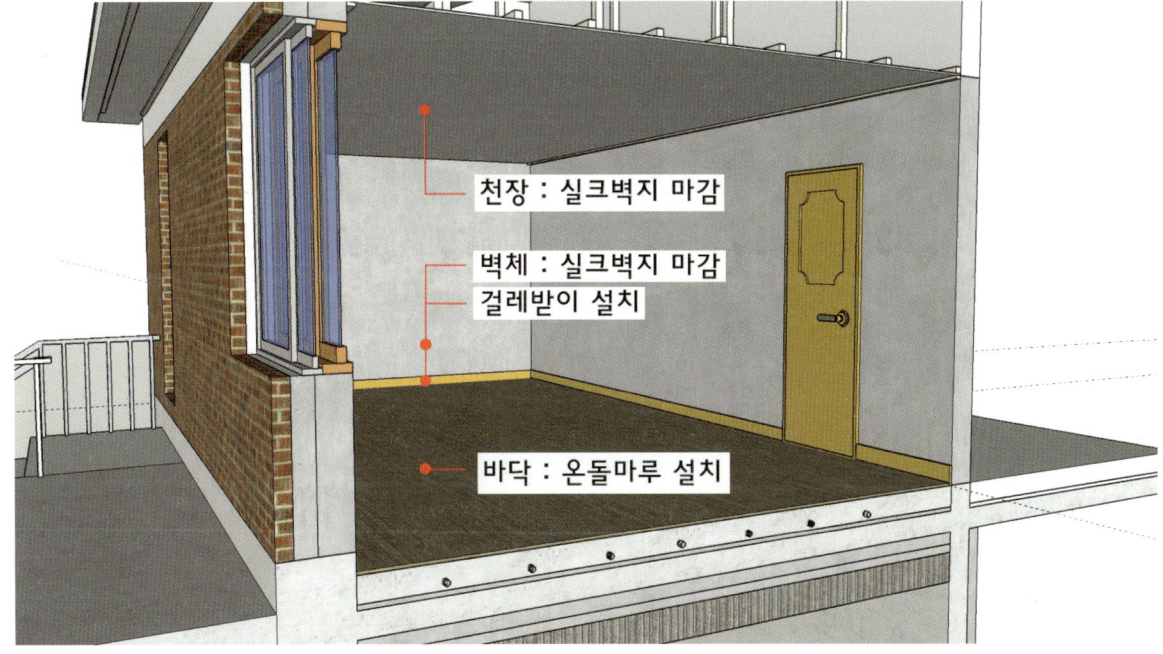

5) 욕실 방수, 타일 마감

시멘트 벽돌, 콘크리트 벽체 등에는 시멘트 액체방수와 같은 습식방수가 유리하다.
천장은 열경화성수지 패널마감, 벽체는 도기질 타일, 바닥은 자기질 타일로 마감한다.

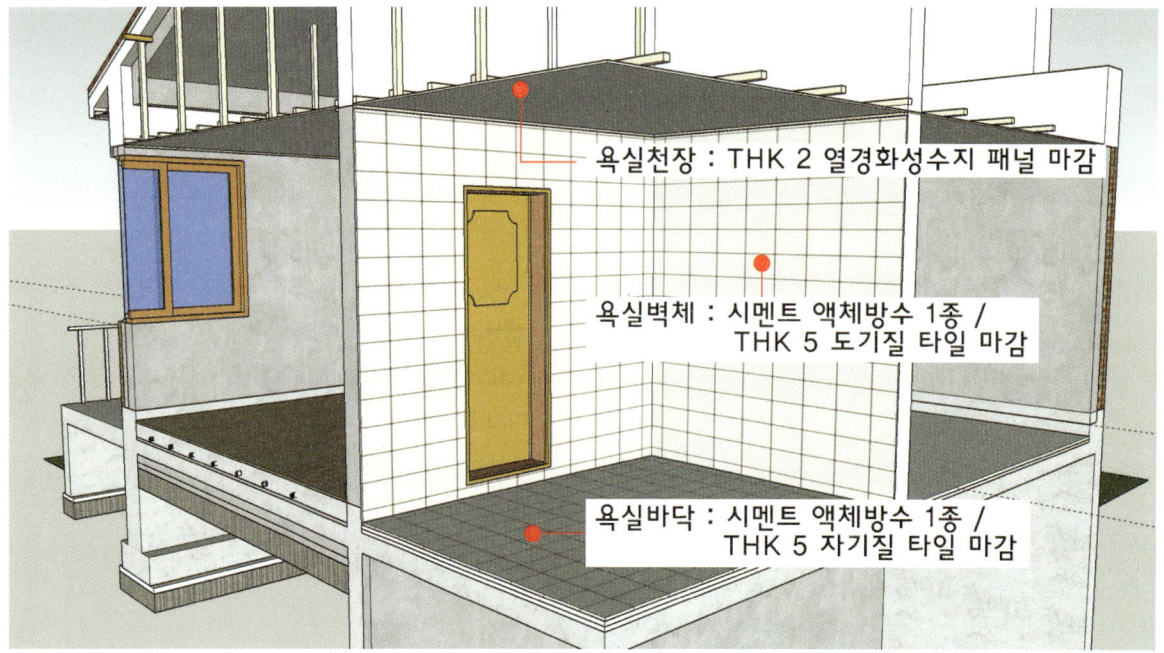

6) 처마홈통, 모임홈통, 선홈통

지붕의 기와를 따라 빗물이 내려오면 처마홈통에서 빗물을 받아 모임홈통으로 보내고, 모임홈통에서 선홈통을 따라 대지 또는 우수배관으로 빗물이 모인다.
홈통이 없어도 상관없지만 빗물로 인한 벽체의 오염을 막아주는 장점이 있다.

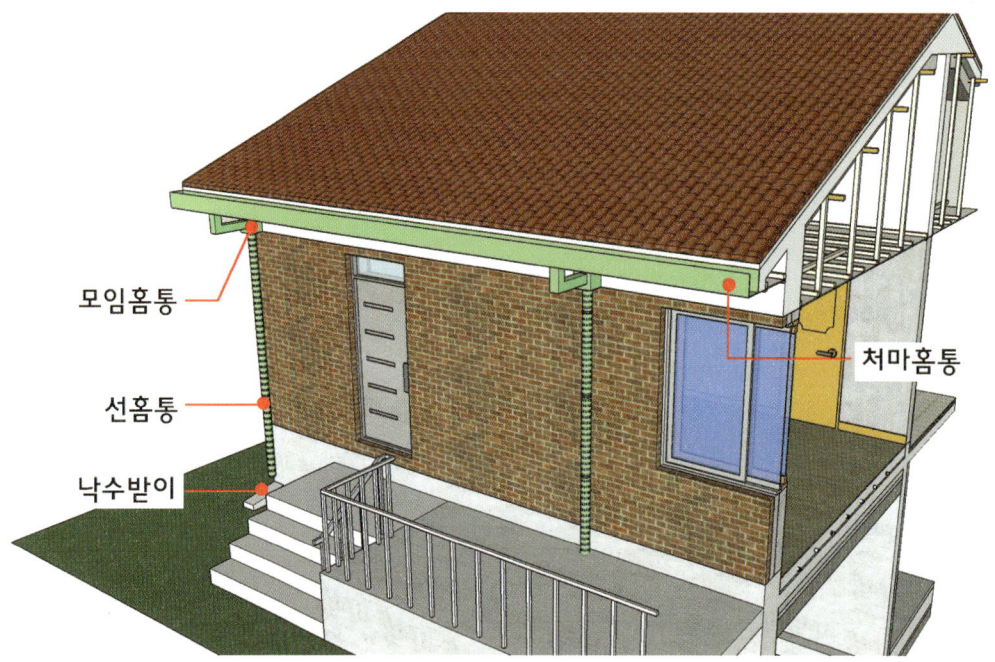

7) Dry Area

※ Dry Area(D.A) : 2019년 1회 실기시험에 나온 드라이 에어리어는 지반의 높이가 건물보다 높은 경우 건물 주위를 파내려가서 한쪽에 옹벽 또는 조적을 쌓아 발생하는 공간이다. 문자 그대로 건조하게 유지하는 공간으로 방습, 방수, 채광, 통풍 등에 유리하다. 지하실로 연결되는 경우 계단실이 자동으로 Dry Area역할을 하겠지만 주어진 평면도에서는 지하실이 없으므로 주방 옆쪽 지반이 높을 것으로 예상된다. 주택과 맞닿는 부분은 트렌치를 설치하여 빗물 등이 빠져 나갈 수 있도록 한다.

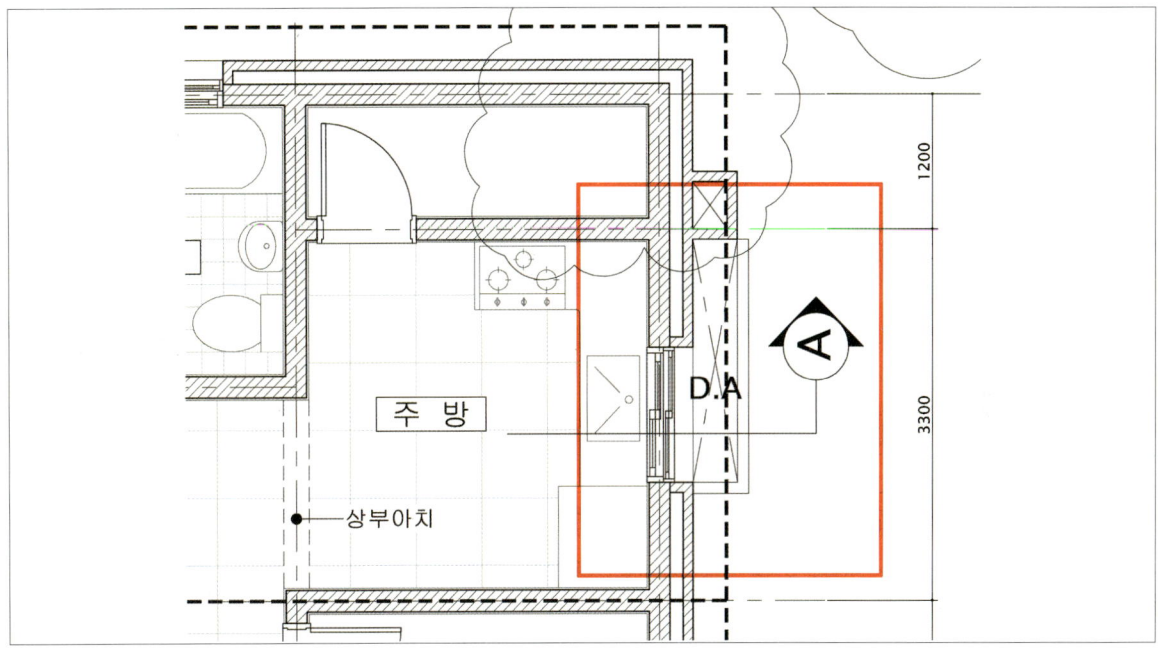

단면도에서 표현되는 부분은 아니지만 단면을 표현해보면 아래와 같은 형태가 된다.

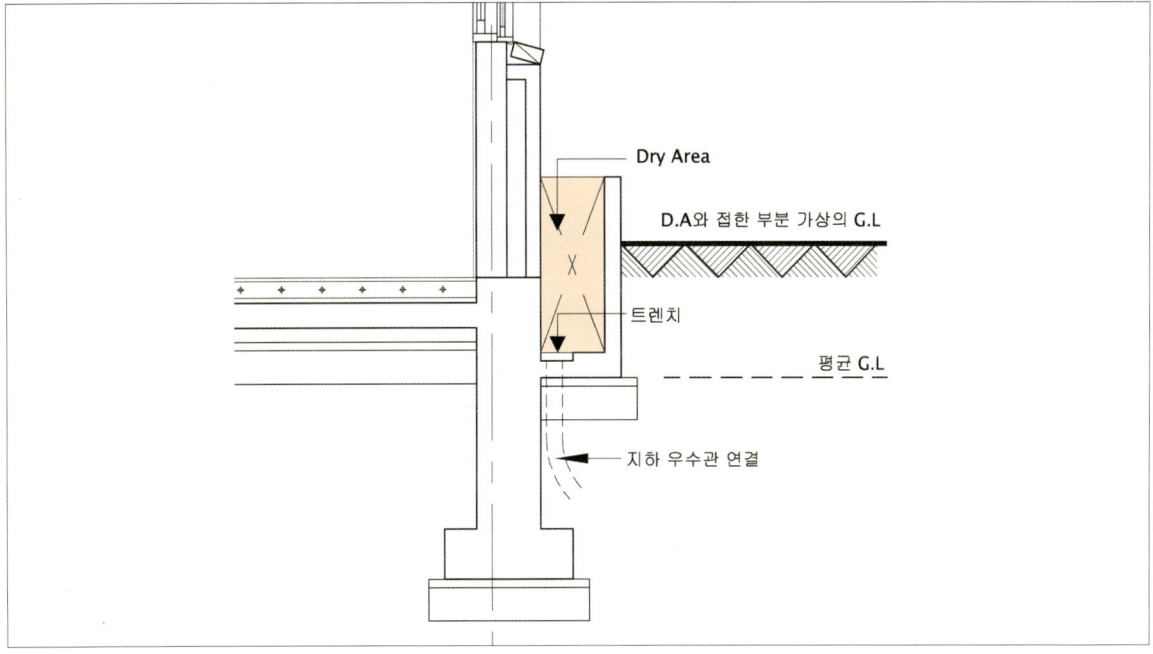

※ 입면도에서는 지반보다 조금 올라온 높이(약 300mm)에 옹벽이 보이는 것으로 표현하겠다.

8) 창문 하단 벽돌 세워쌓기 두 가지 방식으로 비교

※ 벽돌을 기울여 쌓아 벽체보다 세워쌓은 벽돌이 돌출되는 경우

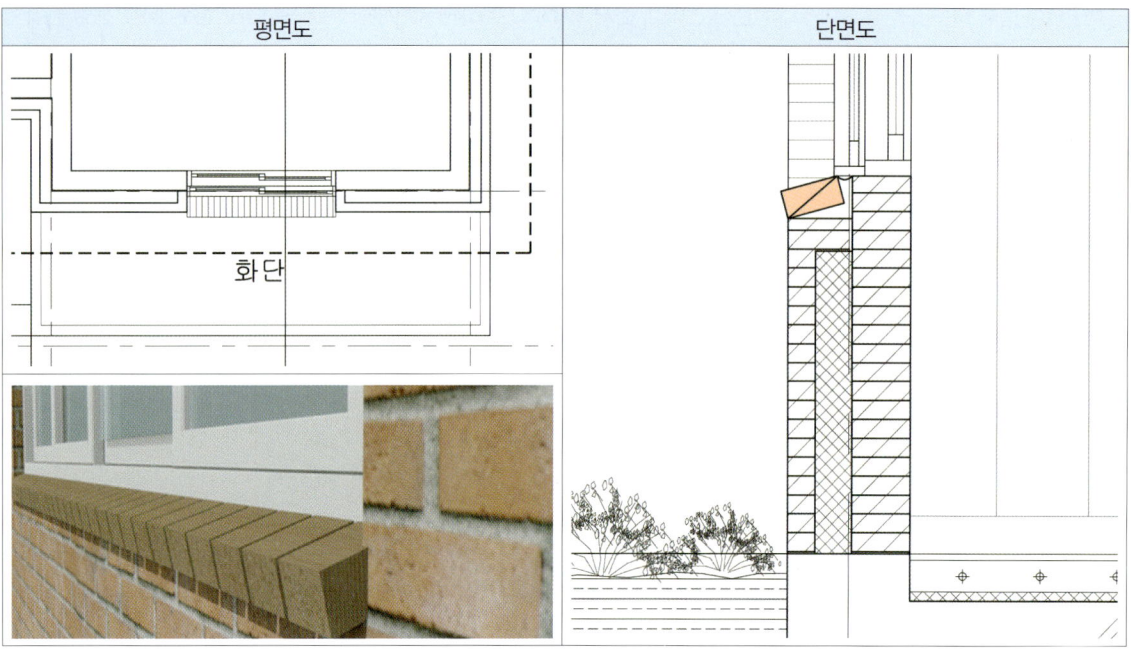

※ 벽돌을 일직선으로 쌓아 벽체와 세워쌓은 벽돌의 끝선이 일치하는 경우

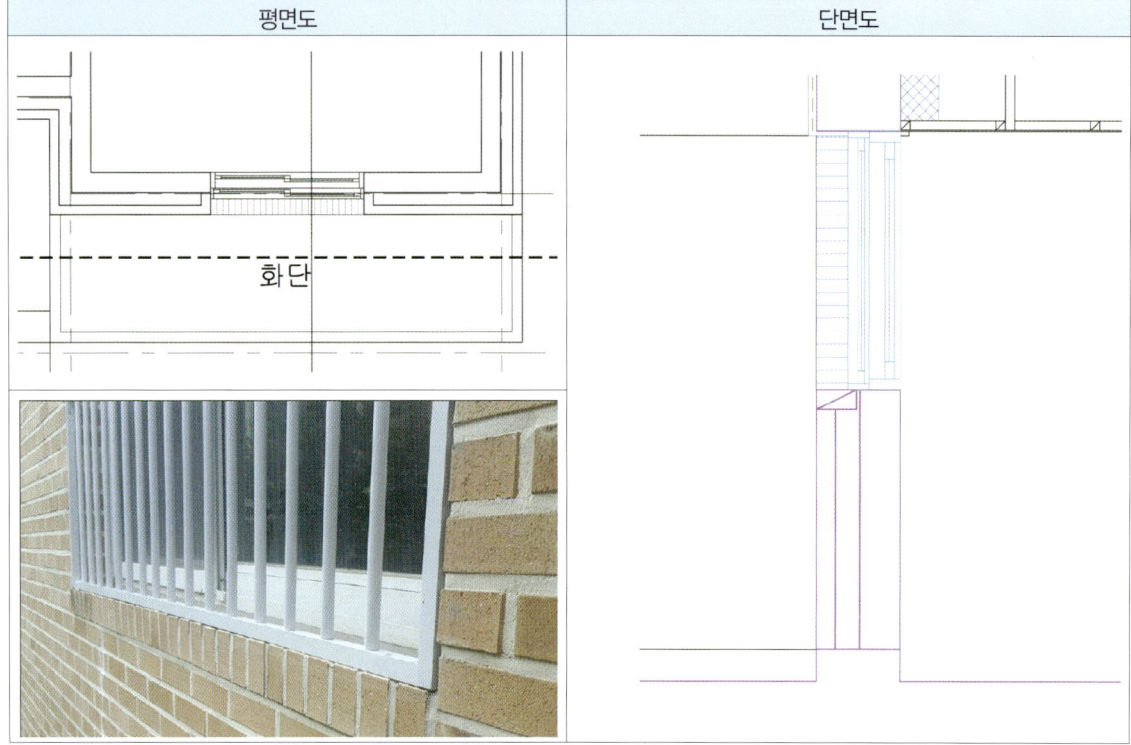

04 평면도 파악하기

❶ 단면선의 위치가 거실, 방, 현관, 주방, 욕실 등 어떤 용도인지 확인한다. 그에 따라 기초의 형태, 개구부의 형태가 결정된다.
❷ 계단, 테라스의 형태를 파악한다. 계단 수 또는 제시되는 높이를 보고 바닥의 높이를 정한다.
❸ 마룻대의 위치를 확인하고 마룻대에서 가장 먼 벽체의 중심선 위치를 파악한다.
❹ 남측, 동측, 서측, 북측 등 입면도를 작성하는 방향을 확인한다.
❺ 단면 상세도 작성에서 멀리보이는 처마가 있는지 확인한다.
❻ 굴뚝, 화단 등 실수하기 쉬운 부분을 체크해 둔다.
❼ 평면도는 주로 1/100 스케일로 제시되므로 일반 자 또는 스케일의 1/100 부분을 이용해서 테라스의 폭, 창문의 치수 등 주어지지 않은 치수는 모두 재본다.

※ 최대한 많은 기출문제를 풀어보고 본인만의 체크리스트를 만든다.
　단면상세도, 입면상세도 작성 순서에 맞게 평면도에서 수시로 확인한다.

PART 7

기출종합문제

2014년 이후 변경된 기준에 맞춰 문제은행 형식의 기출문제를 종합분석하여 수록하였습니다.

네이버 카페에서 완성 도면 파일을 확인하세요.

NAVER 카페 | 나합격 | 검색
cafe.naver.com/napass6

빅 데이터 키워드 : 평면도, 단면상세도, 입면도, 단열재, 철근 콘크리트, 조적식 구조

문제를 풀 때 가장 중요한 것은 평면도를 정확히 파악하는 것이다.

간단히 평면도를 그려 단면도와 입면도를 작성하여 실수를 줄이도록 하자.

단면도를 먼저 완성하여 표제란까지 끝낸 후 입면도를 시작하는 것이 작업 시간을 줄이는 방법이라고 생각한다.

도면의 원리를 파악하여 어떤 유형의 문제가 나와도 풀 수 있도록 노력한다.

외부 투시도

기출종합문제 01

네이버 카페에서 완성 도면 파일을 확인하세요.
파일명 01-단면도 / 01-입면도

시험시간 4시간 10분

01 요구사항

주어진 평면도를 보고 CAD를 이용하여 아래 조건에 맞게 다음 도면을 작도한 후, 지급된 용지에 본인이 직접 흑백으로 출력하여 파일과 함께 제출하시오.

❶ A부분 단면 상세도를 축척 1/40으로 작도하시오.
❷ 남측 입면도를 축척 1/50으로 작도하되 벽면의 마감재료 표시 및 주위의 배경 등 도면의 요소를 충분히 고려하시오.

[조 건]
- 기초 및 지하실 벽체 : 철근콘크리트 구조로 하시오.
- 벽체 : 외벽 – 외부로부터 붉은 벽돌 0.5B, 단열재, 시멘트 벽돌 1.0B
         내벽 – 시멘트 벽돌 1.0B
- 단열재 : 외벽 120mm, 바닥 85mm, 지붕 180mm
- 지붕 : 철근콘크리트 경사슬래브 위 시멘트 기와잇기 마감으로 하시오(물매 4/10 이상).
- 처마나옴 : 벽체 중심에서 600mm
- 반자높이 : 2400mm, 처마반자 설치
- 창호 : 목재창호로 하되 2중창인 경우 외부창호는 알루미늄 섀시로 하시오.
- 각 실의 난방 : 온수파이프 온돌난방으로 하시오.
- 1층 바닥 슬래브와 기초는 일체식으로 표현하시오.
- 평면도에 표현되지 않은 현관 상부 캐노피는 작도하지 않습니다.
- 기타 각 부분의 마감, 치수 등 주어지지 않은 조건은 일반적인 시공수준으로 하시오.

- 선의 통일을 기하기 위하여 아래와 같이 선의 색을 정리하여 출력하시오.
    - 흰색(7-White) : 0.3mm
    - 노랑(2-Yellow) : 0.4mm
    - 빨강(1-Red) : 0.2mm
    - 녹색(3-Green) : 0.2mm
    - 하늘색(4-Cyan) : 0.3mm
    - 파랑(5-Blue) : 0.1mm

02 수험자 유의사항

※ 다음과 같은 경우에는 채점대상에서 제외됩니다.
1) 시험시간 내에 요구사항을 완성하지 못한 경우
2) 시험시간 내에 제출된 작품이라도 다음과 같은 경우
    가) 주어진 조건을 지키지 않고 작도한 경우
    나) 요구한 전 도면을 작도하지 않은 경우
    다) 건축제도 통칙을 준수하지 않거나 건축 CAD의 기능이 없는 상태에서 완성된 도면
3) 시험 중 시설 · 장비의 조작 또는 재료의 취급이 미숙하여 위해를 일으킬 것으로 시험위원 전원이 합의하여 판단한 경우

03 도면

| 자격종목 | 전산응용건축제도기능사 | 과제명 | 주 택 | 척 도 | NONE |

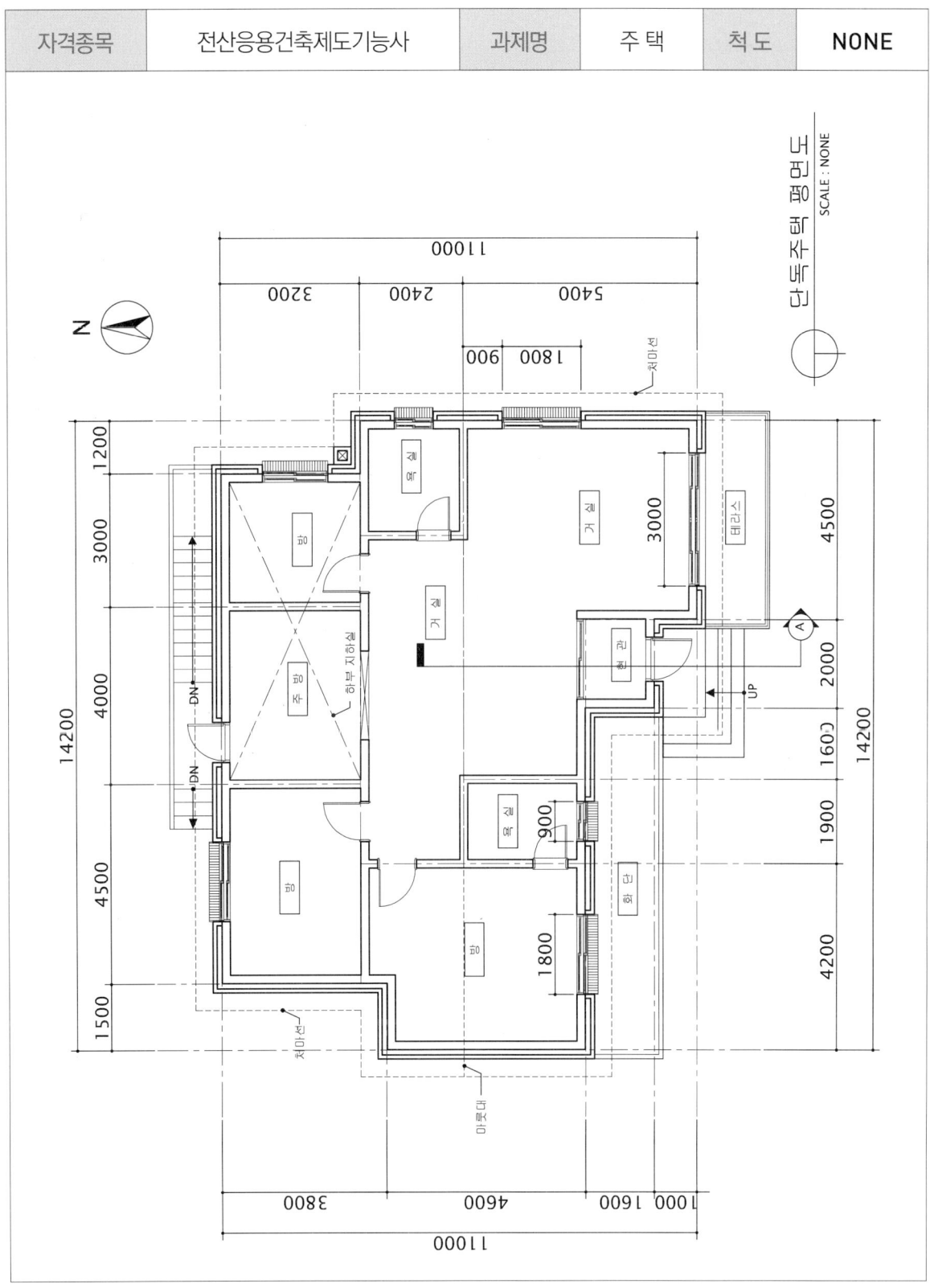

04 [단면도 작성]

1. 기본설정 : Option, OSNAP, LAYER 구성 등
2. 평면도 외벽만 간단히 작성. 지붕이 복잡할 경우 미리 그려두는 것이 유리하다.
3. 화살표 방향이 위로 보도록 회전한다.- X [Enter] 모두선택 [Enter] (분해)

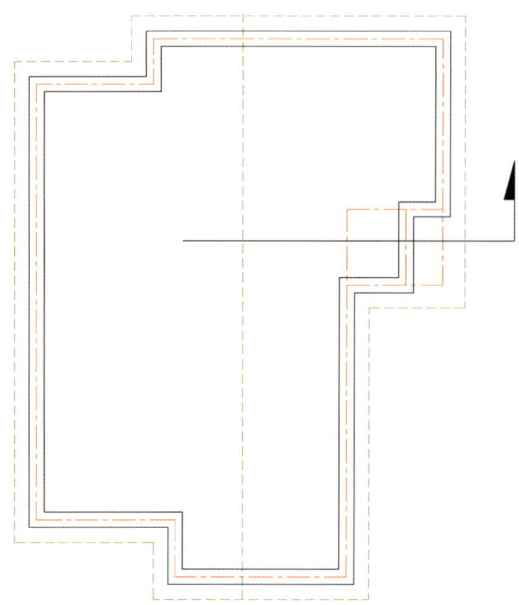

4. 노란색 도면층 : 평면도보다 길게 G.L을 그리고 절단부분(화살표가 지나가는 부분)의 기초와 바닥슬래브 표현

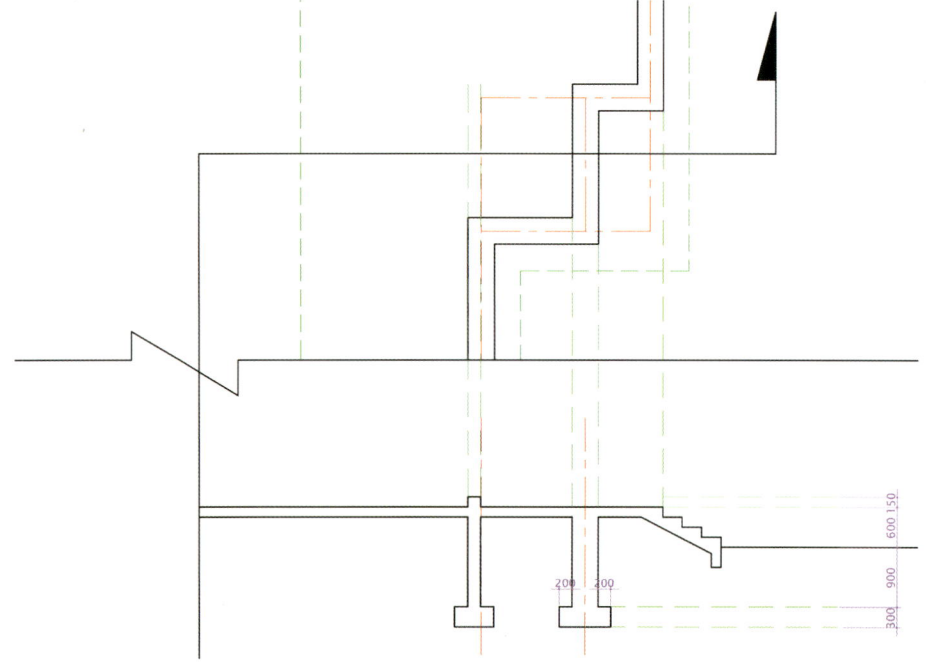

5. 흰색 도면층 : 바닥단열재(THK 85), 밑창콘크리트(THK 50), 잡석다짐(THK 200), 난방(THK 150) 완성하기

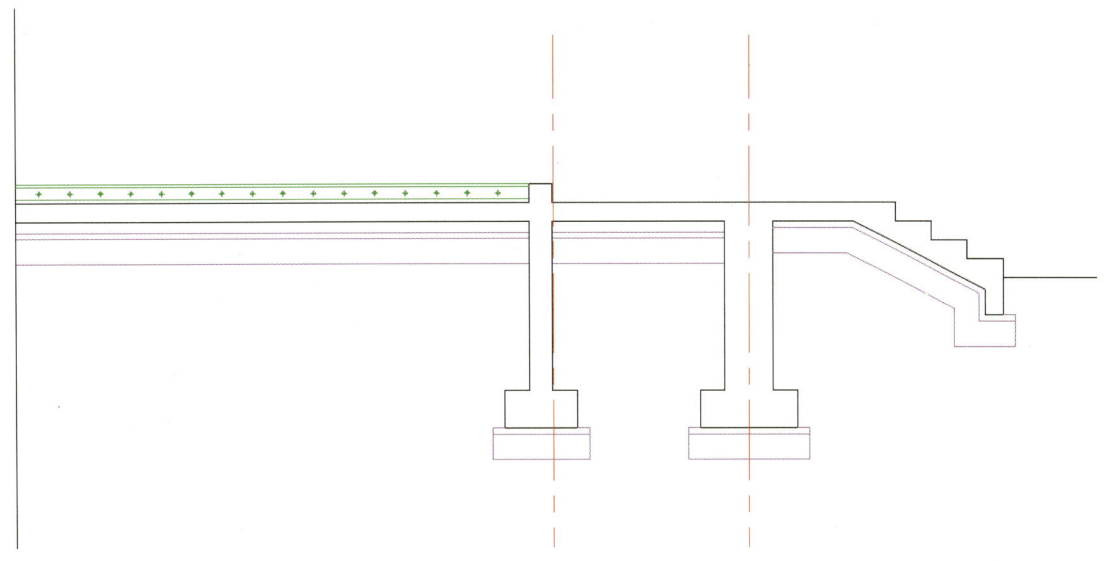

6. 지붕 슬래브 그리기

❶ 지붕 바닥내에서 가상 면 벽체의 **중심거리** 파악
❷ 난방선 끝에서 2400 위로 Offset
❸ 테두리보의 높이 700 표현
❹ REC [Enter] 시작점 클릭 @1000,400 [Enter]
❺ XL [Enter] A [Enter] 대각선 끝점 클릭, 클릭 - 가장먼 벽체 중심과 테두리보가 만나는 부분에 클릭

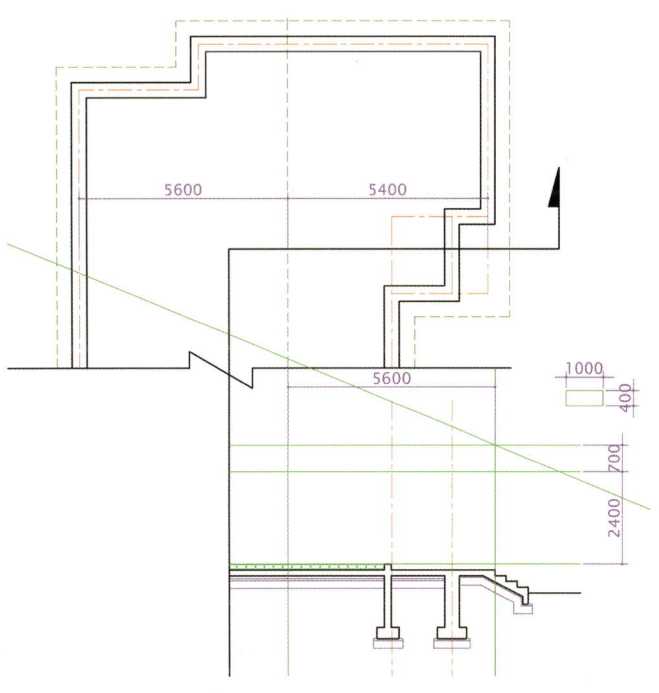

7. 지붕 슬래브 완성

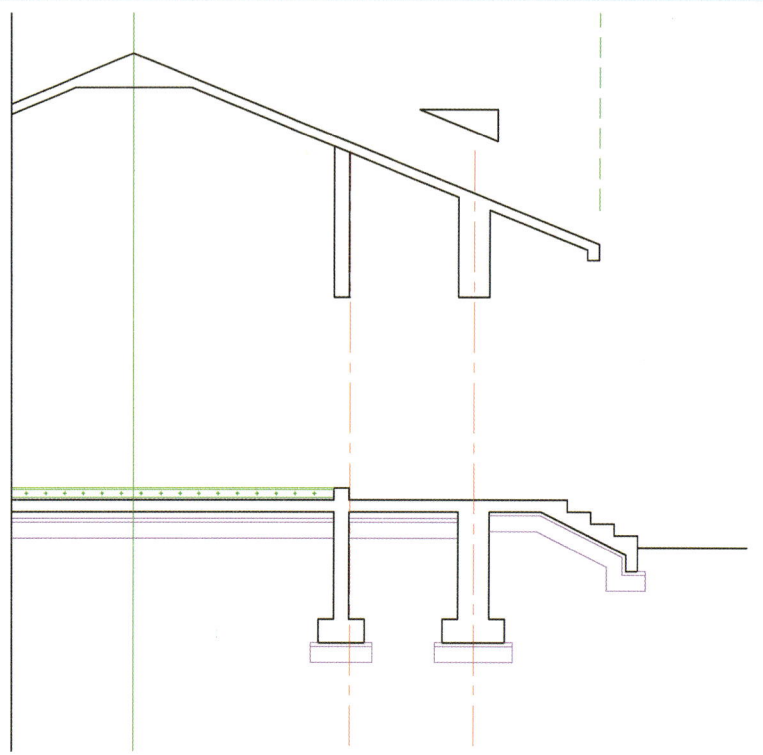

8. 반자 설치 : 반자를 복사하여 처마반자도 함께 설치한다.

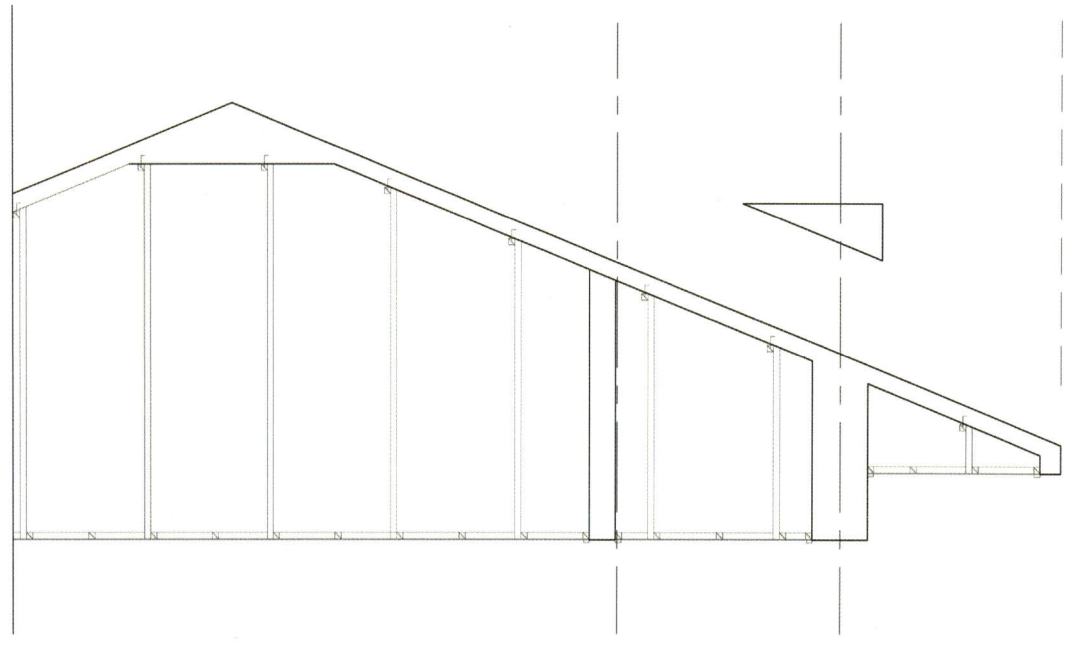

9. 지붕단열재 : THK 180

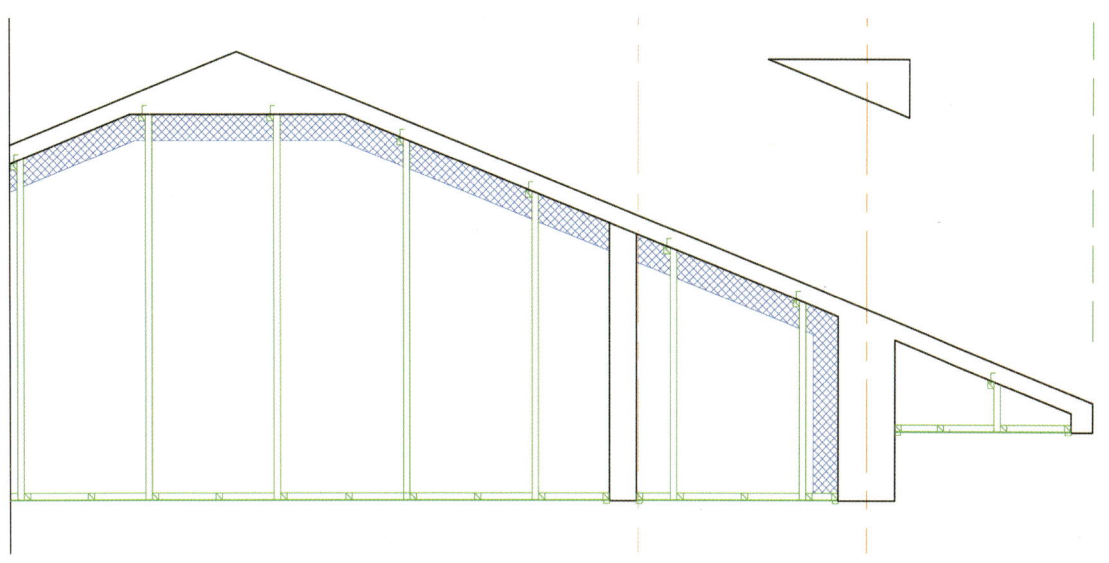

10. 지붕방수, 기와

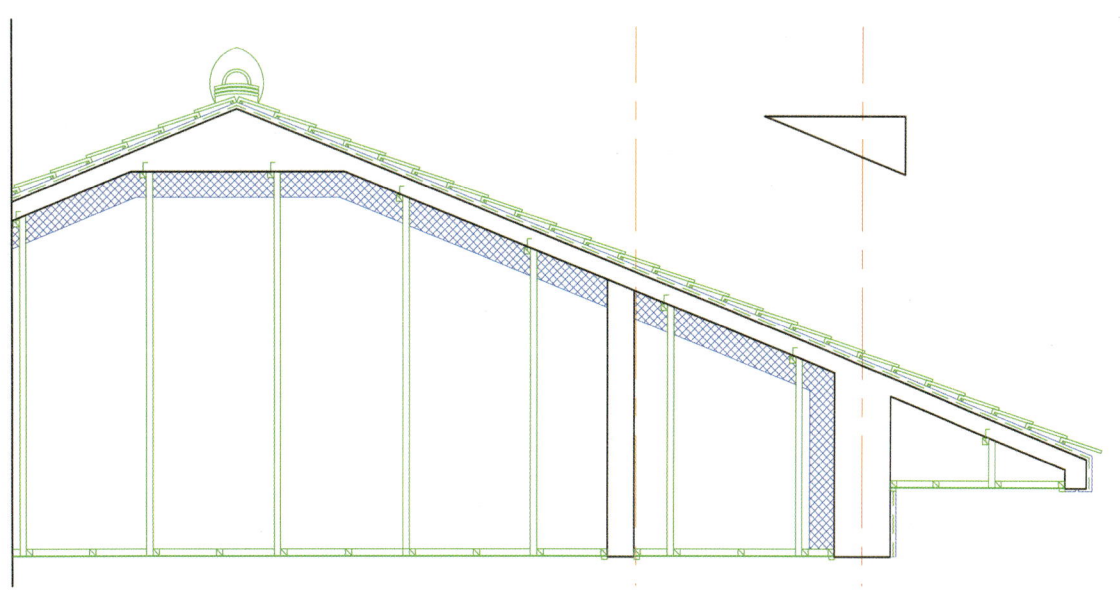

11. 현관문, 단면창호 표현

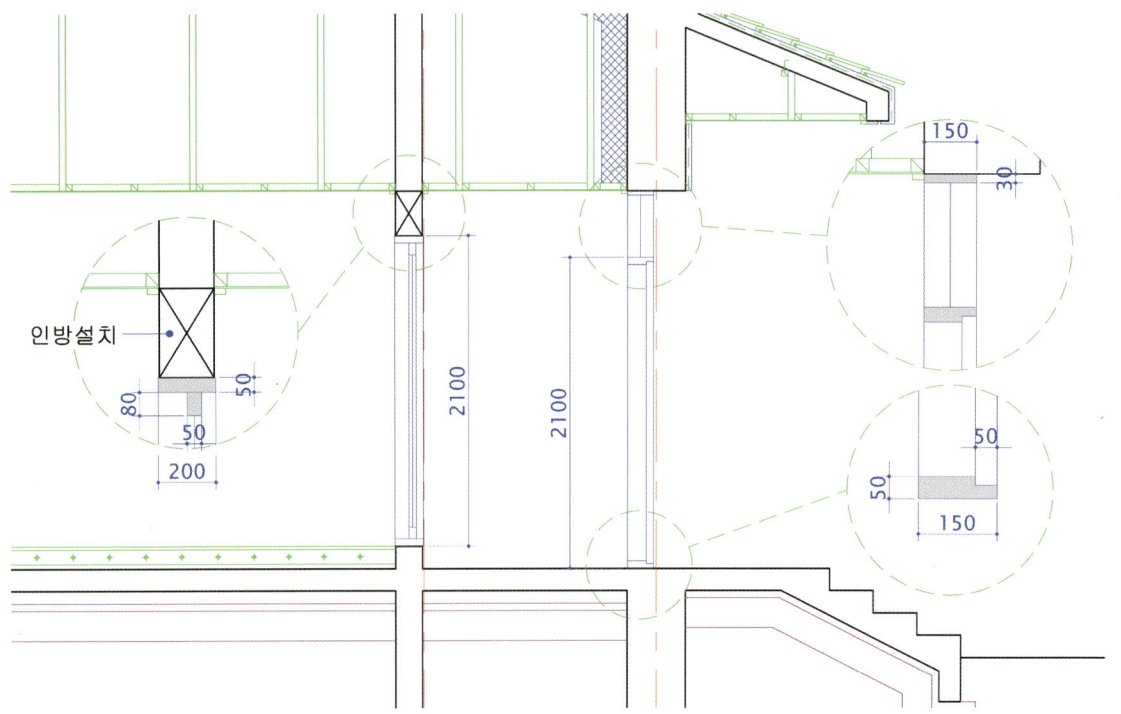

12. 단면도상의 입면요소 표현
: 입면으로 보이는 벽체, 더 튀어나온 테라스, 입면으로 보이는 문과 창문 등을 표현한다.

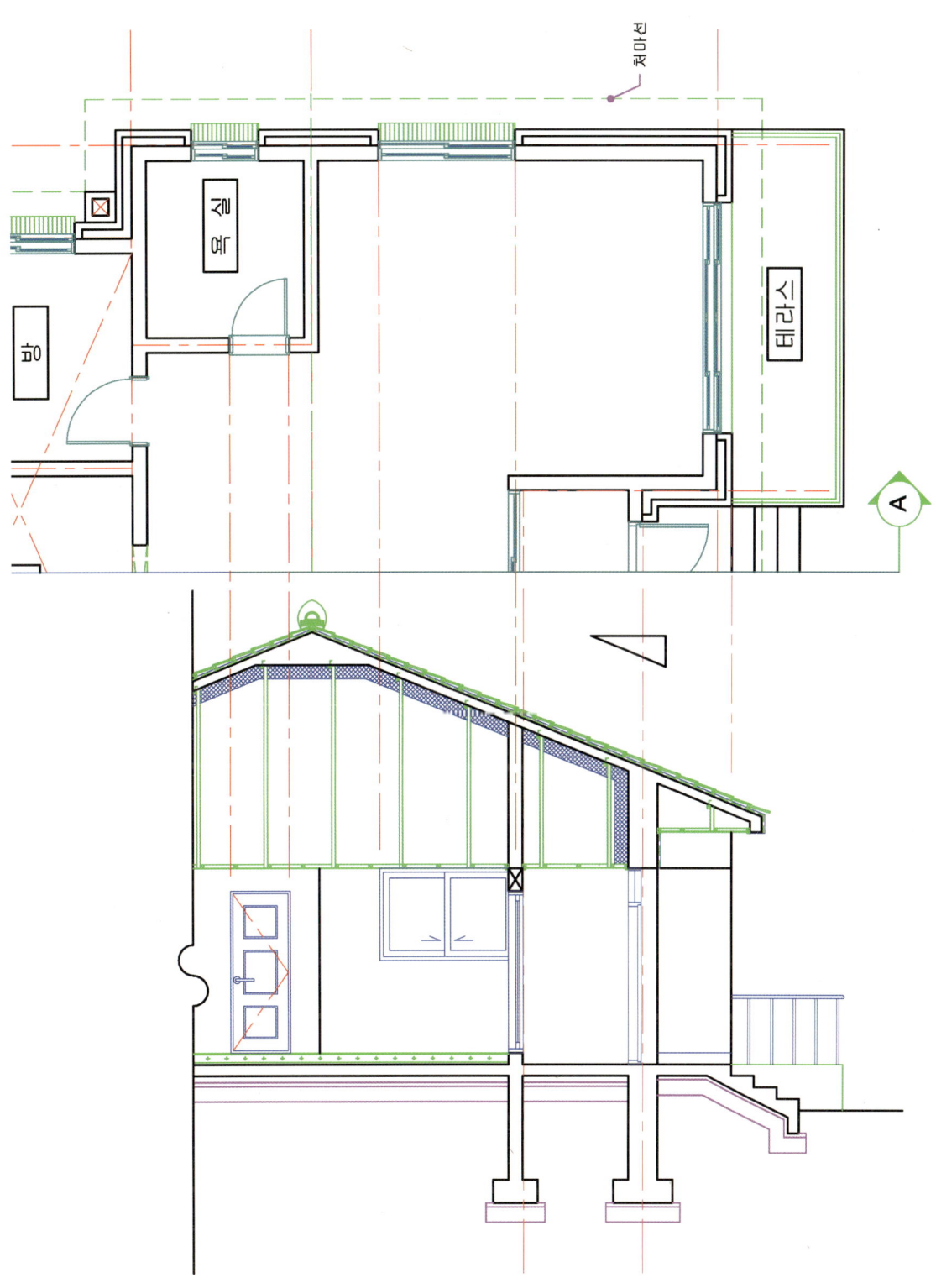

13. 홈통 설치

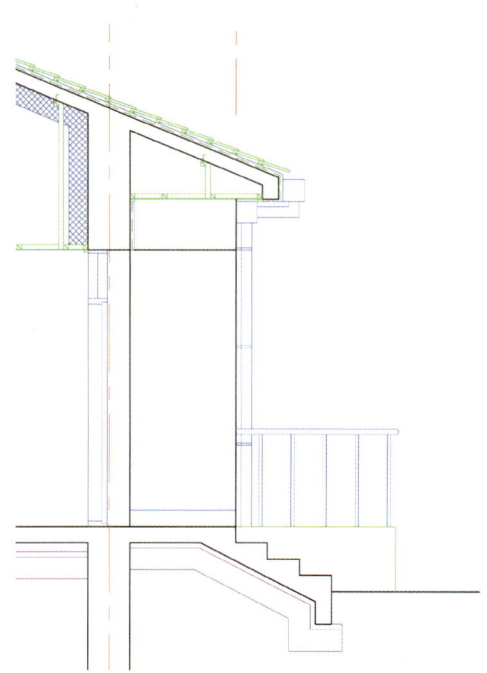

14. 문자 작성

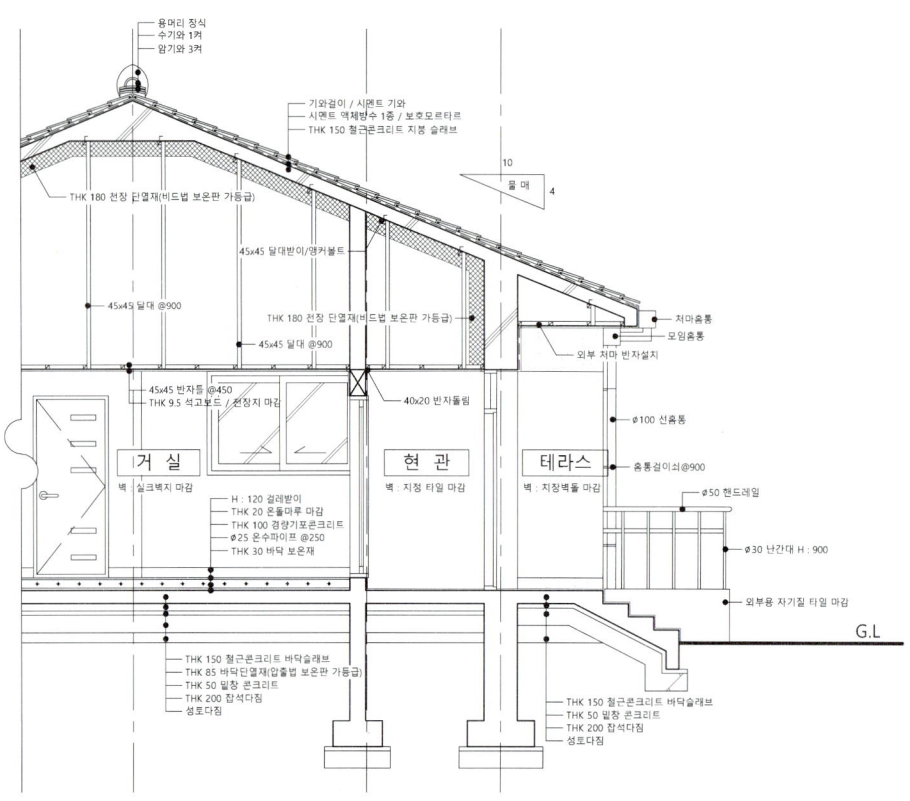

15. 단면, 입면의 재료표현과 해칭

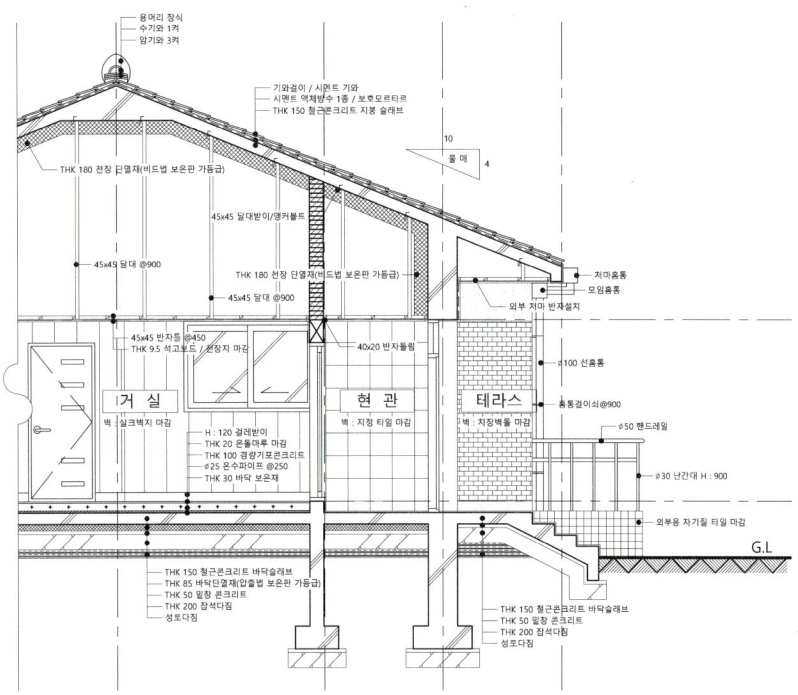

16. 치수 : 중심선의 길이를 모두 맞춘 후 주석 – 신속치수

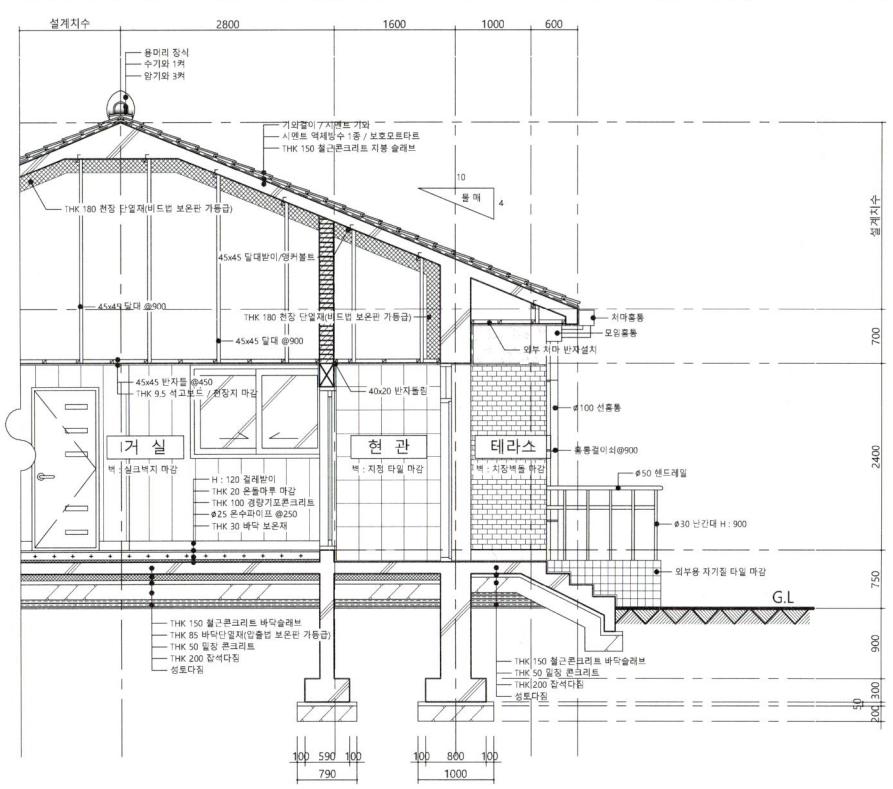

17. 표제란

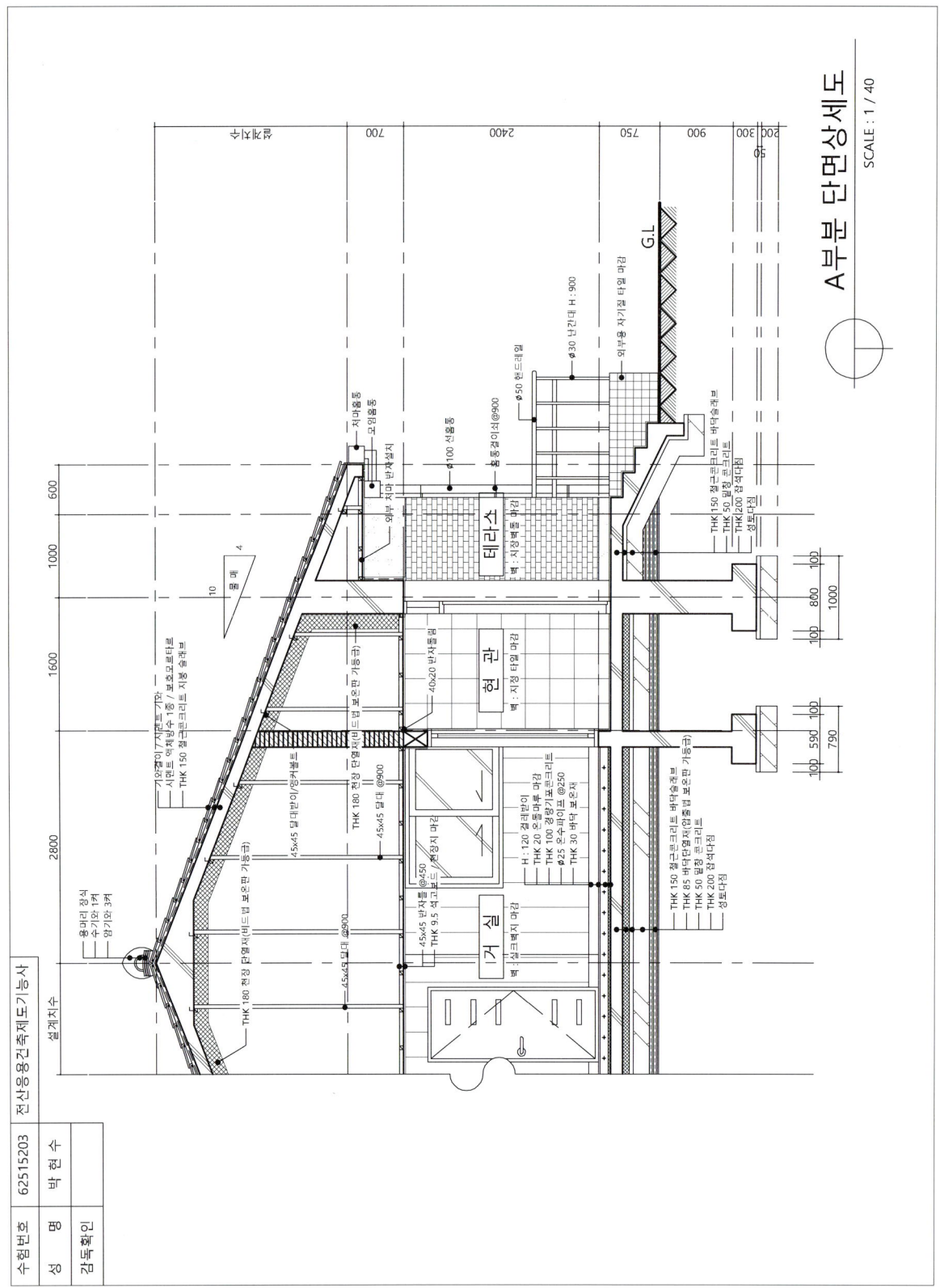

05 [입면도 작성]

18. 평면도 : 입면도 방향이 아래를 향하도록 하고 입면도의 위에 배치
　　　 단면도 : 입면도의 좌측에 배치

❶ 단면도의 G.L을 입면도에 연장
❷ 평면도의 외부 벽체 끝선을 입면도에 연장

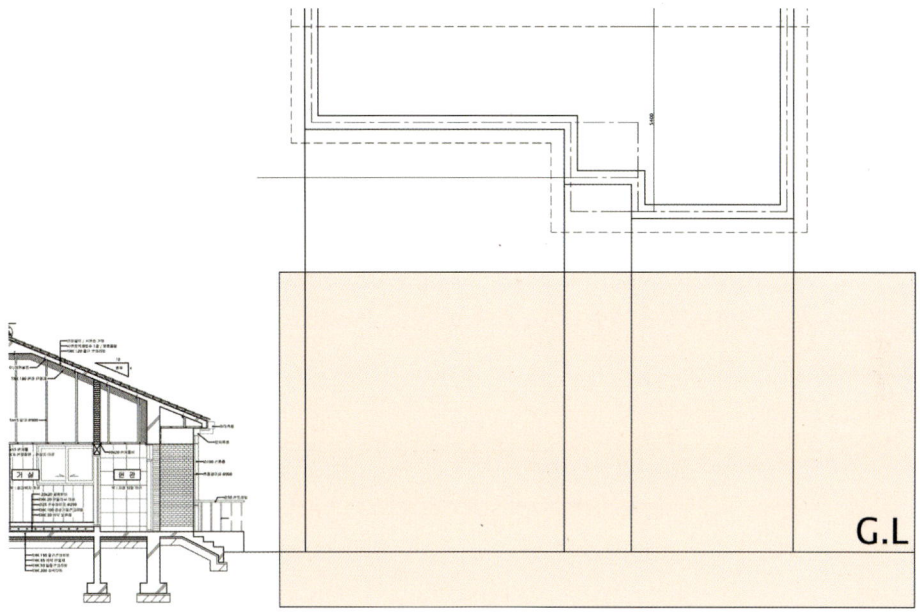

19. 단면도에서 지붕높이 표현

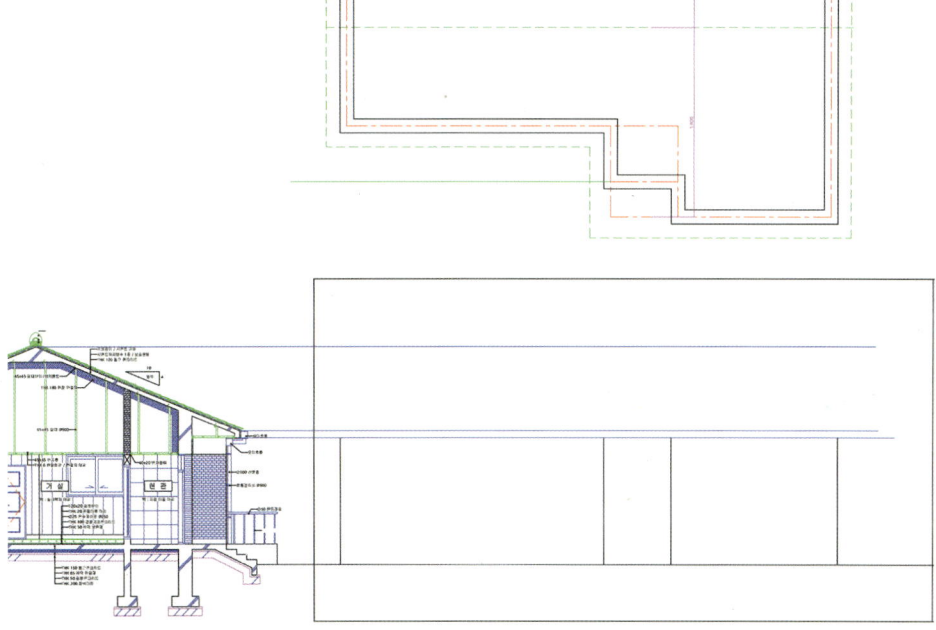

※ 지붕의 가장 낮은 선을 기준으로 벽체 Trim

20. 평면도에서 지붕의 폭 표현

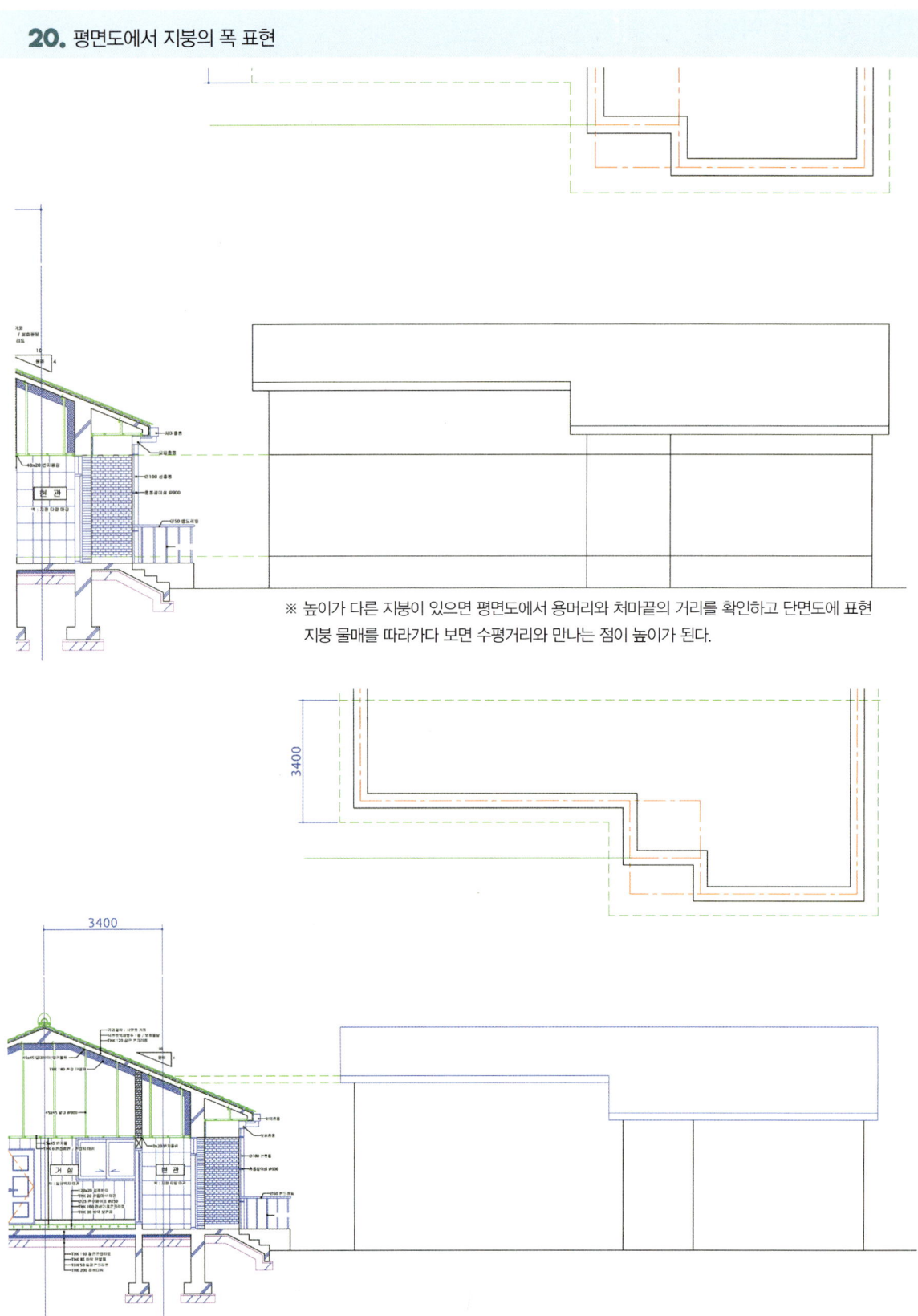

※ 높이가 다른 지붕이 있으면 평면도에서 용머리와 처마끝의 거리를 확인하고 단면도에 표현 지붕 물매를 따라가다 보면 수평거리와 만나는 점이 높이가 된다.

21. 난방끝선과 반자 시작선 표시 : 외부에서 볼 때 재료분리의 기준이 된다.

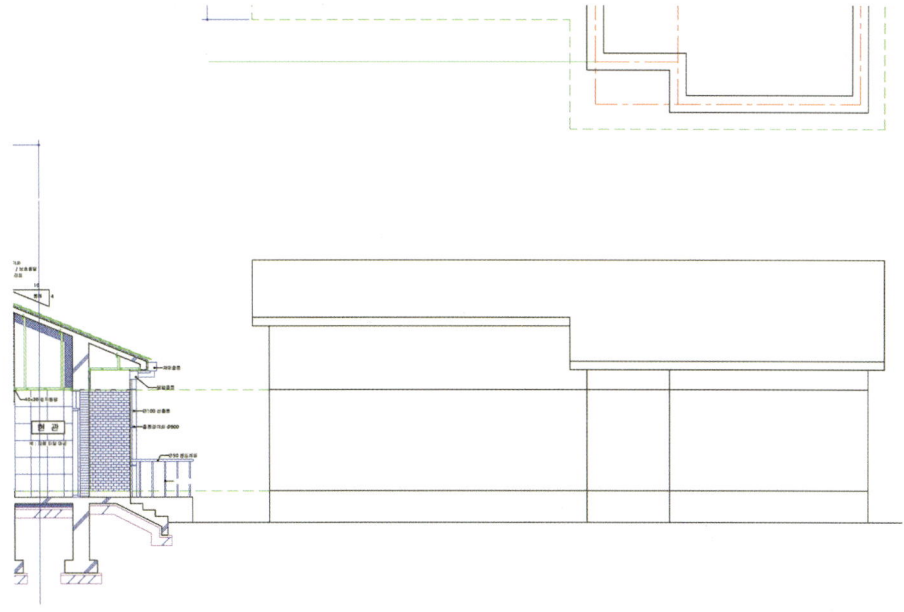

22. 창문과 현관문을 표현하기 위해 창호의 중심위치를 표시한다.

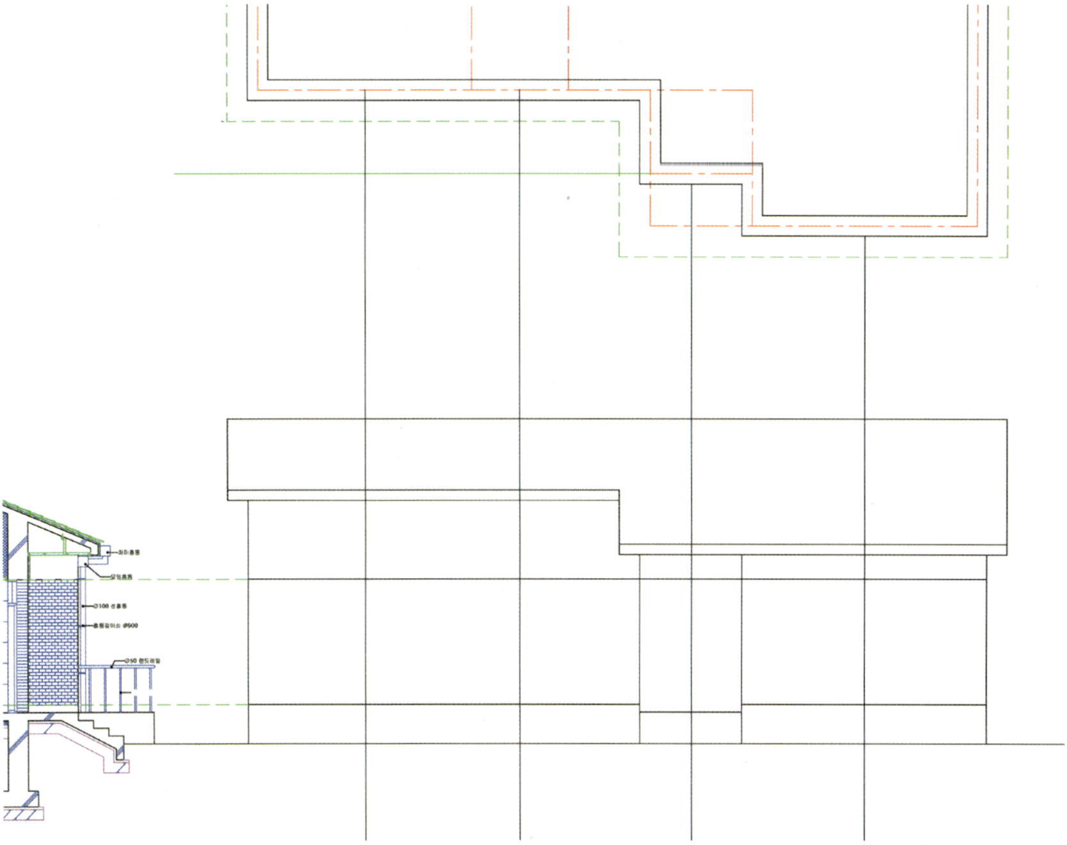

23. 창호표시

: 현관위치는 난방이 없으므로 150 낮춘다. 방 창문은 높이 1200, 욕실창은 높이 600으로 표현한다.

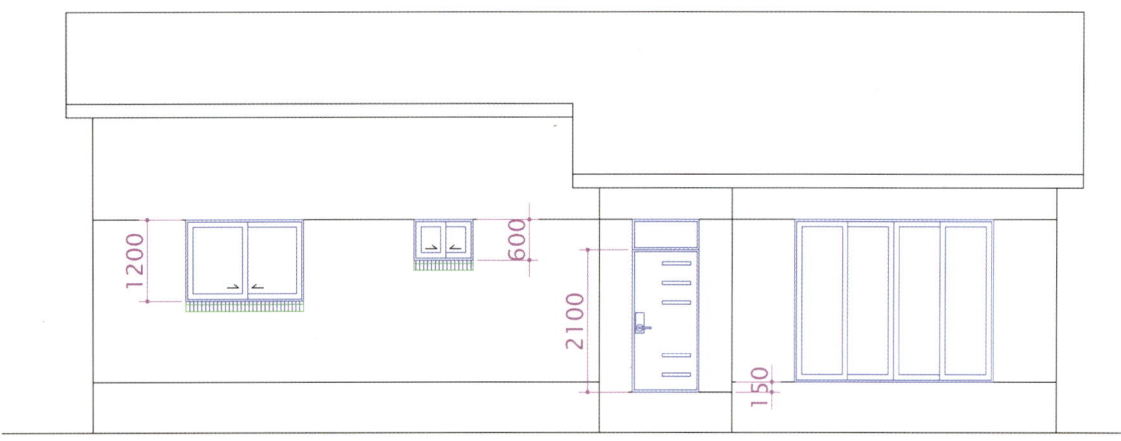

24. 계단, 테라스, 화단 등 표현

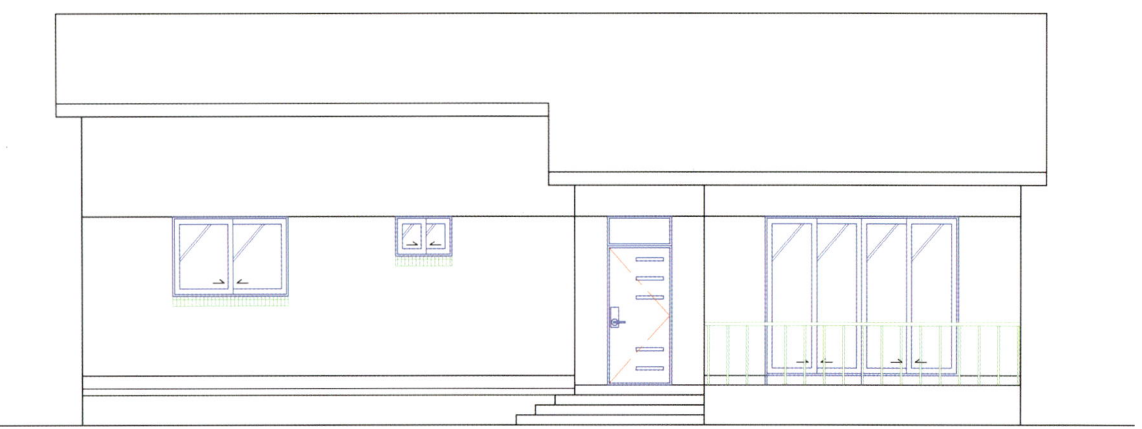

25. 홈통

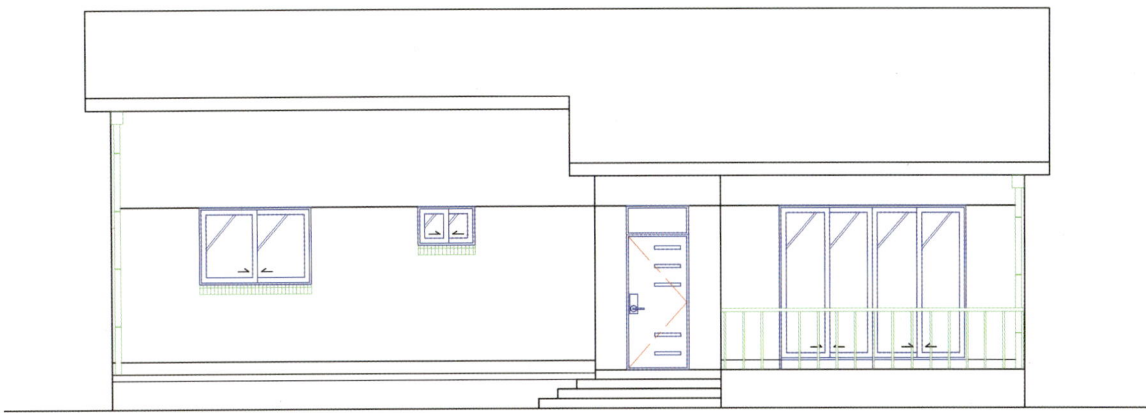

26. 기와

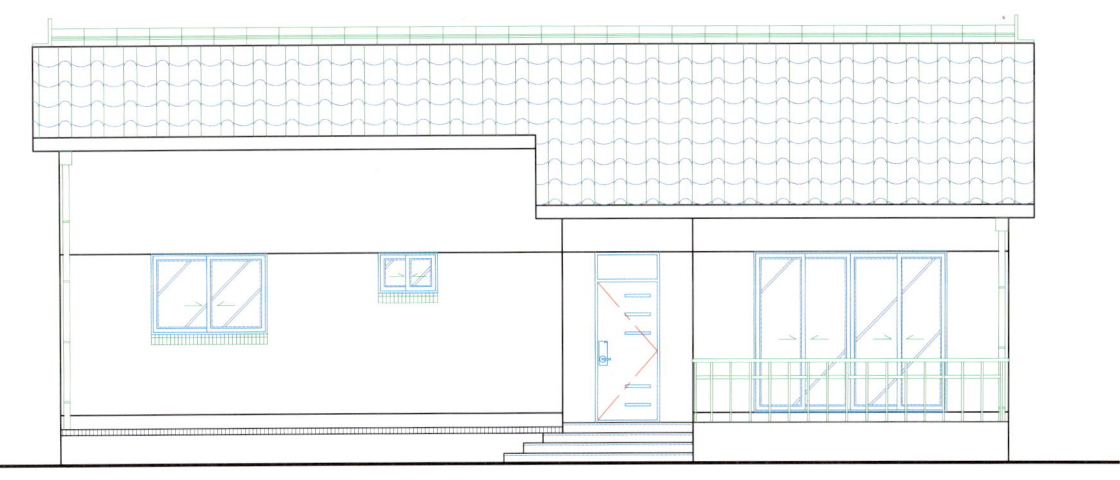

27. 문자작성 : 문자높이 100

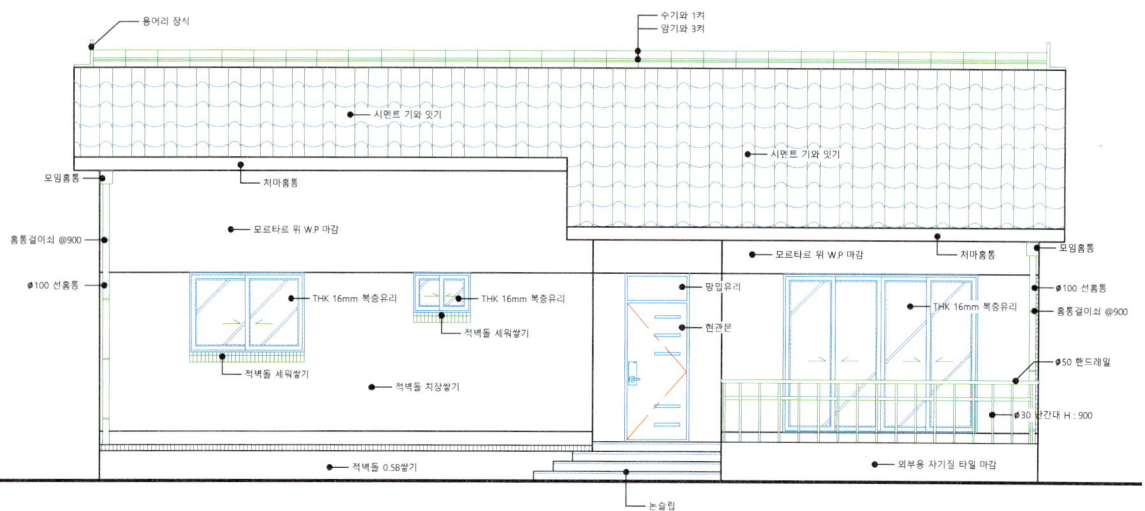

28. 벽돌 해칭

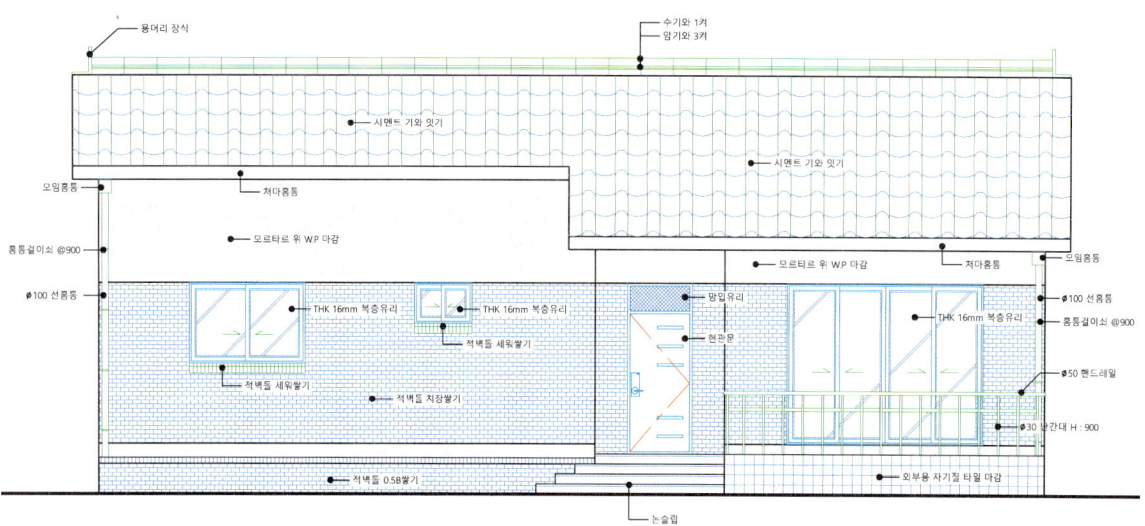

29. 표제란

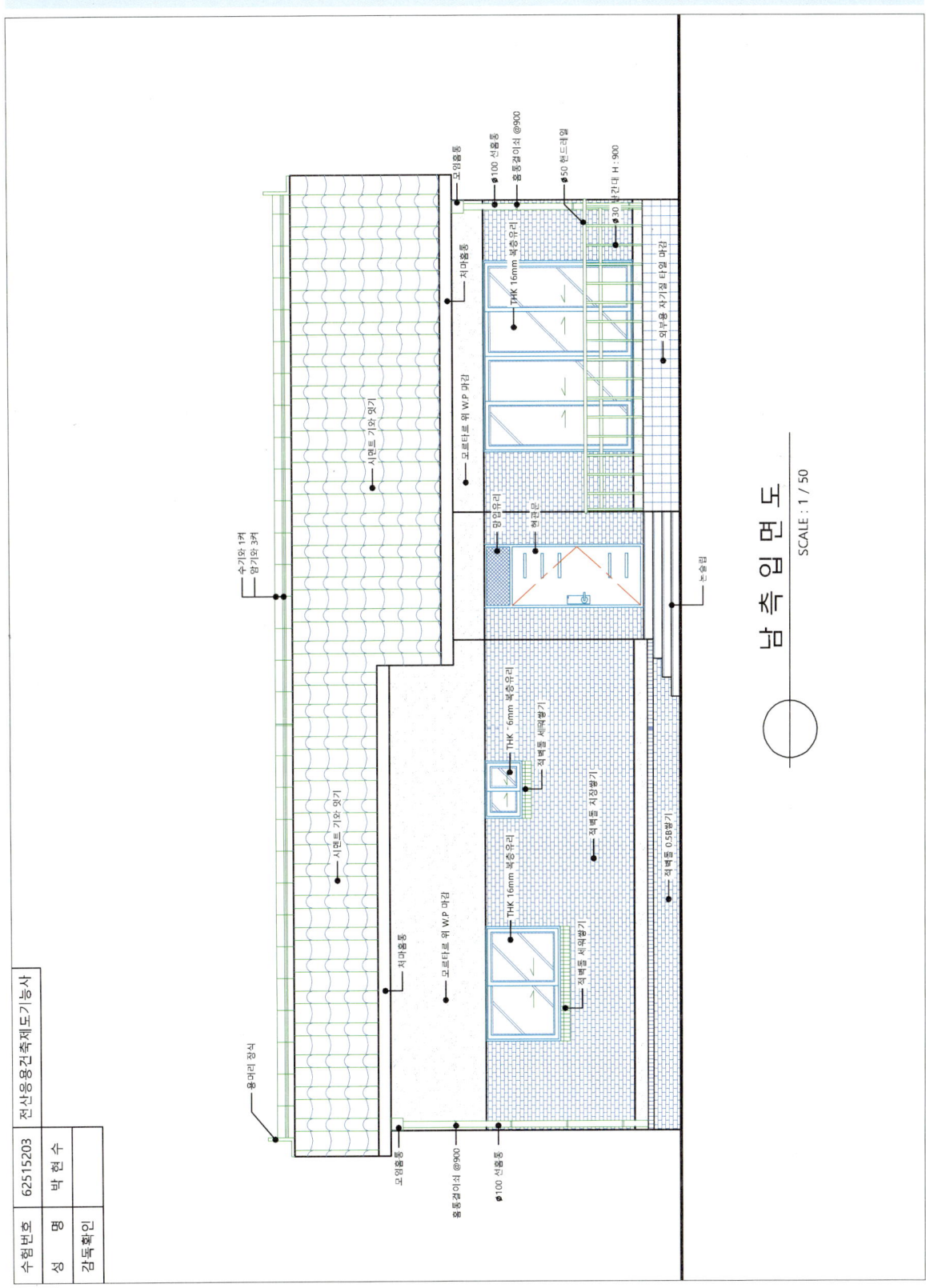

30. 수목표현 ※ 표제란에 먼저 넣고 수목을 배치하는 것이 유리하다.

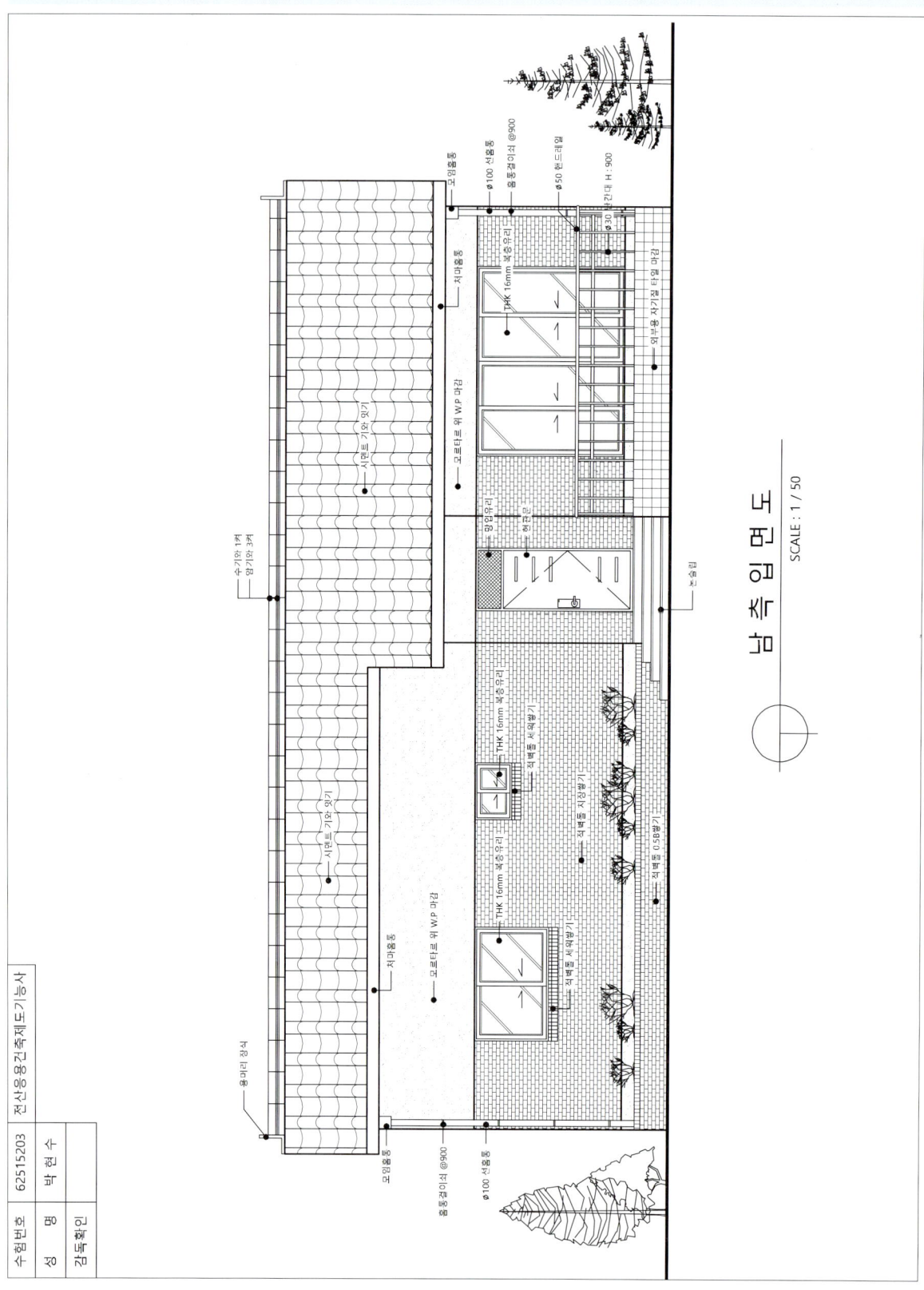

기출종합문제 02

시험시간 4시간 10분

네이버 카페에서 완성 도면 파일을 확인하세요.
파일명 02-단면도 / 02-입면도

01 요구사항

주어진 평면도를 보고 CAD를 이용하여 아래 조건에 맞게 다음 도면을 작도한 후, 지급된 용지에 본인이 직접 흑백으로 출력하여 파일과 함께 제출하시오.

❶ A부분 단면 상세도를 축척 1/40으로 작도하시오.
❷ 남측 입면도를 축척 1/50으로 작도하되 벽면의 마감재료 표시 및 주위의 배경 등 도면의 요소를 충분히 고려하시오.

[조건]
- 기초 및 지하실 벽체 : 철근콘크리트 구조로 하시오.
- 벽체 : 외벽 – 외부로부터 붉은 벽돌 0.5B, 단열재, 시멘트 벽돌 1.0B
         내벽 – 시멘트 벽돌 1.0B
- 단열재 : 외벽 120mm, 바닥 85mm, 지붕 180mm
- 지붕 : 철근콘크리트 경사슬래브 위 시멘트 기와잇기 마감으로 하시오(물매 4/10 이상).
- 처마나옴 : 벽체 중심에서 600mm
- 반자높이 : 2400mm, 처마반자 설치
- 창호 : 목재창호로 하되 2중창인 경우 외부창호는 알루미늄 섀시로 하시오.
- 각 실의 난방 : 온수파이프 온돌난방으로 하시오.
- 1층 바닥 슬래브와 기초는 일체식으로 표현하시오.
- 평면도에 표현되지 않은 현관 상부 캐노피는 작도하지 않습니다.
- 기타 각 부분의 마감, 치수 등 주어지지 않은 조건은 일반적인 시공수준으로 하시오.

- 선의 통일을 기하기 위하여 아래와 같이 선의 색을 정리하여 출력하시오.
    - 흰색(7–White) : 0.3mm
    - 노랑(2–Yellow) : 0.4mm
    - 빨강(1–Red) : 0.2mm
    - 녹색(3–Green) : 0.2mm
    - 하늘색(4–Cyan) : 0.3mm
    - 파랑(5–Blue) : 0.1mm

02 수험자 유의사항

※ 다음과 같은 경우에는 채점대상에서 제외됩니다.
1) 시험시간 내에 요구사항을 완성하지 못한 경우
2) 시험시간 내에 제출된 작품이라도 다음과 같은 경우
   가) 주어진 조건을 지키지 않고 작도한 경우
   나) 요구한 전 도면을 작도하지 않은 경우
   다) 건축제도 통칙을 준수하지 않거나 건축 CAD의 기능이 없는 상태에서 완성된 도면
3) 시험 중 시설·장비의 조작 또는 재료의 취급이 미숙하여 위해를 일으킬 것으로 시험위원 전원이 합의하여 판단한 경우

03 도면

| 자격종목 | 전산응용건축제도기능사 | 과제명 | 주 택 | 척 도 | NONE |

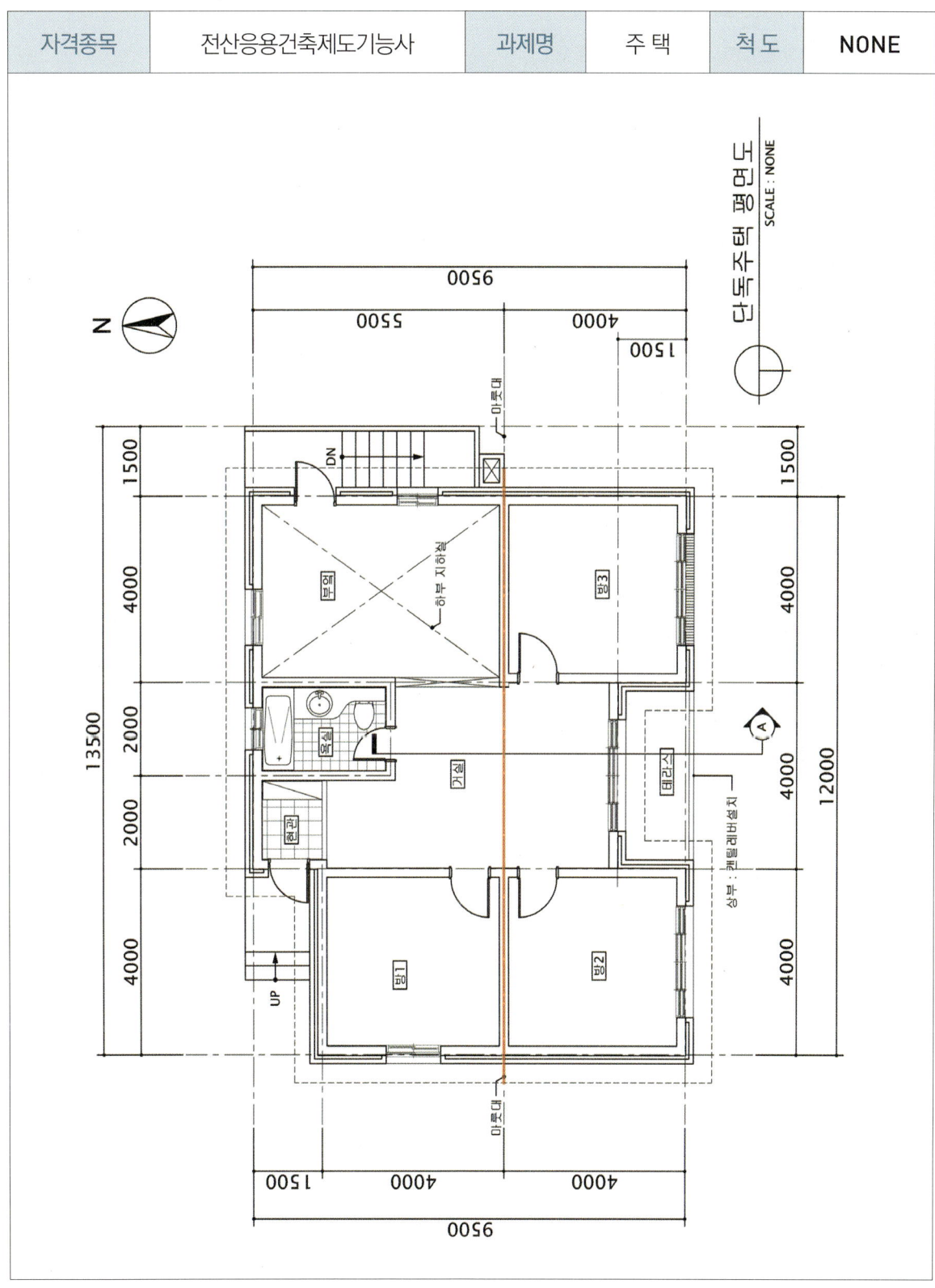

04 [단면도 작성]

1. 기본설정 : Option, OSNAP, LAYER 구성 등
2. 평면도 외벽만 간단히 작성. 지붕이 복잡할 경우 미리 그려두는 것이 유리하다.
3. 화살표 방향이 위로 보도록 회전한다. – X Enter 모두선택 Enter (분해)

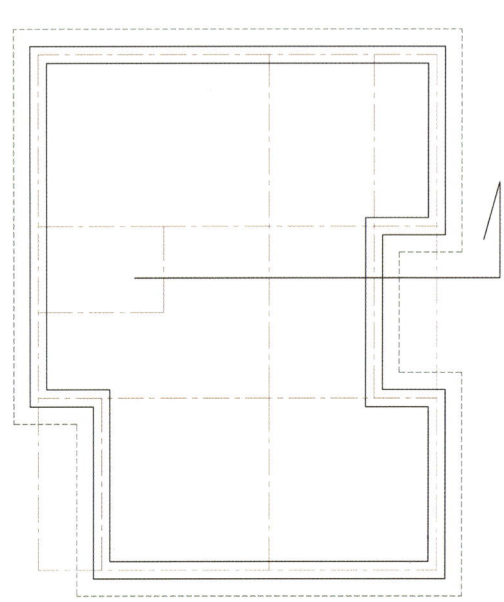

4. 노란색 도면층 : 평면도보다 길게 G.L을 그리고 절단부분(화살표가 지나가는 부분)의 기초와 바닥슬래브 표현

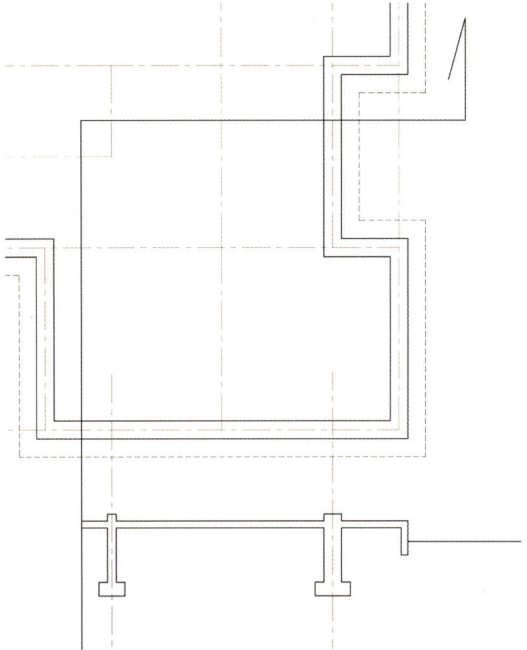

5. 흰색도면층 : 바닥단열재(THK 85), 밑창콘크리트(THK 50), 잡석다짐(THK 200), 난방(THK 150) 완성하기

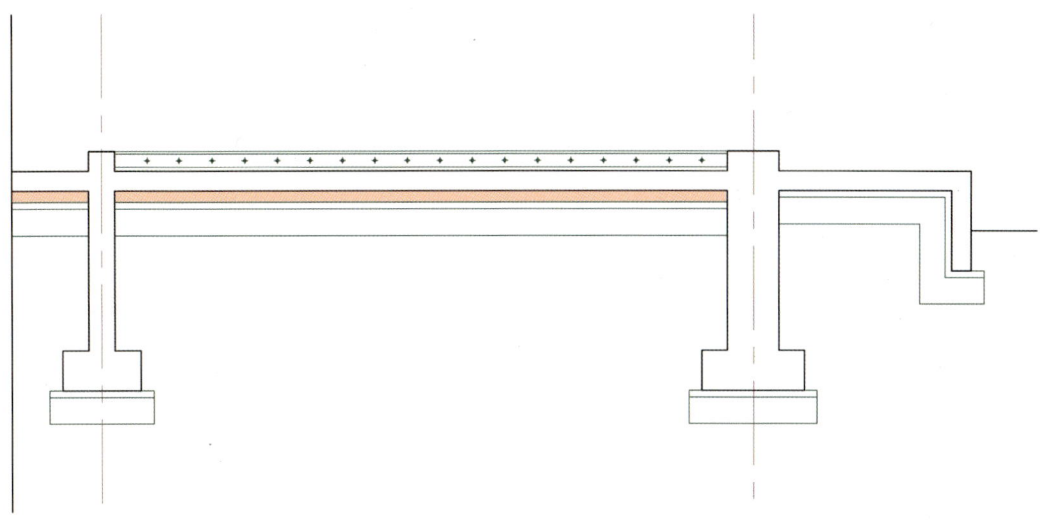

6. 지붕 슬래브 그리기

❶ 지붕 마룻대에서 가장 먼 벽체의 중심거리 파악
❷ 난방선 끝에서 2400 위로 Offset
❸ 테두리보의 높이 700 표현
❹ REC [Enter] 시작점 클릭
  @1000,400 [Enter]
❺ XL [Enter] A [Enter] 대각선 끝점 클릭, 클릭 - 가장 먼 벽체 중심과 테두리보가 만나는 부분에 클릭

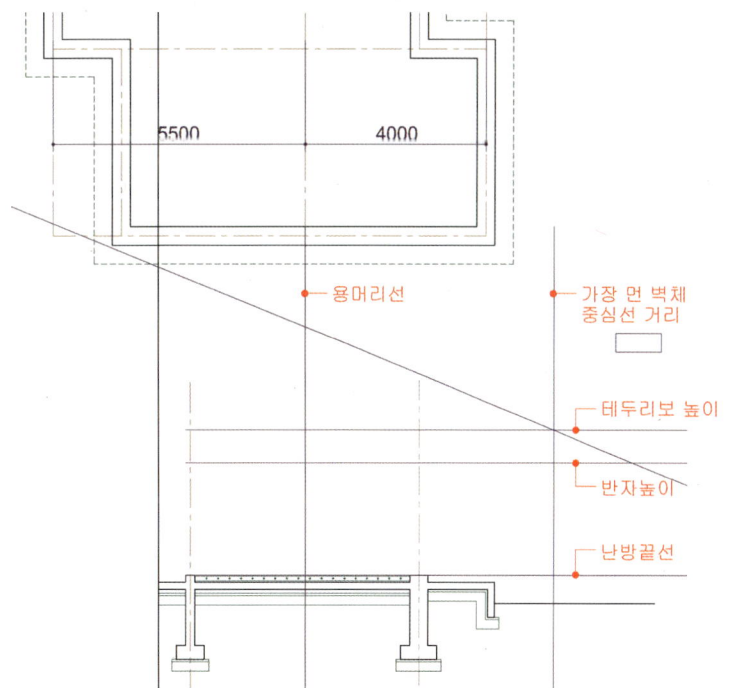

7. 노란색 도면층 : 지붕 슬래브 완성

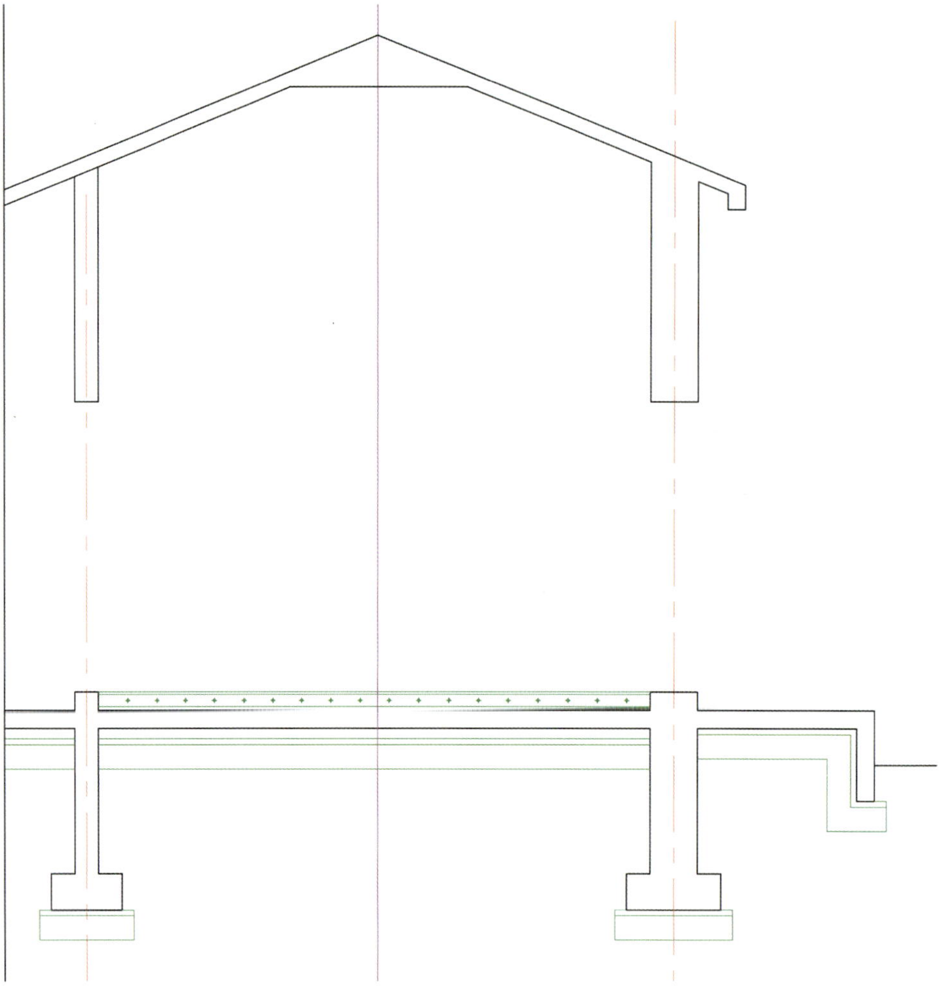

7-1. 캔틸레버 설치 : 요구가 있을 때만 설치한다.

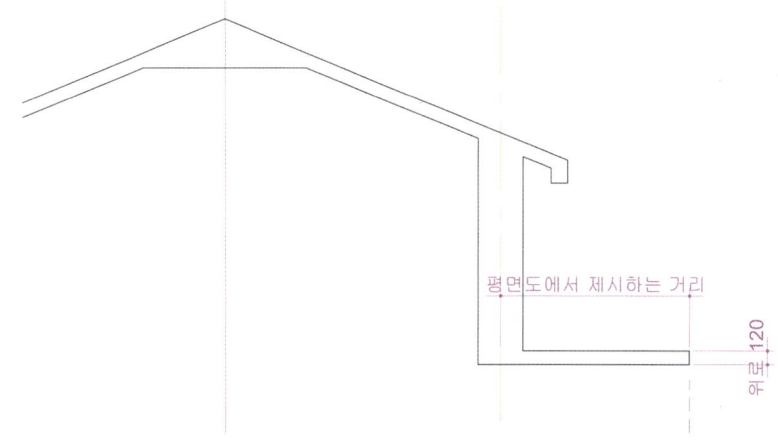

※ 캔틸레버 : 내민보의 일종으로 지붕보에서 연결하는 콘크리트 구조물이다.

8. 반자 설치 : 반자를 복사하여 처마반자도 함께 설치한다.

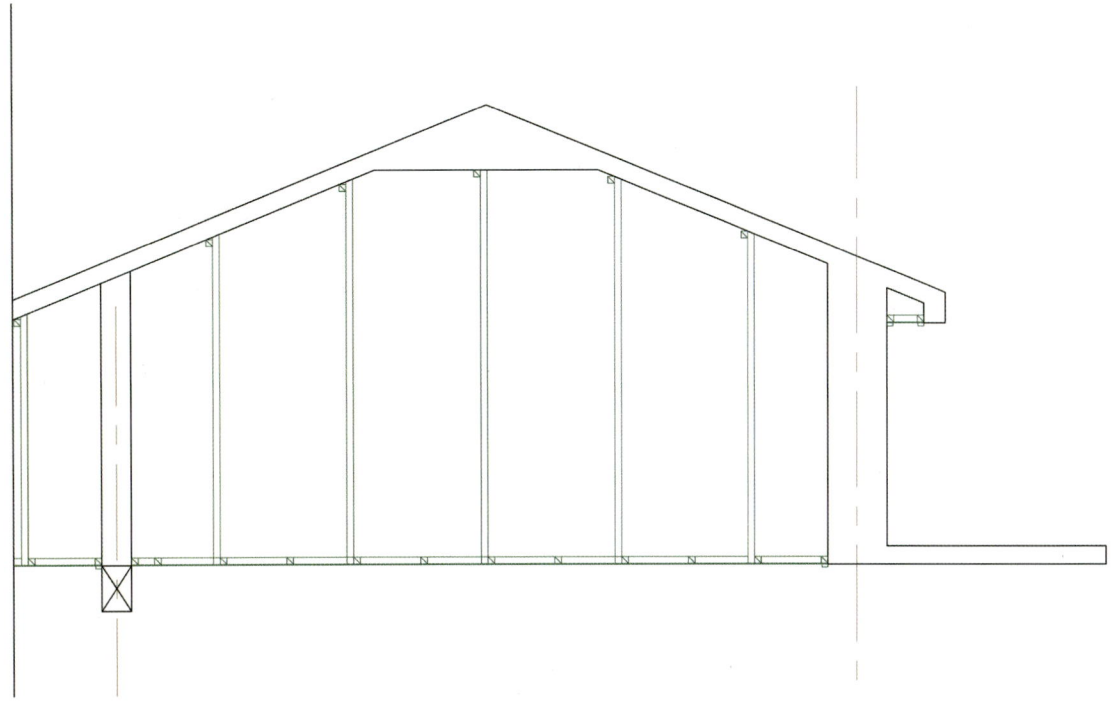

9. 지붕단열재 : THK 180

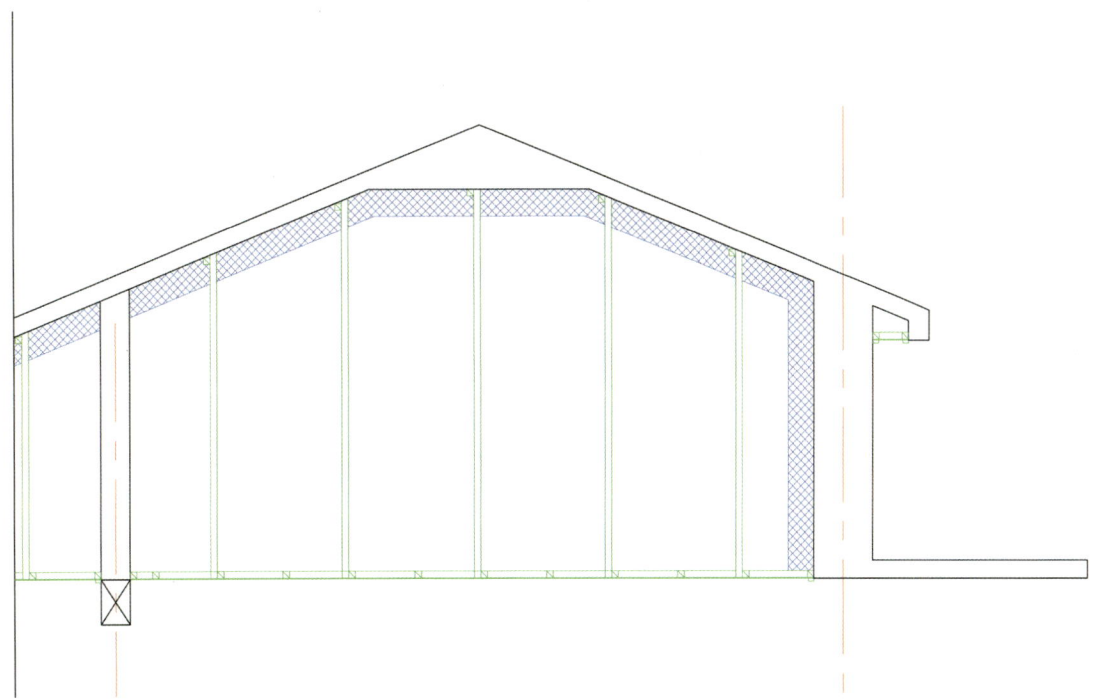

10. 지붕방수, 기와

※기와시공 참고

11. 거실 창, 욕실 문 표현

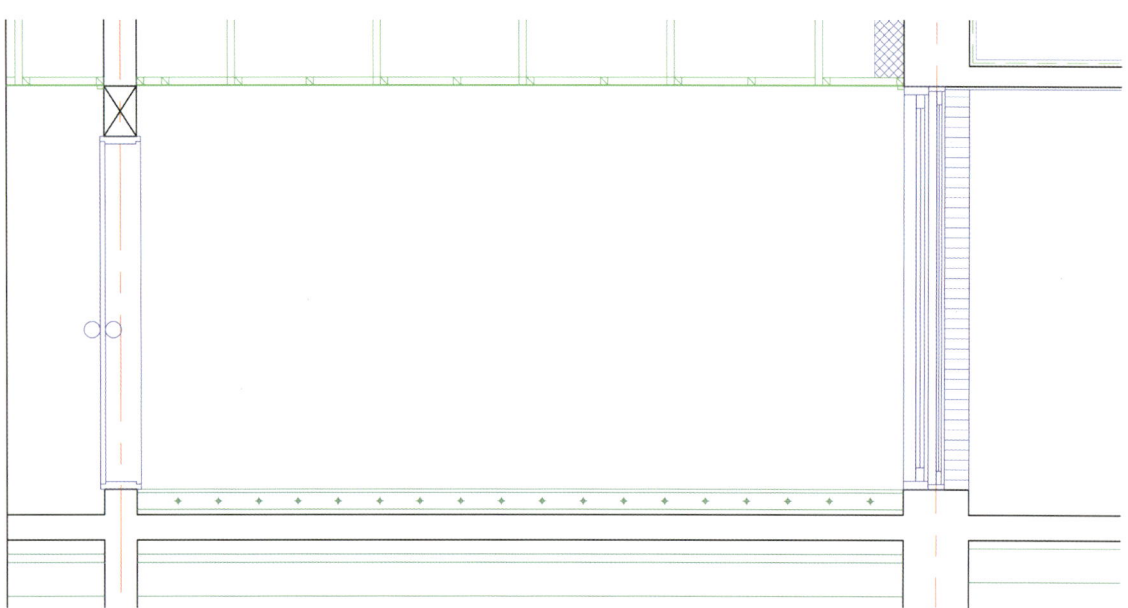

12. 단면도상의 입면요소 표현
: 입면으로 보이는 벽체, 입면으로 보이는 처마, 입면으로 보이는 문과 창문 등을 표현한다.

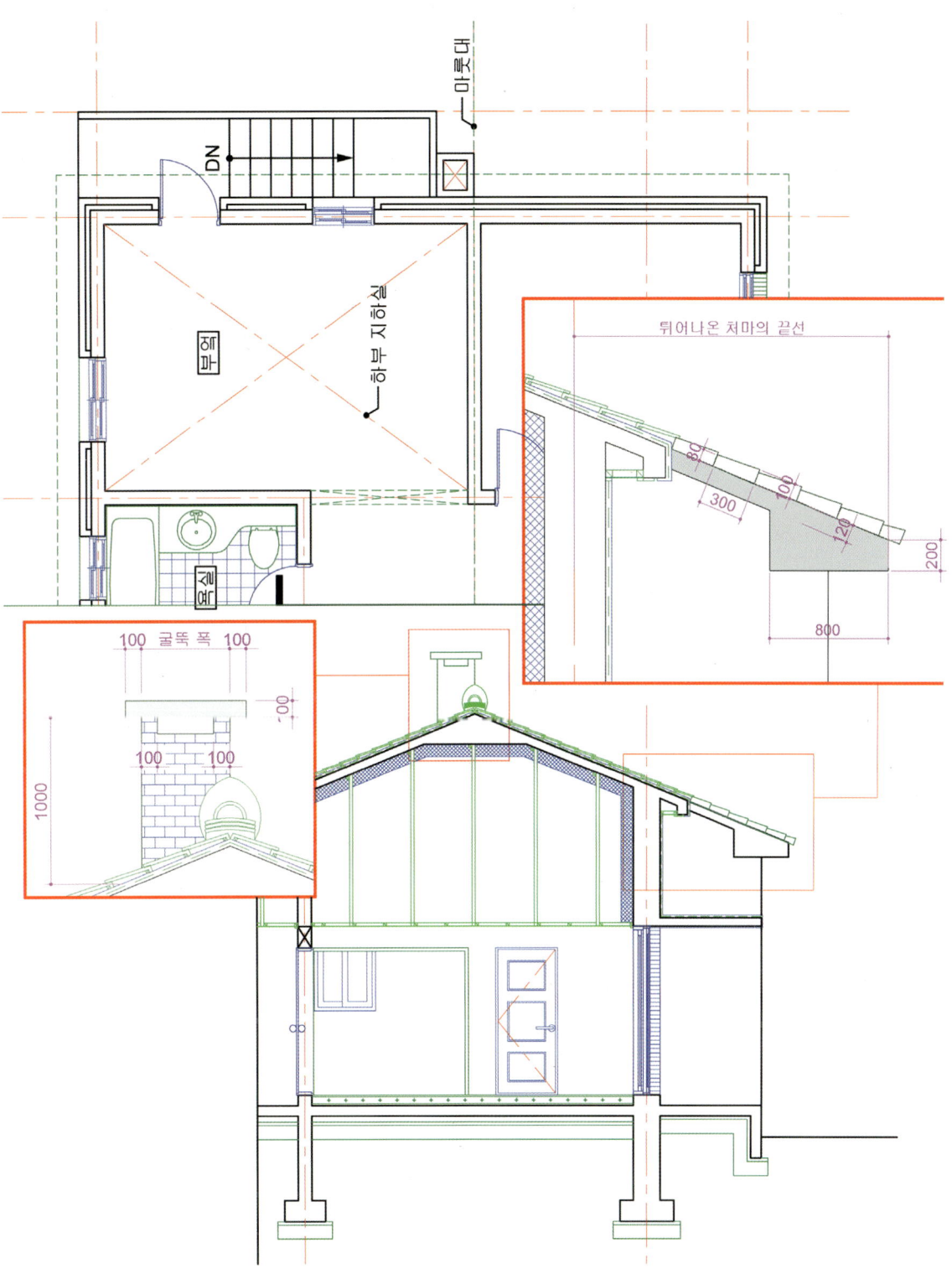

13. 홈통 설치

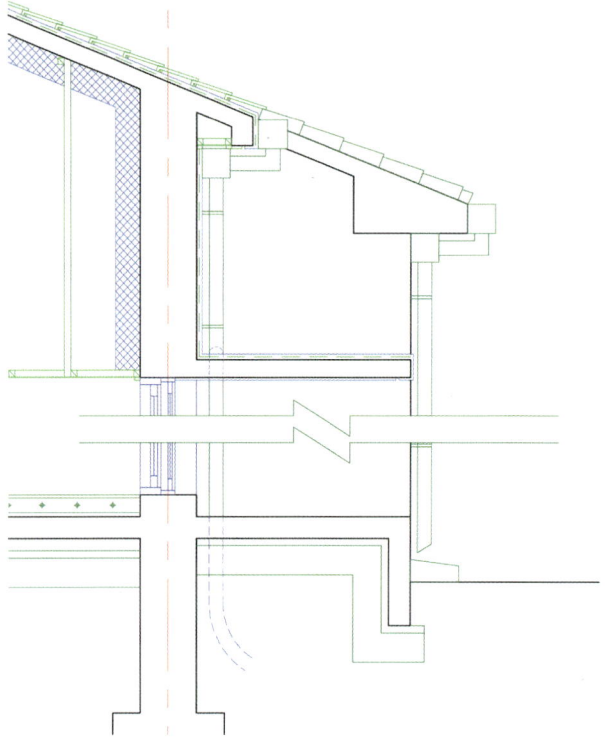

14. 문자 작성

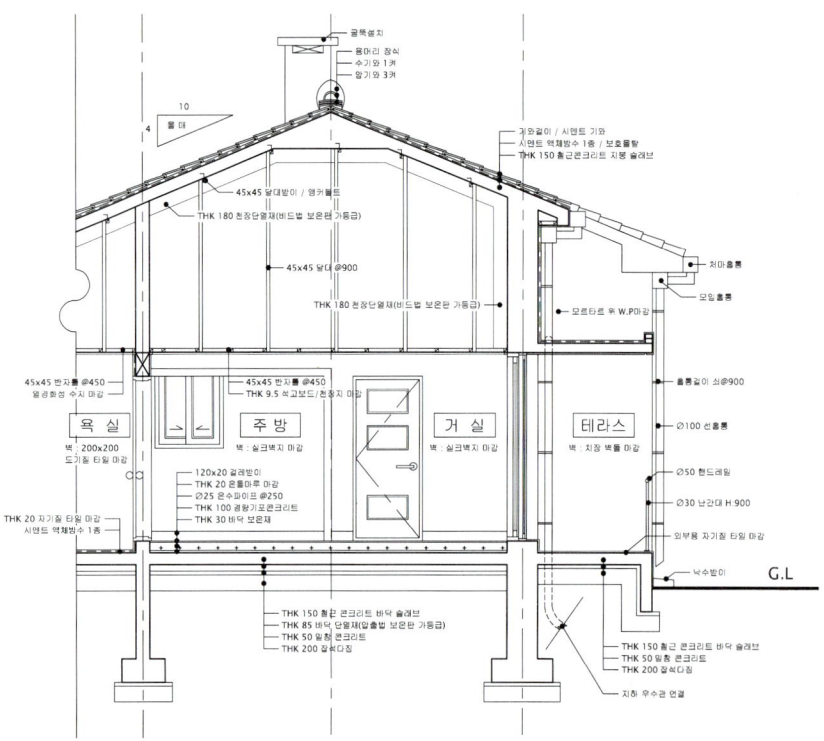

15. 단면, 입면의 재료표현과 해칭

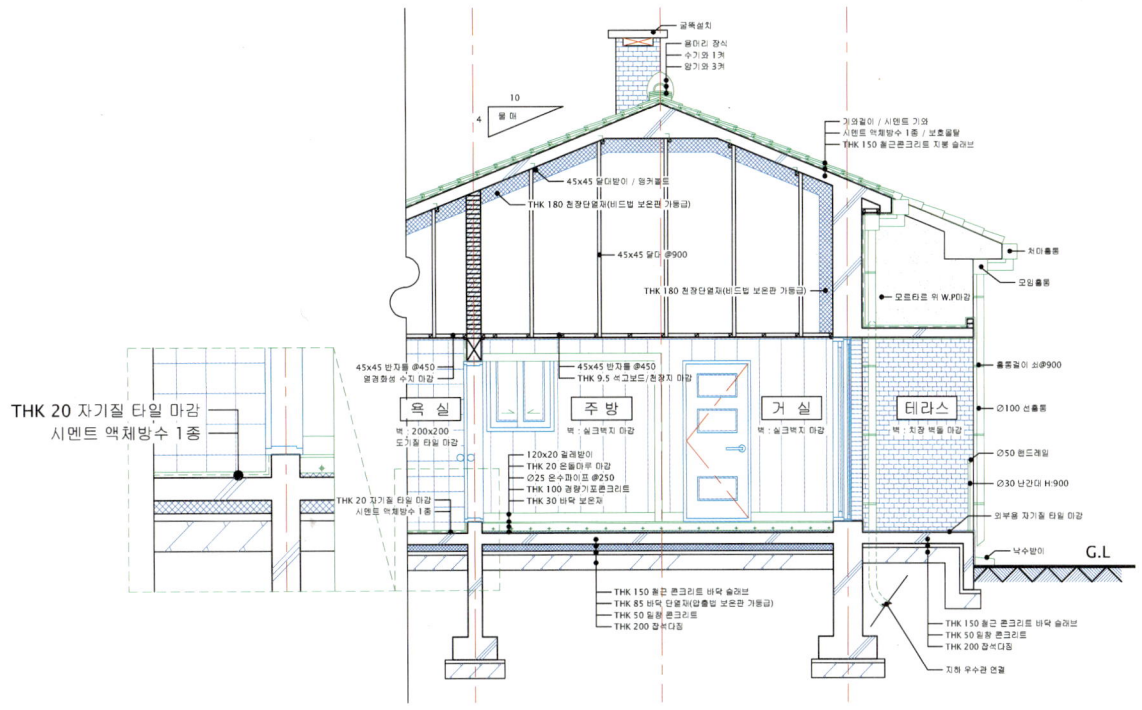

16. 치수 : 중심선의 길이를 모두 맞춘 후 주석 – 신속치수

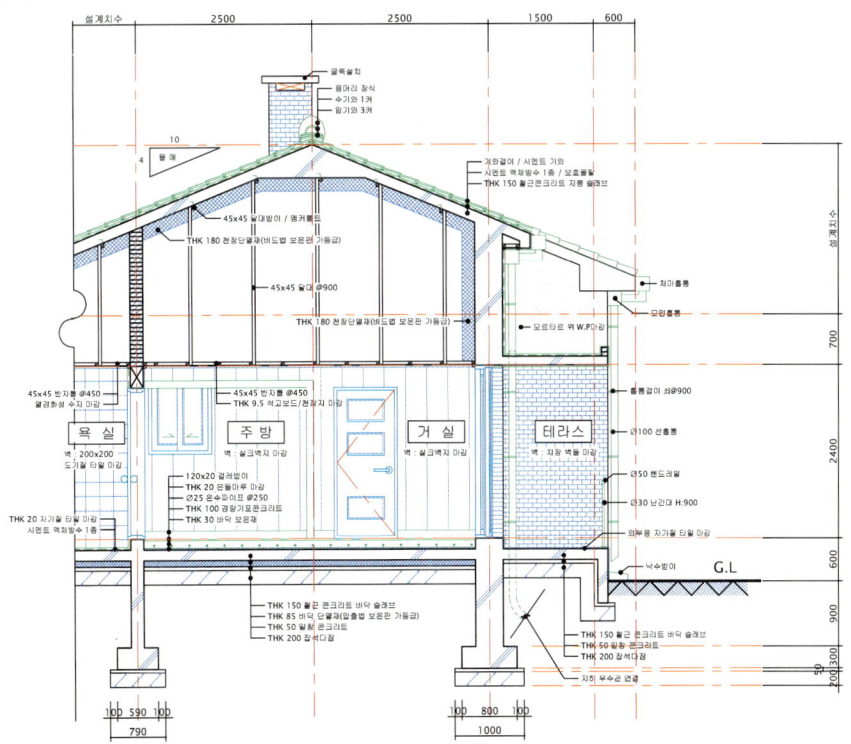

17. 표제란

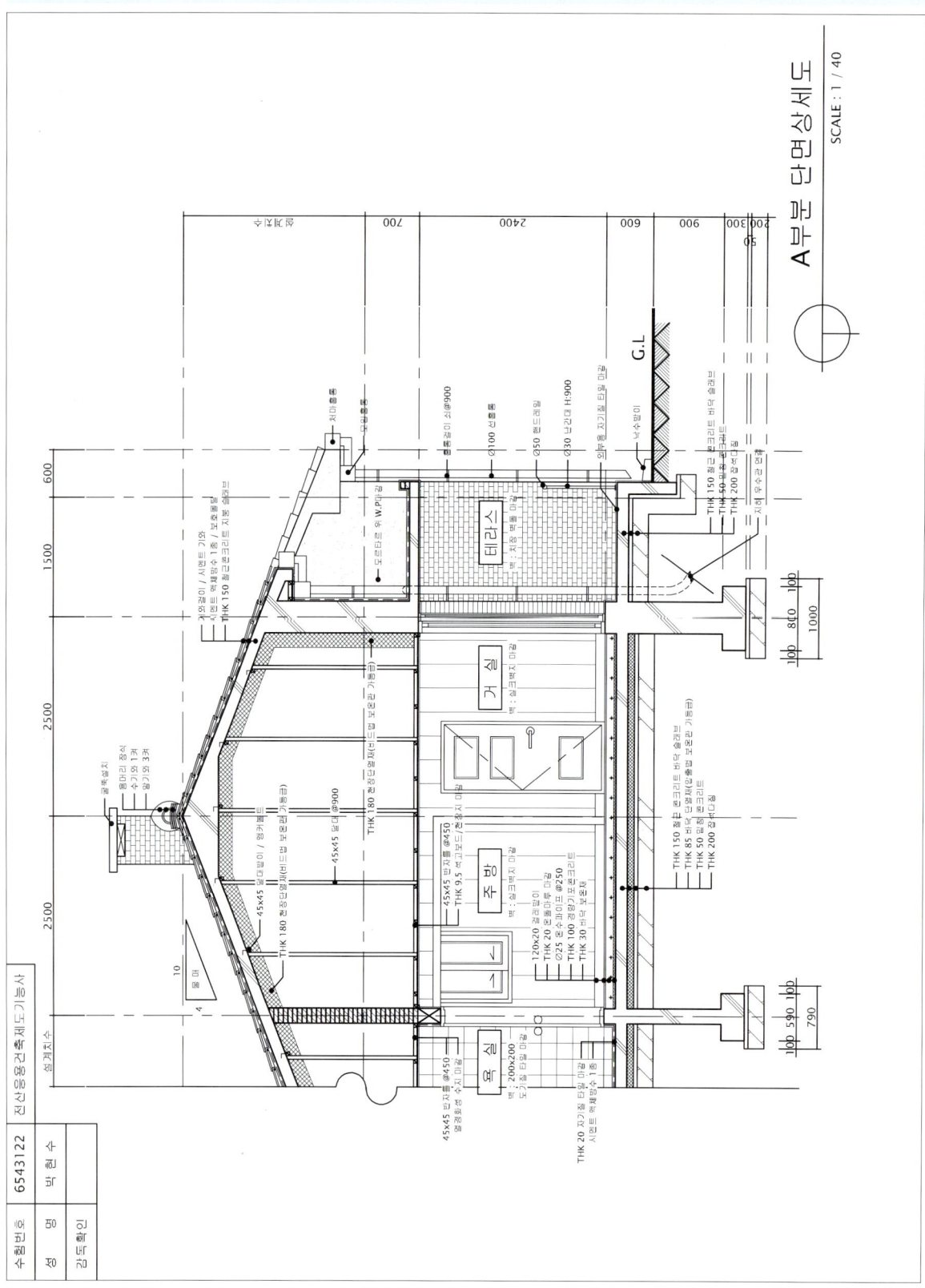

05 [입면도 작성]

18. 평면도 : 입면도 방향이 아래를 향하도록 하고 입면도의 위에 배치
　　　단면도 : 입면도의 좌측에 배치

❶ 단면도의 G.L을 입면도에 연장
❷ 평면도의 외부 벽체 끝선을 입면도에 연장

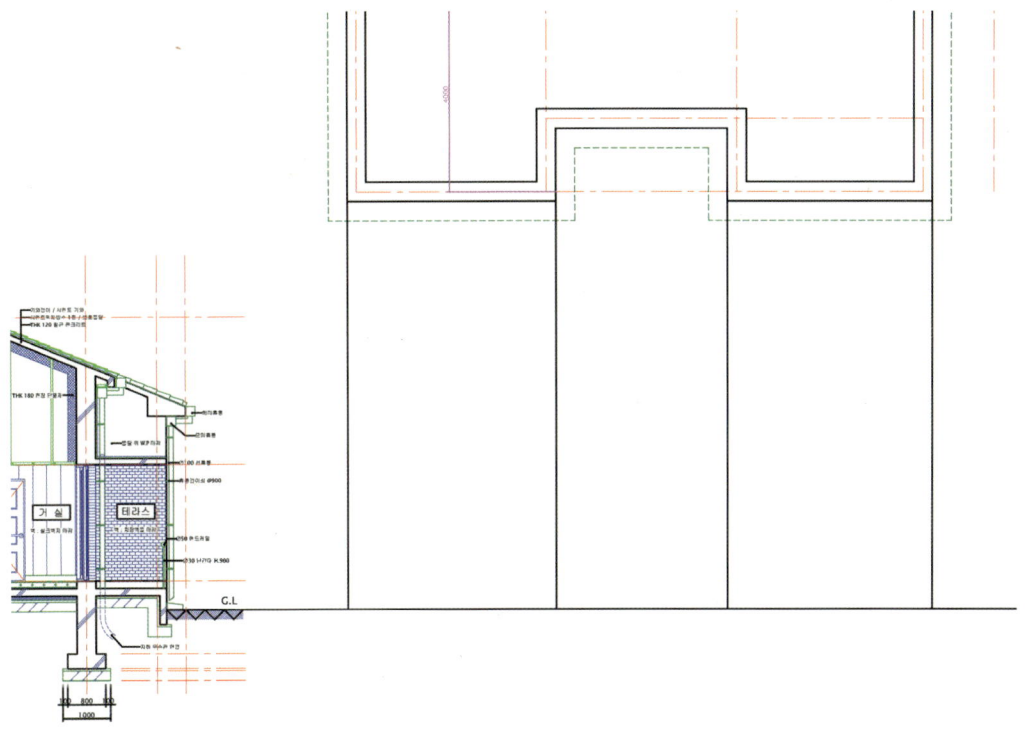

19. 단면도에서 지붕높이 표현

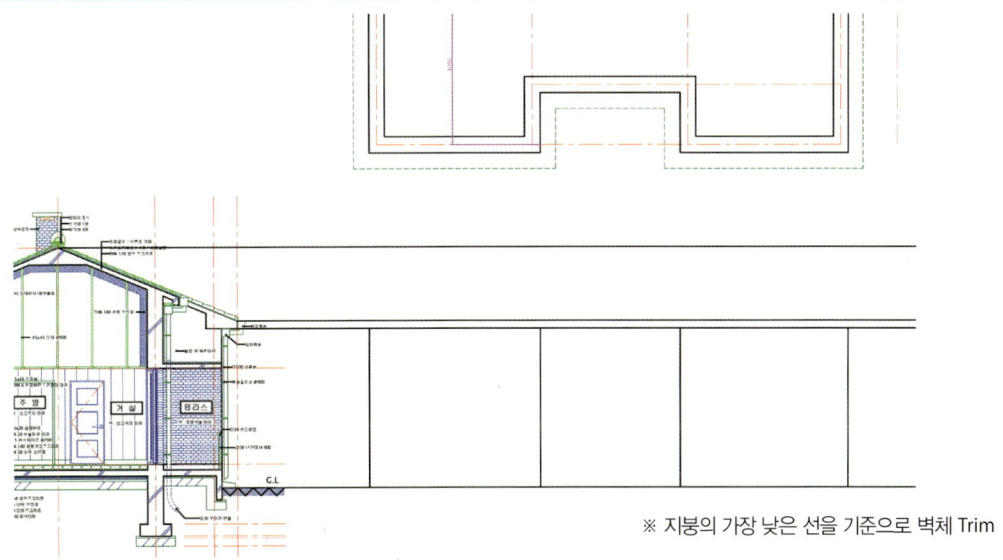

※ 지붕의 가장 낮은 선을 기준으로 벽체 Trim

20. 평면도에서 지붕의 폭 표현

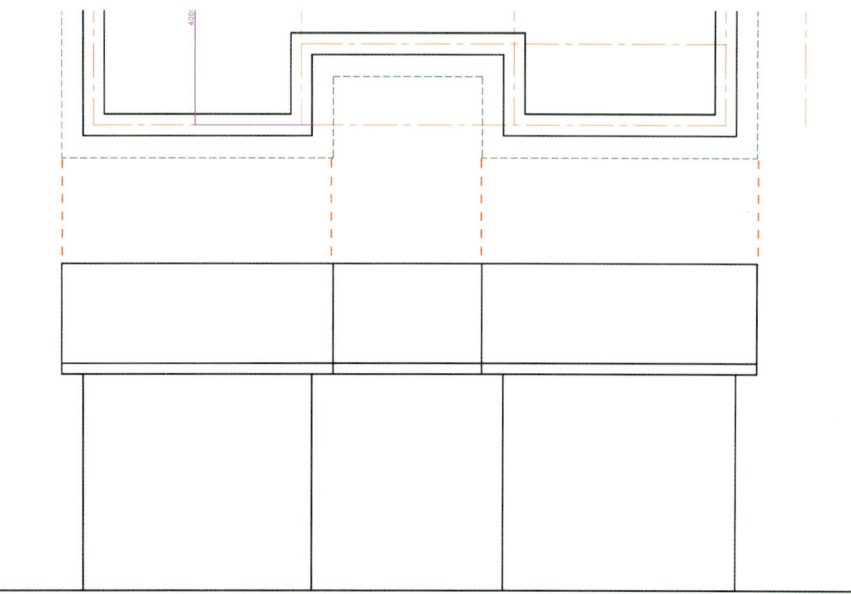

※ 높이가 다른 지붕이 있으면 평면도에서 용머리와 처마끝의 거리를 확인하고 단면도에 표현
지붕 물매를 따라가다 보면 수평거리와 만나는 점이 높이가 된다.

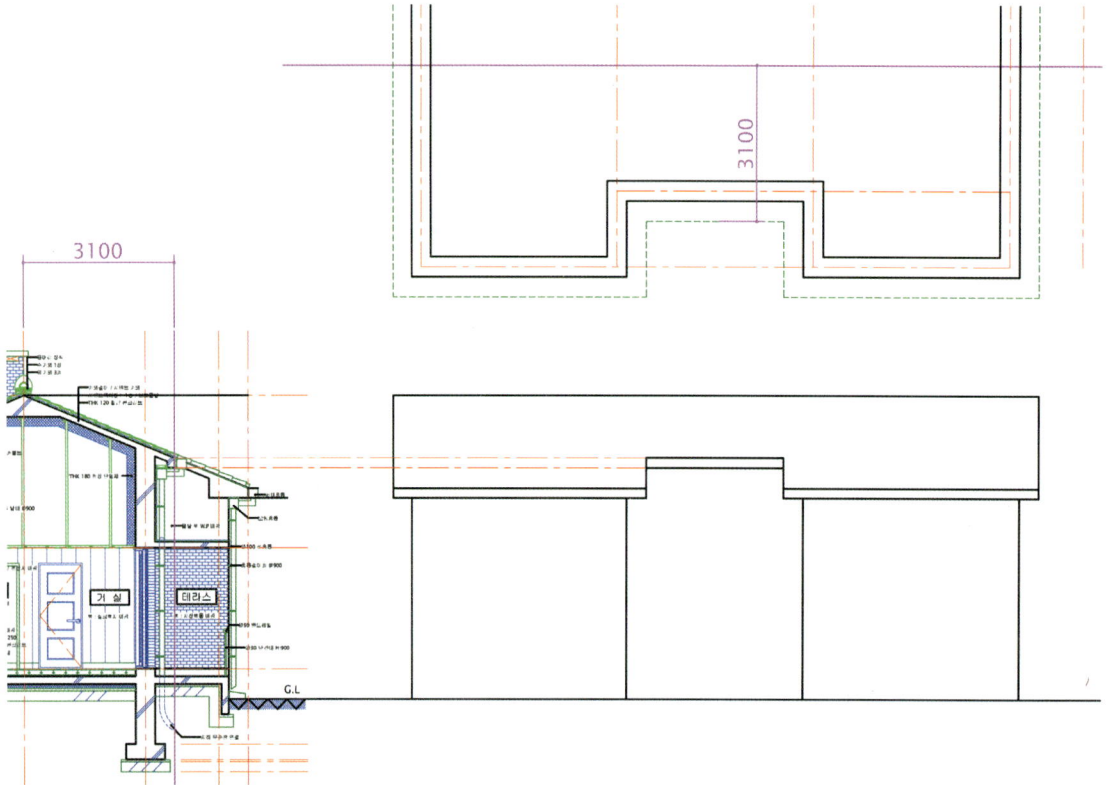

21. 난방끝선과 반자 시작선 표시 : 외부에서 볼 때 재료분리의 기준이 된다.
본 도면은 캔틸레버가 있으므로 두께 120으로 같이 표시해 준다.

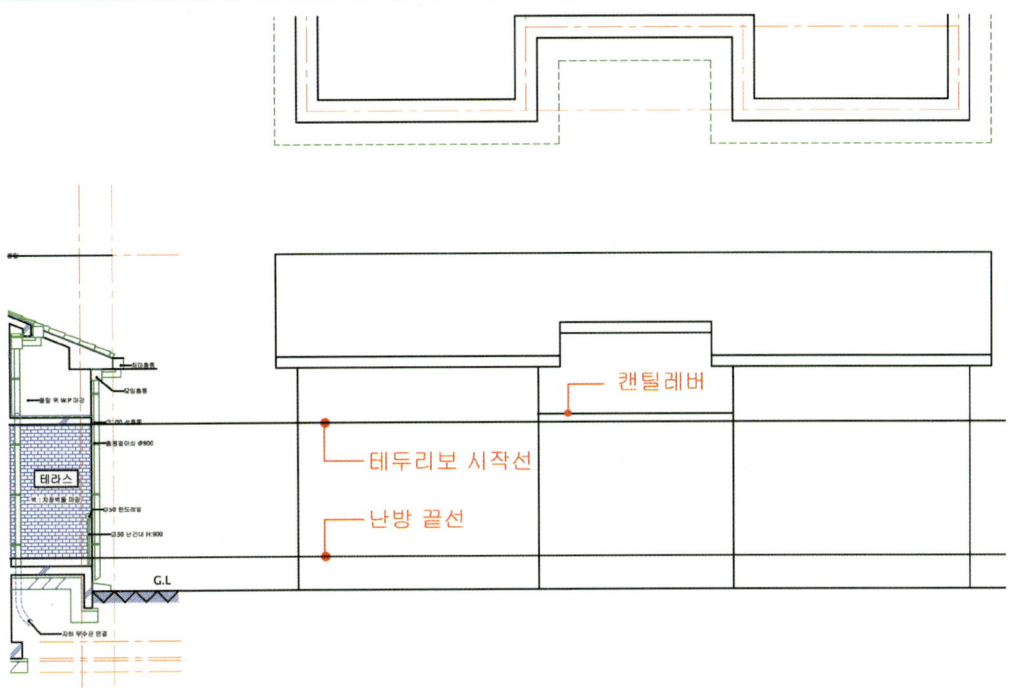

22. 창문과 현관문을 표현하기 위해 창호의 중심위치를 표시한다.

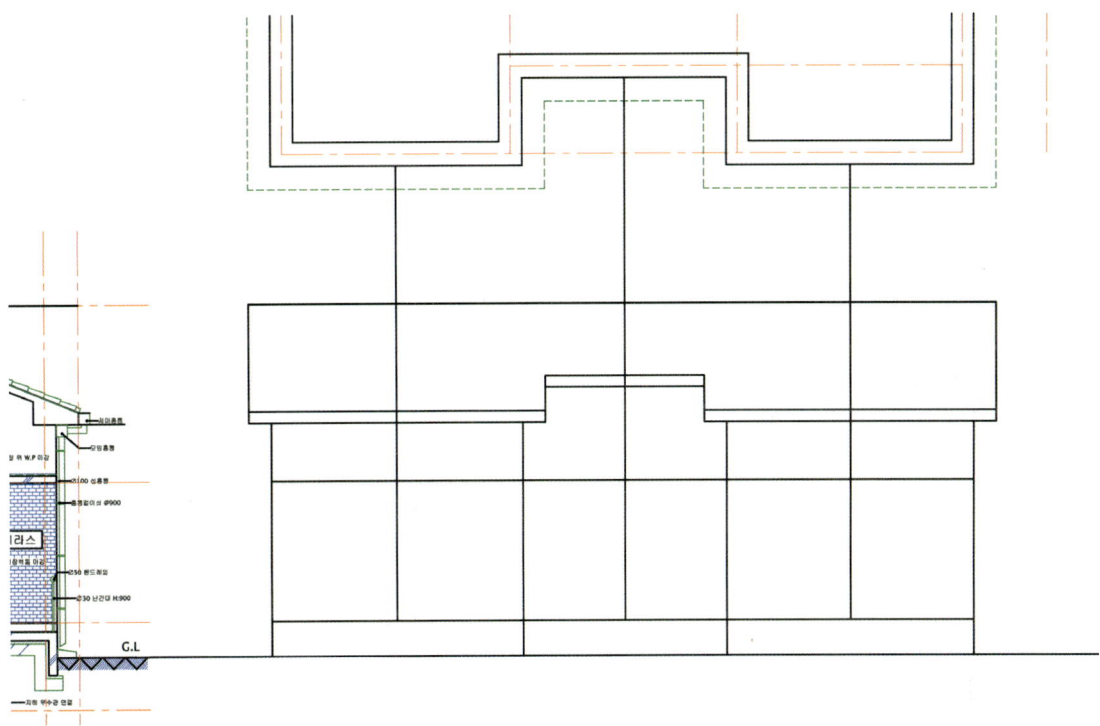

23. 창호표시

: 테라스 위치는 난방이 없으므로 150 낮춘다. 방 창문은 높이 1200, 거실창은 높이 2400으로 표현한다.

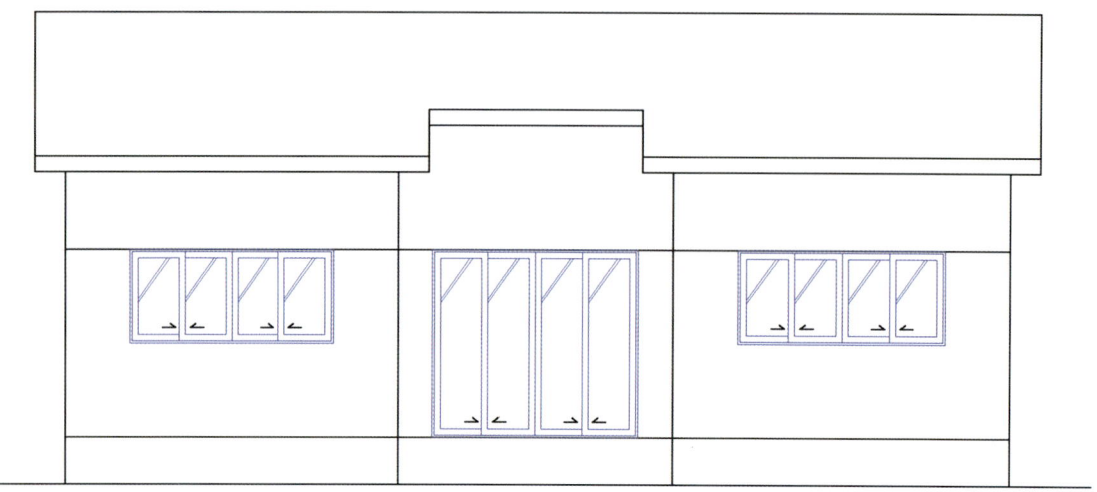

24. 계단, 테라스, 굴뚝, 난간 등 표현

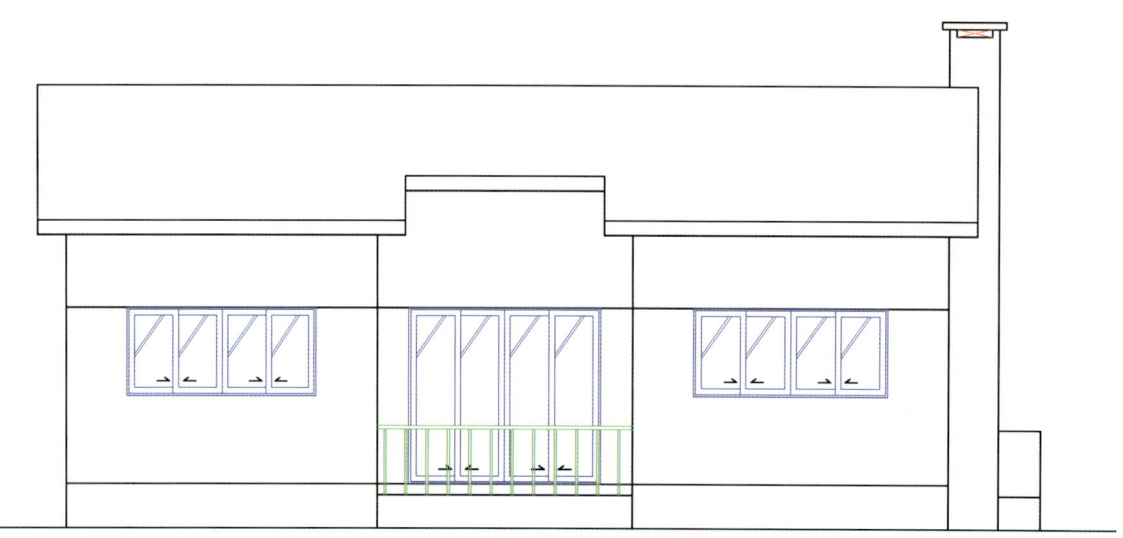

25. 홈통

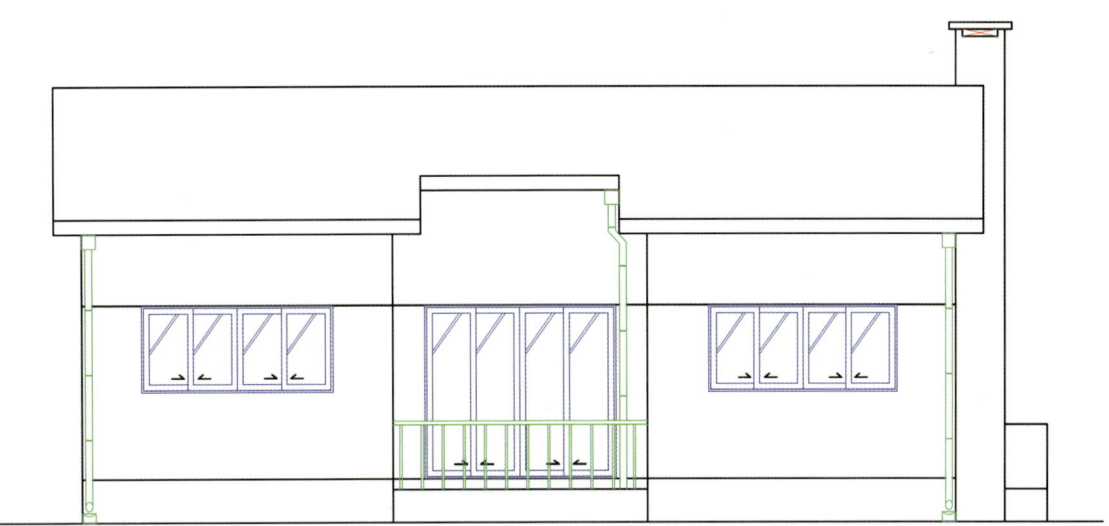

26. 기와, 창문 밑 벽돌 세워쌓기

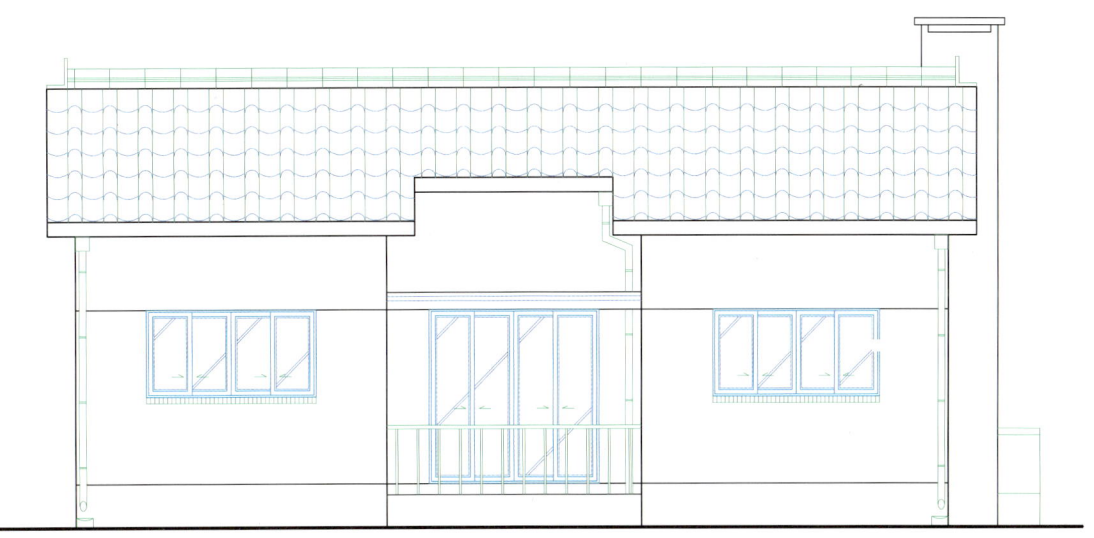

27. 문자작성 : 문자높이 100

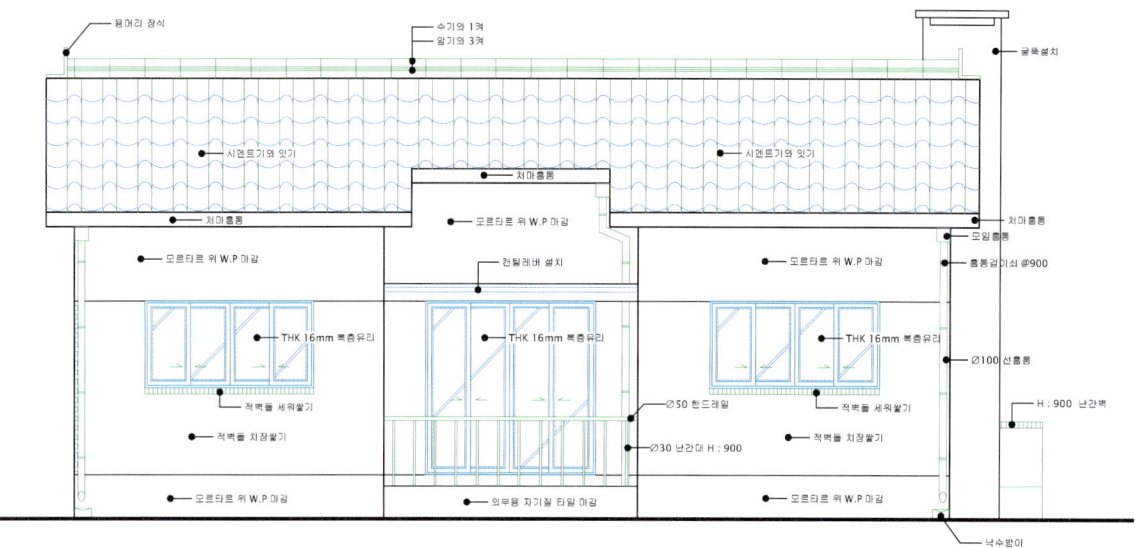

28. 벽돌 해칭

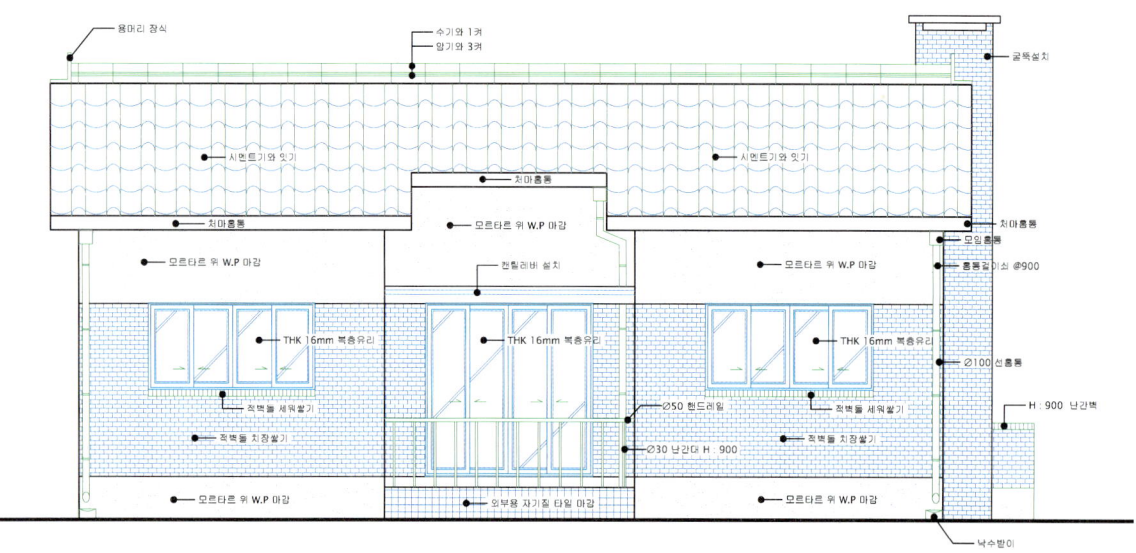

29. 표제란

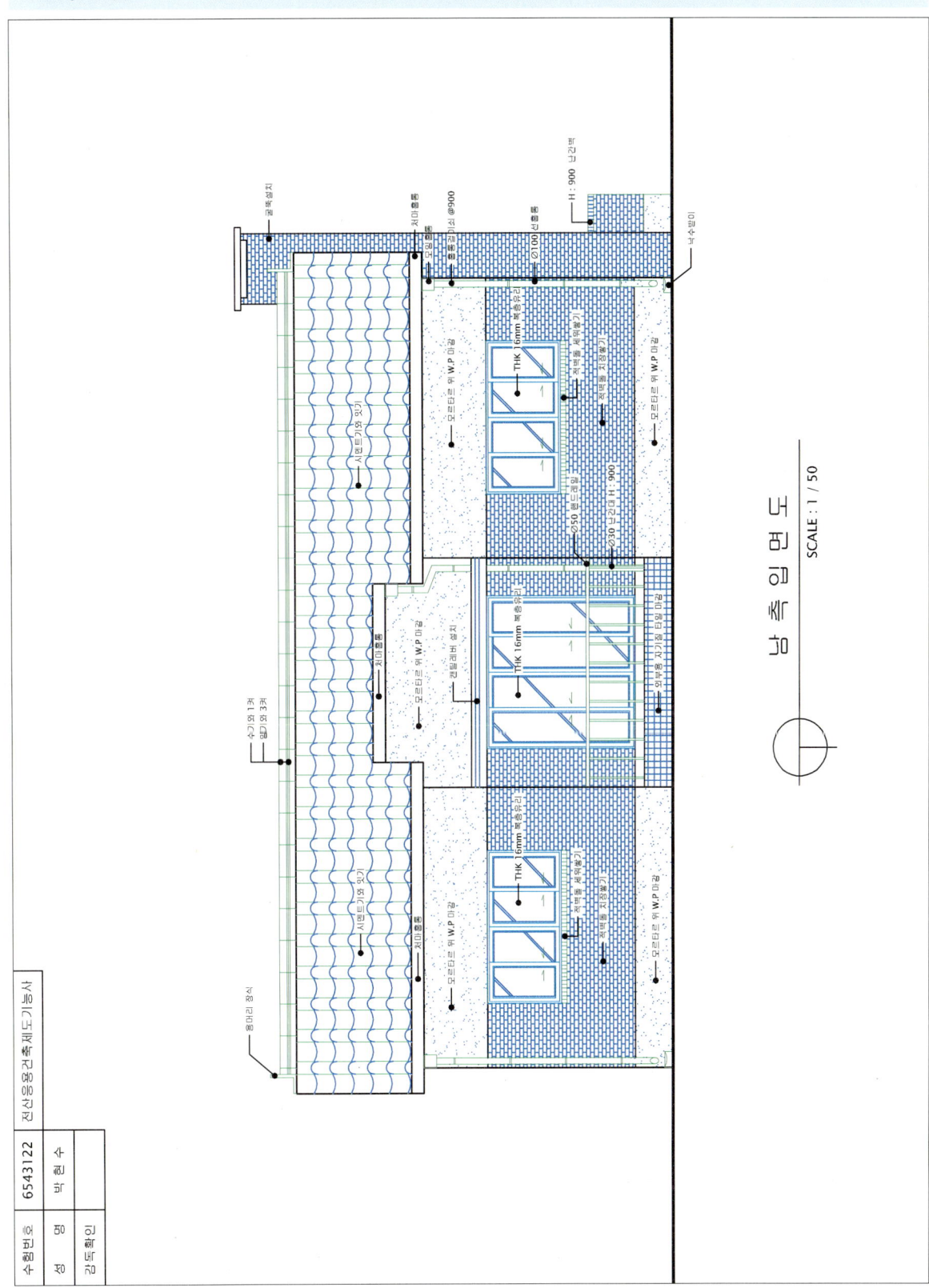

30. 수목표현 ※ 표제란에 먼저 넣고 수목을 배치하는 것이 유리하다.

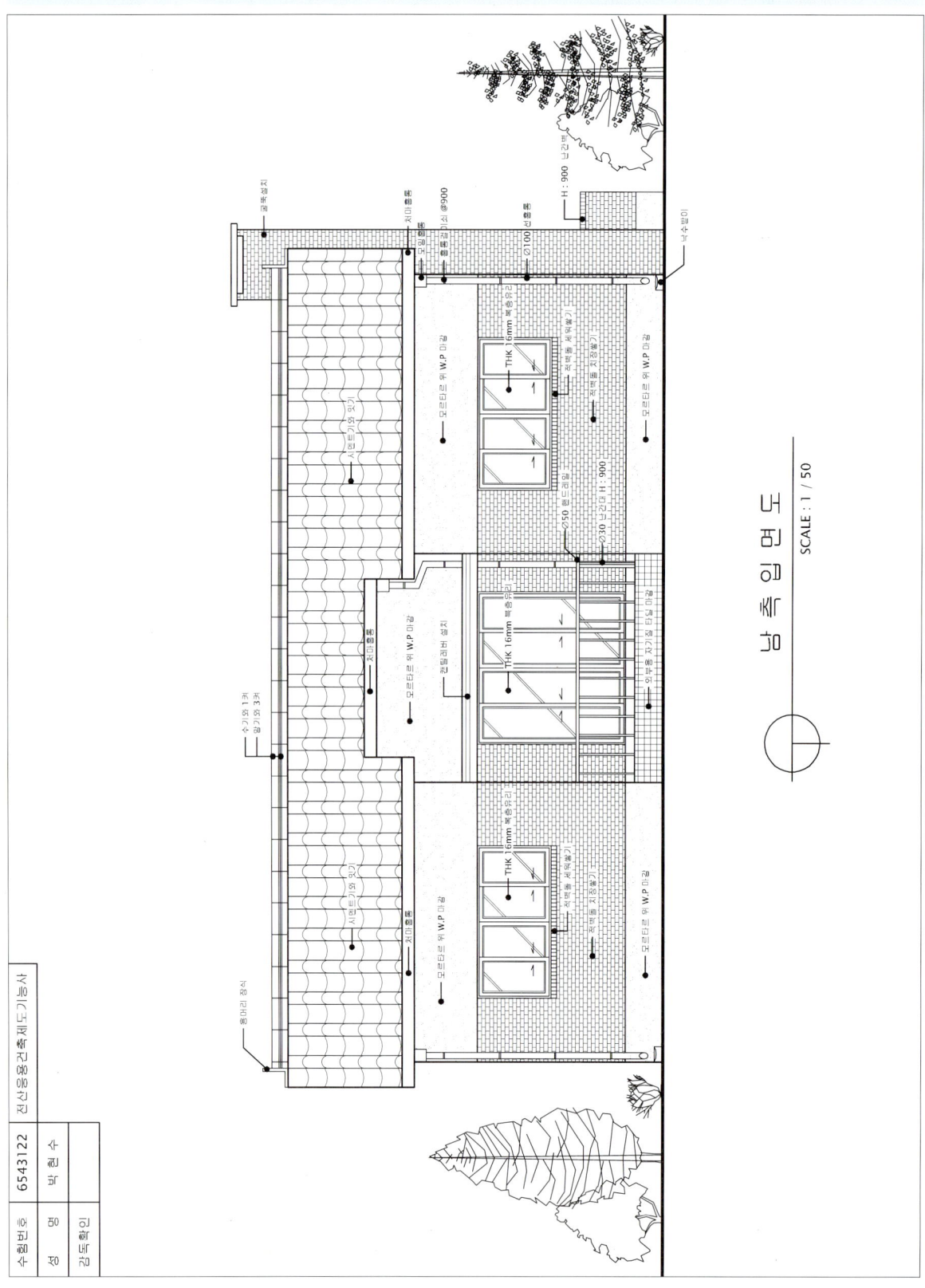

기출종합문제 03

시험시간 4시간 10분

네이버 카페에서 완성 도면 파일을 확인하세요.
파일명 03-단면도 / 03-입면도

01 요구사항

주어진 평면도를 보고 CAD를 이용하여 아래 조건에 맞게 다음 도면을 작도한 후, 지급된 용지에 본인이 직접 흑백으로 출력하여 파일과 함께 제출하시오.

❶ A부분 단면 상세도를 축척 1/40으로 작도하시오.
❷ 남측 입면도를 축척 1/50으로 작도하되 벽면의 마감재료 표시 및 주위의 배경 등 도면의 요소를 충분히 고려하시오.

[조 건]
- 기초 및 지하실 벽체 : 철근콘크리트 구조로 하시오.
- 벽체 : 외벽 – 외부로부터 붉은 벽돌 0.5B, 단열재, 시멘트 벽돌 1.0B
         내벽 – 시멘트 벽돌 1.0B
- 단열재 : 외벽 120mm, 바닥 85mm, 지붕 180mm
- 지붕 : 철근콘크리트 경사슬래브 위 시멘트 기와잇기 마감으로 하시오(물매 3.5/10 이상).
- 처마나옴 : 벽체 중심에서 650mm
- 반자높이 : 2350mm, 처마반자 설치
- 창호 : 목재창호로 하되 2중창인 경우 외부창호는 알루미늄 섀시로 하시오.
- 각 실의 난방 : 온수파이프 온돌난방으로 하시오.
- 1층 바닥 슬래브와 기초는 일체식으로 표현하시오.
- 평면도에 표현되지 않은 현관 상부 캐노피는 작도하지 않습니다.
- 기타 각 부분의 마감, 치수 등 주어지지 않은 조건은 일반적인 시공수준으로 하시오.

- 선의 통일을 기하기 위하여 아래와 같이 선의 색을 정리하여 출력하시오.
    - 흰색(7-White) : 0.3mm
    - 녹색(3-Green) : 0.2mm
    - 노랑(2-Yellow) : 0.4mm
    - 하늘색(4-Cyan) : 0.3mm
    - 빨강(1-Red) : 0.2mm
    - 파랑(5-Blue) : 0.1mm

02 수험자 유의사항

※ 다음과 같은 경우에는 채점대상에서 제외됩니다.
 1) 시험시간 내에 요구사항을 완성하지 못한 경우
 2) 시험시간 내에 제출된 작품이라도 다음과 같은 경우
    가) 주어진 조건을 지키지 않고 작도한 경우
    나) 요구한 전 도면을 작도하지 않은 경우
    다) 건축제도 통칙을 준수하지 않거나 건축 CAD의 기능이 없는 상태에서 완성된 도면
 3) 시험 중 시설 · 장비의 조작 또는 재료의 취급이 미숙하여 위해를 일으킬 것으로 시험위원 전원이 합의하여 판단한 경우

03 도면

| 자격종목 | 전산응용건축제도기능사 | 과제명 | 주 택 | 척 도 | NONE |

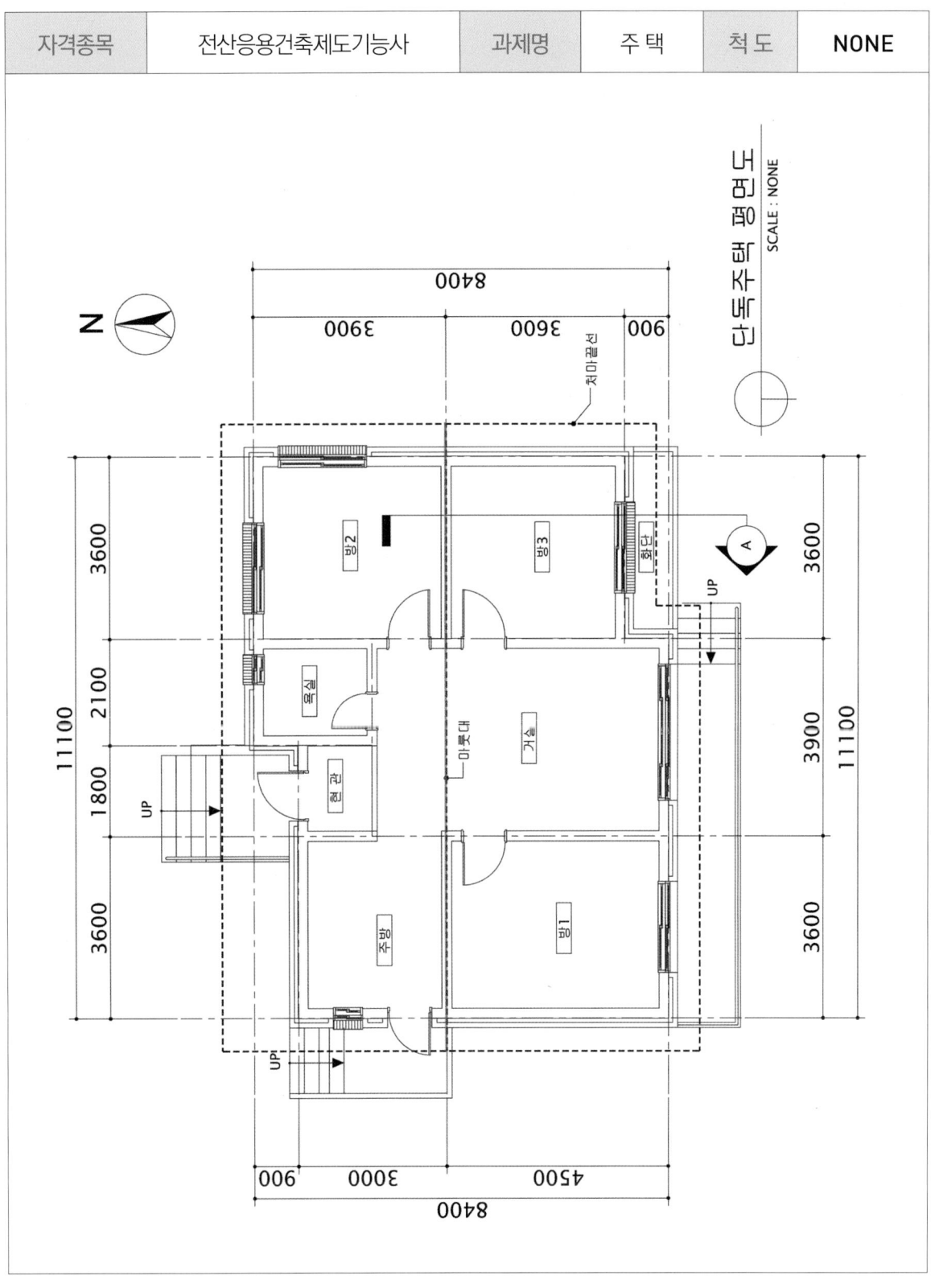

04 [단면도 작성]

1. 기본설정 : Option, OSNAP, LAYER 구성 등
2. 평면도 외벽만 간단히 작성. 지붕이 복잡할 경우 미리 그려두는 것이 유리하다.
3. 화살표 방향이 위로 보도록 회전한다. - X [Enter] 모두선택 [Enter] (분해)

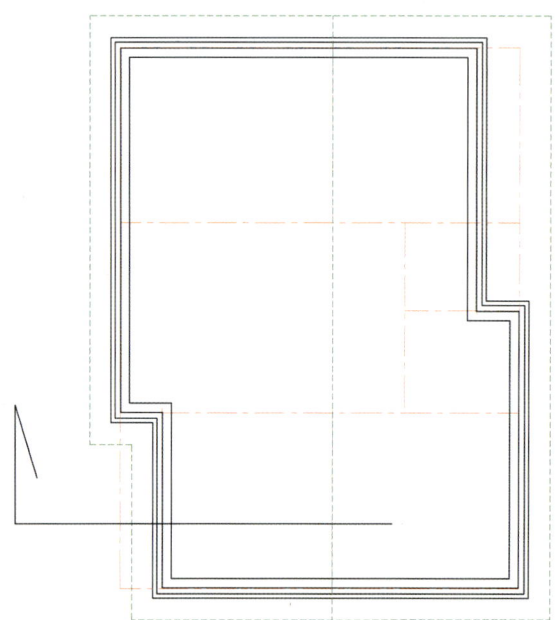

4. 노란색 도면층 : 평면도보다 길게 G.L을 그리고 절단부분(화살표가 지나가는 부분)의 기초와 바닥슬래브 표현
5. 흰색 도면층 : 바닥단열재(THK 85), 밑창콘크리트(THK 50), 잡석다짐(THK 200), 난방(THK 150) 완성하기

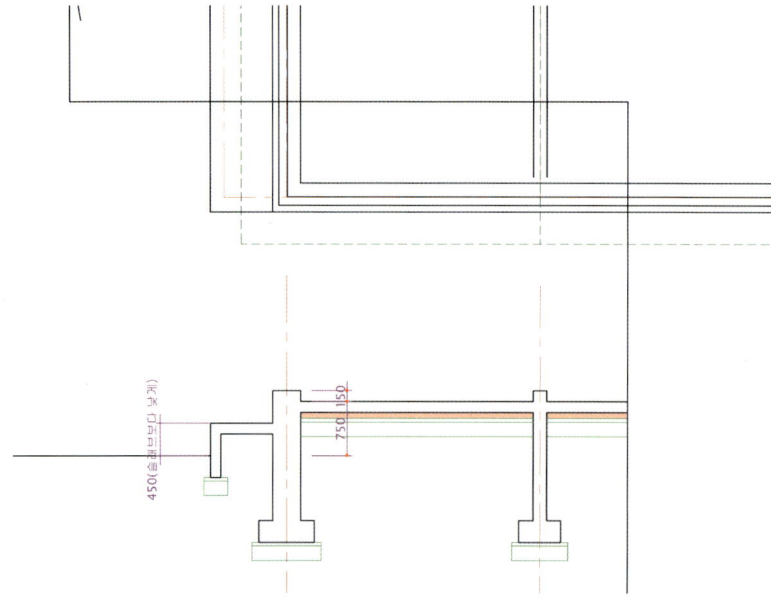

6. 지붕 슬래브 그리기

❶ 지붕 마룻대에서 가장 먼 벽체의 중심거리 파악
❷ 난방선 끝에서 2350 위로 Offset
❸ 테두리보의 높이 700 표현
❹ REC [Enter] 시작점 클릭 @1000,350 [Enter]
❺ XL [Enter] A [Enter] 대각선 끝점 클릭, 클릭 – 가장 먼 벽체 중심과 테두리보가 만나는 부분에 클릭

7. 지붕 슬래브 완성

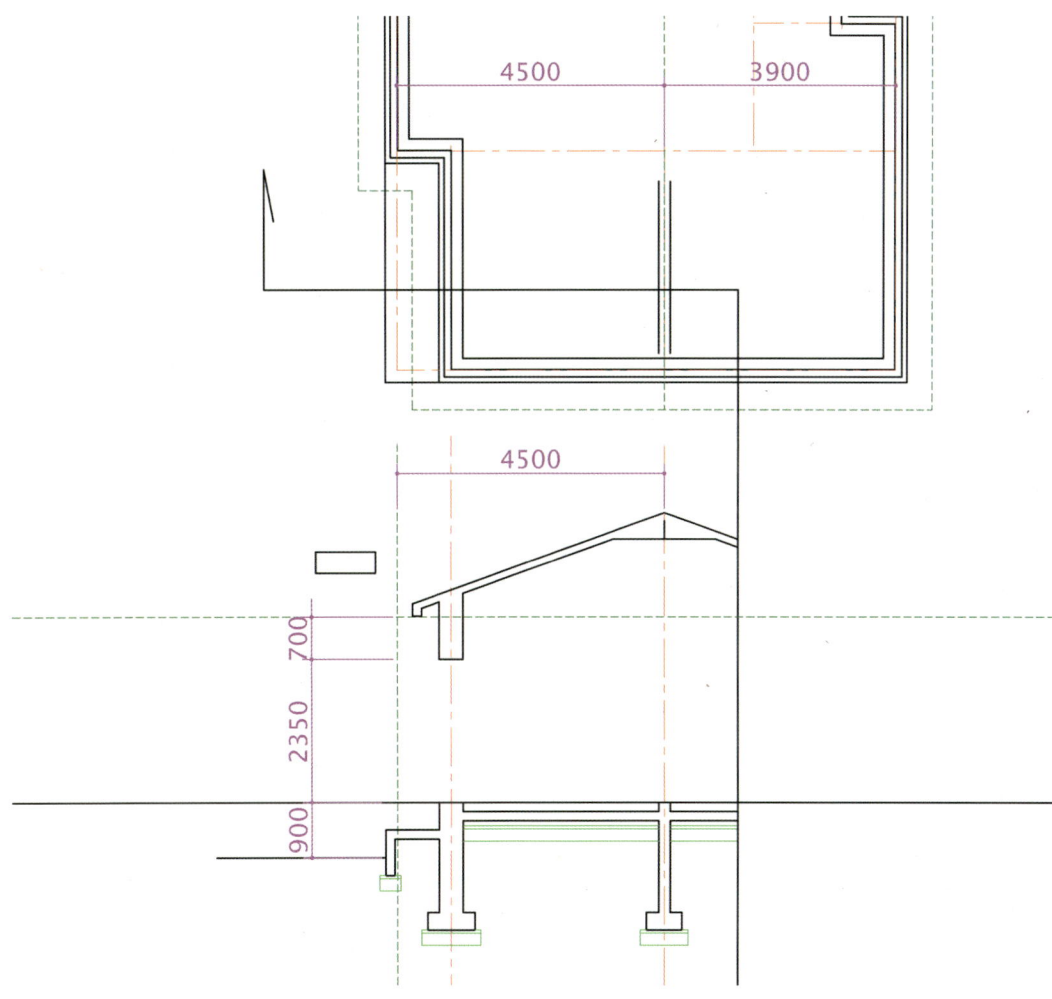

8. 반자 설치 : 반자를 복사하여 처마반자도 함께 설치한다.
9. 지붕단열재 : THK 180
10. 지붕방수, 기와

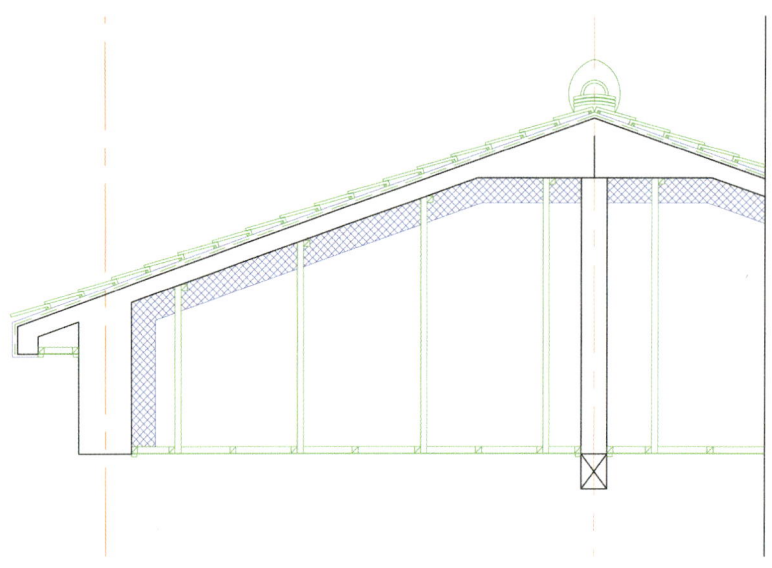

11. 방 창, 내부 벽체 표현

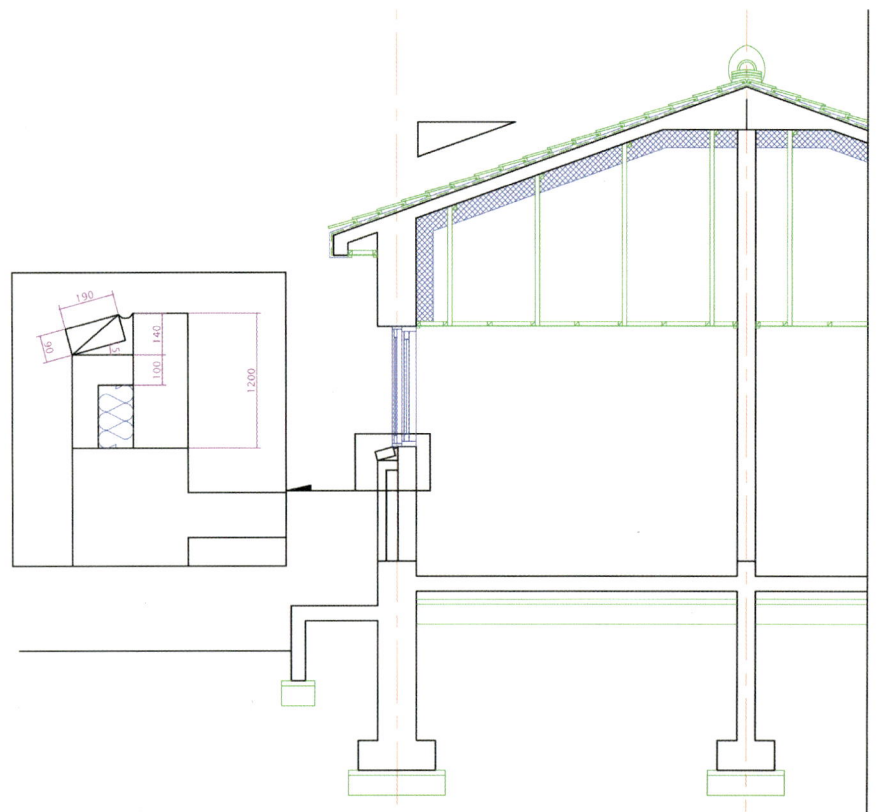

12. 단면도상의 입면요소 표현
: 입면으로 보이는 벽체, 입면으로 보이는 처마, 입면으로 보이는 문과 창문 등을 표현한다.

13. 홈통 설치

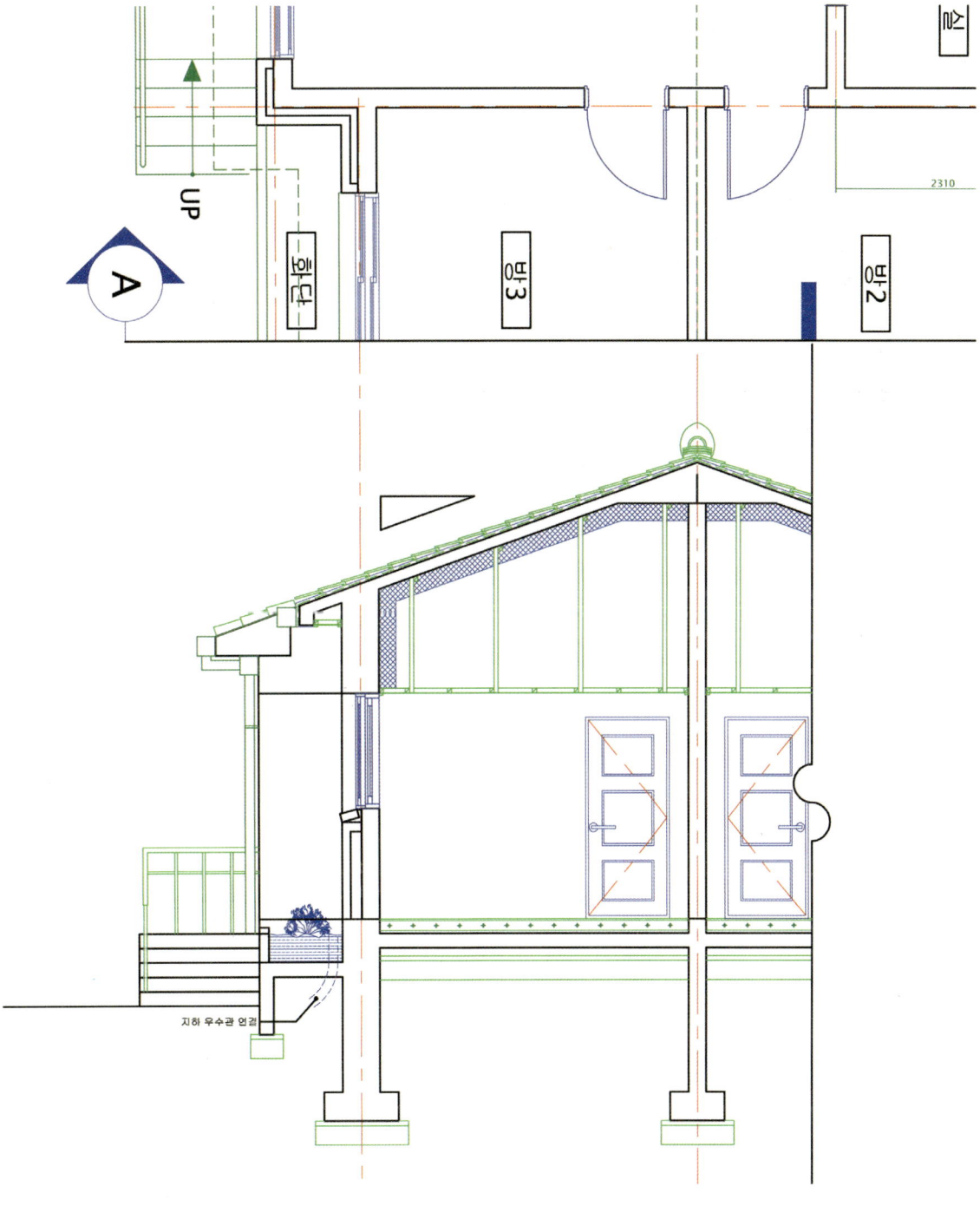

14. 문자 작성

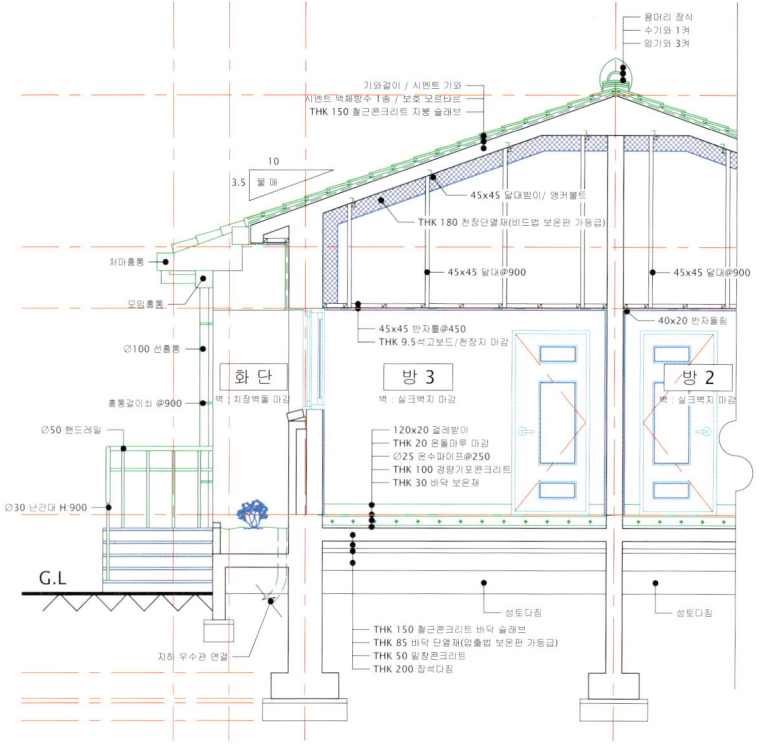

15. 단면, 입면의 재료표현과 해칭

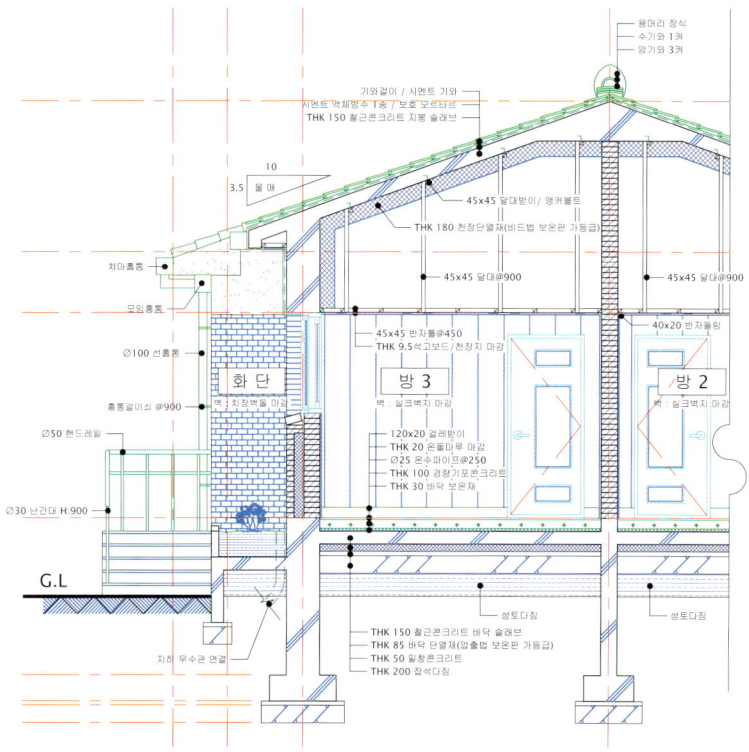

16. 치수 : 중심선의 길이를 모두 맞춘 후 주석 – 신속치수

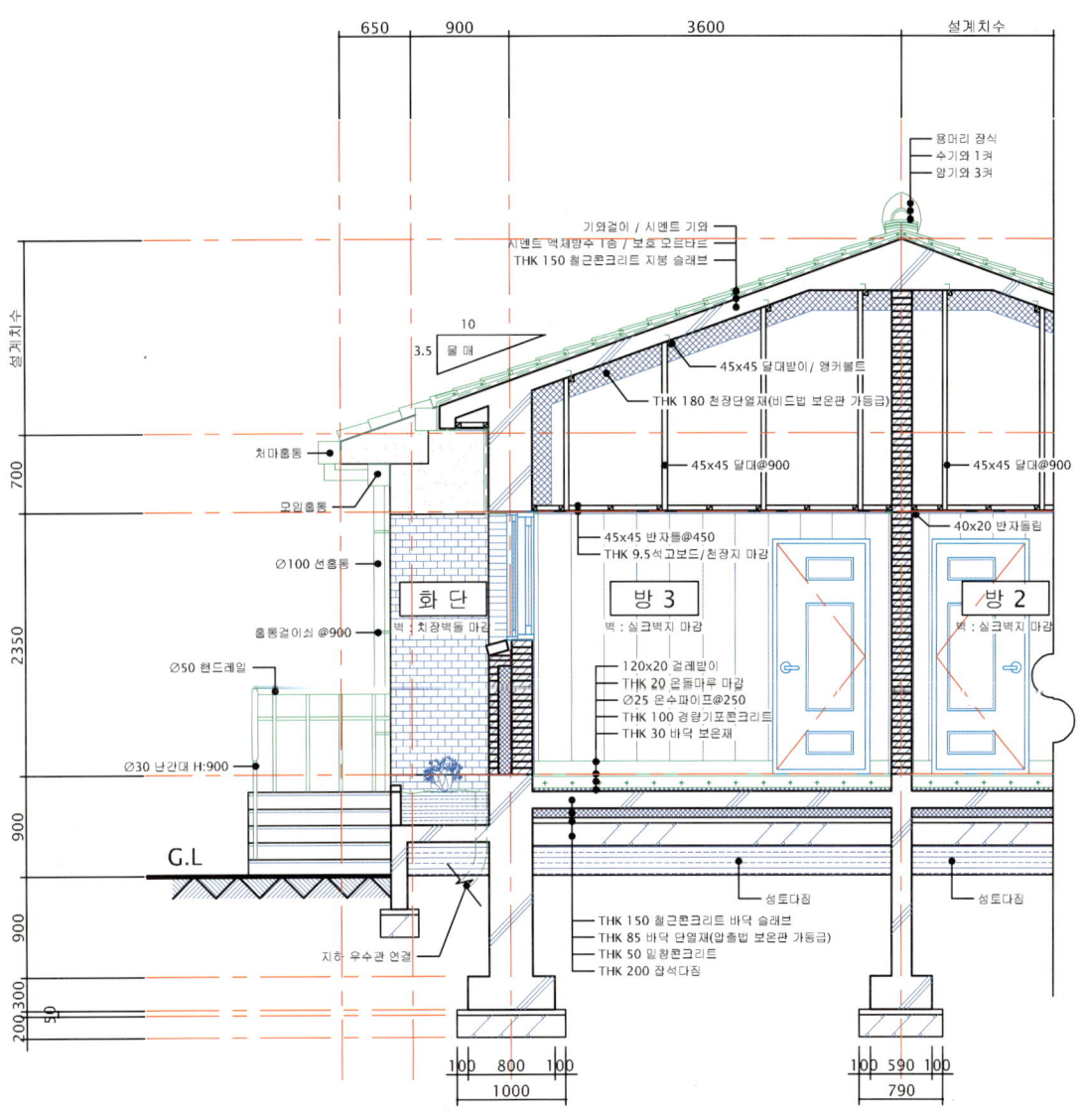

17. 표제란

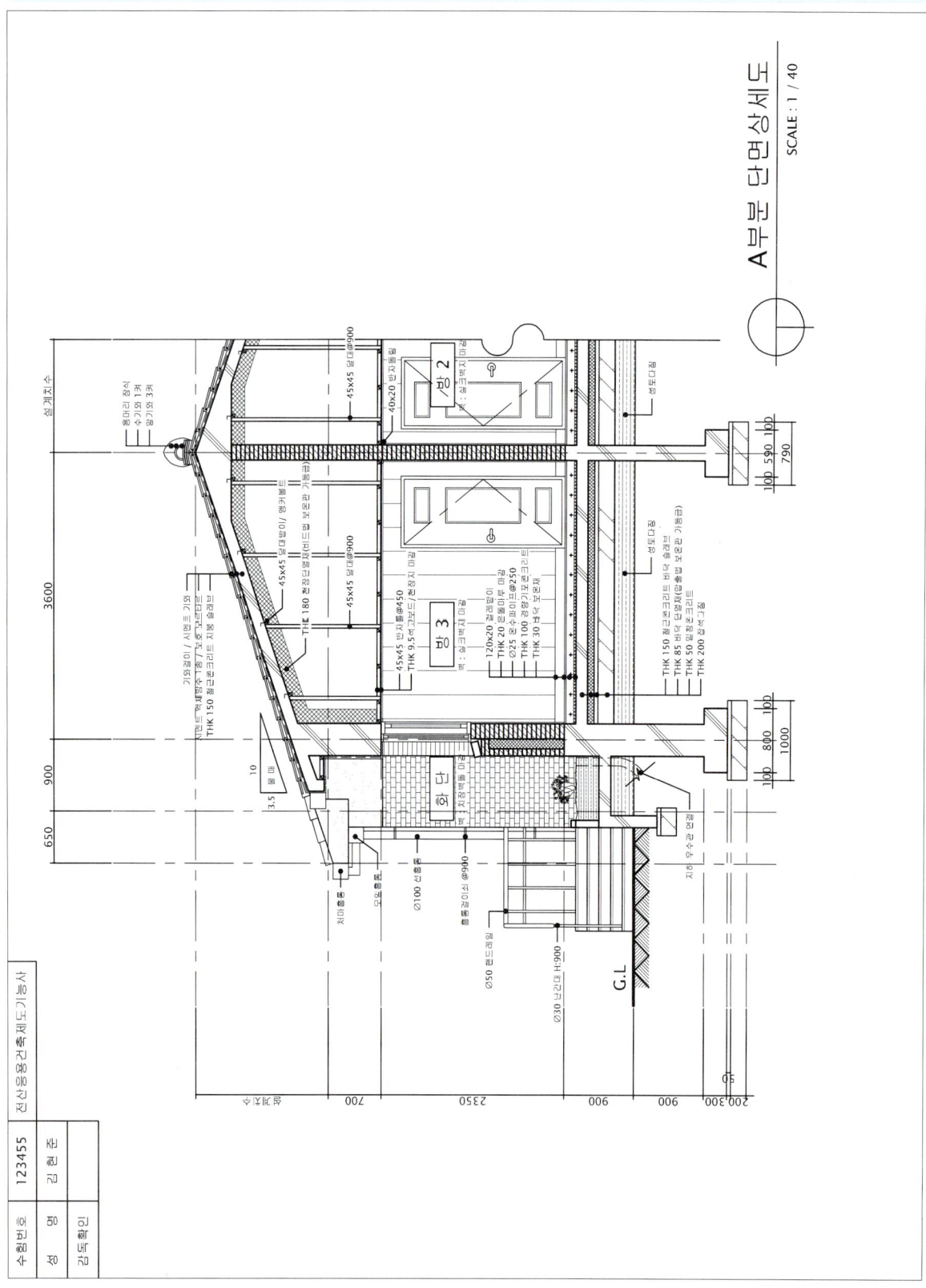

05 [입면도 작성]

18. 평면도 : 입면도 방향이 아래를 향하도록 하고 입면도의 위에 배치
   단면도 : 입면도의 좌측에 배치

❶ 단면도의 G.L을 입면도에 연장
❷ 평면도의 외부 벽체 끝선을 입면도에 연장

19. 단면도에서 지붕높이 표현
   ※ 지붕의 가장 낮은 선을 기준으로 벽체 Trim
20. 평면도에서 지붕의 폭 표현
   ※ 지붕을 네모 모양으로 정리

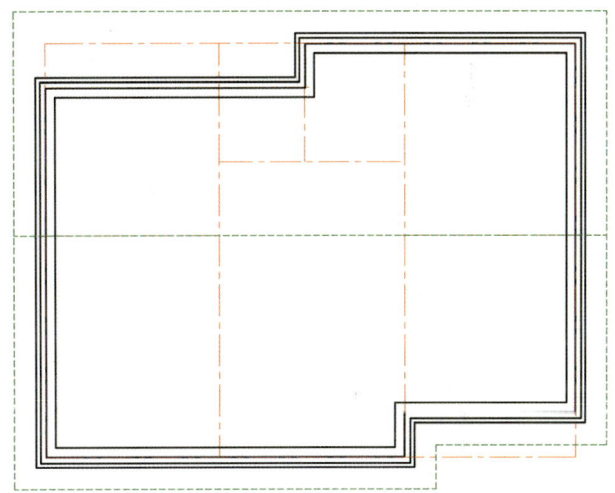

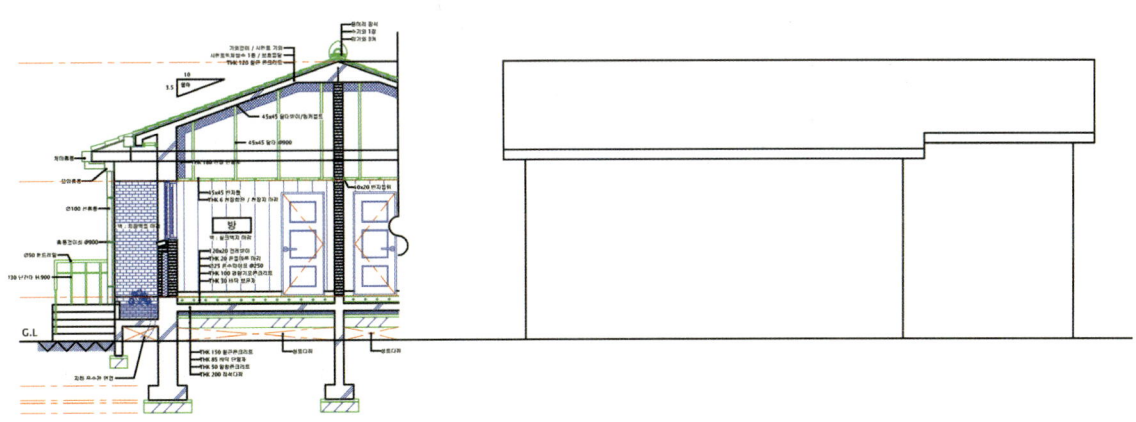

※ 높이가 다른 지붕이 있으면 평면도에서 용머리와 처마 끝의 거리를 확인하고 단면도에 표현
  지붕 물매를 따라가다 보면 수평거리와 만나는 점이 높이가 된다.

21. 난방끝선과 반자 시작선 표시 : 외부에서 볼 때 재료분리의 기준이 된다.

22. 창문과 현관문을 표현하기 위해 창호의 중심위치를 표시한다.

23. 창호표시
: 테라스 위치는 난방이 없으므로 150 낮춘다. 방 창문은 높이 1200, 거실창은 높이 2350으로 표현한다.
단, 테라스로 바로 나갈 수 있는 방 창문은 높이 2350(거실높이)에 맞춘다.

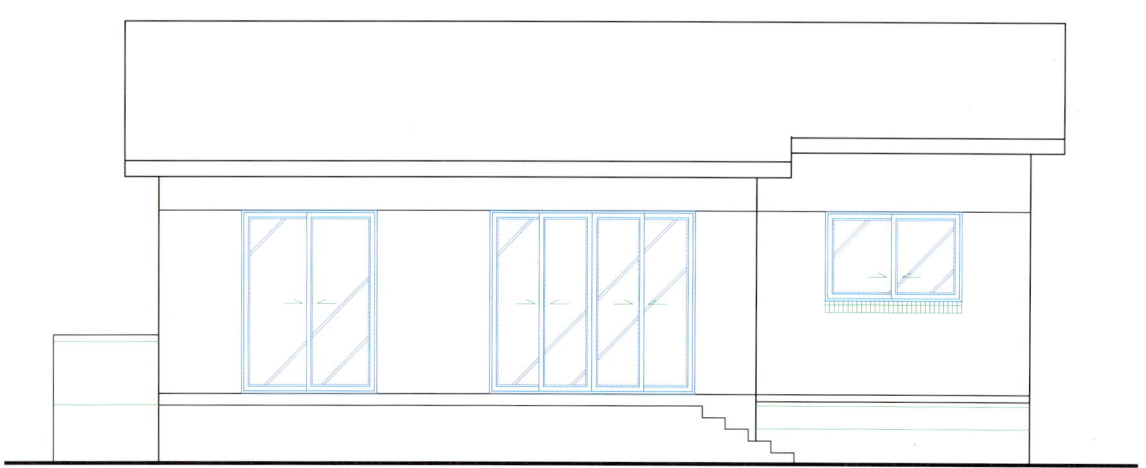

24. 계단, 테라스, 난간, 홈통, 기와, 창문 밑 벽돌 세워쌓기 등 표현

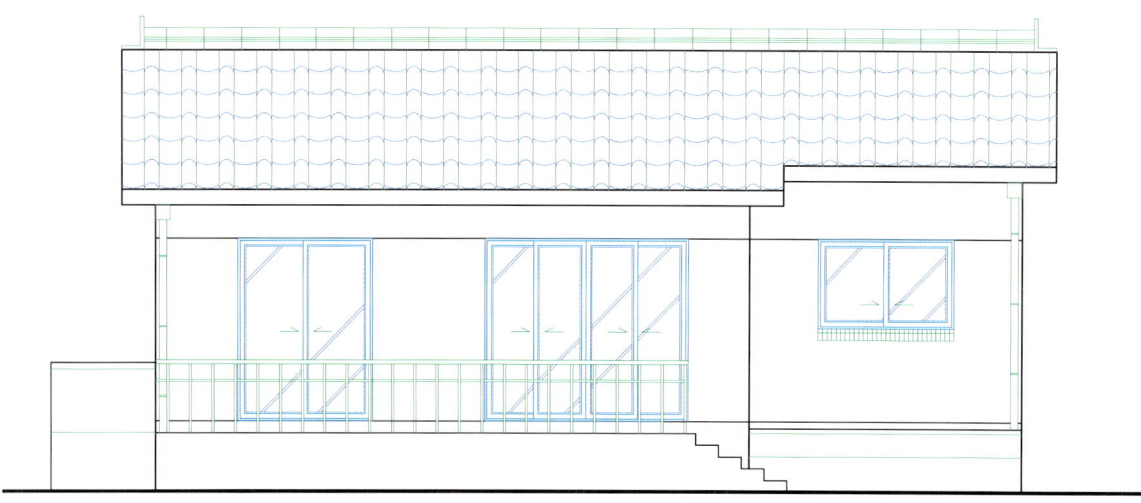

25. 문자작성 : 문자높이 100, 벽돌해칭 : BRICK - 축척 10

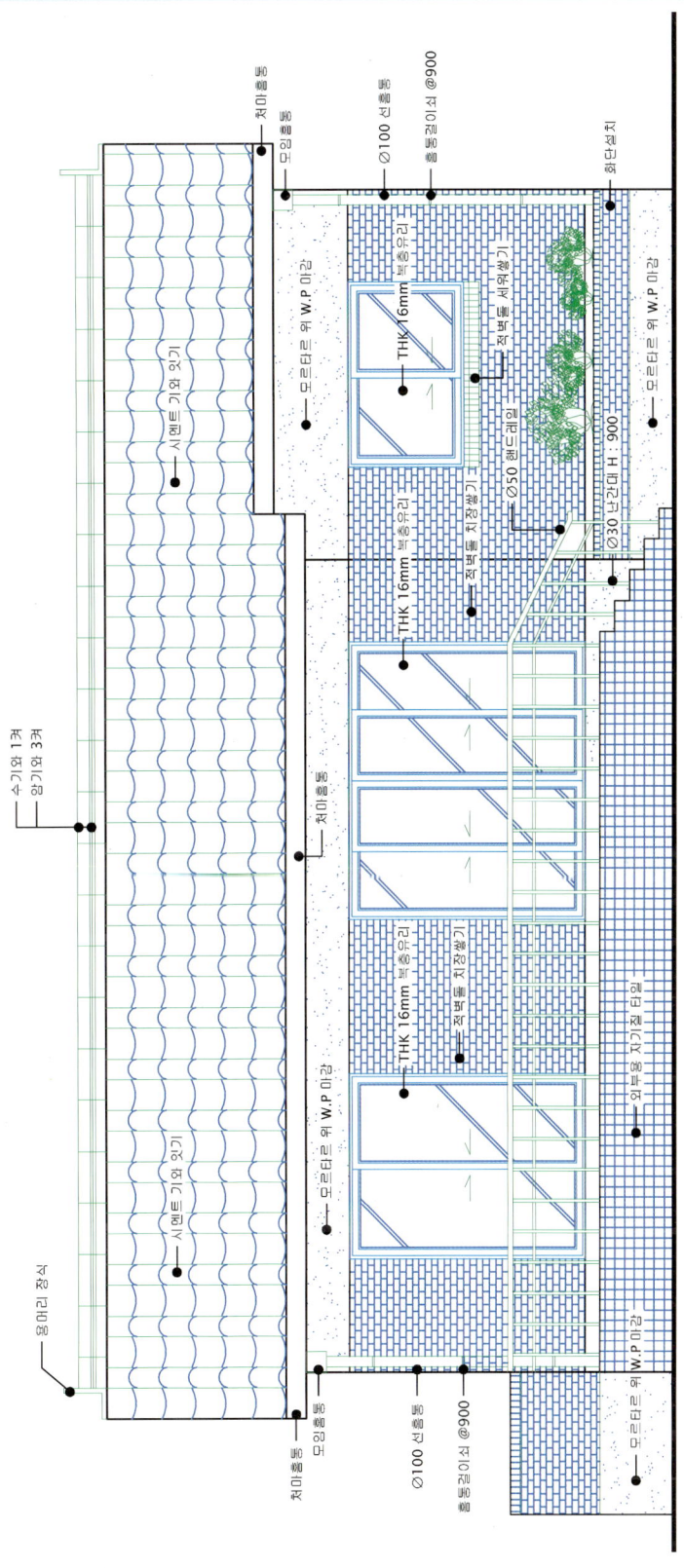

26. 표제란, 수목표현

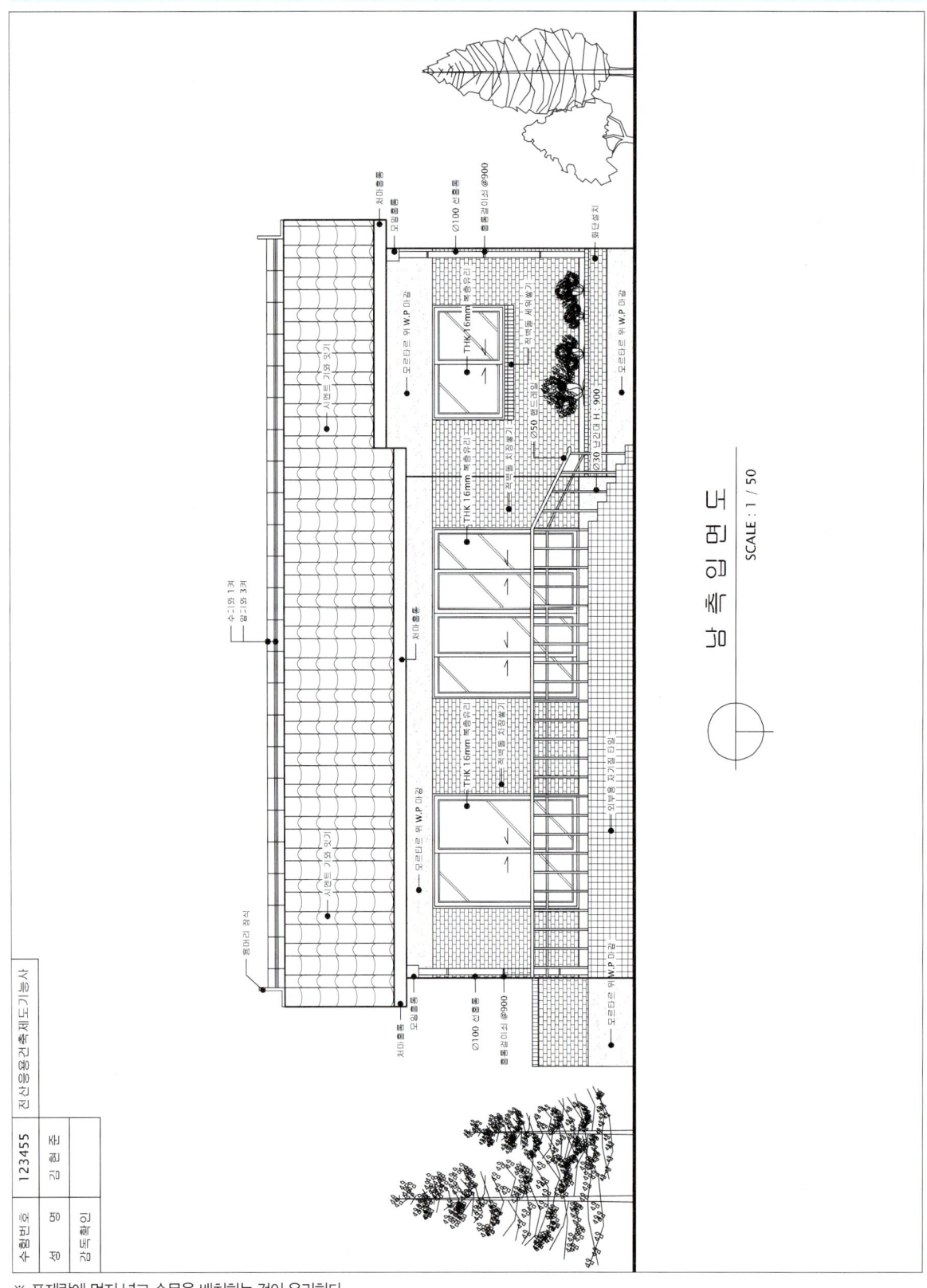

※ 표제란에 먼저 넣고 수목을 배치하는 것이 유리하다.

기출종합문제 04

시험시간 4시간 10분

네이버 카페에서 완성 도면 파일을 확인하세요.
파일명 04-단면도 / 04-입면도

01 요구사항

주어진 평면도를 보고 CAD를 이용하여 아래 조건에 맞게 다음 도면을 작도한 후, 지급된 용지에 본인이 직접 흑백으로 출력하여 파일과 함께 제출하시오.

❶ A부분 단면 상세도를 축척 1/40으로 작도하시오.
❷ 동측 입면도를 축척 1/50으로 작도하되 벽면의 마감재료 표시 및 주위의 배경 등 도면의 요소를 충분히 고려하시오.

[조건]
- 기초 및 지하실 벽체 : 철근콘크리트 구조로 하시오.
- 벽체 : 외벽 – 외부로부터 붉은 벽돌 0.5B, 단열재, 시멘트 벽돌 1.0B
  　　　내벽 – 시멘트 벽돌 1.0B
- 단열재 : 외벽 120mm, 바닥 85mm, 지붕 180mm
- 지붕 : 철근콘크리트 경사슬래브 위 시멘트 기와잇기 마감으로 하시오(물매 4/10 이상).
- 처마나옴 : 벽체 중심에서 600mm
- 반자높이 : 2350mm, 처마반자 설치
- 창호 : 목재창호로 하되 2중창인 경우 외부창호는 알루미늄 섀시로 하시오.
- 각 실의 난방 : 온수파이프 온돌난방으로 하시오.
- 1층 바닥 슬래브와 기초는 일체식으로 표현하시오.
- 평면도에 표현되지 않은 현관 상부 캐노피는 작도하지 않습니다.
- 기타 각 부분의 마감, 치수 등 주어지지 않은 조건은 일반적인 시공수준으로 하시오.

- 선의 통일을 기하기 위하여 아래와 같이 선의 색을 정리하여 출력하시오.
  - 흰색(7-White) : 0.3mm
  - 노랑(2-Yellow) : 0.4mm
  - 빨강(1-Red) : 0.2mm
  - 녹색(3-Green) : 0.2mm
  - 하늘색(4-Cyan) : 0.3mm
  - 파랑(5-Blue) : 0.1mm

02 수험자 유의사항

※ 다음과 같은 경우에는 채점대상에서 제외됩니다.
 1) 시험시간 내에 요구사항을 완성하지 못한 경우
 2) 시험시간 내에 제출된 작품이라도 다음과 같은 경우
    가) 주어진 조건을 지키지 않고 작도한 경우
    나) 요구한 전 도면을 작도하지 않은 경우
    다) 건축제도 통칙을 준수하지 않거나 건축 CAD의 기능이 없는 상태에서 완성된 도면
 3) 시험 중 시설·장비의 조작 또는 재료의 취급이 미숙하여 위해를 일으킬 것으로 시험위원 전원이 합의하여 판단한 경우

03 도면

| 자격종목 | 전산응용건축제도기능사 | 과제명 | 주 택 | 척 도 | NONE |

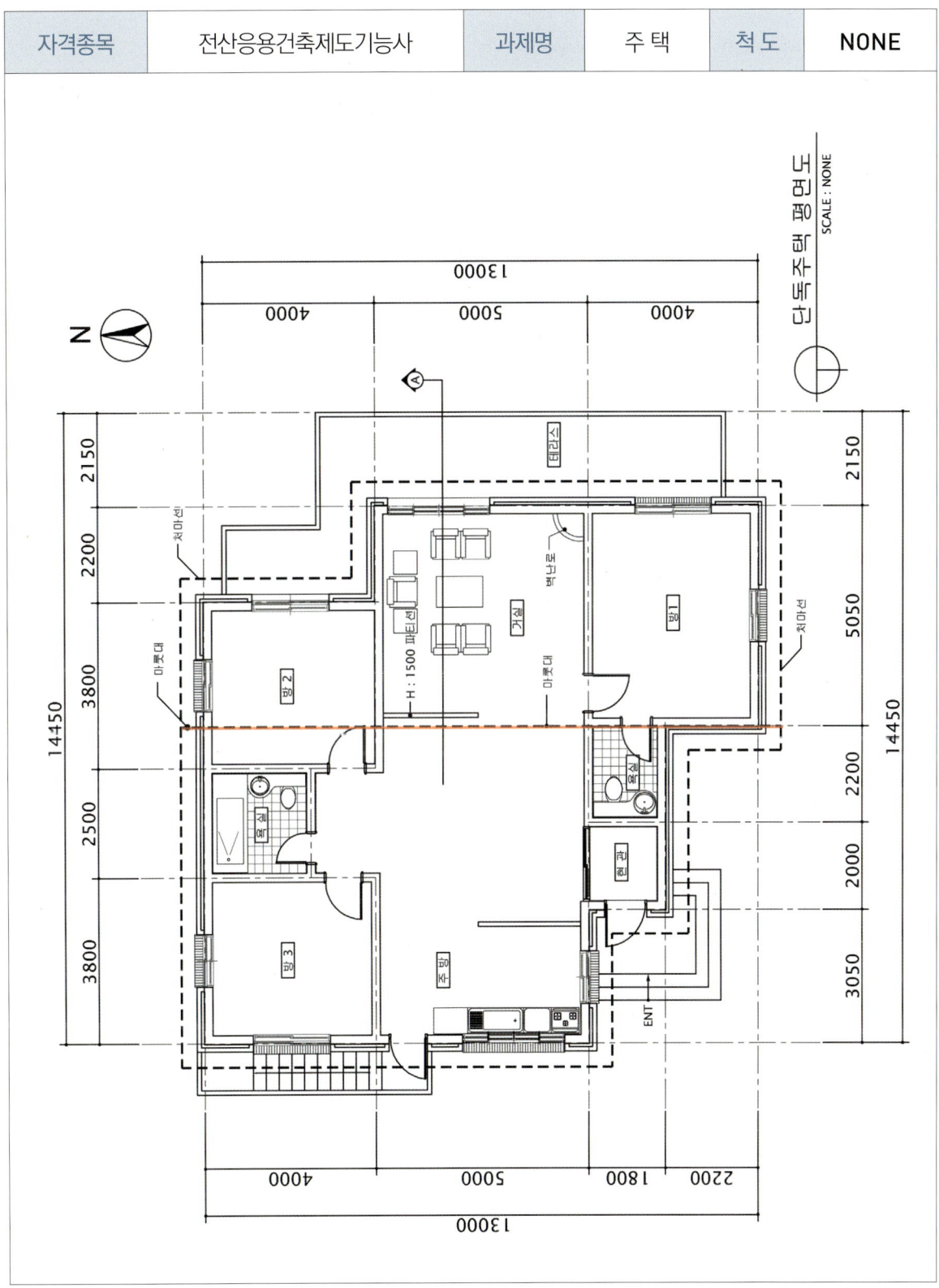

04 [단면도 작성]

1. 기본설정 : Option, OSNAP, LAYER 구성 등
2. 평면도 외벽만 간단히 작성. 지붕이 복잡할 경우 미리 그려두는 것이 유리하다.
3. 화살표 방향이 위로 보도록 회전한다. – X Enter 모두선택 Enter (분해)

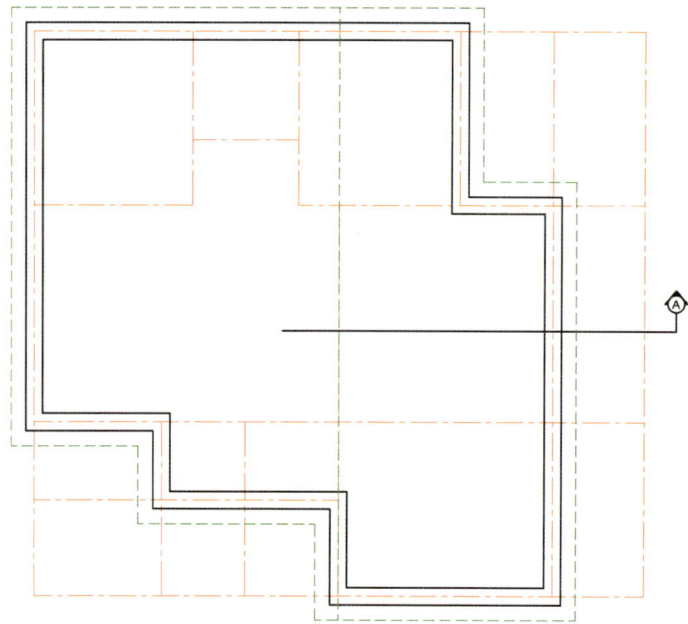

4. 노란색 도면층 : 평면도보다 길게 G.L을 그리고 절단부분(화살표가 지나가는 부분)의 기초와 바닥슬래브 표현
5. 흰색 도면층 : 바닥단열재(THK 85), 밑창콘크리트(THK 50), 잡석다짐(THK 200), 난방(THK 150) 완성하기

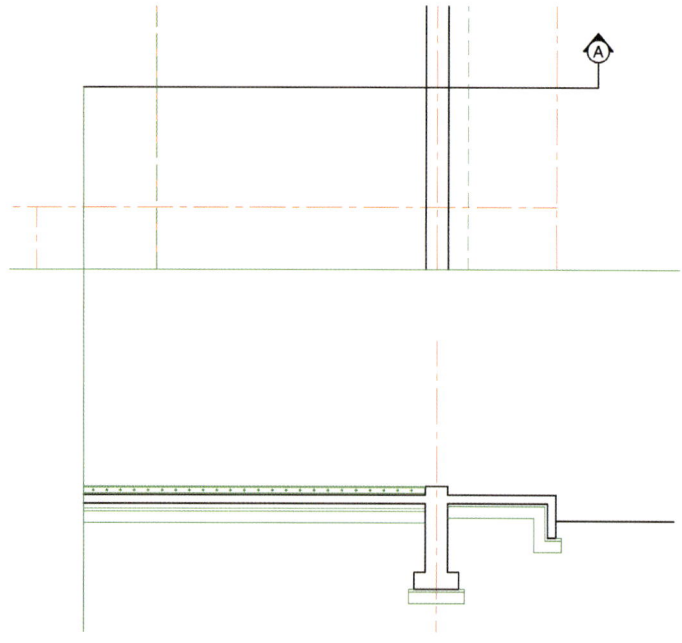

6. 지붕 슬래브 그리기

❶ 지붕 마룻대에서 가장 먼 벽체의 중심거리 파악
❷ 난방선 끝에서 2350 위로 Offset
❸ 테두리보의 높이 700 표현
❹ REC [Enter] 시작점 클릭 @1000,400 [Enter]
❺ XL [Enter] A [Enter] 대각선 끝점 클릭, 클릭 – 가장 먼 벽체 중심과 테두리보가 만나는 부분에 클릭

7. 지붕 슬래브 완성

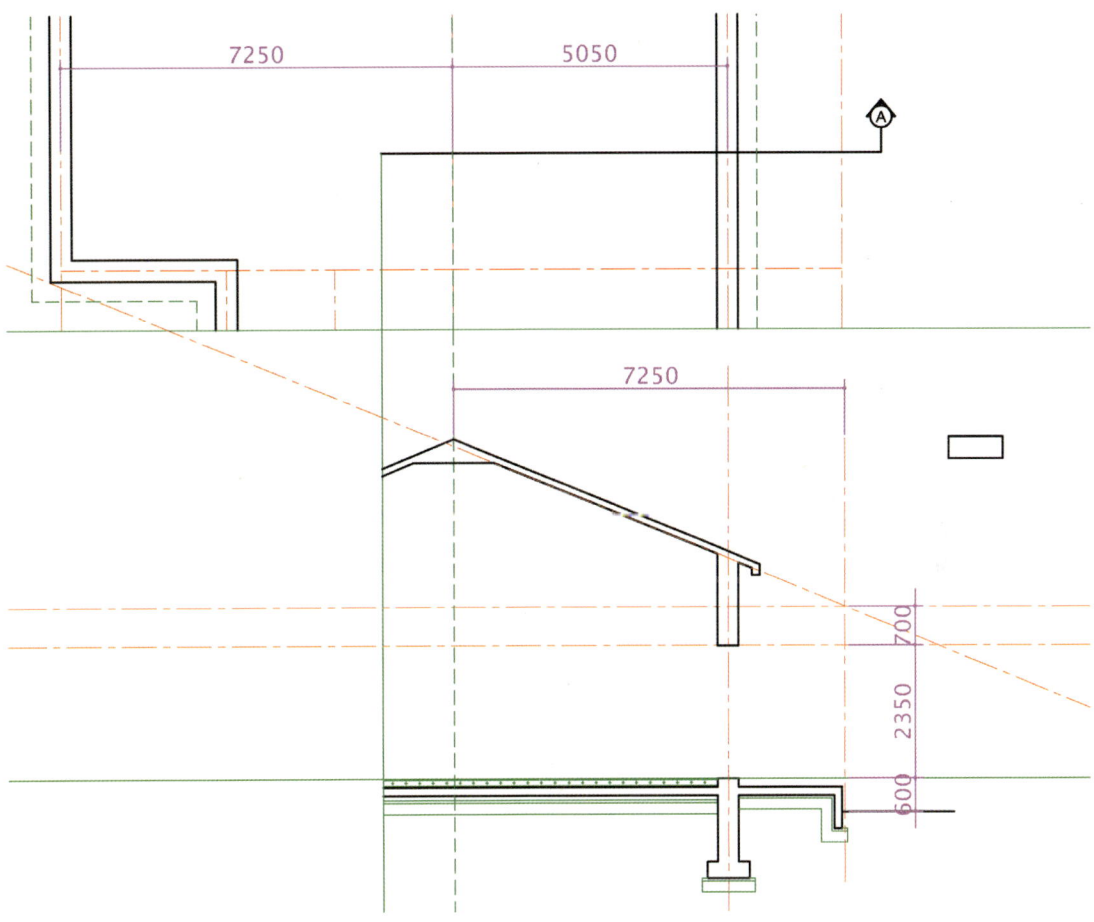

8. 반자 설치 : 반자를 복사하여 처마반자도 함께 설치한다.
9. 지붕단열재 : THK 180
10. 지붕방수, 기와

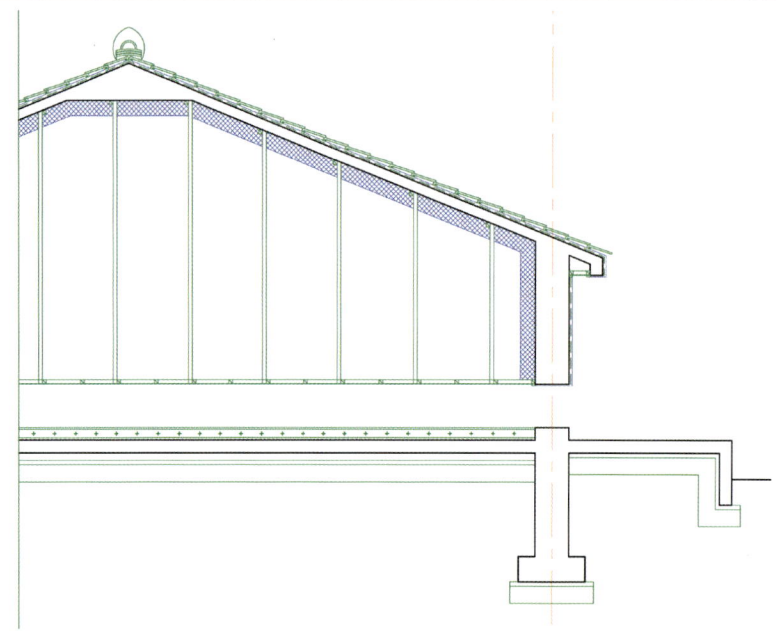

11. 거실창, 내부 파티션 표현
12. 단면도상의 입면요소 표현
   : 입면으로 보이는 벽체, 입면으로 보이는 처마, 입면으로 보이는 문과 창문 등을 표현한다.
13. 홈통설치

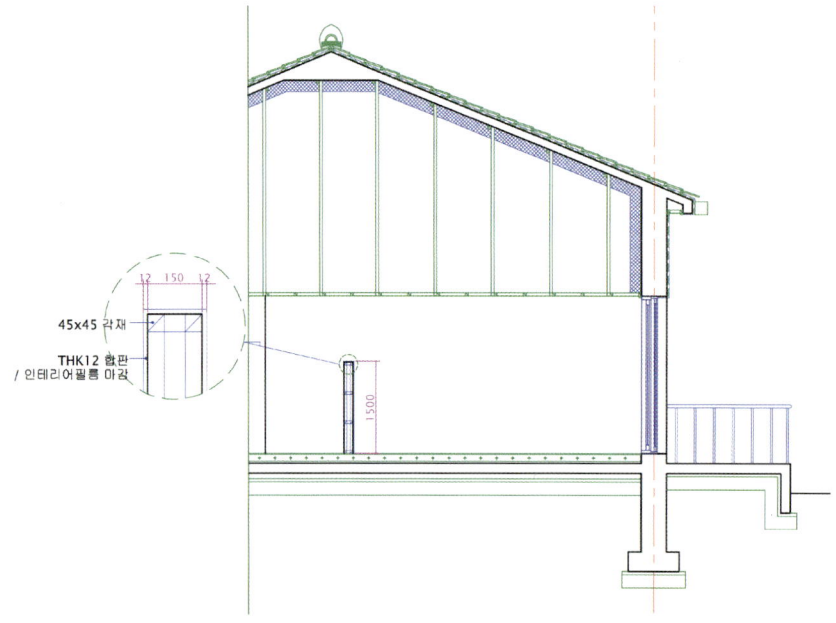

14. 문자 작성

ST [Enter] – Lucida sans unicode

도면층 : 흰색, 문자높이 : 80

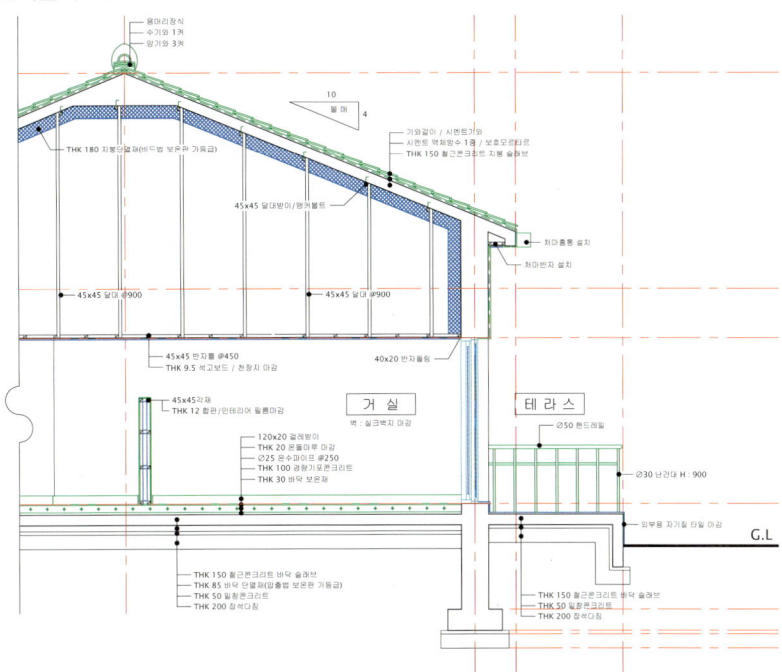

15. 단면, 입면의 재료표현과 해칭
16. 치수 : 중심선의 길이를 모두 맞춘 후 주석 – 신속치수

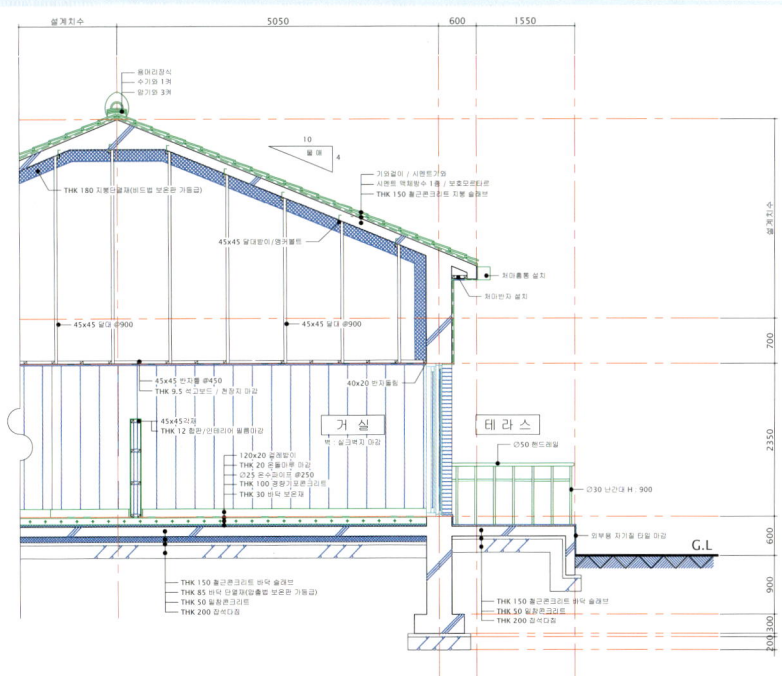

17. 표제란

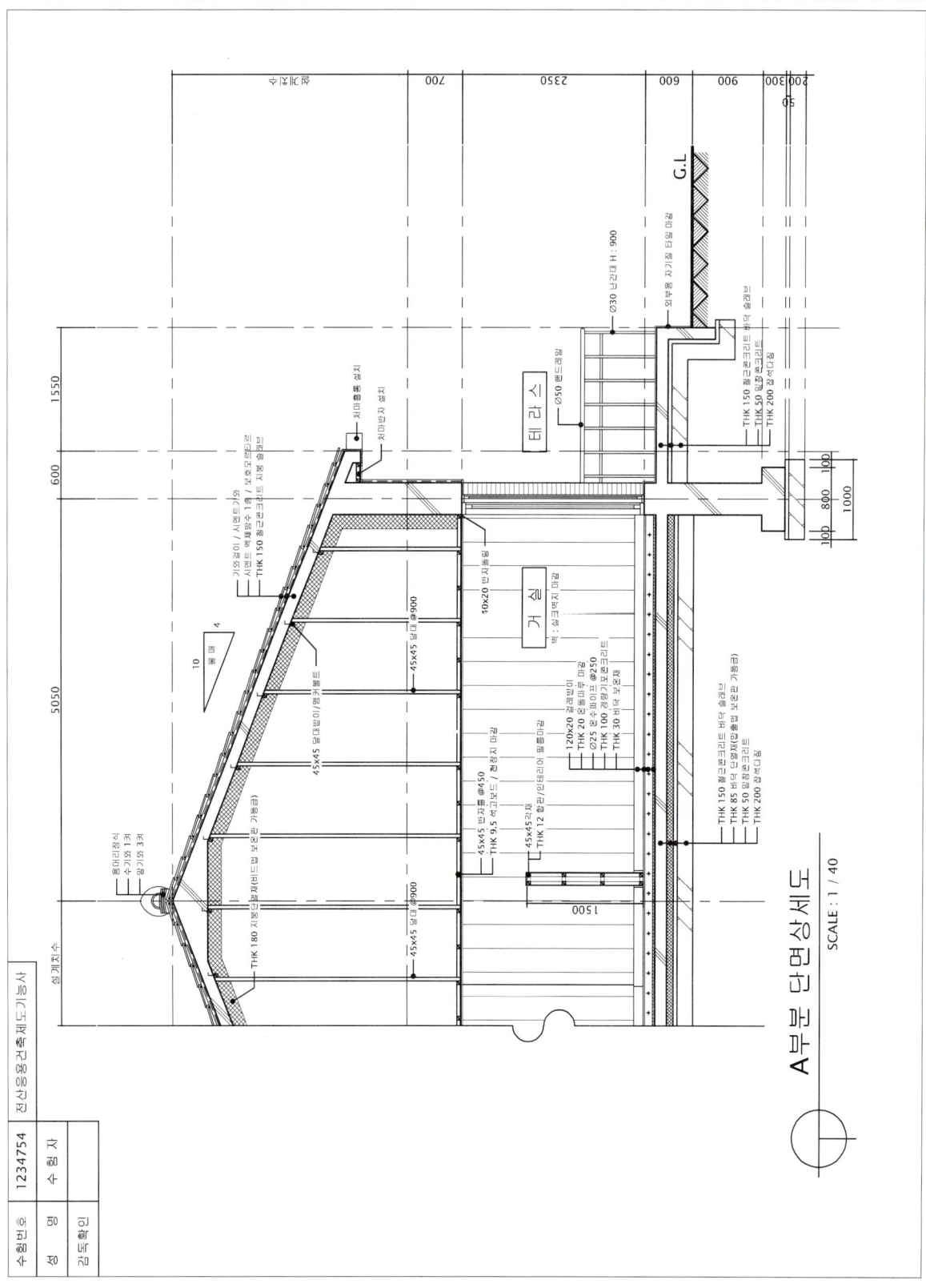

05 [입면도 작성]

18. 평면도 : 입면도 방향이 아래를 향하도록 하고 입면도의 위에 배치
   단면도 : 입면도의 좌측에 배치

❶ 단면도의 G.L을 입면도에 연장
❷ 평면도의 외부 벽체 끝선을 입면도에 연장

19. 단면도에서 지붕높이 표현
   ※ 지붕의 가장 낮은 선을 기준으로 벽체 Trim

20. 평면도에서 지붕의 폭 표현
   ※ 지붕을 네모 모양으로 정리

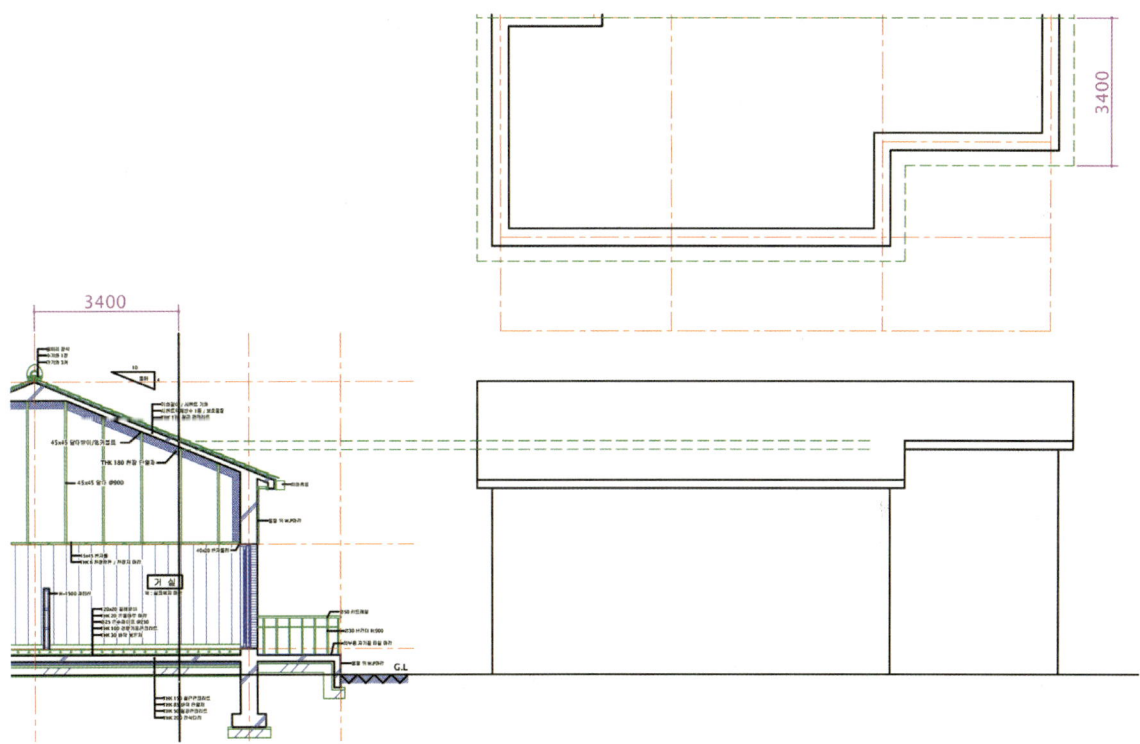

※ 높이가 다른 지붕이 있으면 평면도에서 용머리와 처마 끝의 거리를 확인하고 단면도에 표현
  지붕 물매를 따라가다 보면 수평거리와 만나는 점이 높이가 된다.

21. 난방끝선과 반자 시작선 표시 : 외부에서 볼 때 재료분리의 기준이 된다.

22. 창문과 현관문을 표현하기 위해 창호의 중심위치를 표시한다.

23. 창호표시

: 테라스 위치는 난방이 없으므로 150 낮춘다. 방 창문은 높이 1200, 거실창은 높이 2350으로 표현한다.
단, 테라스로 바로 나갈 수 있는 방 창문은 높이 2350(거실높이)에 맞춘다.

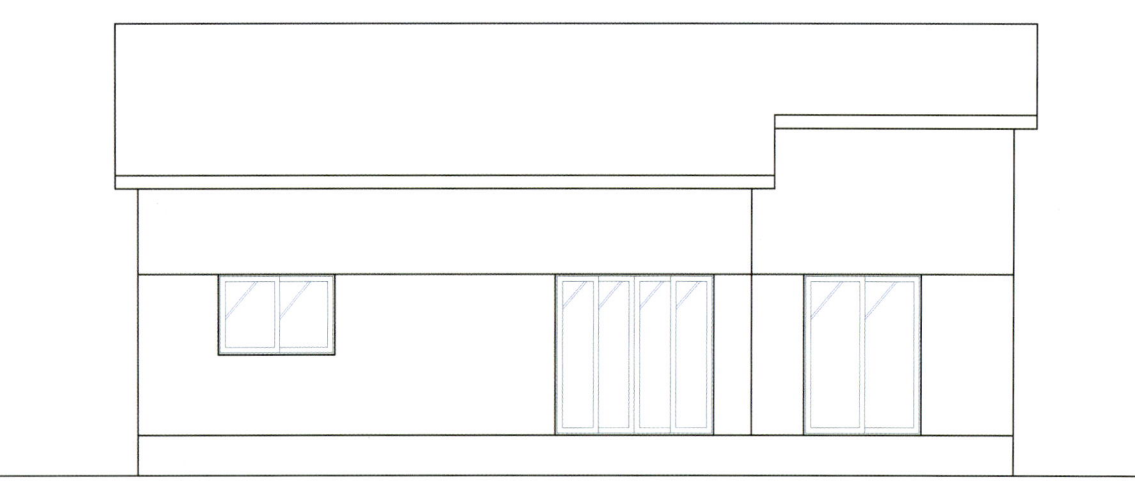

24. 계단, 테라스, 난간, 홈통, 기와, 창문 밑 벽돌 세워쌓기 등 표현

※ 뒤쪽에 낮은 지붕이 있으면 평면도 길이만큼 단면도에서 높이 생성

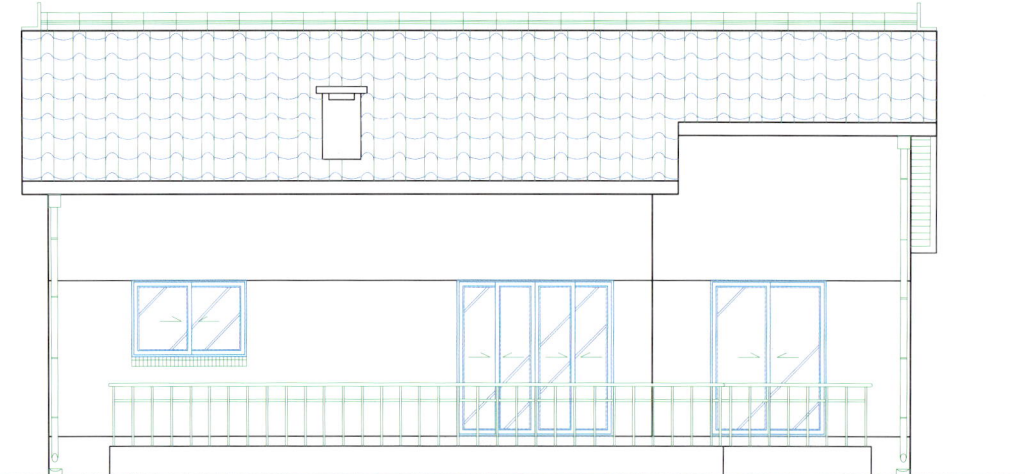

25. 문자작성 : 문자높이 100
벽돌해칭 : BRICK – 축척 10

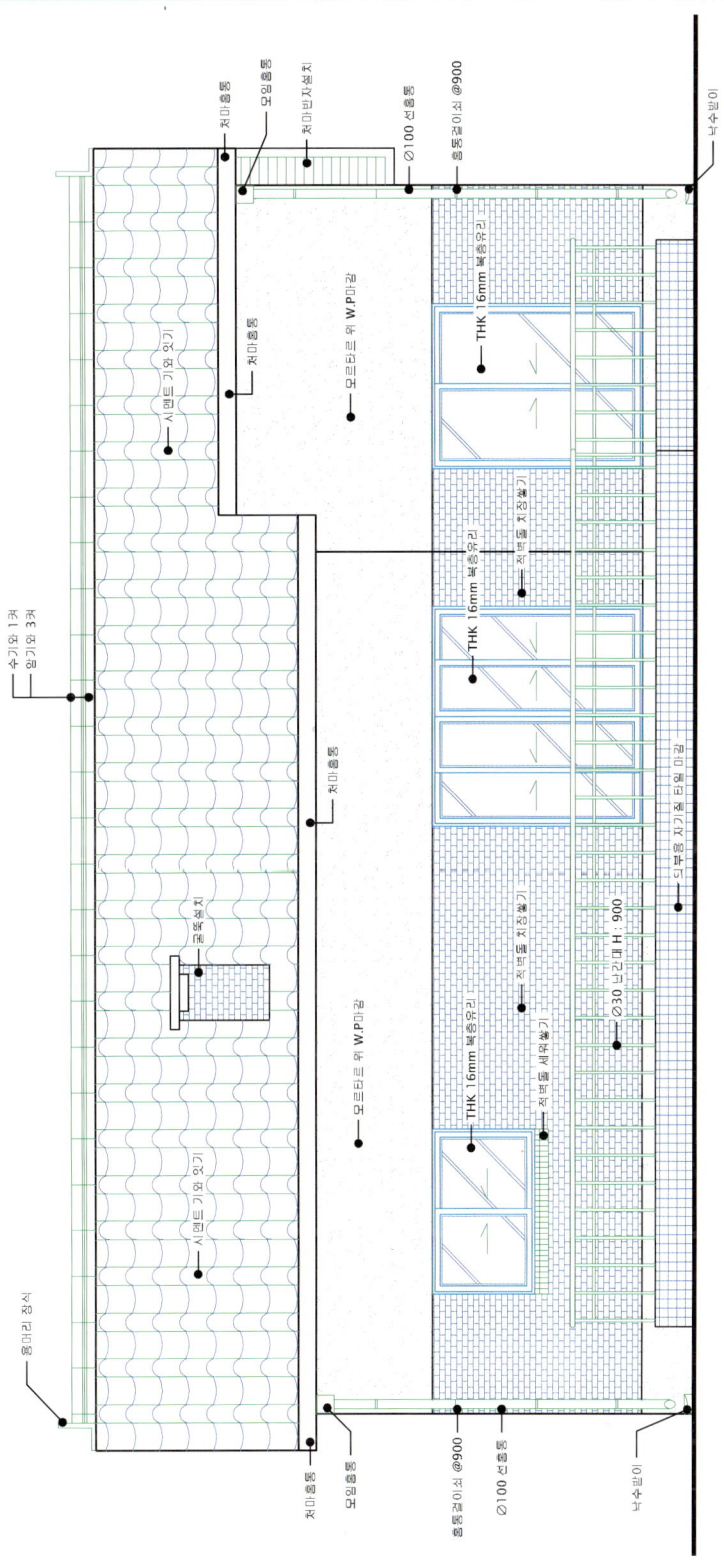

26. 표제란, 수목표현

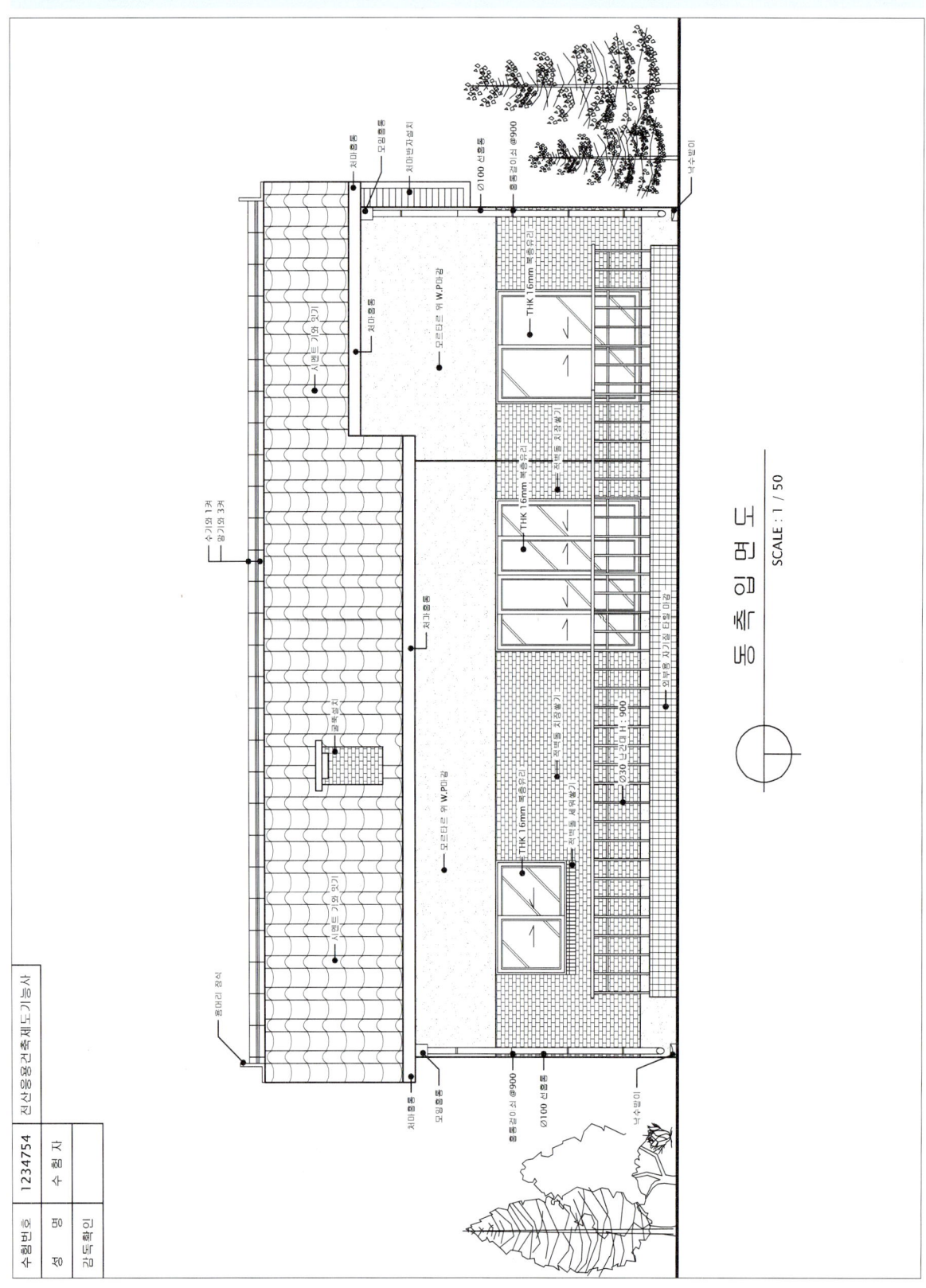

※표제란에 먼저 넣고 수목을 배치하는 것이 유리하다.

memo

기출종합문제 05

시험시간 4시간 10분

네이버 카페에서 완성 도면 파일을 확인하세요.
파일명 05-단면도 / 05-입면도

01 요구사항

주어진 평면도를 보고 CAD를 이용하여 아래 조건에 맞게 다음 도면을 작도한 후, 지급된 용지에 본인이 직접 흑백으로 출력하여 파일과 함께 제출하시오.

❶ A부분 단면 상세도를 축척 1/40으로 작도하시오.
❷ 서측 입면도를 축척 1/50으로 작도하되 벽면의 마감재료 표시 및 주위의 배경 등 도면의 요소를 충분히 고려하시오.

[조 건]
- 기초 및 지하실 벽체 : 철근콘크리트 구조로 하시오.
- 벽체 : 외벽 – 외부로부터 붉은 벽돌 0.5B, 단열재, 시멘트 벽돌 1.0B
         내벽 – 시멘트 벽돌 1.0B
- 단열재 : 외벽 120mm, 바닥 85mm, 지붕 180mm
- 지붕 : 철근콘크리트 경사슬래브 위 시멘트 기와잇기 마감으로 하시오.(물매 4/10 이상)
- 처마나옴 : 벽체 중심에서 600mm
- 반자높이 : 2400mm, 처마반자 설치
- 창호 : 목재창호로 하되 2중창인 경우 외부창호는 알루미늄 섀시로 하시오.
- 각 실의 난방 : 온수파이프 온돌난방으로 하시오.
- 1층 바닥 슬래브와 기초는 일체식으로 표현하시오.
- 평면도에 표현되지 않은 현관 상부 캐노피는 작도하지 않습니다.
- 기타 각 부분의 마감, 치수 등 주어지지 않은 조건은 일반적인 시공수준으로 하시오.

- 선의 통일을 기하기 위하여 아래와 같이 선의 색을 정리하여 출력하시오.
  - 흰색(7-White) : 0.3mm
  - 노랑(2-Yellow) : 0.4mm
  - 빨강(1-Red) : 0.2mm
  - 녹색(3-Green) : 0.2mm
  - 하늘색(4-Cyan) : 0.3mm
  - 파랑(5-Blue) : 0.1mm

02 수험자 유의사항

※ 다음과 같은 경우에는 채점대상에서 제외됩니다.
1) 시험시간 내에 요구사항을 완성하지 못한 경우
2) 시험시간 내에 제출된 작품이라도 다음과 같은 경우
   가) 주어진 조건을 지키지 않고 작도한 경우
   나) 요구한 전 도면을 작도하지 않은 경우
   다) 건축제도 통칙을 준수하지 않거나 건축 CAD의 기능이 없는 상태에서 완성된 도면
3) 시험 중 시설·장비의 조작 또는 재료의 취급이 미숙하여 위해를 일으킬 것으로 시험위원 전원이 합의하여 판단한 경우

03 도면

| 자격종목 | 전산응용건축제도기능사 | 과제명 | 주 택 | 척 도 | NONE |

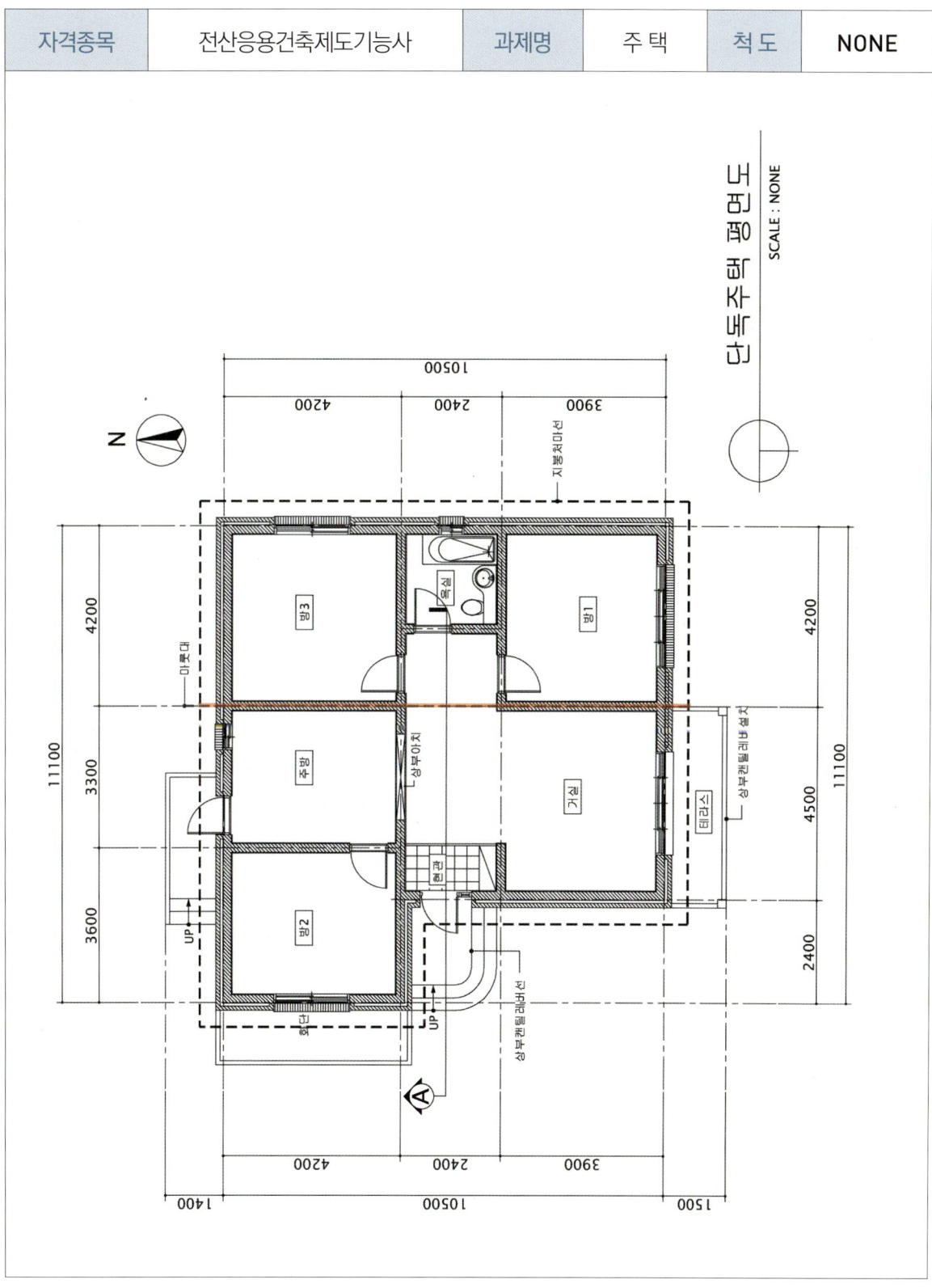

단독주택 평면도
SCALE : NONE

04 [단면도 작성]

1. 기본설정 : Option, OSNAP, LAYER 구성 등
2. 평면도 외벽만 간단히 작성. 지붕이 복잡할 경우 미리 그려두는 것이 유리하다.
3. 화살표 방향이 위로 보도록 회전한다. – X Enter 모두선택 Enter (분해)

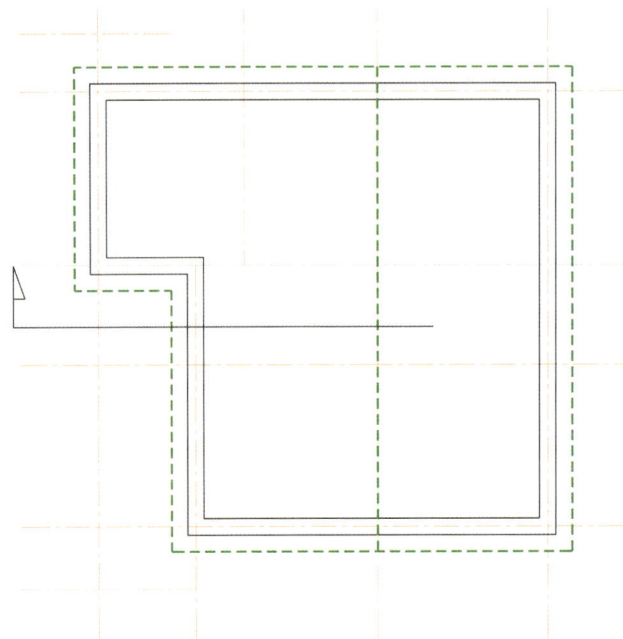

4. 노란색 도면층 : 평면도보다 길게 G.L을 그리고 절단부분(화살표가 지나가는 부분)의 기초와 바닥슬래브 표현
5. 흰색 도면층 : 바닥단열재(THK 85), 밑창콘크리트(THK 50), 잡석다짐(THK 200), 난방(THK 150) 완성하기

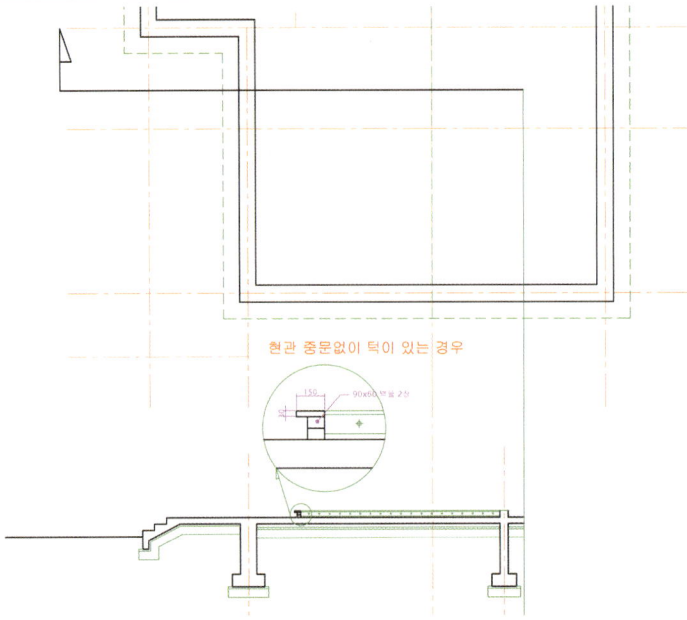

6. 지붕 슬래브 그리기

❶ 지붕 마룻대에서 가장 먼 벽체의 중심거리 파악
❷ 난방선 끝에서 2400 위로 Offset
❸ 테두리보의 높이 700 표현
❹ REC [Enter] 시작점 클릭 @1000,400 [Enter]
❺ XL [Enter] A [Enter] 대각선 끝점 클릭, 클릭 – 가장 먼 벽체 중심과 테두리보가 만나는 부분에 클릭

7. 지붕 슬래브 완성

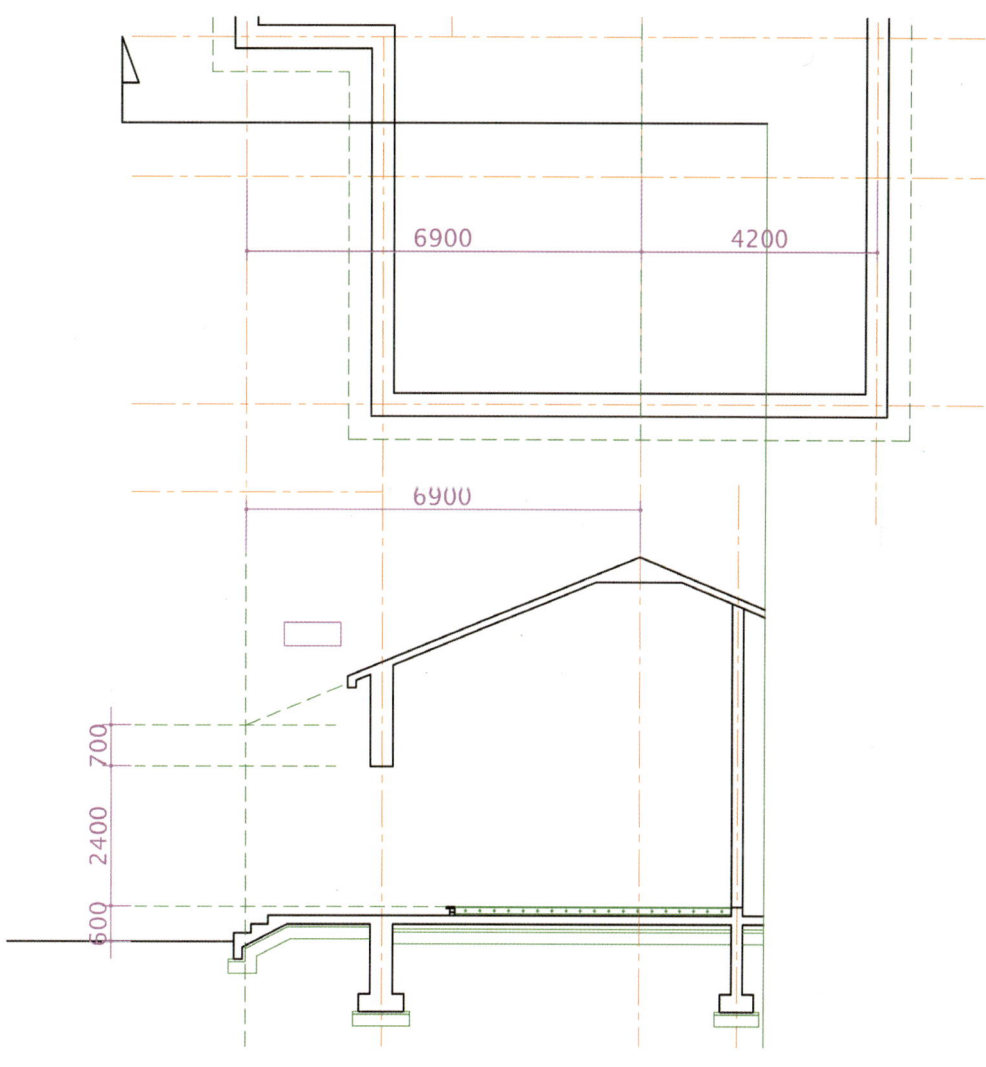

8. 반자 설치 : 반자를 복사하여 처마반자도 함께 설치한다.
9. 지붕단열재 : THK 180
10. 지붕방수, 기와

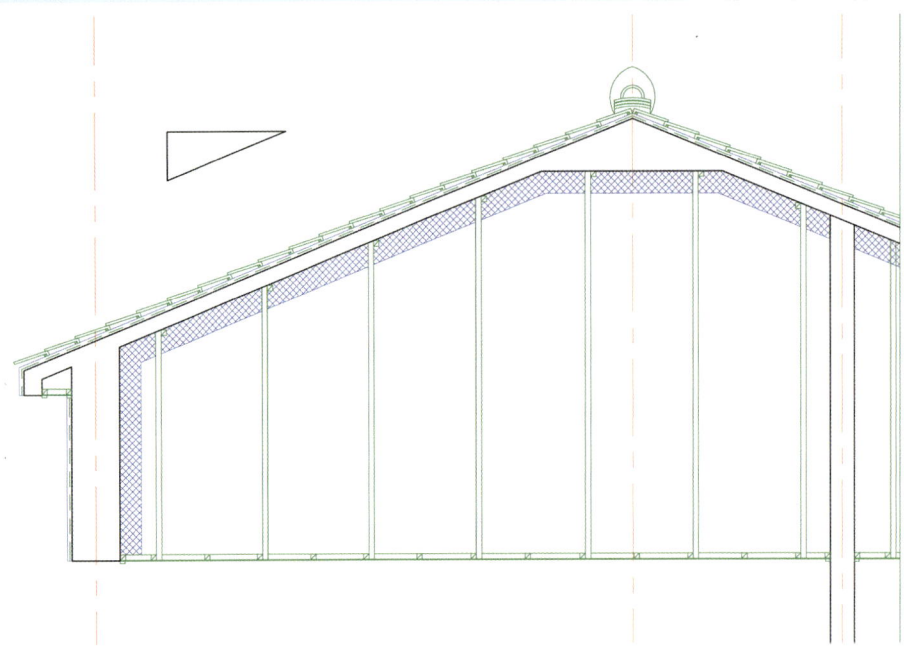

11. 현관문, 방문, 상부 아치 표현
12. 단면도상의 입면요소 표현 : 입면으로 보이는 벽체, 입면으로 보이는 처마, 입면으로 보이는 문과 창문 등을 표현한다.
13. 홈통 설치

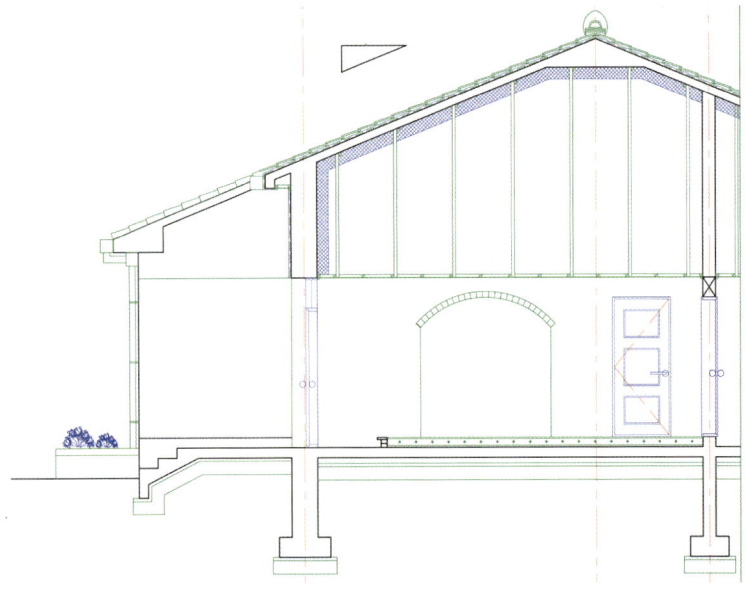

14. 문자 작성

ST [Enter] — Lucida sans unicode

도면층 : 흰색, 문자높이 : 80

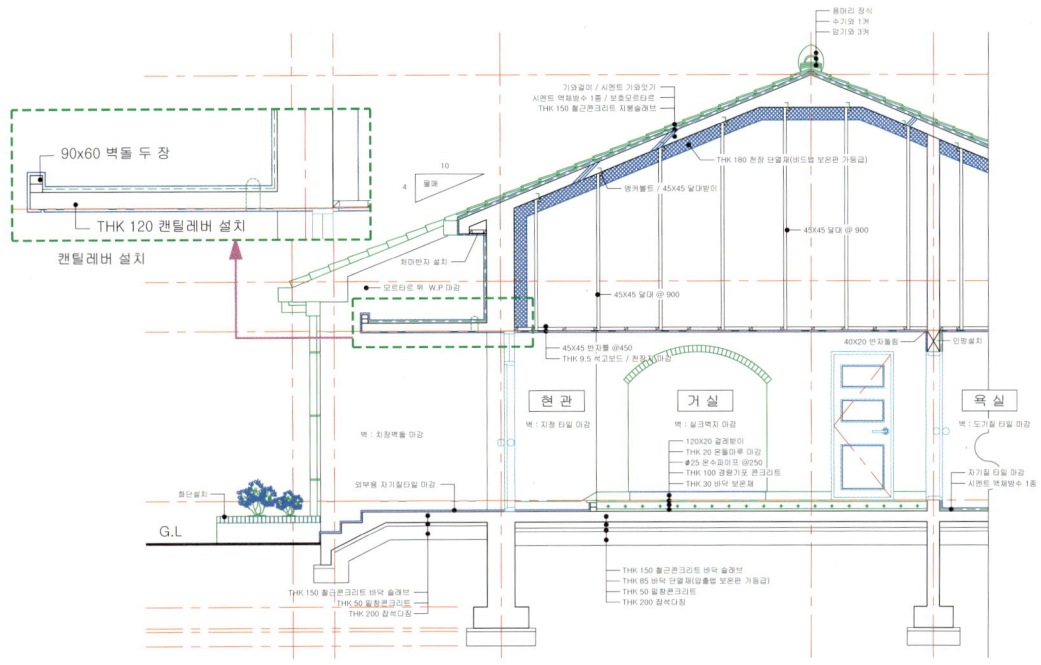

15. 단면, 입면의 재료표현과 해칭
16. 치수 : 중심선의 길이를 모두 맞춘 후 주석 – 신속치수

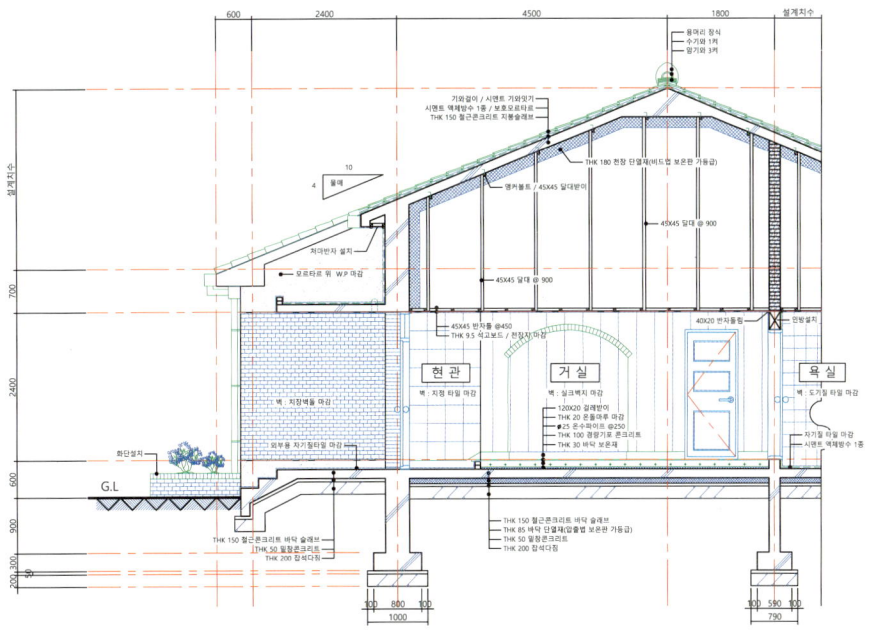

17. 표제란

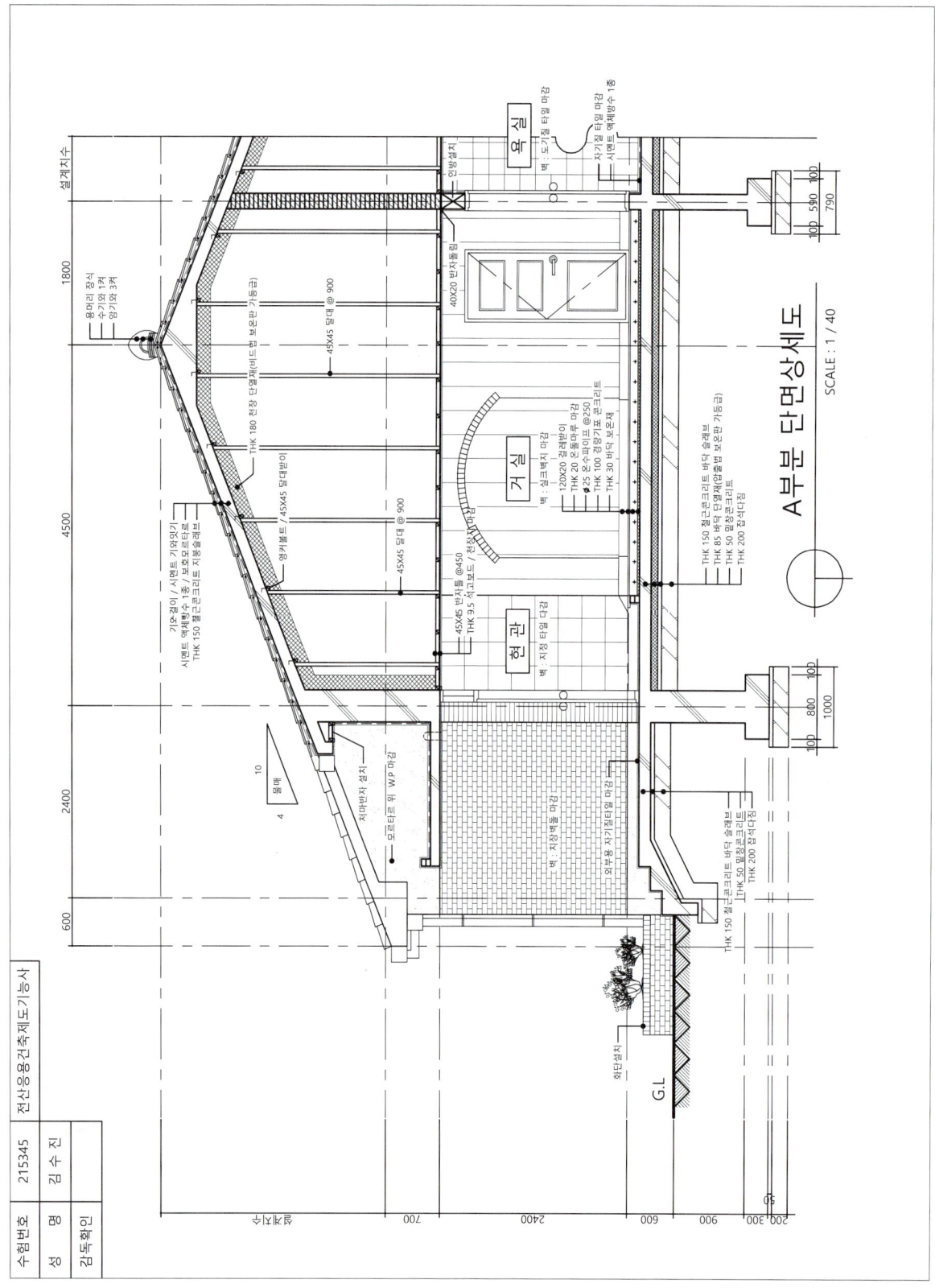

05 [입면도 작성]

18. 평면도 : 입면도 방향이 아래를 향하도록 하고 입면도의 위에 배치
　　　단면도 : 입면도의 좌측에 배치

❶ 단면도의 G.L을 입면도에 연장
❷ 평면도의 외부 벽체 끝선을 입면도에 연장

19. 단면도에서 지붕높이 표현
　　※ 지붕의 가장 낮은 선을 기준으로 벽체 Trim

20. 평면도에서 지붕의 폭 표현
　　※ 지붕을 네모 모양으로 정리

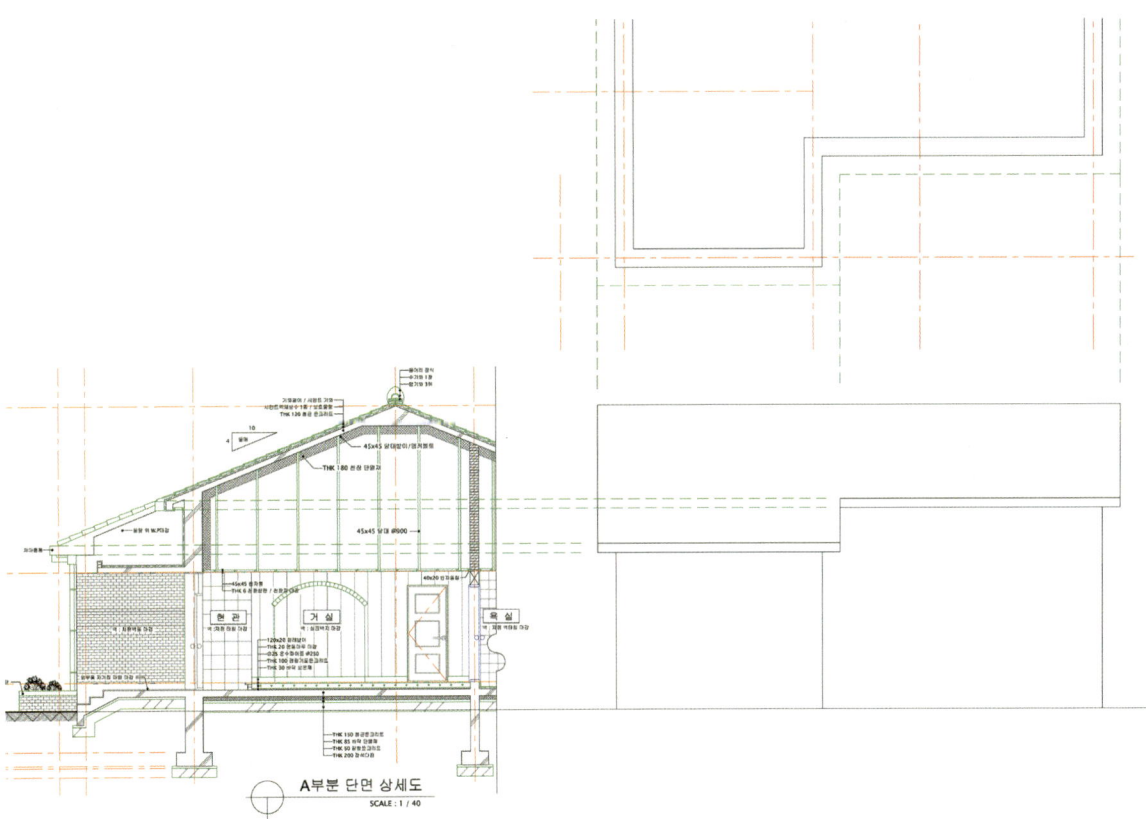

※ 높이가 다른 지붕이 있으면 평면도에서 용머리와 처마 끝의 거리를 확인하고 단면도에 표현
　지붕 물매를 따라가다 보면 수평거리와 만나는 점이 높이가 된다.

21. 난방끝선과 반자 시작선 표시 : 외부에서 볼 때 재료분리의 기준이 된다.

22. 창문과 현관문을 표현하기 위해 창호의 중심위치를 표시한다.

23. 창호표시
테라스와 현관 높이는 난방이 없으므로 150 낮춘다. 방 창문은 높이 1200, 거실창은 높이 2400으로 표현한다.
단, 테라스로 바로 나갈 수 있는 방 창문은 높이 2400(거실높이)에 맞춘다.

24. 계단, 테라스, 난간, 홈통, 기와, 창문 밑 벽돌 세워쌓기 등 표현
※ 뒤쪽에 낮은 지붕이 있으면 평면도 길이만큼 단면도에서 높이 생성

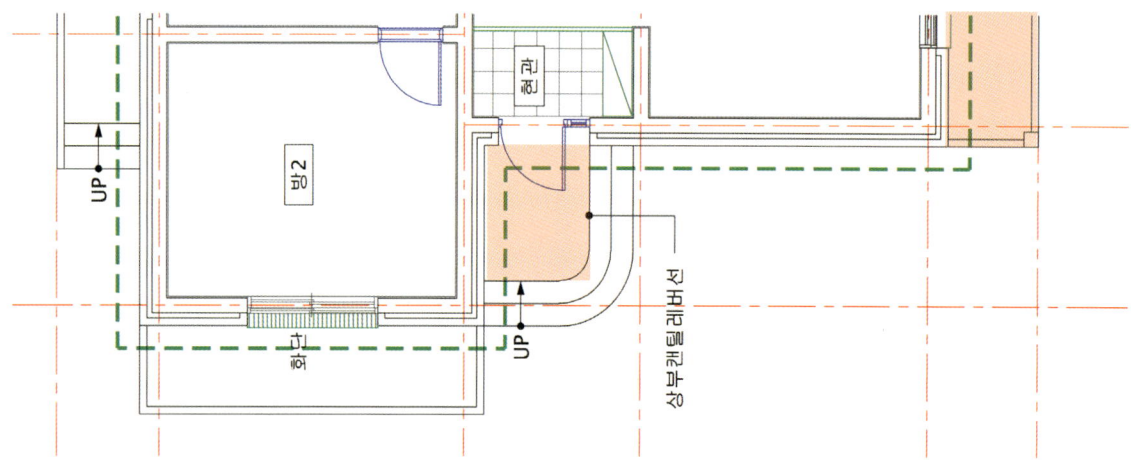

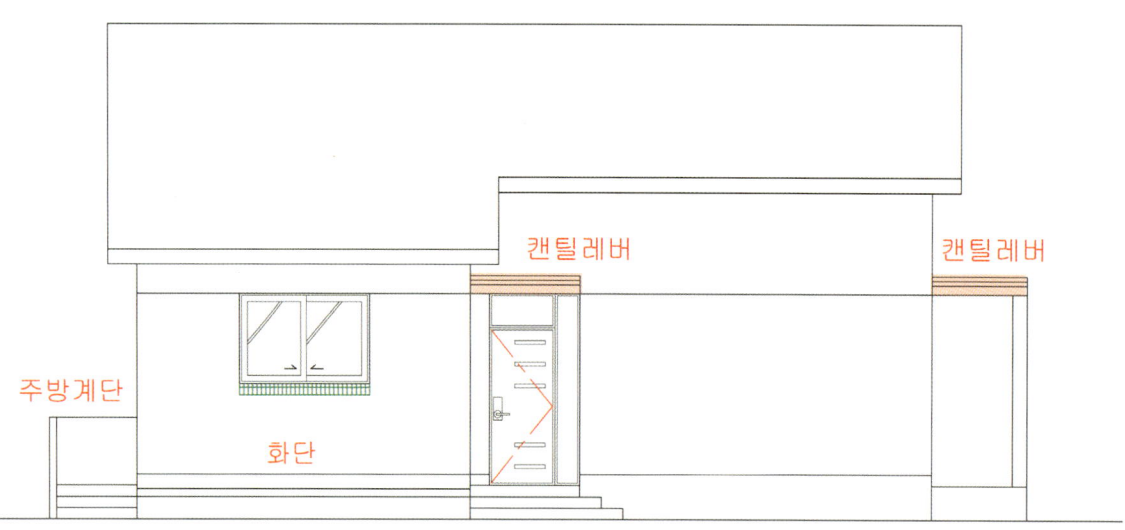

25. 문자작성 : 문자높이 100
   벽돌해칭 : BRICK − 축척 10

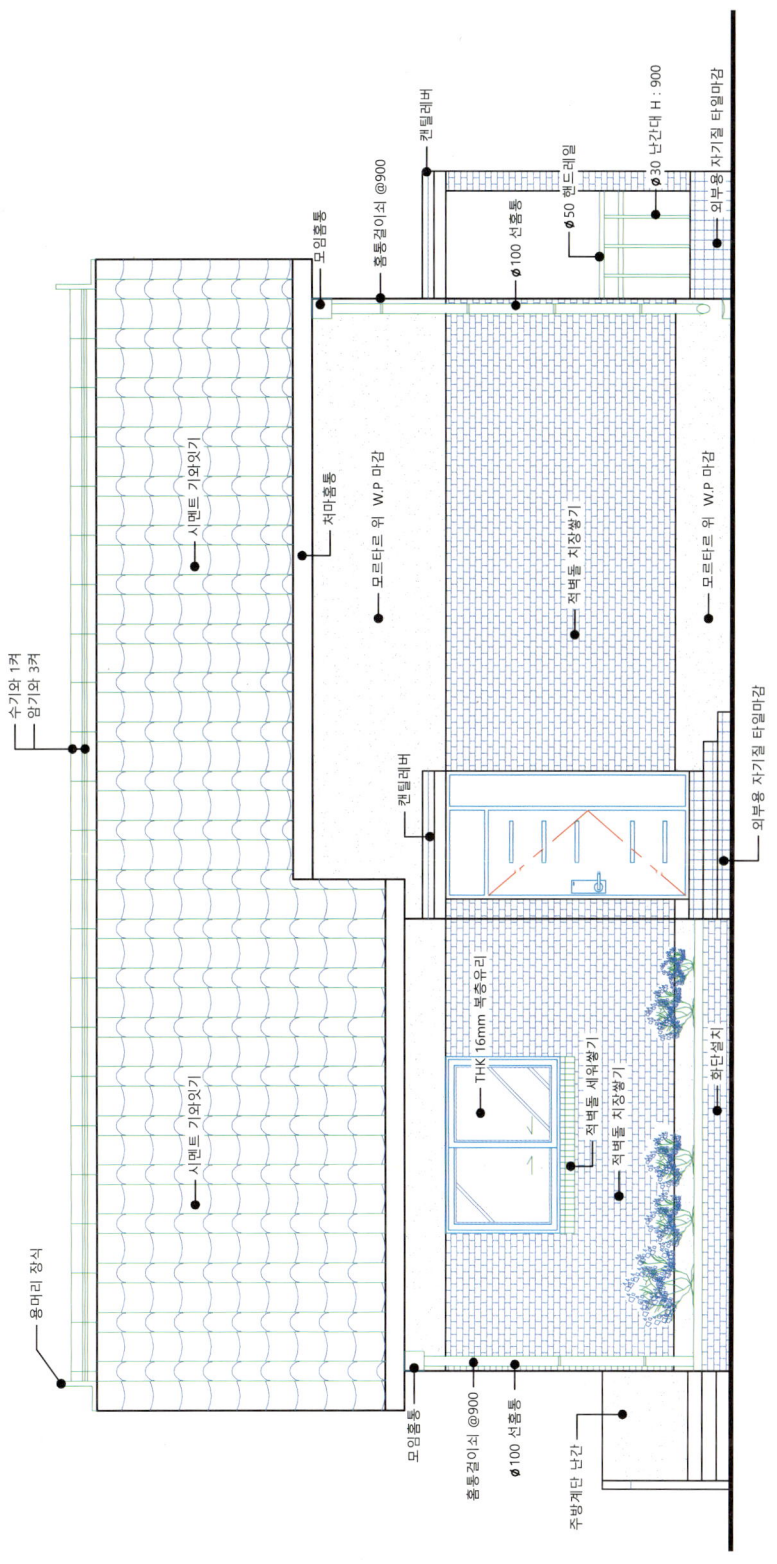

26. 표제란, 수목표현

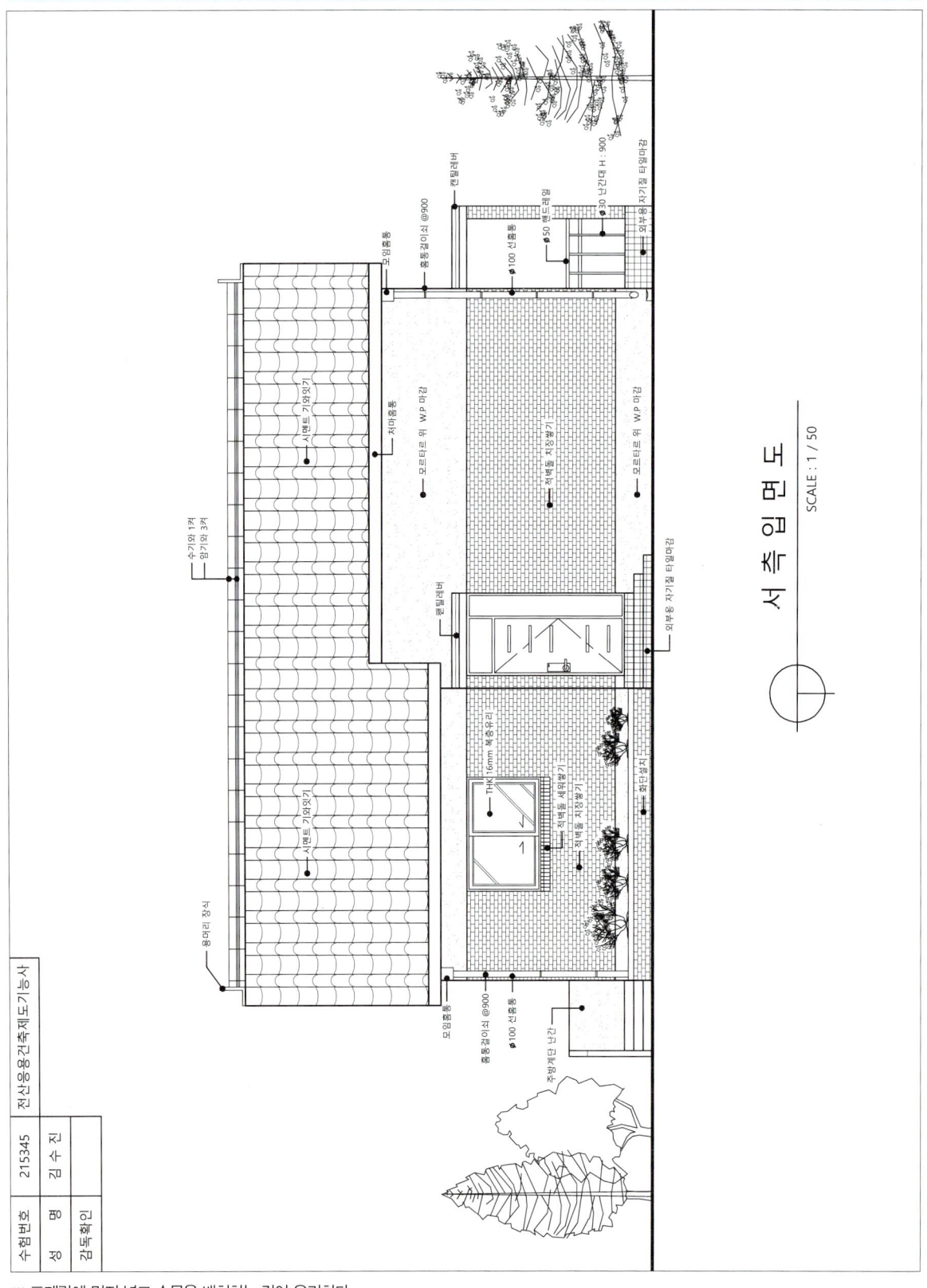

※ 표제란에 먼저 넣고 수목을 배치하는 것이 유리하다.

기출종합문제 06

시험시간 4시간 10분

네이버 카페에서 완성 도면 파일을 확인하세요.
파일명 06-단면도 / 06-입면도

01 요구사항

주어진 평면도를 보고 CAD를 이용하여 아래 조건에 맞게 다음 도면을 작도한 후, 지급된 용지에 본인이 직접 흑백으로 출력하여 파일과 함께 제출하시오.

❶ A부분 단면 상세도를 축척 1/40으로 작도하시오.
❷ 남측 입면도를 축척 1/50으로 작도하되 벽면의 마감재료 표시 및 주위의 배경 등 도면의 요소를 충분히 고려하시오.

[조 건]
- 기초 및 지하실 벽체 : 철근콘크리트 구조로 하시오.
- 벽체 : 외벽 – 외부로부터 붉은 벽돌 0.5B, 단열재, 시멘트 벽돌 1.0B
  내벽 – 시멘트 벽돌 1.0B
- 단열재 : 외벽 120mm, 바닥 85mm, 지붕 180mm
- 지붕 : 철근콘크리트 경사슬래브 위 시멘트 기와잇기 마감으로 하시오(물매 4/10 이상).
- 치미니옴 : 벽체 중심에서 600mm
- 반자높이 : 2400mm, 처마반자 설치
- 창호 : 목재창호로 하되 2중창인 경우 외부창호는 알루미늄 섀시로 하시오.
- 각 실의 난방 : 온수파이프 온돌난방으로 하시오.
- 1층 바닥 슬래브와 기초는 일체식으로 표현하시오.
- 평면도에 표현되지 않은 현관 상부 캐노피는 작도하지 않습니다.
- 기타 각 부분의 마감, 치수 등 주어지지 않은 조건은 일반적인 시공수준으로 하시오.

- 선의 통일을 기하기 위하여 아래와 같이 선의 색을 정리하여 출력하시오.
    - 흰색(7–White) : 0.3mm
    - 노랑(2–Yellow) : 0.4mm
    - 빨강(1–Red) : 0.2mm
    - 녹색(3–Green) : 0.2mm
    - 하늘색(4–Cyan) : 0.3mm
    - 파랑(5–Blue) : 0.1mm

02 수험자 유의사항

※ 다음과 같은 경우에는 채점대상에서 제외됩니다.
1) 시험시간 내에 요구사항을 완성하지 못한 경우
2) 시험시간 내에 제출된 작품이라도 다음과 같은 경우
   가) 주어진 조건을 지키지 않고 작도한 경우
   나) 요구한 전 도면을 작도하지 않은 경우
   다) 건축제도 통칙을 준수하지 않거나 건축 CAD의 기능이 없는 상태에서 완성된 도면
3) 시험 중 시설·장비의 조작 또는 재료의 취급이 미숙하여 위해를 일으킬 것으로 시험위원 전원이 합의하여 판단한 경우

03 도면

| 자격종목 | 전산응용건축제도기능사 | 과제명 | 주 택 | 척 도 | NONE |

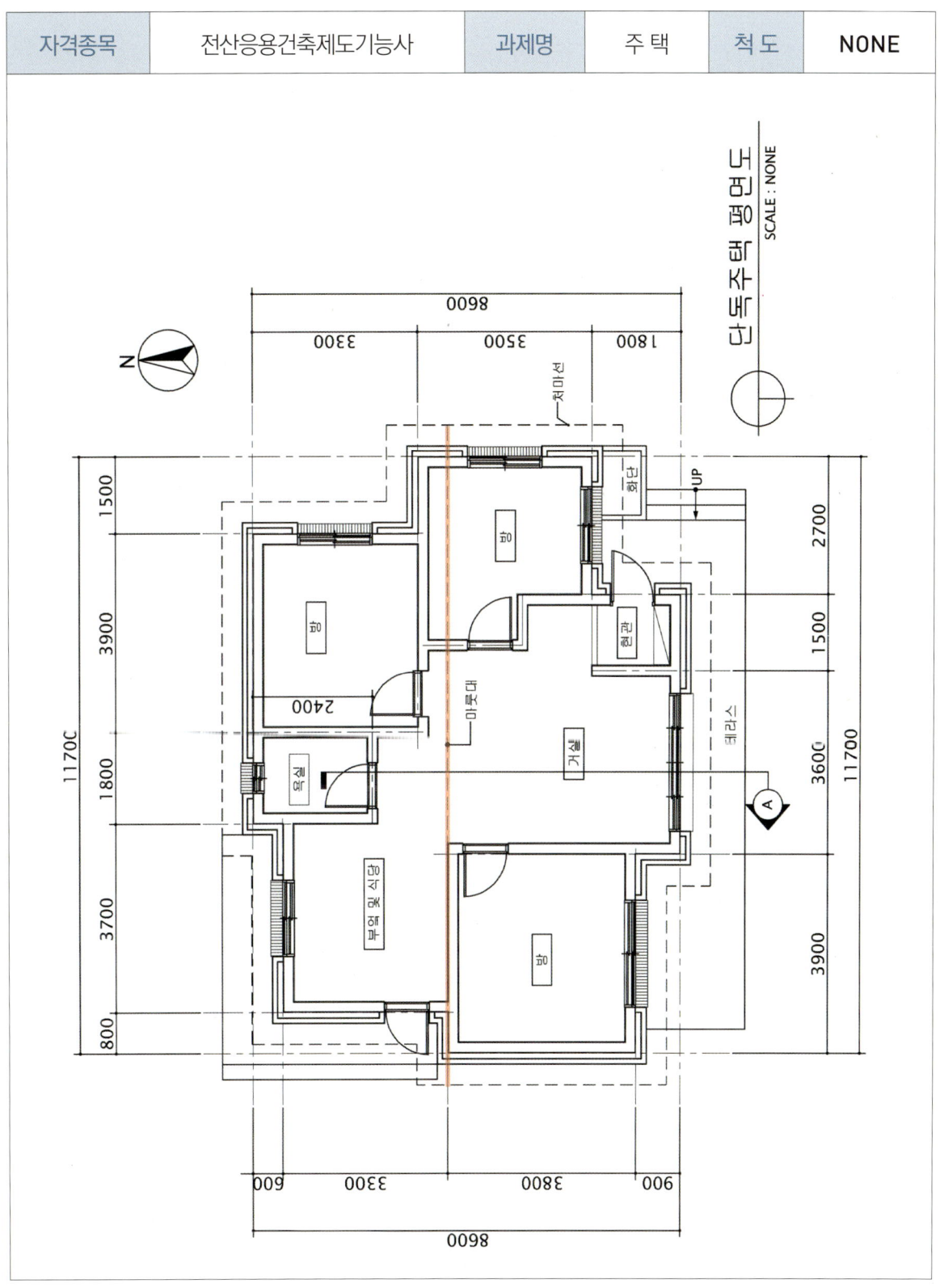

04 [단면도 작성]

1. 기본설정 : Option, OSNAP, LAYER 구성 등
2. 평면도 외벽만 간단히 작성. 지붕이 복잡할 경우 미리 그려두는 것이 유리하다.
3. 화살표 방향이 위로 보도록 회전한다. – X Enter 모두선택 Enter (분해)

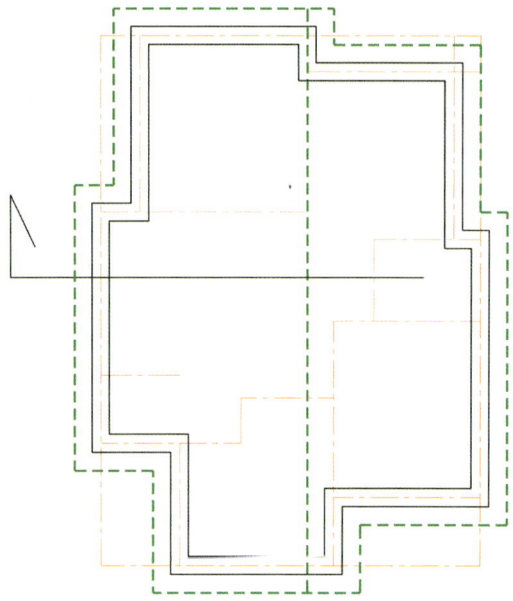

4. 노란색 도면층 : 평면도보다 길게 G.L을 그리고 절단부분(화살표가 지나가는 부분)의 기초와 바닥슬래브 표현
5. 흰색 도면층 : 바닥단열재(THK 85), 밑창콘크리트(THK 50), 잡석다짐(THK 200), 난방(THK 150) 완성하기
6. 지붕 슬래브 그리기

❶ 지붕 마룻대에서 가장 먼 벽체의 중심거리 파악
❷ 난방선 끝에서 2400 위로 Offset
❸ 테두리보의 높이 700 표현
❹ REC Enter 시작점 클릭 @1000,400 Enter
❺ XL Enter A Enter 대각선 끝점 클릭, 클릭 – 가장 먼 벽체 중심과 테두리보가 만나는 부분에 클릭

7. 지붕 슬래브 완성

8. 반자 설치 : 반자를 복사하여 처마반자도 함께 설치한다.

9. 지붕단열재 : THK 180

10. 지붕방수, 기와

11. 단면 거실창, 내부 방문 표현

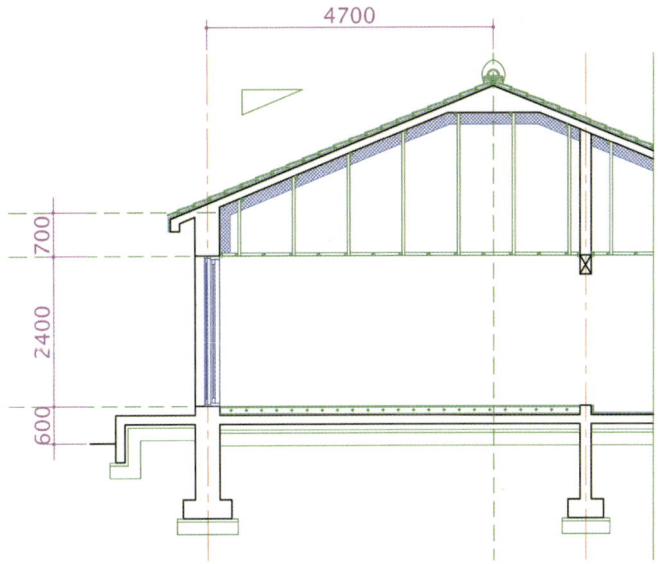

12. 단면도상의 입면요소 표현
: 입면으로 보이는 벽체, 입면으로 보이는 처마, 입면으로 보이는 문과 창문 등을 표현한다.

13. 홈통 설치

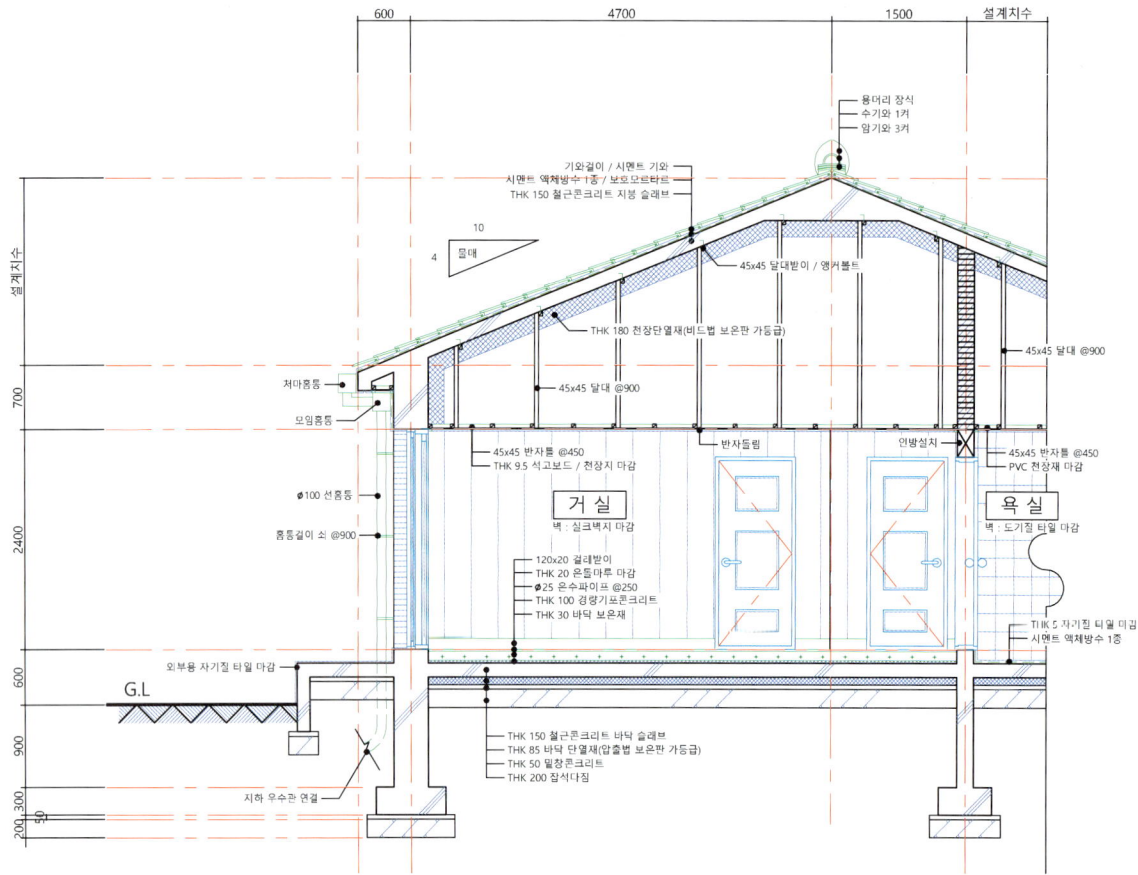

14. 문자 작성

ST [Enter] – Lucida sans unicode
도면층 : 흰색, 문자높이 : 80

15. 단면, 단면상의 입면의 재료표현과 해칭

16. 치수 : 중심선의 길이를 모두 맞춘 후 D [Enter] 치수설정
치수 매기기 : 주석 – 신속치수

17. 표제란

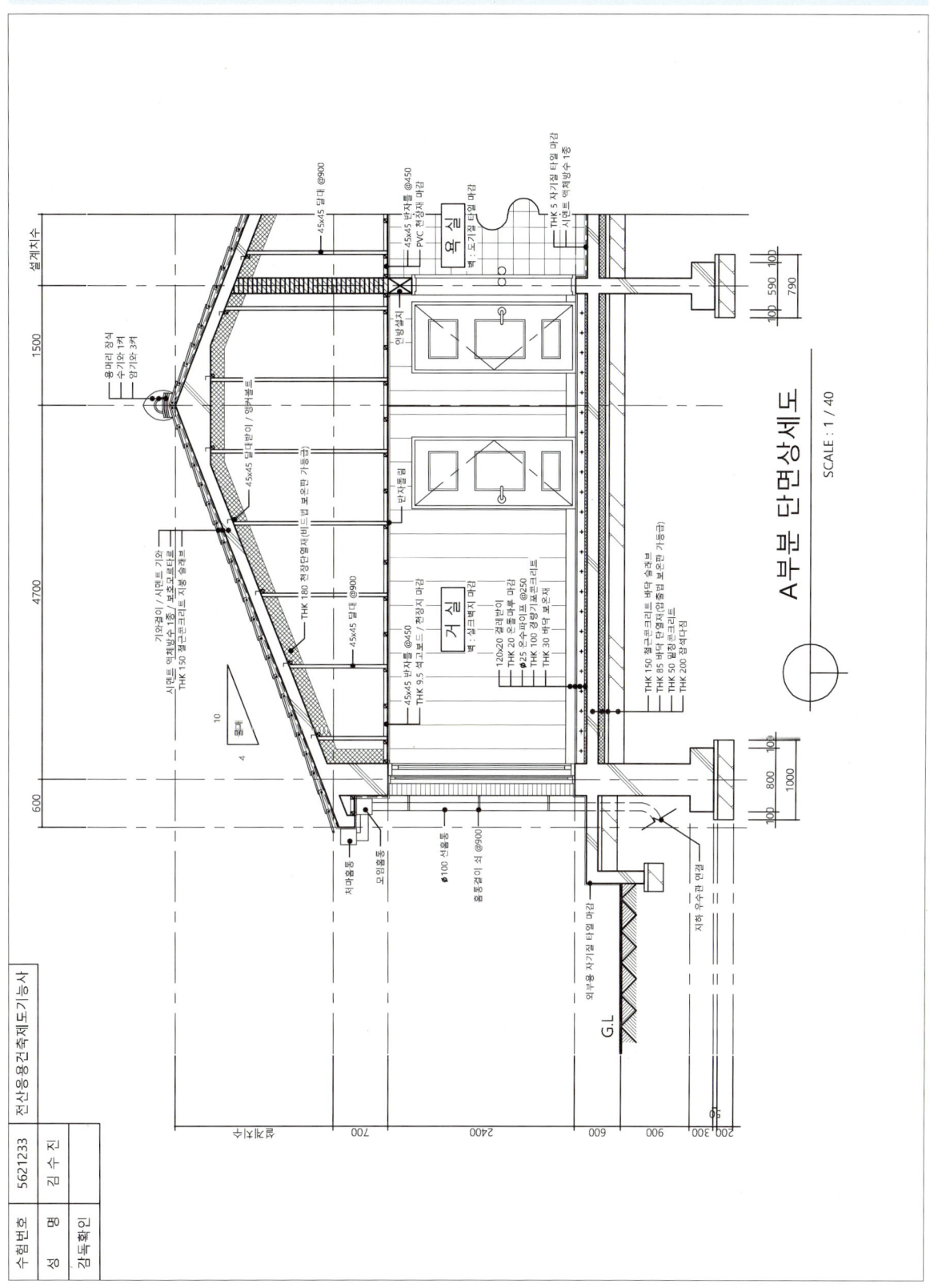

05 [입면도 작성]

18. 평면도 : 입면도 방향이 아래를 향하도록 하고 입면도의 위에 배치
　　　단면도 : 입면도의 좌측에 배치

❶ 단면도의 G.L을 입면도에 연장
❷ 평면도의 외부 벽체 끝선을 입면도에 연장

19. 단면도에서 지붕높이 표현
　　※ 지붕의 가장 낮은 선을 기준으로 벽체 Trim

20. 평면도에서 지붕의 폭 표현
　　※ 지붕을 네모 모양으로 정리

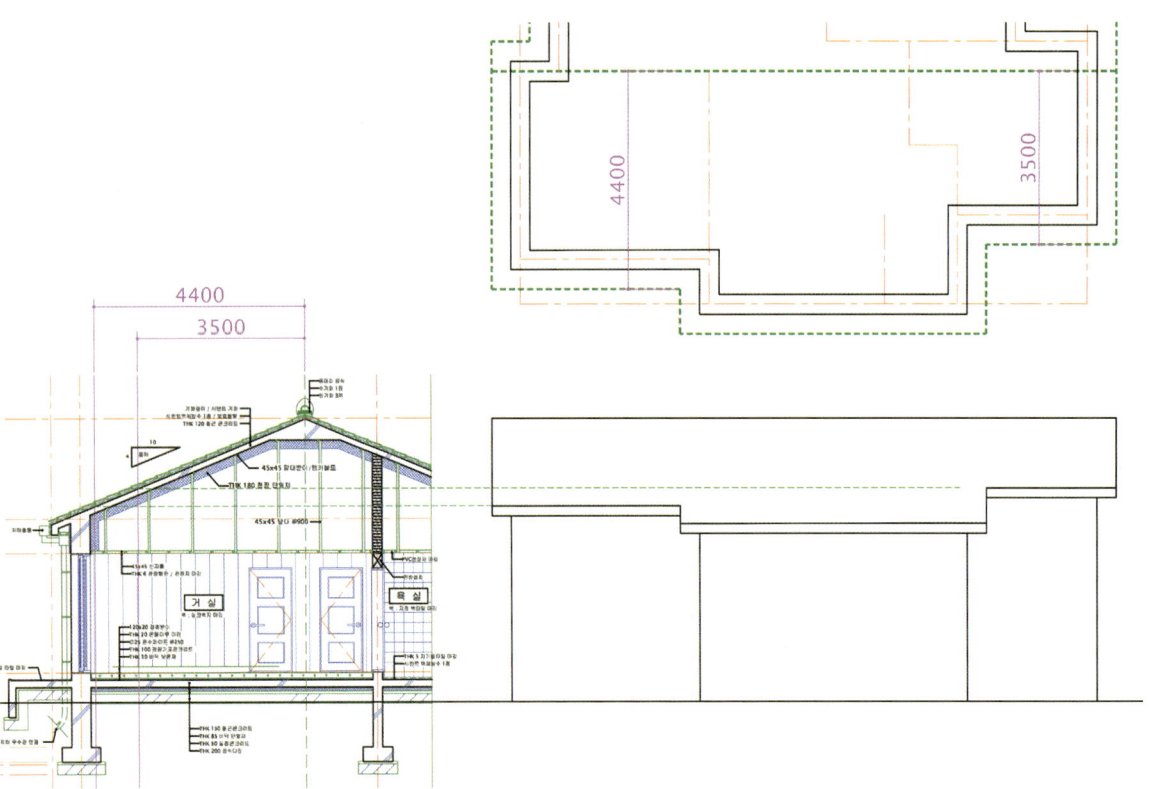

※ 높이가 다른 지붕이 있으면 평면도에서 용머리와 처마 끝의 거리를 확인하고 단면도에 표현
　지붕 물매를 따라가다 보면 수평거리와 만나는 점이 높이가 된다.

21. 난방끝선과 반자 시작선 표시 : 외부에서 볼 때 재료분리의 기준이 된다.
22. 창문과 현관문을 표현하기 위해 창호의 중심위치를 표시한다.

23. 창호표시
: 테라스와 현관 높이는 난방이 없으므로 150 낮춘다. 방 창문은 높이 1200, 거실창은 높이 2400으로 표현한다.
단, 테라스로 바로 나갈 수 있는 방 창문은 높이 2400(거실높이)에 맞춘다.

24. 계단, 테라스, 난간, 홈통, 기와, 창문 밑 벽돌 세워쌓기 등 표현
※ 뒤쪽에 낮은 지붕이 있으면 평면도 길이만큼 단면도에서 높이 생성

25. 문자작성 : 문자높이 100
벽돌해칭 : BRICK – 축척 10

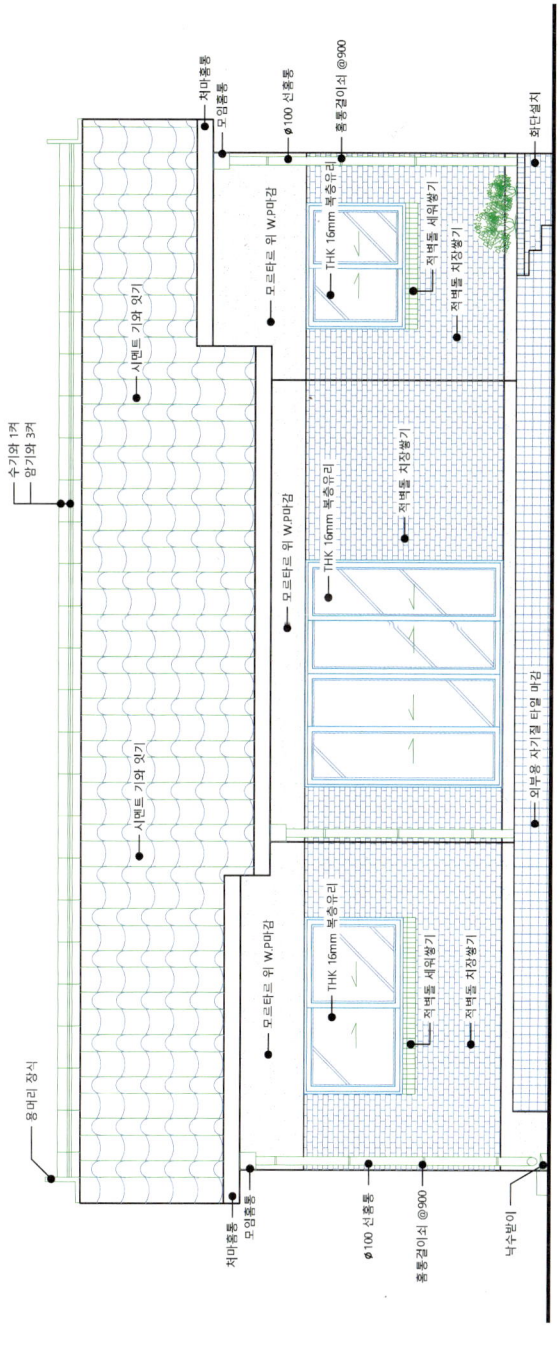

26. 표제란, 수목표현

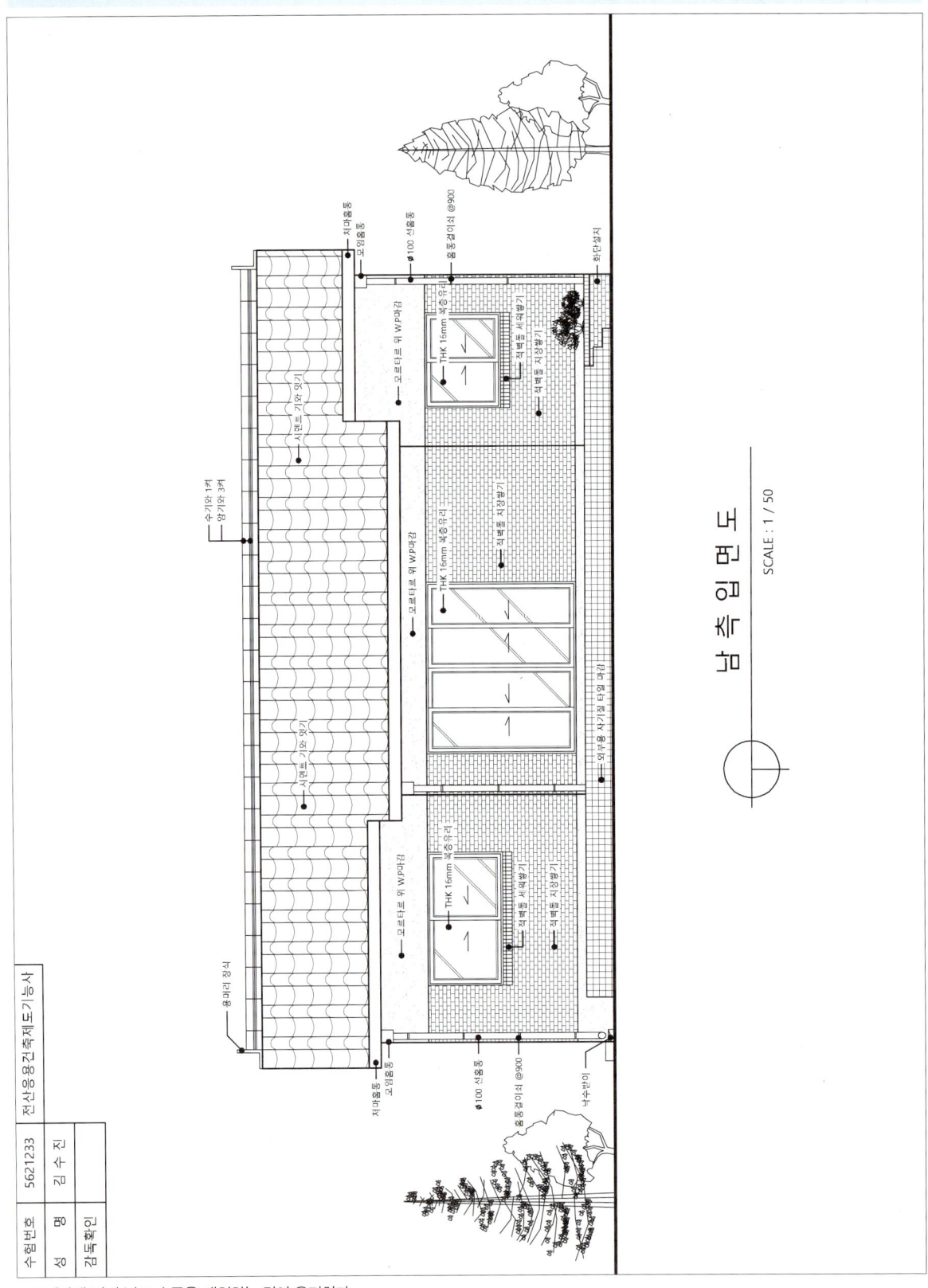

※ 표제란에 먼저 넣고 수목을 배치하는 것이 유리하다.

기출종합문제 07

시험시간 4시간 10분

네이버 카페에서 완성 도면 파일을 확인하세요.
파일명 07-단면도 / 07-입면도

01 요구사항

주어진 평면도를 보고 CAD를 이용하여 아래 조건에 맞게 다음 도면을 작도한 후, 지급된 용지에 본인이 직접 흑백으로 출력하여 파일과 함께 제출하시오.

❶ A부분 단면 상세도를 축척 1/40으로 작도하시오.
❷ 남측 입면도를 축척 1/50으로 작도하되 벽면의 마감재료 표시 및 주위의 배경 등 도면의 요소를 충분히 고려하시오.

[조 건]
- 기초 및 지하실 벽체 : 철근콘크리트 구조로 하시오.
- 벽체 : 외벽 – 외부로부터 붉은 벽돌 0.5B, 단열재, 시멘트 벽돌 1.0B
         내벽 – 시멘트 벽돌 1.0B
- 단열재 : 외벽 120mm, 바닥 85mm, 지붕 180mm
- 지붕 : 철근콘크리트 경사슬래브 위 시멘트 기와잇기 마감으로 하시오(물매 3.5/10 이상).
- 처마니옴 : 벽체 중심에서 500mm
- 반자높이 : 2350mm, 처마반자 설치
- 창호 : 목재창호로 하되 2중창인 경우 외부창호는 알루미늄 섀시로 하시오.
- 각 실의 난방 : 온수파이프 온돌난방으로 하시오.
- 1층 바닥 슬래브와 기초는 일체식으로 표현하시오.
- 평면도에 표현되지 않은 현관 상부 캐노피는 작도하지 않습니다.
- 기타 각 부분의 마감, 치수 등 주어지지 않은 조건은 일반적인 시공수준으로 하시오.

- 선의 통일을 기하기 위하여 아래와 같이 선의 색을 정리하여 출력하시오.
    - 흰색(7–White) : 0.3mm
    - 녹색(3–Green) : 0.2mm
    - 노랑(2–Yellow) : 0.4mm
    - 하늘색(4–Cyan) : 0.3mm
    - 빨강(1–Red) : 0.2mm
    - 파랑(5–Blue) : 0.1mm

02 수험자 유의사항

※ 다음과 같은 경우에는 채점대상에서 제외됩니다.
1) 시험시간 내에 요구사항을 완성하지 못한 경우
2) 시험시간 내에 제출된 작품이라도 다음과 같은 경우
   가) 주어진 조건을 지키지 않고 작도한 경우
   나) 요구한 전 도면을 작도하지 않은 경우
   다) 건축제도 통칙을 준수하지 않거나 건축 CAD의 기능이 없는 상태에서 완성된 도면
3) 시험 중 시설·장비의 조작 또는 재료의 취급이 미숙하여 위해를 일으킬 것으로 시험위원 전원이 합의하여 판단한 경우

03 도면

| 자격종목 | 전산응용건축제도기능사 | 과제명 | 주 택 | 척 도 | NONE |

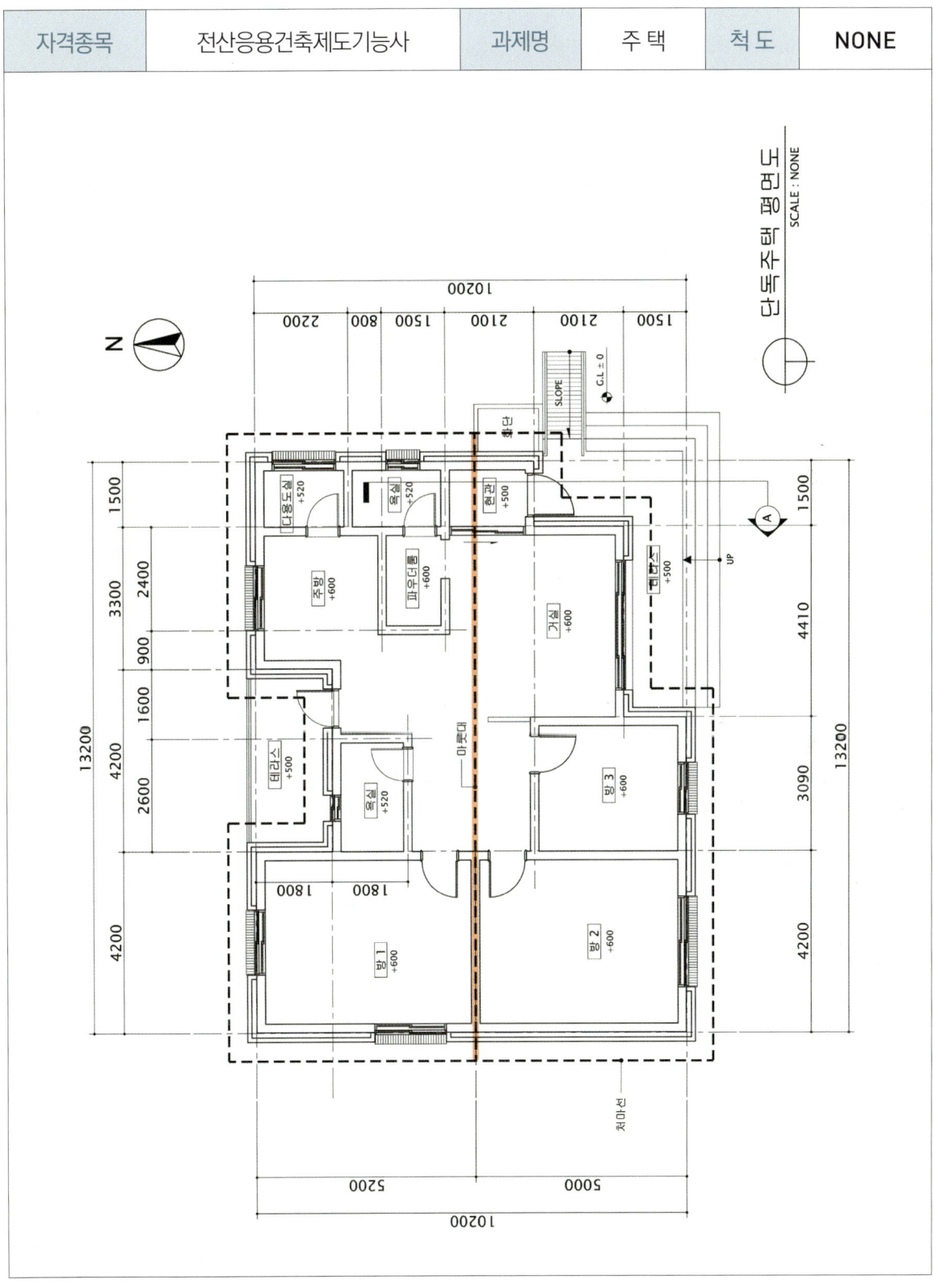

04 [단면도 작성]

1. 기본설정 : Option, OSNAP, LAYER 구성 등
2. 평면도 외벽만 간단히 작성. 지붕이 복잡할 경우 미리 그려두는 것이 유리하다.
3. 화살표 방향이 위로 보도록 회전한다. – X [Enter] 모두선택 [Enter] (분해)

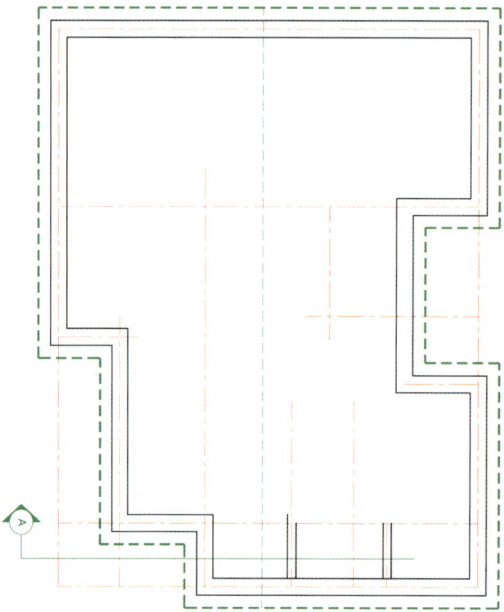

4. 노란색 도면층 : 평면도보다 길게 G.L을 그리고 절단부분(화살표가 지나가는 부분)의 기초와 바닥슬래브 표현
5. 흰색 도면층 : 바닥단열재(THK 85), 밑창콘크리트(THK 50), 잡석다짐(THK 200), 난방(THK 150) 완성하기
6. 지붕 슬래브 그리기

❶ 지붕 마룻대에서 가장 먼 벽체의 중심거리 파악
❷ 난방선 끝에서 2350 위로 Offset
❸ 테두리보의 높이 700 표현
❹ REC [Enter] 시작점 클릭 @1000,350 [Enter]
❺ XL [Enter] A [Enter] 대각선 끝점 클릭, 클릭 – 가장 먼 벽체 중심과 테두리보가 만나는 부분에 클릭

7. 지붕 슬래브 완성
8. 반자 설치 : 반자를 복사하여 처마반자도 함께 설치한다.
9. 지붕단열재 : THK 180
10. 지붕방수, 기와

11. 단면 현관문, 내부벽체 표현

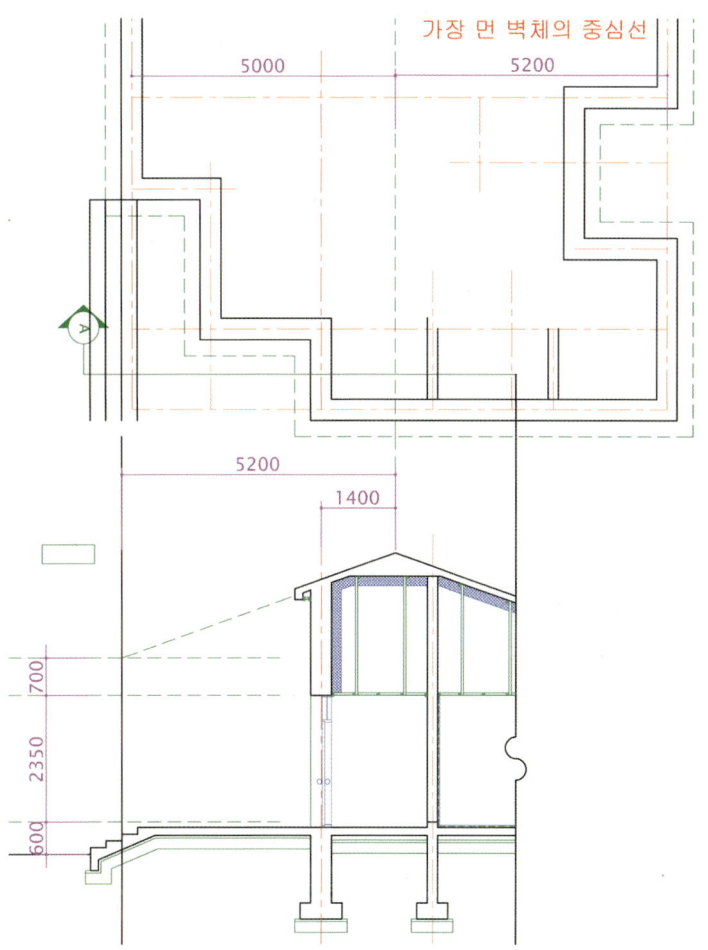

12. 단면도상의 입면요소 표현
: 입면으로 보이는 벽체, 입면으로 보이는 처마, 입면으로 보이는 문과 창문 등을 표현한다.

13. 홈통 설치

14. 문자 작성
ST [Enter] – Lucida sans unicode
도면층 : 흰색, 문자높이 : 80

15. 단면, 단면상의 입면의 재료표현과 해칭

16. 치수 : 중심선의 길이를 모두 맞춘 후 D [Enter] 치수설정
치수 매기기 : 주석 – 신속치수

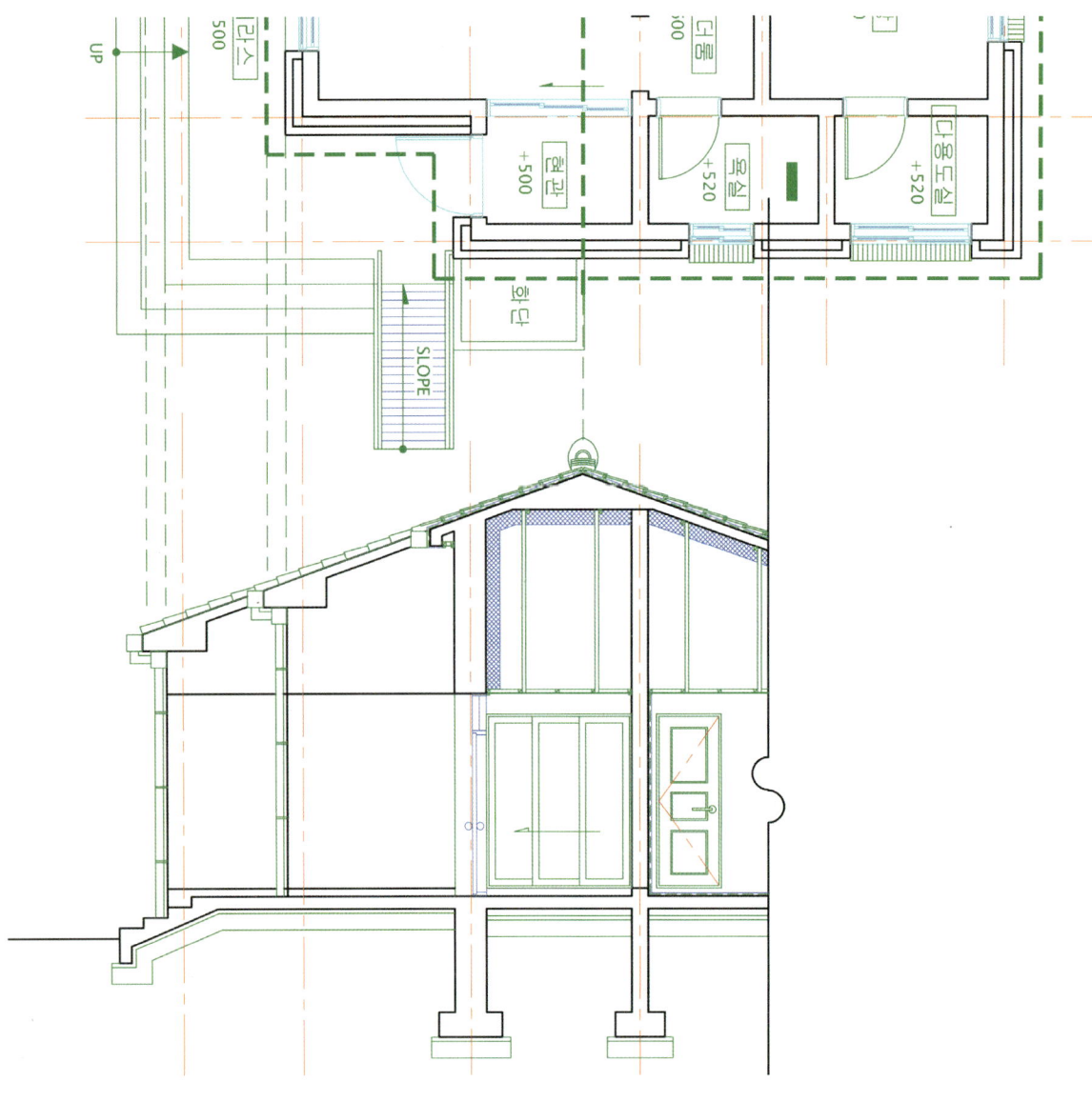

17. 표제란

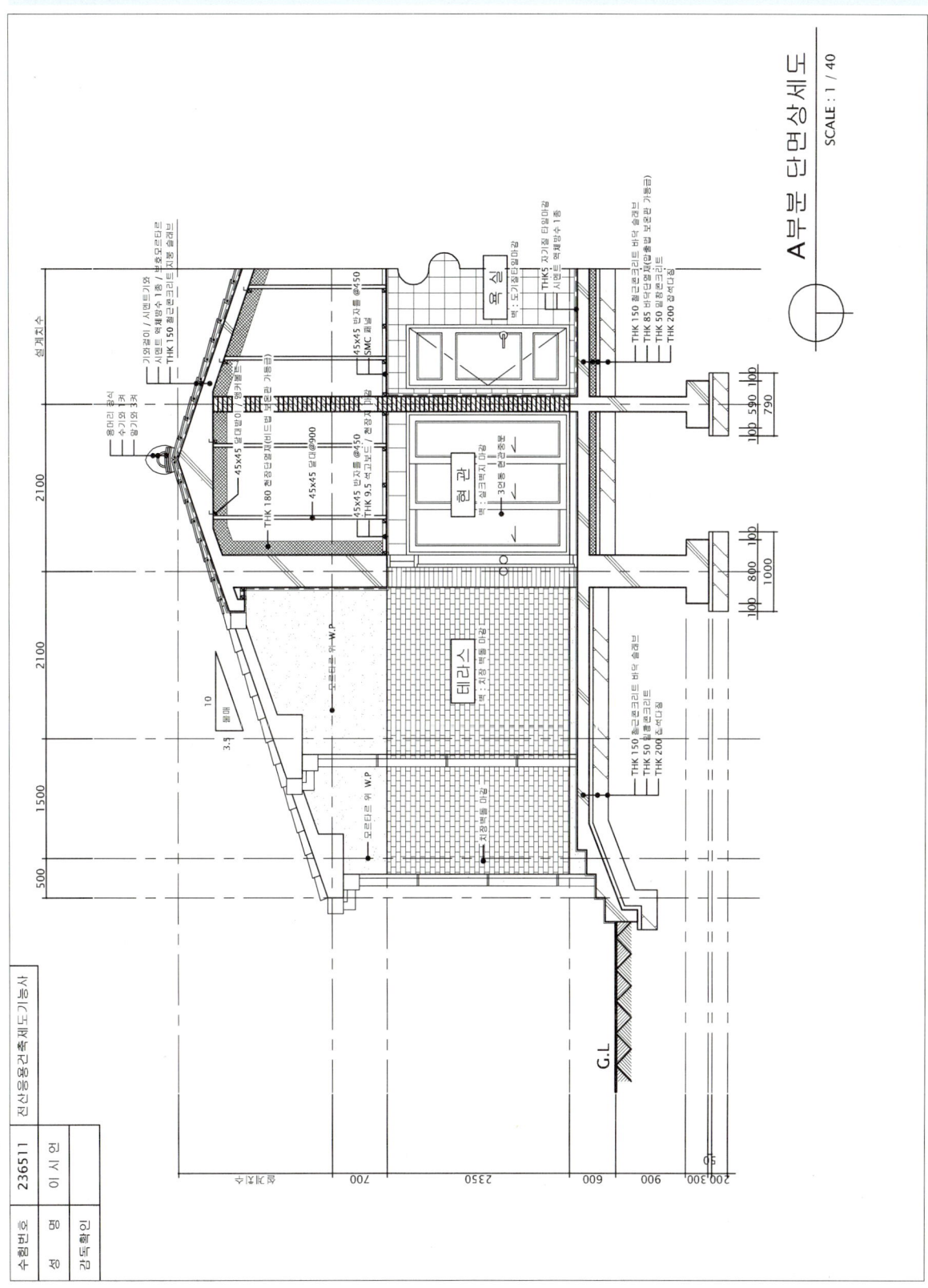

05 [입면도 작성]

18. 평면도 : 입면도 방향이 아래를 향하도록 하고 입면도의 위에 배치
    단면도 : 입면도의 좌측에 배치

❶ 단면도의 G.L을 입면도에 연장
❷ 평면도의 외부 벽체 끝선을 입면도에 연장

19. 단면도에서 지붕높이 표현
    ※ 지붕의 가장 낮은 선을 기준으로 벽체 Trim

20. 평면도에서 지붕의 폭 표현
    ※ 지붕을 네모 모양으로 정리

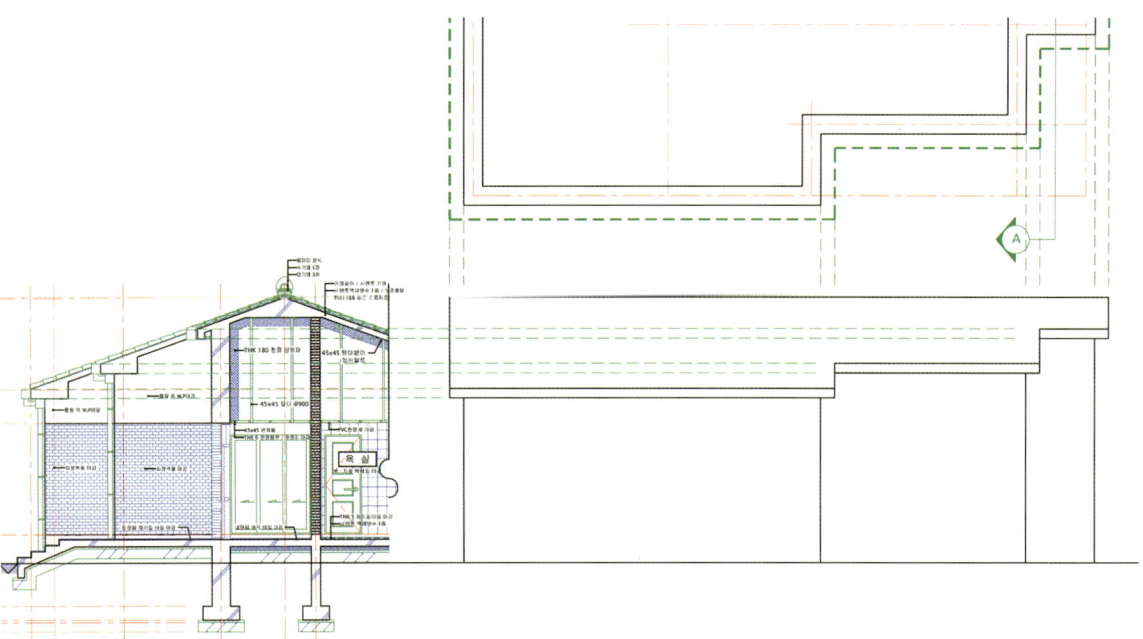

※ 높이가 다른 지붕이 있으면 평면도에서 용머리와 처마 끝의 거리를 확인하고 단면도에 표현
  지붕 물매를 따라가다 보면 수평거리와 만나는 점이 높이가 된다.

21. 난방끝선과 반자 시작선 표시 : 외부에서 볼 때 재료분리의 기준이 된다.

22. 창문과 현관문을 표현하기 위해 창호의 중심위치를 표시한다.

23. 창호표시
    테라스와 현관 높이는 난방이 없으므로 150 낮춘다. 방 창문은 높이 1200, 거실창은 높이 2350으로 표현한다.
    단, 테라스로 바로 나갈 수 있는 방 창문은 높이 2350(거실높이)에 맞춘다.

24. 계단, 테라스, 난간, 홈통, 기와, 창문 밑 벽돌 세워쌓기 등 표현
    ※ 뒤쪽에 낮은 지붕이 있으면 평면도 길이만큼 단면도에서 높이 생성

25. 문자작성 : 문자높이 100
벽돌해칭 : BRICK – 축척 10

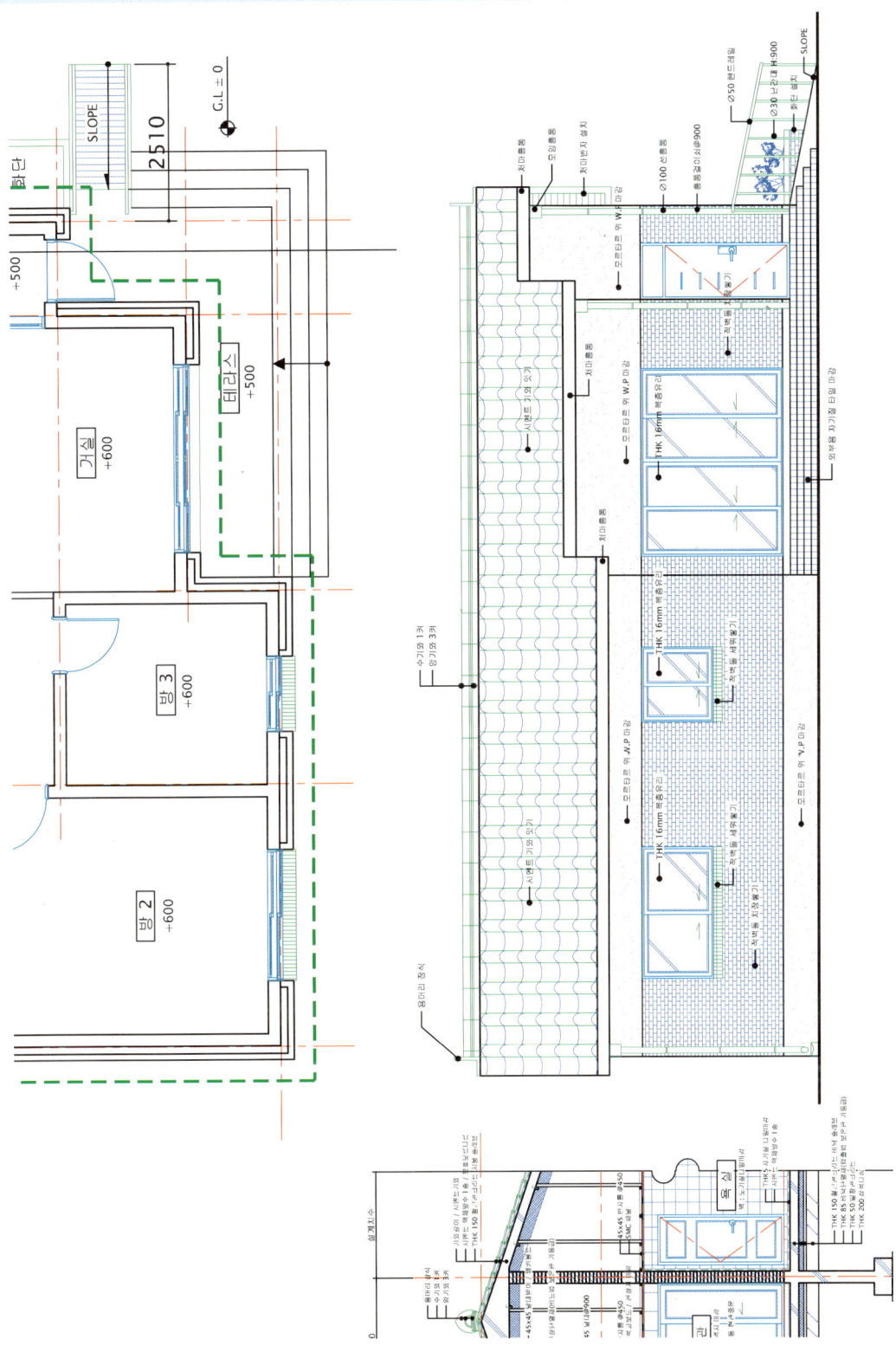

26. 표제란, 수목표현

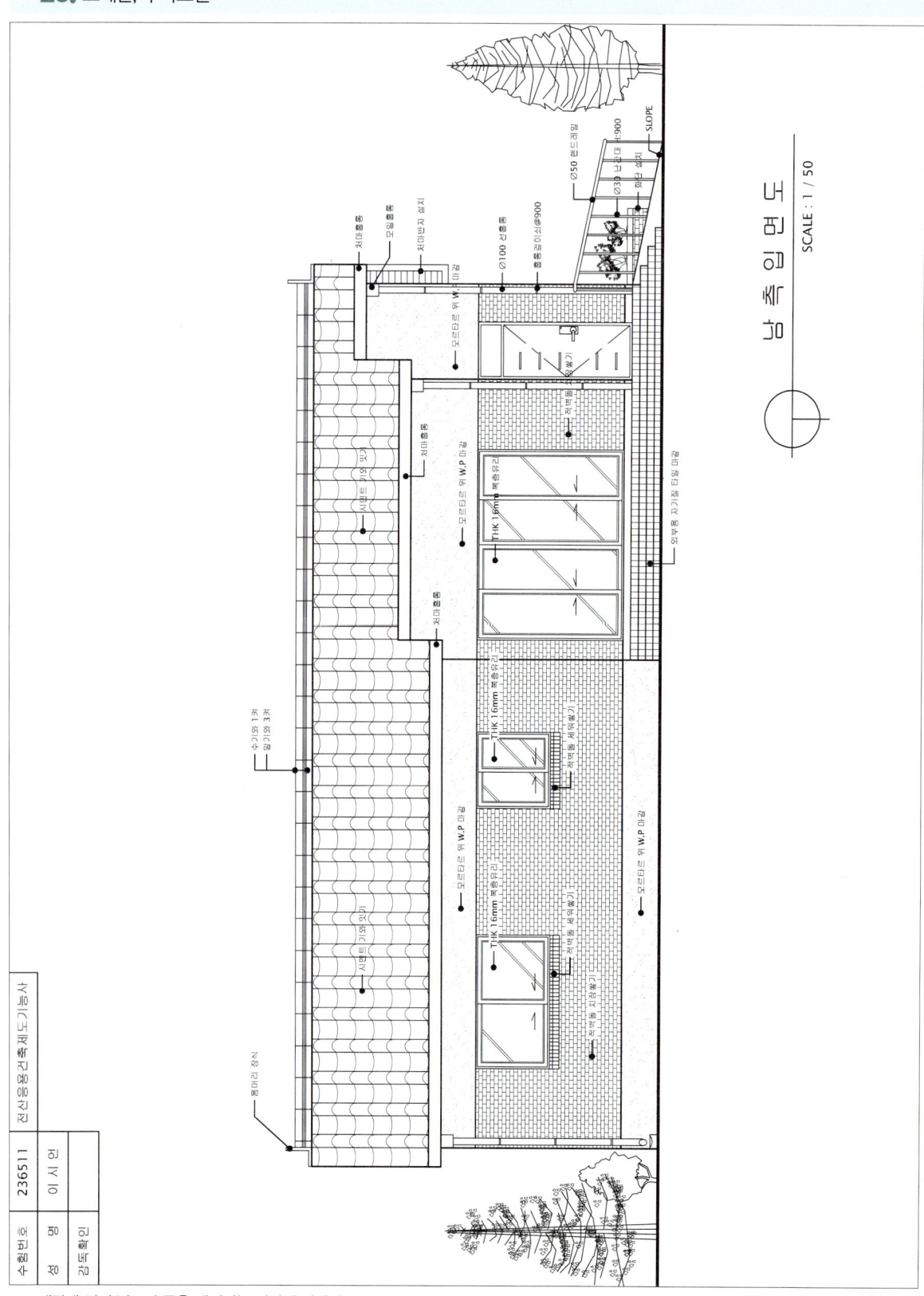

※표제란에 먼저 넣고 수목을 배치하는 것이 유리하다.

memo

기출종합문제 08

시험시간 4시간 10분

네이버 카페에서 완성 도면 파일을 확인하세요.
파일명 08-단면도 / 08-입면도

01 요구사항

주어진 평면도를 보고 CAD를 이용하여 아래 조건에 맞게 다음 도면을 작도한 후, 지급된 용지에 본인이 직접 흑백으로 출력하여 파일과 함께 제출하시오.

❶ A부분 단면 상세도를 축척 1/40으로 작도하시오.
❷ 남측 입면도를 축척 1/50으로 작도하되 벽면의 마감재료 표시 및 주위의 배경 등 도면의 요소를 충분히 고려하시오.

[조 건]
- 기초 및 지하실 벽체 : 철근콘크리트 구조로 하시오.
- 벽체 : 외벽 – 외부로부터 붉은 벽돌 0.5B, 단열재, 시멘트 벽돌 1.0B
         내벽 – 시멘트 벽돌 1.0B
- 단열재 : 외벽 120mm, 바닥 85mm, 지붕 180mm
- 지붕 : 철근콘크리트 경사슬래브 위 시멘트 기와잇기 마감으로 하시오.(물매 4/10 이상)
- 처마나옴 : 벽체 중심에서 600mm
- 반자높이 : 2400mm, 처마반자 설치
- 창호 : 목재창호로 하되 2중창인 경우 외부창호는 알루미늄 섀시로 하시오.
- 각 실의 난방 : 온수파이프 온돌난방으로 하시오.
- 1층 바닥 슬래브와 기초는 일체식으로 표현하시오.
- 평면도에 표현되지 않은 현관 상부 캐노피는 작도하지 않습니다.
- 기타 각 부분의 마감, 치수 등 주어지지 않은 조건은 일반적인 시공수준으로 하시오.

- 선의 통일을 기하기 위하여 아래와 같이 선의 색을 정리하여 출력하시오.
  - 흰색(7-White) : 0.3mm
  - 녹색(3-Green) : 0.2mm
  - 노랑(2-Yellow) : 0.4mm
  - 하늘색(4-Cyan) : 0.3mm
  - 빨강(1-Red) : 0.2mm
  - 파랑(5-Blue) : 0.1mm

02 수험자 유의사항

※ 다음과 같은 경우에는 채점대상에서 제외됩니다.
1) 시험시간 내에 요구사항을 완성하지 못한 경우
2) 시험시간 내에 제출된 작품이라도 다음과 같은 경우
   가) 주어진 조건을 지키지 않고 작도한 경우
   나) 요구한 전 도면을 작도하지 않은 경우
   다) 건축제도 통칙을 준수하지 않거나 건축 CAD의 기능이 없는 상태에서 완성된 도면
3) 시험 중 시설·장비의 조작 또는 재료의 취급이 미숙하여 위해를 일으킬 것으로 시험위원 전원이 합의하여 판단한 경우

03 도면

| 자격종목 | 전산응용건축제도기능사 | 과제명 | 주 택 | 척 도 | NONE |

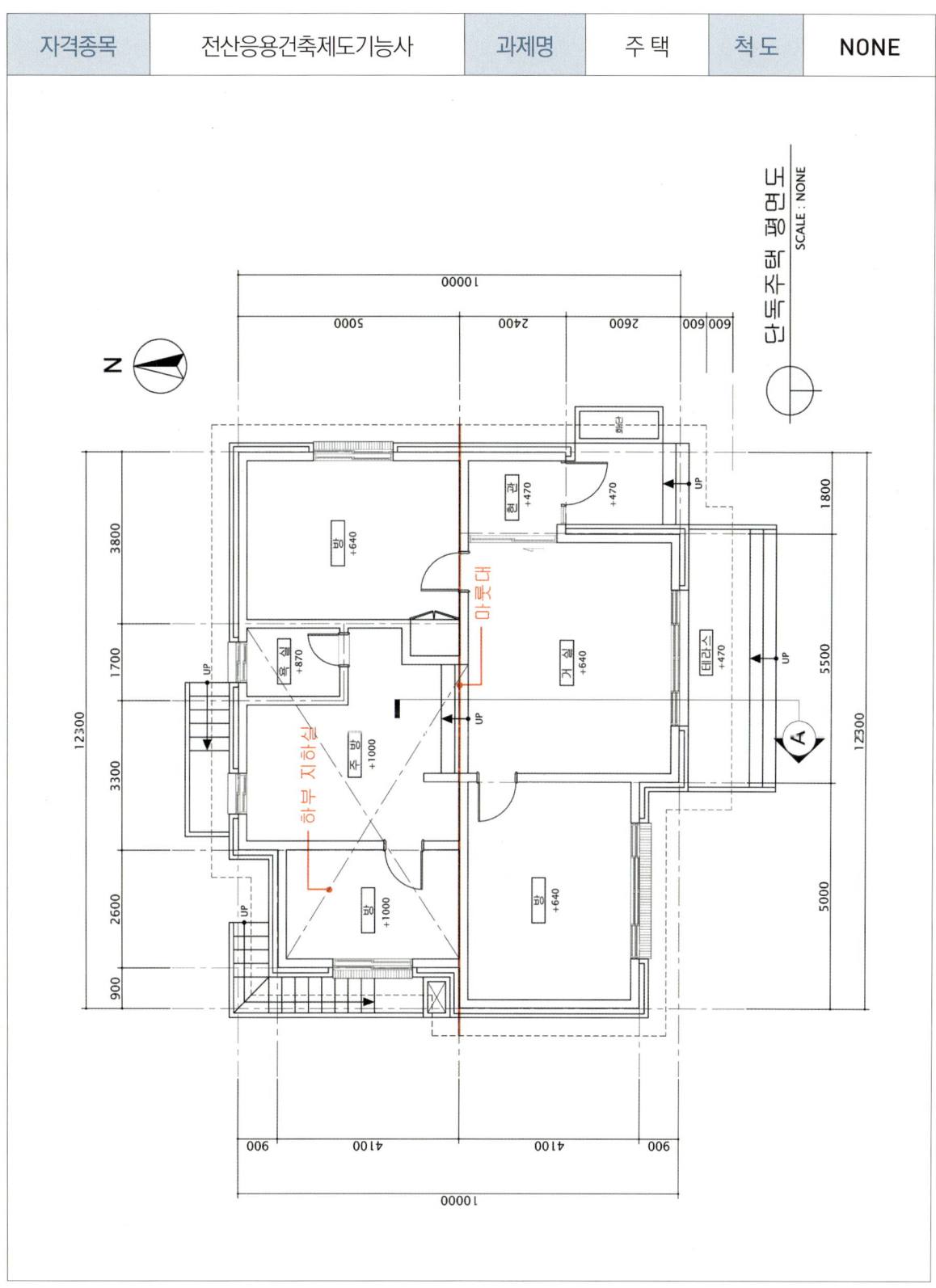

04 [단면도 작성]

1. 기본설정 : Option, OSNAP, LAYER 구성 등
2. 평면도 외벽만 간단히 작성. 지붕이 복잡할 경우 미리 그려두는 것이 유리하다.
3. 화살표 방향이 위로 보도록 회전한다. – X [Enter] 모두선택 [Enter] (분해)

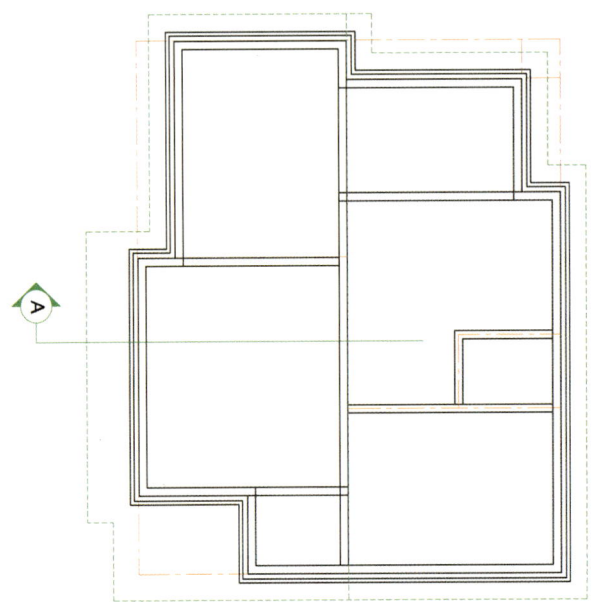

4. 노란색 도면층 : 평면도보다 길게 G.L을 그리고 절단부분(화살표가 지나가는 부분)의 기초와 바닥슬래브 표현
   ※ 지하실 : 계단이 있다면 난방 끝에서 시작하여 계단 표현, 지하실 유효높이 2100

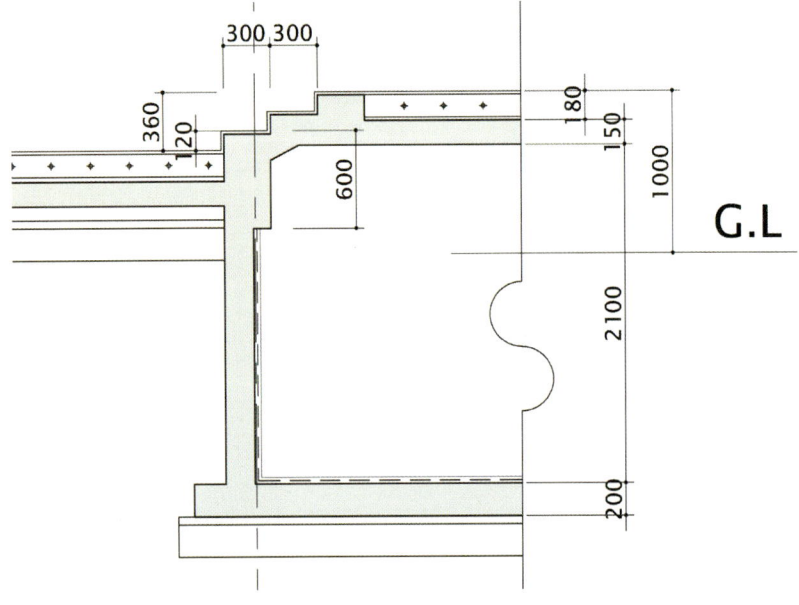

5. 흰색 도면층 : 바닥단열재(THK 85), 밑창콘크리트(THK 50), 잡석다짐(THK 200), 난방(THK 150) 완성하기

6. 노랑 도면층 : 지붕 슬래브 그리기

① 지붕 마룻대에서 가장 먼 벽체의 중심거리 파악
② 난방선 끝에서 2400 위로 Offset
③ 테두리보의 높이 700 표현
④ REC [Enter] 시작점 클릭 @1000,400 [Enter]
⑤ XL [Enter] A [Enter] 대각선 끝점 클릭, 클릭 – 가장 먼 벽체 중심과 테두리보가 만나는 부분에 클릭

7. 지붕 슬래브 완성

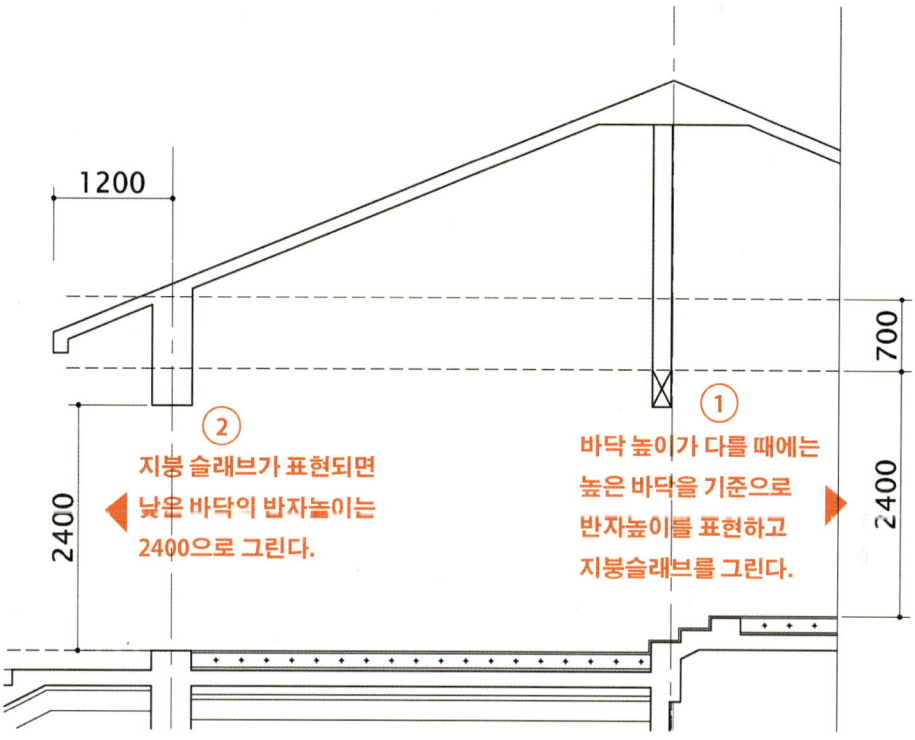

8. 반자 설치 : 반자를 복사하여 처마반자도 함께 설치한다.

9. 지붕단열재 : THK 180

10. 지붕방수, 기와

11. 단면창문, 내부벽체 표현

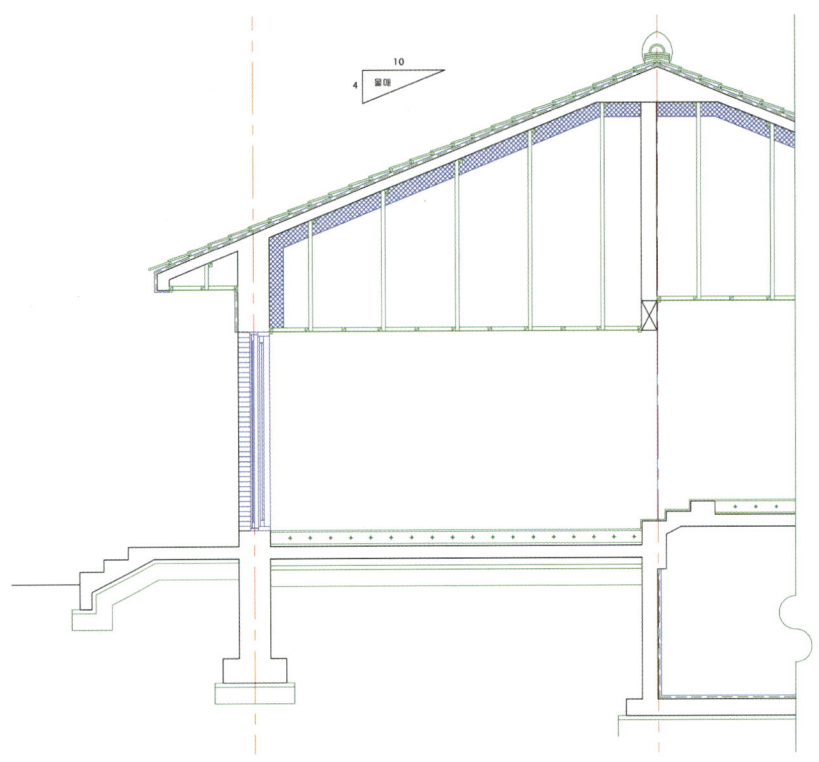

12. 단면도상의 입면요소 표현
: 입면으로 보이는 벽체, 입면으로 보이는 처마, 입면으로 보이는 문과 창문 등을 표현한다.

13. 홈통 설치

14. 문자 작성

　　ST [Enter] – Lucida sans unicode
　　도면층 : 흰색, 문자높이 : 80

15. 단면, 단면상의 입면의 재료표현과 해칭

16. 치수 : 중심선의 길이를 모두 맞춘 후 D [Enter] 치수설정
치수 매기기 : 주석 – 신속치수

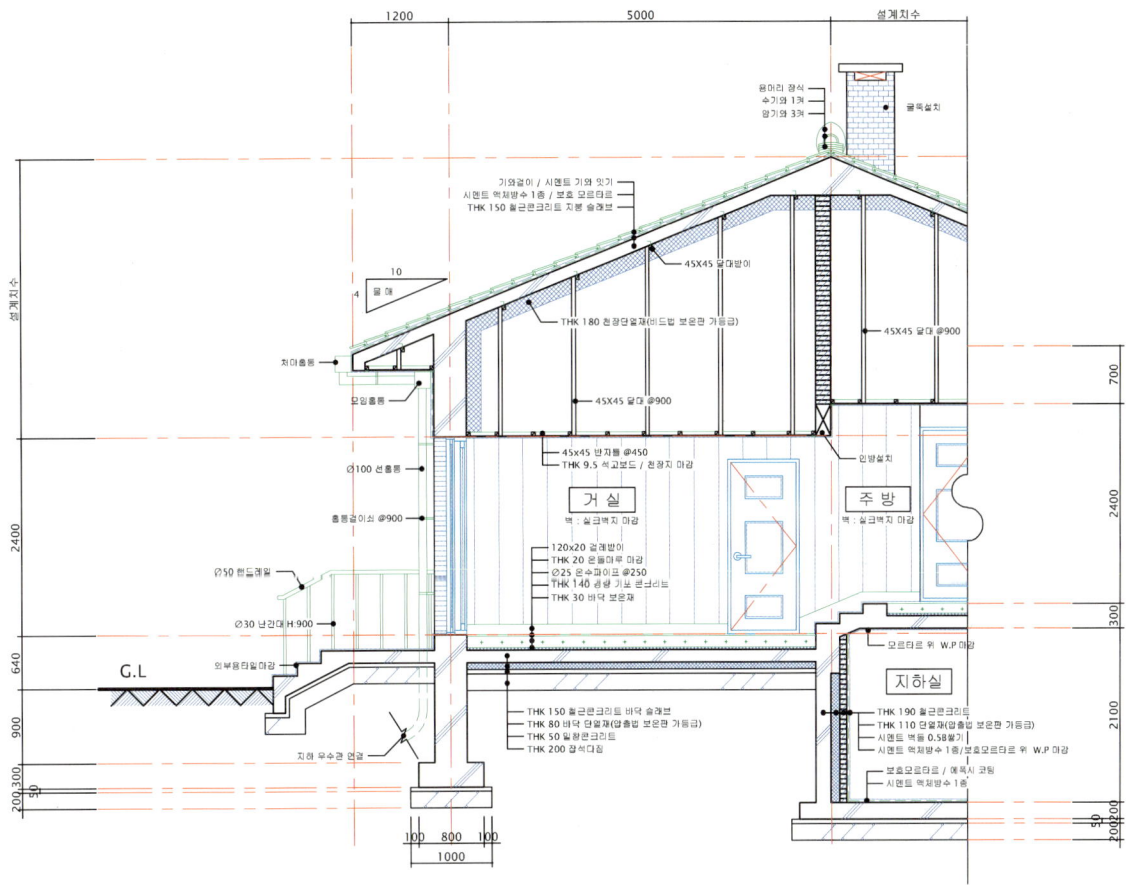

17. 표제란

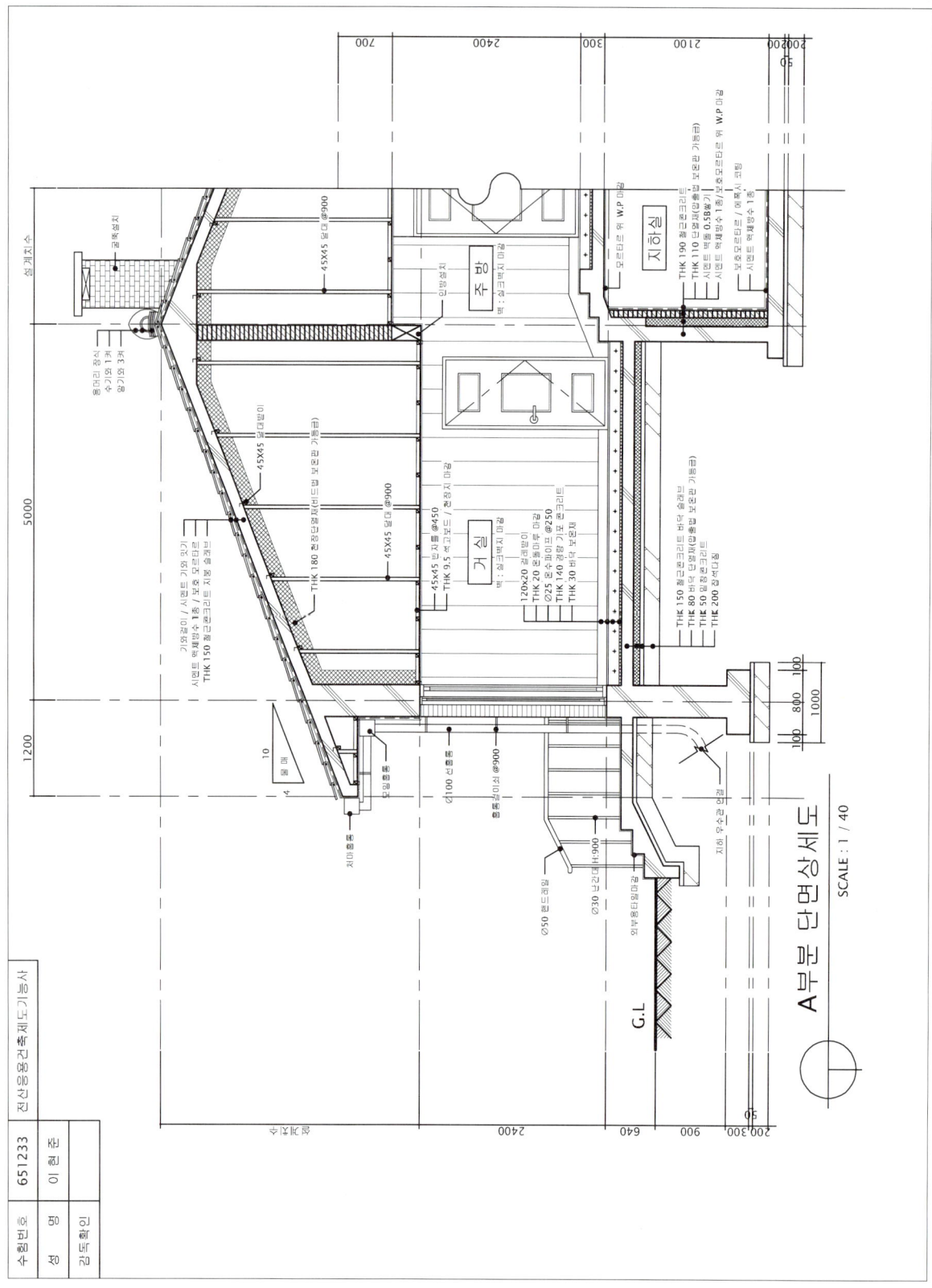

05 [입면도 작성]

18. 평면도 : 입면도 방향이 아래를 향하도록 하고 입면도의 위에 배치
  단면도 : 입면도의 좌측에 배치

❶ 단면도의 G.L을 입면도에 연장
❷ 평면도의 외부 벽체 끝선을 입면도에 연장

19. 단면도에서 지붕높이 표현
  ※ 지붕의 가장 낮은 선을 기준으로 벽체 Trim

20. 평면도에서 지붕의 폭 표현
  ※ 지붕을 네모 모양으로 정리

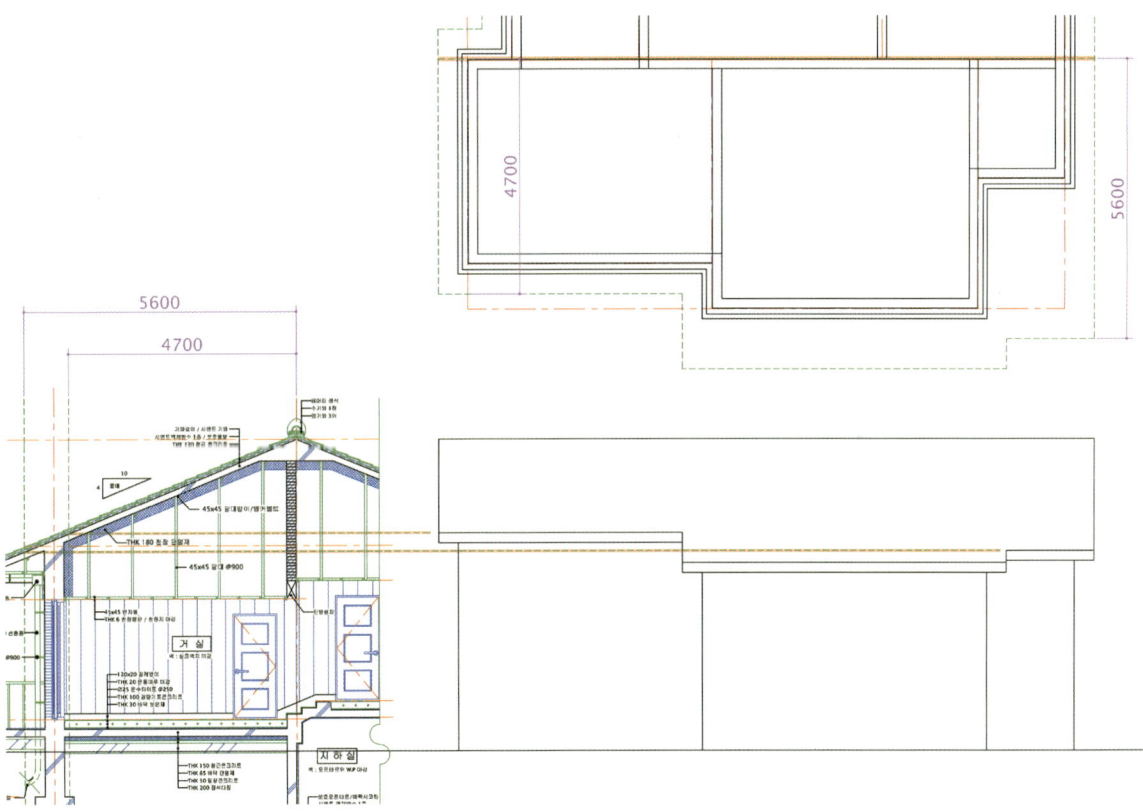

※ 높이가 다른 지붕이 있으면 평면도에서 용머리와 처마 끝의 거리를 확인하고 단면도에 표현
  지붕 물매를 따라가다 보면 수평거리와 만나는 점이 높이가 된다.

21. 난방끝선과 반자 시작선 표시 : 외부에서 볼 때 재료분리의 기준이 된다.

22. 창문과 현관문을 표현하기 위해 창호의 중심위치를 표시한다.

23. 창호표시
: 테라스와 현관 높이는 난방이 없으므로 150 낮춘다. 방 창문은 높이 1200, 거실창은 높이 2400으로 표현한다.
단, 테라스로 바로 나갈 수 있는 방 창문은 높이 2400(거실높이)에 맞춘다.

24. 계단, 테라스, 난간, 홈통, 기와, 창문 밑 벽돌 세워쌓기 등 표현
※ 뒤쪽에 낮은 지붕이 있으면 평면도 길이만큼 단면도에서 높이 생성

25. 문자작성 : 문자높이 100
벽돌해칭 : BRICK – 축척 10

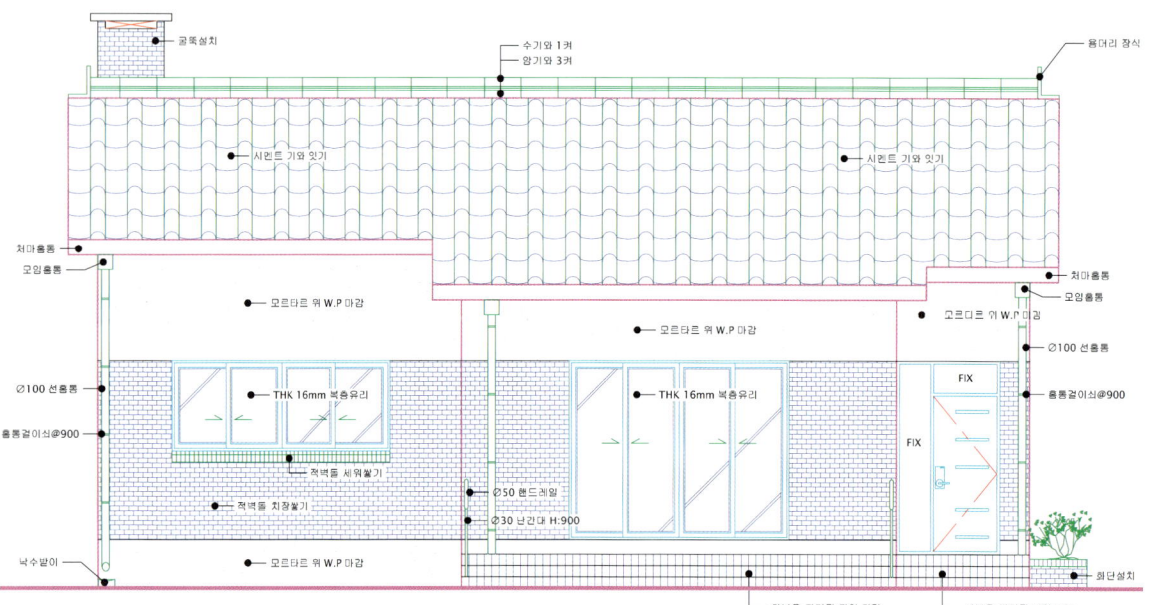

26. 표제란, 수목표현

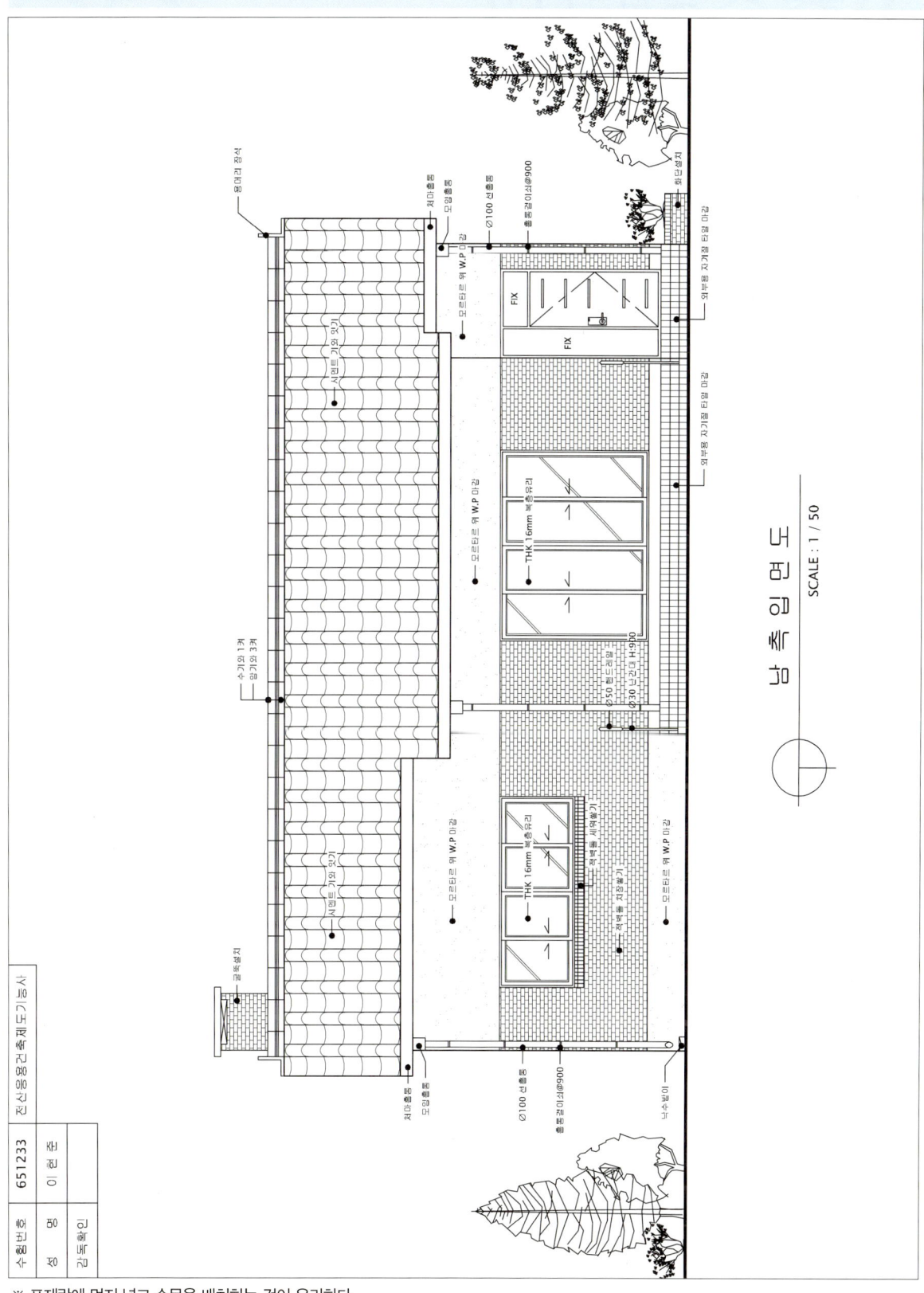

※ 표제란에 먼저 넣고 수목을 배치하는 것이 유리하다.

기출종합문제 09

완성 도면 파일을 확인하세요.
파일명) 09-단면도 / 09-입면도

시험시간 4시간 10분

01 요구사항

주어진 평면도를 보고 CAD를 이용하여 아래 조건에 맞게 다음 도면을 작도한 후, 지급된 용지에 본인이 직접 흑백으로 출력하여 파일과 함께 제출하시오.

❶ A부분 단면 상세도를 축척 1/40으로 작도하시오.
❷ 남측 입면도를 축척 1/50으로 작도하되 벽면의 마감재료 표시 및 주위의 배경 등 도면의 요소를 충분히 고려하시오.

[조 건]
- 기초 및 지하실 벽체 : 철근콘크리트 구조로 하시오.
- 벽체 : 외벽 – 외부로부터 붉은 벽돌 0.5B, 단열재, 철근콘크리트 옹벽 150mm
         내벽 – 철근콘크리트 옹벽 150mm
- 단열재 : 외벽 120mm, 바닥 85mm, 지붕 180mm
- 지붕 : 철근콘크리트 경사슬래브 위 시멘트 기와잇기 마감으로 하시오(물매 4/10 이상).
- 처마나옴 : 벽체 중심에서 550mm
- 반자높이 : 2350mm, 처마반자 설치
- 창호 : 목재창호로 하되 2중창인 경우 외부창호는 알루미늄 섀시로 하시오.
- 각 실의 난방 : 온수파이프 온돌난방으로 하시오.
- 1층 바닥 슬래브와 기초는 일체식으로 표현하시오.
- 평면도에 표현되지 않은 현관 상부 캐노피는 작도하지 않습니다.
- 기타 각 부분의 마감, 치수 등 주어지지 않은 조건은 일반적인 시공수준으로 하시오.

- 선의 통일을 기하기 위하여 아래와 같이 선의 색을 정리하여 출력하시오.
    - 흰색(7–White) : 0.3mm
    - 노랑(2–Yellow) : 0.4mm
    - 빨강(1–Red) : 0.2mm
    - 녹색(3–Green) : 0.2mm
    - 하늘색(4–Cyan) : 0.3mm
    - 파랑(5–Blue) : 0.1mm

02 수험자 유의사항

※ 다음과 같은 경우에는 채점대상에서 제외됩니다.
 1) 시험시간 내에 요구사항을 완성하지 못한 경우
 2) 시험시간 내에 제출된 작품이라도 다음과 같은 경우
    가) 주어진 조건을 지키지 않고 작도한 경우
    나) 요구한 전 도면을 작도하지 않은 경우
    다) 건축제도 통칙을 준수하지 않거나 건축 CAD의 기능이 없는 상태에서 완성된 도면
 3) 시험 중 시설·장비의 조작 또는 재료의 취급이 미숙하여 위해를 일으킬 것으로 시험위원 전원이 합의하여 판단한 경우

03 도면

| 자격종목 | 전산응용건축제도기능사 | 과제명 | 주 택 | 척 도 | NONE |

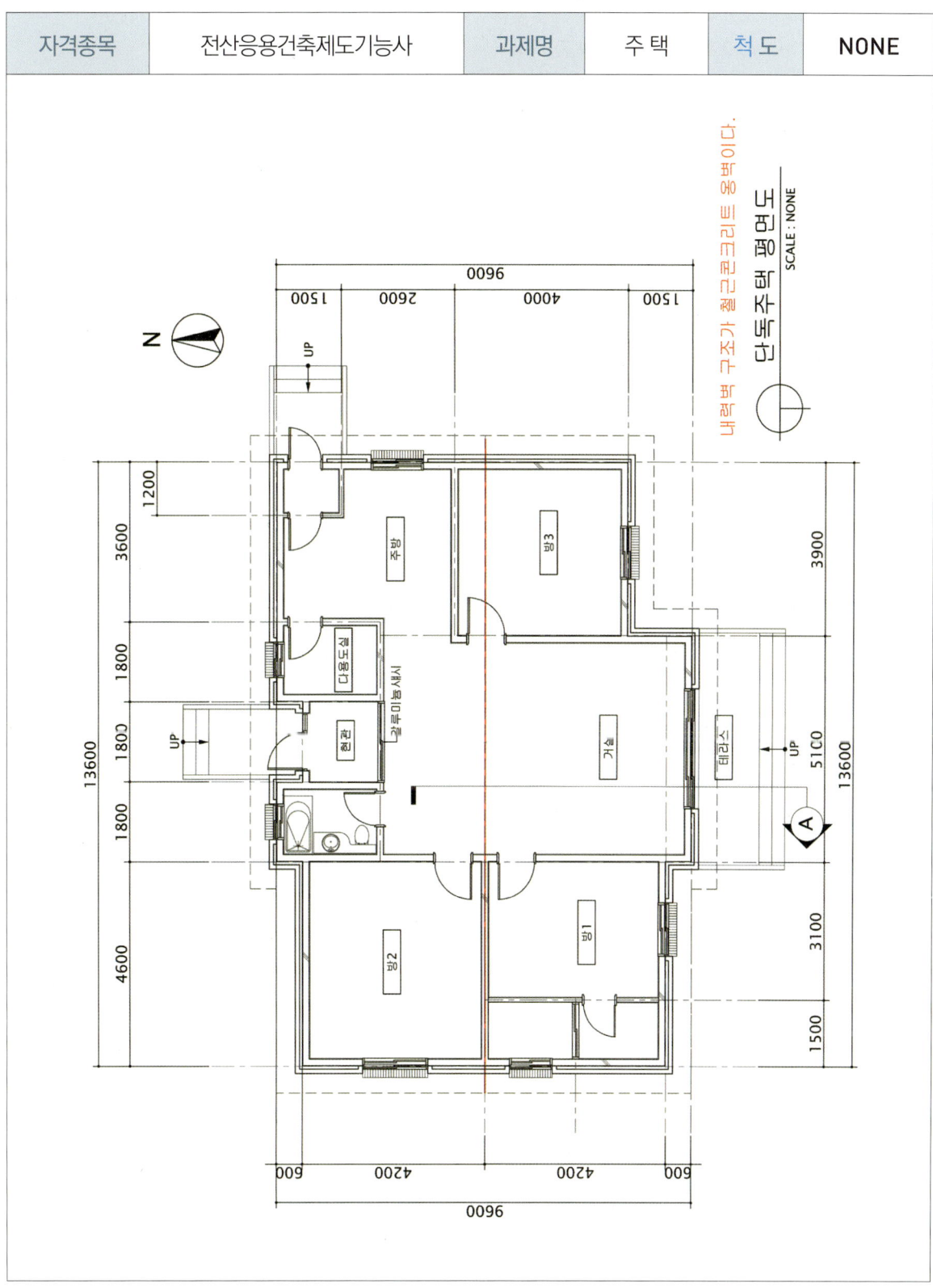

04 [단면도 작성]

1. 기본설정 : Option, OSNAP, LAYER 구성 등
2. 평면도 외벽(ML `Enter` S `Enter` 360 `Enter`)만 간단히 작성. 지붕이 복잡할 경우 미리 그려두는 것이 유리하다.
3. 화살표 방향이 위로 보도록 회전한다. – X `Enter` 모두선택 `Enter` (분해)

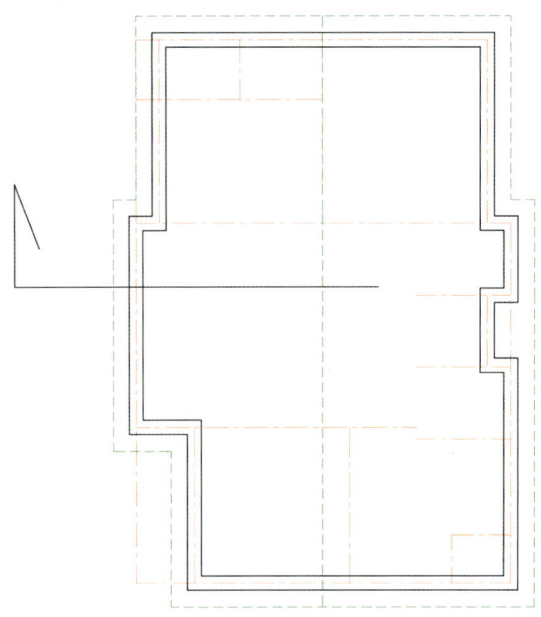

4. 노란색 도면층 : 평면도보다 길게 G.L을 그리고 절단부분(화살표가 지나가는 부분)의 기초와 바닥슬래브 표현
5. 흰색 도면층 : 바닥단열재(THK 85), 난방(THK 150) 완성하기

   밑창콘크리트(THK 50), 잡석다짐(THK 200) 완성하기
   (철근콘크리트 벽체는 좌우로 150내밀기)

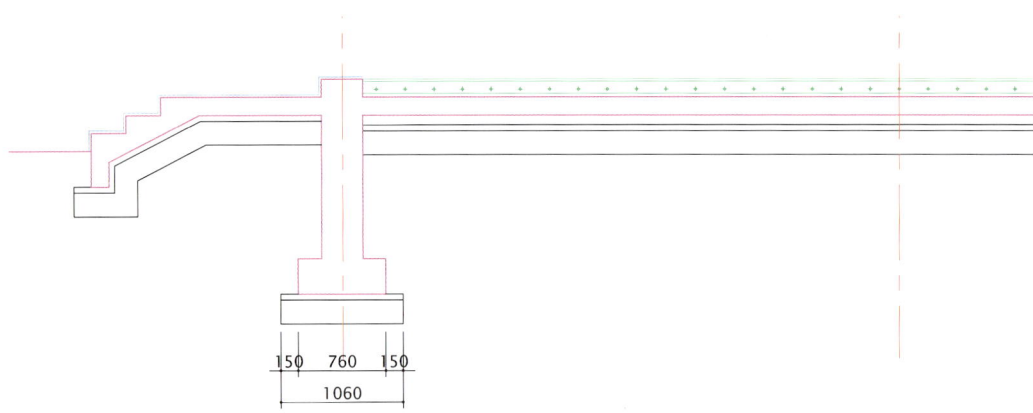

6. 지붕 슬래브 그리기

❶ 지붕 마룻대에서 가장 먼 벽체의 중심거리 파악
❷ 난방선 끝에서 2350 위로 Offset
❸ 테두리보의 높이 700 표현
❹ REC Enter 시작점 클릭 @1000,400 Enter
❺ XL Enter A Enter 대각선 끝점 클릭, 클릭 – 가장 먼 벽체 중심과 테두리보가 만나는 부분에 클릭

7. 지붕 슬래브 완성

8. 반자 설치 : 반자를 복사하여 처마반자도 함께 설치한다.

9. 지붕단열재 : THK 180

10. 지붕방수, 기와

11. 단면창문 표현

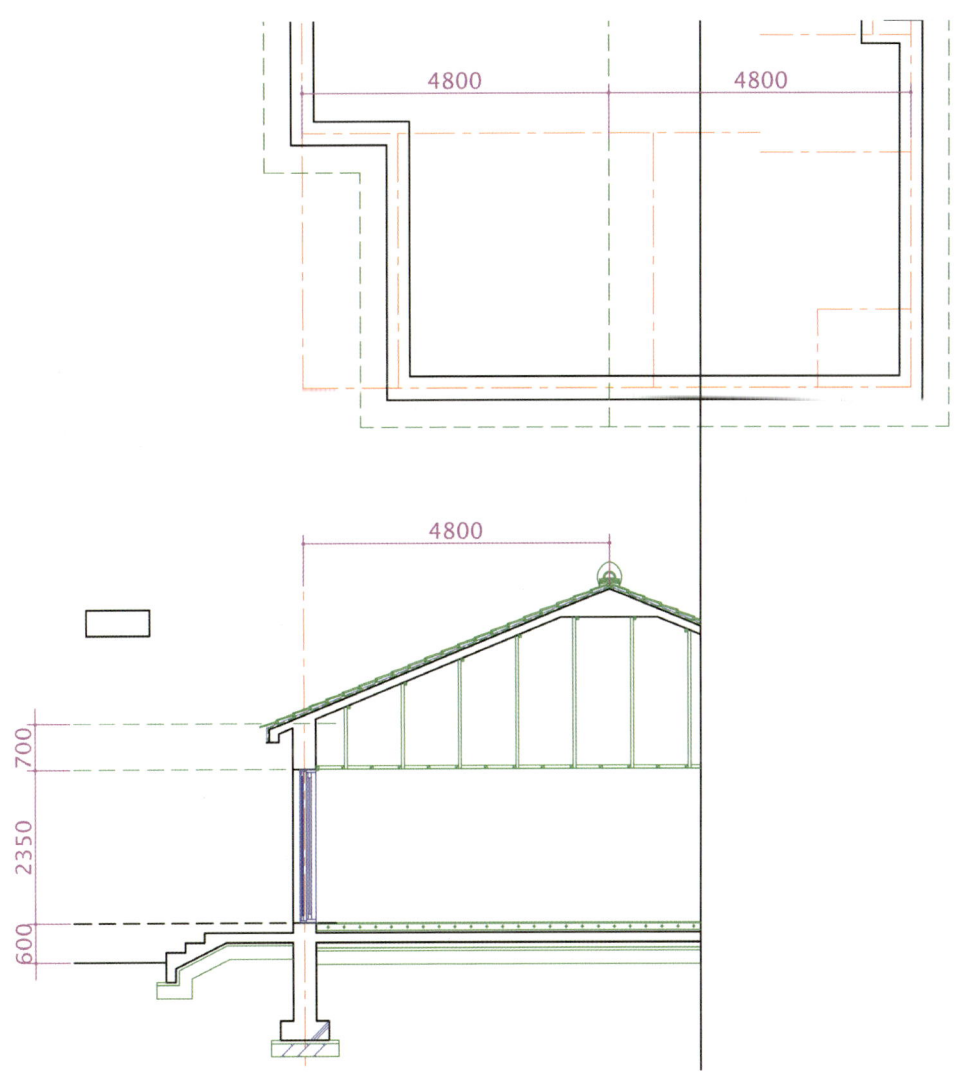

12. 단면도상의 입면요소 표현
: 입면으로 보이는 벽체, 입면으로 보이는 처마, 입면으로 보이는 문과 창문 등을 표현한다.

13. 홈통 설치

14. 문자 작성

ST Enter – Lucida sans unicode
도면층 : 흰색, 문자높이 : 80

15. 단면, 단면상의 입면의 재료표현과 해칭

16. 치수 : 중심선의 길이를 모두 맞춘 후 D Enter 치수설정
치수 매기기 : 주석 – 신속치수

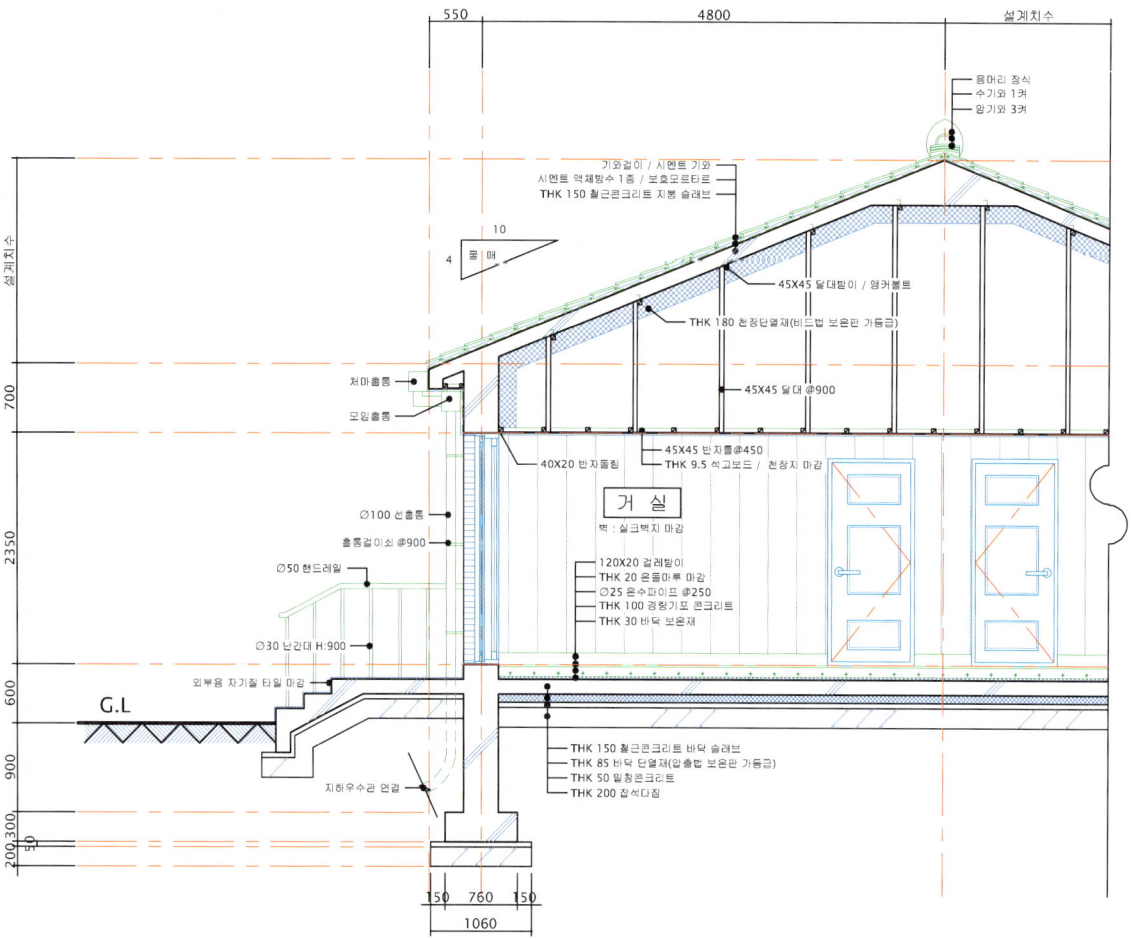

17. 표제란

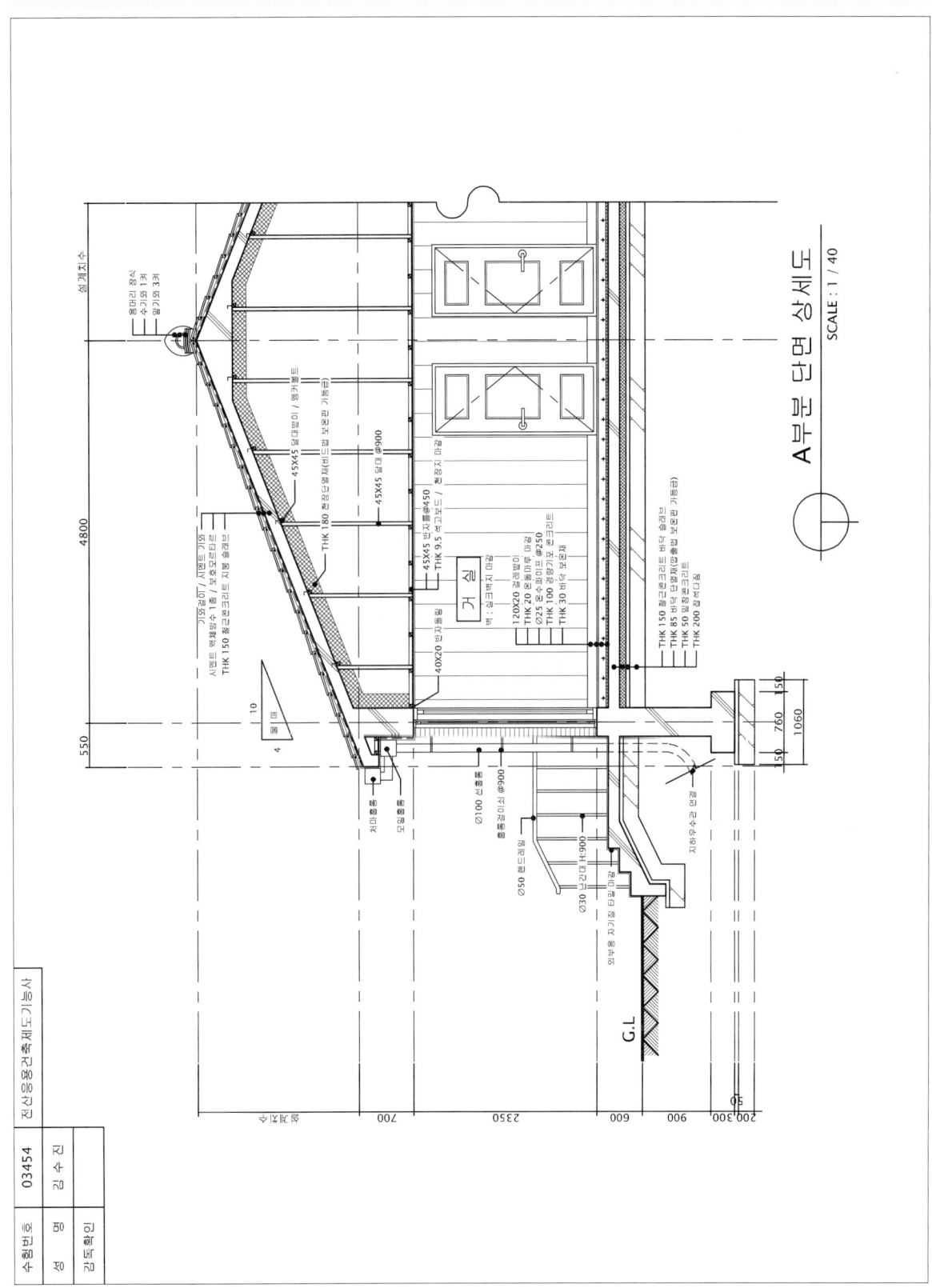

05 [입면도 작성]

18. 평면도 : 입면도 방향이 아래를 향하도록 하고 입면도의 위에 배치
　　　단면도 : 입면도의 좌측에 배치

❶ 단면도의 G.L을 입면도에 연장
❷ 평면도의 외부 벽체 끝선을 입면도에 연장

19. 단면도에서 지붕높이 표현
　　※ 지붕의 가장 낮은 선을 기준으로 벽체 Trim
20. 평면도에서 지붕의 폭 표현
　　※ 지붕을 네모 모양으로 정리

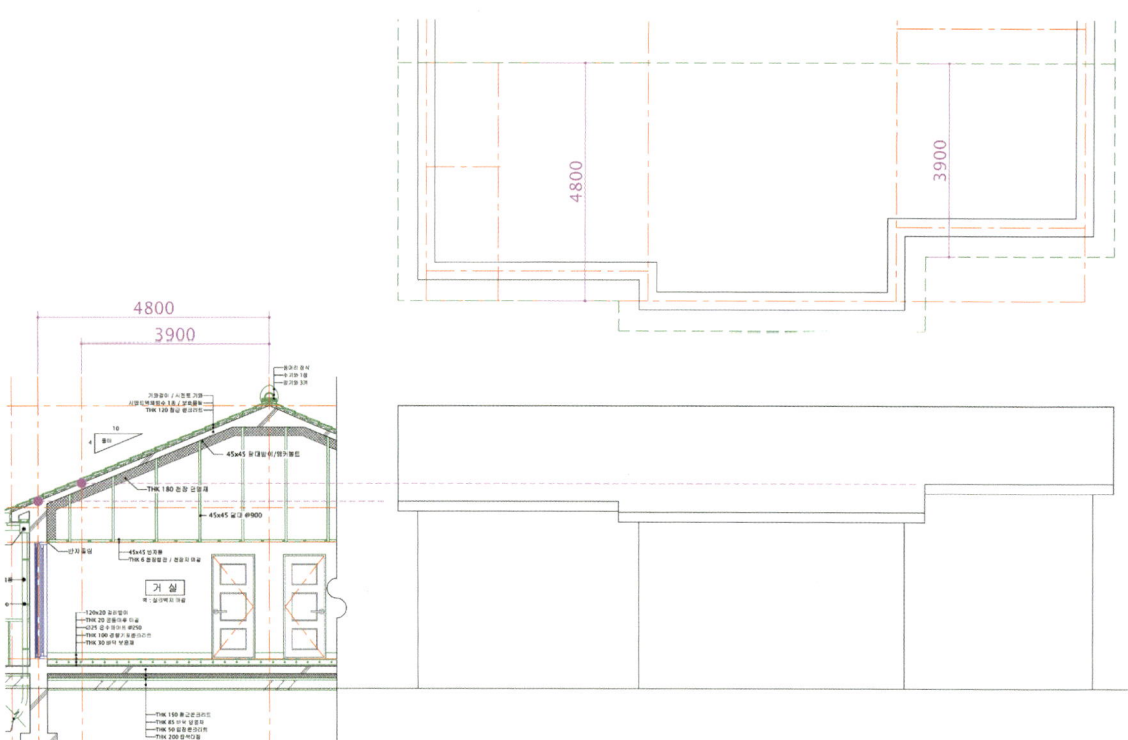

※ 높이가 다른 지붕이 있으면 평면도에서 용머리와 처마 끝의 거리를 확인하고 단면도에 표현
　지붕 물매를 따라가다 보면 수평거리와 만나는 점이 높이가 된다.

21. 난방끝선과 반자 시작선 표시 : 외부에서 볼 때 재료분리의 기준이 된다.
22. 창문과 현관문을 표현하기 위해 창호의 중심위치를 표시한다.
23. 창호표시
　　테라스와 현관 높이는 난방이 없으므로 150 낮춘다. 방 창문은 높이 1200, 거실창은 높이 2350으로 표현한다.
　　단, 테라스로 바로 나갈 수 있는 방 창문은 높이 2350(거실높이)에 맞춘다.

24. 계단, 테라스, 난간, 홈통, 기와, 창문 밑 벽돌 세워쌓기 등 표현

※ 뒤쪽에 낮은 지붕이 있으면 평면도 길이만큼 단면도에서 높이 생성

25. 문자작성 : 문자높이 100
벽돌해칭 : BRICK – 축척 10

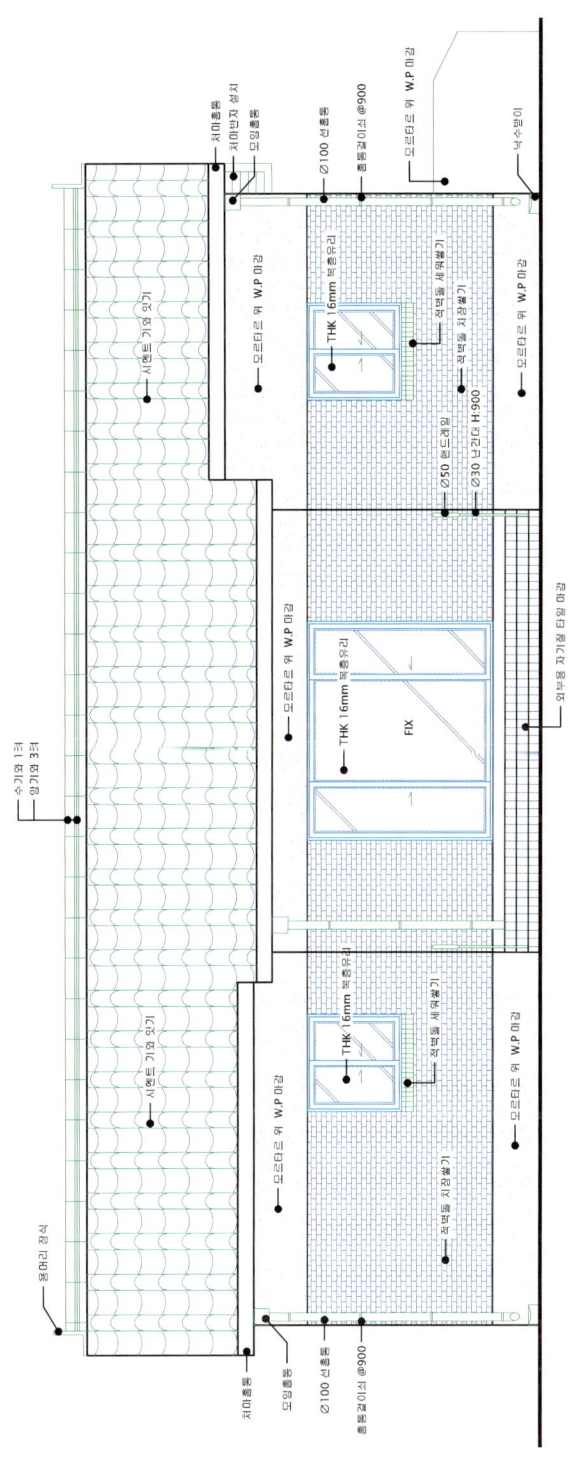

26. 표제란, 수목표현

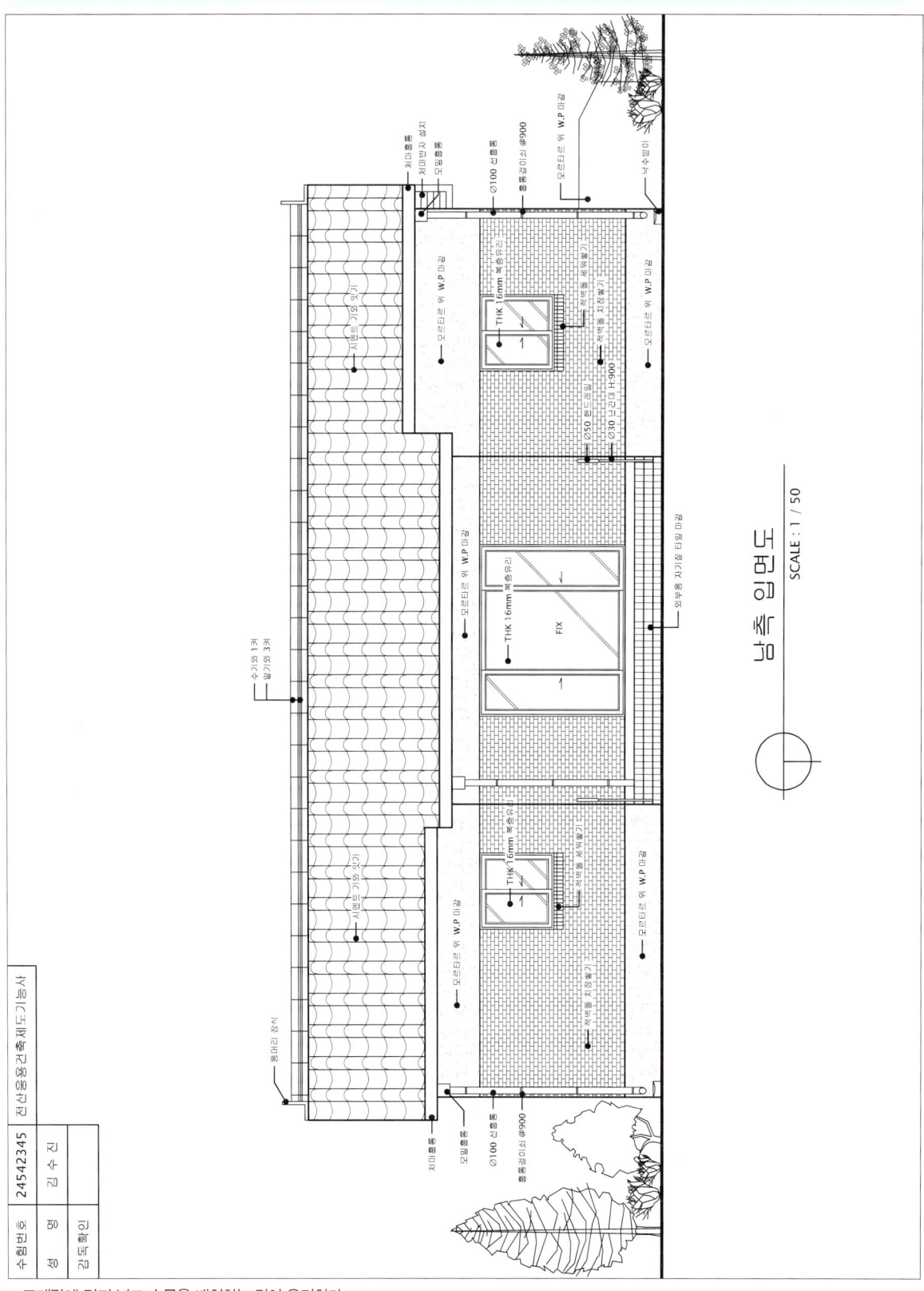

※표제란에 먼저 넣고 수목을 배치하는 것이 유리하다.

memo

기출종합문제 10

시험시간 4시간 10분

네이버 카페에서 완성 도면 파일을 확인하세요.
파일명 10-단면도 / 10-입면도

01 요구사항

주어진 평면도를 보고 CAD를 이용하여 아래 조건에 맞게 다음 도면을 작도한 후, 지급된 용지에 본인이 직접 흑백으로 출력하여 파일과 함께 제출하시오.

❶ A부분 단면 상세도를 축척 1/40으로 작도하시오.
❷ 남측 입면도를 축척 1/50으로 작도하되 벽면의 마감재료 표시 및 주위의 배경 등 도면의 요소를 충분히 고려하시오.

[조 건]
- 기초 및 지하실 벽체 : 철근콘크리트 구조로 하시오.
- 벽체 : 외벽 – 외부로부터 붉은 벽돌 0.5B, 단열재, 시멘트 벽돌 1.0B
  　　　　내벽 – 시멘트 벽돌 1.0B
- 단열재 : 외벽 120mm, 바닥 85mm, 지붕 180mm
- 지붕 : 철근콘크리트 경사슬래브 위 시멘트 기와잇기 마감으로 하시오(물매 4/10 이상).
- 처마나옴 : 벽체 중심에서 600mm
- 반자높이 : 2400mm, 처마반자 설치
- 창호 : 목재창호로 하되 2중창인 경우 외부창호는 알루미늄 섀시로 하시오.
- 각 실의 난방 : 온수파이프 온돌난방으로 하시오.
- 1층 바닥 슬래브와 기초는 일체식으로 표현하시오.
- 평면도에 표현되지 않은 현관 상부 캐노피는 작도하지 않습니다.
- 기타 각 부분의 마감, 치수 등 주어지지 않은 조건은 일반적인 시공수준으로 하시오.

- 선의 통일을 기하기 위하여 아래와 같이 선의 색을 정리하여 출력하시오.
  - 흰색(7-White) : 0.3mm
  - 노랑(2-Yellow) : 0.4mm
  - 빨강(1-Red) : 0.2mm
  - 녹색(3-Green) : 0.2mm
  - 하늘색(4-Cyan) : 0.3mm
  - 파랑(5-Blue) : 0.1mm

02 수험자 유의사항

※ 다음과 같은 경우에는 채점대상에서 제외됩니다.
 1) 시험시간 내에 요구사항을 완성하지 못한 경우
 2) 시험시간 내에 제출된 작품이라도 다음과 같은 경우
   가) 주어진 조건을 지키지 않고 작도한 경우
   나) 요구한 전 도면을 작도하지 않은 경우
   다) 건축제도 통칙을 준수하지 않거나 건축 CAD의 기능이 없는 상태에서 완성된 도면
 3) 시험 중 시설·장비의 조작 또는 재료의 취급이 미숙하여 위해를 일으킬 것으로 시험위원 전원이 합의하여 판단한 경우

03 도면

| 자격종목 | 전산응용건축제도기능사 | 과제명 | 주 택 | 척 도 | NONE |

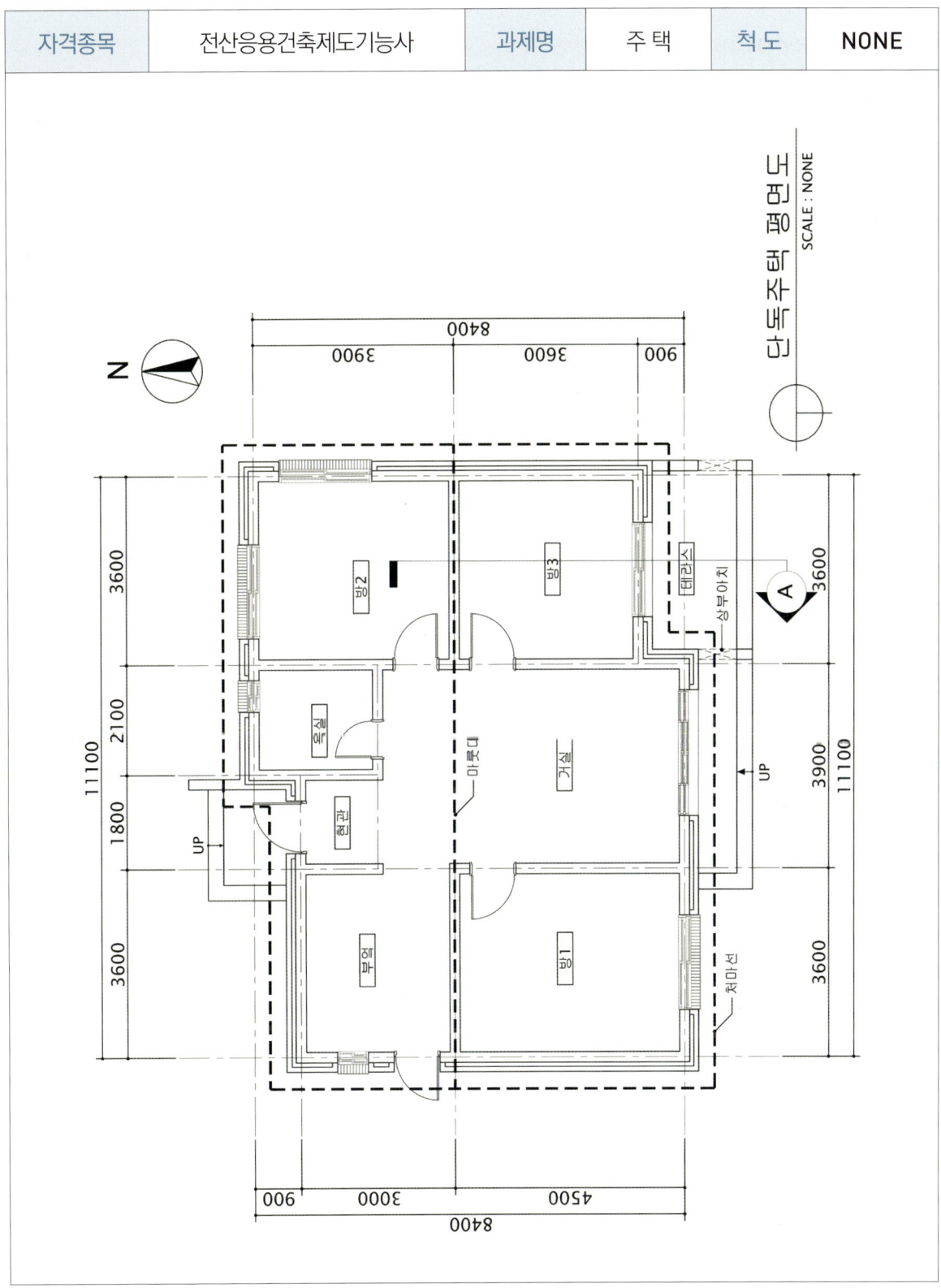

04 [단면도 작성]

1. 기본설정 : Option, OSNAP, LAYER 구성 등
2. 평면도 외벽(ML [Enter] S [Enter] 400 [Enter])만 간단히 작성. 지붕이 복잡할 경우 미리 그려두는 것이 유리하다.
3. 화살표 방향이 위로 보도록 회전한다. – X [Enter] 모두선택 [Enter] (분해)

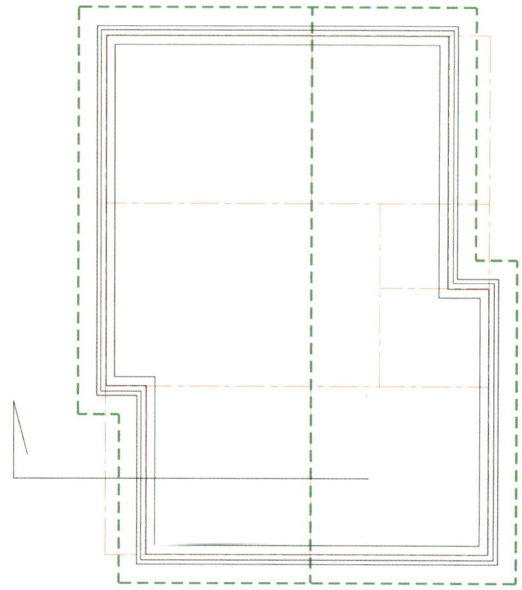

4. 노란색 도면층 : 평면도보다 길게 G.L을 그리고 절단부분(화살표가 지나가는 부분)의 기초와 바닥슬래브 표현
5. 흰색 도면층 : 바닥단열재(THK 85), 난방(THK 150) 완성하기

    밑창콘크리트(THK 50), 잡석다짐(THK 200) 완성하기

6. 지붕 슬래브 그리기

❶ 지붕 마룻대에서 가장 먼 벽체의 중심거리 파악
❷ 난방선 끝에서 2400 위로 Offset
❸ 테두리보의 높이 700 표현
❹ REC [Enter] 시작점 클릭 @1000,400 [Enter]
❺ XL [Enter] A [Enter] 대각선 끝점 클릭, 클릭 – 가장 먼 벽체 중심과 테두리보가 만나는 부분에 클릭

7. 지붕 슬래브 완성

8. 반자 설치 : 반자를 복사하여 처마반자도 함께 설치한다.

9. 지붕단열재 : THK 180

10. 지붕방수, 기와

11. 단면창문, 내부벽체 표현

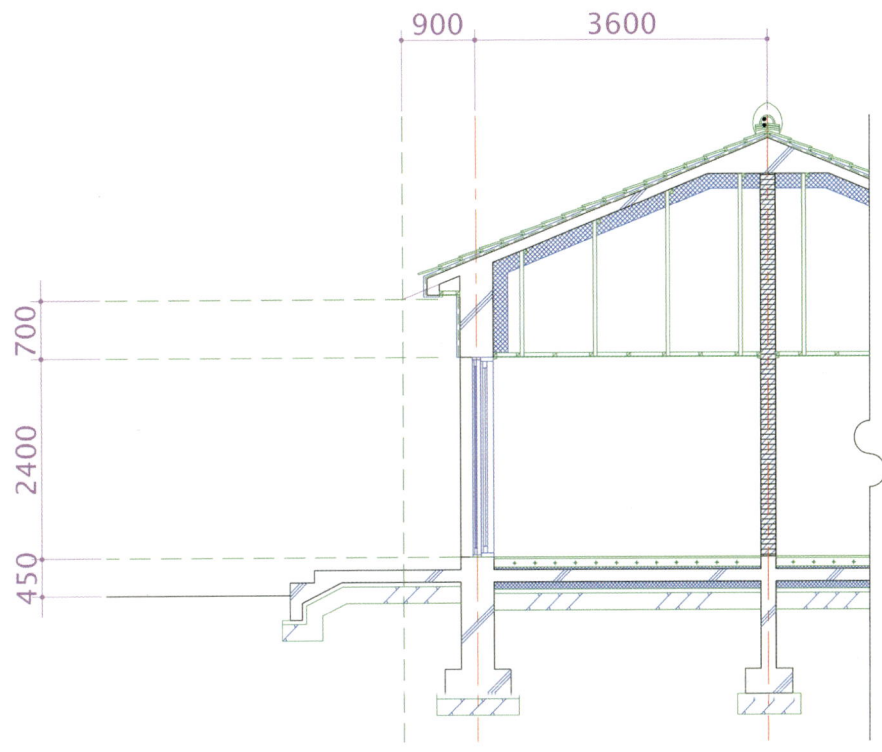

12. 단면도상의 입면요소 표현
   : 입면으로 보이는 벽체, 입면으로 보이는 처마, 입면으로 보이는 문과 창문 등을 표현한다.

13. 홈통 설치

14. 문자 작성
   ST [Enter] – Lucida sans unicode
   도면층 : 흰색, 문자높이 : 80

15. 단면, 단면상의 입면의 재료표현과 해칭

16. 치수 : 중심선의 길이를 모두 맞춘 후 D [Enter] 치수설정
치수 매기기 : 주석 – 신속치수

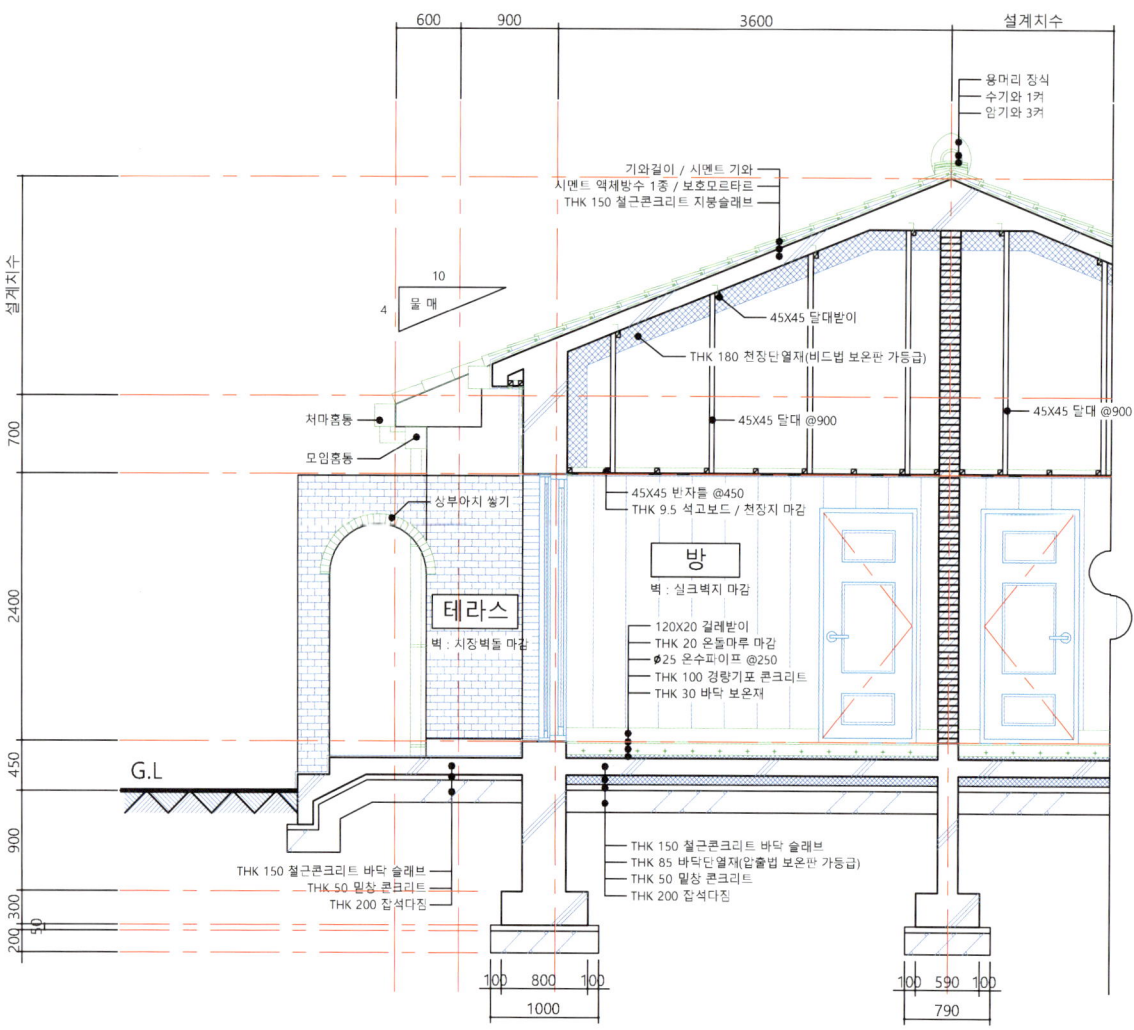

17. 표제란

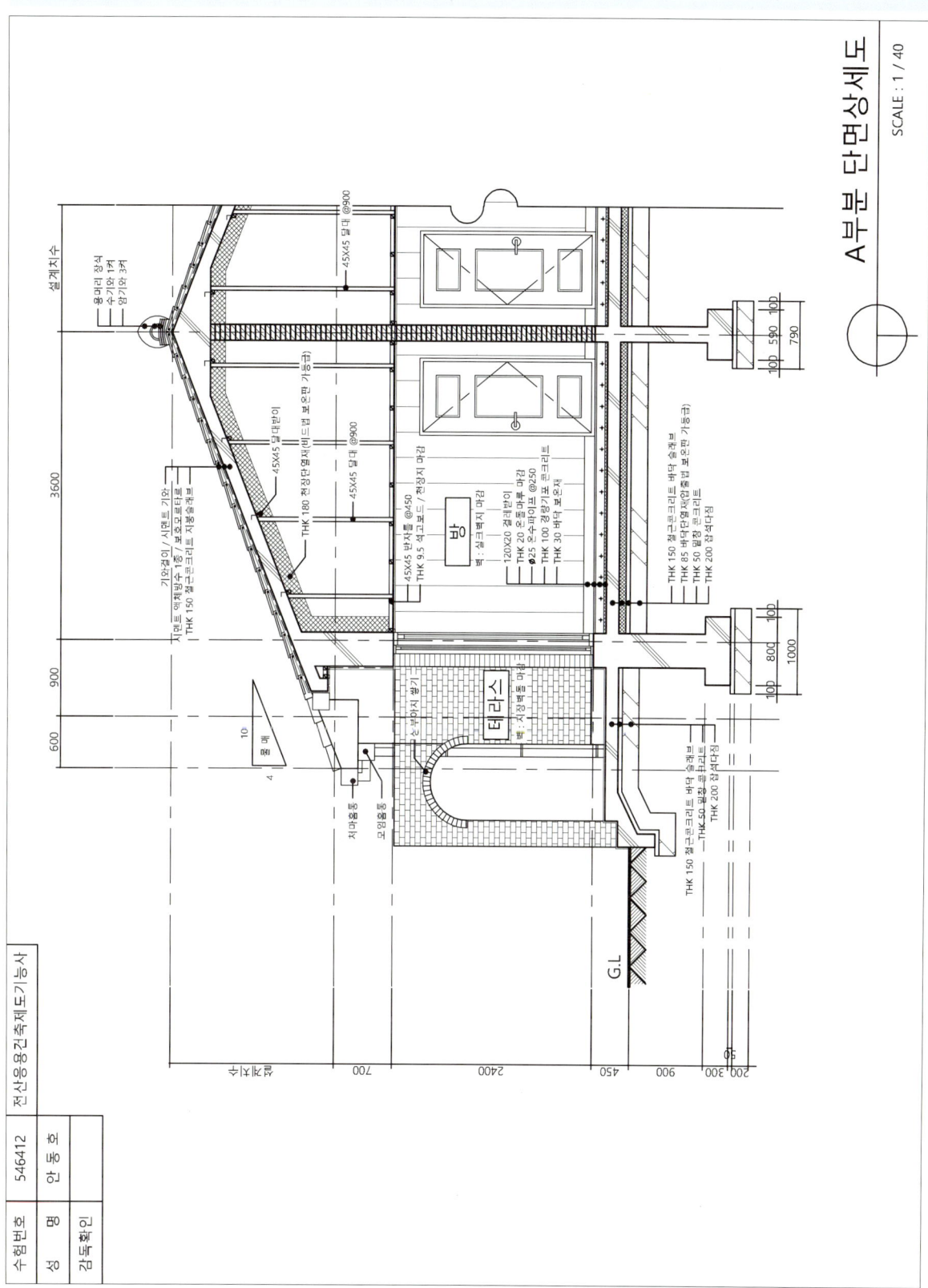

05 [입면도 작성]

18. 평면도 : 입면도 방향이 아래를 향하도록 하고 입면도의 위에 배치
    단면도 : 입면도의 좌측에 배치

❶ 단면도의 G.L을 입면도에 연장
❷ 평면도의 외부 벽체 끝선을 입면도에 연장

19. 단면도에서 지붕높이 표현
    ※ 지붕의 가장 낮은 선을 기준으로 벽체 Trim

20. 평면도에서 지붕의 폭 표현
    ※ 지붕을 네모 모양으로 정리

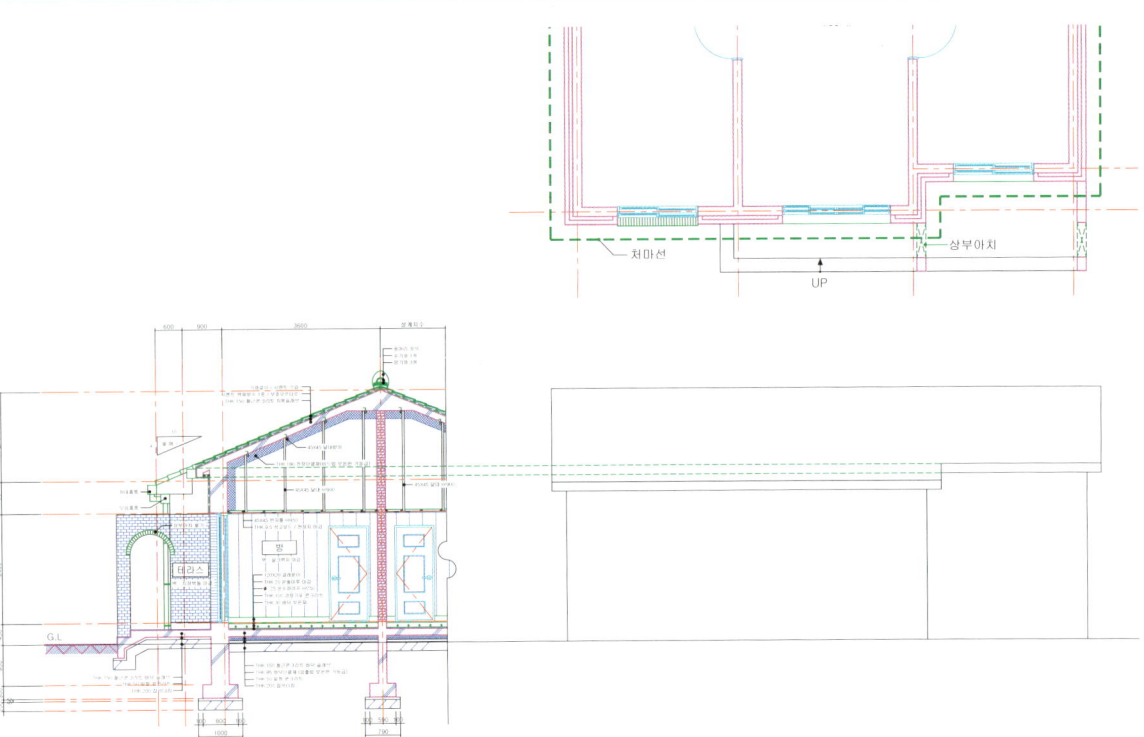

※ 높이가 다른 지붕이 있으면 평면도에서 용머리와 처마 끝의 거리를 확인하고 단면도에 표현
  지붕 물매를 따라가다 보면 수평거리와 만나는 점이 높이가 된다.

21. 난방끝선과 반자 시작선 표시 : 외부에서 볼 때 재료분리의 기준이 된다.
22. 창문과 현관문을 표현하기 위해 창호의 중심위치를 표시한다.
23. 창호표시
    테라스와 현관 높이는 난방이 없으므로 150 낮춘다. 방 창문은 높이 1200, 거실창은 높이 2400으로 표현한다.
    단, 테라스로 바로 나갈 수 있는 방 창문은 높이 2400(거실높이)에 맞춘다.

24. 계단, 테라스, 난간, 홈통, 기와, 창문 밑 벽돌 세워쌓기 등 표현

※ 뒤쪽에 낮은 지붕이 있으면 평면도 길이만큼 단면도에서 높이 생성

25. 문자작성 : 문자높이 100

벽돌해칭 : BRICK – 축척 10

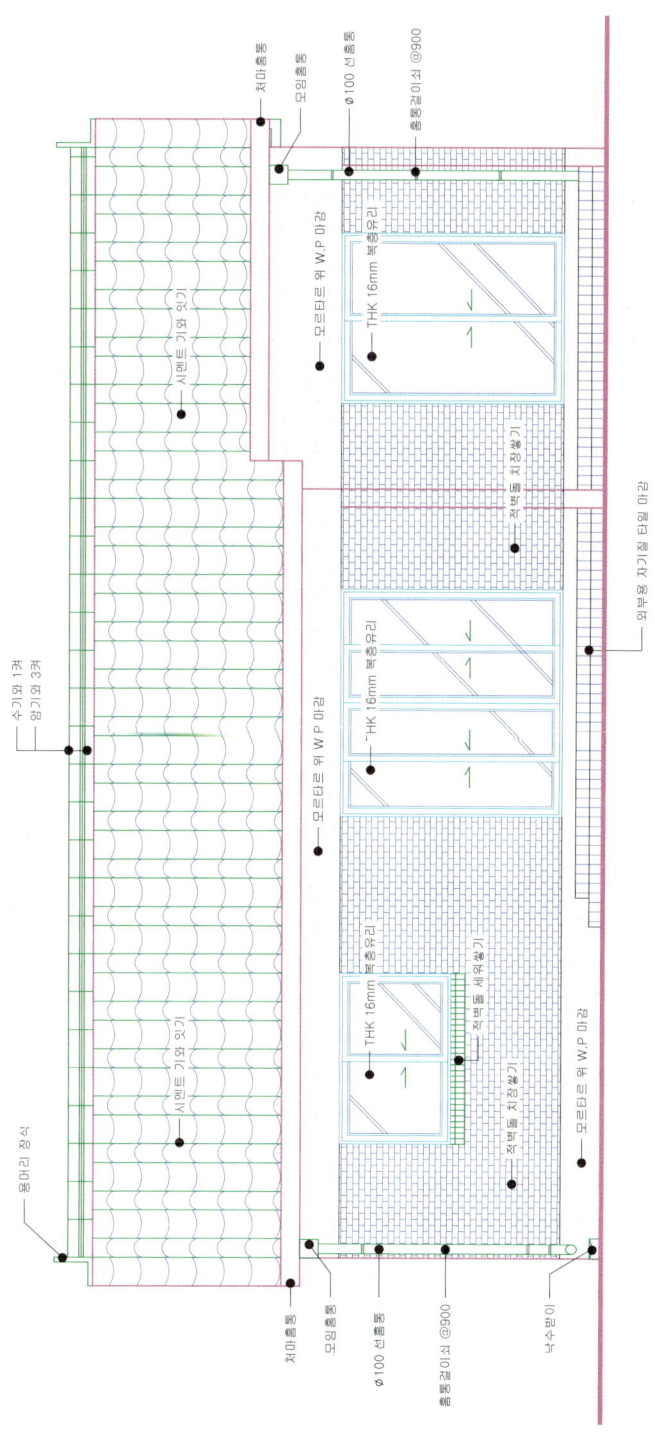

26. 표제란, 수목표현

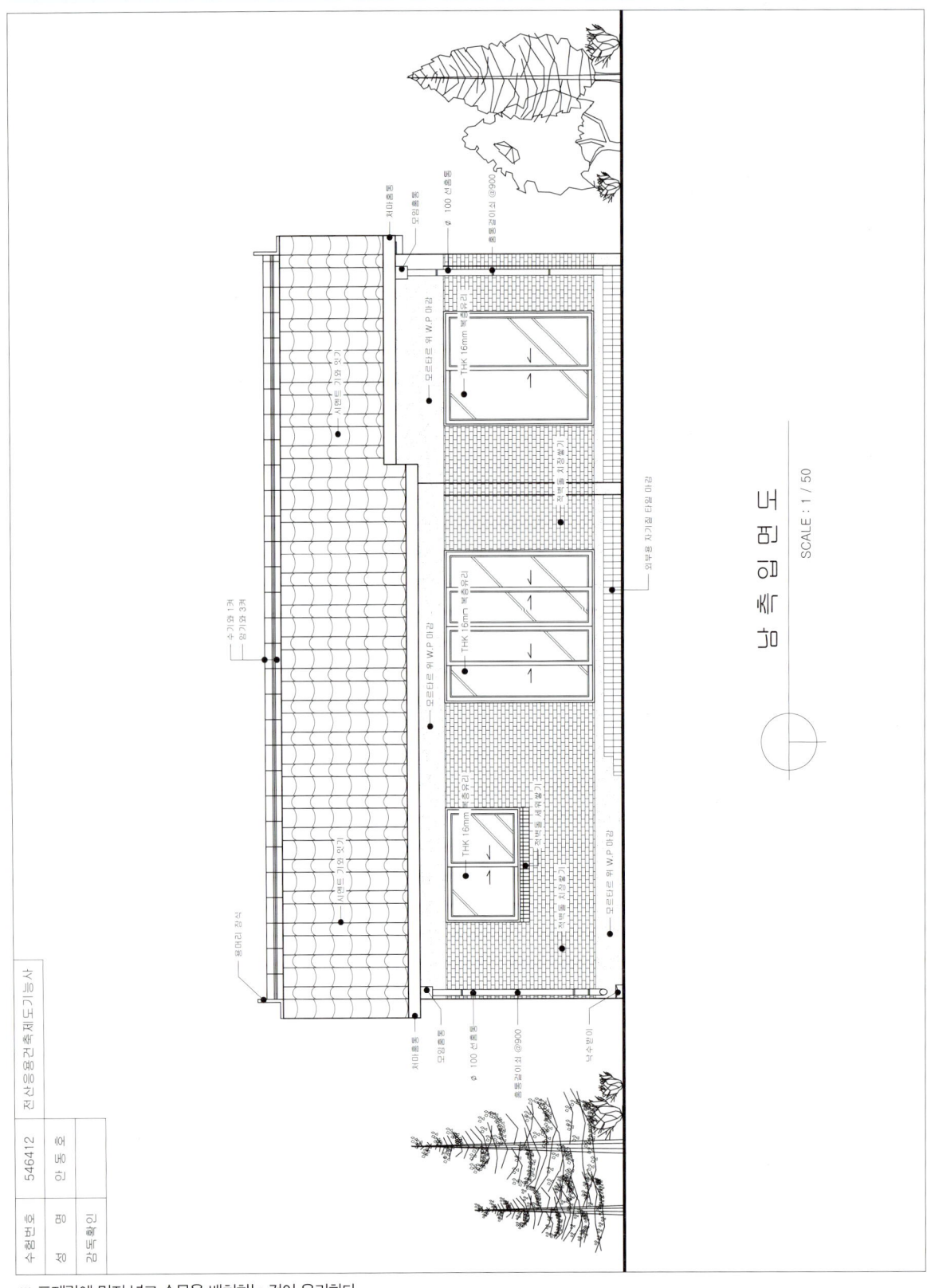

※ 표제란에 먼저 넣고 수목을 배치하는 것이 유리하다.

memo

기출종합문제 11

네이버 카페에서 완성 도면 파일을 확인하세요.
파일명) 11-단면도 / 11-입면도

시험시간) 4시간 10분

01 요구사항

주어진 평면도를 보고 CAD를 이용하여 아래 조건에 맞게 다음 도면을 작도한 후, 지급된 용지에 본인이 직접 흑백으로 출력하여 파일과 함께 제출하시오.

❶ A부분 단면 상세도를 축척 1/40으로 작도하시오.
❷ 남측 입면도를 축척 1/50으로 작도하되 벽면의 마감재료 표시 및 주위의 배경 등 도면의 요소를 충분히 고려하시오.

[조 건]
- 기초 및 지하실 벽체 : 철근콘크리트 구조로 하시오.
- 벽체 : 외벽 – 외부로부터 붉은 벽돌 0.5B, 단열재, 시멘트 벽돌 1.0B
        내벽 – 시멘트 벽돌 1.0B
- 단열재 : 외벽 120mm, 바닥 85mm, 지붕 180mm
- 지붕 : 철근콘크리트 경사슬래브 위 시멘트 기와잇기 마감으로 하시오.(물매 4/10 이상).
- 치미니옴 : 벽체 중심에서 600mm
- 반자높이 : 2400mm, 처마반자 설치
- 창호 : 목재창호로 하되 2중창인 경우 외부창호는 알루미늄 섀시로 하시오.
- 각 실의 난방 : 온수파이프 온돌난방으로 하시오.
- 1층 바닥 슬래브와 기초는 일체식으로 표현하시오.
- 평면도에 표현되지 않은 현관 상부 캐노피는 작도하지 않습니다.
- 기타 각 부분의 마감, 치수 등 주어지지 않은 조건은 일반적인 시공수준으로 하시오.

- 선의 통일을 기하기 위하여 아래와 같이 선의 색을 정리하여 출력하시오.
    - 흰색(7–White) : 0.3mm
    - 녹색(3–Green) : 0.2mm
    - 노랑(2–Yellow) : 0.4mm
    - 하늘색(4–Cyan) : 0.3mm
    - 빨강(1–Red) : 0.2mm
    - 파랑(5–Blue) : 0.1mm

02 수험자 유의사항

※ 다음과 같은 경우에는 채점대상에서 제외됩니다.
1) 시험시간 내에 요구사항을 완성하지 못한 경우
2) 시험시간 내에 제출된 작품이라도 다음과 같은 경우
   가) 주어진 조건을 지키지 않고 작도한 경우
   나) 요구한 전 도면을 작도하지 않은 경우
   다) 건축제도 통칙을 준수하지 않거나 건축 CAD의 기능이 없는 상태에서 완성된 도면
3) 시험 중 시설·장비의 조작 또는 재료의 취급이 미숙하여 위해를 일으킬 것으로 시험위원 전원이 합의하여 판단한 경우

03 도면

| 자격종목 | 전산응용건축제도기능사 | 과제명 | 주 택 | 척 도 | NONE |

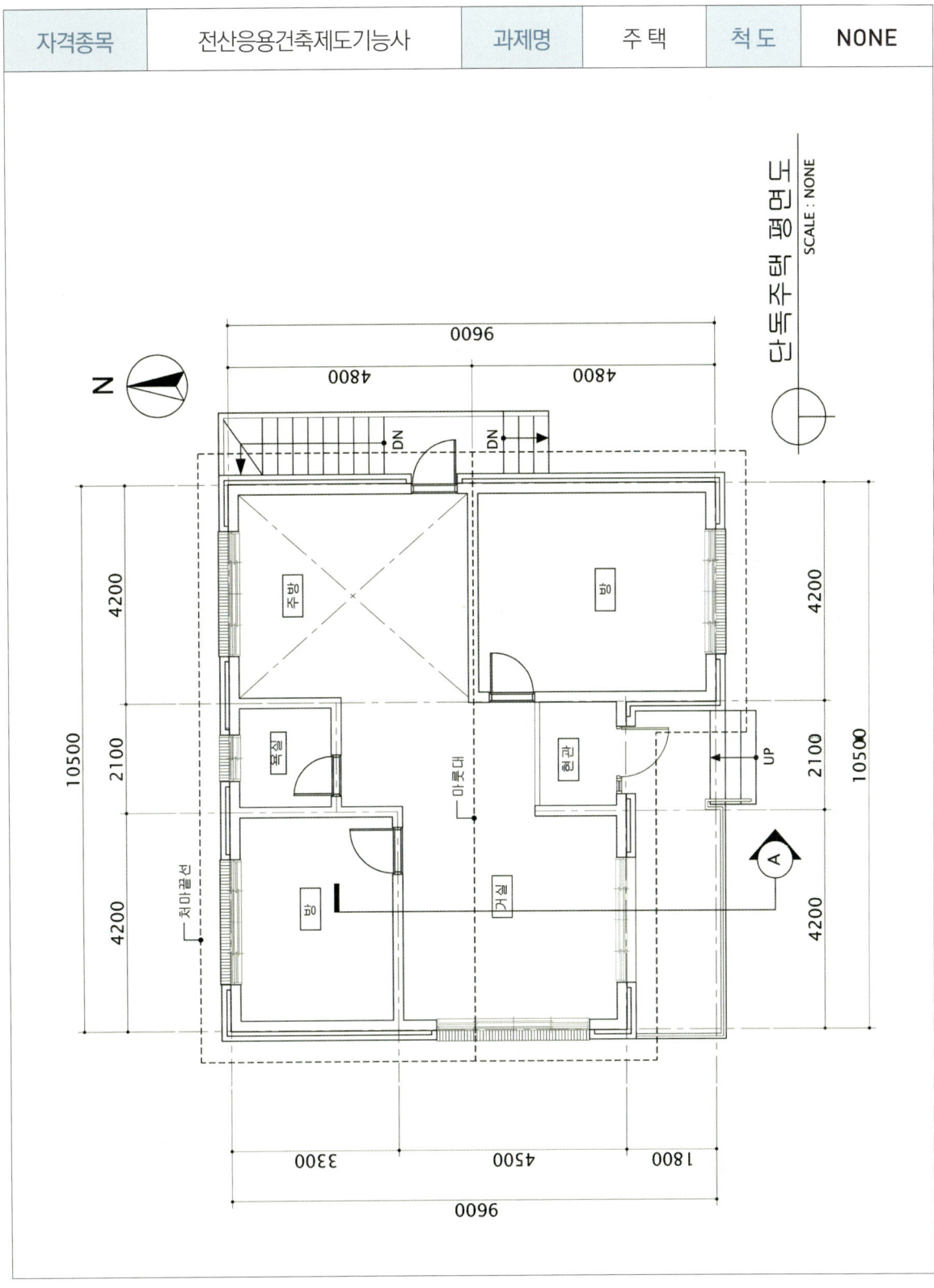

04 [단면도 작성]

1. 기본설정 : Option, OSNAP, LAYER 구성 등
2. 평면도 외벽만 간단히 작성. 지붕이 복잡할 경우 미리 그려두는 것이 유리하다.
3. 화살표 방향이 위로 보도록 회전한다. – X [Enter] 모두선택 [Enter] (분해)

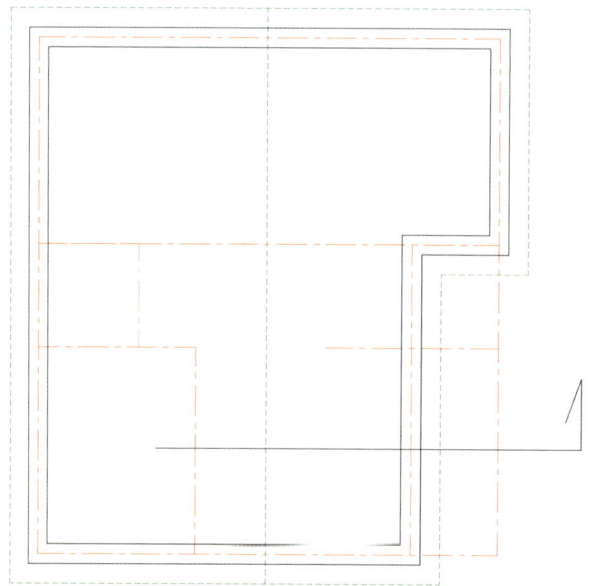

4. 노란색 도면층 : 평면도보다 길게 G.L을 그리고 절단부분(화살표가 지나가는 부분)의 기초와 바닥슬래브 표현
5. 흰색 도면층 : 바닥단열재(THK 85), 밑창콘크리트(THK 50), 잡석다짐(THK 200), 난방(THK 150) 완성하기
6. 지붕 슬래브 그리기

❶ 지붕 마룻대에서 가장 먼 벽체의 중심거리 파악
❷ 난방선 끝에서 2400 위로 Offset
❸ 테두리보의 높이 700 표현
❹ REC [Enter] 시작점 클릭 @1000,400 [Enter]
❺ XL [Enter] A [Enter] 대각선 끝점 클릭, 클릭 – 가장 먼 벽체 중심과 테두리보가 만나는 부분에 클릭

7. 지붕 슬래브 완성

8. 반자 설치 : 반자를 복사하여 처마반자도 함께 설치한다.

9. 거실창문, 내부 벽체 표현

10. 지붕방수, 기와

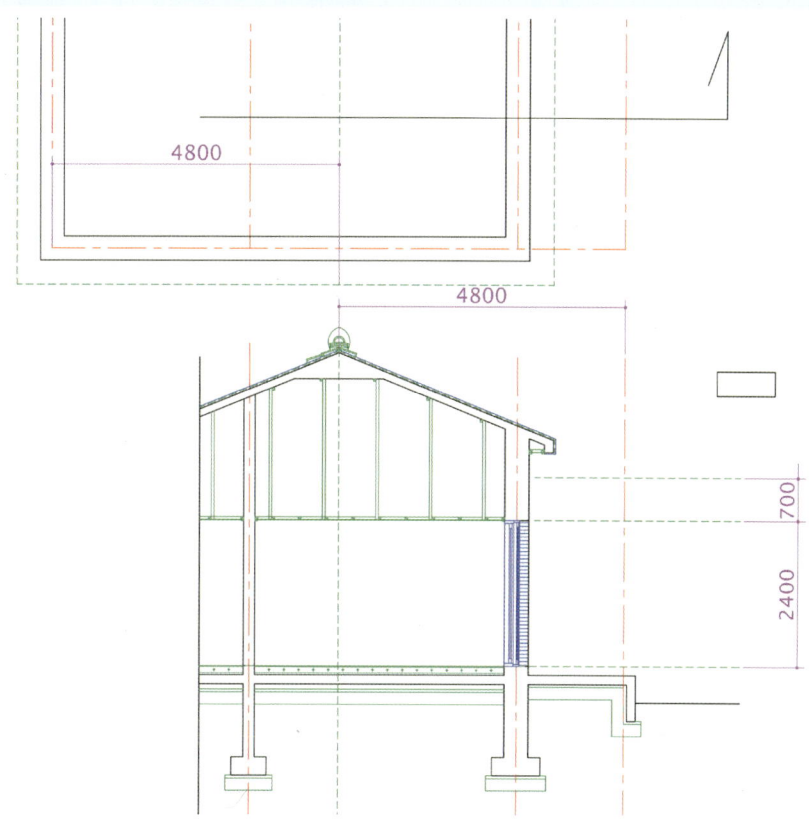

11. 지붕단열재 : THK 180

12. 단면도상의 입면요소 표현
: 입면으로 보이는 벽체, 입면으로 보이는 처마, 입면으로 보이는 문과 창문 등을 표현한다.

13. 홈통 설치

14. 문자 작성
ST [Enter] – Lucida sans unicode
도면층 : 흰색, 문자높이 : 80

15. 단면, 입면의 재료표현과 해칭

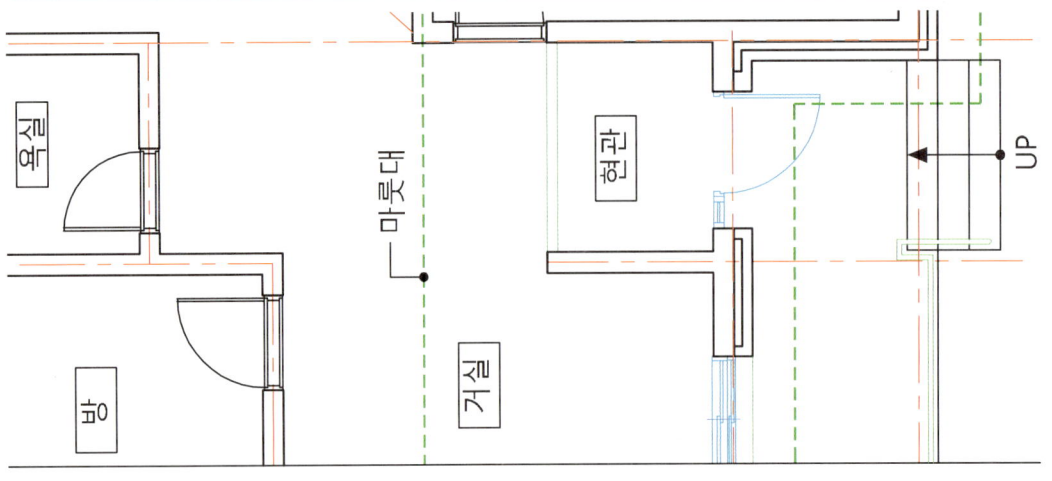

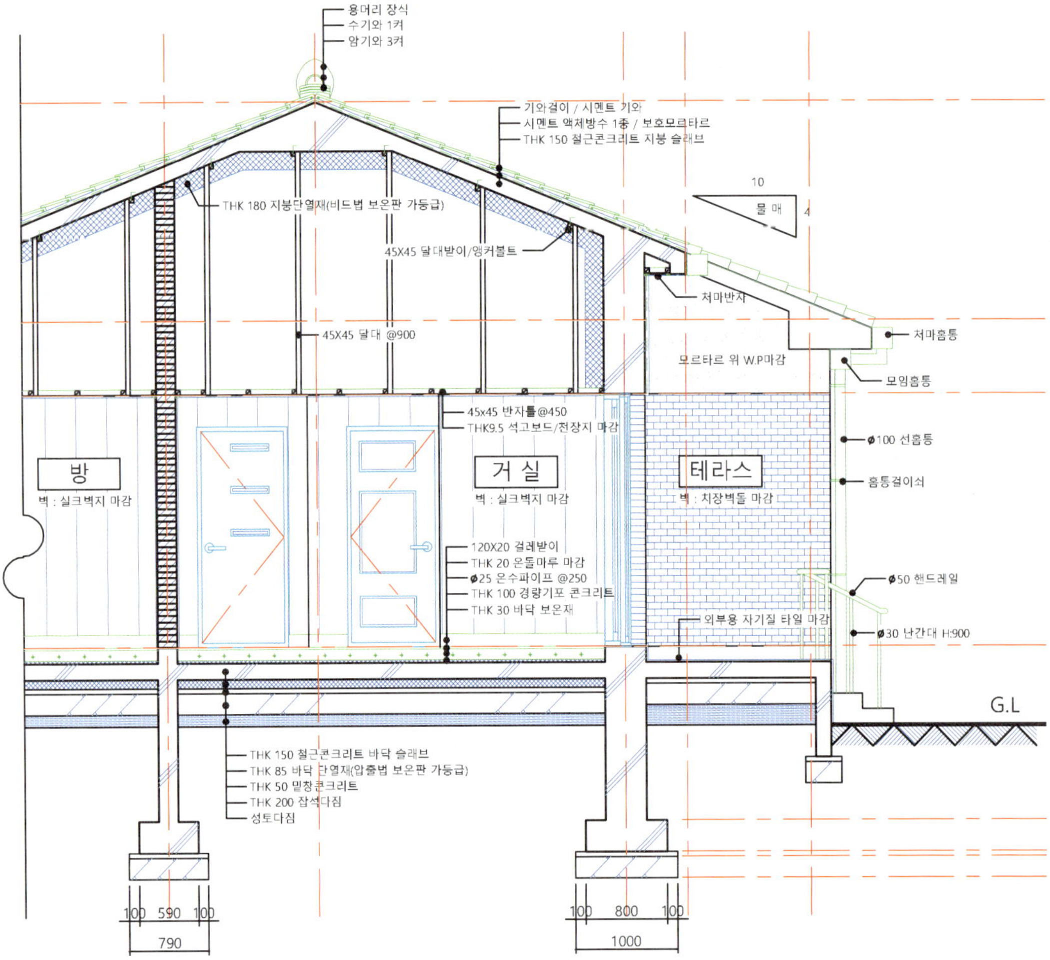

16. 치수 : 중심선의 길이를 모두 맞춘 후 주석 – 신속치수

17. 표제란

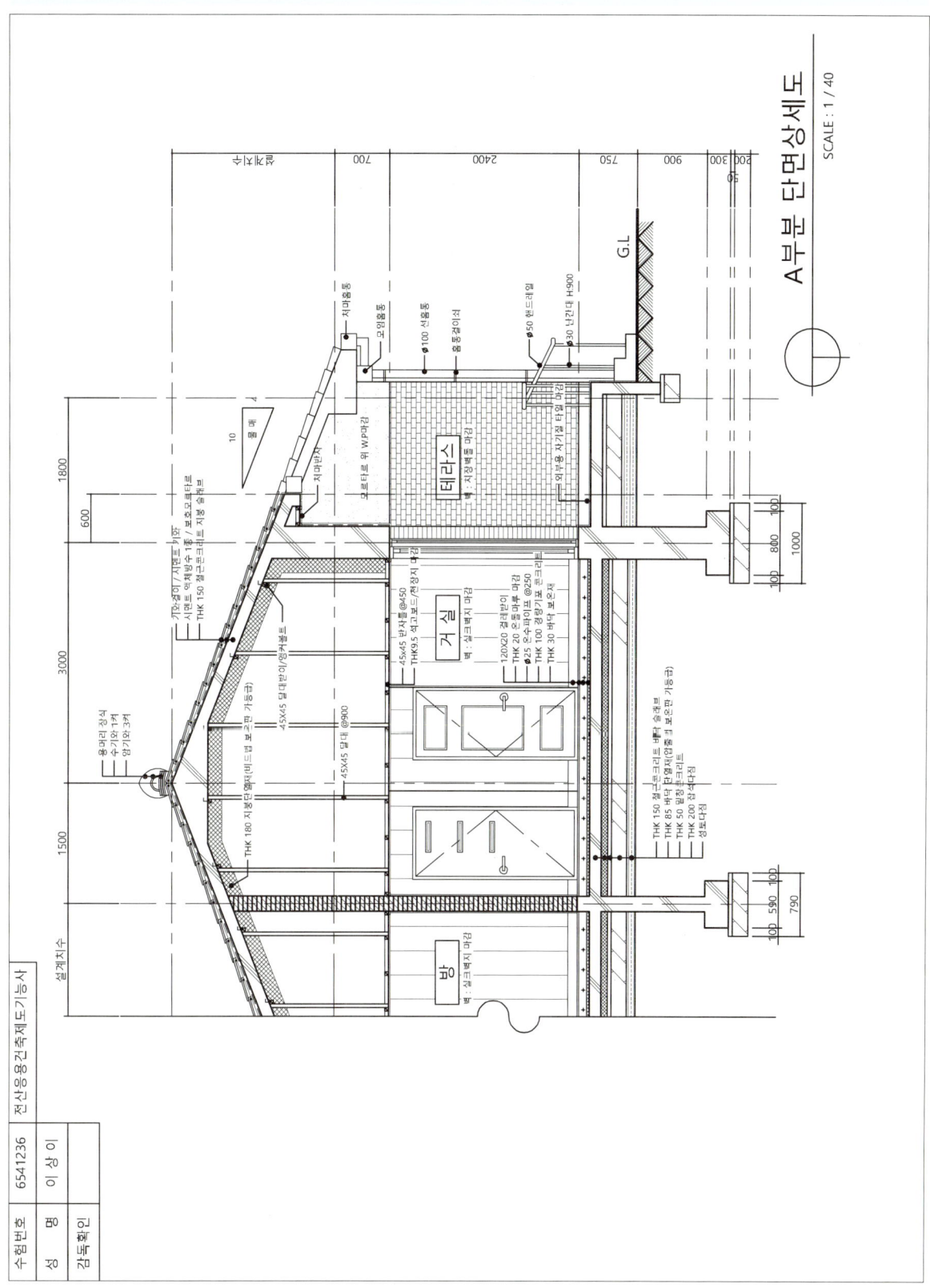

05 [입면도 작성]

18. 평면도 : 입면도 방향이 아래를 향하도록 하고 입면도의 위에 배치
　　　단면도 : 입면도의 좌측에 배치

❶ 단면도의 G.L을 입면도에 연장
❷ 평면도의 외부 벽체 끝선을 입면도에 연장

19. 단면도에서 지붕높이 표현
　　　※ 지붕의 가장 낮은 선을 기준으로 벽체 Trim

20. 평면도에서 지붕의 폭 표현
　　　※ 지붕을 네모 모양으로 정리

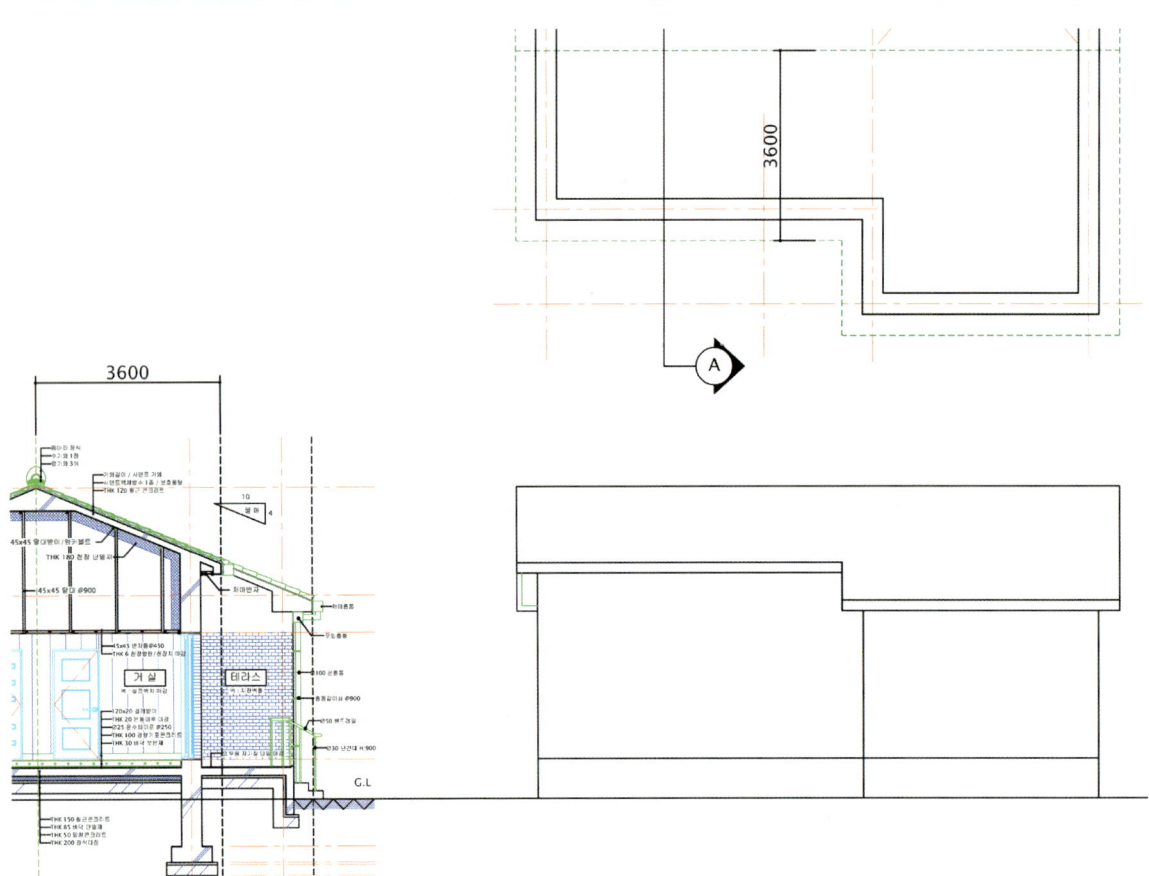

※ 높이가 다른 지붕이 있으면 평면도에서 용머리와 처마 끝의 거리를 확인하고 단면도에 표현
　지붕 물매를 따라가다 보면 수평거리와 만나는 점이 높이가 된다.

21. 난방끝선과 반자 시작선 표시 : 외부에서 볼 때 재료분리의 기준이 된다.

22. 창문과 현관문을 표현하기 위해 창호의 중심위치를 표시한다.

23. 창호표시
: 테라스 위치는 난방이 없으므로 150 낮춘다. 방 창문은 높이 1200, 거실창은 높이 2400으로 표현한다.
단, 테라스로 바로 나갈 수 있는 방 창문은 높이 2400(거실높이)에 맞춘다.

24. 계단, 테라스, 난간, 홈통, 기와, 창문 밑 벽돌 세워쌓기 등 표현
※ 뒤쪽에 낮은 지붕이 있으면 평면도 길이만큼 단면도에서 높이 생성

25. 문자작성 : 문자높이 100
벽돌해칭 : BRICK - 축척 10

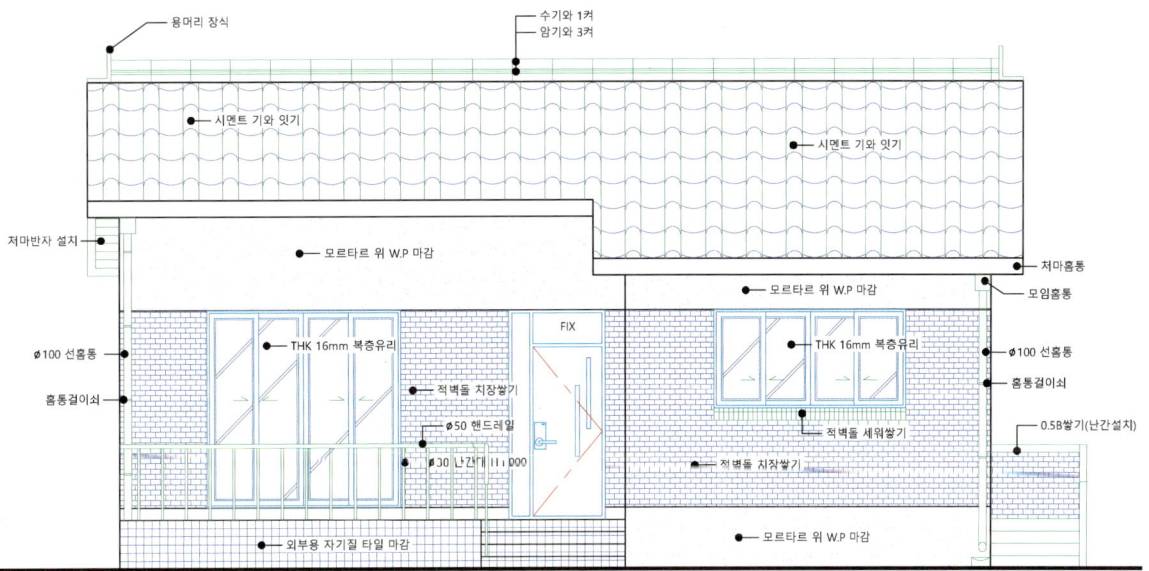

26. 표제란, 수목표현

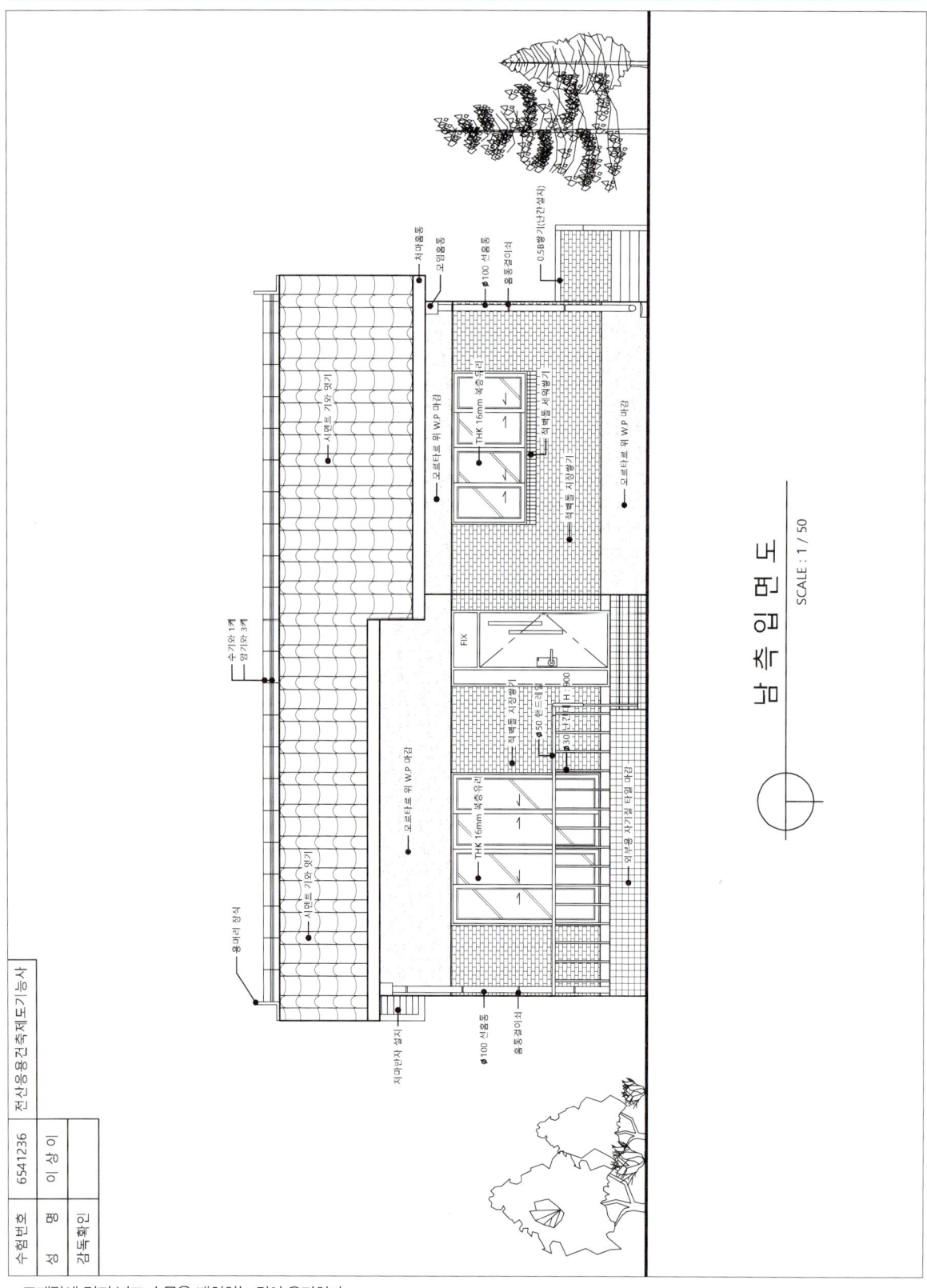

※ 표제란에 먼저 넣고 수목을 배치하는 것이 유리하다.

memo

기출종합문제 12

시험시간 4시간 10분

네이버 카페에서 완성 도면 파일을 확인하세요.
파일명 12-단면도 / 12-입면도

01 요구사항

주어진 평면도를 보고 CAD를 이용하여 아래 조건에 맞게 다음 도면을 작도한 후, 지급된 용지에 본인이 직접 흑백으로 출력하여 파일과 함께 제출하시오.

❶ A부분 단면 상세도를 축척 1/40으로 작도하시오.
❷ 남측 입면도를 축척 1/50으로 작도하되 벽면의 마감재료 표시 및 주위의 배경 등 도면의 요소를 충분히 고려하시오.

[조 건]
- 기초 및 지하실 벽체 : 철근콘크리트 구조로 하시오.
- 벽체 : 외벽 – 외부로부터 붉은 벽돌 0.5B, 단열재, 시멘트 벽돌 1.0B
         내벽 – 시멘트 벽돌 1.0B
- 단열재 : 외벽 120mm, 바닥 85mm, 지붕 180mm
- 지붕 : 철근콘크리트 경사슬래브 위 시멘트 기와잇기 마감으로 하시오(물매 4/10 이상).
- 처마나옴 : 벽체 중심에서 750mm
- 반자높이 : 2350mm, 처마반자 설치
- 창호 : 목재창호로 하되 2중창인 경우 외부창호는 알루미늄 섀시로 하시오.
- 각 실의 난방 : 온수파이프 온돌난방으로 하시오.
- 1층 바닥 슬래브와 기초는 일체식으로 표현하시오.
- 평면도에 표현되지 않은 현관 상부 캐노피는 작도하지 않습니다.
- 기타 각 부분의 마감, 치수 등 주어지지 않은 조건은 일반적인 시공수준으로 하시오.

- 선의 통일을 기하기 위하여 아래와 같이 선의 색을 정리하여 출력하시오.
  - 흰색(7–White) : 0.3mm
  - 노랑(2–Yellow) : 0.4mm
  - 빨강(1–Red) : 0.2mm
  - 녹색(3–Green) : 0.2mm
  - 하늘색(4–Cyan) : 0.3mm
  - 파랑(5–Blue) : 0.1mm

02 수험자 유의사항

※ 다음과 같은 경우에는 채점대상에서 제외됩니다.
1) 시험시간 내에 요구사항을 완성하지 못한 경우
2) 시험시간 내에 제출된 작품이라도 다음과 같은 경우
   가) 주어진 조건을 지키지 않고 작도한 경우
   나) 요구한 전 도면을 작도하지 않은 경우
   다) 건축제도 통칙을 준수하지 않거나 건축 CAD의 기능이 없는 상태에서 완성된 도면
3) 시험 중 시설 · 장비의 조작 또는 재료의 취급이 미숙하여 위해를 일으킬 것으로 시험위원 전원이 합의하여 판단한 경우

03 도면

| 자격종목 | 전산응용건축제도기능사 | 과제명 | 주 택 | 척 도 | NONE |

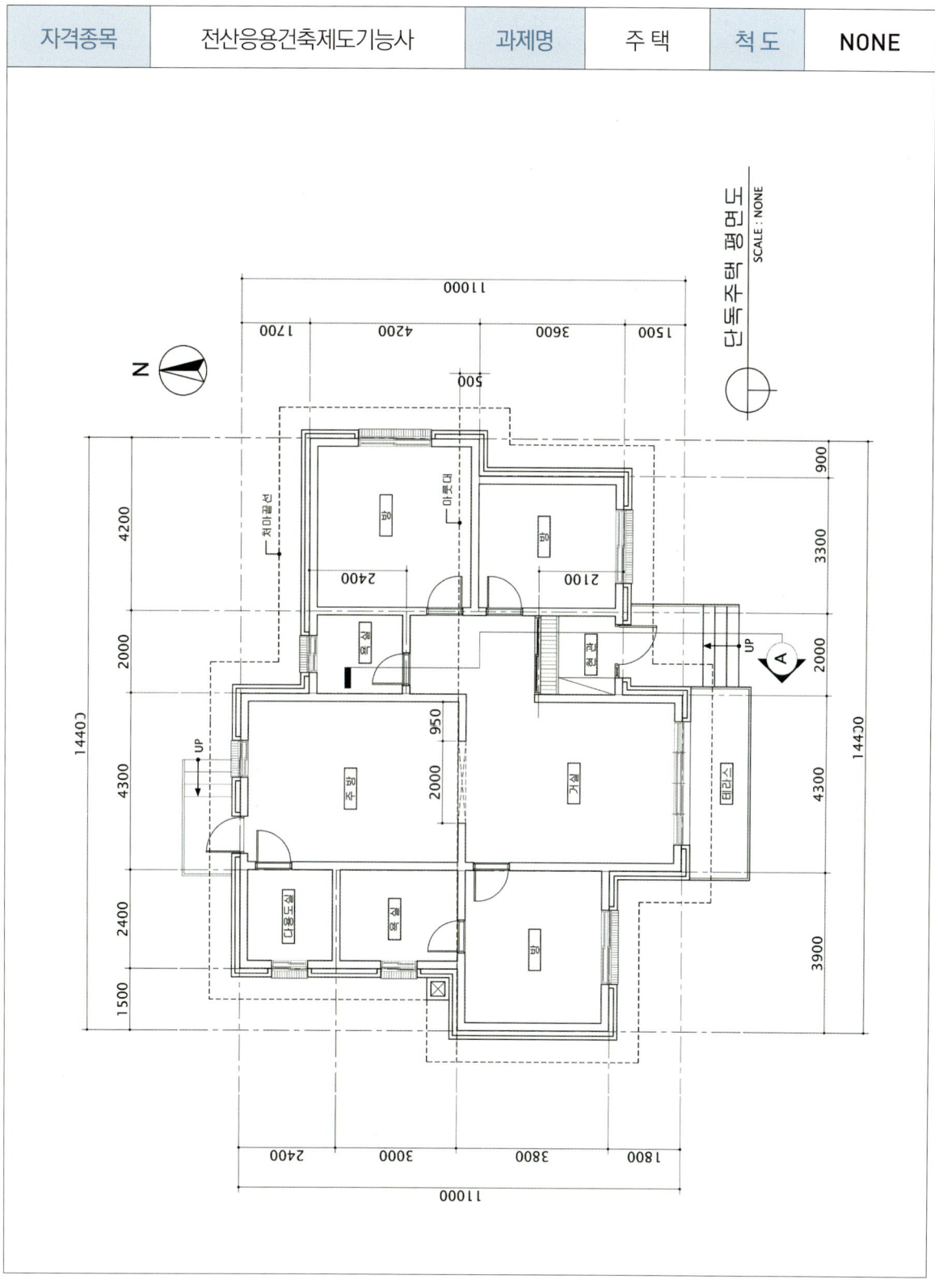

04 [단면도 작성]

1. 기본설정 : Option, OSNAP, LAYER 구성 등
2. 평면도 외벽만 간단히 작성. 지붕이 복잡할 경우 미리 그려두는 것이 유리하다.
3. 화살표 방향이 위로 보도록 회전한다. – X [Enter] 모두선택 [Enter] (분해)

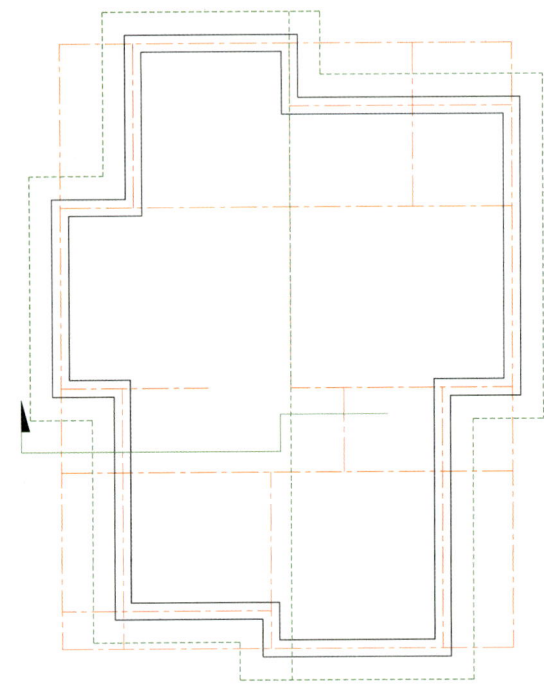

4. 노란색 도면층 : 평면도보다 길게 G.L을 그리고 절단부분(화살표가 지나가는 부분)의 기초와 바닥슬래브 표현
5. 흰색 도면층 : 바닥단열재(THK 85), 밑창콘크리트(THK 50), 잡석다짐(THK 200), 난방(THK 150) 완성하기
6. 지붕 슬래브 그리기

❶ 지붕 마룻대에서 가장 먼 벽체의 중심거리 파악
❷ 난방선 끝에서 2350 위로 Offset
❸ 테두리보의 높이 700 표현
❹ REC [Enter] 시작점 클릭 @1000,400 [Enter]
❺ XL [Enter] A [Enter] 대각선 끝점 클릭, 클릭 – 가장 먼 벽체 중심과 테두리보가 만나는 부분에 클릭

7. 지붕 슬래브 완성

8. 반자 설치 : 반자를 복사하여 처마반자도 함께 설치한다.

9. 지붕단열재 : THK 180

10. 지붕방수, 기와

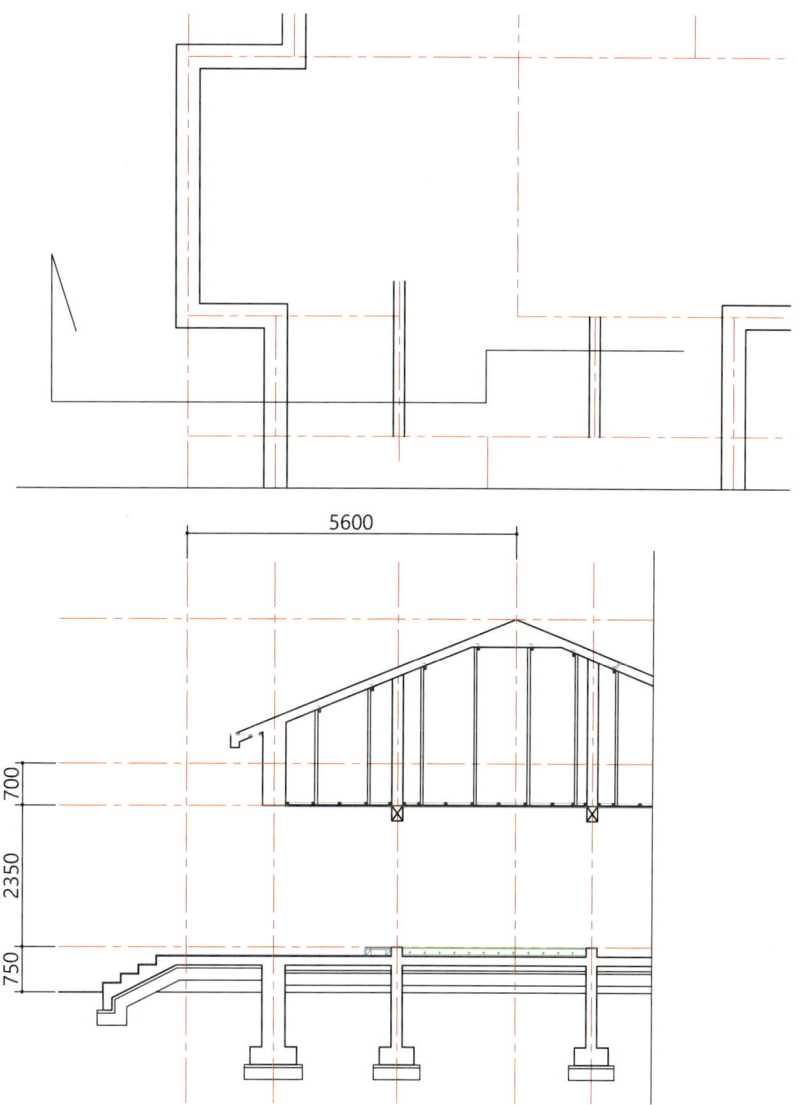

11. 현관문, 현관중문, 욕실문의 단면 표현

12. 단면도상의 입면요소 표현
   : 입면으로 보이는 벽체, 입면으로 보이는 처마, 입면으로 보이는 문과 창문 등을 표현한다.

13. 홈통 설치

14. 문자 작성

ST [Enter] – Lucida sans unicode
도면층 : 흰색, 문자높이 : 80

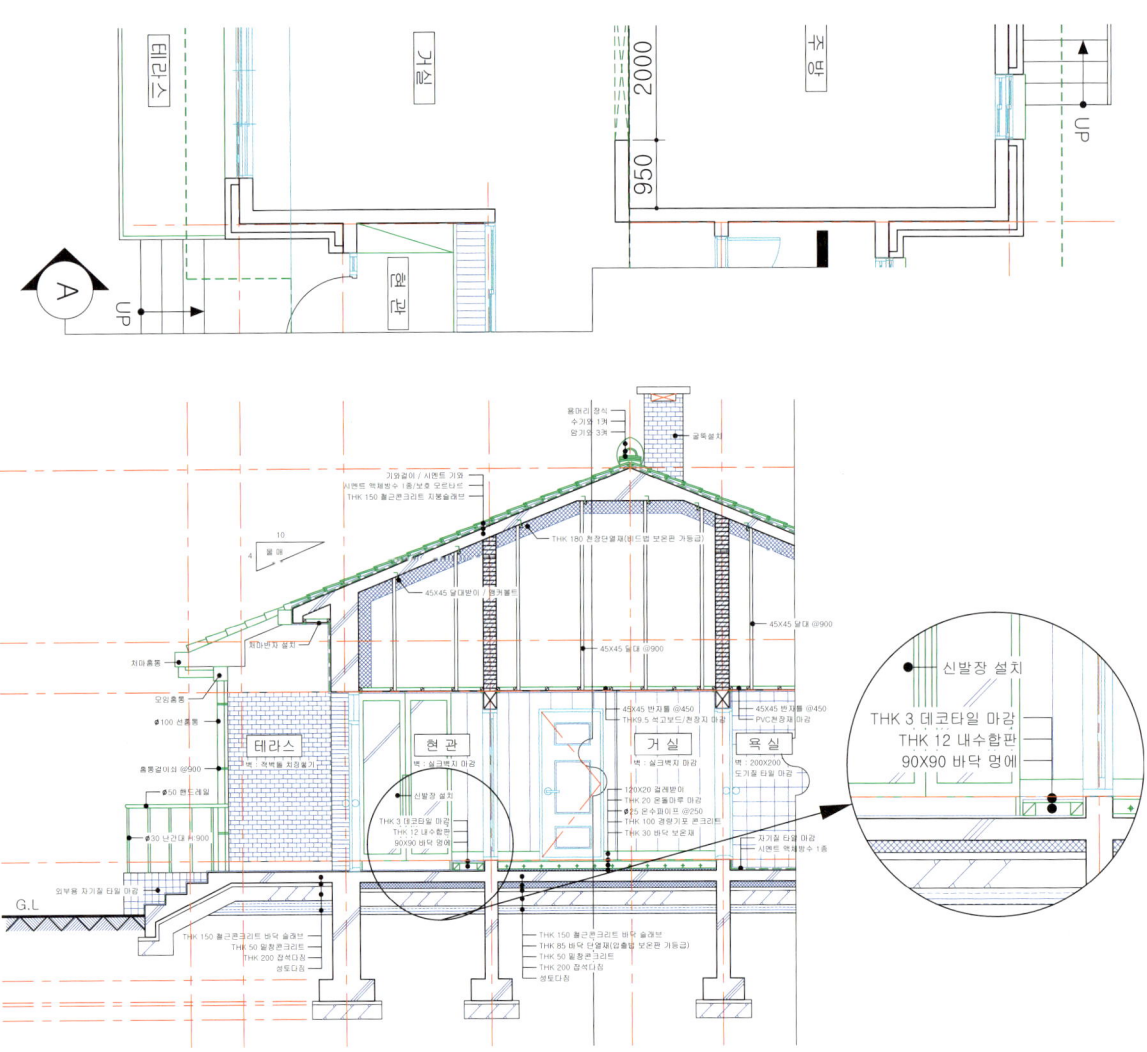

15. 단면, 입면의 재료표현과 해칭

※ 굴뚝 설치

16. 치수 : 중심선의 길이를 모두 맞춘 후 주석 – 신속치수

17. 표제란

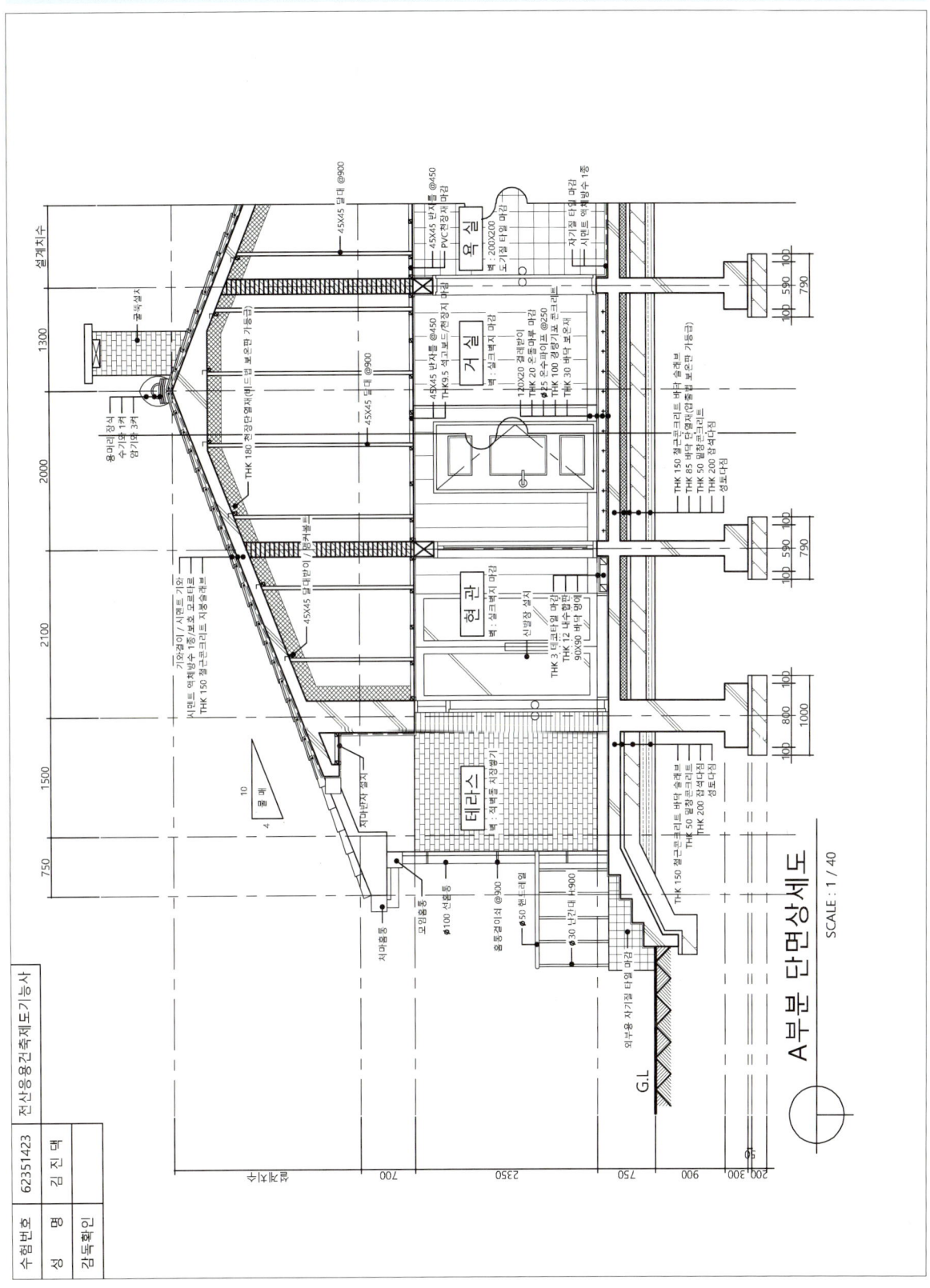

05 [입면도 작성]

18. 평면도 : 입면도 방향이 아래를 향하도록 하고 입면도의 위에 배치

　　　단면도 : 입면도의 좌측에 배치

❶ 단면도의 G.L을 입면도에 연장
❷ 평면도의 외부 벽체 끝선을 입면도에 연장

19. 단면도에서 지붕높이 표현
　　※ 지붕의 가장 낮은 선을 기준으로 벽체 Trim

20. 평면도에서 지붕의 폭 표현
　　※ 지붕을 네모 모양으로 정리

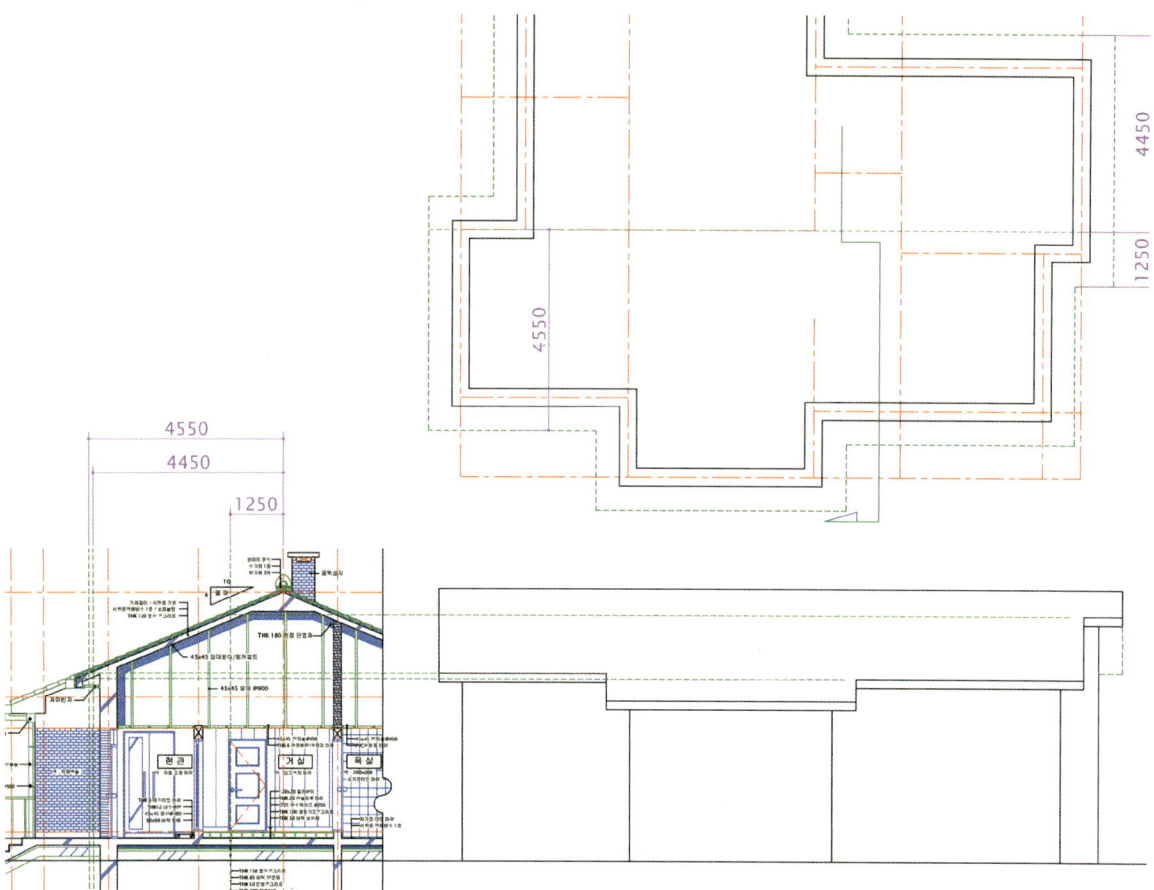

※ 높이가 다른 지붕이 있으면 평면도에서 용머리와 처마 끝의 거리를 확인하고 단면도에 표현
　지붕 물매를 따라가다 보면 수평거리와 만나는 점이 높이가 된다.

21. 난방끝선과 반자 시작선 표시 : 외부에서 볼 때 재료분리의 기준이 된다.

22. 창문과 현관문을 표현하기 위해 창호의 중심위치를 표시한다.

23. 창호표시

: 테라스 위치는 난방이 없으므로 150 낮춘다. 방 창문은 높이 1200, 거실창은 높이 2350으로 표현한다.
단, 테라스로 바로 나갈 수 있는 방 창문은 높이 2350(거실높이)에 맞춘다.

24. 계단, 테라스, 난간, 홈통, 기와, 창문 밑 벽돌 세워쌓기 등 표현

※ 뒤쪽에 낮은 지붕이 있으면 평면도 길이만큼 단면도에서 높이 생성

25. 문자작성 : 문자높이 100
벽돌해칭 : BRICK – 축척 10

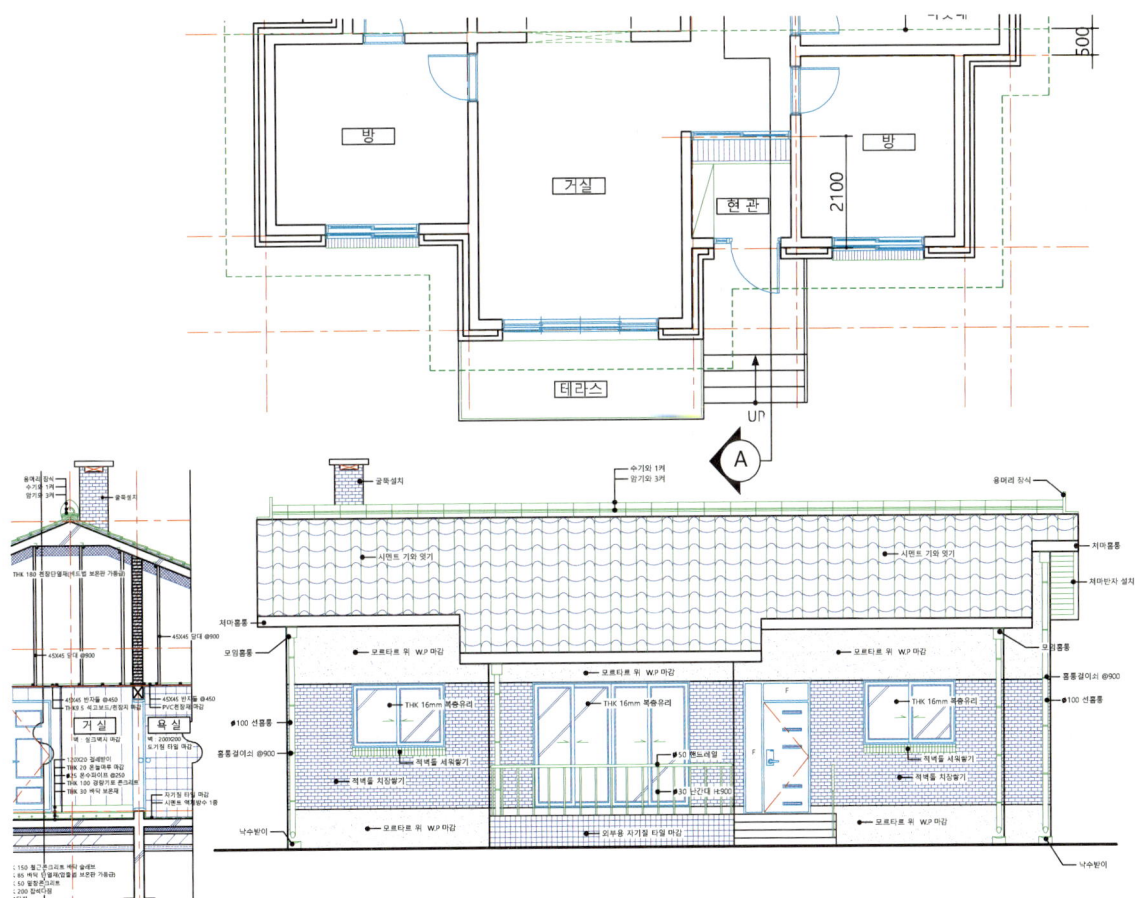

26. 표제란, 수목표현

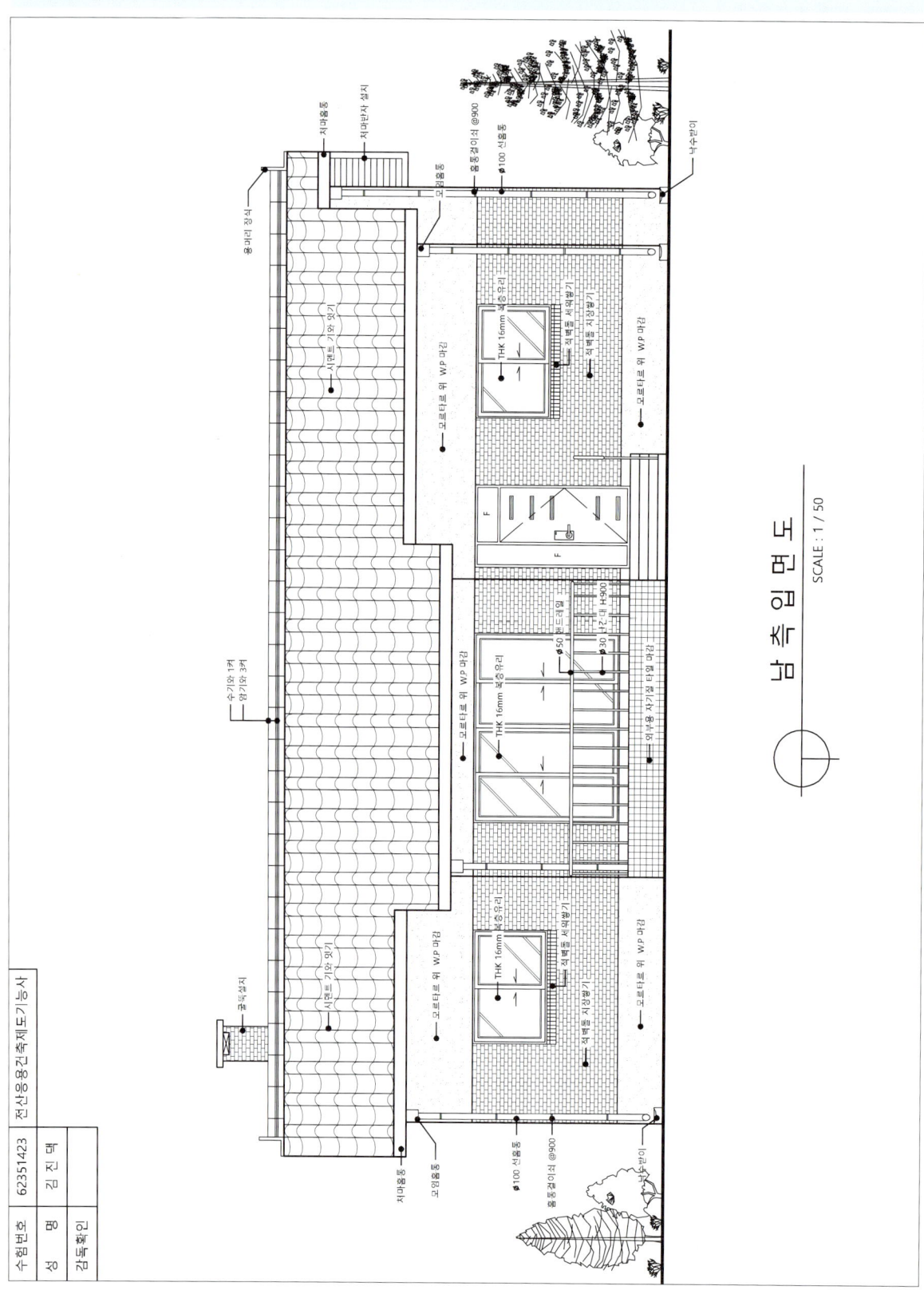

※ 표제란에 먼저 넣고 수목을 배치하는 것이 유리하다.

memo

기출종합문제 13

시험시간 4시간 10분

네이버 카페에서 완성 도면 파일을 확인하세요.
파일명 13-단면도 / 13-입면도

01 요구사항

주어진 평면도를 보고 CAD를 이용하여 아래 조건에 맞게 다음 도면을 작도한 후, 지급된 용지에 본인이 직접 흑백으로 출력하여 파일과 함께 제출하시오.

❶ A부분 단면 상세도를 축척 1/40으로 작도하시오.
❷ 남측 입면도를 축척 1/50으로 작도하되 벽면의 마감재료 표시 및 주위의 배경 등 도면의 요소를 충분히 고려하시오.

[조 건]
- 기초 및 지하실 벽체 : 철근콘크리트 구조로 하시오.
- 벽체 : 외벽 – 외부로부터 붉은 벽돌 0.5B, 단열재, 시멘트 벽돌 1.0B
  내벽 – 시멘트 벽돌 1.0B
- 단열재 : 외벽 120mm, 바닥 85mm, 지붕 180mm
- 지붕 : 철근콘크리트 경사슬래브 위 시멘트 기와잇기 마감으로 하시오(물매 4/10 이상).
- 처마나옴 : 벽체 중심에서 600mm
- 반자높이 : 2400mm, 처마반자 설치
- 창호 : 목재창호로 하되 2중창인 경우 외부창호는 알루미늄 섀시로 하시오.
- 각 실의 난방 : 온수파이프 온돌난방으로 하시오.
- 1층 바닥 슬래브와 기초는 일체식으로 표현하시오.
- 평면도에 표현되지 않은 현관 상부 캐노피는 작도하지 않습니다.
- 기타 각 부분의 마감, 치수 등 주어지지 않은 조건은 일반적인 시공수준으로 하시오.

- 선의 통일을 기하기 위하여 아래와 같이 선의 색을 정리하여 출력하시오.
  - 흰색(7–White) : 0.3mm
  - 노랑(2–Yellow) : 0.4mm
  - 빨강(1–Red) : 0.2mm
  - 녹색(3–Green) : 0.2mm
  - 하늘색(4–Cyan) : 0.3mm
  - 파랑(5–Blue) : 0.1mm

02 수험자 유의사항

※ 다음과 같은 경우에는 채점대상에서 제외됩니다.
1) 시험시간 내에 요구사항을 완성하지 못한 경우
2) 시험시간 내에 제출된 작품이라도 다음과 같은 경우
   가) 주어진 조건을 지키지 않고 작도한 경우
   나) 요구한 전 도면을 작도하지 않은 경우
   다) 건축제도 통칙을 준수하지 않거나 건축 CAD의 기능이 없는 상태에서 완성된 도면
3) 시험 중 시설·장비의 조작 또는 재료의 취급이 미숙하여 위해를 일으킬 것으로 시험위원 전원이 합의하여 판단한 경우

03 도면

| 자격종목 | 전산응용건축제도기능사 | 과제명 | 주 택 | 척 도 | NONE |

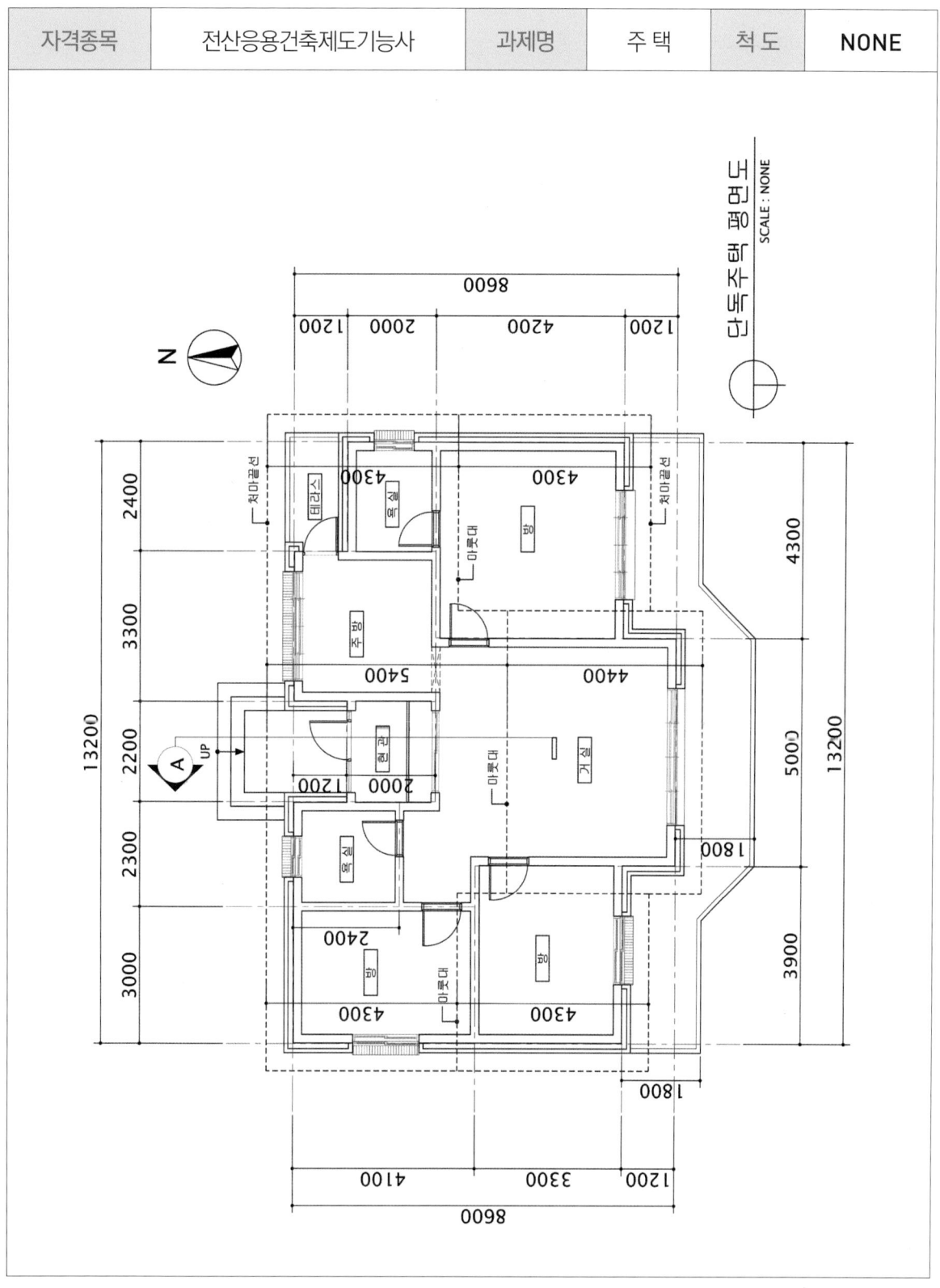

04 [단면도 작성]

1. 기본설정 : Option, OSNAP, LAYER 구성 등
2. 평면도 외벽만 간단히 작성. 지붕이 복잡할 경우 미리 그려두는 것이 유리하다.
3. 화살표 방향이 위로 보도록 회전한다. – X Enter 모두선택 Enter (분해)

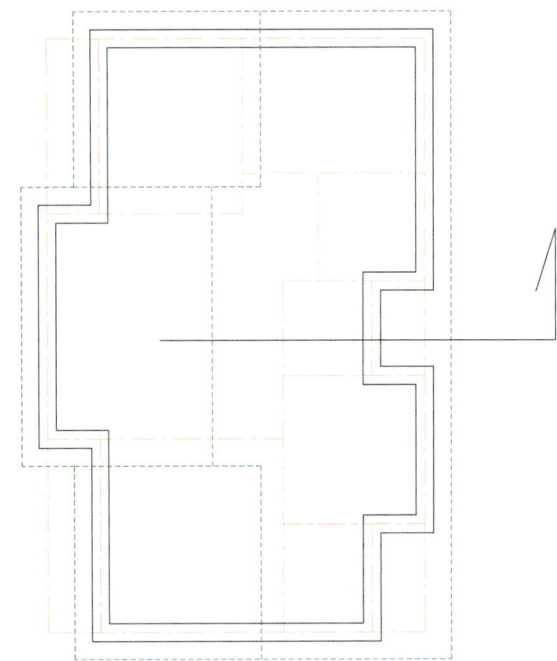

4. 노란색 도면층 : 평면도보다 길게 G.L을 그리고 절단부분(화살표가 지나가는 부분)의 기초와 바닥슬래브 표현
5. 흰색 도면층 : 바닥단열재(THK 85), 밑창콘크리트(THK 50), 잡석다짐(THK 200), 난방(THK 150) 완성하기
6. 지붕 슬래브 그리기

❶ 지붕 마룻대에서 가장 먼 벽체의 중심거리 파악
❷ 난방선 끝에서 2400 위로 Offset
❸ 테두리보의 높이 700 표현
❹ REC Enter 시작점 클릭 @1000,400 Enter
❺ XL Enter A Enter 대각선 끝점 클릭, 클릭 – 가장 먼 벽체 중심과 테두리보가 만나는 부분에 클릭

7. 지붕 슬래브 완성
8. 반자 설치 : 반자를 복사하여 처마반자도 함께 설치한다.
9. 지붕단열재 : THK 180
10. 지붕방수, 기와

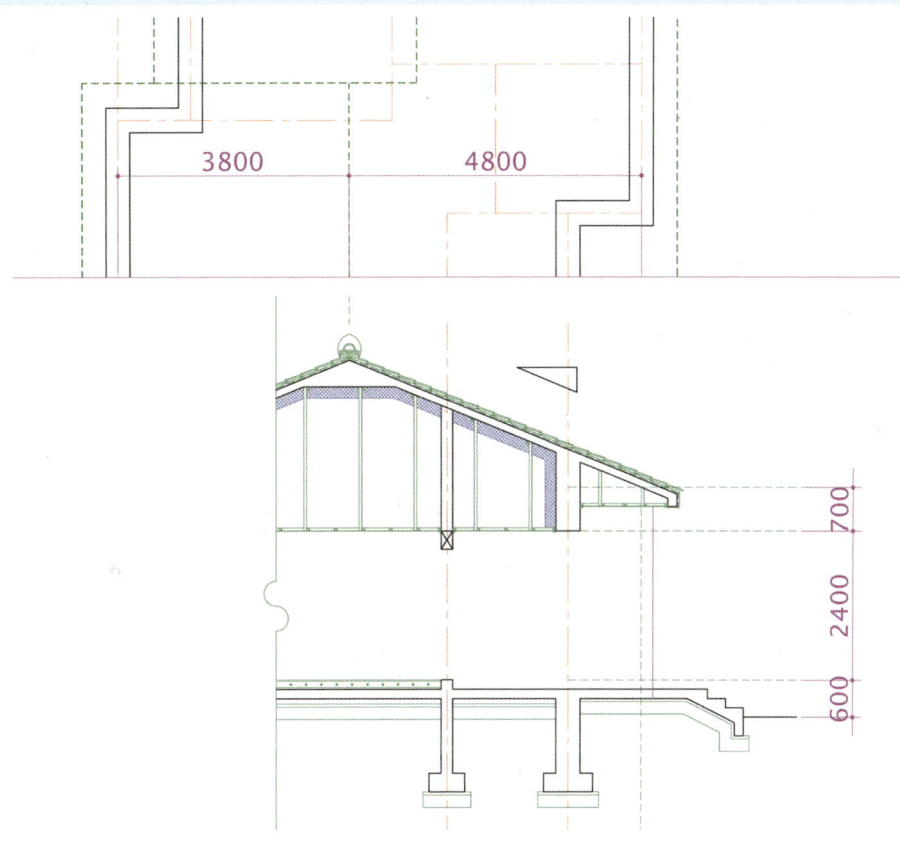

11. 현관문, 현관중문, 내부 벽체 표현
12. 단면도상의 입면요소 표현
   : 입면으로 보이는 벽체, 입면으로 보이는 처마, 입면으로 보이는 문과 창문 등을 표현한다.
13. 홈통 설치

14. 문자 작성

ST [Enter] – Lucida sans unicode
도면층 : 흰색, 문자높이 : 80

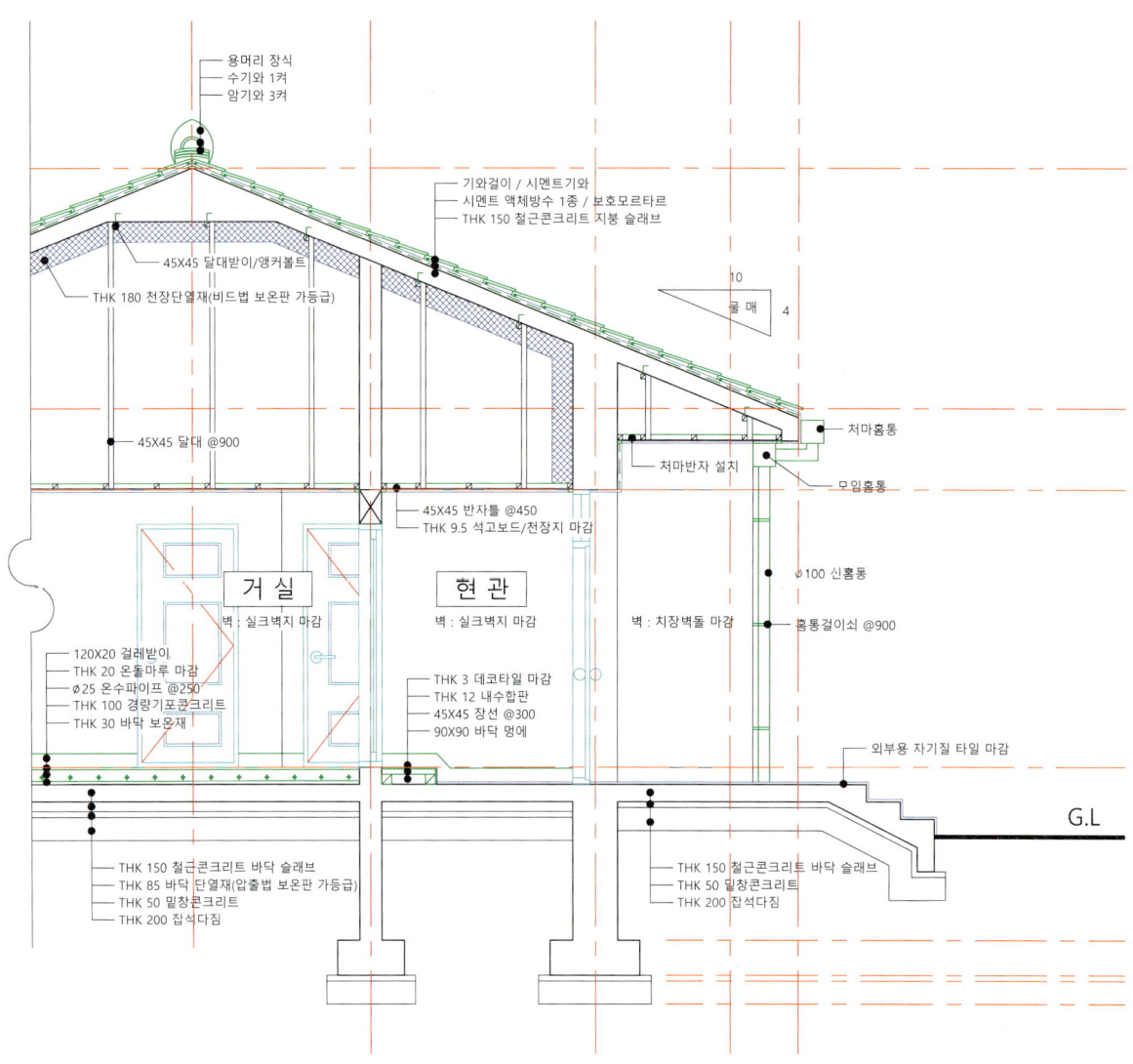

15. 단면, 입면의 재료표현과 해칭
※ 굴뚝, 화단, 난간 등 있는지 확인 후 설치

16. 치수 : 중심선의 길이를 모두 맞춘 후 주석 – 신속치수

17. 표제란

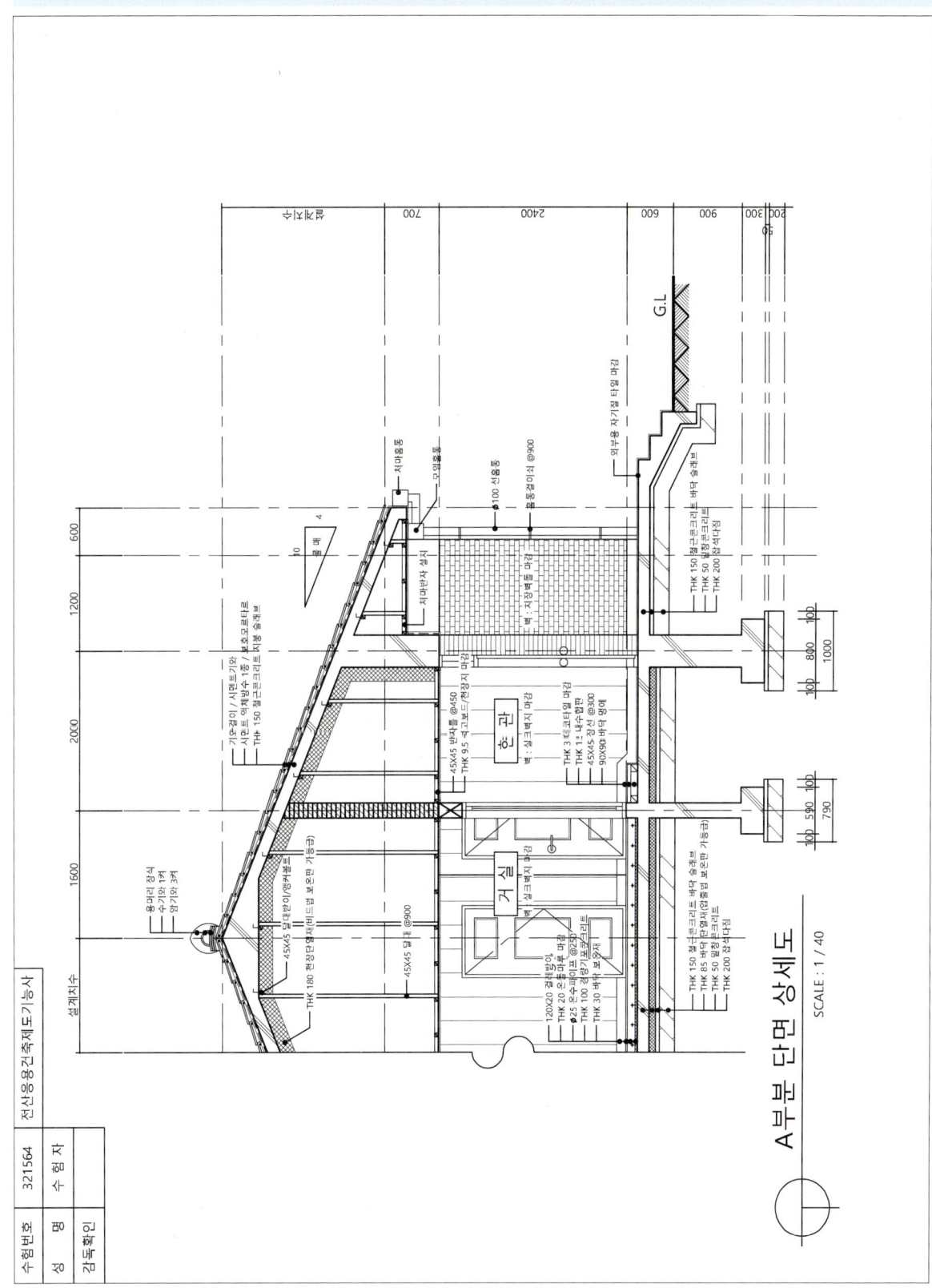

05 [입면도 작성]

18. 평면도 : 입면도 방향이 아래를 향하도록 하고 입면도의 위에 배치
　　　단면도 : 입면도의 좌측에 배치

❶ 단면도의 G.L을 입면도에 연장
❷ 평면도의 외부 벽체 끝선을 입면도에 연장

19. 단면도에서 지붕높이 표현
　　※ 지붕의 가장 낮은 선을 기준으로 벽체 Trim

20. 평면도에서 지붕의 폭 표현
　　※ 지붕을 네모 모양으로 정리

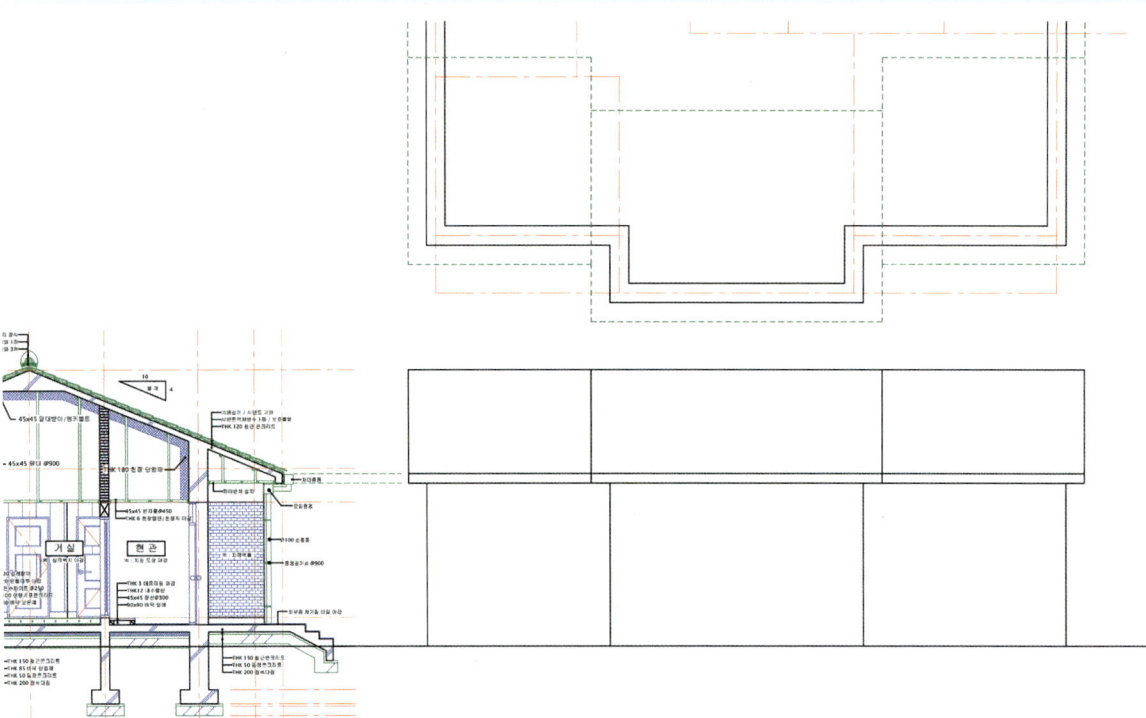

※ 높이가 다른 지붕이 있으면 평면도에서 용머리와 처마 끝의 거리를 확인하고 단면도에 표현
　지붕 물매를 따라가다 보면 수평거리와 만나는 점이 높이가 된다.

※ 이 도면은 이중처마를 표현한 것으로 양쪽 마룻대의 높이가 달라지는(낮은) 형태이다.

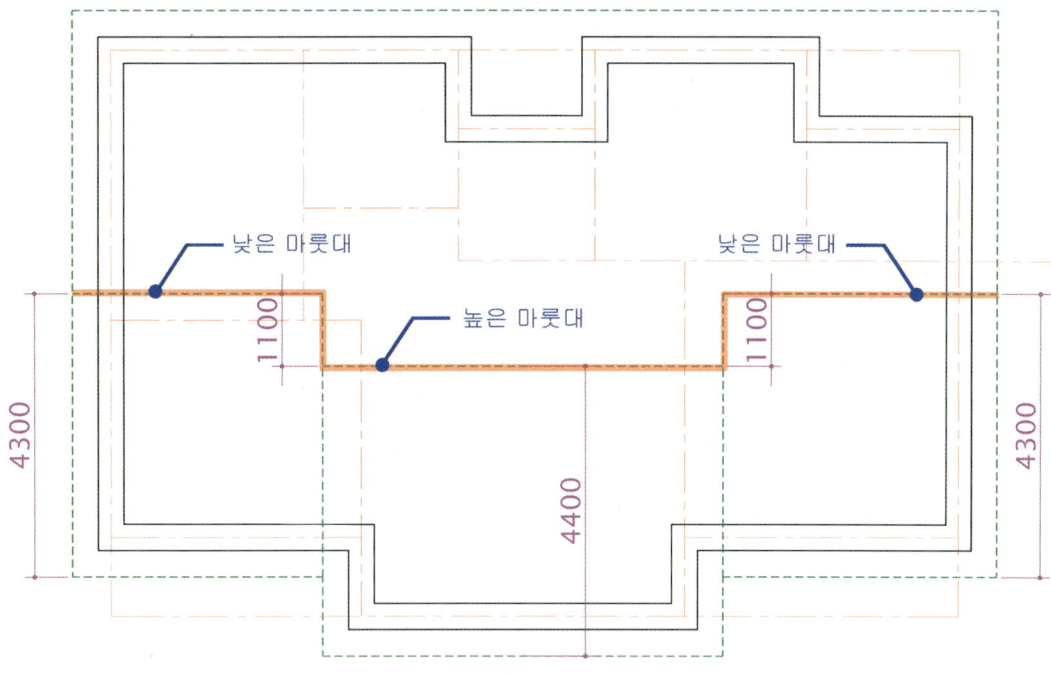

❶ 높은 마룻대에서 낮은 마룻대 사이의 거리(1,100)를 단면도에서 표현하고 경사를 따라 만나는 부분의 높이를 입면도에 표현한다.
❷ 낮은 마룻대에서 처마 끝 까지의 거리(4,300)를 단면도에서 표현하고 경사를 따라 만나는 부분의 높이를 입면도에 표현한다.

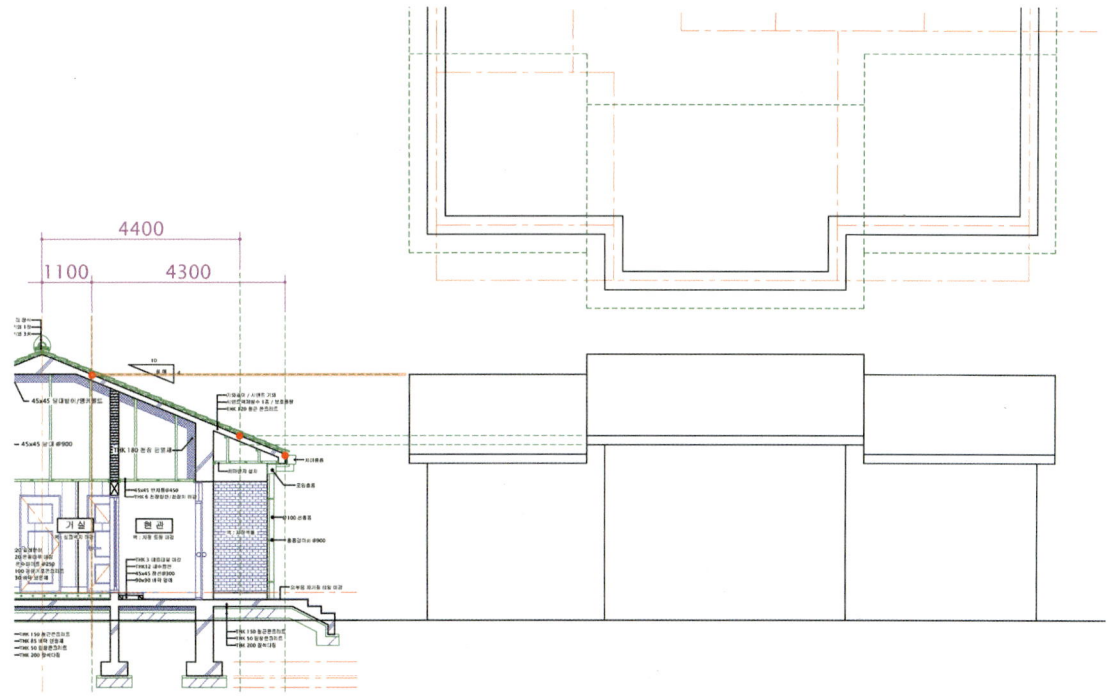

21. 난방끝선과 반자 시작선 표시 : 외부에서 볼 때 재료분리의 기준이 된다.

22. 창문과 현관문을 표현하기 위해 창호의 중심위치를 표시한다.

23. 창호표시
: 테라스 위치는 난방이 없으므로 150 낮춘다. 방 창문은 높이 1200, 거실창은 높이 2400으로 표현한다.
단, 테라스로 바로 나갈 수 있는 방 창문은 높이 2400(거실높이)에 맞춘다.

24. 계단, 테라스, 난간, 홈통, 기와, 창문 밑 벽돌 세워쌓기 등 표현
※ 뒤쪽에 낮은 지붕이 있으면 평면도 길이만큼 단면도에서 높이 생성

25. 문자작성 : 문자높이 100
벽돌해칭 : BRICK − 축척 10

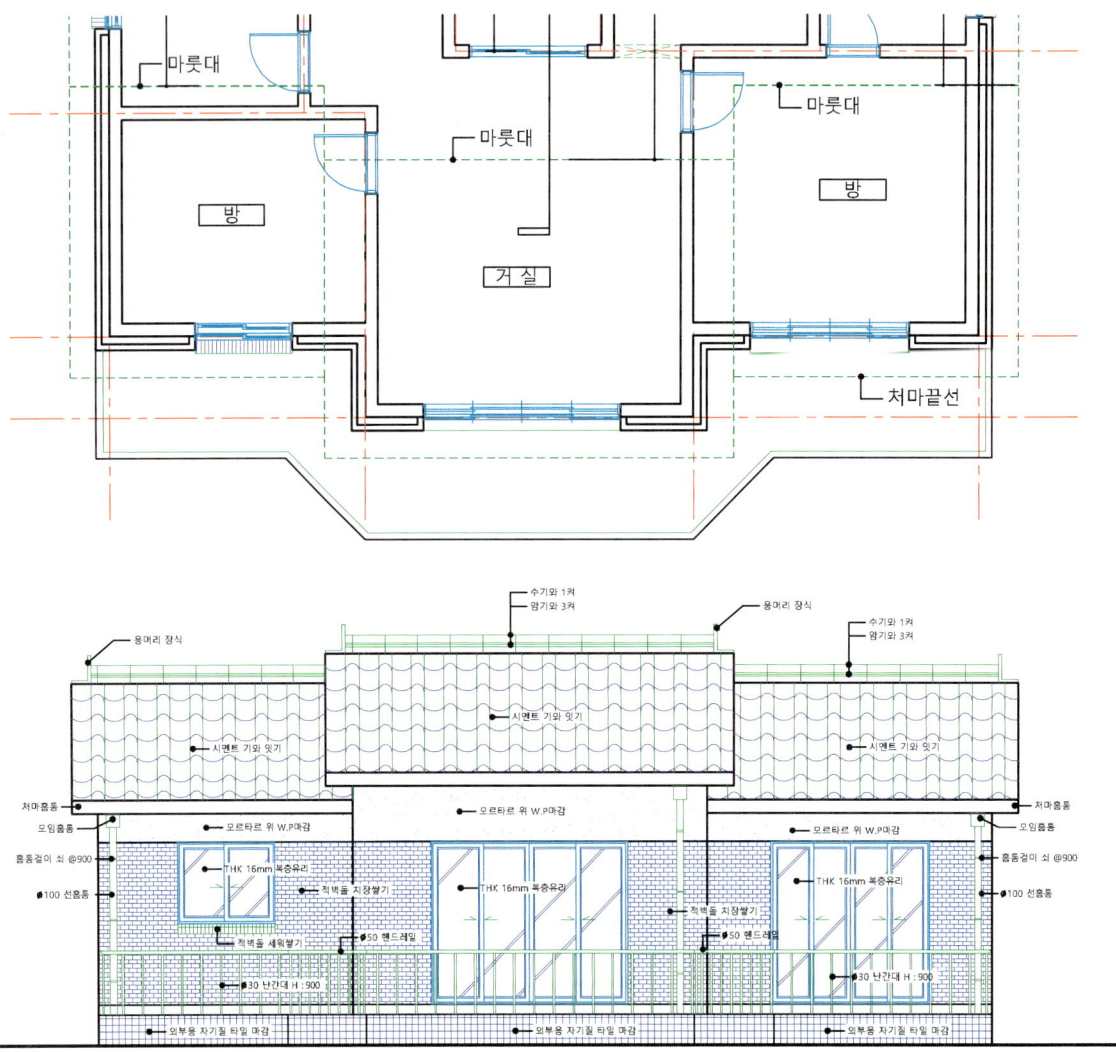

26. 표제란, 수목표현

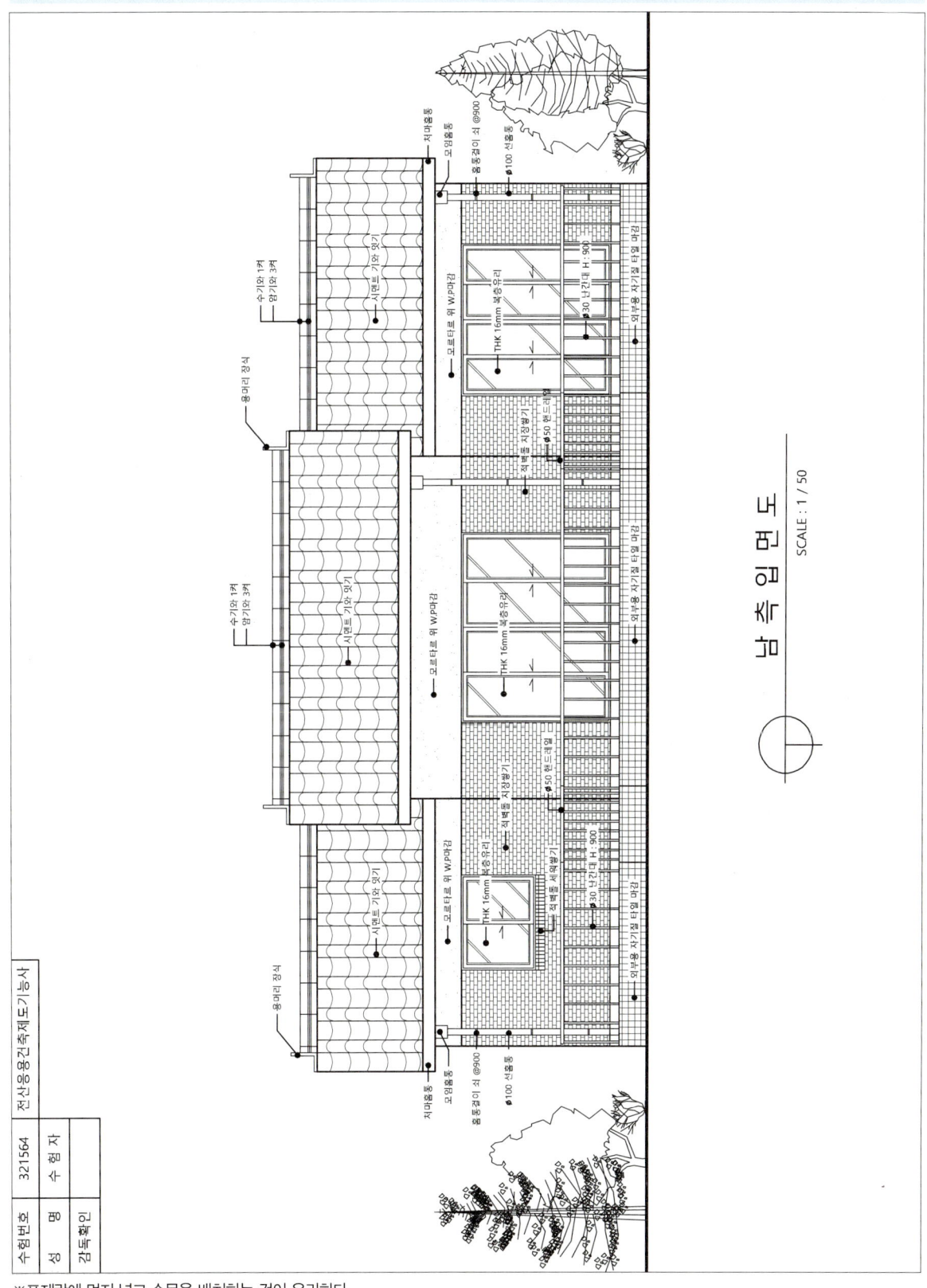

※ 표제란에 먼저 넣고 수목을 배치하는 것이 유리하다.

기출종합문제 14

시험시간: 4시간 10분

네이버 카페에서 완성 도면 파일을 확인하세요.
파일명: 14-단면도 / 14-입면도

01 요구사항

주어진 평면도를 보고 CAD를 이용하여 아래 조건에 맞게 다음 도면을 작도한 후, 지급된 용지에 본인이 직접 흑백으로 출력하여 파일과 함께 제출하시오.

❶ A부분 단면 상세도를 축척 1/40으로 작도하시오.
❷ 남측 입면도를 축척 1/50으로 작도하되 벽면의 마감재료 표시 및 주위의 배경 등 도면의 요소를 충분히 고려하시오.

[조건]
- 기초 및 지하실 벽체 : 철근콘크리트 구조로 하시오.
- 벽체 : 외벽 – 외부로부터 붉은 벽돌 0.5B, 단열재, 시멘트 벽돌 1.0B
         내벽 – 시멘트 벽돌 1.0B
- 단열재 : 외벽 120mm, 바닥 85mm, 지붕 180mm
- 지붕 : 철근콘크리트 경사슬래브 위 시멘트 기와잇기 마감으로 하시오. (물매 3.5/10 이상)
- 치미니옴 : 벽체 중심에서 600mm
- 반자높이 : 2400mm, 처마반자 설치
- 창호 : 목재창호로 하되 2중창인 경우 외부창호는 알루미늄 섀시로 하시오.
- 각 실의 난방 : 온수파이프 온돌난방으로 하시오.
- 1층 바닥 슬래브와 기초는 일체식으로 표현하시오.
- 평면도에 표현되지 않은 현관 상부 캐노피는 작도하지 않습니다.
- 기타 각 부분의 마감, 치수 등 주어지지 않은 조건은 일반적인 시공수준으로 하시오.

- 선의 통일을 기하기 위하여 아래와 같이 선의 색을 정리하여 출력하시오.
  - 흰색(7–White) : 0.3mm
  - 녹색(3–Green) : 0.2mm
  - 노랑(2–Yellow) : 0.4mm
  - 하늘색(4–Cyan) : 0.3mm
  - 빨강(1–Red) : 0.2mm
  - 파랑(5–Blue) : 0.1mm

02 수험자 유의사항

※ 다음과 같은 경우에는 채점대상에서 제외됩니다.
1) 시험시간 내에 요구사항을 완성하지 못한 경우
2) 시험시간 내에 제출된 작품이라도 다음과 같은 경우
   가) 주어진 조건을 지키지 않고 작도한 경우
   나) 요구한 전 도면을 작도하지 않은 경우
   다) 건축제도 통칙을 준수하지 않거나 건축 CAD의 기능이 없는 상태에서 완성된 도면
3) 시험 중 시설·장비의 조작 또는 재료의 취급이 미숙하여 위해를 일으킬 것으로 시험위원 전원이 합의하여 판단한 경우

03 도면

| 자격종목 | 전산응용건축제도기능사 | 과제명 | 주 택 | 척 도 | NONE |

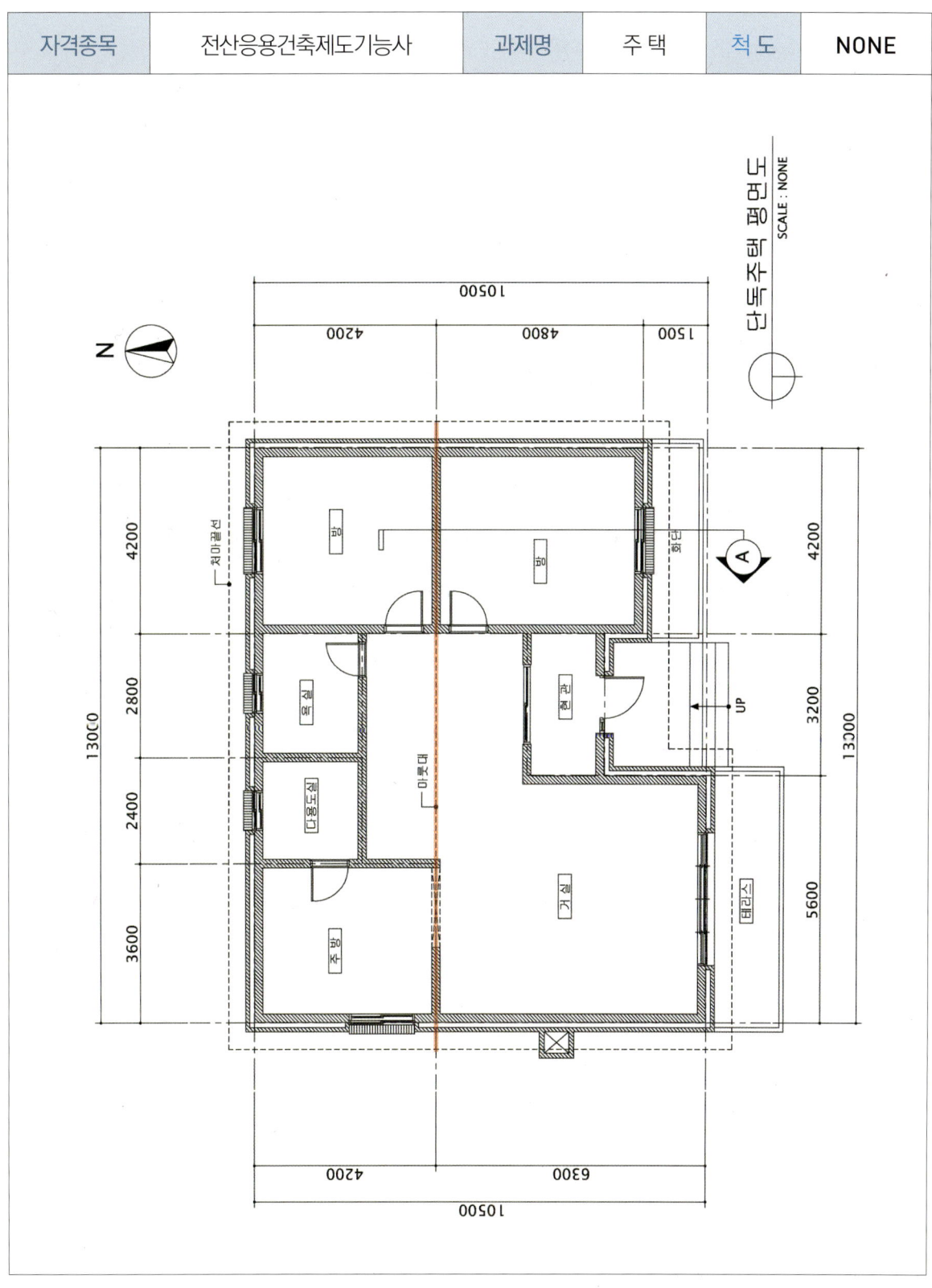

04 [단면도 작성]

1. 기본설정 : Option, OSNAP, LAYER 구성 등
2. 평면도 외벽만 간단히 작성. 지붕이 복잡할 경우 미리 그려두는 것이 유리하다.
3. 화살표 방향이 위로 보도록 회전한다. – X Enter 모두선택 Enter (분해)

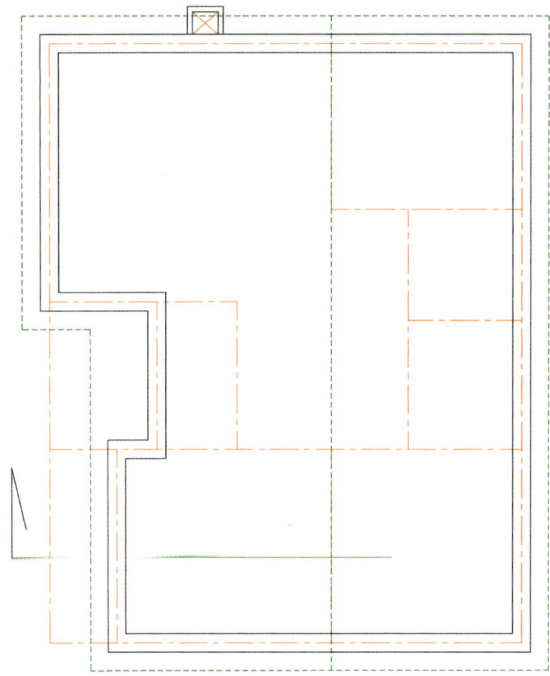

4. 노란색 도면층 : 평면도보다 길게 G.L을 그리고 절단부분(화살표가 지나가는 부분)의 기초와 바닥슬래브 표현
5. 흰색 도면층 : 바닥단열재(THK 85), 밑창콘크리트(THK 50), 잡석다짐(THK 200), 난방(THK 150) 완성하기
6. 지붕 슬래브 그리기

❶ 지붕 마룻대에서 가장 먼 벽체의 중심거리 파악
❷ 난방선 끝에서 2400 위로 Offset
❸ 테두리보의 높이 700 표현
❹ REC Enter 시작점 클릭 @1000,350 Enter
❺ XL Enter A Enter 대각선 끝점 클릭, 클릭 – 가장 먼 벽체 중심과 테두리보가 만나는 부분에 클릭

7. 지붕 슬래브 완성

8. 반자 설치 : 반자를 복사하여 처마반자도 함께 설치한다.

9. 지붕단열재 : THK 180

10. 지붕방수, 기와

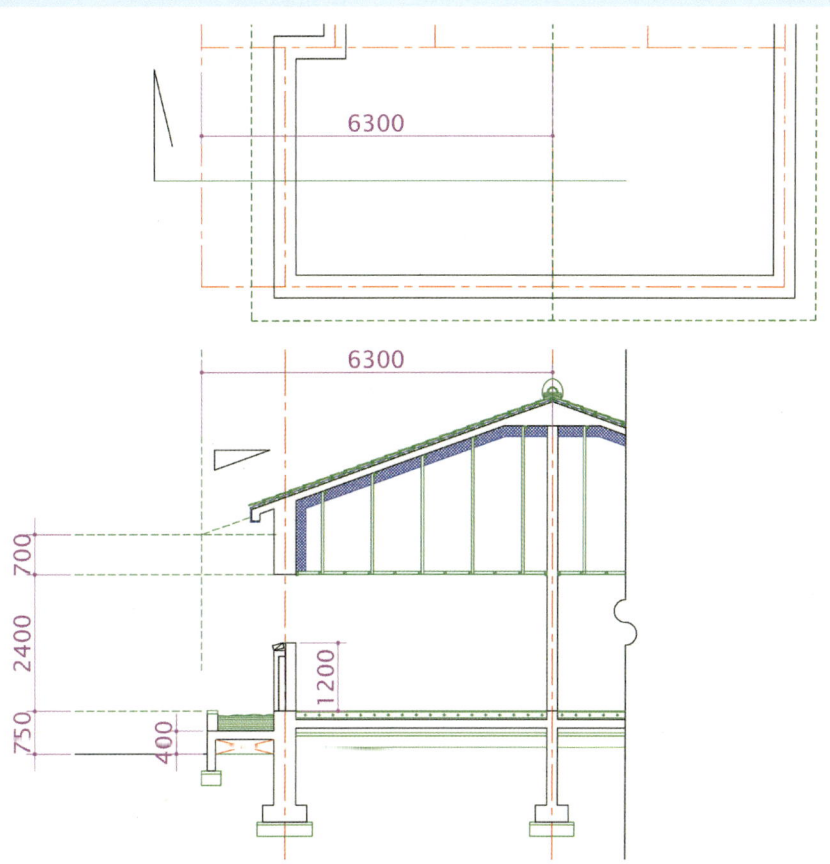

11. 방 창문, 내부 벽체 표현

12. 단면도상의 입면요소 표현
: 입면으로 보이는 벽체, 입면으로 보이는 처마, 입면으로 보이는 문과 창문 등을 표현한다.

13. 홈통 설치

14. 문자 작성

ST [Enter] – Lucida sans unicode
도면층 : 흰색, 문자높이 : 80

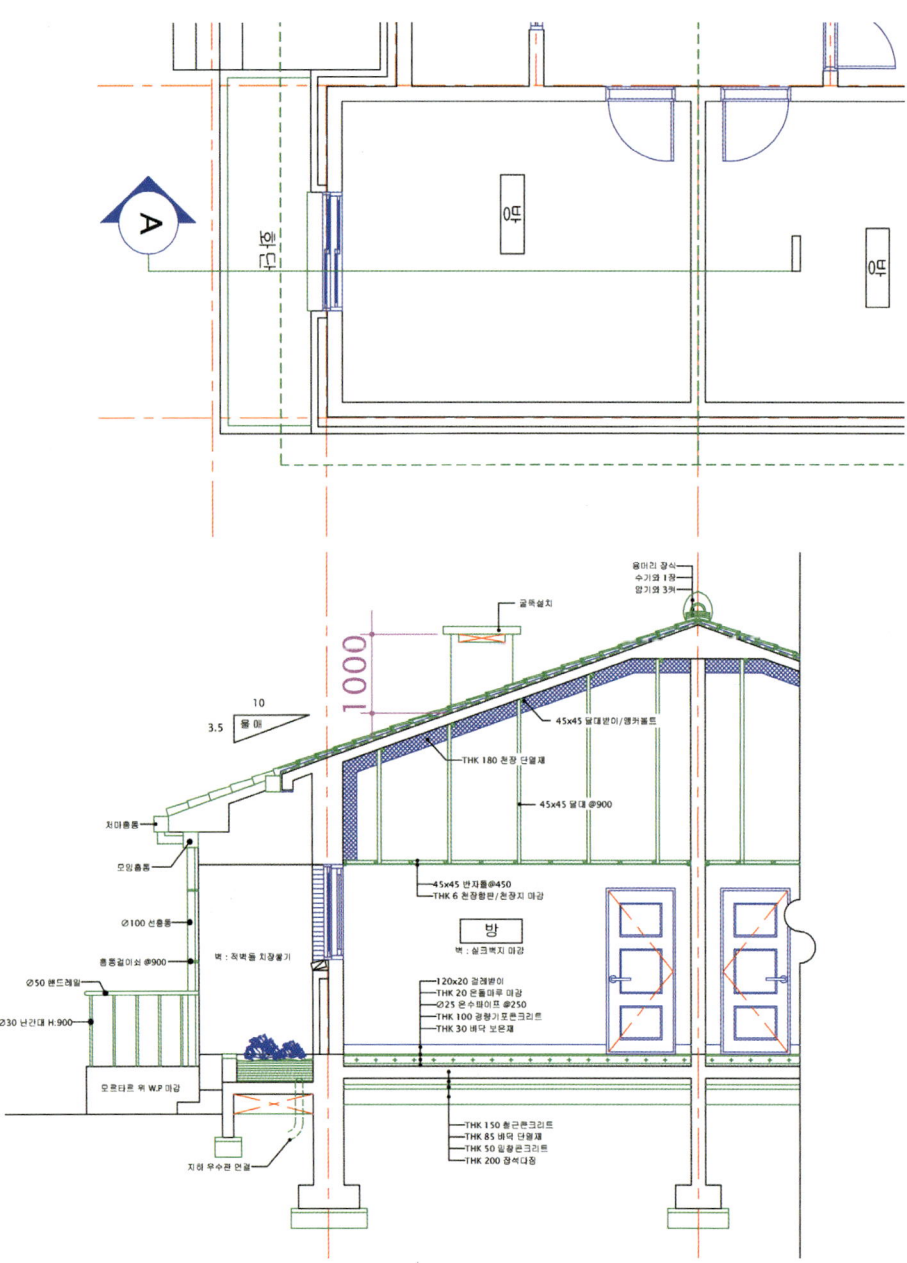

15. 단면, 입면의 재료표현과 해칭

※ 굴뚝, 화단, 난간 등 있는지 확인 후 설치

16. 치수 : 중심선의 길이를 모두 맞춘 후 주석 – 신속치수

17. 표제란

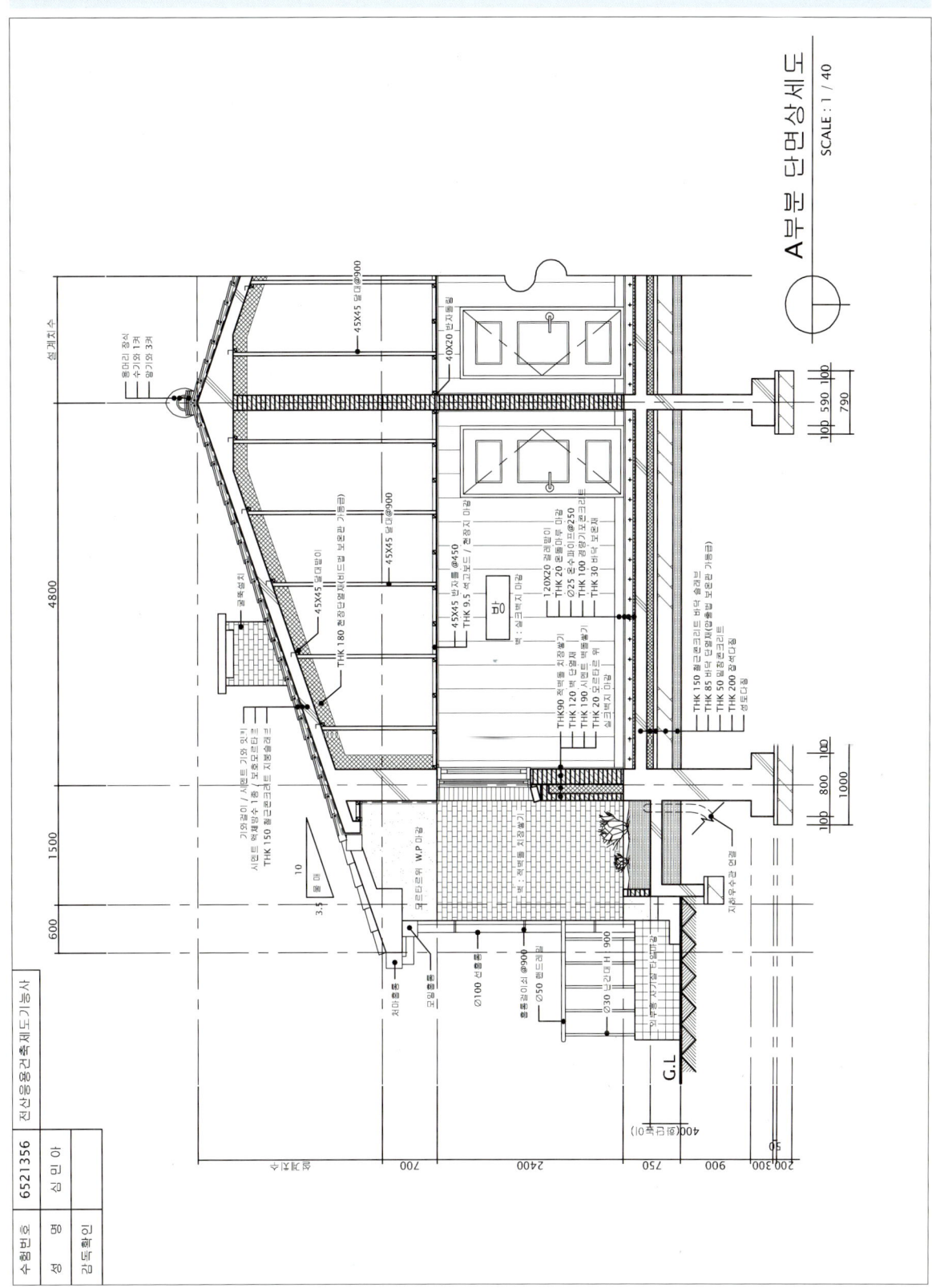

05 [입면도 작성]

18. 평면도 : 입면도 방향이 아래를 향하도록 하고 입면도의 위에 배치
　　단면도 : 입면도의 좌측에 배치

❶ 단면도의 G.L을 입면도에 연장
❷ 평면도의 외부 벽체 끝선을 입면도에 연장

19. 단면도에서 지붕높이 표현
　　※ 지붕의 가장 낮은 선을 기준으로 벽체 Trim
20. 평면도에서 지붕의 폭 표현
　　※ 지붕을 네모 모양으로 정리

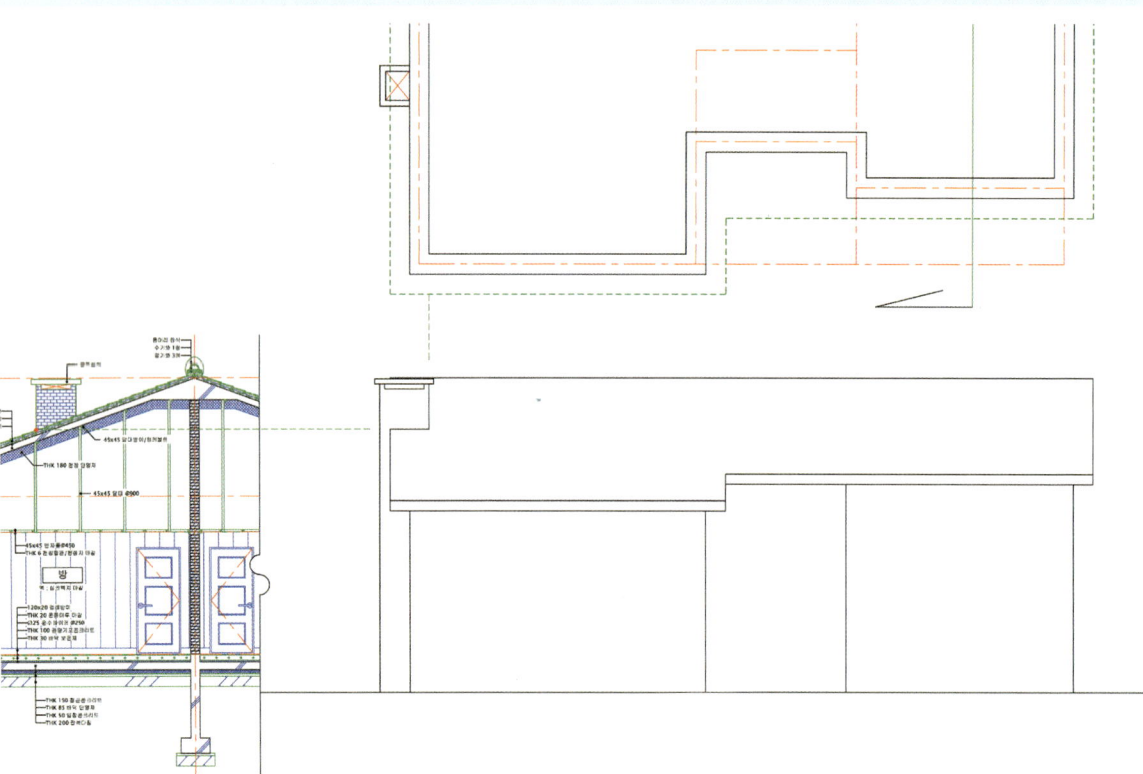

※ 높이가 다른 지붕이 있으면 평면도에서 용머리와 처마 끝의 거리를 확인하고 단면도에 표현
　지붕 물매를 따라가다 보면 수평거리와 만나는 점이 높이가 된다.

21. 난방끝선과 반자 시작선 표시 : 외부에서 볼 때 재료분리의 기준이 된다.
22. 창문과 현관문을 표현하기 위해 창호의 중심위치를 표시한다.
23. 창호표시
　　테라스 위치는 난방이 없으므로 150 낮춘다. 방 창문은 높이 1200, 거실창은 높이 2400으로 표현한다.
　　단, 테라스로 바로 나갈 수 있는 방 창문은 높이 2400(거실높이)에 맞춘다.

24. 계단, 테라스, 난간, 홈통, 기와, 창문 밑 벽돌 세워쌓기 등 표현
 ※ 뒤쪽에 낮은 지붕이 있으면 평면도 길이만큼 단면도에서 높이 생성

25. 문자작성 : 문자높이 100
 벽돌해칭 : BRICK – 축척 10

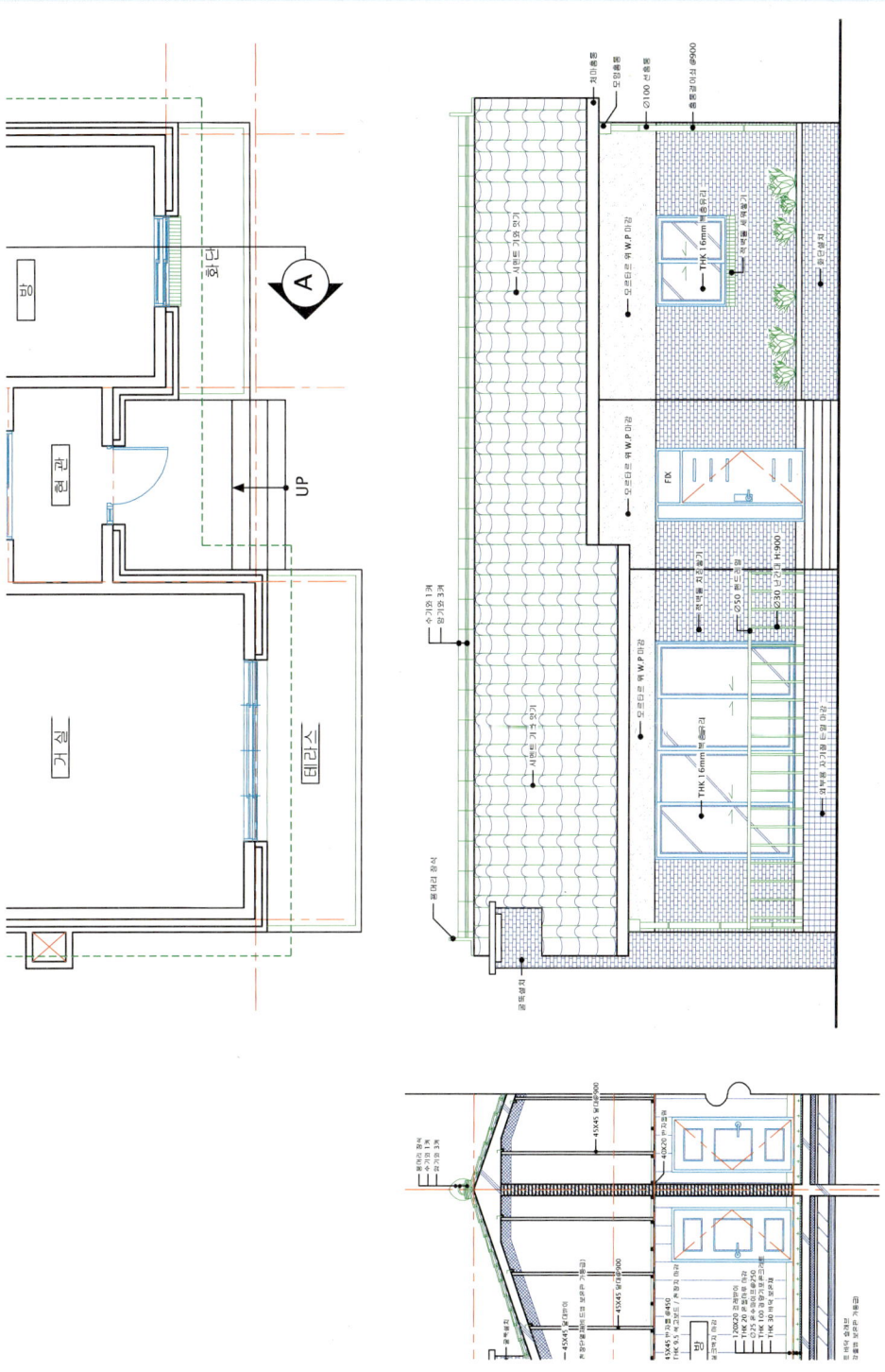

26. 표제란, 수목표현

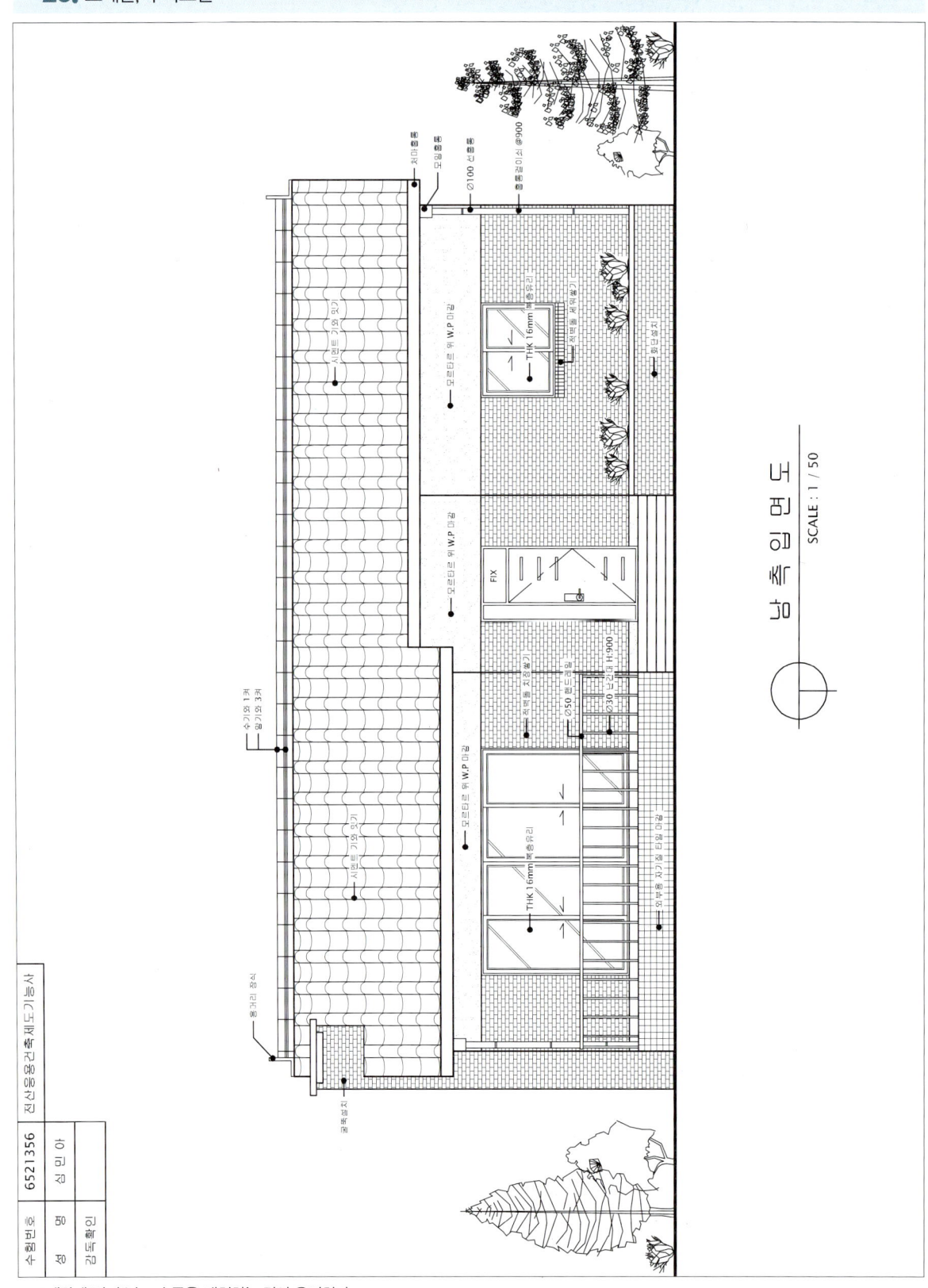

※ 표제란에 먼저 넣고 수목을 배치하는 것이 유리하다.

기출종합문제 15

시험시간: 4시간 10분

네이버 카페에서 완성 도면 파일을 확인하세요.
파일명: 15-단면도 / 15-입면도

01 요구사항

주어진 평면도를 보고 CAD를 이용하여 아래 조건에 맞게 다음 도면을 작도한 후, 지급된 용지에 본인이 직접 흑백으로 출력하여 파일과 함께 제출하시오.

❶ A부분 단면 상세도를 축척 1/40으로 작도하시오.
❷ 남측 입면도를 축척 1/50으로 작도하되 벽면의 마감재료 표시 및 주위의 배경 등 도면의 요소를 충분히 고려하시오.

[조 건]
- 기초 및 지하실 벽체 : 철근콘크리트 구조로 하시오.
- 벽체 : 외벽 – 외부로부터 붉은 벽돌 0.5B, 단열재, 시멘트 벽돌 1.0B
  내벽 – 시멘트 벽돌 1.0B
- 단열재 : 외벽 120mm, 바닥 85mm, 지붕 180mm
- 지붕 : 철근콘크리트 경사슬래브 위 시멘트 기와잇기 마감으로 하시오(물매 4/10 이상).
- 처마나옴 : 벽체 중심에서 600mm
- 반자높이 : 2400mm, 처마반자 설치
- 창호 : 목재창호로 하되 2중창인 경우 외부창호는 알루미늄 섀시로 하시오.
- 각 실의 난방 : 온수파이프 온돌난방으로 하시오.
- 1층 바닥 슬래브와 기초는 일체식으로 표현하시오.
- 평면도에 표현되지 않은 현관 상부 캐노피는 작도하지 않습니다.
- 기타 각 부분의 마감, 치수 등 주어지지 않은 조건은 일반적인 시공수준으로 하시오.

- 선의 통일을 기하기 위하여 아래와 같이 선의 색을 정리하여 출력하시오.
  - 흰색(7–White) : 0.3mm
  - 녹색(3–Green) : 0.2mm
  - 노랑(2–Yellow) : 0.4mm
  - 하늘색(4–Cyan) : 0.3mm
  - 빨강(1–Red) : 0.2mm
  - 파랑(5–Blue) : 0.1mm

02 수험자 유의사항

※ 다음과 같은 경우에는 채점대상에서 제외됩니다.
1) 시험시간 내에 요구사항을 완성하지 못한 경우
2) 시험시간 내에 제출된 작품이라도 다음과 같은 경우
   가) 주어진 조건을 지키지 않고 작도한 경우
   나) 요구한 전 도면을 작도하지 않은 경우
   다) 건축제도 통칙을 준수하지 않거나 건축 CAD의 기능이 없는 상태에서 완성된 도면
3) 시험 중 시설·장비의 조작 또는 재료의 취급이 미숙하여 위해를 일으킬 것으로 시험위원 전원이 합의하여 판단한 경우

03 도면

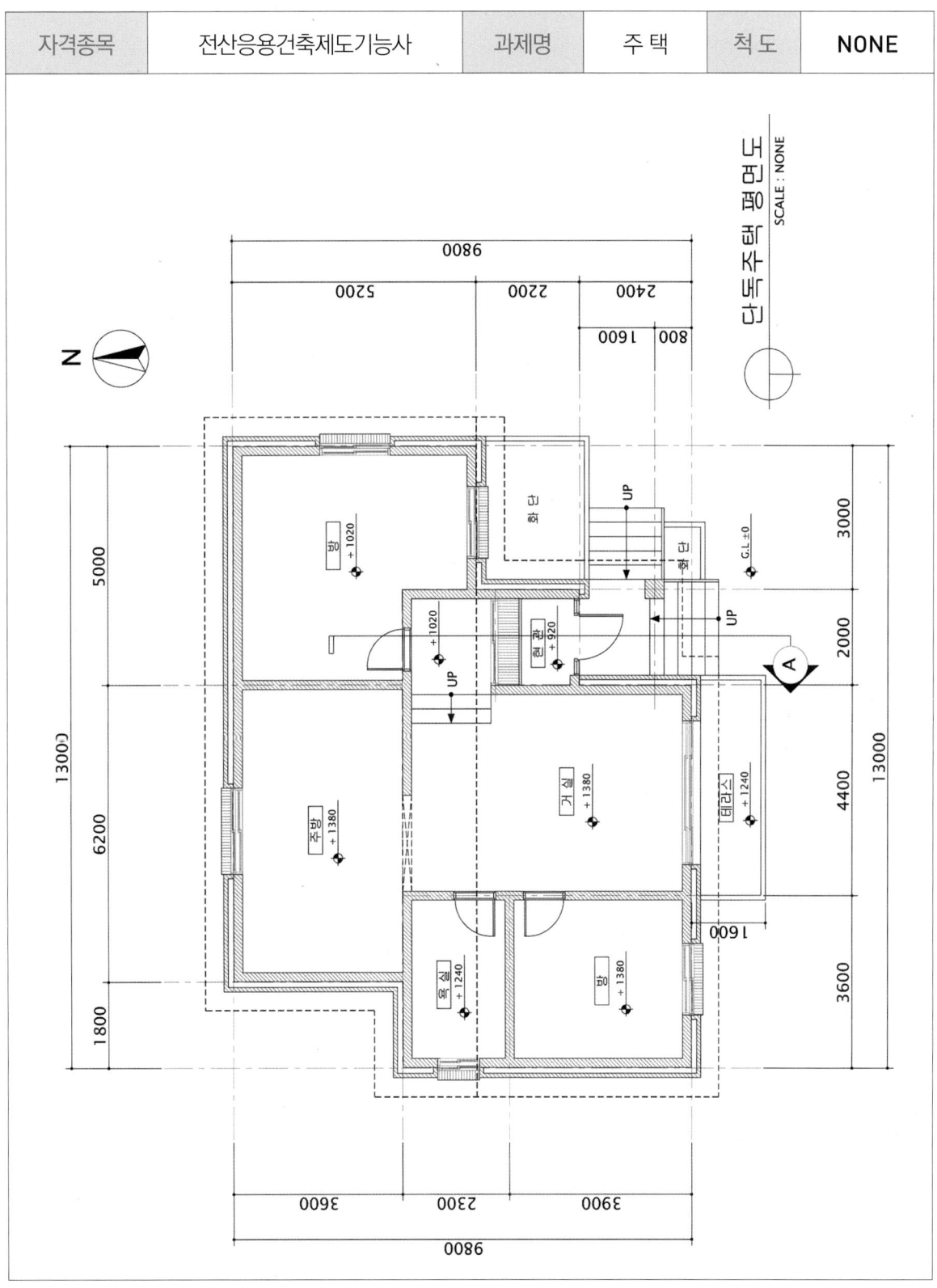

04 [단면도 작성]

1. 기본설정 : Option, OSNAP, LAYER 구성 등
2. 평면도 외벽만 간단히 작성. 지붕이 복잡할 경우 미리 그려두는 것이 유리하다.
3. 화살표 방향이 위로 보도록 회전한다. – X [Enter] 모두선택 [Enter] (분해)

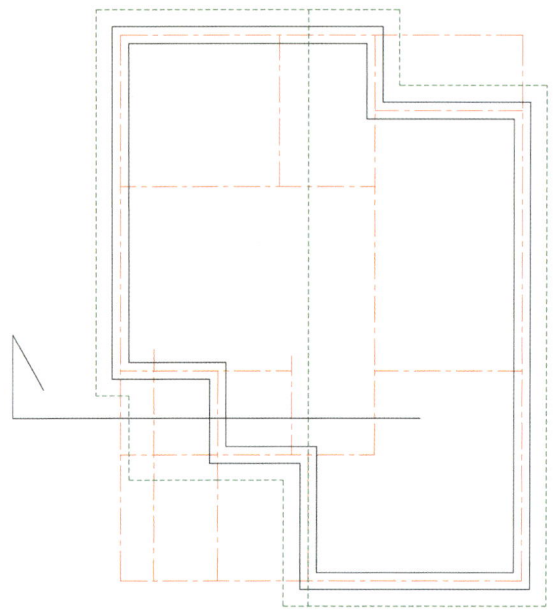

4. 노란색 도면층 : 평면도보다 길게 G.L을 그리고 절단부분(화살표가 지나가는 부분)의 기초와 바닥슬래브 표현
5. 흰색 도면층 : 바닥단열재(THK 85), 밑창콘크리트(THK 50), 잡석다짐(THK 200), 난방(THK 120) 완성하기
   ※ 지반보다 잡석다짐이 높은 경우 지반선으로 표현하고 성토다짐 표현한다.

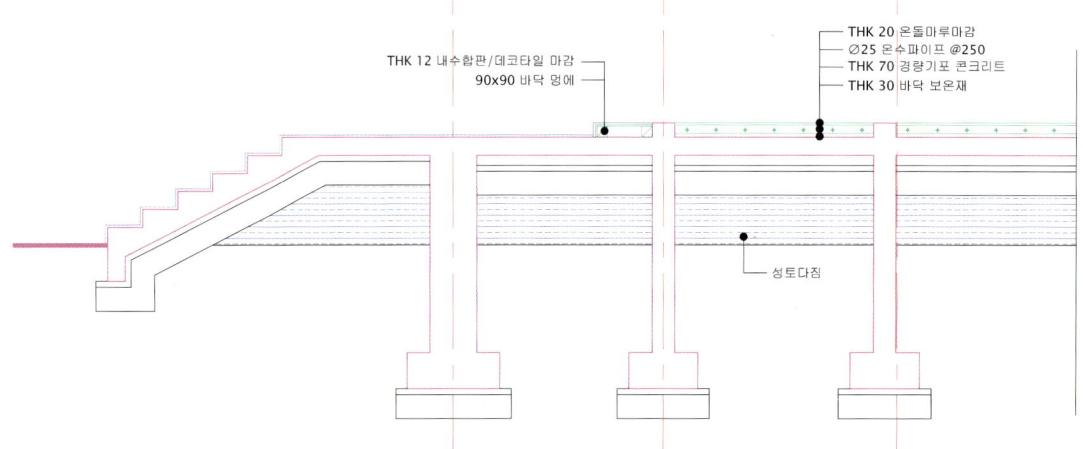

6. 지붕 슬래브 그리기

❶ 지붕 마룻대에서 가장 먼 벽체의 중심거리 파악(5200)
❷ 높은 바닥(1380) 난방선 끝에서 2400 위로 Offset
❸ 테두리보의 높이 700 표현
❹ REC Enter 시작점 클릭 @1000,400 Enter
❺ XL Enter A Enter 대각선 끝점 클릭, 클릭 – 가장 먼 벽체 중심과 테두리보가 만나는 부분에 클릭

7. 지붕 슬래브 완성

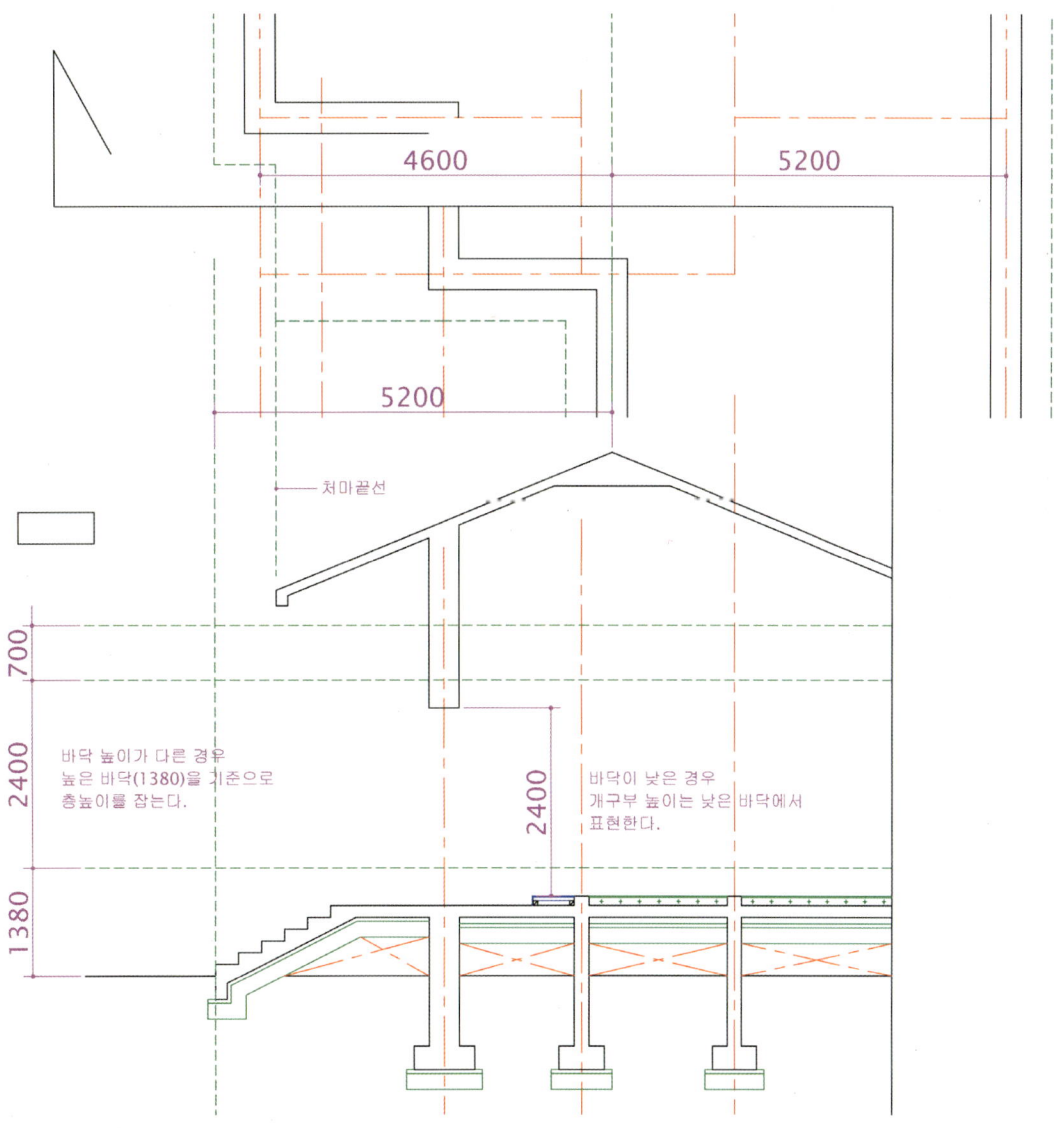

8. 반자 설치 : 반자를 복사하여 처마반자도 함께 설치한다.

9. 지붕단열재 : THK 180

10. 지붕방수, 기와

11. 현관문, 현관중문, 방문의 단면 표현

12. 단면도상의 입면요소 표현
: 입면으로 보이는 벽체, 입면으로 보이는 처마, 입면으로 보이는 문과 창문 등을 표현한다.

13. 홈통 설치

14. 문자 작성

ST [Enter] – Lucida sans unicode
도면층 : 흰색, 문자높이 : 80

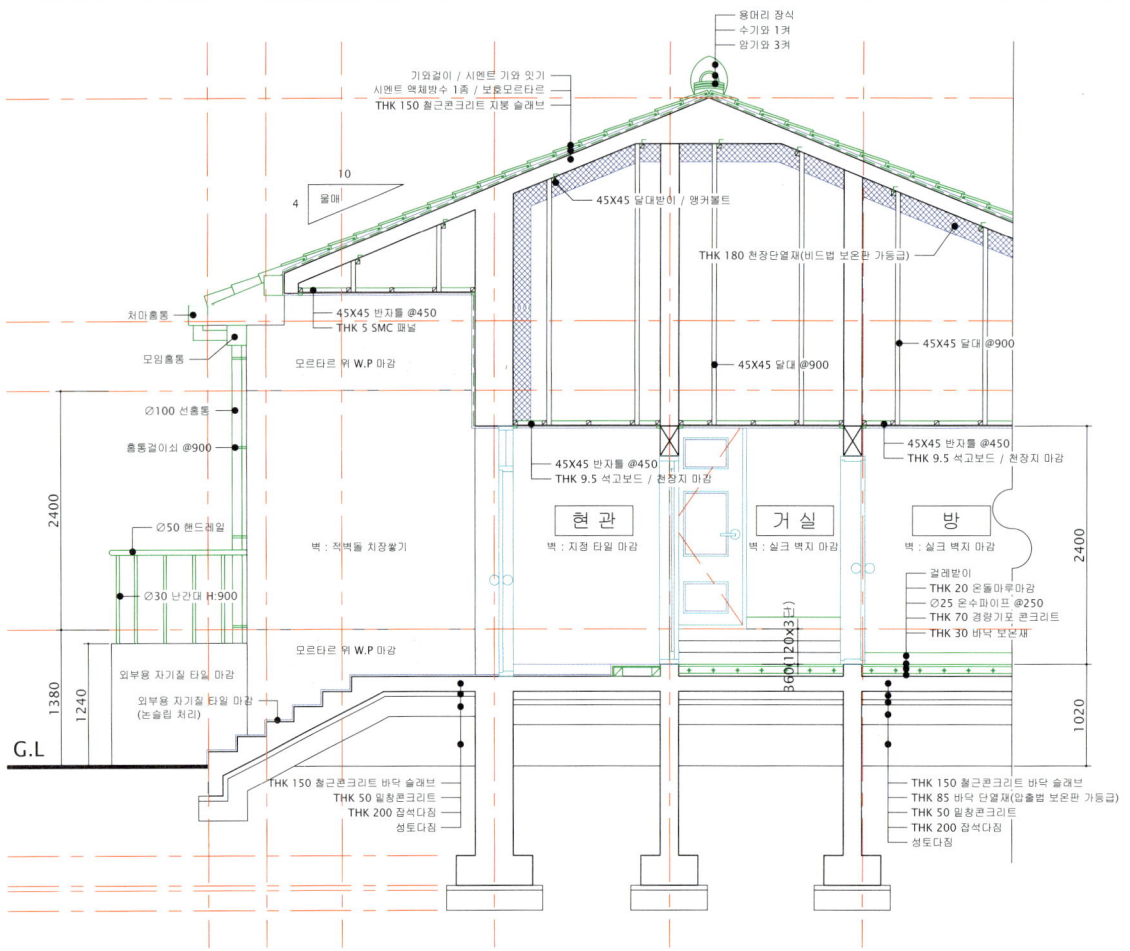

15. 단면, 입면의 재료표현과 해칭

※ 굴뚝, 화단, 난간 등 있는지 확인 후 설치

16. 치수 : 중심선의 길이를 모두 맞춘 후 주석 – 신속치수

17. 표제란

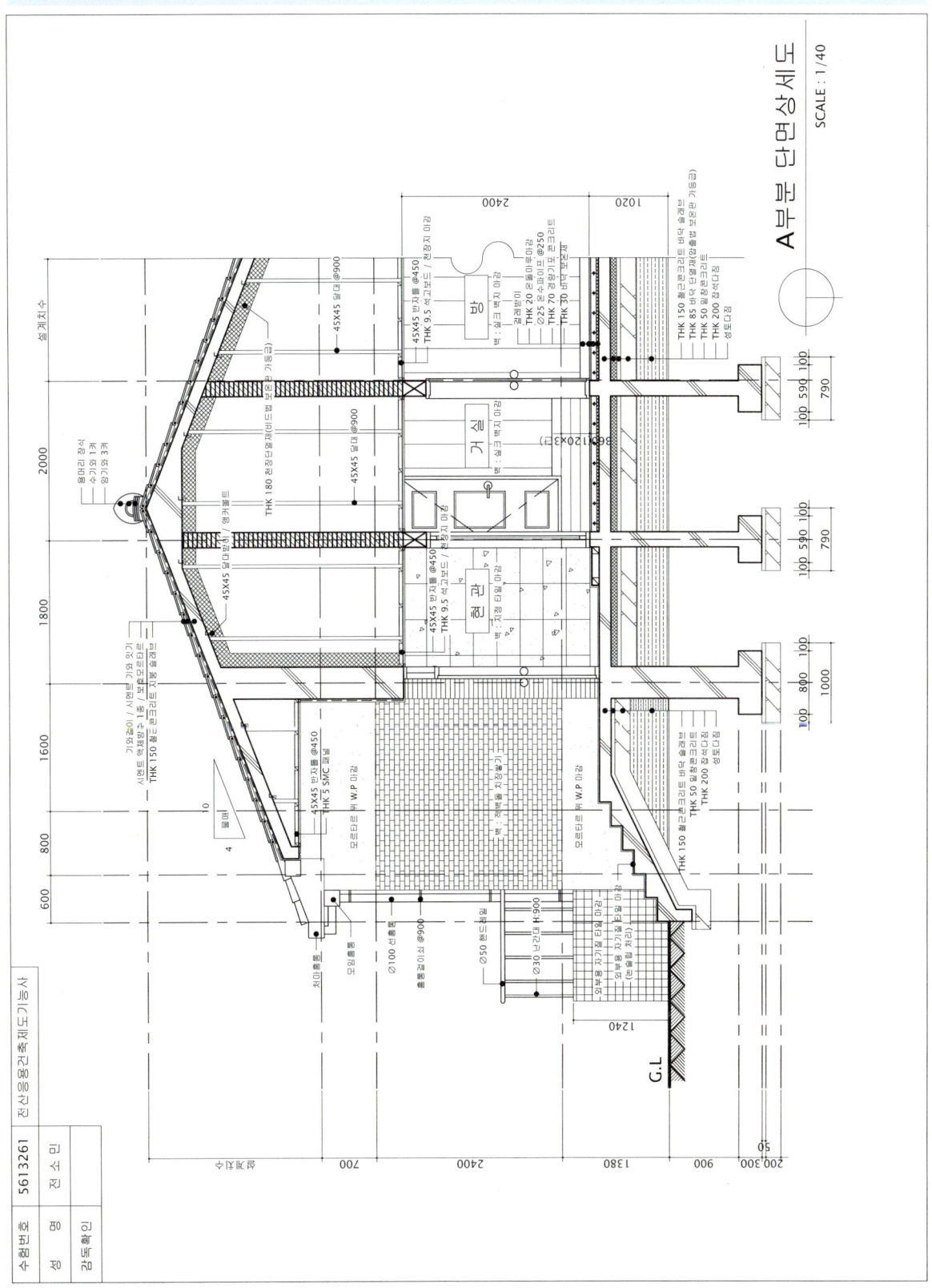

05 [입면도 작성]

18. 평면도 : 입면도 방향이 아래를 향하도록 하고 입면도의 위에 배치
　　　단면도 : 입면도의 좌측에 배치

❶ 단면도의 G.L을 입면도에 연장
❷ 평면도의 외부 벽체 끝선을 입면도에 연장

19. 단면도에서 지붕높이 표현
　　　※ 지붕의 가장 낮은 선을 기준으로 벽체 Trim
20. 평면도에서 지붕의 폭 표현
　　　※ 지붕을 네모 모양으로 정리

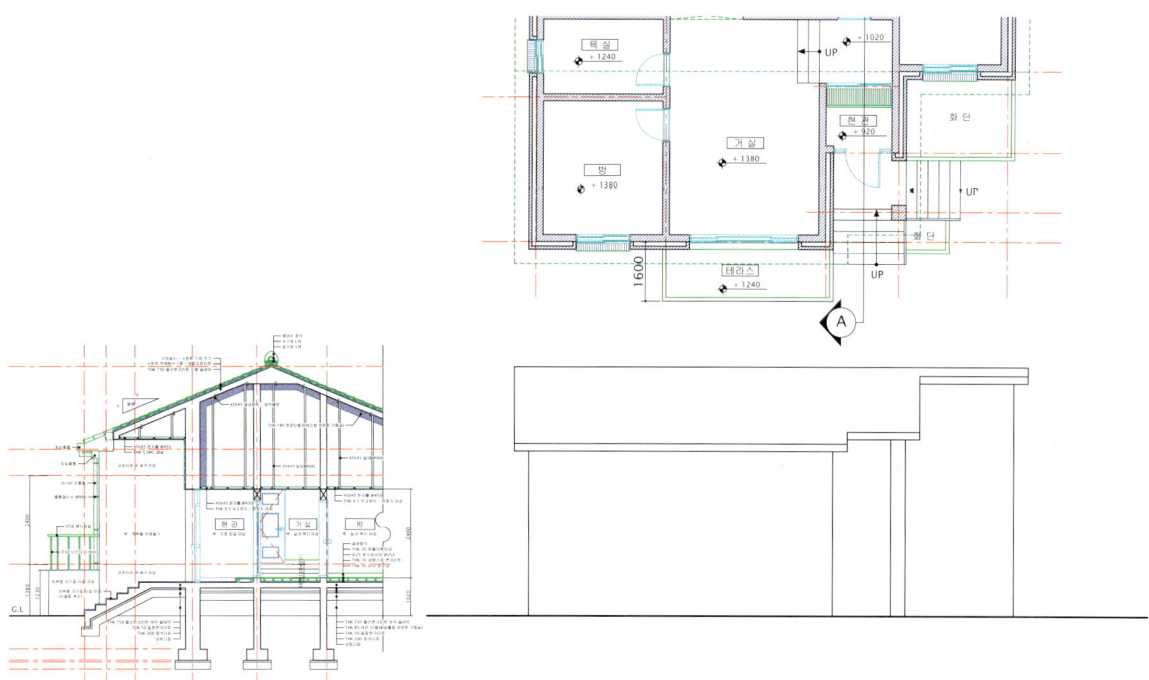

※ 높이가 다른 지붕이 있으면 평면도에서 용머리와 처마 끝의 거리를 확인하고 단면도에 표현
　지붕 물매를 따라가다 보면 수평거리와 만나는 점이 높이가 된다.

21. 난방끝선과 반자 시작선 표시 : 외부에서 볼 때 재료분리의 기준이 된다.

22. 창문과 현관문을 표현하기 위해 창호의 중심위치를 표시한다.

23. 창호표시
: 테라스 위치는 난방이 없으므로 150 낮춘다. 방 창문은 높이 1200, 거실창은 높이 2400으로 표현한다.
단, 테라스로 바로 나갈 수 있는 방 창문은 높이 2400(거실높이)에 맞춘다.

24. 계단, 테라스, 난간, 홈통, 기와, 창문 밑 벽돌 세워쌓기 등 표현
※ 뒤쪽에 낮은 지붕이 있으면 평면도 길이만큼 단면도에서 높이 생성

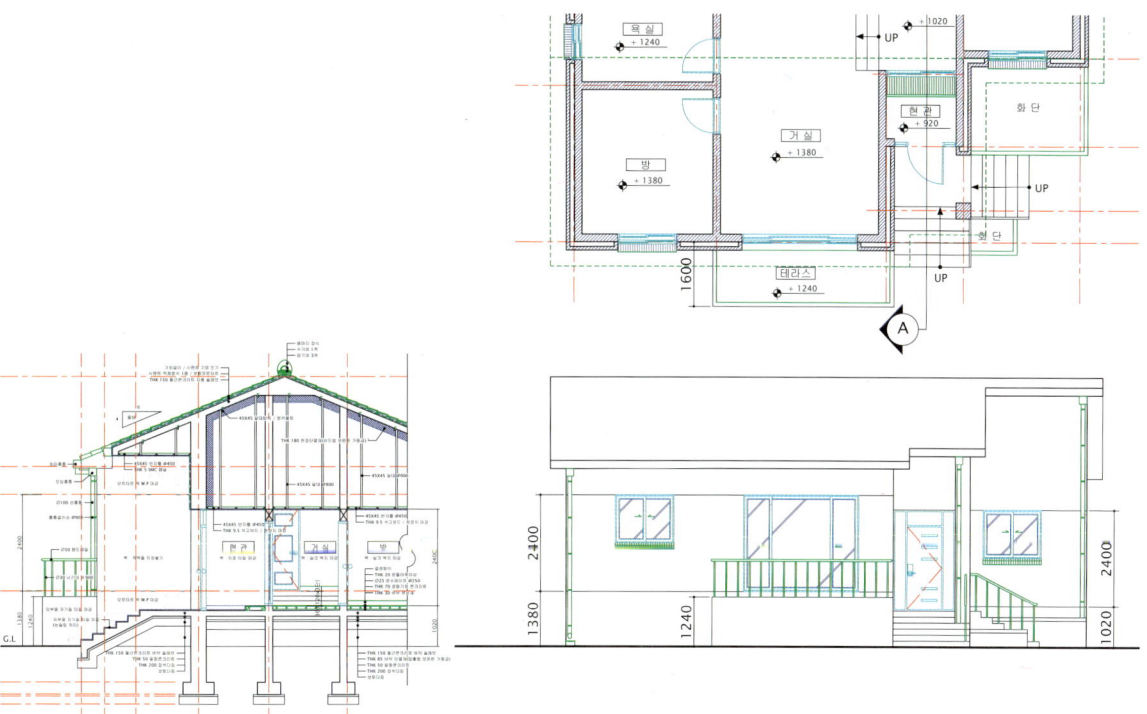

25. 문자작성 : 문자높이 100
벽돌해칭 : BRICK – 축척 10

26. 표제란, 수목표현

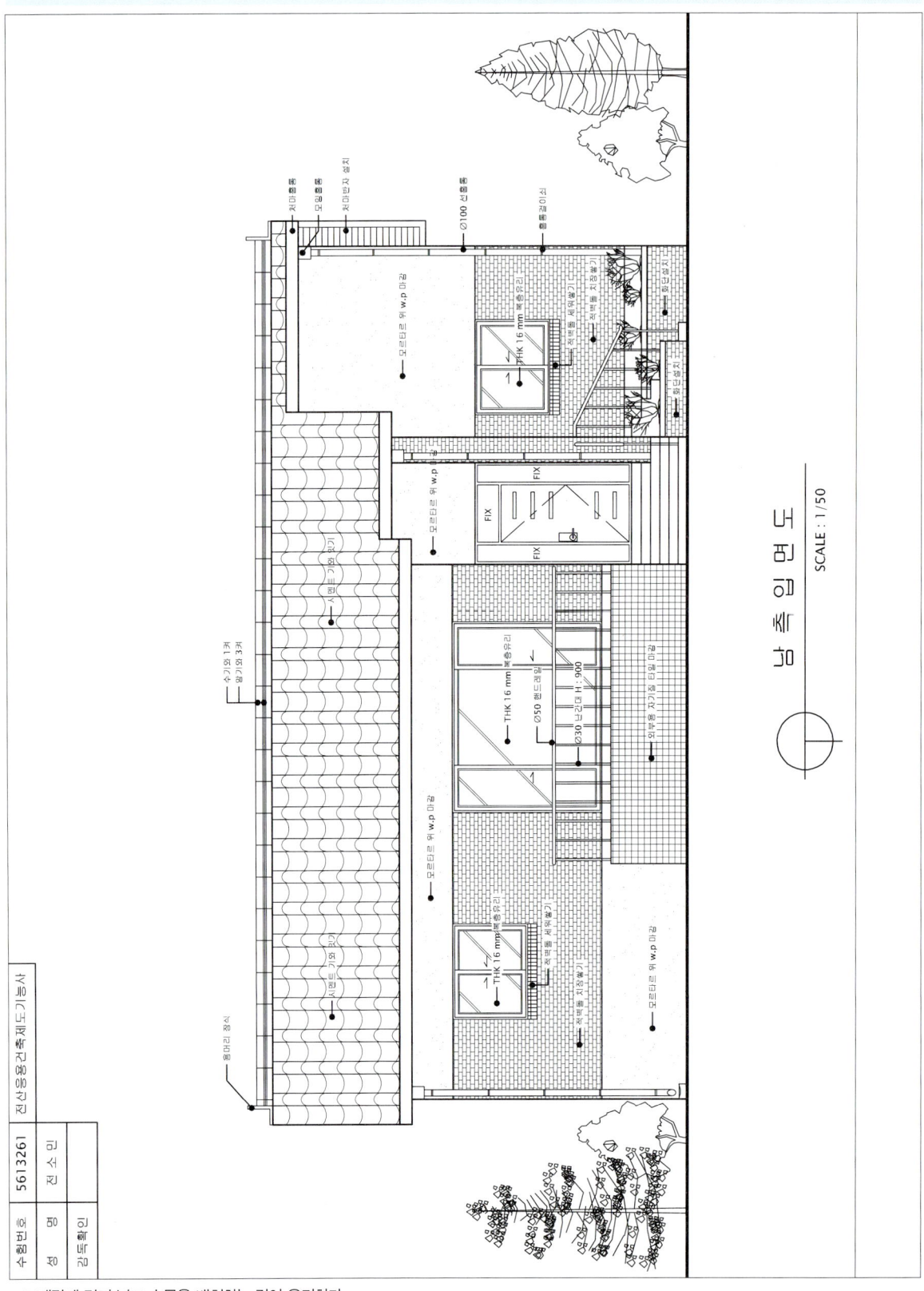

※표제란에 먼저 넣고 수목을 배치하는 것이 유리하다.

memo

기출종합문제 16

시험시간 4시간 10분

네이버 카페에서 완성 도면 파일을 확인하세요.
파일명 16-단면도 / 16-입면도

01 요구사항

주어진 평면도를 보고 CAD를 이용하여 아래 조건에 맞게 다음 도면을 작도한 후, 지급된 용지에 본인이 직접 흑백으로 출력하여 파일과 함께 제출하시오.

❶ A부분 단면 상세도를 축척 1/40으로 작도하시오.
❷ 남측 입면도를 축척 1/50으로 작도하되 벽면의 마감재료 표시 및 주위의 배경 등 도면의 요소를 충분히 고려하시오.

[조 건]
- 기초 및 지하실 벽체 : 철근콘크리트 구조로 하시오.
- 벽체 : 외벽 – 외부로부터 붉은 벽돌 0.5B, 단열재, 시멘트 벽돌 1.0B
  내벽 – 시멘트 벽돌 1.0B
- 단열재 : 외벽 120mm, 바닥 85mm, 지붕 180mm
- 지붕 : 철근콘크리트 경사슬래브 위 시멘트 기와잇기 마감으로 하시오(물매 4/10 이상).
- 처마나옴 : 벽체 중심에서 600mm
- 반자높이 : 2400mm, 처마반자 설치
- 창호 : 목재창호로 하되 2중창인 경우 외부창호는 알루미늄 섀시로 하시오.
- 각 실의 난방 : 온수파이프 온돌난방으로 하시오.
- 1층 바닥 슬래브와 기초는 일체식으로 표현하시오.
- 평면도에 표현되지 않은 현관 상부 캐노피는 작도하지 않습니다.
- 기타 각 부분의 마감, 치수 등 주어지지 않은 조건은 일반적인 시공수준으로 하시오.

- 선의 통일을 기하기 위하여 아래와 같이 선의 색을 정리하여 출력하시오.
    - 흰색(7-White) : 0.3mm
    - 노랑(2-Yellow) : 0.4mm
    - 빨강(1-Red) : 0.2mm
    - 녹색(3-Green) : 0.2mm
    - 하늘색(4-Cyan) : 0.3mm
    - 파랑(5-Blue) : 0.1mm

02 수험자 유의사항

※ 다음과 같은 경우에는 채점대상에서 제외됩니다.
 1) 시험시간 내에 요구사항을 완성하지 못한 경우
 2) 시험시간 내에 제출된 작품이라도 다음과 같은 경우
    가) 주어진 조건을 지키지 않고 작도한 경우
    나) 요구한 전 도면을 작도하지 않은 경우
    다) 건축제도 통칙을 준수하지 않거나 건축 CAD의 기능이 없는 상태에서 완성된 도면
 3) 시험 중 시설·장비의 조작 또는 재료의 취급이 미숙하여 위해를 일으킬 것으로 시험위원 전원이 합의하여 판단한 경우

03 도면

| 자격종목 | 전산응용건축제도기능사 | 과제명 | 주 택 | 척 도 | NONE |

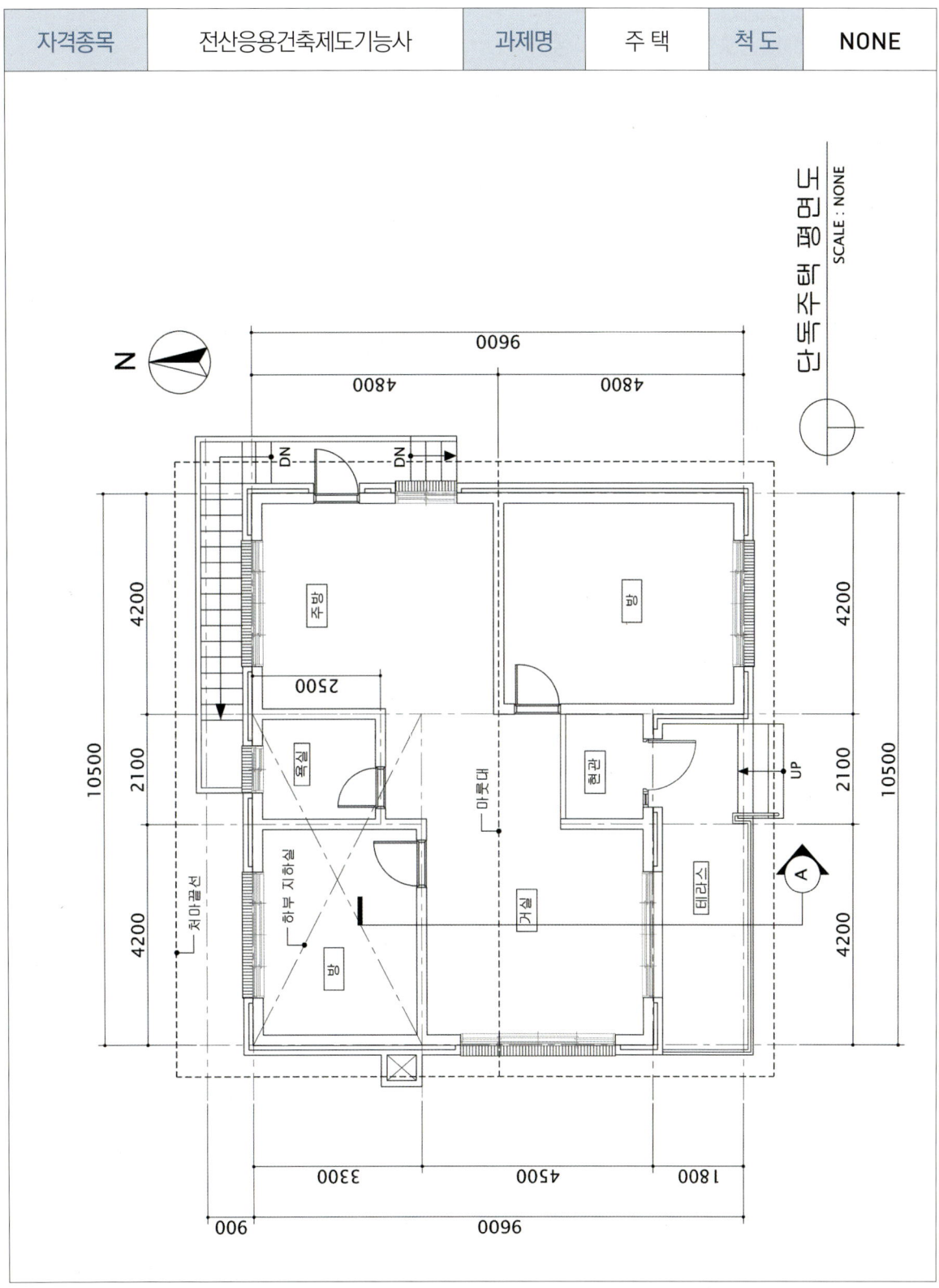

04 [단면도 작성]

1. 기본설정 : Option, OSNAP, LAYER 구성 등
2. 평면도 외벽만 간단히 작성. 지붕이 복잡할 경우 미리 그려두는 것이 유리하다.
3. 화살표 방향이 위로 보도록 회전한다. – X `Enter` 모두선택 `Enter` (분해)

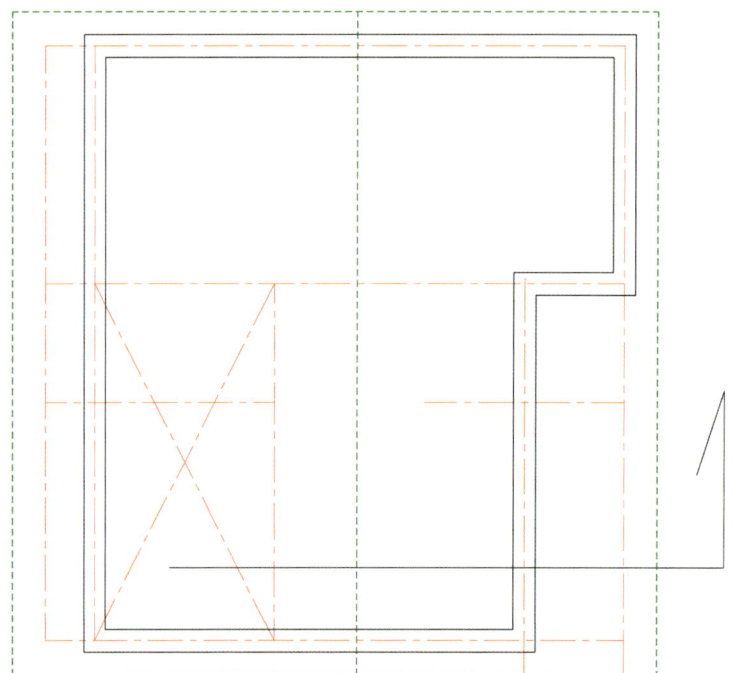

4. 노란색 도면층 : 평면도보다 길게 G.L을 그리고 절단부분(화살표가 지나가는 부분)의 기초와 바닥슬래브 표현
5. 흰색 도면층 : 바닥단열재(THK 85), 밑창콘크리트(THK 50), 잡석다짐(THK 200), 난방(THK 150) 완성하기
6. 지붕 슬래브 그리기

❶ 지붕 마룻대에서 가장 먼 벽체의 중심거리 파악
  ※ 이 문제는 테라스를 덮는 지붕이 길게 빠져있는 형태로, 벽체가 아니라도 테라스 중심선(용머리에서 5700)을 가장 먼 벽체의 중심선으로 보고 작업하자.
❷ 난방선 끝에서 2400 위로 Offset
❸ 테두리보의 높이 700 표현
❹ REC `Enter` 시작점 클릭 @1000,400 `Enter`
❺ XL `Enter` A `Enter` 대각선 끝점 클릭, 클릭 – 가장 먼 벽체 중심과 테두리보가 만나는 부분에 클릭

7. 지붕 슬래브 완성

8. 반자 설치 : 반자를 복사하여 처마반자도 함께 설치한다.

9. 지붕단열재 : THK 180

10. 지붕방수, 기와

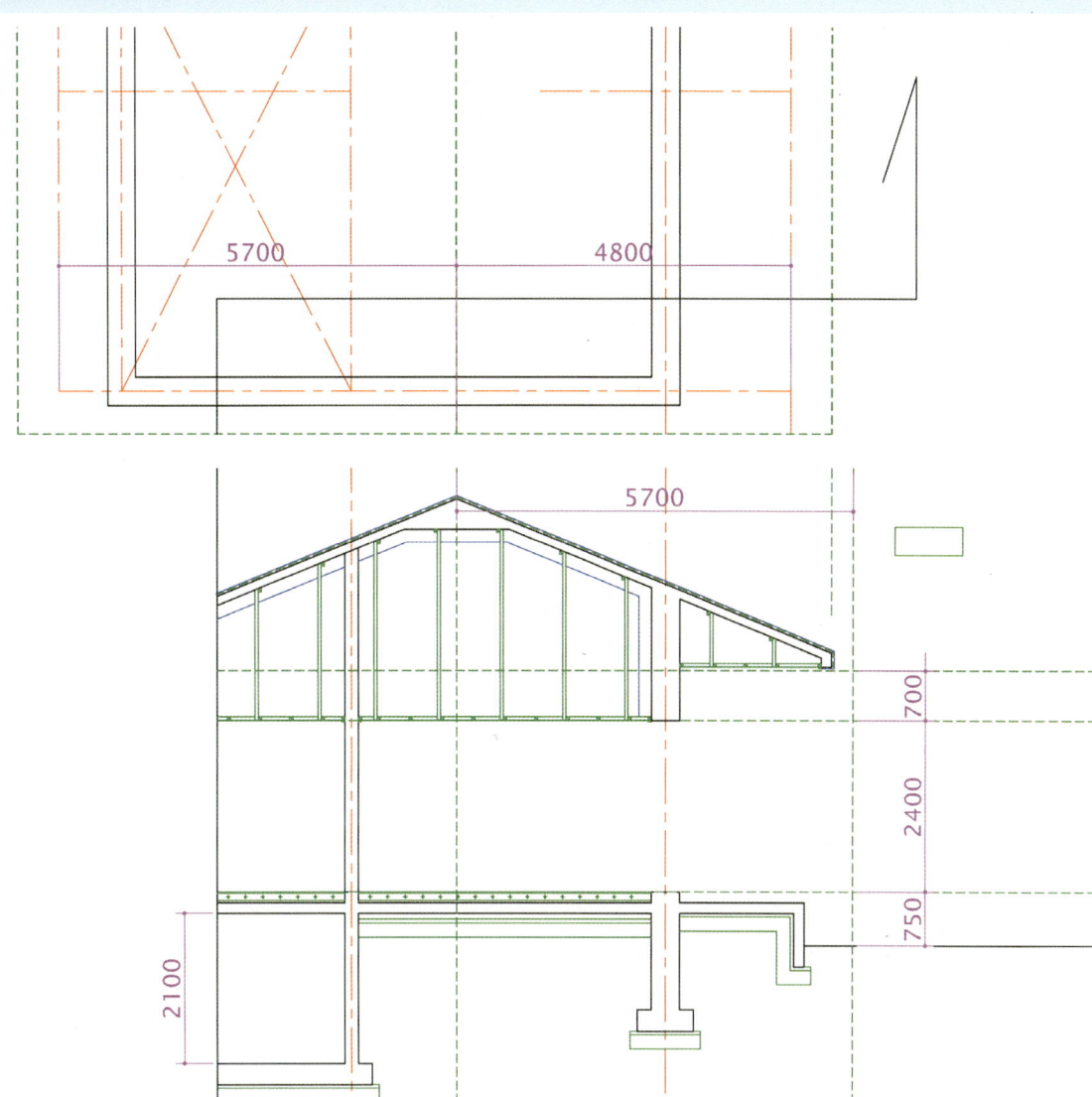

11. 거실 창, 내부 벽체 표현

12. 단면도상의 입면요소 표현
: 입면으로 보이는 벽체, 입면으로 보이는 처마, 입면으로 보이는 문과 창문 등을 표현한다.

13. 홈통 설치

14. 문자 작성

ST [Enter] – Lucida sans unicode
도면층 : 흰색, 문자높이 : 80

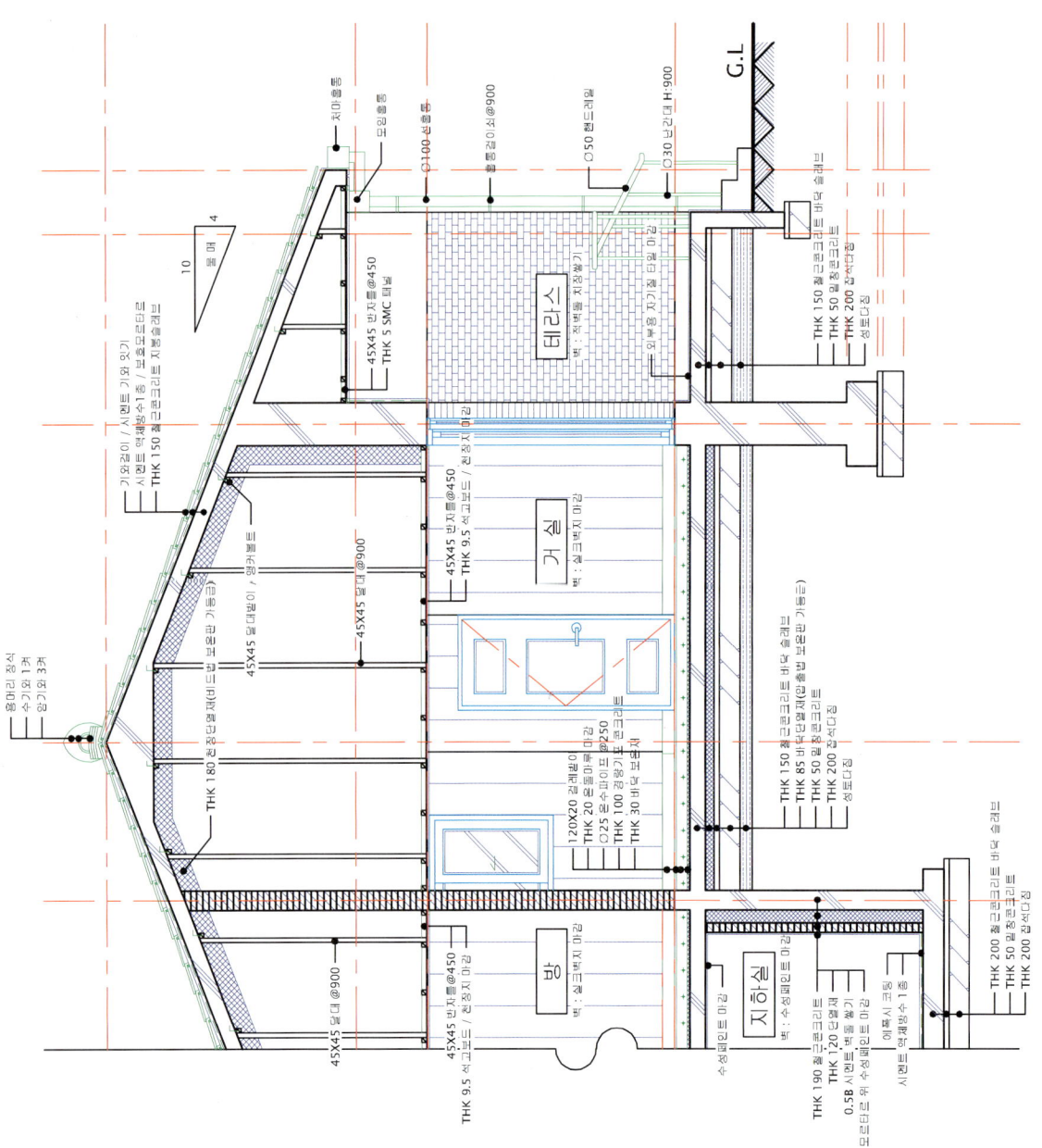

15. 단면, 입면의 재료표현과 해칭

※ 굴뚝, 화단, 난간 등 있는지 확인 후 설치

16. 치수 : 중심선의 길이를 모두 맞춘 후 주석 – 신속치수

17. 표제란

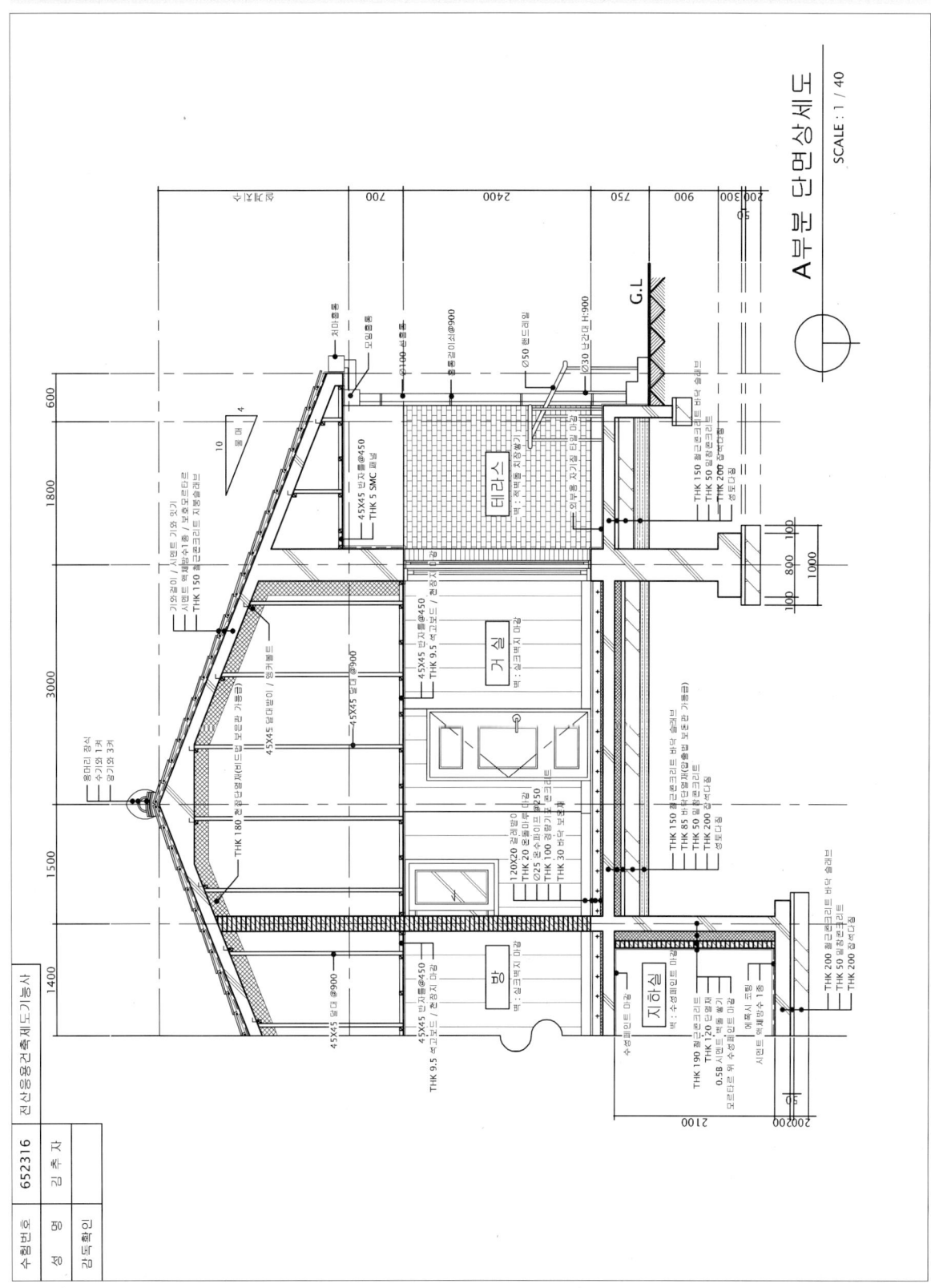

05 [입면도 작성]

18. 평면도 : 입면도 방향이 아래를 향하도록 하고 입면도의 위에 배치
   단면도 : 입면도의 좌측에 배치

❶ 단면도의 G.L을 입면도에 연장
❷ 평면도의 외부 벽체 끝선을 입면도에 연장

19. 단면도에서 지붕높이 표현
   ※ 지붕의 가장 낮은 선을 기준으로 벽체 Trim

20. 평면도에서 지붕의 폭 표현
   ※ 지붕을 네모 모양으로 정리

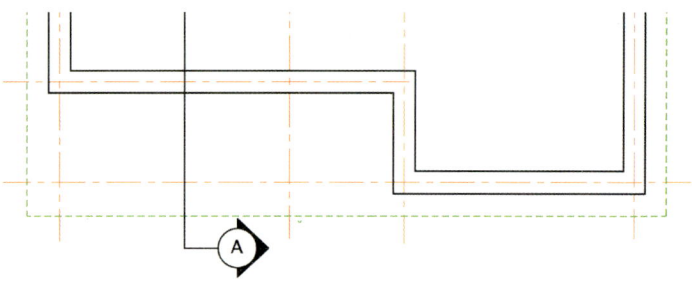

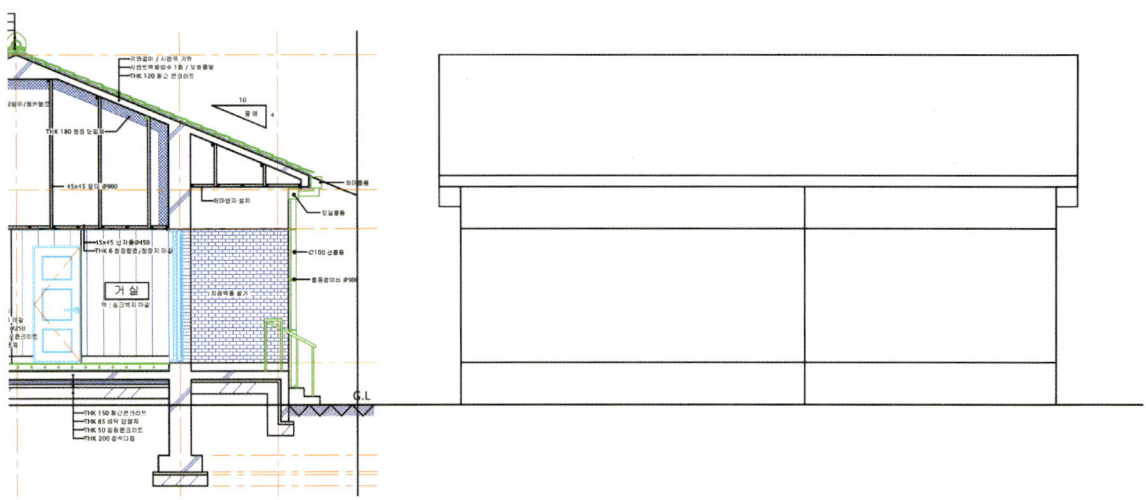

※ 높이가 다른 지붕이 있으면 평면도에서 용머리와 처마 끝의 거리를 확인하고 단면도에 표현
  지붕 물매를 따라가다 보면 수평거리와 만나는 점이 높이가 된다.

21. 난방끝선과 반자 시작선 표시 : 외부에서 볼 때 재료분리의 기준이 된다.

22. 창문과 현관문을 표현하기 위해 창호의 중심위치를 표시한다.

23. 창호표시
   테라스 위치는 난방이 없으므로 150 낮춘다. 방 창문은 높이 1200, 거실창은 높이 2400으로 표현한다.
   단, 테라스로 바로 나갈 수 있는 방 창문은 높이 2400(거실높이)에 맞춘다.

24. 계단, 테라스, 난간, 홈통, 기와, 창문 밑 벽돌 세워쌓기 등 표현
   ※ 뒤쪽에 낮은 지붕이 있으면 평면도 길이만큼 단면도에서 높이 생성

25. 문자작성 : 문자높이 100
   벽돌해칭 : BRICK – 축척 10

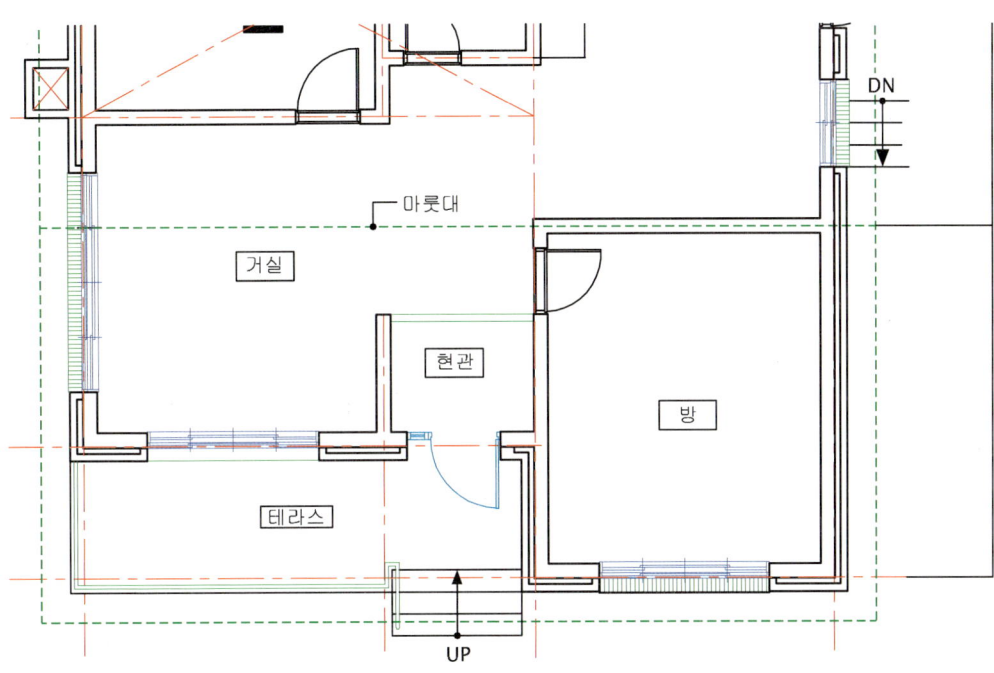

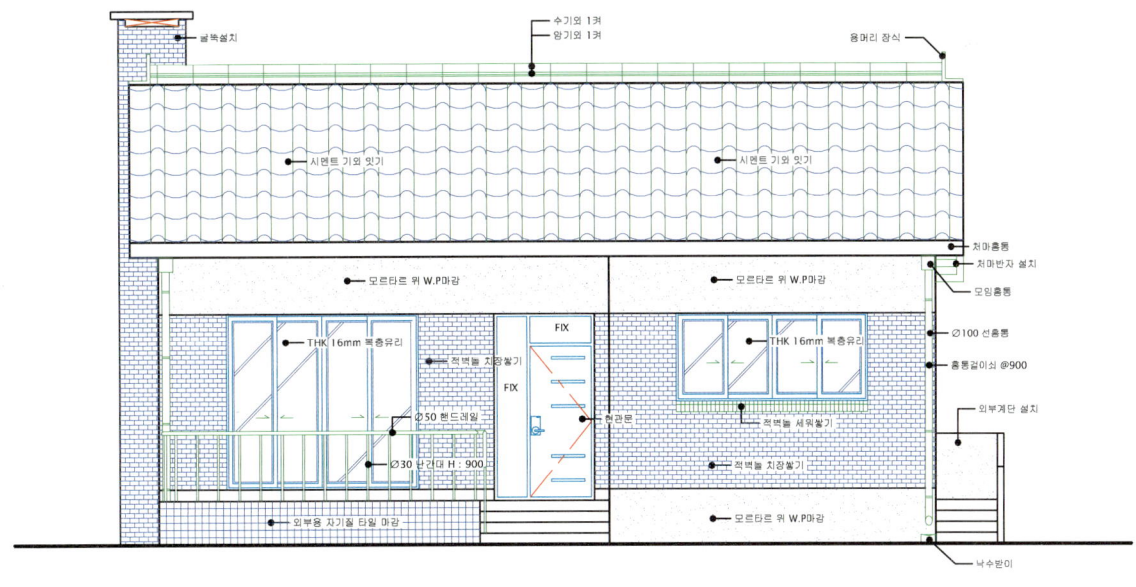

26. 표제란, 수목표현

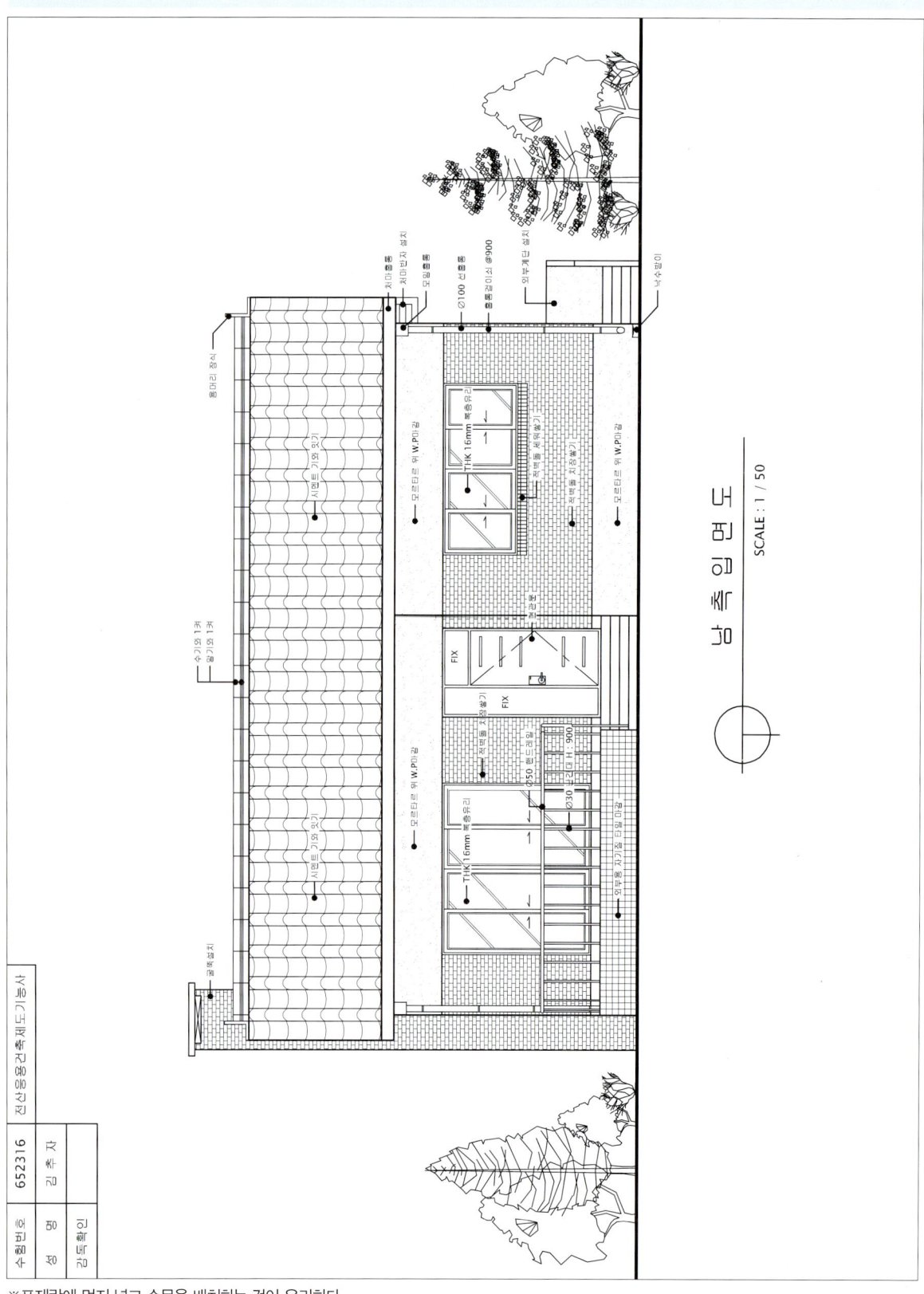

※표제란에 먼저 넣고 수목을 배치하는 것이 유리하다.

memo

기출종합문제 17

시험시간: 4시간 10분

네이버 카페에서 완성 도면 파일을 확인하세요.
파일명: 17-단면도 / 17-입면도

01 요구사항

주어진 평면도를 보고 CAD를 이용하여 아래 조건에 맞게 다음 도면을 작도한 후, 지급된 용지에 본인이 직접 흑백으로 출력하여 파일과 함께 제출하시오.

❶ A부분 단면 상세도를 축척 1/40으로 작도하시오.
❷ 남측 입면도를 축척 1/50으로 작도하되 벽면의 마감재료 표시 및 주위의 배경 등 도면의 요소를 충분히 고려하시오.

[조건]
- 기초 및 지하실 벽체 : 철근콘크리트 구조로 하시오.
- 벽체 : 외벽 – 외부로부터 붉은 벽돌 0.5B, 단열재, 시멘트 벽돌 1.0B
          내벽 – 시멘트 벽돌 1.0B
- 단열재 : 외벽 120mm, 바닥 85mm, 지붕 180mm
- 지붕 : 철근콘크리트 경사슬래브 위 시멘트 기와잇기 마감으로 하시오(물매 4/10 이상).
- 처마나옴 : 벽체 중심에서 600mm
- 반자높이 : 2400mm, 처마반자 설치
- 창호 : 목재창호로 하되 2중창인 경우 외부창호는 알루미늄 섀시로 하시오.
- 각 실의 난방 : 온수파이프 온돌난방으로 하시오.
- 1층 바닥 슬래브와 기초는 일체식으로 표현하시오.
- 평면도에 표현되지 않은 현관 상부 캐노피는 작도하지 않습니다.
- 기타 각 부분의 마감, 치수 등 주어지지 않은 조건은 일반적인 시공수준으로 하시오.

- 선의 통일을 기하기 위하여 아래와 같이 선의 색을 정리하여 출력하시오.
    - 흰색(7-White) : 0.3mm
    - 녹색(3-Green) : 0.2mm
    - 노랑(2-Yellow) : 0.4mm
    - 하늘색(4-Cyan) : 0.3mm
    - 빨강(1-Red) : 0.2mm
    - 파랑(5-Blue) : 0.1mm

02 수험자 유의사항

※ 다음과 같은 경우에는 채점대상에서 제외됩니다.
1) 시험시간 내에 요구사항을 완성하지 못한 경우
2) 시험시간 내에 제출된 작품이라도 다음과 같은 경우
    가) 주어진 조건을 지키지 않고 작도한 경우
    나) 요구한 전 도면을 작도하지 않은 경우
    다) 건축제도 통칙을 준수하지 않거나 건축 CAD의 기능이 없는 상태에서 완성된 도면
3) 시험 중 시설·장비의 조작 또는 재료의 취급이 미숙하여 위해를 일으킬 것으로 시험위원 전원이 합의하여 판단한 경우

03 도면

| 자격종목 | 전산응용건축제도기능사 | 과제명 | 주 택 | 척 도 | NONE |

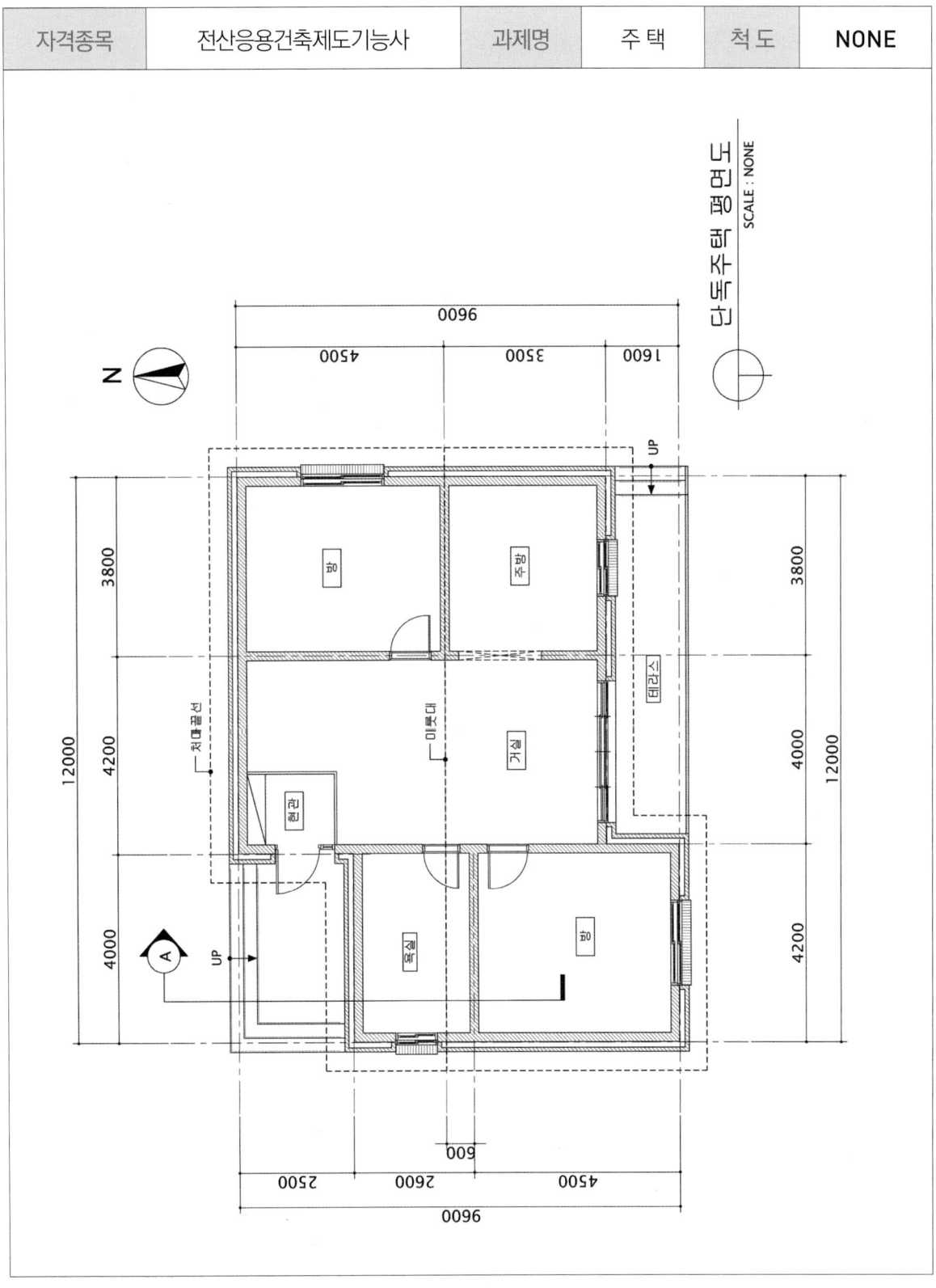

04 [단면도 작성]

1. 기본설정 : Option, OSNAP, LAYER 구성 등
2. 평면도 외벽만 간단히 작성. 지붕이 복잡할 경우 미리 그려두는 것이 유리하다.
3. 화살표 방향이 위로 보도록 회전한다. - X [Enter] 모두선택 [Enter] (분해)

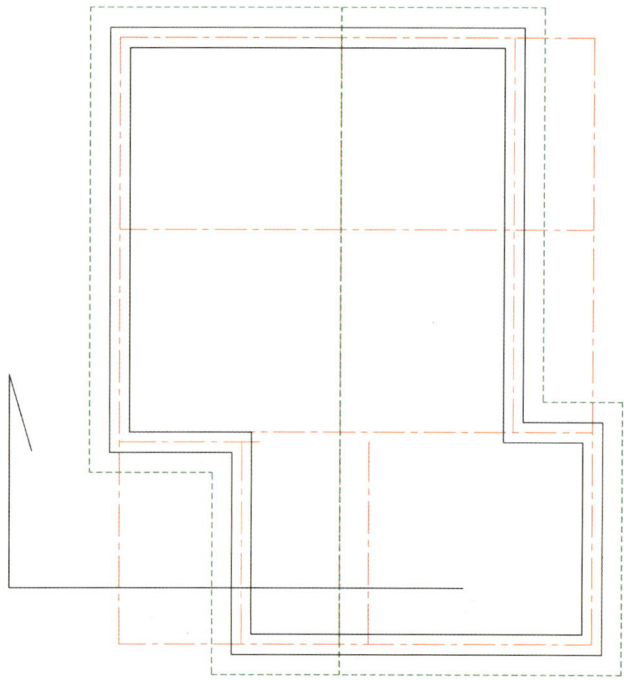

4. 노란색 도면층 : 평면도보다 길게 G.L을 그리고 절단부분(화살표가 지나가는 부분)의 기초와 바닥슬래브 표현
5. 흰색 도면층 : 바닥단열재(THK 85), 밑창콘크리트(THK 50), 잡석다짐(THK 200), 난방(THK 150) 완성하기
6. 지붕 슬래브 그리기

① 지붕 마룻대에서 가장 먼 벽체의 중심거리 파악
② 난방선 끝에서 2400 위로 Offset
③ 테두리보의 높이 700 표현
④ REC [Enter] 시작점 클릭 @1000,400 [Enter]
⑤ XL [Enter] A [Enter] 대각선 끝점 클릭, 클릭 - 가장 먼 벽체 중심과 테두리보가 만나는 부분에 클릭

7. 지붕 슬래브 완성

8. 반자 설치 : 반자를 복사하여 처마반자도 함께 설치한다.

9. 지붕단열재 : THK 180

10. 지붕방수, 기와

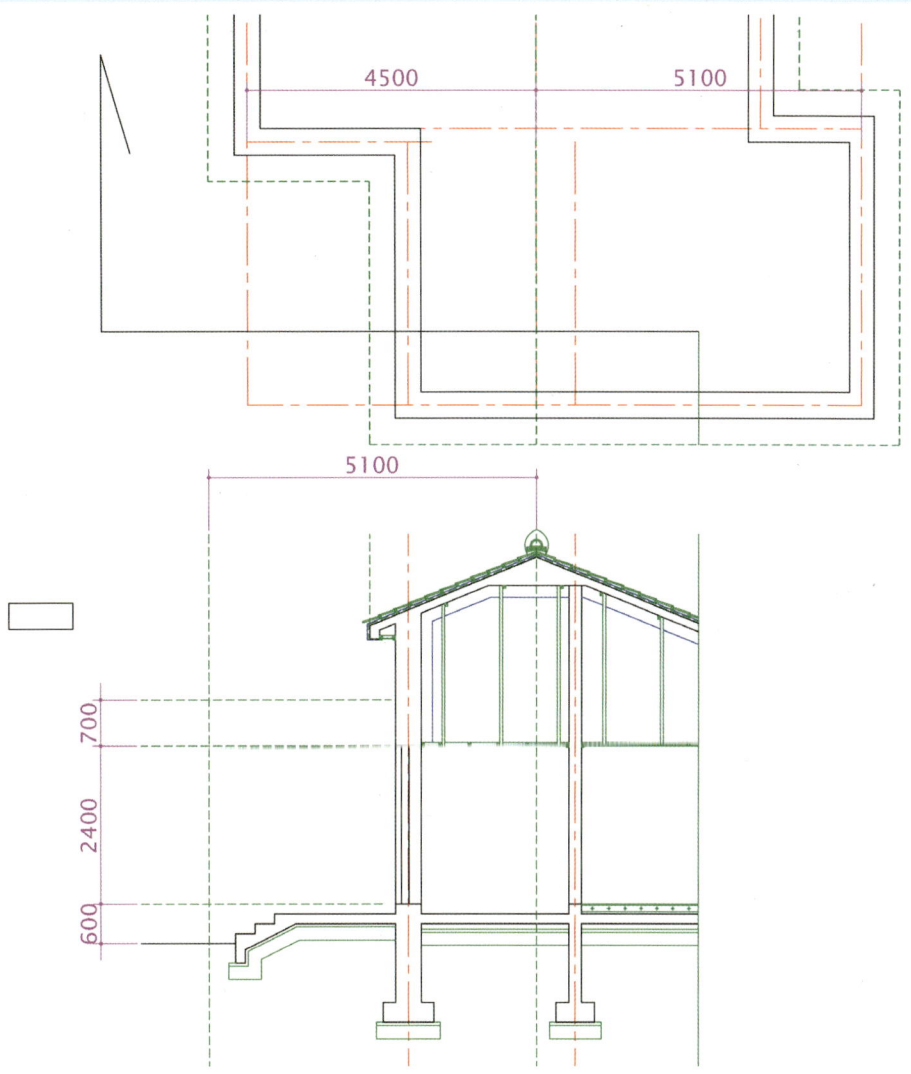

11. 외부벽체, 내부 벽체 표현

※ 이 문제는 단면 개구부가 없는 경우이다. 벽체를 그대로 표현하고 단면 벽체 해칭을 표현한다.

단열재는 두께의 절반을 표현(OFFSET 60)하고 선 모양을 Batting으로 표현한다. 단열재만 선택된 상태에서 Ctrl + (숫자) 1 : 선종류 축적 0.6으로 변경(또는 천장단열재 해칭과 동일하게 표현한다)

12. 단면도상의 입면요소 표현

: 입면으로 보이는 벽체, 입면으로 보이는 처마, 입면으로 보이는 문과 창문 등을 표현한다.

13. 홈통 설치

14. 문자 작성

ST [Enter] – Lucida sans unicode
도면층 : 흰색, 문자높이 : 80

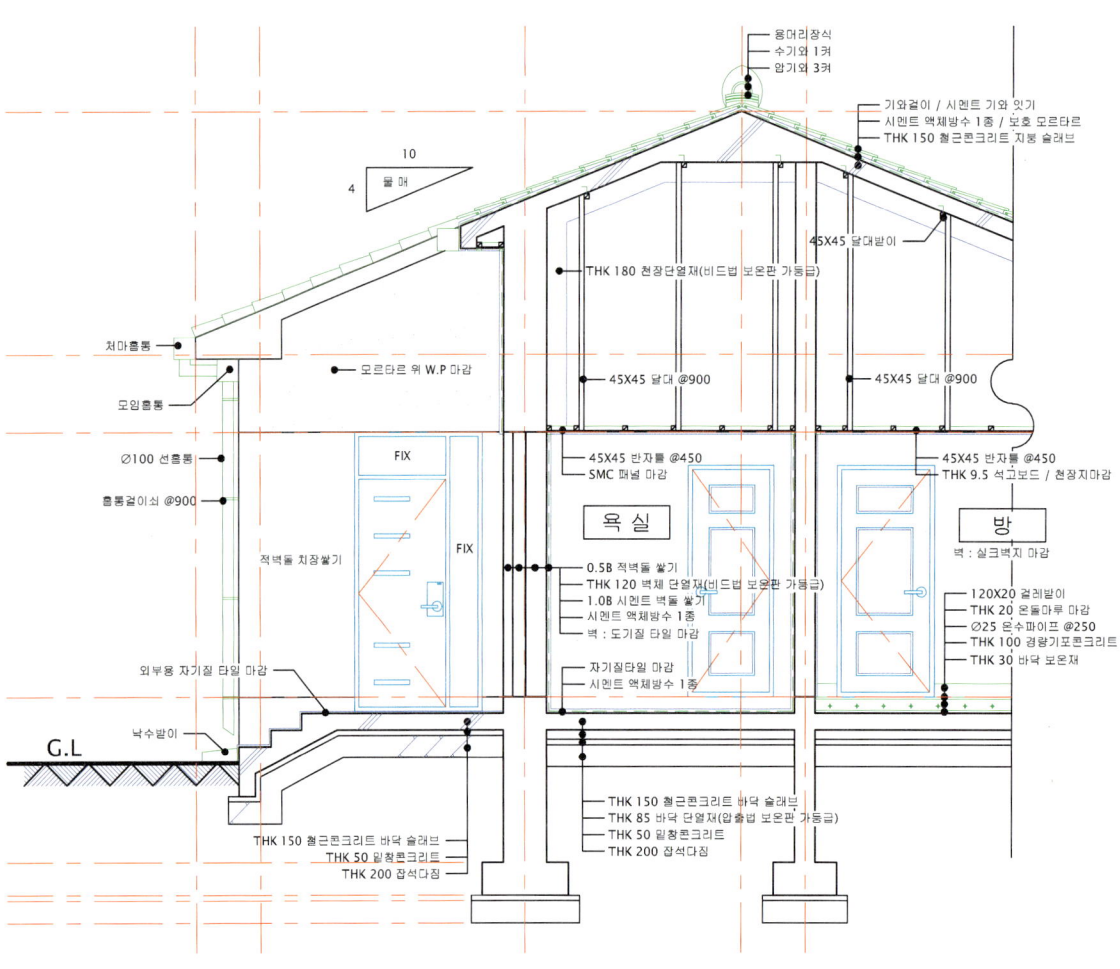

15. 단면, 입면의 재료표현과 해칭
※ 굴뚝, 화단, 난간 등 있는지 확인 후 설치

16. 치수 : 중심선의 길이를 모두 맞춘 후 주석 – 신속치수

17. 표제란

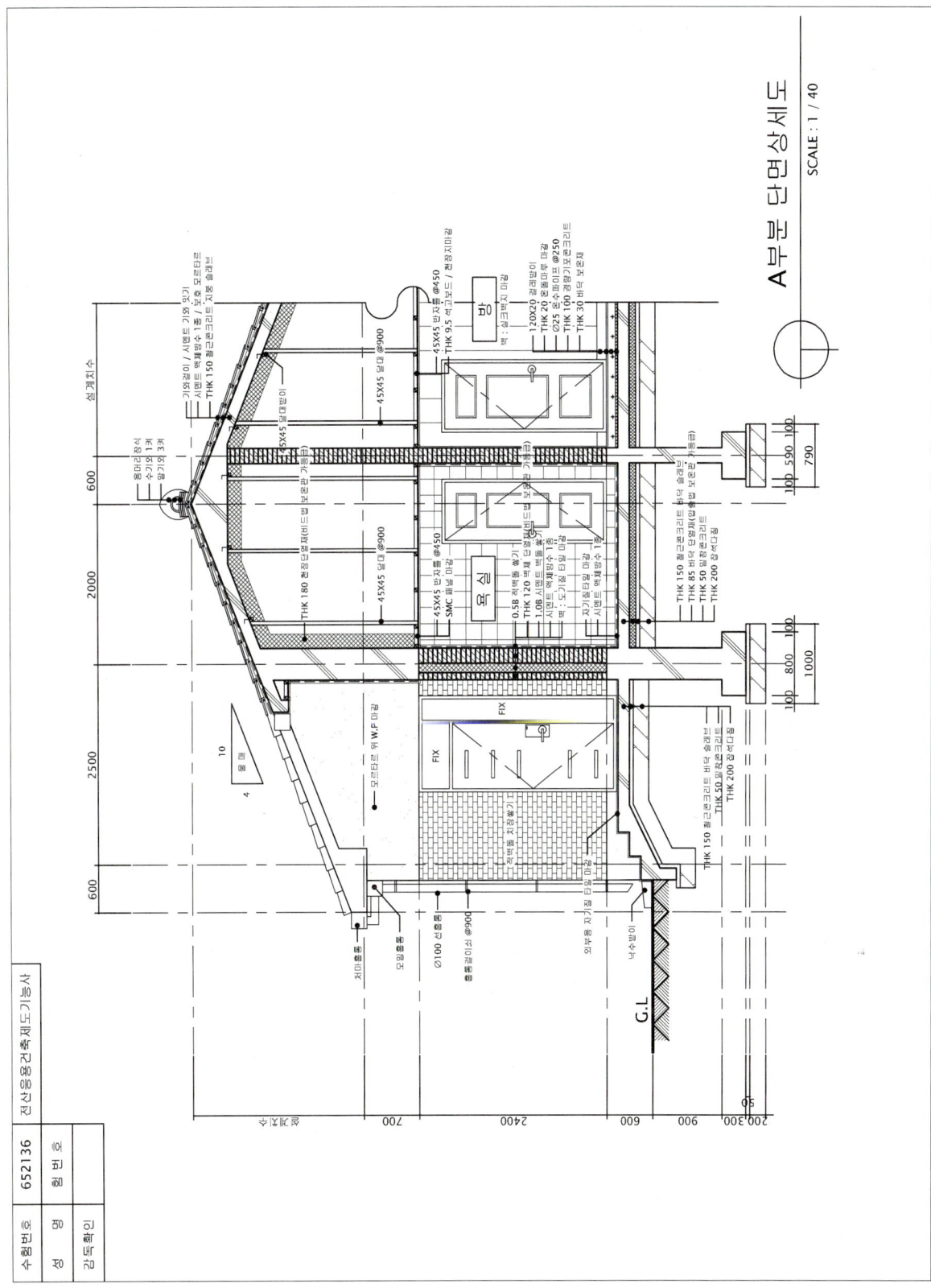

05 [입면도 작성]

18. 평면도 : 입면도 방향이 아래를 향하도록 하고 입면도의 위에 배치
    단면도 : 입면도의 좌측에 배치

❶ 단면도의 G.L을 입면도에 연장
❷ 평면도의 외부 벽체 끝선을 입면도에 연장

19. 단면도에서 지붕높이 표현
    ※ 지붕의 가장 낮은 선을 기준으로 벽체 Trim
20. 평면도에서 지붕의 폭 표현
    ※ 지붕을 네모 모양으로 정리

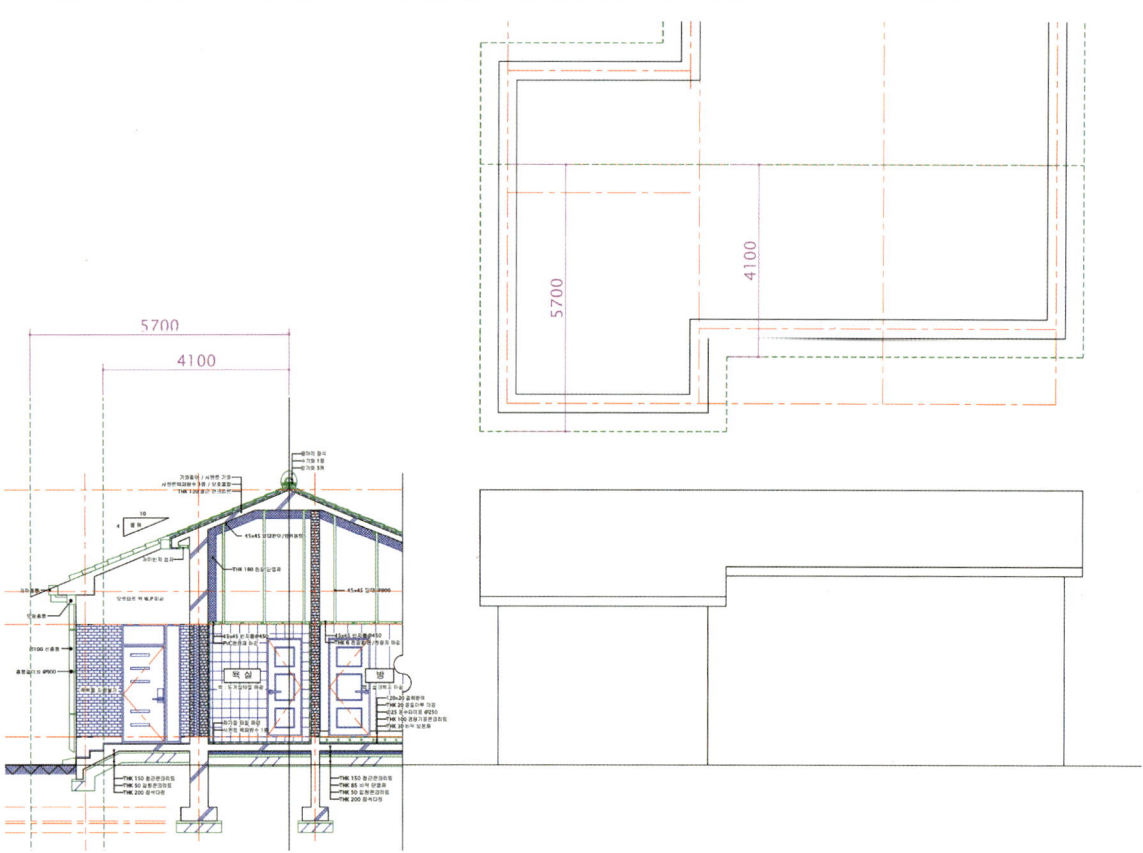

※ 높이가 다른 지붕이 있으면 평면도에서 용머리와 처마 끝의 거리를 확인하고 단면도에 표현
  지붕 물매를 따라가다 보면 수평거리와 만나는 점이 높이가 된다.

21. 난방끝선과 반자 시작선 표시 : 외부에서 볼 때 재료분리의 기준이 된다.
22. 창문과 현관문을 표현하기 위해 창호의 중심위치를 표시한다.
23. 창호표시
    테라스 위치는 난방이 없으므로 150 낮춘다. 방 창문은 높이 1200, 거실창은 높이 2400으로 표현한다.
    단, 테라스로 바로 나갈 수 있는 방 창문은 높이 2400(거실높이)에 맞춘다.

24. 계단, 테라스, 난간, 홈통, 기와, 창문 밑 벽돌 세워쌓기 등 표현
 ※ 뒤쪽에 낮은 지붕이 있으면 평면도 길이만큼 단면도에서 높이 생성

25. 문자작성 : 문자높이 100
 벽돌해칭 : BRICK – 축척 10

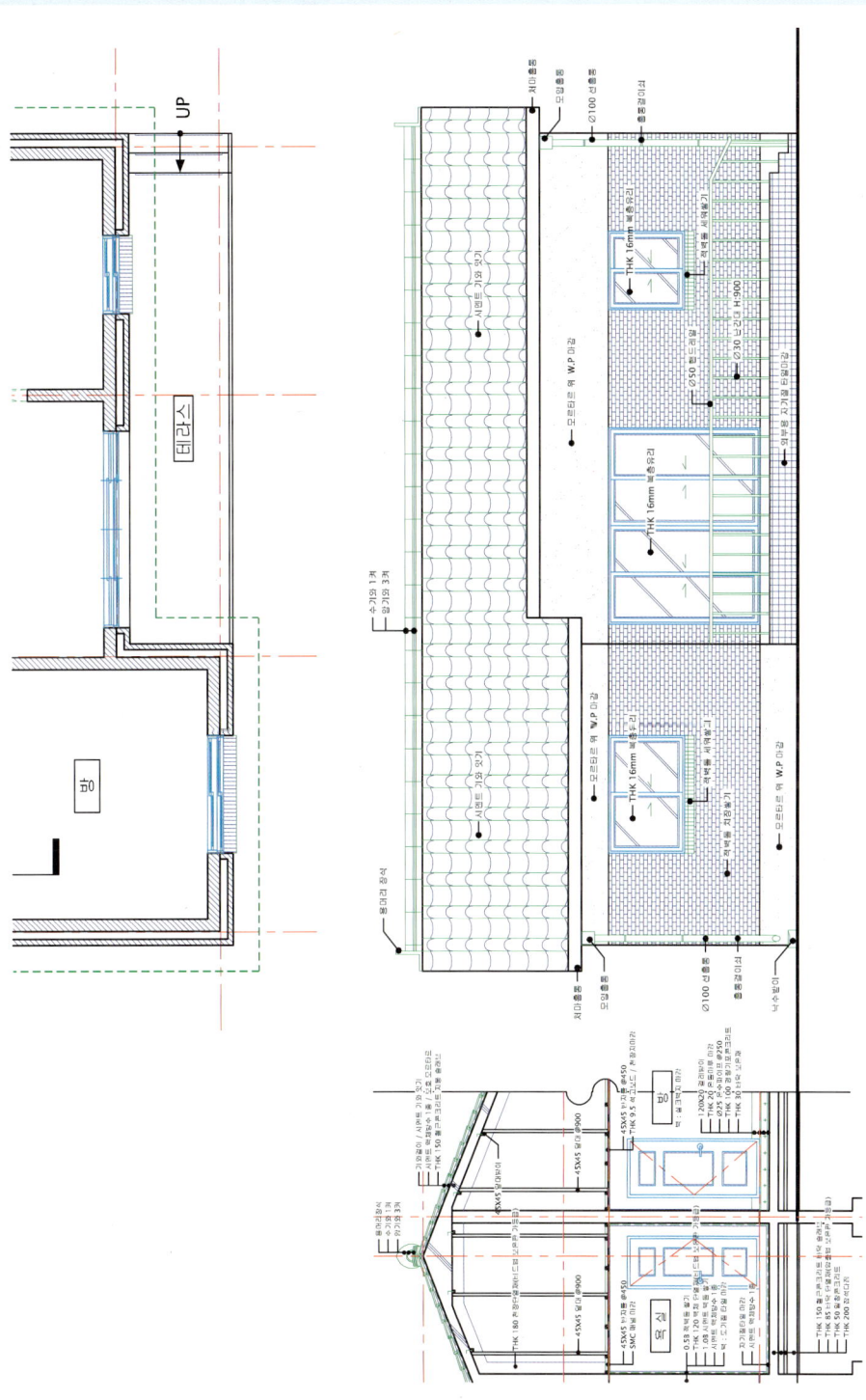

26. 표제란, 수목표현

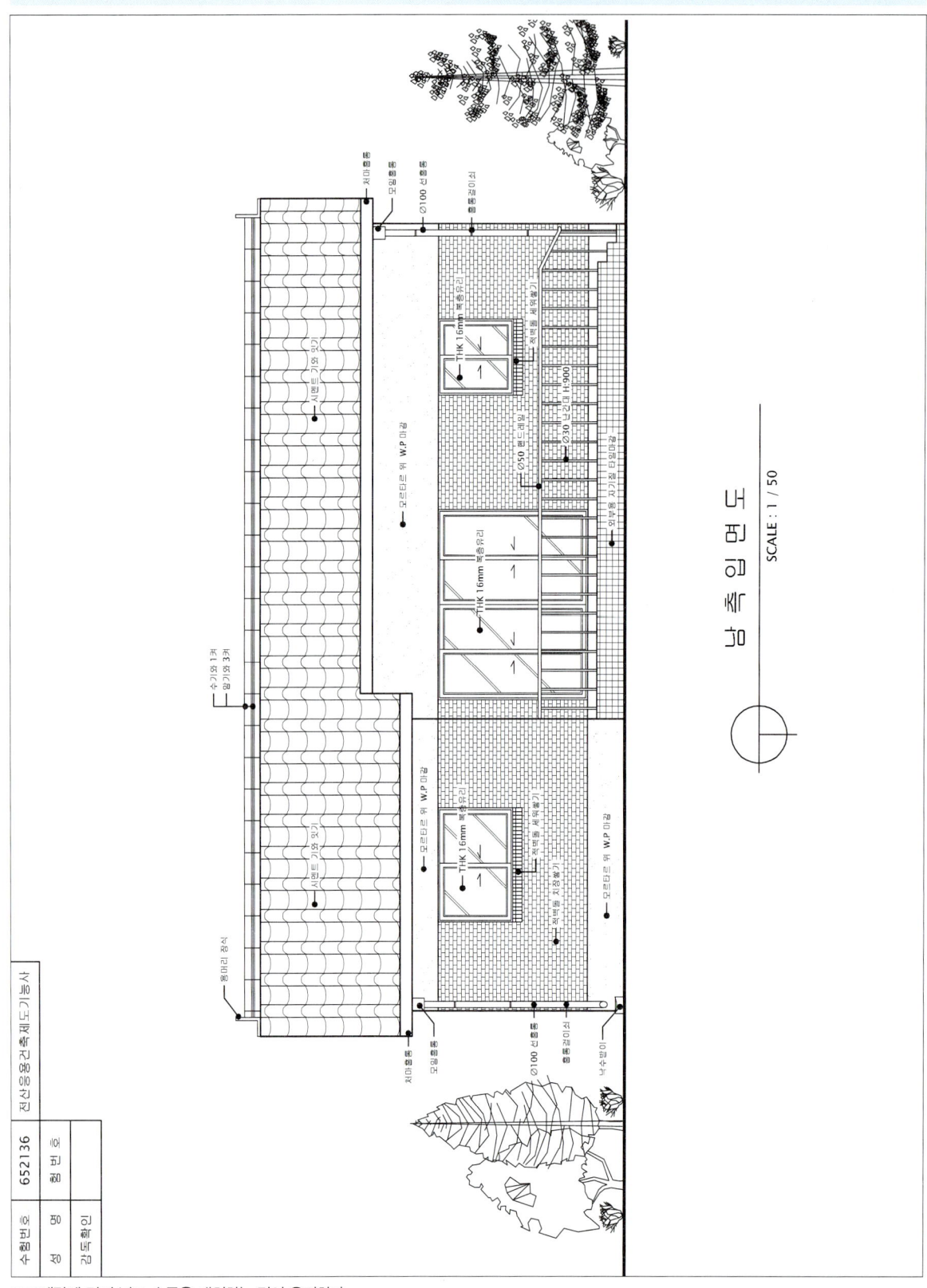

※ 표제란에 먼저 넣고 수목을 배치하는 것이 유리하다.

memo

기출종합문제 18

시험시간 4시간 10분

네이버 카페에서 완성 도면 파일을 확인하세요.
파일명 18-단면도 / 18-입면도

01 요구사항

주어진 평면도를 보고 CAD를 이용하여 아래 조건에 맞게 다음 도면을 작도한 후, 지급된 용지에 본인이 직접 흑백으로 출력하여 파일과 함께 제출하시오.

❶ A부분 단면 상세도를 축척 1/40으로 작도하시오.
❷ 남측 입면도를 축척 1/50으로 작도하되 벽면의 마감재료 표시 및 주위의 배경 등 도면의 요소를 충분히 고려하시오.

[조 건]
- 기초 및 지하실 벽체 : 철근콘크리트 구조로 하시오.
- 벽체 : 외벽 – 외부로부터 붉은 벽돌 0.5B, 단열재, 철근콘크리트 옹벽 150mm
          내벽 – 철근콘크리트 옹벽 150mm
- 단열재 : 외벽 120mm, 바닥 85mm, 지붕 180mm
- 지붕 : 철근콘크리트 경사슬래브 위 시멘트 기와잇기 마감으로 하시오(물매 4/10 이상).
- 처마나옴 : 벽체 중심에서 600mm
- 반자높이 : 2400mm, 처마반자 설치
- 창호 : 목재창호로 하되 2중창인 경우 외부창호는 알루미늄 섀시로 하시오.
- 각 실의 난방 : 온수파이프 온돌난방으로 하시오.
- 1층 바닥 슬래브와 기초는 일체식으로 표현하시오.
- 평면도에 표현되지 않은 현관 상부 캐노피는 작도하지 않습니다.
- 기타 각 부분의 마감, 치수 등 주어지지 않은 조건은 일반적인 시공수준으로 하시오.

- 선의 통일을 기하기 위하여 아래와 같이 선의 색을 정리하여 출력하시오.
    - 흰색(7–White) : 0.3mm
    - 녹색(3–Green) : 0.2mm
    - 노랑(2–Yellow) : 0.4mm
    - 하늘색(4–Cyan) : 0.3mm
    - 빨강(1–Red) : 0.2mm
    - 파랑(5–Blue) : 0.1mm

02 수험자 유의사항

※ 다음과 같은 경우에는 채점대상에서 제외됩니다.
 1) 시험시간 내에 요구사항을 완성하지 못한 경우
 2) 시험시간 내에 제출된 작품이라도 다음과 같은 경우
    가) 주어진 조건을 지키지 않고 작도한 경우
    나) 요구한 전 도면을 작도하지 않은 경우
    다) 건축제도 통칙을 준수하지 않거나 건축 CAD의 기능이 없는 상태에서 완성된 도면
 3) 시험 중 시설·장비의 조작 또는 재료의 취급이 미숙하여 위해를 일으킬 것으로 시험위원 전원이 합의하여 판단한 경우

03 도면

| 자격종목 | 전산응용건축제도기능사 | 과제명 | 주 택 | 척 도 | NONE |

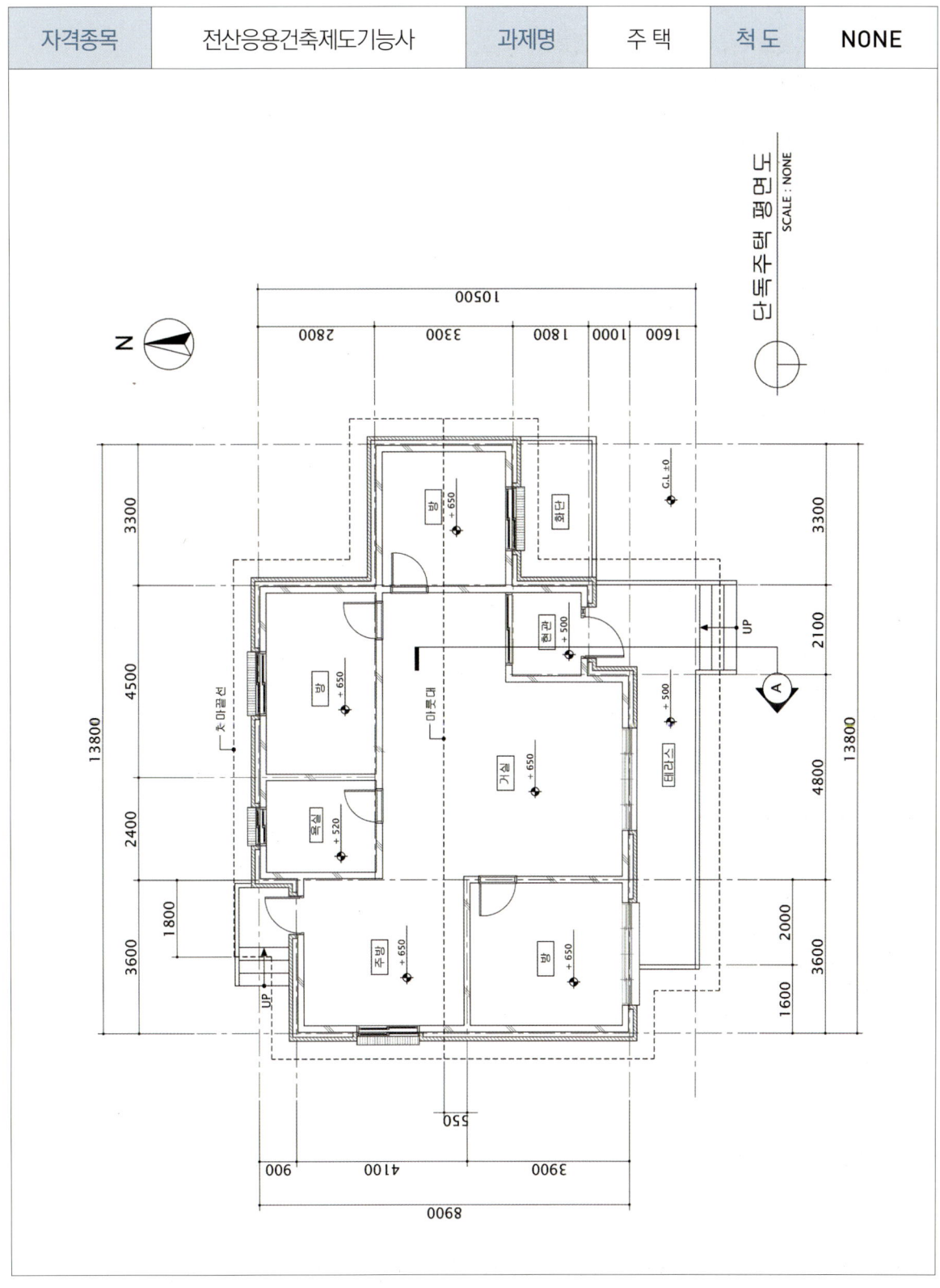

04 [단면도 작성]

1. 기본설정 : Option, OSNAP, LAYER 구성 등
2. 평면도 외벽만 간단히 작성. 지붕이 복잡할 경우 미리 그려두는 것이 유리하다.
3. 화살표 방향이 위로 보도록 회전한다. – X [Enter] 모두선택 [Enter] (분해)

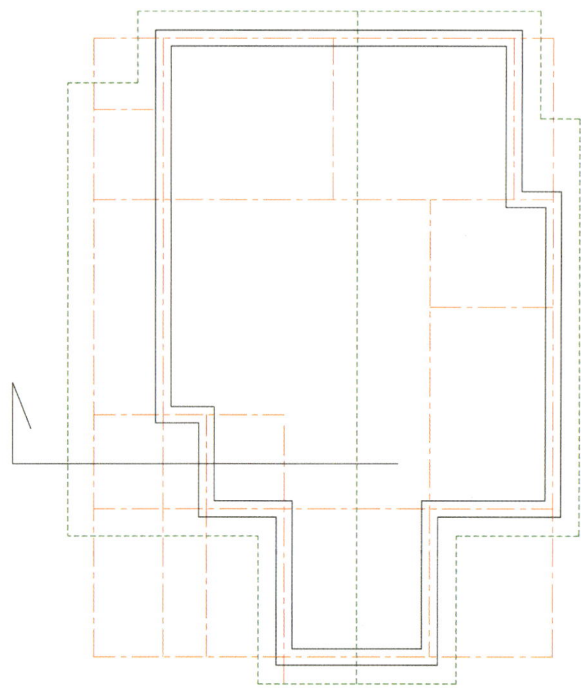

4. 노란색 도면층 : 평면도보다 길게 G.L을 그리고 절단부분(화살표가 지나가는 부분)의 기초와 바닥슬래브 표현
   ※ 계단높이 : 120
5. 흰색 도면층 : 바닥단열재(THK 85), 밑창콘크리트(THK 50), 잡석다짐(THK 200), 난방(THK 150) 완성하기
6. 지붕 슬래브 그리기

❶ 지붕 마룻대에서 가장 먼 벽체의 중심거리 파악
  ※ 이 문제는 테라스를 덮는 지붕이 길게 빠져있는 형태로, 벽체가 아니라도 테라스 중심선(용머리에서 6050)을 가장 먼 벽체의 중심선으로 보고 작업하자.
❷ 난방선 끝에서 2400 위로 Offset
❸ 테두리보의 높이 700 표현
❹ REC [Enter] 시작점 클릭 @1000,400 [Enter]
❺ XL [Enter] A [Enter] 대각선 끝점 클릭, 클릭 – 가장 먼 벽체 중심과 테두리보가 만나는 부분에 클릭

7. 지붕 슬래브 완성

8. 반자 설치 : 반자를 복사하여 처마반자도 함께 설치한다.

9. 지붕단열재 : THK 180

10. 지붕방수, 기와

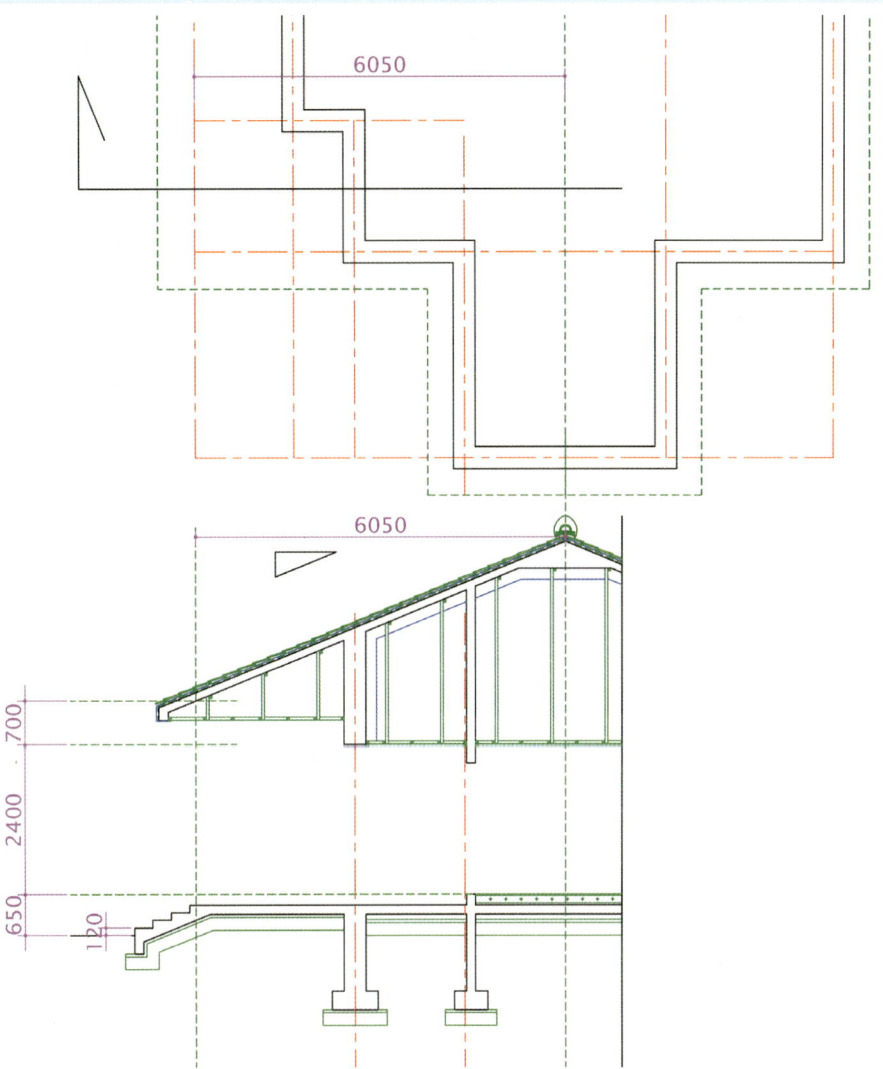

11. 현관문, 현관중문 표현

12. 단면도상의 입면요소 표현
 : 입면으로 보이는 벽체, 입면으로 보이는 처마, 입면으로 보이는 문과 창문 등을 표현한다.

13. 홈통 설치

14. 문자 작성

ST [Enter] – Lucida sans unicode
도면층 : 흰색, 문자높이 : 80

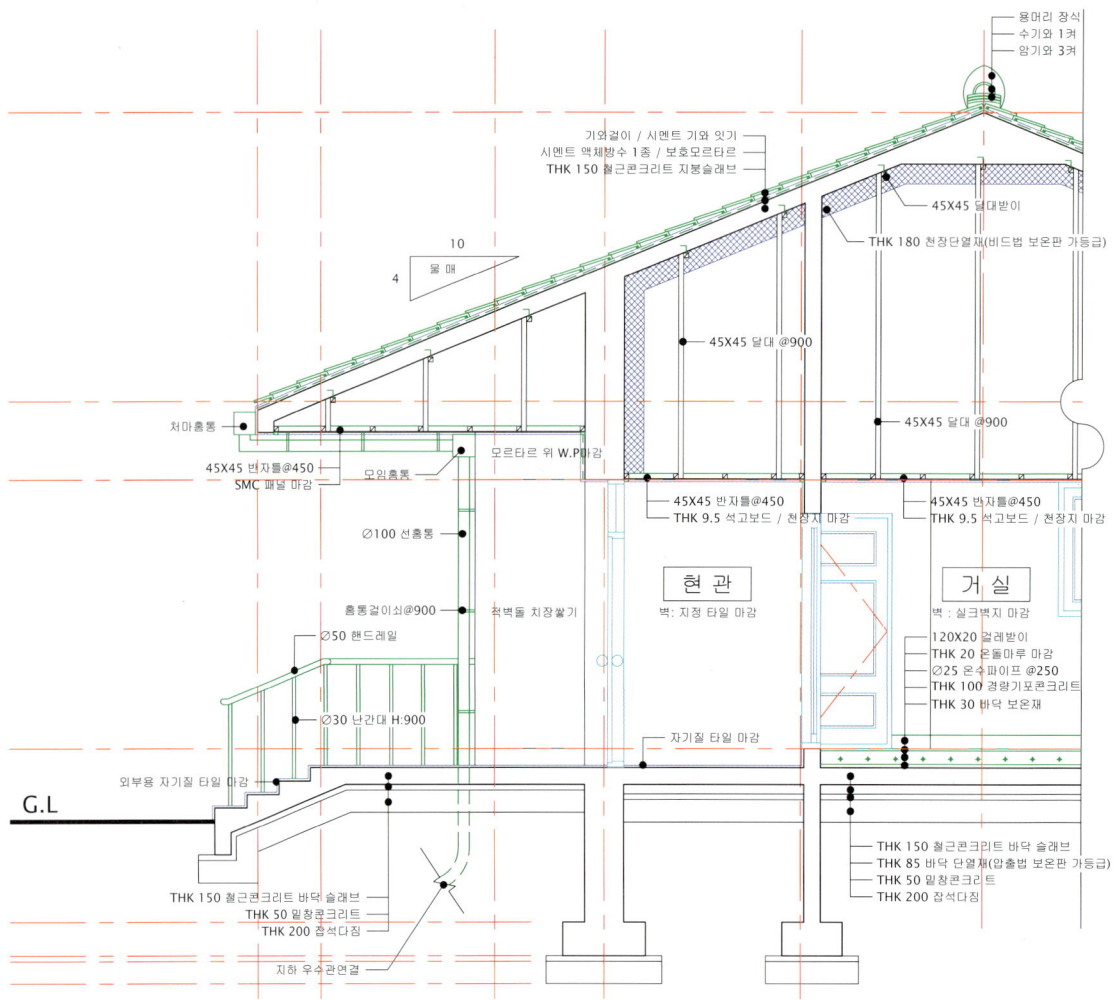

15. 단면, 입면의 재료표현과 해칭

※ 굴뚝, 화단, 난간 등 있는지 확인 후 설치

16. 치수 : 중심선의 길이를 모두 맞춘 후 주석 – 신속치수

17. 표제란

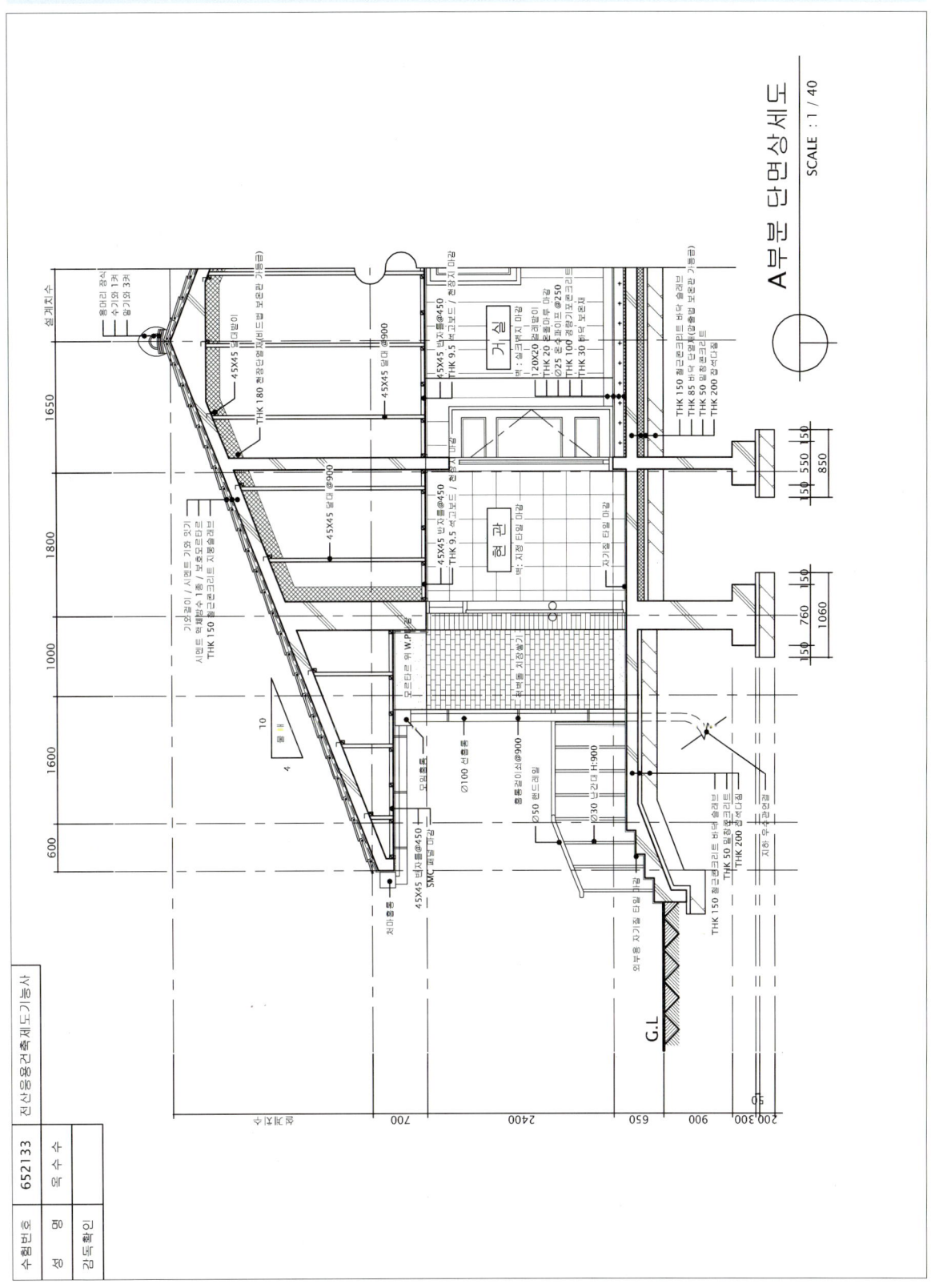

05 [입면도 작성]

18. 평면도 : 입면도 방향이 아래를 향하도록 하고 입면도의 위에 배치
　　　단면도 : 입면도의 좌측에 배치

❶ 단면도의 G.L을 입면도에 연장
❷ 평면도의 외부 벽체 끝선을 입면도에 연장

19. 단면도에서 지붕높이 표현
　　　※ 지붕의 가장 낮은 선을 기준으로 벽체 Trim
20. 평면도에서 지붕의 폭 표현
　　　※ 지붕을 네모 모양으로 정리

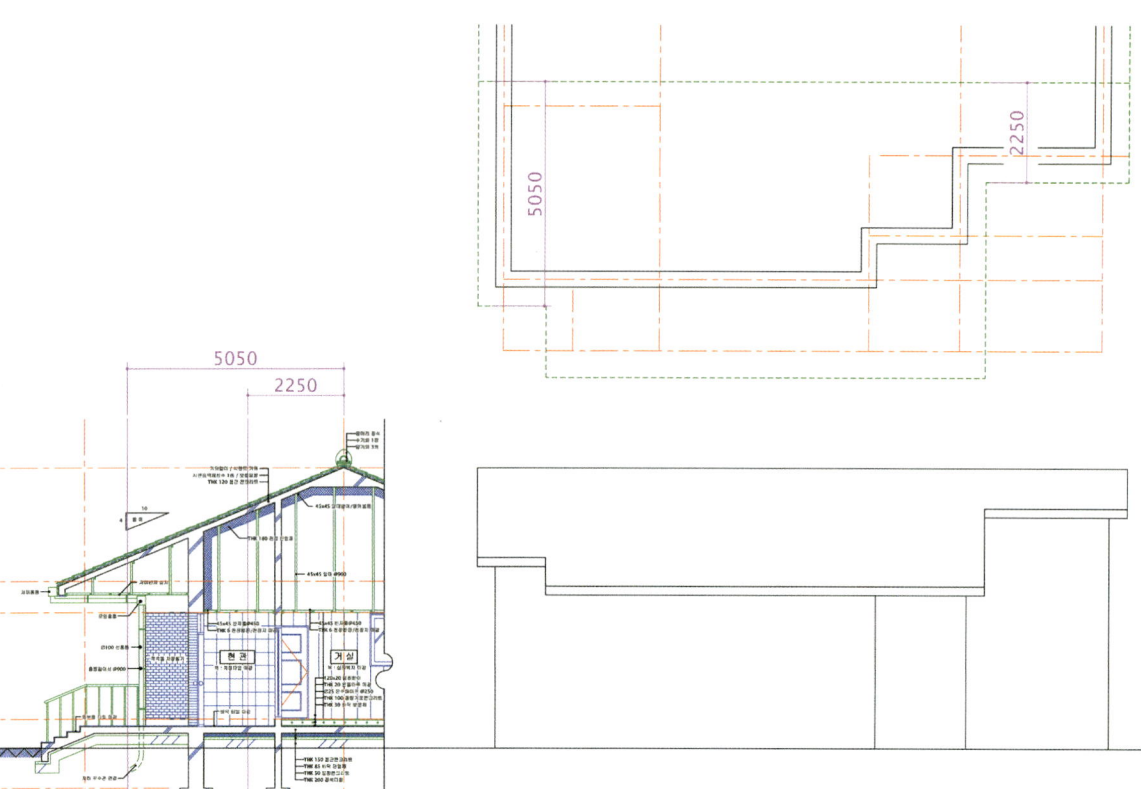

※ 높이가 다른 지붕이 있으면 평면도에서 용머리와 처마 끝의 거리를 확인하고 단면도에 표현
　 지붕 물매를 따라가다 보면 수평거리와 만나는 점이 높이가 된다.

21. 난방끝선과 반자 시작선 표시 : 외부에서 볼 때 재료분리의 기준이 된다.
22. 창문과 현관문을 표현하기 위해 창호의 중심위치를 표시한다.
23. 창호표시
　　　: 테라스 위치는 난방이 없으므로 150 낮춘다. 방 창문은 높이 1200, 거실창은 높이 2400으로 표현한다.
　　　　단, 테라스로 바로 나갈 수 있는 방 창문은 높이 2400(거실높이)에 맞춘다.

24. 계단, 테라스, 난간, 홈통, 기와, 창문 밑 벽돌 세워쌓기 등 표현

※ 뒤쪽에 낮은 지붕이 있으면 평면도 길이만큼 단면도에서 높이 생성

25. 문자작성 : 문자높이 100
  벽돌해칭 : BRICK – 축척 10

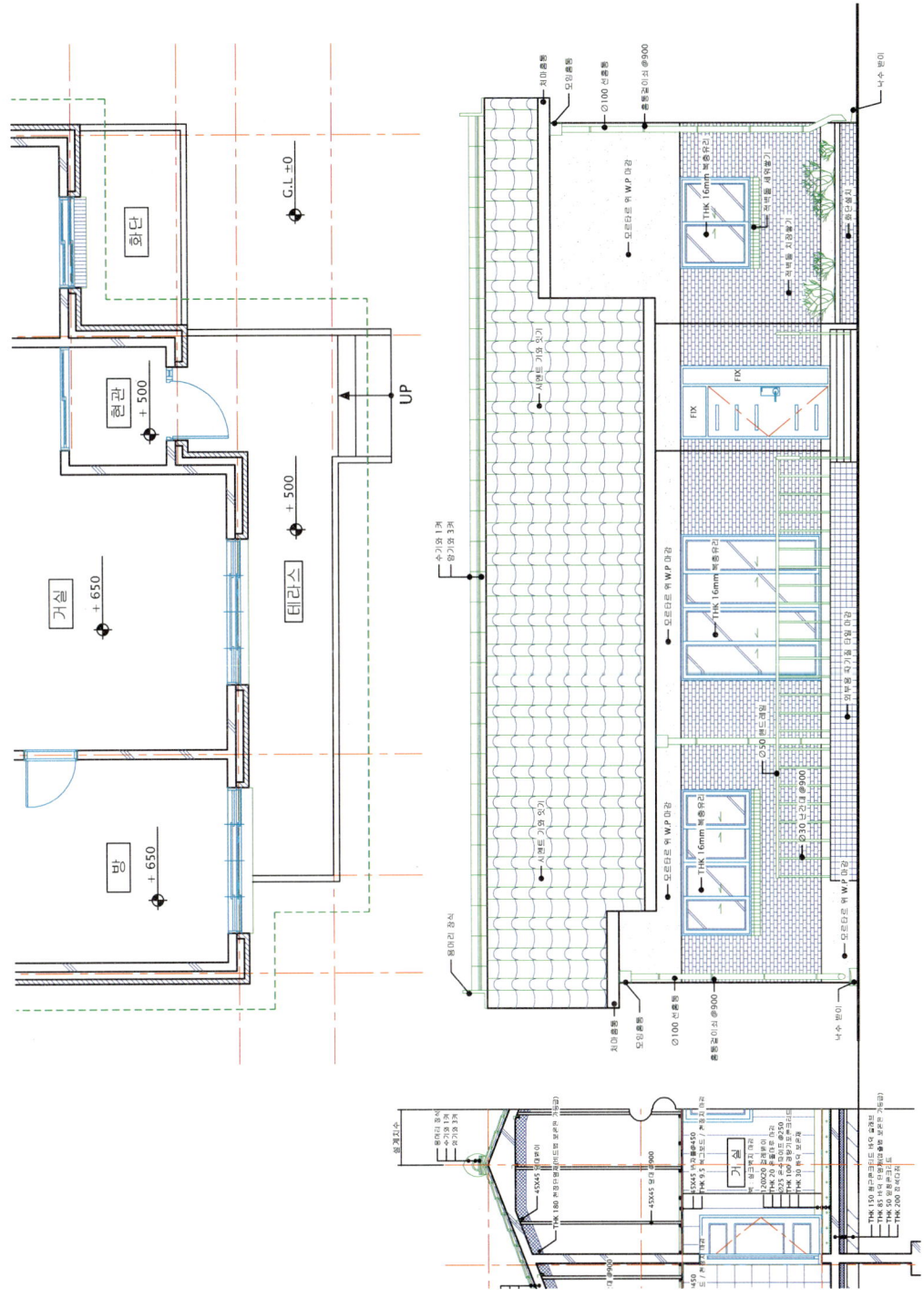

26. 표제란, 수목표현

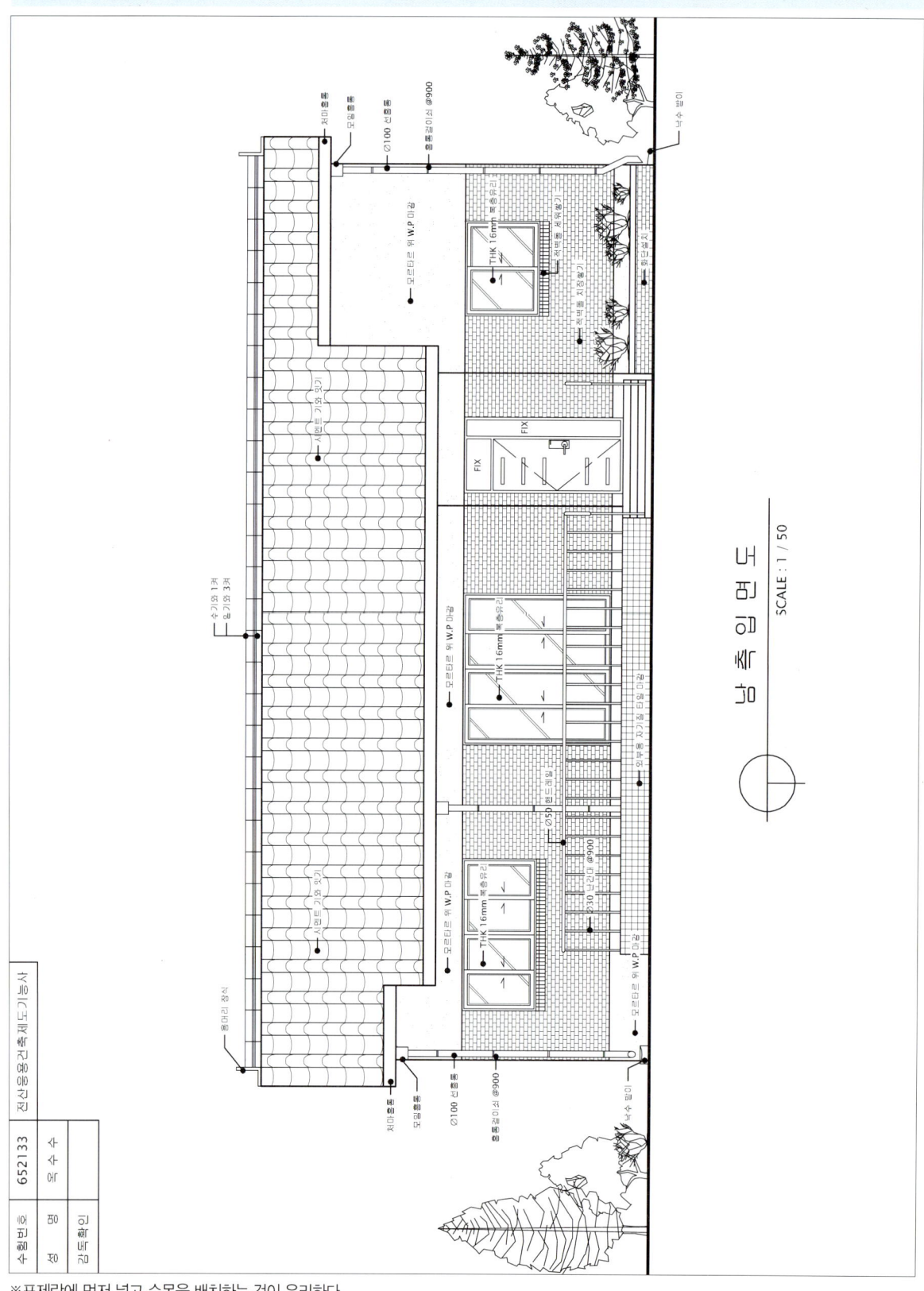

※표제란에 먼저 넣고 수목을 배치하는 것이 유리하다.

memo

기출종합문제 19

시험시간 4시간 10분

네이버 카페에서 완성 도면 파일을 확인하세요.
파일명 19-단면도 / 19-입면도

01 요구사항

주어진 평면도를 보고 CAD를 이용하여 아래 조건에 맞게 다음 도면을 작도한 후, 지급된 용지에 본인이 직접 흑백으로 출력하여 파일과 함께 제출하시오.

❶ A부분 단면 상세도를 축척 1/40으로 작도하시오.
❷ 남측 입면도를 축척 1/50으로 작도하되 벽면의 마감재료 표시 및 주위의 배경 등 도면의 요소를 충분히 고려하시오.

[조 건]
- 기초 및 지하실 벽체 : 철근콘크리트 구조로 하시오.
- 벽체 : 외벽 – 외부로부터 붉은 벽돌 0.5B, 단열재, 시멘트 벽돌 1.0B
        내벽 – 시멘트 벽돌 1.0B
- 단열재 : 외벽 120mm, 바닥 85mm, 지붕 180mm
- 지붕 : 철근콘크리트 경사슬래브 위 시멘트 기와잇기 마감으로 하시오(물매 4/10 이상).
- 처마나옴 : 벽체 중심에서 600mm
- 반자높이 : 2400mm, 처마반자 설치
- 창호 : 목재창호로 하되 2중창인 경우 외부창호는 알루미늄 섀시로 하시오.
- 각 실의 난방 : 온수파이프 온돌난방으로 하시오.
- 1층 바닥 슬래브와 기초는 일체식으로 표현하시오.
- 평면도에 표현되지 않은 현관 상부 캐노피는 작도하지 않습니다.
- 기타 각 부분의 마감, 치수 등 주어지지 않은 조건은 일반적인 시공수준으로 하시오.

- 선의 통일을 기하기 위하여 아래와 같이 선의 색을 정리하여 출력하시오.
    - 흰색(7–White) : 0.3mm
    - 노랑(2–Yellow) : 0.4mm
    - 빨강(1–Red) : 0.2mm
    - 녹색(3–Green) : 0.2mm
    - 하늘색(4–Cyan) : 0.3mm
    - 파랑(5–Blue) : 0.1mm

02 수험자 유의사항

※ 다음과 같은 경우에는 채점대상에서 제외됩니다.
 1) 시험시간 내에 요구사항을 완성하지 못한 경우
 2) 시험시간 내에 제출된 작품이라도 다음과 같은 경우
    가) 주어진 조건을 지키지 않고 작도한 경우
    나) 요구한 전 도면을 작도하지 않은 경우
    다) 건축제도 통칙을 준수하지 않거나 건축 CAD의 기능이 없는 상태에서 완성된 도면
 3) 시험 중 시설·장비의 조작 또는 재료의 취급이 미숙하여 위해를 일으킬 것으로 시험위원 전원이 합의하여 판단한 경우

03 도면

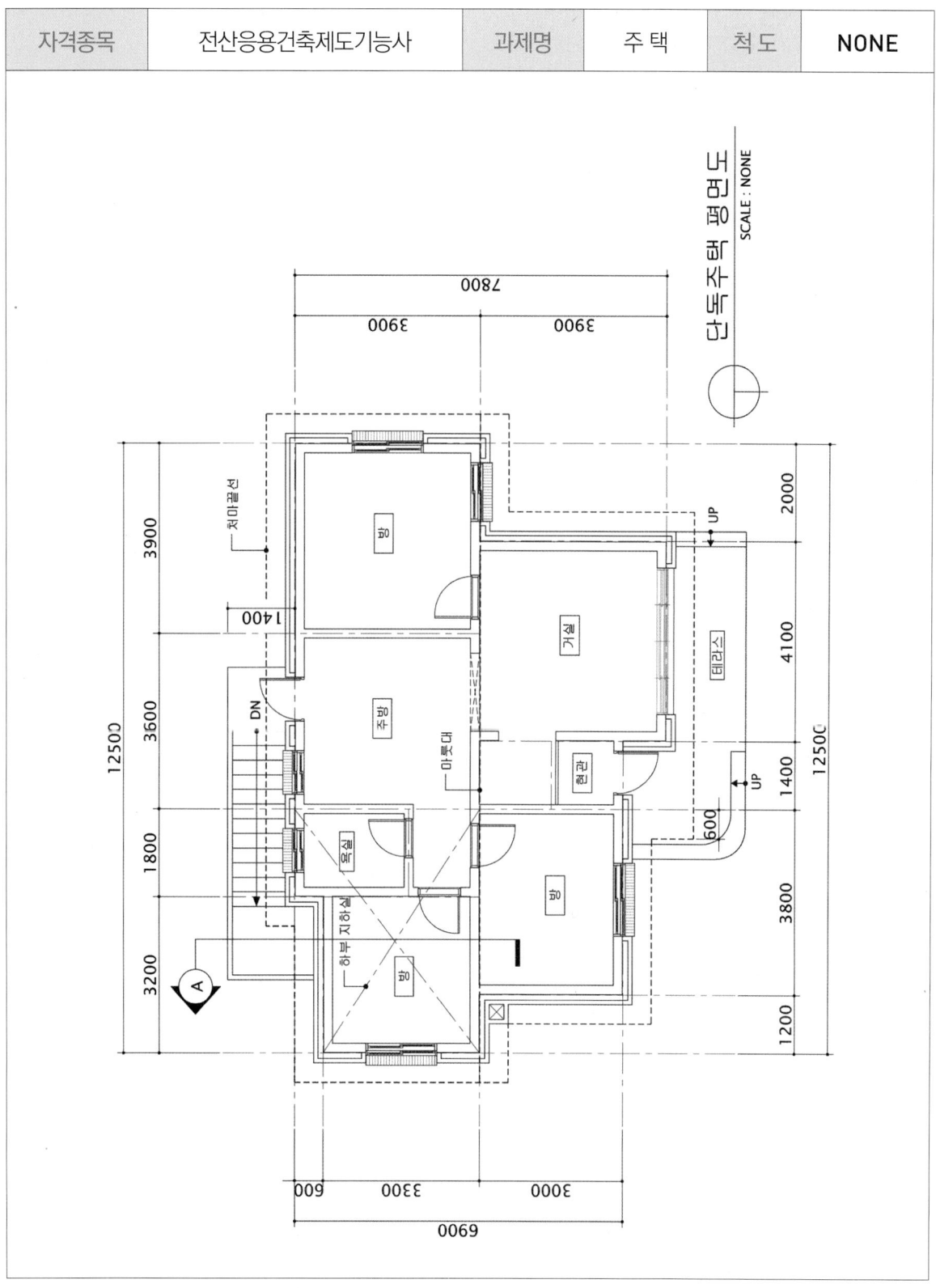

04 [단면도 작성]

1. 기본설정 : Option, OSNAP, LAYER 구성 등
2. 평면도 외벽만 간단히 작성. 지붕이 복잡할 경우 미리 그려두는 것이 유리하다.
3. 화살표 방향이 위로 보도록 회전한다. - X Enter 모두선택 Enter (분해)

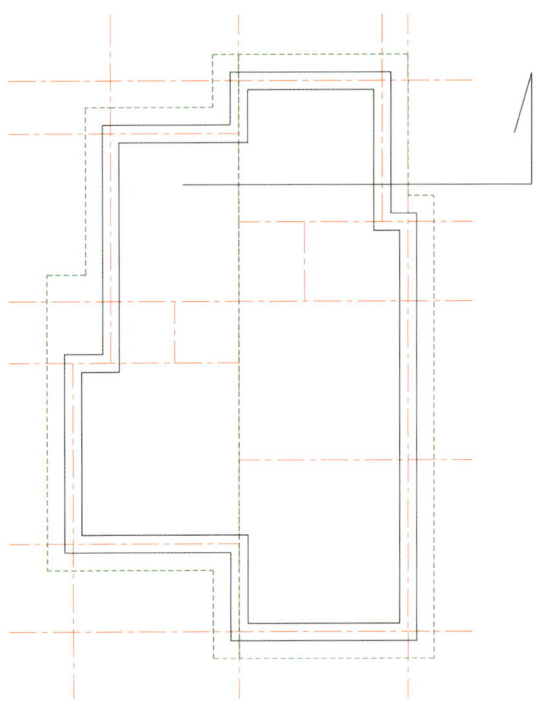

4. 노란색 도면층 : 평면도보다 길게 G.L을 그리고 절단부분(화살표가 지나가는 부분)의 기초와 바닥슬래브 표현
   ※ 지하실 높이 2100~2200, 지하실 문 높이 : 1900mm(빗물방지턱 100mm), 지하실 앞 배수로(트랜치) 설치
5. 흰색 도면층 : 바닥단열재(THK 85), 밑창콘크리트(THK 50), 잡석다짐(THK 200), 난방(THK 150) 완성하기
6. 지붕 슬래브 그리기

❶ 지붕 마룻대에서 가장 먼 벽체의 중심거리 파악
❷ 난방선 끝에서 2400 위로 Offset
❸ 테두리보의 높이 700 표현
❹ REC Enter 시작점 클릭 @1000,400 Enter
❺ XL Enter A Enter 대각선 끝점 클릭, 클릭 - 가장 먼 벽체 중심과 테두리보가 만나는 부분에 클릭

7. 지붕 슬래브 완성
8. 반자 설치 : 반자를 복사하여 처마반자도 함께 설치한다.
9. 지붕단열재 : THK 180
10. 지붕방수, 기와

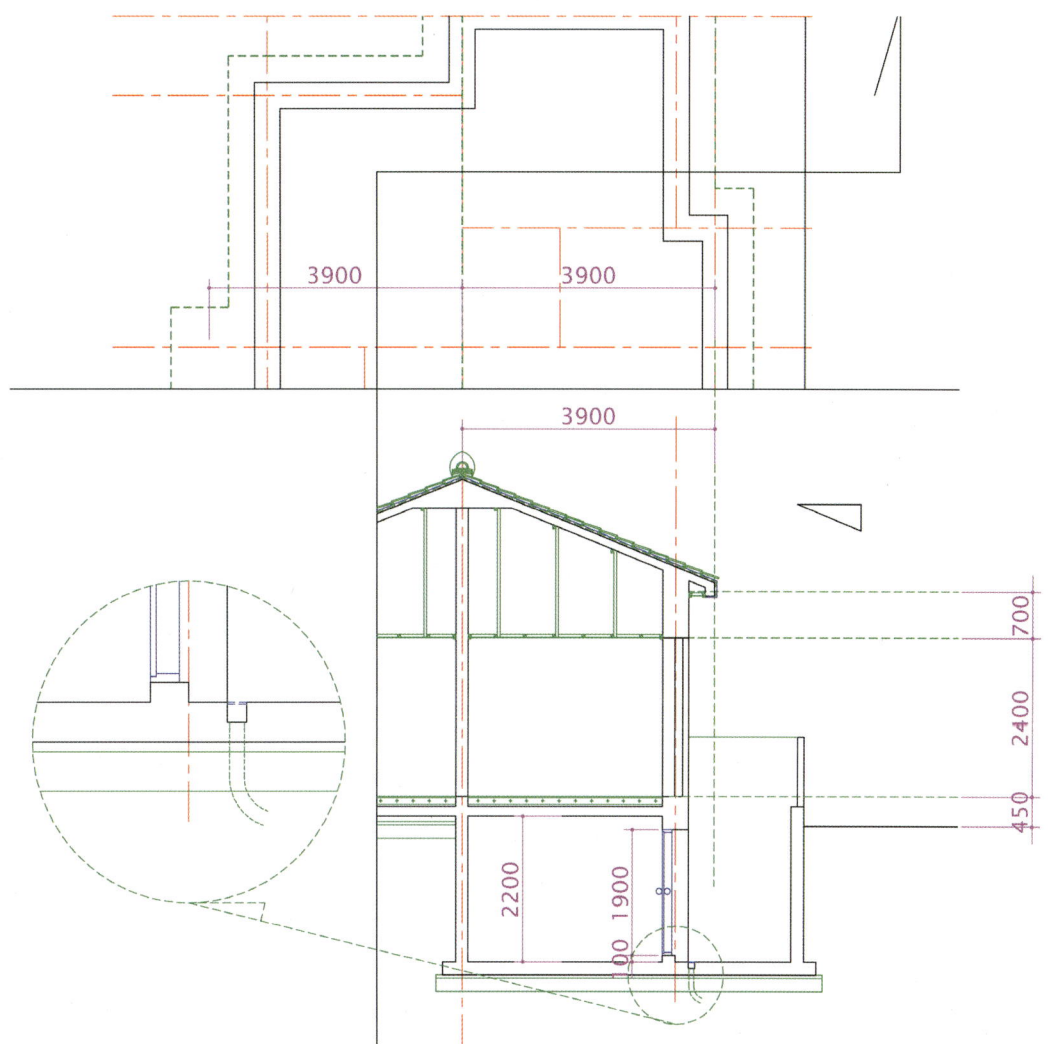

11. 외부벽체, 내부 벽체 표현
12. 단면도상의 입면요소 표현
    : 입면으로 보이는 벽체, 입면으로 보이는 처마, 입면으로 보이는 문과 창문 등을 표현한다.
13. 홈통 설치

14. 문자 작성

ST [Enter] – Lucida sans unicode
도면층 : 흰색, 문자높이 : 80

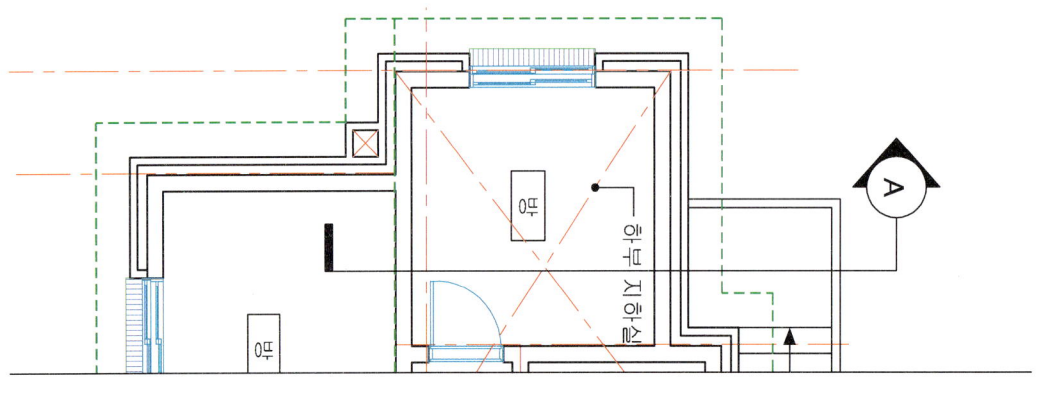

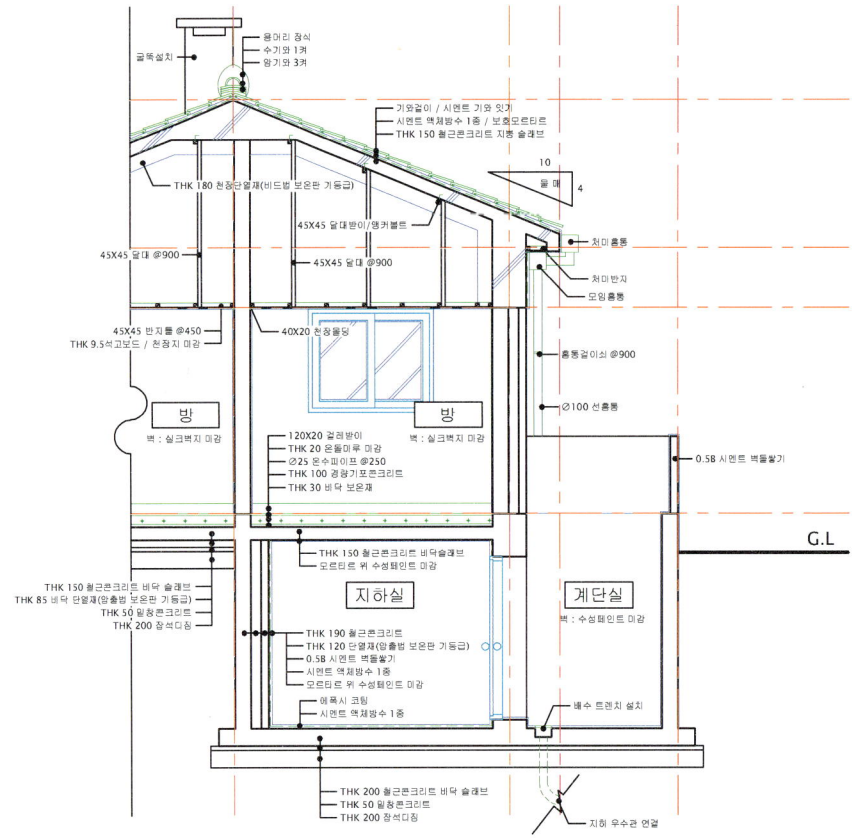

15. 단면, 입면의 재료표현과 해칭
※ 굴뚝, 화단, 난간 등 있는지 확인 후 설치

16. 치수 : 중심선의 길이를 모두 맞춘 후 주석 – 신속치수

17. 표제란

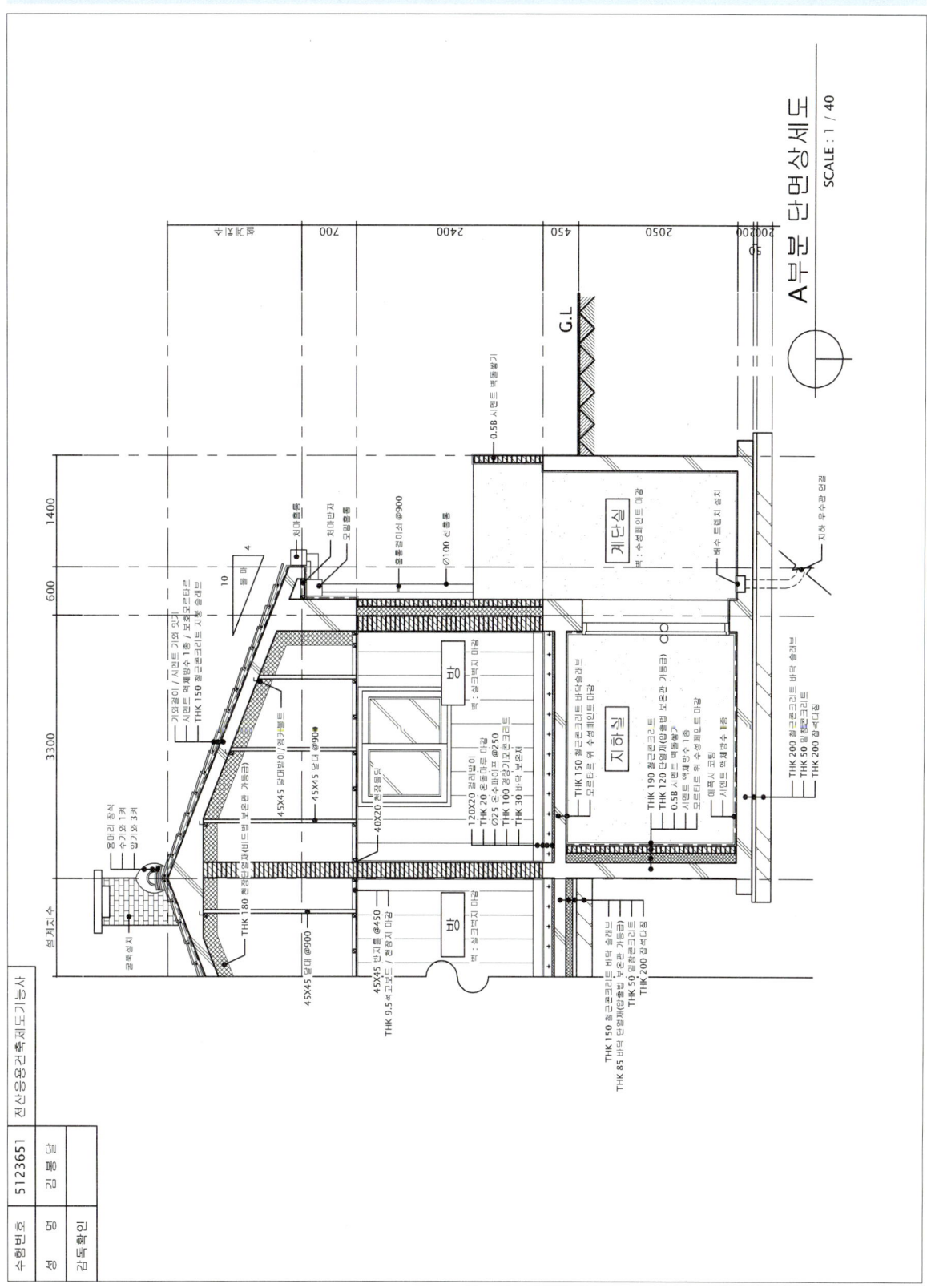

05 [입면도 작성]

18. 평면도 : 입면도 방향이 아래를 향하도록 하고 입면도의 위에 배치
　　　단면도 : 입면도의 좌측에 배치

① 단면도의 G.L을 입면도에 연장
② 평면도의 외부 벽체 끝선을 입면도에 연장

19. 단면도에서 지붕높이 표현
　　※ 지붕의 가장 낮은 선을 기준으로 벽체 Trim

20. 평면도에서 지붕의 폭 표현
　　※ 지붕을 네모 모양으로 정리

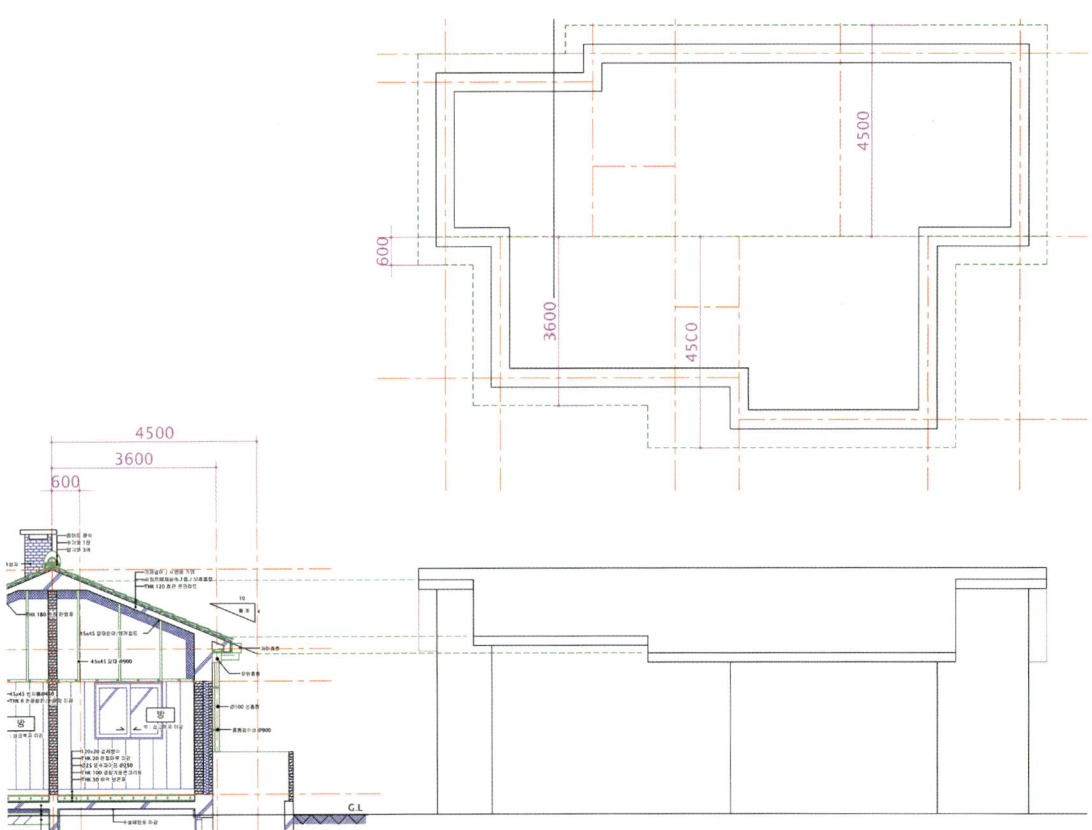

※ 높이가 다른 지붕이 있으면 평면도에서 용머리와 처마 끝의 거리를 확인하고 단면도에 표현
　지붕 물매를 따라가다 보면 수평거리와 만나는 점이 높이가 된다.

21. 난방끝선과 반자 시작선 표시 : 외부에서 볼 때 재료분리의 기준이 된다.
22. 창문과 현관문을 표현하기 위해 창호의 중심위치를 표시한다.
23. 창호표시
　　　테라스 위치는 난방이 없으므로 150 낮춘다. 방 창문은 높이 1200, 거실창은 높이 2400으로 표현한다.
　　　단, 테라스로 바로 나갈 수 있는 방 창문은 높이 2400(거실높이)에 맞춘다.

24. 계단, 테라스, 난간, 홈통, 기와, 창문 밑 벽돌 세워쌓기 등 표현

※ 뒤쪽에 낮은 지붕이 있으면 평면도 길이만큼 단면도에서 높이 생성

25. 문자작성 : 문자높이 100
벽돌해칭 : BRICK − 축척 10

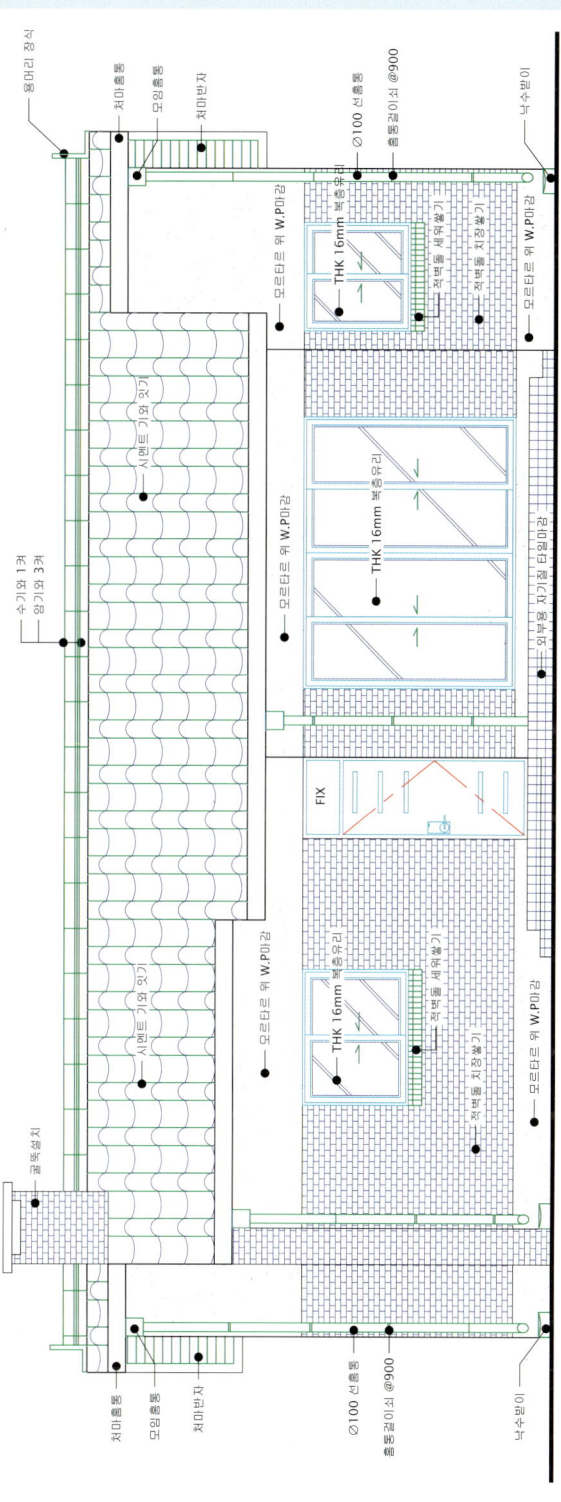

26. 표제란, 수목표현

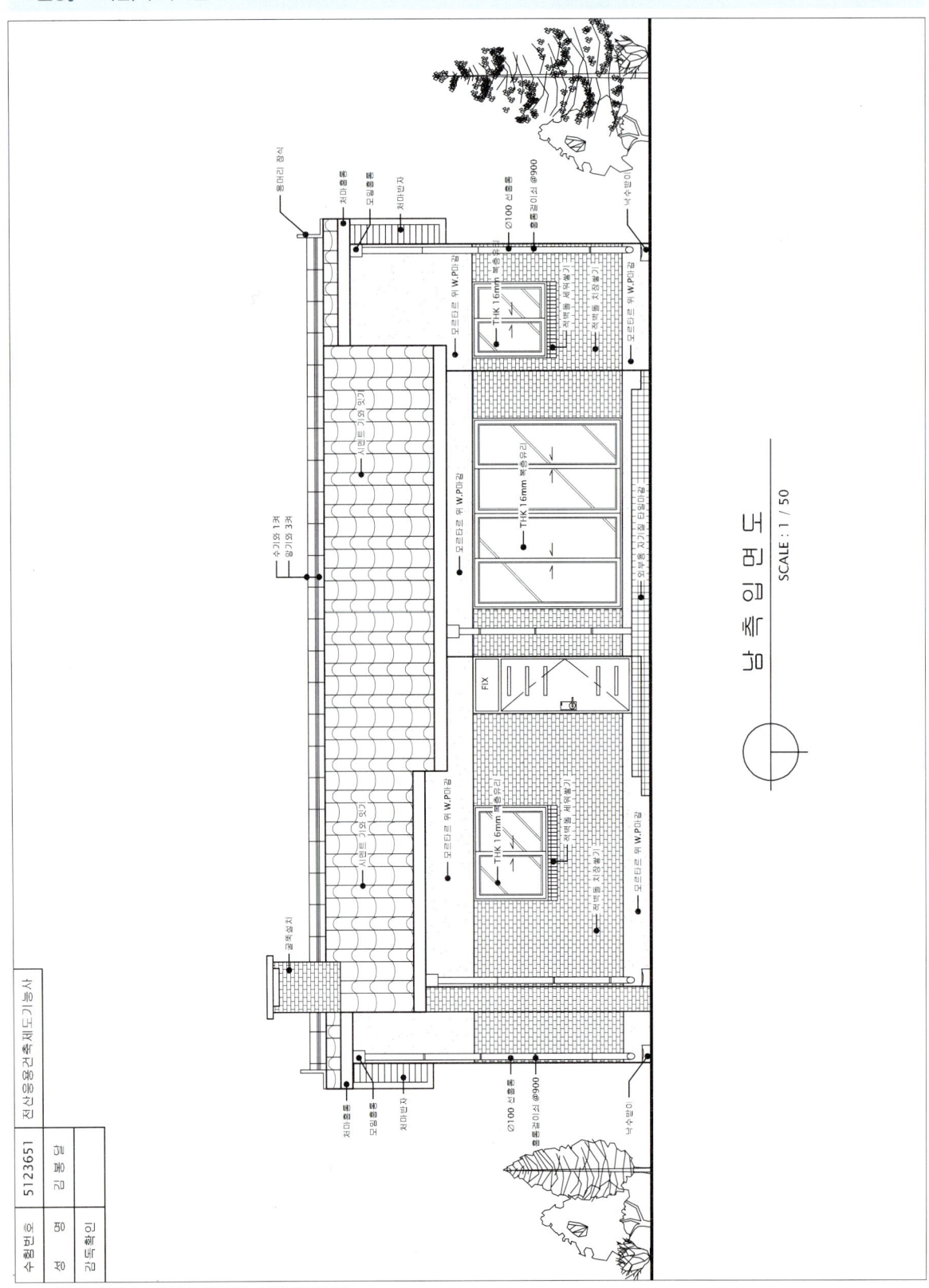

※ 표제란에 먼저 넣고 수목을 배치하는 것이 유리하다.

기출종합문제 20

시험시간: 4시간 10분

네이버 카페에서 완성 도면 파일을 확인하세요.
파일명: 20-단면도 / 20-입면도

01 요구사항

주어진 평면도를 보고 CAD를 이용하여 아래 조건에 맞게 다음 도면을 작도한 후, 지급된 용지에 본인이 직접 흑백으로 출력하여 파일과 함께 제출하시오.

❶ A부분 단면 상세도를 축척 1/40으로 작도하시오.
❷ 남측 입면도를 축척 1/50으로 작도하되 벽면의 마감재료 표시 및 주위의 배경 등 도면의 요소를 충분히 고려하시오.

[조 건]
- 기초 및 지하실 벽체 : 철근콘크리트 구조로 하시오.
- 벽체 : 외벽 - 외부로부터 붉은 벽돌 0.5B, 단열재, 시멘트 벽돌 1.0B
         내벽 - 시멘트 벽돌 1.0B
- 단열재 : 외벽 120mm, 바닥 85mm, 지붕 180mm
- 지붕 : 철근콘크리트 경사슬래브 위 시멘트 기와잇기 마감으로 하시오(물매 4/10 이상).
- 처마나옴 : 벽체 중심에서 500mm
- 반자높이 : 2300mm, 처마반자 설치
- 창호 : 목재창호로 하되 2중창인 경우 외부창호는 알루미늄 섀시로 하시오.
- 각 실의 난방 : 온수파이프 온돌난방으로 하시오.
- 1층 바닥 슬래브와 기초는 일체식으로 표현하시오.
- 평면도에 표현되지 않은 현관 상부 캐노피는 작도하지 않습니다.
- 기타 각 부분의 마감, 치수 등 주어지지 않은 조건은 일반적인 시공수준으로 하시오.

- 선의 통일을 기하기 위하여 아래와 같이 선의 색을 정리하여 출력하시오.
    - 흰색(7-White) : 0.3mm
    - 녹색(3-Green) : 0.2mm
    - 노랑(2-Yellow) : 0.4mm
    - 하늘색(4-Cyan) : 0.3mm
    - 빨강(1-Red) : 0.2mm
    - 파랑(5-Blue) : 0.1mm

02 수험자 유의사항

※ 다음과 같은 경우에는 채점대상에서 제외됩니다.
 1) 시험시간 내에 요구사항을 완성하지 못한 경우
 2) 시험시간 내에 제출된 작품이라도 다음과 같은 경우
     가) 주어진 조건을 지키지 않고 작도한 경우
     나) 요구한 전 도면을 작도하지 않은 경우
     다) 건축제도 통칙을 준수하지 않거나 건축 CAD의 기능이 없는 상태에서 완성된 도면
 3) 시험 중 시설·장비의 조작 또는 재료의 취급이 미숙하여 위해를 일으킬 것으로 시험위원 전원이 합의하여 판단한 경우

03 도면

| 자격종목 | 전산응용건축제도기능사 | 과제명 | 주 택 | 척 도 | NONE |

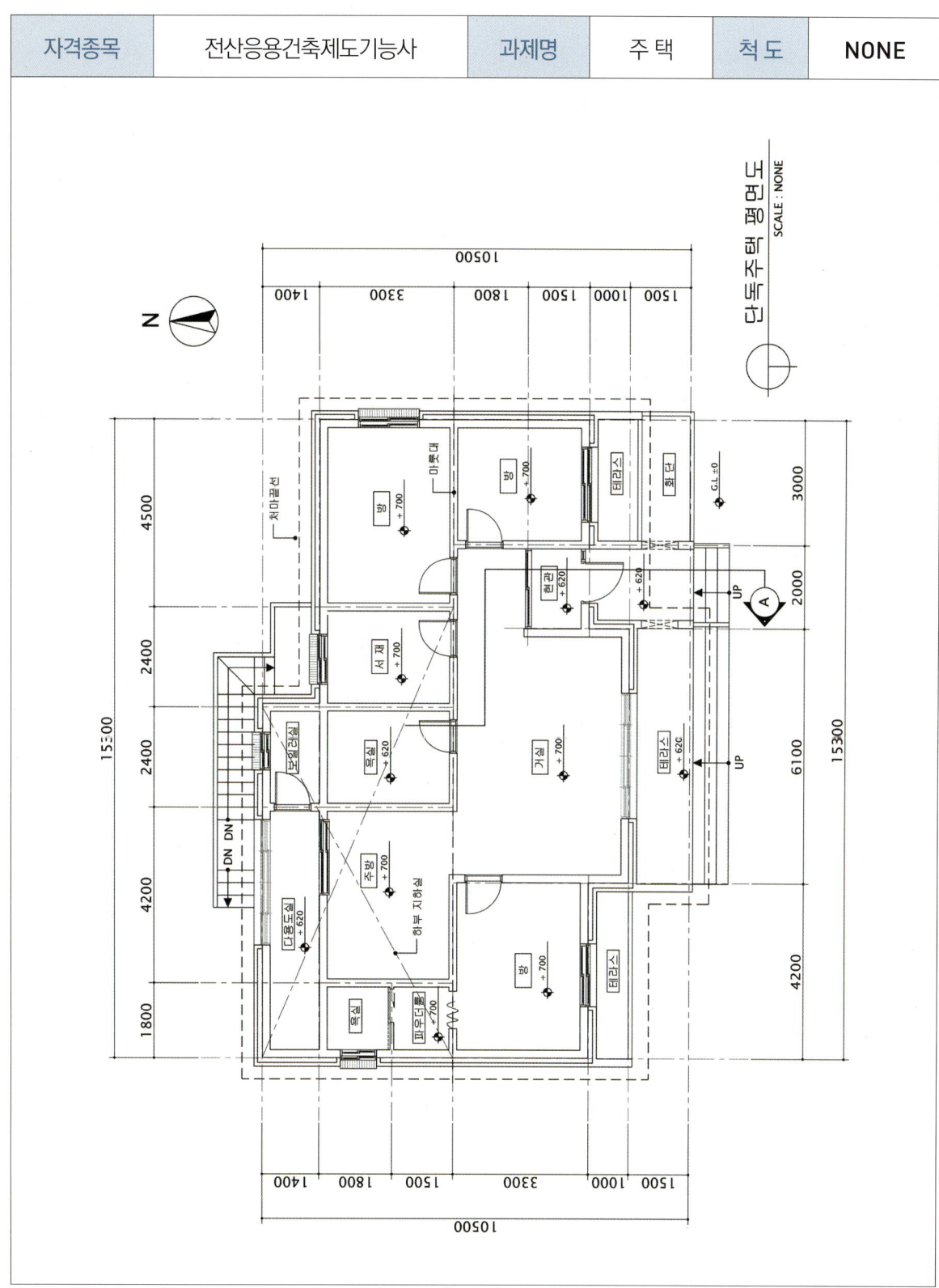

04 [단면도 작성]

1. 기본설정 : Option, OSNAP, LAYER 구성 등
2. 평면도 외벽만 간단히 작성. 지붕이 복잡할 경우 미리 그려두는 것이 유리하다.
3. 화살표 방향이 위로 보도록 회전한다. - X Enter 모두선택 Enter (분해)

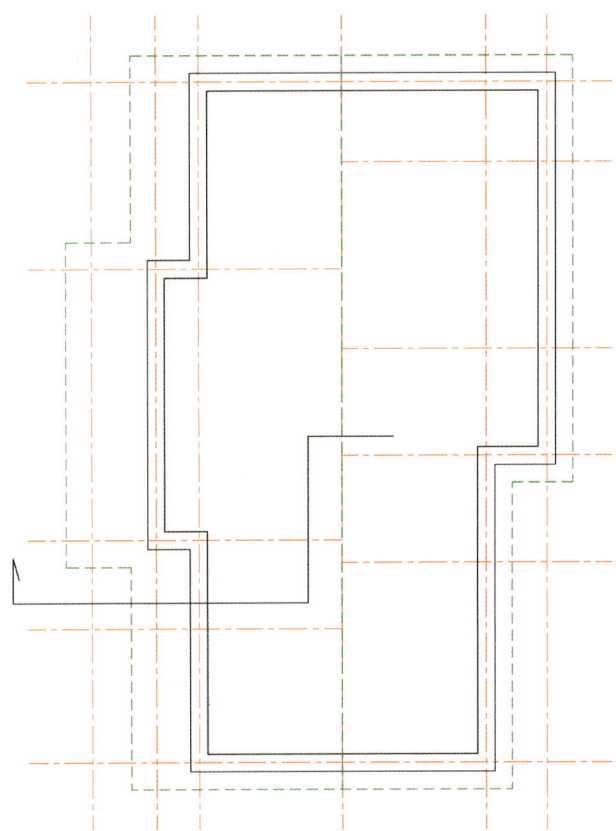

4. 노란색 도면층 : 평면도보다 길게 G.L을 그리고 절단부분(화살표가 지나가는 부분)의 기초와 바닥슬래브 표현
5. 흰색 도면층 : 바닥단열재(THK 85), 밑창콘크리트(THK 50), 잡석다짐(THK 200), 난방(THK 100) 완성하기
   ※ 난방 두께가 얇으므로 바닥보온재 생략, 난방층 두께 80, 마감재 20으로 표현한다.
6. 지붕 슬래브 그리기

❶ 지붕 마룻대에서 가장 먼 벽체의 중심거리 파악
   ※ 이 문제는 테라스를 덮는 지붕이 길게 빠져있는 형태로, 벽체가 아니라도 테라스 중심선(용머리에서 5800)을 가장 먼 벽체의 중심선으로 보고 작업하자.
❷ 난방선 끝에서 2300 위로 Offset
❸ 테두리보의 높이 700 표현
❹ REC Enter 시작점 클릭 @1000,400 Enter
❺ XL Enter A Enter 대각선 끝점 클릭, 클릭 - 가장 먼 벽체 중심과 테두리보가 만나는 부분에 클릭

7. 지붕 슬래브 완성

8. 반자 설치 : 반자를 복사하여 처마반자도 함께 설치한다.

9. 지붕단열재 : THK 180

10. 지붕방수, 기와

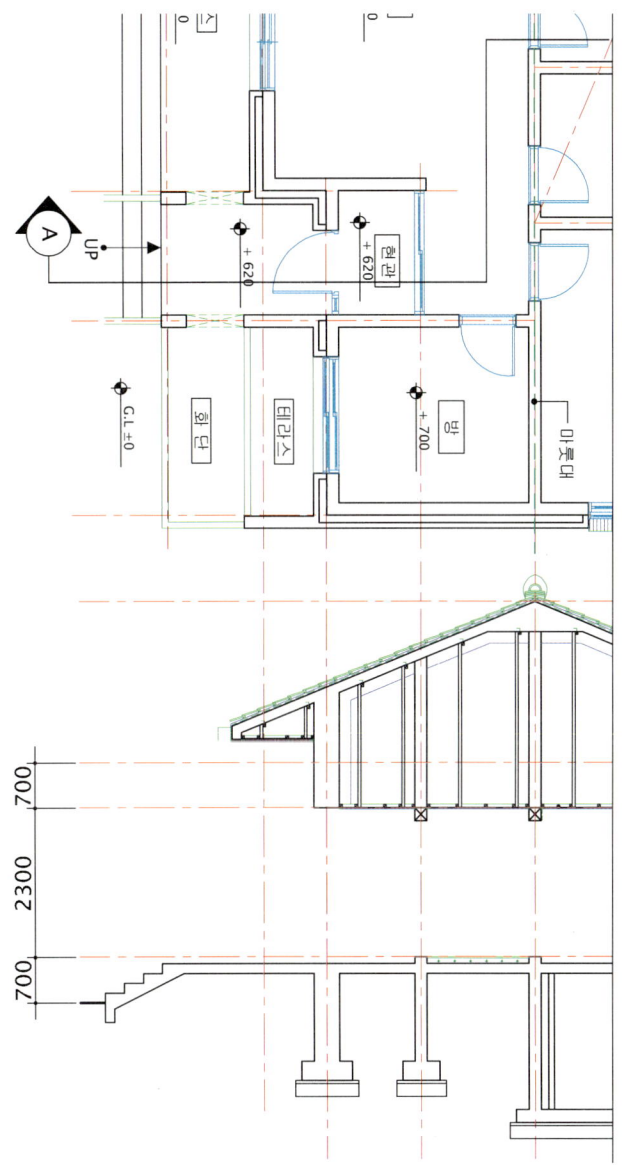

11. 현관문, 현관중문, 방문의 단면 표현

※ 지시선 꺾인 부분에 파단선 표시하기

12. 단면도상의 입면요소 표현 : 입면으로 보이는 벽체, 입면으로 보이는 처마, 입면으로 보이는 문과 창문 등을 표현한다.

13. 홈통 설치

14. 문자 작성

ST [Enter] – Lucida sans unicode
도면층 : 흰색, 문자높이 : 80

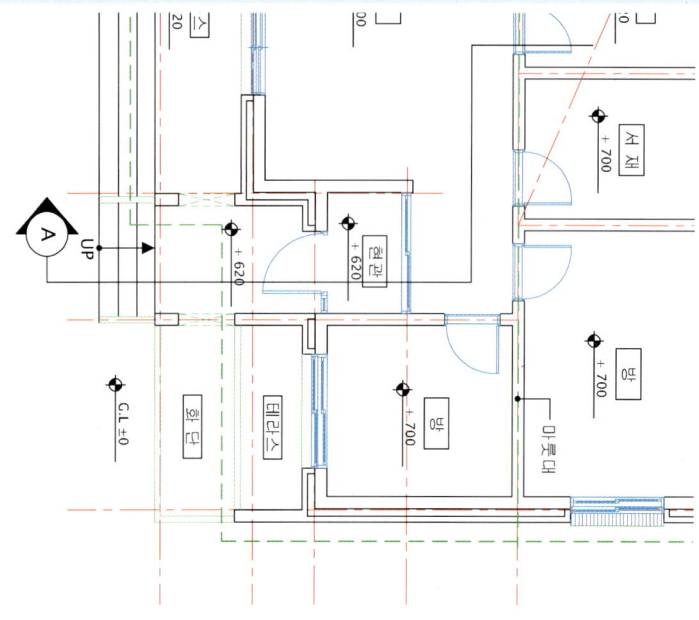

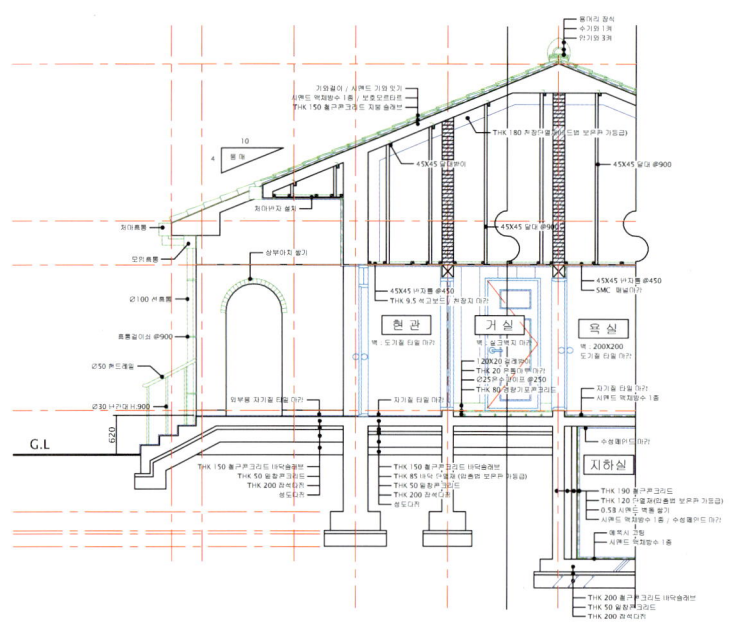

15. 단면, 입면의 재료표현과 해칭
※ 굴뚝, 화단, 난간 등 있는지 확인 후 설치

16. 치수 : 중심선의 길이를 모두 맞춘 후 주석 – 신속치수

17. 표제란

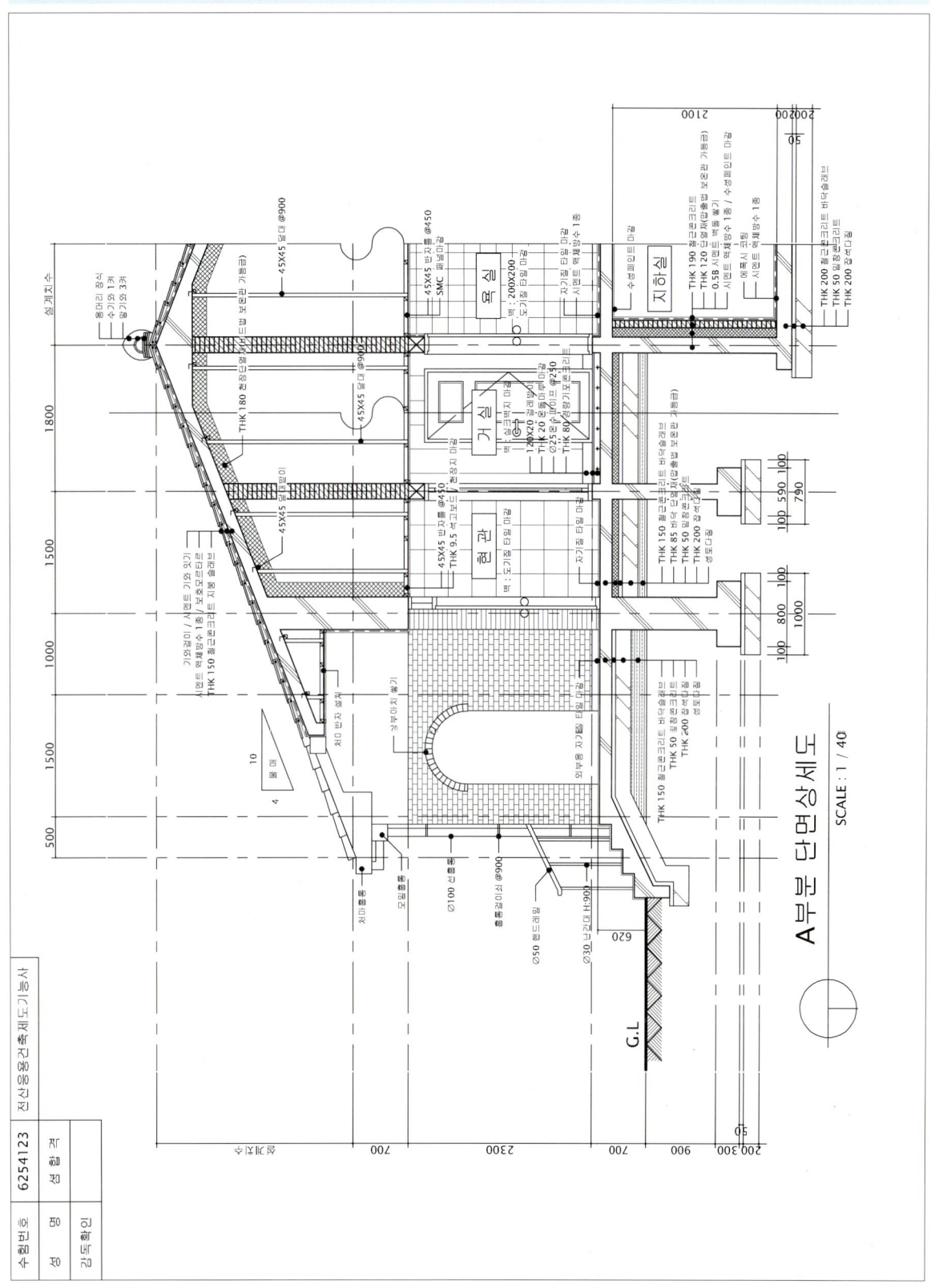

05 [입면도 작성]

18. 평면도 : 입면도 방향이 아래를 향하도록 하고 입면도의 위에 배치
　　　단면도 : 입면도의 좌측에 배치

❶ 단면도의 G.L을 입면도에 연장
❷ 평면도의 외부 벽체 끝선을 입면도에 연장

19. 단면도에서 지붕높이 표현
　　※ 지붕의 가장 낮은 선을 기준으로 벽체 Trim

20. 평면도에서 지붕의 폭 표현
　　※ 지붕을 네모 모양으로 정리

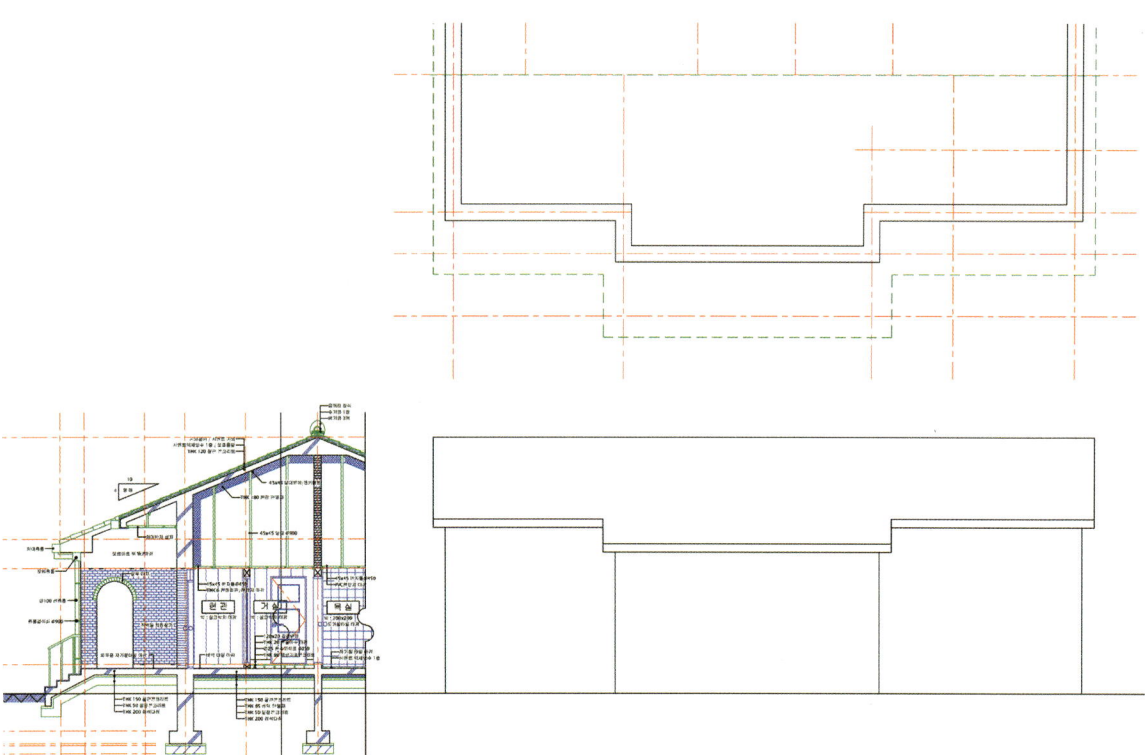

※ 높이가 다른 지붕이 있으면 평면도에서 용머리와 처마 끝의 거리를 확인하고 단면도에 표현
　지붕 물매를 따라가다 보면 수평거리와 만나는 점이 높이가 된다.

21. 난방끝선과 반자 시작선 표시 : 외부에서 볼 때 재료분리의 기준이 된다.
22. 창문과 현관문을 표현하기 위해 창호의 중심위치를 표시한다.
23. 창호표시
　　테라스 위치는 난방이 없으므로 150 낮춘다. 방 창문은 높이 1200, 거실창은 높이 2300으로 표현한다.
　　단, 테라스로 바로 나갈 수 있는 방 창문은 높이 2300(거실높이)에 맞춘다.

24. 계단, 테라스, 난간, 홈통, 기와, 창문 밑 벽돌 세워쌓기 등 표현
   ※ 뒤쪽에 낮은 지붕이 있으면 평면도 길이만큼 단면도에서 높이 생성

25. 문자작성 : 문자높이 100
   벽돌해칭 : BRICK – 축척 10

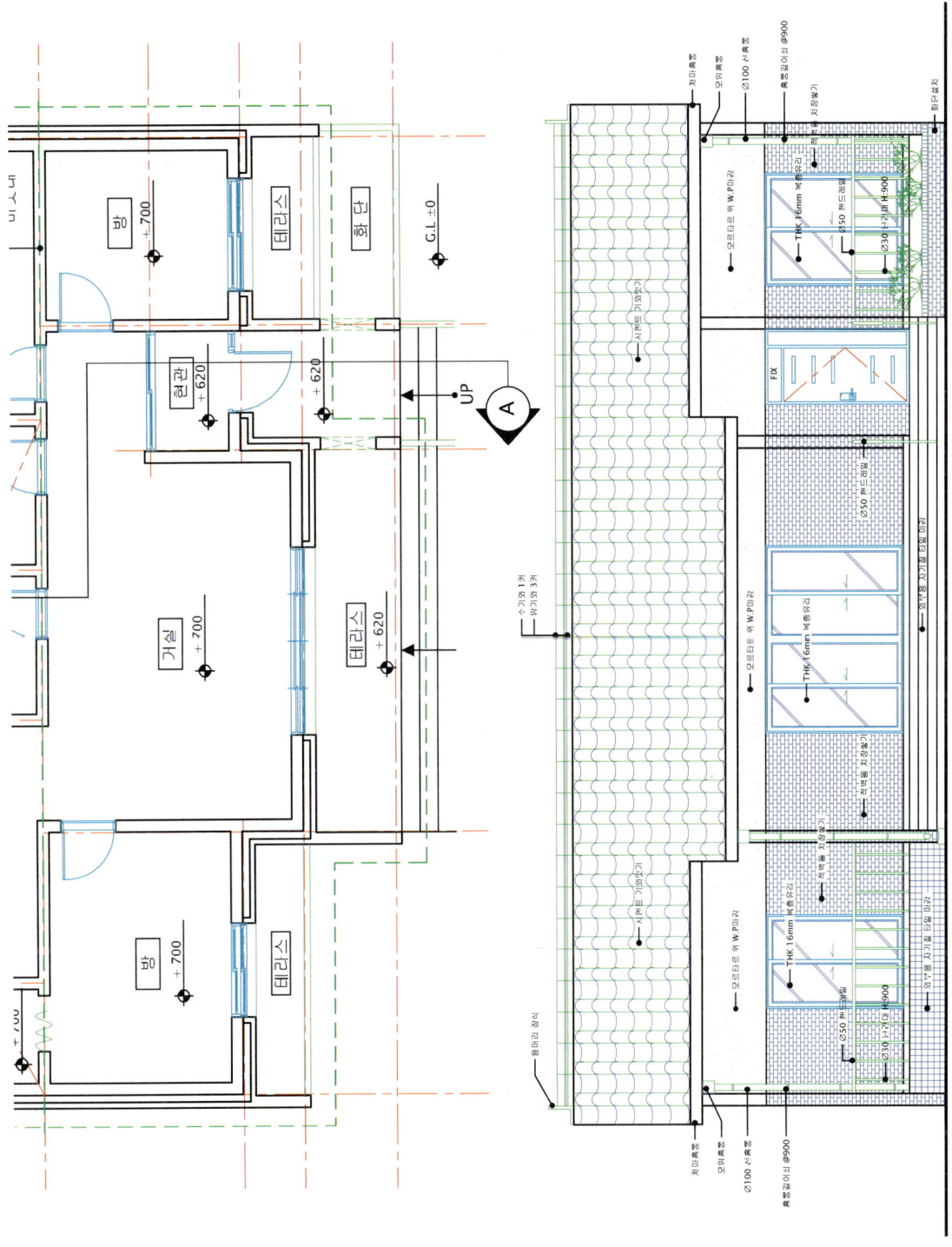

26. 표제란, 수목표현

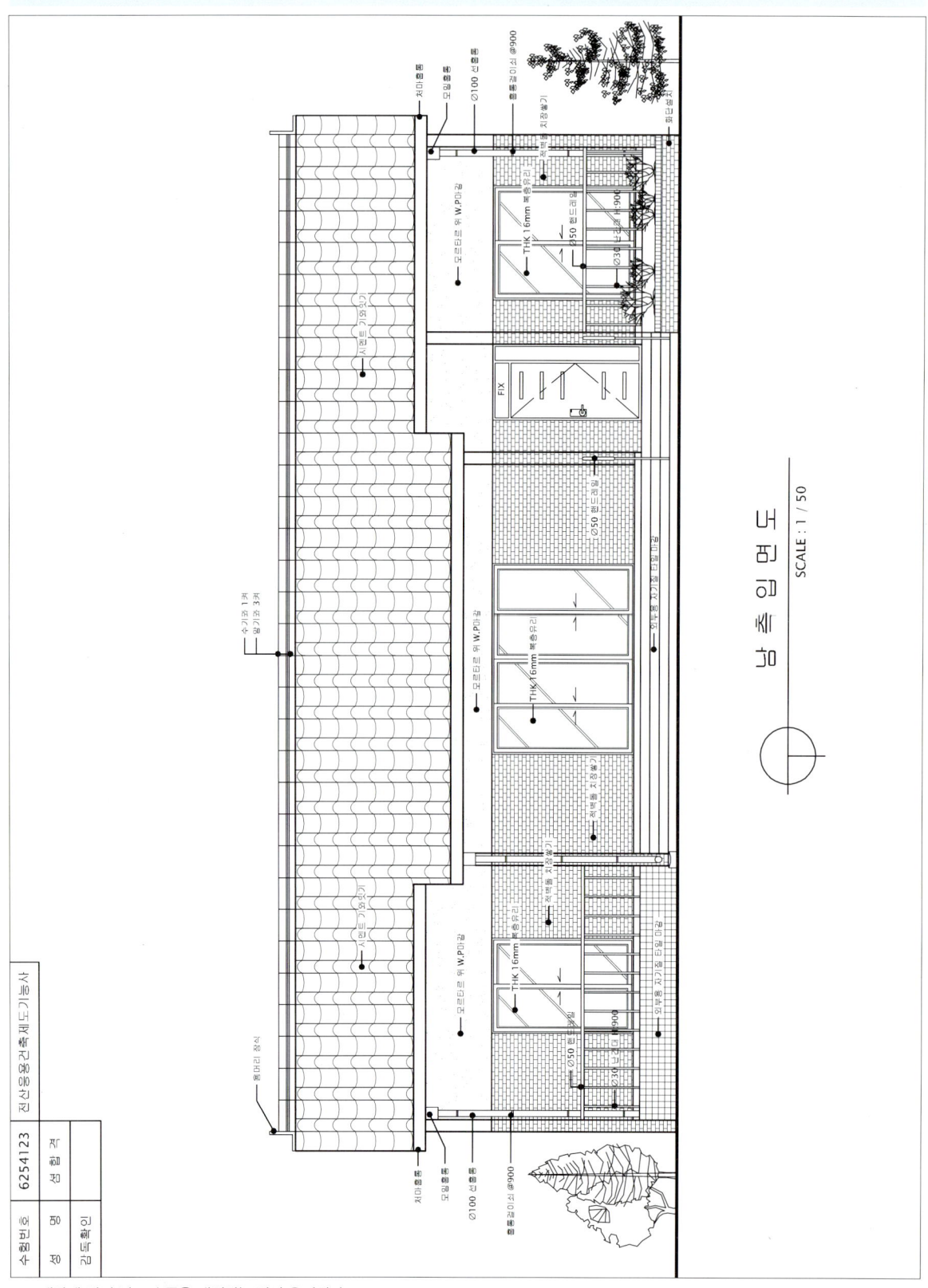

※표제란에 먼저 넣고 수목을 배치하는 것이 유리하다.

memo

PART 8
최신 기출문제

네이버 카페에서 완성 도면 파일을 확인하세요.

NAVER 카페 나합격 검색
cafe.naver.com/napass6

빅 데이터 키워드 : 평면도, 단면상세도, 입면도, 단열재, 철근콘크리트, 조적식 구조

2014년부터 구조기준이 변경되고 2016년부터 연장시간이 없어지고 표준시간이 4시간 10분으로 변경되었습니다.

본 교재는 변경된 기준으로 설명하고 있습니다.

전산응용건축제도 기능사 실기는 대체로 기출문제를 기준으로 출제가 되지만

한번도 출제되지 않은 문제의 유형이 출제되더라도 도면에 대한 이해가 있다면 어떠한 유형도 풀 수 있습니다.

문제를 외우는 것이 아니라 유형을 파악한다는 생각으로 공부해 봅시다.

최신 기출문제를 통해 최종 실력을 점검해보고 최근 출제 경향을 파악해 봅시다.

2018년 1회 A형

최신 기출문제

시험시간 : 4시간 10분

네이버 카페에서 완성 도면 파일을 확인하세요.

01 요구사항

주어진 평면도를 보고 CAD를 이용하여 아래 조건에 맞게 다음 도면을 작도한 후, 지급된 용지에 본인이 직접 흑백으로 출력하여 파일과 함께 제출하시오.

❶ A부분 단면 상세도를 축척 1/40으로 작도하시오.
❷ 남측 입면도를 축척 1/50으로 작도하되 벽면의 마감재료 표시 및 주위의 배경 등 도면의 요소를 충분히 고려하시오.

[조 건]

- 기초 및 지하실 벽체 : 철근콘크리트 구조로 하시오.
- 벽체 : 외벽 － 외부로부터 붉은 벽돌 0.5B, 단열재, 시멘트 벽돌 1.0B
  내벽 － 시멘트 벽돌 1.0B
- 단열재 : 외벽 120mm, 바닥 85mm, 지붕 180mm
- 지붕 : 철근콘크리트 경사슬래브 위 시멘트 기와잇기 마감으로 하시오(물매 4/10 이상).
- 처마나옴 : 벽체 중심에서 600mm
- 반자높이 : 2400mm, 처마반자 설치
- 창호 : 목재창호로 하되 2중창인 경우 외부창호는 알루미늄 섀시로 하시오.
- 각 실의 난방 : 온수파이프 온돌난방으로 하시오.
- 1층 바닥 슬래브와 기초는 일체식으로 표현하시오.
- 평면도에 표현되지 않은 현관 상부 캐노피는 작도하지 않습니다.
- 기타 각 부분의 마감, 치수 등 주어지지 않은 조건은 일반적인 시공수준으로 하시오.

- 선의 통일을 기하기 위하여 아래와 같이 선의 색을 정리하여 출력하시오.
  - 흰색(7–White) : 0.3mm
  - 노랑(2–Yellow) : 0.4mm
  - 빨강(1–Red) : 0.2mm
  - 녹색(3–Green) : 0.2mm
  - 하늘색(4–Cyan) : 0.3mm
  - 파랑(5–Blue) : 0.1mm

02 수험자 유의사항

※ 다음 유의사항을 고려하여 요구도면을 완성하시오.

❶ 제시되지 않은 조건은 건축법, 건축구조 및 건축제도의 원칙에 따릅니다.

❷ 시험 시작 전 바탕화면에 본인 비번호로 폴더를 생성하고, 폴더 안에 작업내용을 저장하도록 합니다.
   (단, 시험장에서 본인 이름으로 폴더를 생성하도록 하는 경우 시험장 규정에 따른다)

❸ 정전 및 기계 고장 등에 의한 자료 손실을 방지하기 위하여 수시로 저장합니다.
   (파일이 없어지는 경우 본인의 과실로 본다)

❹ 다음과 같은 경우는 부정행위로 처리됩니다.
   1) 노트 및 서적, USB를 소지하거나 주고받는 행위
   2) 건물의 구조부분의 상세나 글씨 등을 사전에 블록으로 설정하여 지참해 사용하는 경우

❺ 작업이 끝나면 감독위원의 확인을 받은 후 문제지를 제출하고 본부요원 입회하에 본인이 직접 A3용지에 흑백으로 도면을 출력하도록 합니다. 이때 수험자의 운영 미숙으로 도면이 출력되지 않는 경우나 출력시간이 10분을 초과하는 경우는 실격 처리됩니다.

❻ 장비 조작 미숙으로 장비의 파손 및 고장을 일으킬 염려가 있을 경우 실격됩니다.

❼ 다음과 같은 경우에는 채점대상에서 제외됩니다.
   1) 시험시간 내에 요구사항을 완성하지 못한 경우
      (시험시간이 종료되면 자동으로 시스템이 정지하며, 최종저장을 누른 시간 이후의 데이터는 삭제되므로 시험 종료 전에 저장버튼을 잊지 마세요)
   2) 시험시간 내에 제출된 작품이라도 다음과 같은 경우
      가) 주어진 조건을 지키지 않고 작도한 경우
      나) 요구한 전 도면을 작도하지 않은 경우
      다) 건축제도 통칙을 준수하지 않거나 건축 CAD의 기능이 없는 상태에서 완성된 도면으로 시험위원 전원이 합의하여 판단한 경우

❽ 수험번호, 성명은 도면 좌측 상단에 아래와 같이 표제란을 만들어 기재합니다.

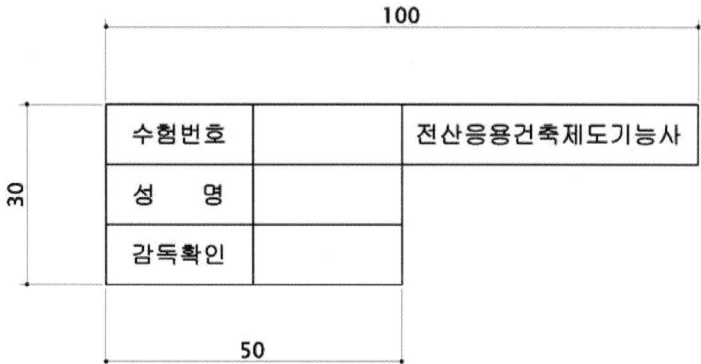

❾ 감독위원은 시험시작 후 수검자에게 표제란을 우선 작도 후 도면을 작도하도록 하여야 하며 수험자가 감독위원의 동지시를 따르지 않을 경우 실격 처리됩니다.

❿ 테두리선의 여백은 10mm로 합니다.

※ 출력은 시험의 일부입니다. 실제 종이에 출력해보지 않더라도 DWG To PDF(가상프린터)를 이용해 매번 연습합니다.
   (본 교재의 77페이지 참고) 실제 시험에서는 프린터 이름만 알려줍니다.

03 도면 [과제명] 주택 / [척도] 1/100

* 본 평면도는 실제 시험과 같이 1/100 스케일이므로, 자로 실측이 가능합니다.

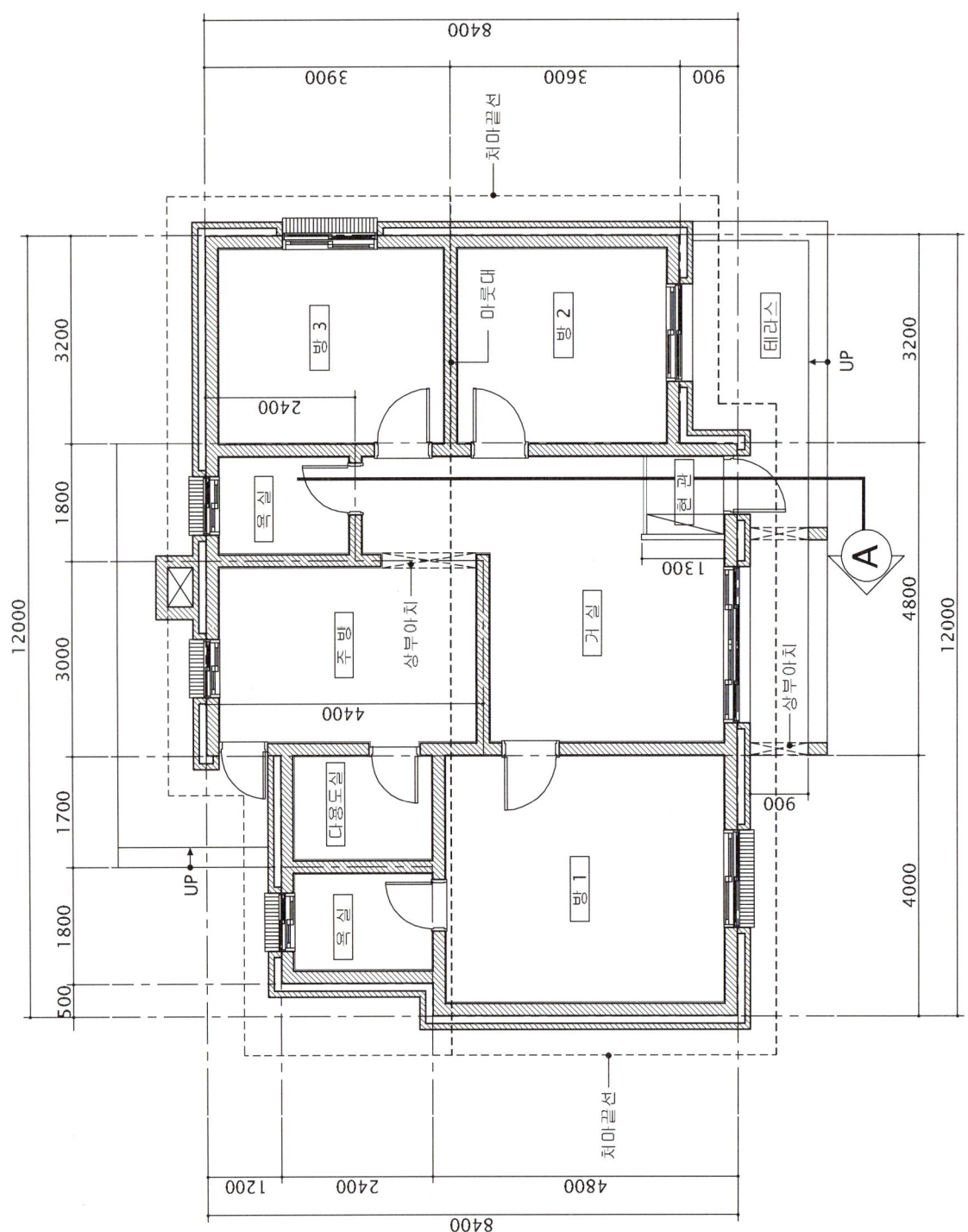

※ 특이사항

1. 현관, 거실, 욕실을 지나는 단면상세도
2. 단면상세도에서 테라스, 주방 전면 상부아치 발생
3. 계단 2단

참고 이미지

※ 수험자의 이해를 돕기 위한 이미지입니다. 실기시험에서 제시되지는 않습니다.

04 [단면도 작성]

1. 기본설정 : Option, OSNAP, LAYER 구성 등
2. 평면도 외벽만 간단히 작성. 지붕이 복잡할 경우 미리 그려두는 것이 유리하다.
3. 화살표 방향이 위로 보도록 회전한다. - X Enter 모두선택 Enter (분해)

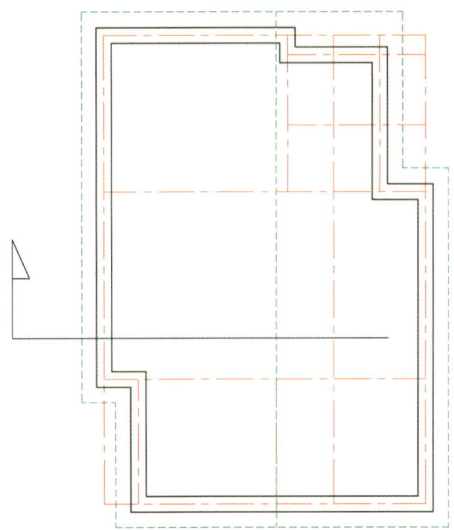

4. 노란색 도면층 : 평면도보다 길게 G.L을 그리고 절단부분(화살표가 지나가는 부분)의 기초와 바닥슬래브 표현
5. 흰색 도면층 : 바닥단열재(THK 85), 밑창콘크리트(THK 50), 잡석다짐(THK 200), 난방(THK 150) 완성하기

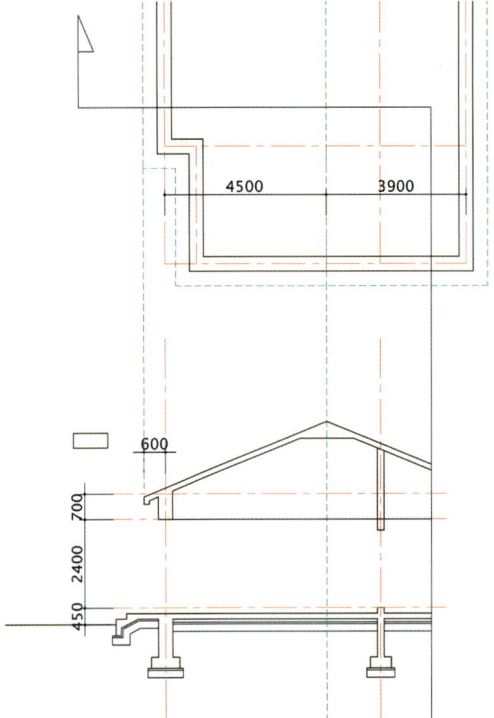

6. 지붕 슬래브 그리기

❶ 지붕 마룻대에서 가장 먼 벽체의 중심거리 파악
❷ 난방선 끝에서 2400 위로 Offset
❸ 테두리보의 높이 700 표현
❹ REC [Enter] 시작점 클릭 @1000,400 [Enter]
❺ XL [Enter] A [Enter] 대각선 끝점 클릭, 클릭 – 가장 먼 벽체 중심과 테두리보가 만나는 부분에 클릭

7. 지붕 슬래브 완성
8. 반자 설치 : 반자를 복사하여 처마반자도 함께 설치한다.
9. 지붕단열재 : THK 180
10. 지붕방수, 기와

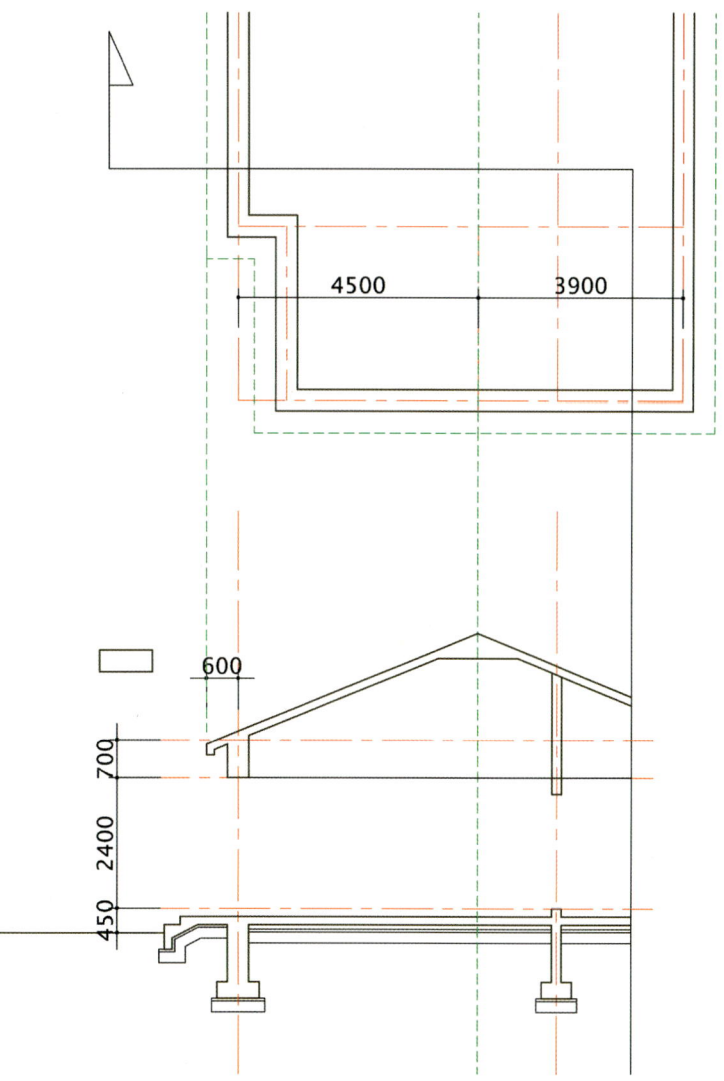

11. 현관문, 내부 벽체 표현

12. 단면도상의 입면요소 표현
: 입면으로 보이는 벽체, 입면으로 보이는 처마, 입면으로 보이는 문과 창문 등을 표현한다.

13. 홈통 설치

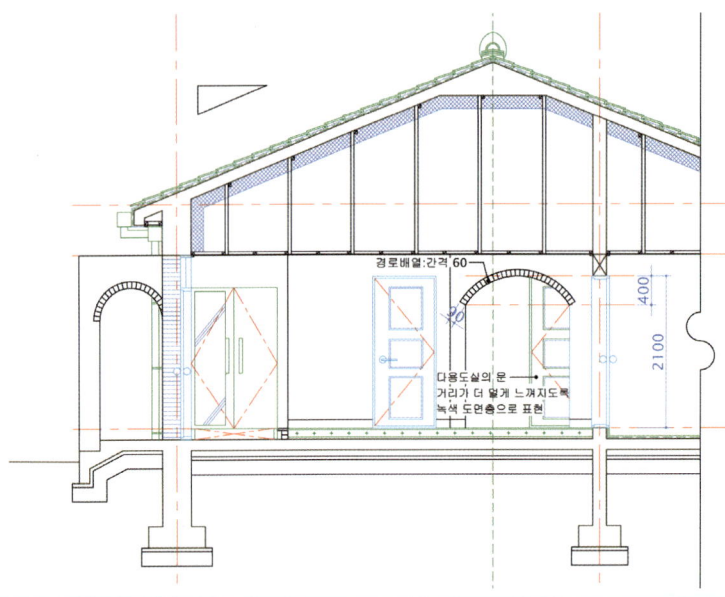

14. 문자 작성

ST [Enter] – Lucida sans unicode

도면층 : 흰색, 문자높이 : 80

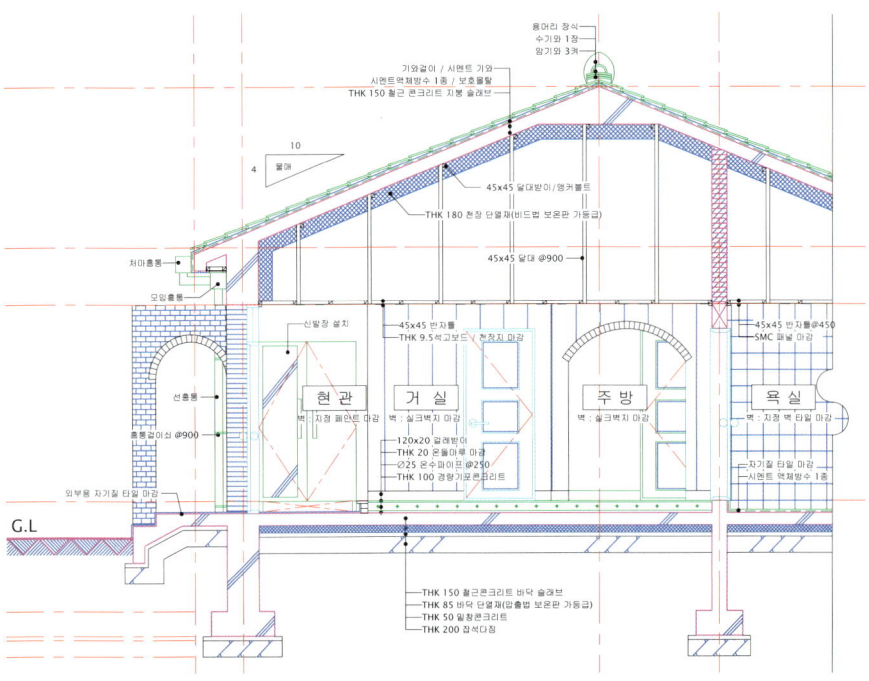

15. 단면, 입면의 재료표현과 해칭
16. 치수 : 중심선의 길이를 모두 맞춘 후 주석 – 신속치수

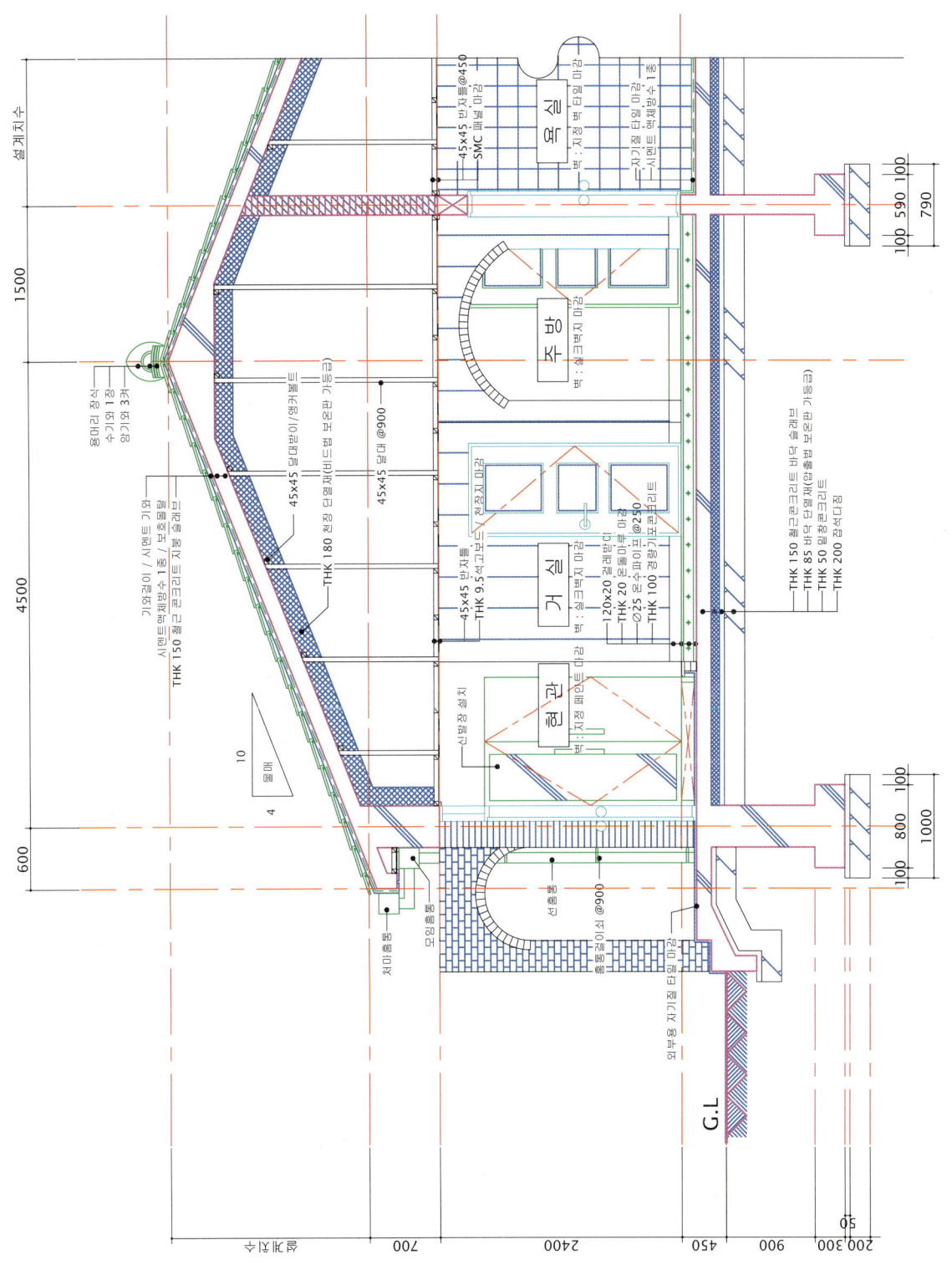

17. 표제란

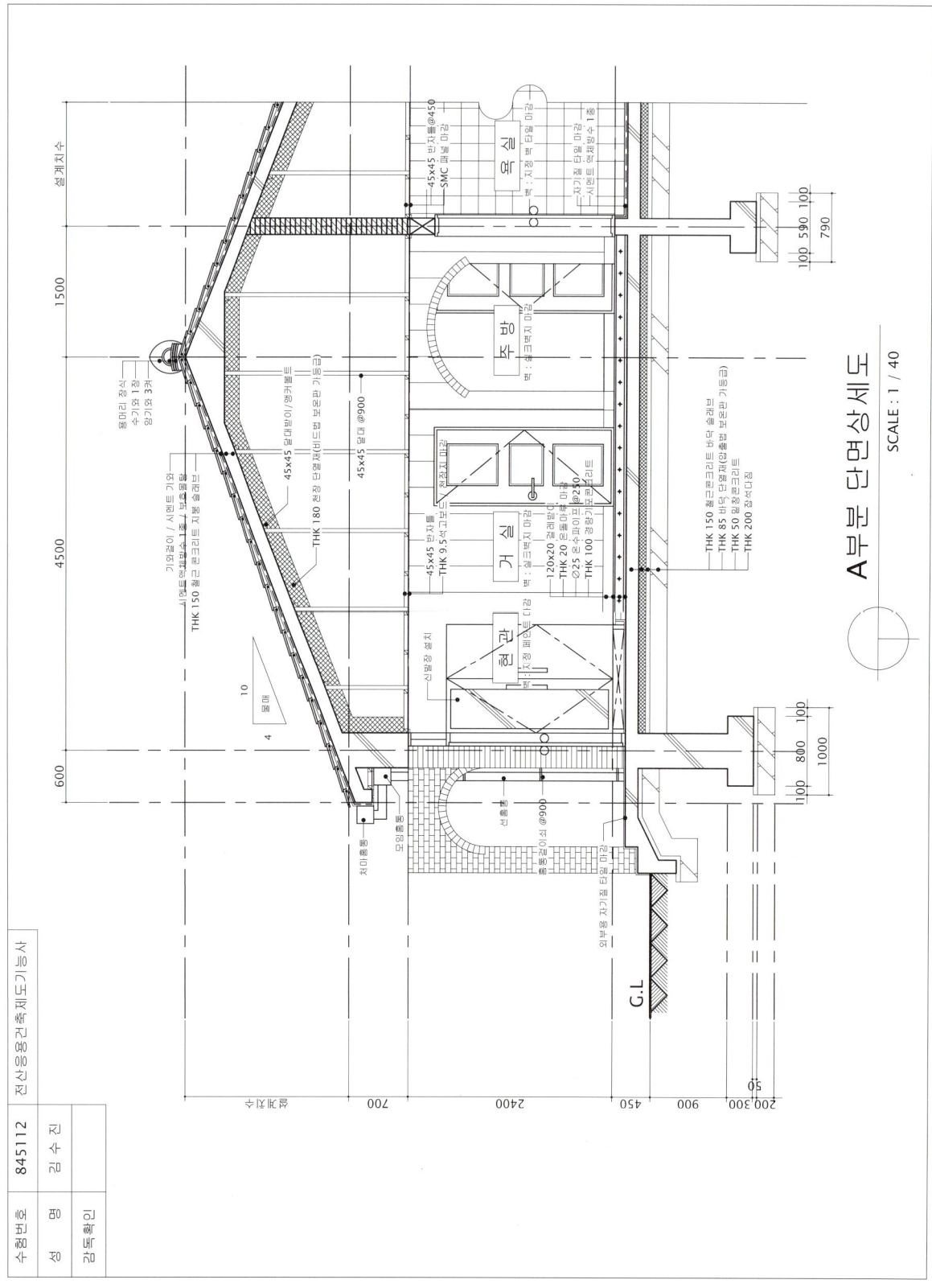

05 [입면도 작성]

18. 평면도 : 입면도 방향이 아래를 향하도록 하고 입면도의 위에 배치
  단면도 : 입면도의 좌측에 배치

❶ 단면도의 G.L을 입면도에 연장
❷ 평면도의 외부 벽체 끝선을 입면도에 연장

19. 단면도에서 지붕높이 표현
  ※ 지붕의 가장 낮은 선을 기준으로 벽체 Trim

20. 평면도에서 지붕의 폭 표현
  ※ 지붕을 네모 모양으로 정리

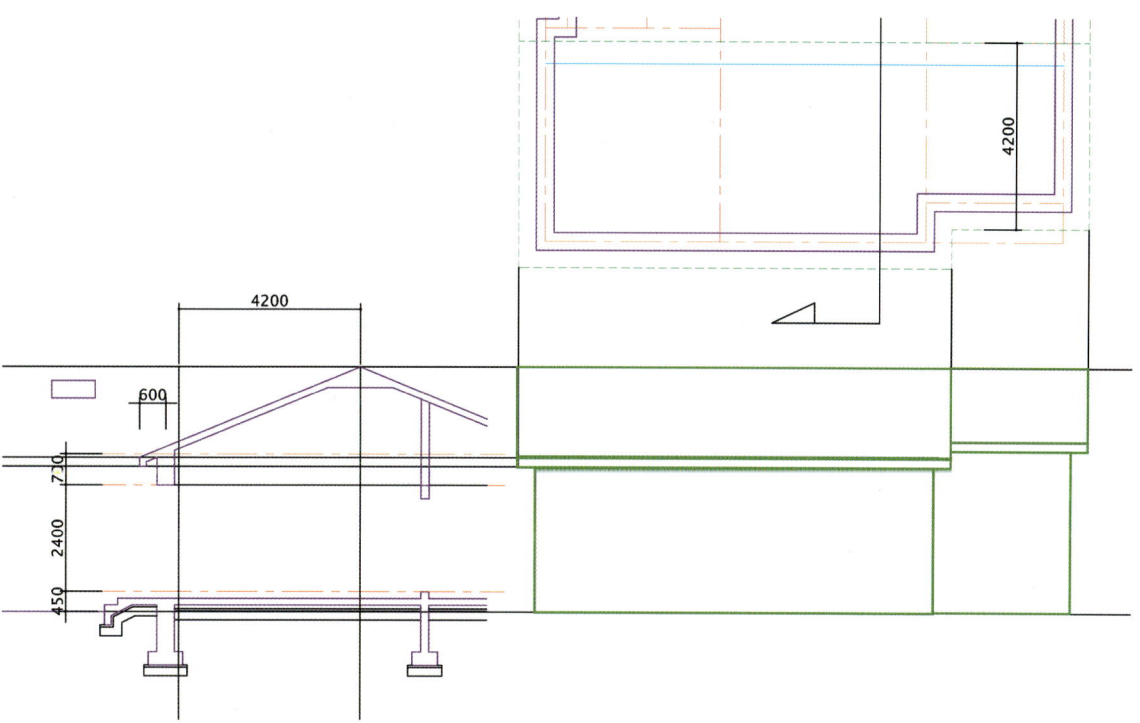

※ 높이가 다른 지붕이 있으면 평면도에서 용머리와 처마 끝의 거리를 확인하고 단면도에 표현
  지붕 물매를 따라가다 보면 수평거리와 만나는 점이 높이가 된다.

21. 난방끝선과 반자 시작선 표시 : 외부에서 볼 때 재료분리의 기준이 된다.

22. 창문과 현관문을 표현하기 위해 창호의 중심위치를 표시한다.

23. 창호표시
: 테라스 위치는 난방이 없으므로 150 낮춘다. 방 창문은 높이 1200, 거실창은 높이 2400으로 표현한다.
단, 테라스로 바로 나갈 수 있는 방 창문은 높이 2400(거실높이)에 맞춘다.

24. 계단, 테라스, 난간, 홈통, 기와, 창문 밑 벽돌 세워쌓기 등 표현
  ※ 뒤쪽에 낮은 지붕이 있으면 평면도 길이만큼 단면도에서 높이 생성

25. 문자작성 : 문자높이 100
  벽돌해칭 : BRICK – 축척

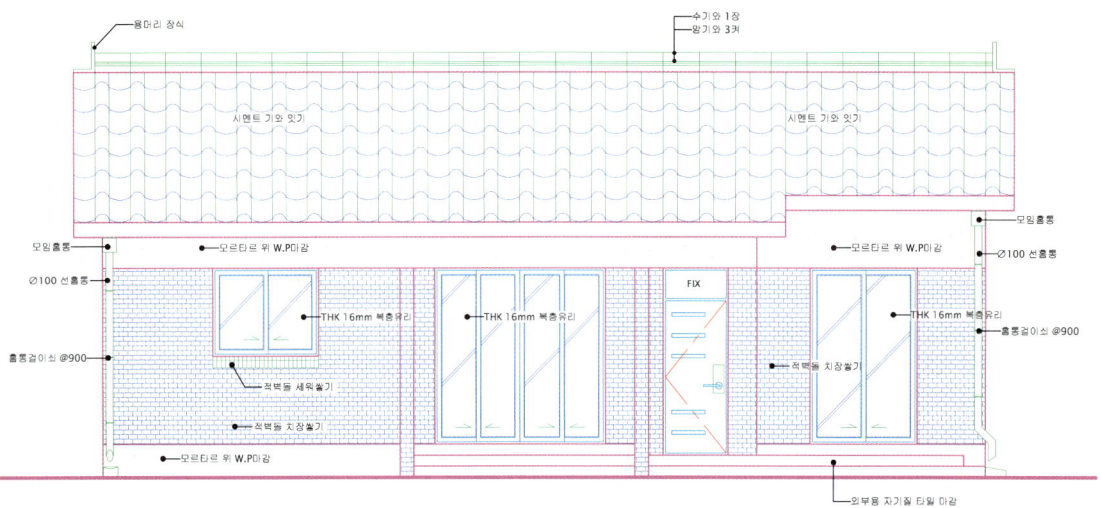

26. 표제란, 수목표현

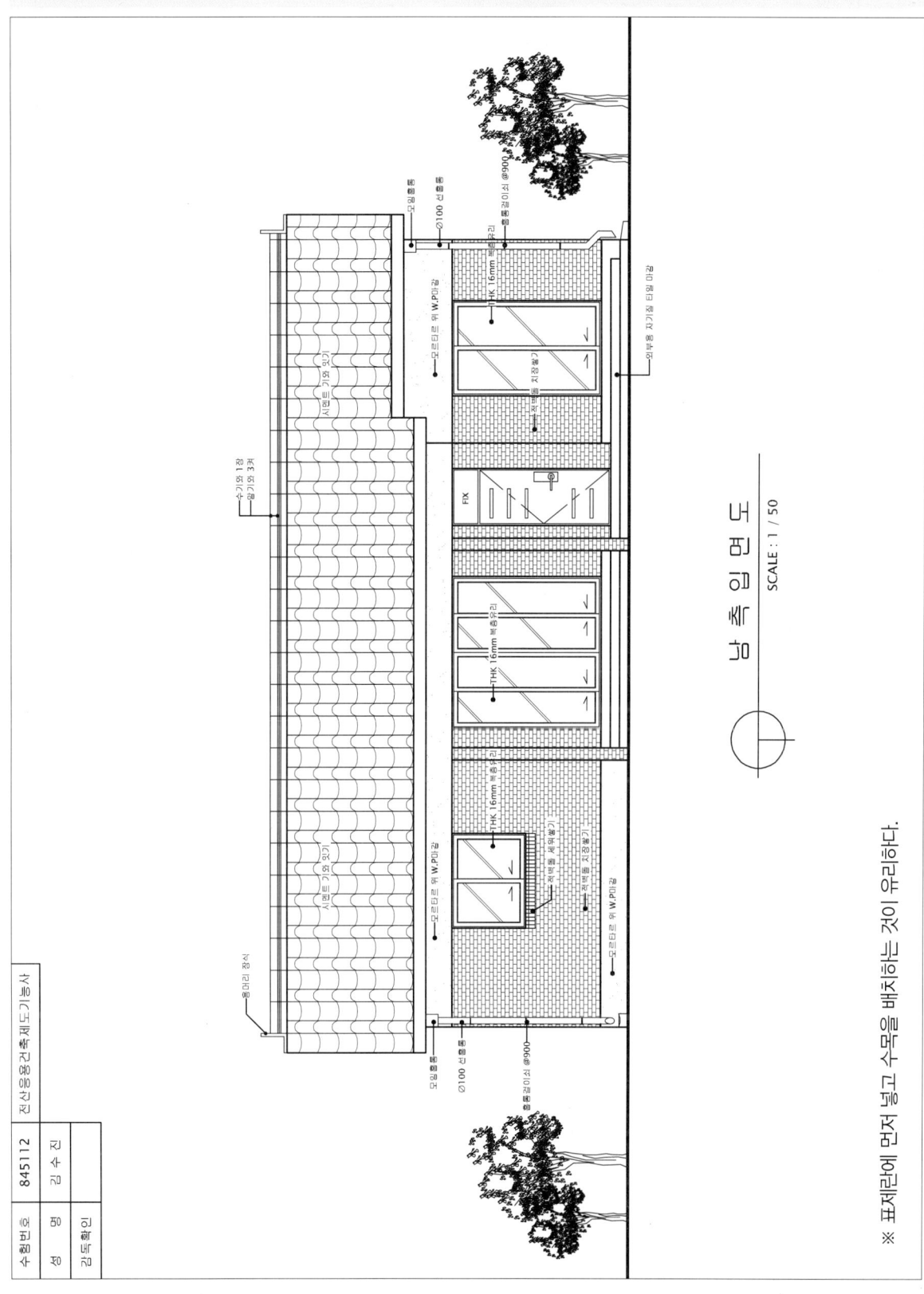

2018년 1회 B형 최신 기출문제

시험시간 4시간 10분
네이버 카페에서 완성 도면 파일을 확인하세요.

01 요구사항

주어진 평면도를 보고 CAD를 이용하여 아래 조건에 맞게 다음 도면을 작도한 후, 지급된 용지에 본인이 직접 흑백으로 출력하여 파일과 함께 제출하시오.

❶ A부분 단면 상세도를 축척 1/40으로 작도하시오.
❷ 남측 입면도를 축척 1/50으로 작도하되 벽면의 마감재료 표시 및 주위의 배경 등 도면의 요소를 충분히 고려하시오.

[조 건]

- 기초 및 지하실 벽체 : 철근콘크리트 구조로 하시오.
- 벽체 : 외벽 – 외부로부터 붉은 벽돌 0.5B, 단열재, 시멘트 벽돌 1.0B
  내벽 – 시멘트 벽돌 1.0B
- 단열재 : 외벽 120mm, 바닥 85mm, 지붕 180mm
- 지붕 : 철근콘크리트 경사슬래브 위 시멘트 기와잇기 마감으로 하시오(물매 4/10 이상).
- 처마나옴 : 벽체 중심에서 600mm
- 반자높이 : 2400mm, 처마반자 설치
- 창호 : 목재창호로 하되 2중창인 경우 외부창호는 알루미늄 섀시로 하시오.
- 각 실의 난방 : 온수파이프 온돌난방으로 하시오.
- 1층 바닥 슬래브와 기초는 일체식으로 표현하시오.
- 평면도에 표현되지 않은 현관 상부 캐노피는 작도하지 않습니다.
- 기타 각 부분의 마감, 치수 등 주어지지 않은 조건은 일반적인 시공수준으로 하시오.

- 선의 통일을 기하기 위하여 아래와 같이 선의 색을 정리하여 출력하시오.
  - 흰색(7-White) : 0.3mm
  - 녹색(3-Green) : 0.2mm
  - 노랑(2-Yellow) : 0.4mm
  - 하늘색(4-Cyan) : 0.3mm
  - 빨강(1-Red) : 0.2mm
  - 파랑(5-Blue) : 0.1mm

02 수험자 유의사항

※ 다음 유의사항을 고려하여 요구도면을 완성하시오.

❶ 제시되지 않은 조건은 건축법, 건축구조 및 건축제도의 원칙에 따릅니다.

❷ 시험 시작 전 바탕화면에 본인 비번호로 폴더를 생성하고, 폴더 안에 작업내용을 저장하도록 합니다.
(단, 시험장에서 본인 이름으로 폴더를 생성하도록 하는 경우 시험장 규정에 따른다)

❸ 정전 및 기계 고장 등에 의한 자료 손실을 방지하기 위하여 수시로 저장합니다.
(파일이 없어지는 경우 본인의 과실로 본다)

❹ 다음과 같은 경우는 부정행위로 처리됩니다.
1) 노트 및 서적, USB를 소지하거나 주고받는 행위
2) 건물의 구조부분의 상세나 글씨 등을 사전에 블록으로 설정하여 지참해 사용하는 경우

❺ 작업이 끝나면 감독위원의 확인을 받은 후 문제지를 제출하고 본부요원 입회하에 본인이 직접 A3용지에 흑백으로 도면을 출력하도록 합니다. 이때 수험자의 운영 미숙으로 도면이 출력되지 않는 경우나 출력시간이 10분을 초과하는 경우는 실격 처리됩니다.

❻ 장비 조작 미숙으로 장비의 파손 및 고장을 일으킬 염려가 있을 경우 실격됩니다.

❼ 다음과 같은 경우에는 채점대상에서 제외됩니다.
1) 시험시간 내에 요구사항을 완성하지 못한 경우
(시험시간이 종료되면 자동으로 시스템이 정지하며, 최종저장을 누른 시간 이후의 데이터는 삭제되므로 시험 종료 전에 저장버튼을 잊지 마세요)
2) 시험시간 내에 제출된 작품이라도 다음과 같은 경우
  가) 주어진 조건을 지키지 않고 작도한 경우
  나) 요구한 전 도면을 작도하지 않은 경우
  다) 건축제도 통칙을 준수하지 않거나 건축 CAD의 기능이 없는 상태에서 완성된 도면으로 시험위원 전원이 합의하여 판단한 경우

❽ 수험번호, 성명은 도면 좌측 상단에 아래와 같이 표제란을 만들어 기재합니다.

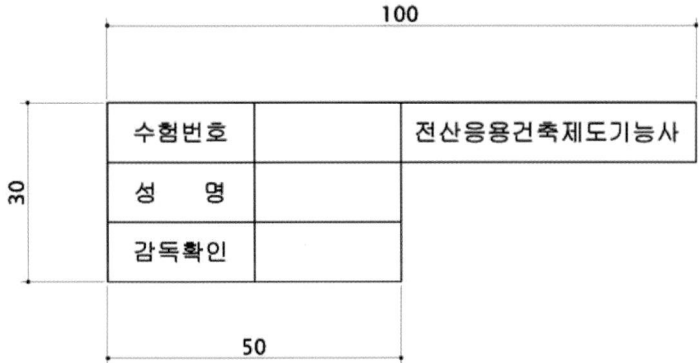

❾ 감독위원은 시험시작 후 수검자에게 표제란을 우선 작도 후 도면을 작도하도록 하여야 하며 수험자가 감독위원의 동지시를 따르지 않을 경우 실격 처리됩니다.

❿ 테두리선의 여백은 10mm로 합니다.

※ 출력은 시험의 일부입니다. 실제 종이에 출력해보지 않더라도 DWG To PDF(가상프린터)를 이용해 매번 연습합니다.
(본 교재의 77페이지 참고) 실제 시험에서는 프린터 이름만 알려줍니다.

03 도면 [과제명] 주택 / [척도] 1/100

* 본 평면도는 실제 시험과 같이 1/100 스케일이므로, 자로 실측이 가능합니다.

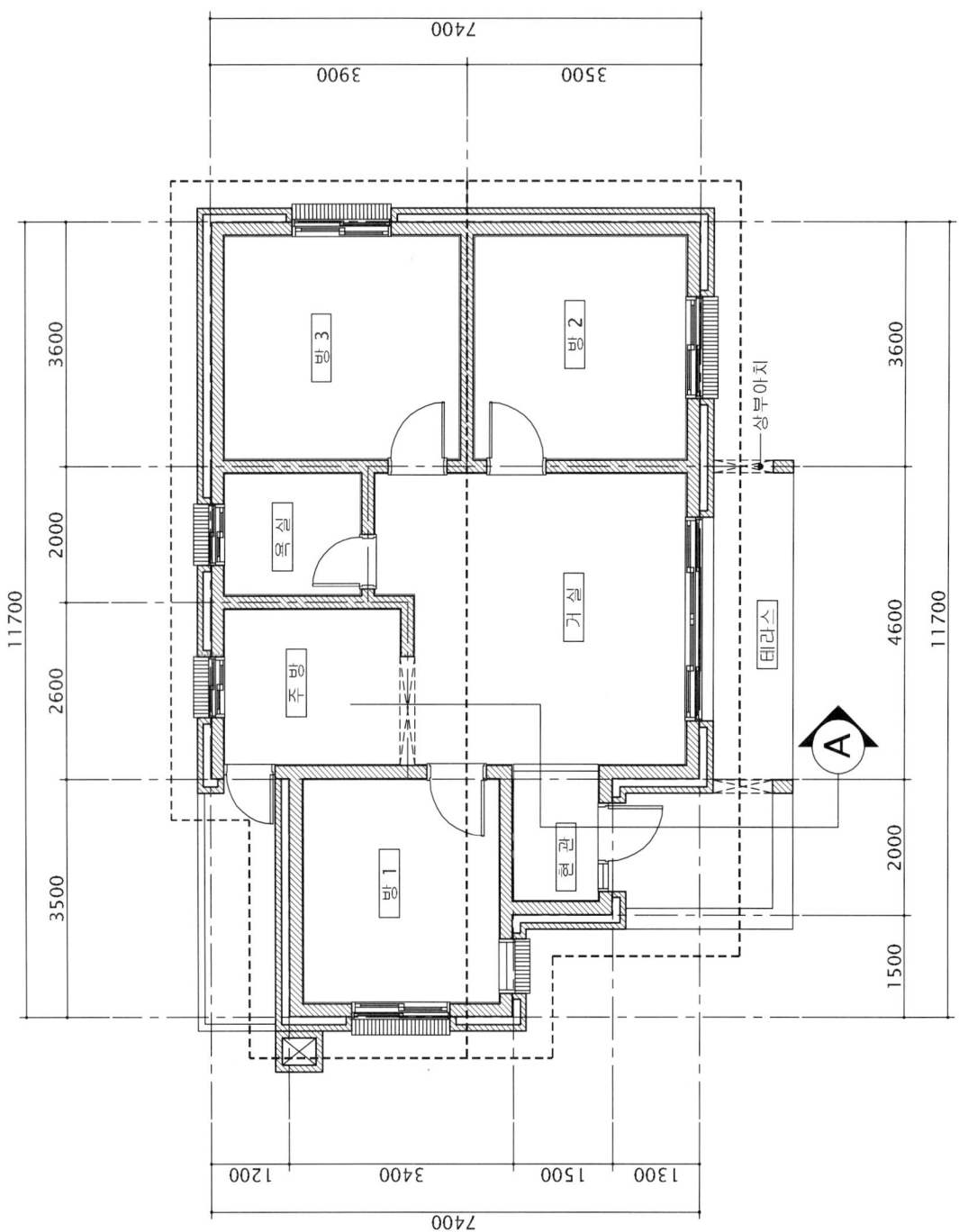

※ 특이사항

1. 단면상세도 단면선 꺾임
2. 단면상세도에서 테라스 전면 상부아치 발생
3. 입면도의 굴뚝표현
4. 입면도의 현관 좌측 고정창 표현

참고 이미지

※ 수험자의 이해를 돕기 위한 이미지입니다. 실기시험에서 제시되지 않습니다.

04 [단면도 작성]

1. 기본설정 : Option, OSNAP, LAYER 구성 등
2. 평면도 외벽만 간단히 작성. 지붕이 복잡할 경우 미리 그려두는 것이 유리하다.
3. 화살표 방향이 위로 보도록 회전한다. – X Enter 모두선택 Enter (분해)

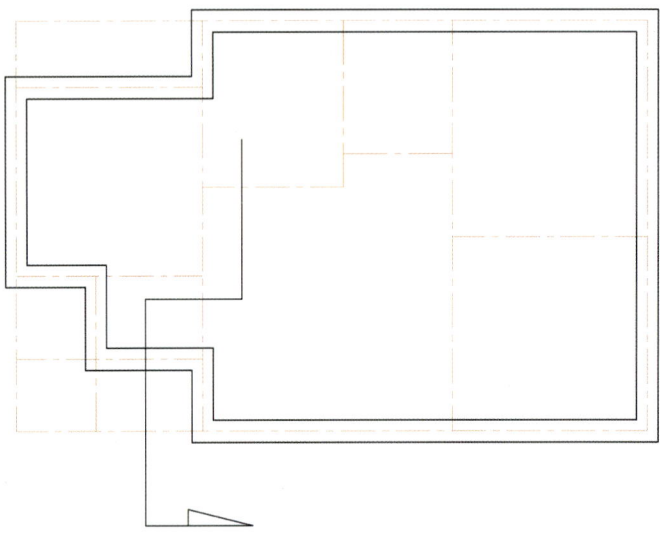

4. 노란색 도면층 : 평면도보다 길게 G.L을 그리고 절단부분(화살표가 지나가는 부분)의 기초와 바닥슬래브 표현
5. 흰색 도면층 : 바닥단열재(THK 85), 밑창콘크리트(THK 50), 잡석다짐(THK 200), 난방(THK 150) 완성하기

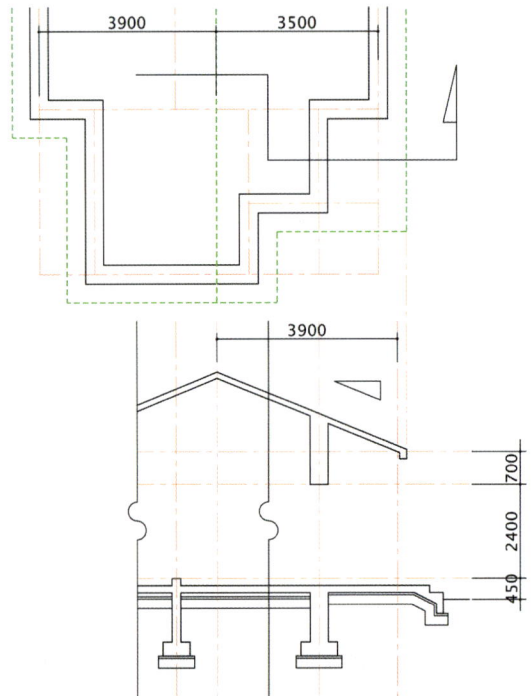

6. 지붕 슬래브 그리기

① 지붕 마룻대에서 가장 먼 벽체의 중심거리 파악
② 난방선 끝에서 2400 위로 Offset
③ 테두리보의 높이 700 표현
④ REC Enter 시작점 클릭 @1000,400 Enter
⑤ XL Enter A Enter 대각선 끝점 클릭, 클릭 – 가장 먼 벽체 중심과 테두리보가 만나는 부분에 클릭

7. 지붕 슬래브 완성
8. 반자 설치 : 반자를 복사하여 처마반자도 함께 설치한다.
9. 지붕단열재 : THK 180
10. 지붕방수, 기와

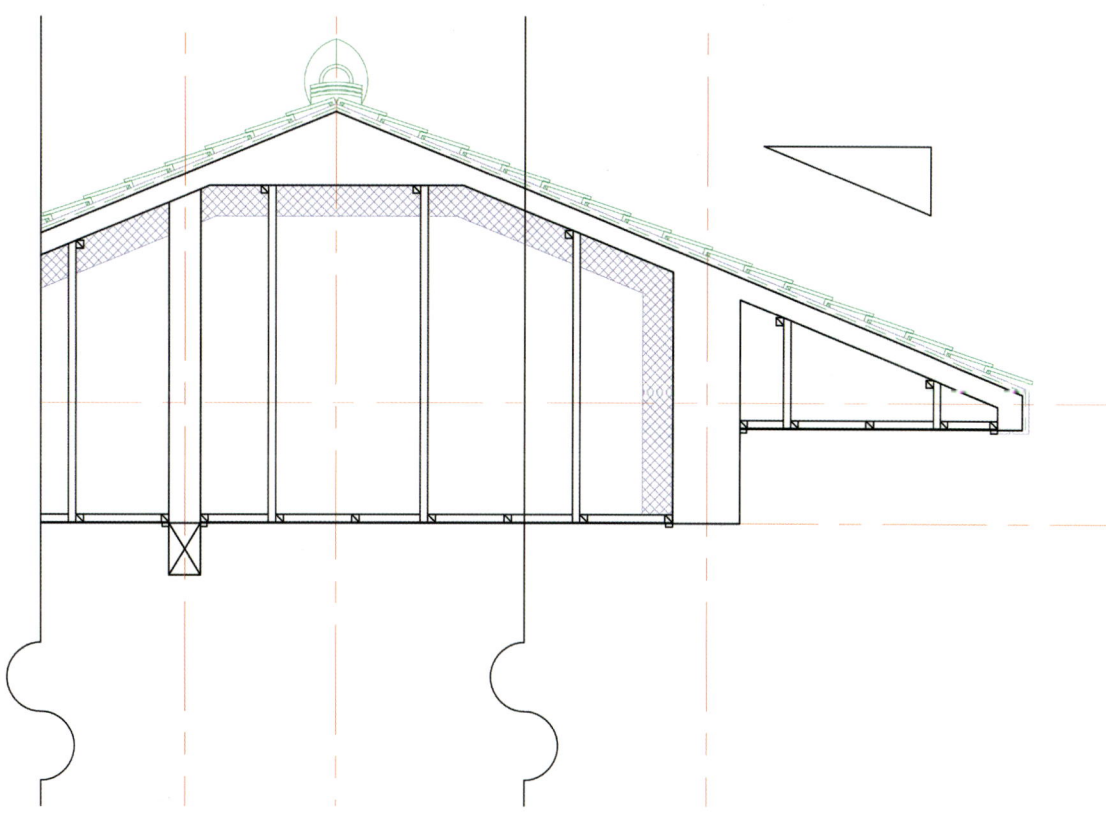

11. 현관문, 내부 벽체 표현

12. 단면도상의 입면요소 표현
: 입면으로 보이는 벽체, 입면으로 보이는 처마, 입면으로 보이는 문과 창문 등을 표현한다.

13. 홈통 설치

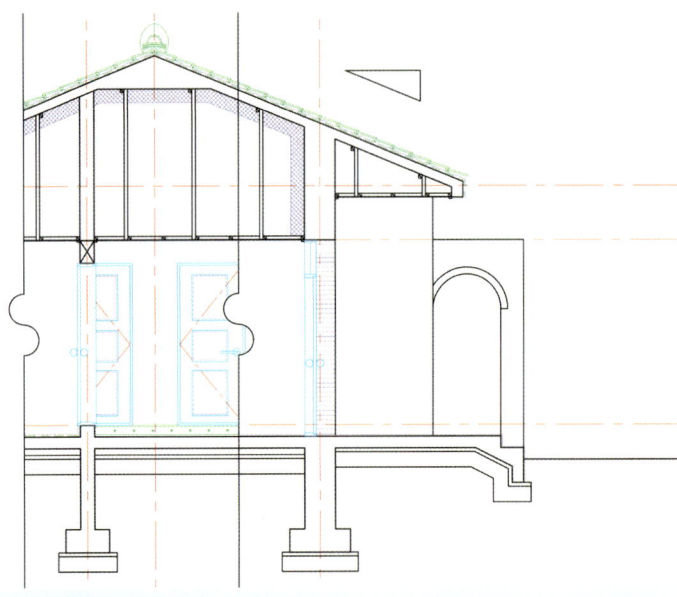

14. 문자 작성

ST [Enter] – Lucida sans unicode

도면층 : 흰색, 문자높이 : 80

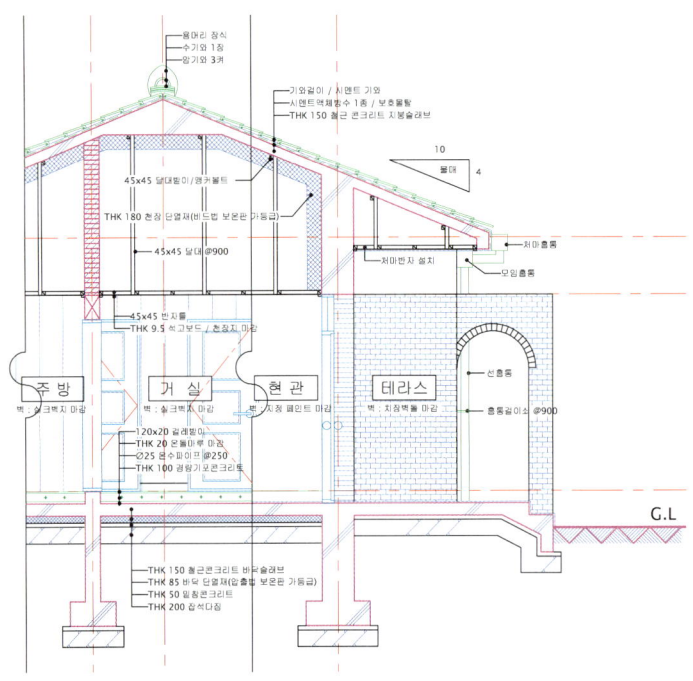

15. 단면, 입면의 재료표현과 해칭
16. 치수 : 중심선의 길이를 모두 맞춘 후 주석 – 신속치수

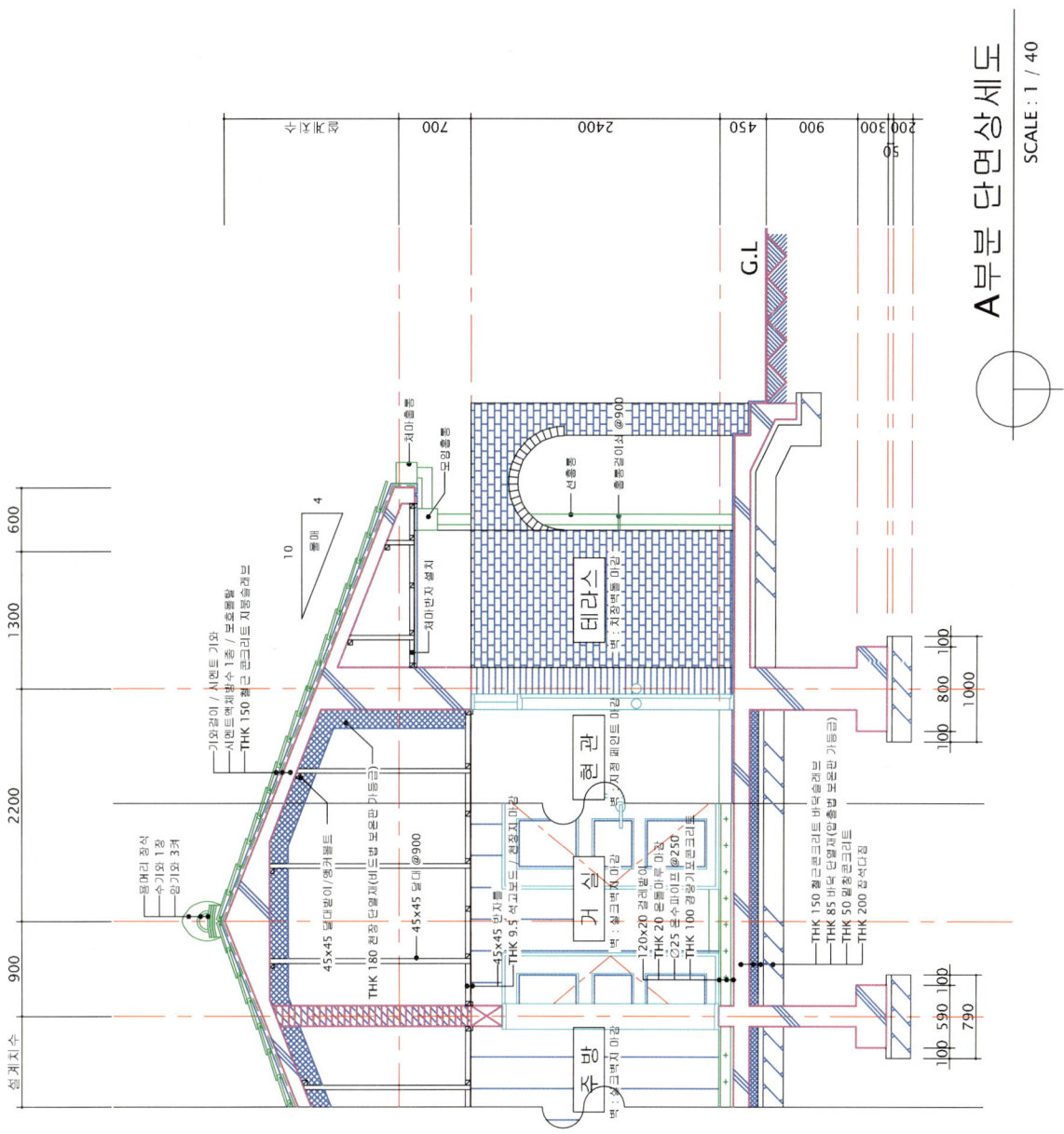

17. 표제란

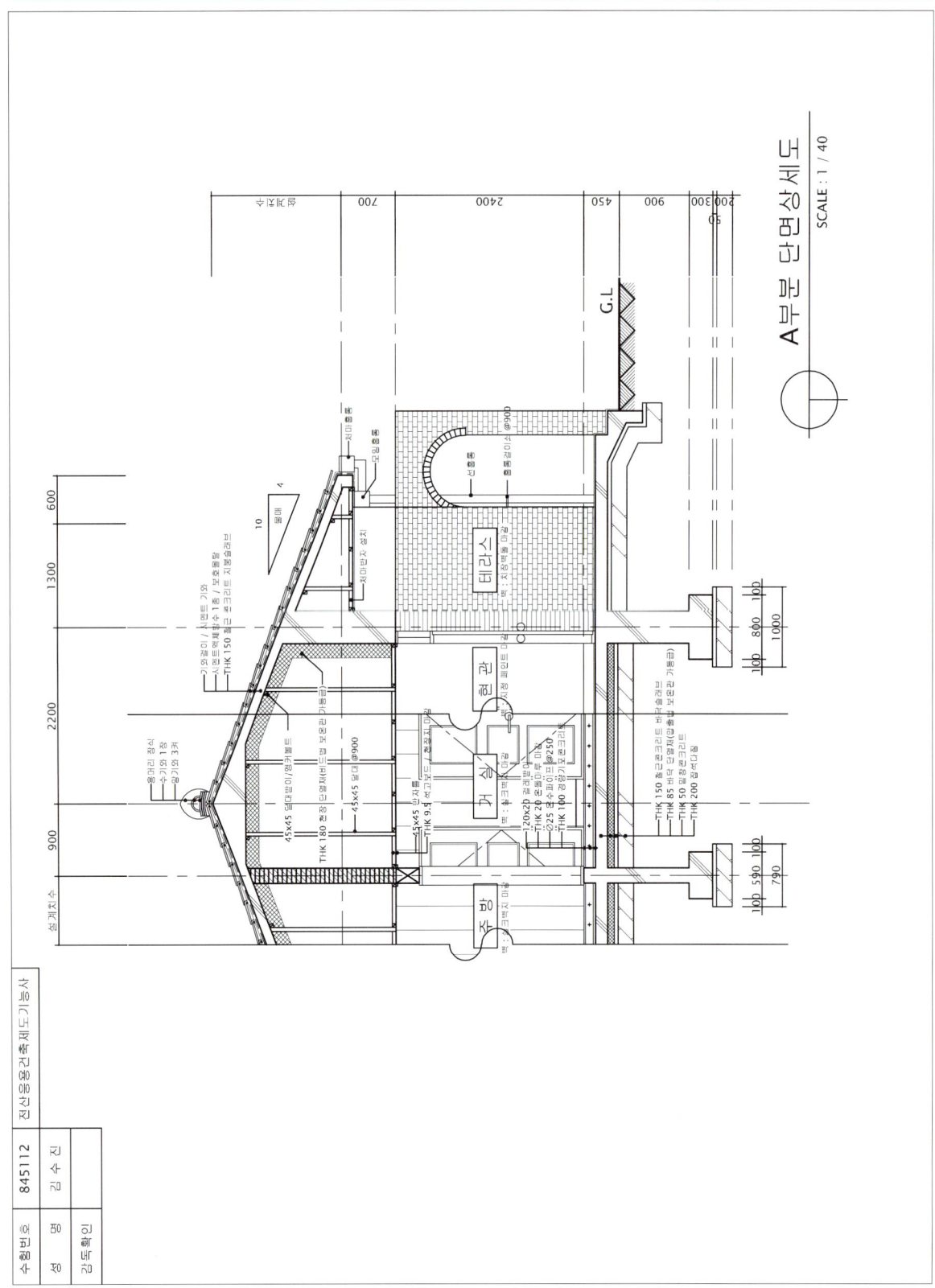

05 [입면도 작성]

18. 평면도 : 입면도 방향이 아래를 향하도록 하고 입면도의 위에 배치
단면도 : 입면도의 좌측에 배치

❶ 단면도의 G.L을 입면도에 연장
❷ 평면도의 외부 벽체 끝선을 입면도에 연장

19. 단면도에서 지붕높이 표현
※ 지붕의 가장 낮은 선을 기준으로 벽체 Trim

20. 평면도에서 지붕의 폭 표현
※ 지붕을 네모 모양으로 정리

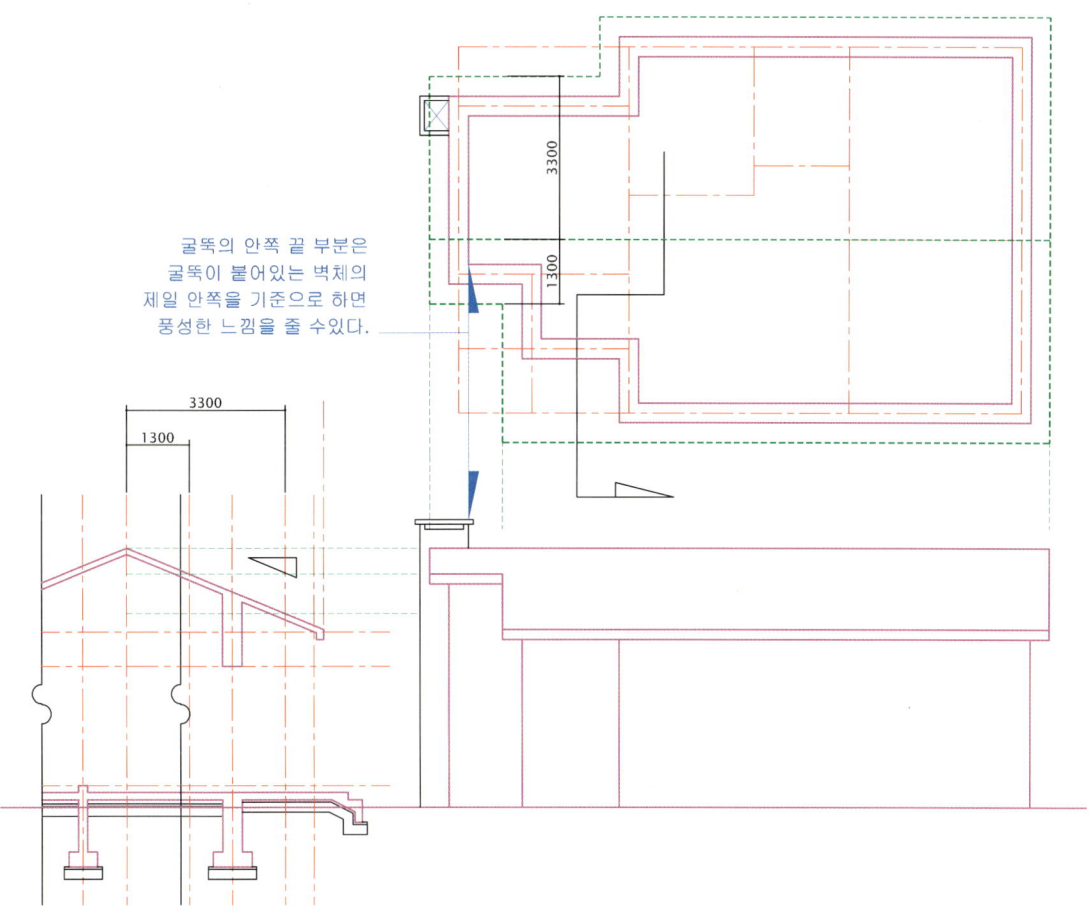

굴뚝의 안쪽 끝 부분은 굴뚝이 붙어있는 벽체의 제일 안쪽을 기준으로 하면 풍성한 느낌을 줄 수 있다.

※ 높이가 다른 지붕이 있으면 평면도에서 용머리와 처마 끝의 거리를 확인하고 단면도에 표현
지붕 물매를 따라가다 보면 수평거리와 만나는 점이 높이가 된다.

21. 난방끝선과 반자 시작선 표시 : 외부에서 볼 때 재료분리의 기준이 된다.

22. 창문과 현관문을 표현하기 위해 창호의 중심위치를 표시한다.

23. 창호표시
: 테라스 위치는 난방이 없으므로 150 낮춘다. 방 창문은 높이 1200, 거실창은 높이 2400으로 표현한다.
단, 테라스로 바로 나갈 수 있는 방 창문은 높이 2400(거실높이)에 맞춘다.

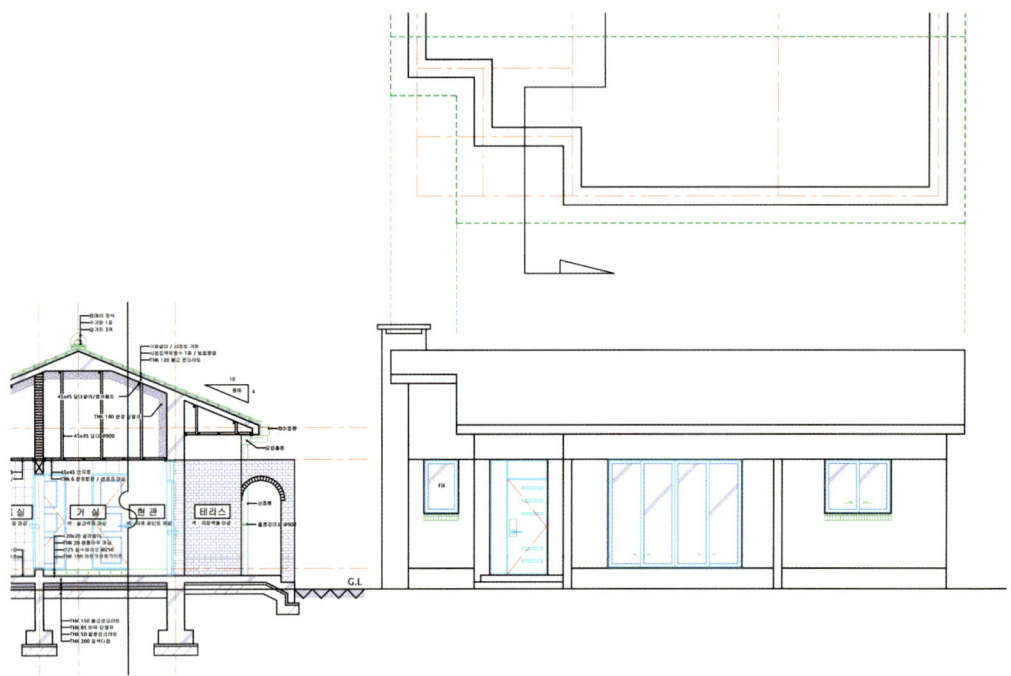

24. 계단, 테라스, 난간, 홈통, 기와, 창문 밑 벽돌 세워쌓기 등 표현
※ 뒤쪽에 낮은 지붕이 있으면 평면도 길이만큼 단면도에서 높이 생성

25. 문자작성 : 문자높이 100
벽돌해칭 : BRICK – 축척

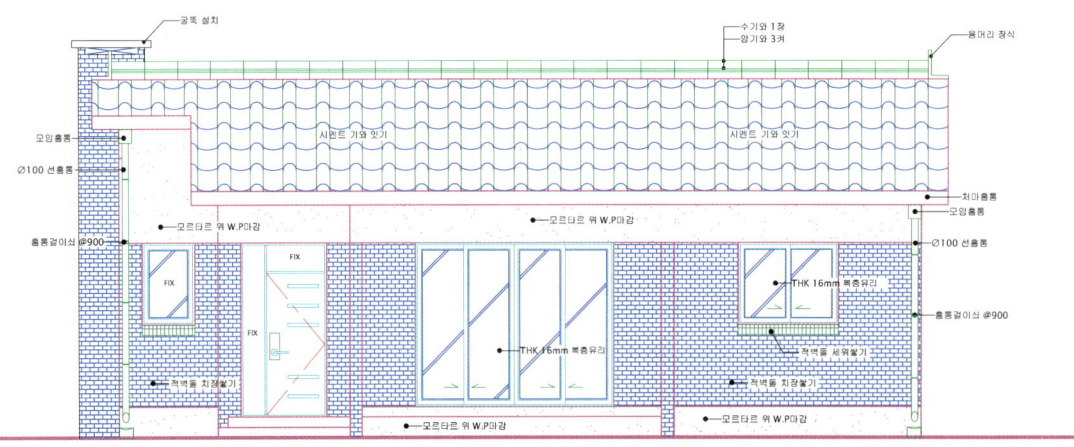

26. 표제란, 수목표현

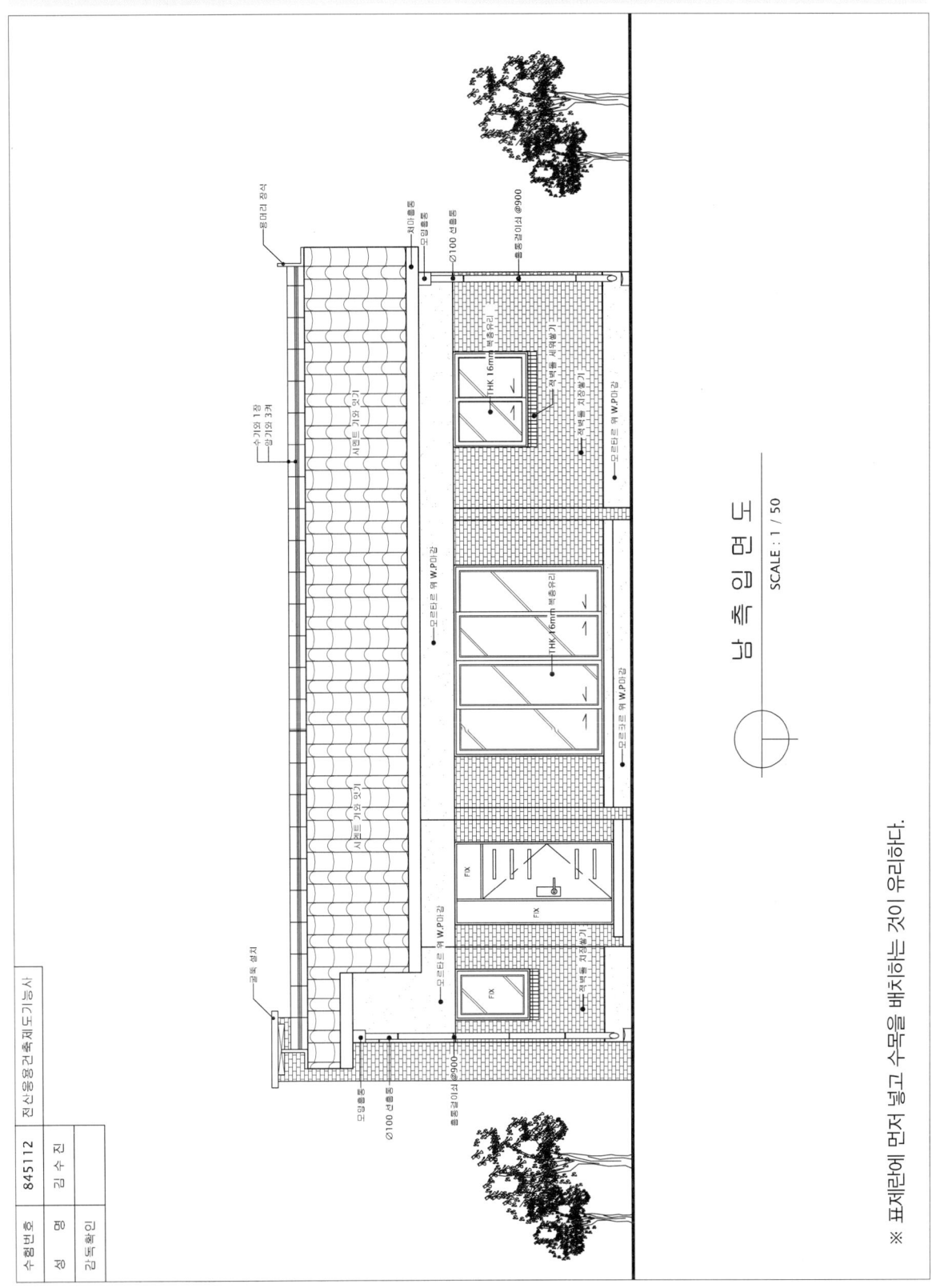

2018년 2회 A형 최신 기출문제

시험시간 : 4시간 10분

네이버 카페에서 완성 도면 파일을 확인하세요.

01 요구사항

주어진 평면도를 보고 CAD를 이용하여 아래 조건에 맞게 다음 도면을 작도한 후, 지급된 용지에 본인이 직접 흑백으로 출력하여 파일과 함께 제출하시오.

❶ A부분 단면 상세도를 축척 1/40으로 작도하시오.
❷ 남측 입면도를 축척 1/50으로 작도하되 벽면의 마감재료 표시 및 주위의 배경 등 도면의 요소를 충분히 고려하시오.

[조건]

- 기초 및 지하실 벽체 : 철근콘크리트 구조로 하시오.
- 벽체 : 외벽 – 외부로부터 붉은 벽돌 0.5B, 단열재, 시멘트 벽돌 1.0B
  내벽 – 시멘트 벽돌 1.0B
- 단열재 : 외벽 120mm, 바닥 85mm, 지붕 180mm
- 지붕 : 철근콘크리트 경사슬래브 위 시멘트 기와잇기 마감으로 하시오(물매 4/10 이상).
- 처마나옴 : 벽체 중심에서 600mm
- 반자높이 : 2400mm, 처마반자 설치
- 창호 : 목재창호로 하되 2중창인 경우 외부창호는 알루미늄 섀시로 하시오.
- 각 실의 난방 : 온수파이프 온돌난방으로 하시오.
- 1층 바닥 슬래브와 기초는 일체식으로 표현하시오.
- 평면도에 표현되지 않은 현관 상부 캐노피는 작도하지 않습니다.
- 기타 각 부분의 마감, 치수 등 주어지지 않은 조건은 일반적인 시공수준으로 하시오.

- 선의 통일을 기하기 위하여 아래와 같이 선의 색을 정리하여 출력하시오.
  - 흰색(7–White) : 0.3mm
  - 녹색(3–Green) : 0.2mm
  - 노랑(2–Yellow) : 0.4mm
  - 하늘색(4–Cyan) : 0.3mm
  - 빨강(1–Red) : 0.2mm
  - 파랑(5–Blue) : 0.1mm

02 수험자 유의사항

※ 다음 유의사항을 고려하여 요구도면을 완성하시오.

❶ 제시되지 않은 조건은 건축법, 건축구조 및 건축제도의 원칙에 따릅니다.

❷ 시험 시작 전 바탕화면에 본인 비번호로 폴더를 생성하고, 폴더 안에 작업내용을 저장하도록 합니다.
   (단, 시험장에서 본인 이름으로 폴더를 생성하도록 하는 경우 시험장 규정에 따른다)

❸ 정전 및 기계 고장 등에 의한 자료 손실을 방지하기 위하여 수시로 저장합니다.
   (파일이 없어지는 경우 본인의 과실로 본다)

❹ 다음과 같은 경우는 부정행위로 처리됩니다.
   1) 노트 및 서적, USB를 소지하거나 주고받는 행위
   2) 건물의 구조부분의 상세나 글씨 등을 사전에 블록으로 설정하여 지참해 사용하는 경우

❺ 작업이 끝나면 감독위원의 확인을 받은 후 문제지를 제출하고 본부요원 입회하에 본인이 직접 A3용지에 흑백으로 도면을 출력하도록 합니다. 이때 수험자의 운영 미숙으로 도면이 출력되지 않는 경우나 출력시간이 10분을 초과하는 경우는 실격 처리됩니다.

❻ 장비 조작 미숙으로 장비의 파손 및 고장을 일으킬 염려가 있을 경우 실격됩니다.

❼ 다음과 같은 경우에는 채점대상에서 제외됩니다.
   1) 시험시간 내에 요구사항을 완성하지 못한 경우
      (시험시간이 종료되면 자동으로 시스템이 정지하며, 최종저장을 누른 시간 이후의 데이터는 삭제되므로 시험 종료 전에 저장버튼을 잊지 마세요)
   2) 시험시간 내에 제출된 작품이라도 다음과 같은 경우
      가) 주어진 조건을 지키지 않고 작도한 경우
      나) 요구한 전 도면을 작도하지 않은 경우
      다) 건축제도 통칙을 준수하지 않거나 건축 CAD의 기능이 없는 상태에서 완성된 도면으로 시험위원 전원이 합의하여 판단한 경우

❽ 수험번호, 성명은 도면 좌측 상단에 아래와 같이 표제란을 만들어 기재합니다.

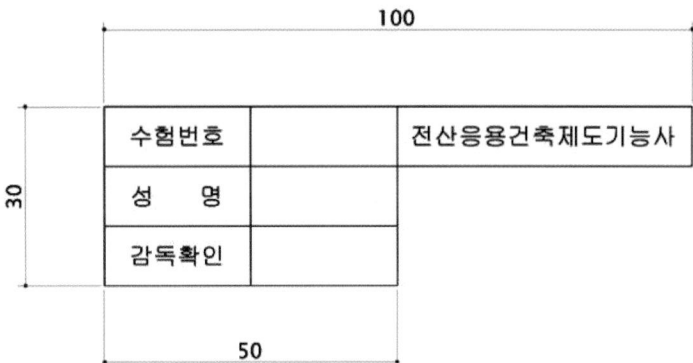

❾ 감독위원은 시험시작 후 수검자에게 표제란을 우선 작도 후 도면을 작도하도록 하여야 하며 수험자가 감독위원의 동지시를 따르지 않을 경우 실격 처리됩니다.

❿ 테두리선의 여백은 10mm로 합니다.

※ 출력은 시험의 일부입니다. 실제 종이에 출력해보지 않더라도 DWG To PDF(가상프린터)를 이용해 매번 연습합니다.
   (본 교재의 77페이지 참고) 실제 시험에서는 프린터 이름만 알려줍니다.

03 도면 [과제명] 주택 / [척도] 1/100

* 본 평면도는 실제 시험과 같이 1/100 스케일이므로, 자로 실측이 가능합니다.

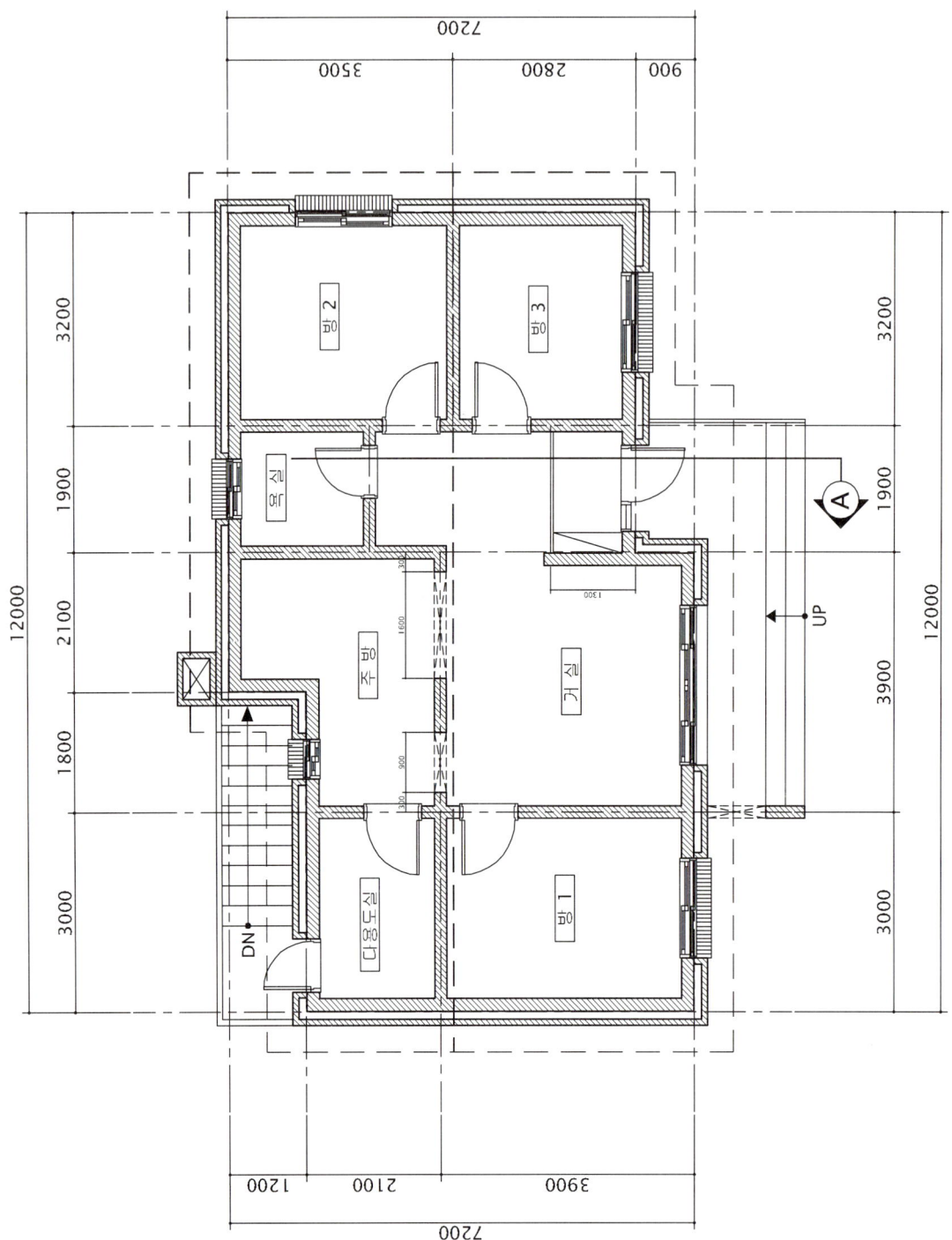

※ 특이사항
1. 현관, 거실, 욕실을 지나는 단면상세도
2. 단면상세도에서 테라스 전면 상부아치 발생
3. 입면도에서 뒷쪽 굴뚝은 낮아서 보이지 않는 것으로 표현

참고 이미지

※ 수험자의 이해를 돕기 위한 이미지입니다. 실기시험에서 제시되지 않습니다.

04 [단면도 작성]

1. 기본설정 : Option, OSNAP, LAYER 구성 등
2. 평면도 외벽만 간단히 작성. 지붕이 복잡할 경우 미리 그려두는 것이 유리하다.
3. 화살표 방향이 위로 보도록 회전한다. – X Enter 모두선택 Enter (분해)

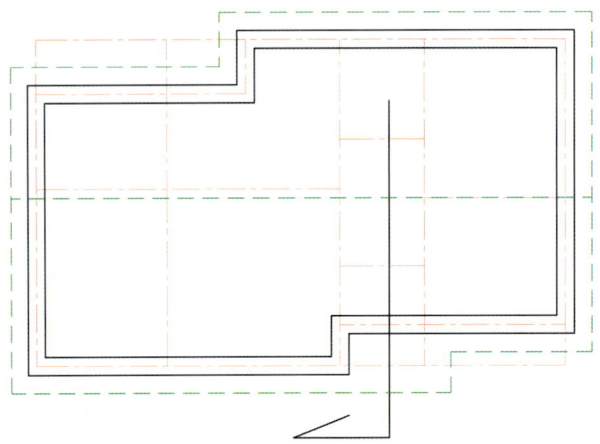

4. 노란색 도면층 : 평면도보다 길게 G.L을 그리고 절단부분(화살표가 지나가는 부분)의 기초와 바닥슬래브 표현
5. 흰색 도면층 : 바닥단열재(THK 85), 밑창콘크리트(THK 50), 잡석다짐(THK 200), 난방(THK 150) 완성하기

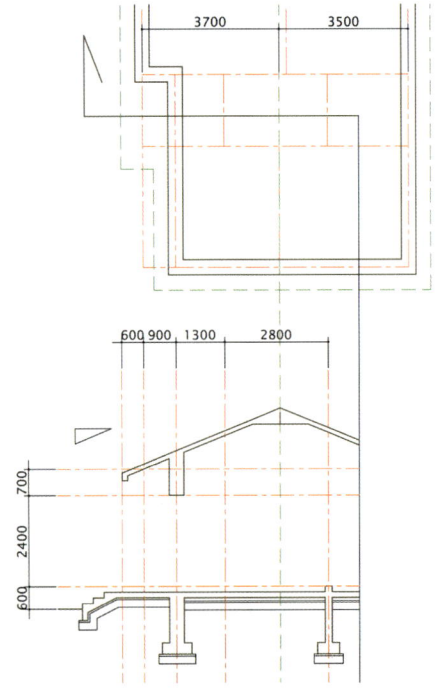

6. 지붕 슬래브 그리기

① 지붕 마룻대에서 가장 먼 벽체의 중심거리 파악
② 난방선 끝에서 2400 위로 Offset
③ 테두리보의 높이 700 표현
④ REC [Enter] 시작점 클릭 @1000,400 [Enter]
⑤ XL [Enter] A [Enter] 대각선 끝점 클릭, 클릭 – 가장 먼 벽체 중심과 테두리보가 만나는 부분에 클릭

7. 지붕 슬래브 완성

8. 반자 설치 : 반자를 복사하여 처마반자도 함께 설치한다.

9. 지붕단열재 : THK 180

10. 지붕방수, 기와

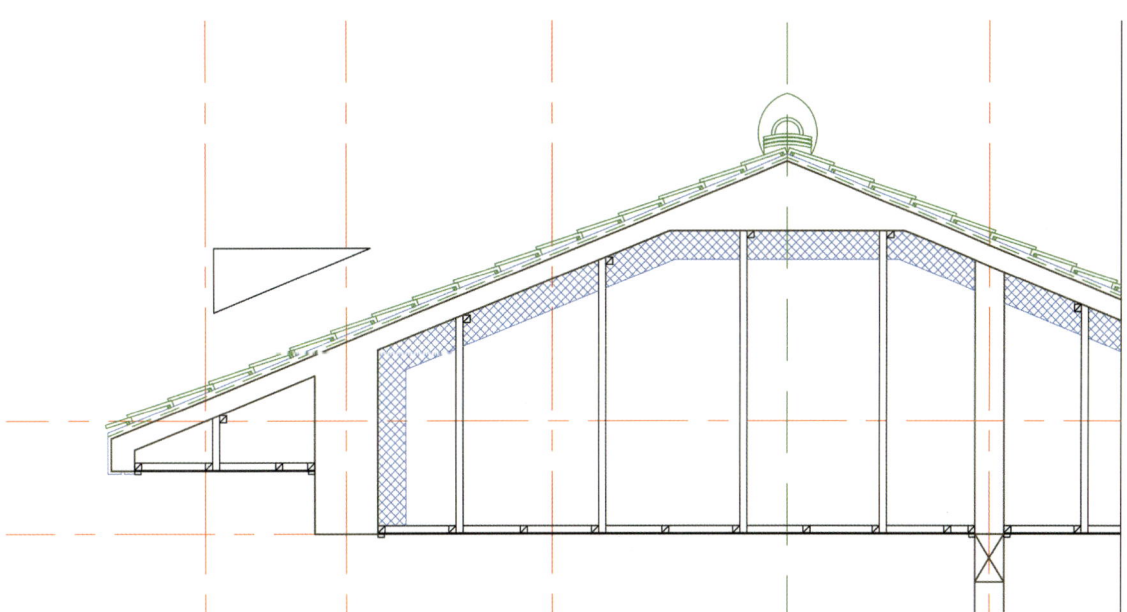

11. 현관문, 내부 벽체 표현

12. 단면도상의 입면요소 표현
: 입면으로 보이는 벽체, 입면으로 보이는 처마, 입면으로 보이는 문과 창문 등을 표현한다.

13. 홈통 설치

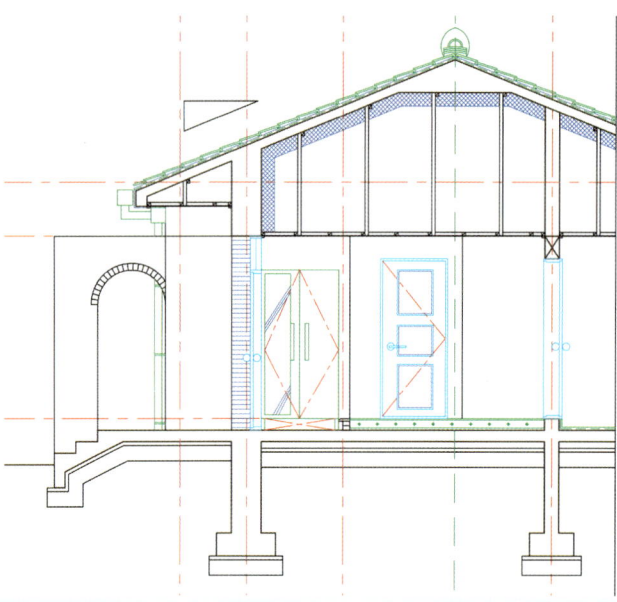

14. 문자 작성

ST [Enter] — Lucida sans unicode

도면층 : 흰색, 문자높이 : 80

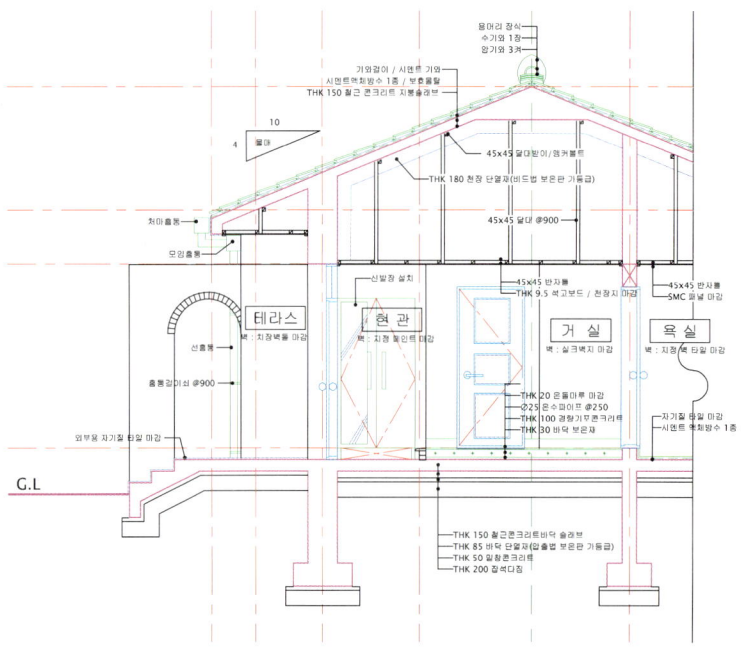

15. 단면, 입면의 재료표현과 해칭
16. 치수 : 중심선의 길이를 모두 맞춘 후 주석 – 신속치수

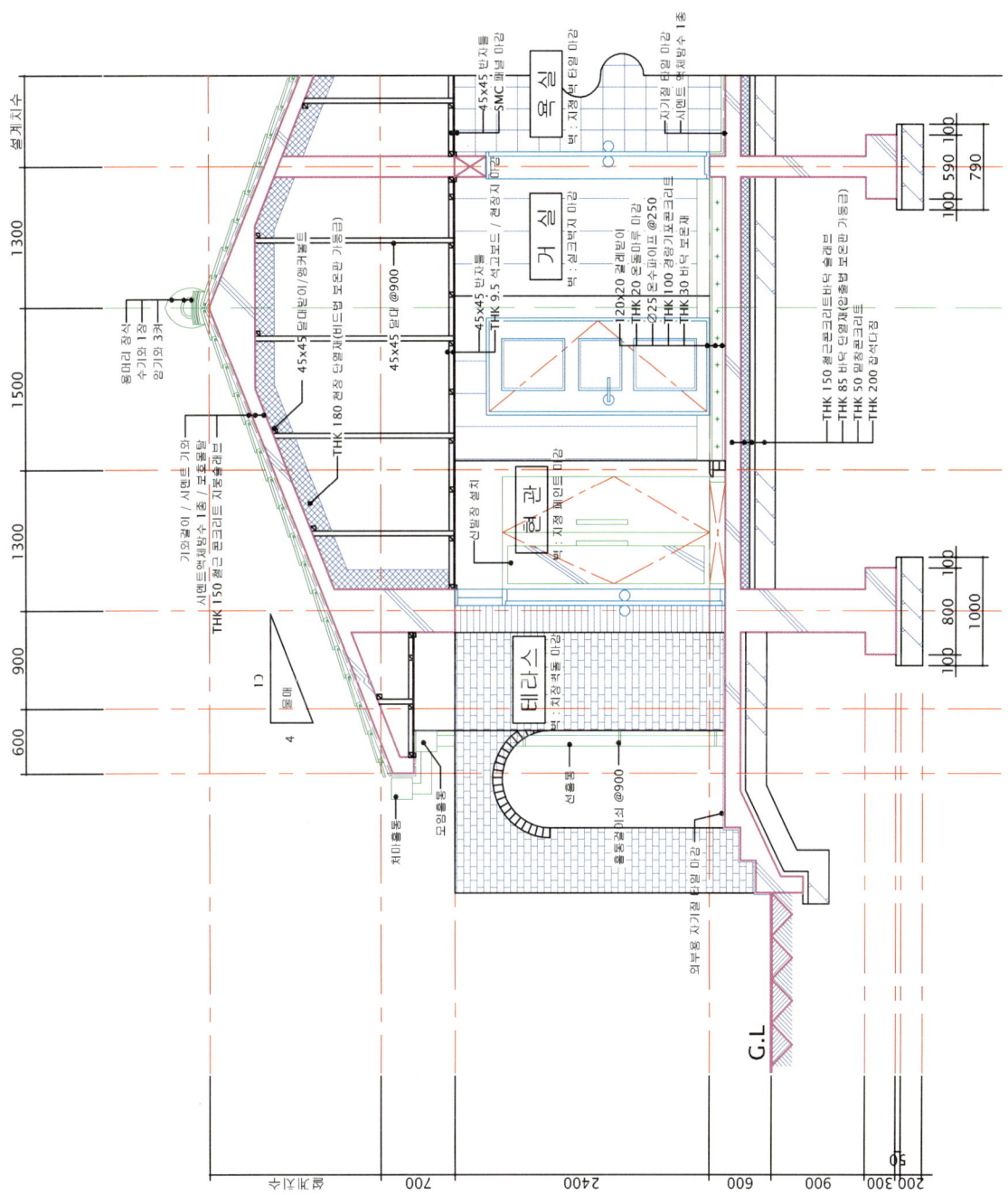

17. 표제란

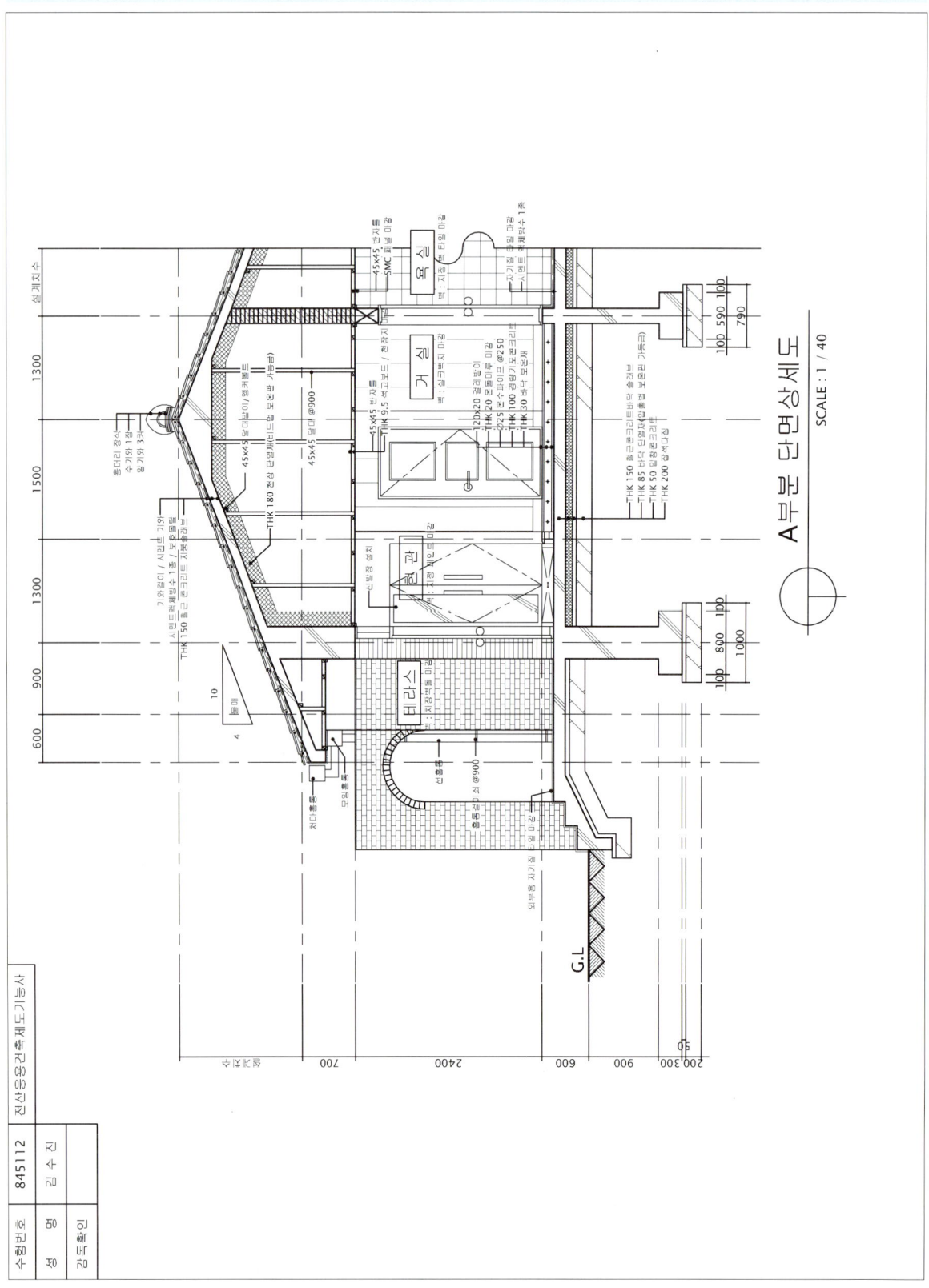

05 [입면도 작성]

18. 평면도 : 입면도 방향이 아래를 향하도록 하고 입면도의 위에 배치
단면도 : 입면도의 좌측에 배치

❶ 단면도의 G.L을 입면도에 연장
❷ 평면도의 외부 벽체 끝선을 입면도에 연장

19. 단면도에서 지붕높이 표현
※ 지붕의 가장 낮은 선을 기준으로 벽체 Trim

20. 평면도에서 지붕의 폭 표현
※ 지붕을 네모 모양으로 정리

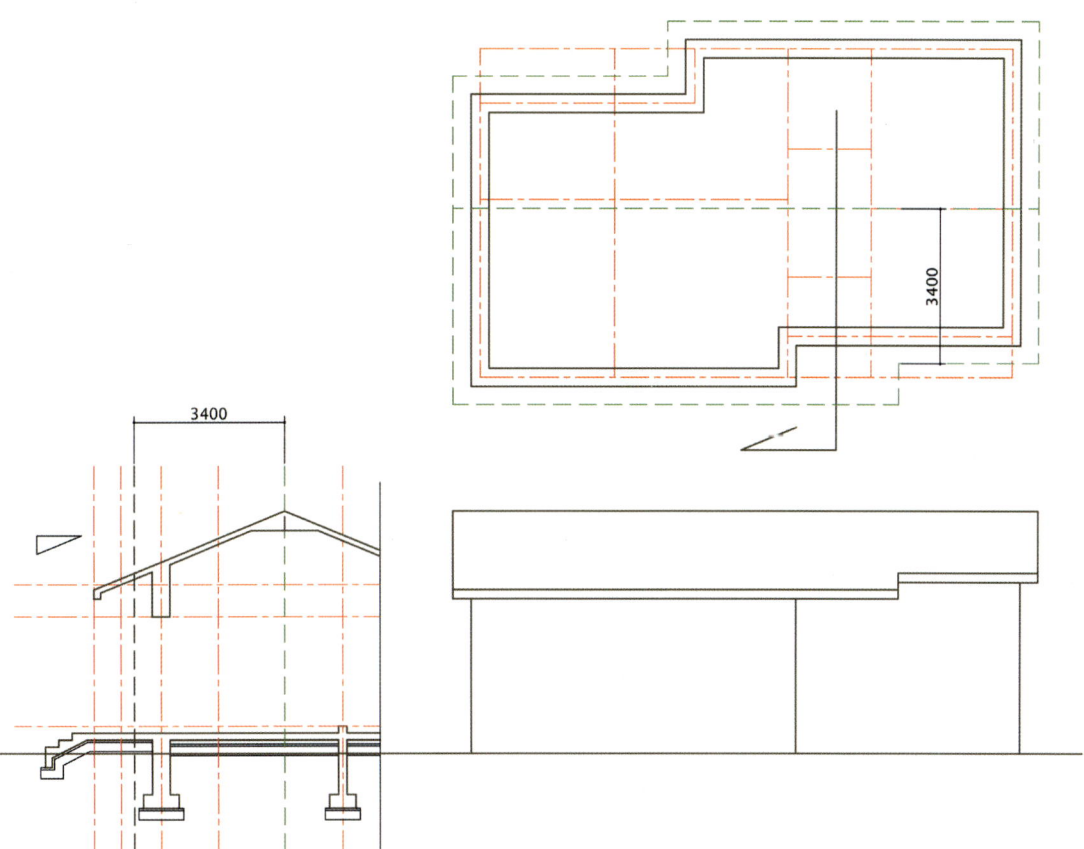

21. 난방끝선과 반자 시작선 표시 : 외부에서 볼 때 재료분리의 기준이 된다.

22. 창문과 현관문을 표현하기 위해 창호의 중심위치를 표시한다.

23. 창호표시
: 테라스 위치는 난방이 없으므로 150 낮춘다. 방 창문은 높이 1200, 거실창은 높이 2400으로 표현한다.
단, 테라스로 바로 나갈 수 있는 방 창문은 높이 2400(거실높이)에 맞춘다.

24. 계단, 테라스, 난간, 홈통, 기와, 창문 밑 벽돌 세워쌓기 등 표현
※ 뒤쪽에 낮은 지붕이 있으면 평면도 길이만큼 단면도에서 높이 생성

25. 문자작성 : 문자높이 100
벽돌해칭 : BRICK – 축척

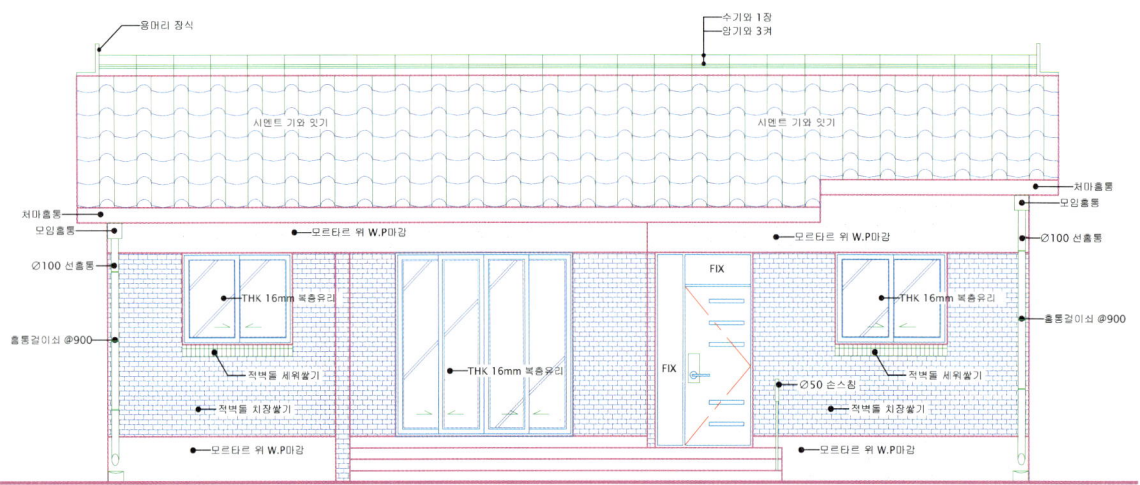

26. 표제란, 수목표현

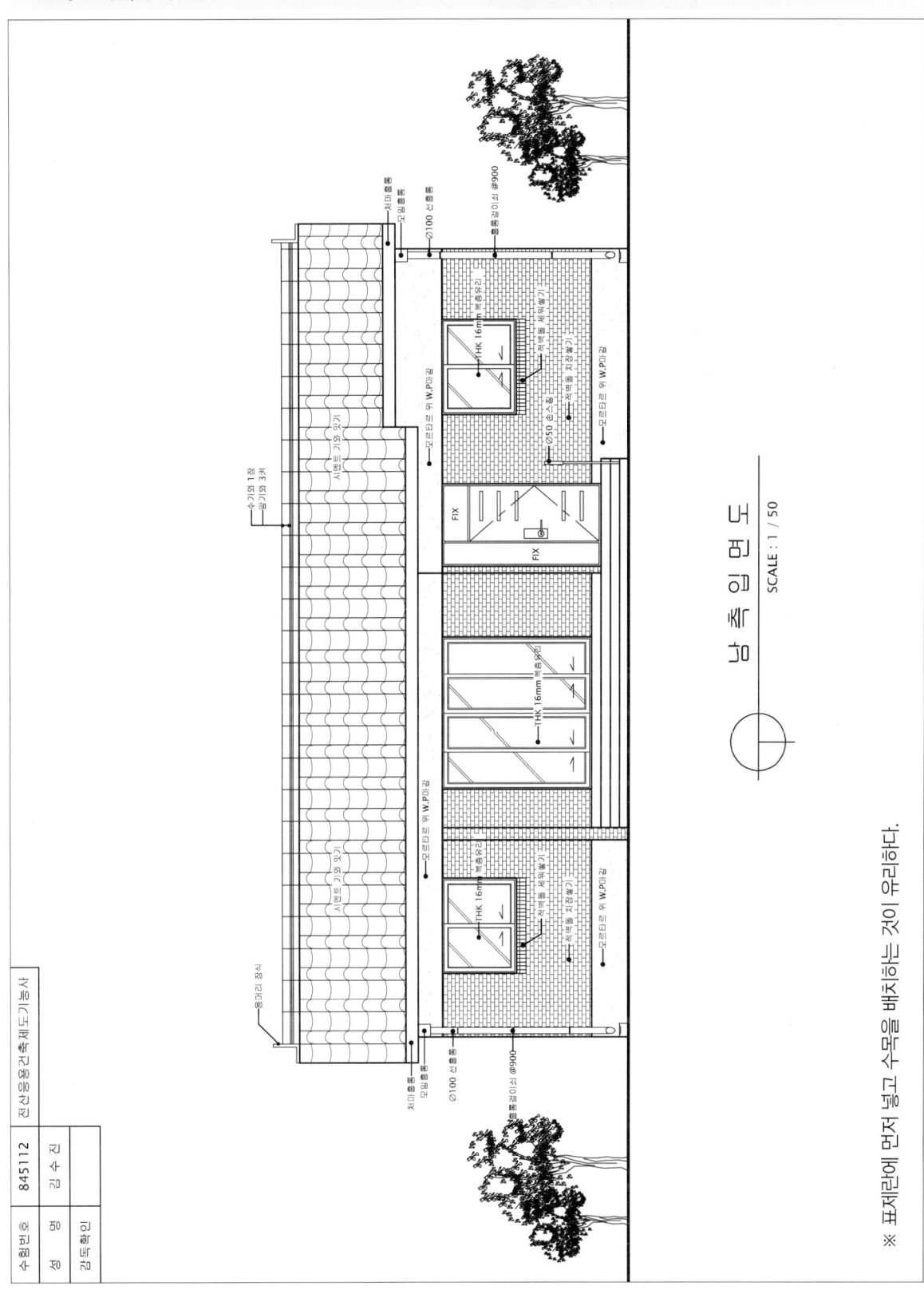

2019년 1회 A형 최신 기출문제

시험시간 4시간 10분

네이버 카페에서 완성 도면 파일을 확인하세요.

01 요구사항

주어진 평면도를 보고 CAD를 이용하여 아래 조건에 맞게 다음 도면을 작도한 후, 지급된 용지에 본인이 직접 흑백으로 출력하여 파일과 함께 제출하시오.

❶ A부분 단면 상세도를 축척 1/40으로 작도하시오.
❷ 남측 입면도를 축척 1/50으로 작도하되 벽면의 마감재료 표시 및 주위의 배경 등 도면의 요소를 충분히 고려하시오.

[조건]

- 기초 및 지하실 벽체 : 철근콘크리트 구조로 하시오.
- 벽체 : 외벽 - 외부로부터 붉은 벽돌 0.5B, 단열재, 시멘트 벽돌 1.0B
  내벽 - 시멘트 벽돌 1.0B
- 단열재 : 외벽 120mm, 바닥 85mm, 지붕 180mm
- 지붕 : 철근콘크리트 경사슬래브 위 시멘트 기와잇기 마감으로 하시오(물매 3.5/10 이상).
- 처마나옴 : 벽체 중심에서 600mm
- 반자높이 : 2400mm, 처마반자 설치
- 창호 : 목재창호로 하되 2중창인 경우 외부창호는 알루미늄 섀시로 하시오.
- 각 실의 난방 : 온수파이프 온돌난방으로 하시오.
- 1층 바닥 슬래브와 기초는 일체식으로 표현하시오.
- 평면도에 표현되지 않은 현관 상부 캐노피는 작도하지 않습니다.
- 기타 각 부분의 마감, 치수 등 주어지지 않은 조건은 일반적인 시공수준으로 하시오.

- 선의 통일을 기하기 위하여 아래와 같이 선의 색을 정리하여 출력하시오.
  - 흰색(7-White) : 0.3mm
  - 녹색(3-Green) : 0.2mm
  - 노랑(2-Yellow) : 0.4mm
  - 하늘색(4-Cyan) : 0.3mm
  - 빨강(1-Red) : 0.2mm
  - 파랑(5-Blue) : 0.1mm

02 수험자 유의사항

※ 다음 유의사항을 고려하여 요구도면을 완성하시오.

❶ 제시되지 않은 조건은 건축법, 건축구조 및 건축제도의 원칙에 따릅니다.

❷ 시험 시작 전 바탕화면에 본인 비번호로 폴더를 생성하고, 폴더 안에 작업내용을 저장하도록 합니다.
  (단, 시험장에서 본인 이름으로 폴더를 생성하도록 하는 경우 시험장 규정에 따른다)

❸ 정전 및 기계 고장 등에 의한 자료 손실을 방지하기 위하여 수시로 저장합니다.
  (파일이 없어지는 경우 본인의 과실로 본다)

❹ 다음과 같은 경우는 부정행위로 처리됩니다.
  1) 노트 및 서적, USB를 소지하거나 주고받는 행위
  2) 건물의 구조부분의 상세나 글씨 등을 사전에 블록으로 설정하여 지참해 사용하는 경우

❺ 작업이 끝나면 감독위원의 확인을 받은 후 문제지를 제출하고 본부요원 입회하에 본인이 직접 A3용지에 흑백으로 도면을 출력하도록 합니다. 이때 수험자의 운영 미숙으로 도면이 출력되지 않는 경우나 출력시간이 10분을 초과하는 경우는 실격 처리됩니다.

❻ 장비 조작 미숙으로 장비의 파손 및 고장을 일으킬 염려가 있을 경우 실격됩니다.

❼ 다음과 같은 경우에는 채점대상에서 제외됩니다.
  1) 시험시간 내에 요구사항을 완성하지 못한 경우
    (시험시간이 종료되면 자동으로 시스템이 정지하며, 최종저장을 누른 시간 이후의 데이터는 삭제되므로 시험 종료 전에 저장버튼을 잊지 마세요)
  2) 시험시간 내에 제출된 작품이라도 다음과 같은 경우
    가) 주어진 조건을 지키지 않고 작도한 경우
    나) 요구한 전 도면을 작도하지 않은 경우
    다) 건축제도 통칙을 준수하지 않거나 건축 CAD의 기능이 없는 상태에서 완성된 도면으로 시험위원 전원이 합의하여 판단한 경우

❽ 수험번호, 성명은 도면 좌측 상단에 아래와 같이 표제란을 만들어 기재합니다.

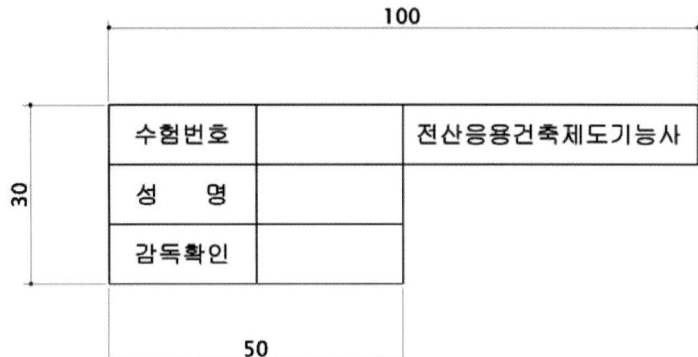

❾ 감독위원은 시험시작 후 수검자에게 표제란을 우선 작도 후 도면을 작도하도록 하여야 하며 수험자가 감독위원의 동지시를 따르지 않을 경우 실격 처리됩니다.

❿ 테두리선의 여백은 10mm로 합니다.

※ 출력은 시험의 일부입니다. 실제 종이에 출력해보지 않더라도 DWG To PDF(가상프린터)를 이용해 매번 연습합니다.
  (본 교재의 77페이지 참고) 실제 시험에서는 프린터 이름만 알려줍니다.

※ 2019년 1회 시험에서 특이한 점은 방 창문 하단의 세워쌓기 표현이 되어 있지 않았다는 것이다. 이런 경우 모두 바닥까지 창을 내려도 상관없지만 테라스로 연결되지 않은 방은 높지 않지만 밖으로 떨어질 위험이 있어 밖으로 돌출되지 않은 세워쌓기로 가정하고 작업하길 권한다. 평면도에서 창문 밑 벽돌 세워쌓기 표현이 되어있다면 기존 형태대로 기울여 표현한다.

※ 방 단면을 그려야 할 경우 – 단면상세도

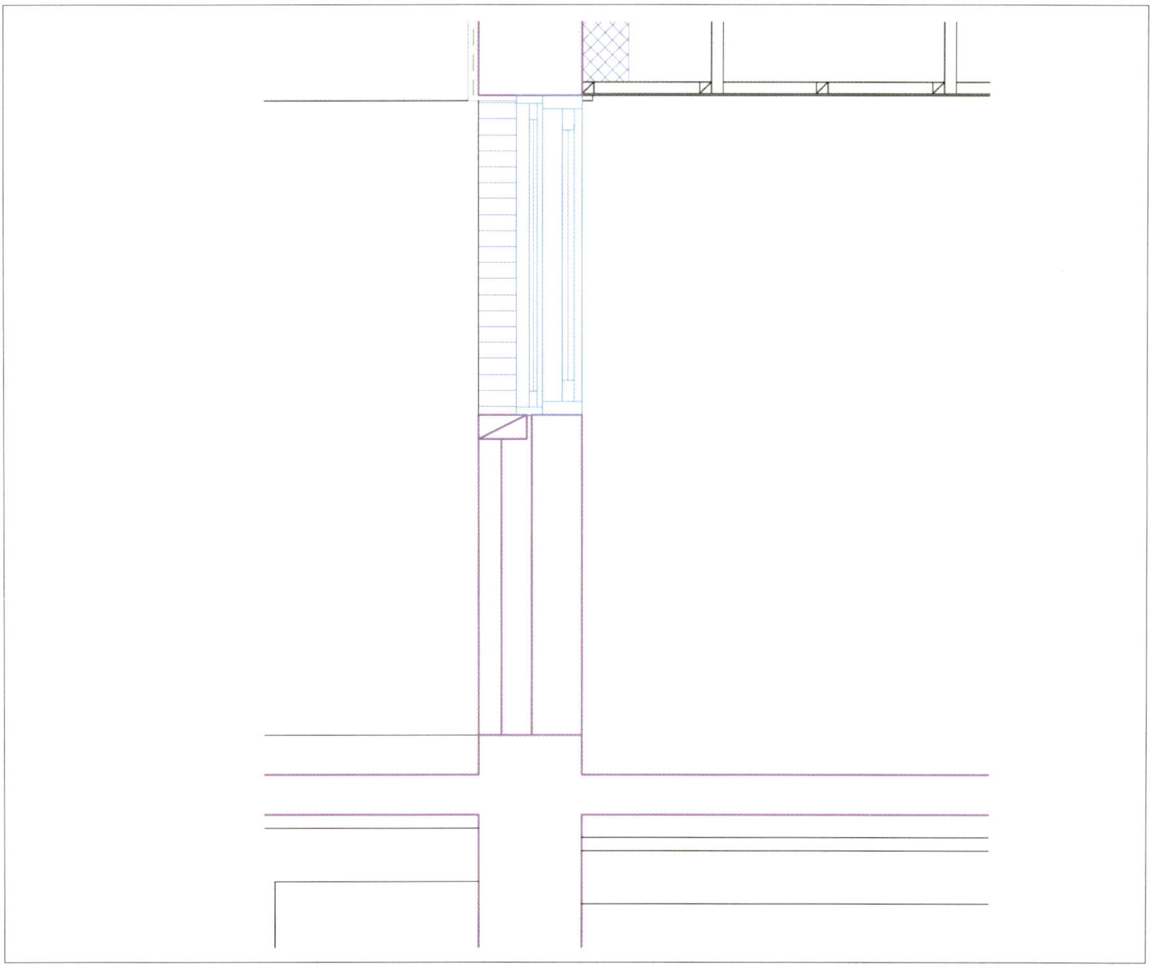

※ 입면도의 창문 하단 표현

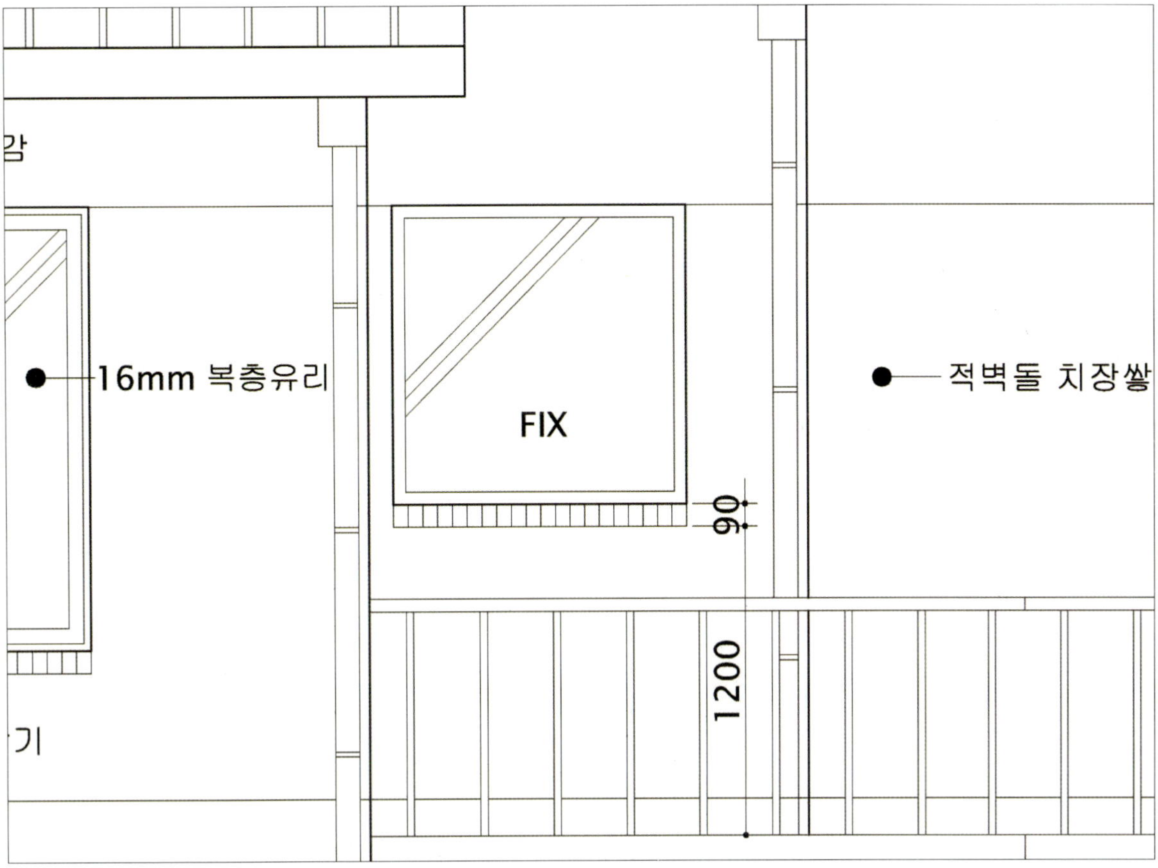

※ 2019년 1회 실기시험에서는 벽체 끝에서 방문 사이의 거리가 벽체 끝에서 100mm 띄운 상태로 제시되었다. 교재에서는 대부분 200mm 띄우는 것으로 표현하였다. 본 시험 때는 스케일(1/100)로 거리를 측정 후 제시된 대로 단면상세도를 표현하도록 한다.

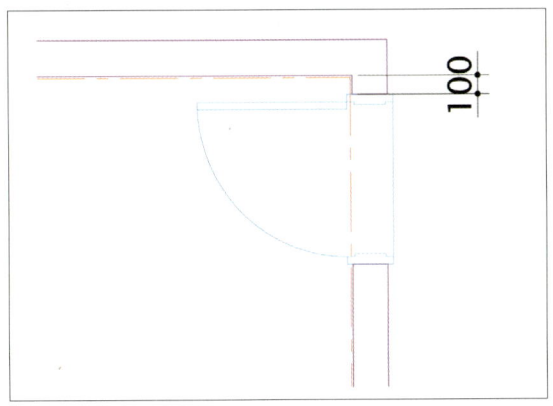
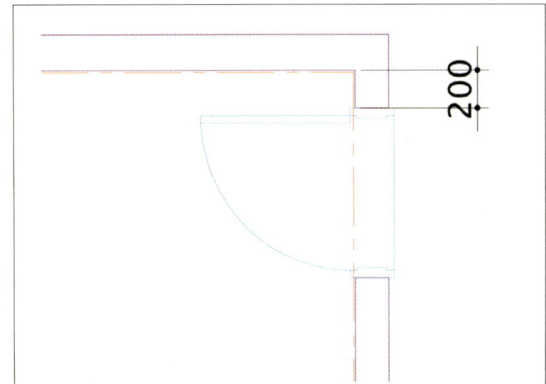

03 도면 [과제명] 주택 / [척도] 1/100

* 본 평면도는 실제 시험과 같이 1/100 스케일이므로, 자로 실측이 가능합니다.

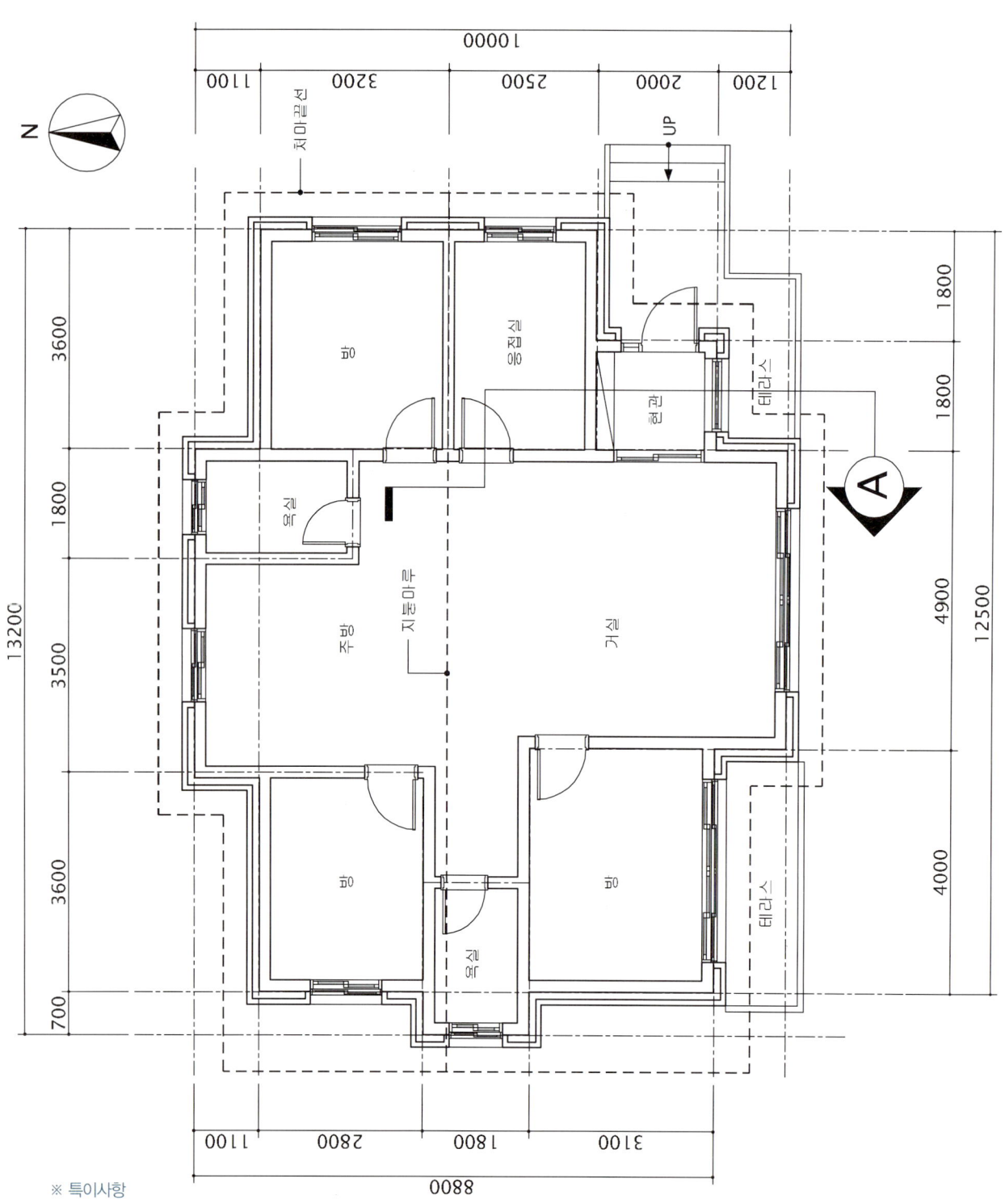

※ 특이사항

1. 단면상세도 단면선 꺾임
2. 현관의 고정창을 지나는 단면선
3. 단면상의 입면에서 외부의 멀리보이는 처마와 벽체가 발생

참고 이미지

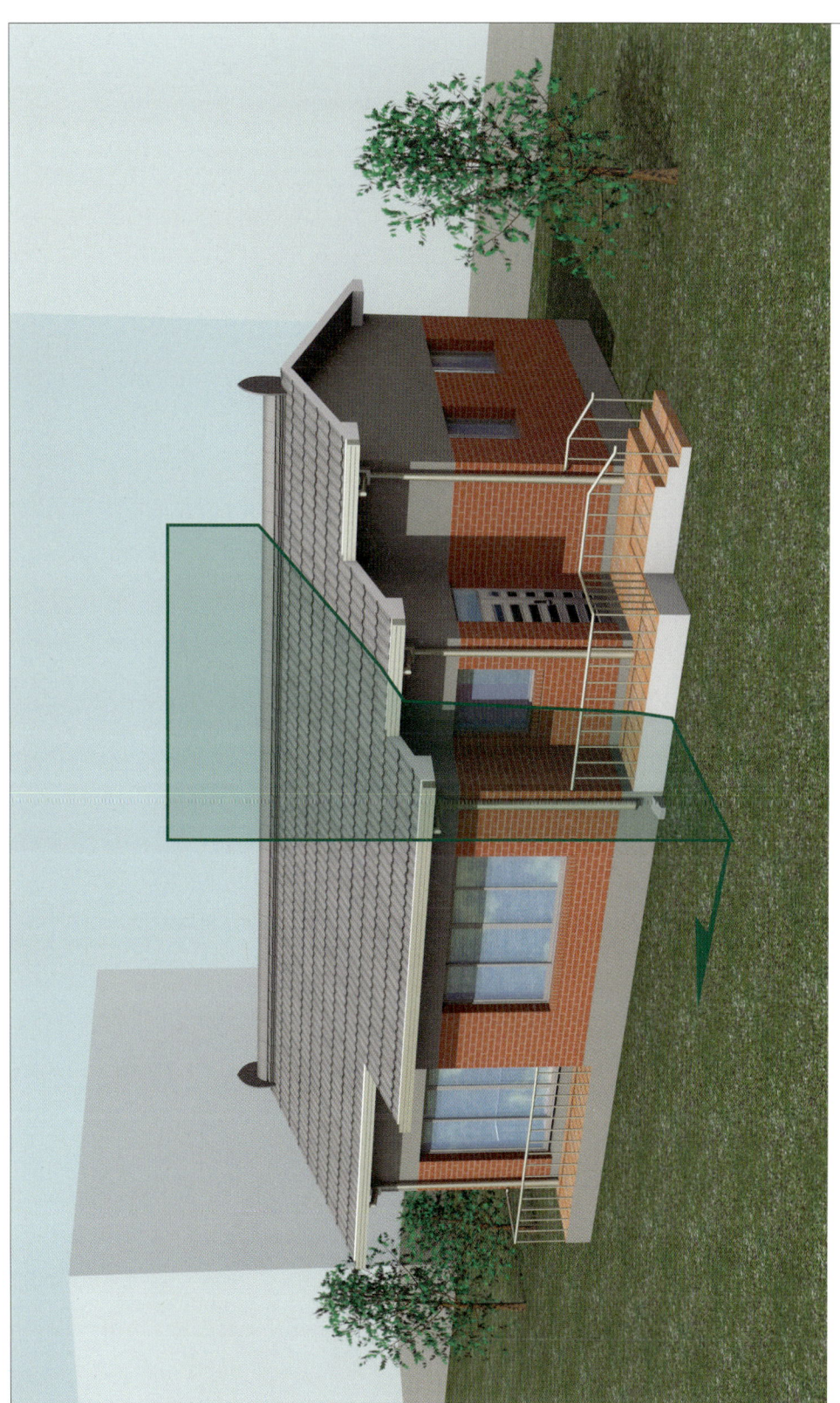

※ 수험자의 이해를 돕기 위한 이미지입니다. 실기시험에서 제시되지 않습니다.

04 [단면도 작성]

1. 기본설정 : Option, OSNAP, LAYER 구성 등
2. 평면도 외벽만 간단히 작성. 지붕이 복잡할 경우 미리 그려두는 것이 유리하다.
3. 화살표 방향이 위로 보도록 회전한다. – X Enter 모두선택 Enter (분해)

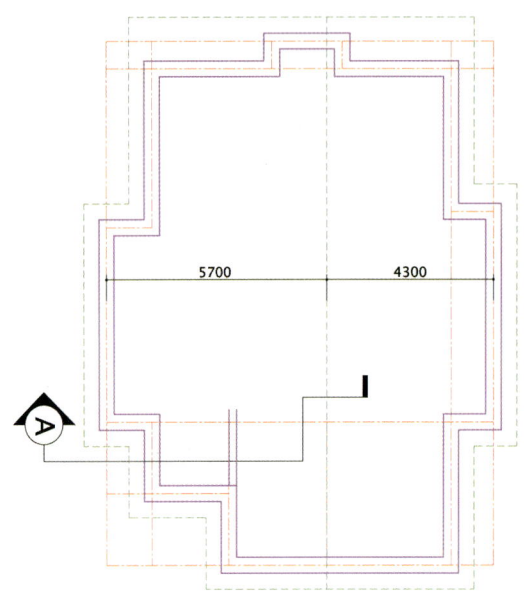

4. 노란색 도면층 : 평면도보다 길게 G.L을 그리고 절단부분(화살표가 지나가는 부분)의 기초와 바닥슬래브 표현
   (노란색 선을 선홍색으로 바꿔 설명하겠습니다. 나머지는 색상에 맞게 표현하였습니다)
   ※ 현관 벽체 하단에 150mm 콘크리트 턱을 두어도 됩니다.
5. 흰색 도면층 : 바닥단열재(THK 85), 밑창콘크리트(THK 50), 잡석다짐(THK 200), 난방(THK 150) 완성하기

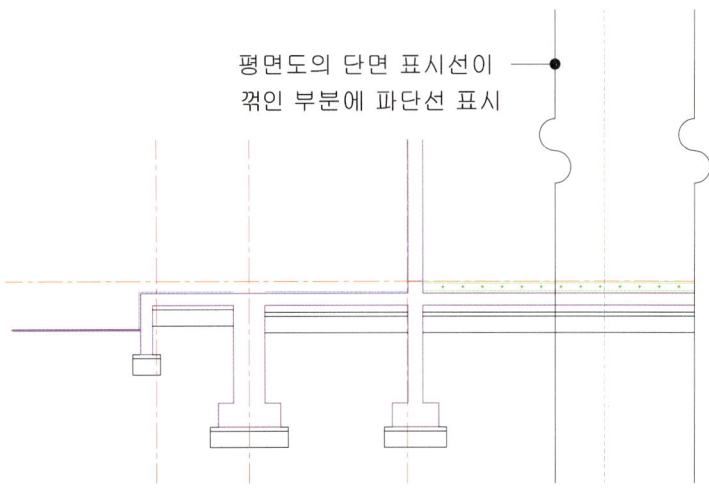

평면도의 단면 표시선이 꺾인 부분에 파단선 표시

6. 지붕 슬래브 그리기

❶ 지붕 마룻대에서 가장 먼 벽체의 중심거리 파악
❷ 난방선 끝에서 2400 위로 Offset
❸ 테두리보의 높이 700 표현
❹ REC [Enter] 시작점 클릭 @1000,350 [Enter]
❺ XL [Enter] A [Enter] 대각선 끝점 클릭, 클릭 – 가장 먼 벽체 중심과 테두리보가 만나는 부분에 클릭

7. 지붕 슬래브 완성
8. 반자 설치 : 반자를 복사하여 처마반자도 함께 설치한다.
9. 지붕단열재 : THK 180
10. 지붕방수, 기와

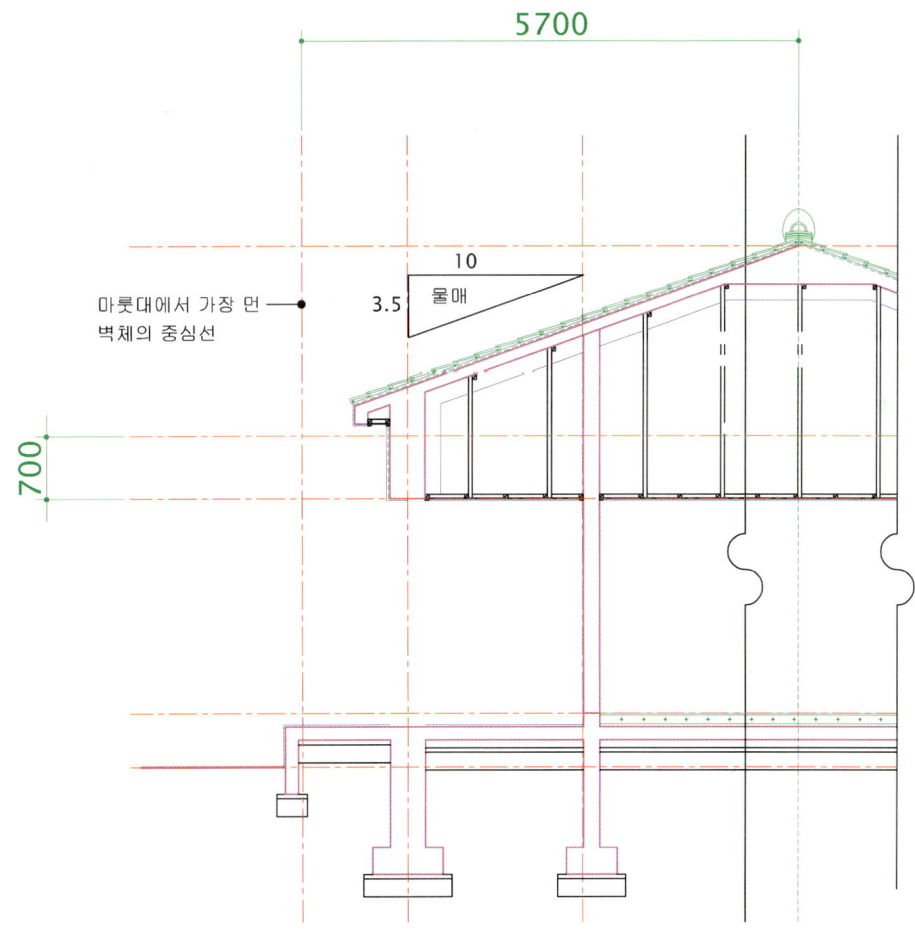

11. 고정창, 내부 벽체 표현

12. 단면도상의 입면요소 표현
: 입면으로 보이는 벽체, 입면으로 보이는 처마, 입면으로 보이는 문과 창문 등을 표현한다.

13. 홈통 설치

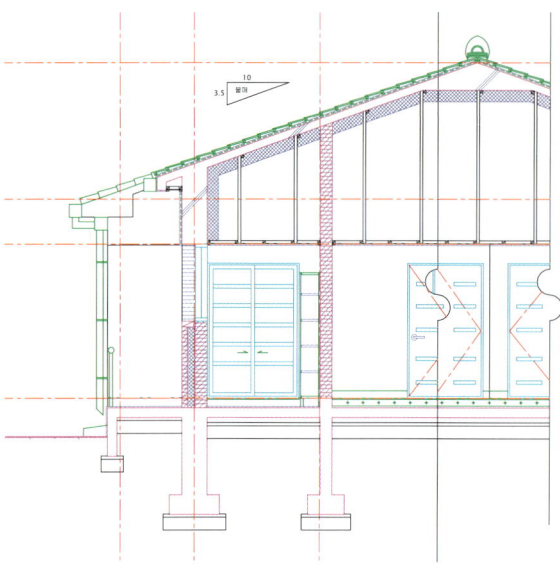

14. 문자 작성 : 흰색 도면층

ST Enter – Lucida sans unicode

도면층 : 흰색, 문자높이 : 80

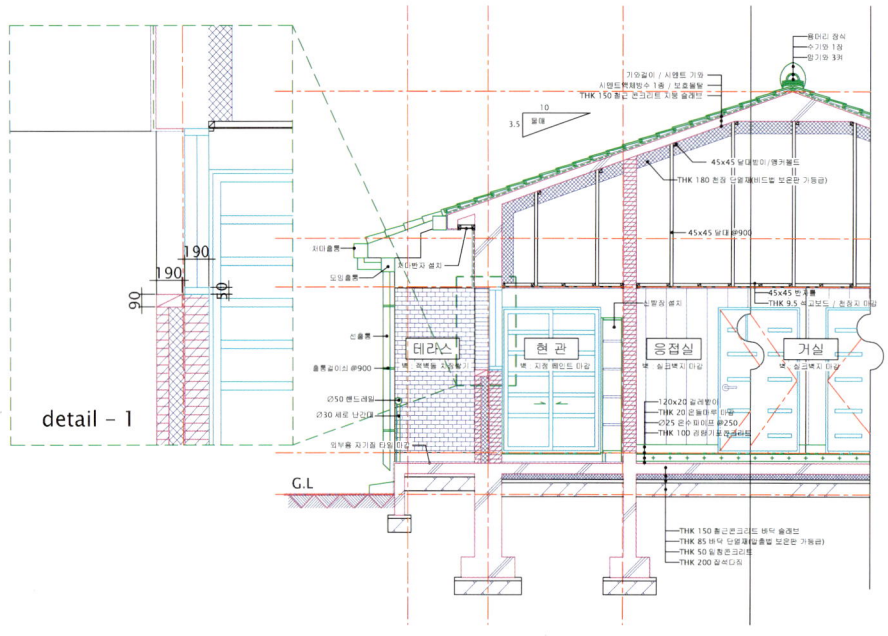

15. 단면, 입면의 재료표현과 해칭
16. 치수 : 중심선의 길이를 모두 맞춘 후 주석 – 신속치수

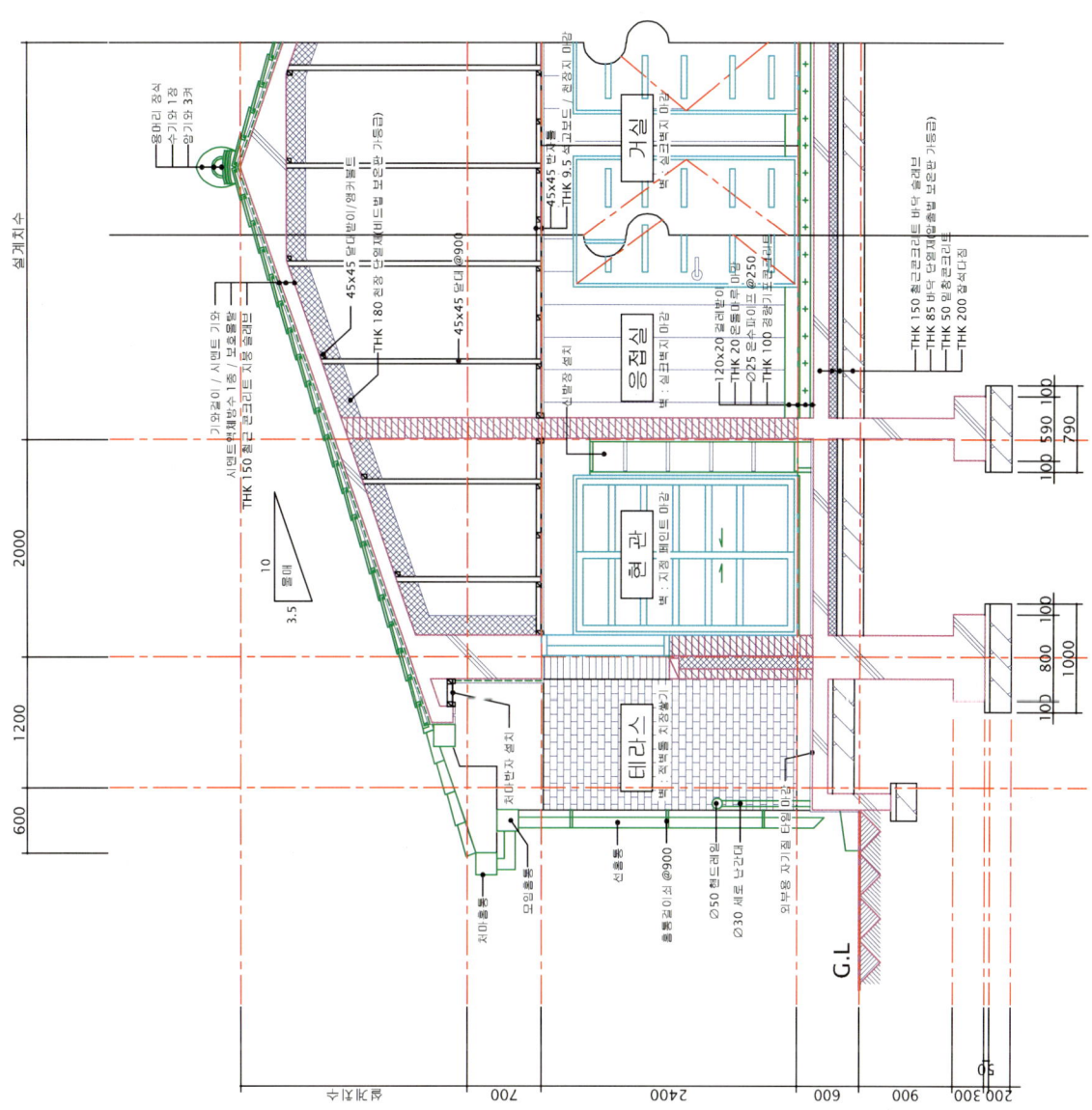

17. 표제란

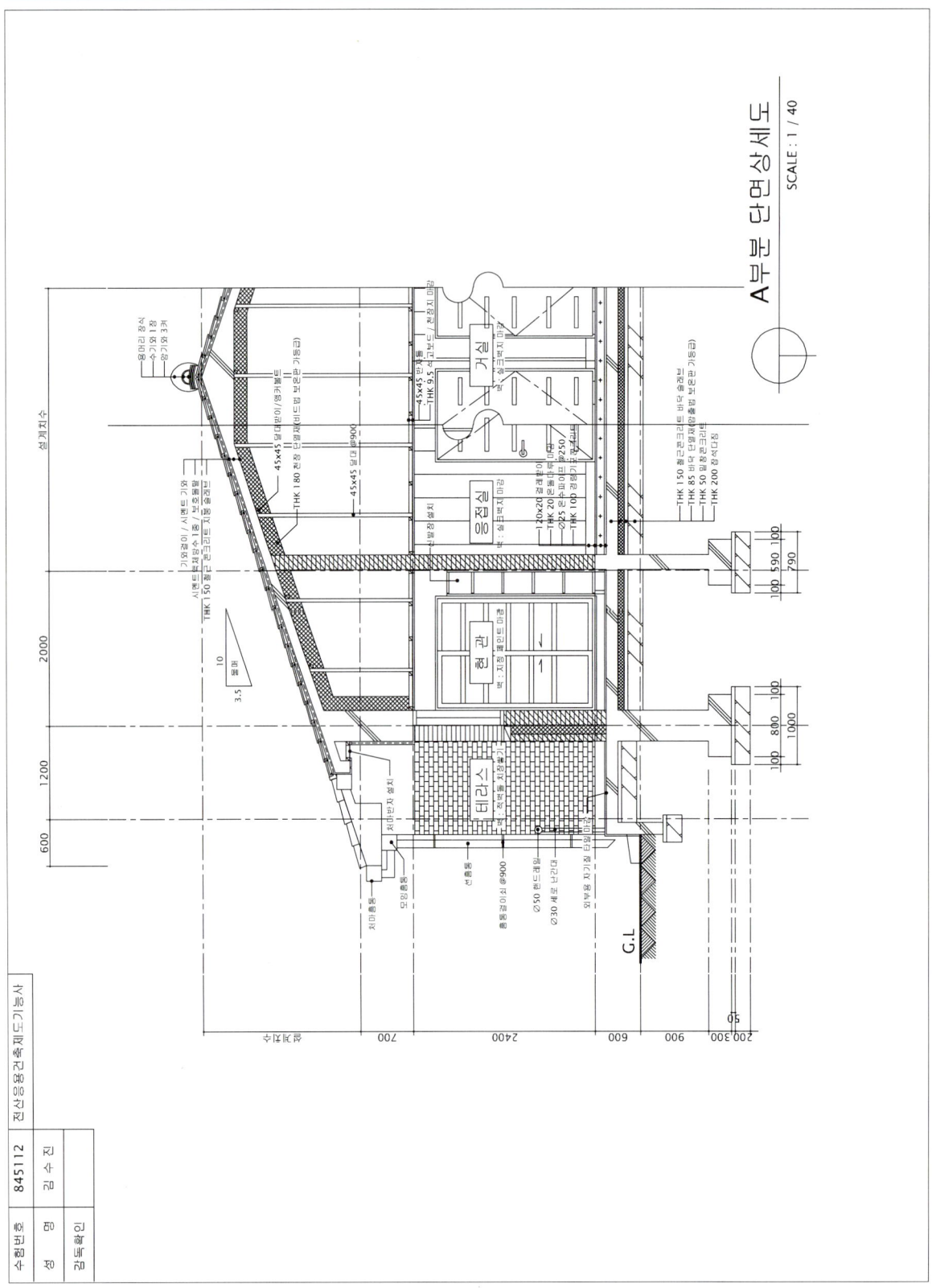

05 [입면도 작성]

18. 평면도 : 입면도 방향이 아래를 향하도록 하고 입면도의 위에 배치
단면도 : 입면도의 우(좌)측에 배치

❶ 단면도의 G.L을 입면도에 연장
❷ 평면도의 외부 벽체 끝선을 입면도에 연장

19. 단면도에서 지붕높이 표현
※ 지붕의 가장 낮은 선을 기준으로 벽체 Trim

20. 평면도에서 지붕의 폭 표현
※ 지붕을 네모 모양으로 정리

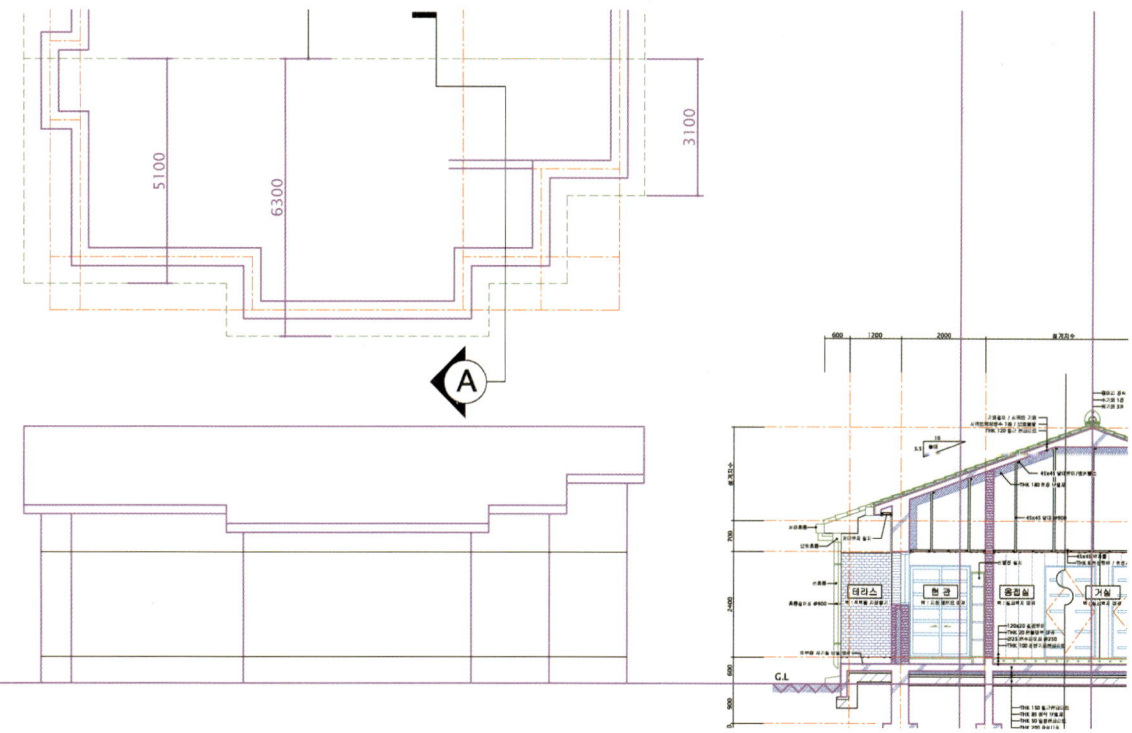

※ 높이가 다른 지붕이 있으면 평면도에서 용머리와 처마 끝의 거리를 확인하고 단면도에 표현
지붕 물매를 따라가다 보면 수평거리와 만나는 점이 높이가 된다.

21. 난방끝선과 반자 시작선 표시 : 외부에서 볼 때 재료분리의 기준이 된다.

22. 창문과 현관문을 표현하기 위해 창호의 중심위치를 표시한다.

23. 창호표시

: 테라스 위치는 난방이 없으므로 150 낮춘다. 방 창문은 높이 1200, 거실창은 높이 2400으로 표현한다.
단, 테라스로 바로 나갈 수 있는 방 창문은 높이 2400(거실높이)에 맞춘다.

※ 거실에서 테라스 없이 외부로 연결되는 창문은 바닥에서 600~900 올려서 표현한다.

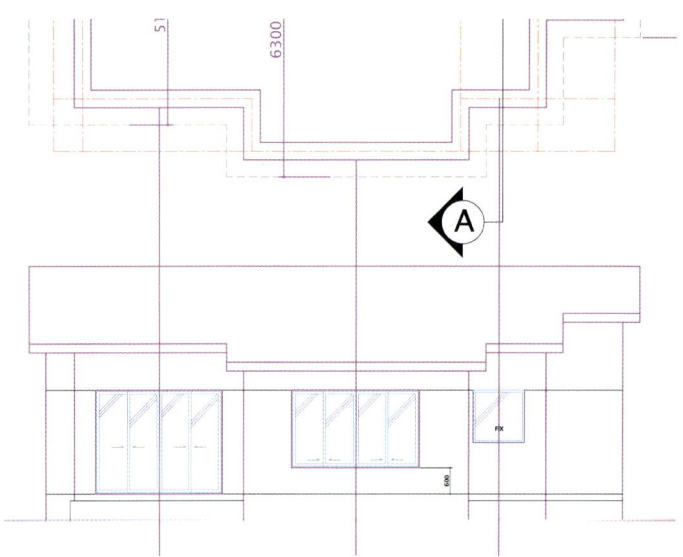

24. 계단, 테라스, 난간, 홈통, 기와, 창문 밑 벽돌 세워쌓기 등 표현

※ 뒤쪽에 낮은 지붕이 있으면 평면도 길이만큼 단면도에서 높이 생성

25. 문자작성 : 문자높이 100

벽돌해칭 : BRICK - 축척

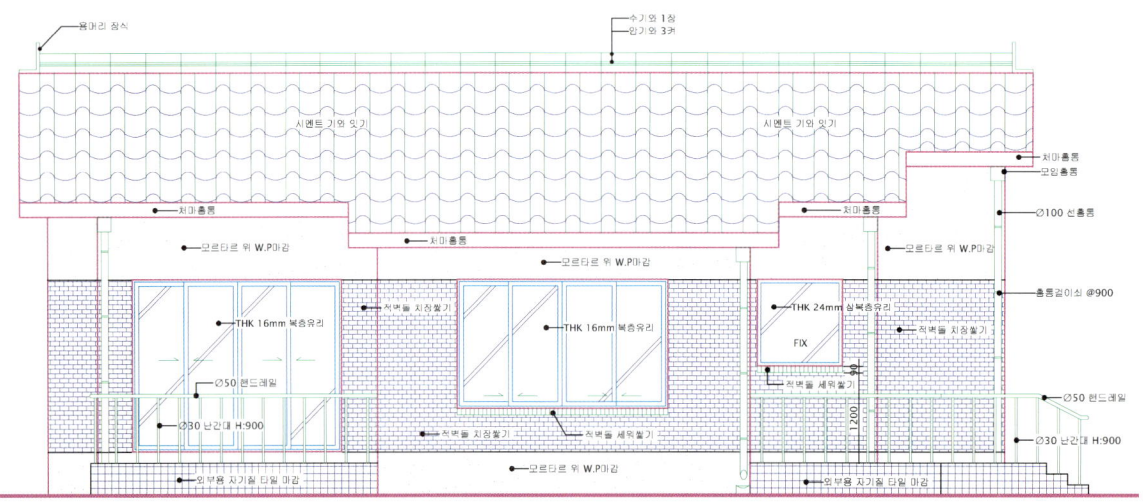

26. 표제란, 수목표현

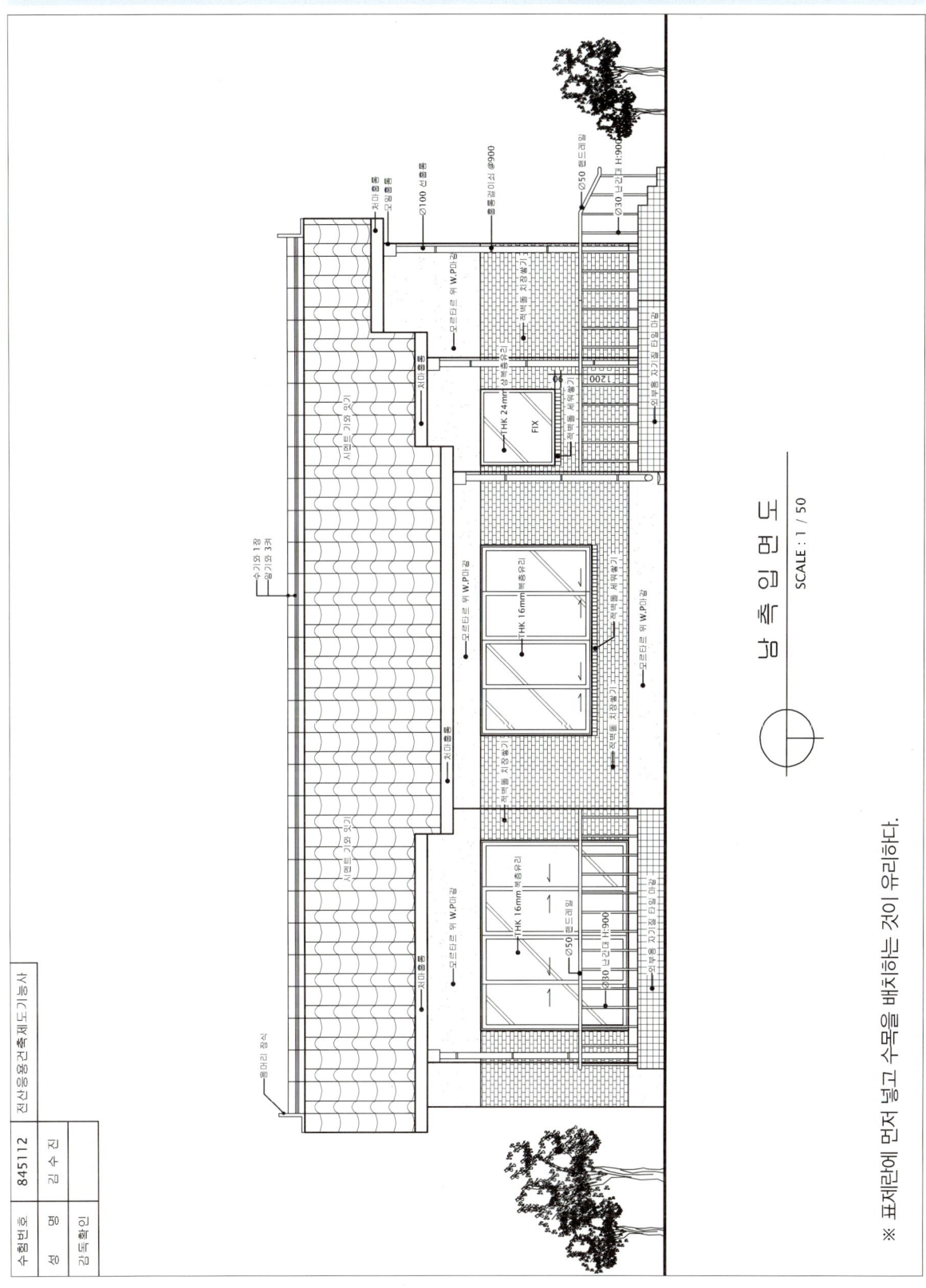

2019년 2회 A형 최신 기출문제

시험시간: 4시간 10분

네이버 카페에서 완성 도면 파일을 확인하세요.

01 요구사항

주어진 평면도를 보고 CAD를 이용하여 아래 조건에 맞게 다음 도면을 작도한 후, 지급된 용지에 본인이 직접 흑백으로 출력하여 파일과 함께 제출하시오.

❶ A부분 단면 상세도를 축척 1/40으로 작도하시오.
❷ 남측 입면도를 축척 1/50으로 작도하되 벽면의 마감재료 표시 및 주위의 배경 등 도면의 요소를 충분히 고려하시오.

[조건]

- 기초 및 지하실 벽체 : 철근콘크리트 구조로 하시오.
- 벽체 : 외벽 − 외부로부터 붉은 벽돌 0.5B, 단열재, 시멘트 벽돌 1.0B
  내벽 − 시멘트 벽돌 1.0B
- 단열재 : 외벽 120mm, 바닥 85mm, 지붕 180mm
- 지붕 : 철근콘크리트 경사슬래브 위 시멘트 기와잇기 마감으로 하시오(물매 3.5/10 이상).
- 처마나옴 : 벽체 중심에서 600mm
- 반자높이 : 2400mm, 처마반자 설치
- 창호 : 목재창호로 하되 2중창인 경우 외부창호는 알루미늄 섀시로 하시오.
- 각 실의 난방 : 온수파이프 온돌난방으로 하시오.
- 1층 바닥 슬래브와 기초는 일체식으로 표현하시오.
- 평면도에 표현되지 않은 현관 상부 캐노피는 작도하지 않습니다.
- 기타 각 부분의 마감, 치수 등 주어지지 않은 조건은 일반적인 시공수준으로 하시오.

- 선의 통일을 기하기 위하여 아래와 같이 선의 색을 정리하여 출력하시오.
  - 흰색(7−White) : 0.3mm
  - 노랑(2−Yellow) : 0.4mm
  - 빨강(1−Red) : 0.2mm
  - 녹색(3−Green) : 0.2mm
  - 하늘색(4−Cyan) : 0.3mm
  - 파랑(5−Blue) : 0.1mm

02 수험자 유의사항

※ 다음 유의사항을 고려하여 요구도면을 완성하시오.

❶ 제시되지 않은 조건은 건축법, 건축구조 및 건축제도의 원칙에 따릅니다.

❷ 시험 시작 전 바탕화면에 본인 비번호로 폴더를 생성하고, 폴더 안에 작업내용을 저장하도록 합니다.
  (단, 시험장에서 본인 이름으로 폴더를 생성하도록 하는 경우 시험장 규정에 따른다)

❸ 정전 및 기계 고장 등에 의한 자료 손실을 방지하기 위하여 수시로 저장합니다.
  (파일이 없어지는 경우 본인의 과실로 본다)

❹ 다음과 같은 경우는 부정행위로 처리됩니다.
  1) 노트 및 서적, USB를 소지하거나 주고받는 행위
  2) 건물의 구조부분의 상세나 글씨 등을 사전에 블록으로 설정하여 지참해 사용하는 경우

❺ 작업이 끝나면 감독위원의 확인을 받은 후 문제지를 제출하고 본부요원 입회하에 본인이 직접 A3용지에 흑백으로 도면을 출력하도록 합니다. 이때 수험자의 운영 미숙으로 도면이 출력되지 않는 경우나 출력시간이 10분을 초과하는 경우는 실격 처리됩니다.

❻ 장비 조작 미숙으로 장비의 파손 및 고장을 일으킬 염려가 있을 경우 실격됩니다.

❼ 다음과 같은 경우에는 채점대상에서 제외됩니다.
  1) 시험시간 내에 요구사항을 완성하지 못한 경우
    (시험시간이 종료되면 자동으로 시스템이 정지하며, 최종저장을 누른 시간 이후의 데이터는 삭제되므로 시험 종료 전에 저장버튼을 잊지 마세요)
  2) 시험시간 내에 제출된 작품이라도 다음과 같은 경우
    가) 주어진 조건을 지키지 않고 작도한 경우
    나) 요구한 전 도면을 작도하지 않은 경우
    다) 건축제도 통칙을 준수하지 않거나 건축 CAD의 기능이 없는 상태에서 완성된 도면으로 시험위원 전원이 합의하여 판단한 경우

❽ 수험번호, 성명은 도면 좌측 상단에 아래와 같이 표제란을 만들어 기재합니다.

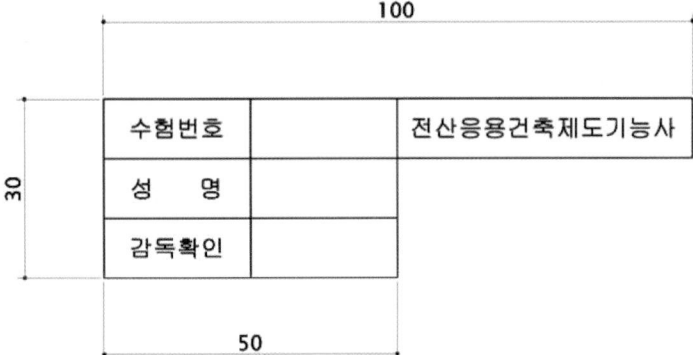

❾ 감독위원은 시험시작 후 수검자에게 표제란을 우선 작도 후 도면을 작도하도록 하여야 하며 수험자가 감독위원의 동지시를 따르지 않을 경우 실격 처리됩니다.

❿ 테두리선의 여백은 10mm로 합니다.

※ 출력은 시험의 일부입니다. 실제 종이에 출력해보지 않더라도 DWG To PDF(가상프린터)를 이용해 매번 연습합니다.
  (본 교재의 77페이지 참고) 실제 시험에서는 프린터 이름만 알려줍니다.

03 도면 [과제명] 주택 / [척도] 1/100

* 본 평면도는 실제 시험과 같이 1/100 스케일이므로, 자로 실측이 가능합니다.

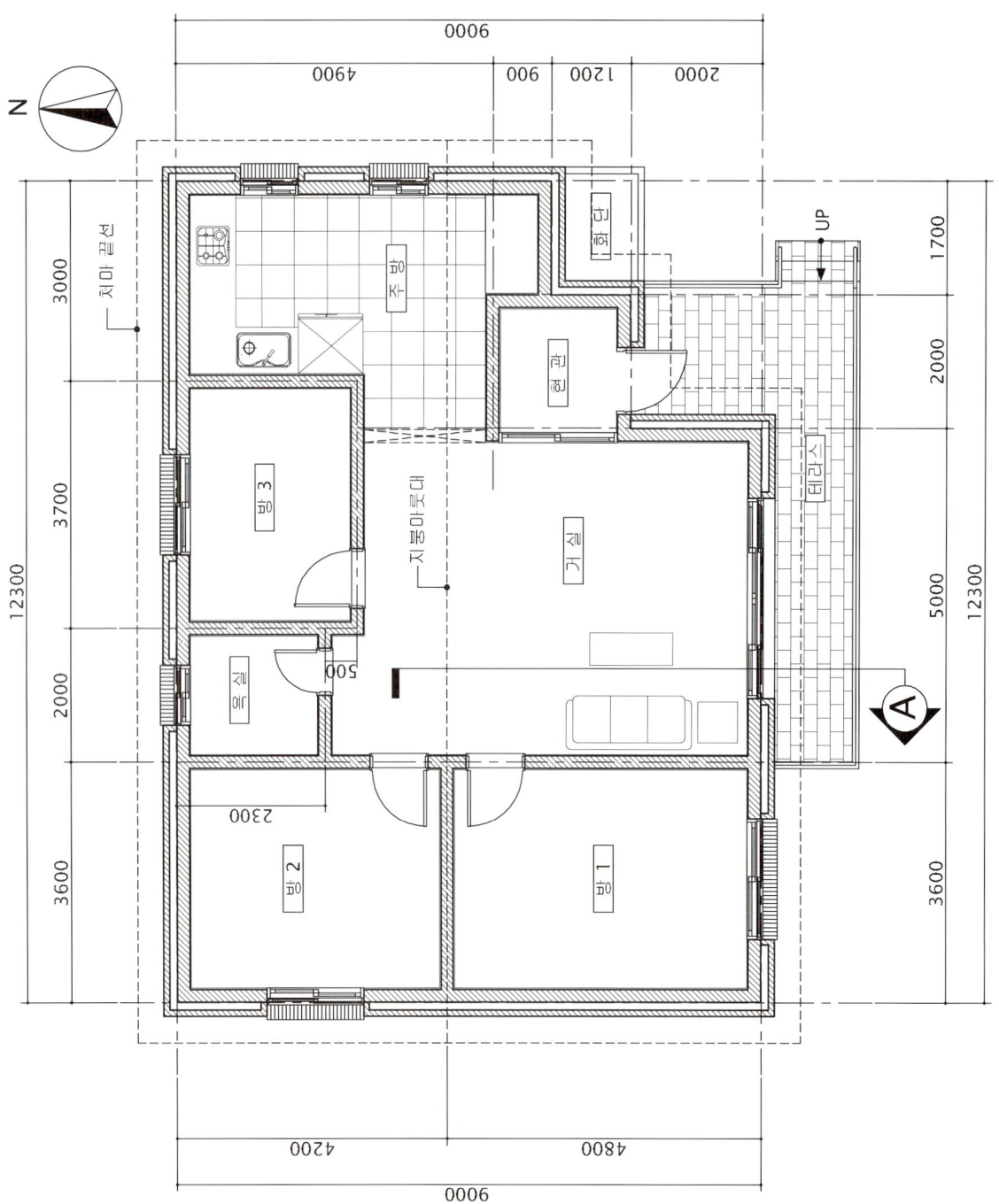

※ 특이사항

1. 단면선이 벽체를 하나만 지나므로 기초와 테두리보를 하나만 표현
2. 테라스의 단면 표현
3. 입면도의 우측에 낮은 처마 표현

참고 이미지

※ 수험자의 이해를 돕기 위한 이미지입니다. 실기시험에서 제시되지 않습니다.

04 [단면도 작성]

1. 기본설정 : Option, OSNAP, LAYER 구성 등
2. 평면도 외벽만 간단히 작성. 지붕이 복잡할 경우 미리 그려두는 것이 유리하다.
3. 화살표 방향이 위로 보도록 회전한다. - X Enter 모두선택 Enter (분해)

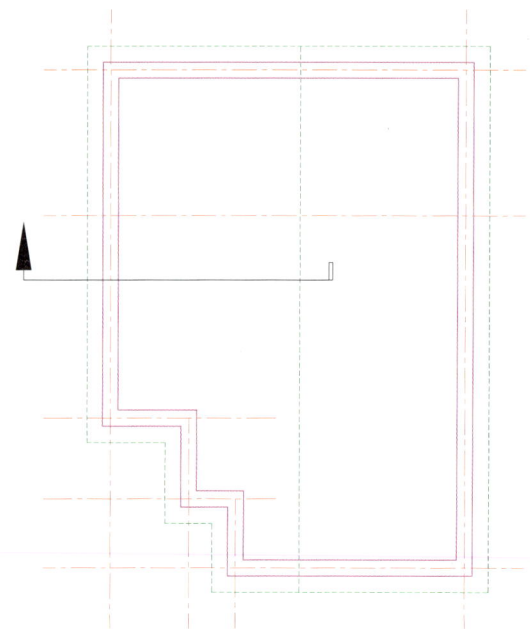

4. 노란색 도면층 : 평면도보다 길게 G.L을 그리고 절단부분(화살표가 지나가는 부분)의 기초와 바닥슬래브 표현
   (노란색 선을 선홍색으로 바꿔 설명하겠습니다. 나머지는 색상에 맞게 표현하였습니다)
   ※ 계단 3단(450) + 난방(150)이므로 기초의 높이는 600mm입니다.
5. 흰색 도면층 : 바닥단열재(THK 85), 밑창콘크리트(THK 50), 잡석다짐(THK 200), 난방(THK 150) 완성하기

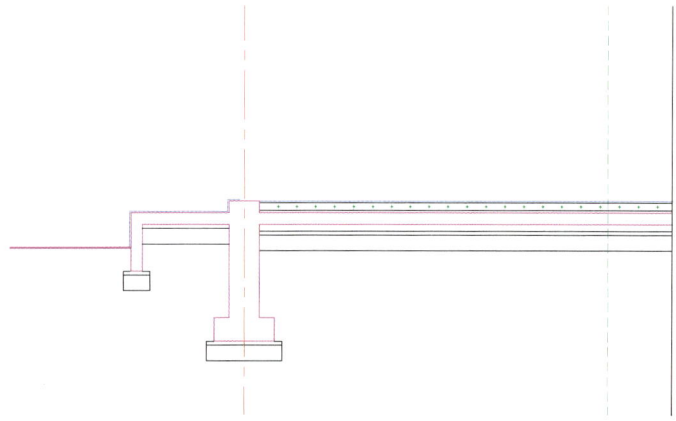

6. 지붕 슬래브 그리기

❶ 지붕 마룻대에서 가장 먼 벽체의 중심거리 파악
❷ 난방선 끝에서 2400 위로 Offset
❸ 테두리보의 높이 700 표현
❹ REC Enter 시작점 클릭 @1000,400 Enter
❺ XL Enter A Enter 대각선 끝점 클릭, 클릭 – 가장 먼 벽체 중심과 테두리보가 만나는 부분에 클릭

7. 지붕 슬래브 완성
8. 반자 설치 : 반자를 복사하여 처마반자도 함께 설치한다.
9. 지붕단열재 : THK 180
10. 지붕방수, 기와

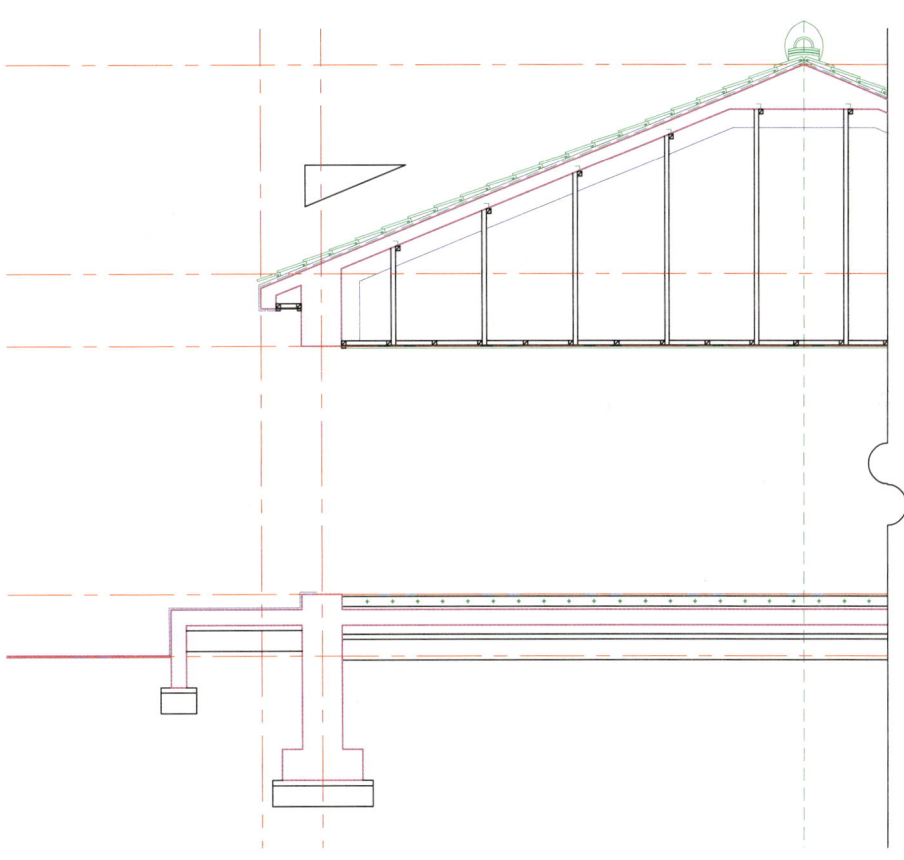

11. 거실 창, 내부 벽체 표현

12. 단면도상의 입면요소 표현
: 입면으로 보이는 벽체, 입면으로 보이는 처마, 입면으로 보이는 문과 창문 등을 표현한다.

13. 홈통 설치

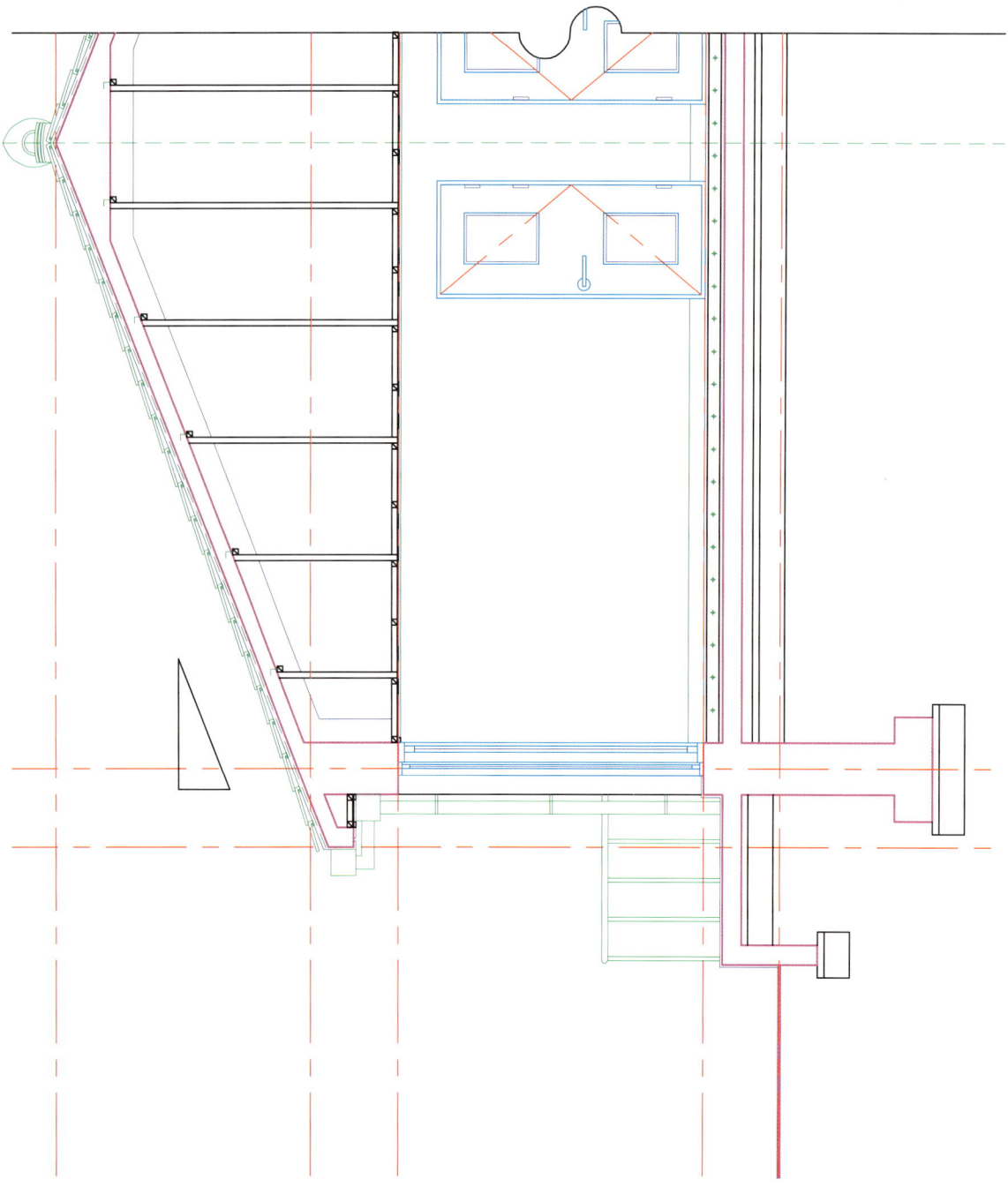

14. 문자 작성 : 흰색 도면층

ST [Enter] – Lucida sans unicode

도면층 : 흰색, 문자높이 : 80

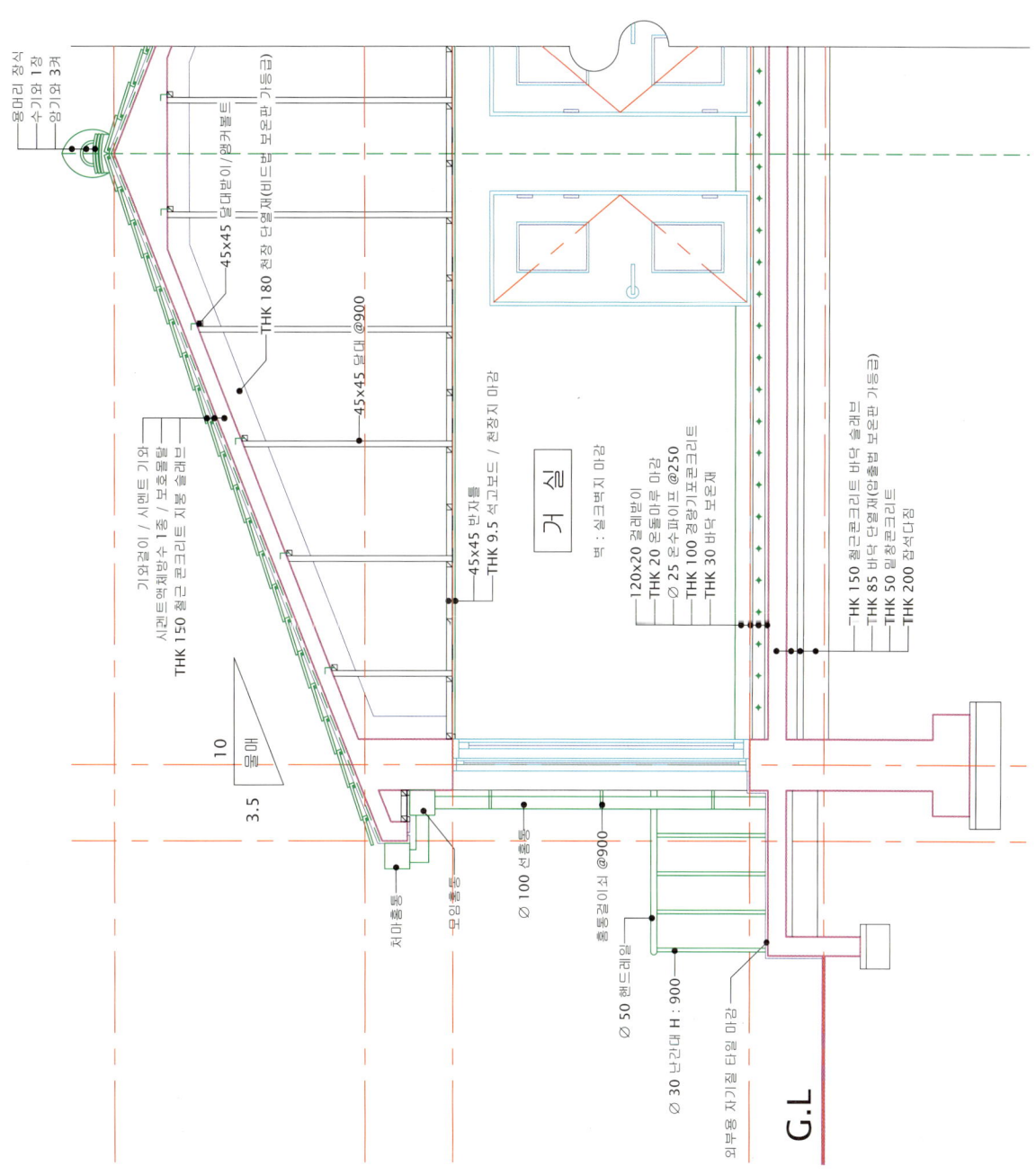

15. 단면, 입면의 재료표현과 해칭
16. 치수 : 중심선의 길이를 모두 맞춘 후 주석 – 신속치수

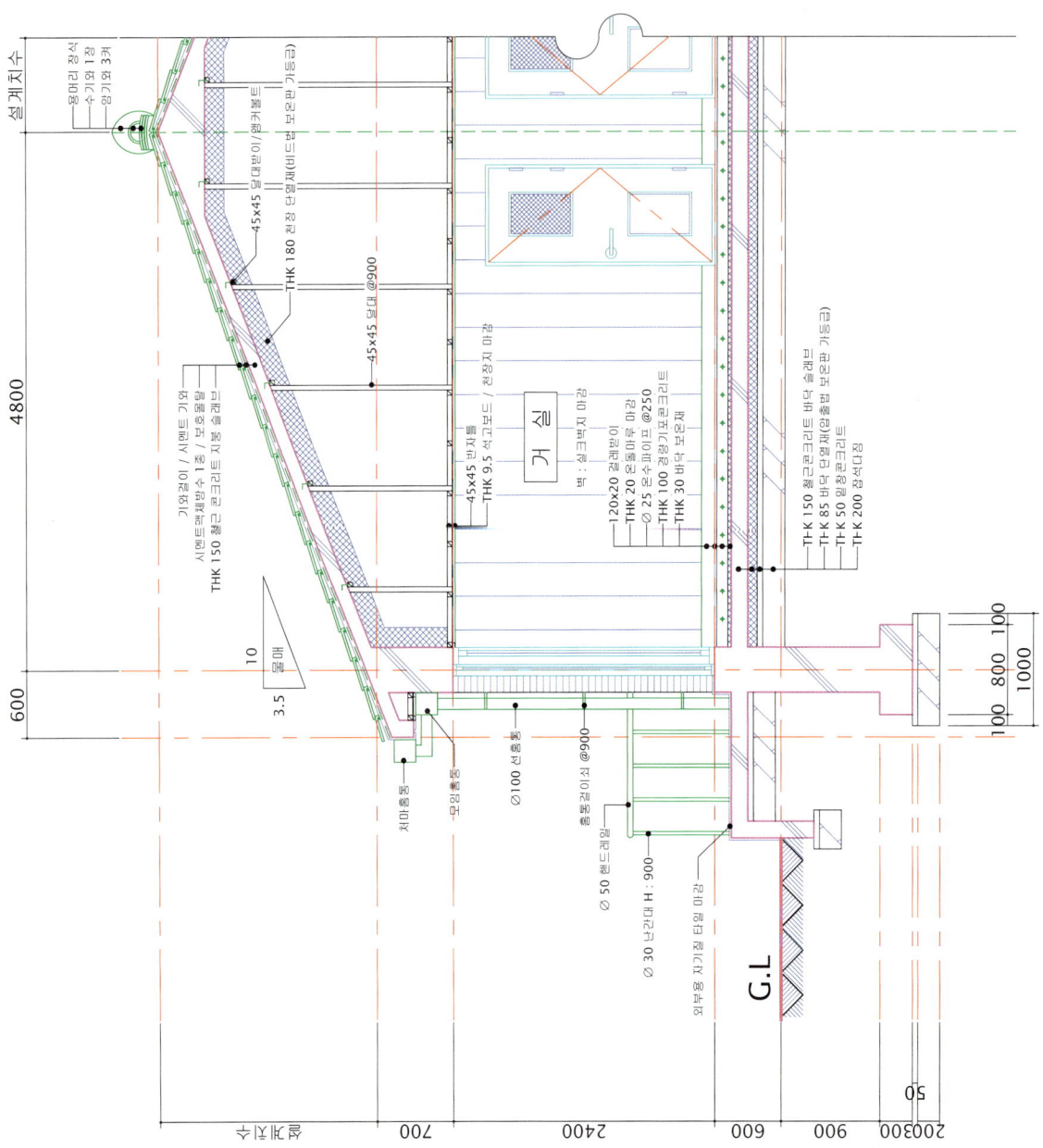

17. 표제란

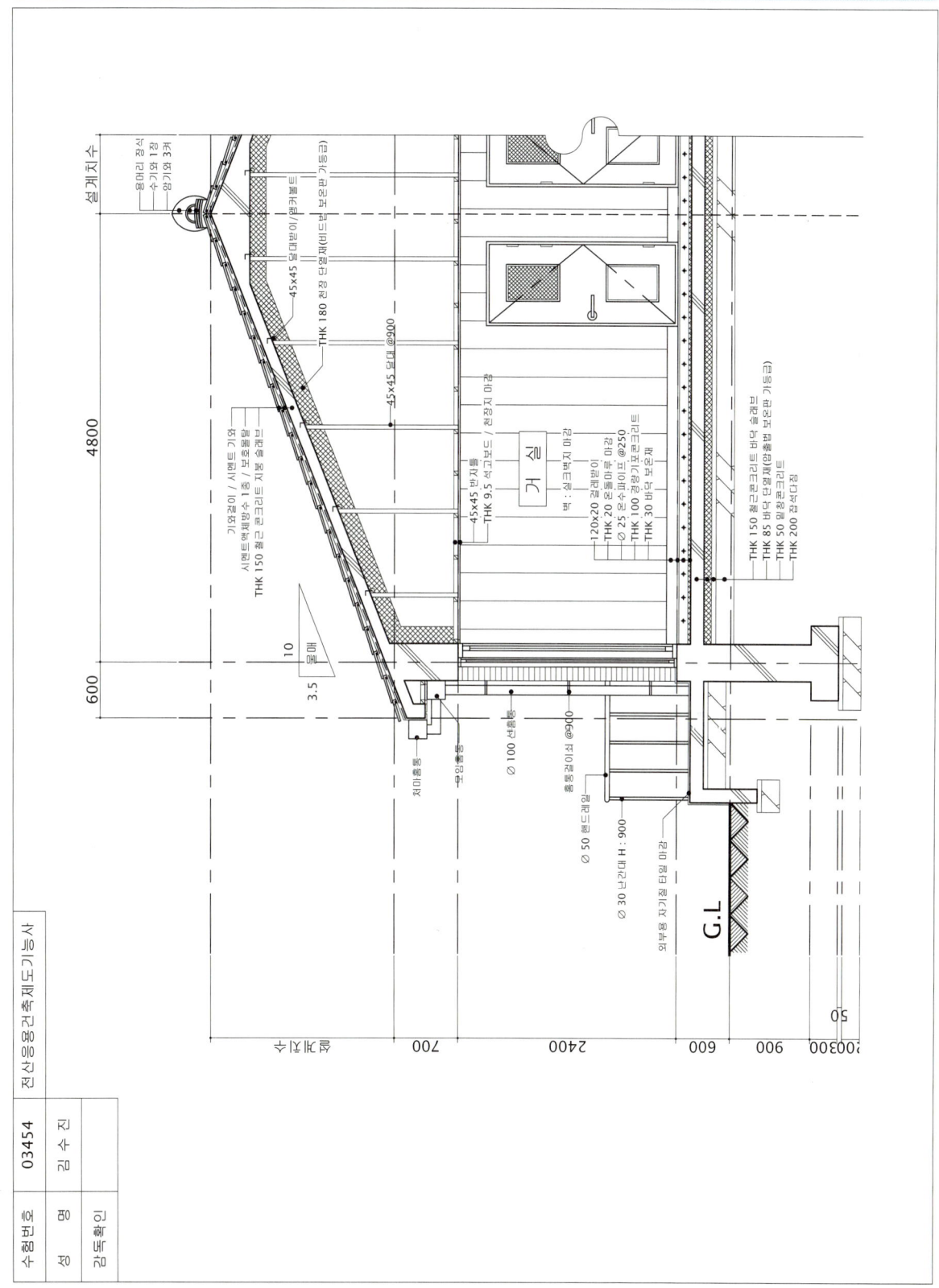

05 [입면도 작성]

18. 평면도 : 입면도 방향이 아래를 향하도록 하고 입면도의 위에 배치
  단면도 : 입면도의 우(좌)측에 배치

❶ 단면도의 G.L을 입면도에 연장
❷ 평면도의 외부 벽체 끝선을 입면도에 연장

19. 단면도에서 지붕높이 표현
  ※ 지붕의 가장 낮은 선을 기준으로 벽체 Trim

20. 평면도에서 지붕의 폭 표현
  ※ 지붕을 네모 모양으로 정리

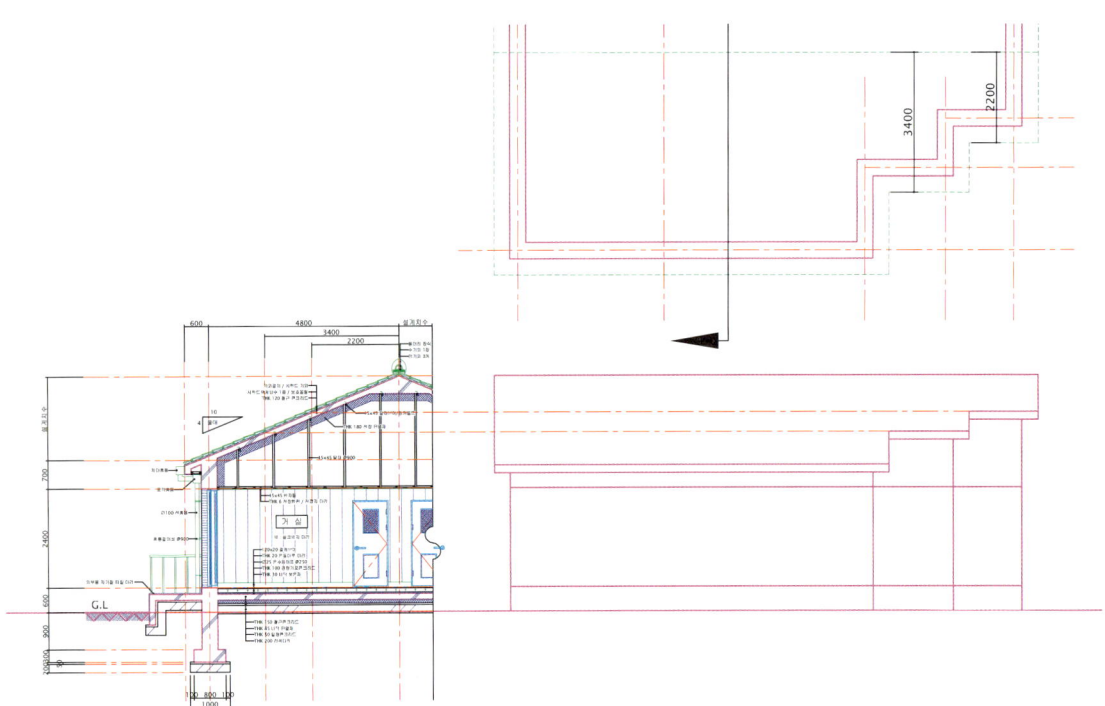

※ 높이가 다른 지붕이 있으면 평면도에서 용마루와 처마 끝의 거리를 확인하고 단면도에 표현
  지붕물매를 따라가다 보면 수평거리와 만나는 점이 높이가 된다.

21. 난방끝선과 반자 시작선 표시 : 외부에서 볼 때 재료분리의 기준이 된다.

22. 창문과 현관문을 표현하기 위해 창호의 중심위치를 표시한다.

23. 창호표시

: 테라스 위치는 난방이 없으므로 150 낮춘다. 방 창문은 높이 1200, 거실창은 높이 2400으로 표현한다.
단, 테라스로 바로 나갈 수 있는 방 창문은 높이 2400(거실높이)에 맞춘다.

※ 거실에서 테라스 없이 외부로 연결되는 창문은 바닥에서 600~900 올려서 표현한다.

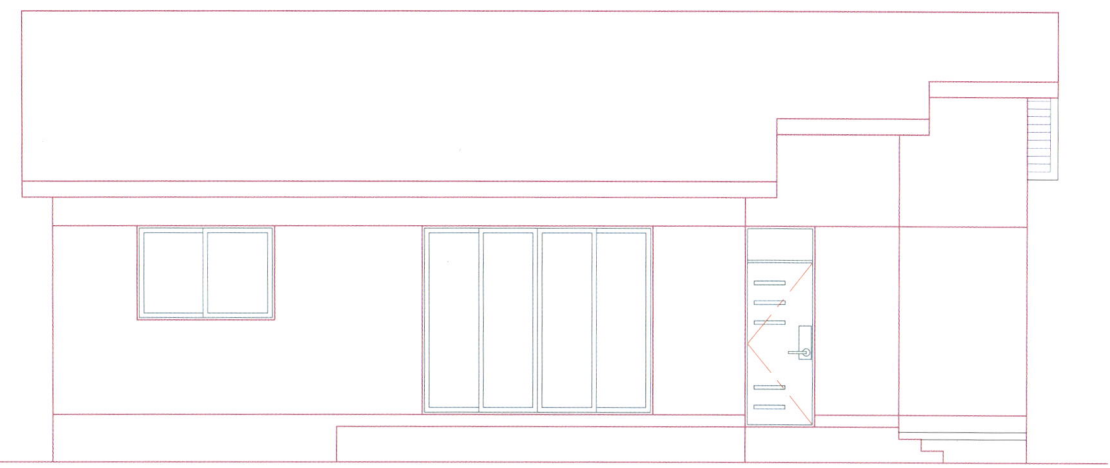

24. 계단, 테라스, 난간, 홈통, 기와, 창문 밑 벽돌 세워쌓기 등 표현

※ 뒤쪽에 낮은 지붕이 있으면 평면도 길이만큼 단면도에서 높이 생성

25. 문자작성 : 문자높이 100

벽돌해칭 : BRICK - 축척

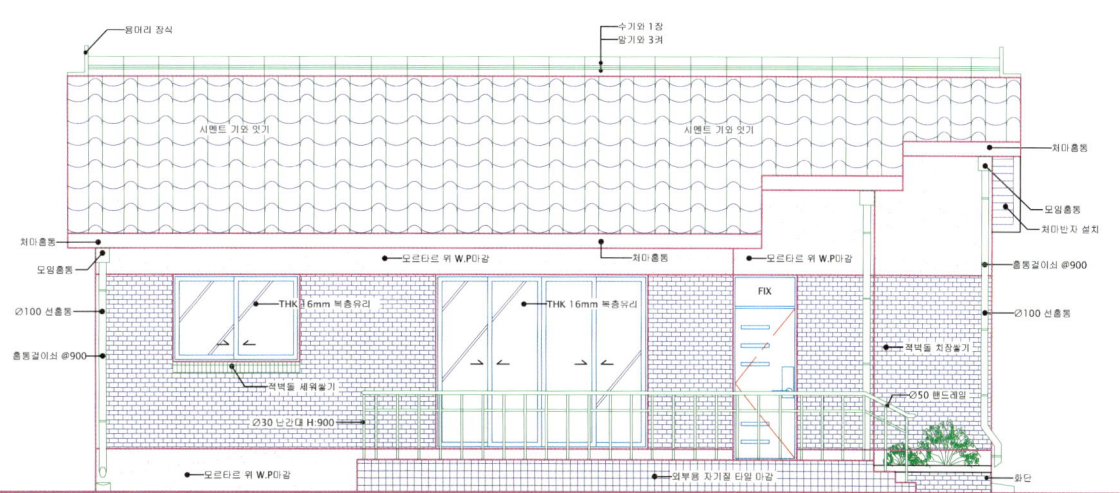

26. 표제란, 수목표현

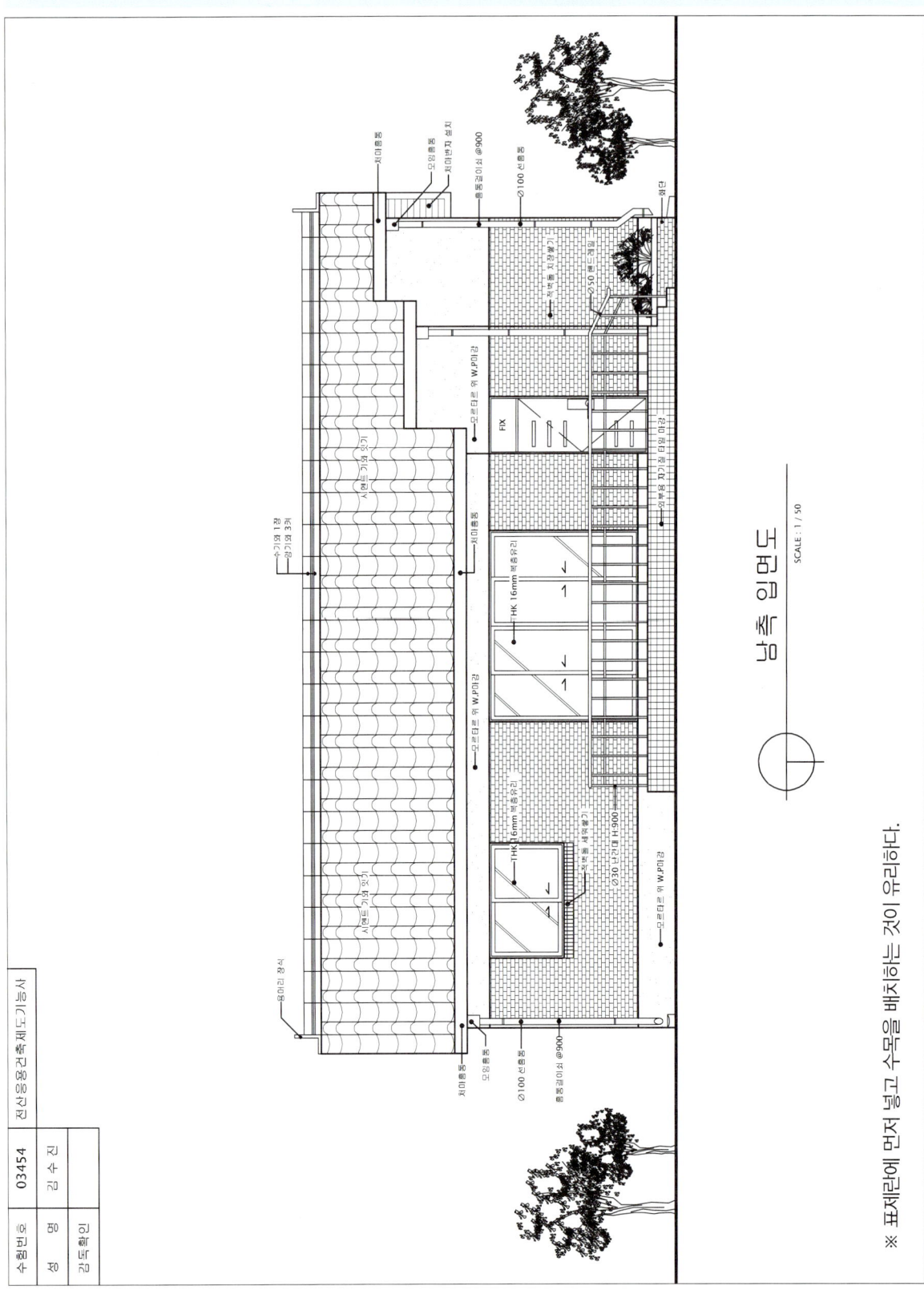

memo

2020년 1회 A형 최신 기출문제

시험시간 4시간 10분

네이버 카페에서 완성 도면 파일을 확인하세요.

01 요구사항

주어진 평면도를 보고 CAD를 이용하여 아래 조건에 맞게 다음 도면을 작도한 후, 지급된 용지에 본인이 직접 흑백으로 출력하여 파일과 함께 제출하시오.

❶ A부분 단면 상세도를 축척 1/40으로 작도하시오.
❷ 남측 입면도를 축척 1/50으로 작도하되 벽면의 마감재료 표시 및 주위의 배경 등 도면의 요소를 충분히 고려하시오.

[조건]

- 기초 및 지하실 벽체 : 철근콘크리트 구조로 하시오.
- 벽체 : 외벽 – 외부로부터 붉은 벽돌 0.5B, 단열재, 시멘트 벽돌 1.0B
         내벽 – 시멘트 벽돌 1.0B
- 단열재 : 외벽 120mm, 바닥 85mm, 지붕 180mm
- 지붕 : 철근콘크리트 경사슬래브 위 시멘트 기와잇기 마감으로 하시오(물매 3.5/10 이상).
- 처마나옴 : 벽체 중심에서 600mm
- 반자높이 : 2400mm, 처마반자 설치
- 창호 : 목재창호로 하되 2중창인 경우 외부창호는 알루미늄 섀시로 하시오.
- 각 실의 난방 : 온수파이프 온돌난방으로 하시오.
- 1층 바닥 슬래브와 기초는 일체식으로 표현하시오.
- 평면도에 표현되지 않은 현관 상부 캐노피는 작도하지 않습니다.
- 기타 각 부분의 마감, 치수 등 주어지지 않은 조건은 일반적인 시공수준으로 하시오.

- 선의 통일을 기하기 위하여 아래와 같이 선의 색을 정리하여 출력하시오.
    - 흰색(7–White) : 0.3mm
    - 녹색(3–Green) : 0.2mm
    - 노랑(2–Yellow) : 0.4mm
    - 하늘색(4–Cyan) : 0.3mm
    - 빨강(1–Red) : 0.2mm
    - 파랑(5–Blue) : 0.1mm

02 수험자 유의사항

※ 다음 유의사항을 고려하여 요구도면을 완성하시오.

❶ 제시되지 않은 조건은 건축법, 건축구조 및 건축제도의 원칙에 따릅니다.

❷ 시험 시작 전 바탕화면에 본인 비번호로 폴더를 생성하고, 폴더 안에 작업내용을 저장하도록 합니다.
　(단, 시험장에서 본인 이름으로 폴더를 생성하도록 하는 경우 시험장 규정에 따릅니다)

❸ 정전 및 기계 고장 등에 의한 자료 손실을 방지하기 위하여 수시로 저장합니다.
　(파일이 없어지는 경우 본인의 과실로 봅니다. 자동저장 기능을 사용하지 말고 수시로 저장합니다)

❹ 다음과 같은 경우는 부정행위로 처리됩니다.
　1) 노트 및 서적, USB를 소지하거나 주고받는 행위
　2) 건물의 구조부분의 상세나 글씨 등을 사전에 블록으로 설정하여 지참해 사용하는 경우

❺ 작업이 끝나면 감독위원의 확인을 받은 후 문제지를 제출하고 본부요원 입회하에 본인이 직접 A3용지에 흑백으로 도면을 출력하도록 합니다. 이때 수험자의 운영 미숙으로 도면이 출력되지 않는 경우나 출력시간이 10분을 초과하는 경우는 실격 처리됩니다.

❻ 장비 조작 미숙으로 장비의 파손 및 고장을 일으킬 염려가 있을 경우 실격됩니다.

❼ 다음과 같은 경우에는 채점대상에서 제외됩니다.
　1) 시험시간 내에 요구사항을 완성하지 못한 경우
　　(시험시간이 종료되면 자동으로 시스템이 정지하며, 최종저장을 누른 시간 이후의 데이터는 삭제되므로 시험 종료 전에 저장버튼을 잊지 마세요)
　2) 시험시간 내에 제출된 작품이라도 다음과 같은 경우
　　가) 주어진 조건을 지키지 않고 작도한 경우
　　나) 요구한 전 도면을 작도하지 않은 경우
　　다) 건축제도 통칙을 준수하지 않거나 건축 CAD의 기능이 없는 상태에서 완성된 도면으로 시험위원 전원이 합의하여 판단한 경우

❽ 수험번호, 성명은 도면 좌측 상단에 아래와 같이 표제란을 만들어 기재합니다.

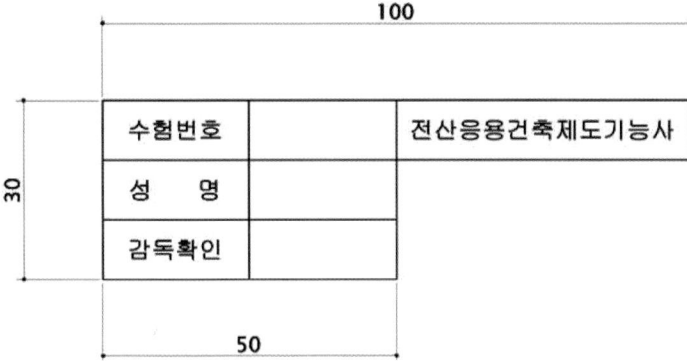

❾ 감독위원은 시험시작 후 수검자에게 표제란을 우선 작도 후 도면을 작도하도록 하여야 하며 수험자가 감독위원의 동지시를 따르지 않을 경우 실격 처리됩니다.

❿ 테두리선의 여백은 10mm로 합니다.

※ 출력은 시험의 일부입니다. 실제 종이에 출력해보지 않더라도 DWG To PDF(가상프린터)를 이용해 매번 연습합니다.
　(본 교재의 77페이지 참고) 실제 시험에서는 프린터 이름만 알려줍니다.

03 도면 [과제명] 주택 / [척도] 1/100

* 본 평면도는 실제 시험과 같이 1/100 스케일이므로, 자로 실측이 가능합니다.

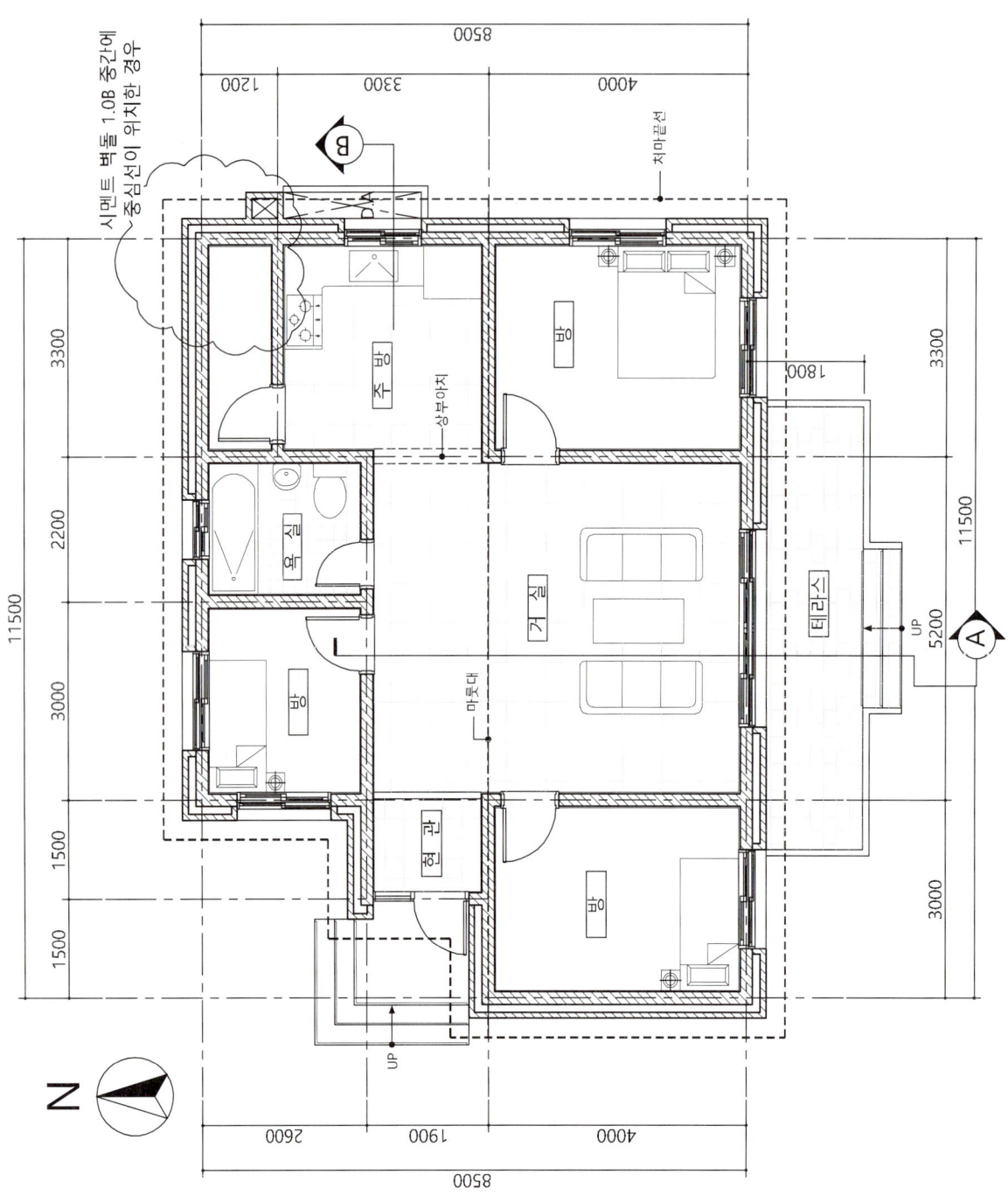

※ 특이사항

1. 입면도에서 현관 올라가는 계단이 표현되어야 함
2. Dry Area 설명 참고

참고 이미지

※ 수험자의 이해를 돕기 위한 이미지입니다. 실기시험에서 제시되지 않습니다.

04 [단면도 작성]

1. **기본설정** : Option, OSNAP, LAYER 구성 등, F3과 F8켜기 등이 있다.
2. 평면도 외벽만 간단히 작성. 지붕이 복잡할 경우 미리 그려두는 것이 유리하다.
   본 기출문제는 중심선이 시멘트 벽돌 190mm 중간에 위치하였다. 출제변수를 참고하여 작업한다.
3. 화살표 방향이 위로 보도록 회전한다. – X Enter 모두선택 Enter (분해)

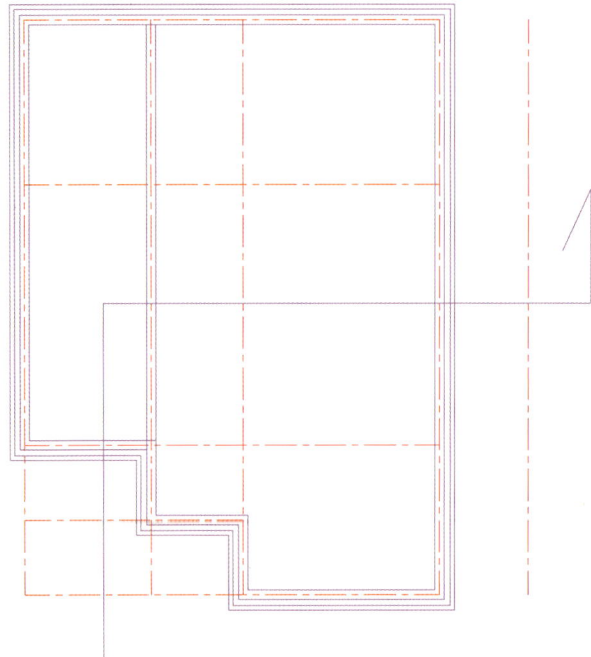

4. **노란색 도면층** : 평면도보다 길게 G.L을 그리고 절단부분(화살표가 지나가는 부분)의 기초와 바닥슬래브 표현
   (노란색 선을 선홍색으로 바꿔 설명하겠습니다. 나머지는 색상에 맞게 표현하였습니다)
   ※ 계단 3단(450) + 난방(150)이므로 기초의 높이는 600mm입니다.
5. **흰색 도면층** : 바닥단열재(THK 85), 밑창콘크리트(THK 50), 잡석다짐(THK 200)
   녹색 도면층 : 난방(THK 150) 완성하기

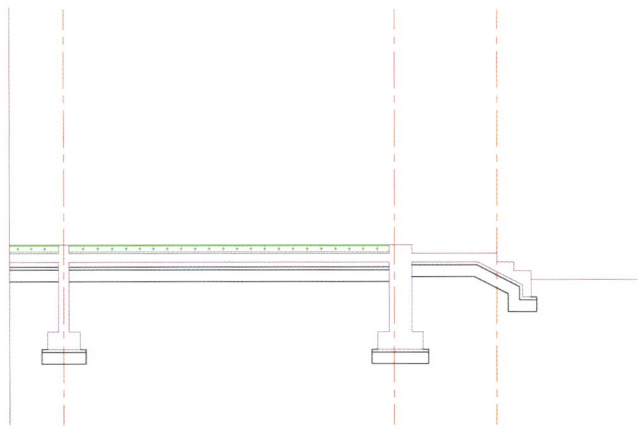

6. 지붕 슬래브 그리기

❶ 지붕 마룻대에서 가장 먼 벽체의 중심거리 파악
❷ 난방선 끝에서 2400 위로 Offset
❸ 테두리보의 높이 700 표현
❹ REC Enter 시작점 클릭 @1000,350 Enter
❺ XL Enter A Enter 대각선 끝점 클릭, 클릭 – 가장 먼 벽체 중심과 테두리보가 만나는 부분에 클릭

7. 지붕 슬래브 완성

8. 반자 설치 : 반자를 복사하여 처마반자도 함께 설치한다.

9. 지붕단열재 : THK 180

10. 지붕방수, 기와

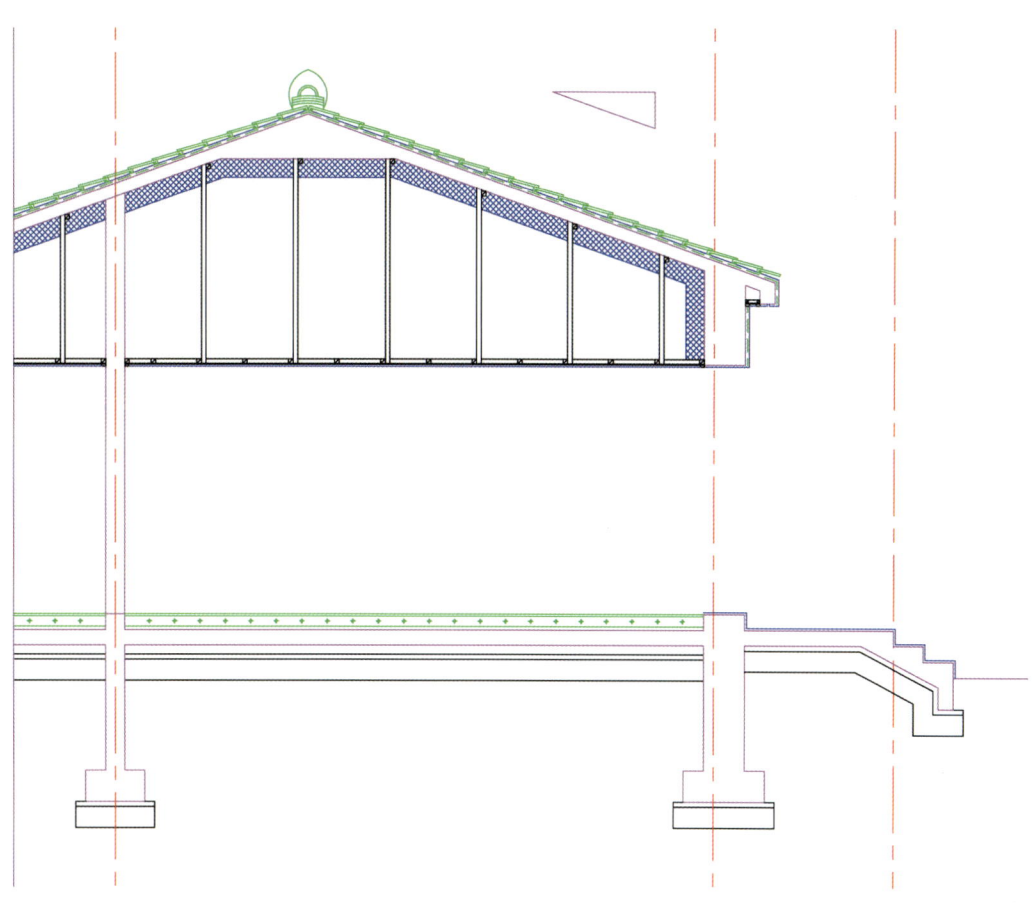

11. 거실 창, 내부 벽체 표현

12. 단면도상의 입면요소 표현
 : 입면으로 보이는 벽체, 입면으로 보이는 처마, 입면으로 보이는 문과 창문 등을 표현한다.

13. 홈통, 난간 등 설치

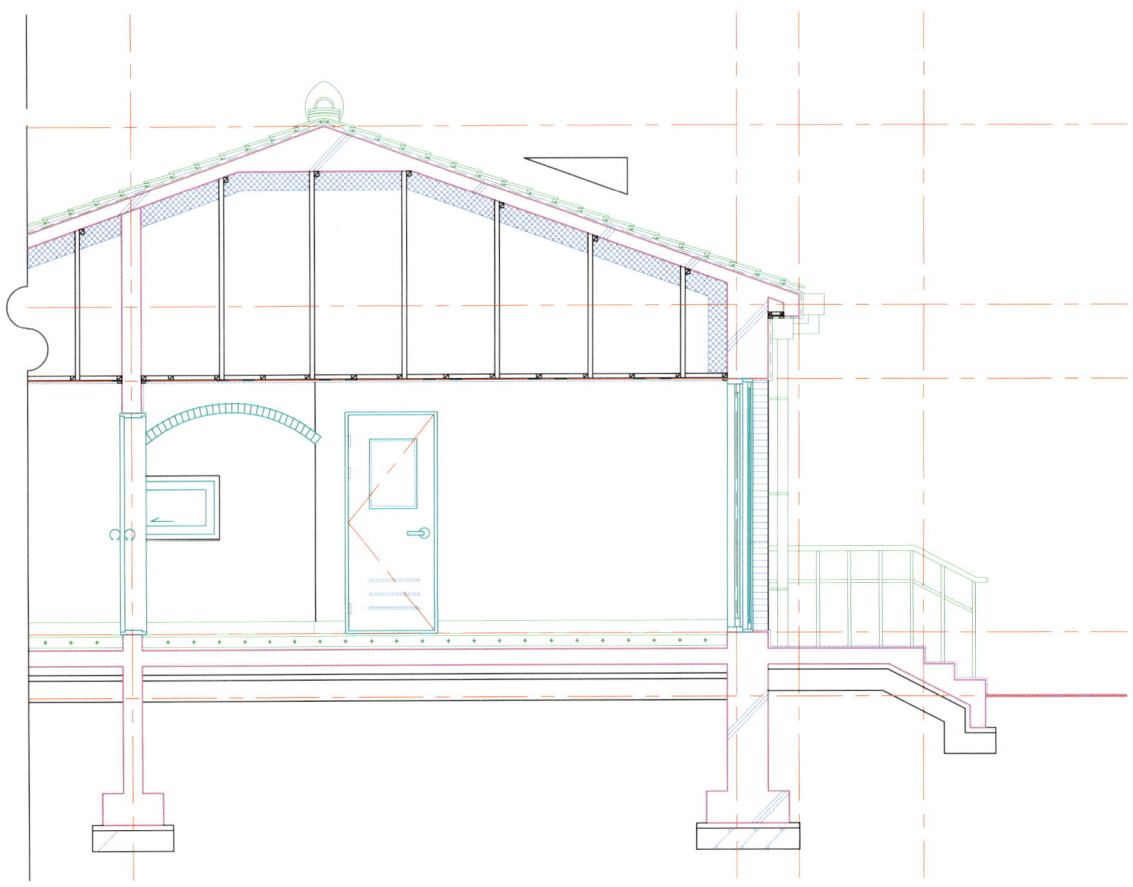

14. 문자 작성 : 흰색 도면층

ST [Enter] — Lucida sans unicode(또는 맑은 고딕)

도면층 : 흰색, 문자높이 : 80

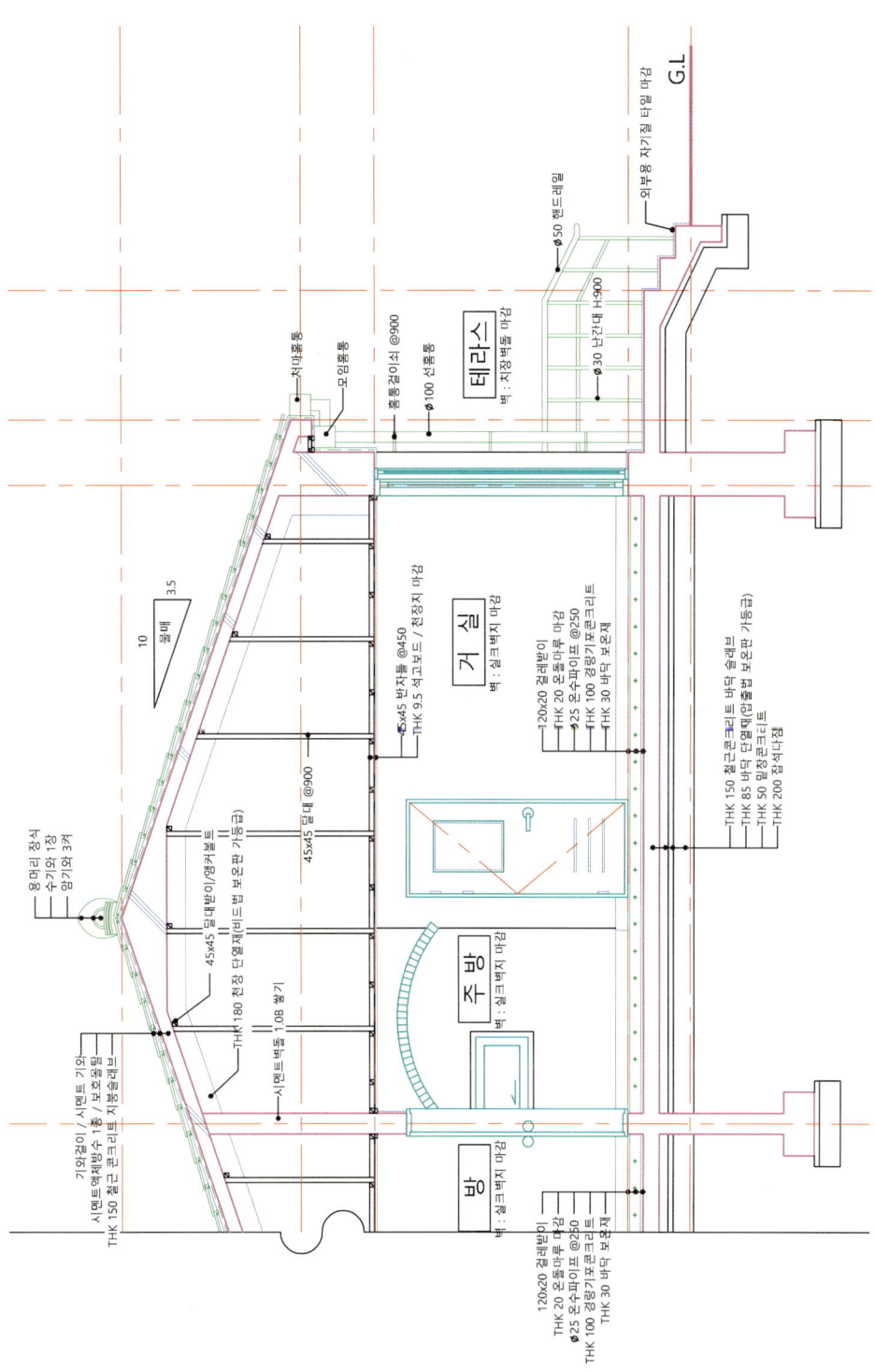

15. 단면, 입면의 재료표현과 해칭
16. 치수 : 중심선의 길이를 모두 맞춘 후 주석 – 신속치수

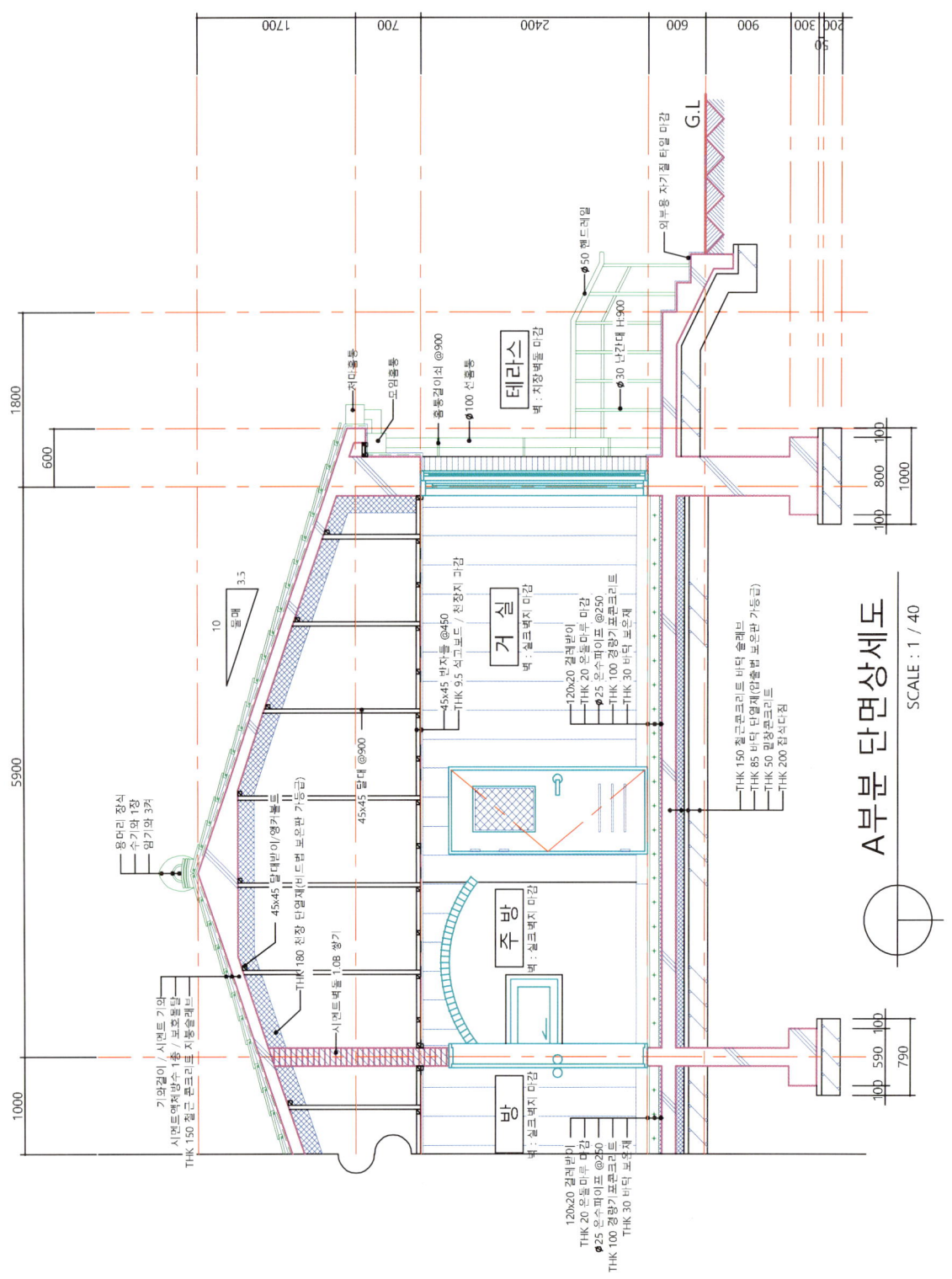

17. 표제란

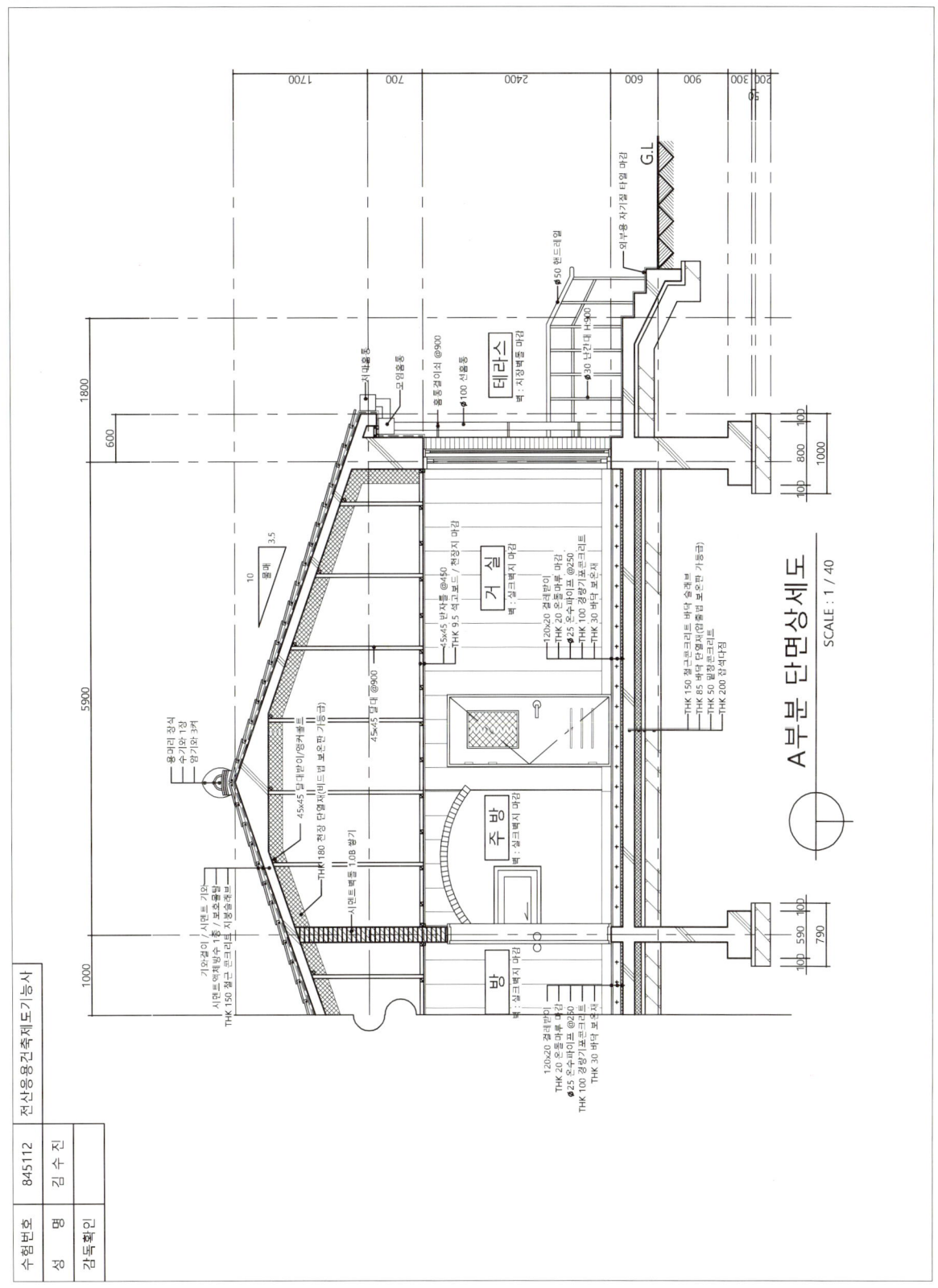

※ Dry Area(D.A) : 2020년 1회 실기시험에 나온 드라이 에어리어는 지반의 높이가 건물보다 높은 경우 건물 주위를 파내려가서 한쪽에 옹벽 또는 조적을 쌓아 발생하는 공간이다. 문자 그대로 건조하게 유지하는 공간으로 방습, 방수, 채광, 통풍 등에 유리하다. 지하실로 연결되는 경우 계단실이 자동으로 Dry Area역할을 하겠지만 주어진 평면도에서는 지하실이 없으므로 주방 옆쪽 지반이 높을 것으로 예상된다. 주택과 맞닿는 부분은 트렌치를 설치하여 빗물 등이 빠져 나갈 수 있도록 한다.

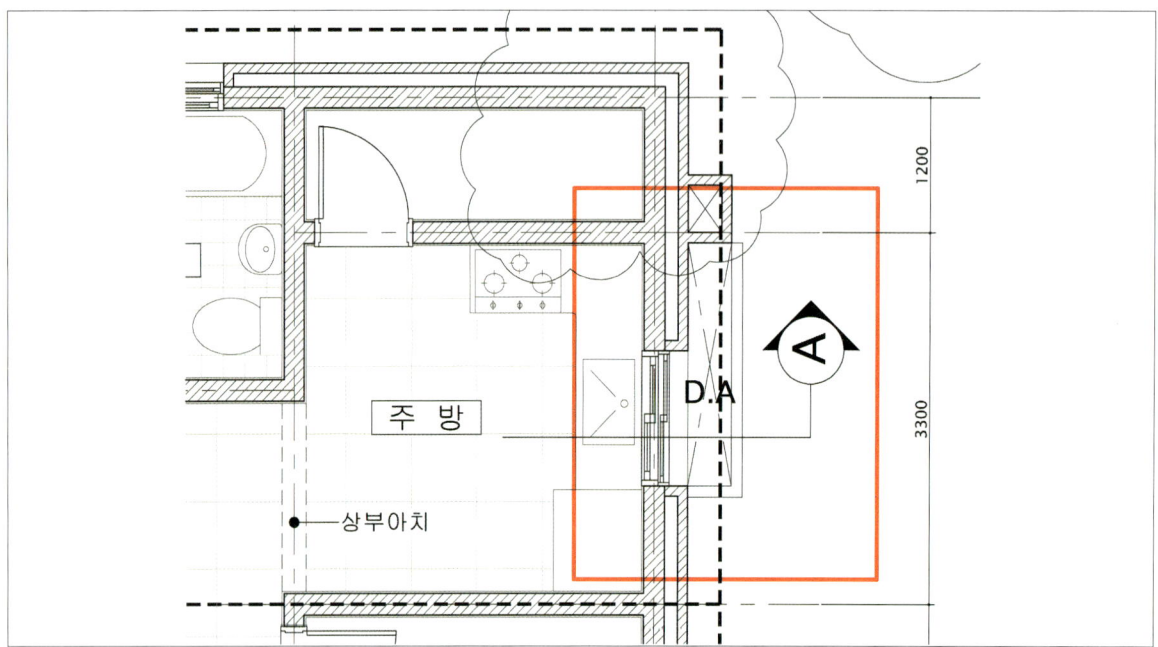

단면도에서 표현되는 부분은 아니지만 단면을 표현해보면 아래와 같은 형태가 된다.

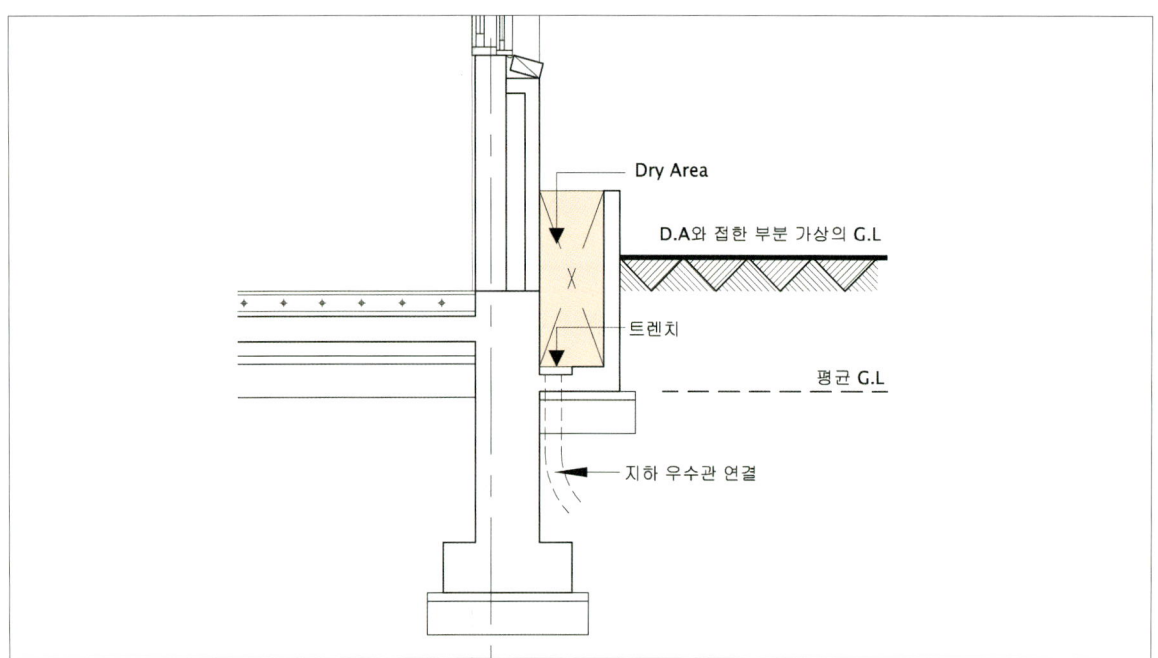

※ 입면도에서는 지반보다 조금 올라온 높이(약 300mm)에 옹벽이 보이는 것으로 표현하겠다.

05 [입면도 작성]

18. 평면도 : 입면도 방향이 아래를 향하도록 하고 입면도의 위에 배치
   단면도 : 입면도의 우(좌)측에 배치

❶ 단면도의 G.L을 입면도에 연장
❷ 평면도의 외부 벽체 끝선을 입면도에 연장

19. 단면도에서 지붕높이 표현
   ※ 지붕의 가장 낮은 선을 기준으로 벽체 Trim
20. 평면도에서 지붕의 폭 표현
   ※ 지붕을 네모 모양으로 정리

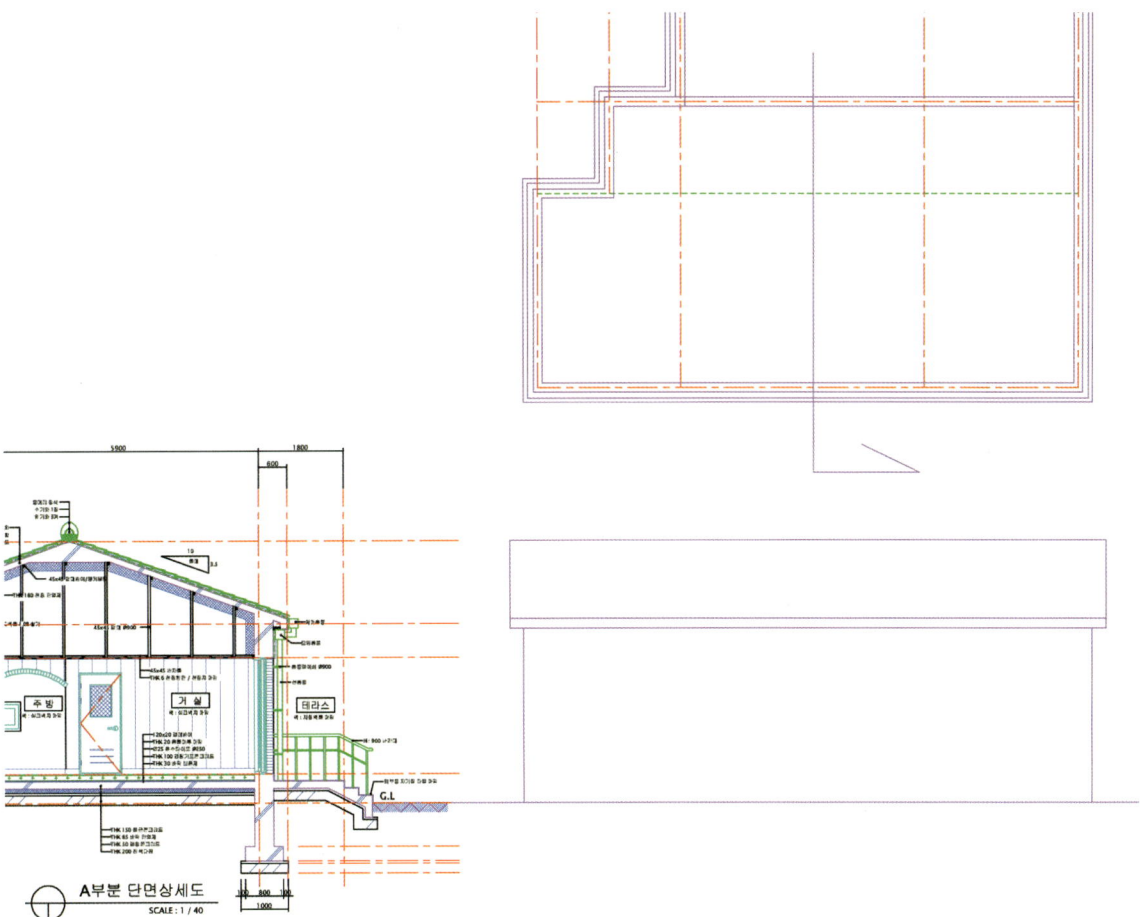

※ 높이가 다른 지붕이 있으면 평면도에서 용머리와 처마 끝의 거리를 확인하고 단면도에 표현
 지붕 물매를 따라가다 보면 수평거리와 만나는 점이 높이가 된다.

21. 난방끝선과 반자 시작선 표시 : 외부에서 볼 때 재료분리의 기준이 된다.

22. 창문과 현관문을 표현하기 위해 창호의 중심위치를 표시한다.

23. 창호표시
: 테라스 위치는 난방이 없으므로 150 낮춘다. 방 창문은 높이 1200, 거실창은 높이 2400으로 표현한다.
단, 테라스로 바로 나갈 수 있는 방 창문은 높이 2400(거실높이)에 맞춘다.

※ 거실에서 테라스 없이 외부로 연결되는 창문은 바닥에서 600~900 올려서 표현한다.

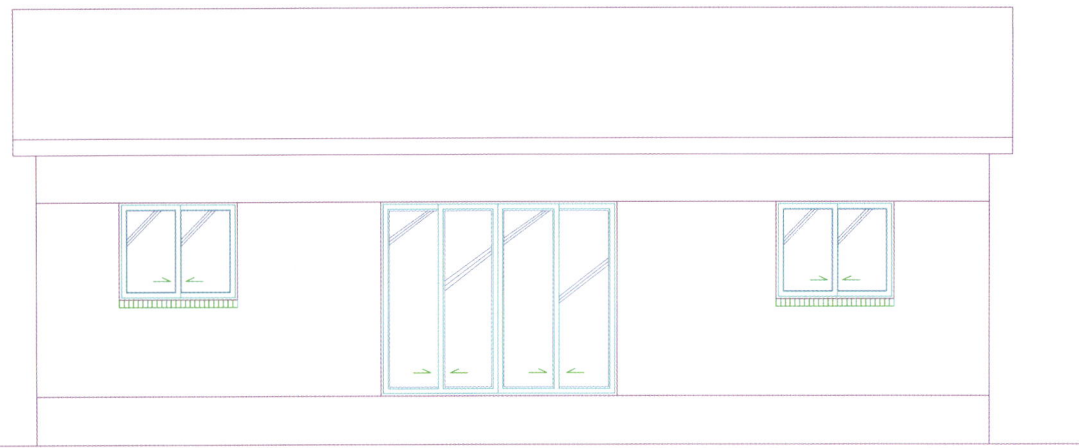

24. 계단, 테라스, 난간, 홈통, 기와, 창문 밑 벽돌 세워쌓기 등 표현

※ 굴뚝 높이를 설명보다 높인 것은 기와에 가려지는 부분이 미관상 좋지 않아서 임의로 높였다.
※ Dry Area 벽체는 G.L에서 300mm 정도 돌출되도록 외벽 끝선만 표현한다.
※ 본 문제에서 벽돌 세워쌓기가 평면도에 표현되지 않았다.
　돌출되지 않은 세워쌓기는 2019년 1회 기출문제의 설명을 보고 참고하세요(교재 438페이지).

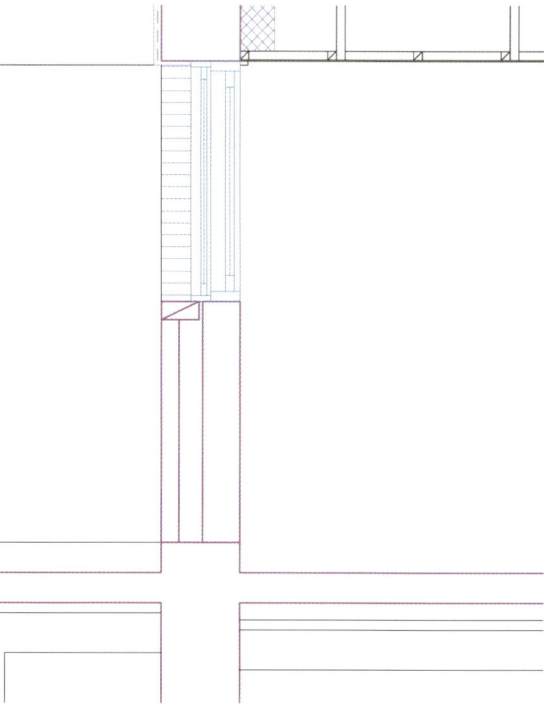

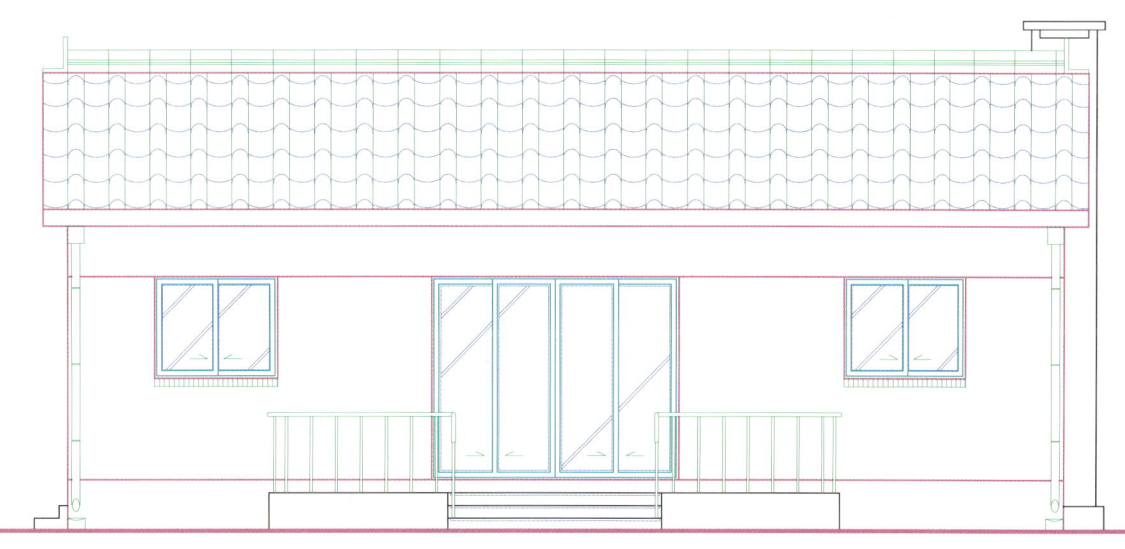

25. 문자작성 : 문자높이 100
벽돌해칭 : BRICK – 축척 : 10

※ 지반선 굵게 표현 : PL [Enter] – 시작점 클릭 – W [Enter] – 50 [Enter], 50 [Enter] – 끝점 클릭

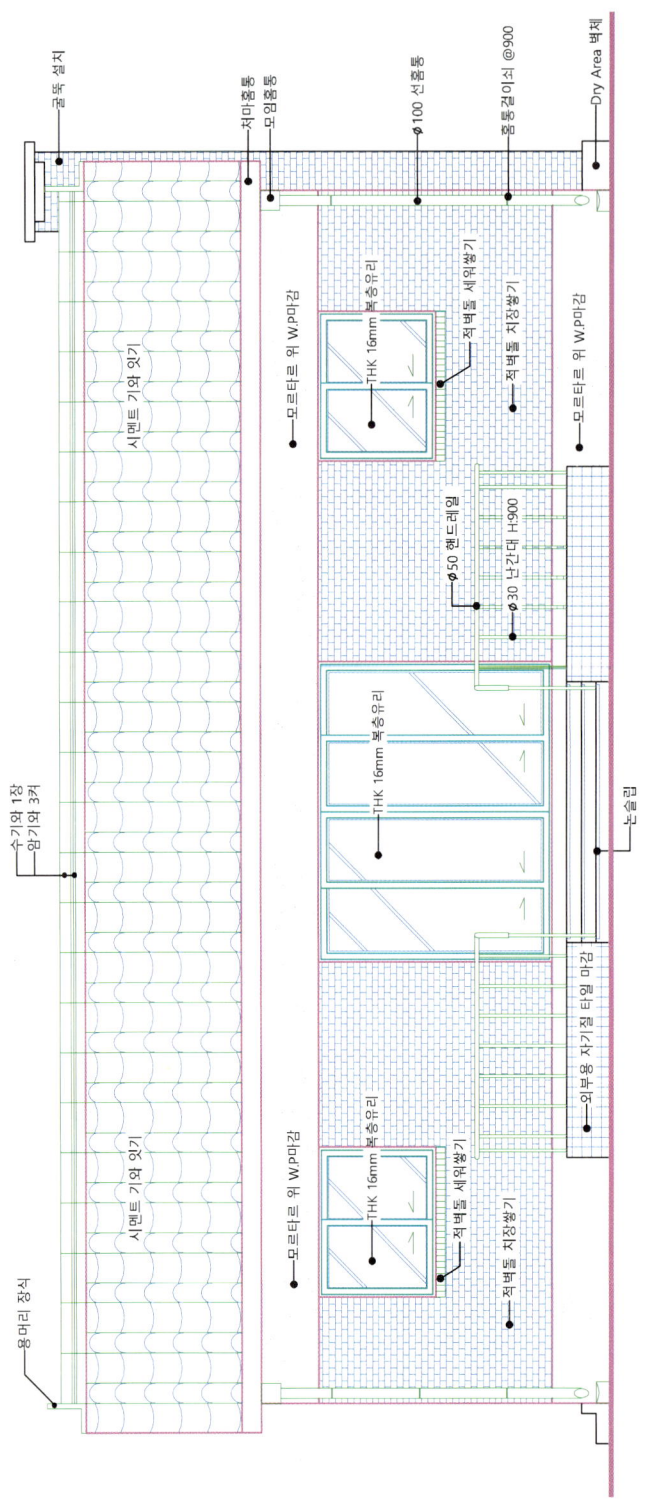

26. 표제란, 수목표현

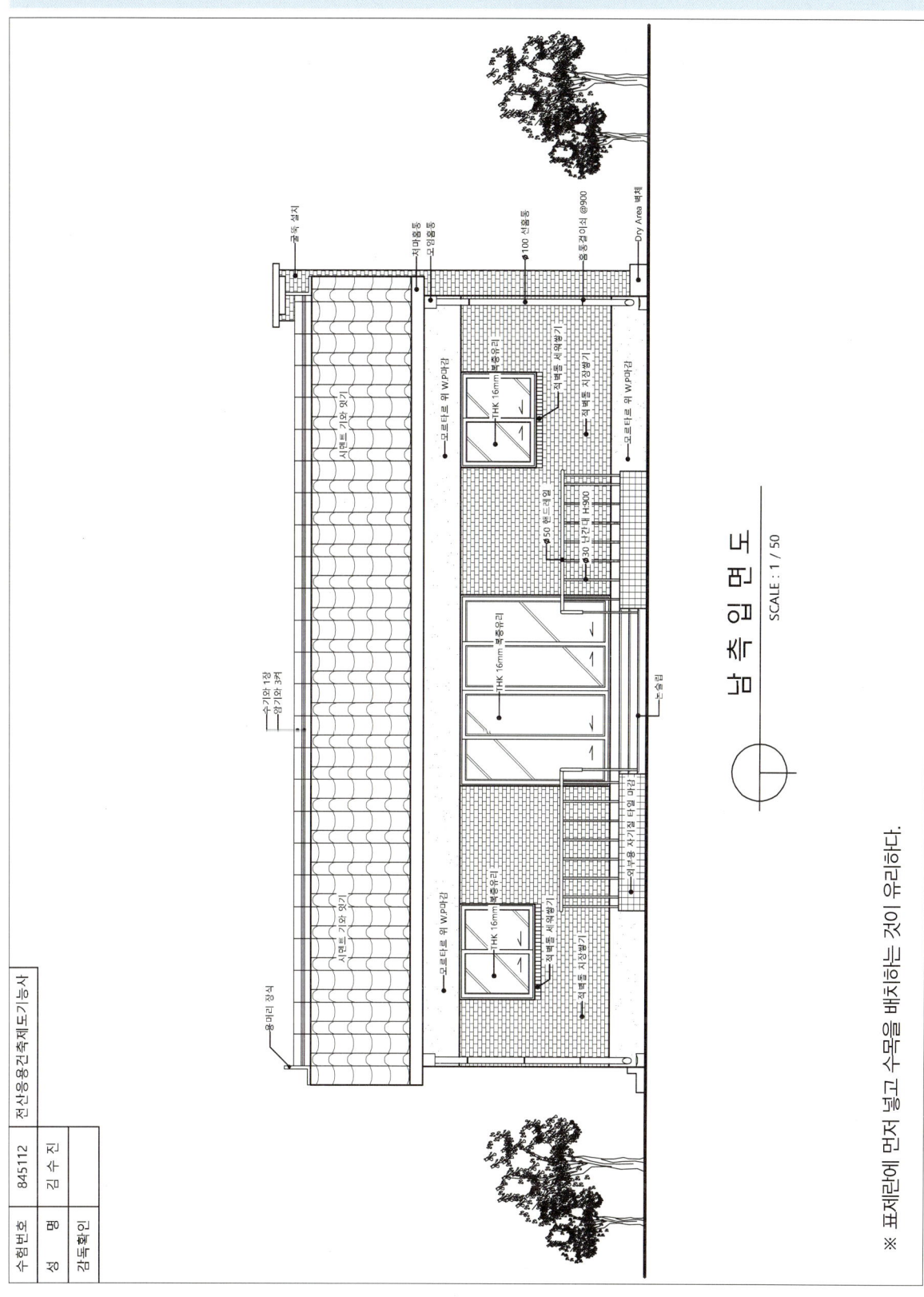

2020년 1회 B형 최신 기출문제

시험시간 4시간 10분

네이버 카페에서 완성 도면 파일을 확인하세요.

01 요구사항

주어진 평면도를 보고 CAD를 이용하여 아래 조건에 맞게 다음 도면을 작도한 후, 지급된 용지에 본인이 직접 흑백으로 출력하여 파일과 함께 제출하시오.

❶ A부분 단면 상세도를 축척 1/40으로 작도하시오.
❷ 남측 입면도를 축척 1/50으로 작도하되 벽면의 마감재료 표시 및 주위의 배경 등 도면의 요소를 충분히 고려하시오.

[조 건]
- 기초 및 지하실 벽체 : 철근콘크리트 구조로 하시오.
- 벽체 : 외벽 – 외부로부터 붉은 벽돌 0.5B, 단열재, 시멘트 벽돌 1.0B
  내벽 – 시멘트 벽돌 1.0B
- 단열재 : 외벽 120mm, 바닥 85mm, 지붕 180mm
- 지붕 : 철근콘크리트 경사슬래브 위 시멘트 기와잇기 마감으로 하시오(물매 3.5/10 이상).
- 처마나옴 : 벽체 중심에서 600mm
- 반자높이 : 2400mm, 처마반자 설치
- 창호 : 목재창호로 하되 2중창인 경우 외부창호는 알루미늄 섀시로 하시오.
- 각 실의 난방 : 온수파이프 온돌난방으로 하시오.
- 1층 바닥 슬래브와 기초는 일체식으로 표현하시오.
- 평면도에 표현되지 않은 현관 상부 캐노피는 작도하지 않습니다.
- 기타 각 부분의 마감, 치수 등 주어지지 않은 조건은 일반적인 시공수준으로 하시오.

- 선의 통일을 기하기 위하여 아래와 같이 선의 색을 정리하여 출력하시오.
  - 흰색(7–White) : 0.3mm
  - 녹색(3–Green) : 0.2mm
  - 노랑(2–Yellow) : 0.4mm
  - 하늘색(4–Cyan) : 0.3mm
  - 빨강(1–Red) : 0.2mm
  - 파랑(5–Blue) : 0.1mm

02 수험자 유의사항

※ 다음 유의사항을 고려하여 요구도면을 완성하시오.

❶ 제시되지 않은 조건은 건축법, 건축구조 및 건축제도의 원칙에 따릅니다.

❷ 시험 시작 전 바탕화면에 본인 비번호로 폴더를 생성하고, 폴더 안에 작업내용을 저장하도록 합니다.
(단, 시험장에서 본인 이름으로 폴더를 생성하도록 하는 경우 시험장 규정에 따릅니다)

❸ 정전 및 기계 고장 등에 의한 자료 손실을 방지하기 위하여 수시로 저장합니다.
(파일이 없어지는 경우 본인의 과실로 봅니다. 자동저장 기능을 사용하지 말고 수시로 저장합니다)

❹ 다음과 같은 경우는 부정행위로 처리됩니다.
1) 노트 및 서적, USB를 소지하거나 주고받는 행위
2) 건물의 구조부분의 상세나 글씨 등을 사전에 블록으로 설정하여 지참해 사용하는 경우

❺ 작업이 끝나면 감독위원의 확인을 받은 후 문제지를 제출하고 본부요원 입회하에 본인이 직접 A3용지에 흑백으로 도면을 출력하도록 합니다. 이때 수험자의 운영 미숙으로 도면이 출력되지 않는 경우나 출력시간이 10분을 초과하는 경우는 실격 처리됩니다.

❻ 장비 조작 미숙으로 장비의 파손 및 고장을 일으킬 염려가 있을 경우 실격됩니다.

❼ 다음과 같은 경우에는 채점대상에서 제외됩니다.
1) 시험시간 내에 요구사항을 완성하지 못한 경우
(시험시간이 종료되면 자동으로 시스템이 정지하며, 최종저장을 누른 시간 이후의 데이터는 삭제되므로 시험 종료 전에 저장버튼을 잊지 마세요)
2) 시험시간 내에 제출된 작품이라도 다음과 같은 경우
가) 주어진 조건을 지키지 않고 작도한 경우
나) 요구한 전 도면을 작도하지 않은 경우
다) 건축제도 통칙을 준수하지 않거나 건축 CAD의 기능이 없는 상태에서 완성된 도면으로 시험위원 전원이 합의하여 판단한 경우

❽ 수험번호, 성명은 도면 좌측 상단에 아래와 같이 표제란을 만들어 기재합니다.

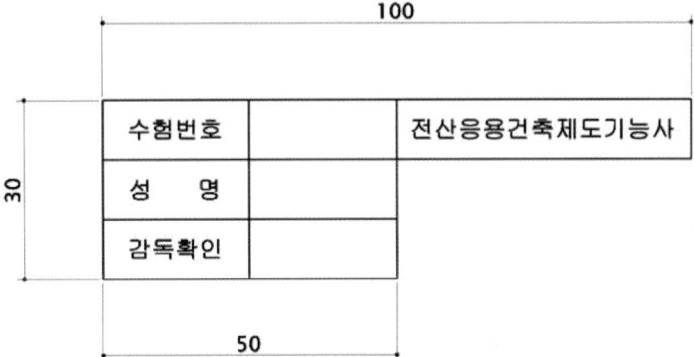

❾ 감독위원은 시험시작 후 수검자에게 표제란을 우선 작도 후 도면을 작도하도록 하여야 하며 수험자가 감독위원의 동지시를 따르지 않을 경우 실격 처리됩니다.

❿ 테두리선의 여백은 10mm로 합니다.

※ 출력은 시험의 일부입니다. 실제 종이에 출력해보지 않더라도 DWG To PDF(가상프린터)를 이용해 매번 연습합니다.
(본 교재의 77페이지 참고) 실제 시험에서는 프린터 이름만 알려줍니다.

03 도면 [과제명] 주택 / [척도] 1/100

* 본 평면도는 실제 시험과 같이 1/100 스케일이므로, 자로 실측이 가능합니다.

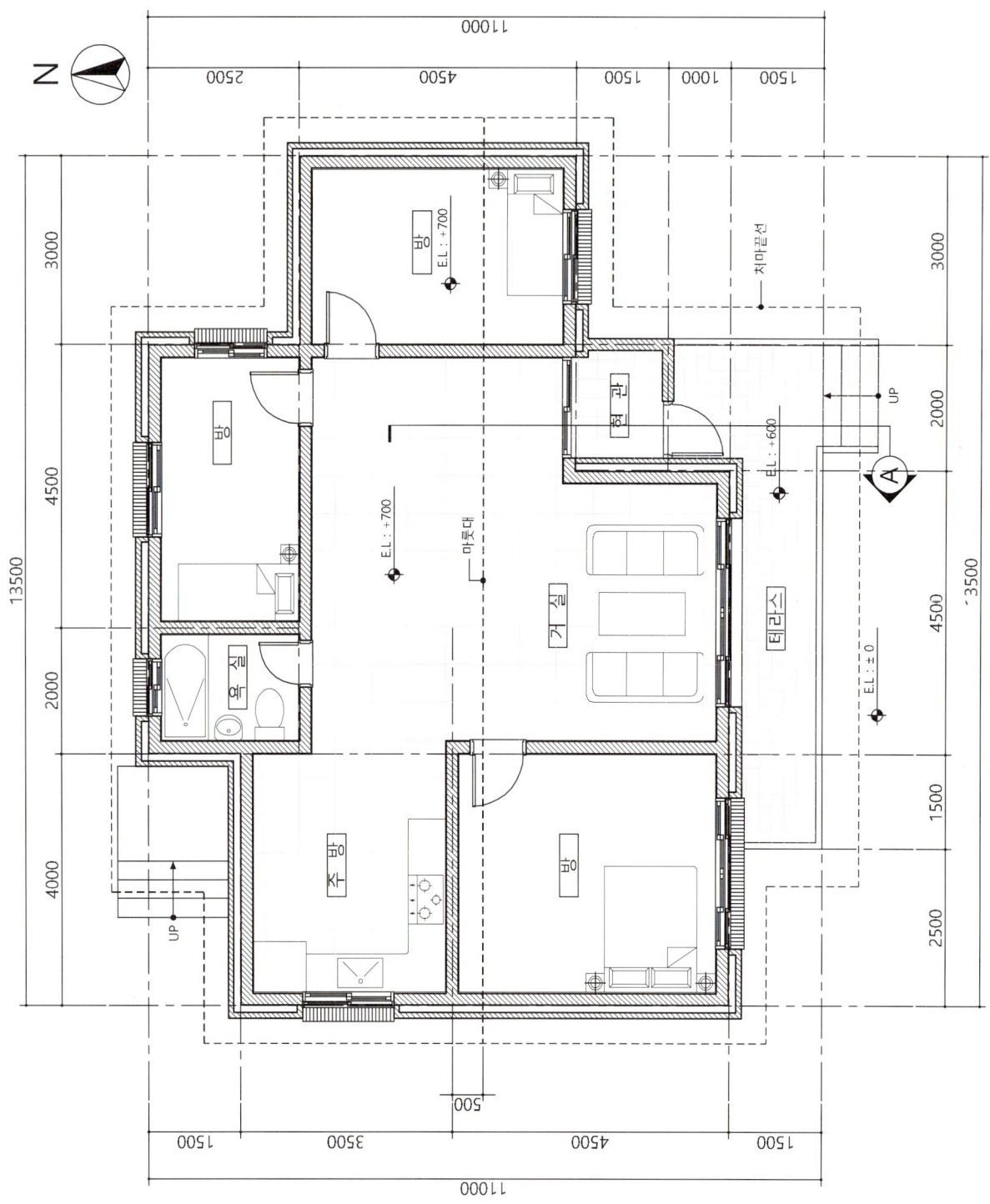

※ 특이사항
1. 바닥높이(E.L) 수치가 표현되어있어 난방두께를 100으로 표현
2. 테라스 처마가 길게 나와 있어 가장 먼 벽체의 중심을 선택할 때 테라스의 중심선(마룻대에서 5500)을 기준으로 지붕 높이를 표현

참고 이미지

※ 수험자의 이해를 돕기 위한 이미지입니다. 실기시험에서 재자시 않습니다.

04 [단면도 작성]

1. 기본설정 : Option, OSNAP, LAYER 구성 등, F3과 F8켜기 등이 있다.
2. 평면도 외벽만 간단히 작성. 지붕이 복잡할 경우 미리 그려두는 것이 유리하다.
   본 문제의 평면도는 단열재를 포함하는 벽체가 현관 안쪽으로 지나가는 형태이고 외부는 190mm로 표현되었다.
3. 화살표 방향이 위로 보도록 회전한다. – X Enter 모두선택 Enter (분해)

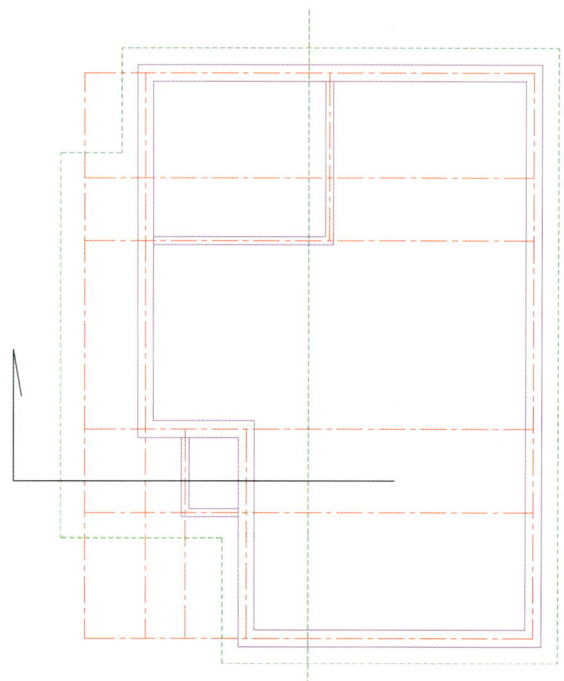

4. 노란색 도면층 : 평면도보다 길게 G.L을 그리고 절단부분(화살표가 지나가는 부분)의 기초와 바닥슬래브 표현
   (노란색 선을 선홍색으로 바꿔 설명하겠습니다. 나머지는 색상에 맞게 표현하였습니다)
   ※ E.L(바닥레벨)이 700으로 표현되어 있어 계단 4단(600) + 난방(100)으로 표현하여 거실의 기초의 높이는 700mm입니다.

5. 흰색 도면층 : 바닥단열재(THK 85), 밑창콘크리트(THK 50), 잡석다짐(THK 200)
   녹색 도면층 : 난방(THK 100, 바닥 보온재 생략하고 난방 80mm + 마감20mm) 완성하기

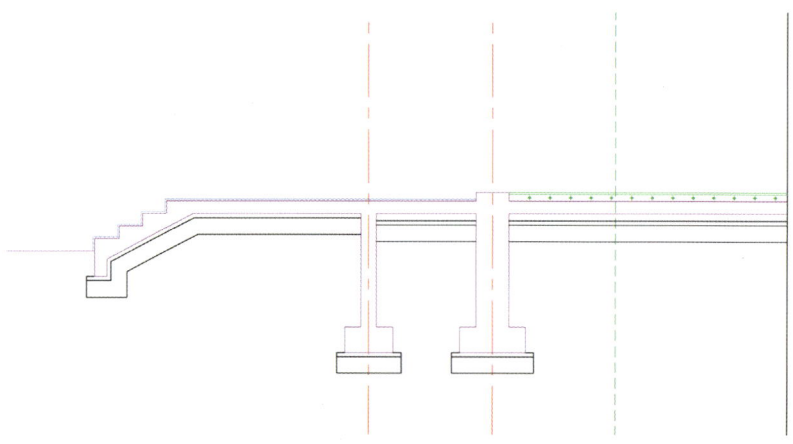

6. 지붕 슬래브 그리기

❶ 지붕 마룻대에서 가장 먼 벽체의 중심거리 파악
  ※ 본 도면처럼 테라스까지 지붕이 연장되는 경우 테라스 중심선도 벽체의 중심선과 동일하게 파악한다.
❷ 난방선 끝에서 2400 위로 Offset
❸ 테두리보의 높이 700 표현
❹ REC [Enter] 시작점 클릭 @1000,350 [Enter]
❺ XL [Enter] A [Enter] 대각선 끝점 클릭, 클릭 – 가장 먼 벽체 중심과 테두리보가 만나는 부분에 클릭

7. 지붕 슬래브 완성
8. 반자 설치 : 반자를 복사하여 처마반자도 함께 설치한다.
9. 지붕단열재 : THK 180
10. 지붕방수, 기와

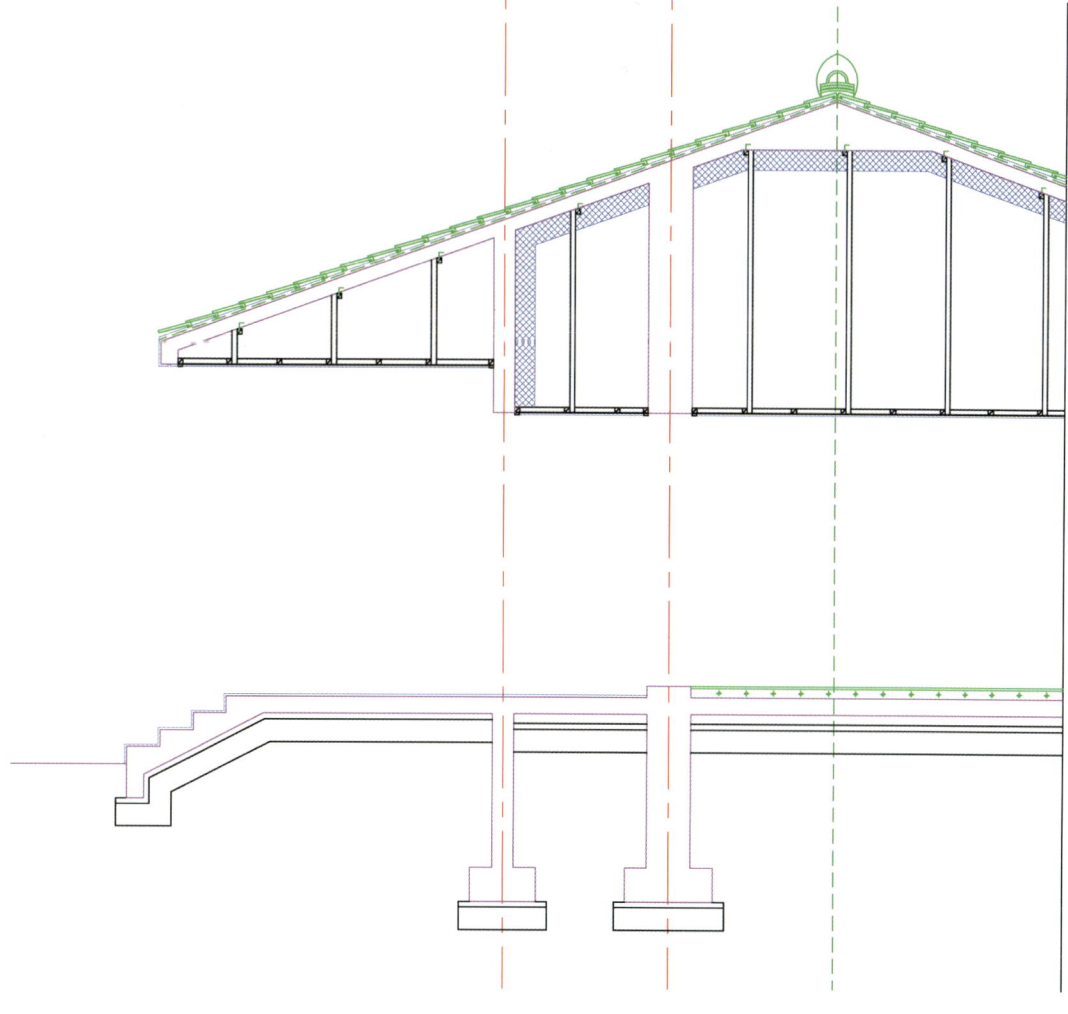

11. 현관문, 현관중문 표현

12. 단면도상의 입면요소 표현
 : 입면으로 보이는 벽체, 입면으로 보이는 처마, 입면으로 보이는 문과 창문 등을 표현한다.

13. 홈통, 난간 등 설치

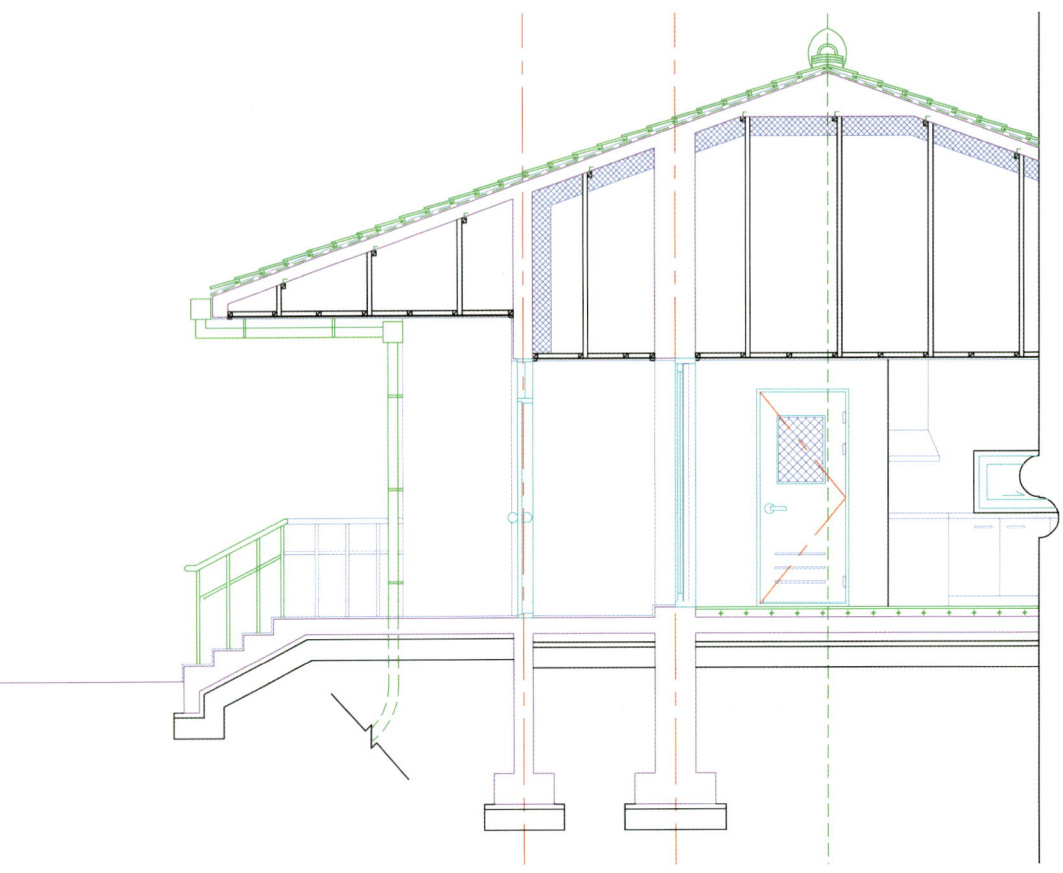

14. 문자 작성 : 흰색 도면층

ST [Enter] — Lucida sans unicode(또는 맑은 고딕)

도면층 : 흰색, 문자높이 : 80

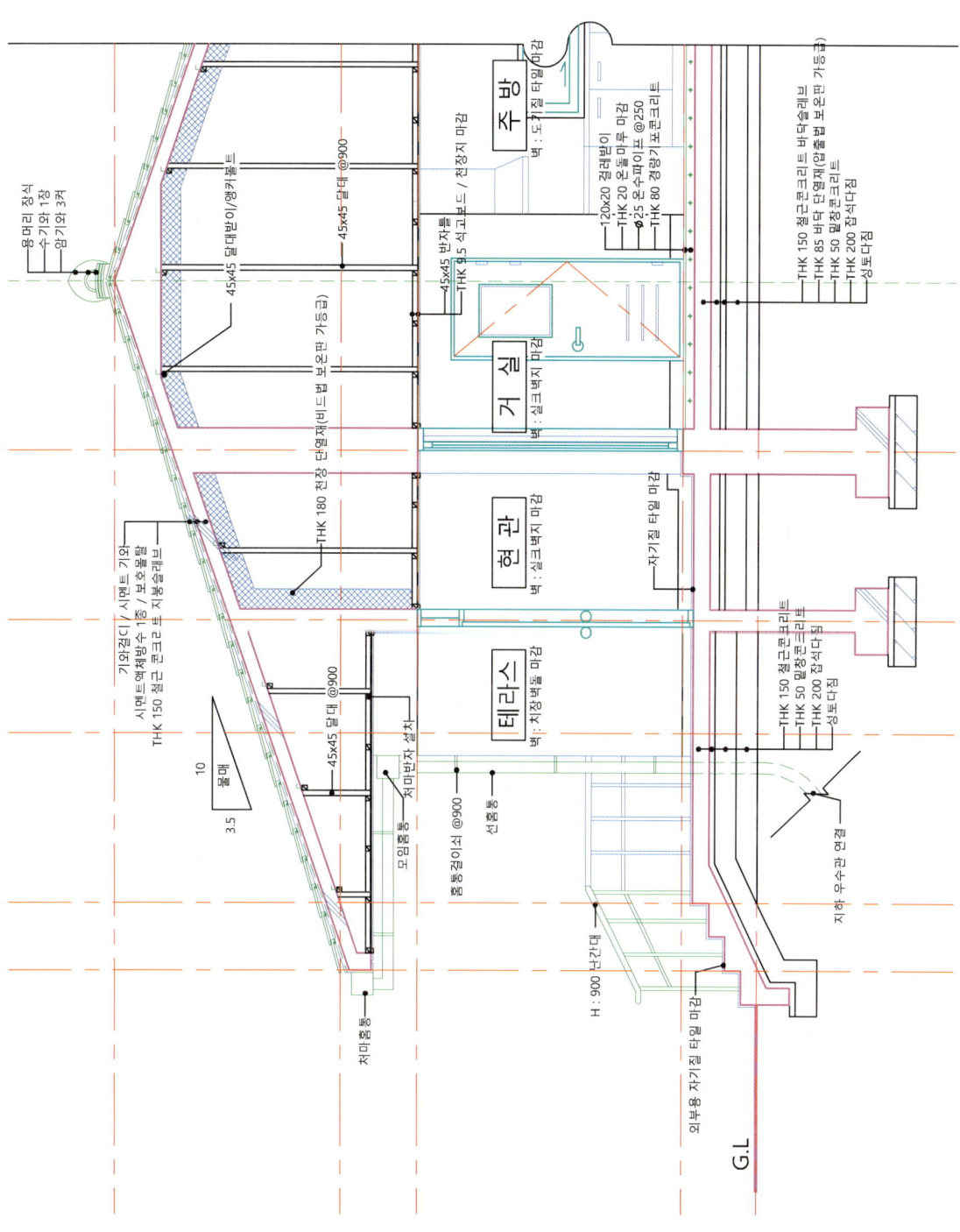

15. 단면, 입면의 재료표현과 해칭
16. 치수 : 중심선의 길이를 모두 맞춘 후 주석 – 신속치수

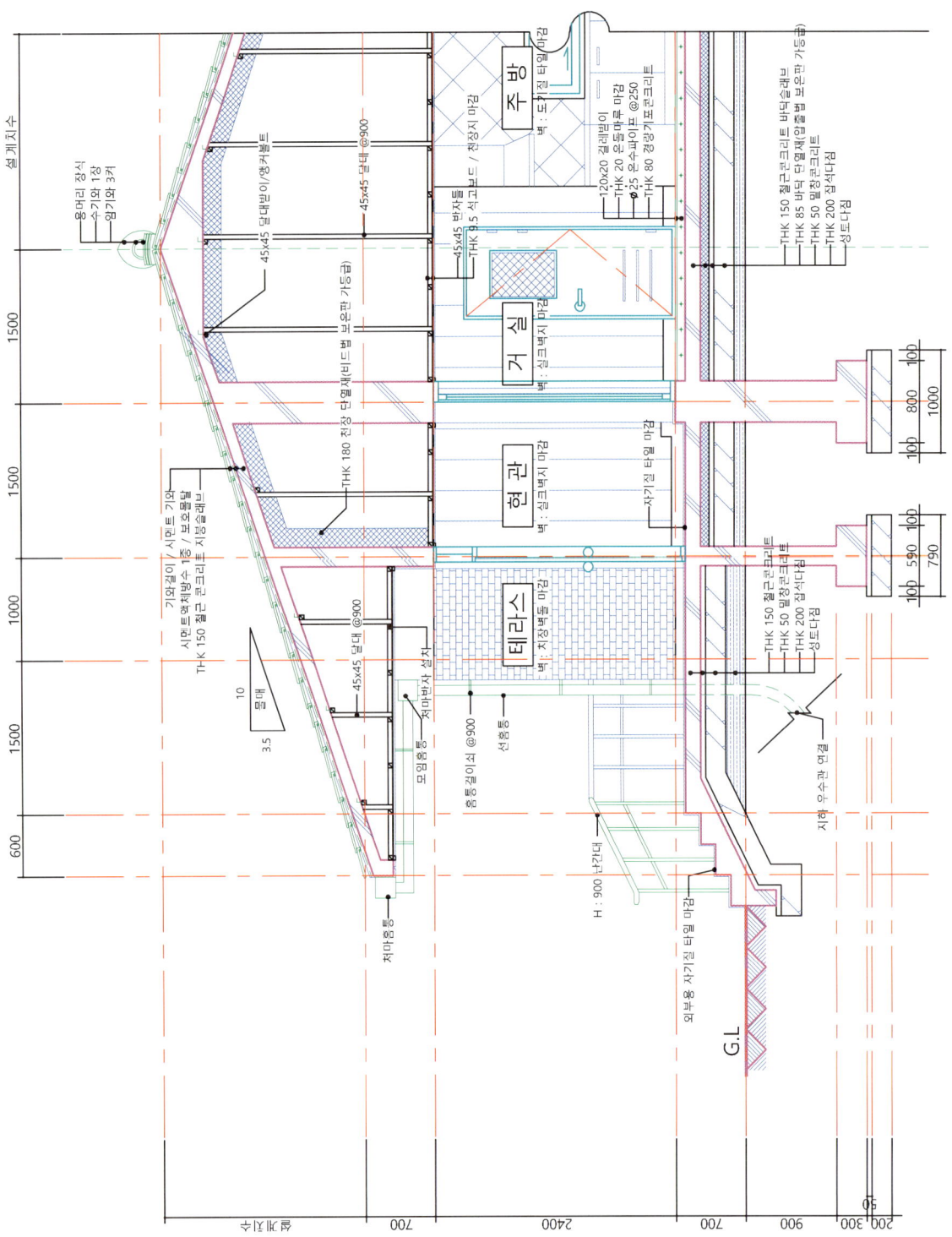

17. 표제란

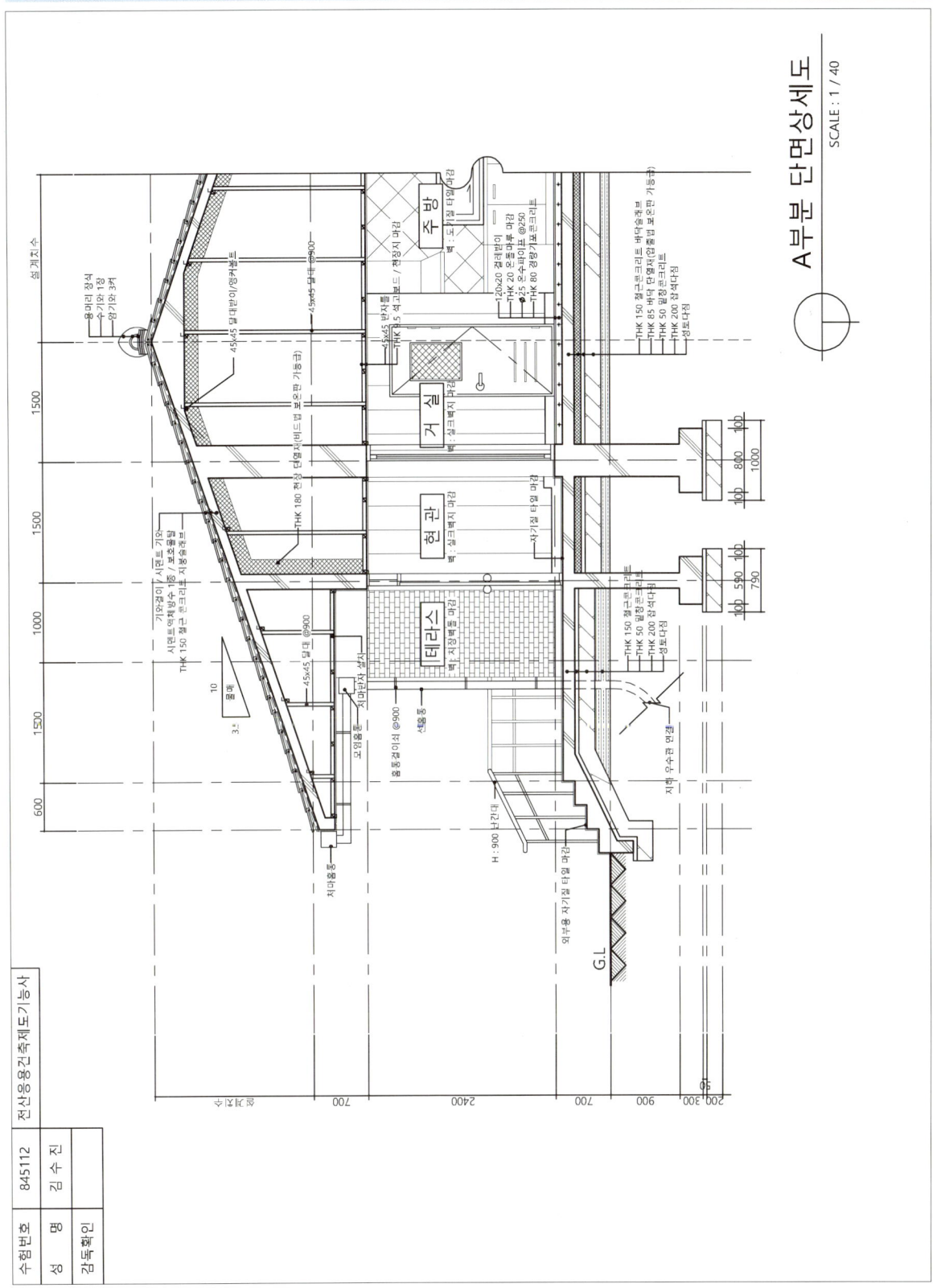

05 [입면도 작성]

18. 평면도 : 입면도 방향이 아래를 향하도록 하고 입면도의 위에 배치
   단면도 : 입면도의 우(좌)측에 배치

❶ 단면도의 G.L을 입면도에 연장
❷ 평면도의 외부 벽체 끝선을 입면도에 연장

19. 단면도에서 지붕높이 표현
   ※ 지붕의 가장 낮은 선을 기준으로 벽체 Trim

20. 평면도에서 지붕의 폭 표현
   ※ 지붕을 네모 모양으로 정리

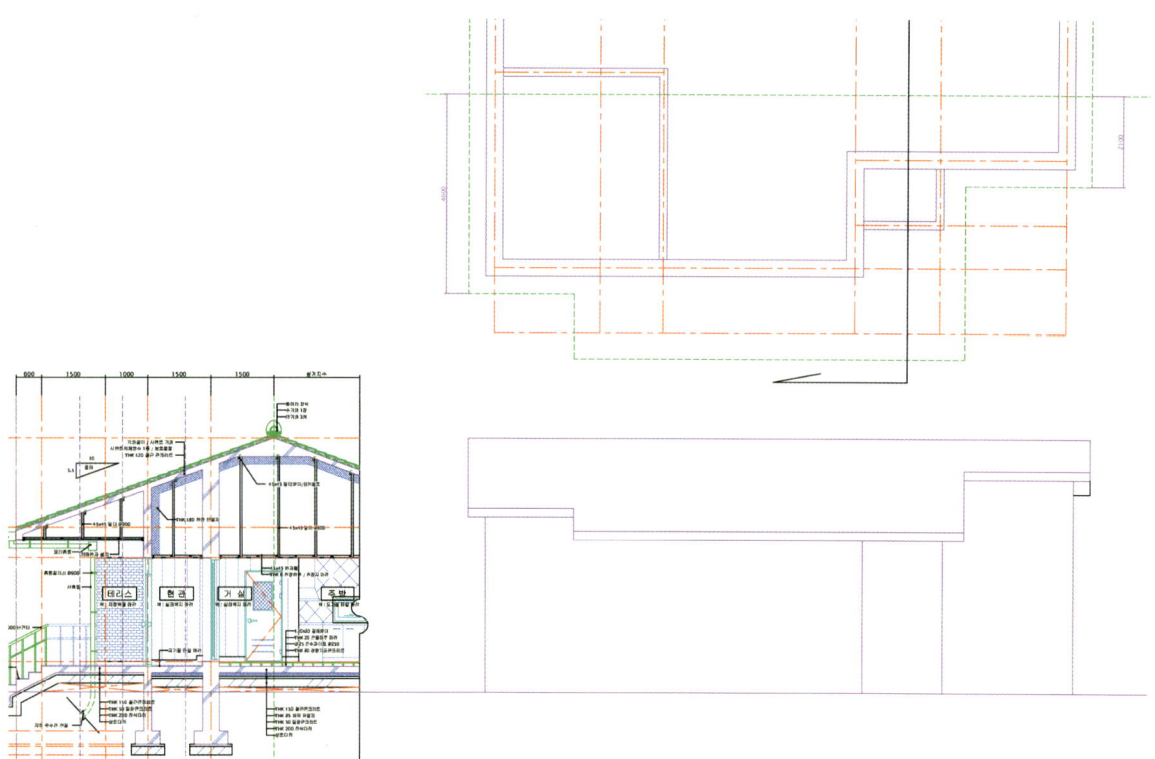

※ 높이가 다른 지붕이 있으면 평면도에서 용머리와 처마 끝의 거리를 확인하고 단면도에 표현
   지붕 물매를 따라가다 보면 수평거리와 만나는 점이 높이가 된다.

21. 난방끝선과 반자 시작선 표시 : 외부에서 볼 때 재료분리의 기준이 된다.

22. 창문과 현관문을 표현하기 위해 창호의 중심위치를 표시한다.

23. 창호표시
 : 방 창문은 높이 1200, 거실 창은 높이 2400으로 표현한다.
   단, 테라스로 바로 나갈 수 있는 방 창문은 높이 2400(거실높이)에 맞춘다.
   ※ 거실에서 테라스 없이 외부로 연결되는 창문은 바닥에서 600~900 올려서 표현한다.

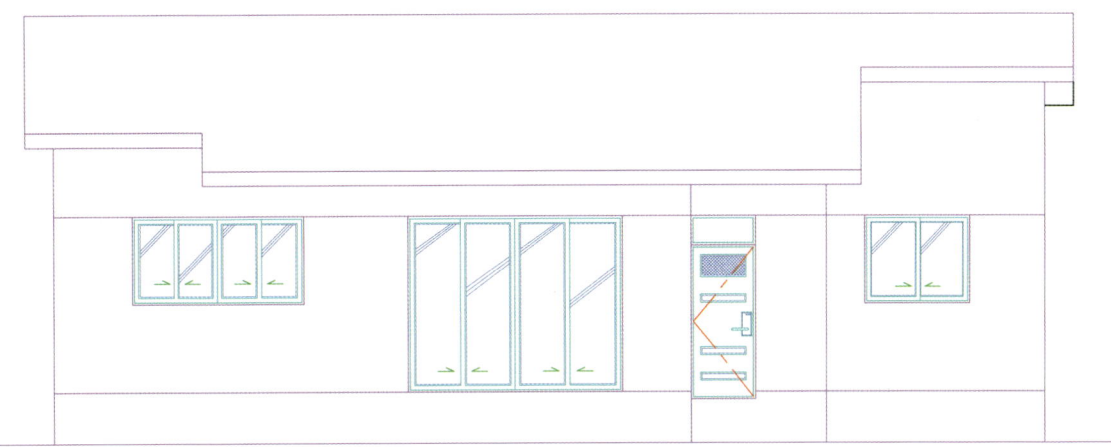

24. 계단, 테라스, 난간, 홈통, 기와, 창문 밑 벽돌 세워쌓기 등 표현

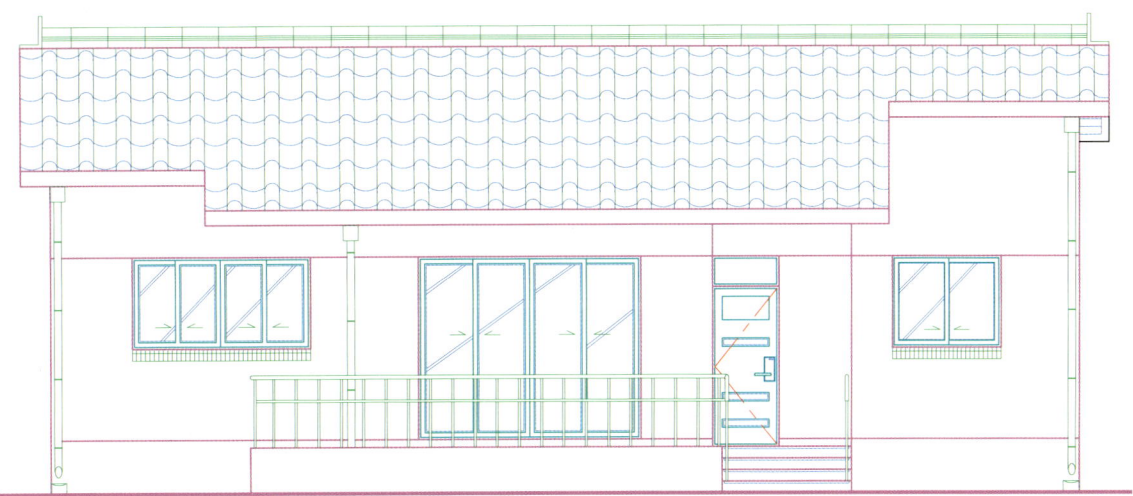

25. 문자작성 : 문자높이 100
벽돌해칭 : BRICK – 축척 : 10

※ 지반선 굵게 표현 : PL Enter – 시작점 클릭 – W Enter – 50 Enter , 50 Enter – 시작점 클릭, 반대편 끝점 클릭

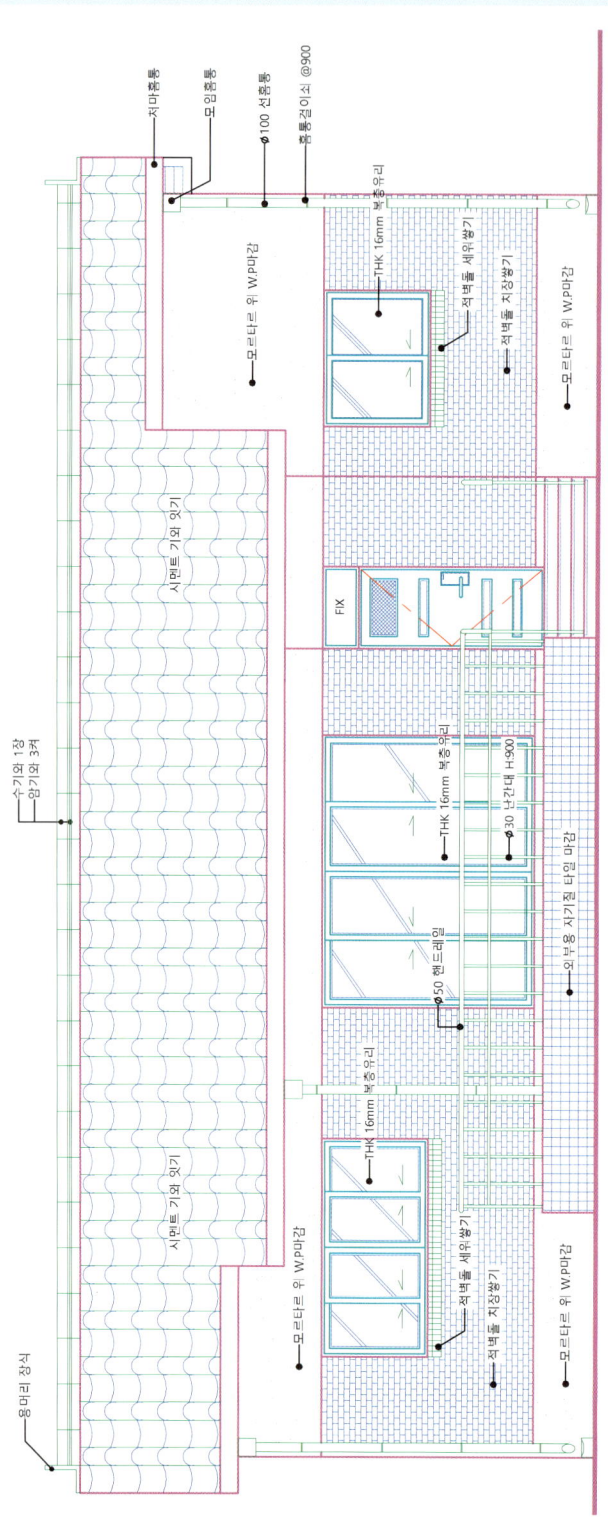

26. 표제란, 수목표현

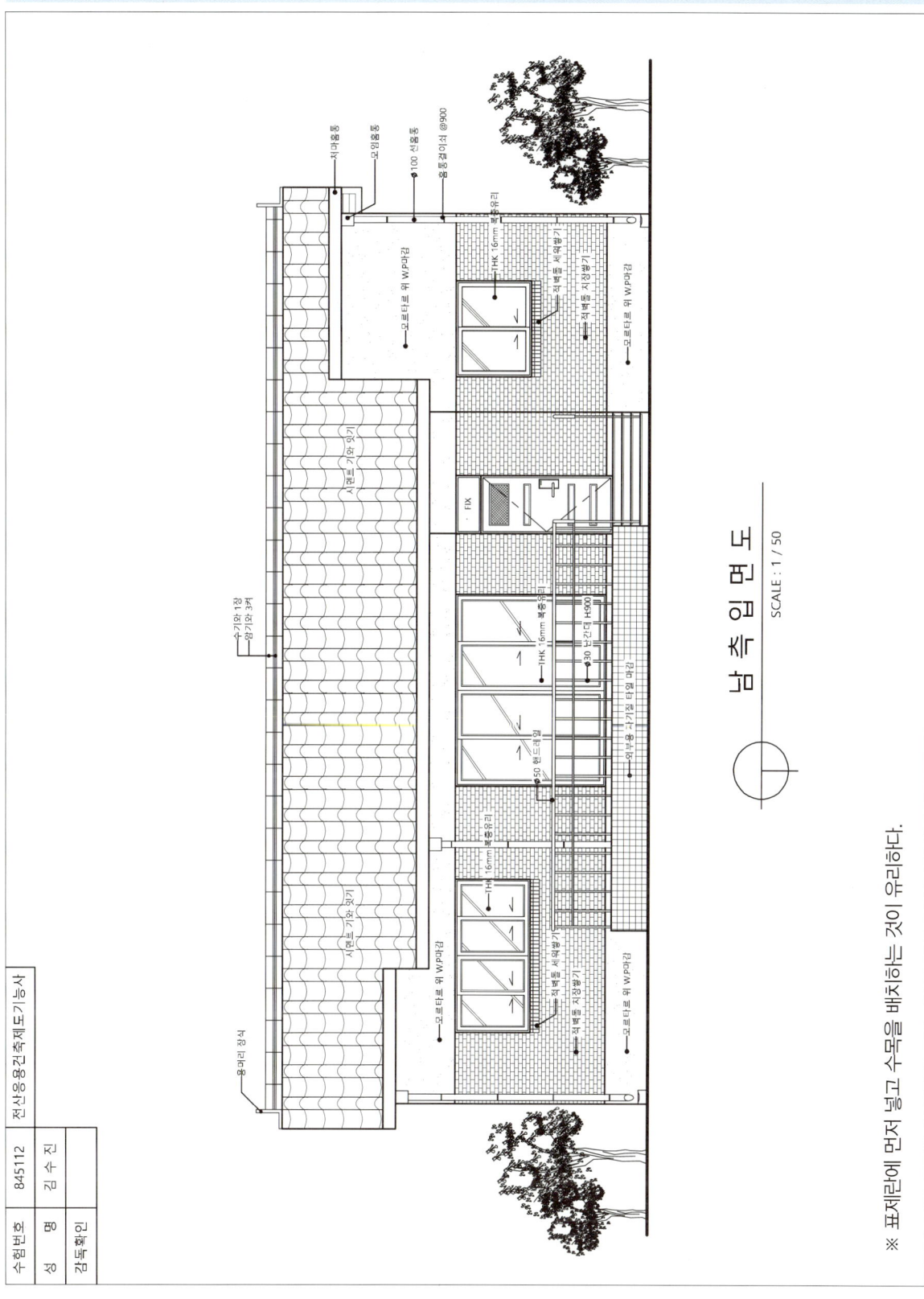

2020년 2회 A형 최신 기출문제

시험시간 4시간 10분

네이버 카페에서 완성 도면 파일을 확인하세요.

01 요구사항

주어진 평면도를 보고 CAD를 이용하여 아래 조건에 맞게 다음 도면을 작도한 후, 지급된 용지에 본인이 직접 흑백으로 출력하여 파일과 함께 제출하시오.

❶ A부분 단면 상세도를 축척 1/40으로 작도하시오.
❷ 남측 입면도를 축척 1/50으로 작도하되 벽면의 마감재료 표시 및 주위의 배경 등 도면의 요소를 충분히 고려하시오.

[조건]

- 기초 및 지하실 벽체 : 철근콘크리트 구조로 하시오.
- 벽체 : 외벽 - 외부로부터 붉은 벽돌 0.5B, 단열재, 시멘트 벽돌 1.0B
  내벽 - 시멘트 벽돌 1.0B
- 단열재 : 외벽 120mm, 바닥 85mm, 지붕 180mm
- 지붕 : 철근콘크리트 경사슬래브 위 시멘트 기와잇기 마감으로 하시오(물매 3.5/10 이상).
- 처마나옴 : 벽체 중심에서 600mm
- 반자높이 : 2400mm, 처마반자 설치
- 창호 : 목재창호로 하되 2중창인 경우 외부창호는 알루미늄 섀시로 하시오.
- 각 실의 난방 : 온수파이프 온돌난방으로 하시오.
- 1층 바닥 슬래브와 기초는 일체식으로 표현하시오.
- 평면도에 표현되지 않은 현관 상부 캐노피는 작도하지 않습니다.
- 기타 각 부분의 마감, 치수 등 주어지지 않은 조건은 일반적인 시공수준으로 하시오.

- 선의 통일을 기하기 위하여 아래와 같이 선의 색을 정리하여 출력하시오.
  - 흰색(7-White) : 0.3mm
  - 녹색(3-Green) : 0.2mm
  - 노랑(2-Yellow) : 0.4mm
  - 하늘색(4-Cyan) : 0.3mm
  - 빨강(1-Red) : 0.2mm
  - 파랑(5-Blue) : 0.1mm

02 수험자 유의사항

※ 다음 유의사항을 고려하여 요구도면을 완성하시오.

❶ 제시되지 않은 조건은 건축법, 건축구조 및 건축제도의 원칙에 따릅니다.

❷ 시험 시작 전 바탕화면에 본인 비번호로 폴더를 생성하고, 폴더 안에 작업내용을 저장하도록 합니다.
(단, 시험장에서 본인 이름으로 폴더를 생성하도록 하는 경우 시험장 규정에 따릅니다)

❸ 정전 및 기계 고장 등에 의한 자료 손실을 방지하기 위하여 수시로 저장합니다.
(파일이 없어지는 경우 본인의 과실로 봅니다. 자동저장 기능을 사용하지 말고 수시로 저장합니다)

❹ 다음과 같은 경우는 부정행위로 처리됩니다.
  1) 노트 및 서적, USB를 소지하거나 주고받는 행위
  2) 건물의 구조부분의 상세나 글씨 등을 사전에 블록으로 설정하여 지참해 사용하는 경우

❺ 작업이 끝나면 감독위원의 확인을 받은 후 문제지를 제출하고 본부요원 입회하에 본인이 직접 A3용지에 흑백으로 도면을 출력하도록 합니다. 이때 수험자의 운영 미숙으로 도면이 출력되지 않는 경우나 출력시간이 10분을 초과하는 경우는 실격 처리됩니다.

❻ 장비 조작 미숙으로 장비의 파손 및 고장을 일으킬 염려가 있을 경우 실격됩니다.

❼ 다음과 같은 경우에는 채점대상에서 제외됩니다.
  1) 시험시간 내에 요구사항을 완성하지 못한 경우
    (시험시간이 종료되면 자동으로 시스템이 정지하며, 최종저장을 누른 시간 이후의 데이터는 삭제되므로 시험 종료 전에 저장버튼을 잊지 마세요)
  2) 시험시간 내에 제출된 작품이라도 다음과 같은 경우
    가) 주어진 조건을 지키지 않고 작도한 경우
    나) 요구한 전 도면을 작도하지 않은 경우
    다) 건축제도 통칙을 준수하지 않거나 건축 CAD의 기능이 없는 상태에서 완성된 도면으로 시험위원 전원이 합의하여 판단한 경우

❽ 수험번호, 성명은 도면 좌측 상단에 아래와 같이 표제란을 만들어 기재합니다.

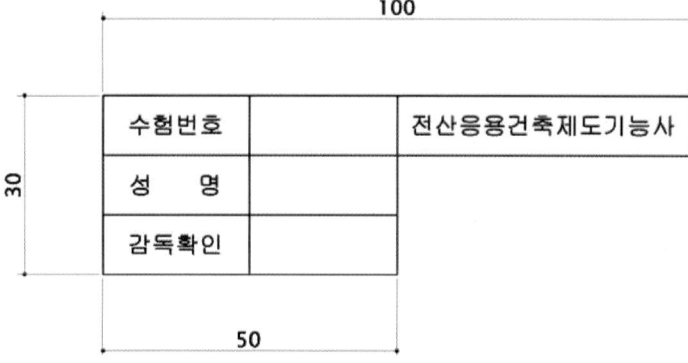

❾ 감독위원은 시험시작 후 수검자에게 표제란을 우선 작도 후 도면을 작도하도록 하여야 하며 수험자가 감독위원의 동지시를 따르지 않을 경우 실격 처리됩니다.

❿ 테두리선의 여백은 10mm로 합니다.

※ 출력은 시험의 일부입니다. 실제 종이에 출력해보지 않더라도 DWG To PDF(가상프린터)를 이용해 매번 연습합니다.
(본 교재의 77페이지 참고) 실제 시험에서는 프린터 이름만 알려줍니다.

03 도면 [과제명] 주택 / [척도] 1/100

* 본 평면도는 실제 시험과 같이 1/100 스케일이므로, 자로 실측이 가능합니다.

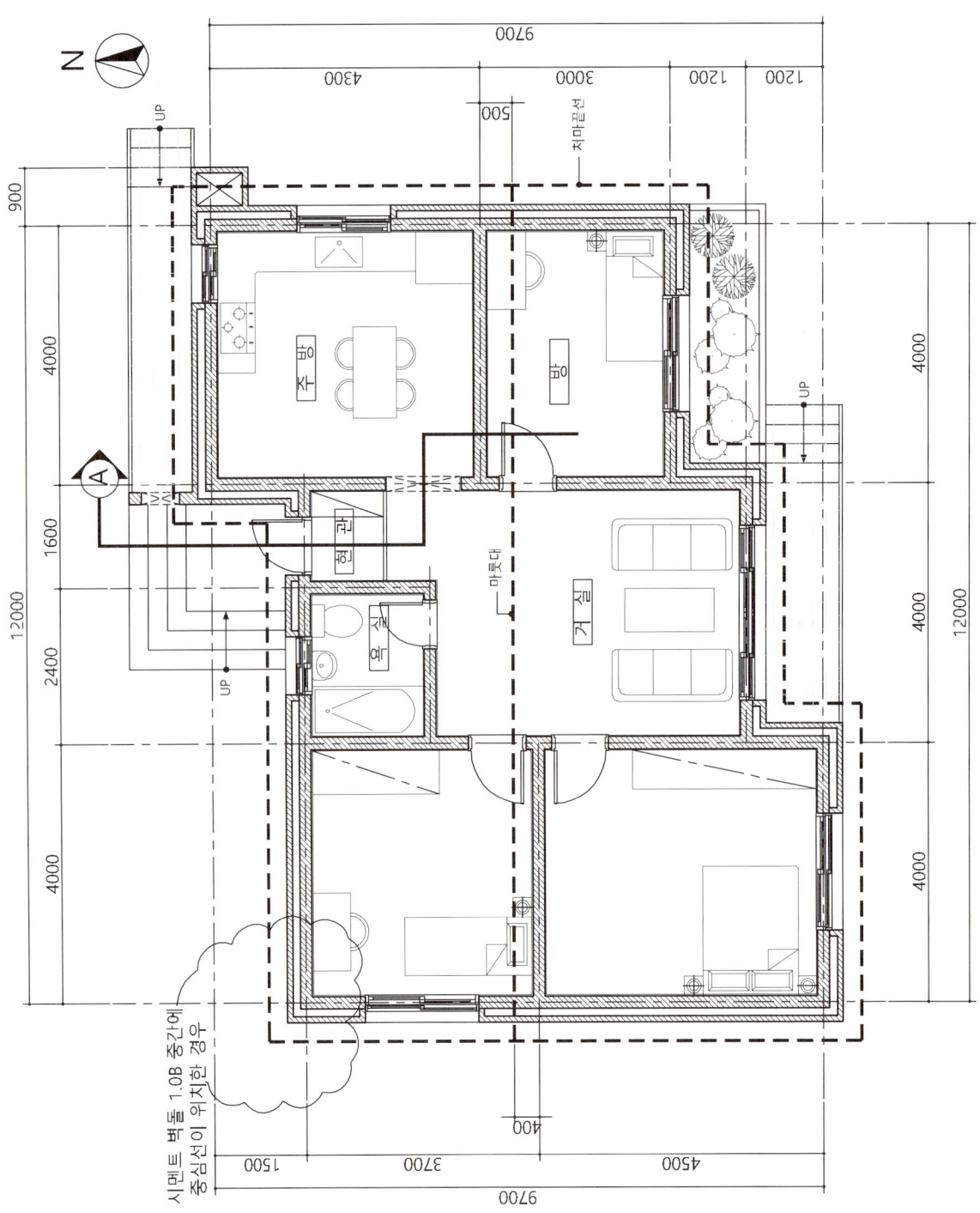

※ 특이사항

1. 단면상세도 단면선 꺾임
2. 단면상세도에서 테라스 전면 상부아치 발생

참고 이미지

※ 수험자의 이해를 돕기 위한 이미지입니다. 실기시험에서 제시되지 않습니다.

04 [단면도 작성]

1. 기본설정 : Option, OSNAP, LAYER 구성 등, F3과 F8켜기 등이 있다.

2. 평면도 외벽만 간단히 작성. 지붕이 복잡할 경우 미리 그려두는 것이 유리하다.
본 기출문제는 중심선이 시멘트 벽돌 190mm 중간에 위치하였다. 출제변수를 참고하여 작업한다.

3. 화살표 방향이 위로 보도록 회전한다. – X Enter 모두선택 Enter (분해)

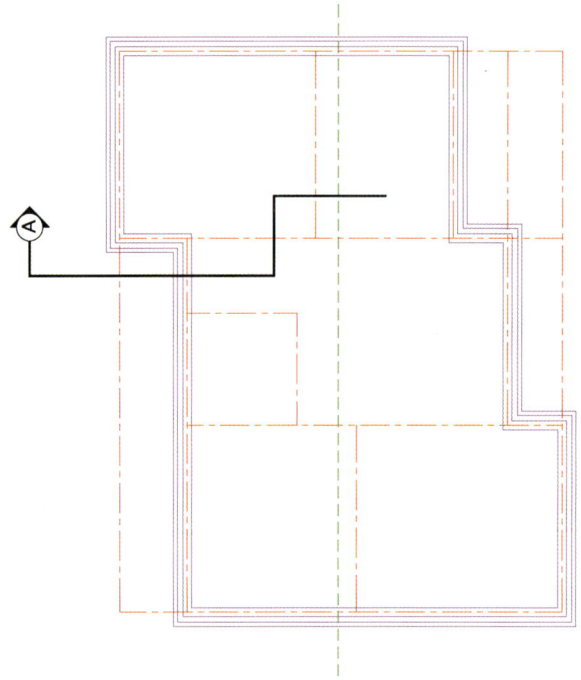

4. 노란색 도면층 : 평면도보다 길게 G.L을 그리고 절단부분(화살표가 지나가는 부분)의 기초와 바닥슬래브 표현
(노란색 선을 선홍색으로 바꿔 설명하겠습니다. 나머지는 색상에 맞게 표현하였습니다)
※ 계단 4단(600) + 난방(150)이므로 (난방이 되는 거실의)기초의 높이는 750mm입니다.

5. 흰색 도면층 : 바닥단열재(THK 85), 밑창콘크리트(THK 50), 잡석다짐(THK 200)
※ 계단 4단 이상의 경우 G.L에 맞추어 성토다짐을 표현한다.
녹색 도면층 : 난방(THK 150) 완성하기

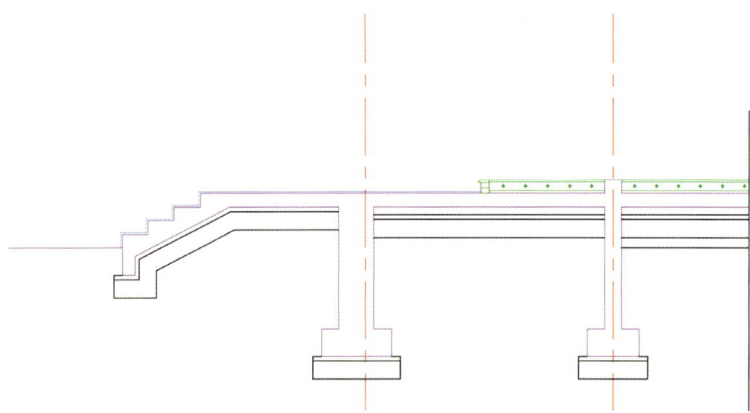

6. 지붕 슬래브 그리기

❶ 지붕 마룻대에서 가장 먼 벽체의 중심거리(본 도면에서는 4900) 파악
❷ 난방선 끝에서 2400 위로 Offset
❸ 테두리보의 높이 700 표현
❹ REC [Enter] 시작점 클릭 @1000, 400 [Enter]
❺ XL [Enter] A [Enter] 대각선 끝점 클릭, 클릭 – 가장 먼 벽체 중심과 테두리보가 만나는 부분에 클릭

7. 지붕 슬래브 완성
8. 반자 설치 : 반자를 복사하여 처마반자도 함께 설치한다.
9. 지붕단열재 : THK 180
10. 지붕방수, 기와

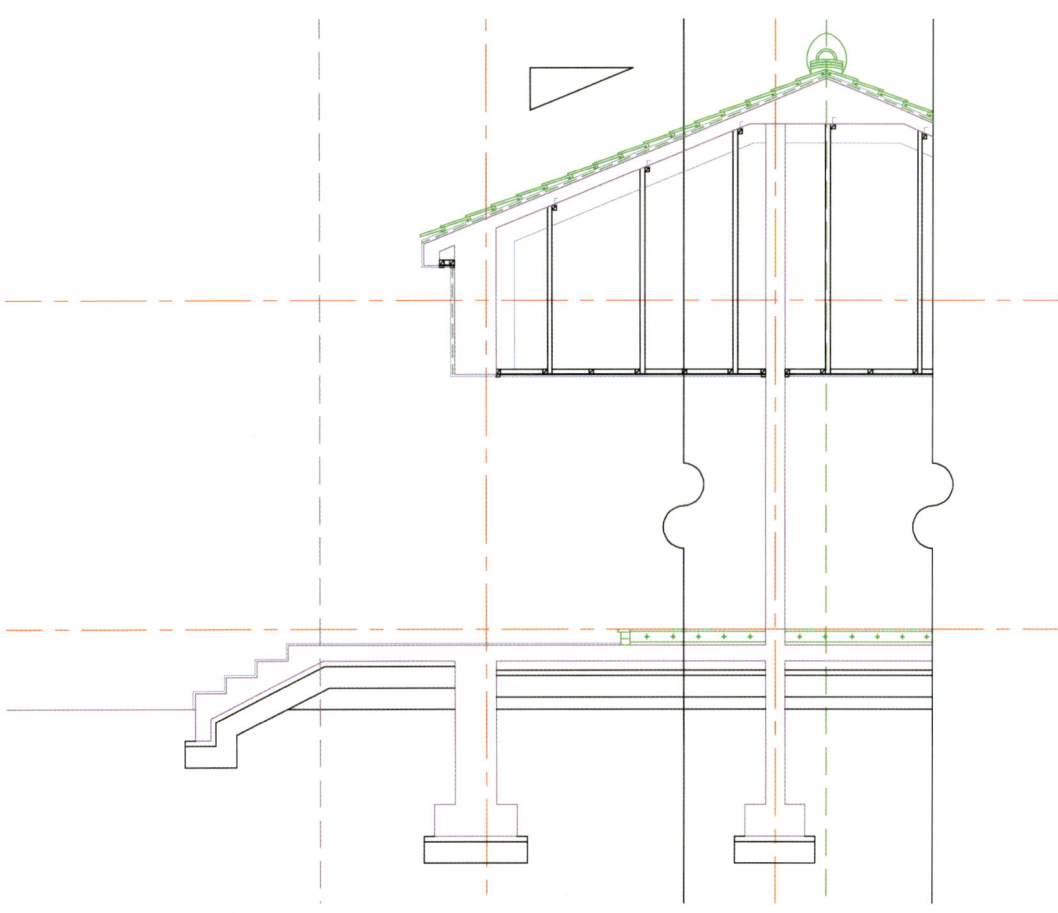

11. 거실 창, 내부 벽체 표현

12. 단면도상의 입면요소 표현
: 입면으로 보이는 벽체, 입면으로 보이는 처마, 입면으로 보이는 문과 창문, 굴뚝 등을 표현한다.

13. 홈통, 난간 등 설치

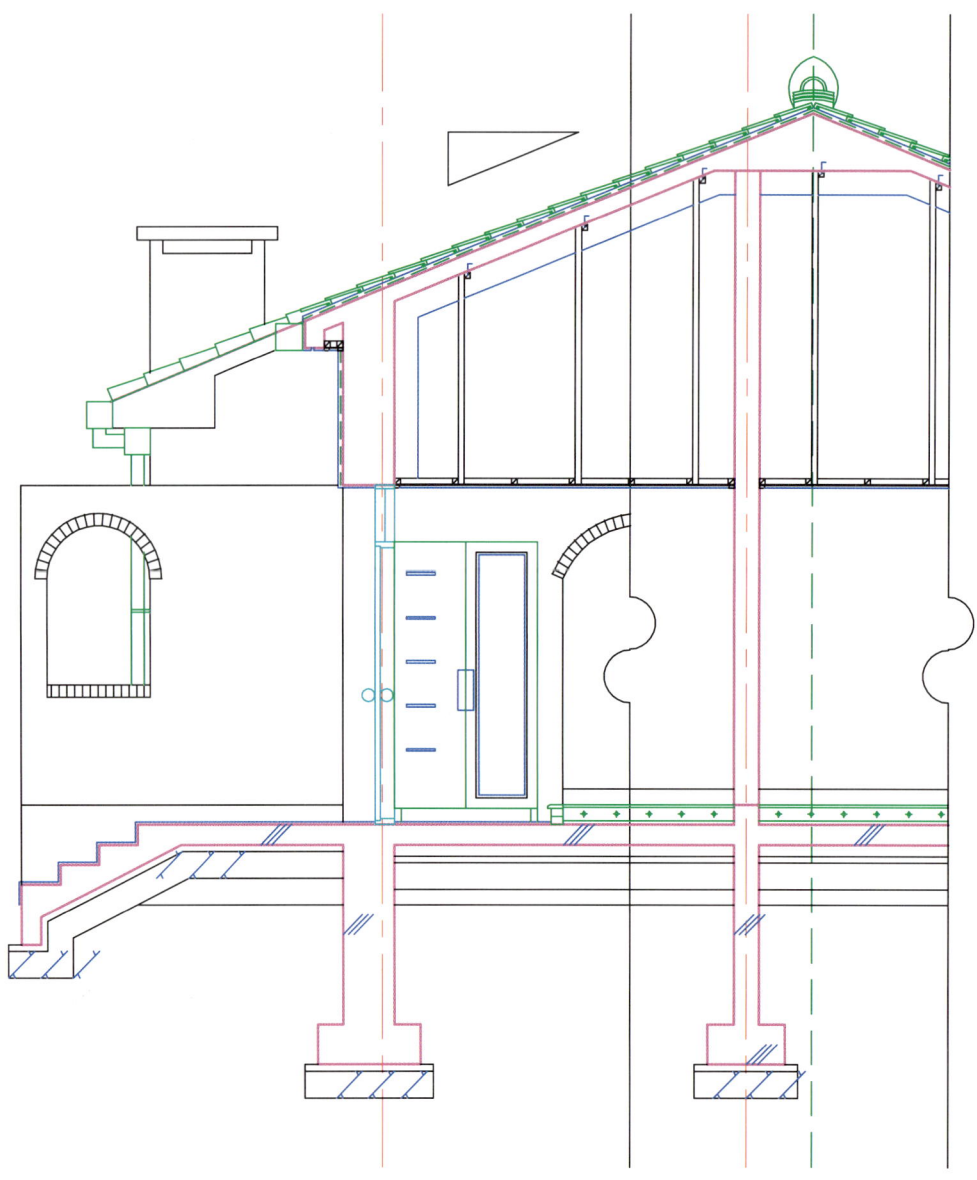

14. 문자 작성 : 흰색 도면층

ST [Enter] – Lucida sans unicode (또는 맑은 고딕)

도면층 : 흰색, 문자높이 : 80

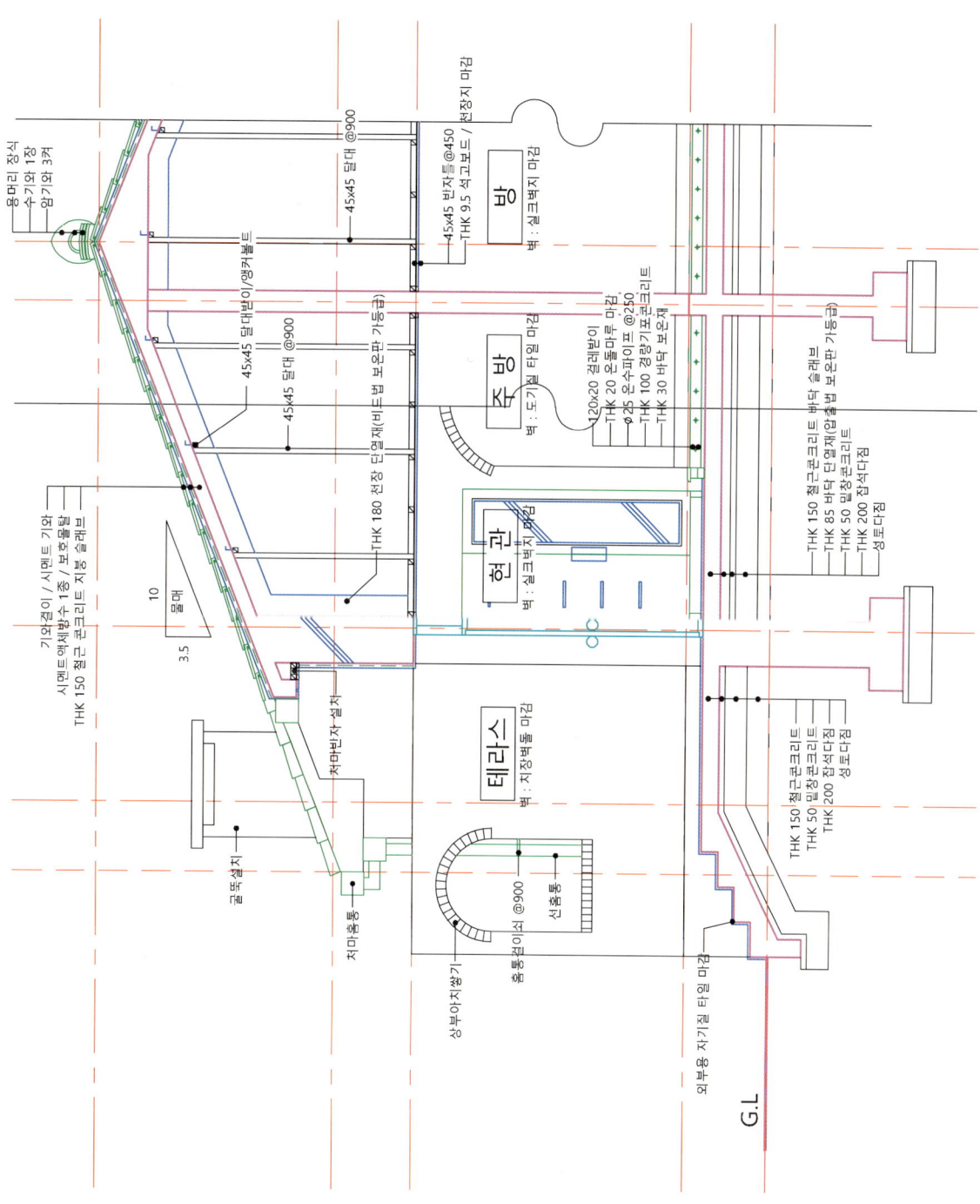

15. 단면, 입면의 재료표현과 해칭

16. 치수 : 중심선의 길이를 모두 맞춘 후 주석 – 신속치수

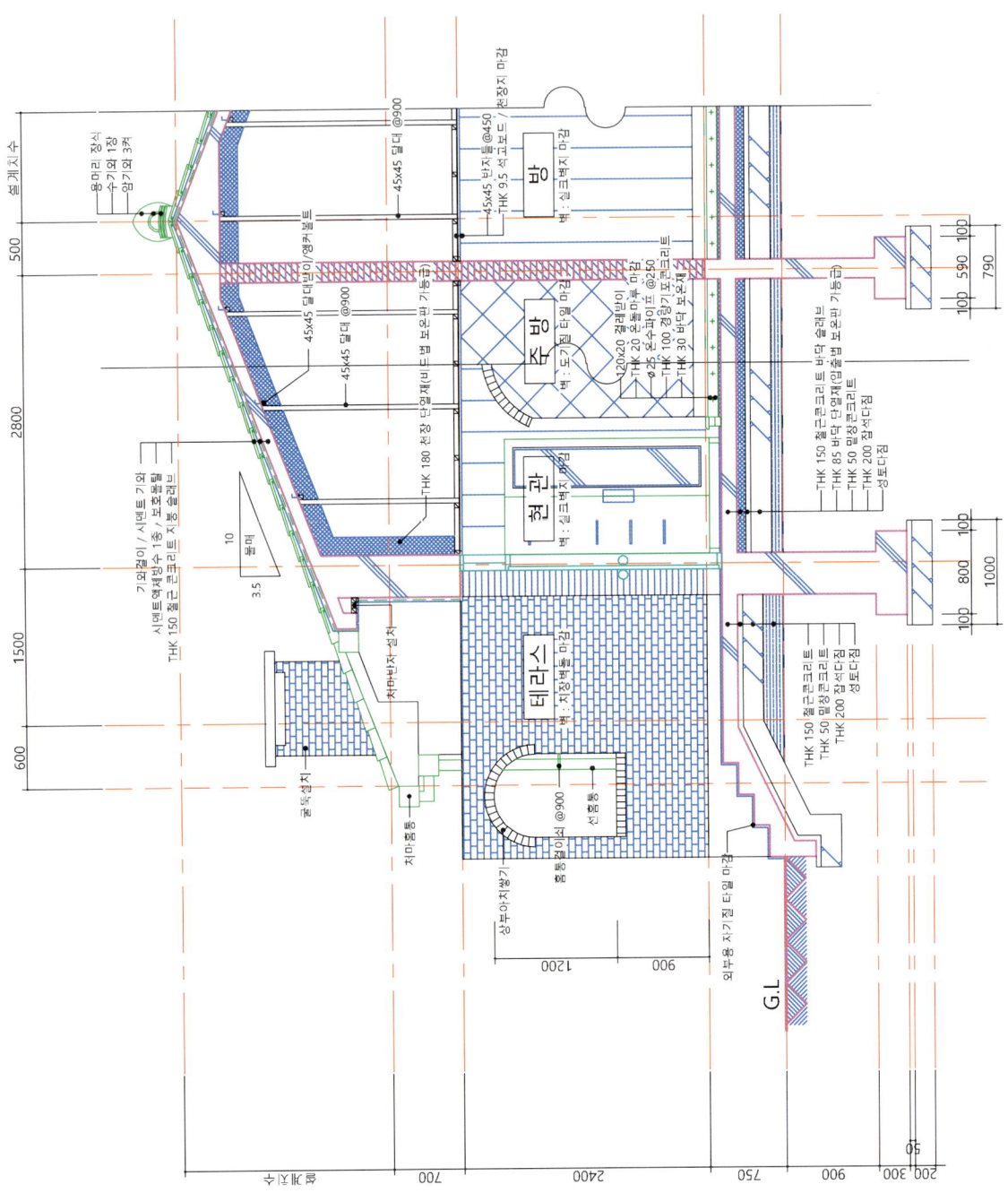

17. 표제란

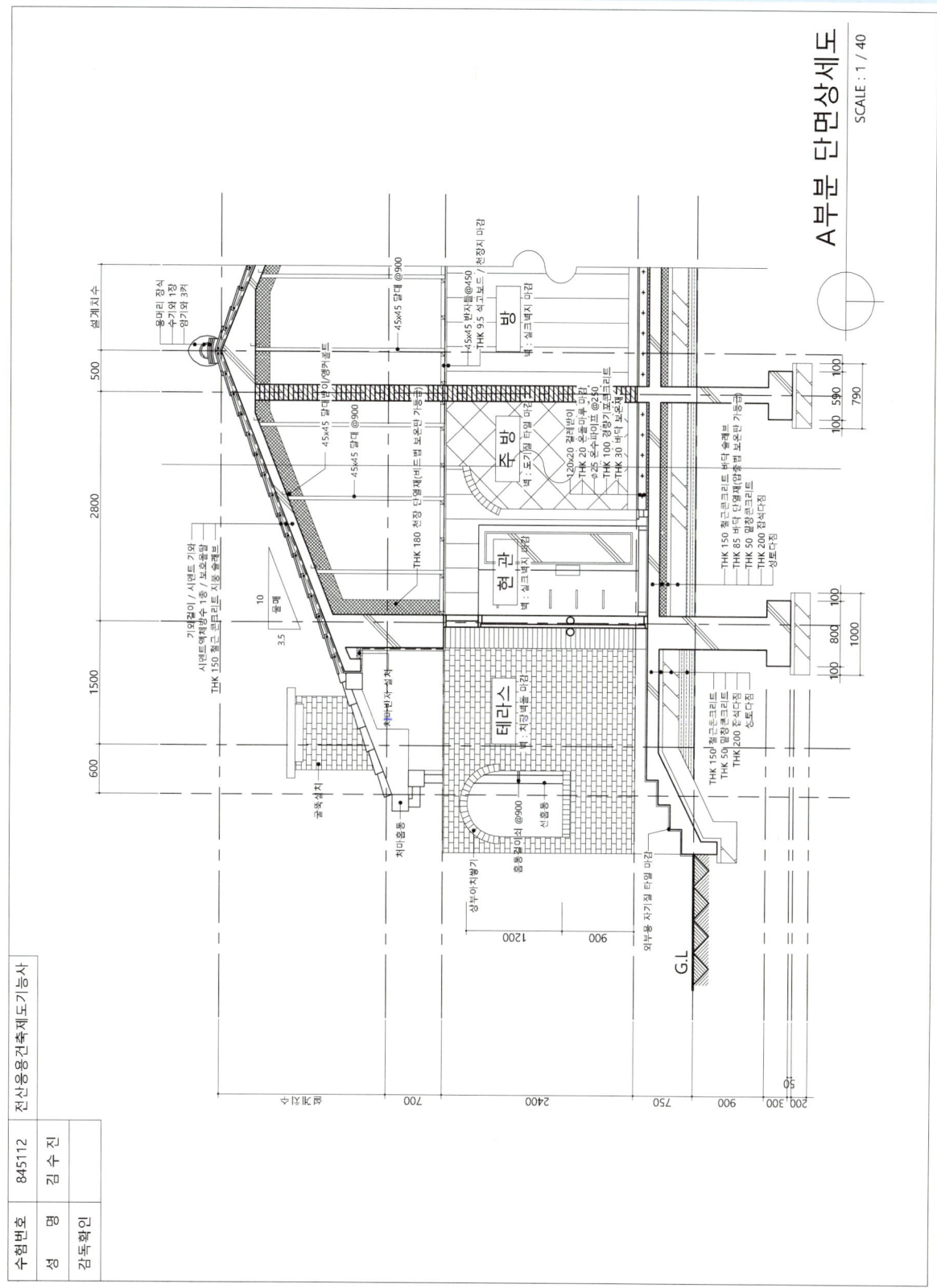

05 [입면도 작성]

18. 평면도 : 입면도 방향이 아래를 향하도록 하고 입면도의 위에 배치
　　　단면도 : 입면도의 우(좌)측에 배치

❶ 단면도의 G.L을 입면도에 연장
❷ 평면도의 외부 벽체 끝선을 입면도에 연장

19. 단면도에서 지붕높이 표현
　　※ 지붕의 가장 낮은 선을 기준으로 벽체 Trim

20. 평면도에서 지붕의 폭 표현
　　※ 지붕을 네모 모양으로 정리

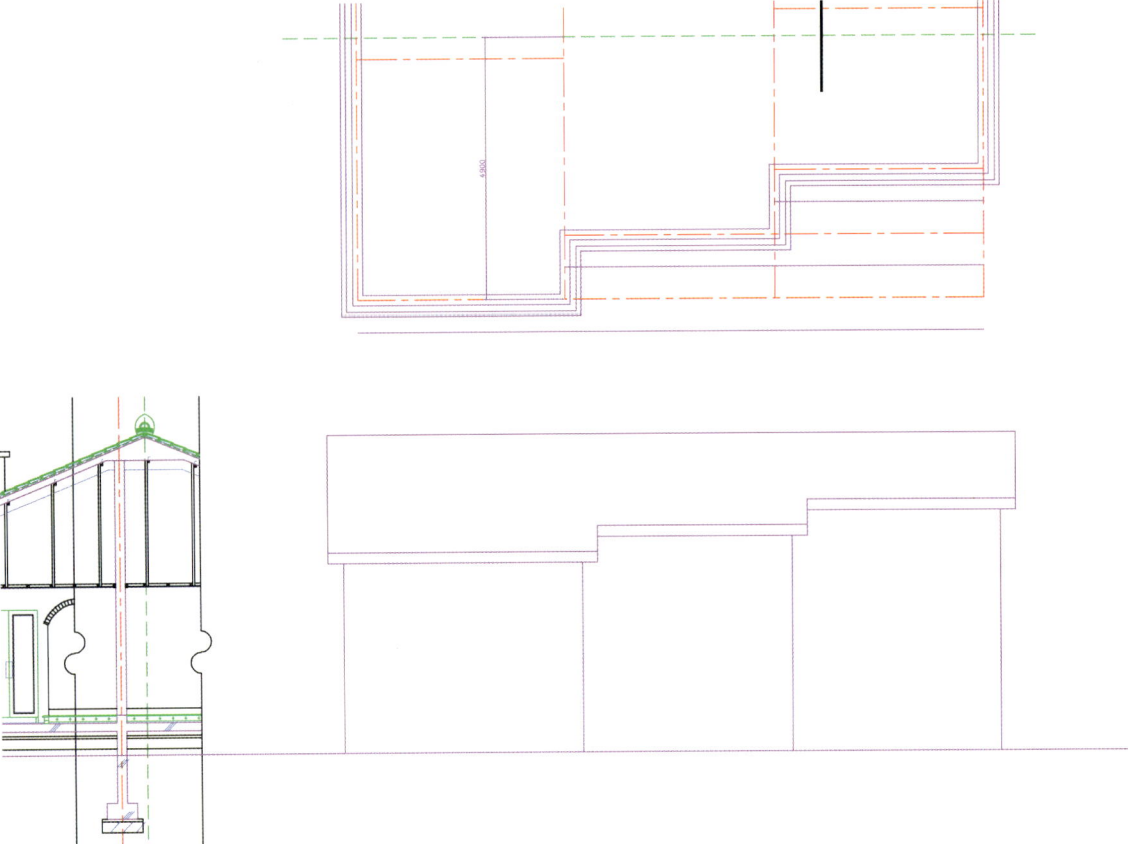

※ 높이가 다른 지붕이 있으면 평면도에서 용머리와 처마 끝의 거리를 확인하고 단면도에 표현
　지붕 물매를 따라가다 보면 수평거리와 만나는 점이 높이가 된다.

21. 난방끝선과 반자 시작선 표시 : 외부에서 볼 때 재료분리의 기준이 된다.

22. 창문을 표현하기 위해 창호의 중심위치를 표시한다.

23. 계단, 테라스, 난간, 홈통, 기와, 창문 밑 벽돌 세워쌓기 등 표현

※ 본 문제에서 벽돌 세워쌓기가 평면도에 표현되지 않았다.
돌출되지 않은 세워쌓기는 2019년 1회 기출문제의 설명을 보고 참고하세요(교재 438페이지).

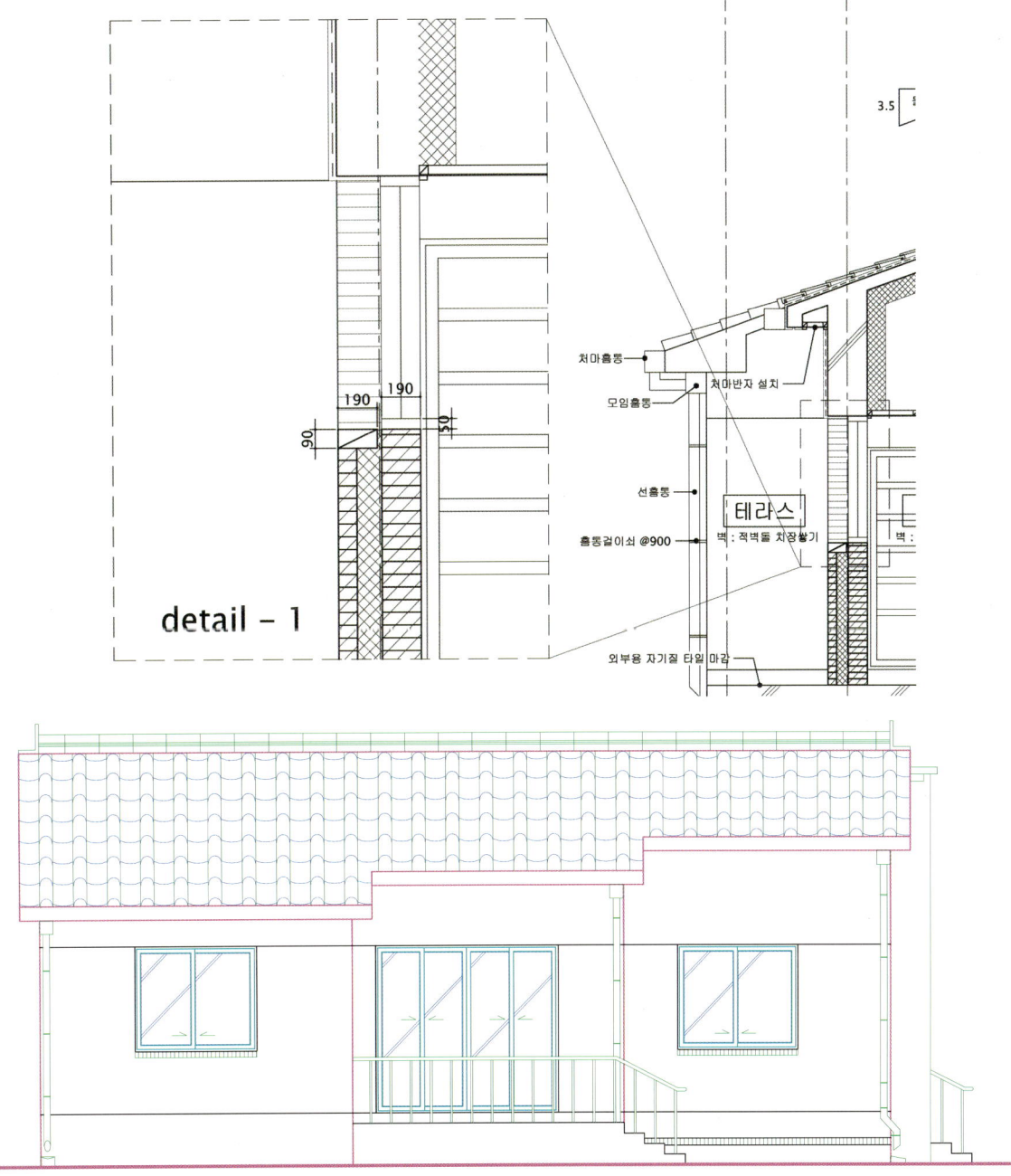

24. 문자작성 : 문자높이 100
벽돌해칭 : BRICK – 축척 : 10

※ 지반선 굵게 표현 : PL [Enter] – 시작점 클릭 – W [Enter] – 50 [Enter], 50 [Enter] – 끝점 클릭

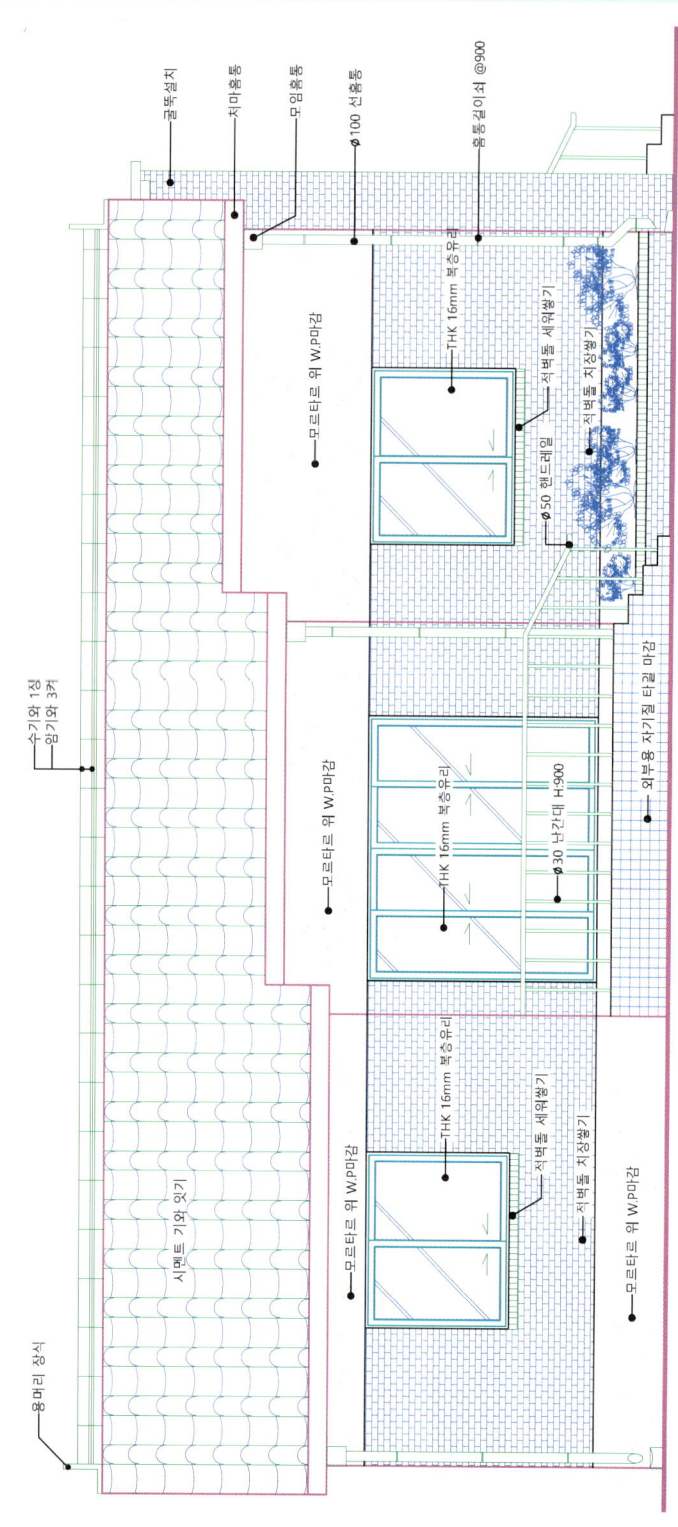

25. 표제란, 수목표현

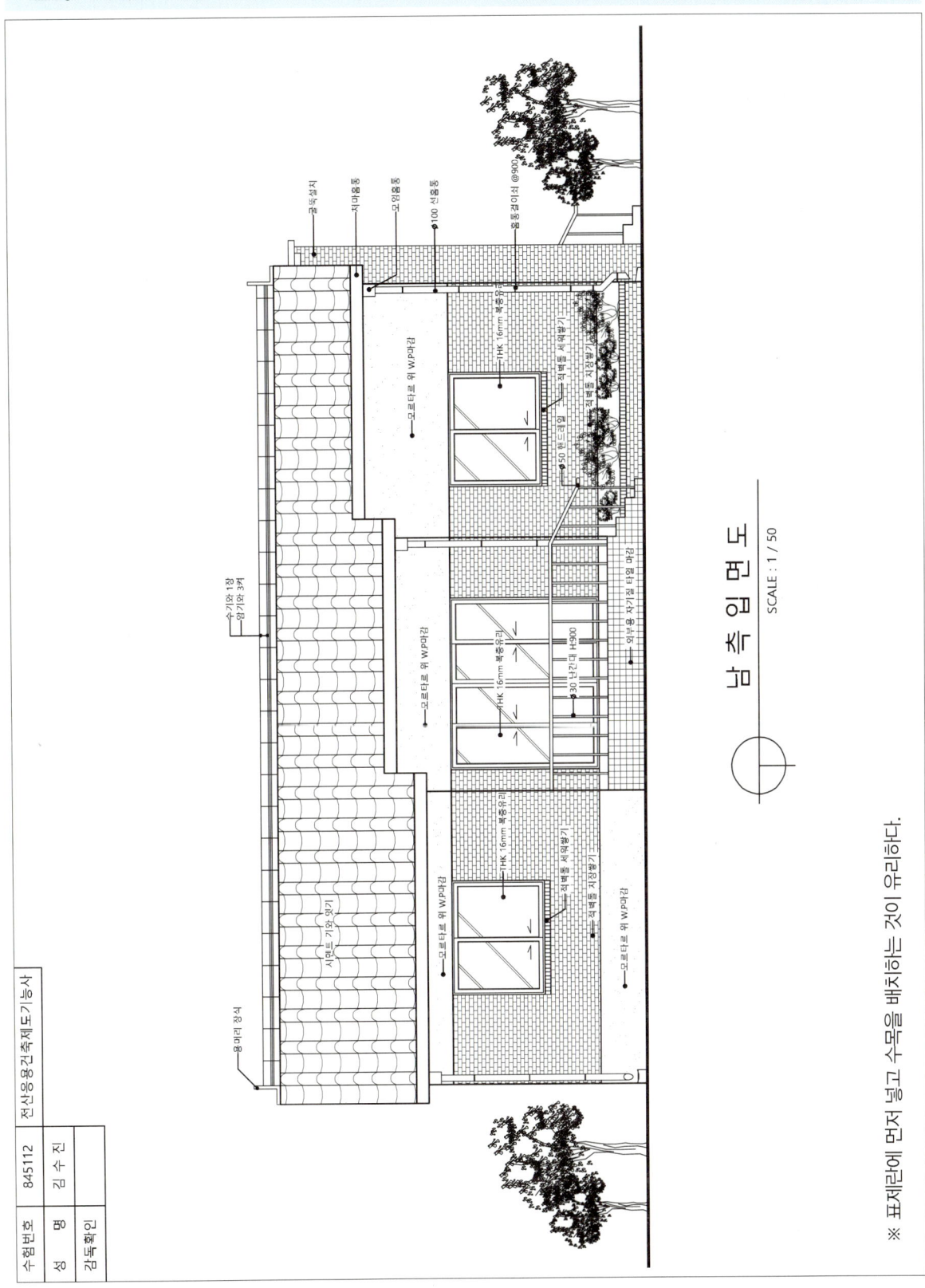

2021년 1회 A형 최신 기출문제

시험시간 4시간 10분

네이버 카페에서 완성 도면 파일을 확인하세요.

01 요구사항

주어진 평면도를 보고 CAD를 이용하여 아래 조건에 맞게 다음 도면을 작도한 후, 지급된 용지에 본인이 직접 흑백으로 출력하여 파일과 함께 제출하시오.

❶ A부분 단면 상세도를 축척 1/40으로 작도하시오.
❷ 남측 입면도를 축척 1/50으로 작도하되 벽면의 마감재료 표시 및 주위의 배경 등 도면의 요소를 충분히 고려하시오.

[조 건]
- 기초 및 지하실 벽체 : 철근콘크리트 구조로 하시오.
- 벽체 : 외벽 – 외부로부터 붉은 벽돌 0.5B, 단열재, 시멘트 벽돌 1.0B
  내벽 – 시멘트 벽돌 1.0B
- 단열재 : 외벽 120mm, 바닥 85mm, 지붕 180mm
- 지붕 : 철근콘크리트 경사슬래브 위 시멘트 기와잇기 마감으로 하시오(물매 3.5/10 이상).
- 처마나옴 : 벽체 중심에서 600mm
- 반자높이 : 2400mm, 처마반자 설치
- 창호 : 목재창호로 하되 2중창인 경우 외부창호는 알루미늄 섀시로 하시오.
- 각 실의 난방 : 온수파이프 온돌난방으로 하시오.
- 1층 바닥 슬래브와 기초는 일체식으로 표현하시오.
- 평면도에 표현되지 않은 현관 상부 캐노피는 작도하지 않습니다.
- 기타 각 부분의 마감, 치수 등 주어지지 않은 조건은 일반적인 시공수준으로 하시오.

- 선의 통일을 기하기 위하여 아래와 같이 선의 색을 정리하여 출력하시오.
  - 흰색(7–White) : 0.3mm
  - 녹색(3–Green) : 0.2mm
  - 노랑(2–Yellow) : 0.4mm
  - 하늘색(4–Cyan) : 0.3mm
  - 빨강(1–Red) : 0.2mm
  - 파랑(5–Blue) : 0.1mm

02 수험자 유의사항

※ 다음 유의사항을 고려하여 요구도면을 완성하시오.

❶ 제시되지 않은 조건은 건축법, 건축구조 및 건축제도의 원칙에 따릅니다.

❷ 시험 시작 전 바탕화면에 본인 비번호로 폴더를 생성하고, 폴더 안에 작업내용을 저장하도록 합니다.
  (단, 시험장에서 본인 이름으로 폴더를 생성하도록 하는 경우 시험장 규정에 따른다)

❸ 정전 및 기계 고장 등에 의한 자료 손실을 방지하기 위하여 수시로 저장합니다.
  (파일이 없어지는 경우 본인의 과실로 본다)

❹ 다음과 같은 경우는 부정행위로 처리됩니다.
  1) 노트 및 서적, USB를 소지하거나 주고받는 행위
  2) 건물의 구조부분의 상세나 글씨 등을 사전에 블록으로 설정하여 지참해 사용하는 경우

❺ 작업이 끝나면 감독위원의 확인을 받은 후 문제지를 제출하고 본부요원 입회하에 본인이 직접 A3용지에 흑백으로 도면을 출력하도록 합니다. 이때 수험자의 운영 미숙으로 도면이 출력되지 않는 경우나 출력시간이 10분을 초과하는 경우는 실격 처리됩니다.

❻ 장비 조작 미숙으로 장비의 파손 및 고장을 일으킬 염려가 있을 경우 실격됩니다.

❼ 다음과 같은 경우에는 채점대상에서 제외됩니다.
  1) 시험시간 내에 요구사항을 완성하지 못한 경우
     (시험시간이 종료되면 자동으로 시스템이 정지하며, 최종저장을 누른 시간 이후의 데이터는 삭제되므로 시험 종료 전에 저장버튼을 잊지 마세요)
  2) 시험시간 내에 제출된 작품이라도 다음과 같은 경우
     가) 주어진 조건을 지키지 않고 작도한 경우
     나) 요구한 전 도면을 작도하지 않은 경우
     다) 건축제도 통칙을 준수하지 않거나 건축 CAD의 기능이 없는 상태에서 완성된 도면으로 시험위원 전원이 합의하여 판단한 경우

❽ 수험번호, 성명은 도면 좌측 상단에 아래와 같이 표제란을 만들어 기재합니다.

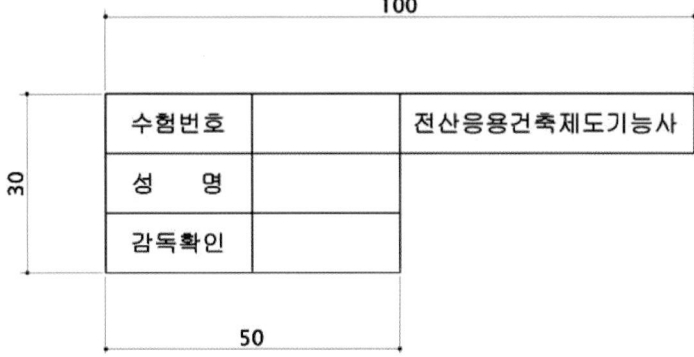

❾ 감독위원은 시험시작 후 수검자에게 표제란을 우선 작도 후 도면을 작도하도록 하여야 하며 수험자가 감독위원의 지시를 따르지 않을 경우 실격 처리됩니다.

❿ 테두리선의 여백은 10mm로 합니다.

※ 출력은 시험의 일부입니다. 실제 종이에 출력해보지 않더라도 DWG To PDF(가상프린터)를 이용해 매번 연습합니다.
  (본 교재의 77페이지 참고) 실제 시험에서는 프린터 이름만 알려줍니다.

03 도면 [과제명] 주택 / [척도] 1/100

* 본 평면도는 실제 시험과 같이 1/100 스케일이므로, 자로 실측이 가능합니다.

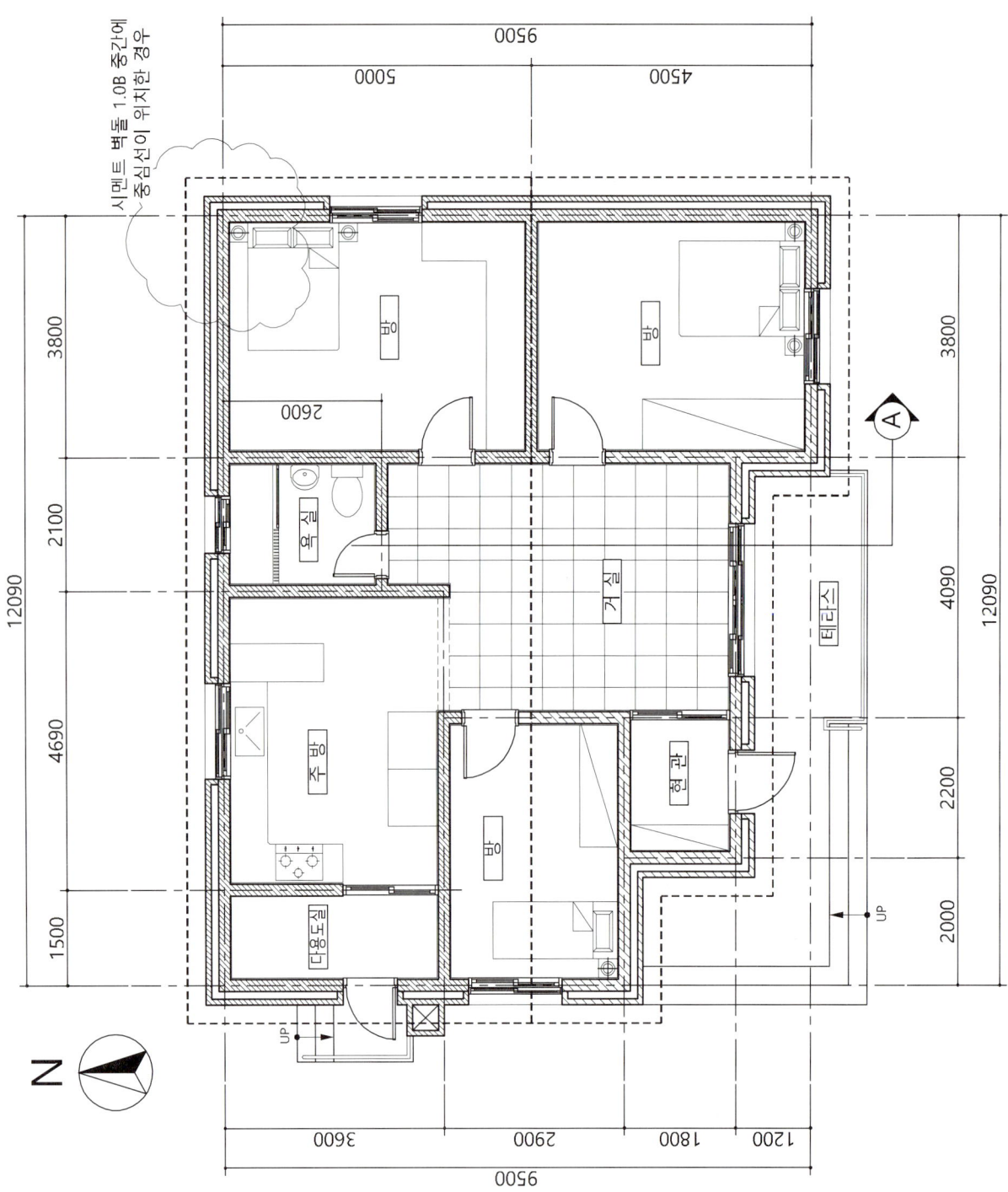

※ 특이사항
1. 벽체가 1.0B 중간에 위치하였다.
2. 단면상의 입면에서 멀리 보이는 처마가 발생한다.
3. 남측 입면도에서 굴뚝이 보인다.
4. 창문 하단 세워쌓기에서 내밀어 쌓은 부분없이 일자로 시공하였다.

참고 이미지

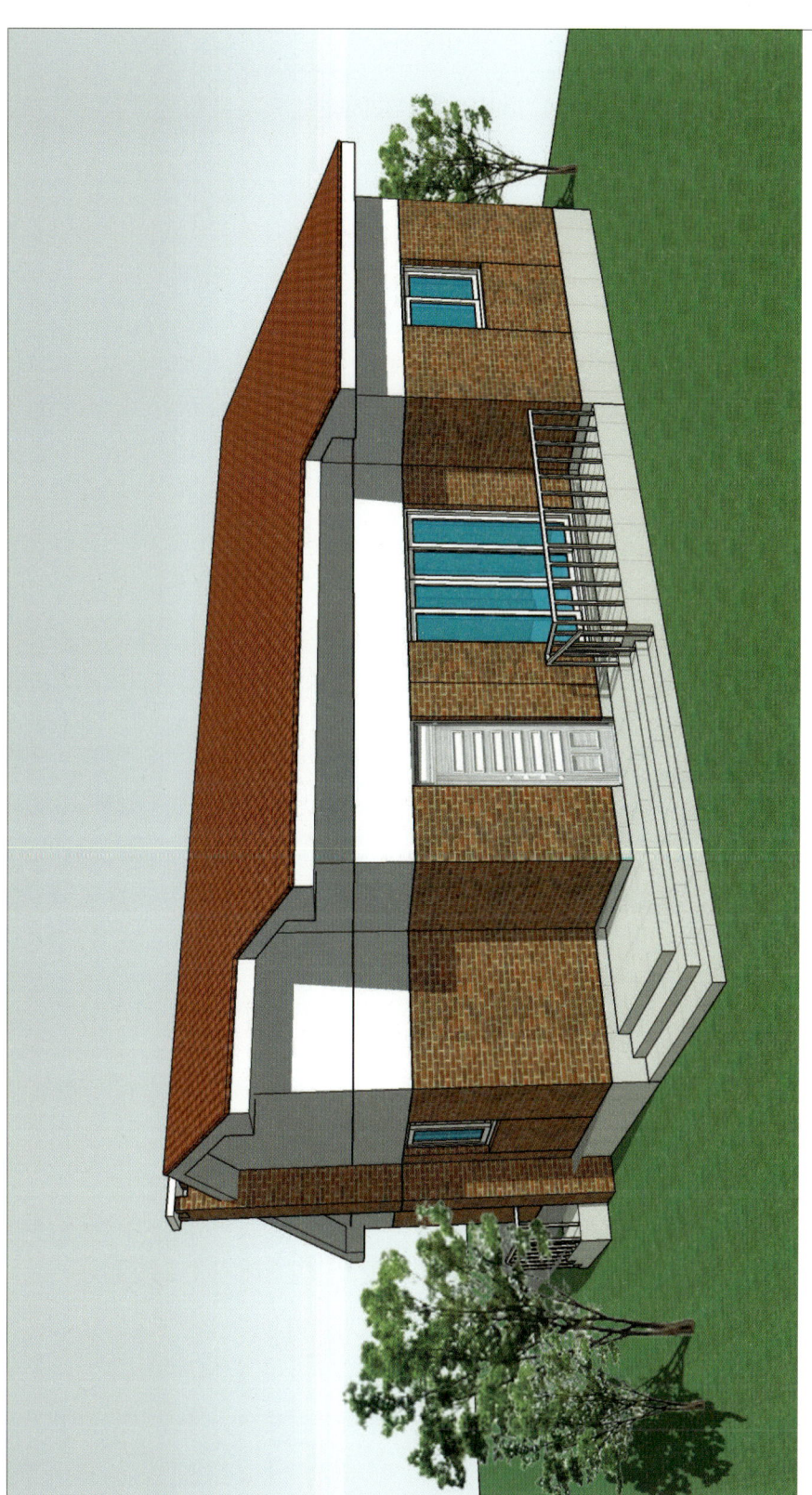

※ 수험자의 이해를 돕기 위한 이미지입니다. 실기시험에서 제시되지 않습니다.

04 [단면도 작성]

1. 기본설정 : Option, OSNAP, LAYER 구성 등
2. 평면도 외벽만 간단히 작성. 지붕이 복잡할 경우 미리 그려두는 것이 유리하다.
3. 화살표 방향이 위로 보도록 회전한다. – X Enter 모두선택 Enter (분해)

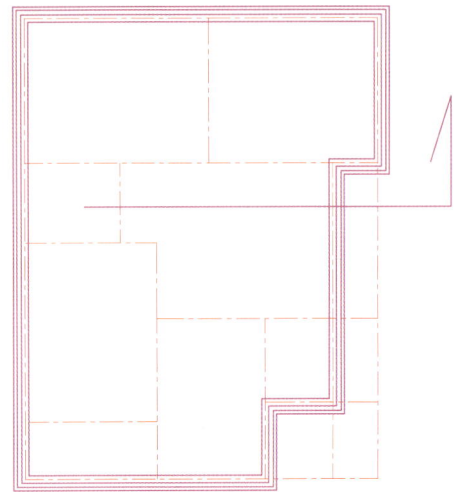

4. 노란색 도면층 : 평면도보다 길게 G.L을 그리고 절단부분(화살표가 지나가는 부분)의 기초와 바닥슬래브 표현
   (노란색 선을 선홍색으로 바꿔 설명하겠습니다. 나머지는 색상에 맞게 표현하였습니다)
   ※ 계단 3단(450) + 난방(150)이므로 기초의 높이는 600mm입니다
5. 흰색 도면층 : 바닥단열재(THK 85), 밑창콘크리트(THK 50), 잡석다짐(THK 200)
   녹색 도면층 : 난방(THK 150) 완성하기

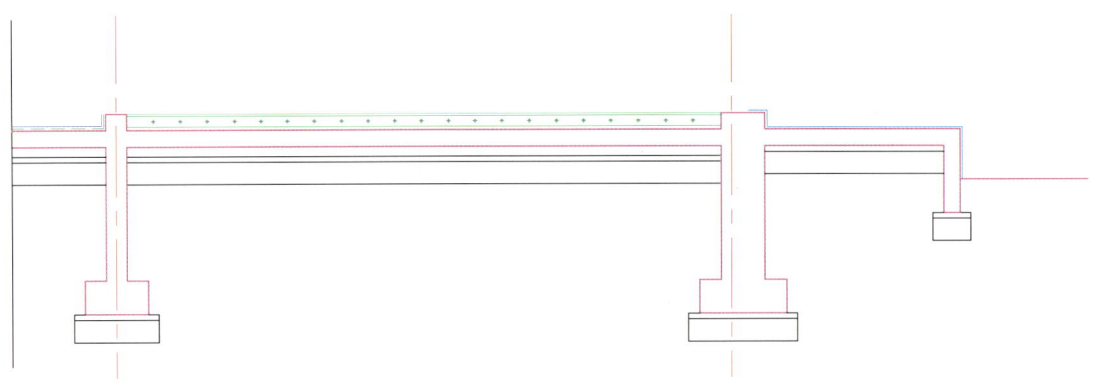

6. 지붕 슬래브 그리기

❶ 지붕 마룻대에서 가장 먼 벽체의 중심거리 파악
   (현재 도면에서는 5000mm가 가장 먼 벽체의 중심선거리이다)
❷ 난방선 끝에서 2400 위로 Offset
❸ 테두리보의 높이 700 표현
❹ REC [Enter] 시작점 클릭 @1000, 350 [Enter]
❺ XL [Enter] A [Enter] 대각선 끝점 클릭, 클릭 – 가장 먼 벽체 중심과 테두리보가 만나는 부분에 클릭

7. 지붕 슬래브 완성

8. 반자 설치 : 반자를 복사하여 처마반자도 함께 설치한다.
   (천장 반자는 THK 9.5 석고보드로 표현한다)

9. 지붕단열재 : THK 180

10. 지붕방수, 기와

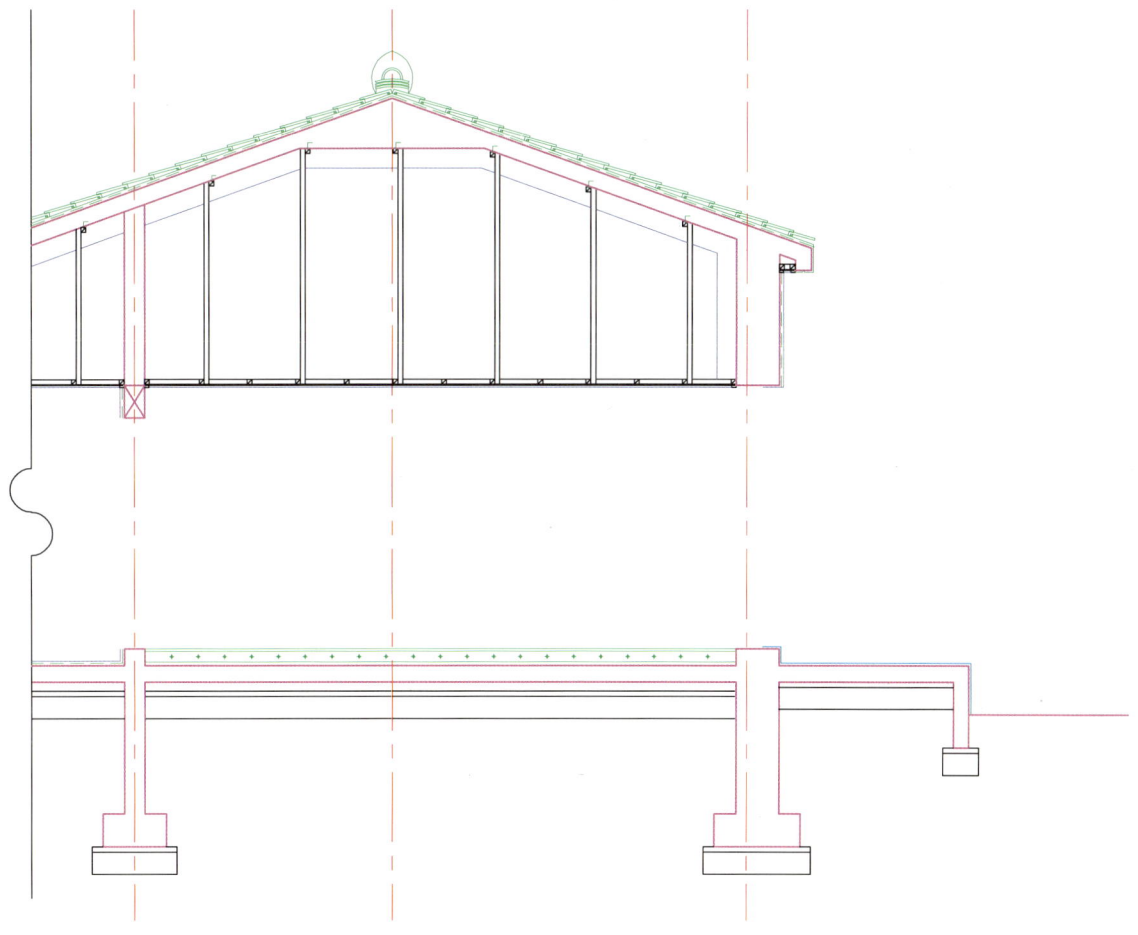

11. 바닥 온수파이프 온돌난방 표현, 욕실 방수와 타일 표현

12. 거실 창, 욕실 문, 내부 벽체 표현

13. 단면도상의 입면요소 표현
: 입면으로 보이는 벽체, 입면으로 보이는 처마, 입면으로 보이는 문과 창문 등을 표현한다.

14. 난간, 홈통, 걸레받이 설치, 지반표기

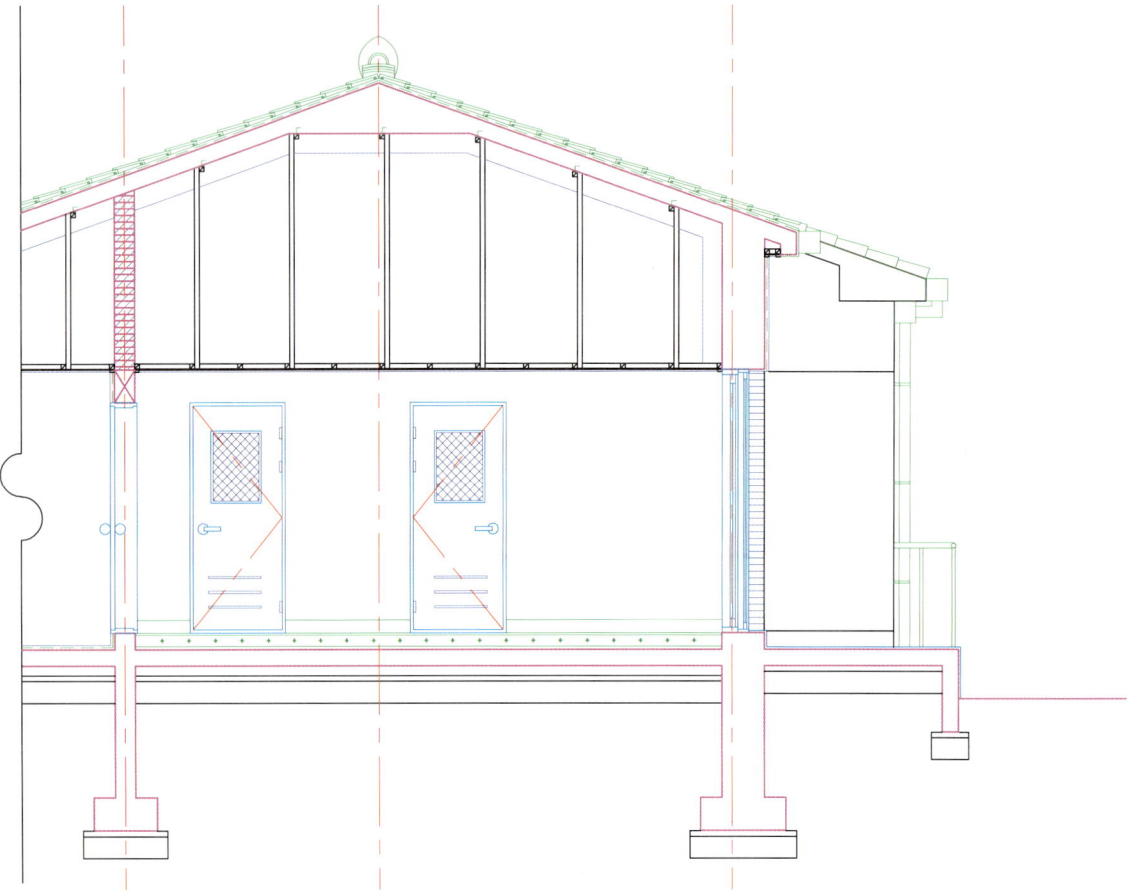

15. 문자 작성 : 흰색 도면층

ST Enter – Lucida sans unicode 또는 맑은 고딕

도면층 : 흰색, 문자높이 : 80

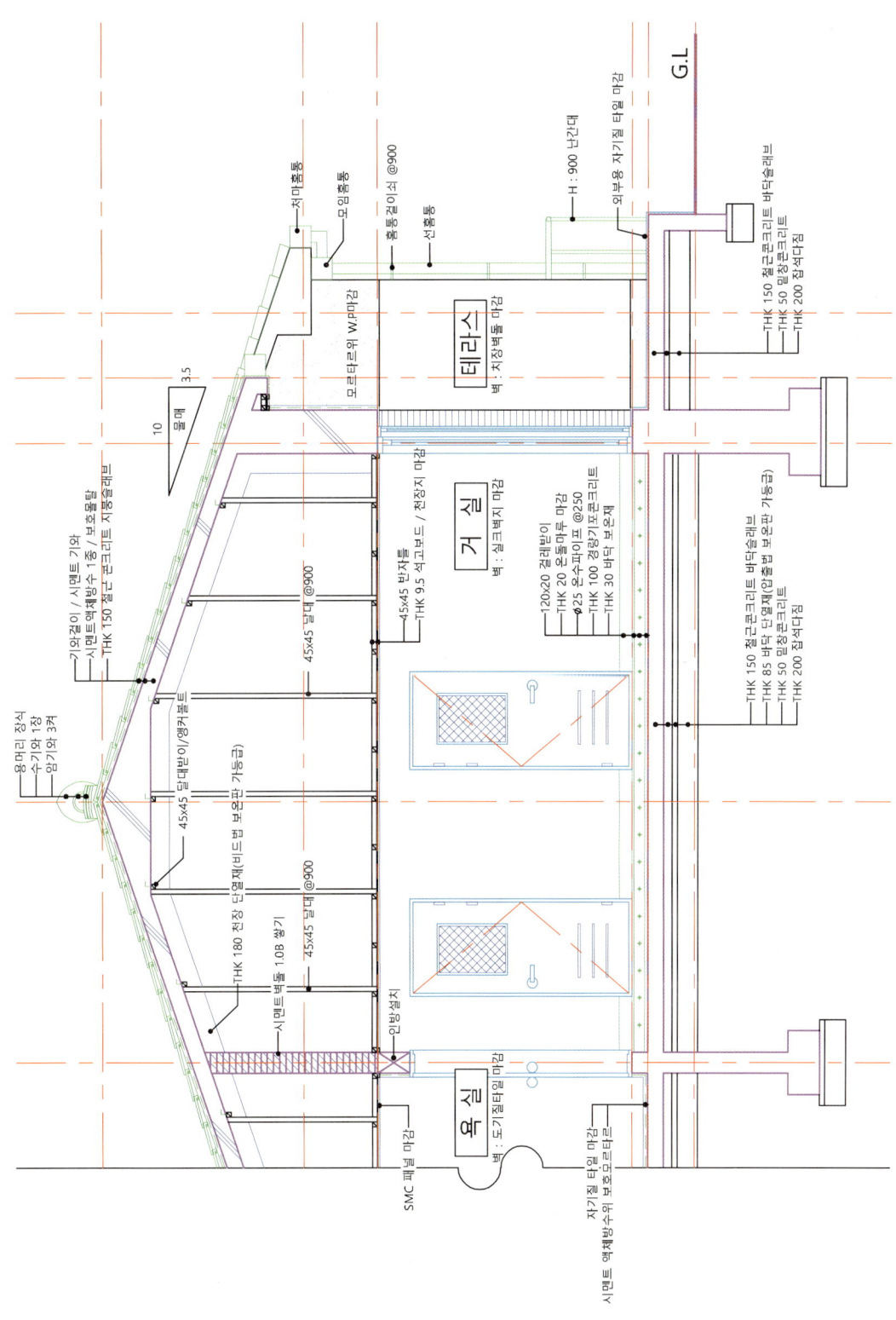

16. 단면, 입면의 재료표현과 해칭
17. 치수 : 중심선의 길이를 모두 맞춘 후 주석 – 신속치수

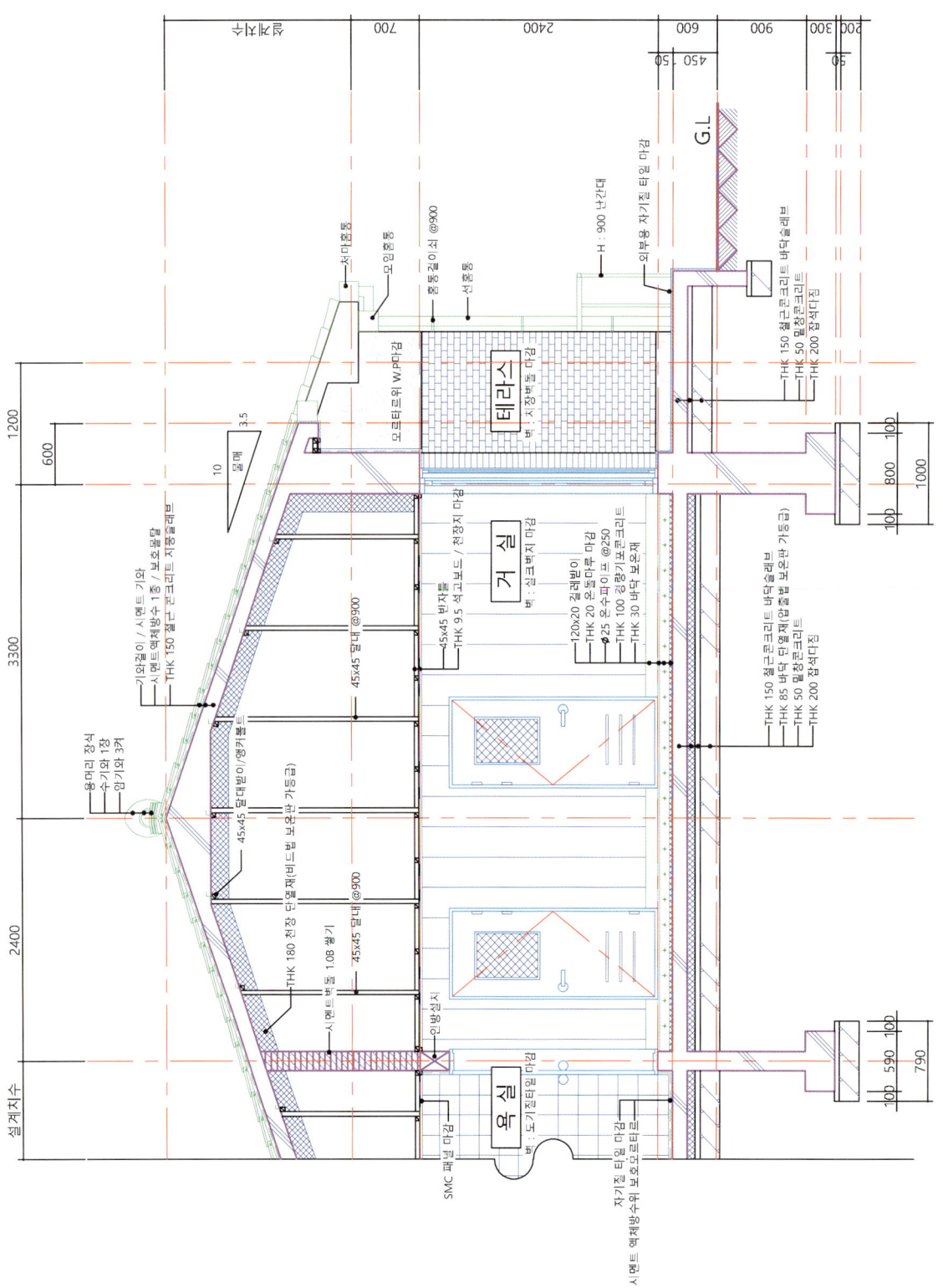

18. 표제란

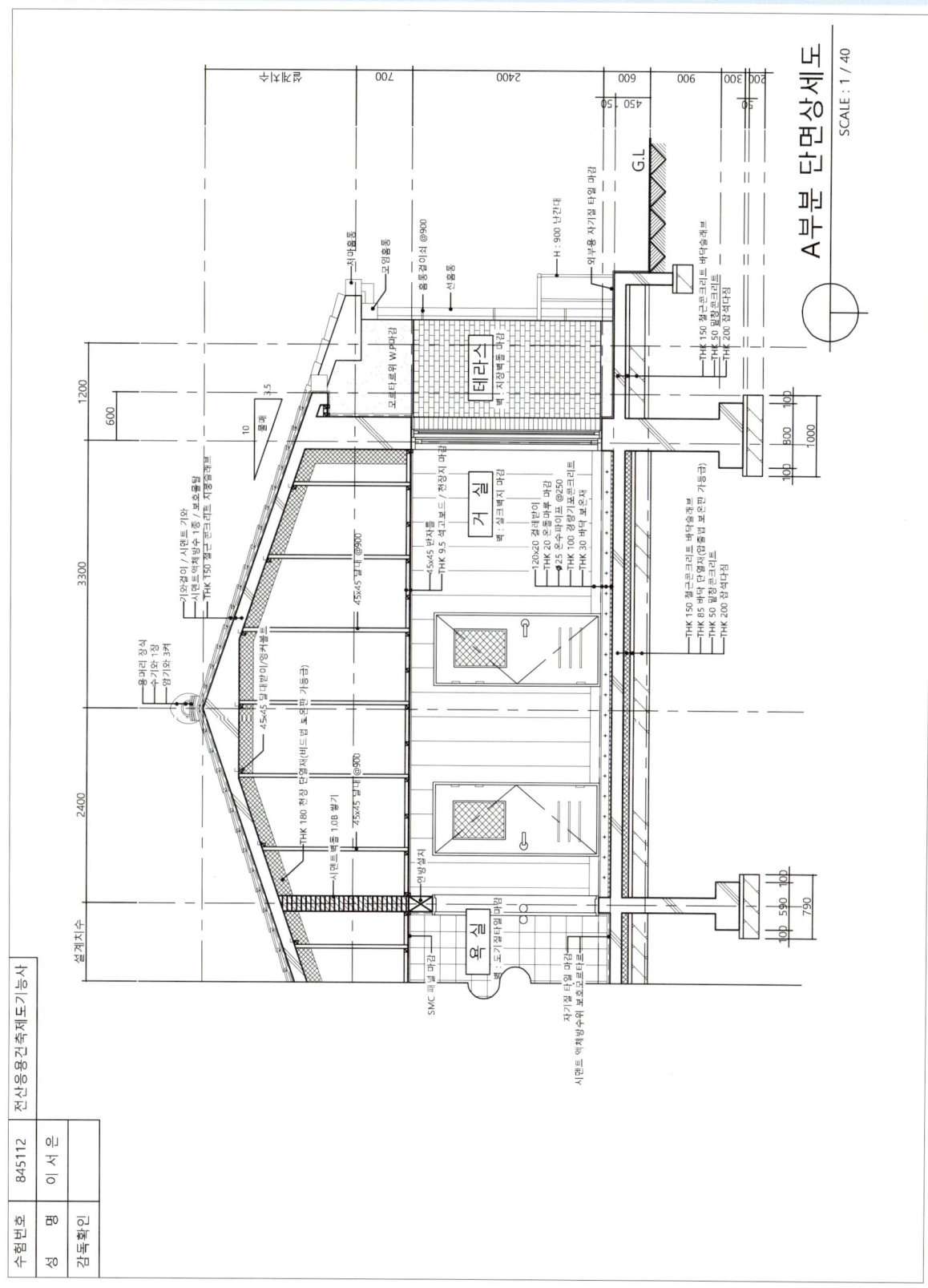

05 [입면도 작성]

19. 평면도 : 입면도 방향이 아래를 향하도록 하고 입면도의 위에 배치
  단면도 : 입면도의 우(좌)측에 배치

❶ 단면도의 G.L을 입면도에 연장
❷ 평면도의 외부 벽체 끝선을 입면도에 연장

19. 단면도에서 지붕높이 표현
  ※ 지붕의 가장 낮은 선을 기준으로 벽체 Trim
20. 평면도에서 지붕의 폭 표현
  ※ 지붕을 네모 모양으로 정리

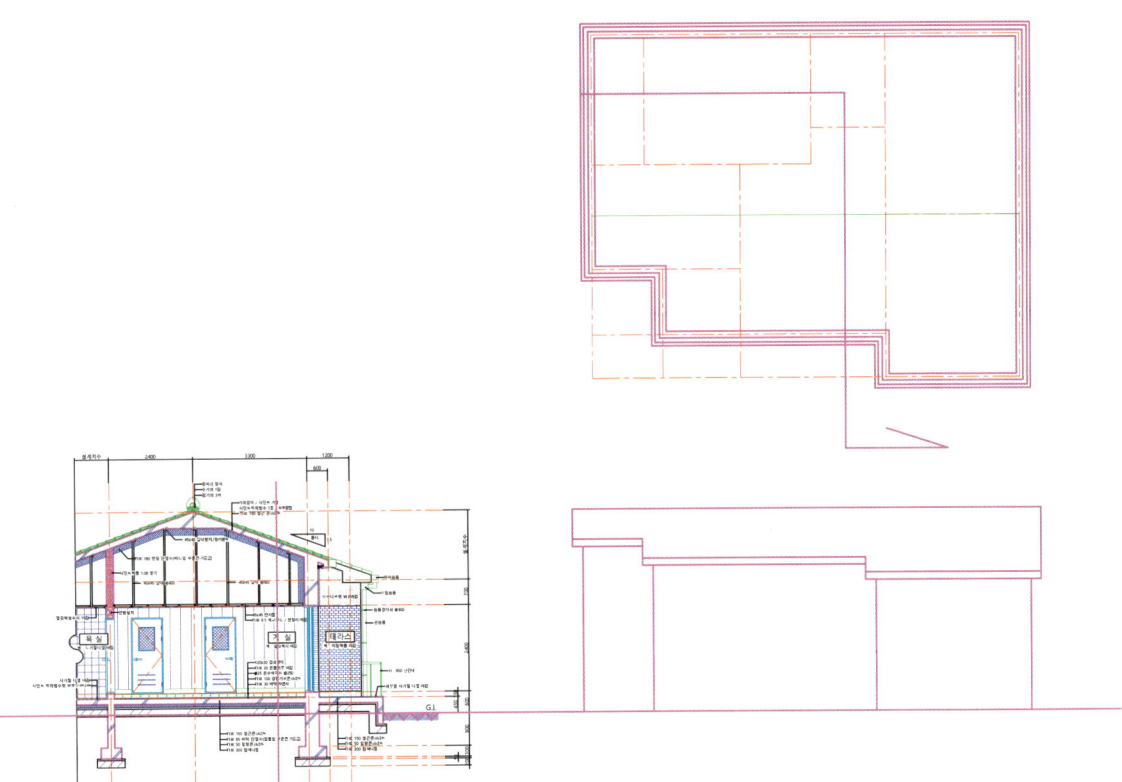

※ 높이가 다른 지붕이 있으면 평면도에서 용머리와 처마 끝의 거리를 확인하고 단면도에 표현
  지붕 물매를 따라가다 보면 수평거리와 만나는 점이 높이가 된다.
  뒷 처마가 내려오는지 확인하고 표현한다(본 예제는 굴뚝에 가려져 뒷처마가 보이지 않는다).

22. 난방끝선과 반자 시작선 표시 : 외부에서 볼 때 재료분리의 기준이 된다.

23. 창문과 현관문을 표현하기 위해 창호의 중심위치를 표시한다.

24. 창호표시

: 테라스 위치는 난방이 없으므로 150 낮춘다. 방 창문은 높이 1200, 거실 창은 높이 2400으로 표현한다.
단, 테라스로 바로 나갈 수 있는 방 창문은 높이 2400(거실높이)에 맞춘다.

※ 거실에서 테라스 없이 외부로 연결되는 창문은 바닥에서 600~900 올려서 표현한다.

25. 계단, 테라스, 난간, 굴뚝, 홈통, 기와, 창문 밑 벽돌 세워쌓기 등 표현
  ※ 뒤쪽에 낮은 지붕이 있으면 평면도 길이만큼 단면도에서 높이 생성

26. 문자작성 : 문자높이 100
  벽돌해칭 : BRICK – 축척

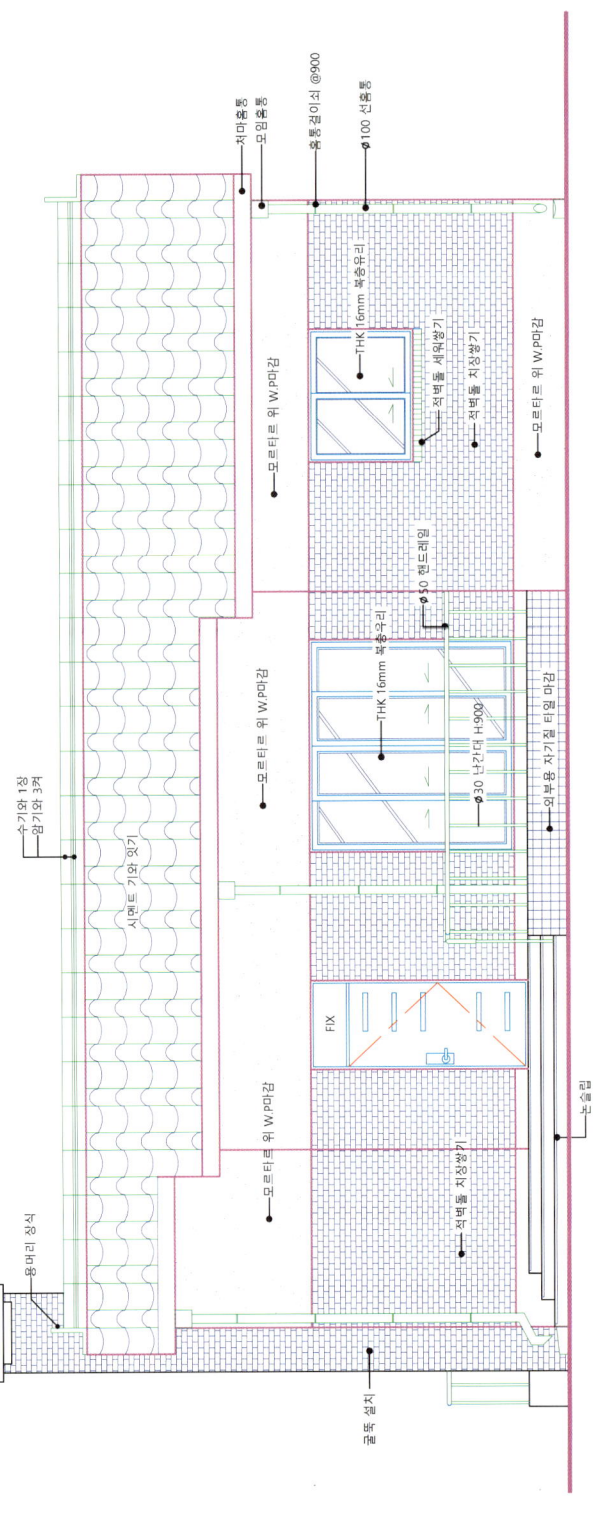

27. 표제란, 수목표현

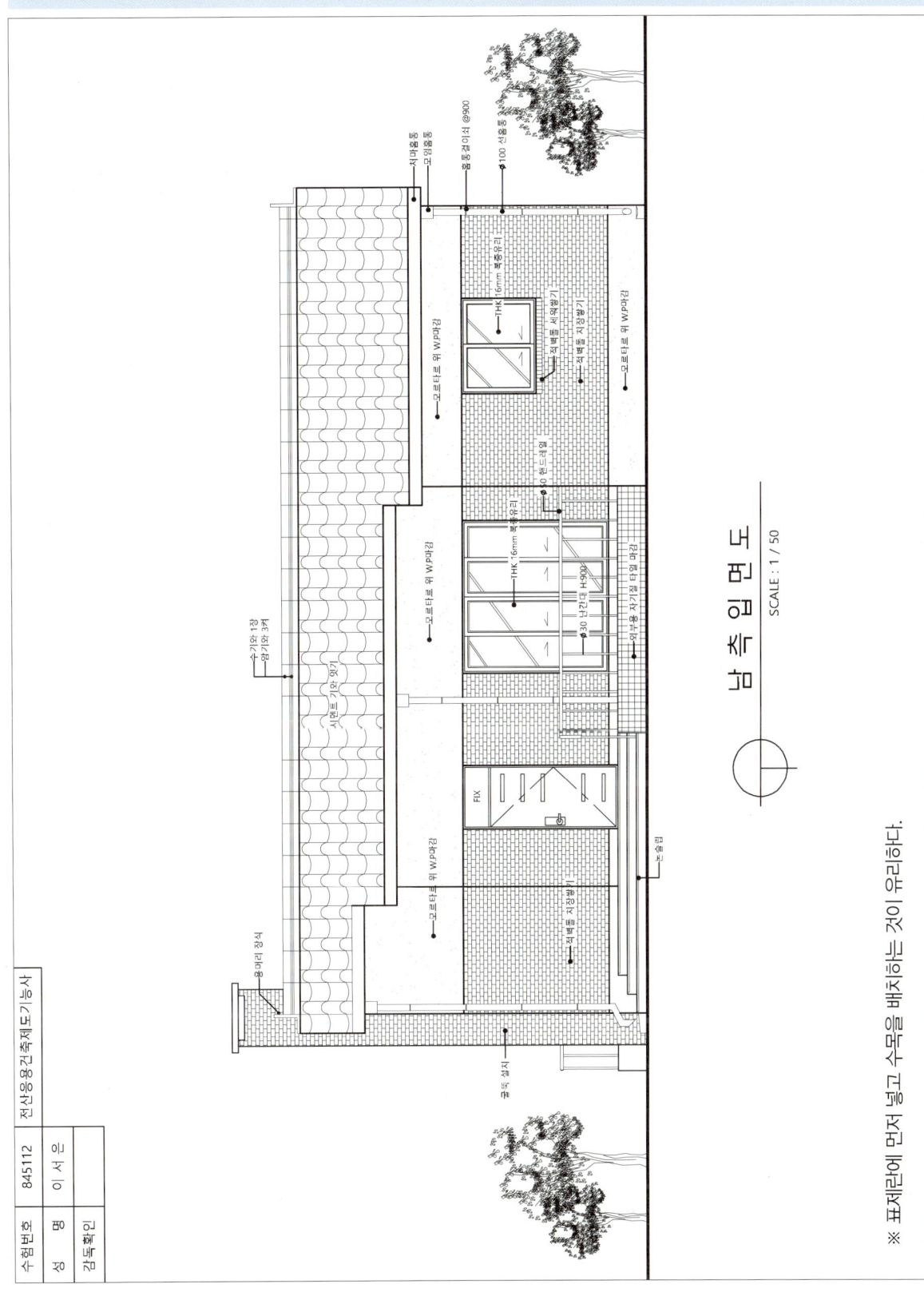

2021년 2회 A형 최신 기출문제

시험시간 4시간 10분

네이버 카페에서 완성 도면 파일을 확인하세요.

01 요구사항

주어진 평면도를 보고 CAD를 이용하여 아래 조건에 맞게 다음 도면을 작도한 후, 지급된 용지에 본인이 직접 흑백으로 출력하여 파일과 함께 제출하시오.

❶ A부분 단면 상세도를 축척 1/40으로 작도하시오.
❷ 남측 입면도를 축척 1/50으로 작도하되 벽면의 마감재료 표시 및 주위의 배경 등 도면의 요소를 충분히 고려하시오.

[조건]
- 기초 및 지하실 벽체 : 철근콘크리트 구조로 하시오.
- 벽체 : 외벽 - 외부로부터 붉은 벽돌 0.5B, 단열재, 시멘트 벽돌 1.0B
         내벽 - 시멘트 벽돌 1.0B
- 단열재 : 외벽 120mm, 바닥 85mm, 지붕 180mm
- 지붕 : 철근콘크리트 경사슬래브 위 시멘트 기와잇기 마감으로 하시오(물매 3.5/10 이상).
- 처마나옴 : 벽체 중심에서 600mm
- 반자높이 : 2400mm, 처마반자 설치
- 창호 : 목재창호로 하되 2중창인 경우 외부창호는 알루미늄 섀시로 하시오.
- 각 실의 난방 : 온수파이프 온돌난방으로 하시오.
- 1층 바닥 슬래브와 기초는 일체식으로 표현하시오.
- 평면도에 표현되지 않은 현관 상부 캐노피는 작도하지 않습니다.
- 기타 각 부분의 마감, 치수 등 주어지지 않은 조건은 일반적인 시공수준으로 하시오.

- 선의 통일을 기하기 위하여 아래와 같이 선의 색을 정리하여 출력하시오.
    - 흰색(7-White) : 0.3mm
    - 녹색(3-Green) : 0.2mm
    - 노랑(2-Yellow) : 0.4mm
    - 하늘색(4-Cyan) : 0.3mm
    - 빨강(1-Red) : 0.2mm
    - 파랑(5-Blue) : 0.1mm

02 수험자 유의사항

※ 다음 유의사항을 고려하여 요구도면을 완성하시오.

❶ 제시되지 않은 조건은 건축법, 건축구조 및 건축제도의 원칙에 따릅니다.

❷ 시험 시작 전 바탕화면에 본인 비번호로 폴더를 생성하고, 폴더 안에 작업내용을 저장하도록 합니다.
　(단, 시험장에서 본인 이름으로 폴더를 생성하도록 하는 경우 시험장 규정에 따른다)

❸ 정전 및 기계 고장 등에 의한 자료 손실을 방지하기 위하여 수시로 저장합니다.
　(파일이 없어지는 경우 본인의 과실로 본다)

❹ 다음과 같은 경우는 부정행위로 처리됩니다.
　1) 노트 및 서적, USB를 소지하거나 주고받는 행위
　2) 건물의 구조부분의 상세나 글씨 등을 사전에 블록으로 설정하여 지참해 사용하는 경우

❺ 작업이 끝나면 감독위원의 확인을 받은 후 문제지를 제출하고 본부요원 입회하에 본인이 직접 A3용지에 흑백으로 도면을 출력하도록 합니다. 이때 수험자의 운영 미숙으로 도면이 출력되지 않는 경우나 출력시간이 10분을 초과하는 경우는 실격 처리됩니다.

❻ 장비 조작 미숙으로 장비의 파손 및 고장을 일으킬 염려가 있을 경우 실격됩니다.

❼ 다음과 같은 경우에는 채점대상에서 제외됩니다.
　1) 시험시간 내에 요구사항을 완성하지 못한 경우
　　(시험시간이 종료되면 자동으로 시스템이 정지하며, 최종저장을 누른 시간 이후의 데이터는 삭제되므로 시험 종료 전에 저장버튼을 잊지 마세요)
　2) 시험시간 내에 제출된 작품이라도 다음과 같은 경우
　　가) 주어진 조건을 지키지 않고 작도한 경우
　　나) 요구한 전 도면을 작도하지 않은 경우
　　다) 건축제도 통칙을 준수하지 않거나 건축 CAD의 기능이 없는 상태에서 완성된 도면으로 시험위원 전원이 합의하여 판단한 경우

❽ 수험번호, 성명은 도면 좌측 상단에 아래와 같이 표제란을 만들어 기재합니다.

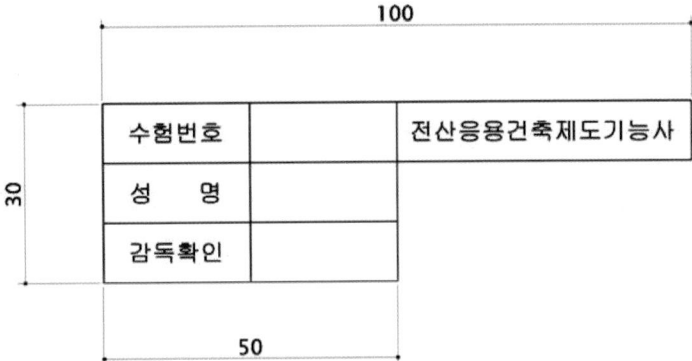

❾ 감독위원은 시험시작 후 수검자에게 표제란을 우선 작도 후 도면을 작도하도록 하여야 하며 수험자가 감독위원의 지시를 따르지 않을 경우 실격 처리됩니다.

❿ 테두리선의 여백은 10mm로 합니다.

※ 출력은 시험의 일부입니다. 실제 종이에 출력해보지 않더라도 DWG To PDF(가상프린터)를 이용해 매번 연습합니다.
　(본 교재의 77페이지 참고) 실제 시험에서는 프린터 이름만 알려줍니다.

03 도면 [과제명] 주택 / [척도] 1/100

* 본 평면도는 실제 시험과 같이 1/100 스케일이므로, 자로 실측이 가능합니다.

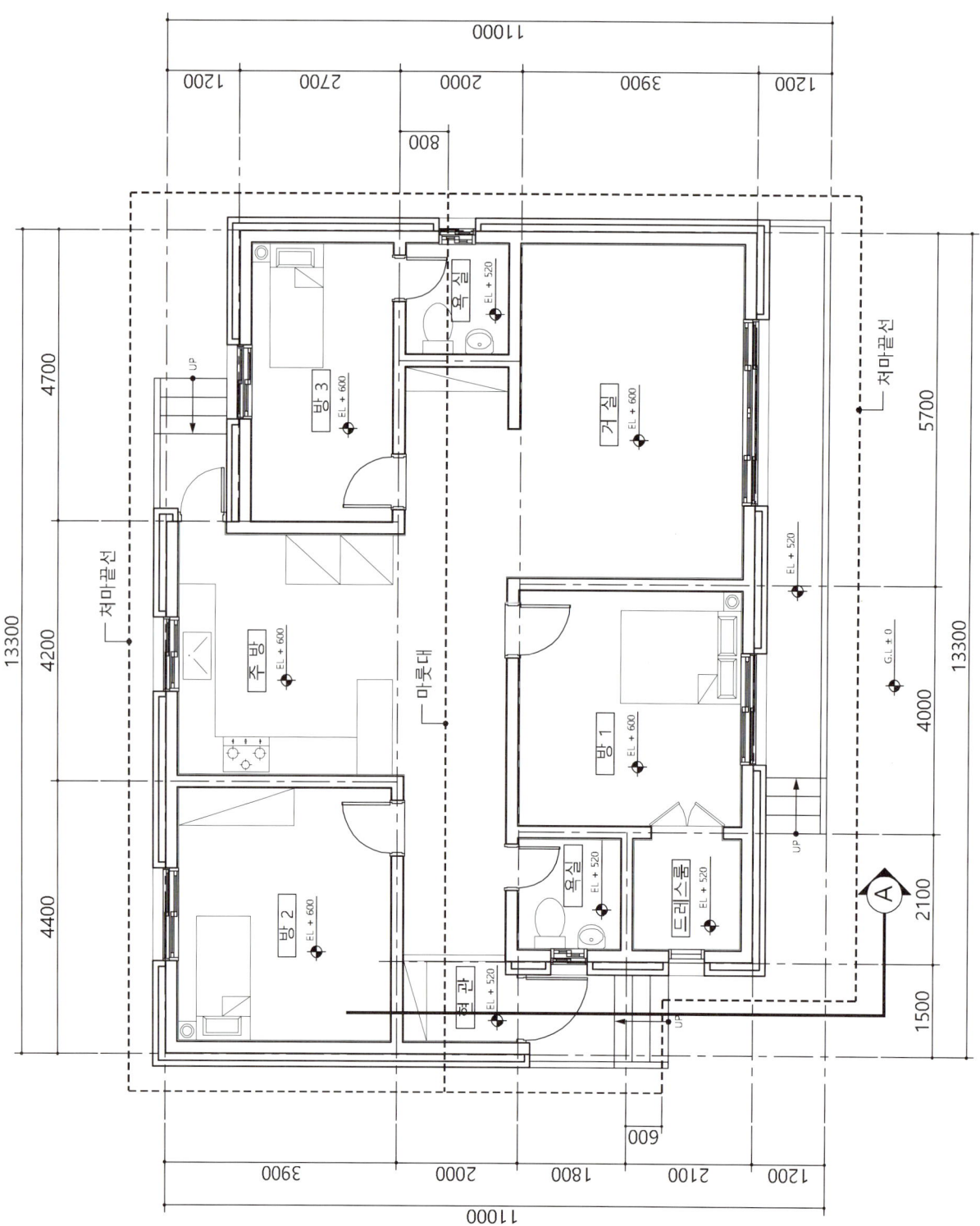

04 [단면도 작성]

1. 기본설정 : Option, OSNAP, LAYER 구성 등
2. 평면도 외벽만 간단히 작성. 지붕이 복잡할 경우 미리 그려두는 것이 유리하다.
3. 화살표 방향이 위로 보도록 회전한다. – X [Enter] 모두선택 [Enter] (분해)

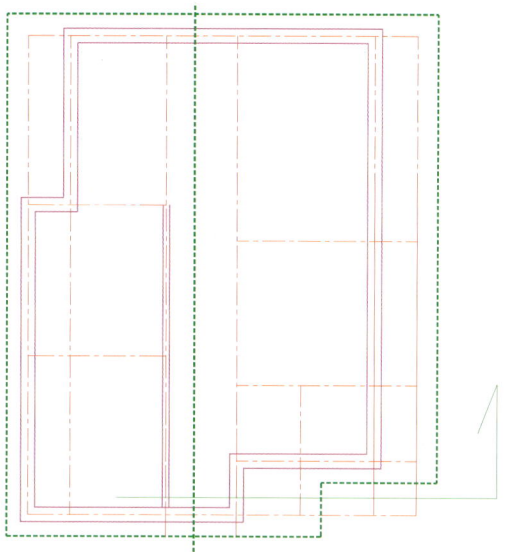

4. 노란색 도면층 : 평면도보다 길게 G.L을 그리고 절단부분(화살표가 지나가는 부분)의 기초와 바닥슬래브 표현
   (노란색 선을 선홍색으로 바꿔 설명하겠습니다. 나머지는 색상에 맞게 표현하였습니다)
   ※ 평면도에서 거실, 방의 높이를 600mm, 난방이 없는 테라스, 현관을 520mm로 제시하였으므로 따라갑니다.
5. 흰색 도면층 : 바닥단열재(THK 85), 밑창콘크리트(THK 50), 잡석다짐(THK 200)
   녹색 도면층 : 난방(THK 100) 완성하기

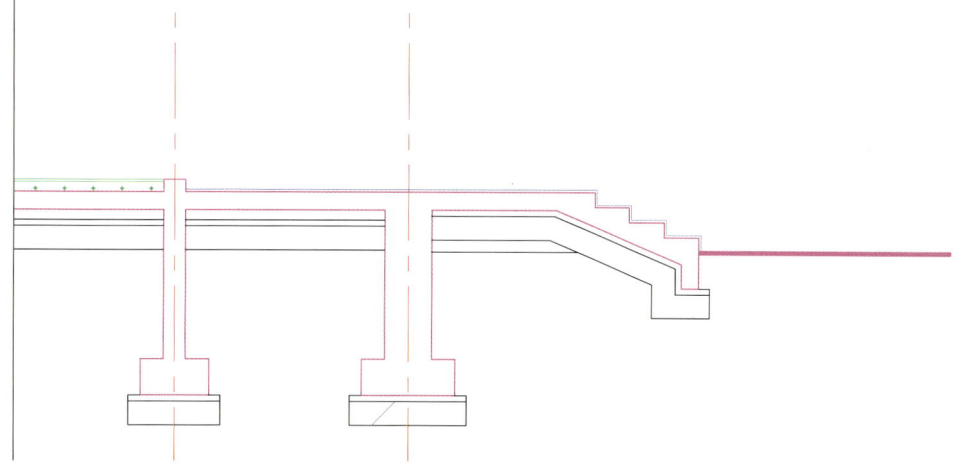

6. 지붕 슬래브 그리기

❶ 지붕 마룻대에서 가장 먼 벽체의 중심거리 파악
  (현재 도면에서는 6300mm가 가장 먼 벽체의 중심선거리이다)
❷ 난방선 끝에서 2400 위로 Offset
❸ 테두리보의 높이 700 표현
❹ REC [Enter] 시작점 클릭 @1000, 350 [Enter]
❺ XL [Enter] A [Enter] 대각선 끝점 클릭, 클릭 – 가장 먼 벽체 중심과 테두리보가 만나는 부분에 클릭

7. 지붕 슬래브 완성

8. 반자 설치 : 반자를 복사하여 처마반자도 함께 설치한다.
  (천장 반자는 THK 9.5 석고보드로 표현한다)

9. 지붕단열재 : THK 180

10. 지붕방수, 기와

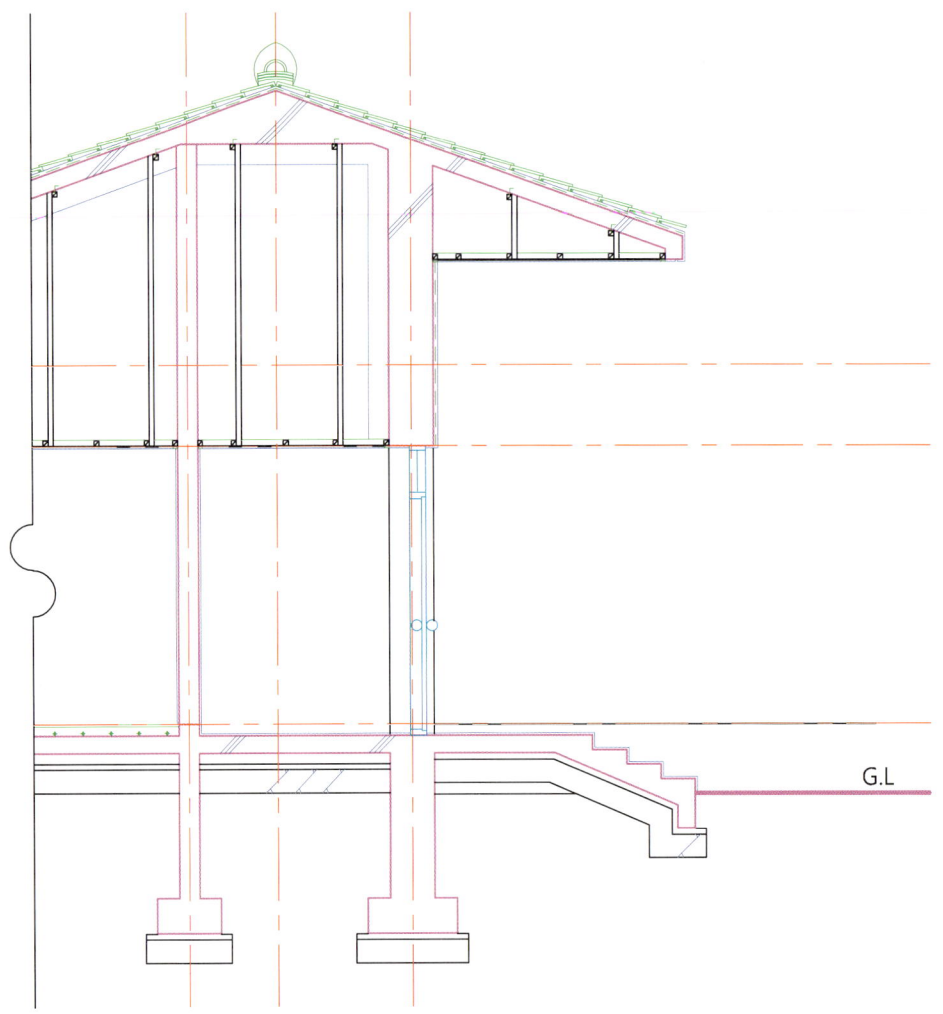

11. 바닥 온수파이프 온돌난방 표현, 욕실 방수와 타일 표현

12. 거실 창, 욕실 문, 내부 벽체 표현

13. 단면도상의 입면요소 표현
: 입면으로 보이는 벽체, 입면으로 보이는 처마, 입면으로 보이는 문과 창문 등을 표현한다.

14. 난간, 홈통, 걸레받이 설치. 지반표기

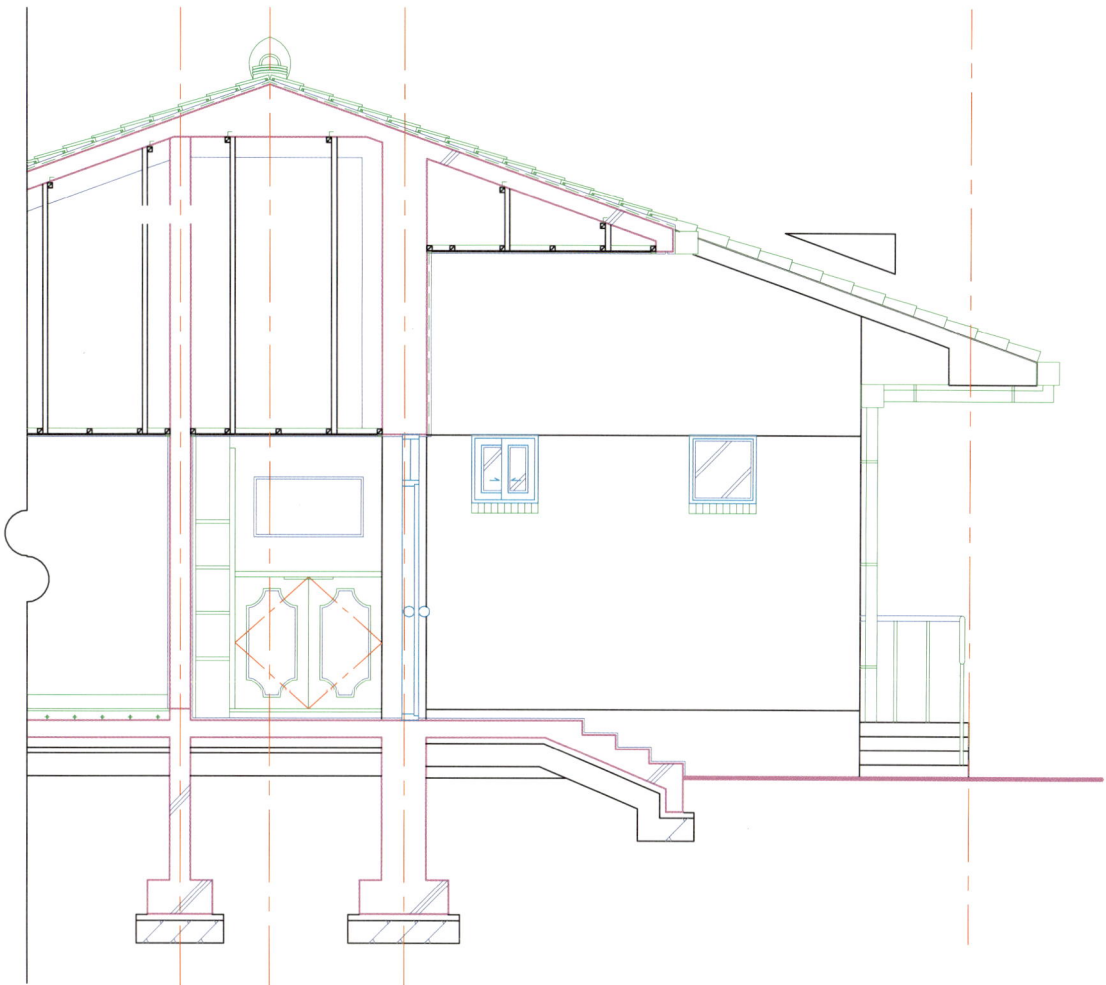

15. 문자 작성 : 흰색 도면층

ST [Enter] – Lucida sans unicode 또는 맑은 고딕

도면층 : 흰색, 문자높이 : 80

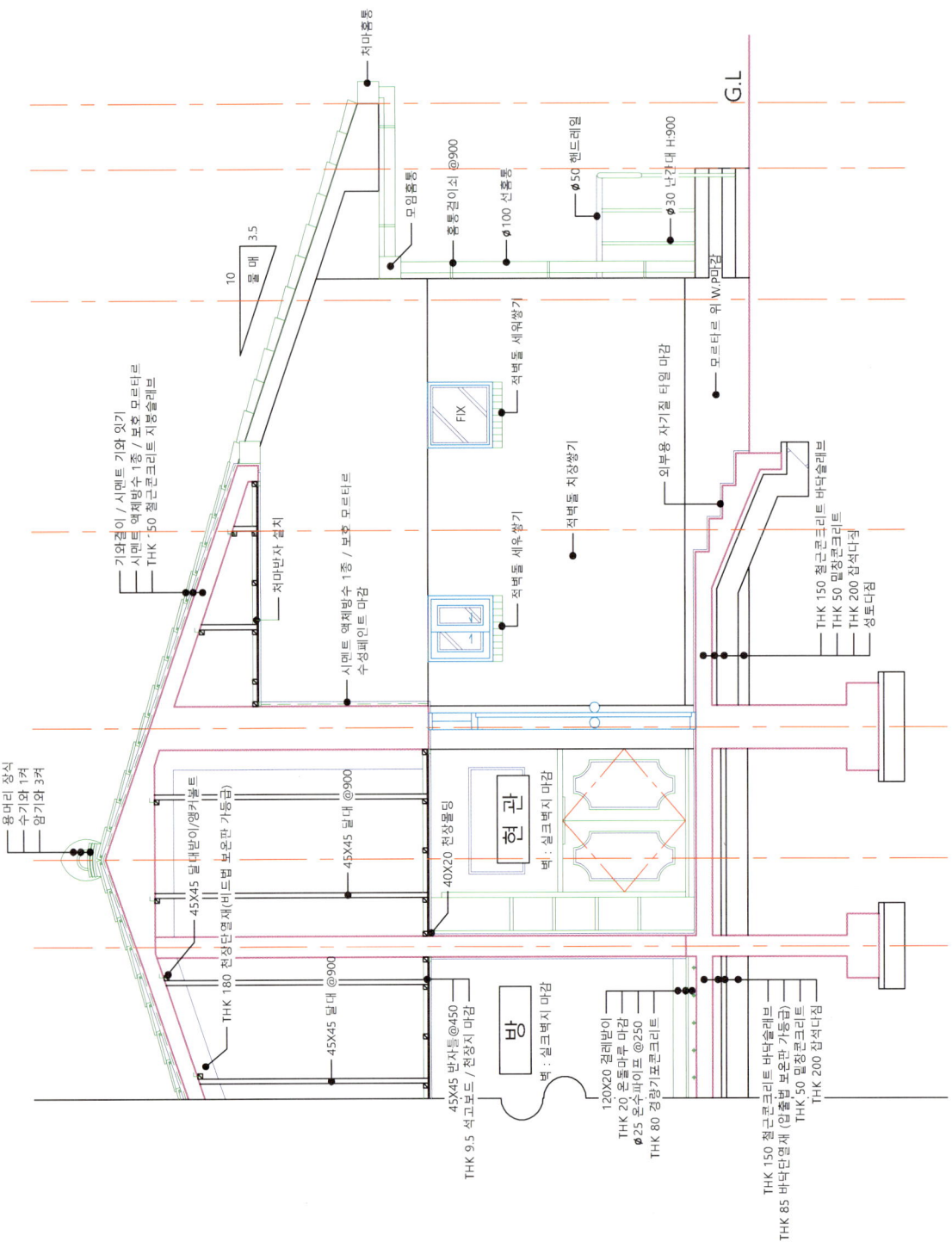

16. 단면, 입면의 재료표현과 해칭
17. 치수 : 중심선의 길이를 모두 맞춘 후 주석 – 신속치수

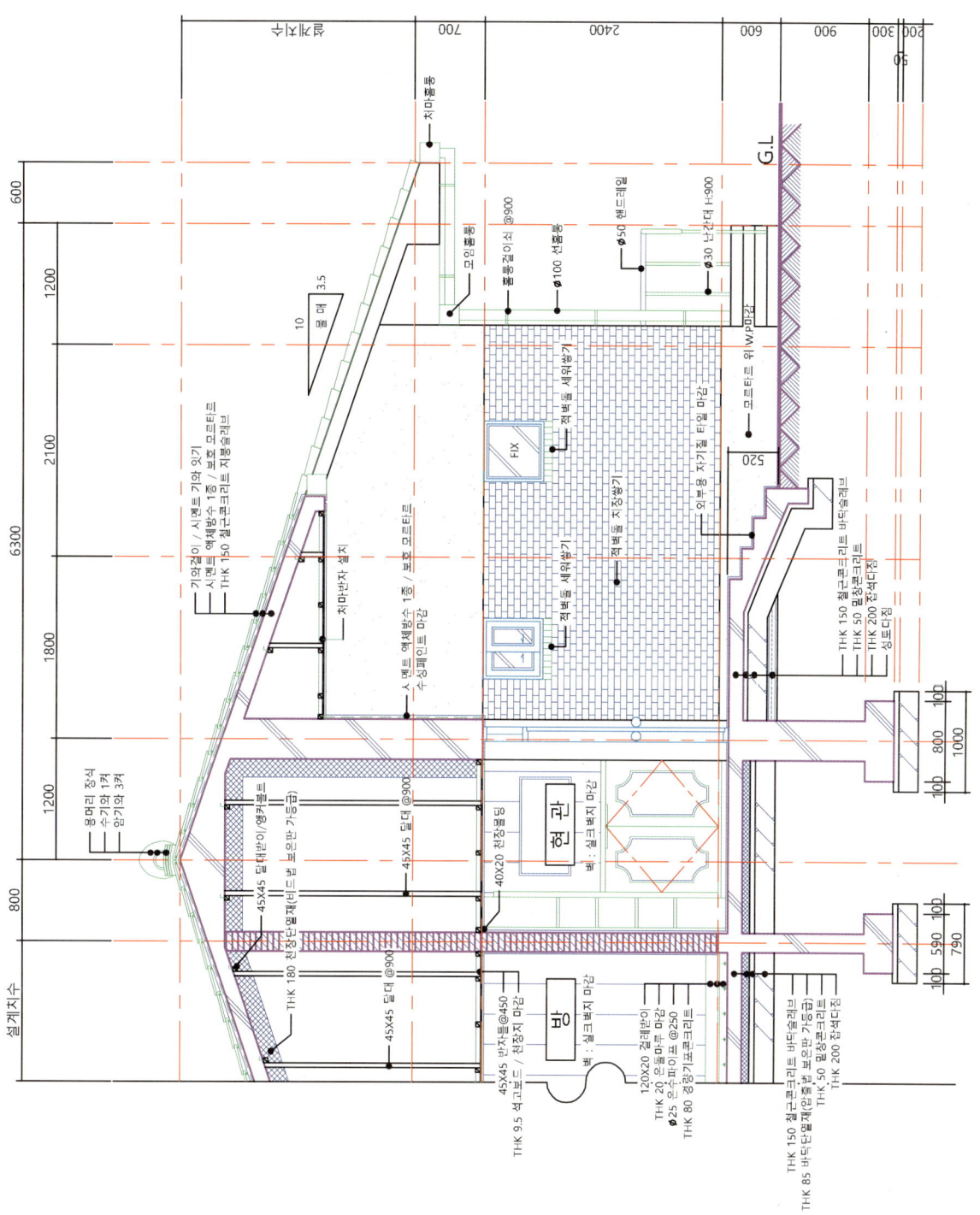

18. 표제란

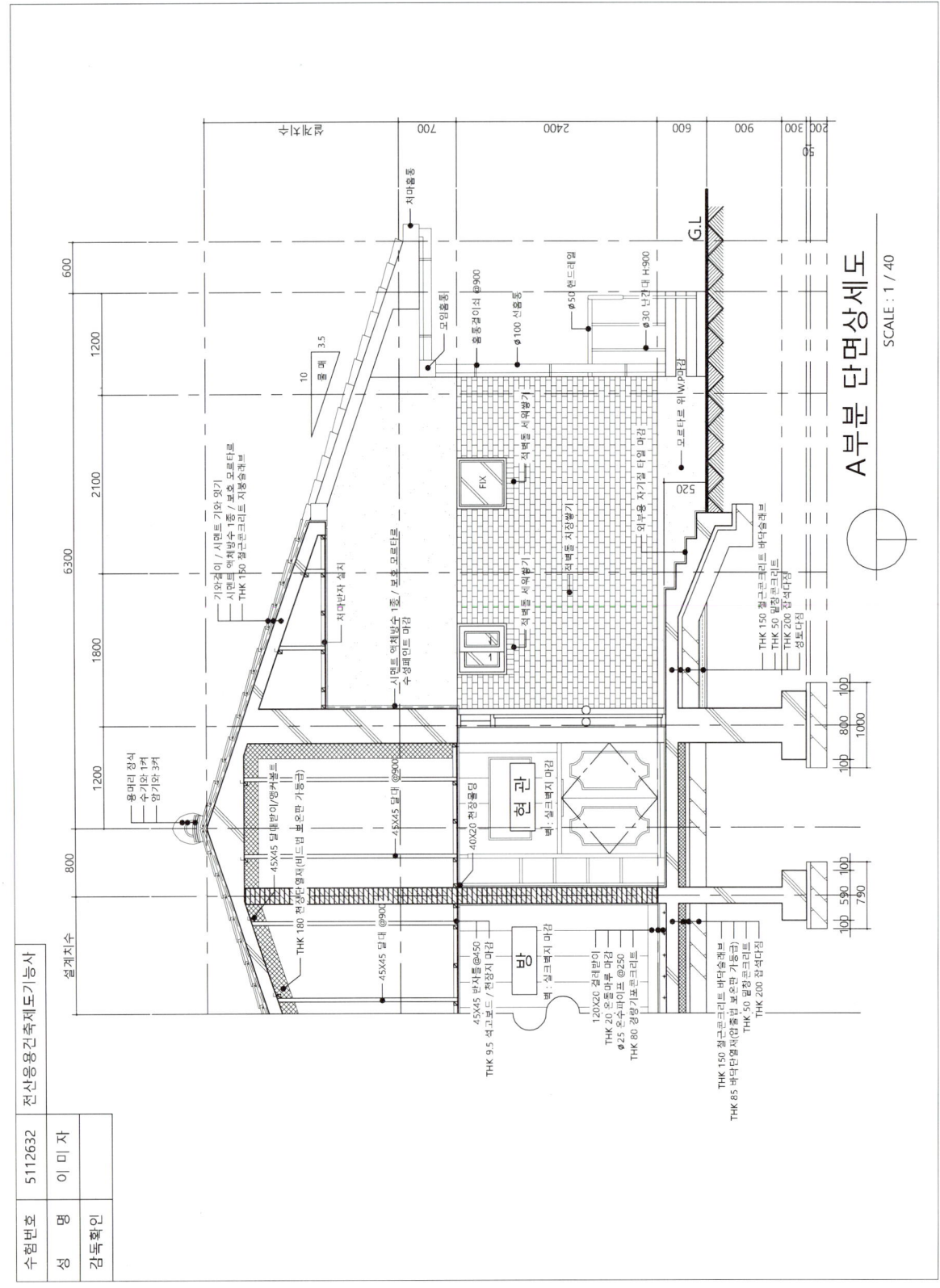

05 [입면도 작성]

19. 평면도 : 입면도 방향이 아래를 향하도록 하고 입면도의 위에 배치

단면도 : 입면도의 우(좌)측에 배치

❶ 단면도의 G.L을 입면도에 연장
❷ 평면도의 외부 벽체 끝선을 입면도에 연장

20. 단면도에서 지붕높이 표현
※ 지붕의 가장 낮은 선을 기준으로 벽체 Trim

21. 평면도에서 지붕의 폭 표현
※ 지붕을 네모 모양으로 정리

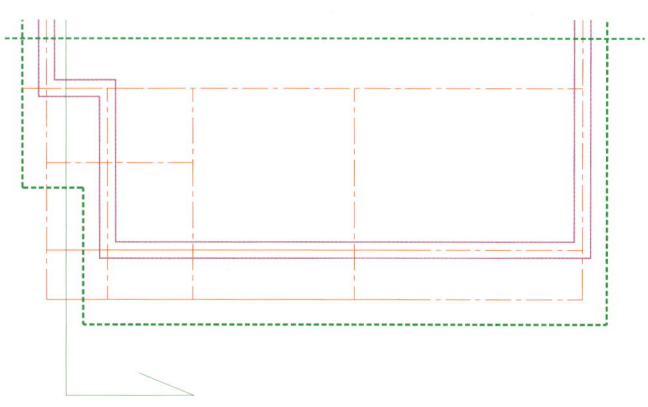

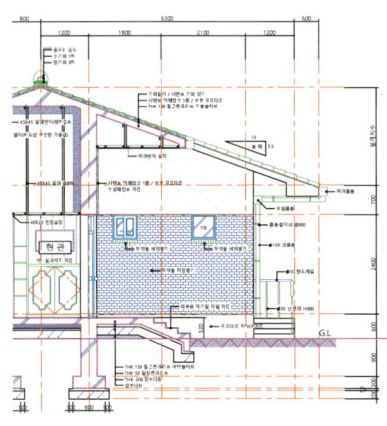

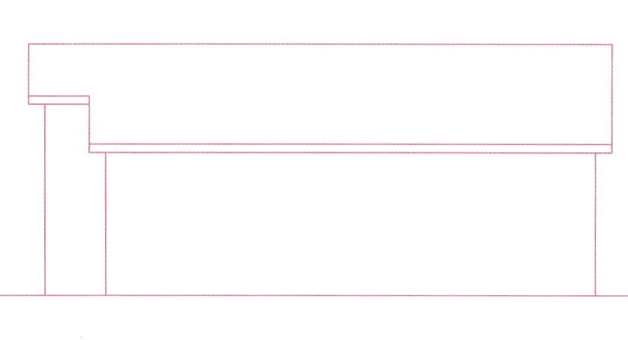

※ 높이가 다른 지붕이 있으면 평면도에서 용머리와 처마 끝의 거리를 확인하고 단면도에 표현
지붕 물매를 따라가다 보면 수평거리와 만나는 점이 높이가 된다.
뒷 처마가 내려오는지 확인하고 표현한다(본 예제는 굴뚝에 가려져 뒷처마가 보이지 않는다).

22. 난방끝선과 반자 시작선 표시 : 외부에서 볼 때 재료분리의 기준이 된다.

23. 창문과 현관문을 표현하기 위해 창호의 중심위치를 표시한다.

24. 창호표시
: 테라스 위치는 난방이 없으므로 150 낮춘다. 방 창문은 높이 1200, 거실 창은 높이 2400으로 표현한다.
단, 테라스로 바로 나갈 수 있는 방 창문은 높이 2400(거실높이)에 맞춘다.

※ 거실에서 테라스 없이 외부로 연결되는 창문은 바닥에서 600~900 올려서 표현한다.

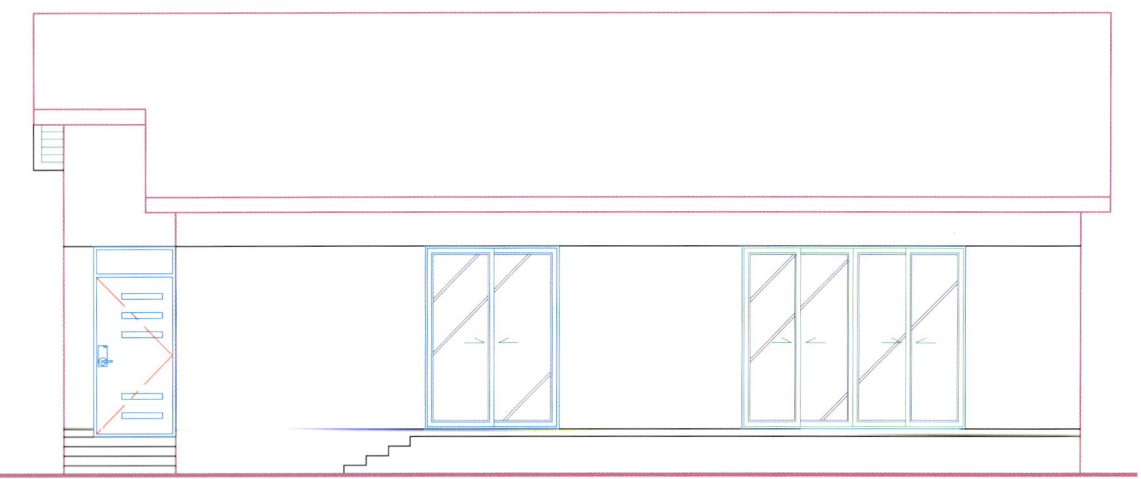

25. 계단, 테라스, 난간, 굴뚝, 홈통, 기와, 창문 밑 벽돌 세워쌓기 등 표현
   ※ 뒤쪽에 낮은 지붕이 있으면 평면도 길이만큼 단면도에서 높이 생성

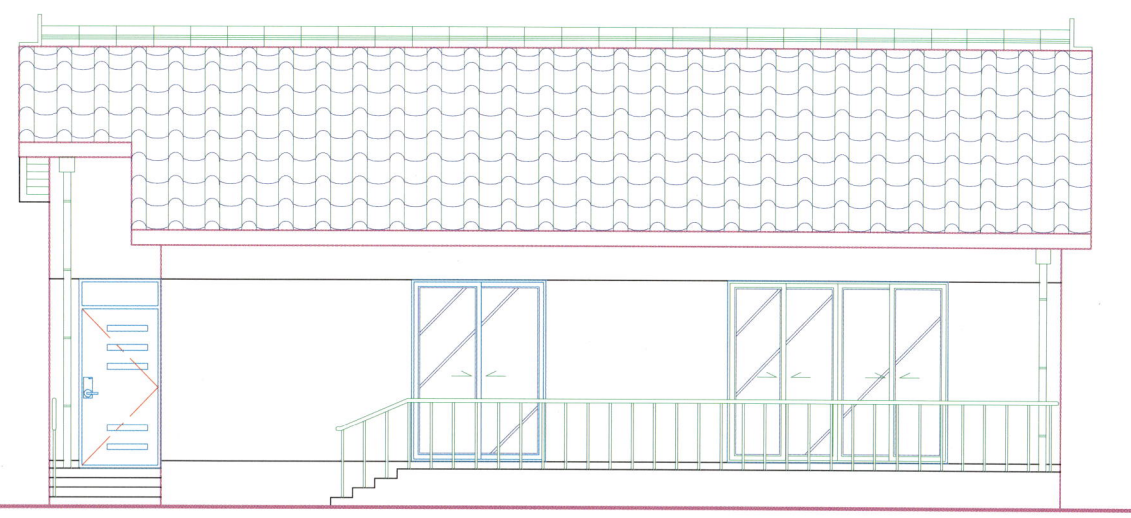

26. 문자작성 : 문자높이 100
   벽돌해칭 : BRICK - 축척

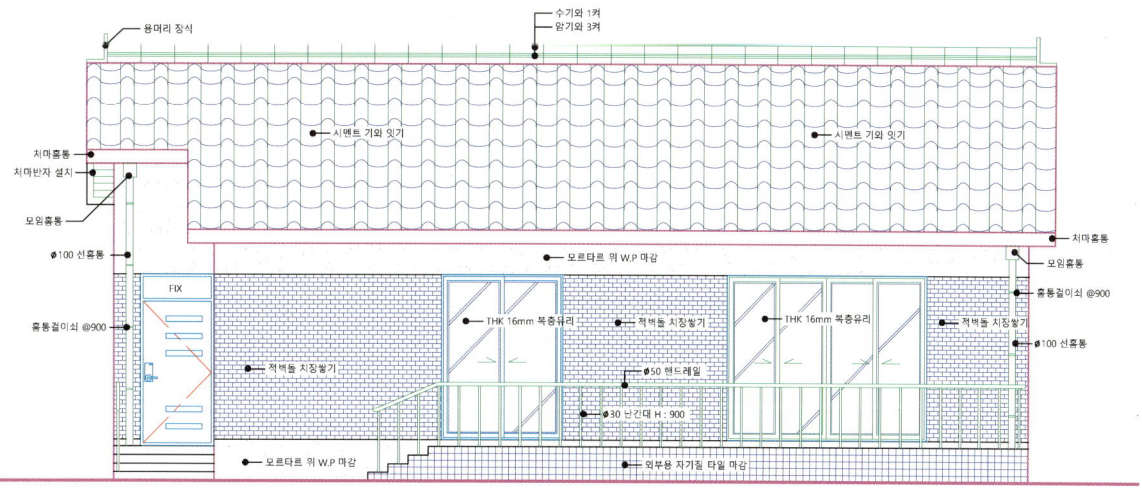

27. 표제란, 수목표현

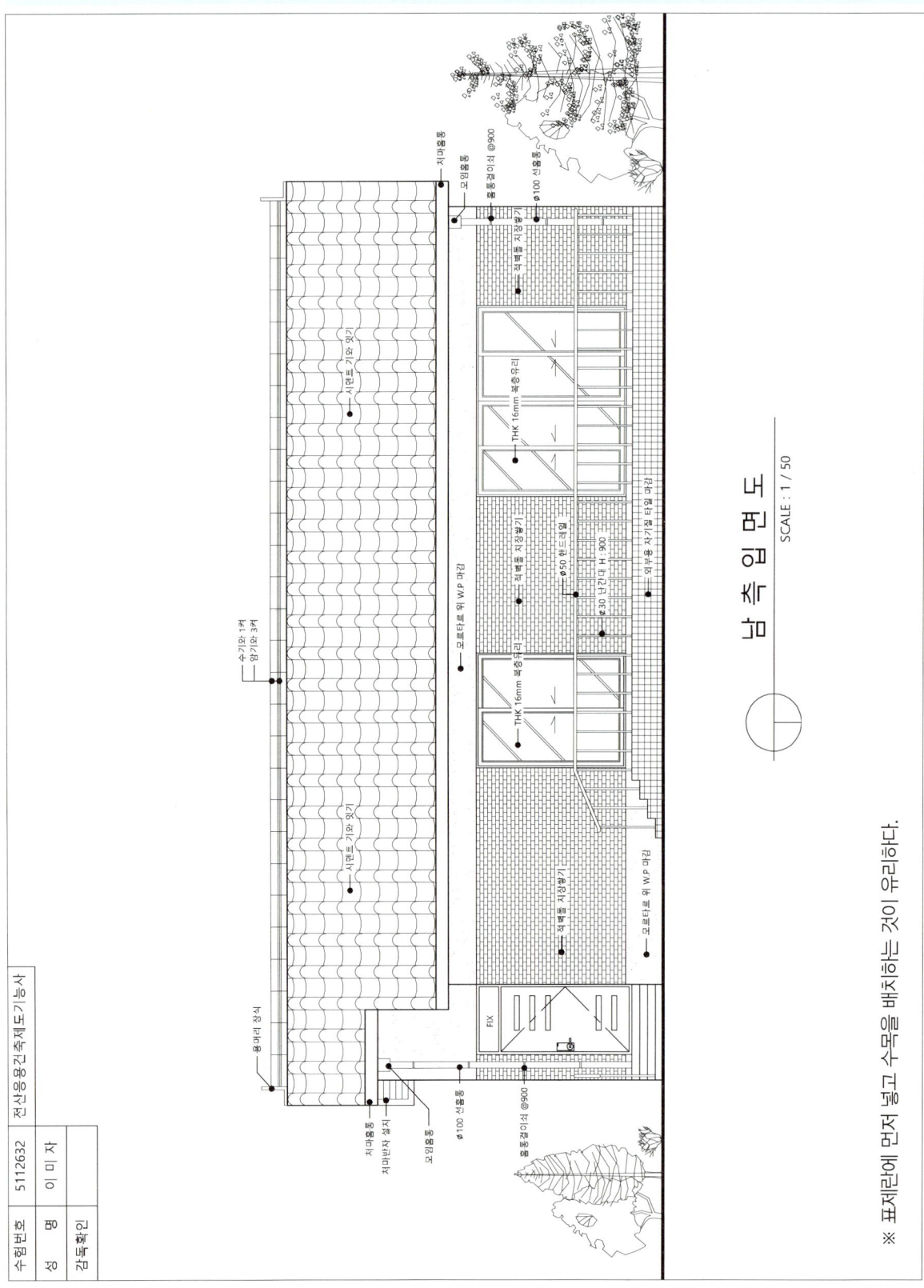

2021년 3회 A형 최신 기출문제

시험시간 4시간 10분

네이버 카페에서 완성 도면 파일을 확인하세요.

01 요구사항

주어진 평면도를 보고 CAD를 이용하여 아래 조건에 맞게 다음 도면을 작도한 후, 지급된 용지에 본인이 직접 흑백으로 출력하여 파일과 함께 제출하시오.

❶ A부분 단면 상세도를 축척 1/40으로 작도하시오.
❷ 서측 입면도를 축척 1/50으로 작도하되 벽면의 마감재료 표시 및 주위의 배경 등 도면의 요소를 충분히 고려하시오.

[조건]

- 기초 및 지하실 벽체 : 철근콘크리트 구조로 하시오.
- 벽체 : 외벽 – 외부로부터 붉은 벽돌 0.5B, 단열재, 시멘트 벽돌 1.0B
  　　　　내벽 – 시멘트 벽돌 1.0B
- 단열재 : 외벽 120mm, 바닥 85mm, 지붕 180mm
- 지붕 : 철근콘크리트 경사슬래브 위 시멘트 기와잇기 마감으로 하시오(물매 3.5/10 이상).
- 처마나옴 : 벽체 중심에서 600mm
- 반자높이 : 2400mm, 처마반자 설치
- 창호 : 목재창호로 하되 2중창인 경우 외부창호는 알루미늄 섀시로 하시오.
- 각 실의 난방 : 온수파이프 온돌난방으로 하시오.
- 1층 바닥 슬래브와 기초는 일체식으로 표현하시오.
- 평면도에 표현되지 않은 현관 상부 캐노피는 작도하지 않습니다.
- 기타 각 부분의 마감, 치수 등 주어지지 않은 조건은 일반적인 시공수준으로 하시오.

- 선의 통일을 기하기 위하여 아래와 같이 선의 색을 정리하여 출력하시오.
  - 흰색(7–White) : 0.3mm
  - 녹색(3–Green) : 0.2mm
  - 노랑(2–Yellow) : 0.4mm
  - 하늘색(4–Cyan) : 0.3mm
  - 빨강(1–Red) : 0.2mm
  - 파랑(5–Blue) : 0.1mm

02 수험자 유의사항

※ 다음 유의사항을 고려하여 요구도면을 완성하시오.

❶ 제시되지 않은 조건은 건축법, 건축구조 및 건축제도의 원칙에 따릅니다.

❷ 시험 시작 전 바탕화면에 본인 비번호로 폴더를 생성하고, 폴더 안에 작업내용을 저장하도록 합니다.
　(단, 시험장에서 본인 이름으로 폴더를 생성하도록 하는 경우 시험장 규정에 따른다)

❸ 정전 및 기계 고장 등에 의한 자료 손실을 방지하기 위하여 수시로 저장합니다.
　(파일이 없어지는 경우 본인의 과실로 본다)

❹ 다음과 같은 경우는 부정행위로 처리됩니다.
　1) 노트 및 서적, USB를 소지하거나 주고받는 행위
　2) 건물의 구조부분의 상세나 글씨 등을 사전에 블록으로 설정하여 지참해 사용하는 경우

❺ 작업이 끝나면 감독위원의 확인을 받은 후 문제지를 제출하고 본부요원 입회하에 본인이 직접 A3용지에 흑백으로 도면을 출력하도록 합니다. 이때 수험자의 운영 미숙으로 도면이 출력되지 않는 경우나 출력시간이 10분을 초과하는 경우는 실격 처리됩니다.

❻ 장비 조작 미숙으로 장비의 파손 및 고장을 일으킬 염려가 있을 경우 실격됩니다.

❼ 다음과 같은 경우에는 채점대상에서 제외됩니다.
　1) 시험시간 내에 요구사항을 완성하지 못한 경우
　　(시험시간이 종료되면 자동으로 시스템이 정지하며, 최종저장을 누른 시간 이후의 데이터는 삭제되므로 시험 종료 전에 저장버튼을 잊지 마세요)
　2) 시험시간 내에 제출된 작품이라도 다음과 같은 경우
　　가) 주어진 조건을 지키지 않고 작도한 경우
　　나) 요구한 전 도면을 작도하지 않은 경우
　　다) 건축제도 통칙을 준수하지 않거나 건축 CAD의 기능이 없는 상태에서 완성된 도면으로 시험위원 전원이 합의하여 판단한 경우

❽ 수험번호, 성명은 도면 좌측 상단에 아래와 같이 표제란을 만들어 기재합니다.

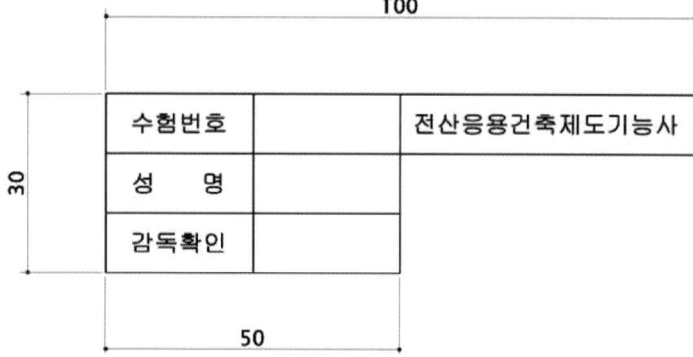

❾ 감독위원은 시험시작 후 수검자에게 표제란을 우선 작도 후 도면을 작도하도록 하여야 하며 수험자가 감독위원의 지시를 따르지 않을 경우 실격 처리됩니다.

❿ 테두리선의 여백은 10mm로 합니다.

※ 출력은 시험의 일부입니다. 실제 종이에 출력해보지 않더라도 DWG To PDF(가상프린터)를 이용해 매번 연습합니다.
　(본 교재의 77페이지 참고) 실제 시험에서는 프린터 이름만 알려줍니다.

03 도면 [과제명] 주택 / [척도] 1/100

* 본 평면도는 실제 시험과 같이 1/100 스케일이므로, 자로 실측이 가능합니다.

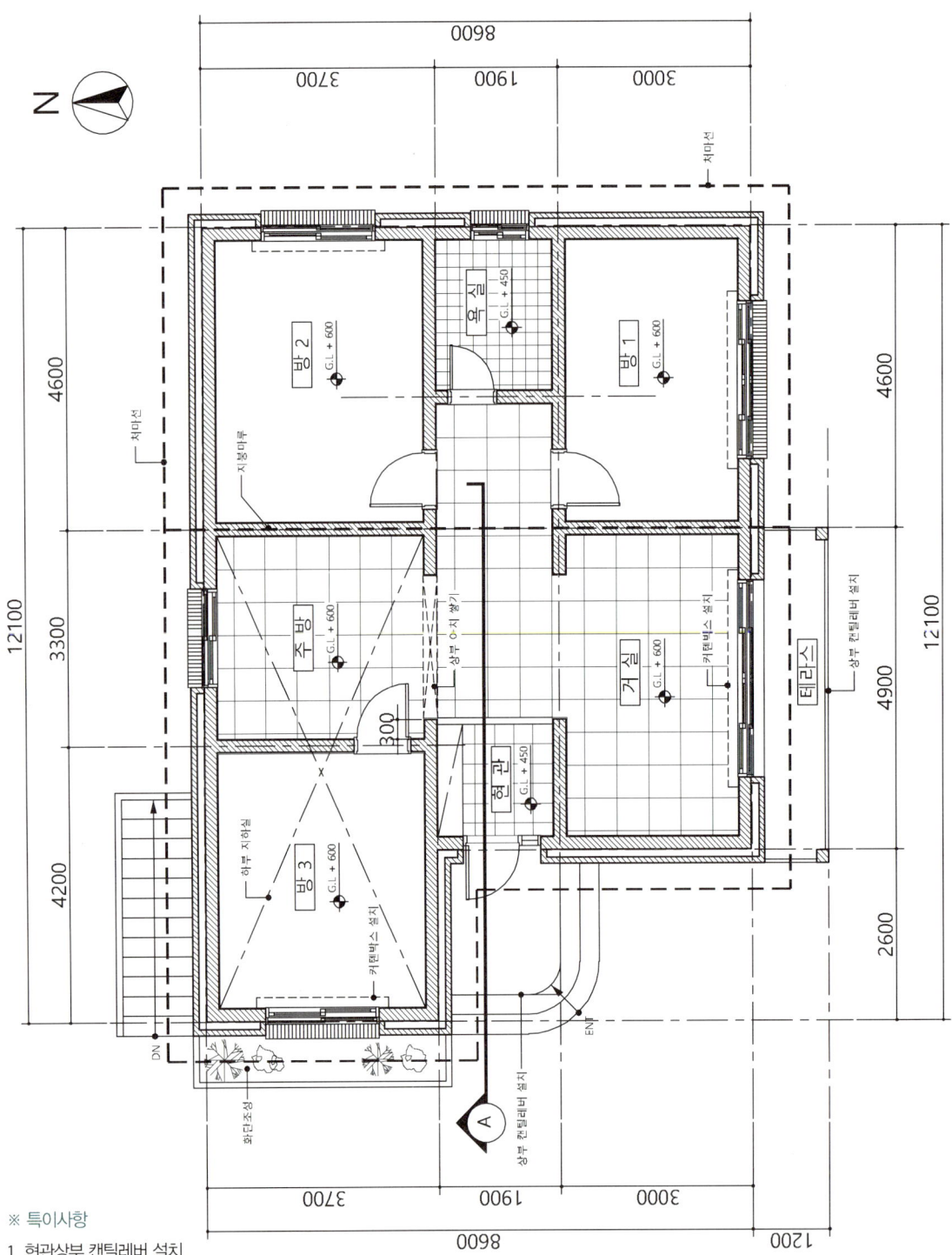

※ 특이사항
1. 현관상부 캔틸레버 설치
2. 단면상의 입면과 서측입면도에서 화단이 발생한다.
3. 단면상의 입면에서 주방 입구의 상부 아치가 보인다.
4. 단면상세도에서 표현되지 않지만 커텐박스가 설치되어 있다.
5. 서측 입면도 표현. 본 교재의 기출종합문제 5번과 거의 유사한 형태이다.

[단면상세도의 커텐박스 표현 방법]

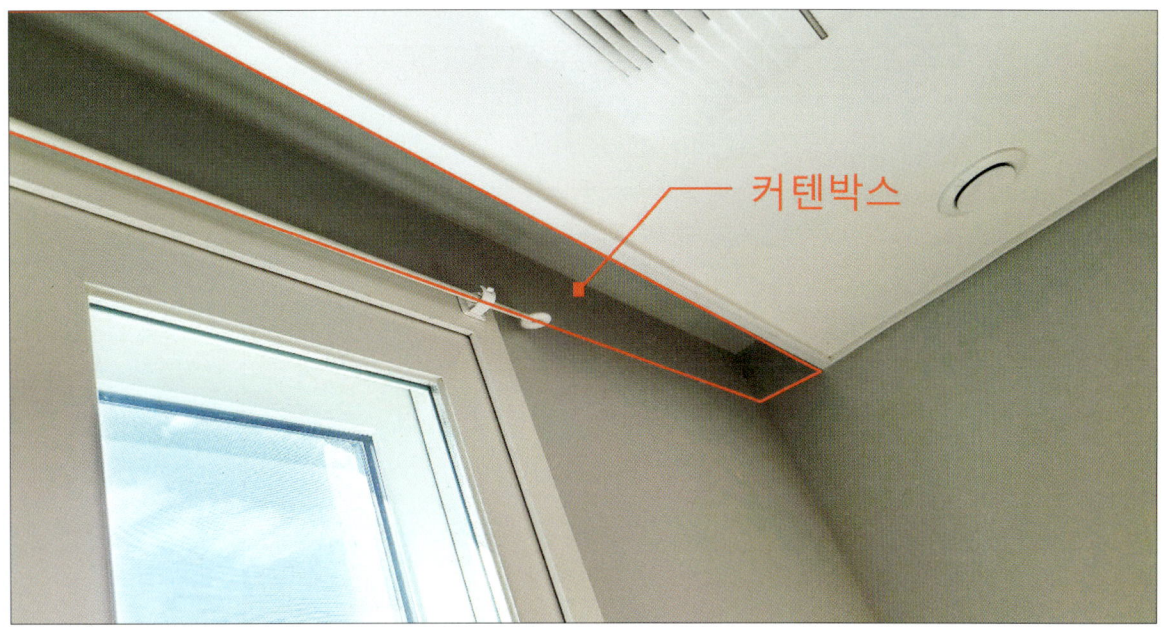

1. 커텐박스(커튼박스, curtain box) : 커텐의 레일 등을 감추기 위해 천장면이나 창틀 상부에 설치하는 박스모양의 구조물이다. 창문 상부에서 150mm 또는 200mm 크기로 구성하며, 창의 양쪽 끝에서 150mm 정도 내밀어 마감하는 경우와 천장의 한 면을 모두 커튼박스로 구성하는 경우가 있다.
   본 도면에서는 커튼박스가 단면상세도에 표현되지 않지만 만약 단면상세도에서 표현한다면 아래와 같이 표현한다. 창의 상부가 보이는 방 창문 부분 단면상세도, 거실 창문 부분 단면상세도 등에서 발생한다.

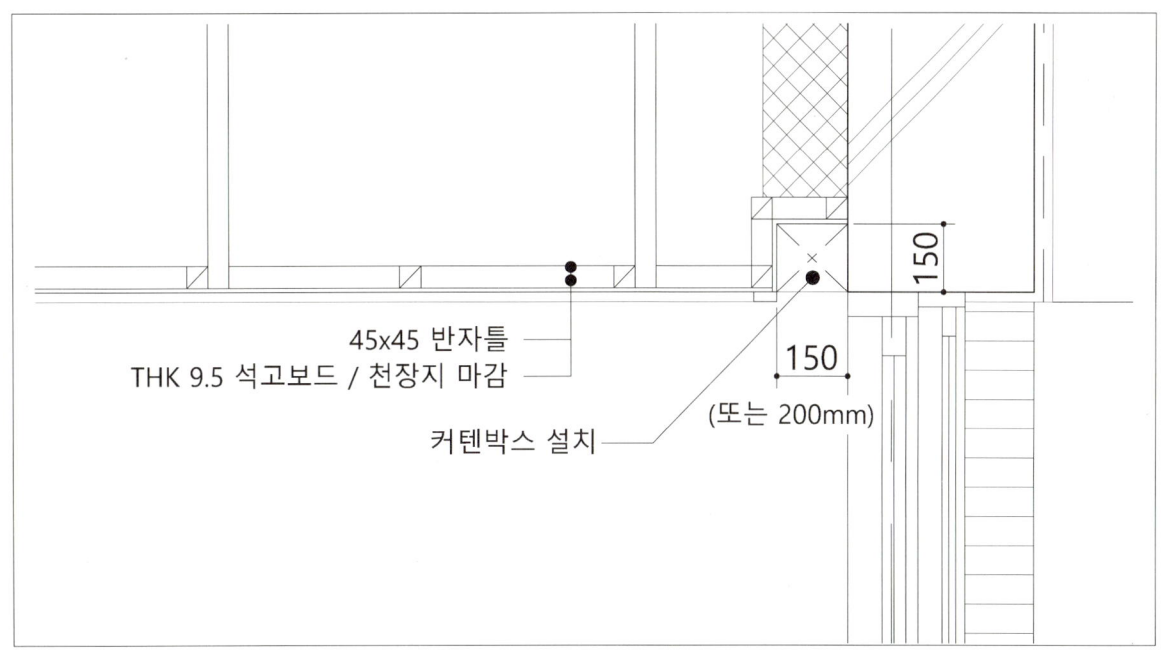

04 [단면도 작성]

1. 기본설정 : Option, OSNAP, LAYER 구성 등
2. 평면도 외벽만 간단히 작성. 지붕이 복잡할 경우 미리 그려두는 것이 유리하다.
3. 화살표 방향이 위로 보도록 회전한다. - X Enter 모두선택 Enter (분해)

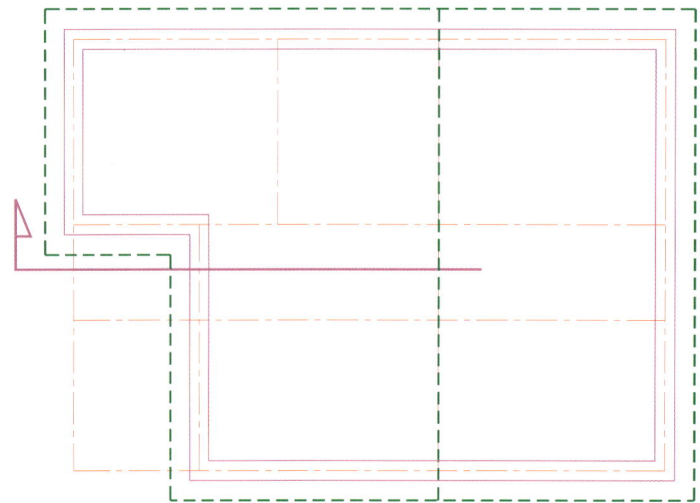

4. 노란색 도면층 : 평면도 보다 길게 G.L을 그리고 절단부분(화살표가 지나가는 부분)의 기초와 바닥슬래브 표현
   (노란색 선을 선홍색으로 바꿔 설명하겠습니다. 나머지는 색상에 맞게 표현하였습니다)
   ※ 계단 3단(450)이므로 현관 기초의 높이는 450mm입니다.
5. 흰색 도면층 : 바닥단열재(THK 85), 밑창콘크리트(THK 50), 잡석다짐(THK 200), 난방(THK 150) 완성하기

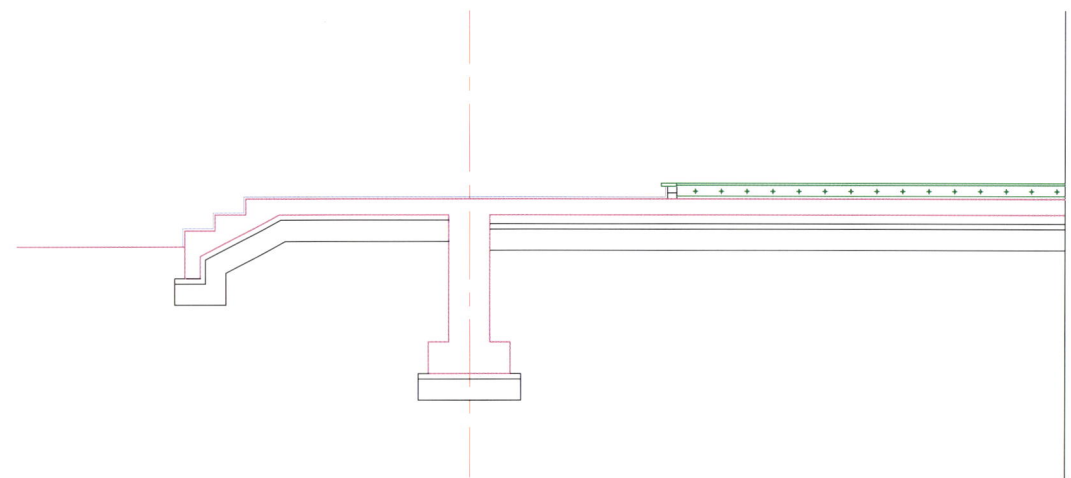

6. 지붕 슬래브 그리기

❶ 지붕 마룻대에서 가장 먼 벽체의 중심거리 파악
  (현재 도면에서는 7500mm가 가장 먼 벽체의 중심선 거리이다)
❷ 난방선 끝에서 2400 위로 Offset
❸ 테두리보의 높이 700 표현
❹ REC [Enter] 시작점 클릭 @1000, 350 [Enter]
❺ XL [Enter] A [Enter] 대각선 끝점 클릭, 클릭 – 가장 먼 벽체 중심과 테두리보가 만나는 부분에 클릭

7. 지붕 슬래브 완성

8. 반자 설치 : 반자를 복사하여 처마반자도 함께 설치한다.
  (천장 반자는 THK 9.5 석고보드로 표현한다)

9. 지붕단열재 : THK 180

10. 지붕방수, 기와

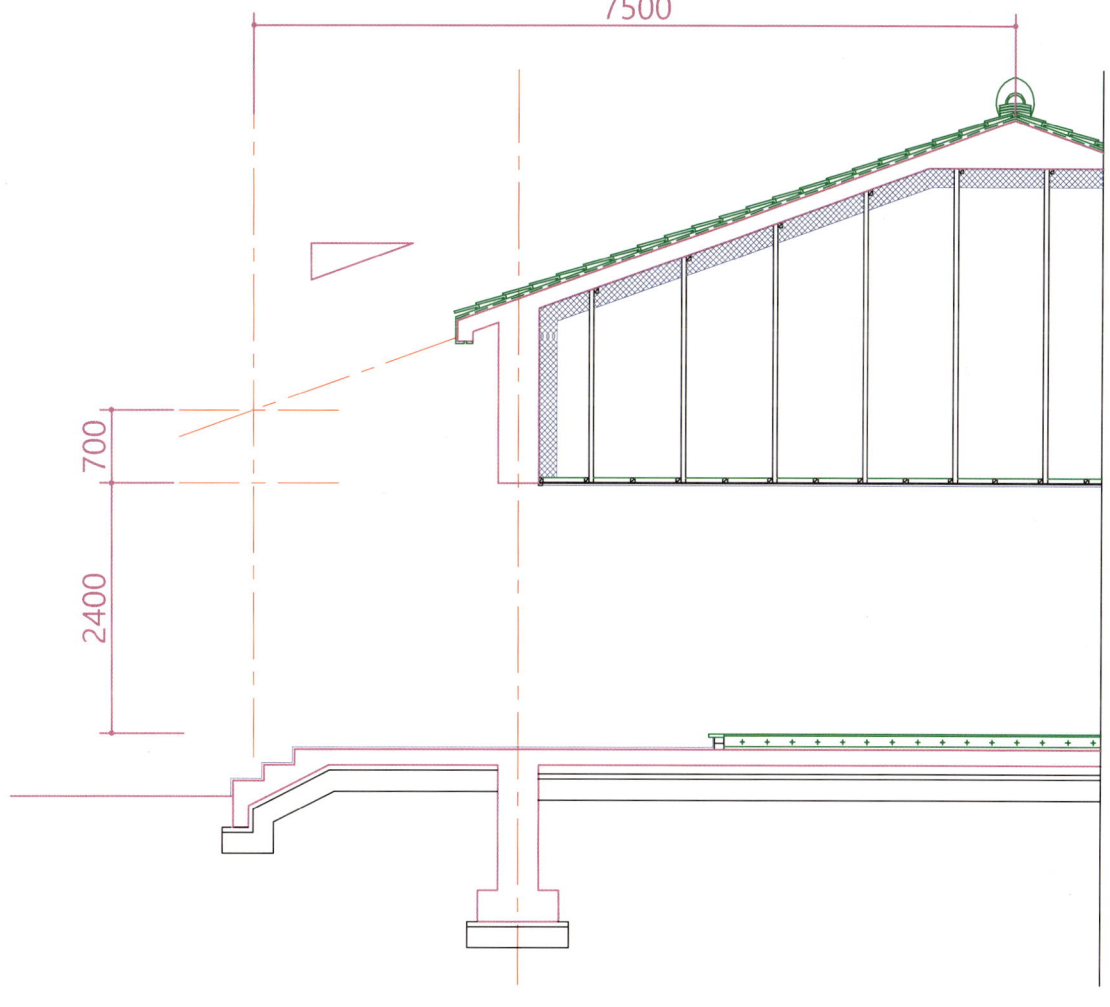

11. 바닥 온수파이프 온돌난방 표현

12. 현관 문 표현

13. 단면도상의 입면요소 표현
: 입면으로 보이는 벽체, 입면으로 보이는 처마, 입면으로 보이는 문과 창문 등을 표현한다.

14. 캔틸레버 표현

15. 난간, 홈통, 걸레받이 설치, 지반표기

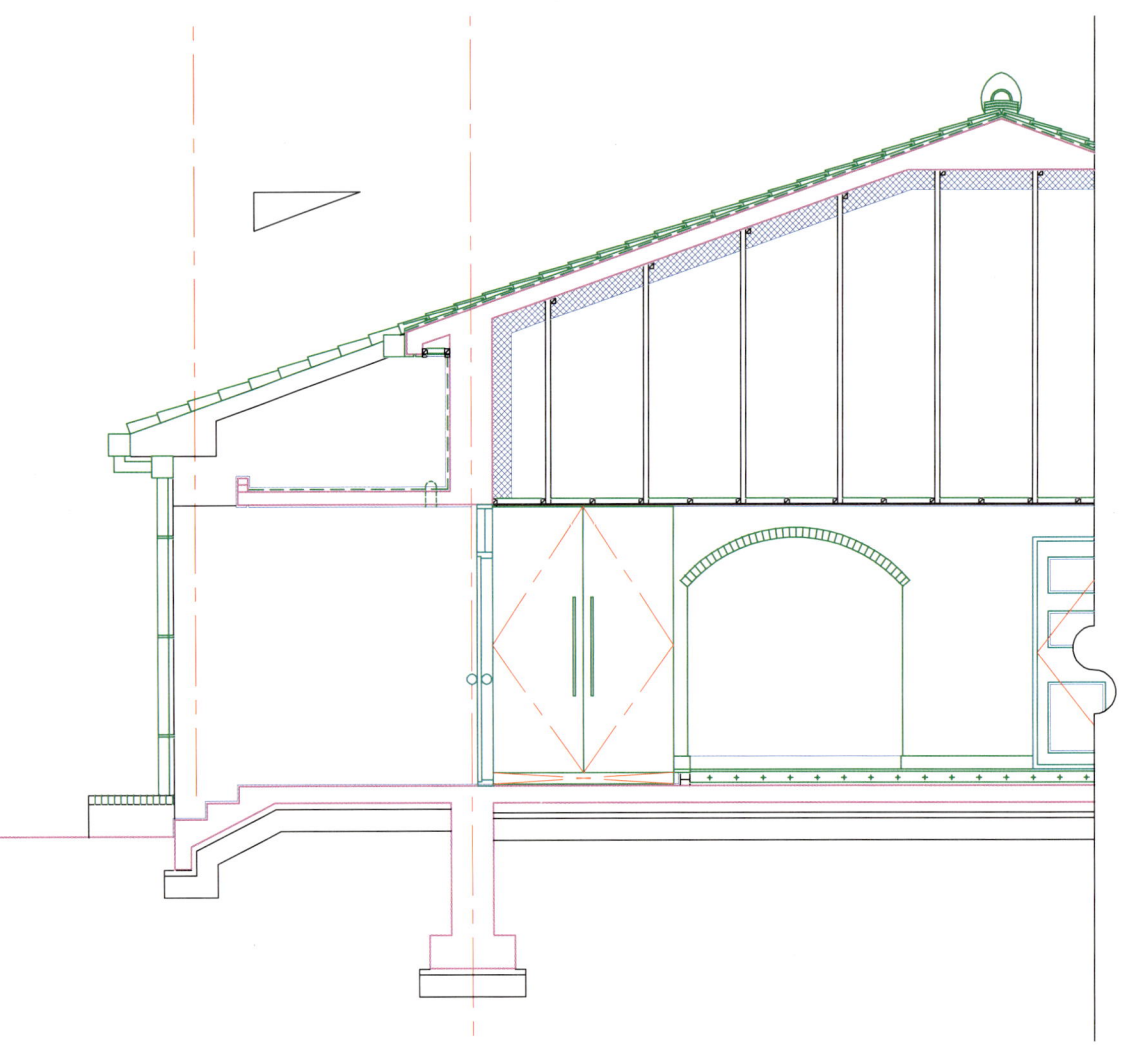

16. 문자 작성 : 흰색 도면층

ST [Enter] – Lucida sans unicode 또는 맑은 고딕

도면층 : 흰색, 문자높이 : 80

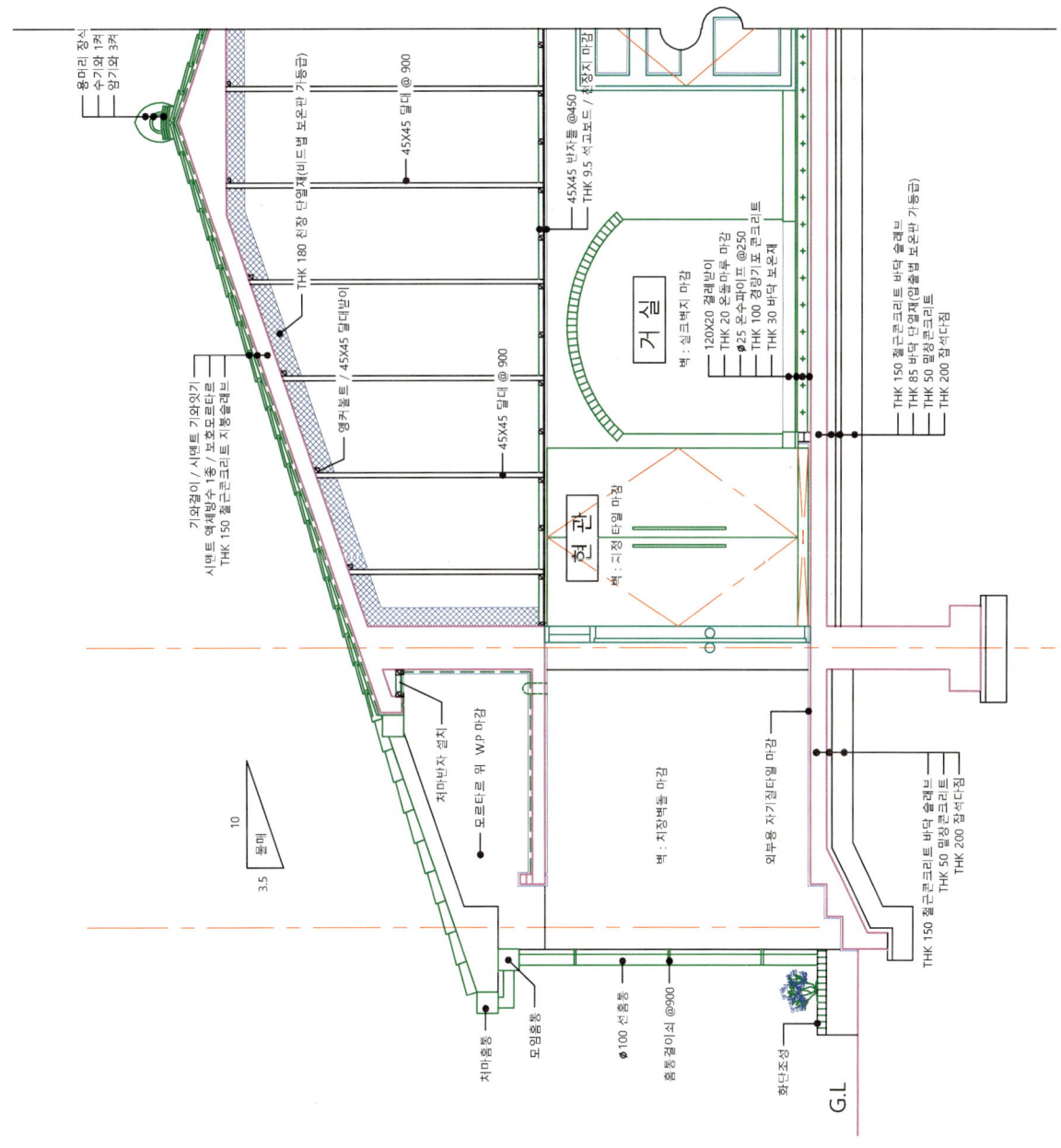

17. 단면, 입면의 재료표현과 해칭
18. 치수 : 중심선의 길이를 모두 맞춘 후 주석 – 신속치수

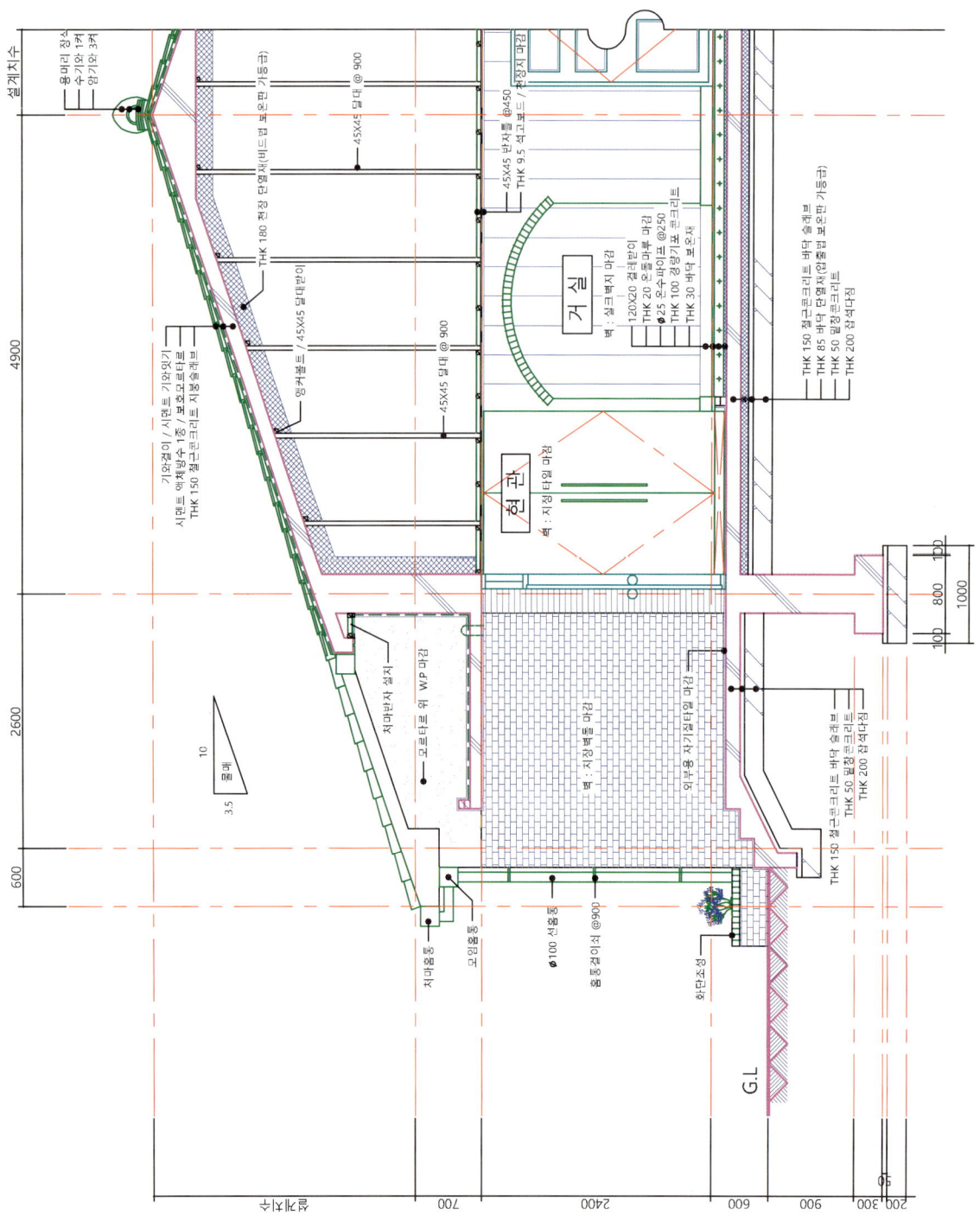

19. 표제란

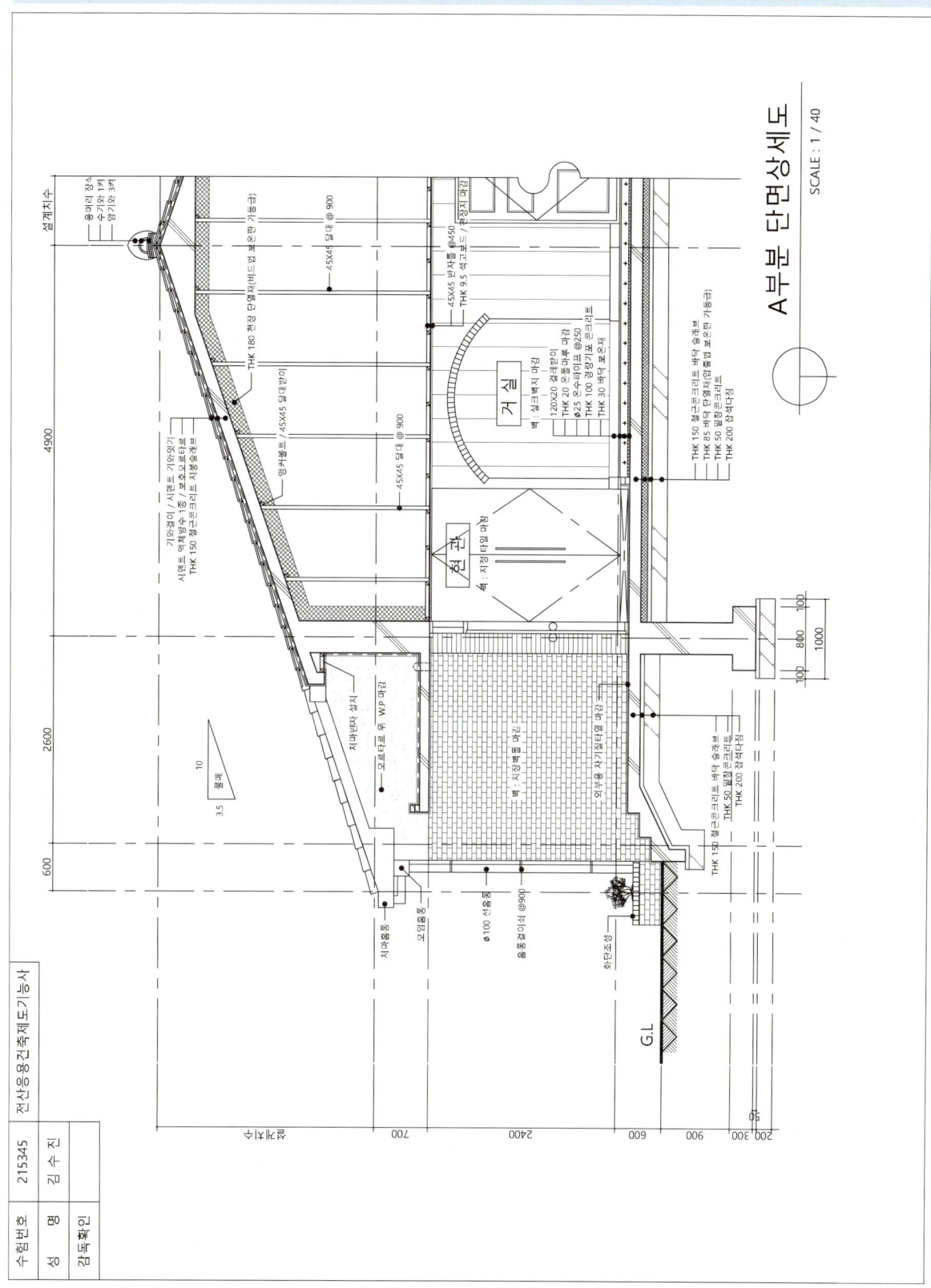

05 [입면도 작성]

20. 평면도 : 입면도 방향이 아래를 향하도록 하고 입면도의 위에 배치
　　　단면도 : 입면도의 우(좌)측에 배치

❶ 단면도의 G.L을 입면도에 연장
❷ 평면도의 외부 벽체 끝선을 입면도에 연장

21. 단면도에서 지붕높이 표현
　　※ 지붕의 가장 낮은 선을 기준으로 벽체 Trim
22. 평면도에서 지붕의 폭 표현
　　※ 지붕을 네모 모양으로 정리

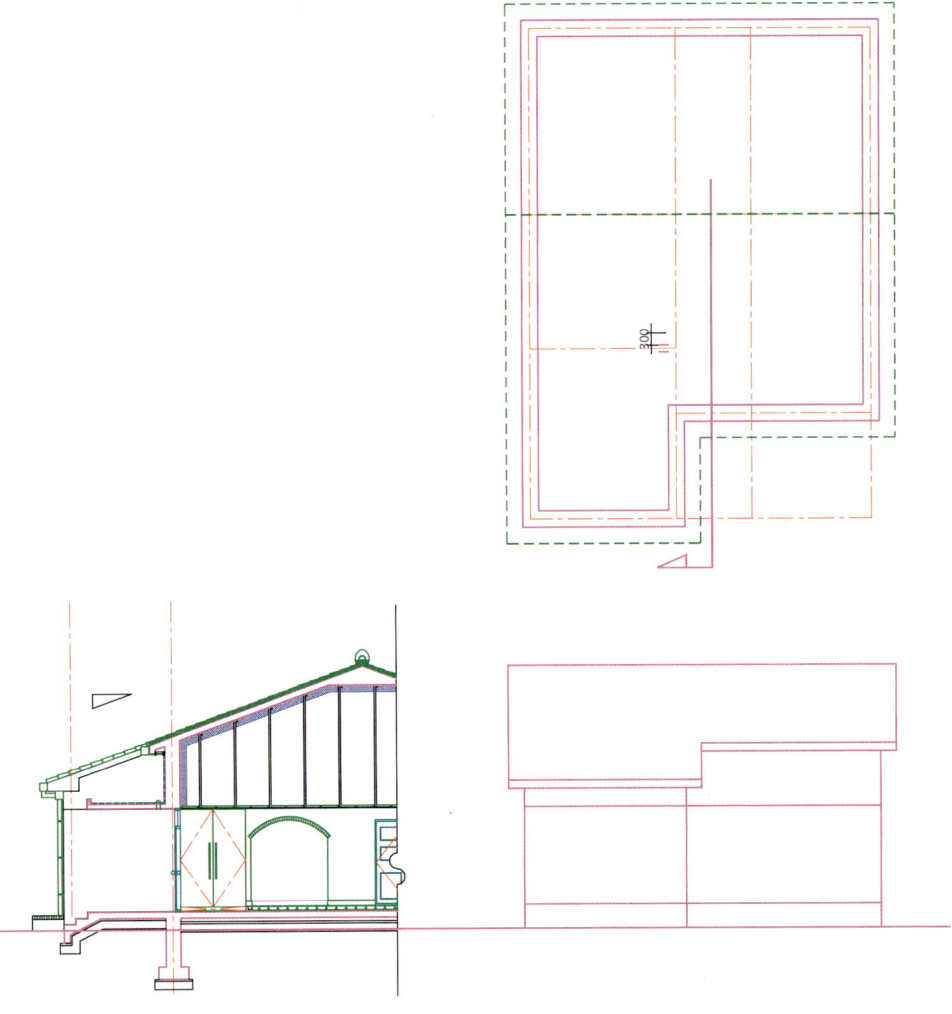

※ 높이가 다른 지붕이 있으면 평면도에서 용머리와 처마 끝의 거리를 확인하고 단면도에 표현
　 지붕 물매를 따라가다 보면 수평거리와 만나는 점이 높이가 된다.
　 뒷 처마가 내려오는지 확인하고 표현한다.

23. 난방끝선과 반자 시작선 표시 : 외부에서 볼 때 재료분리의 기준이 된다.

24. 창문과 현관문을 표현하기 위해 창호의 중심위치를 표시한다.

25. 창호표시

: 테라스 위치는 난방이 없으므로 150 낮춘다. 방 창문은 높이 1200, 거실 창은 높이 2400으로 표현한다.
단, 테라스로 바로 나갈 수 있는 방 창문은 높이 2400(거실높이)에 맞춘다.

※ 거실에서 테라스 없이 외부로 연결되는 창문은 바닥에서 600~900 올려서 표현한다.

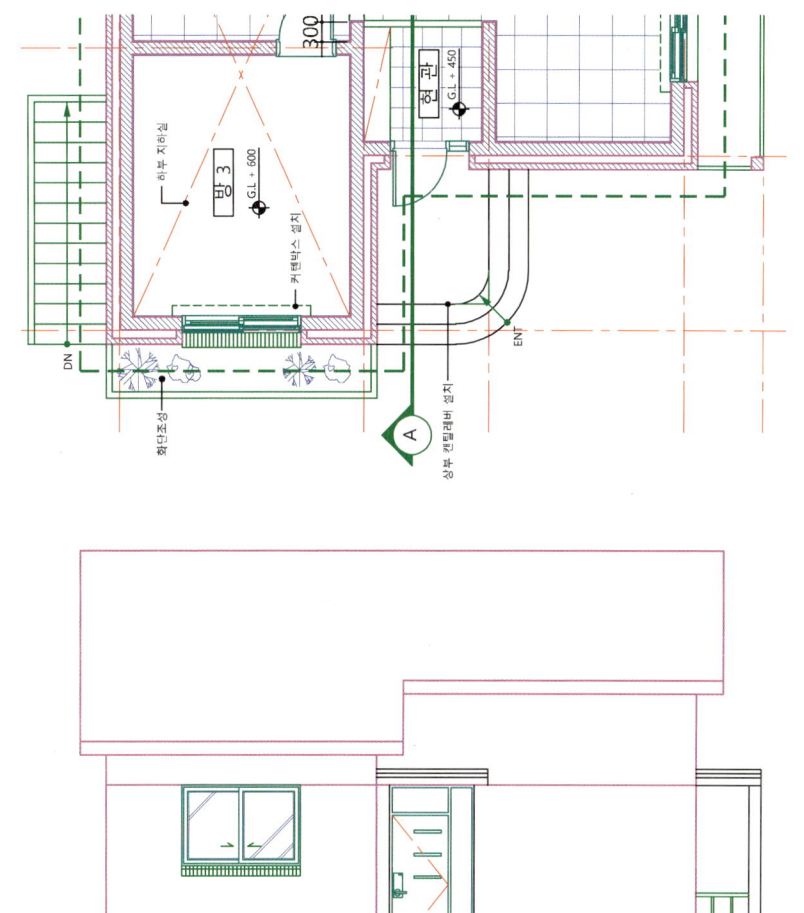

26. 계단, 테라스, 난간, 굴뚝, 홈통, 기와, 창문 밑 벽돌 세워쌓기 등 표현

※ 지붕을 네모 모양으로 정리

27. 문자작성 : 문자높이 100

벽돌해칭 : BRICK – 축척

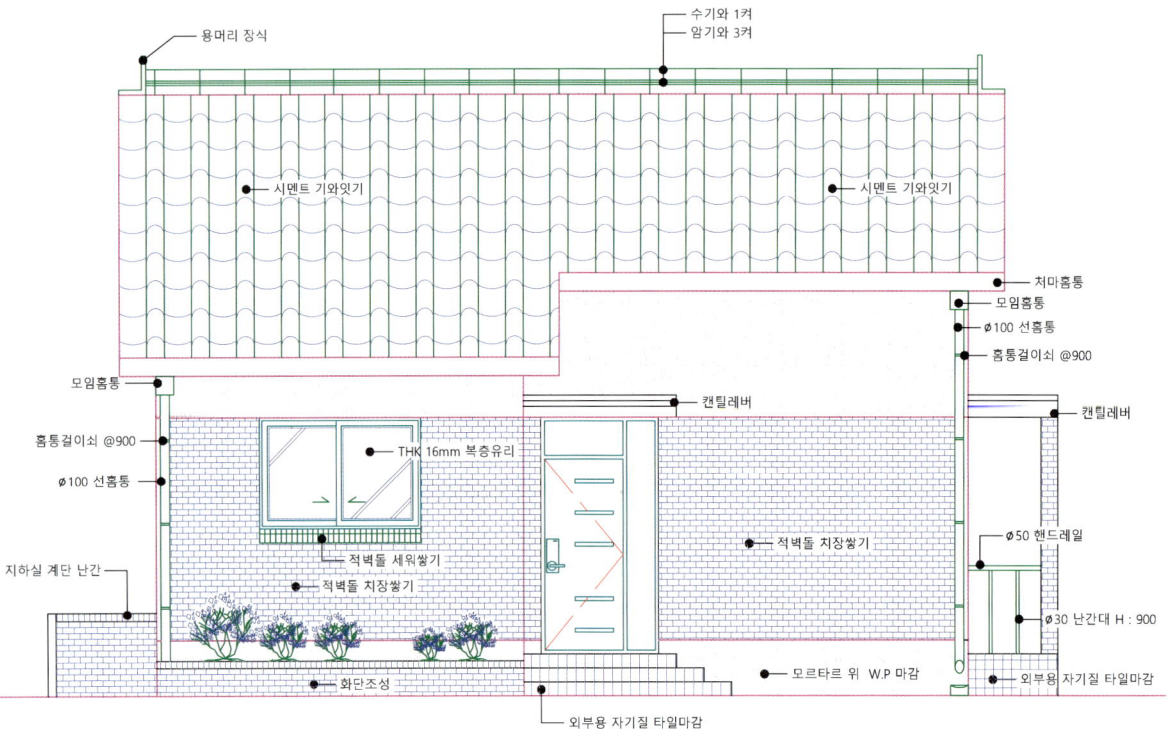

28. 표제란, 수목표현

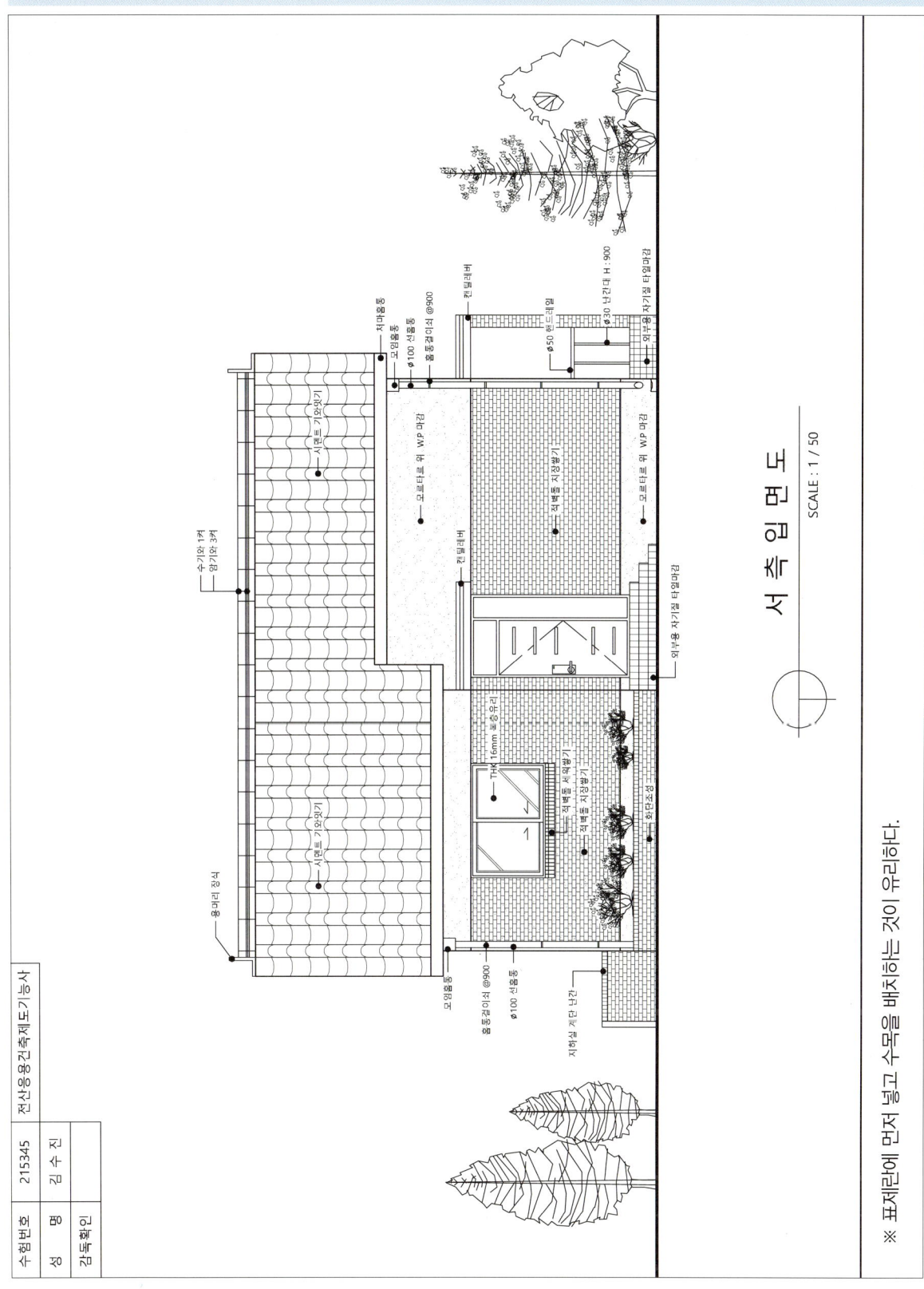

2022년 2회 A형

최신 기출문제

시험시간 4시간 10분

네이버 카페에서 완성 도면 파일을 확인하세요.

01 요구사항

주어진 평면도를 보고 CAD를 이용하여 아래 조건에 맞게 다음 도면을 작도한 후, 지급된 용지에 본인이 직접 흑백으로 출력하여 파일과 함께 제출하시오.

❶ A부분 단면 상세도를 축척 1/40으로 작도하시오.
❷ 남측 입면도를 축척 1/50으로 작도하되 벽면의 마감재료 표시 및 주위의 배경 등 도면의 요소를 충분히 고려하시오.

[조 건]

- 기초 및 지하실 벽체 : 철근콘크리트 구조로 하시오.
- 벽체 : 외벽 - 외부로부터 붉은 벽돌 0.5B, 단열재, 시멘트 벽돌 1.0B
  　　　　내벽 - 시멘트 벽돌 1.0B
- 단열재 : 외벽 120mm, 바닥 85mm, 지붕 180mm
- 지붕 : 철근콘크리트 경사슬래브 위 시멘트 기와잇기 마감으로 하시오(물매 3.5/10 이상).
- 처마나옴 : 벽체 중심에서 600mm
- 반자높이 : 2400mm, 처마반자 설치
- 창호 : 목재창호로 하되 2중창인 경우 외부창호는 알루미늄 섀시로 하시오.
- 각 실의 난방 : 온수파이프 온돌난방으로 하시오.
- 1층 바닥 슬래브와 기초는 일체식으로 표현하시오.
- 평면도에 표현되지 않은 현관 상부 캐노피는 작도하지 않습니다.
- 기타 각 부분의 마감, 치수 등 주어지지 않은 조건은 일반적인 시공수준으로 하시오.

- 선의 통일을 기하기 위하여 아래와 같이 선의 색을 정리하여 출력하시오.
  - 흰색(7-White) : 0.3mm
  - 노랑(2-Yellow) : 0.4mm
  - 빨강(1-Red) : 0.2mm
  - 녹색(3-Green) : 0.2mm
  - 하늘색(4-Cyan) : 0.3mm
  - 파랑(5-Blue) : 0.1mm

02 수험자 유의사항

※ 다음 유의사항을 고려하여 요구도면을 완성하시오.

❶ 제시되지 않은 조건은 건축법, 건축구조 및 건축제도의 원칙에 따릅니다.

❷ 시험 시작 전 바탕화면에 본인 비번호로 폴더를 생성하고, 폴더 안에 작업내용을 저장하도록 합니다.
　(단, 시험장에서 본인 이름으로 폴더를 생성하도록 하는 경우 시험장 규정에 따른다)

❸ 정전 및 기계 고장 등에 의한 자료 손실을 방지하기 위하여 수시로 저장합니다.
　(파일이 없어지는 경우 본인의 과실로 본다)

❹ 다음과 같은 경우는 부정행위로 처리됩니다.
　1) 노트 및 서적, USB를 소지하거나 주고받는 행위
　2) 건물의 구조부분의 상세나 글씨 등을 사전에 블록으로 설정하여 지참해 사용하는 경우

❺ 작업이 끝나면 감독위원의 확인을 받은 후 문제지를 제출하고 본부요원 입회하에 본인이 직접 A3용지에 흑백으로 도면을 출력하도록 합니다. 이때 수험자의 운영 미숙으로 도면이 출력되지 않는 경우나 출력시간이 10분을 초과하는 경우는 실격 처리됩니다.

❻ 장비 조작 미숙으로 장비의 파손 및 고장을 일으킬 염려가 있을 경우 실격됩니다.

❼ 다음과 같은 경우에는 채점대상에서 제외됩니다.
　1) 시험시간 내에 요구사항을 완성하지 못한 경우
　　(시험시간이 종료되면 자동으로 시스템이 정지하며, 최종저장을 누른 시간 이후의 데이터는 삭제되므로 시험 종료 전에 저장버튼을 잊지 마세요)
　2) 시험시간 내에 제출된 작품이라도 다음과 같은 경우
　　가) 주어진 조건을 지키지 않고 작도한 경우
　　나) 요구한 전 도면을 작도하지 않은 경우
　　다) 건축제도 통칙을 준수하지 않거나 건축 CAD의 기능이 없는 상태에서 완성된 도면으로 시험위원 전원이 합의하여 판단한 경우

❽ 수험번호, 성명은 도면 좌측 상단에 아래와 같이 표제란을 만들어 기재합니다.

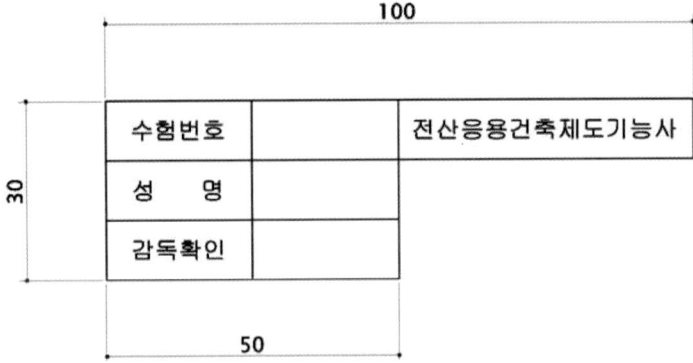

❾ 감독위원은 시험시작 후 수검자에게 표제란을 우선 작도 후 도면을 작도하도록 하여야 하며 수험자가 감독위원의 지시를 따르지 않을 경우 실격 처리됩니다.

❿ 테두리선의 여백은 10mm로 합니다.

※ 출력은 시험의 일부입니다. 실제 종이에 출력해보지 않더라도 DWG To PDF(가상프린터)를 이용해 매번 연습합니다.
　(본 교재의 77페이지 참고) 실제 시험에서는 프린터 이름만 알려줍니다.

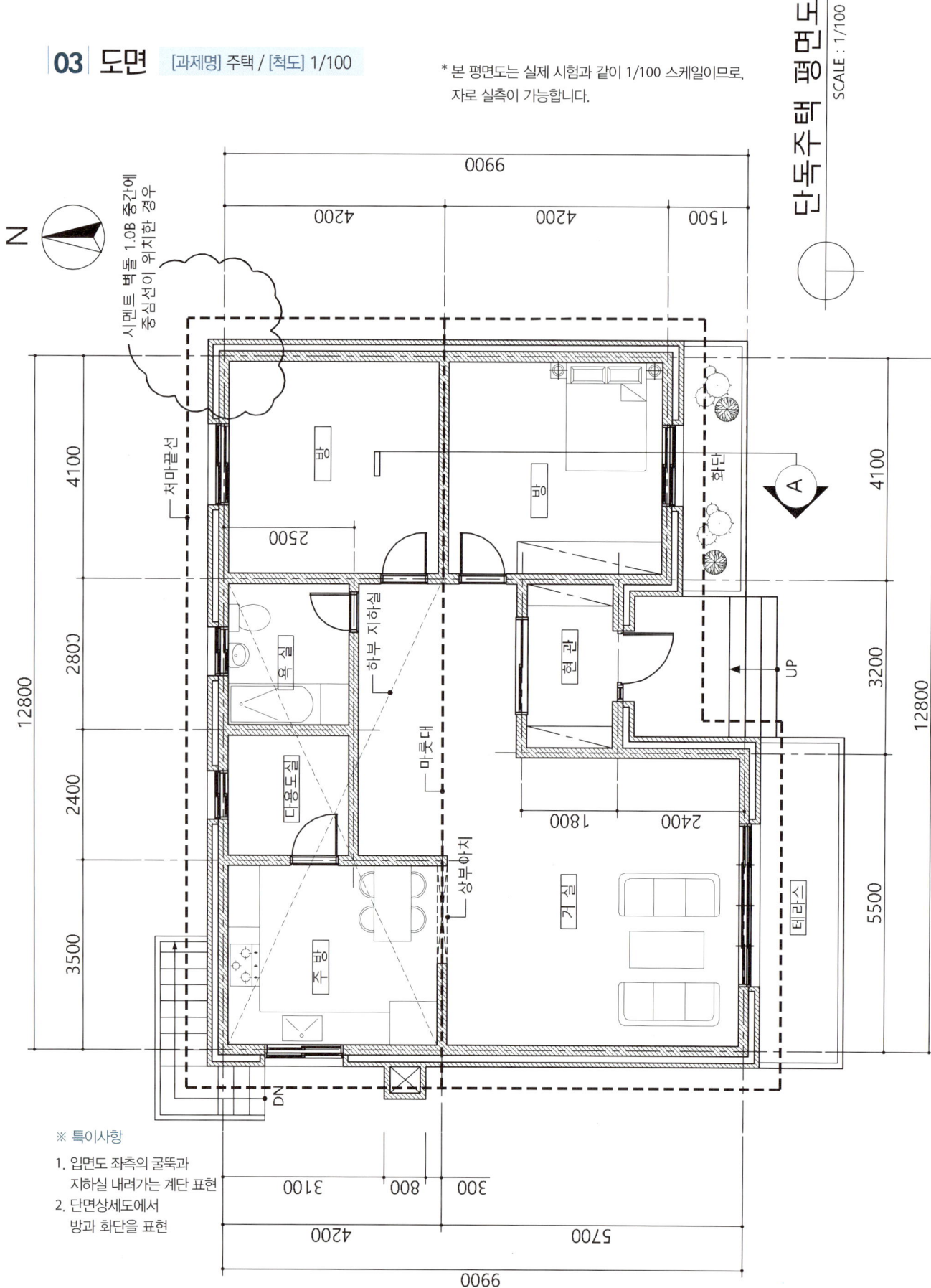

04 [단면도 작성]

1. 기본설정 : Option, OSNAP, LAYER 구성 등
2. 평면도 외벽만 간단히 작성. 지붕이 복잡할 경우 미리 그려두는 것이 유리하다.
3. 화살표 방향이 위로 보도록 회전한다. – X [Enter] 모두선택 [Enter] (분해)

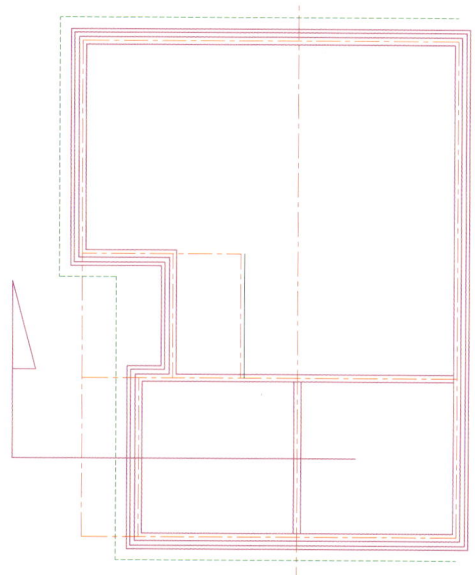

4. 노란색 도면층 : 평면도 보다 길게 G.L을 그리고 절단부분(화살표가 지나가는 부분)의 기초와 바닥슬래브 표현
   (노란색 선을 선홍색으로 바꿔 설명하겠습니다. 나머지는 색상에 맞게 표현하였습니다)
   ※ 계단 4단(600)이므로 방의 기초의 높이는 난방 150mm를 더하여 750mm입니다.

5. 흰색 도면층 : 바닥단열재(THK 85), 밑창콘크리트(THK 50), 잡석다짐(THK 200), 난방(THK 150) 완성하기

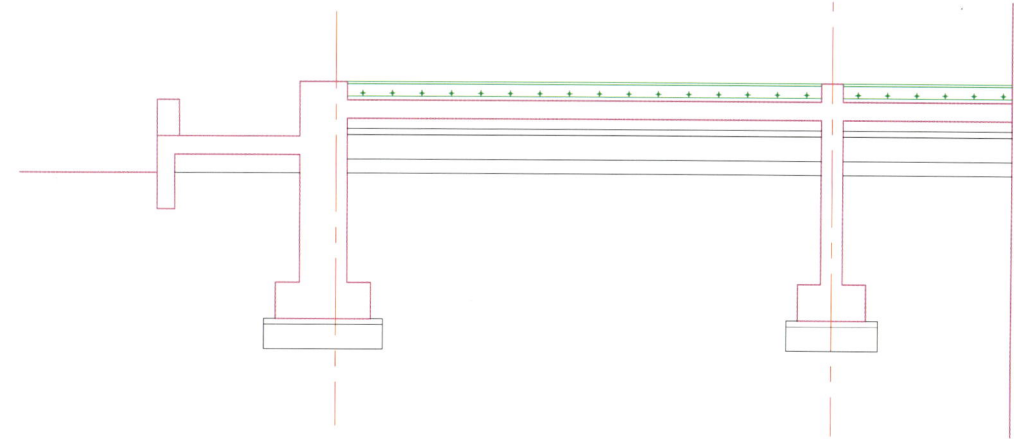

6. 지붕 슬래브 그리기

① 지붕 마룻대에서 가장 먼 벽체의 중심거리 파악
  (현재 도면에서는 5700mm가 가장 먼 벽체의 중심선 거리이다)
② 난방선 끝에서 2400 위로 Offset
③ 테두리보의 높이 700 표현
④ REC Enter 시작점 클릭 @1000, 350 Enter
⑤ XL Enter A Enter 대각선 끝점 클릭, 클릭 – 가장 먼 벽체 중심과 테두리보가 만나는 부분에 클릭

7. 지붕 슬래브 완성

8. 반자 설치 : 반자를 복사하여 처마반자도 함께 설치한다.
  (천장 반자는 THK 9.5 석고보드로 표현한다)

9. 지붕단열재 : THK 180

10. 지붕방수, 기와

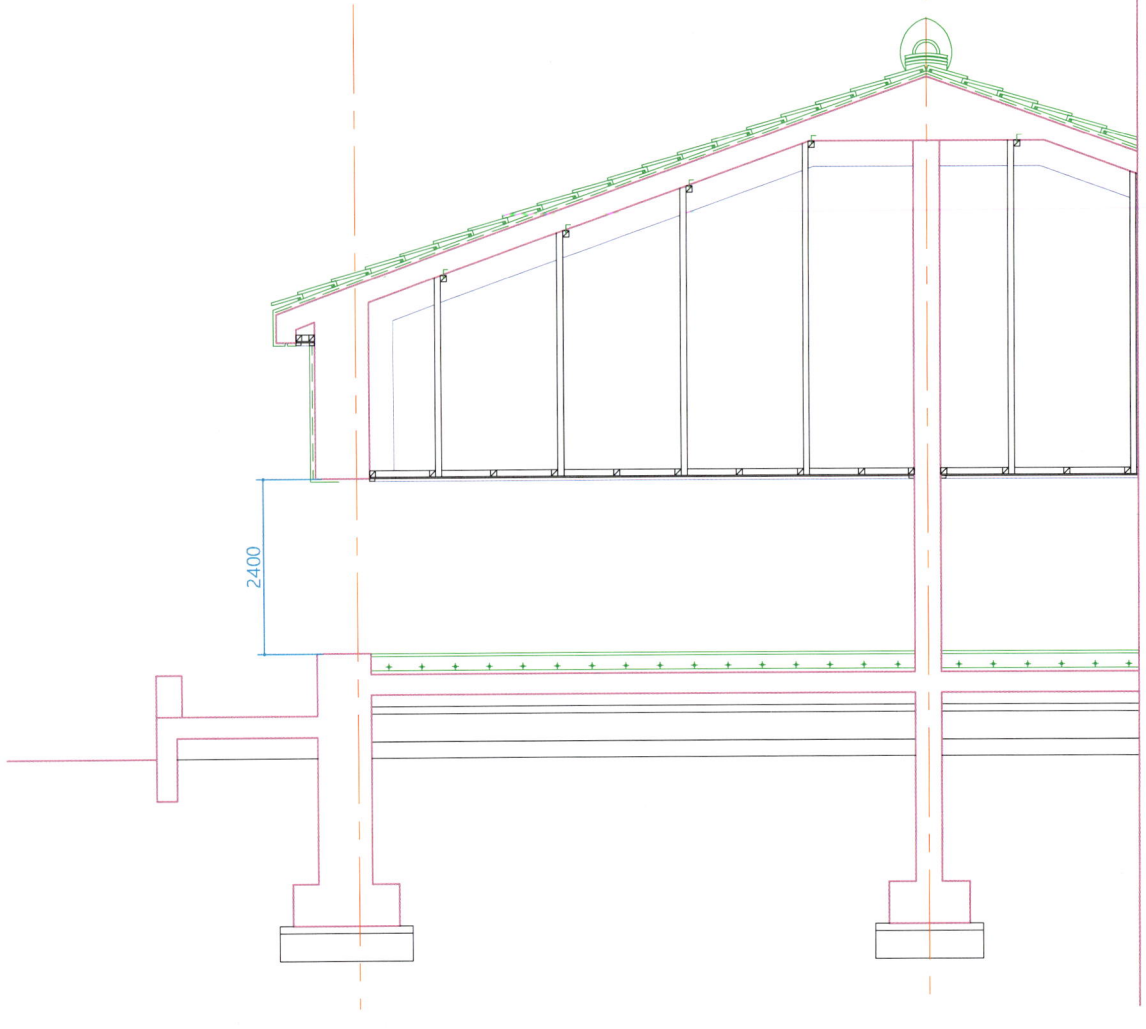

11. 바닥 온수파이프 온돌난방 표현

12. 방문, 실내 벽 표현

13. 단면도상의 입면요소 표현
: 입면으로 보이는 벽체, 입면으로 보이는 처마, 입면으로 보이는 문과 창문 등을 표현한다.

14. 방 내부 붙박이장 표현

15. 난간, 홈통, 굴뚝, 걸레받이 설치. 지반표기

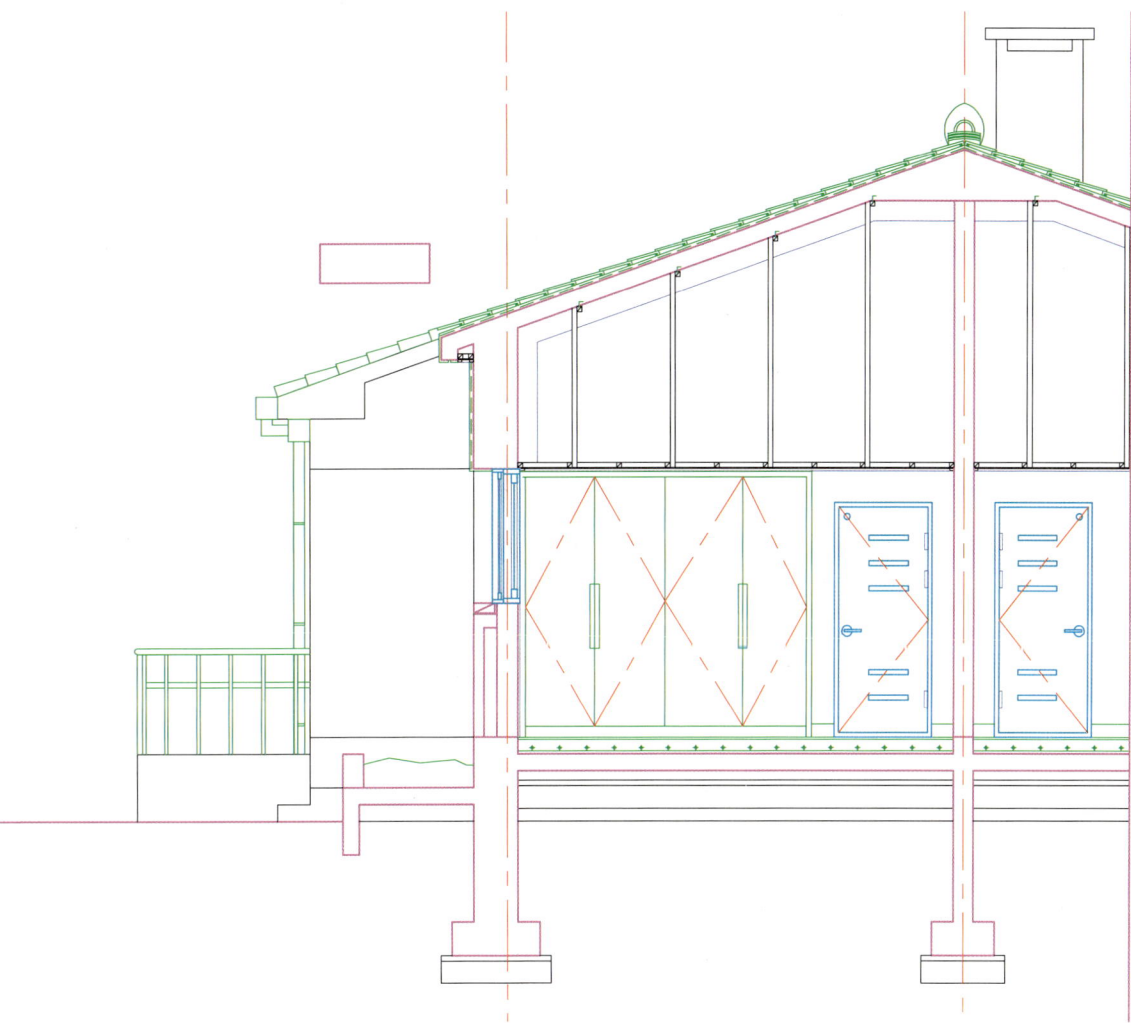

16. 문자 작성 : 흰색 도면층

ST [Enter] – Lucida sans unicode 또는 맑은 고딕

도면층 : 흰색, 문자높이 : 80

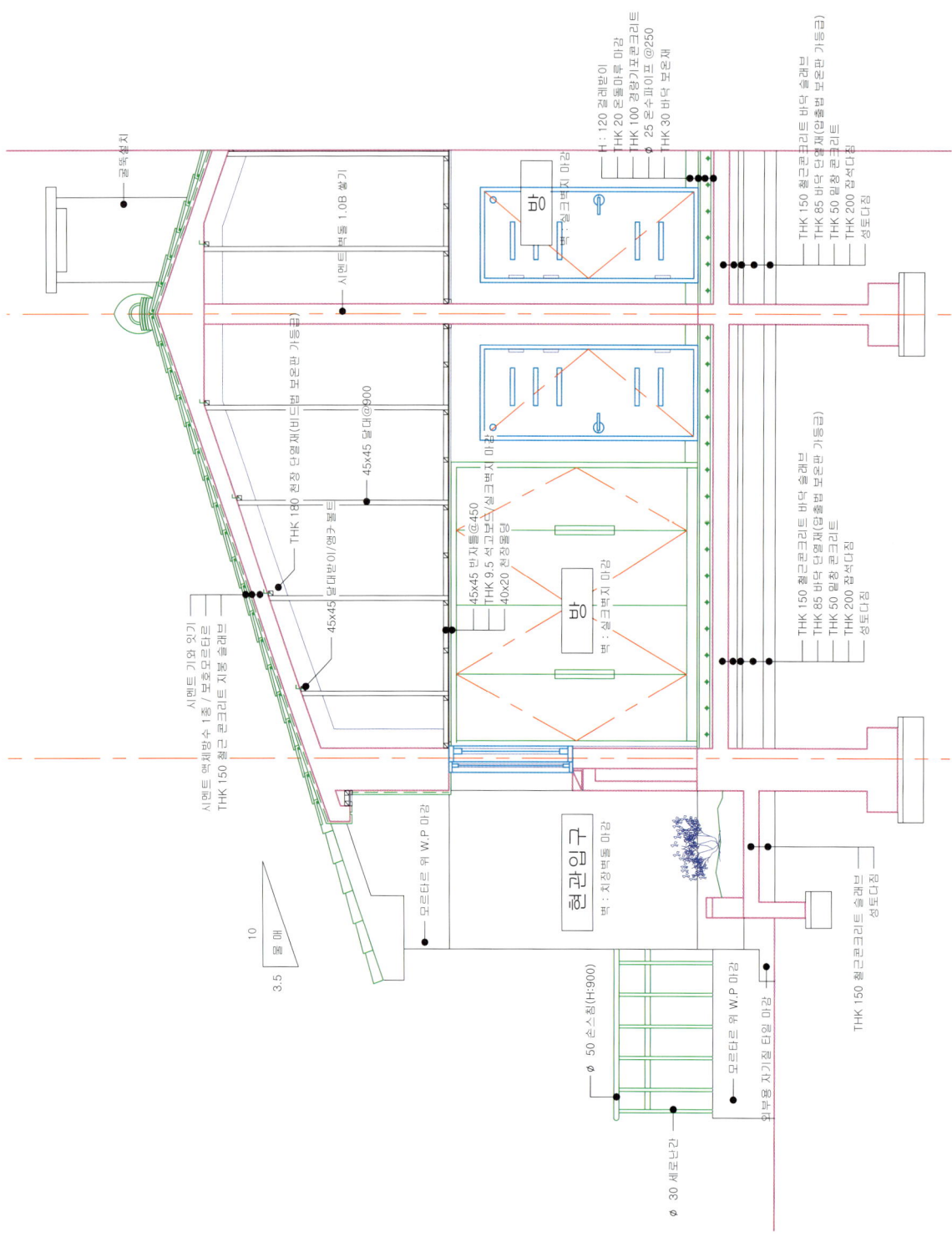

17. 단면, 입면의 재료표현과 해칭
18. 치수 : 중심선의 길이를 모두 맞춘 후 주석 – 신속치수

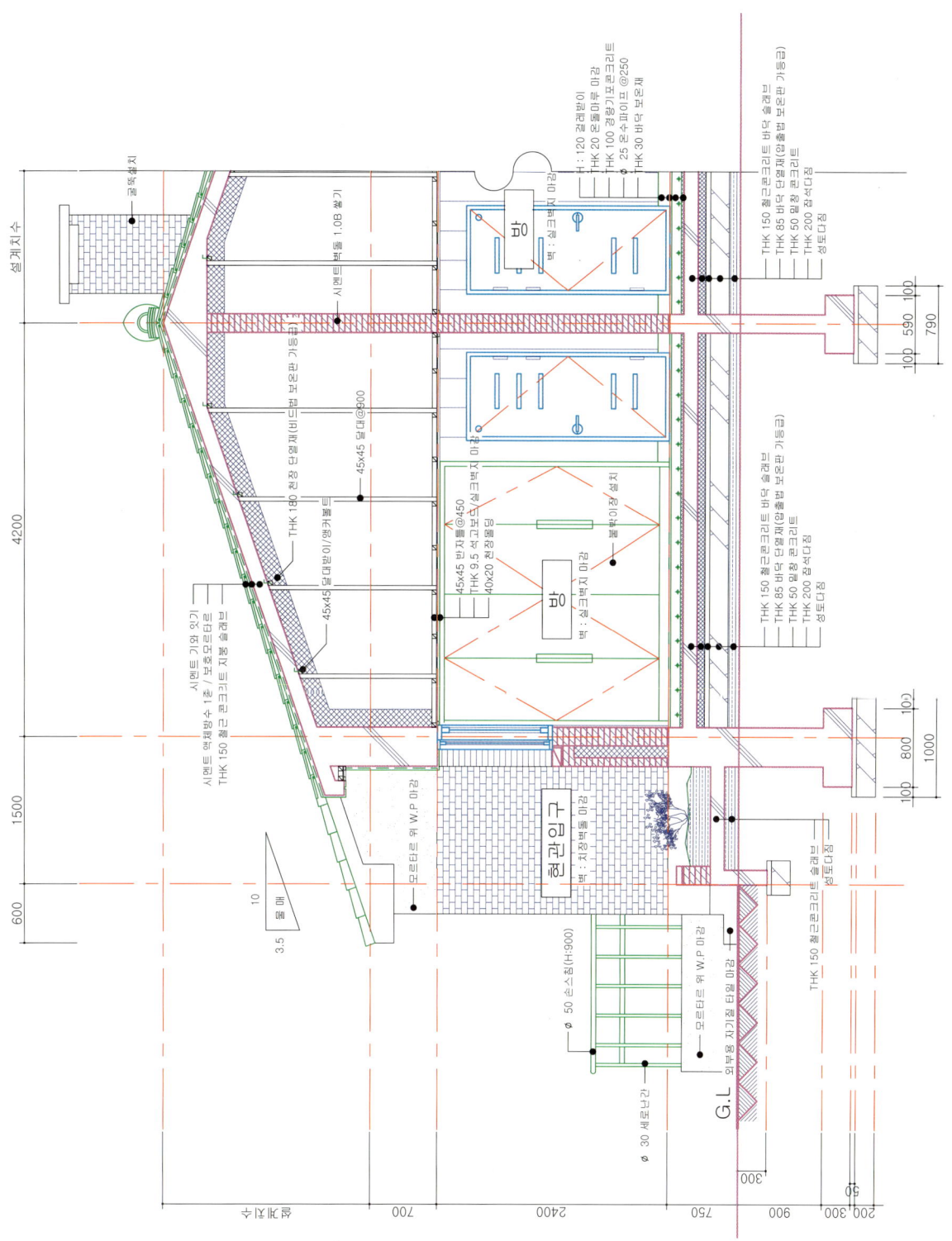

19. 표제란

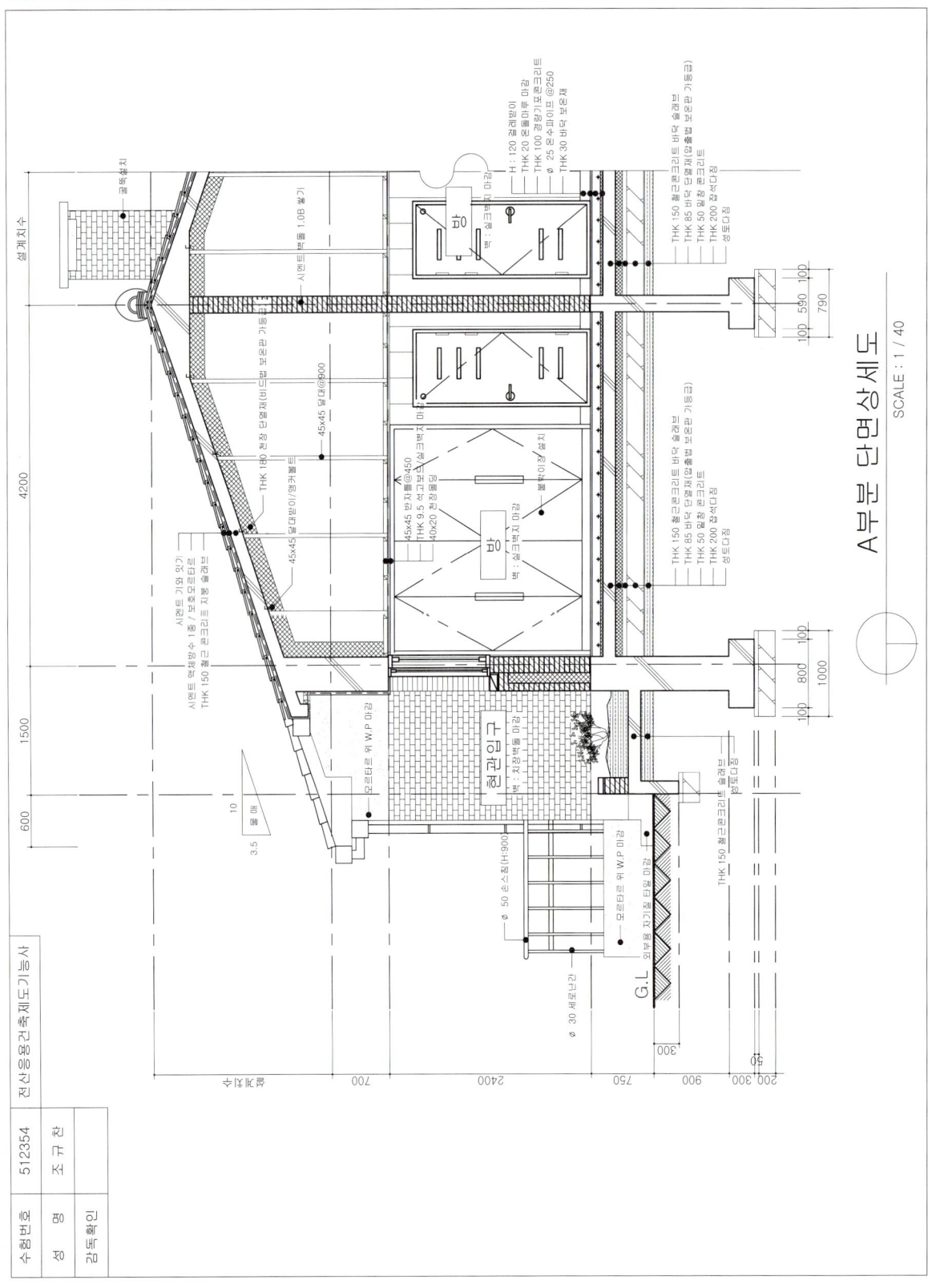

05 [입면도 작성]

20. 평면도 : 입면도 방향이 아래를 향하도록 하고 입면도의 위에 배치
　　　단면도 : 입면도의 우(좌)측에 배치

❶ 단면도의 G.L을 입면도에 연장
❷ 평면도의 외부 벽체 끝선을 입면도에 연장

21. 단면도에서 지붕높이 표현
　　※ 지붕의 가장 낮은 선을 기준으로 벽체 Trim

22. 평면도에서 지붕의 폭 표현
　　※ 지붕을 네모 모양으로 정리

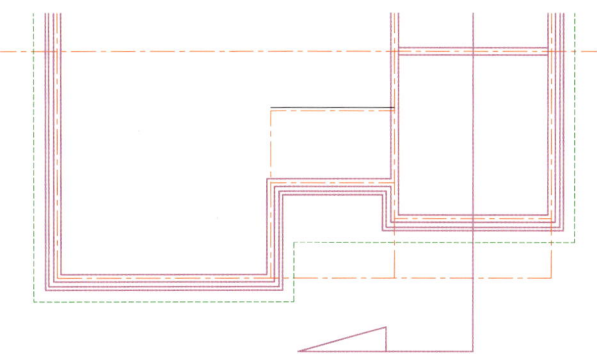

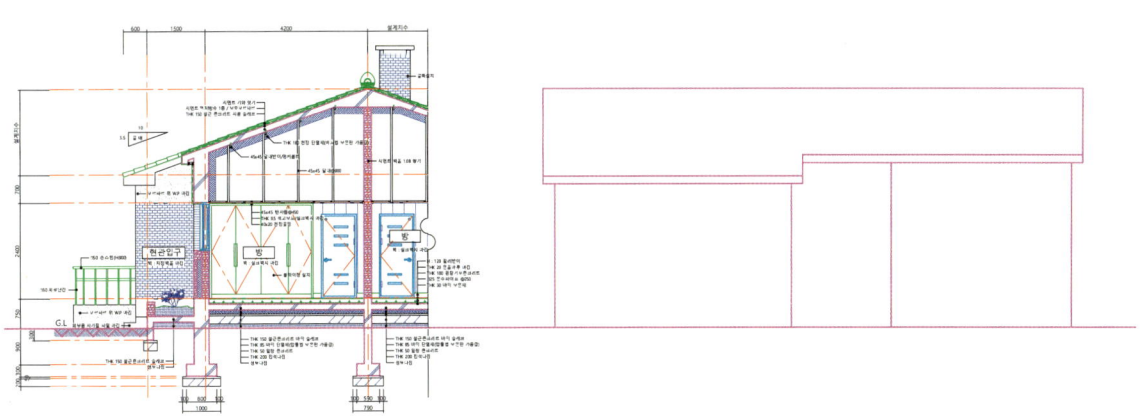

※ 높이가 다른 지붕이 있으면 평면도에서 용머리와 처마 끝의 거리를 확인하고 단면도에 표현
　 지붕 물매를 따라가다 보면 수평거리와 만나는 점이 높이가 된다.
　 뒷 처마가 내려오는지 확인하고 표현한다.

23. 난방끝선과 반자 시작선 표시 : 외부에서 볼 때 재료분리의 기준이 된다.

24. 창문과 현관문을 표현하기 위해 창호의 중심위치를 표시한다.

25. 창호표시
: 테라스 위치는 난방이 없으므로 150 낮춘다. 방 창문은 높이 1200, 거실 창은 높이 2400으로 표현한다.
단, 테라스로 바로 나갈 수 있는 방 창문은 높이 2400(거실높이)에 맞춘다.

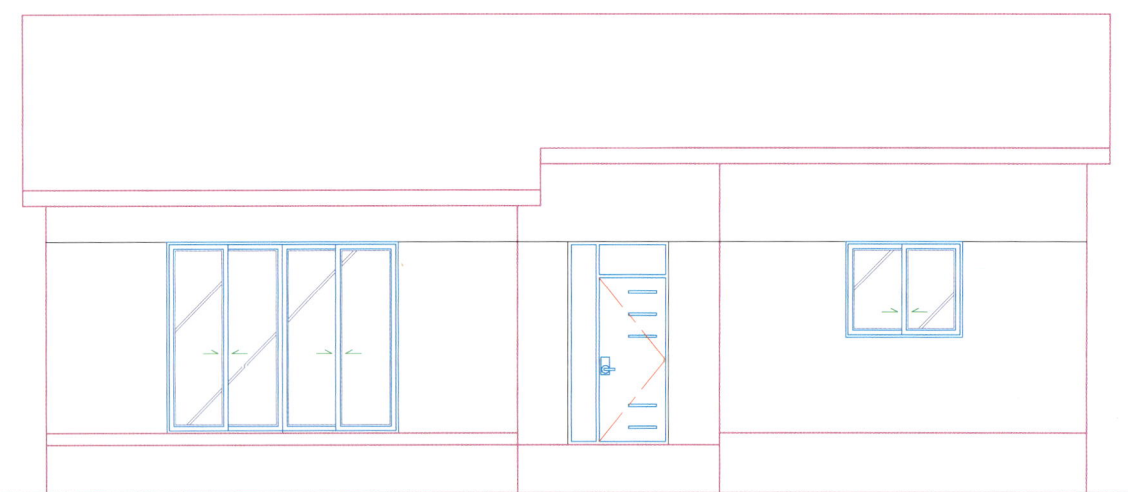

26. 계단, 테라스, 난간, 굴뚝, 홈통, 기와, 창문 밑 벽돌 세워쌓기 등 표현
    ※ 뒤쪽에 낮은 지붕이 있으면 평면도 길이만큼 단면도에서 높이 생성

27. 문자작성 : 문자높이 100
    벽돌해칭 : BRICK – 축척 10

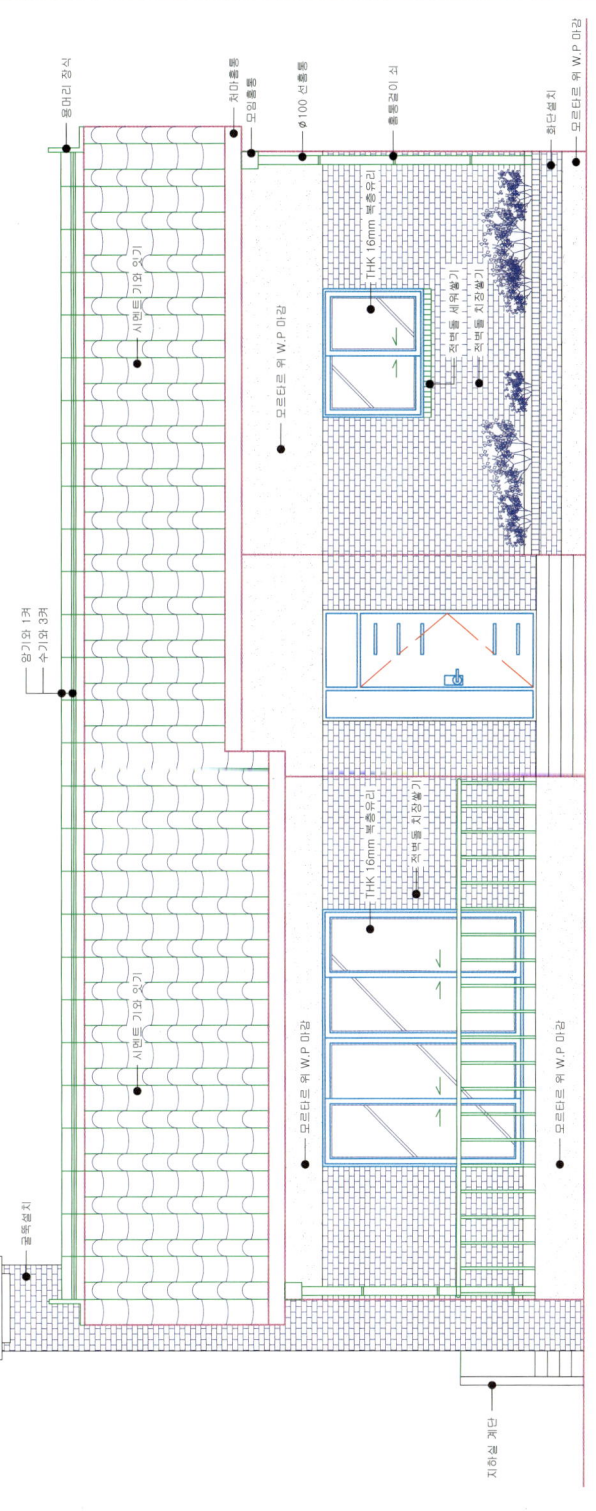

28. 표제란, 수목표현

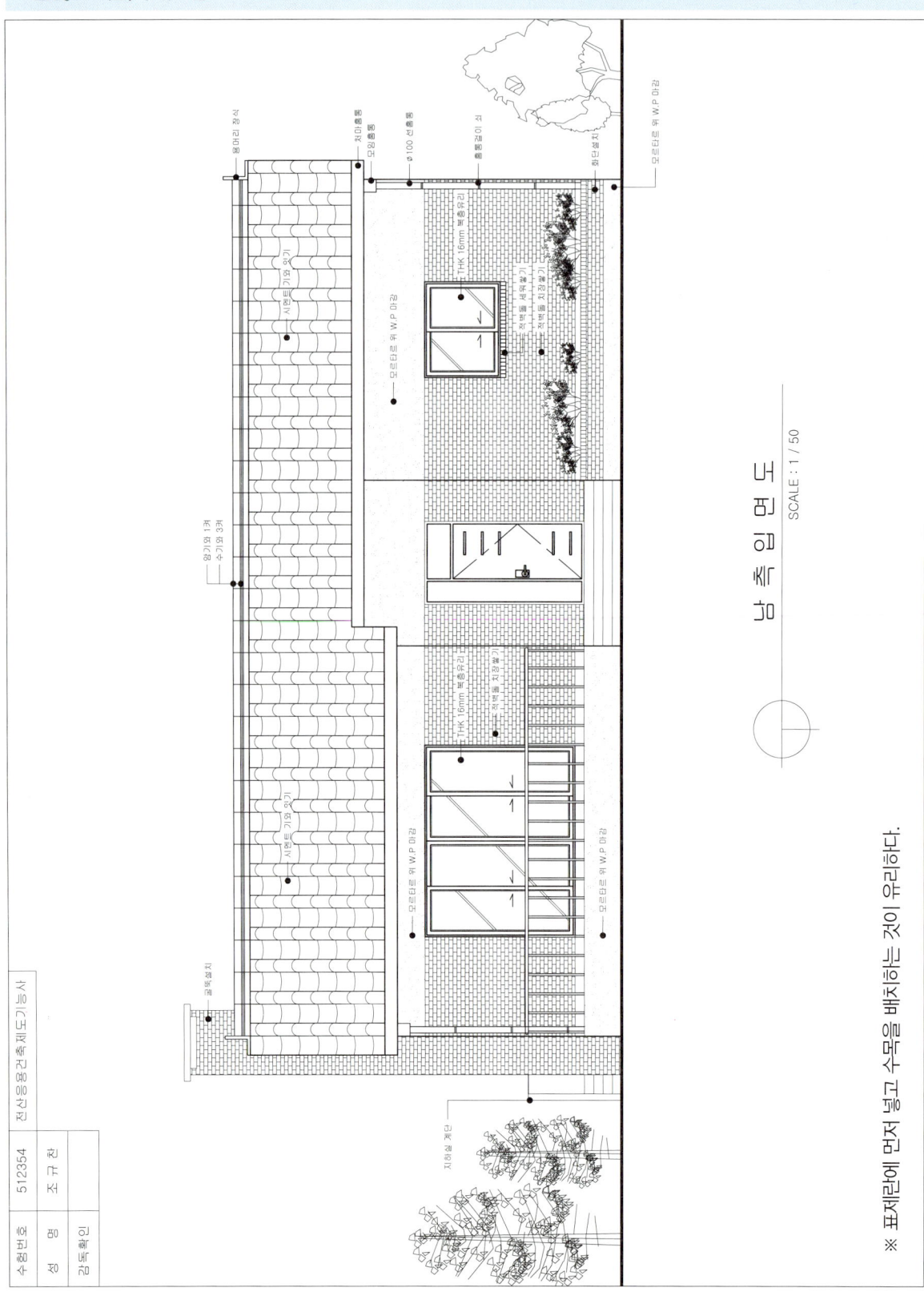

memo

2022년 4회 A형 최신 기출문제

시험시간 4시간 10분

네이버 카페에서 완성 도면 파일을 확인하세요.

01 요구사항

주어진 평면도를 보고 CAD를 이용하여 아래 조건에 맞게 다음 도면을 작도한 후, 지급된 용지에 본인이 직접 흑백으로 출력하여 파일과 함께 제출하시오.

❶ A부분 단면 상세도를 축척 1/40으로 작도하시오.
❷ 동측 입면도를 축척 1/50으로 작도하되 벽면의 마감재료 표시 및 주위의 배경 등 도면의 요소를 충분히 고려하시오.

[조 건]
- 기초 및 지하실 벽체 : 철근콘크리트 구조로 하시오.
- 벽체 : 외벽 – 외부로부터 붉은 벽돌 0.5B, 단열재, 시멘트 벽돌 1.0B
  내벽 – 시멘트 벽돌 1.0B
- 단열재 : 외벽 120mm, 바닥 85mm, 지붕 180mm
- 지붕 : 철근콘크리트 경사슬래브 위 시멘트 기와잇기 마감으로 하시오(물매 3.5/10 이상).
- 처마나옴 : 벽체 중심에서 600mm
- 반자높이 : 2400mm, 처마반자 설치
- 창호 : 목재창호로 하되 2중창인 경우 외부창호는 알루미늄 섀시로 하시오.
- 각 실의 난방 : 온수파이프 온돌난방으로 하시오.
- 1층 바닥 슬래브와 기초는 일체식으로 표현하시오.
- 평면도에 표현되지 않은 현관 상부 캐노피는 작도하지 않습니다.
- 기타 각 부분의 마감, 치수 등 주어지지 않은 조건은 일반적인 시공수준으로 하시오.

- 선의 통일을 기하기 위하여 아래와 같이 선의 색을 정리하여 출력하시오.
  - 흰색(7-White) : 0.3mm
  - 녹색(3-Green) : 0.2mm
  - 노랑(2-Yellow) : 0.4mm
  - 하늘색(4-Cyan) : 0.3mm
  - 빨강(1-Red) : 0.2mm
  - 파랑(5-Blue) : 0.1mm

02 수험자 유의사항

※ 다음 유의사항을 고려하여 요구도면을 완성하시오.

❶ 제시되지 않은 조건은 건축법, 건축구조 및 건축제도의 원칙에 따릅니다.

❷ 시험 시작 전 바탕화면에 본인 비번호로 폴더를 생성하고, 폴더 안에 작업내용을 저장하도록 합니다.
(단, 시험장에서 본인 이름으로 폴더를 생성하도록 하는 경우 시험장 규정에 따른다)

❸ 정전 및 기계 고장 등에 의한 자료 손실을 방지하기 위하여 수시로 저장합니다.
(파일이 없어지는 경우 본인의 과실로 본다)

❹ 다음과 같은 경우는 부정행위로 처리됩니다.
1) 노트 및 서적, USB를 소지하거나 주고받는 행위
2) 건물의 구조부분의 상세나 글씨 등을 사전에 블록으로 설정하여 지참해 사용하는 경우

❺ 작업이 끝나면 감독위원의 확인을 받은 후 문제지를 제출하고 본부요원 입회하에 본인이 직접 A3용지에 흑백으로 도면을 출력하도록 합니다. 이때 수험자의 운영 미숙으로 도면이 출력되지 않는 경우나 출력시간이 10분을 초과하는 경우는 실격 처리됩니다.

❻ 장비 조작 미숙으로 장비의 파손 및 고장을 일으킬 염려가 있을 경우 실격됩니다.

❼ 다음과 같은 경우에는 채점대상에서 제외됩니다.
1) 시험시간 내에 요구사항을 완성하지 못한 경우
(시험시간이 종료되면 자동으로 시스템이 정지하며, 최종저장을 누른 시간 이후의 데이터는 삭제되므로 시험 종료 전에 저장버튼을 잊지 마세요)
2) 시험시간 내에 제출된 작품이라도 다음과 같은 경우
가) 주어진 조건을 지키지 않고 작도한 경우
나) 요구한 전 도면을 작도하지 않은 경우
다) 건축제도 통칙을 준수하지 않거나 건축 CAD의 기능이 없는 상태에서 완성된 도면으로 시험위원 전원이 합의하여 판단한 경우

❽ 수험번호, 성명은 도면 좌측 상단에 아래와 같이 표제란을 만들어 기재합니다.

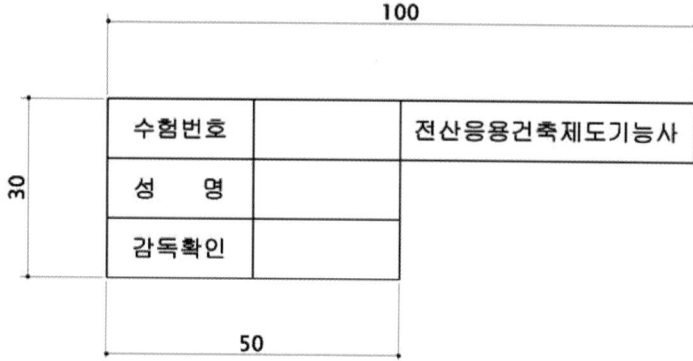

❾ 감독위원은 시험시작 후 수검자에게 표제란을 우선 작도 후 도면을 작도하도록 하여야 하며 수험자가 감독위원의 지시를 따르지 않을 경우 실격 처리됩니다.

❿ 테두리선의 여백은 10mm로 합니다.

※ 출력은 시험의 일부입니다. 실제 종이에 출력해보지 않더라도 DWG To PDF(가상프린터) 를 이용해 매번 연습합니다.
(본 교재의 77페이지 참고) 실제 시험에서는 프린터 이름만 알려줍니다.

03 | 도면 [과제명] 주택 / [척도] 1/100

* 본 평면도는 실제 시험과 같이 1/100 스케일이므로, 자로 실측이 가능합니다.

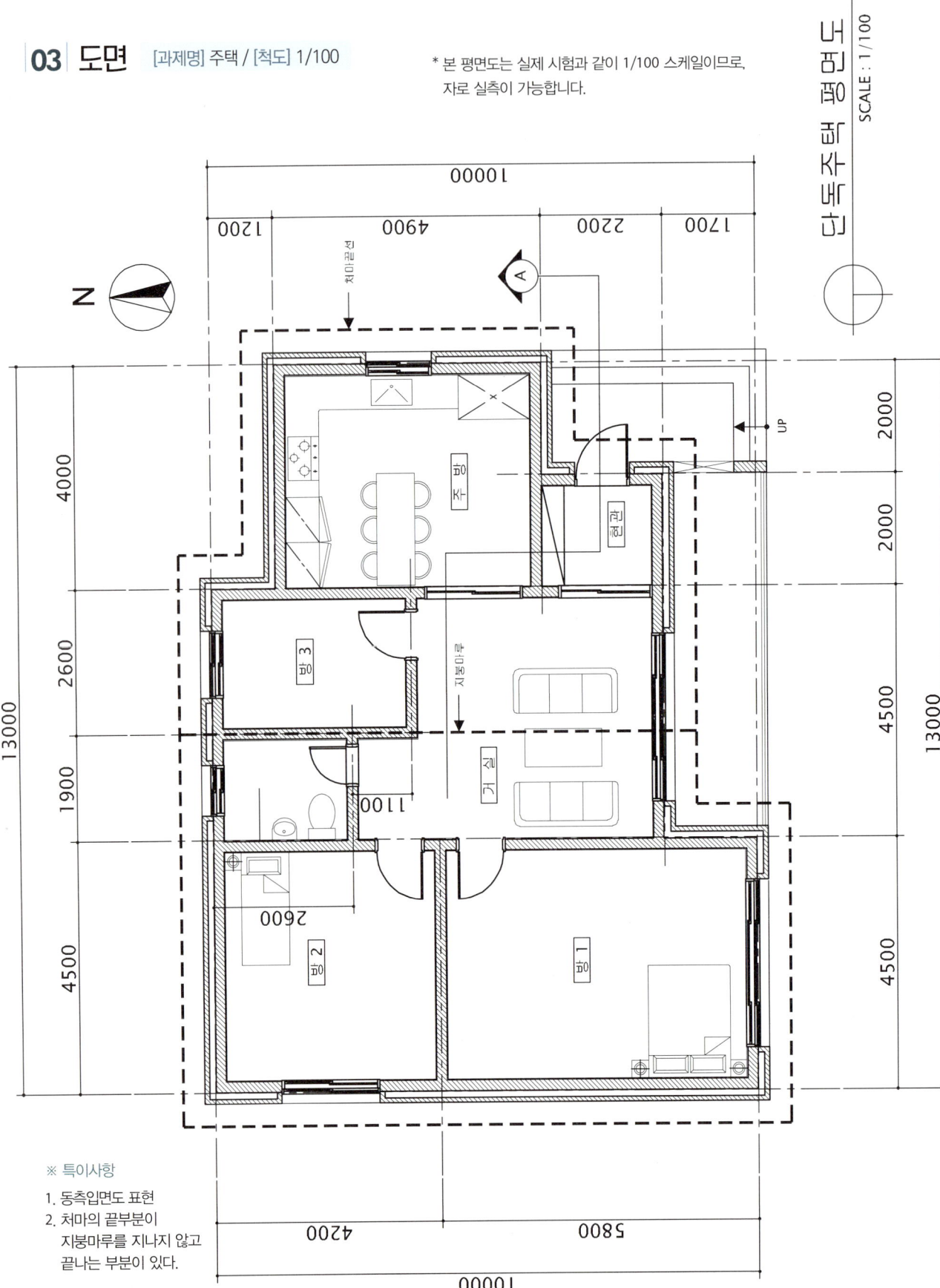

※ 특이사항
1. 동측입면도 표현
2. 처마의 끝부분이 지붕마루를 지나지 않고 끝나는 부분이 있다.

[지붕마루를 지나지 않고 끝나는 처마끝 표현]

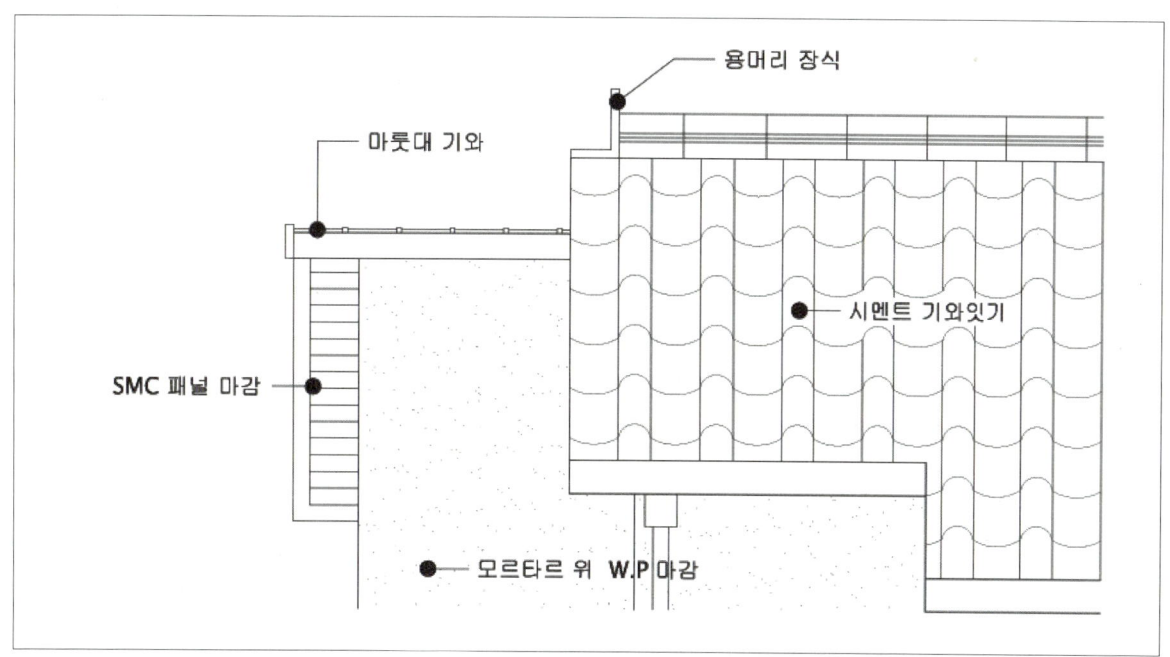

04 [단면도 작성]

1. 기본설정 : Option, OSNAP, LAYER 구성 등
2. 평면도 외벽만 간단히 작성. 지붕이 복잡할 경우 미리 그려두는 것이 유리하다.
3. 화살표 방향이 위로 보도록 회전한다. – X Enter 모두선택 Enter (분해)

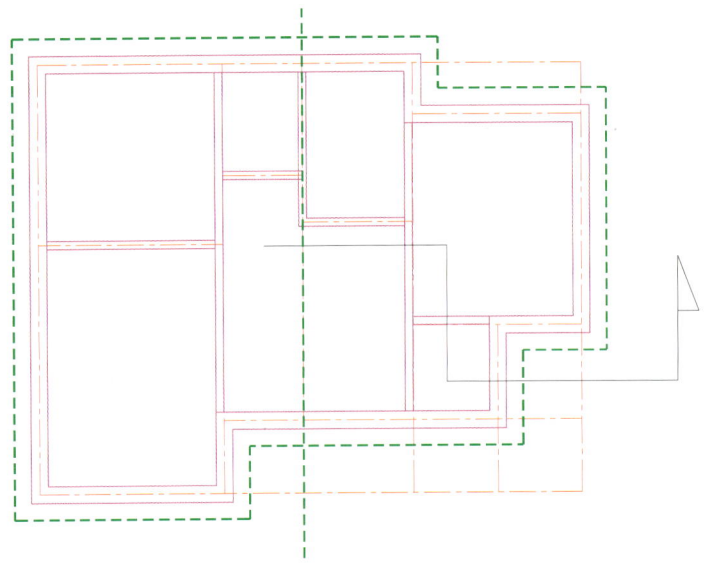

4. 노란색 도면층 : 평면도 보다 길게 G.L을 그리고 절단부분(화살표가 지나가는 부분)의 기초와 바닥슬래브 표현
   (노란색 선을 선홍색으로 바꿔 설명하겠습니다. 나머지는 색상에 맞게 표현하였습니다)
   ※ 계단 3단(450)이므로 현관 기초의 높이는 450mm입니다.

5. 흰색 도면층 : 바닥단열재(THK 85), 밑창콘크리트(THK 50), 잡석다짐(THK 200), 난방(THK 150) 완성하기

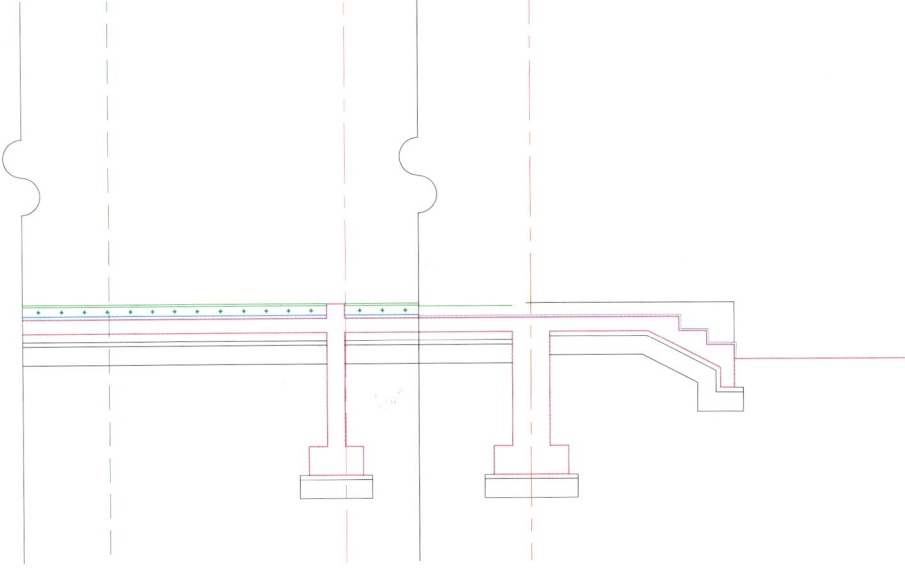

6. 지붕 슬래브 그리기

❶ 지붕 마룻대에서 가장 먼 벽체의 중심거리 파악
 (현재 도면에서는 6600mm가 가장 먼 벽체의 중심선 거리이다)
❷ 난방선 끝에서 2400 위로 Offset
❸ 테두리보의 높이 700 표현
❹ REC [Enter] 시작점 클릭 @1000, 350 [Enter]
❺ XL [Enter] A [Enter] 대각선 끝점 클릭, 클릭 – 가장 먼 벽체 중심과 테두리보가 만나는 부분에 클릭

7. 지붕 슬래브 완성

8. 반자 설치 : 반자를 복사하여 처마반자도 함께 설치한다.
 (천장 반자는 THK 9.5 석고보드로 표현한다)

9. 지붕단열재 : THK 180

10. 지붕방수, 기와

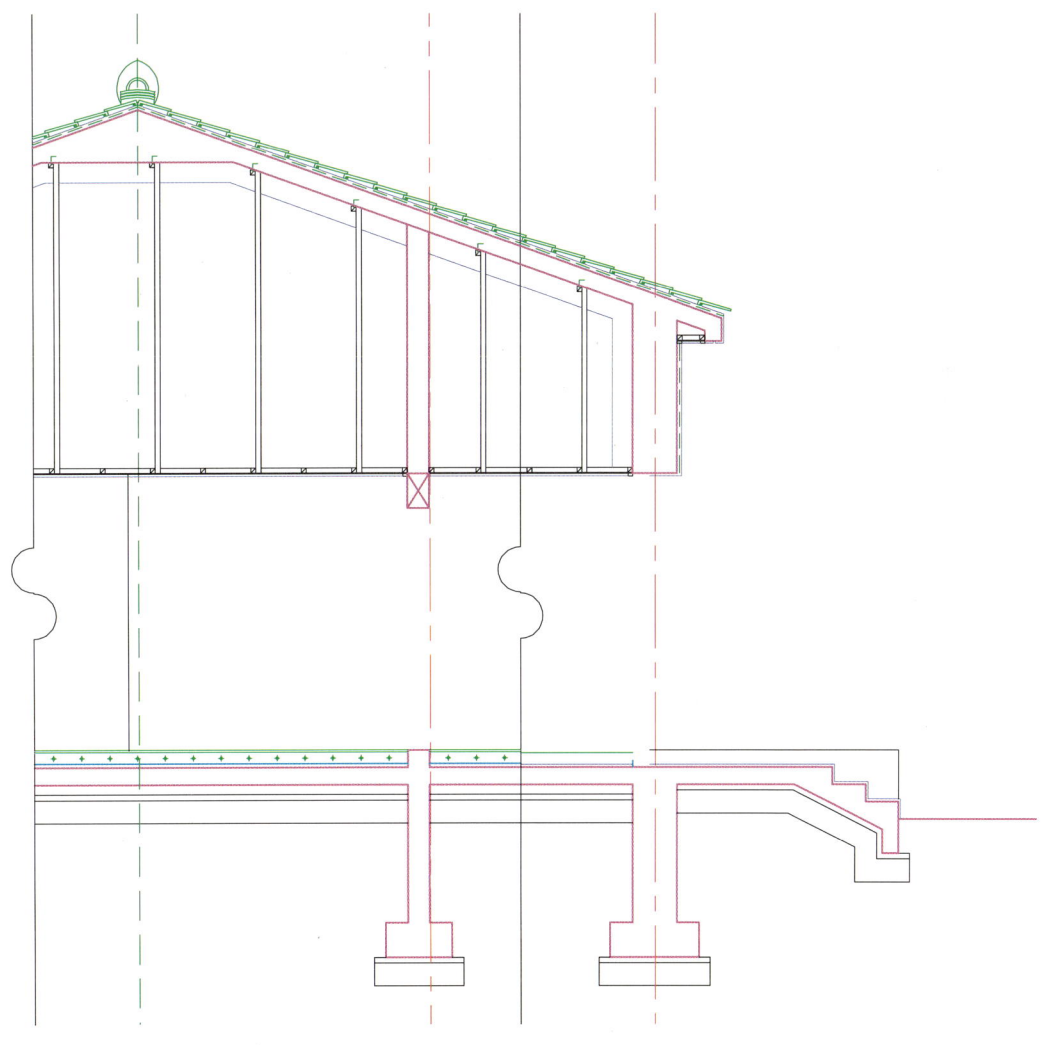

11. 바닥 온수파이프 온돌난방 표현, 욕실 방수와 타일 표현

12. 현관 문, 욕실 문 표현

13. 단면도상의 입면요소 표현
: 입면으로 보이는 벽체, 입면으로 보이는 처마, 입면으로 보이는 문과 창문 등을 표현한다.

14. 현관 신발장 표현

15. 난간, 홈통, 걸레받이 설치, 지반표기

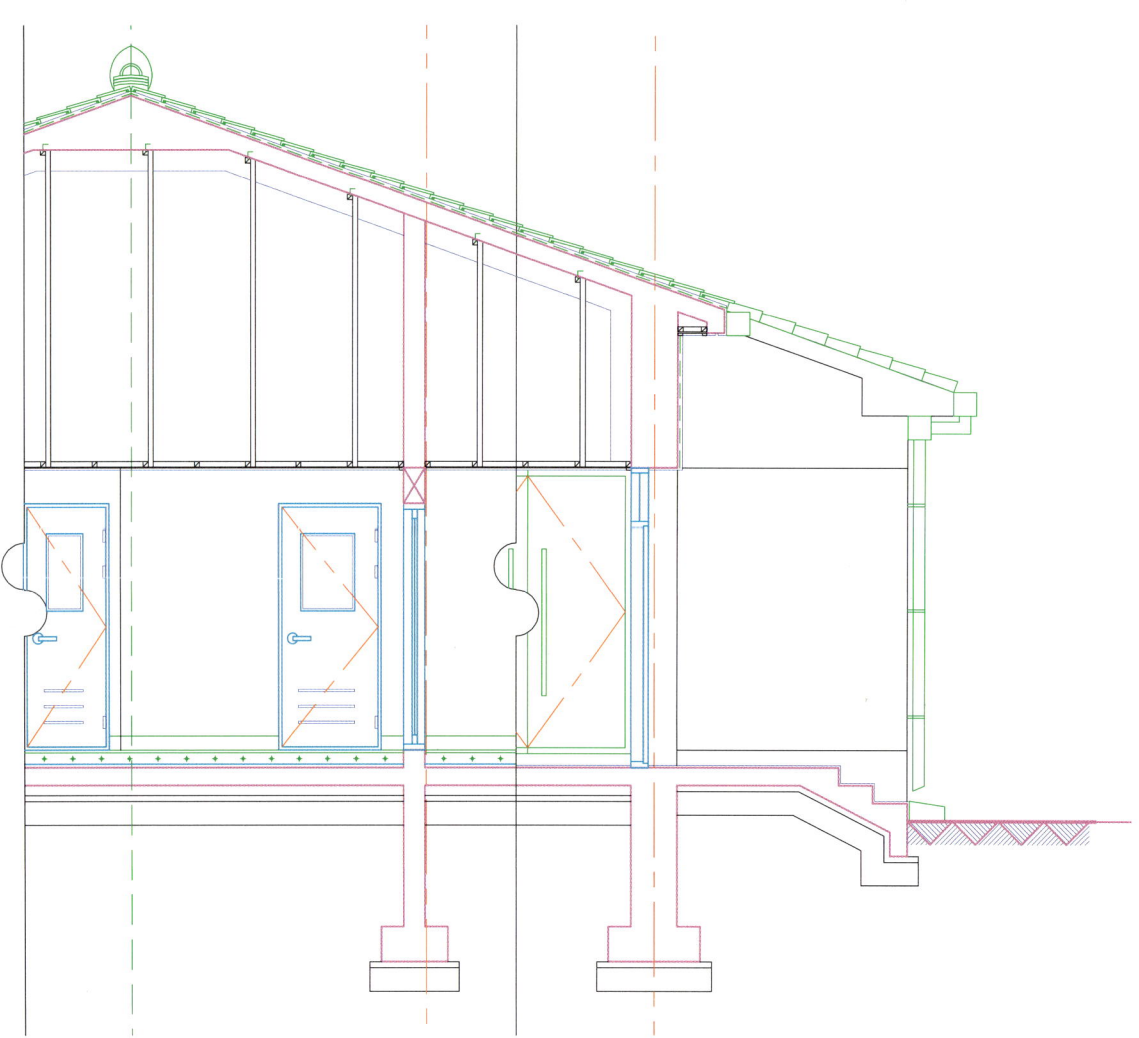

16. 문자 작성 : 흰색 도면층

ST Enter – Lucida sans unicode 또는 맑은 고딕

도면층 : 흰색, 문자높이 : 80

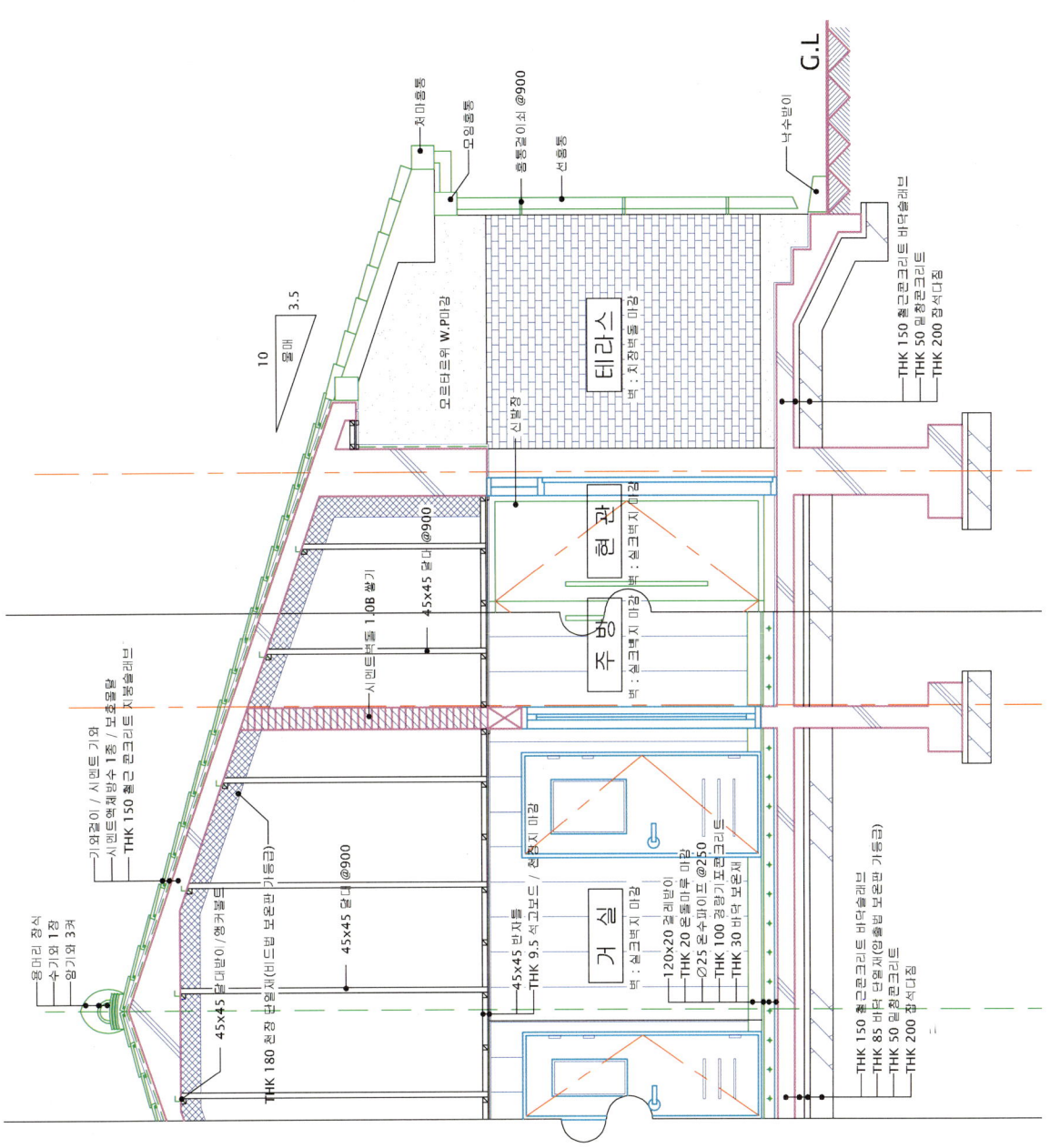

17. 단면, 입면의 재료표현과 해칭
18. 치수 : 중심선의 길이를 모두 맞춘 후 주석 – 신속치수

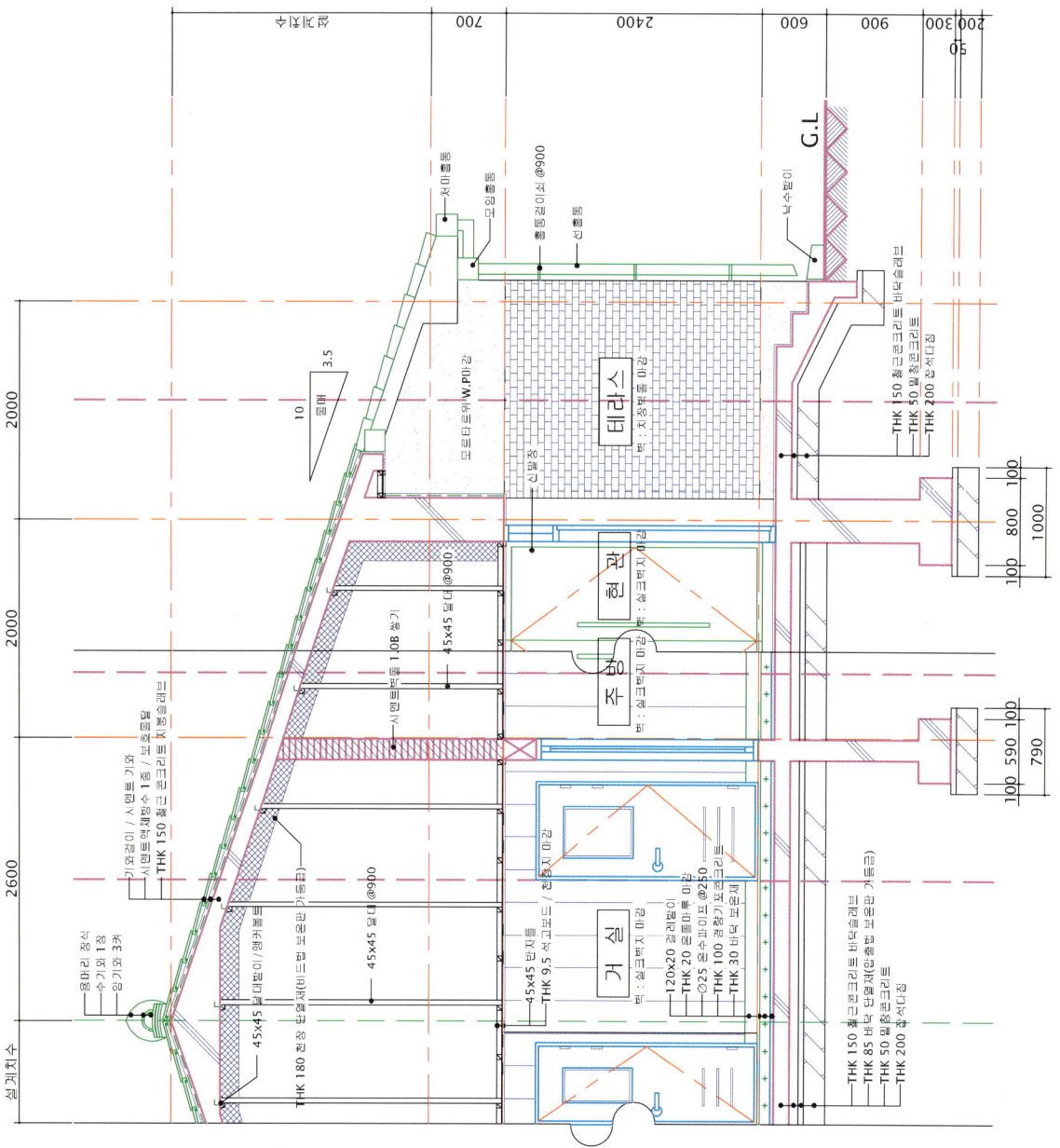

19. 표제란

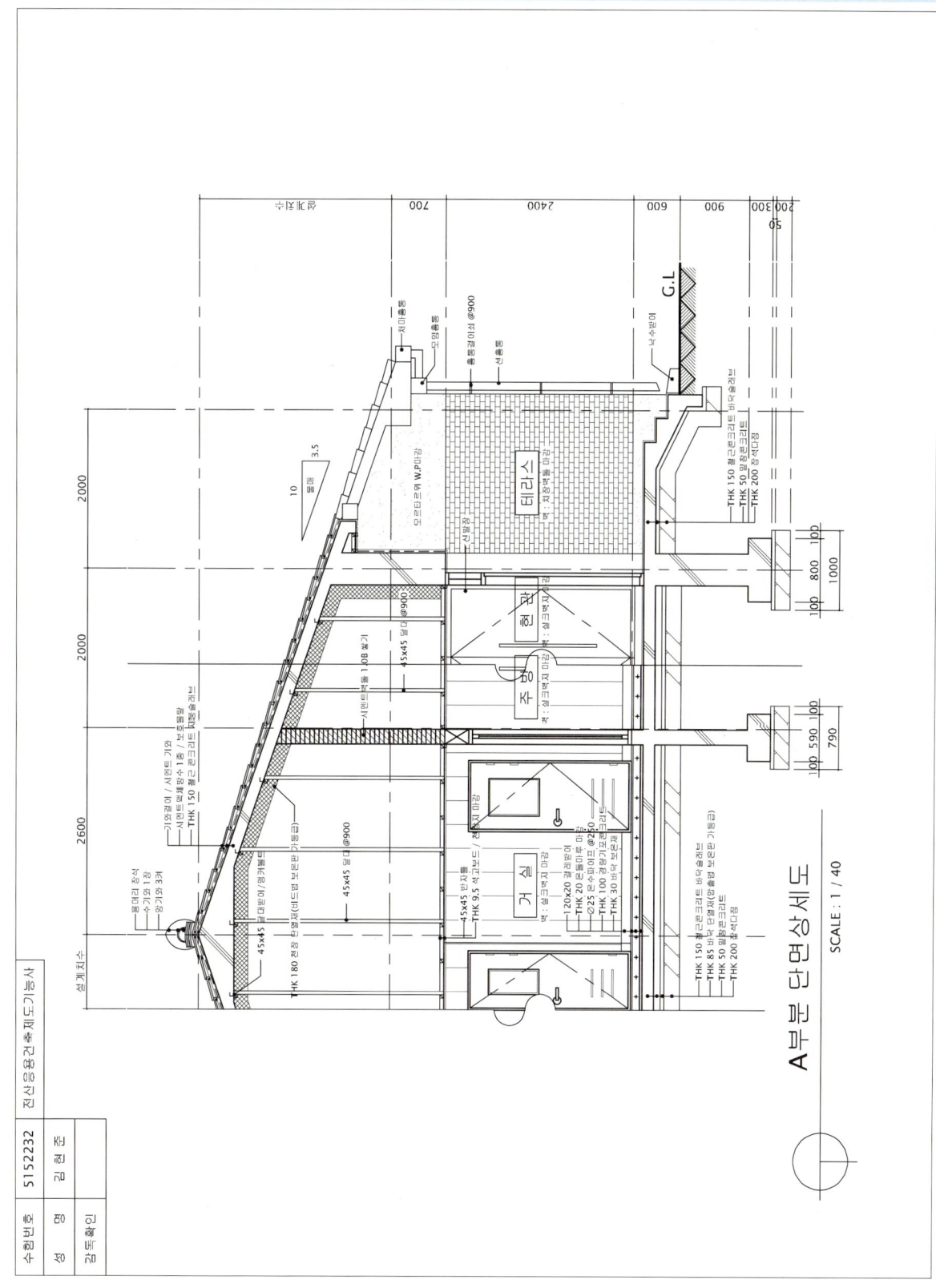

05 [입면도 작성]

20. 평면도 : 입면도 방향이 아래를 향하도록 하고 입면도의 위에 배치
단면도 : 입면도의 우(좌)측에 배치

❶ 단면도의 G.L을 입면도에 연장
❷ 평면도의 외부 벽체 끝선을 입면도에 연장

21. 단면도에서 지붕높이 표현
※ 지붕의 가장 낮은 선을 기준으로 벽체 Trim

22. 평면도에서 지붕의 폭 표현
※ 지붕을 네모 모양으로 정리

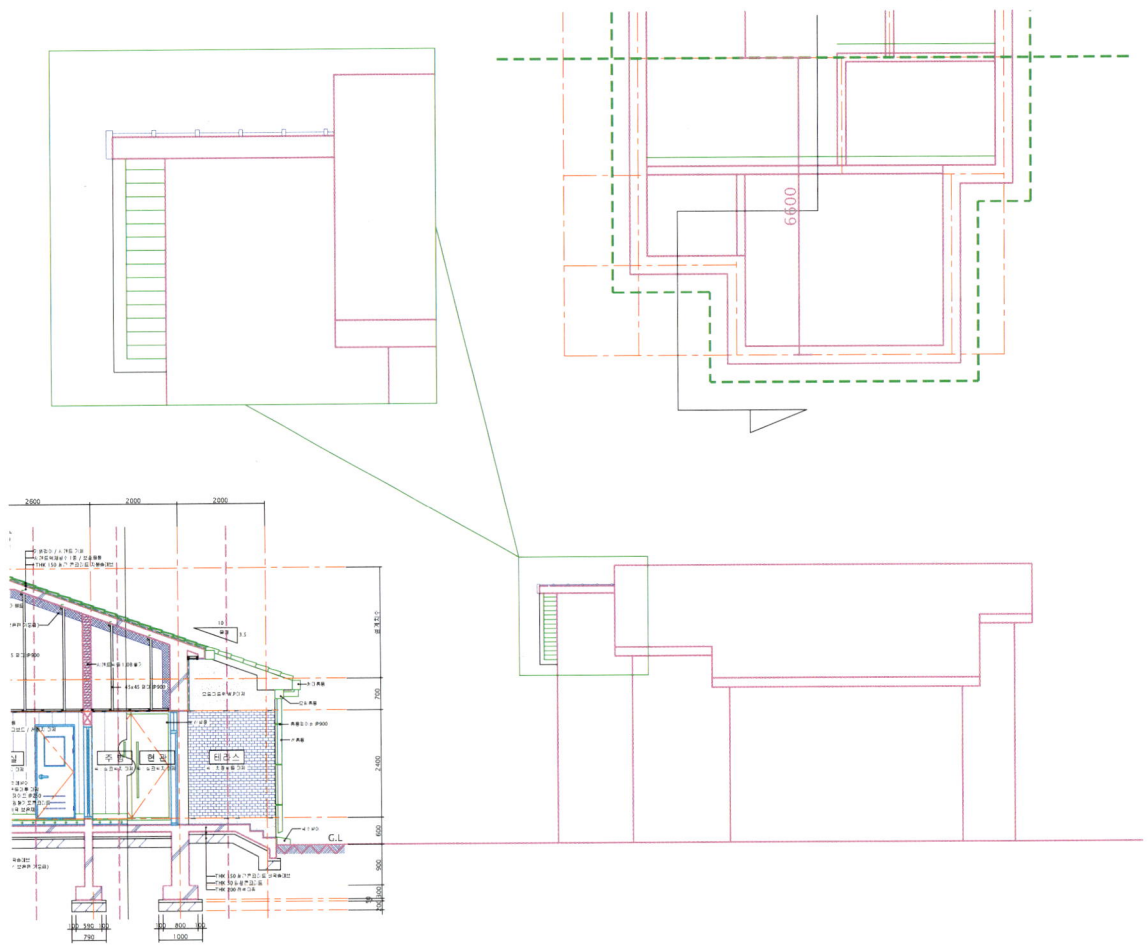

※ 높이가 다른 지붕이 있으면 평면도에서 용머리와 처마 끝의 거리를 확인하고 단면도에 표현
지붕 물매를 따라가다 보면 수평거리와 만나는 점이 높이가 된다.
뒷 처마가 내려오는지 확인하고 표현한다.

23. 난방끝선과 반자 시작선 표시 : 외부에서 볼 때 재료분리의 기준이 된다.

24. 창문과 현관문을 표현하기 위해 창호의 중심위치를 표시한다.

25. 창호표시

: 테라스 위치는 난방이 없으므로 150 낮춘다. 방 창문은 높이 1200, 거실 창은 높이 2400으로 표현한다.
단, 테라스로 바로 나갈 수 있는 방 창문은 높이 2400(거실높이)에 맞춘다.

※ 본 도면에서는 주방창이 보이는 방향이므로 폭 1200, 폭이 600으로 표현한다.

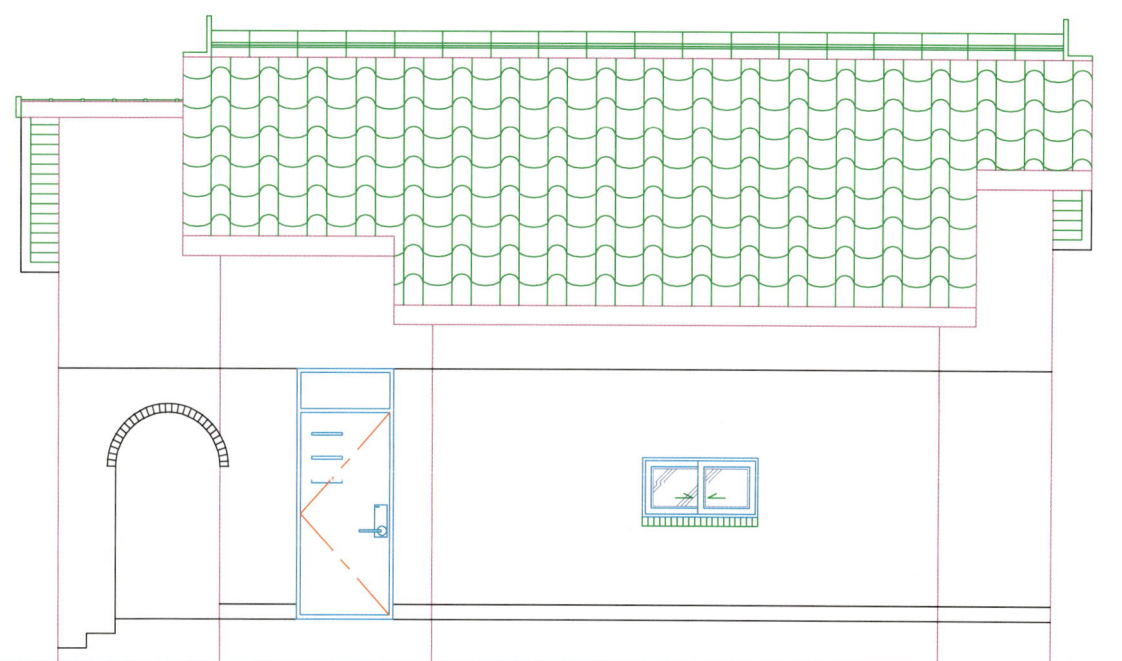

26. 계단, 테라스, 난간, 굴뚝, 홈통, 기와, 창문 밑 벽돌 세워쌓기 등 표현
  ※ 뒤쪽에 낮은 지붕이 있으면 평면도 길이만큼 단면도에서 높이 생성

27. 문자작성 : 문자높이 100
  벽돌해칭 : BRICK – 축척 10

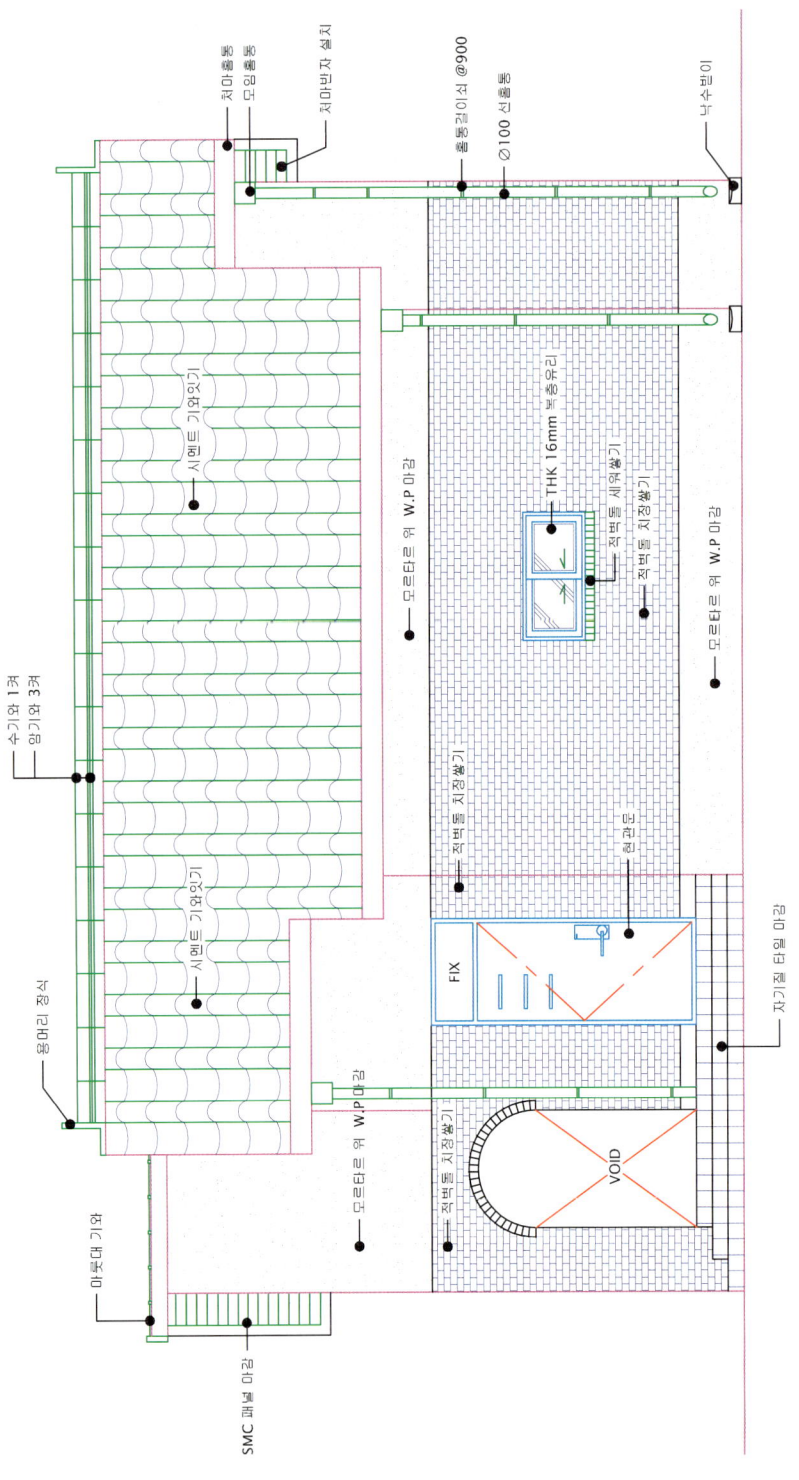

28. 표제란, 수목표현

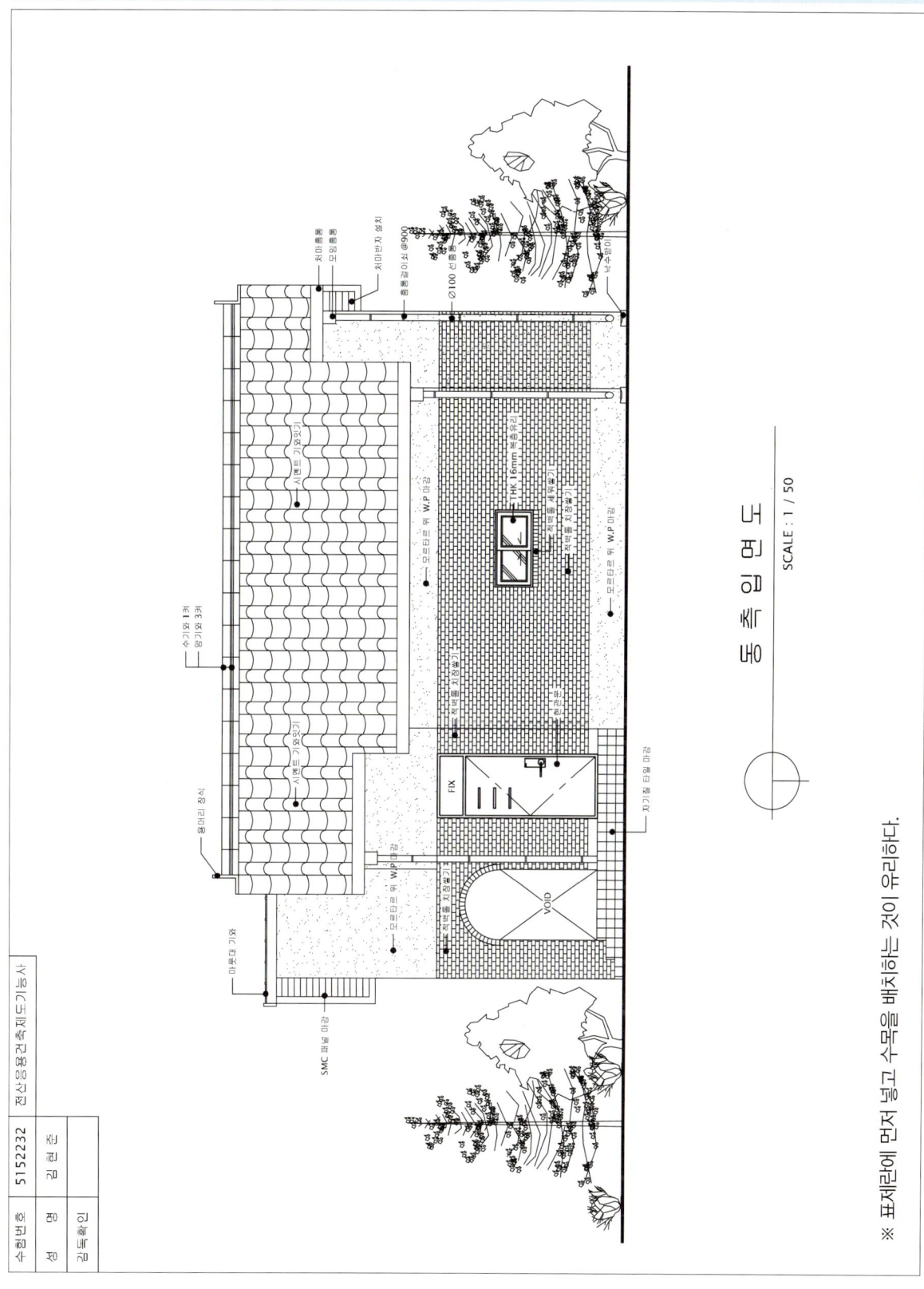

2022년 4회 A형 최신 기출문제

2023년 2회 A형 최신 기출문제

시험시간 4시간 10분

네이버 카페에서 완성 도면 파일을 확인하세요.

01 요구사항

주어진 평면도를 보고 CAD를 이용하여 아래 조건에 맞게 다음 도면을 작도한 후, 지급된 용지에 본인이 직접 흑백으로 출력하여 파일과 함께 제출하시오.

❶ A부분 단면 상세도를 축척 1/40으로 작도하시오.
❷ 남측 입면도를 축척 1/50으로 작도하되 벽면의 마감재료 표시 및 주위의 배경 등 도면의 요소를 충분히 고려하시오.

[조 건]

- 기초 및 지하실 벽체 : 철근콘크리트 구조로 하시오.
- 벽체 : 외벽 – 외부로부터 붉은 벽돌 0.5B, 단열재, 시멘트 벽돌 1.0B
  내벽 – 시멘트 벽돌 1.0B
- 단열재 : 외벽 120mm, 바닥 85mm, 지붕 180mm
- 지붕 : 철근콘크리트 경사슬래브 위 시멘트 기와잇기 마감으로 하시오(물매 3.5/10 이상).
- 처마나옴 : 벽체 중심에서 600mm
- 반자높이 : 2400mm, 처마반자 설치
- 창호 : 목재창호로 하되 2중창인 경우 외부창호는 알루미늄 섀시로 하시오.
- 각 실의 난방 : 온수파이프 온돌난방으로 하시오.
- 1층 바닥 슬래브와 기초는 일체식으로 표현하시오.
- 평면도에 표현되지 않은 현관 상부 캐노피는 작도하지 않습니다.
- 기타 각 부분의 마감, 치수 등 주어지지 않은 조건은 일반적인 시공수준으로 하시오.

- 선의 통일을 기하기 위하여 아래와 같이 선의 색을 정리하여 출력하시오.
  - 흰색(7-White) : 0.3mm
  - 녹색(3-Green) : 0.2mm
  - 노랑(2-Yellow) : 0.4mm
  - 하늘색(4-Cyan) : 0.3mm
  - 빨강(1-Red) : 0.2mm
  - 파랑(5-Blue) : 0.1mm

02 수험자 유의사항

※ 다음 유의사항을 고려하여 요구도면을 완성하시오.

❶ 제시되지 않은 조건은 건축법, 건축구조 및 건축제도의 원칙에 따릅니다.
❷ 시험 시작 전 바탕화면에 본인 비번호로 폴더를 생성하고, 폴더 안에 작업내용을 저장하도록 합니다.
　(단, 시험장에서 본인 이름으로 폴더를 생성하도록 하는 경우 시험장 규정에 따른다)
❸ 정전 및 기계 고장 등에 의한 자료 손실을 방지하기 위하여 수시로 저장합니다.
　(파일이 없어지는 경우 본인의 과실로 본다)
❹ 다음과 같은 경우는 부정행위로 처리됩니다.
　1) 노트 및 서적, USB를 소지하거나 주고받는 행위
　2) 건물의 구조부분의 상세나 글씨 등을 사전에 블록으로 설정하여 지참해 사용하는 경우
❺ 작업이 끝나면 감독위원의 확인을 받은 후 문제지를 제출하고 본부요원 입회하에 본인이 직접 A3용지에 흑백으로 도면을 출력하도록 합니다. 이때 수험자의 운영 미숙으로 도면이 출력되지 않는 경우나 출력시간이 10분을 초과하는 경우는 실격 처리됩니다.
❻ 장비 조작 미숙으로 장비의 파손 및 고장을 일으킬 염려가 있을 경우 실격됩니다.
❼ 다음과 같은 경우에는 채점대상에서 제외됩니다.
　1) 시험시간 내에 요구사항을 완성하지 못한 경우
　　(시험시간이 종료되면 자동으로 시스템이 정지하며, 최종저장을 누른 시간 이후의 데이터는 삭제되므로 시험 종료 전에 저장버튼을 잊지 마세요)
　2) 시험시간 내에 제출된 작품이라도 다음과 같은 경우
　　가) 주어진 조건을 지키지 않고 작도한 경우
　　나) 요구한 전 도면을 작도하지 않은 경우
　　다) 건축제도 통칙을 준수하지 않거나 건축 CAD의 기능이 없는 상태에서 완성된 도면으로 시험위원 전원이 합의하여 판단한 경우
❽ 수험번호, 성명은 도면 좌측 상단에 아래와 같이 표제란을 만들어 기재합니다.

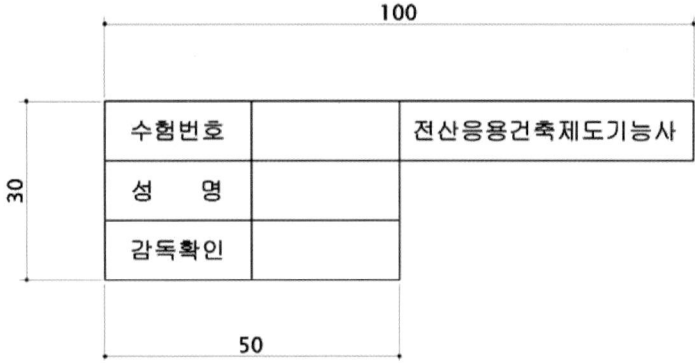

❾ 감독위원은 시험시작 후 수검자에게 표제란을 우선 작도 후 도면을 작도하도록 하여야 하며 수험자가 감독위원의 지시를 따르지 않을 경우 실격 처리됩니다.
❿ 테두리선의 여백은 10mm로 합니다.

※ 출력은 시험의 일부입니다. 실제 종이에 출력해보지 않더라도 DWG To PDF(가상프린터)를 이용해 매번 연습합니다.
　(본 교재의 77페이지 참고) 실제 시험에서는 프린터 이름만 알려줍니다.

03 도면 [과제명] 주택 / [척도] 1/100

* 본 평면도는 실제 시험과 같이 1/100 스케일이므로, 자로 실측이 가능합니다.

단독주택 평면도 SCALE : 1/100

※ 특이사항
1. 단면상세도의 외부 테라스 멀리 벽체가 보인다.
2. 입면도 좌측의 dry area 벽체가 멀리 보인다.

04 [단면도 작성]

1. 기본설정 : Option, OSNAP, LAYER 구성 등
2. 평면도 외벽만 간단히 작성. 지붕이 복잡할 경우 미리 그려두는 것이 유리하다.
3. 화살표 방향이 위로 보도록 회전한다. - X [Enter] 모두선택 [Enter] (분해)

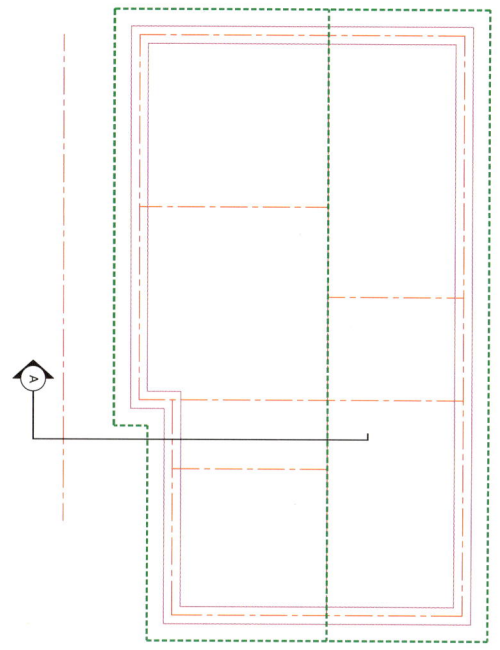

4. 노란색 도면층 : 평면도 보다 길게 G.L을 그리고 절단부분(화살표가 지나가는 부분)의 기초와 바닥슬래브 표현
   (노란색 선을 선홍색으로 바꿔 설명하겠습니다. 나머지는 색상에 맞게 표현하였습니다)
   ※ 계단 3단(450)이므로 방의 기초의 높이는 난방 150mm를 더하여 600mm입니다.
5. 흰색 도면층 : 바닥단열재(THK 85), 밑창콘크리트(THK 50), 잡석다짐(THK 200), 난방(THK 150) 완성하기

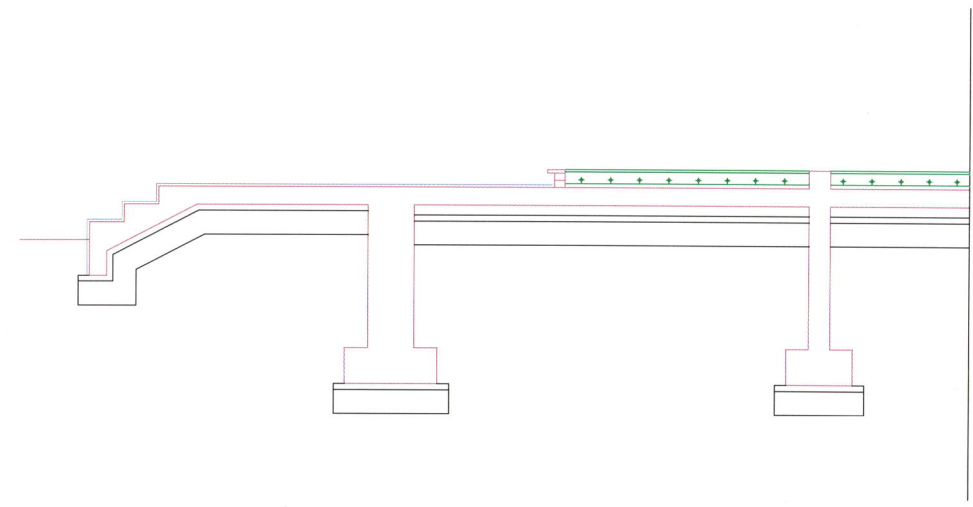

6. 지붕 슬래브 그리기

① 지붕 마룻대에서 가장 먼 벽체의 중심거리 파악
  (현재 도면에서는 4500mm가 가장 먼 벽체의 중심선 거리이다)
② 난방선 끝에서 2400 위로 Offset
③ 테두리보의 높이 700 표현
④ REC [Enter] 시작점 클릭 @1000, 350 [Enter]
⑤ XL [Enter] A [Enter] 대각선 끝점 클릭, 클릭 – 가장 먼 벽체 중심과 테두리보가 만나는 부분에 클릭

7. 지붕 슬래브 완성

8. 반자 설치 : 반자를 복사하여 처마반자도 함께 설치한다.
  (천장 반자는 THK 9.5 석고보드로 표현한다)

9. 지붕단열재 : THK 180

10. 지붕방수, 기와

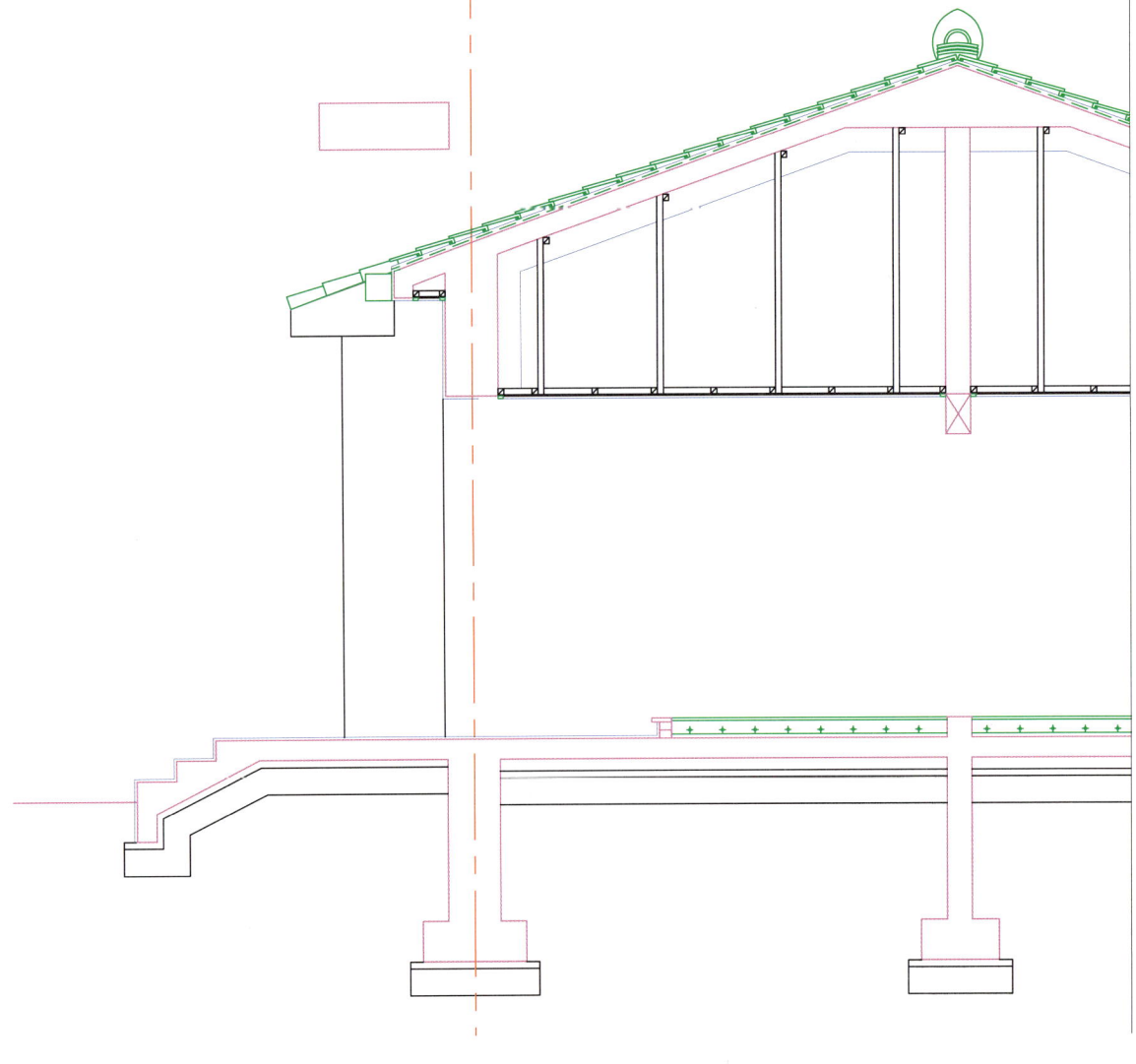

11. 바닥 온수파이프 온돌난방 표현

12. 방 문, 실내 벽 표현

13. 단면도상의 입면요소 표현
: 입면으로 보이는 벽체, 입면으로 보이는 처마, 입면으로 보이는 문과 창문 등을 표현한다.

14. 방 내부 붙박이장 표현

15. 난간, 홈통, 굴뚝, 걸레받이 설치, 지반표기

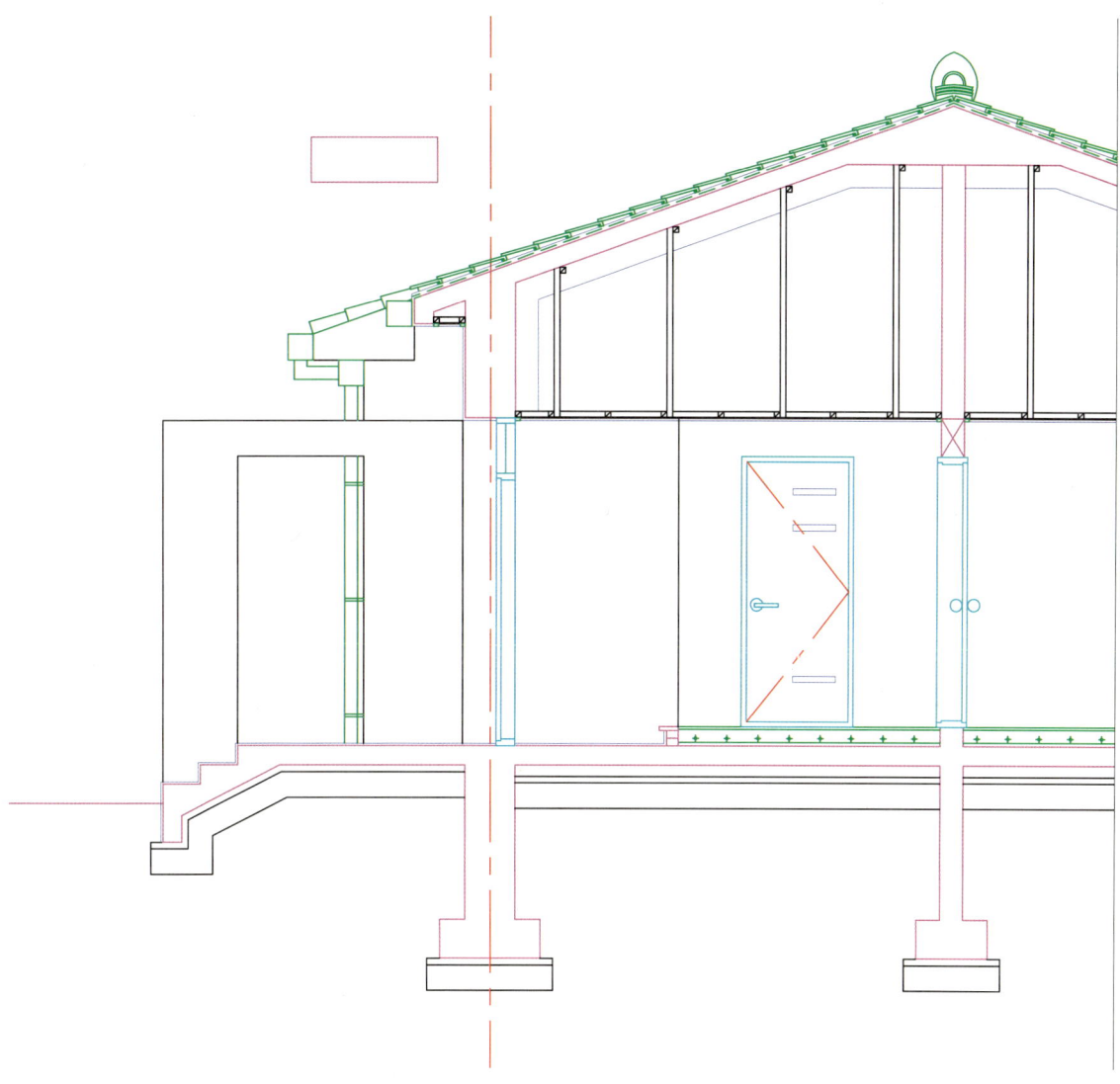

16. 문자 작성 : 흰색 도면층

ST [Enter] – Lucida sans unicode 또는 맑은 고딕

도면층 : 흰색, 문자높이 : 80

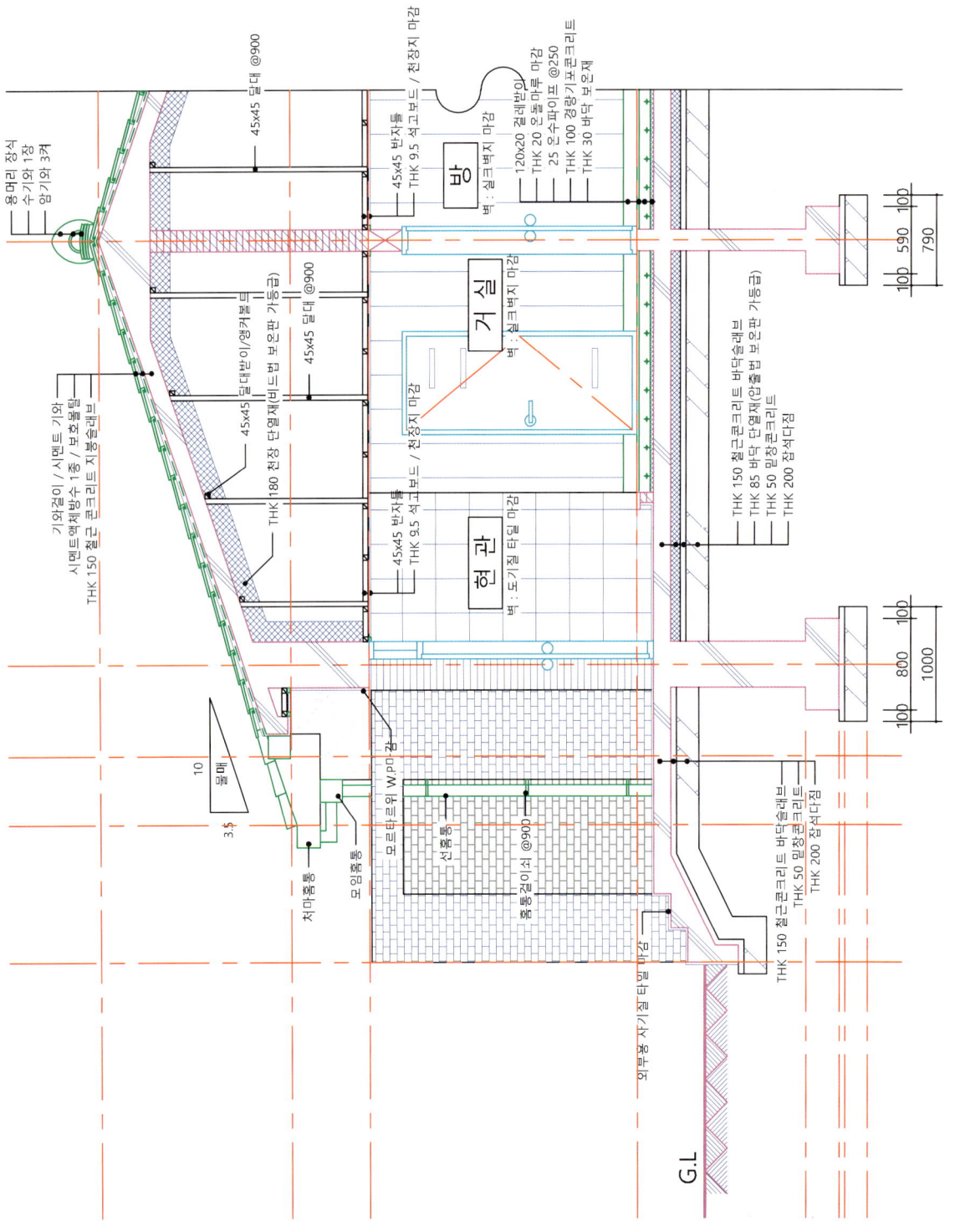

17. 단면, 입면의 재료표현과 해칭
18. 치수 : 중심선의 길이를 모두 맞춘 후 주석 – 신속치수

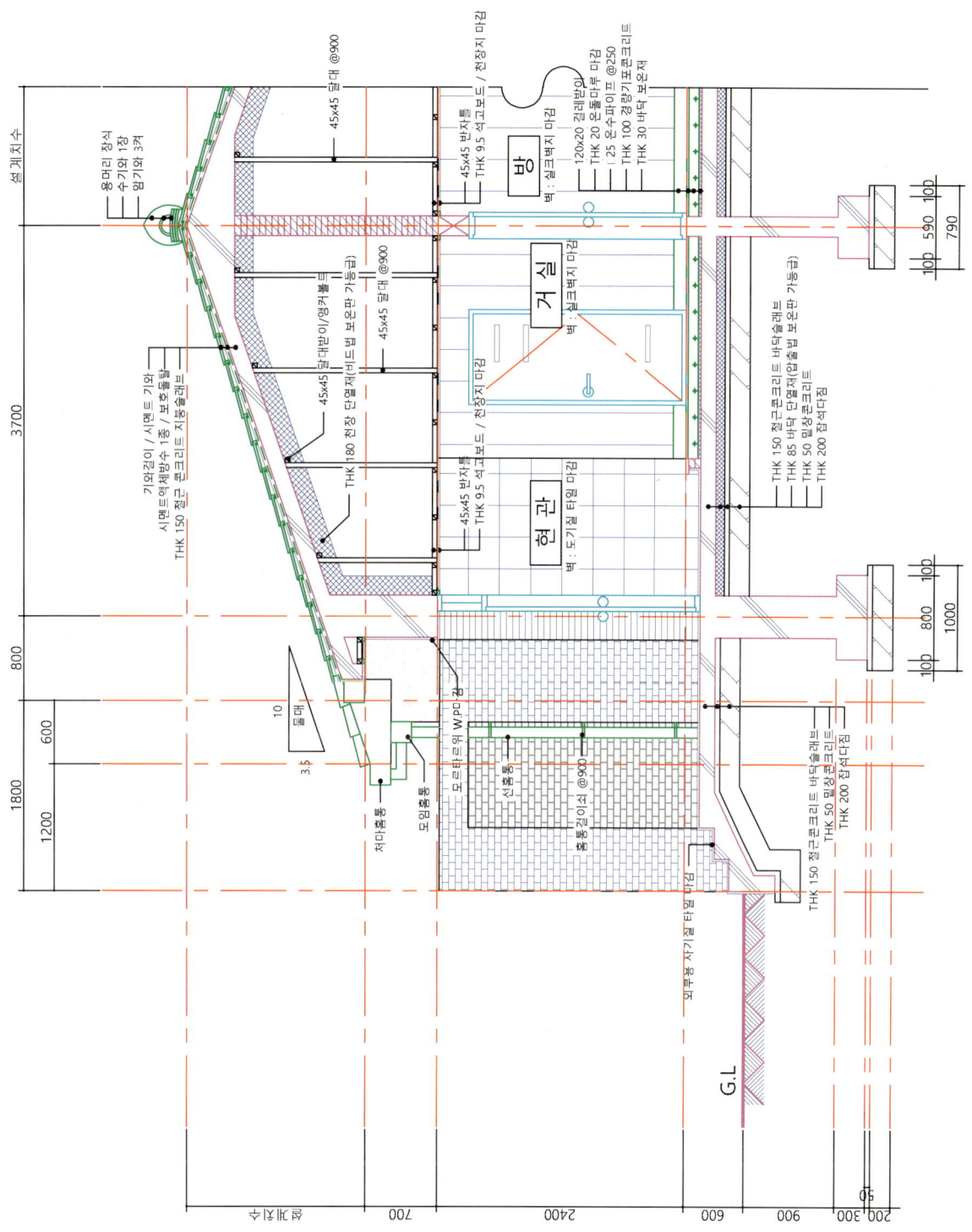

19. 표제란

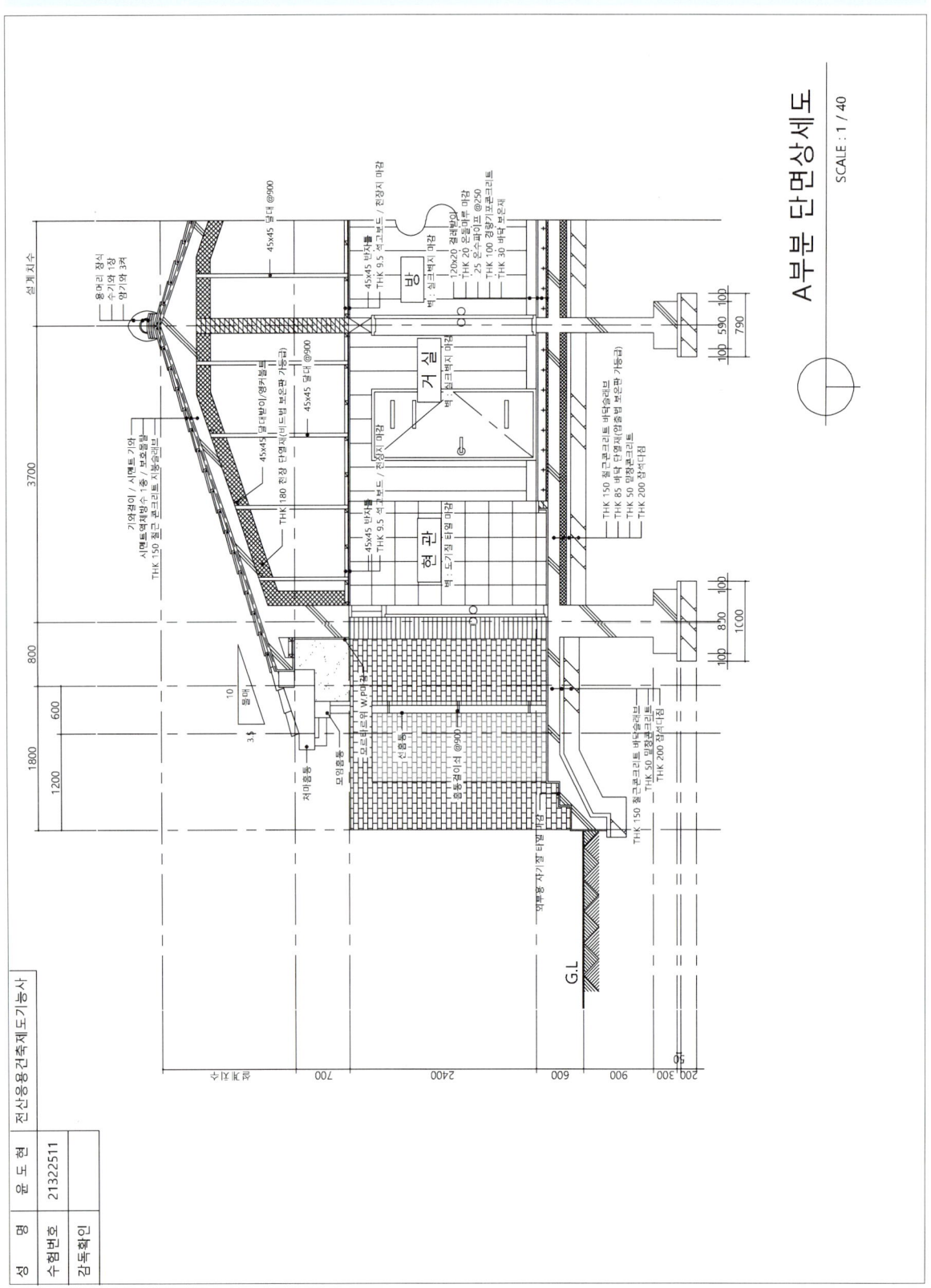

05 [입면도 작성]

20. 평면도 : 입면도 방향이 아래를 향하도록 하고 입면도의 위에 배치
　　　단면도 : 입면도의 우(좌)측에 배치

❶ 단면도의 G.L을 입면도에 연장
❷ 평면도의 외부 벽체 끝선을 입면도에 연장

21. 단면도에서 지붕높이 표현
　　※ 지붕의 가장 낮은 선을 기준으로 벽체 Trim
22. 평면도에서 지붕의 폭 표현
　　※ 지붕을 네모 모양으로 정리

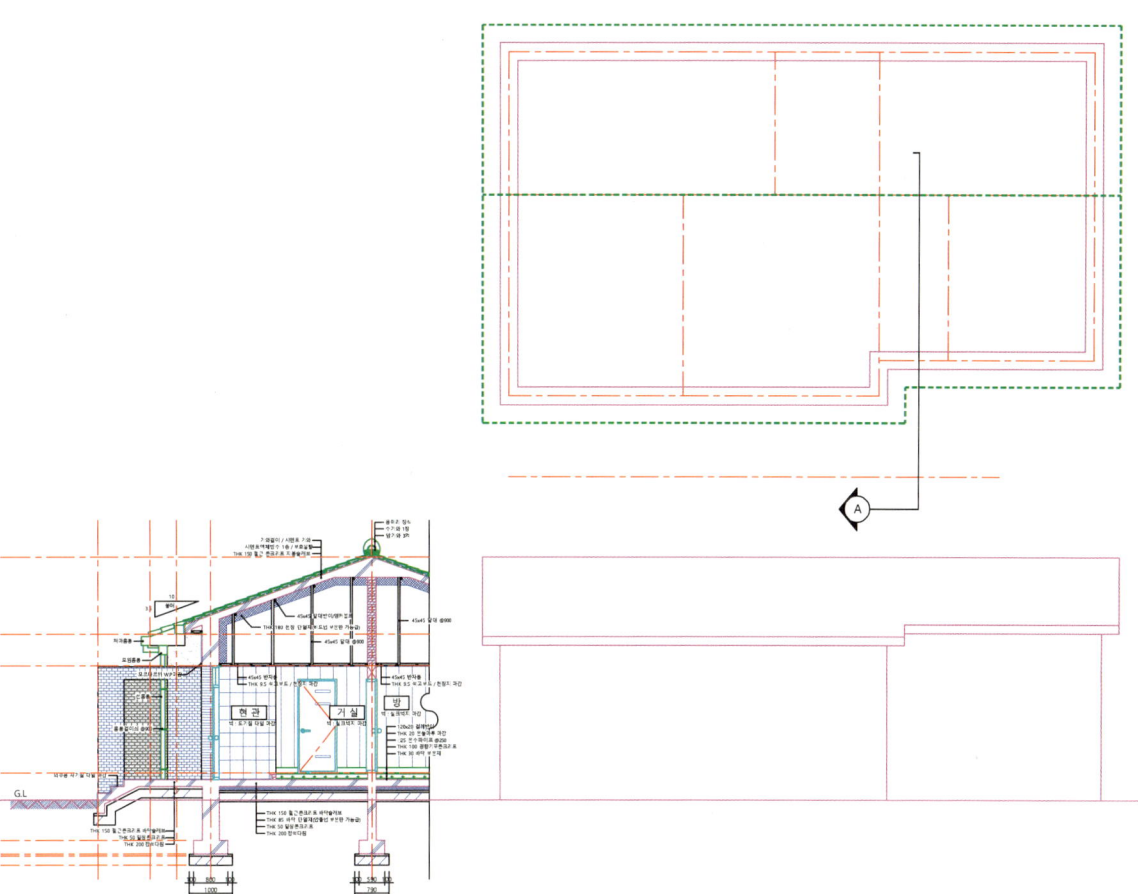

※ 높이가 다른 지붕이 있으면 평면도에서 용머리와 처마 끝의 거리를 확인하고 단면도에 표현
　지붕 물매를 따라가다 보면 수평거리와 만나는 점이 높이가 된다.
　뒷 처마가 내려오는지 확인하고 표현한다.

23. 난방끝선과 반자 시작선 표시 : 외부에서 볼 때 재료분리의 기준이 된다.

24. 창문과 현관문을 표현하기 위해 창호의 중심위치를 표시한다.

25. 창호표시

: 테라스 위치는 난방이 없으므로 150 낮춘다. 방 창문은 높이 1200, 거실 창은 높이 2400으로 표현한다.
단, 테라스로 바로 나갈 수 있는 방 창문은 높이 2400(거실높이)에 맞춘다.

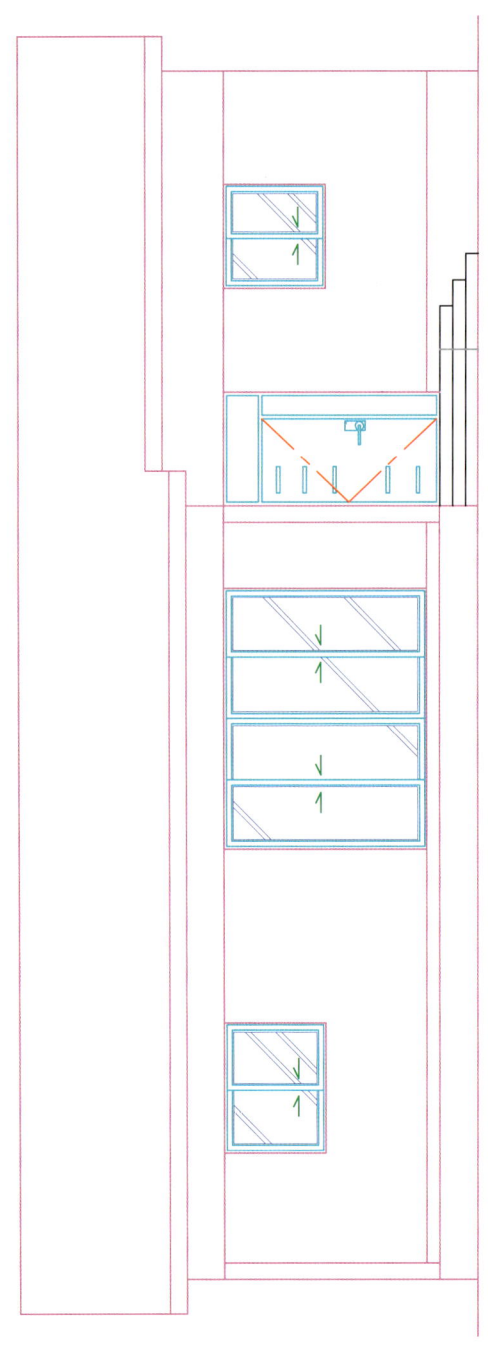

26. 계단, 테라스, 난간, 굴뚝, 홈통, 기와, 창문 밑 벽돌 세워쌓기 등 표현
  ※ 뒤쪽에 낮은 지붕이 있으면 평면도 길이만큼 단면도에서 높이 생성

27. 문자작성 : 문자높이 100
  벽돌해칭 : BRICK − 축척 10

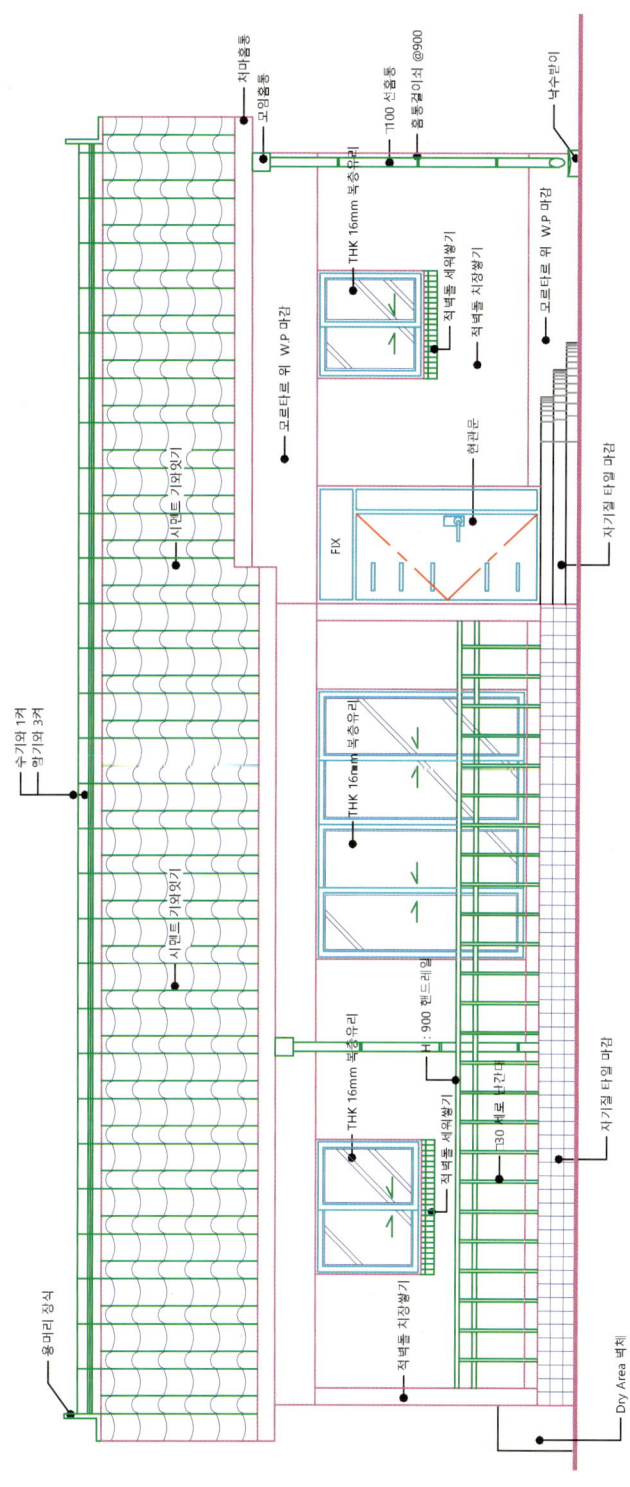

28. 표제란, 수목표현

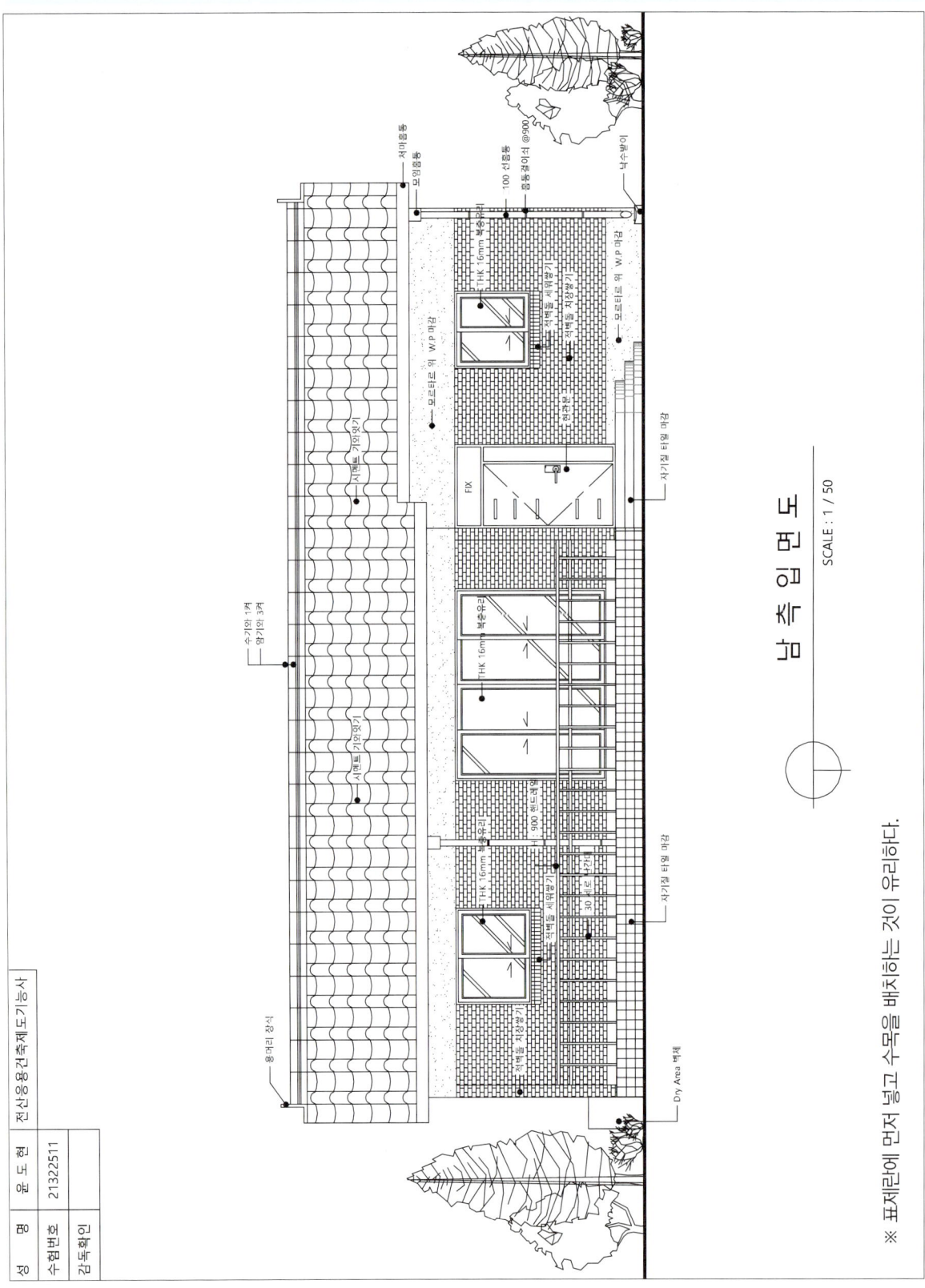

memo

2023년 4회 A형 최신 기출문제

시험시간 4시간 10분

네이버 카페에서 완성 도면 파일을 확인하세요.

01 요구사항

주어진 평면도를 보고 CAD를 이용하여 아래 조건에 맞게 다음 도면을 작도한 후, 지급된 용지에 본인이 직접 흑백으로 출력하여 파일과 함께 제출하시오.

❶ A부분 단면 상세도를 축척 1/40으로 작도하시오.
❷ 남측 입면도를 축척 1/50으로 작도하되 벽면의 마감재료 표시 및 주위의 배경 등 도면의 요소를 충분히 고려하시오.

[조 건]

- 기초 및 지하실 벽체 : 철근콘크리트 구조로 하시오.
- 벽체 : 외벽 – 외부로부터 붉은벽돌 0.5B, 단열재, 시멘트벽돌 1.0B
  내벽 – 시멘트벽돌 1.0B
- 단열재 : 외벽 120mm, 바닥 85mm, 지붕 180mm
- 지붕 : 철근콘크리트 경사슬래브 위 시멘트 기와잇기 마감으로 하시오. (물매 3.5/10 이상)
- 처마나옴 : 벽체 중심에서 600mm
- 반자높이 : 2400mm, 처마반자 설치
- 창호 : 목재창호로 하되 2중창인 경우 외부창호는 알루미늄 섀시로 하시오.
- 각 실의 난방 : 온수파이프 온돌난방으로 하시오.
- 1층 바닥 슬래브와 기초는 일체식으로 표현하시오.
- 평면도에 표현되지 않은 현관 상부 캐노피는 작도하지 않습니다.
- 기타 각 부분의 마감, 치수 등 주어지지 않은 조건은 일반적인 시공수준으로 하시오.

- 선의 통일을 기하기 위하여 아래와 같이 선의 색을 정리하여 출력하시오.
  - 흰색(7–White) : 0.3mm
  - 녹색(3–Green) : 0.2mm
  - 노랑(2–Yellow) : 0.4mm
  - 하늘색(4–Cyan) : 0.3mm
  - 빨강(1–Red) : 0.2mm
  - 파랑(5–Blue) : 0.1mm

02 수험자 유의사항

※ 다음 유의사항을 고려하여 요구도면을 완성하시오.

❶ 제시되지 않은 조건은 건축법, 건축구조 및 건축제도의 원칙에 따릅니다.

❷ 시험 시작 전 바탕화면에 본인 비번호로 폴더를 생성하고, 폴더 안에 작업내용을 저장하도록 합니다.
　(단, 시험장에서 본인 이름으로 폴더를 생성하도록 하는 경우 시험장 규정에 따른다)

❸ 정전 및 기계 고장 등에 의한 자료 손실을 방지하기 위하여 수시로 저장합니다.
　(파일이 없어지는 경우 본인의 과실로 본다)

❹ 다음과 같은 경우는 부정행위로 처리됩니다.
　1) 노트 및 서적, USB를 소지하거나 주고받는 행위
　2) 건물의 구조부분의 상세나 글씨 등을 사전에 블록으로 설정하여 지참해 사용하는 경우

❺ 작업이 끝나면 감독위원의 확인을 받은 후 문제지를 제출하고 본부요원 입회하에 본인이 직접 A3용지에 흑백으로 도면을 출력하도록 합니다. 이때 수험자의 운영 미숙으로 도면이 출력되지 않는 경우나 출력시간이 10분을 초과하는 경우는 실격 처리 됩니다.

❻ 장비 조작 미숙으로 장비의 파손 및 고장을 일으킬 염려가 있을 경우 실격됩니다.

❼ 다음과 같은 경우에는 채점대상에서 제외됩니다.
　1) 시험시간 내에 요구사항을 완성하지 못한 경우
　　(시험시간이 종료되면 자동으로 시스템이 정지하며, 최종저장을 누른 시간 이후의 데이터는 삭제되므로 시험 종료 전에 저장버튼을 잊지 마세요)
　2) 시험시간 내에 제출된 작품이라도 다음과 같은 경우
　　가) 주어진 조건을 지키지 않고 작도한 경우
　　나) 요구한 전 도면을 작도하지 않은 경우
　　다) 건축제도 통칙을 준수하지 않거나 건축 CAD의 기능이 없는 상태에서 완성된 도면으로 시험위원 전원이 합의하여 판단한 경우

❽ 수험번호, 성명은 도면 좌측 상단에 아래와 같이 표제란을 만들어 기재합니다.

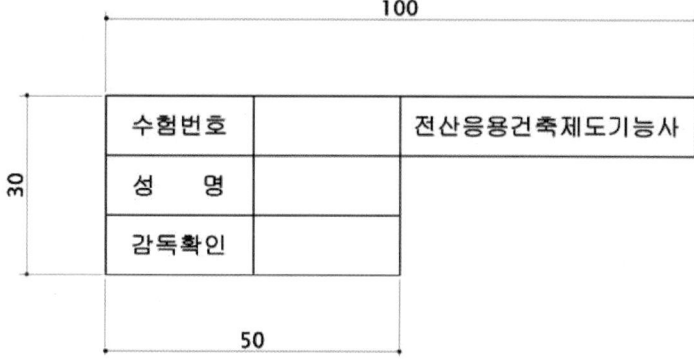

❾ 감독위원은 시험시작 후 수검자에게 표제란을 우선 작도 후 도면을 작도하도록 하여야 하며 수험자가 감독위원의 지시를 따르지 않을 경우 실격 처리됩니다.

❿ 테두리선의 여백은 10mm로 합니다.

※ 출력은 시험의 일부입니다. 실제 종이에 출력해보지 않더라도 DWG To PDF(가상프린터)를 이용해 매번 연습합니다.
　(본 교재의 77페이지 참고) 실제 시험에서는 프린터 이름만 알려줍니다.

03 도면 [과제명] 주택 / [척도] 1/100

* 본 평면도는 실제 시험과 같이 1/100 스케일이므로, 자로 실측이 가능합니다.

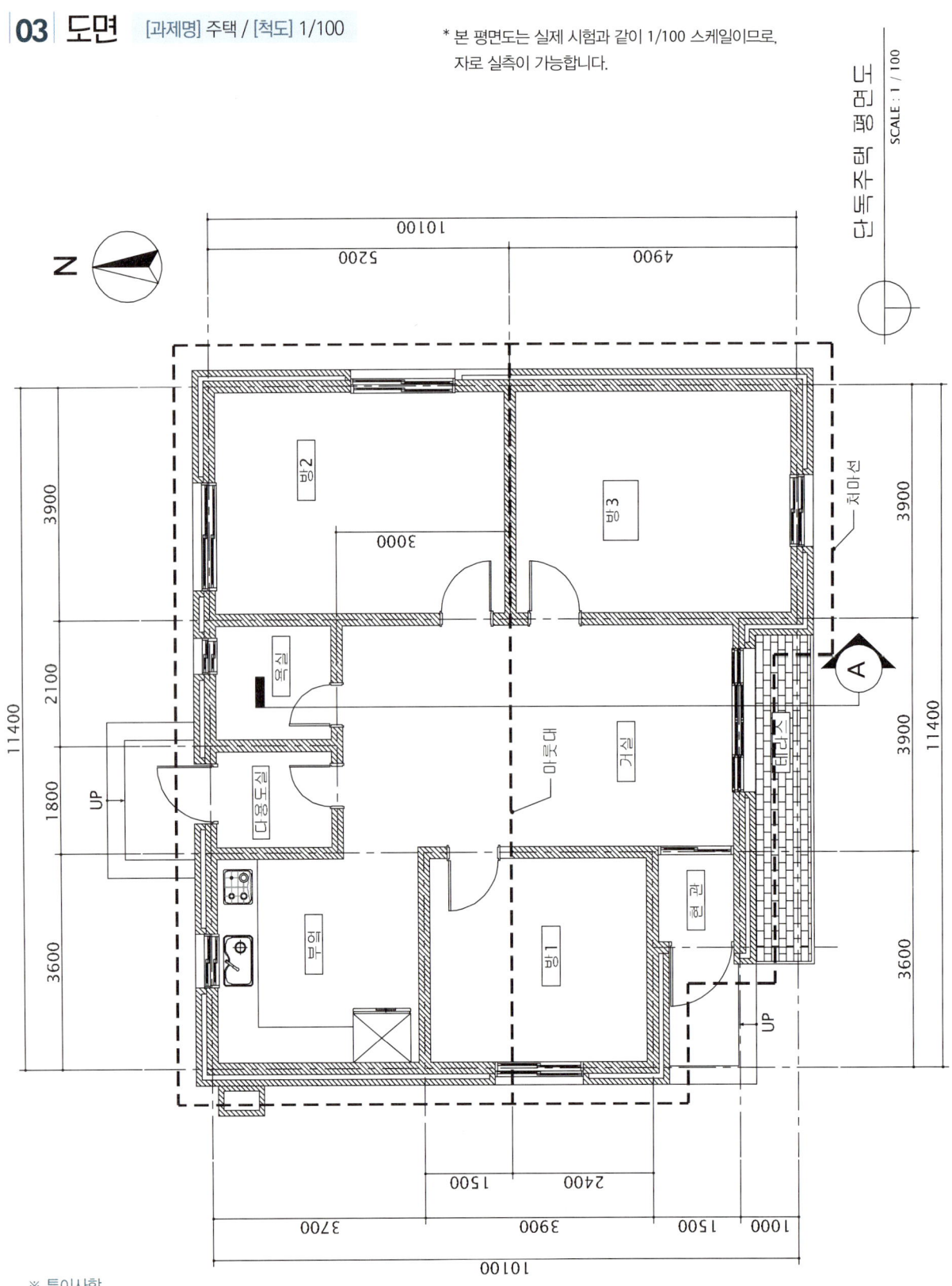

※ 특이사항

1. 입면도 좌측의 굴뚝 표현

04 [단면도 작성]

1. 기본설정 : Option, OSNAP, LAYER 구성 등
2. 평면도 외벽만 간단히 작성. 지붕이 복잡할 경우 미리 그려두는 것이 유리하다.
3. 화살표 방향이 위로 보도록 회전한다. – X Enter 모두선택 Enter (분해)

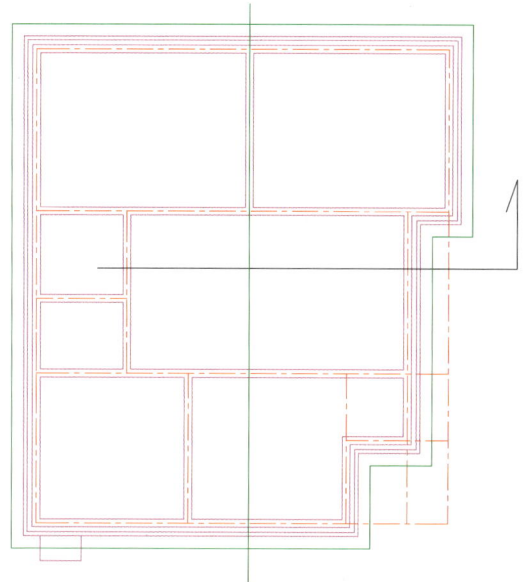

4. 노란색 도면층 : 평면도 보다 길게 G.L을 그리고 절단부분(화살표가 지나가는 부분)의 기초와 바닥슬래브 표현
   (노란색 선을 선홍색으로 바꿔 설명하겠습니다. 나머지는 색상에 맞게 표현하였습니다)
   ※ 계단 2단(300)이므로 방의 기초의 높이는 난방 150mm를 더하여 450mm입니다.
5. 흰색 도면층 : 바닥단열재(THK 85), 밑창콘크리트(THK 50), 잡석다짐(THK 200), 난방(THK 150) 완성하기

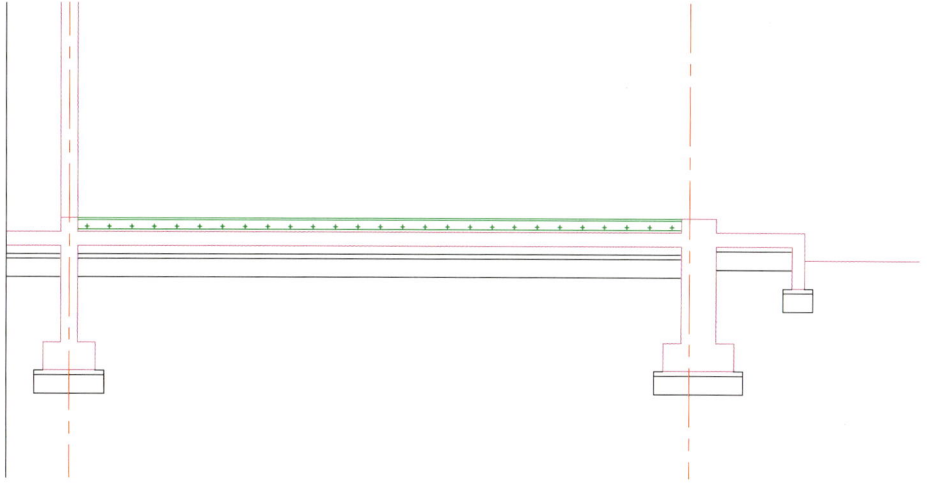

6. 지붕 슬래브 그리기

❶ 지붕 마룻대에서 가장 먼 벽체의 중심거리 파악
   (현재 도면에서는 5200mm가 가장 먼 벽체의 중심선 거리이다)
❷ 난방선 끝에서 2400 위로 Offset
❸ 테두리보의 높이 700 표현
❹ REC [Enter] 시작점 클릭 @1000, 350 [Enter]
❺ XL [Enter] A [Enter] 대각선 끝점 클릭, 클릭 – 가장 먼 벽체 중심과 테두리보가 만나는 부분에 클릭

7. 지붕 슬래브 완성

8. 반자 설치 : 반자를 복사하여 처마반자도 함께 설치한다.
   (천장 반자는 THK 9.5 석고보드로 표현한다)

9. 지붕단열재 : THK 180

10. 지붕방수, 기와

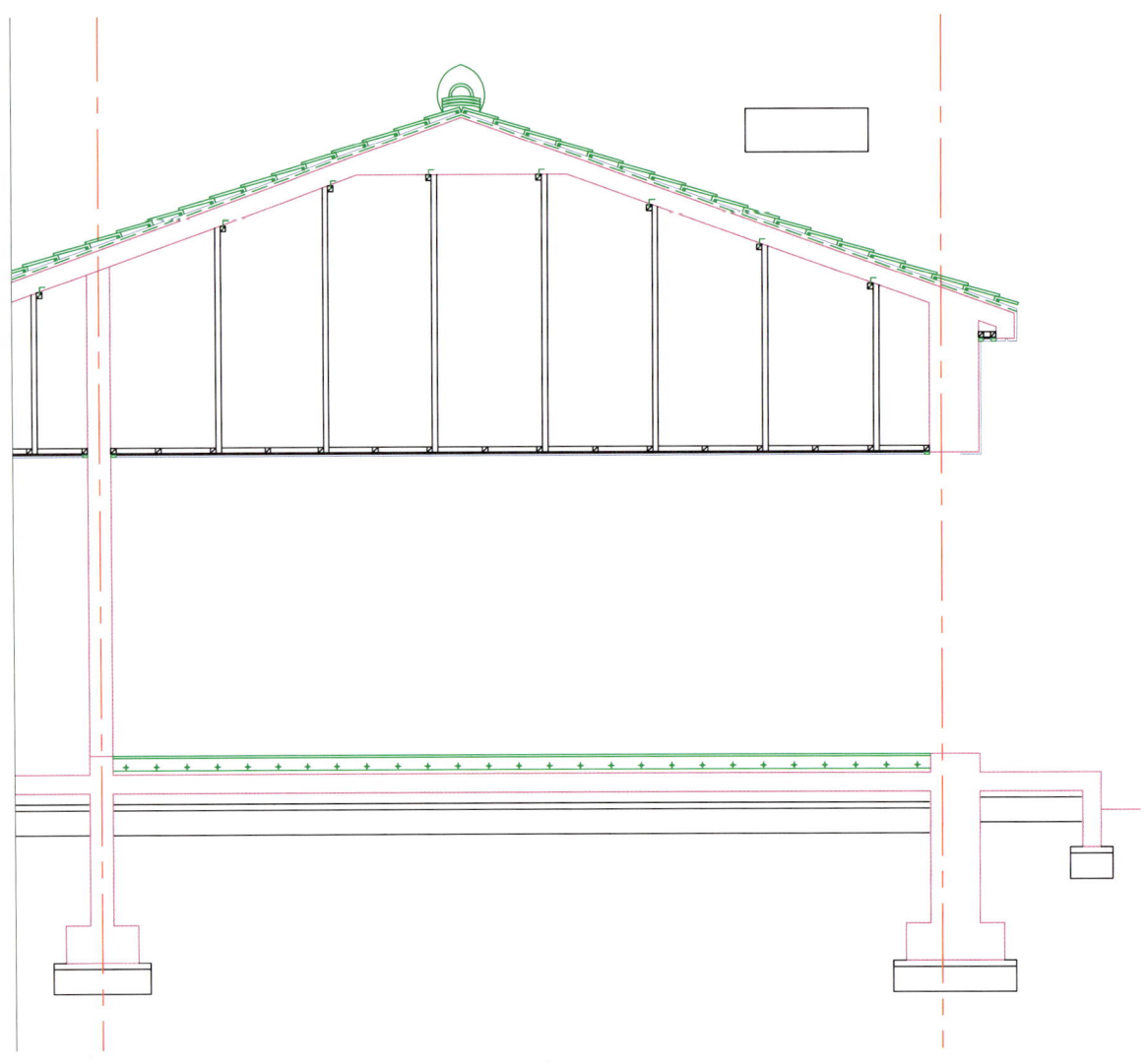

11. 바닥 온수파이프 온돌난방 표현

12. 방 문, 실내 벽 표현

13. 단면도상의 입면요소 표현
: 입면으로 보이는 벽체, 입면으로 보이는 처마, 입면으로 보이는 문과 창문 등을 표현한다.

14. 방 내부 붙박이장 표현

15. 난간, 홈통, 굴뚝, 걸레받이 설치, 지반표기

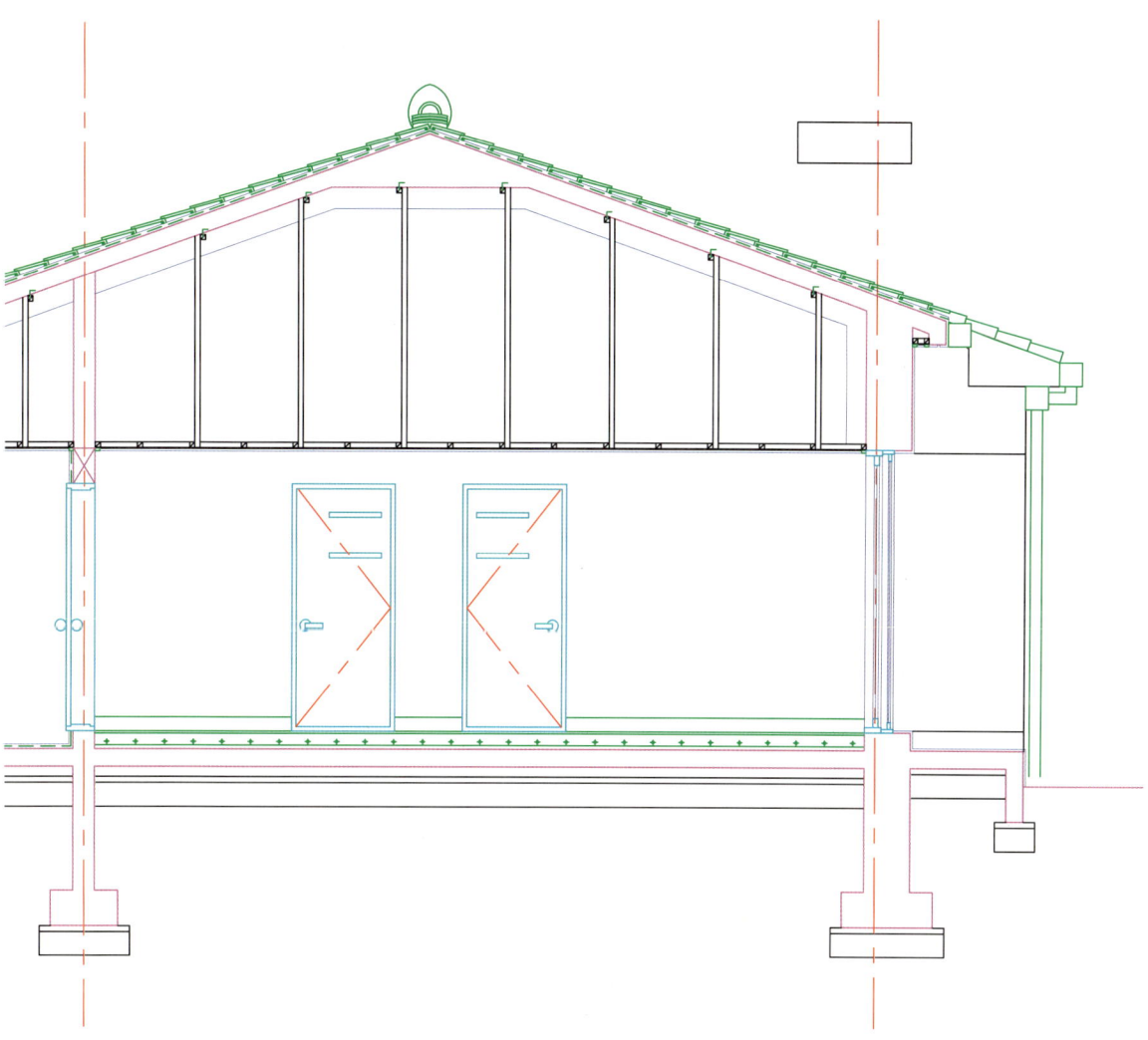

16. 문자 작성 : 흰색 도면층

ST [Enter] – Lucida sans unicode 또는 맑은 고딕

도면층 : 흰색, 문자높이 : 80

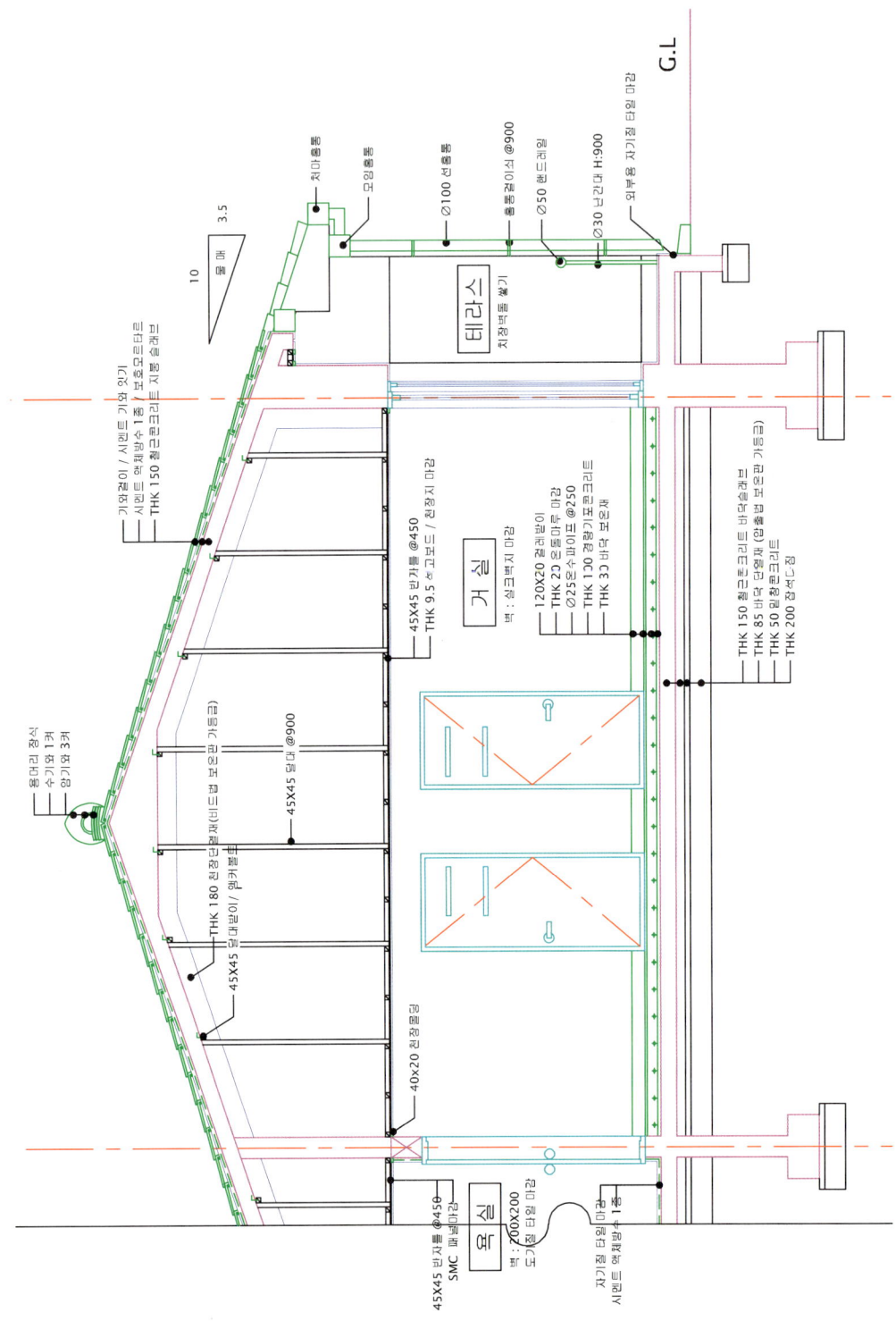

17. 단면, 입면의 재료표현과 해칭
18. 치수 : 중심선의 길이를 모두 맞춘 후 주석 – 신속치수

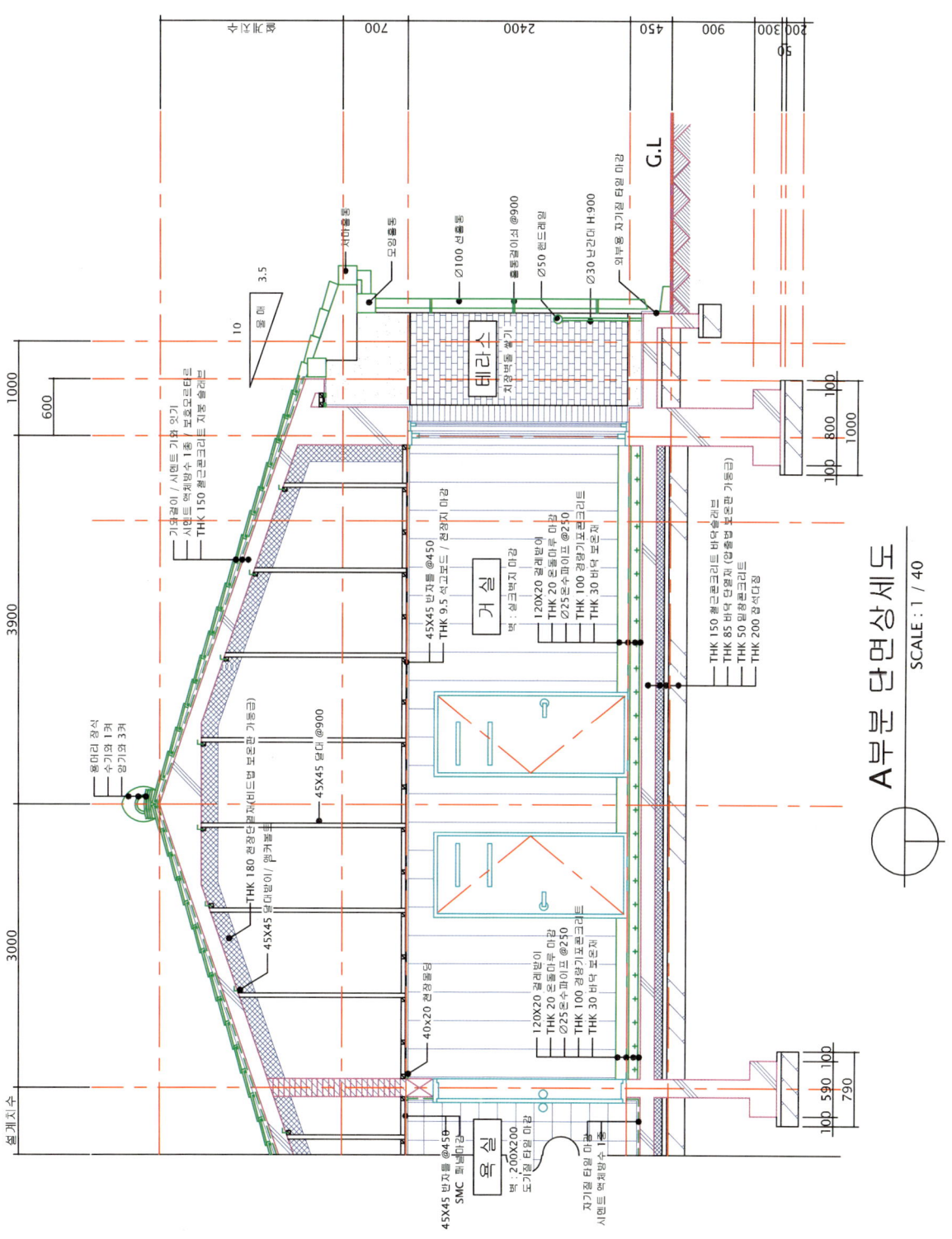

19. 표제란

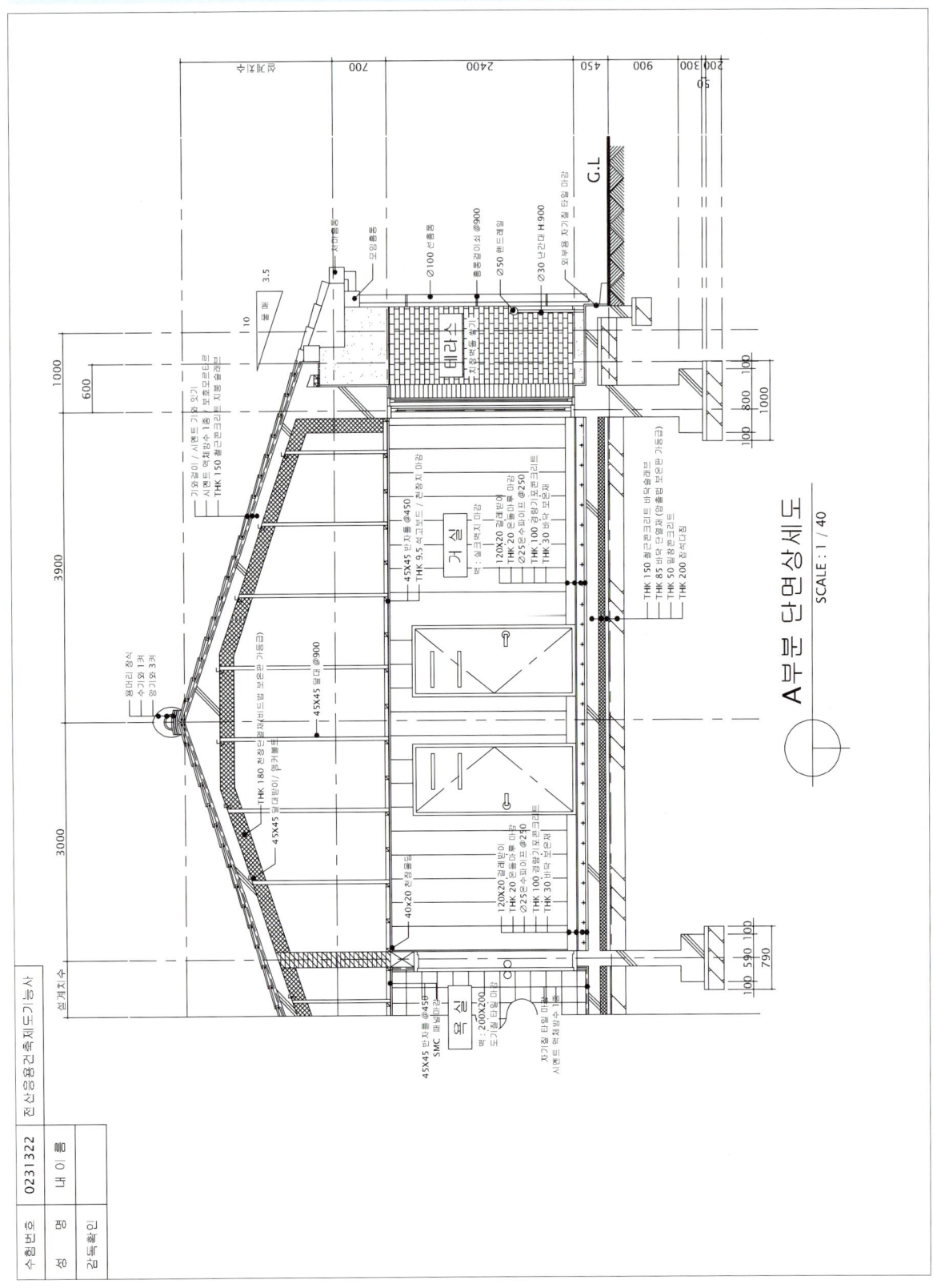

05 [입면도 작성]

20. 평면도 : 입면도 방향이 아래를 향하도록 하고 입면도의 위에 배치

　　　단면도 : 입면도의 우(좌)측에 배치

❶ 단면도의 G.L을 입면도에 연장
❷ 평면도의 외부 벽체 끝선을 입면도에 연장

21. 단면도에서 지붕높이 표현
　　※ 지붕의 가장 낮은 선을 기준으로 벽체 Trim

22. 평면도에서 지붕의 폭 표현
　　※ 지붕을 네모 모양으로 정리

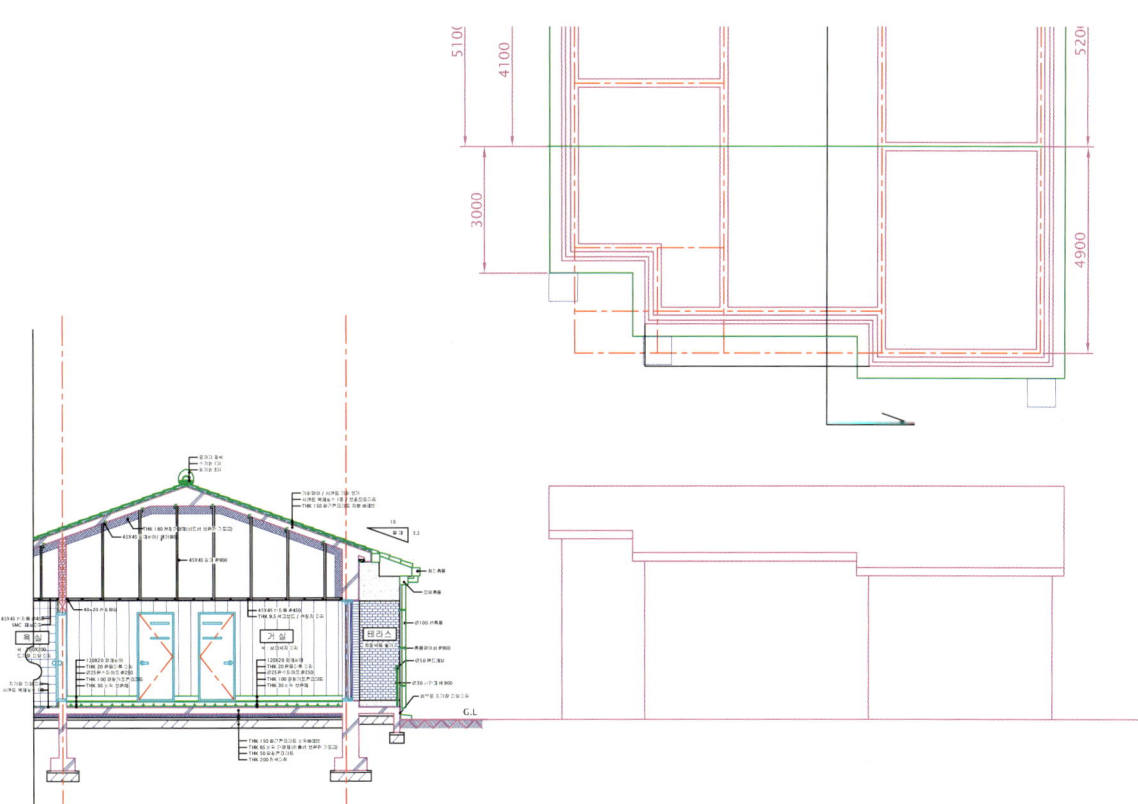

※ 높이가 다른 지붕이 있으면 평면도에서 용머리와 처마 끝의 거리를 확인하고 단면도에 표현
　지붕 물매를 따라가다 보면 수평거리와 만나는 점이 높이가 된다.
　뒷 처마가 내려오는지 확인하고 표현한다.

23. 난방끝선과 반자 시작선 표시 : 외부에서 볼 때 재료분리의 기준이 된다.

24. 창문과 현관문을 표현하기 위해 창호의 중심위치를 표시한다.

25. 창호표시
: 테라스 위치는 난방이 없으므로 150 낮춘다. 방 창문은 높이 1200, 거실 창은 높이 2400으로 표현한다. 단, 테라스로 바로 나갈 수 있는 방 창문은 높이 2400(거실높이)에 맞춘다.

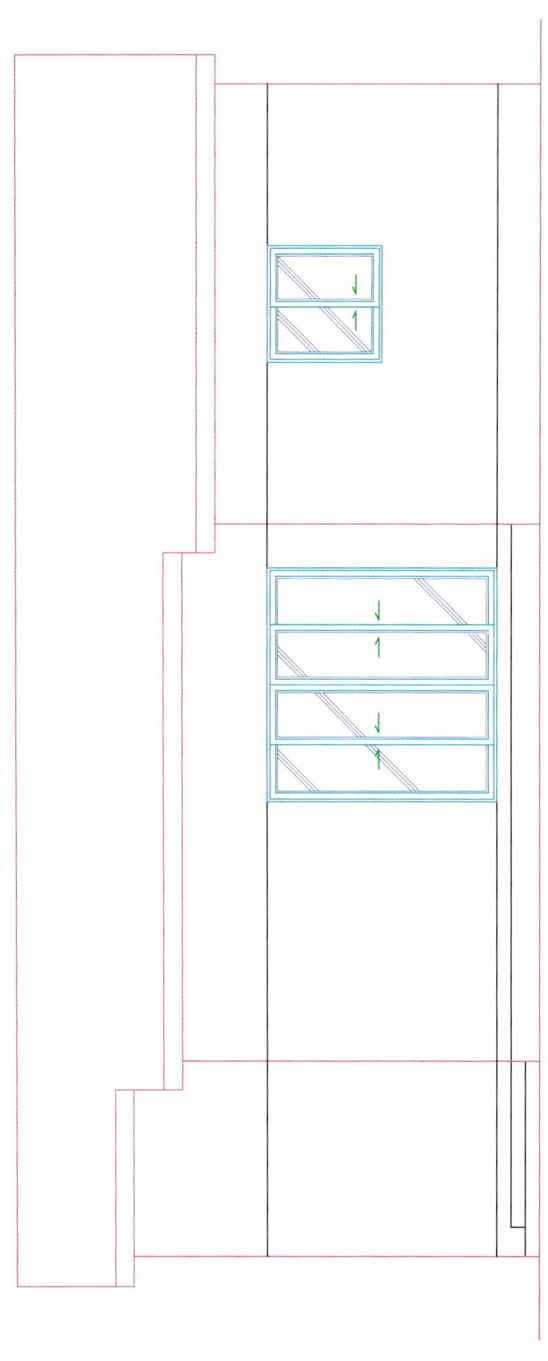

26. 계단, 테라스, 난간, 굴뚝, 홈통, 기와, 창문 밑 벽돌 세워쌓기 등 표현
※ 뒤쪽에 낮은 지붕이 있으면 평면도 길이만큼 단면도에서 높이 생성

27. 문자작성 : 문자높이 100
벽돌해칭 : BRICK – 축척 10

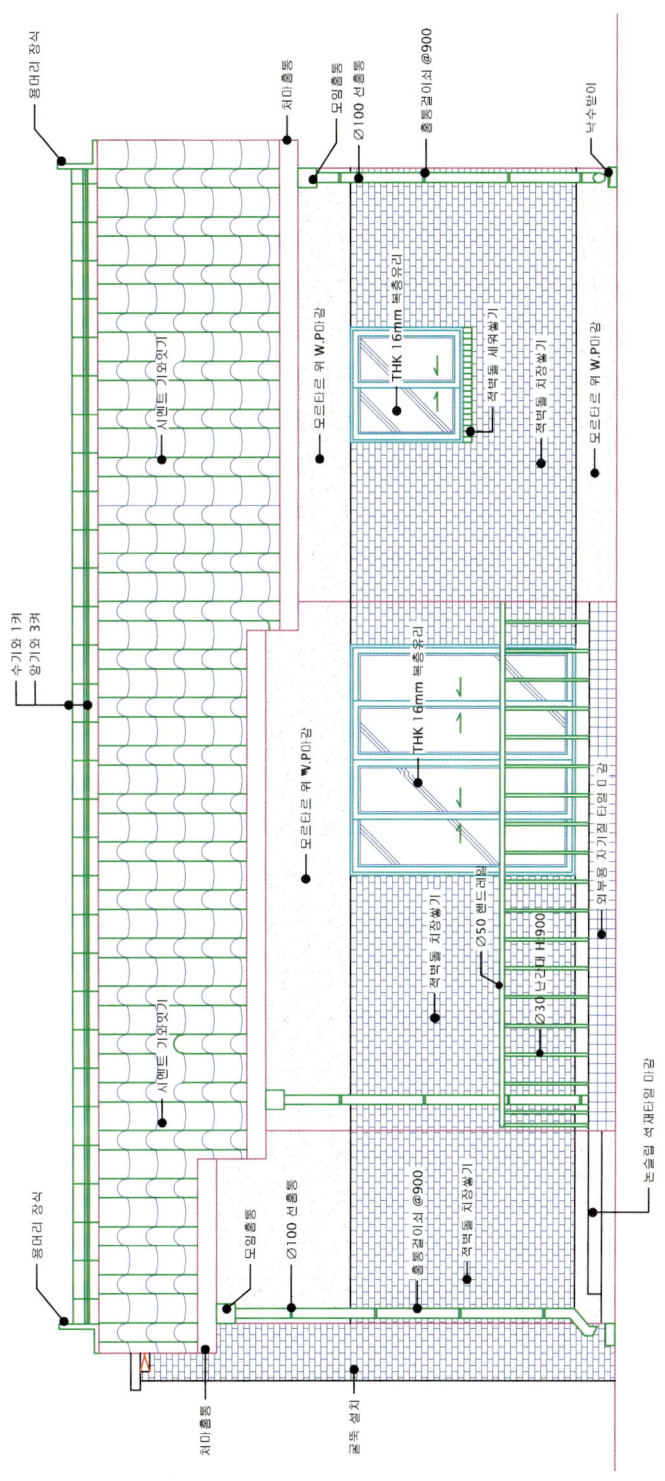

28. 표제란, 수목표현

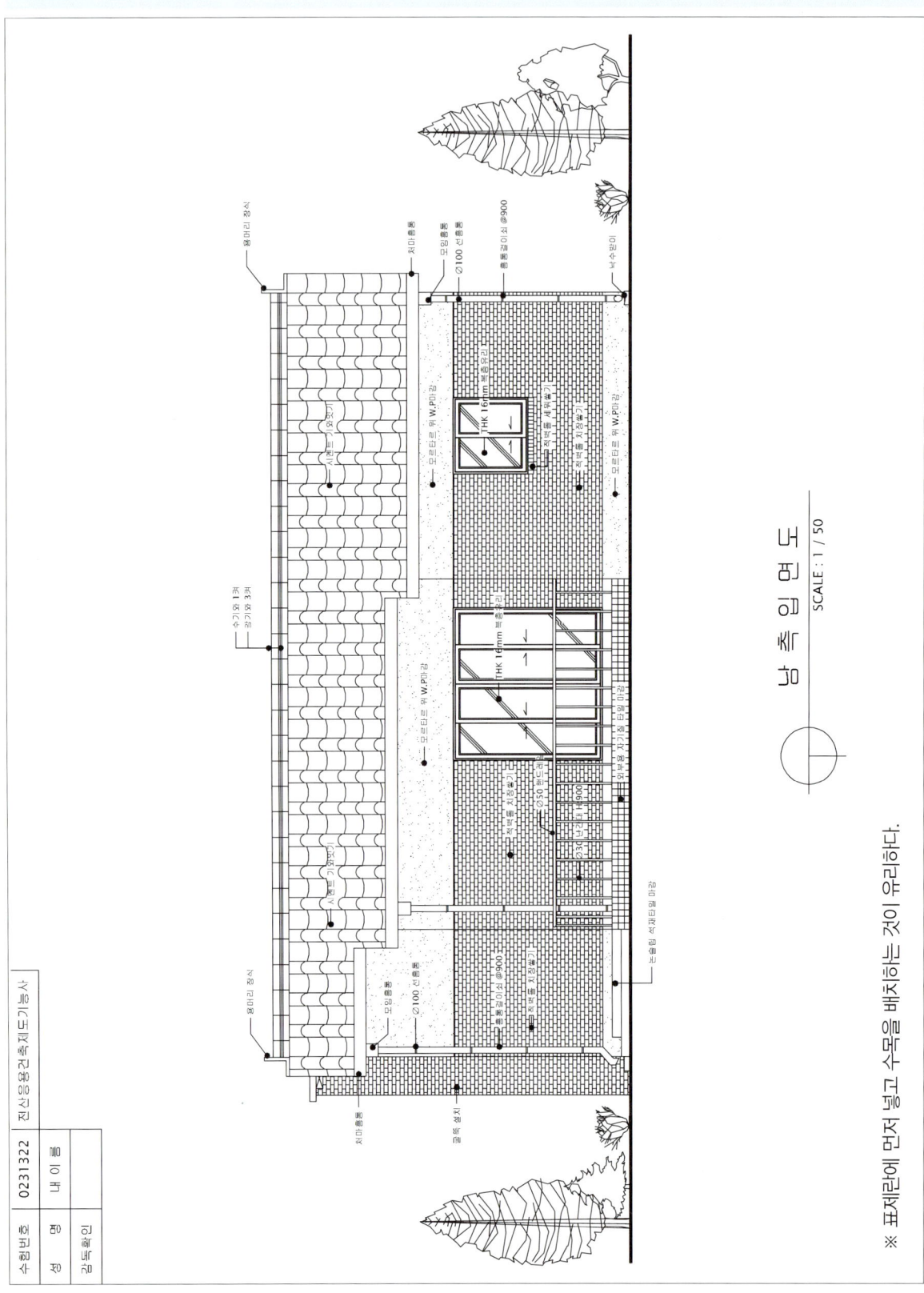

memo

2024년 2회 A형 최신 기출문제

시험시간 4시간 10분

네이버 카페에서 완성 도면 파일을 확인하세요.

01 요구사항

주어진 평면도를 보고 CAD를 이용하여 아래 조건에 맞게 다음 도면을 작도한 후, 지급된 용지에 본인이 직접 흑백으로 출력하여 파일과 함께 제출하시오.

❶ A부분 단면 상세도를 축척 1/40으로 작도하시오.
❷ 남측 입면도를 축척 1/50으로 작도하되 벽면의 마감재료 표시 및 주위의 배경 등 도면의 요소를 충분히 고려하시오.

[조건]

- 기초 및 지하실 벽체 : 철근콘크리트 구조로 하시오.
- 벽체 : 외벽 – 외부로부터 붉은벽돌 0.5B, 단열재, 시멘트벽돌 1.0B
  내벽 – 시멘트벽돌 1.0B
- 단열재 : 외벽 120mm, 바닥 85mm, 지붕 180mm
- 지붕 : 철근콘크리트 경사슬래브 위 시멘트 기와잇기 마감으로 하시오. (물매 3.5/10 이상)
- 처마나옴 : 벽체 중심에서 700mm
- 반자높이 : 2400mm, 처마반자 설치
- 창호 : 목재창호로 하되 2중창인 경우 외부창호는 알루미늄 섀시로 하시오.
- 각 실의 난방 : 온수파이프 온돌난방으로 하시오.
- 1층 바닥 슬래브와 기초는 일체식으로 표현하시오.
- 평면도에 표현되지 않은 현관 상부 캐노피는 작도하지 않습니다.
- 기타 각 부분의 마감, 치수 등 주어지지 않은 조건은 일반적인 시공수준으로 하시오.

- 선의 통일을 기하기 위하여 아래와 같이 선의 색을 정리하여 출력하시오.
  - 흰색(7–White) : 0.3mm
  - 녹색(3–Green) : 0.2mm
  - 노랑(2–Yellow) : 0.4mm
  - 하늘색(4–Cyan) : 0.3mm
  - 빨강(1–Red) : 0.2mm
  - 파랑(5–Blue) : 0.1mm

02 수험자 유의사항

※ 다음 유의사항을 고려하여 요구도면을 완성하시오.

❶ 제시되지 않은 조건은 건축법, 건축구조 및 건축제도의 원칙에 따릅니다.
❷ 시험 시작 전 바탕화면에 본인 비번호로 폴더를 생성하고, 폴더 안에 작업내용을 저장하도록 합니다.
(단, 시험장에서 본인 이름으로 폴더를 생성하도록 하는 경우 시험장 규정에 따른다)
❸ 정전 및 기계 고장 등에 의한 자료 손실을 방지하기 위하여 수시로 저장합니다.
(파일이 없어지는 경우 본인의 과실로 본다)
❹ 다음과 같은 경우는 부정행위로 처리됩니다.
　1) 노트 및 서적, USB를 소지하거나 주고받는 행위
　2) 건물의 구조부분의 상세나 글씨 등을 사전에 블록으로 설정하여 지참해 사용하는 경우
❺ 작업이 끝나면 감독위원의 확인을 받은 후 문제지를 제출하고 본부요원 입회하에 본인이 직접 A3용지에 흑백으로 도면을 출력하도록 합니다. 이때 수험자의 운영 미숙으로 도면이 출력되지 않는 경우나 출력시간이 10분을 초과하는 경우는 실격 처리 됩니다.
❻ 장비 조작 미숙으로 장비의 파손 및 고장을 일으킬 염려가 있을 경우 실격됩니다.
❼ 다음과 같은 경우에는 채점대상에서 제외됩니다.
　1) 시험시간 내에 요구사항을 완성하지 못한 경우
　　(시험시간이 종료되면 자동으로 시스템이 정지하며, 최종저장을 누른 시간 이후의 데이터는 삭제되므로 시험 종료 전에 저장버튼을 잊지 마세요)
　2) 시험시간 내에 제출된 작품이라도 다음과 같은 경우
　　가) 주어진 조건을 지키지 않고 작도한 경우
　　나) 요구한 전 도면을 작도하지 않은 경우
　　다) 건축제도 통칙을 준수하지 않거나 건축 CAD의 기능이 없는 상태에서 완성된 도면으로 시험위원 전원이 합의하여 판단한 경우
❽ 수험번호, 성명은 도면 좌측 상단에 아래와 같이 표제란을 만들어 기재합니다.

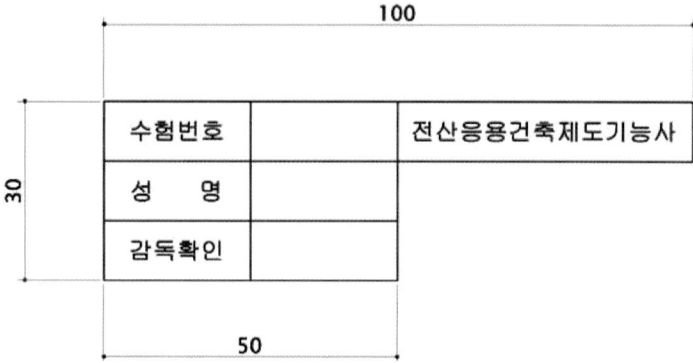

❾ 감독위원은 시험시작 후 수검자에게 표제란을 우선 작도 후 도면을 작도하도록 하여야 하며 수험자가 감독위원의 지시를 따르지 않을 경우 실격 처리됩니다.
❿ 테두리선의 여백은 10mm로 합니다.

※ 출력은 시험의 일부입니다. 실제 종이에 출력해보지 않더라도 DWG To PDF(가상프린터) 를 이용해 매번 연습합니다.
(본 교재의 77페이지 참고) 실제 시험에서는 프린터 이름만 알려줍니다.

03 도면 [과제명] 주택 / [척도] 1/100

* 본 평면도는 실제 시험과 같이 1/100 스케일이므로, 자로 실측이 가능합니다.

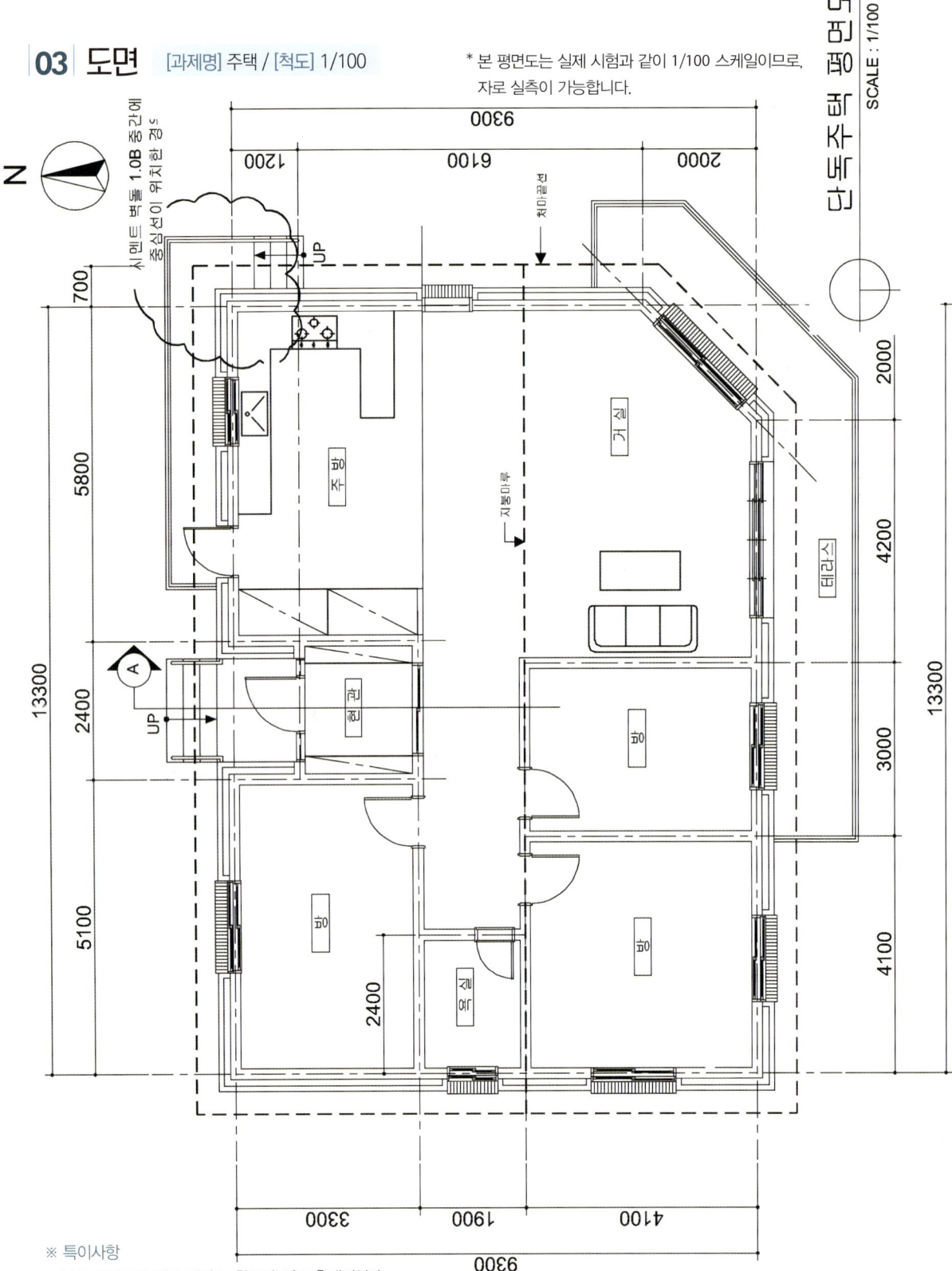

※ 특이사항
1. 남측 입면도의 지붕, 테라스, 창문이 45°로 출제되었다.
2. 단면세도의 주방 벽부분 미닫이창이 출제되었다.
3. 본 회차부터 입면도의 칫수, F.L/C.L 표시 추가하였다.
4. 본 회차부터 방 창문 높이를 난방선에서 위로 900mm, 반자(천장) 선에서 밑으로 1500mm(또는 1400mm)로 변경하였다.

04 [단면도 작성]

1. **기본설정** : Option, OSNAP, LAYER, STYLE, DIMENSION 구성 등
2. 평면도 외벽만 간단히 작성. 지붕이 복잡할 경우 미리 그려두는 것이 유리하다.
3. 화살표 방향이 위로 보도록 회전한다. – X [Enter] 모두선택 [Enter] (분해)

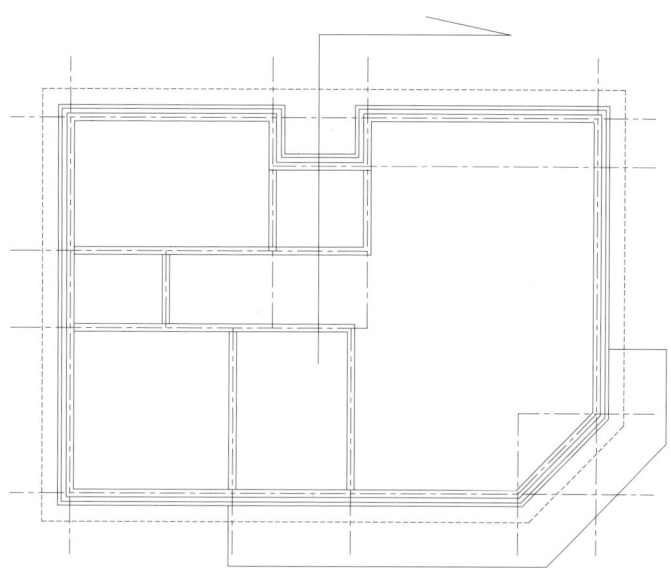

4. **노란색 도면층** : 평면도 보다 길게 G.L을 그리고 절단부분(화살표가 지나가는 부분)의 기초와 바닥슬래브 표현
   (노란색 선을 선홍색으로 바꿔 설명하겠습니다. 나머지는 색상에 맞게 표현하였습니다)
   ※ 계단 4단(600)이므로 방의 기초의 높이는 난방 150mm를 더하여 750mm입니다.
5. **흰색 도면층** : 바닥단열재(THK 85), 밑창콘크리트(THK 50), 잡석다짐(THK 200), 난방(THK 150) 완성하기

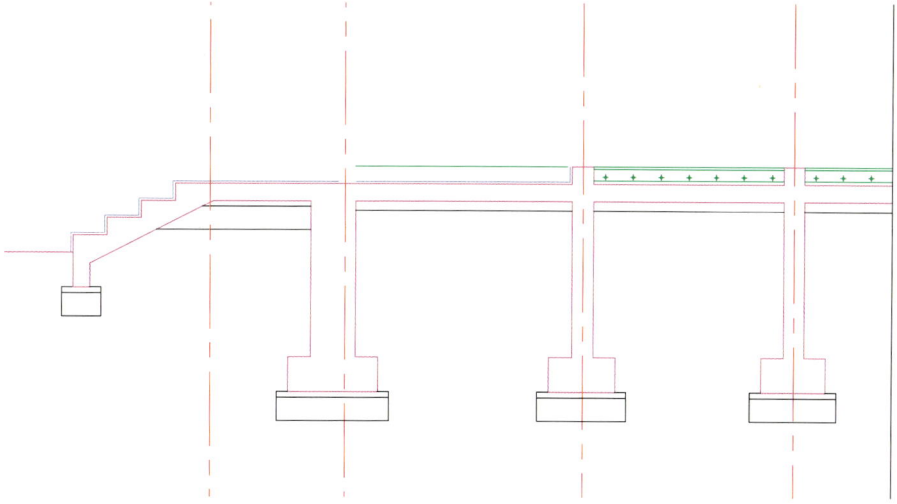

6. 지붕 슬래브 그리기

❶ 지붕 마룻대에서 가장 먼 벽체의 중심거리 파악
  (현재 도면에서는 5200mm가 가장 먼 벽체의 중심선 거리이다)
❷ 난방선 끝에서 2400 위로 Offset
❸ 테두리보의 높이 700 표현
❹ REC [Enter] 시작점 클릭 @1000, 350 [Enter]
❺ XL [Enter] A [Enter] 대각선 끝점 클릭, 클릭 – 가장 먼 벽체 중심과 테두리보가 만나는 부분에 클릭

7. 지붕 슬래브 완성

8. 반자 설치 : 반자를 복사하여 처마반자도 함께 설치한다.
  (천장 반자는 THK 9.5 석고보드로 표현한다)

9. 지붕단열재 : THK 180

10. 지붕방수, 기와

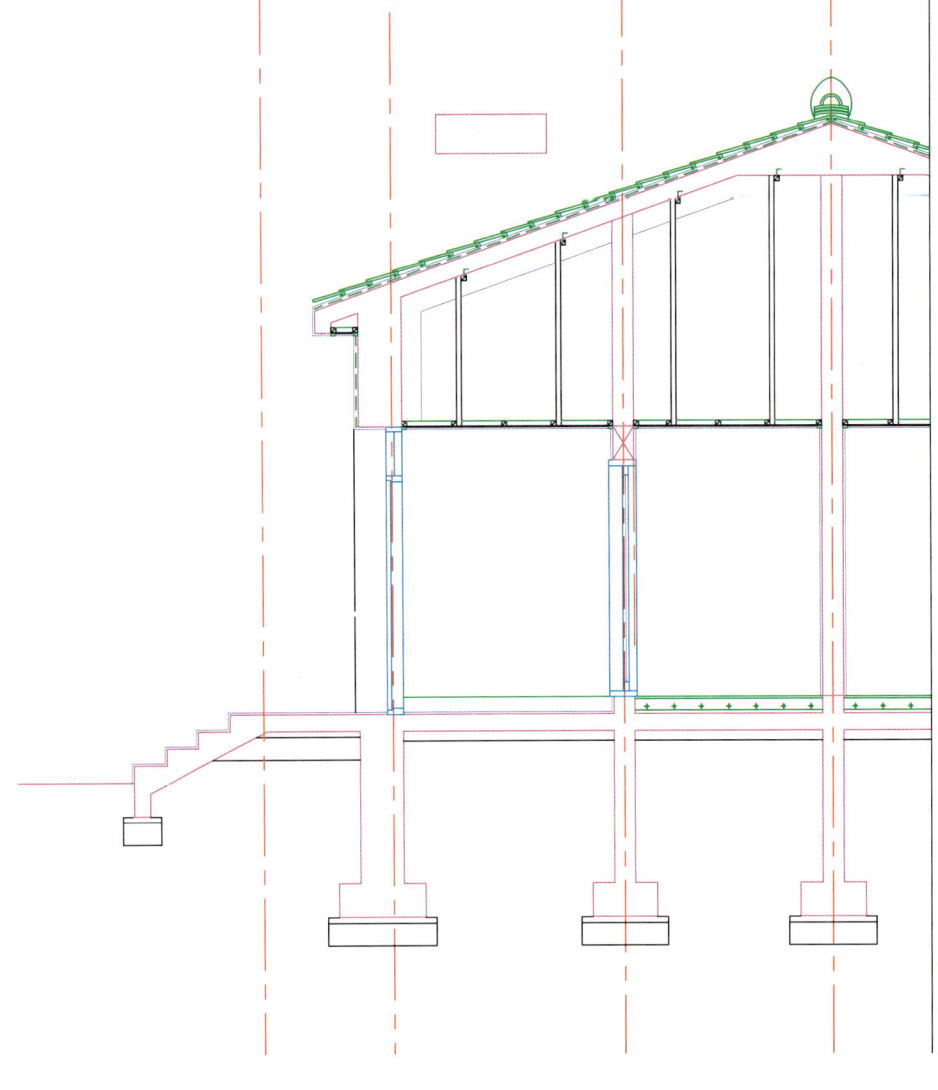

11. 바닥 온수파이프 온돌난방 표현

12. 현관문, 현관중문, 실내 벽 표현

13. 단면도상의 입면요소 표현
: 입면으로 보이는 벽체, 입면으로 보이는 처마, 입면으로 보이는 문과 창문 등을 표현한다.

14. 현관 내부 신발장 표현

15. 난간, 홈통, 굴뚝, 걸레받이 설치. 지반표기

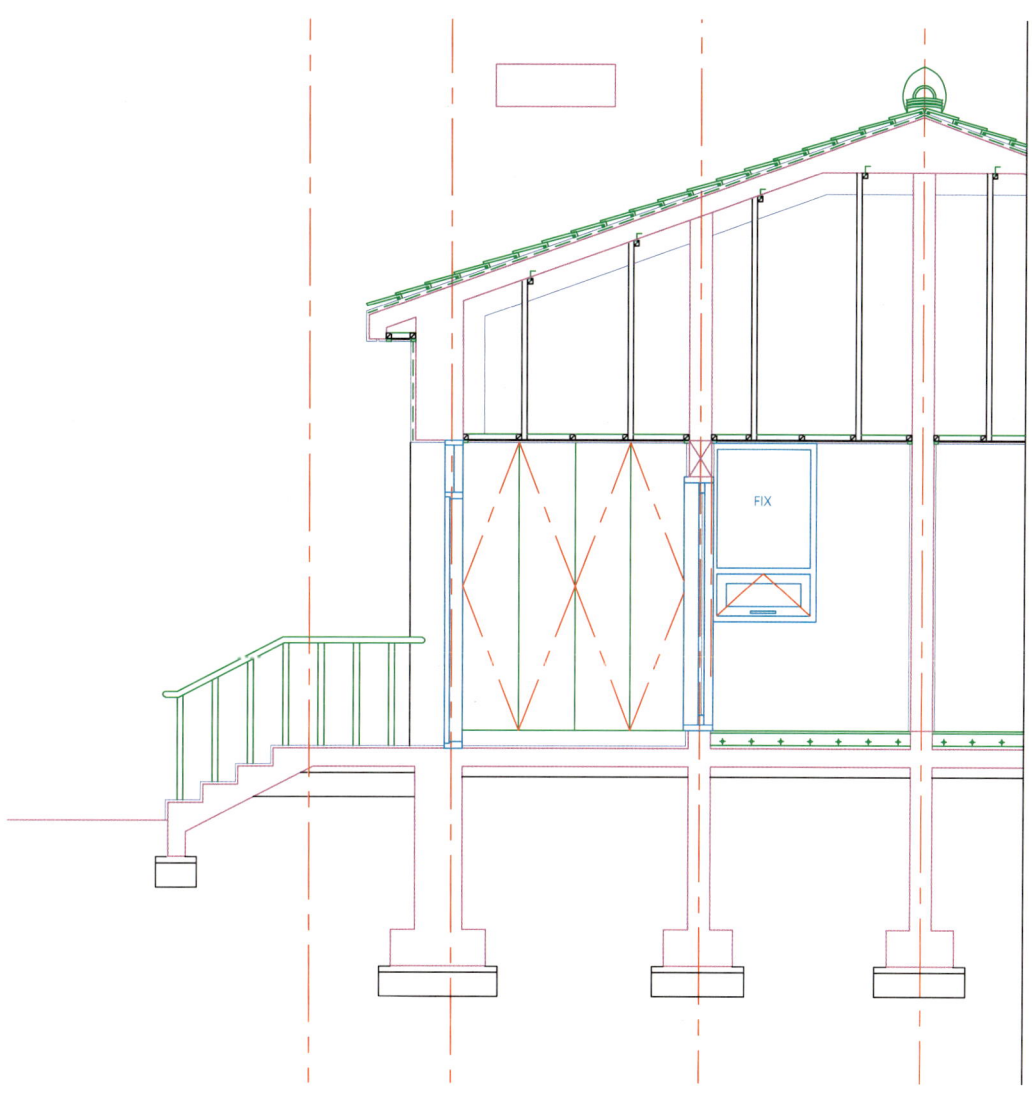

16. 문자 작성 : 흰색 도면층

ST [Enter] – 새로 만들기 – 단면상세도 – Lucida sans unicode 또는 맑은 고딕

도면층 : 흰색, 문자높이 : 80

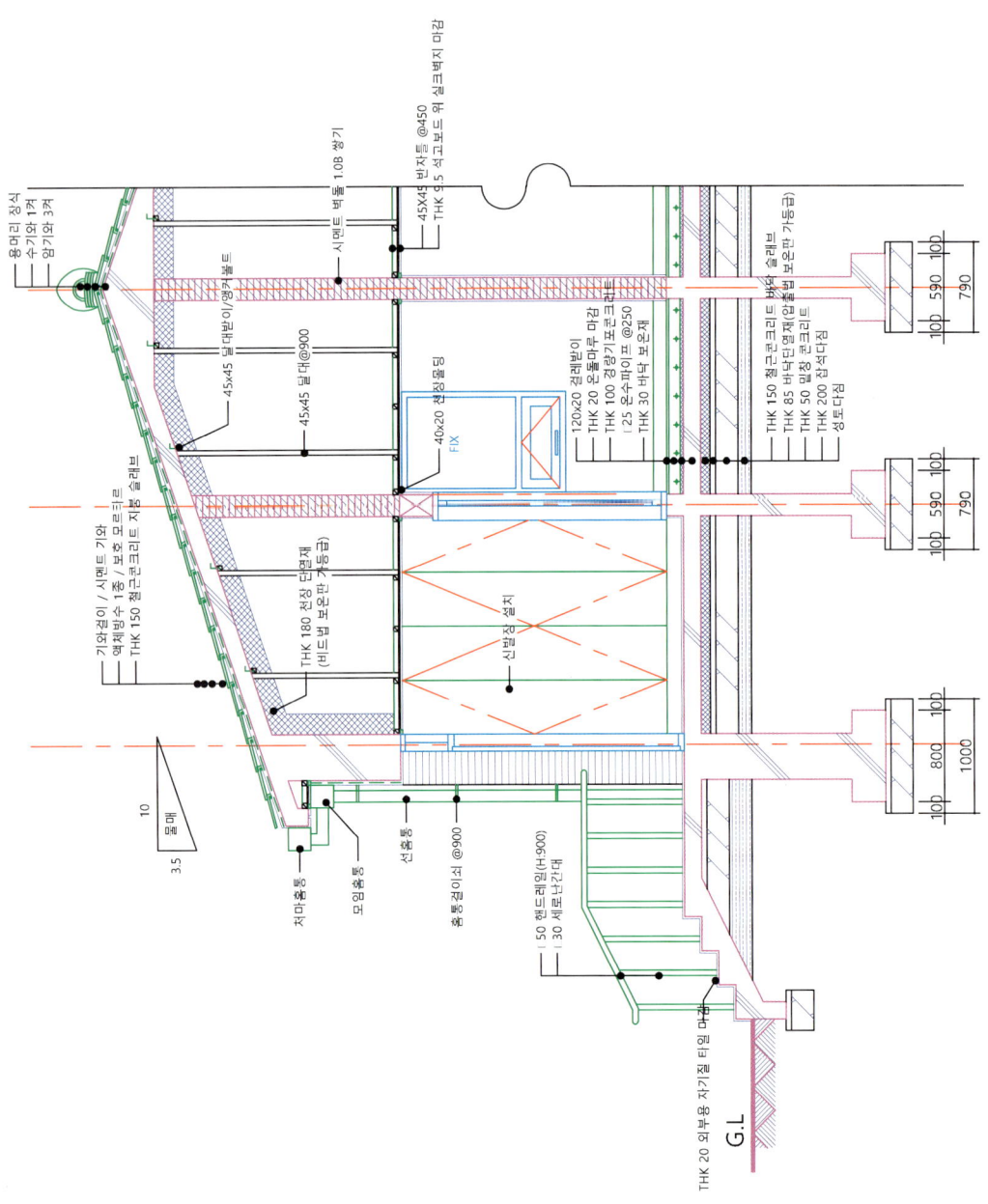

17. 단면, 입면의 재료표현과 해칭
18. 치수 : 중심선의 길이를 모두 맞춘다.
D(Dimension) : 새로 만들기 − 단면상세도 − 전체축척 40

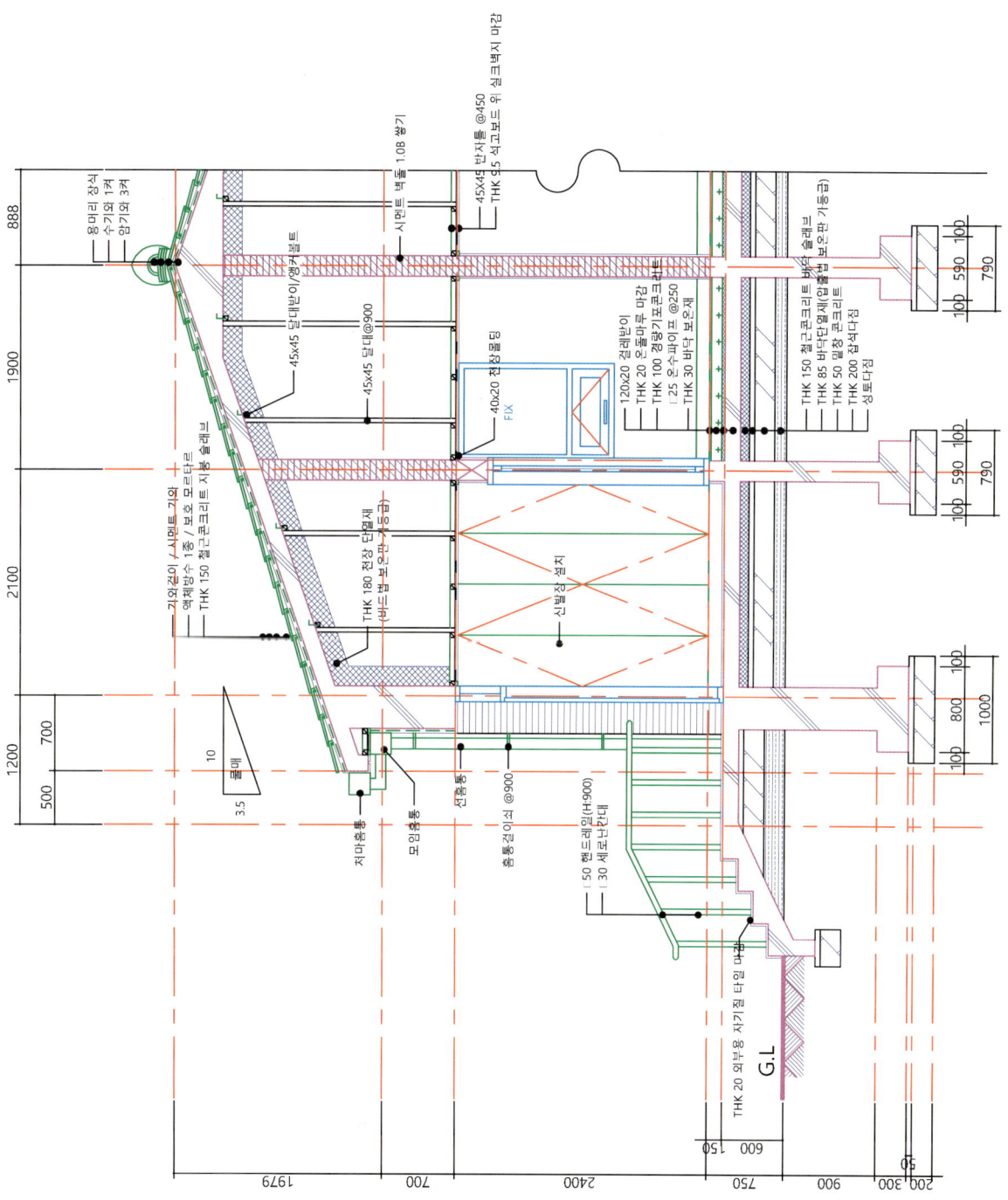

19. 표제란

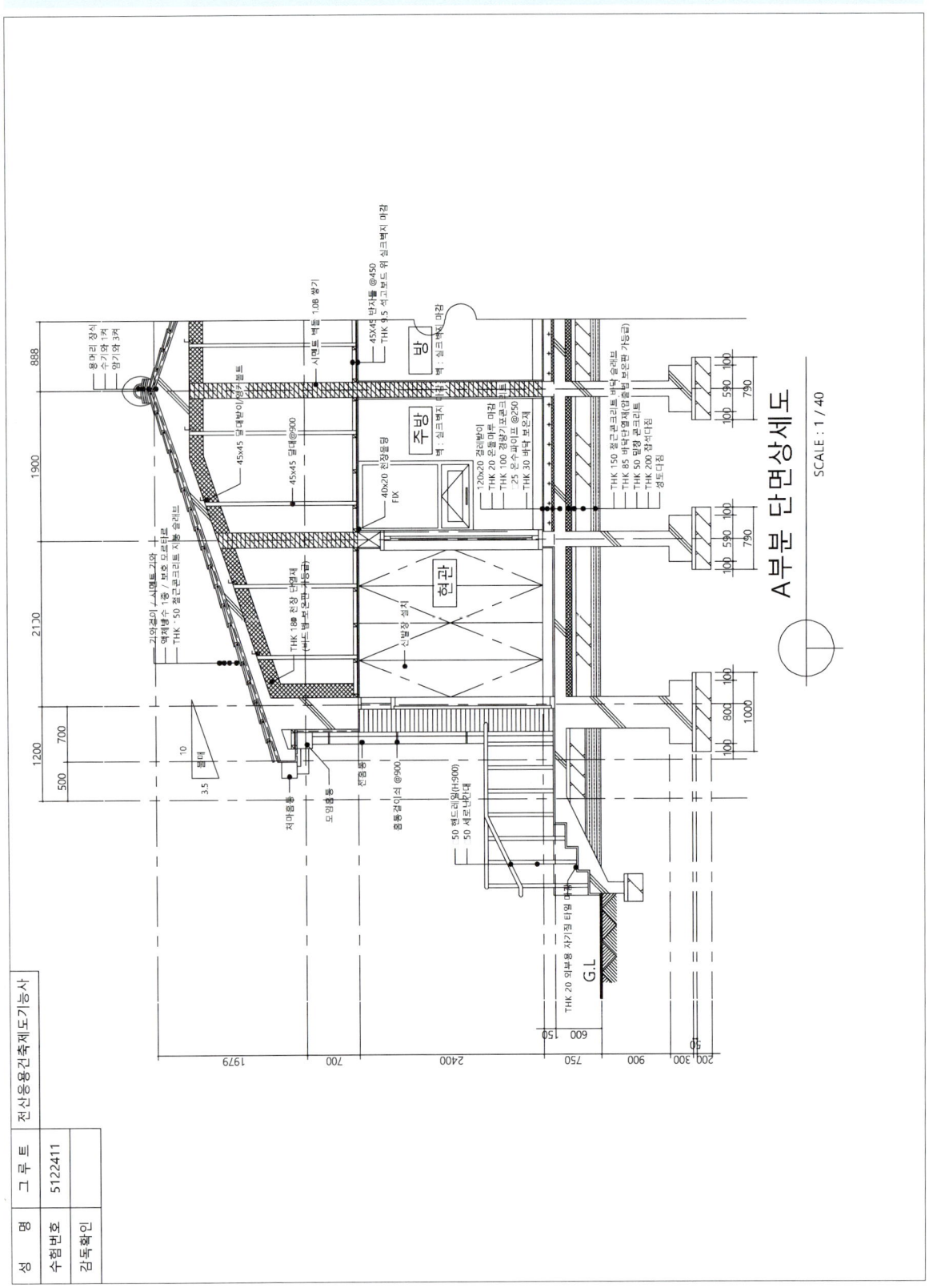

05 [입면도 작성]

20. 평면도 : 입면도 방향이 아래를 향하도록 하고 입면도의 위에 배치
　　　단면도 : 입면도의 우(좌)측에 배치

❶ 단면도의 G.L을 입면도에 연장
❷ 평면도의 외부 벽체 끝선을 입면도에 연장

21. 단면도에서 지붕높이 표현
　　※ 지붕의 가장 낮은 선을 기준으로 벽체 Trim
22. 평면도에서 지붕의 폭 표현 – 지붕을 네모 모양으로 정리
23. 우측 꺽인 지붕의 경사진 높이 표현

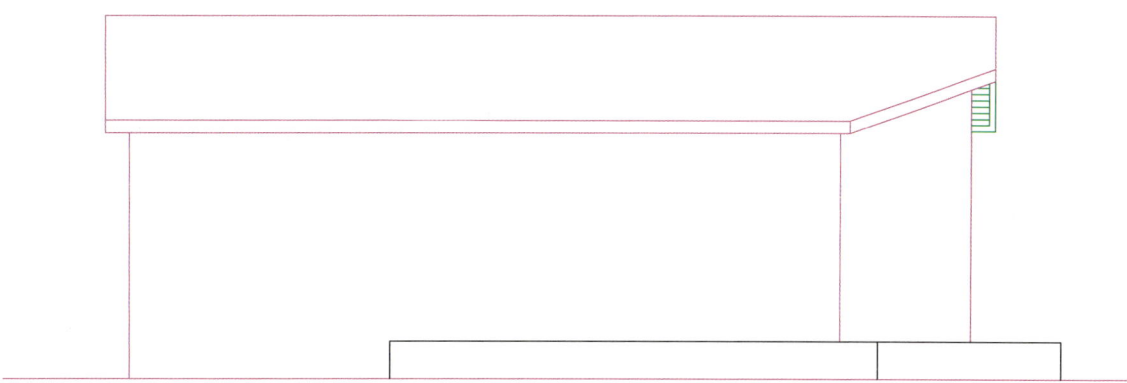

※ 높이가 다른 지붕이 있으면 평면도에서 용머리와 처마 끝의 거리를 확인하고 단면도에 표현
　지붕 물매를 따라가다 보면 수평거리와 만나는 점이 높이가 된다.
　뒷 처마가 내려오는지 확인하고 표현한다.

24. 난방끝선과 반자 시작선 표시 : 외부에서 볼 때 재료분리의 기준이 된다.

25. 창문과 현관문을 표현하기 위해 창호의 중심위치를 표시한다.

26. 창호표시

: 테라스 위치는 난방이 없으므로 150 낮춘다. 방 창문은 높이 1500, 거실 창은 높이 2400으로 표현한다.
단, 테라스로 바로 나갈 수 있는 방 창문은 높이 2400(거실높이)에 맞춘다.

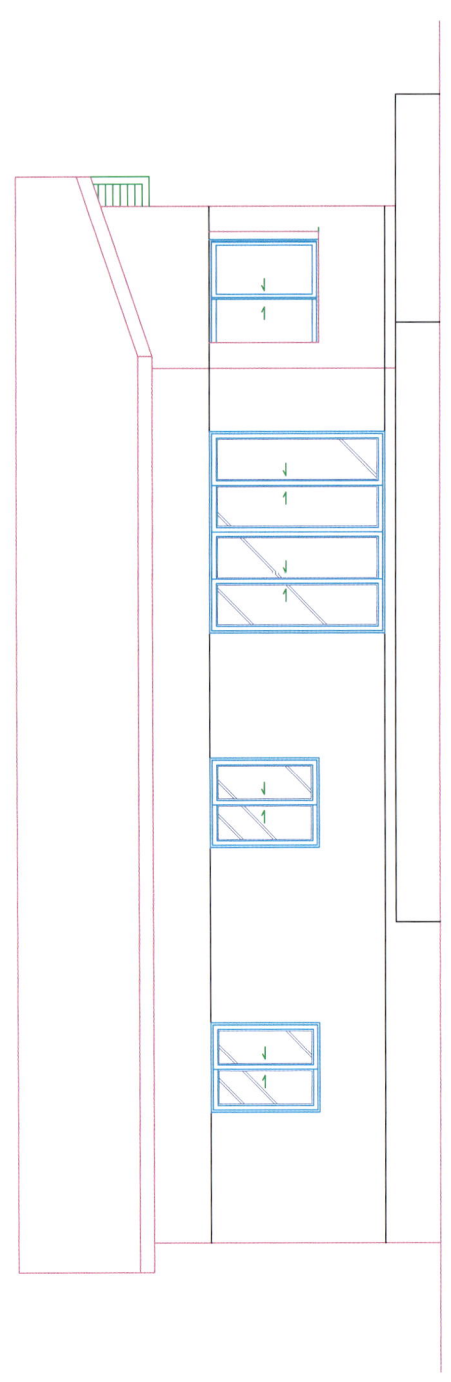

27. 계단, 테라스, 난간, 굴뚝, 홈통, 기와, 창문 밑 벽돌 세워쌓기 등 표현

※ 뒤쪽에 낮은 지붕이 있으면 평면도 길이만큼 단면도에서 높이 생성

28. 문자작성 : ST엔터 - 새로 만들기 - 입면도, 문자높이 100

벽돌해칭 : BRICK - 축척 10

모르타르 위 W.P 마감 : AR SAND - 축척 5

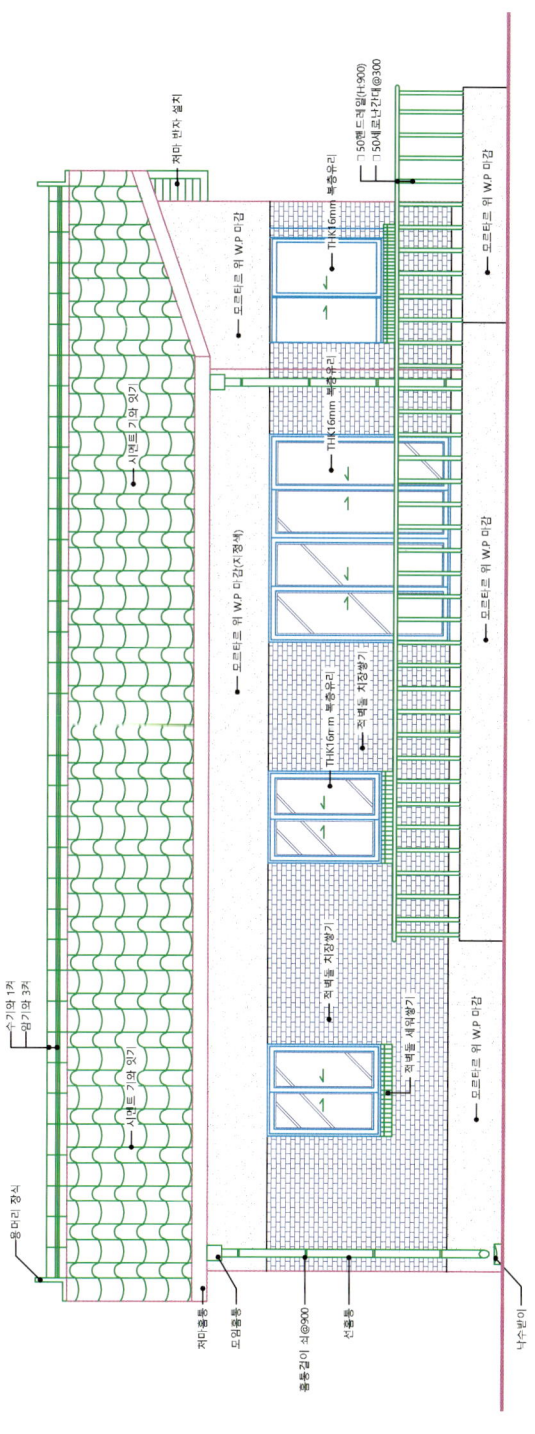

29. 치수작성 D(Dimension) : 새로 만들기 – 입면도 – 전체축척 50
1F F.L(G.L +난방높이), 1F C.L{G.L +(난방높이+반자높이)}

30. 표제란, 수목표현

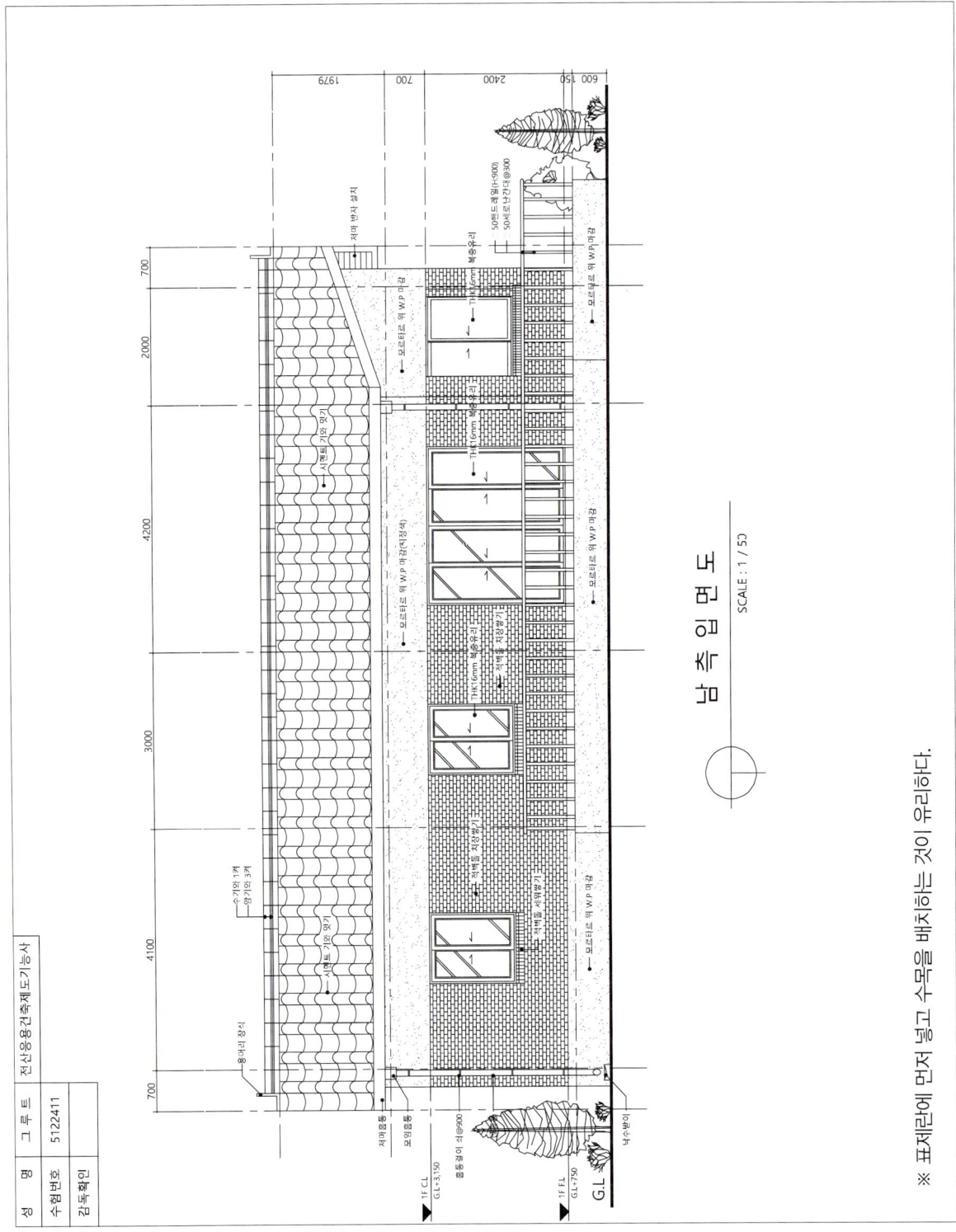

※ 표제란에 먼저 넣고 수목을 배치하는 것이 유리하다.

memo

2024년 4회 A형 최신 기출문제

시험시간 4시간 10분

네이버 카페에서 완성 도면 파일을 확인하세요.

01 요구사항

주어진 평면도를 보고 CAD를 이용하여 아래 조건에 맞게 다음 도면을 작도한 후, 지급된 용지에 본인이 직접 흑백으로 출력하여 파일과 함께 제출하시오.

❶ A부분 단면 상세도를 축척 1/40으로 작도하시오.
❷ 남측 입면도를 축척 1/50으로 작도하되 벽면의 마감재료 표시 및 주위의 배경 등 도면의 요소를 충분히 고려하시오.

[조 건]

- 기초 및 지하실 벽체 : 철근콘크리트 구조로 하시오.
- 벽체 : 외벽 – 외부로부터 붉은벽돌 0.5B, 단열재, 시멘트벽돌 1.0B
  　　　　내벽 – 시멘트벽돌 1.0B
- 단열재 : 외벽 120mm, 바닥 85mm, 지붕 180mm
- 지붕 : 철근콘크리트 경사슬래브 위 시멘트 기와잇기 마감으로 하시오. (물매 3.5/10 이상)
- 처마나옴 : 벽체 중심에서 600mm
- 반자높이 : 2400mm, 처마반자 설치
- 창호 : 목재창호로 하되 2중창인 경우 외부창호는 알루미늄 섀시로 하시오.
- 각 실의 난방 : 온수파이프 온돌난방으로 하시오.
- 1층 바닥 슬래브와 기초는 일체식으로 표현하시오.
- 평면도에 표현되지 않은 현관 상부 캐노피는 작도하지 않습니다.
- 기타 각 부분의 마감, 치수 등 주어지지 않은 조건은 일반적인 시공수준으로 하시오.

- 선의 통일을 기하기 위하여 아래와 같이 선의 색을 정리하여 출력하시오.
    - 흰색(7–White) : 0.3mm
    - 녹색(3–Green) : 0.2mm
    - 노랑(2–Yellow) : 0.4mm
    - 하늘색(4–Cyan) : 0.3mm
    - 빨강(1–Red) : 0.2mm
    - 파랑(5–Blue) : 0.1mm

02 수험자 유의사항

※ 다음 유의사항을 고려하여 요구도면을 완성하시오.

❶ 제시되지 않은 조건은 건축법, 건축구조 및 건축제도의 원칙에 따릅니다.

❷ 시험 시작 전 바탕화면에 본인 비번호로 폴더를 생성하고, 폴더 안에 작업내용을 저장하도록 합니다.
   (단, 시험장에서 본인 이름으로 폴더를 생성하도록 하는 경우 시험장 규정에 따른다)

❸ 정전 및 기계 고장 등에 의한 자료 손실을 방지하기 위하여 수시로 저장합니다.
   (파일이 없어지는 경우 본인의 과실로 본다)

❹ 다음과 같은 경우는 부정행위로 처리됩니다.
   1) 노트 및 서적, USB를 소지하거나 주고받는 행위
   2) 건물의 구조부분의 상세나 글씨 등을 사전에 블록으로 설정하여 지참해 사용하는 경우

❺ 작업이 끝나면 감독위원의 확인을 받은 후 문제지를 제출하고 본부요원 입회하에 본인이 직접 A3용지에 흑백으로 도면을 출력하도록 합니다. 이때 수험자의 운영 미숙으로 도면이 출력되지 않는 경우나 출력시간이 10분을 초과하는 경우는 실격 처리 됩니다.

❻ 장비 조작 미숙으로 장비의 파손 및 고장을 일으킬 염려가 있을 경우 실격됩니다.

❼ 다음과 같은 경우에는 채점대상에서 제외됩니다.
   1) 시험시간 내에 요구사항을 완성하지 못한 경우
      (시험시간이 종료되면 자동으로 시스템이 정지하며, 최종저장을 누른 시간 이후의 데이터는 삭제되므로 시험 종료 전에 저장버튼을 잊지 마세요)
   2) 시험시간 내에 제출된 작품이라도 다음과 같은 경우
      가) 주어진 조건을 지키지 않고 작도한 경우
      나) 요구한 전 도면을 작도하지 않은 경우
      다) 건축제도 통칙을 준수하지 않거나 건축 CAD의 기능이 없는 상태에서 완성된 도면으로 시험위원 전원이 합의하여 판단한 경우

❽ 수험번호, 성명은 도면 좌측 상단에 아래와 같이 표제란을 만들어 기재합니다.

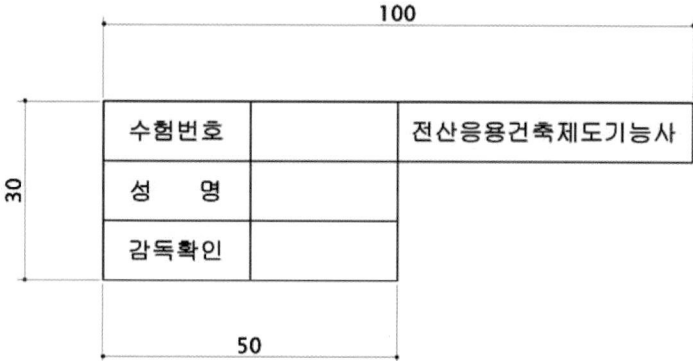

❾ 감독위원은 시험시작 후 수검자에게 표제란을 우선 작도 후 도면을 작도하도록 하여야 하며 수험자가 감독위원의 지시를 따르지 않을 경우 실격 처리됩니다.

❿ 테두리선의 여백은 10mm로 합니다.

※ 출력은 시험의 일부입니다. 실제 종이에 출력해보지 않더라도 DWG To PDF(가상프린터) 를 이용해 매번 연습합니다.
   (본 교재의 77페이지 참고) 실제 시험에서는 프린터 이름만 알려줍니다.

03 도면 [과제명] 주택 / [척도] 1/100

* 본 평면도는 실제 시험과 같이 1/100 스케일이므로, 자로 실측이 가능합니다.

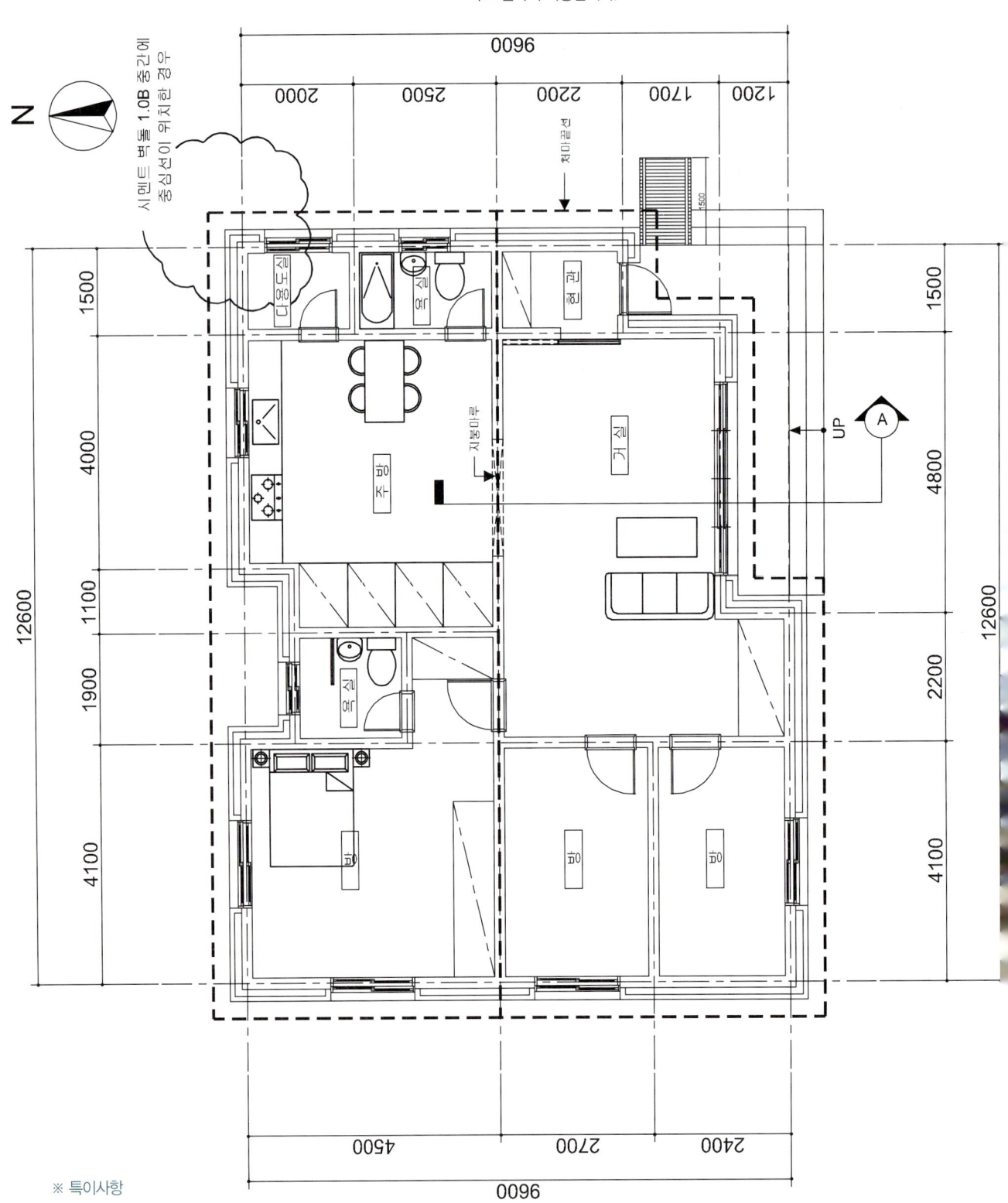

※ 특이사항

1. 남측 입면도에서 슬로프가 출제되었다.

04 [단면도 작성]

1. **기본설정** : Option, OSNAP, LAYER, STYLE, DIMENSION 구성 등
2. 평면도 외벽만 간단히 작성. 지붕이 복잡할 경우 미리 그려두는 것이 유리하다.
3. 화살표 방향이 위로 보도록 회전한다. – X [Enter] 모두선택 [Enter] (분해)

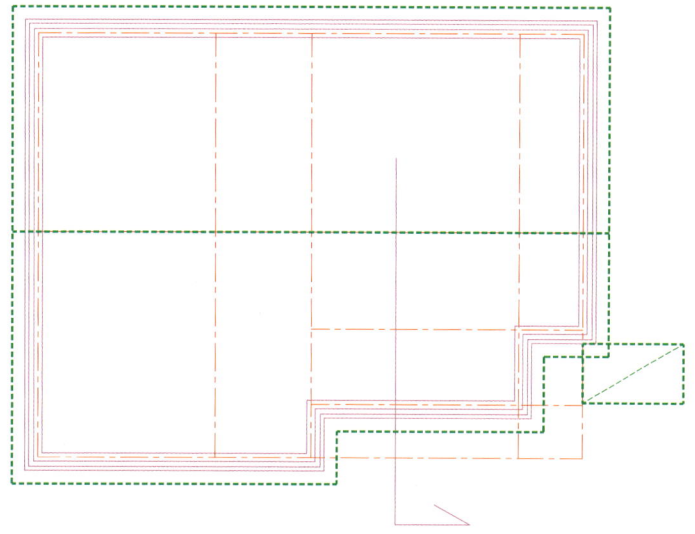

4. **노란색 도면층** : 평면도 보다 길게 G.L을 그리고 절단부분(화살표가 지나가는 부분)의 기초와 바닥슬래브 표현
   (노란색 선을 선홍색으로 바꿔 설명하였습니다. 나머지는 색상에 맞게 표현하였습니다)
   ※ 계단 3단(450)이므로 방의 기초의 높이는 난방 150mm를 더하여 600mm입니다.

5. **흰색 도면층** : 바닥단열재(THK 85), 밑창콘크리트(THK 50), 잡석다짐(THK 200), 난방(THK 150) 완성하기

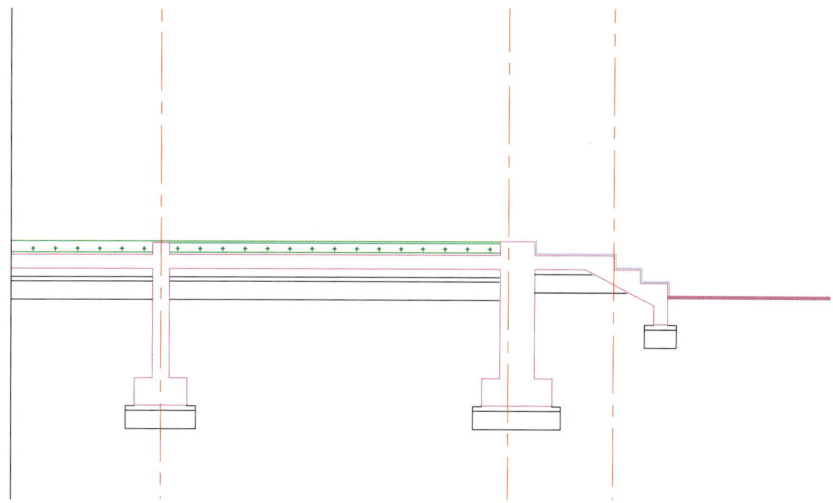

6. 지붕 슬래브 그리기

① 지붕 마룻대에서 가장 먼 벽체의 중심거리 파악
   (현재 도면에서는 5100mm가 가장 먼 벽체의 중심선 거리이다)
② 난방선 끝에서 2400 위로 Offset
③ 테두리보의 높이 700 표현
④ REC [Enter] 시작점 클릭 @1000, 350 [Enter]
⑤ XL [Enter] A [Enter] 대각선 끝점 클릭, 클릭 – 가장 먼 벽체 중심과 테두리보가 만나는 부분에 클릭

7. 지붕 슬래브 완성

8. 반자 설치 : 반자를 복사하여 처마반자도 함께 설치한다.
   (천장 반자는 THK 9.5 석고보드로 표현한다)

9. 지붕단열재 : THK 180

10. 지붕방수, 기와

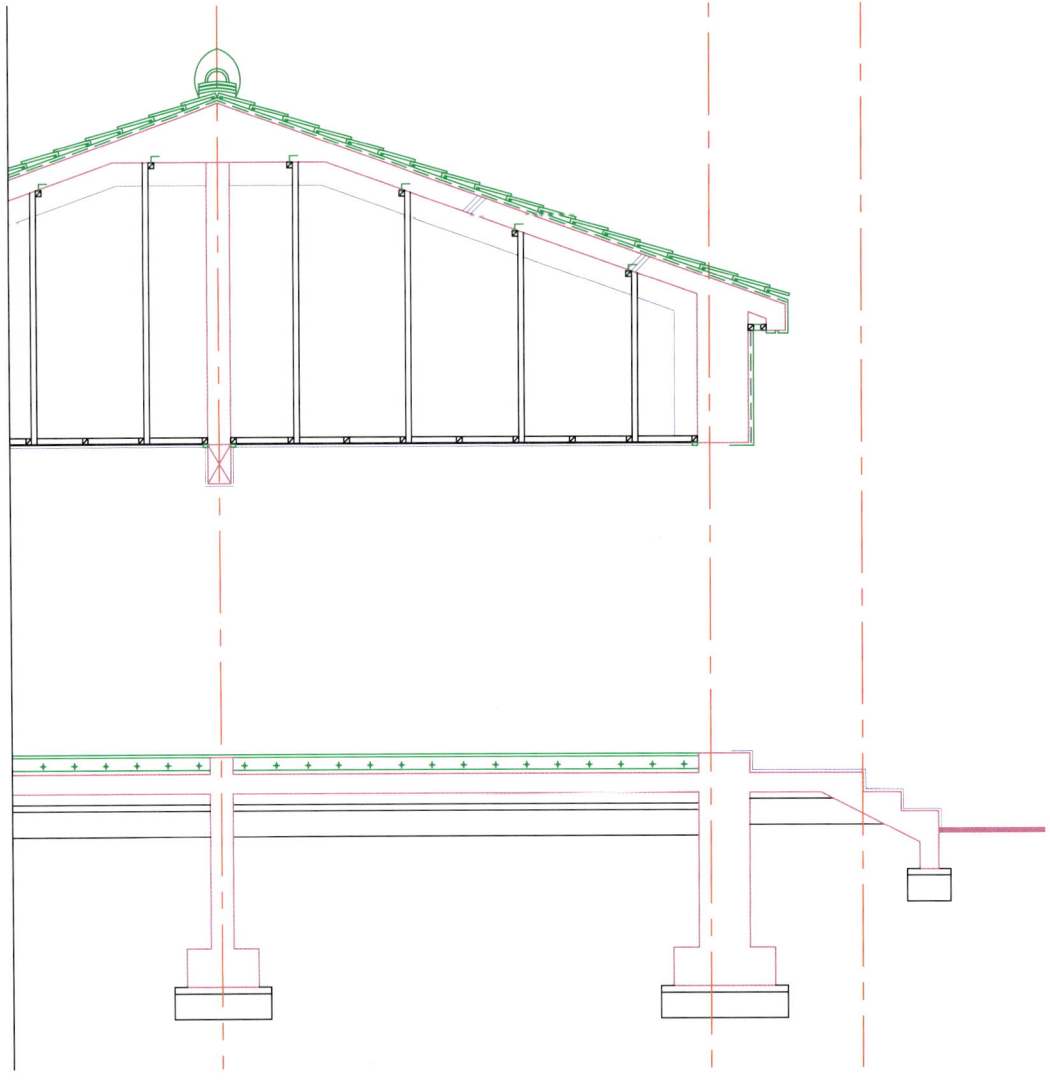

11. 바닥 온수파이프 온돌난방 표현
12. 거실창, 실내 벽 표현
13. 단면도상의 입면요소 표현
: 입면으로 보이는 벽체, 입면으로 보이는 처마, 입면으로 보이는 문과 창문 등을 표현한다.
14. 현관중문 입면 표현
15. 난간, 홈통, 굴뚝, 걸레받이 설치, 지반표기

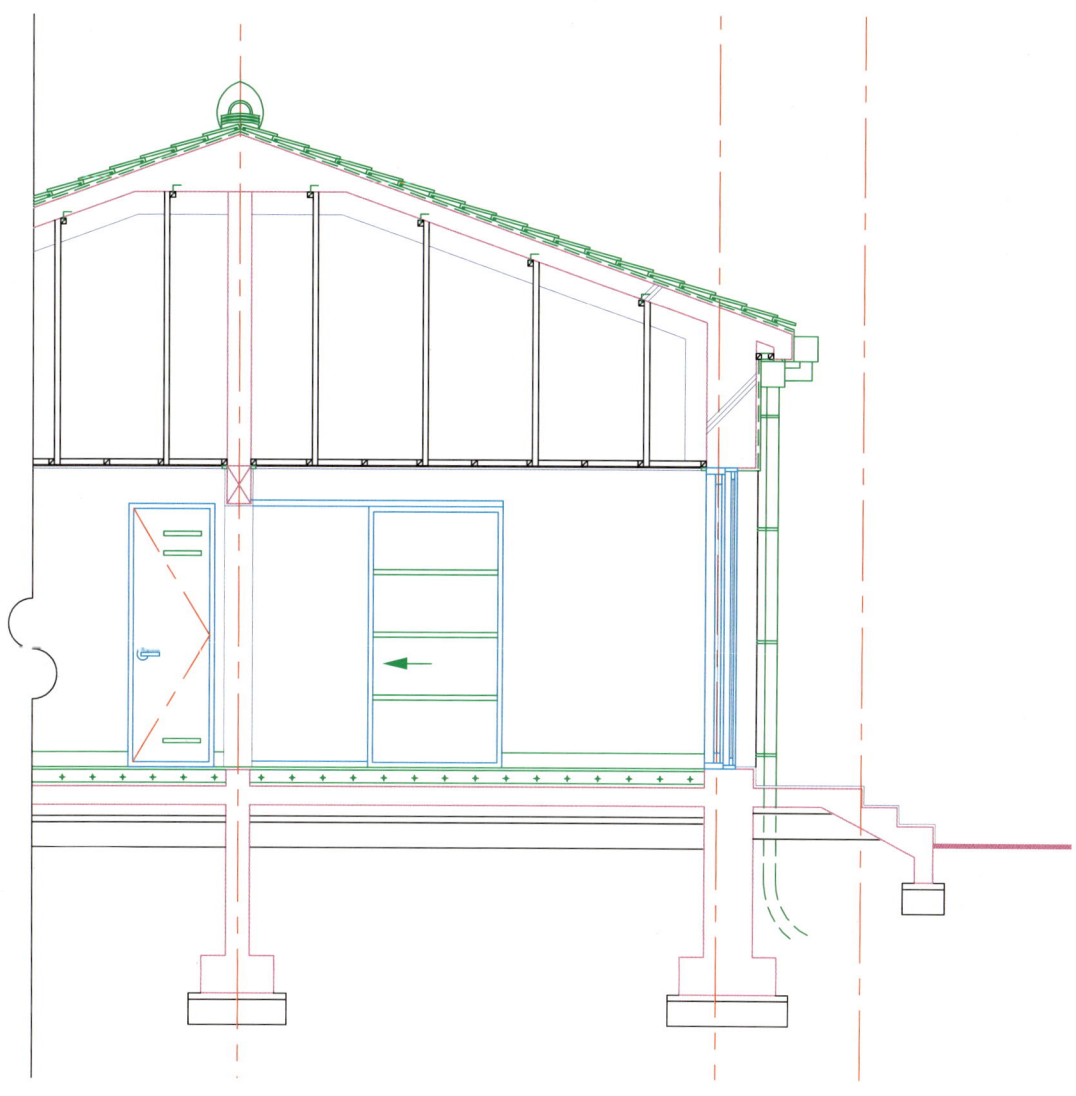

16. 문자 작성 : 흰색 도면층

ST [Enter] – 새로 만들기 – 단면상세도 – Lucida sans unicode 또는 맑은 고딕

도면층 : 흰색, 문자높이 : 80

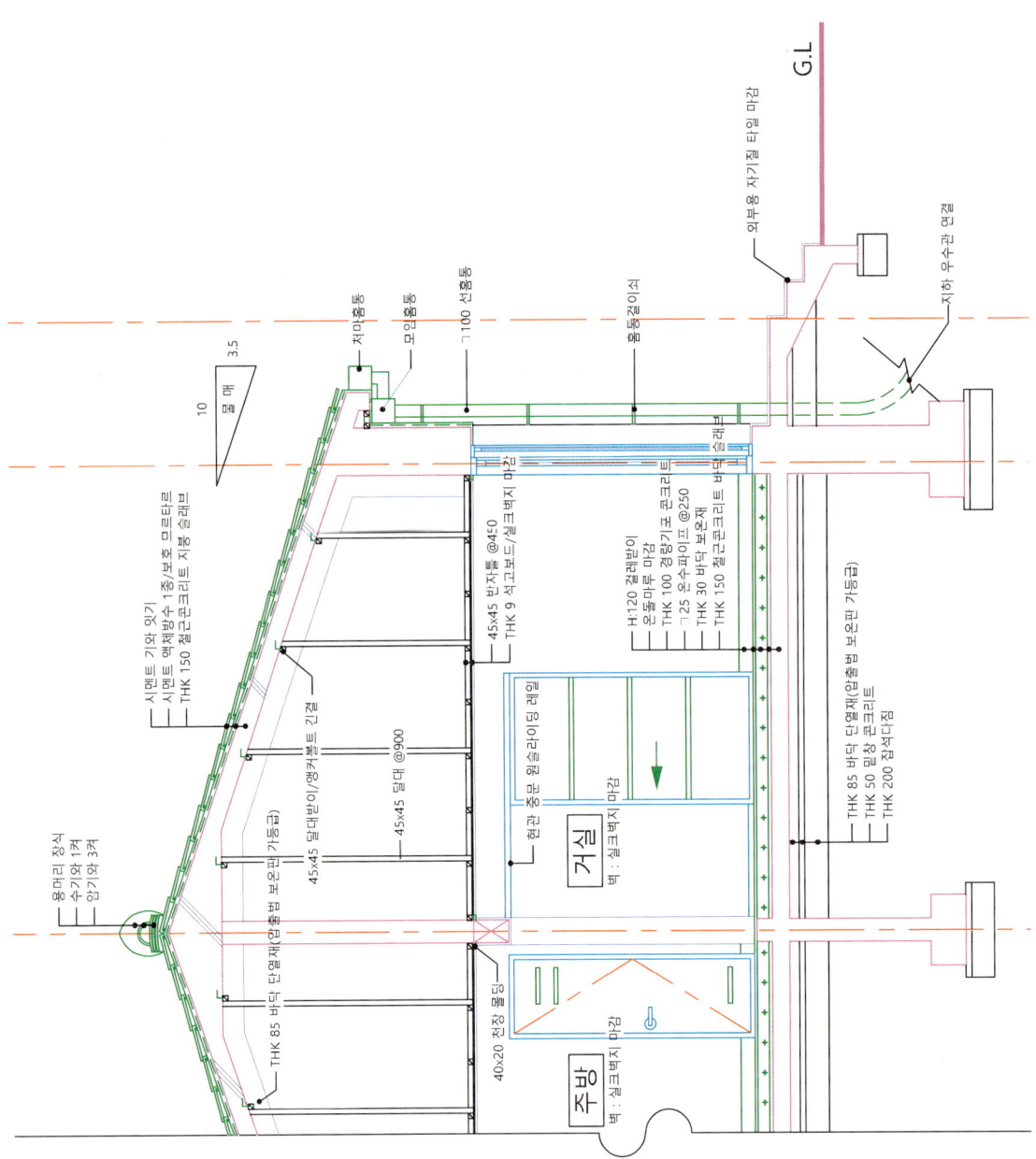

17. 단면, 입면의 재료표현과 해칭

18. 치수 : 중심선의 길이를 모두 맞춘다.
D(Dimension) : 새로 만들기 – 단면상세도 – 전체축척 40

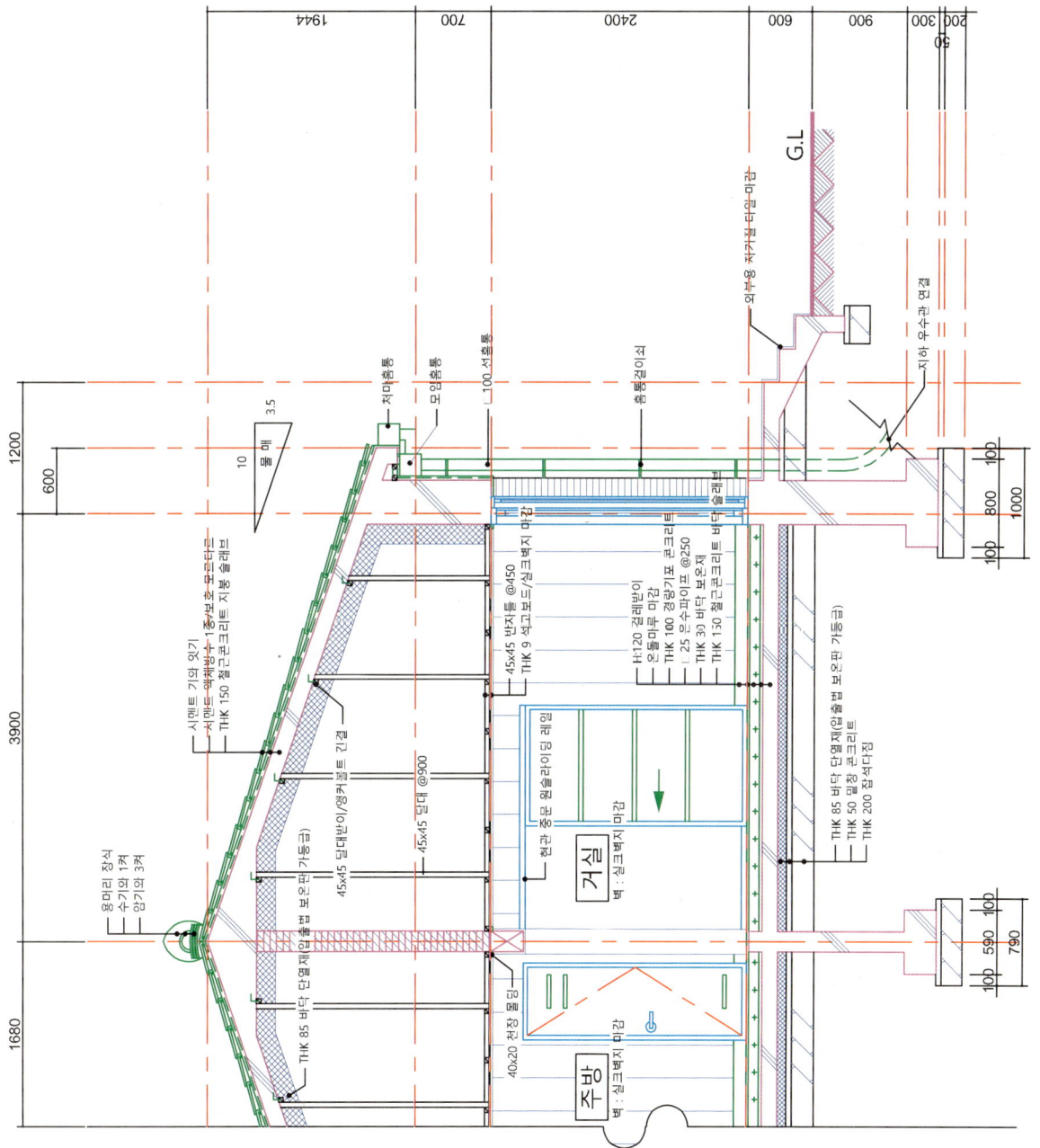

19. 표제란

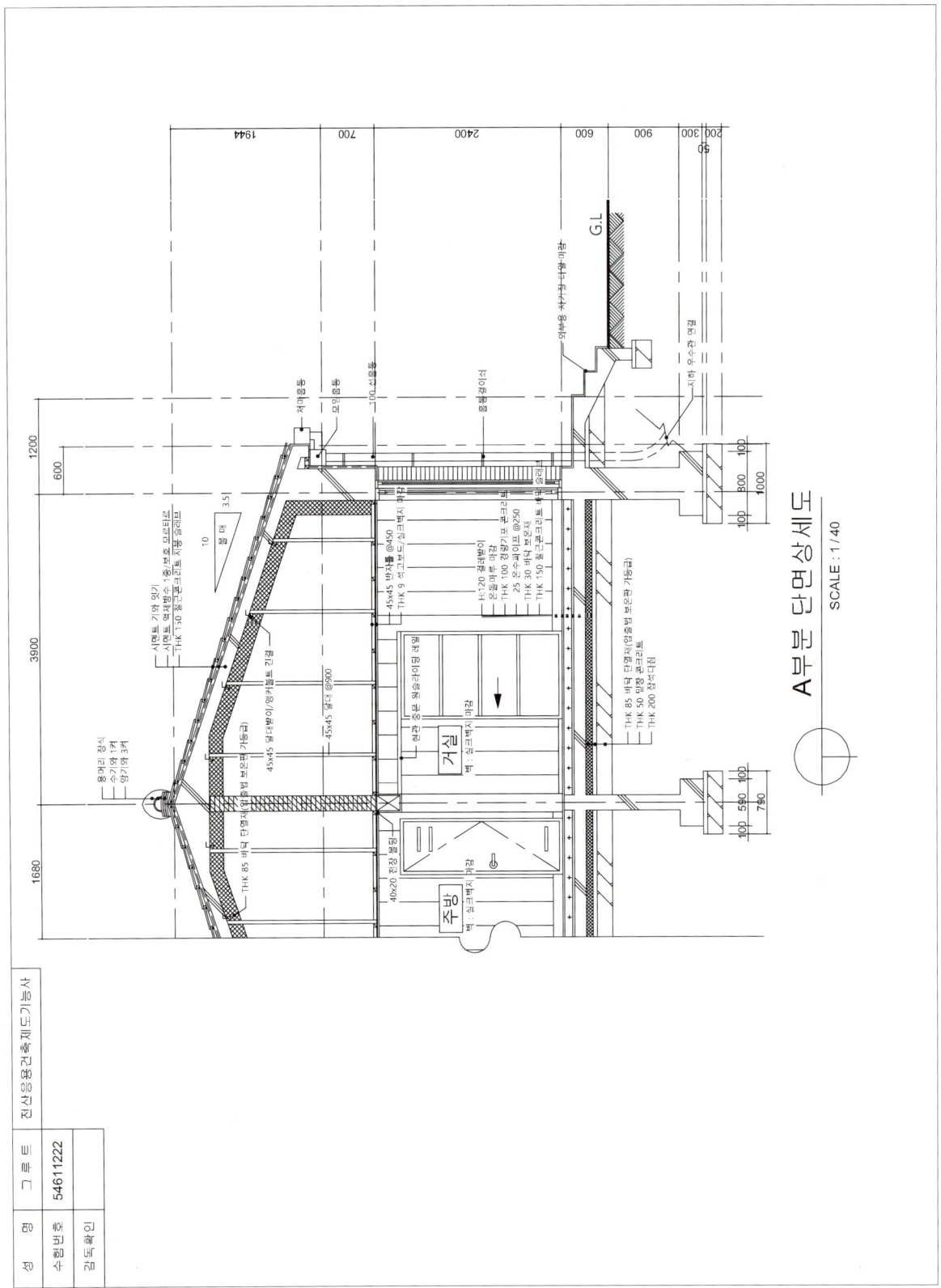

05 [입면도 작성]

20. 평면도 : 입면도 방향이 아래를 향하도록 하고 입면도의 위에 배치
　　　단면도 : 입면도의 우(좌)측에 배치

❶ 단면도의 G.L을 입면도에 연장
❷ 평면도의 외부 벽체 끝선을 입면도에 연장

21. 단면도에서 지붕높이 표현
　　　※ 지붕의 가장 낮은 선을 기준으로 벽체 Trim
22. 평면도에서 지붕의 폭 표현
　　　※ 지붕을 네모 모양으로 정리
23. 높이에 따른 지붕 형태 정리, 뒷처마가 내려오는 부분 표현

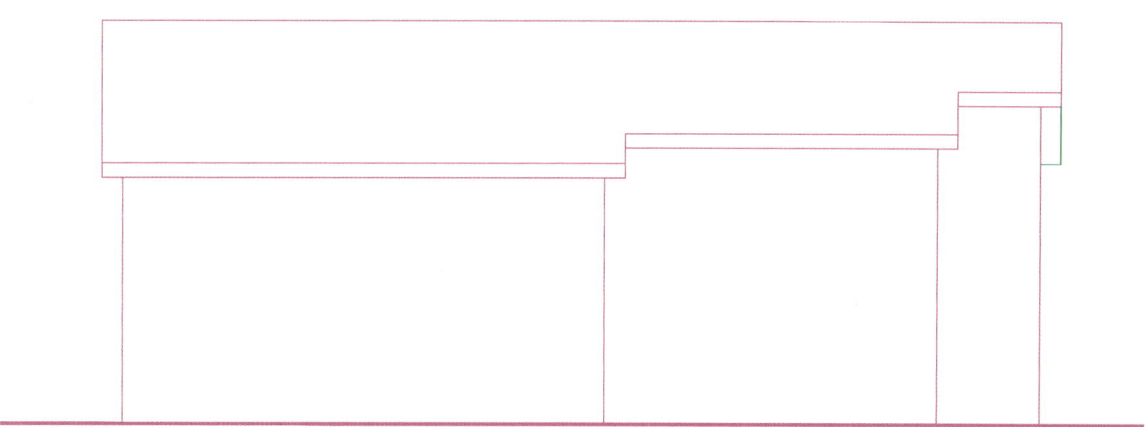

※ 높이가 다른 지붕이 있으면 평면도에서 용머리와 처마 끝의 거리를 확인하고 단면도에 표현
　 지붕 물매를 따라가다 보면 수평거리와 만나는 점이 높이가 된다.
　 뒷 처마가 내려오는지 확인하고 표현한다.

24. 난방끝선과 반자 시작선 표시 : 외부에서 볼 때 재료분리의 기준이 된다.

25. 창문과 현관문을 표현하기 위해 창호의 중심위치를 표시한다.

26. 창호표시
: 테라스 위치는 난방이 없으므로 150 낮춘다. 방 창문은 높이 1500, 거실 창은 높이 2400으로 표현한다.
단, 테라스로 바로 나갈 수 있는 방 창문은 높이 2400(거실높이)에 맞춘다.

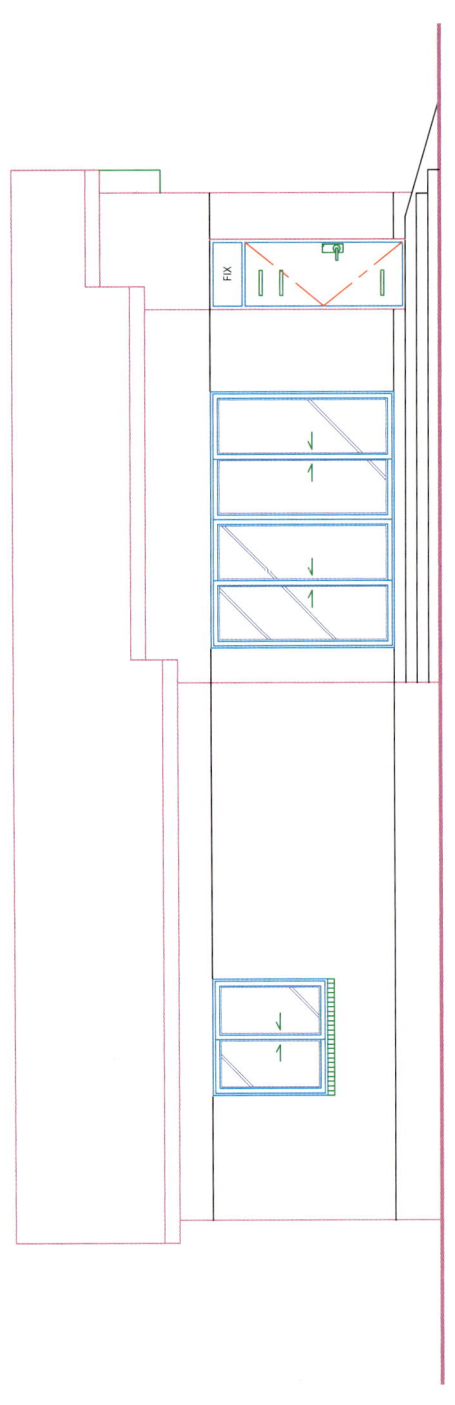

27. 계단, 테라스, 난간, 굴뚝, 홈통, 기와, 창문 밑 벽돌 세워쌓기 등 표현
※ 뒤쪽에 낮은 지붕이 있으면 평면도 길이만큼 단면도에서 높이 생성

28. 문자작성 : ST엔터 – 새로 만들기 – 입면도 , 문자높이 100

벽돌해칭 : BRICK – 축척 10

모르타르 위 W.P 마감 : AR SAND – 축척 5

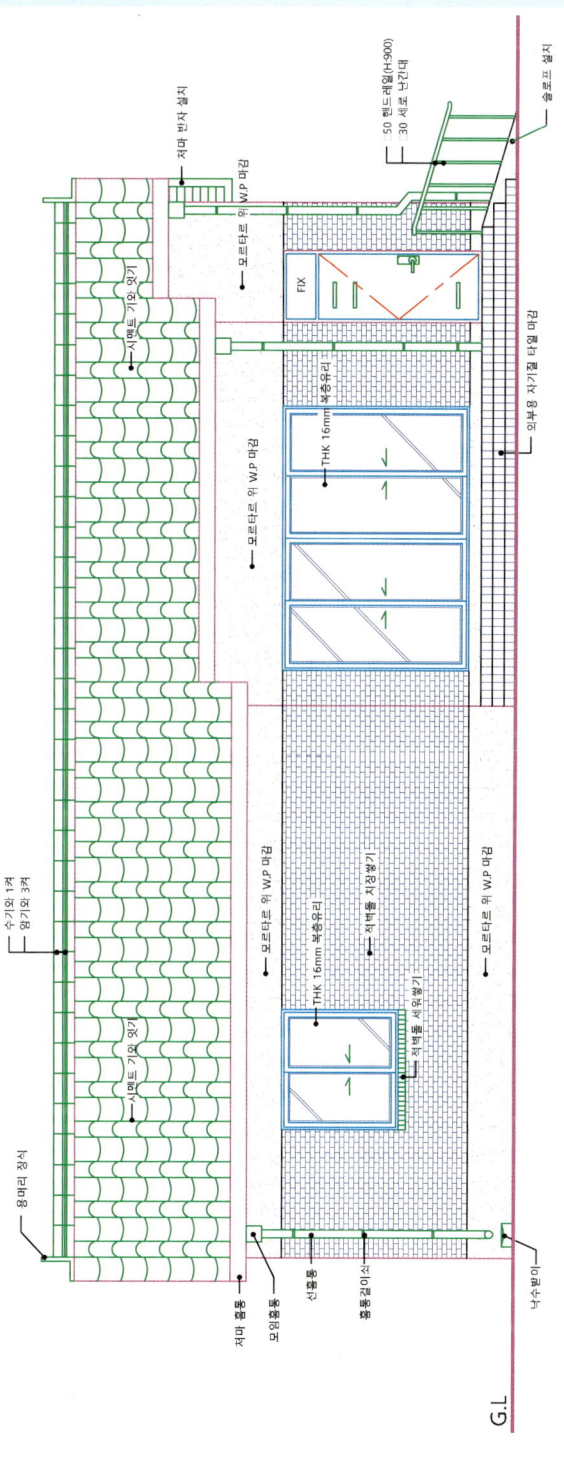

29. 치수작성 D(Dimension) : 새로 만들기 – 입면도 – 전체축척 50
　　　 1F F.L(G.L +난방높이), 1F C.L{G.L +(난방높이+반자높이)}

30. 표제란, 수목표현

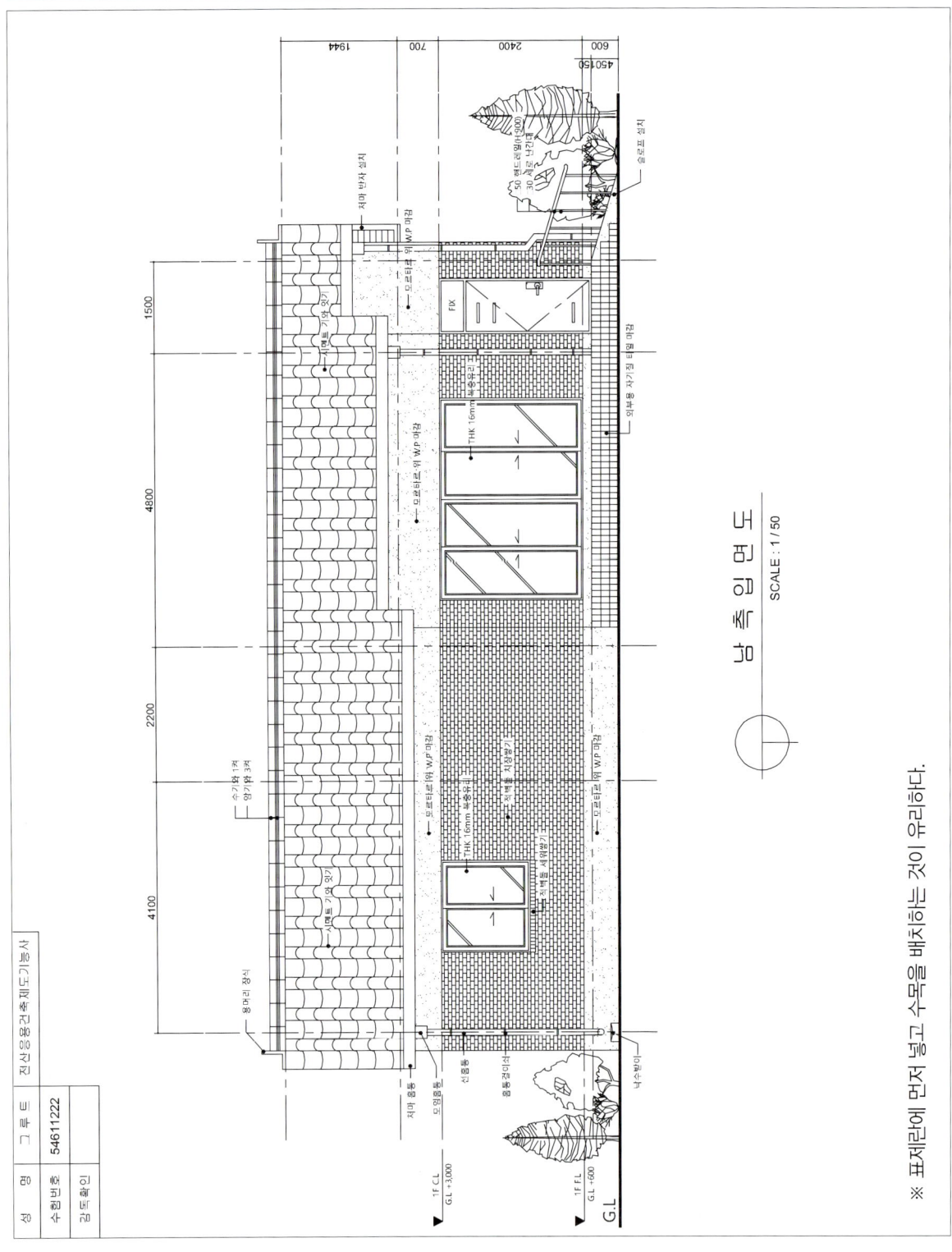

memo

PART 9
출제 변수

빅 데이터 키워드 : 지붕이 경사진 방향,
외부 벽체의 중심선이 시멘트 벽돌 1.0B(190mm)의 중심에 위치한 경우

기출종합문제로 유형을 익히고, 최신 기출문제로 출제경향을 파악했다면

시험장 가기 전에 출제될 수 있는 변수에 대해 알아봅시다.

도면에 대한 이해가 있다면 어떠한 유형도 풀 수 있지만 간혹 출제될 수 있는 변수에 대해

미리 인지하고 당황하지 않는 것만으로도 시험을 치를 시 큰 도움이 됩니다.

측면 입면도(지붕이 경사진 방향)가 출제된 경우
*예시 : 2018년 1회 A유형

시험시간 4시간 10분

01 요구사항

주어진 평면도를 보고 CAD를 이용하여 아래 조건에 맞게 다음 도면을 작도한 후, 지급된 용지에 본인이 직접 흑백으로 출력하여 파일과 함께 제출하시오.

❶ A부분 단면 상세도를 축척 1/40으로 작도하시오.
❷ 동측 입면도를 축척 1/50으로 작도하되 벽면의 마감재료 표시 및 주위의 배경 등 도면의 요소를 충분히 고려하시오.

[조 건]
- 기초 및 지하실 벽체 : 철근콘크리트 구조로 하시오.
- 벽체 : 외벽 - 외부로부터 붉은 벽돌 0.5B, 단열재, 시멘트 벽돌 1.0B
  내벽 - 시멘트 벽돌 1.0B
- 단열재 : 외벽 120mm, 바닥 85mm, 지붕 180mm
- 지붕 : 철근콘크리트 경사슬래브 위 시멘트 기와잇기 마감으로 하시오(물매 4/10 이상).
- 처마나옴 : 벽체 중심에서 600mm
- 반자높이 : 2400mm, 처마반자 설치
- 창호 : 목재창호로 하되 2중창인 경우 외부창호는 알루미늄 섀시로 하시오.
- 각 실의 난방 : 온수파이프 온돌난방으로 하시오.
- 1층 바닥 슬래브와 기초는 일체식으로 표현하시오.
- 평면도에 표현되지 않은 현관 상부 캐노피는 작도하지 않습니다.
- 기타 각 부분의 마감, 치수 등 주어지지 않은 조건은 일반적인 시공수준으로 하시오.

- 선의 통일을 기하기 위하여 아래와 같이 선의 색을 정리하여 출력하시오.
  - 흰색(7-White) : 0.3mm
  - 노랑(2-Yellow) : 0.4mm
  - 빨강(1-Red) : 0.2mm
  - 녹색(3-Green) : 0.2mm
  - 하늘색(4-Cyan) : 0.3mm
  - 파랑(5-Blue) : 0.1mm

  ※ 일반적으로 정면이 출제되는 경우가 대부분이고 측면으로 입면도가 출제되는 경우는 많지 않으므로 최종 점검할 때 한 번 연습해 봅시다.

  ※ 동측 입면도라고 해서 무조건 뾰족한 방향이 아닙니다. 북측이 위쪽이라는 것을 명심하고 평면도를 충분히 파악하여 방향을 착각하지 않도록 주의하세요.

02 도면

| 자격종목 | 전산응용건축제도기능사 | 과제명 | 주택 | 척도 | NONE |

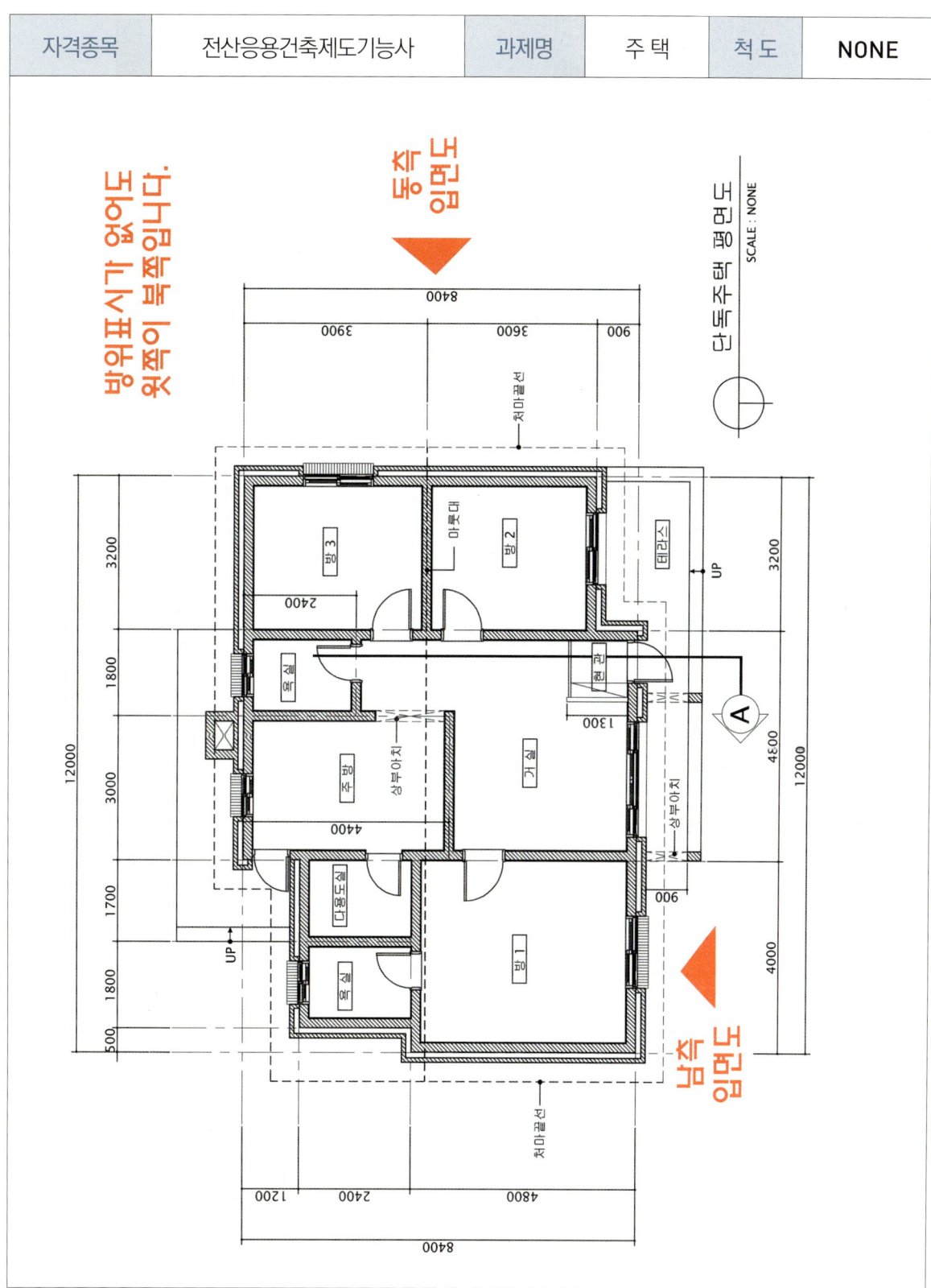

측면 입면도(지붕이 경사진 방향)가 출제된 경우

참고 이미지

※ 수험자의 이해를 돕기 위한 이미지입니다. 실기시험에서 제시되지 않습니다.

1. 2018년 1회 기출문제 단면도 답안을 참고합니다.

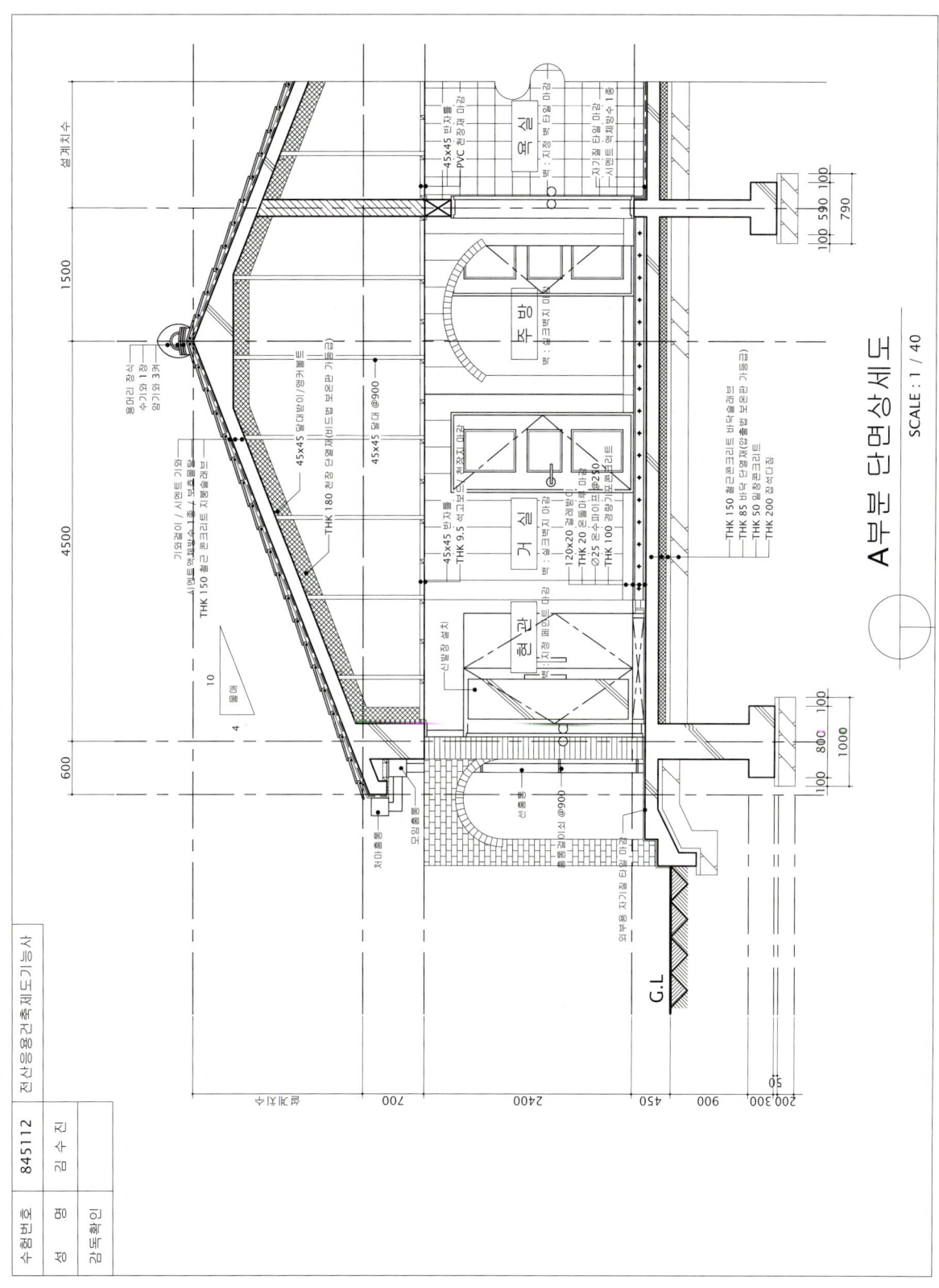

02 입면도 작성

2. 평면도 : 입면도 방향이 아래를 향하도록 하고 입면도의 위에 배치

단면도 : 입면도의 좌측에 배치

❶ 단면도의 G.L을 입면도에 연장
❷ 평면도의 외부 벽체 끝선을 입면도에 연장

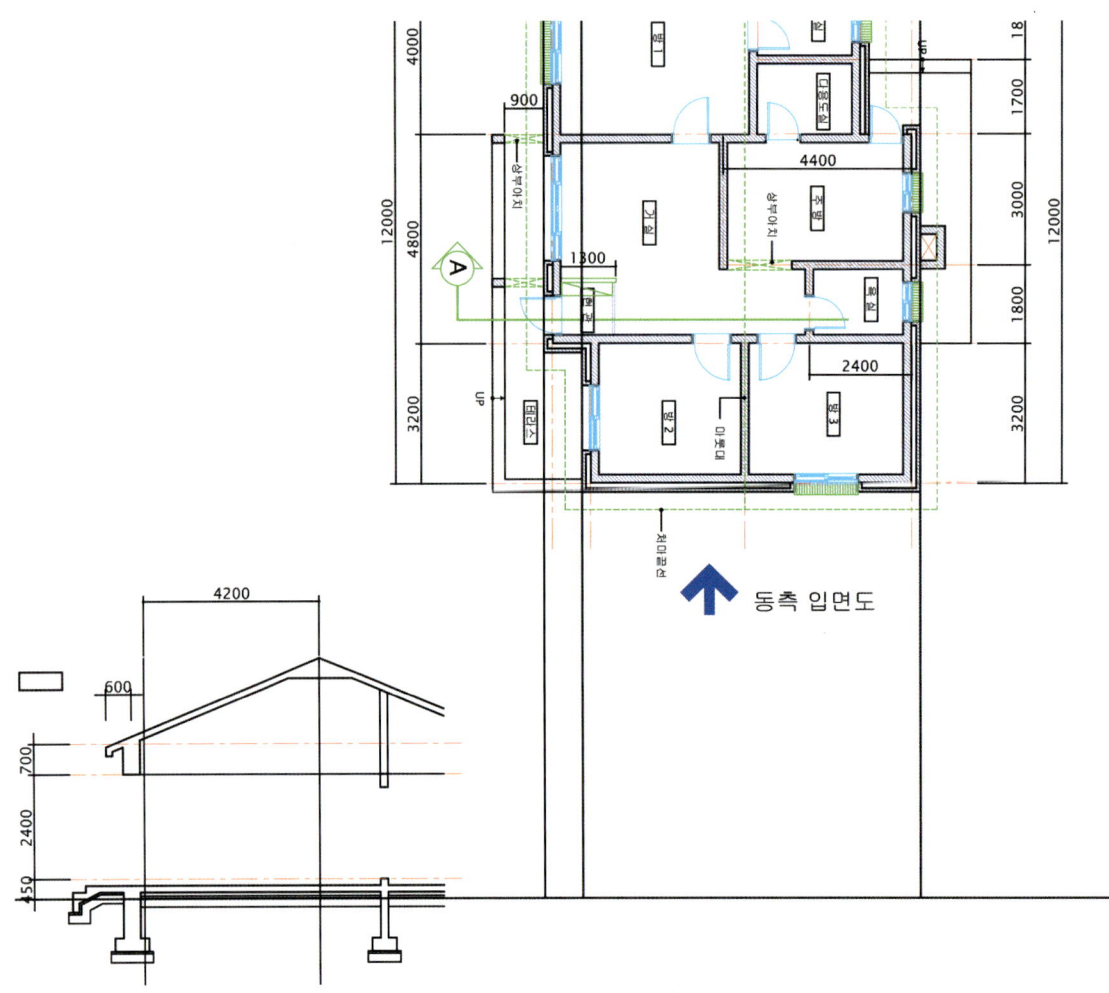

3. 용머리 선을 입면도에 표현하고 단면도의 지붕슬래브(노란색)를 복사한다.

※ 기준점 : 단면도의 용머리 위치, 복사할 위치 : 입면도의 용머리 위치

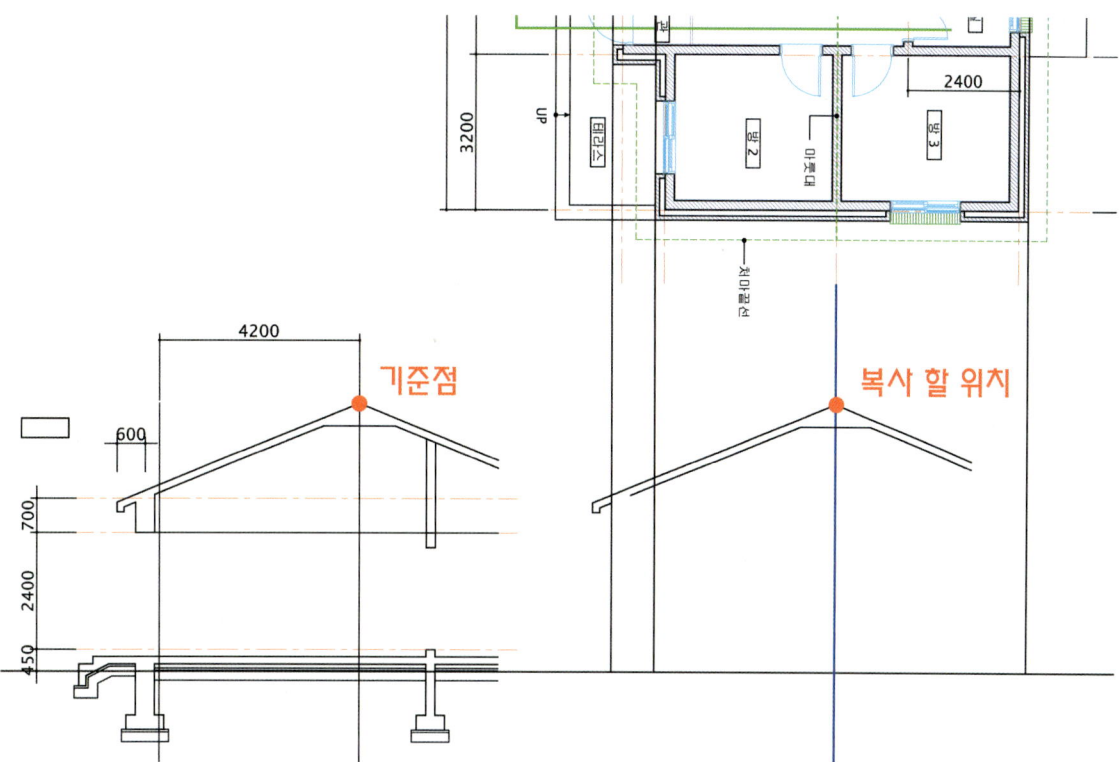

※ 높이가 다른 지붕이 있으면 평면도에서 용머리와 처마 끝의 거리를 확인하고 입면도에 표현 지붕 물매를 따라 연장하면 수평거리와 만나는 점이 높이가 된다.

4. 평면도에서 보이는 지붕 끝 선을 입면도에 표현하고 짧거나 긴 처마를 정리한다.
지붕슬래브 위쪽의 벽체를 Trim 한다.

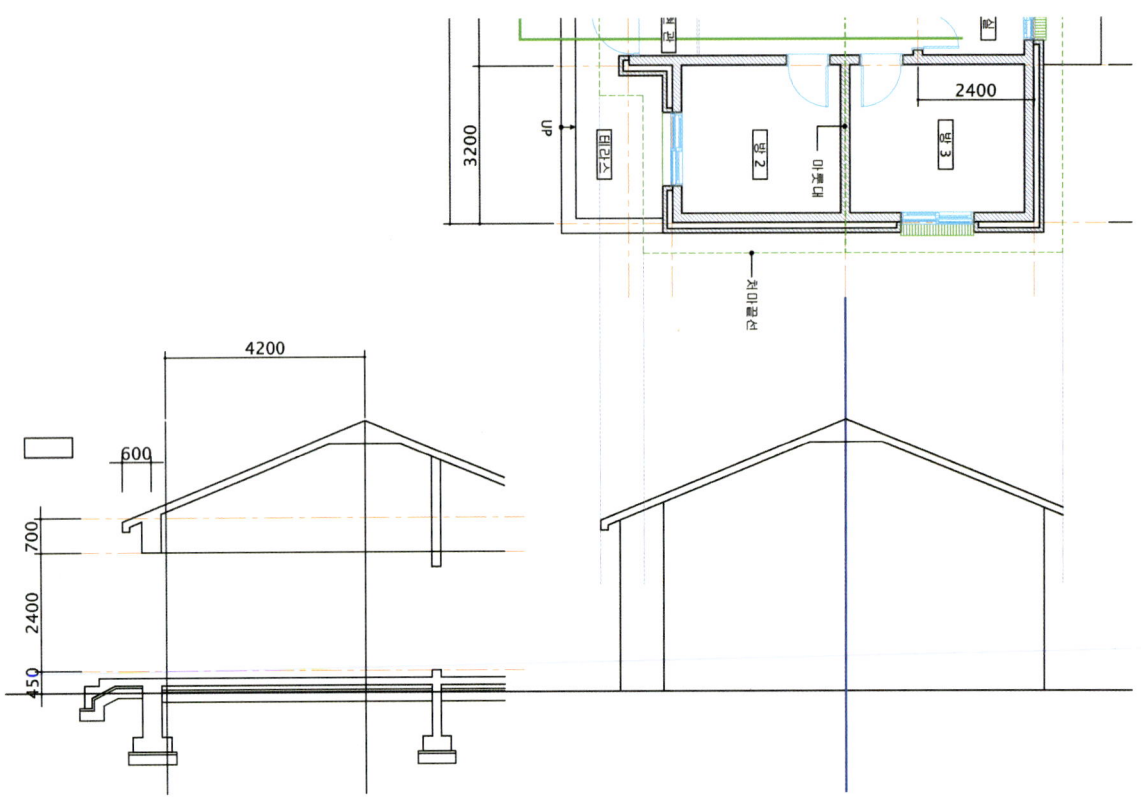

5. 처마의 끝부분을 단면상의 입면에 보이는 처마의 형태로 정리한다.

6. 난방끝선과 반자 시작선 표시 : 외부에서 볼 때 재료분리의 기준이 된다.

7. 창문과 현관문을 표현하기 위해 창호의 중심위치를 표시한다.

8. 창호표시

: 테라스 위치는 난방이 없으므로 150낮춘다. 방 창문은 높이 1200, 거실창은 높이 2400으로 표현한다.

단, 테라스로 바로 나갈 수 있는 방 창문은 높이 2400(거실높이)에 맞춘다.

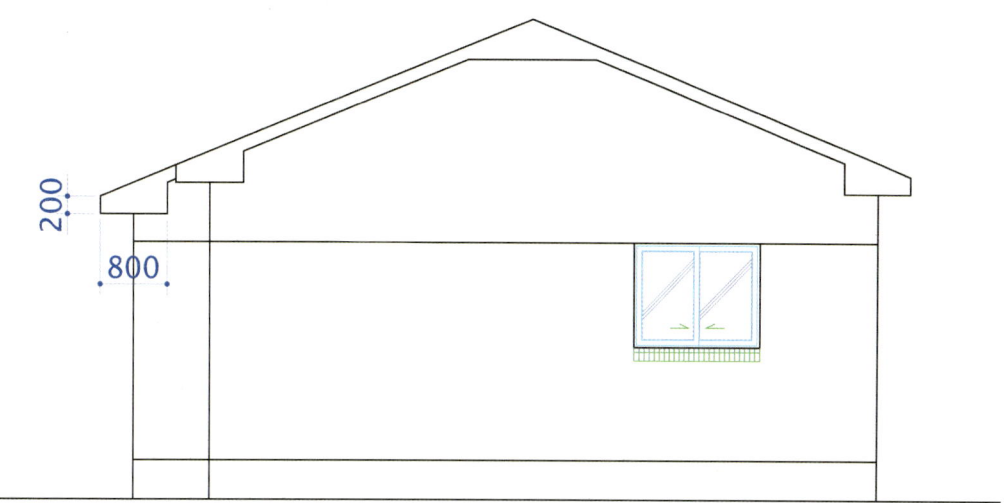

9. 계단, 테라스, 난간, 홈통, 기와, 창문 밑 벽돌 세워쌓기 등 표현

※ 뒤쪽에 낮은 지붕이 있으면 평면도 길이만큼 단면도에서 높이 생성

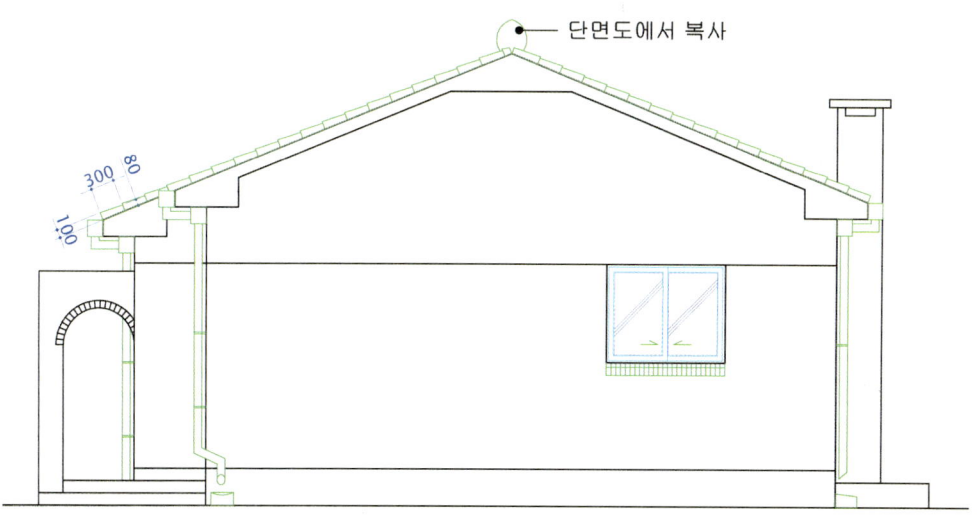

10. 문자작성 : 문자높이 100

벽돌해칭 : BRICK- 축척 10

11. 표제란, 수목표현

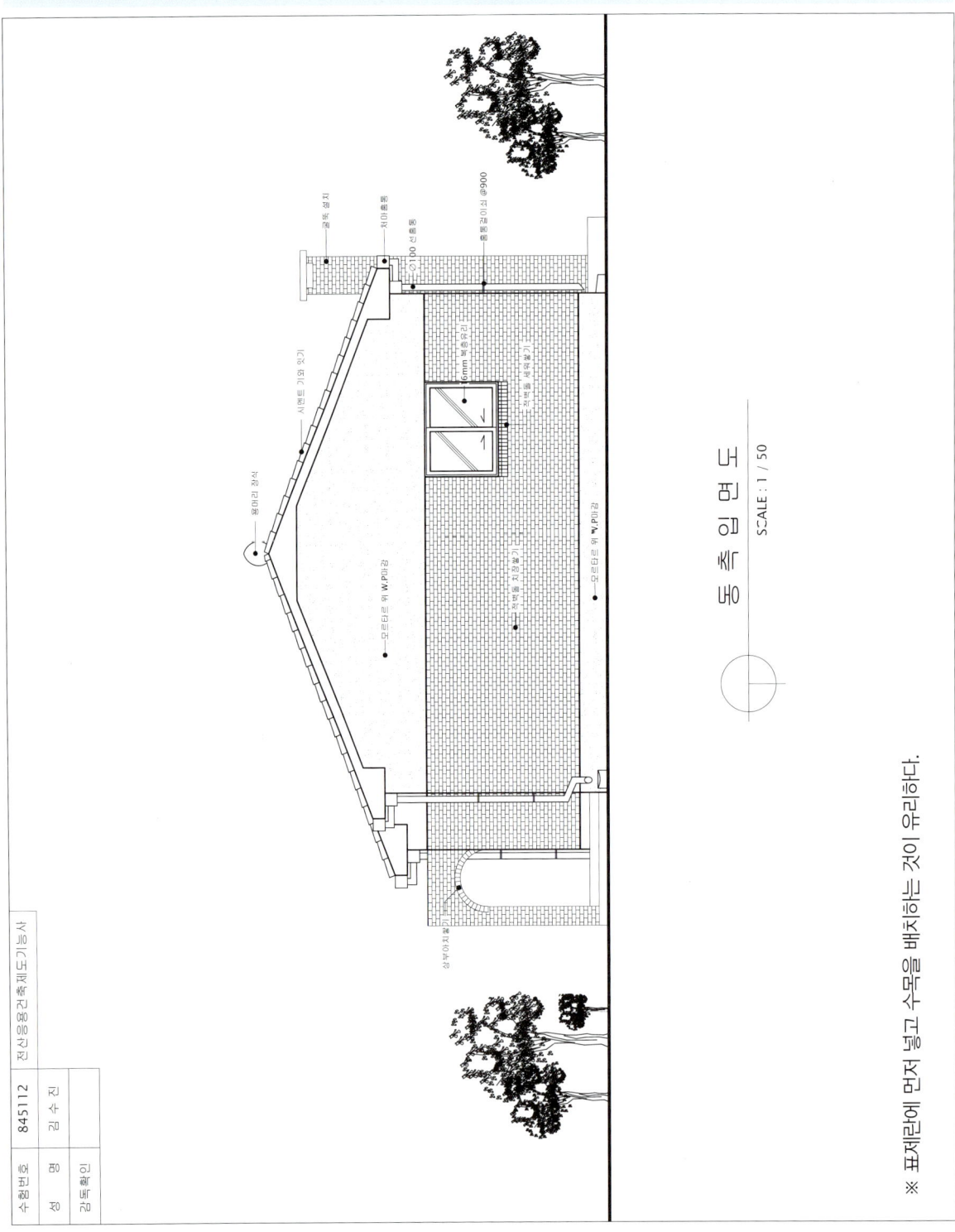

memo

외부 벽체의 중심선이 시멘트 벽돌 1.0B(190mm)의 중심에 위치한 경우

*예시 : 2018년 1회 B유형

시험시간 4시간 10분

01 요구사항

주어진 평면도를 보고 CAD를 이용하여 아래 조건에 맞게 다음 도면을 작도한 후, 지급된 용지에 본인이 직접 흑백으로 출력하여 파일과 함께 제출하시오.

❶ A부분 단면 상세도를 축척 1/40으로 작도하시오.
❷ 남측 입면도를 축척 1/50으로 작도하되 벽면의 마감재료 표시 및 주위의 배경 등 도면의 요소를 충분히 고려하시오.

[조건]
- 기초 및 지하실 벽체 : 철근콘크리트 구조로 하시오.
- 벽체 : 외벽 – 외부로부터 붉은 벽돌 0.5B, 단열재, 시멘트 벽돌 1.0B
  내벽 – 시멘트 벽돌 1.0B
- 단열재 : 외벽 120mm, 바닥 85mm, 지붕 180mm
- 지붕 : 철근콘크리트 경사슬래브 위 시멘트 기와잇기 마감으로 하시오(물매 4/10 이상).
- 처마나옴 : 벽체 중심에서 600mm
- 반자높이 : 2400mm, 처마반자 설치
- 창호 : 목재창호로 하되 2중창인 경우 외부창호는 알루미늄 새시로 하시오.
- 각 실의 난방 : 온수파이프 온돌난방으로 하시오.
- 1층 바닥 슬래브와 기초는 일체식으로 표현하시오.
- 평면도에 표현되지 않은 현관 상부 캐노피는 작도하지 않습니다.
- 기타 각 부분의 마감, 치수 등 주어지지 않은 조건은 일반적인 시공수준으로 하시오.

- 선의 통일을 기하기 위하여 아래와 같이 선의 색을 정리하여 출력하시오.
  - 흰색(7–White) : 0.3mm
  - 노랑(2–Yellow) : 0.4mm
  - 빨강(1–Red) : 0.2mm
  - 녹색(3–Green) : 0.2mm
  - 하늘색(4–Cyan) : 0.3mm
  - 파랑(5–Blue) : 0.1mm

02 도면

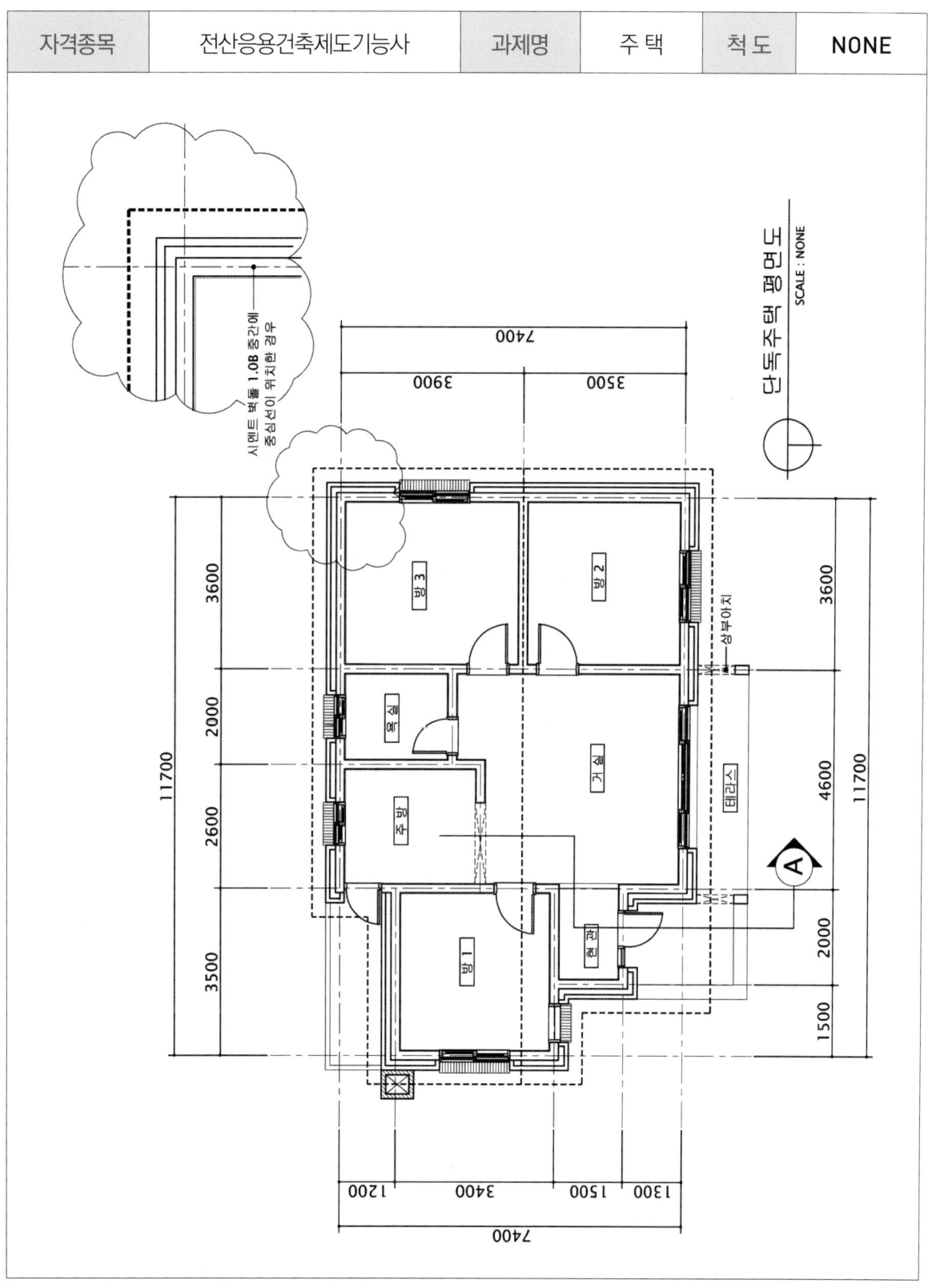

03 [단면도 작성]

1. 기본설정 : Option, OSNAP, LAYER 구성 등

2. 평면도 외벽만 간단히 작성. 지붕이 복잡할 경우 미리 그려두는 것이 유리하다.

※ 외벽을 표현할 때 ML [Enter] S [Enter] 190 [Enter] J [Enter] Z [Enter] – 외벽을 표현

❶ X [Enter] 모두선택 [Enter]
❷ J [Enter] 모두선택 [Enter]
❸ Offset 제일 밖의 선에서 밖으로 단열재 두께(120) 표현, 붉은 벽돌(90) 표현

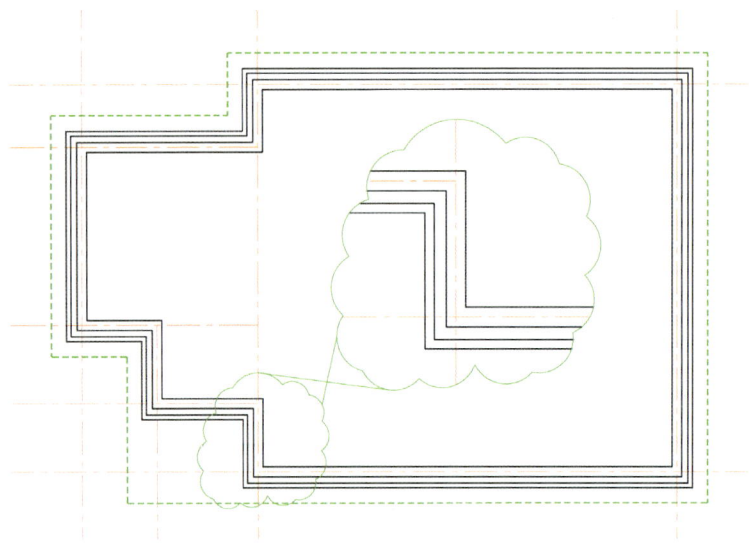

3. 화살표 방향이 위로 보도록 회전한다. – X [Enter] 모두선택 [Enter] (분해)

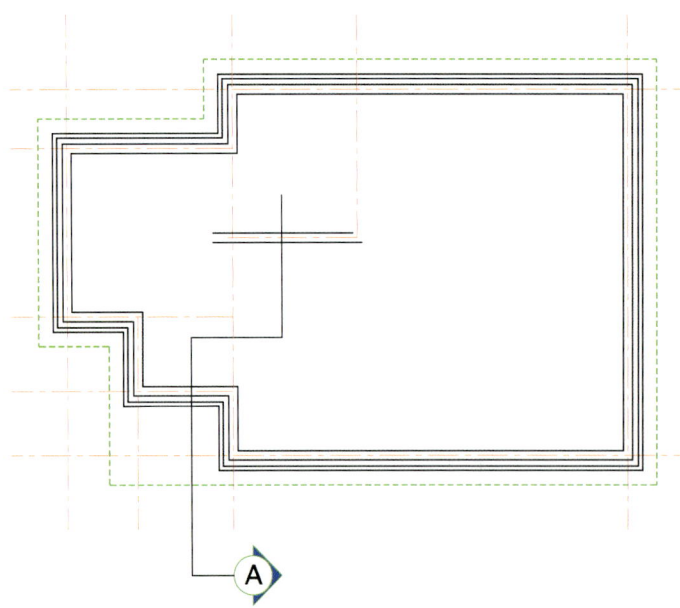

4. 노란색 도면층 : 평면도보다 길게 G.L을 그리고 절단부분(화살표가 지나가는 부분)의 기초와 바닥슬래브 표현
   ※ 기초표현할 때 가장 외부의 선 두 개는 남기고 사이에 있는 선은 지운다.
5. 흰색 도면층 : 바닥단열재(THK 85), 밑창콘크리트(THK 50), 잡석다짐(THK 200), 난방(THK 150) 완성하기

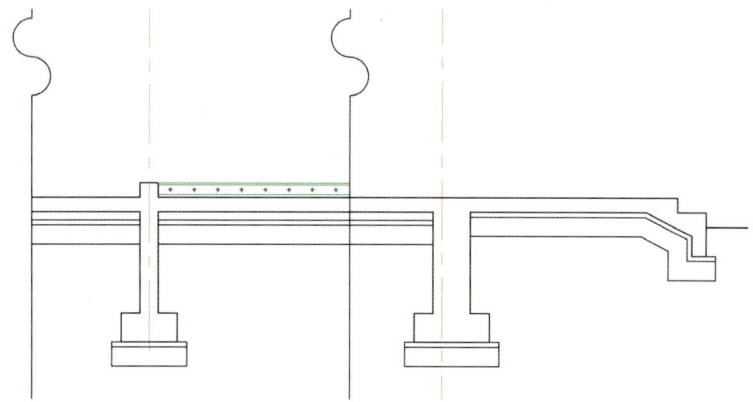

6. 지붕 슬래브 그리기

❶ 지붕 마룻대에서 가장 먼 벽체의 중심거리 파악
❷ 난방선 끝에서 2400 위로 Offset
❸ 테두리보의 높이 700 표현
❹ REC [Enter] 시작점 클릭 @1000,400 [Enter]
❺ XL [Enter] A [Enter] 대각선 끝점 클릭, 클릭 – 가장 먼 벽체 중심과 테두리보가 만나는 부분에 클릭

7. 지붕 슬래브 완성
8. 나머지는 기존 방식과 동일합니다.
   ※ 중심선이 한 쪽으로 치우쳐 보이지만 평면도에서 제시하는 내용을 따라 가는 것이 맞습니다.

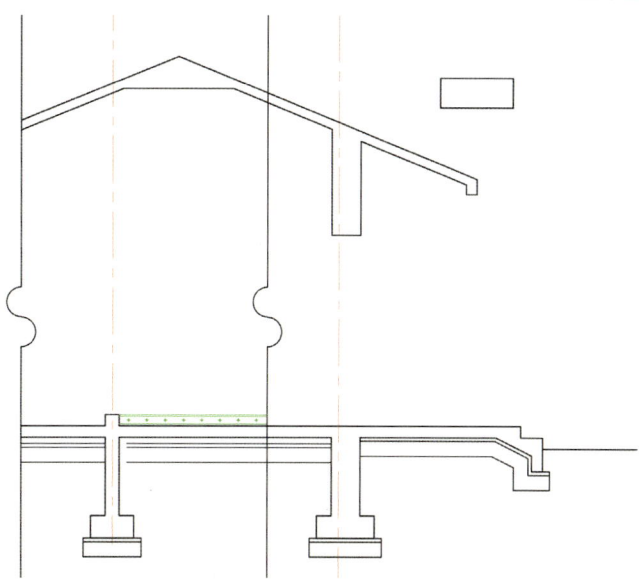

memo

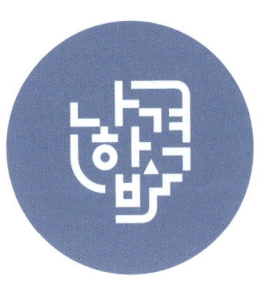

전산응용건축제도기능사 실기
무료특강

무료특강 신청방법

▲ 카페 바로가기

1 나합격 카페 가입
cafe.naver.com/napass6

2 사진촬영
하단 공란에 닉네임 기입

3 카페 게시물 작성
등업 후 영상 시청 가능

카페 닉네임

- 가입한 카페 닉네임과 동일하게 기입
- 지워지지 않는 펜으로 크게 기입
- 화이트 및 수정테이프 사용 금지
- 중복기입 및 중고도서는 등업 불가능

처음이신가요?

자세한
등업방법은
QR 코드 참조

모바일 등업방법

PC 등업방법

나합격 전산응용건축제도기능사 실기 + 무료특강

2018년 3월 10일 초판 발행 | 2019년 1월 10일 2판 발행 | 2020년 1월 5일 3판 발행 | 2021년 1월 5일 4판 발행 | 2021년 8월 5일 5판 발행
2022년 1월 5일 6판 발행 | 2022년 3월 5일 7판 발행 | 2023년 2월 5일 8판 발행 | 2024년 2월 5일 9판 발행 | 2025년 2월 5일 10판 발행

지은이 김수진 | 발행인 오정자 | 발행처 삼원북스 | 팩스 02-6280-2650
등록 제2017-000048호 | 홈페이지 www.samwonbooks.com | ISBN 979-11-93858-46-2 13500 | 정가 33,000원
Copyright ⓒ samwonbooks.Co.,Ltd.

· 낙장 및 파손된 책은 구입한 서점에서 바꿔드립니다.
· 이 책에 실린 모든 내용, 디자인, 이미지, 편집 형태에 대한 저작권은 삼원북스와 저자에게 있습니다. 허락없이 복제 및 게재는 법에 저촉을 받습니다.